U0856785

[奥] 弗洛伊德　著
Sigmund Freud
李文禹　李慧泉　译

弗洛伊德心理学

台海出版社

图书在版编目（CIP）数据

弗洛伊德心理学 /（奥）弗洛伊德著；李文禹，李慧泉译. -- 北京：台海出版社，2018.5（2021.9重印）

ISBN 978-7-5168-1858-9

Ⅰ.①弗… Ⅱ.①弗… ②李… ③李… Ⅲ.①弗洛伊德(Freud, Sigmmund 1856–1939)—精神分析 Ⅳ.①B84-065

中国版本图书馆CIP数据核字（2018）第085762号

弗洛伊德心理学

著　者：（奥）弗洛伊德	译　者：李文禹　李慧泉
出 版 人：蔡　旭	封面设计：MM末末美书
责任编辑：刘　峰	

出版发行：台海出版社
地　址：北京市东城区景山东街20号　邮政编码：100009
电　话：010—64041652（发行，邮购）
传　真：010—84045799（总编室）
网　址：www.taimeng.org.cn/thcbs/default.htm
E - mail：thcbs@126.com

经　销：全国各地新华书店
印　刷：固安县保利达印务有限公司
本书如有破损、缺页、装订错误，请与本社联系调换

开　本：710毫米×960毫米	1/16
字　数：735千字	印　张：40
版　次：2019年1月第1版	印　次：2021年9月第4次印刷
书　号：ISBN 978-7-5168-1858-9	

定　价：98.00元

译者序

绕不开的心理学丰碑——弗洛伊德

心理学走入20世纪以来，但凡与研究人类精神以及本质相关的理论就逃不开一个人的影响，这个人就是弗洛伊德。

西格蒙德·弗洛伊德（Sigmund Freud），1856年出生于奥地利摩拉维亚的弗莱堡市的一个犹太家庭。17岁时，弗洛伊德考入维也纳大学医院，在大学期间，他学习了生物学、医学、病理学、外科手术等方面的课程，毕业后从事过全科医院的内、外科工作，还担任过精神病治疗所的副医师。后来还曾前往巴黎进修学习催眠等精神治疗方法，并于1886年在维也纳以神经病学家的身份私人开业行医。

在多年的临床实践与理论摸索中，弗洛伊德渐渐开辟出了一条与前人不同的心理学研究方向：他通过自由联想疗法发现了人类埋藏于意识之下的“潜意识”，以此为切入点，对人类的各种心理现象进行研究，最终在此基础上，创建出心理学上一个崭新的学派——精神分析学派，而弗洛伊德的心理学思想也对后世的心理学发展产生了深远的影响。

系统说来，弗洛伊德的精神分析理论主要包括以下几个方面：

——精神层次理论

弗洛伊德认为人类具有不同的意识层次——意识、下意识和潜意识，这三个层次的存在如同深浅不同的地壳层次一样，故此得名“精神层次”。而人的精神活动，例如欲望、幻想、冲动、情感、判断等，就是在不同的意识层次里发生和进行的。

具体来说，意识是指那些能被我们自己察觉到的心理活动；潜意识则是指那些无法进入意识被个体察觉的思想、观念、欲望等心理活动；而下意识界于意识与潜意识的层次中间，通常也不易为个体察觉，但当个体进入例如醉酒等控制能力松懈的状态时，就会偶尔短暂地出现在意识层次中，为个体所察觉。一些不愉快或痛苦的感觉、觉、意念、回忆常被压存在下意识这个层次中。

需要特别指出的是，弗洛伊德的潜意识理论打破了以往人们的普遍认知，他强调潜意识的力量要远远大于意识，并以冰山作比，将意识比作露出海面、肉眼可见的冰山山尖，而潜意识则是藏于水下、不可见的冰山的剩余部分，这部分体积庞大到不可预知，意识这个山尖的体量甚至可能都不到潜意识这个水下部分的十分之一。这就是著名的弗氏“冰山理论”，也是被现代心理学完全认可的论断，已经成为常识。

——人格结构理论

弗洛伊德将人格结构划分为本我、自我和超我三部分。本我，即指“本能的我”“原始的我”，这个“我”遵循的是人与生俱来的、源于肉体需要的最原始的本能，它只依“快乐原则”行事，毫无理性，也不会顾及道德要求。自我是从本我中分化出来的，是自我与外部世界的联络者和调停者，它依据“现实原则”行事，既要自我保护又要自我满足。超我是因父母、社会的影响和教育而后天形成的，要遵循“道德原则”自我规范、自我惩戒，压制本我的本能冲动。健康的超我能赋予人高尚的品格和积极向上的精神追求，不健康的超我则会变成束缚自己甚至奴役个体的枷锁。

对于本我、自我和超我的关系，弗洛伊德曾经形象地说道：“有一句格言告诫我们，一仆不能同时侍二主，然而可怜的自我处境却更糟，它服侍着三个严厉的主人，而且要使它们的要求和需要相互协调。这些要求总是背道而驰并且似乎常常互不相容，难怪自我经常不能完成任务。它的三位专制的主人是外部世界、超我和本我。”

在弗洛伊德看来，本我旨在追求快乐，自我总是追求现实，超我一直在追求完美。而极度追求完美的超我常常会批评本我谴责自我。“可怜的”自我既要寻求满足本我需要，同时又不能违背超我的规则与要求，因此就成了“处境最糟”的那个。

——性本能理论

弗洛伊德的性本能理论是为他招致“泛性论”骂名的来源，而提到性本能量理论，就不得不提弗洛伊德据此而发明的一个名词——力比多（libido）。弗洛伊德最初将力比多解释为与性本能有关的一种潜在心理能量，后来又对这个词的含义进行了扩充，将其解释为一种机体生存、寻求快乐和逃避痛苦的本能欲望，这是一种生的本能背后的动机力量，与死的本能恰好相反。

弗洛伊德认为，一个人从出生到衰老，一切行为都离不开性本能冲动的支配。他将人的性心理发展划分为5个阶段，分别为口腔期（出生至1.5岁）、肛门期（1.5～2岁）、性器期（3～5岁）、潜伏期（6～12岁）以及生殖期（12岁至成人）。前三个阶段，即出生至5岁的性心理发展构筑了成人人格的基本组成部分，这就意味着儿童的早期经历和生长环境对其成年后人格的形成起着至关重要的作用，而许多成人的变态心理、心理冲突也可以去早年间的创伤性经历和压抑的情结里寻找根源。

——释梦理论

在弗洛伊德的整个理论体系中,释梦所占的地位不可谓不重，甚至有很多对弗洛伊德思想知之甚少或是完全不了解的人也知道他是释梦方面的专家。的确，真正心理学意义上关于梦的研究，确实是从弗洛伊德开始的。

在1900年出版的专门阐述释梦理论的《梦的解析》（也译作《释梦》）一书中，弗洛伊德打破了人们或是对梦讳莫如深，或是漠不关心的现状，他直接指出了释梦的重要性。在他看来，梦是一种有意义的精神现象，甚至可以说它是一种愿望的达成。梦是通往潜意识的一条秘密通道，是对人们清醒时被压抑到潜意识中的欲望的一种委婉表达，换言之，分析梦，就是在分析人的内部心理；对梦境进行探查，就是在对人们埋藏在潜意识中的欲望和冲突进行探查。

弗洛伊德进一步将梦区分为“显梦”和“隐梦”两个概念。“显梦”是指呈现在梦境中的一切，即梦者能看到的内容；隐梦是指梦的实质，即梦者埋藏在潜意识中的那些欲望，它通常都隐藏在梦者所见的梦的内容的背后。如果说显梦好像谜面，那么隐梦就是谜底，弗洛伊德认为，通过显梦提供的线索，破解谜题，找到隐梦这个谜底，这就是释梦的目的所在。

——自我的心理防御机制

弗洛伊德提出自我具备一种防卫功能，因为本我和超我之间经常发生矛盾冲突，使人感到痛苦、焦虑，每当此时，自我就会通过某种形式来调节这种冲突，既满足本我的欲望，又能接受超我的监督，以达到减轻个体痛苦的目的。这就是自我的心理防御机制。弗洛伊德生前曾陆续提出一些防御机制，如压抑、否认、投射，退化、隔离、抵消转化、合理化、补偿、升华、幽默、反向形成等，后来，弗洛伊德的女儿又以此为基础，对其父的心理防御机制进行了系统总结和扩充。弗洛伊德认为，所有人，不管是正常状态下还是病态情况下都会自觉运用心理防御机制，不过，只有运用得当才会避免产生焦虑、抑郁等病态心理；如果运用过当反而会导致这些状况的出现。

其实，弗洛伊德的思想体系是丰富而庞杂的，除了我们所说的精神研究领域，他对包括艺术、宗教等在内的社会文明领域也多有著述、研究。例如，他曾用“俄狄浦斯情结”来揭示包括《俄狄浦斯王》《哈姆雷特》《卡拉马佐夫兄弟》三部著名悲剧在内的文学作品的创作奥秘；还曾创造性地指出文明与本能之间既相互依存又相互对立的关系：一方面文明的进步必须以节制人类本能为代价；另一方面现代文明过分压抑了人类本能，以致各类精神疾病有增无减。而从深层心理的角度上提出文明对本能压抑的问题，则是弗洛伊德对人类的又一大突出贡献。

尽管弗洛伊德开创了科学心理学三大体系之一的精神分析学派，对后世产生了深远影响，其理论和技术也在临床领域沿用至今，然而，弗洛伊德的理论学说却始终未曾获得人们的普遍赞同，非理性主义、泛性论……种种负面声音始终与弗氏理论的传播如影随形。然而，我们说，不管弗洛伊德的思想与观点是否引人诟病，我们都必须承认，是弗洛伊德将心理学研究引入了“人”的维度，他对人类精神和行为所做出的惊人发现对诸多科学领域产生了划时代的影响，所以，不管你是否赞同弗洛伊德的观点，都不得不承认，弗洛伊德永远是人类心理学史上一块绕不开的丰碑！

目录

第一篇

梦的解析

第一章
1900年之前涉及梦的科学研究

下面我将阐述应用心理技巧来剖析梦之可能性，并就此显示一切梦都充满了特殊意义，还与做梦者白昼的精神活动相联系。而后，我想再就诸梦所内含的奇异暧昧的东西做一番推理，可以由此发现梦在形成过程中所包含的冲突或吻合之处。为使梦的问题便于人们了解，我为此努力探讨了一下对有关梦的诸多说法作一整体分析。

在本书中，我先将早期及其当代有关梦的说法作一简要的推介，因为在此后的推理中，我没有机会再谈到这些。虽然梦的存在在数千年前就令人困惑难解，但从科学角度研究仍是极其有限的，因此一切有关这方面的说法，从未有人能引用一家之言概括所有的现象。读者也许曾有过一些奇异的体验或与此有关的许多素材，但真正对梦的本质和对其根本的解释，确信知者甚少。诚然，那些受普通教育而非释梦专家在这方面的知识则更为贫乏了。

史前时期原始人类对梦的看法，无不深深打上了他们对宇宙及灵魂观点的烙印，而此类有趣的问题由于各种原因，我谨推荐读者朋友详读卢布克（Sir John Lubbock）、斯宾塞（Herbert Spencer）、泰勒（E.B.Tylor）及其他作者之大作。在我们没有完成释梦工作之前，我们永远不会真正懂得他们对这问题的感悟及推测将做出多么巨大的贡献。

这种原始时代所遗留的对梦的观点，迄今仍深深左右着许多守旧者对梦的评价，他们坚信梦与超自然的存在有广泛的联系，所有的梦都是他们所信仰的鬼神所启示使然。就这样，它必对做梦者有非同寻常的作用，换句话说做梦是在预卜命运和前途。因此，梦的内容的千奇百怪及其对梦者自身所留下的特殊印象，令他们很难形成一套系统划一的理论，而有赖于通过个别的价值及可靠性做各种不同的分化与聚合。所以，古代哲学家们对梦的评价的不同也就完全取决于其个人对一般人文观点的差异。

在亚里士多德的两部作品中都曾谈到梦，当时他认为梦是心理所致，它并非依靠自然，却是人的一种精力过剩的产物。他说的“精力过剩”，意思是梦并非超自然的显灵，而是仍未超出人类精神力的法则，当然，这或多或少对某些人而言，与神灵是不无关系的，梦是依梦者本身睡眠深度不同所产生的不同层次的精神活动，亚里士多德曾讲述过某些梦中的特点。例如，他注意到梦可以从轻微的睡眠中感知强烈的感官刺激（当一个睡眠中的人感到肉体上某部分较温暖时，他也许梦见自己走入火堆中），因此，他推断梦能够告诉医师病人早期的、不易察觉的病兆。

由上，读者能够看出亚里士多德之前的人们并不认为梦是一种精神活动，而坚决相信神秘因素的存在。所以，自古以来这两种不同的观点就一直无法达成妥协，古人曾尝试将梦分为两类：一类是真正有价值的梦，它能够给梦者以警告，或预卜；另一类则是无价值、空泛的梦，只能带来困惑或引人步入歧途。

第二章
梦之解析方法的研讨：对于一个梦的解析

本书的开场白即已表明，我在梦的观念上受到传统观念的左右。我主要打算使人们理解“梦是能够解释的”，而曾经阐述过的那些对梦的解释有所裨益的贡献，只不过是我这份工作的附加物。在“梦是能够解释的”这一前提下，我马上察觉到我的观点完全不同于时下对梦的看法——事实上包含所有梦的理论，仅除了谢尔奈（Scherner）的以外。“解释”梦即是要赋予梦一个“意义”，以某些具有真实性、有价值的内容来做“梦”的解释。但以我们所见，梦的科学理论也丝毫无助于梦的解释。这是因为，第一：根据这些理论，梦从本质上讲就不是一种心理活动，仅仅是一种肉体的运动，通过符号以呈现于感官的作品。外行的看法始终是与此对立的。他们强调梦的运作是根本不合逻辑的，可是他们虽认定梦是无法理解的，但却没有勇气否认梦有任何意义。经过本能的推论，我们能够说，梦是具有某种意义的——即使那是一种晦涩的“含义”，是为了取代某种思想的过程。所以，只要我们能正确地找出此“取代物”，就能正确地找出梦的“含义”。

非科学界始终在努力以两种截然不同的方法尝试对梦做一番解释。

方法之一，是将全部梦视为一个整体，试以别的内容来取代。此法实际上就某些方面看来，却是利用“相似”的原理，而且，有时手法相当高明。这便是“符号性的释梦”。但此种方法在解释某些看上去极不合理、荒谬绝伦的梦时，一定是十分蹩脚的。《圣经》上约瑟对法老的梦所做出的解释，便是一个例子。“先出现七只健壮的牛，接着又有七只瘦弱的牛出现，它们把前七只健壮的牛吞掉”，这就解释为暗示着“埃及以后会有七个饥荒的年头”，同时预言“这七年会把前七年丰收所积蓄的粮食全部耗光”。大部分富有想象力的文学作家所编造出的梦，多是运用此种“符号性的释梦”，因为他们是以我们普通人在梦里所发现的那份“相似”来体现他们的想法。而那些主张“梦是预言未来的观念”者，则是利用“符号释梦法”来对梦做解释，根据其内容和形式加以臆测未来。要想介绍怎样运用“符号释梦法”，那显然是不太可能的。解释其正确与否只是一种主观的推测与直觉的反应，正是为此，释梦才被认为仅是属于一些超前的佼佼者所独具的专利。

而第二种释梦方法，却有截然不同的观念。这种方法可称之为“密码法”，因为这种方法是视梦为某种密码，其中每一个符号都可用另一已具有意义的符号内容予以解释。举例来说，我梦到一封“信”与一个“丧礼”，于是我查看那本“释梦书”，我发现“信”是“懊悔”的代号，而“丧礼”是“订婚”的代号，而后，我再在这些风马牛不相及的各种意义间寻求其中关联的线索，整理出对未来所做的预示。在达底斯的亚特米多罗斯所做的释梦作品里，我们可以找出类同“密码法”的方法。但在释梦时，他不仅注重梦的内容，同时把做梦者的人格、社会地位均列入考虑范围。因而，相同梦的内容，对一个富人、已婚男人或演说家与穷人、独身者或贩夫走卒之类的人，其意义是截然不同的。此法的主要特点在于：视梦为一大堆片段的组合，每个片段必须分别处理。所谓纷乱的、怪诞离奇的梦，只有以这种方法来解释。

以上所介绍的这两种常用的释梦方法，其不可靠性是显而易见的。以科学的处理来看，“符号法”在应用上有其局限性，无法广泛适用于一切的梦；而“密码法”的可靠性，却又取决于每一件事物的“密码代号”是否可靠。事实上密码的确实性定义毫无科学性的保证，因此，人们轻易同意一般哲学家和精神科医师的看法，而斥责这一套梦的解释是一种幻想。

然而，我本人却持不同的看法。我曾经多次地被迫承认：古代冥顽的通俗观点竟比当今科学见解更能近乎真理。因此，我必须坚持：梦确实具有某种意义，而一个科学的释梦方法是有可能的。我探求此种方法即遵照如下途径：

数年来，我一直尝试着寻找对若干种精神病态（如歇斯底里性恐惧症[1]、强迫意念[2]等）的根本疗法，实际上，当我听到约瑟夫·布劳尔那段具有重大意义的报道——“视这种病态观念为一种症状，而全力以赴地在病人以往精神生活中寻找其根源，则症状便可消失，而病人能得以复原”，加之过去别种疗法的失败，以及这些精神病态所表现出的神秘性，才使得我不顾重重困难，开始走上布劳尔所开辟的这条路，而直至我能在这条绝径上开拓出一番新天地。以后我将在书中其他地方另行详述我这套方法的技巧、形式及其所达成的效果。就是在这种精神分析的讨论中，我接触到了“梦

1 歇斯底里性恐惧症：又称癔症。这是一类由精神因素，如重大生活事件、内心冲突、情绪激动、暗示或自我暗示，作用于易病个体引起的精神障碍。主要表现为各种各样的躯体症状，意识范围缩小，选择性遗忘或情感爆发等精神症状。精神紧张、恐惧是引发癔症的重要因素。——译者注

2 强迫意念：是指患者对自己潜意识中的某种欲望、冲动或一种自知不该和没必要出现的想法失去了控制能力，虽企图摆脱，但已无法停止和除去这种不由自主地重复思索的一种病症。——译者注

的解释”问题。在我让病人把他有关某种主题曾发生过的意念、想法全部告诉我时，就会牵涉到他们的梦，也因而使我想象到，梦能够用来作为由某种病态意念追溯至从前回忆间的桥梁；而第二步则演变成将梦本身作为一种症状，且可以依据梦的解释来追溯病源，给予治疗。

为此，病人本身需有某些心理准备。要反复地嘱咐病人，留意自己心理上的感受，而尽可能减少心理上习惯性地对这些感受做出反驳。为了达到此目的，最好能使病人愉快地休憩于床榻上，合上双眼，完全杜绝任何内心所产生的反驳来抹杀一丝一毫的感受。并且要令他明了，精神分析成功与否，将取决于他本身能否将一切涌上心头的感受和盘托出，而不因为自己认为那并非重要、毫不相干，甚至是愚蠢的就不说出来。他必须对自己的所有意念保持绝对公平，毫无偏见。一旦他的梦、强迫意念或别的病状无法成功地被解决时，这一切就应归咎于他仍允许本身的批判妨碍了它的表白。

我曾注意到，在我的精神分析工作中，一个人在“反省”时的心理，与他自己观察自身心理活动的过程是截然不同的。“反省”往往只用作“自我观察”，所需的精神活动比较剧烈。当一个人在反省时，常是愁眉深锁、神色凝重；而当他进行自我观察时，却往往仍能保持那份悠闲潇洒。这两种情形，均须个人集中精力。然而一个正在反省的人，却须运用他的批判能力，来拒斥某些一旦进入意识境界会令他感到不安的东西，以阻止它继续在其心理中运行。而其他的一些观念，甚至在还没有达到意识境界，尚未被他自身所察觉便已被杜绝。但是，“自我观察”却仅有一项工作——抑制自身的批判力。而假若他能成功地做到这点，将会有无数的意念涌出，能毫无遗漏地浮现到意识里。而靠这些不被自我观察者所觉察的资料，我们就能对这些精神病态意念加以解释。同样，梦的形成也可因此作一合理的解释。看得出来，这样产生的精神状态，以精神能量（流动注意力）的分布来看，类似人们入睡前和催眠的状态。在入睡前，因为某种批判能力的松懈，致使不希望出现的意念涌上心头，从而影响了我们意念的变化，这种松懈，我们习惯地称之为“疲乏”，而这不希望出现的意念的涌现，通常变化为视觉或听觉上的幻觉。但对梦或病态意念进行分析时，这些变化为幻象活动的意念，均被刻意地或熟练地废除，而将这些精神能量（或仅是部分地）予以保留，用来专注于追溯这浮现到意识的不希望的意念。

然而大多数人均发觉，要对“自由浮现的意念”采取这种态度仍有很多困难，这种“批判”的抛弃，实在不易做到。不符合希望的意念，通常会很自然地引起巨大的阻力，而使这意念不能浮现到意识层。然而，若是引用我们伟大的诗人席勒所说的话，我们便可发现，文学的基本创作也恰恰需要此种类似的功夫。在他和科讷的通信中，席勒对一位抱怨自己毫无创作天赋的朋友做了这样的回答："以我看来，你之所以会产生这种抱怨，完全归咎于你的理智对于你的想象力的限制。在此，我将提出一份观察，并以一比喻来说明，假如理智对那已经涌进脑海的意念仍要作过于严格的检查，那便阻碍了心灵创作的一面。大概就某一个意念而言，它也许毫无意义，甚至极端荒唐，但随之而来的几个意念却可能是极具价值的。或许，几个单一的意念虽然都是同样的荒谬，但凑在一起，却成为一个极具意义的联系。理智实际上无法批判一切的意念，除非它能先将所有涌现心头的意志保留，然后由统筹做一比较批判。我认为，一个充满创作力的心灵，能把理智由大门的警卫哨撤回来，好使一切意念自由地、毫无限制地涌入，然后再就整体作一检查。你的那份可人的批判力（或由你自己任意称它做什么），就是由于无法容忍所有创造者心灵的那份短暂的混乱，而扼杀了灵感的泉涌。这份容忍功力的深浅，就是一位有思想的艺术家与一般梦者的分野。因此，你抱怨自己缺乏灵感，实在都是由于你对自己的想法批判得太早、太严格。"

事实上，席勒所谓的，将大门口的警卫哨撤回来所做到的非批判式的自我观察，并非不可能。我的大多数病人，都能在接受第一次指导后做到；而我自己若是把掠过心头的一切念头一一记下，也能够很轻易地完全做到。这种批判活动，所消耗的精神能量日减，自我观察的能量随之日增。然而，此种情况尚需要人与物之间所耗的注意力多少而定。

由这方法应用的第一步骤告诉我们：一个人不能将整个梦作为集中注意的对象；只能够对每一小部分逐一检查。假如我对一个毫无经验的病人发问："这个梦到底与你有何关联？"十之八九，他是根本看不出什么眉目的。首先，我必须为他把梦做一套剖析，然后让他就各片段逐一地告诉我，在这一段里面究竟藏着哪些有关的意念。在此最重要的步骤里，我希望采用的释梦方法与通俗的、过时的、野史记载的那种"符号释梦法"有异，而与前述的第二种方法"密码法"较为接近。与此相同的，我也是一段一段地，而非以整体来研讨；同样，我也视梦为一大堆心理元素的截堆物。

在我对"心理症"的精神分析过程中，曾做过一千多个对梦的解释。我在此介绍释梦的理论与技巧时，并不准备使用这些材料。因为一般人或许会认为，以这些病态的梦所做的解释并不能够推广和适用到普通正常人的梦。同时我还有别的理由，由于所有这些梦的主题，难以脱离导致其心理病态的病根，所以，这种梦每个都须有详尽的特别说明，以及有关其"心理症"的性质和病源的研究报告，这些都将极不寻常，而且会与梦的本质有相当大的差异。相反地，我的目的是——但愿能找到一条路，运用梦的解释来解决"心理症"病人心理上的棘手问题。可是，我所收集的梦大多数是那些“心理症”病人的梦。若要我舍弃这些材料，那我就仅剩下一些健康的朋友偶尔于闲聊中谈到的梦，或一些我在“梦生活”的演说中曾经举过的例子了。可是，不幸得很，这些梦我却又不能作真正的分析来寻求其真实的意义，因为我的方法比起一般的“密码法”难度大些。密码法只要将内容对照那已确立的“密码代号簿”，而我则认为同样的一个梦，对不同的人、不同的背景将有截然不同的意义。因此，最终我只得采用我本人的梦——一种由基本正常的人所做的梦，其内容的解析十分丰富，而且方便，与日常生活可以本能地寻出一种比较明显的关系。当然，在此我将遇到“到底自我分析的真实性可靠到何种程度”的问题，而且这种分析就其不确定性也几乎是无可否认的，但就我而言，自我观察总是较观察别人真切些，同时这样一来，还可顺便看出用自我分析的方法，究竟能够完成多少“释梦”的功夫。诚然，在我自身内在方面，仍有许多需要克服的困难。每个人总是对暴露出他自己精神生活中的细节相当不乐意，同时也担心别人对他的误解所造成的影响。然而，一个人必须能超越这些顾虑，德尔勃夫曾说过：“每一个心理学家必须具有承认自己弱点的勇气，假如那样做他认为会对困难的问题有所帮助的话。”那么我相信，读者们会因为这种心理问题的解析所带来的兴趣，而原谅我的轻率的。

所以，我想在此举出一个我自己的梦，来说明我的释梦方法。每一个这种梦均须有一套“前言”，因此我想请读者先生们，先将我的兴趣暂时看作是自己的兴趣，全神贯注于我的身上，甚至包括我生活上的一些烦琐细节。因为这种转移，将是探究梦的隐含所必须具备的兴趣。

引语

1895年夏季，我曾用“精神分析”法治疗过一位与我家交往颇深的女病人。期间，由于老是担心一旦失败将会影响到我与她家人的友谊，我曾倍感困难。非常遗憾的是，她在我手中的治疗过程并不太顺利，我只做到使她不再有“歇斯底里焦虑”，但她生理上的种种症状并未能得到根本好转。那时我尚未确知“歇斯底里症”治疗的标准，所以，我以为有更好的办法，于是就提出了一个比较彻底但不见得能使患者接受的“办法”。后来，因为患者的不合作，就停止了治疗。有一天，我的同事奥图医生拜访了这位患者——伊玛——的乡居，回来后对我谈及此事。当我问起她的近况，所得的回答是：“看来似乎好一些，但是不见有多大起色。”那种语气听来就有如指责我的过失，于是我猜想，一定是那些起初就不同意伊玛找我治疗的亲戚们又向奥图说了我一些坏话。但这种不舒心的事，当时我并不十分在意，而且也未再向他人提起。只是当晚一怒之下就奋笔疾书，将伊玛的整个医疗经过做了详细的分析，寄给我的一位同事——M医师（当时他称得上是我们这一行的权威），想让他判断，究竟我的医疗是否真有让人非议之处，却就在当晚（或者是隔天清晨）我做了这样一个梦。

这是我当天一醒来立刻写下的：

1895年7月23日—24日之梦

一个大厅里宾客云集，伊玛就在人群中。我走近她，第一句话就是责问她何以迄今仍不接受我的“办法”。我说：“若是你仍感痛苦的话，可不能怪我，那是你自己的不对！”她回答道：“你可知道我近来喉咙、肚子、胃都痛得厉害！”这时我才注意到她变得如此苍白而浮肿、虚弱，我不禁开始为自己从前可能疏忽了某些症状而担忧，于是，我将她带到窗口，借着灯光检查她的喉咙。就像一般装有假牙的淑女们一样，她也免不了有点不情愿，实际上我以为她是无须这种检查的。——结果在右边喉头发现一块大白斑，而别的地方也有广布的灰白小斑排成层层花斑似的小带，看上去很像鼻子内的“鼻甲骨”。于是，我马上叫M医师来再进行一次检查，以证明我的发现……M医师今天看来不同于以前，苍白、微跛，而且脸上胡子刮得干干净净……我的朋友奥图也出现在伊玛旁边，另一位医生里奥波德在叩诊她的胸部（衣服并未解开），并说道：“在左下方胸部发现有浊音，还发现她的左肩皮肤上有‘渗透性’病灶（虽隔着衣服，我仍可摸出这伤口）。”M医师说：“这显然是由细菌感染造成。问题不大，只要泻泻肚子，就能够把毒素全排出来。”……而我们都非常清楚这是怎么造成的，大约不久之前，奥图因为伊玛当时身体不舒服而给她打了一针，“propyl……propyls……propionic acid……Trimethylamin”（这项药名因为是以粗印刷体出现的，所以我能清楚地看到）……其实，人们一般很少轻率地使用这种药的，而且当时针筒不够卫生也是十分可能的……

这个梦似乎有多处占了人家的便宜，很显然与当天白天所发生的事有关联。根据我的“前言”，读者也许可看出一点迹象：奥图听到伊玛的消息，写治疗经过寄给M医师……这些事一直到入睡时仍萦绕在我的头脑中，因而产生了这么一个怪梦。事实上连我本人也无法完全明了其中的内容。我百思不得其解，伊玛何以会生有如此奇怪的症状，propionic acid的注射，M医师的安慰之词……都令我丈二和尚摸不着头脑。尤其是后来一切的进展是如此之快，好像一下子就掠过去，更令我无从捉摸。以下我打算分作几段，逐段分析。

解析

1. 在一所大厅里有很多宾客，正享受着我们的招待：那年的夏季，我们住在贝利福消夏——这是卡伦堡附近山中的独屋，这座房子原本是建来做避暑的别墅，因此，都是些高大宽敞的房间。这梦是在我妻子生日前一日所做。记得做梦的前一日，我妻子曾与我谈及生日当天宴会的布置，并列出一张邀请的名单，而伊玛就是其中之一。所以，在梦中，我就有类似那天生日宴会的一幕出现。

2. 我责怪伊玛不肯接受我的办法，我说："若是你仍感痛苦，那就不能再怪我了，那完全是你自取的！"在清醒时我有可能说出这话，并且事实上可能我已经说过，不过也不一定。那时我认为（日后我已证明那是错误的），我的工作仅仅是对患者揭示他们症状之下所藏的真正病根所在而已，至于他们是否接受成功所必得采用的解决办法，便无能为力。因此，在梦中，我告诉伊玛那些话，不过是要表示她之所以久病不愈，不怪本人"治疗"之不力——而非常有可能这个梦主要的目的就在这一小段。

3. 伊玛抱怨说："喉痛、胃痛、腹痛可把我痛死了！"胃痛倒是她起先找我时就已有的情况，但当时并不十分严重，至多不过胃里难受想吐而已；至于腹痛、喉痛却从未听她说过，何以在梦中，我会替她捏造出这些症状，至今我仍不明了。

4. 她看来苍白、浮肿虚弱：实际上伊玛一直是脸色红润，所以，我怀疑大概在梦中她被另一人给"代替"了。

5. 我开始为自己也许以前疏忽了某些症状而担心：读者们都知道，一个精神科医生常常有一种担心，就是他常常会把别的医生们诊断为器质性毛病的症状，全部当作"歇斯底里症"来医治。大概就是这种担心使我产生了这一段想法。而且另有一种可能，伊玛的症状果真是由器质性毛病引起的话，那么就当然不是我用心理治疗所能治愈的，而我就大可不必为此而不能释怀。因此也许在潜意识里，我反倒希望以前"歇斯底里症"的诊断是个错误。

6. 当我带她到窗口以便看清她的喉咙，最初她稍稍反对，就像装着假牙的女人怕开口，我认为其实她是无须这种检查的：事实上我从未检查过伊玛的口腔，这梦中的情景，又使我想到以前有个富婆来找我看病。她外表看起来那么漂亮年轻，但每当让她张开嘴巴时，她就尽量要掩饰她的假牙……"其实她不需要这种检查"——这句话看似是对伊玛的奉承，但对这话我有另一种解释。伊玛站在窗口的那一幕，使我联想到另一经历：伊玛以前有一位很要好的朋友，有一天我去拜访她时，她正好就像梦中的伊玛一般，站在窗口让她的医生——M医师（就是梦中的那位）为她检查。结果在喉头发现有白喉的伪膜——M医师、白喉般的膜、窗口都一一在梦中出现。这时我才发现，这几个月来，我就始终怀疑她也有“歇斯底里症”，而实际上我之所以产生此种想法，又不过是由于她常有“歇斯底里性窒息”（就像梦中的伊玛那样），所以，在梦中我便把她俩作了调换（replacement）。现在我才记起，我一直盼望着伊玛的这位朋友会找到我来治她的病，然而，我又自知绝无可能，因为，她一直属于那种保守的女人，也许梦中特别强调的拒绝就意味着这一点。另一个对“她不需要这种检查”的解释，或许就是指这位朋友，因为她迄今始终是不需要别人来帮助而能好好地生活着。最后只剩下苍白、浮肿和假牙。这些不可能在伊玛与她这位朋友身上找到，假牙大概来自那富婆；此外我又想到另一个人物——X夫人。她并非我的病人，并且我也的确不敢领教这家伙，因为她一向就与我不睦，丝毫也不柔顺。她面色显得苍白，曾经有一次身体不好，全身浮肿。——就是这样，我同时用了几个女人来取代了伊玛，而她们与伊玛的共同点就是她们都同样地不需要我的医疗。我之所以在梦中用她们代替伊玛，或许是我比较关心她这位朋友，或许是我嫌伊玛太笨未能接受我的办法，而别的女人可能较聪明、较能接受。

7. 我在她喉头看到一大块白斑，同时有小白斑排成像皱缩的“鼻甲骨”那样：白斑让我想起伊玛的那位朋友的白喉，与此同时又使我回忆起两年前我的长女所遭遇的不幸和那一段时期的种种不如意。那紧皱的“鼻甲骨”使我联想到自己的健康问题。当时我常服用可卡因以治疗鼻部的肿痛，就在几天前，我听说有个病人因为用了可卡因导致鼻黏膜大块“坏死”。记得1885年我正竭力推荐可卡因的医疗价值时，曾遭到许多人的反对，甚至有个朋友因大量滥用可卡因而加速了他的死亡。

8. 我立即叫M医师来再作一次检查：这不过是反映出M医师在我们这几个人中的关系，但很快地却意味着这是一个不一般的检查，令我想起一个很坏的行医教训。当磺胺类药尚未发现特别的副作用，仍普遍地被使用时，有一位病人就因服了我开的药，而产生了严重的副作用，我只得马上求助于前辈们。啊！我过些时候才发现，这位女病人的名字与我死去的长女竟是一样，看来这真是命运的报复。同是一个玛迪拉，我害了她，结果就害了自己的骨肉，一报还一报。由此看来，潜意识里，我似乎常自责自己缺乏行医道德。

9. M医师面色苍白，微跛，并且胡子刮得干干净净：M医师的确就是一个脸色总是苍白而令人担忧的人，但刮胡子、跛行却又令我想到这是另外一个人——我的住在国外的一位兄长，他是个胡子刮得最干净的人，他日前来信说，近来因大腿骨的关节炎而行动不便。但何以这两人会在梦中合二为一呢？左思右想，唯有一个共同点——那就是都对我所坚持的观点提出异议，导致我与他们的关系极端恶化。

10．奥图站在伊玛身边，而里奥波德则为她作叩诊，并发现她的左下胸部有浊音：里奥波德也是位内科医生，是奥图的亲戚，因为两人是同行，因此总是互不相让。当我还在儿童精神科主持神经科门诊，他俩皆在我手下工作过，这两人截然相反的性格就曾给我留下深刻的印象：奥图敏捷、麻利，而里奥波德稳健、细致而彻底。在这个梦里，我显然是在欣赏里奥波德的细致，这种比较就如同上述的伊玛与她那位朋友一样，仅是反映出我个人情感上的好恶，现在我才明了在梦中我思路的发展：我对她有所歉意的玛迪拉→我的大女儿→儿科医学→里奥波德与奥图的比较。至于梦中的“浊音”，使我回忆起有一次门诊，当我与奥图看完一个病人后，正讨论不出什么结果时，里奥波德却又进行了一次检查，发现了这个重要的线索：“浊音”。我还另有一种想法：若伊玛就是那病人该多好，因为，那病人后来已被确认为“结核病”，不是像伊玛的那般难断的疑症。

11．在左肩皮肤上有渗透性的病灶：我马上就想到这恰是我患风湿痛的地方，每当我夜半醒来这个毛病就会发作。再下一段“虽说隔着衣服，我仍可摸出这伤口”大概就指着我自己摸到自己的身体。而“渗透性的病灶”这句话极少用来指皮肤的毛病，大都是用来指肺部，如左上后部有一“渗透性的病灶”这样的说法，因此，我们再次可以看出，我其实是多么盼望伊玛患的是那种容易诊断的“结核病”。

12．“虽说穿着衣服”：这只是一个插句，在儿童诊所里医生总是要他们脱光衣服进行检查的，但一般女性基本上是做不到的。记得有一位名医就是从来不用病人脱衣，而能“看穿”她们的病，因此，最受女病人的欢迎——这个插曲，我实在看不出什么名堂来。

13．M医师说：“这显然是由细菌感染所造成。问题不大，只要泻泻肚子，就能够把毒素全排出来。”这乍看是多么荒谬可笑，但是仔细追究，却大有文章。梦中我看出这病人有白喉，而白喉多半是先发生局部感染，再引起全身症状，里奥波德曾查出伊玛胸部有“浊音”，这是否为“转移性病灶”？可我认为，白喉是不可能在肺部造成“浊音”的，难道会是“脓血症”吗？

14．“这没什么问题……”完全是一种安慰之词，梦中M医师说这是病菌感染——一种器官上的毛病，因此，我想这大概又是我欲减轻自己责任的托词——原来她患的是器官上的毛病，难怪我这从未出错的心理治疗会失败，若是她真的是“歇斯底里症”，那才不会……而很可能当我的梦发展到这儿时，我的意识已开始自责：“只为了自己能辩解到无须为她负责任，就不择手段，让伊玛变为感染上‘结核病’重症，是多么残忍！”于是，之后的梦又转向另一方向，朝着乐观的方向发展，才有这种“这没什么问题”的说法，但何以这种安慰之词，却用这种不切现实的说法呢？

15. 痢疾：以前的庸医，还有人确信白喉的毒素能够由肠管排出，因此，可能在这梦中，我就有意识讥笑M医师是这种“蒙古医生”。然而，我又回忆起一件事：数月前，有一个病人因消化不良登门求诊，那时我立即就发现这是“歇斯底里症”，而其他医生都诊断为“贫血、营养不良”。因为我不想在他身上试用“心理疗法”，因此，我就劝他到海外游历来放松一下。殊不知几天后他自埃及写了一封信给我，说他在那里又发作了一次，而当地的医生诊断为痢疾。我十分怀疑，这显然是“歇斯底里症”，怎么能是“痢疾”？可能是当地医生的误诊吧！而我又不禁开始自责：“怎能放任一个有病的人，到那种可能感染上‘痢疾’的地方去游玩？”另外，在德语中，白喉（Diphtherie）和痢疾（Dysenterie）两个词发音是不是也非常相似呢？而这种情形的代替，在梦中是有很多例子的。

在梦中，我使这些话由M医师说出，大概故意在捉弄他，由于他曾告诉我一件相似的事：有一位同事请他去会诊一个濒死的女病人。M医师发现，她尿中出现很多的白蛋白，因而表示病情不乐观，但那同事却不以为然地说：“这问题不大。”——所以，我可能在梦中就故意讥笑这位诊断不出“歇斯底里症”的医生。我常常在想：“M医师是否曾想过，伊玛的那位朋友的病不是‘结核病’而是‘歇斯底里症’呢？有没有可能是他看不出而误诊成‘结核病’呢？”然而我在梦中这般刻薄地嘲讽他，究竟又为了什么目的呢？想来只是一个意图——报复。由于M医师和伊玛都不赞成我，所以，在梦中我对伊玛说她是活该，而将一种最荒谬、最可笑的诊断由M医师口中说出来。

16. 而我们都非常清楚这是怎么造成的：这句话听起来好像很不合理，由于在里奥波德发现“浊音”“渗透”以前，我压根儿未曾想到这会是细菌感染。

17. 大约不久前，奥图因为伊玛当时身体不舒服而给她打了一针：奥图到乡间看望伊玛时，是由于乡间旅舍有急症病人，请他去打针而顺路去找伊玛的，因此“打针”或许是由此而联想的，又因“打针”让我记起，我有一位挚友由于注射大量可卡因而中毒死亡，但当时我是力主在戒掉吗啡中毒时能够使用可卡因。未曾想，他竟一次打了那么多剂量而殒命，这件事曾经使我久久不得忘却。

18. 打的药是propyl……propyls……propionic acid……这种药，究竟是什么，连

我自己也没见过。在做梦的前一天，奥图送给我一瓶写着“Ananas”（伊玛的姓相近这个音）的酒，因为强烈的机油（amyl……）味道使我恶心，因此我真想把它扔了。我妻子说可以送给佣人们喝，我就大骂她：“佣人也同样是人，我决不许你用这毒死他们！”可能“amyl（戊基）”和“propyl（丙基）”音很近吧！

19. Trimethylamin（三甲胺）：在梦中，我还可清晰地看到用粗体字标出来的构造式，然而，Trlmethylamin对我又有什么特殊的作用？记得过去我曾和一位知心的老友聚会时，他向我讲述了他近来对于“性”的化学研究的成果，而且提到他找到Trimethylamin为一种性激素代谢的中间产物，所以，Trimethylamin在我梦中可能取了“性”的意味，但在我看来，“性”恰是一个精神病学上的难题。我的病人伊玛是一个丧偶的女人，要是我硬是自圆其说的话，她的问题大概是由“性”不能满足所致。当然，这种说法定不可能被那些追求她的人们所接受，然而，这样分析却能和梦里的情节相得。

我仍旧想不出Trimethylamin怎么会那么清楚地呈现在我梦里。它必定是个比方，并且很可能并非“性”的代名词，然而，我想不出有其他更好的说明。又谈到性问题，让我想起了影响我非常大的一位医学前辈，他一辈子专研究鼻炎或鼻窦炎，并曾经发表一篇《鼻甲骨与女性生殖器官的关系》的论文，而且，在梦中我曾谈到鼻甲骨，因此，这更令我确定，在潜意识里，我认为伊玛的病与性是不无联系的。

20. 一般这种针，我们是不轻易打的：这显然是在指责奥图的过失。我想起当天奥图告诉我伊玛的事时，我内心就骂他：“你怎么这样糊涂轻易地听信伊玛家人的话”，然而，这“轻率”的打针又让我想起，我的那位用过多可卡因而死的朋友和可怜的玛迪拉——显然，一方面我是依靠这梦在推托我的责任，对无益于我的人逐一报复，而另一方面我终究摆脱不掉良心的谴责。

21. 极可能连针筒都不干净：这又是指责奥图的，然而这来源有所不同。我有一位老病人已有82岁，两年来总是靠我每天给她两针吗啡来维持。近来迁到乡间以后，请了别的医生给她打针，可是发生了静脉炎。这消息让我感到极为高兴，这正好证明了我行医的良心和谨慎，因为两年来我未曾有过问题。“这肯定是针筒不干净”——此时又让我回忆起我爱人在怀孕要生玛迪拉时，曾因为打针而造成“血栓症”。从上面来看，我曾经在梦中将伊玛与我已去世的爱女玛迪拉又当成了一个人。

以上我完成了对这个梦的分析的任务。在分析的过程中，我努力避免因对“梦的内容”及其隐藏的“梦的想法”进行比较而产生偏见，以便把真正梦的含义揭示出来。从整个梦中，我发掘出一个由始至终的意向，那也是我这个梦的动机。这个梦完成了我的几个愿望，然而，这些皆是由前一个晚上奥图对我说的话和我回忆录下整个临床病历所导致的。整个梦的结果，在于说明伊玛今日还是活受罪的原因，并非我的过失，而应该归咎于奥图。因为奥图告诉我伊玛并未痊愈而令我恼火，我于是用这个梦来嫁祸于他。这些原因也搪塞了不少解释来让我自己消除对伊玛的歉意，这个梦呈现了一些我内心的愿望。因此，我能够这样讲，“梦的内容是由于意愿的形成，其目的在于满足意愿”。

这个梦粗一看似乎大体上情景并没什么特殊，可是就愿望达成的观点来仔细琢磨，则每一细节都有其意义。我之所以在梦中如此报复奥图，并不只是因为他轻率地为伊玛的病未痊愈而责怪我，大概因为他曾送给我的那机油臭味的酒，因此，在梦中，我将这两回事混在一块，成了“丙基的注射”。但我依旧心有不甘，因此，我再拿他和较优秀的同行做比较，来继续我的报复目标。甚至我十分想当着他的面说：“我喜欢他，远甚于你。”然而，奥图并非我的愤怒所发泄的唯一目标，同时我也对不听话的病人十分不满，于是，用另外一个比她机灵，比她更温顺的人物来代替。还有，我也未放过M医师，所以，我用一种很无聊的胡扯，来表达出我对他的看法——他的态度简直像一个大白痴（说了些“会发生痢疾……”之类的鬼话），事实上，似乎我极想把他变为一个更好相处的朋友（那告诉我Trimethylamin的朋友），就像我将伊玛改成她的朋友，将奥图改成里奥波德。就整个梦来看，我好像想说出：“让我远离这三个讨厌的家伙吧！让我另选三个人来代替吧！如此，我才能躲过我应得的这些责骂！”在梦中，这些不合情理的谴责，都经过复杂的变化后方呈现出来：伊玛的病痛，只是因为她未接受我的治疗，其错不在我，并且要是那些病痛是因为器官性毛病所致，那么自然不会用我的心理治疗；伊玛的受苦，是因为她的丧偶（Trmethylamin所影射的）所致，而这我也无法相助；伊玛的病，是因奥图轻率的打针引发的——一种我所不曾用过的不合适的针药；伊玛的抱怨完全是由不洁的针筒所导致，就像我从没造成那老妇人的静脉炎一样。我当然很明白这些为了让我自己无罪的一切说明是无理的，甚至有些自相矛盾，然而这整个目的（这梦除此而外，毫无他图）使我想起一个寓言——借用邻家的茶壶却弄坏而被人控诉的故事，第一招，他说他还的时候没坏；被反驳后，他的第二步，便说当初他借的时候，茶壶已经有了破洞；最后，再走不通，他果断地说他没借过。复杂的防卫机制就如此进行着。只要这三条路中有一个走得通，他便将罪责逃脱了。

还有其他梦中的细节，好像和我要证实对伊玛的事概不负责的主题毫无关系：我女儿的病，那和我女儿同名的女病人的病，可卡因的危害，那到埃及旅行的病人的病情，对我妻子、兄长、M大夫的健康的关心，我本人的健康问题，我那患有化脓性鼻炎的已故朋友——然而，我在于那么纷乱的段落中挑出其中共有的含义，那不过是对我本人和别人的健康情形的关切——我的职业上的良心。我此时隐约记得，那晚奥图告诉我伊玛的情况时，我曾经有一种难言的苦恼，而我到底在梦的其他部分里将这种感觉发泄了。此时的感受就好像是奥图对我说“你没有足够重视你的医疗道德，你失去了良心，你并没有实践承诺”，所以，我就在梦中尽全力地证明，我是非常有良心，我是那么关怀我的亲戚、朋友与病人。十分奇怪，在梦里存在的那些痛苦的回忆，更加证实了奥图的谴责，而并非是支持我的表白。

我不敢自夸我已经将这个梦的含义全部解释出来了，我也不敢说我的诠释是毫无毛病的。

我们可用更多时间来探讨它，以找出更多的解释，探讨其中的各种可能，我甚至能发现再深入的心路历程该是怎样的，可是这些就关系到一个人自己的每一个梦所遭遇到的不希望再分析下去的部分。那些责怪我没有分析得淋漓尽致的人，应拿自己做个实验，做得更爽直、更坦率些，可现在，我非常满意这个刚刚分析得来的发现——如果遵循以上所言这种梦的分析方法，我们将发现梦是有价值的，而且绝非一般作者对梦所说的：“梦不过是脑细胞不完整的活动产品。”反之，一旦梦的工作能全部做到，那么，就得以看出梦是代表着一种“意愿的实现”。

第三章
梦是愿望的实现

当一个人历尽千辛万苦，最终爬上一个视野辽阔的空旷地，而发觉再往下则是一路平坦时，他最好是停下来，仔细琢磨一下，下一步该怎样走。同样，我们目前在学习“释梦”的途中，也该进行这件工作。当前，我们正迎来那初现的曙光。梦不是没有价值的，不是荒谬的，也不是大部分意识昏睡，只有少部分活动的产物，它完全是有意义的精神现象——事实上，是一种愿望的实现。它应该算作是一种清醒状态的精神活动的延续。它是由高度复杂的智慧活动所造成的。可是，当我们正为这些发现而高兴时，许多的问题又摆在面前：假如梦真的是理论上愿望的实现，那么，这种实现以如此特别的方式出现又作何种解释呢？在形成我们醒后所记得的梦前，到底我们的梦意识经过了几种变形呢？这些变形又是怎样发展的呢？形成梦的材料又是由何而来的呢？还有梦中的许多特点，例如，其中内容常会自相矛盾，为何会如此呢？梦能指导我们的内在精神活动吗？能修正我们白昼所持的观念吗？我认为，目前这些问题最好暂且搁置一边，而只需关注一条途径：我们已认识到梦是愿望的实现。这是否是一切的梦之共同特征呢？或者那仅是我们刚刚所做的梦的分析的特殊内容（有关伊玛打针的梦）？虽然我们已经得出“所有的梦都有其意义和精神价值”的结论，我们仍需考虑“每一个梦的意义并非都相同”的可能性。我们考虑过的第一个梦是愿望的实现，但很可能第二个梦是一种隐忧的发觉，而第三个梦却是种自我检讨，然而，第四个梦竟是回忆的唤醒。是不是除了愿望实现以外，还有其他种梦？抑或仅有此一种梦？

梦所代表的“愿望实现”通常极为明显，以致令人感到奇怪：何以梦会到最近才开始为人所了解？有些梦，我能够以实验手法随意地引出来，例如：假如我当天晚上吃了很咸的食物，那么，夜晚我会渴得醒过来。但在这“醒过来”之前，往往总有一个内容相同的梦——我正大口大口地喝着，那滋味就有如干涸已久的喉头流入了清凉彻骨的冰水般可口。而后，我惊醒了，发觉我的确想喝水，这个梦的原因就是我醒来后感到渴。这种感觉引发喝水的欲望，然而，梦告诉我它已使这愿望实现，所以，它的确有其功能，其本质我下面会提到，我平日睡眠极好，轻易不会被身体的需求所唤醒。要是我能用这喝水的梦来缓解我的渴，我就不必渴得醒过来。它就是如此一种“方便的梦”，梦就如此代替了动作。然而不幸的是，饮水止渴的需要，不能像我对M大夫、奥图等报复的渴望那样，用梦就可能满足，但其动机是一致的。不久前，我有一个与这有点不同的梦。那次我在上床前，就已感到口渴，于是将我床头柜上的一杯开水喝光才去睡觉。待到了深夜，我又因为口渴而感到不舒服。想要再喝水就得起床，但走到我大床边的小几上拿茶杯委实是麻烦，所以，我就梦见我太太自一瓮子内取水给我喝。这瓮子是我过去从意大利西部古邦安达卢西亚买回来收藏的骨灰坛。可是那水喝起来是这样的咸（可能是内含骨灰吧），以致我不得不惊醒过来。梦就是如此地善解人意。由于愿望的实现是梦唯一的目的，其内容有可能是利己的。事实上，贪图安适是与体贴别人相互冲突的。梦见骨灰坛很可能又是一次愿望的实现，很遗憾我没能再拥有那坛子，就像放在我太太床侧的茶杯一样，我再也没拿到。而且，这坛子很适合我梦中的咸味，由此才能促使我惊醒。

在我的青年时期，这种“方便的梦”常常发生。那时，我经常工作至深夜，早上起床对我来说成了一件困难的事。所以，清晨时，我经常梦到我已经起床在洗漱，不再为未能起床而焦虑，因此，我得以继续酣睡。一个和我同样贪睡的同事也有过同样的梦，并且，他的梦显得更荒谬、更有趣。他租了一间距医院很近的房间，每天清晨在某一时刻女房东就会叫他起床。有天早上，他正在熟睡时，那房东又来敲门：“裴皮先生，起床吧！该上医院去了。”于是，他做了一个如下的梦：他正躺在医院某个病房的床上，他头上挂着一张病历表，上面写着“裴皮·M，医科学生，二十二岁”，因此，他一翻身，继续睡下去，事后，他坦白承认了这个梦的目的，只是贪睡而已！

另有一个例子：我的一个女性病人曾做过一次失败的下颚手术，并且受医师指示，必须每天要在疼痛的颊侧作冷敷，但是，她一旦睡着了，就会把那冷敷的布料全部撕掉。有一天，她又在睡梦中把敷布撕掉了，因此，我说了她几句，没想到她竟有如下的辩词：“这次我实在是无计可施，那全然是由夜间所做的梦引起的。梦中我坐在歌剧院的包厢内，聚精会神地听演唱。忽然想到梅耶先生正躺在疗养院里受着下颚痛的折磨。我自语道：‘既然我自己没有痛感，我就不需要这些冷敷，所以我可以丢弃。’”这不幸的病人所做的梦，令我想起当我们置身于危难的境地时，却往往口中会说“好吧！那我就想些更愉快的事吧！”而这梦恰恰是这种“愉快的事”。至于被这病人所指为颚痛的梅耶先生，不过是她自己偶尔想到的一位朋友而已。

在一个健康人的身上，我十分容易地收集了一些“愿望实现”的梦。一位熟悉我的梦的理论的朋友，曾将这些理论解释给他太太听。某一天他告诉我：“我太太昨晚梦到她的月经又快来了，而这意思你应该很清楚吧！”自然，我非常清楚当一个年轻太太梦见她月经快来时，实际上是月经停了。我可以推论，她实在还很希望能再自由一些日子，而不受生下子女后的拖累。另一位朋友写信告诉我，他太太最近梦见上衣沾满了乳汁，这也是怀孕的前兆。但这已不是他们的头胎，而这年轻的母亲，心里多么盼望，这将要诞生的第二胎比第一胎有更多的乳汁吃。

一位年轻女人，由于常年在隔离病房内照顾她的患传染病的小孩，很长一段时间未能参加社交活动。她曾做了个梦，梦见她儿子康复，她与包括都德、鲍格特、普鲁斯特在内的许多作家在一起，这些人对她非常友善亲切。在梦中，这些人的面貌完全和她所收藏的画像模样相同，只有普鲁斯特这人的容貌她并不熟悉，但他看起来就像那次第一个从外界进入这病房来做消毒的人。显而易见，这梦可以解释为：“以后将不再有枯燥的看护工作了，快乐的日子就要来临！”

看来这些材料已能够显示出，不管梦有多么复杂，大多数均可以理解为愿望的实现，甚至其内容往往是无须掩饰便可看出的。它们大多是简短的梦，与那些令释梦者需要特别费脑筋研究的复杂梦形成鲜明对照。可是，只要你肯对这些最简短的梦做一番研究，你会发觉那的确是非常有价值的。我认为，儿童由于心灵活动单纯，所做的梦多是十分单纯的。而根据我的经验，就像我们研究低等动物的构造发育，以便了解高等动物构造一样，我们应多多探讨儿童心理学，借此而了解成人的心理。可是，遗憾的是很少有人能利用少儿心理的研究达到这个目的。

儿童的梦，通常是十分简单的愿望实现，所以，比起成人的梦要枯燥些，但是它们虽产生不了太大问题，却可以提供给我们有用的证明——梦的本质是愿望的实现。我曾经从我本人的儿女那里收集了不少这样的梦。

1896年夏天，我们全家到荷尔斯塔特旅行时，我那8岁大的女儿以及刚过5周岁3个月的儿子各做了一个梦。我必须加以说明的是，那个夏天我们住在靠近奥斯湖的小山上，在天气晴朗时，我们能够看到达赫山，要是再加上望远镜，可清晰地看到山上的西蒙尼小屋。而孩子们也不知为何，天天就喜欢看这望远镜。在远游出发前，我对孩子们说明，我们的目的地荷尔斯塔特就在达赫山的山脚下，而他们为此显得格外兴奋。由荷尔斯塔特再入耶斯千山谷时，孩子们更被那变幻的景色所吸引，只是5岁的儿子逐渐地开始不耐烦了，只要看到山，他便问道：“那就是达赫山吗？”而我的回答总是：“不，那只是达赫山下的小丘。”就这样问了好几次，他终于沉默了，也不肯跟我们去观望瀑布了。那时，我以为他是太累了。没想到，第二天清晨，他高兴地跑过来告诉我：“昨晚我梦见我们走到了西蒙尼小屋。”我这时才明白，当初我说要去达赫山时，他就以为他一定可以由荷尔斯塔特翻山越岭地走到他每天自望远镜中所看到的西蒙尼小屋去，而当他获知只能以山脚下的瀑布为终点时，他感到失望和不满。但梦使他得到了补偿。此时此刻，我试图再问些梦中的细节，他却只说了一句：“你只要再爬石阶上去，6小时就能够到达。”别的内容却是一片空白。

在这次远游中，我那8岁半的女儿，也有一些可爱的愿望要由梦来满足。我们这次去荷尔斯塔特时，曾带着邻居一个12岁的小男孩爱弥儿一同去。这孩子文质彬彬，颇有一个小绅士的风度，相当赢得小女的欢心。一个早晨，她对我说：“爸爸！我梦见爱弥儿是我们家庭的一员，他叫你们‘爸爸’‘妈妈’，并且与我们家男孩子一块睡在大卧铺内。一会儿，妈妈进来了，把满手的用蓝色、绿色纸包的巧克力棒棒糖丢到我们床底下。”我那小儿子（这小家伙显然不知道释梦的道理），就像我曾提过的一般作家一样，斥责他姐姐的梦是荒谬的。但是，女儿却为了她的梦中的一部分，仍奋力争辩。假如以心理症理论的观点来看，她所力争的内容究竟是什么呢？她说：“说爱弥儿是我家的成员，确实是荒谬，但巧克力棒棒糖却是有道理的。”而这段梦实在令我不解，直至后来妻子为我做了一番合理的解释。原来在由车站回家的途中，孩子们停在自动售货机前，吵着要买就像女儿梦见的那种用蓝纸、绿纸包的巧克力棒棒糖。但妻子认为，这一天足够让他们玩得开心了，不妨把这愿望留到梦中去满足吧！而这一段我不知道的插曲，经过妻子的叙述，小女梦中的一切，我就能够了解了。那天，我自己曾听到走在前面的那个小绅士在招呼着小女：“慢点走，等‘爸爸’‘妈妈’上来再赶路。”但女儿做梦时就把这暂时的关系变为永久的了。而事实上女儿的感情，也仅是梦中的亲近而已，绝非她弟弟所谴责她的，要永远与那小男孩成为朋友。可是何以把巧克力棒棒糖丢在床下，那是不问小孩子就无法了解的了。

我的朋友也曾告诉过我一个类似我儿子所做的梦，那是一个8岁的女孩所做的梦。她爸爸带了几个小孩旅行到隆巴赫，想由此再到洛雷尔小屋，可是，由于时间太晚而只好折回，许诺孩子们下次再来，但在归途中，他们瞧见了往哈密欧的路标，小孩们又吵着要去哈密欧，可是，她爸爸也只答应他们下次再带他们去。第二天早上，这小孩子却兴致勃勃地告诉她爸爸：“爸爸！我昨晚梦见你带着我到了洛雷尔小屋，然后又到了哈密欧。”因此，在梦中，她的急不可耐促成了她父亲诺言的提前实现。

此外，我那女儿3岁零2个月时，对奥斯湖的美丽风光所做的梦也是同样有趣。这小家伙，我们首次带她游湖时，大约是由于逛得太快就登岸而未尽兴，她竟吵着不肯上岸而大声哭闹。翌晨，她告诉我“昨晚我梦见在湖上荡漾”，但愿这梦中的游湖会令她更满足吧！

我的长子8岁时，就曾经做过实现幻想的梦。他在兴冲冲地看完他姐姐赠予他的《希腊神话》的当晚，就梦见与阿基利斯[1]一同坐在达欧密地斯所驾的战车上驰骋疆场。

若是我们能将小儿的梦呓也算在梦的领域，我就把下面这段作为我最早收集的材料。我最小的女儿，在她只有19个月大时，有一个早上呕吐得非常厉害，以致整天都无法给她喂食，而当晚，我就听到她吐字不清的梦呓：“安娜·弗（洛）伊德，草莓……野（草）莓，（火）腿煎（蛋）卷、面包粥……”她这样以她自己的名字来引出她所要的东西，而这些菜都是她最爱吃的东西，但这些都是当时健康上所不允许的，并且护士也曾再三叮嘱不可以吃这些食物。所以，她便在梦中发泄了她的不满。

当我们说儿童由于没有性欲而快乐时，我们不要忽略，儿童也有极多的失望、弃绝和梦的刺激是由别的生命冲动所致的，这里有另一个例子：我的侄儿，当他22个月时，在我生日那天，人家让他向我祝福生日快乐并且送给我一小篮子的樱桃（当时樱桃产量极少，极为稀贵），他好像不太愿意，口中一直重复着“这里头放着樱桃”，却一直不肯将那小篮子放手。然而，他仍懂得怎样不使自己吃亏，其中妙法是这样的：他过去每天早上，都习惯性地告诉他妈妈，他梦见他一度在街上羡慕的那个穿白色军袍的军官又来找他。就在他不情愿地给了我那篮樱桃之后的第二天，他醒来后高兴地说：“那个军官把所有的樱桃都吃光了。”

至于动物到底做些什么梦，我可无从知道，但我却记得一个学生曾告诉我的一个谚语：“鹅梦见什么？”答曰：“玉米。”〔弗伦茨（Ferenczi）曾记载过匈牙利谚语：“猪梦见什么？”“谷子。”〕梦是“愿望的实现”的整套理论，也几乎概括于这句话中。

现在仅仅利用很显而易见的话，我们就已能够简单地得出梦里所隐藏的真谛。的确，格言智笺中对梦不乏讽刺，正像科学家们“梦有如气泡一般”的看法，但以口语来说，梦实在是十分美妙的“愿望的实现”，当我们一旦发现事实出乎意料而兴奋时，我们不也是情不自禁地叹道“就是在我最荒唐的梦中，我也不敢这样想”吗？

---

1 阿基利斯：就是阿喀琉斯，是荷马史诗《伊利亚特》中半人半神的英雄，除了脚踵外，周身刀枪不入。在特洛伊战争中杀死特洛伊主将赫克托尔，使希腊军转败为胜。后被太阳神阿波罗的暗箭射中脚踵而死。——译者注

第四章
梦的改装

假如我现在就声称所有的梦都是“愿望的实现”，我确信必会招致最强烈的辩驳。批评我的人将会说：“梦能够被解释为‘愿望的实现’的说法，其实不是创举，过去如拉德斯托克、沃尔克特、格利辛格尔等已有此论”，但要说在以“愿望的实现”为内容以外，就没有其他梦，那就未免以偏概全，成为站不住脚的谬论。反之，充满不愉快内容的梦，却是常见的。悲观哲学家哈特曼最反对这种‘梦是愿望实现’的观点。在他的《潜意识的哲学》的第二部里，他说：“……至于梦，可认为是日间活动中，除了理性上、艺术上较惬意的享受之外的，一切烦恼全部带入睡境所造成的结果。事实上，甚至别的一些不大悲观的观察者，也都同意梦里痛苦不祥的内容要比愿望实现的情形多些。有两位女士，韦德和哈拉姆曾用她们自己的梦，以统计数字表示出梦较多沮丧失望的内容，她们发现58%的梦是不尽如人意的，而仅有28.6%是愉快的内容。除了那些带入我们梦境中的痛苦以外，还有一些令人无法忍受，甚至把人惊醒的‘焦虑的梦’。也就是这种梦常使小孩睡觉时吓得惊醒而大哭大叫。然而，最显然的愿望实现的梦，也只有在儿童中才能产生。因此，梦未必全是‘愿望的实现’。”

由此看来，似乎“焦虑不安的梦”的实例，足以推翻前面所提的梦，而且，还可因此指斥愿望实现的说法为无稽之谈。

但是，要想对以上这种好像是振振有词的反调给以辩驳也并不难，我们只需注意到，我们对梦的解释不是就其梦的表面内容作的解释，而是以探究梦里头所隐藏的思想内容所做的解释。现在让我们来认真比较一下梦的显意与隐意吧！梦的显意，确实常常是令人痛苦的，但有谁曾花精力去找那隐藏在其中的更深一层的意义呢？若是没有下过这份功夫，那么，所持的两种反对论调也就经不起推敲！因为我们那些痛苦的梦，假如经过潜心分析的话，又有谁敢说它不是蕴涵着愿望实现的意义呢？

在科学的研究中，当一个难题解不开时，莫如再加上一道难题，一同来考虑，有时反而能找到意外的解决办法。就像你把两个胡桃核凑在一起敲碎，比一个个分别敲碎容易。所以，我们现在不只要解决这一个问题——“痛苦的梦，如何解释为‘愿望的实现’？”还要再考虑另一个我们以前所提出的问题：“何以那些粗看起来，风马牛不相及的梦，需要通过层层辨析，方可看出也是愿望实现的意思呢？”就以伊玛打针这件事情来说，这并非一个痛苦的梦，并且经过解析，得以充分看出，确实是“愿望的实现”，但为什么必须得经过这段解释呢？难道就无法直接看出它的意义吗？实际上，伊玛打针的梦，以表象看来，无论是读者们乃至做梦者本人，在分析之前，都无法看出竟是做梦者愿望的实现。若是我们把“梦是需要解释的”看作是一种梦的特点，将其称为“梦的改装现象”，那么，下一个问题就是“梦的改装的来源是什么？”

至于梦这个问题，很多可能的问题都将被提出，例如，有人认为，睡觉时一个人是无法对自己的梦中想法有个切实的表达的。或者说，梦的分析需找出另一种解说。因而，我将在这里再举出我自己的第二个梦，当然也难免会把个人的一些私事鲁莽地公布于众，以便能做更清楚地解释，但是我确信这样做是值得的。

前言

在1897年春季，我得知有两位我们大学的教授，推举我升为临时教授（professor extraordinarius，大致相当于助教）。这消息真的令我极为高兴，而且我也对两位杰出人物对我的垂青感到意外。我立刻竭力使自己冷静下来，不要太期待奇迹的出现，因为过去几年，校方已经数次拒绝这种推荐，而且，还有许多比我资深的或同年的同事，也都已等待了几年，却毫无消息。而我自认为并不比他们高超多少。因此，我决定还是宁肯听任自己失望，也决不乱存奢望。我自知自己并非是有野心之辈，而且，虽没有那种教授身份，但我过得还算十分惬意。或许那葡萄是吊得过高了吧，也使我难免有酸葡萄之讥！

一个晚上，一位朋友R先生来看我。他的遭遇始终是使我引为他山之石而自戒的。他很早就已被推荐为教授头衔（对病人而言，有了这头衔的人有如神仙一般的神气），而他也比我较不死心，因而，经常向上司追问何日晋升的可能性。这一次他告诉我，他在忍无可忍之下，坦白地逼问上司，他之所以迟迟未能晋升的原因是否与他本身的宗教派别有牵连。结果，上司的答复是，目前由于众议，他的确无法晋升，他说：“至少目前我已清楚我自己的处境。”我这朋友所告诉我的并非是什么新消息，但至少他增加了我的自知之明，因为我和他是同样的教派。

在第二天早晨醒来时，我就把当晚所做的梦记录下来了，它包括两种想法和两个人物，而一个想法紧跟着的便是一个人物，在梦中分为两部分出现。但在这里，我只需提出这梦的上半部，因为下半部与我这里所要说的无多大关系。

一、“我的朋友R先生”是“和我极有感情的叔叔！”

二、“我很近地看着他的脸，有些变了形，似乎脸拉长了，腮边上长满黄胡子，看来很有特色”，接着有两个别的梦，一个人物和一个想法，我就此从略。

这怪梦的解释如下：

当天早上我回想这个梦时，不觉付之一笑，“嘿！多么无聊的梦！”但是，我却始终不能释怀，并且，整天出现在脑中。终于到了晚上，我开始责备自己，“当我自己在对病人做梦的解释时，假如他们说他的梦太荒唐、太无聊、不值得一提，我自己也一定会怀疑中间必有隐情，而且非探个水落石出不可。”同样，以其人之道还治其人之身，我之所以觉得不值得一提，正表示着心中有着怕被分析出来的阻力。“嘿！可千万别让自己溜过去！”所以，我就开始分析工作了。

“R先生是我的叔叔”：这是什么意思？我只有一个叔叔，叫作约瑟夫。说起我这位叔叔，真是很可怜，约在三十多年前，一时为了再多赚点钱，竟去触犯刑法，被判了刑。我父亲为了这件不幸的事，在几天之间，头发就变白了。他常说约瑟夫叔叔并不是一个坏人，他只是一个被人利用的“大呆子”。那么，假如我梦见R先生是个大呆子，这种论调也太没道理，但我的确在梦中看到那副相貌——长脸黄须，而我叔叔就是长脸，两腮上有迷人的黄胡子。但R先生却是个黑发黑须的家伙。当青春不在时，那黑发是会变灰的，而黑胡子也会一根根地由黑色变为红棕再成为黄棕，最后变为灰色。R先生现在的须色，恰恰是连我见了也伤心的那副苍老颜色。在梦里，我似乎既见到R先生的脸，同时又见到叔叔的脸，有如高尔顿（Galton）的复合照相术——高尔顿擅长把几张长相酷似的面孔重复地感光于同一底片上。因此看来，显然是我心中认为R先生是个大呆子，就和我那叔叔一样。

到现在，我从自己这份解释中还是看不出究竟。我想这中间一定包含某种动机，使我毫不留情地想揭发R先生。但是，事实再明显不过：我叔叔本是个犯人，而R先生绝不是什么犯人。喔！对了，他有一次由于骑自行车撞伤了一个学徒而被罚款。难道我会把这事放在心里了吗？这种对比简直是太荒唐了。这时，我又忆起几天前，我与另一位同事N先生的谈话。其实，谈话内容也不外乎那升迁的事。我与N先生在街上相遇，他也被提名晋升教职，并且，他也听说我最近被推荐为副教授的消息，他当场恭喜我，而我拒绝了他。我说：“你可不要再这样揶揄我了，实际上，你也明白现在只是被人提名而已，没有什么了不起。”于是，他略带勉强地回答：“你可不要这样说，我因为自己有问题，才升不了的。你难道不知道那女人告发我的事吗？我可以告诉你，那案子其实根本就是一种卑鄙的敲诈，而我只是尽力想使那被告免于被判刑而招来麻烦，很可能那件事深刻地印在部长的记忆中了。但你呢？可完全是清白的呀！”就这样，我又由梦的解释与趋向引出了一个罪犯人物，我的叔叔约瑟夫代表我的两位被提名晋升教职的同事——一个是“大呆子”，一个是“罪犯”。直至现在，我才明白了这梦之所以要解释的地方。假如教派的歧视确实是我那朋友得不到晋升的症结所在，那我的晋升同样是无望了。但假如我能找出这两位同事身上我所不存在的其他缺点，那我的晋升希望就不会受到影响。这就是我做梦的程序。梦将R先生变成了大呆子，N先生又变成了罪犯，而我却既不是呆子，也不是罪犯，于是，我便大有希望晋升了，而且，不必担忧R先生告诉我的那桩坏消息。

写到这里，总觉得意犹未尽，对于这份解释的内容，也仍旧不太满意，特别是为了自己晋升高职，竟在梦中如此歪曲那两位我素来敬仰的同事，更是自责不已。幸好，鉴于我自己深知由梦中所分析出的内容，绝不是真正的事实，多少也可减轻一下对自己的责备。实际上，我绝对不能相信有人敢说R先生是个大呆子，同样地决不相信N先生会被牵涉在敲诈事件中。当然，我也不相信伊玛真的是因为奥图给她打的那丙基针而病情恶化。总之，如以前所示，梦里所表现的皆是一厢情愿的实现。就愿望实现的内容看来，我的第二个梦，好像比第一个梦来得较不离谱，但实际上，也有些蛛丝马迹勉强可以说明这些或许是事实的毁谤，从而发现这梦的确不是无中生有。因为，当时我的朋友R先生正被他同系的某教授反对，而且我另一位朋友N先生，也私下里悄悄告诉过我一些有关他的不可告人的私事。但我仍要再重申一下我的看法，这个梦还须再深入地解析下去。

现在我忆起那个梦还有一些刚才释梦时未注意到的部分。当我在梦里发现R先生就是我叔叔时，我心里对他产生一种深厚的感情。但究竟这份感情实际上是对谁的呢？当然，对我那个约瑟夫叔叔，我可从来没有这般深厚的感情，而R先生虽与我是长年的好友，但如果我当面对他叙述我梦中对他所具有的那份深厚感情，无疑的，他会感到肉麻。假若我这份感情是针对他的话，以我理智地分析，完全是糅合了他的才华与人格，进而又掺杂进我对叔叔所产生的那种矛盾的感情的夸大，而这份夸大竟是朝着相反方向走的。现在，我终于发现，这份难以言说的感情，并不属于梦的意境或内含的念头，而恰恰相反，它反过来是与梦的内容相违背的，而且，在梦的分析过程中，巧妙地躲过了我的注意力，极可能这便是它的主要功能。我还记得，就在我做这梦的分析前，曾是多么不情愿，我尽量推迟时间，还一味地嗤之以鼻；而今，从我多年对精神分析的经验看，我深知这种“拖延”“嗤之以鼻”更表现出其中大有文章。实际上，这份感情对梦的内容而言，并无多少关联，但起码表达了我内心对这梦的内容所产生的实在感受。若是女儿不爱吃苹果，她常常连尝都不尝一口就说那苹果特别苦，若是我的病人采取这种行动，我也会马上可以猜到他必有所潜抑。同理，我的梦也是这样。我之所以迟迟不肯去解释这个梦，也不外乎是我对其中某些内容产生了反感，现在，经过如此抽丝剥茧地研究，我才知道自己反对的是把挚友R先生变为大呆子，而我在梦中对R先生那种非同寻常的感情，其实并非是梦里真正的感情，而仅是表示我内心对这释梦工作反感的强烈程度。如果那时，我的梦在一开始就被这个感情所困惑，而获悉与现在相反的解释，那么，我梦中的那份感情便会实现它的目的。也就是说，这感情是有目的的，希望能使我们对梦作改装。我在梦中对R先生恶意中伤，并且不会使我相反的一面——一种确实存在的温厚友谊——浮现到梦的意识来。

上述所发现的道理，推广到各方面都是能够成立的，就如第三章我们所提出的梦，有些是极为简单的愿望达成，而一旦愿望的达成有所“伪装”或“难以辨认”，则会表示梦者本身对此愿望存有顾忌，并且会使这愿望只能以另一种改装的形式来表达。我将在实际的社交生活中找出一些与此内心活动相类似的实例。在社交中，我们有许多虚伪客套，就两个人在一同工作来说，若是其中一个有某种特权，那么，另一位必定对他这份特权时时有所顾忌，那么，他只得对他自己内心想做的行为有所改装，也就是说，他就得戴上一副假面具。实际上，每天我们待人时所应用的礼节，说穿了只不过是这种虚伪。假如为了读者们，我要对我的梦作诚实的解释的话，那我势必要陷入这种自己撕破假面具的尴尬场面。甚至连诗人们也在抱怨这种虚伪的必要性：

“能贯通的最高真理，你都不能坦白地告诉学生们。”（歌德《浮士德》中魔鬼梅菲斯特费勒斯说过的话。）

政论作家也同样地对那些执政者有所顾忌，而把很多令人不快的事实加以掩饰。假如他敢坦率地写，那么，政府无疑会予以制裁——口头上发表的，事后必被整肃警告，而已出版成书的，也必被禁印封闭，因而，作者们为了检查者的缘故，不得不对其言论做些伪装，不是完全只字不提地明哲保身，而是旁敲侧击地将那些曾被反对的言论巧妙地改装起来。例如，他会以两个清朝贪官污吏的劣迹，来嘲讽其国内有问题的官员，而且，通常检查标准越是严格，作家们便越有更巧妙的方法来暗示读者真正的含义。

这种检查，致使作家所做的改装完全类似于我们梦里所做的改装，那么如今，我们须假设每个人在自己的心灵内都有两种心理步骤，或称之为“倾向”“系统”。第一个是在梦中表现出愿望的内容，而第二个却扮演检查者的角色，而形成了梦的“改装”。但第二个心理步骤的权威性，究竟是否靠那些特点来做它的检查呢？假如我们想到，那些梦的隐意均经过分析方可为我们所意识到，而醒来后意识到的只是梦的显意时，我们必能得出一个合理的假设：“凡能为我们所想到的，必须经过第二个心理步骤所认可；而第一个心理步骤的材料，如果不能通过第二关，则不能为意识所接纳，而只能任由第二关加以各种变形直至它满意的地步，才能够进入意识的境界。”因而，我们就此获得所谓意识的基本性质：意识是一种特殊的心理行为，它是感官将其他来源的材料经过一番加工而形成的产品。而对心理病态来说，我们决不可对“意识”这一重要问题有任何忽略，因此，我计划以后再另作更详尽的探讨。

我用以上所述那两种心理的步骤与“意识”的关系，来证明我对R先生虽具有深厚感情，而在梦中却加以如此轻蔑态度的现象，我发现在政界官场里，我也同样能找出一些类似的现象。就一个国家的统治者来说，他扩张私人权力的欲望通常与人民意见是相违背的，因而，他往往就会采取一种非常令人难以理解的做法：他会故意器重那些人民极厌恶的官员，并给予他们某些本不应该得到的特权，或多或少地发泄出他对人民意见的藐视。同样，我这控制意识的第二个心理步骤，也因为第一个心理步骤的希望——对R先生具有极深的感情，而将那隐藏着的冲动以“把他贬斥为一个大呆子”来发泄掉。

或许我们会怀疑，经过梦的分析，我们能否得以解开哲学所一直无法解决的人类心理问题，但是，目前我并不准备以此途径去发展，我们还应先返回去把“梦的改装”先阐释清楚，主要问题是梦中不愉快的内容到底如何解释为愿望的实现。我们现已看出，所表现的不愉快内容不外乎是愿望实现的一种变相的改装。用一句我们前面提到的假设，我们也能够说，梦之所以要改装成不愉快的内容，实际上就是由于其中某些内容为第二心理步骤所不准许，而同时这部分恰是第一心理步骤所需要的愿望。每个出自第一心理步骤的梦，均为愿望的实现，第二心理步骤却横加破坏裁减，而毫无增润。假如我们只考虑到第二心理步骤对梦的关系的话，那么，我们对梦将永远不能做出准确的认识，而本书作者发现的这些梦的问题，也将得不到解决。

欲证明每一个梦的秘密意义确实在于愿望的实现，的确需要一番分析工作，因此，我将特意选些痛苦的梦，尝试对它做一番分析，其中有些是“歇斯底里症”患者所做的梦，因而须附带一些长篇的“前言”，并且有些部分也会涉及患者心理过程的分析——这些，不可避免地将会是令读者倍感困惑的。

当我治疗心理症的病人时，他的梦常常就成了我们讨论的关键。我必须随时靠他本身的帮助来对梦中的各种细节加以分析解释，从而知道他的病情，此时，我就常会受到比我的同事对我的批评更厉害的反驳。差不多所有病人都不赞成我的“梦是愿望的实现”这种说法。以下就是一些被引出来驳斥我观点的梦的内容。

“你总是说，梦是愿望的实现。”一位相当聪明的女病人告诉我，“但我立刻就可以说出一个完全相反的梦。梦中我的愿望完全无法实现，这下看你怎样自圆其说。梦是这样的：我梦见我想准备晚餐，但手头上就只有熏鲑。我想出去买东西，偏巧是礼拜天下午，所有商店都关门休息。那就打个电话给餐馆，偏偏电话又断了线。最后，我只好死了这份做晚餐的心。”

我回答她，诚然，你这梦乍看起来似乎非常合理地完全与我的理论相悖——完全是不能实现的愿望，但是，梦的真正意义总是要经过分析的，绝不是仅用表面意义所能代表的，于是，我问她：“到底是什么原因引起你做这些梦的呢？你知道，日有所思，夜有所梦！”

解析

这个病人的丈夫，是一个忠厚而且能干的肉贩子，在一天前，他告诉她，自己实在是胖得太快了，有必要去接受减肥治疗。今后他会早起、运动、节食，而且更重要的是，他再也不接受任何晚宴的邀请。她就取笑他，说有一次她丈夫在他们常去的饭馆里结识了一位画家。那画家执意要为他画张像，并且说，他一生中还从未见过像他这般生动的面孔，但被她丈夫坦率地拒绝了。她丈夫认为，任何一位漂亮女孩的屁股都会比他的面相更能打动画家。（歌德的诗句“如果没有屁股，这位贵人如何坐着？”也许给了他灵感。）她深爱着她丈夫，也因而痛快地取笑了他一番，并且央求他以后不要再给她“鱼子酱”。这句话又有什么意思呢？

实际上，她一直希望每天早餐都能有三明治加鱼子酱，但是出于俭朴的习惯，使她不能这样做。同时她深知，如果她开口要求，她丈夫一定会立即买给她吃的，但是与此相反，她却要求他不要给她鱼子酱，以便以后她还能够再以这事来揶揄他。

就我看来，这段解释仍非常勉强。不满意的解释常常是背后仍隐藏着一段未坦陈的告白。我想起伯恩海姆[1]做过催眠的那些病人。当他对病人做“催眠后的指示”

1 希波莱特·伯恩海姆（Hippolyte Bernheim，1840—1919年）：法国著名心理治疗家，南锡学派代表人物。主要研究癔症、催眠及心理治疗。——译者注时，他问到他们的动机时，他们的回答并不是我们所想象的“我并不知道我何以这样做”，出乎意料的是，他们都会编造出一个看得出破绽的理由来。这与我所提的那位女病人的鱼子酱故事是有点相似的。我们能够明白她是在清醒状态下，下意识地编造了一个所不能实现的愿望，她的梦也同样地显示了愿望的不能实现。但她何以需要不能实现的愿望呢？

到现在所得到的资料，仍不足以对梦做一番真正的解释，于是，我就逼问她，她经过一段很长时间的沉默才终于克服了阻力。她想到，一天前，她曾去拜访一位她先生经常称赞的，令她多少有些嫉妒的女友。还好，她丈夫最喜欢身段丰满的女人，而她发现她那位女友长得瘦长多了。再追问下去，她又说了，那女友曾告诉她，她恨不能长胖些，并且问她：“你何时能邀我吃饭呢？你的菜永远都做得那么好！”

到此，我们总算能够对这梦做一番合理的解释了！我终于能告诉病人：“其实在你那女友希望你请客时，你心里就有数：‘哼！我才不请你去我家呢，如果真使你长胖了，再让我先生动非分之想，那我宁愿晚餐都不煮呢！’而你现在所做的梦，正是说你做不成晚餐，因而实现了使你那女友长不丰满的目的。你丈夫所提出的减肥妙方最重要的就是不参加人家的晚宴，于是，在你的心里，你就产生了这个念头：‘到人家家里吃饭才能长胖。’现在，似乎所有的疑团都解释清楚了吧！且慢！还有‘熏鲑’这东西。也具有什么意义吧？你在梦中，何以会想到熏鲑这道菜呢？”“熏鲑是我那女友最喜欢的一道菜。”恰巧，我也认识她这位女友，而我深知这妇人节俭到舍不得吃熏鲑的程度，与我这病人爱吃又不忍花钱吃鱼子酱的情形是一模一样的。

这个梦，再加上附带的细节，使我感到有必要再作另一种解释。这两种解释方法决不相互冲突，反而更能由此看到梦境的全貌，并且也可由此看出一般心理病态形成的过程所具有的暧昧性。我们已经知道这女病人曾梦到对自己愿望的否定（想吃鱼子酱的愿望），而她的那位曾表示过盼望长胖的女朋友，如果在我们这位病人的梦中永远长不胖的话，那我想我们肯定一点也不惊讶，但是，事实上她只是梦到她本人吃鱼子酱的梦无法实现，因此，我们可以把这梦作一新的解释：梦中的她不能如愿，其实不是指她本人，而是在梦中以自己代替了那位朋友的位置。用句心理学的术语，就是说她把自己“仿同”成她那朋友那样。

我想，她确实是如此地仿照了那女友，而变成了自己的不能如愿。但是，这种“歇斯底里症”的“仿同作用”有何意义呢？要说明这问题就需要再进一步地探讨了。“仿同作用”是导致歇斯底里症状极为重要的动机。病人通过这种作用，不仅能将自己本身的经验以某种症状表现出来，也能够以通过别人的许许多多其他经验，表现出各种千奇百怪的、不能解释的症状。他们有时就像真能扮演人生百态的角色。或许有人认为这不过是所谓的“歇斯底里的模仿”——歇斯底里的病人确有能力模仿一些发生在别人身上，但却令他们印象非常深刻的症状，而且，借以这种模仿能够得到所需的同情。但是，这仅仅是说明了歇斯底里模仿的心理过程与所循的途径罢了。而途径本身与循此途径所需的“精神行动”却完全是两码事。“行动”本身比我们所想象的歇斯底里模仿实在要复杂得多，它实际上就相当于潜意识的最后产品。

举个实例来说：医生与一群精神病人同住一段时间后，有一天，他或许就会发觉某个病人突然发作类似另一女病人所发作过的肌肉抽搐。这时，这位医生也许会司空见惯地说：“那是由于这病人曾看过这女病人的发作状态，模仿了她。”这就是所说的“心理感染”。但是，心理感染有时却是用以下这种方式发生的：一般情况下，病人们彼此间的了解反而比医生对他们个别的了解多很多，一旦医生查访了某位病人之后，病人们便会对他反复询问，给予更大的关切。若是今天有一位病人发作了，别的病人们立刻就会知道那是因为刚接到的一封信触发了他的相思病或别的心病，于是很快触动了他们的同情心。而且，虽然未进入他们自己的意识界，但他们心中却会形成这样一个结论：“假如这种原因会引起这种症状，那么，有这种问题的我，可能也会发生这种症状吧！”假如这个结论进入了意识界，那么，他就会成天担心这种症状的降临；但如果它只是深藏于潜意识里，那么，就会于不知不觉中产生他们真正所害怕的症状。因此，“仿同作用”并不是单纯的模仿，而是一种基于同病相怜的同化作用，再加之某些滞留于潜意识的同样状况发作时所造成的结果。

在“歇斯底里症”里，“仿同作用”尤其常用于与性相关联的方面，这种病的女患者通常将自己仿同成与她本人有过性关系的男人，要不就是扮成那些曾与她的丈夫或情夫有过暧昧关系的女人。我们在爱情中所讲的话——“永结同心”“形影不离”也正说明了这种仿同的倾向。在歇斯底里的幻想或梦境中，通常一个人只要想到性关系，而不一定实际发生，就能够很容易地产生仿同作用。我们所举的这女病人，她只是循着其歇斯底里的思路。她对她女友的嫉妒（对这解释，她是始终拒绝承认的）导致自己在梦中代替了她女友的身份，而仿同她来编造出一个症状（愿望的否定）。进一步解释如下：在梦里，她代替了那位朋友，是因为她的女友获得了她丈夫的欢心，而她自己内心极盼望能夺回她丈夫对她的珍重。

还有我的另一位女病人，一位极其聪明伶俐的妇人，也做了一个与我的理论完全冲突的梦，但我也还是按着我那“一个愿望的未能实现，其实象征着另一愿望实现”的原则，很顺利地解决了她的问题。事情是这样的：一天，我告诉这病人，梦是希望的实现。而第二天，她就对我说，她梦见她与她婆婆一起去避暑。但我早已知道，她极不愿意与她婆婆住在一起度过这夏天。并且，我也听说她十分高兴，因为，她已经在距离她婆婆要去避暑的地方很远处租到了房子。因此，这个梦看来似乎又与我的理论背道而驰。难道这就证明我的理论是错误的吗？由这梦的推论所得的解释来看，我是完全错了。但实际上她最大的愿望，就是希望我的理论都是错的，而这梦也就恰恰满足了她这种希望。她之所以希望我有错误，事实上是一件严重的问题。因为，她在接受我心理分析治疗期间，在由她所提供的资料中，我曾分析出她生命的某个阶段内，曾有某些事情的发生与她现在的病情有很大关系。而这一点，她却以完全记不起来而否认。但过了不久，经过一番追问，她不得不承认我的断言确实是正确的，也因为此，她心中就不自觉地希望有一天能证明我的话是错误的，于是，她就将此愿望变了梦中与她婆婆一同下乡避暑这种根本不可能发生的荒诞怪事。

现在，我再任意举几个小例子，不用分析，单凭一些假设，也可看出一些释梦的端倪。有一位与我同窗八年的律师朋友，有一次在小聚时，听我给他们介绍了关于梦是愿望实现的理论。回家后，他竟做了一个奇怪的梦：他的一切讼案全部败诉。于是，他就对我抱怨了一番。当时，我只得推说：“风水轮流转。一个人毕竟无法永远胜诉吧！”但我在私下却想：“八年同学期间，我一直名列前茅，而这家伙成绩却始终平平，因此，他内心会不会总有个想法，希望有一天我也会表现得只不过尔尔呢？”

还有一个女病人，讲了一个更悲惨的梦来驳斥我的理论。这病人是位年轻的女孩，以下便是她的独白：“你总还记得我姐姐现在仅有一个儿子查理吧，她那长子奥图在我尚与他们同住在一起时便夭折了。我那时最疼爱奥图，而且，他差不多完全是由我带大的。当然，我也很喜欢查理，可是，他总不如奥图那么惹人爱。昨晚，我竟然做了一个怪梦，我梦见查理僵硬地躺在小棺木里。两手交叉平放，周围插满了蜡烛。总之，那样子很像当年奥图死时的情景。现在，请你回答我，到底这梦是什么意思呢？你是了解我的，难道我真的那般狠心地期望我姐姐连那仅剩的一个宝贝儿子都死去吗？或者说，这梦只是表示出我宁可查理去替我那宝贝的奥图去死呢？”

我向她保证，她所做的第二个解释肯定是不成立的。经过一番考虑以后，我终于给了她一个满意的解释。当然，这主要还是由于我对她过去的经历有很深的了解。

这个女病人从小便成为无依无靠的孤儿，很小就由年龄比她大得多的大姐抚养。在常到她家拜访的亲友中，她遇到了一位使她一见倾心的人物。有一段时间，他们几乎快到了谈论婚嫁的阶段。但这段美满良缘却因为她大姐无理的反对而结束。经过这段恋情的破裂，那男子就尽量避免到她姐家来，而她本人也在奥图（这让她把破碎的爱情转移到他身上的小孩子）不幸夭折后，伤心地离家远去，另谋独立。但是，她却始终无法忘怀那使她一度倾心的男友，但她的自尊心却令她不愿主动去找他，而她又无法将这份爱情转移给别的向她求婚的人。她的这位恋人是一位文学教授，无论他在哪儿有学术演讲，她必定是永远在场的听众，而且，她从不放过任何一个能够偷偷看他一眼的机会。我记得在她做这个梦的前一天，她就告诉我，这位教授明天将有一个演讲，而她也必定得赶去为他捧场。也就在演讲的前一个晚上，她做了上述那个梦，而她告诉我梦见的日子也正是演讲的这一天，所以，我很清楚地看出了这梦的真谛。于是，我询问她，在奥图死后是否有什么特殊事件发生，她立即回答道："当然有，我记得太清楚了。教授在阔别这么久后，也突然赶回来吊丧，从而使我在奥图的小棺木旁，再度和他重逢。"这正是我早就心中有数的，于是，我做了这样的解释："假如现在另一个男孩又夭折了，那种同样的情形，必定会再度重演。你将回去和你姐姐厮守终日，而教授也必定会来吊丧，这样你就能够再与他重逢。这梦无非是表示了你强烈盼望再见他一面的欲望——一个你始终在内心挣扎，令你不得安宁的希望，我知道你已买了今天演讲的门票，所以，你的梦是一种焦躁的梦，是对那差几小时就会达到的愿望都等不及的体现。"

为了将她的愿望给以更周全的伪装，她在梦中还特意选用了最悲哀的气氛——丧事，来掩饰那与此正相反的爱情的狂热。但是，事实上，就在她的最疼爱的奥图死亡的时刻，她仍无法控制自己对这久别的情郎所具有的满腔柔情。

此外，我还分析过一个内容大致相同的梦，但分析出来的结果，竟是与前一个病人截然相反的意义。这是一个富于机智、天性乐观的中年妇女，在她作"自由联想"时，其联想之丰富迅捷也着实令我佩服。她梦中似乎看到她那15岁的女儿，僵死地躺在"箱子"内。虽然，她本人也考虑到关于"箱子"这东西，可能隐含有某种意思在内，她仍坚定地以此梦来反驳我所主张的"梦是愿望的实现"。通过一段的分析之后，她才忽然回忆起在这以前一个晚上，她曾与许多朋友提到英文"Box"这个词能够翻译成许多德文的不同意义的词，譬如，Schachtel（箱子）、Loge（包厢）、Kasten（橱柜）、Ohrfeige（掌掴）等等。由梦中的别的内容看来，很可能在她心里曾把英文词"Box"与德文的盒子（Büchse）连上了关系。而且，她也深知在德国的猥亵谑语中，Büchse这个词通常是指女性生殖器。这样一分析，我们或许就可大胆地用解剖学眼光来看，她的"小孩死在箱子里"实际意味着"小孩死在子宫里"，至此，她不再否认这样说倒是符合了“愿望的实现”，就像一些年轻女子，大多不愿过早怀孕而为子女操劳。她也承认当初她怀孕时，曾祈望胎儿会死于腹中。甚至在一次与她丈夫激烈的争吵后，她曾自己用力痛击自己的肚皮，希望能造成流产。因此，“孩子的死”确实算得上为一种愿望，只是过去了这许多年，生下的孩子也已15岁了，时过境迁，所以，她一时想不出这道理来。

以上所列举的两个梦（内容均为亲人的死亡）均可列于“典型的梦”之列。并且下面我要再举一个新例子，以重申我的主张：“不管梦的内容乍看是多么的不幸，其结果仍为‘愿望的实现’。”这个梦，本来也是拿来反驳我的理论的，但并不是一个病人所提供的梦，而来自我的法学界的朋友。他突然告诉我：“我梦见我挽着一个妇女的手，在我家门口附近散步，这时有一辆关着门的马车，停在街旁，突然闪出一个人，走到我面前，出示他的刑警身份，要求我同他一起去警局，当时，我仅要求他给我一些时间处理完一些事务，再跟他走……”这法学家问我：“难道你能说我内心希望被警员拘捕吗？”我只得承认：“这当然不可能，但你可要想清楚他们是以什么罪名来拘拿你的。”——“我记得是杀婴罪。”——“杀婴罪？但你当然知道，只有母亲才能对初生的婴儿下手的啊！”他尴尬地回答道：“但事实上就是如此。”于是，我再问他：“你在哪种状况下做这个梦的呢？在前一晚上，发生了什么事情？”——“我可不愿意再往下说了，这实在不足为外人道。”——“假如你不说，那我只好告诉你，这梦是永远解不开的！”——“好吧！我就告诉你吧！那天晚上我并非在家睡觉。我是与一个我深爱的女人一起睡的。而且，第二天一早醒来时，我们又发生了一次关系，而后我又睡着了。也就在那时，才做了刚才我说的那个梦。”——“这个女人结婚了吗？”——“是的！”——“你并不希望她怀孕吧？”——“是的！这样会致使我们双方都身败名裂的！”——“那么，你们从未做过正常的性交吧？”——“我每次都留意在射精前就出来。”——“那么我是否能这样推想，那天晚上你俩都非常谨慎地做那事。然而，清晨再来的那次你却没有确实做到避孕吧？”——“嗯！也许是这样！”——“所以，我还是说这梦亦是愿望的实现，从这个梦，你能够告诉自己，你并没有生下孩子或是你已经将它杀死了。我还可以很容易地道出某些相关的地方。你可能还记得，几天前，我们曾经谈论过结婚的烦恼，而找到一个最荒谬的矛盾就是，性交时做什么避孕的办法都可以，然而卵子受精形成胎儿以后，不论何种形式的补救办法，都将构成刑法上的犯罪。此时，我们也曾谈到，这都是从中古世纪形成的“胎儿已具备灵魂”的理论才致使今日这种谋杀罪名的成立。当然，你也知道雷诺曾有一首诗《死者的幸福》，就将杀婴和避孕讽咏成同样的罪行吧。”——“呀！

多奇怪；那天早上我曾想到过雷诺这首诗呢！”——“好！那么，我要再告诉你梦中另一个附带的愿望实现。你不是说你梦见携着一位妇女的手路过你家门口吗？你心里事实上是希望能名正言顺地带她走进你家去，并不必像现在那样偷偷摸摸地在她家偷欢。实际上，这个梦的本质——愿望的实现，即使虽是以不愉快的形式来遮掩，我们还可能再找出不仅一种情况的说明。在我对焦虑心理症的病因所做的报道中，我曾谈到“中止性交”是形成神经质恐惧的原因之一。以此看来，你经过若干次这样的性交，心中已充满不愉快的影子，由此导致了你所做的梦，甚至还利用不愉快的心境来伪装你意愿的实现。与此同时，你所提到的‘杀婴罪’也尚待讨论。何以这种只有女人才做的罪行，会出现在你身上呢？”——“我会坦白告诉你。几年前我遇到过相似的问题，我和一位少女发生关系，而致使她怀孕。因为名誉关系，她默默地自己去打胎，实际上，打胎前我真的是一点不知情的。然而，事后我却一直担心了很长一段时间，一旦东窗事发，我该如何是好？”——“我能了解你的心情，你这回忆也说明了另一理由，让你由于一次‘中断性交’没做好，引起了这样大的忐忑不安。”

一位年轻的大夫，因为听了我上述那个梦的分析后颇表赞同，并对自己昨晚的梦，用这种分析手段做了一番讲解给我听。他说他在做梦的前一天填报了他的收入数目。此时他收入甚微，因此，他就据实地填报。然而，他在梦中却梦见朋友告诉他，税务委员们对他的收入申报数字表示怀疑，认为他以多报少，以此逃税，所以要罚以重金。实际上这梦不过是掩饰了他的一大意愿——期望成为收入丰厚的名医，这同时又让我回忆起在某个故事中的一位陷入爱河却不能自拔的小姐，当人家劝她决不可嫁给坏脾气的家伙，否则婚后她会挨揍时，她却坚持回答：“我却愿他会揍我！”她对婚姻的强烈意愿到令她在婚前就已经考虑到这些不幸，并且甚至还将它作为愿望呢！

要是我把这相似于“愿望的否认”或“隐忧的浮现”为内容的、乍看之下和我理论截然相反的梦，统称为“反愿望的梦”，那我在这些梦中能够归纳出两个原则。其中之一是我们日常清醒和梦境中都常常发生的，可是我们暂且把它留待以后再提。我们现在先说第一个原则，那就是他们的梦都具有祈盼“我是错了”的原因，所以，病人在治疗期间发生“阻抗”时，他们均有这种内容。事实上，我已有了足够的经验，每次只需我向病人说“梦是愿望的实现”，她们便会被引发这类“反愿望之梦”。我甚至确信，现在在读我这本书的读者，或许有这种与我理论不符的梦。至此，我想再次举一个我治疗病人时听到的一个梦，用来重申这原则的真谛。

一个姑娘，她的亲戚和她们所请教的专家们，都反对她继续接受我的治疗，而她仍坚持要来我的诊所就医，她做了这样一个梦：她家里人不允许她再来我这儿看病，于是，她提醒我说："你曾经答应我，假如形势必要的话，你将免费治疗我。"而我回答："我决不在意钱的问题！"用这个梦来作为"愿望的实现"的证明材料，并非一件轻易的事，但这一类的梦，通常可通过其中所含的次要问题的解决，来发掘主要问题的根源。她为何在梦中梦到我会说出那种话？其实，我从未说过那种话，而一个对她深具影响力的哥哥，曾对我做过这样的批评，所以，这个梦的目的是要解释她哥哥的话是对的，然而，她并不仅仅想在梦中证实她哥哥的话，她还把它作为生命的支柱，这也成了她生病的原因。

有一个依我的理论似乎难以解释的梦——一位叫斯塔克的医生的梦和他本人所做的解释。他梦见"自己左手食指头有初期梅毒感染"。

有人或许会认为这个梦的内容，除了不合乎愿望实现的原则以外，看来也非常合理无须再作任何解释。但是，假如你肯花费精力去探讨的话，你会发觉"初期感染"这个名词极近似于拉丁文的"初恋的爱人"，然而，用斯塔克本人的话来说："这勾起了我以前情场上的失意，而且这梦完全是带有强烈感情愿望的实现。"

现在让我们再来谈一下另一个"反愿望之梦"所具的原则。实际上这个动机也是十分明显的。很多人在性体验中，或多或少有由"侵犯性""虐待性"转变而成的相反的"被虐性"的成分。假如他们能不使肉体忍受痛苦来满足它的快感，并且能用谦逊、慈爱的牺牲态度来表现的话，我们便可称之为"理想的被虐待症"。非常明显，这类人的梦可能均是"反愿望之梦"。然而，对他们而言，这却恰恰是一种由衷的祈盼。因为只有如此才能达成他们被虐待的趋向。这里还有个梦：一个年轻男人，早年时曾经常虐待他的哥哥（事实上他对哥哥始终有种近乎同性恋的倾向），然而成年以后，他顿悟前非，彻底改变他的态度，后来他做了以下的梦，其中包含三部分：（1）他被他哥哥欺负；（2）两个男人正在同性恋式地相互爱抚；（3）他的哥哥在未经他同意的情况下，将他名下的所有财产都变卖掉了。这最后一个梦使他从痛苦中醒了过来，但是这实际上是个被虐待者愿望满足的梦。这个梦可以如此解释："假如哥哥真对我如此不好，不顾我的利益卖掉我的财物，那么，我就能够减轻我过去所做的、对不起他的种种感情上的罪恶感。"

我希望上述这些例子，能够充分证明——在没有任何更新的反对理由提出来以前——一个内容痛苦不堪忍受的梦，其实能够解析成是"愿望的实现"。（我并不认为他们已彻底解决了这个问题，这之后的篇幅里，我将会再讨论到。）我们也不要认为在解析时发现到的，总"刚好"是一些令人平时不愿意想或不愿做的事，其实这种不愉快的感觉，就如我们平时对不愿意提起或不愿去做的事所产生的反感那样，是我们解开梦的谜底所必须克服的阻力。虽然我们提到了梦中的反感，但它并不表明梦里就没有愿望的存在，其实每一个人都有一些不愿道出的愿望，甚至有些对自己也不肯承认。但是，我认为我们仍可以合理地将一切梦的不愉快性质与梦的改装放在一起想，由此，我们可以获得这样的结论：这些梦都是被改装过的，由于梦中的愿望通常受到严重压抑，因此愿望的实现均被改装到乍看之下无法辨认的地步。所以，我们也能够说，梦的改装其实是一种审查制度的作业。根据一切梦中不愉快的内容所分析出的结果，我拟出以下这个公式："梦是一种（受抑制的）愿望（经过改装的）实现。"

最后，我认为还需要提一下与以这种痛苦为内容的梦稍微近似的"焦虑之梦"。假如把这类梦也算在愿望实现之列，估计对一般未受过释梦训练的人而言，它更难以被接受。

可是在此我能够简单谈谈焦虑之梦。事实上，这种梦并不是梦的解析的另一对象，它仅是以梦本身来表示出一般焦虑的内容罢了。我们梦中所感受的焦虑不过是梦的内容中所明白表示的那些念头而已。假如我们想对这种梦再作解析，那就会发觉梦中所表示的焦虑就如同恐惧症所产生的焦虑一样，它仅是由某种念头的存在而导致的焦虑。例如，从窗口掉下去是可能的，所以，一个人走近窗口时应该小心些。可是我们就不懂为何对这类恐惧症病人而言，靠近窗口竟会造成他们如此大的焦虑，甚至远远超过事实上所需要的小心。同样，对这种恐惧症的解释，也能够适用于焦虑之梦，这两者相同，焦虑都附着在来自另一来源的某种意念上。

因为梦中的焦虑与心理症焦虑关系密切，所以，现在我谈一下后者。在1895年，我曾经写了一篇关于焦虑心理症的短文，提出"心理症焦虑"起源于性生活，而且多由于它的原欲由正常的对象转移时无法发泄所致。此论点的正确性，经历了时间的考验，而由此我们能够得出这种结论："焦虑之梦"的内容大多与性有关，也就是这种内容中所附的"性欲"转化而引发了"焦虑"，以后有机会我还将找若干个心理症病人的梦例来做分析，以证实此结论，而且最终当我要完成梦的理论时，我将会再次对这焦虑之梦做一番深入的思索，来指出它们也彻底符合愿望实现的理论。

第五章
梦的素材与根源

自分析了伊玛打针的梦之后，我们知道梦是一种愿望的实现；可是紧接着我们便始终都把兴趣集中于此论点的研讨与证明上，以期望能找出梦的一般通性；我们因此也在解析梦的过程中，多少忽略了其他一些特殊的问题。现在，既然我们已经在这条路上找到了终点，那么，让我们回过头来，另外寻一条道路，以对梦做更深入的研究。也许此后我们将极少提及“愿望的实现”，可是将来我仍然会做一综合结论的。

目前，我们已经知道，遵循着解析的手法，我们能够由梦的“显意”看出更具有意义的梦的“隐意”，可是在“显意”中所显示的哑谜与矛盾一般无法满足我们解释梦的工作，所以，对于每个梦做更加详尽的探究，确实是十分必要的。

以前的学者对梦与醒觉状态的关联，以及梦的素材与根源所发表过的意见，我在这里不想详述，可是我们在这里要特别提出三个常常被提到，但又从未清楚解析过的看法：

（1）梦总是用最近几天印象比较深的事作为内容。

（2）梦选择素材的原则彻底迥异于醒觉状态的原则，而是专门寻找一些次要的易被忽视的小事。

（3）梦彻底受孩提时最初印象所摆布，而且，往往把那段日子的细节、那些在醒觉时根本回忆不起来的小事翻旧账般地搬出来。

诚然，他们对于这些有关梦的素材的选择所做的每种看法，都是以梦的“显意”为准的。

一、梦中的近期印象和未有关联的印象

就我个人的经验而言，梦内容的根源究竟是什么？我认为“几乎在每一个梦中均发现它的根源就在做梦的前一天的体验”。其实，不仅我一人这样，大多数的人也都

有此感。根据这个事实，我通常在解析梦时，首先问清做梦的前一天内发生了何事，然后尝试着在此找出一些头绪。就大多数个案而言，这确实是一条捷径，以上章我曾经分析过的两个梦（伊玛的打针和长着黄胡子的叔父）来看，确实一问起前天的事，整个疑问就水落石出了，然而，为了更进一步证实它是多么真实，我想从自己的“记梦本”中抄摘几段以飨读者。以下我准备举出一些与梦的内容根源问题有关系的几个

梦例：

1．我去拜访一位十分不愿接待我的朋友……可是，同时却使一个妇人等待着我。

根源：这天晚上有位女亲戚曾经与我谈到她宁愿等到她所需要的汇款到手，一直到……

2．我写了一本有关某种植物的学术专论。

根源：早上我在书商那里看到一本关于樱草属植物的学术专论。

3．我遇到一对母女在街上走过，那女儿是一个病人。

根源：在这天晚上，一位接受我治疗的女病人，曾经对我诉苦，说她母亲反对她继续到这儿来接受治疗。

4．在S&R书画店，我订购一份每月定价20佛罗林[1]的期刊。

根源：那天我太太提醒我，每周应该给她的20佛罗林尚未给她。

5．我收到社会民主委员会的信，并且称我为会员。

根源：我同时收到筹划选举的自由委员会的信，以及博爱社主席的来函，而实际上，我的确是后者的一个会员。

6．一个男人，如同伯克林一样，从海里沿峭壁如履平地地走上来。

根源：妖岛上的德雷弗斯以及别的一些由美国的亲戚所说的消息等等。

现在，紧接着我们便产生了一个问题，梦果真只是由于大的刺激所导致的吗？或者是在最近的一段时期所得的印象都可影响梦的产生？这固然不是一个最主要的因素，可是我却愿意在这里先对当天所发生的事，对梦所影响的重要程度进行探讨。只要我发觉我的梦的来源是两三天前的印象，我就格外细心去考虑它，从中可以发现这虽是发生在两三天前的事，可我在做梦前一天曾经想到这件事。也就是说，那“印象的重现”曾出现在“发生事情的时刻”与“做梦的时刻”之间，而且，我可以指出很多最近所发生的事，由于它们勾起了我对往日的回忆，以致使它重现于梦中。但是，另一方面，我仍不能接受奥地利心理学家斯瓦伯达所说的“生物学意义上的规则时差”。他认为，在导致梦的印象的白天经历与梦中的复现之间，相差不会超出十八个小时。

1 佛罗林（Florin）：一种英国银币，值2先令。——译者注

目前，我只能说，我确信每个梦的刺激，都来自“他入睡之前的经验”。

艾里斯[1]对这问题也极感兴趣，而且曾费尽心血地想找出经验刺激与梦复现之间的时差，但也仍不能得到结论。他曾讲述过自己的梦：他梦见他在西班牙，想到一个叫达拉斯或瓦拉斯或扎拉斯的地方去。可是醒来后，他发觉他完全记不起有过这种地名，同时也不能由此联想出什么线索来。但若干个月后，他发现在由圣塞巴斯提安到毕尔巴鄂的铁路途中，确实有一个站叫扎拉斯，而这个旅行是他做这梦前8个月时进行的。

所以，最近所发生的印象（做梦当天则为特例），其实与很久之前发生过的印象，对梦的内容所造成的影响是相同的。要是那些早期的印象与做梦当天的某种刺激（最近的印象）能有连带关系，那么，梦的内容就能够包容一生各个时期所发生过的印象。

但到底为什么梦会那么侧重于最近的印象呢？如果我们用以前曾列举过的一个梦来做更为详尽的分析，或许能够获得某种结论。

有关植物学专论的梦

我写了一本有关某种植物的专论，这本书就搁在我面前。我翻到其中一页折皱的彩色图片，看见一片已脱水的植物标本，如同植物标本收集簿里的一样，附夹在这一册之中。

解析

就在那天早上，我曾在某书店的玻璃橱窗内，看到一本标题为《樱草属》的书，这是一本有关樱草类植物的专论。

樱草花是我妻子最喜爱的花，她最高兴我回家时顺便买几朵给她。而令我最感遗憾的是，我极少记得买这花回来给她。由这送花的事，我联想到另一件最近我刚对一些朋友们提起的故事。我曾以此故事来证实我的理论——“我们时常出于潜意识的要求而忘掉某些事情，事实上，我们可由这遗忘的事实，追溯出此人内心不自觉的用意。”我所说的那个故事是这样的：有位年轻妻子，每年她生日时，她丈夫总会赠给

1 艾尔伯特·艾里斯（Albert Ellis）：美国著名临床心理学家，20世纪50年代提出了人格理论及心理治疗方法。——译者注

她一束鲜花，而有一年，她丈夫竟把她的生日忘了，结果那天他妻子一见他空着手回到家，竟悲伤地啜泣起来。这位丈夫当时犹如丈二和尚摸不着头脑，待到他妻子说出“今天是我的生日”时，他才恍然大悟，拍着脑袋大叫“天啊！对不起！对不起！我竟完全忘掉了！”而立即想出去买花。但她已伤心不已，并且坚持说她丈夫对她生日的遗忘，显然是已不再像往日那般爱她的铁证。而这位L女士两天前曾来过我家找我妻子，并且请她转告我，她现在身体已全部康复（她几年以前，曾接受过我的治疗）。

还有别的一些需补充的事实，我确实写过一篇关于植物学的专论，我所谈论的是有关古柯植物[1]的研究报告，而这篇报告引起了喀勒的兴趣，以致他发现了其中所含可卡因的麻醉作用。当时，我曾预言古柯植物所含的类碱将来能够用在麻醉上，只遗憾自己未能继续研究下去。而做梦醒来的那个早上（那天早上太忙，我未能抽出时间对这梦作解析，直到当天晚上，才开始分析），我在一种所谓白日梦的状态下，曾想到可卡因的问题，并且梦见我由于患了青光眼，而到柏林一位想不起姓名的朋友家中，请一位外科医师来给我开刀。这外科医生，并不知道我的身份，于是竭力鼓吹自从可卡因问世以来，开刀变得如何如何方便，而我本人也不愿说出，关于这药物的发现自己曾是有功之臣。由于在梦幻里，我还考虑到一个医生要向他的同行索取诊疗费是何等尴尬的事。假若他不认识我，那我就不必像欠什么人情似的付账给这柏林的眼科专家。但待到我清醒过来再回味这白日梦时，发觉这其中的确隐含着某种回忆。在喀勒发现可卡因不久之后，我父亲由于青光眼而接受我朋友——眼科专家柯尼斯坦的手术。当时喀勒亲自来负责可卡因麻醉，而在手术室里，他曾说了一句话：“嘿！今天可将咱们这三位与发现可卡因工作有关的家伙都聚到一块儿啦!”

现在，我的思绪又跳到最近一次令我想起可卡因的场合。就在几天前，我收到一份叫《纪念刊》的刊物，这是由一些学生们为了感谢教师们和实验室的指导先生们的教导而集资印发的。刊物中，在每位教授的名位下均列出他们的重大著作及发现，而我一眼就看到他们将可卡因的发现归功于喀勒的名下。现在我才明白，这个梦是与前一个晚上的经验有关。那天晚上，我送柯尼斯坦医师回家，在途中两人谈到某一话题。每当提起这话题，我就会感到非常兴奋。谈话甚为投机，甚至到了门廊，我俩仍站在那儿讨论不休。碰巧格尔特聂（Gartner）教授夫妇正要盛装外出，我曾礼貌地对他太太的花容玉貌恭维了几句，而我现在方想起，这位教授就是我刚才提到的那份《纪念刊》的编者之一，也是因这次邂逅而导致了我的那些联想。此外还有我所提过的那位L夫人生日那天的失望，我与柯尼斯坦的谈话内容或许也与此有点关系。

---

1 古柯科植物：一种常绿灌木或乔木。——译者注

我现在再对梦中另一成分做一下解释。“一片已脱水的植物标本”夹在那本学术专论的书里，并且看起来就像是一本“Herbarium（标本收集簿）”一般，而Herbarium使我联想到Gymnasium（德国高等学校）这个词。然后,我想起有一次我们高等学校的校长召集了高年级学生，要大家一同编一个高校的植物标本采集簿，避免学生只会死读书而不知实物与书本相结合。校长分配给我的工作很少，只不过是几页关于十字花科植物的而已。这令我感到，他似乎认为我是个帮不了多少忙的家伙。实际上我对植物学一向就不太爱好，记得入学考试时，在口试那一关，他曾考我有关标本的名字，而我就栽在这种十字花科植物的问题上。若不是靠着笔试拉回一些分数，我还真会考不上呢！十字花科其实就指菊科，而事实上我最喜欢的花——向日葵便属于菊科。我妻子，她可对我更为体贴，到市场买菜时，经常会为我买些这种我最喜欢的花回来。

“那本专论就摆在我面前”：这句话又引发我另一联想。昨天我的一位在柏林的朋友来信说：“我一直期待着你想写的有关‘梦的分析’的书能及早问世，仿佛你已大功告成，而那本大作就摆在我面前由我逐页拜读着。”噢！其实我自己更是盼望这本书真的已写完了，而能呈现在我面前呢！

“那折皱的彩色图片”：当我还是一名医科学生时，一门心思只想多读一些学术专论，虽说当时经济不甚宽裕，但我仍订阅了许多医学期刊，而其中所含的彩色图片，使我非常的喜爱。同时我也始终为我这种治学精神而自豪。当我开始自己写书，且须得为自己的内容作插图时，我记得就曾有一张画得极糟，以致曾受到一位同事的善意的揶揄。由此，我不知怎么又联想到我童年的一段经历。我父亲曾有一次不经意地递给我和妹妹一本内含彩色图片的书（一本叙述波斯旅游的画），而瞧着我们将它一页页地撕毁。这从教育的观点来看，实在存在着很大的问题。当时我仅有5岁，而我妹妹比我小两岁，可那时我们两个小孩子不懂事地把书一页页地撕毁（就像向日葵般片片地凋落）的印象，却极为深刻地存在于我的脑海里，后来我上了学便开始对收藏书籍产生疯狂的兴趣（这点有些类似我由于喜欢阅读学术专论而引起梦里那种有关十字花科与向日葵之类的内容），其疯狂程度堪用“书呆子”一词来形容。从此以后，我常常注意到我之所以如此疯狂，也许与我童年这段经历有关，换句话说，我认为是这段儿时的印象，导致了我日后收藏书籍的嗜好。当然，我也因此充分意识到我们早年的热情常常是在自找烦恼，因为当我16岁时，我就因此嗜好而欠了书商一笔几乎付不起的书资。当时，我父亲是不太赞成的，仅因为多看书是一种好嗜好，他才纵容我这样挥霍。但提到这段年轻时的经历，又使我联想到这正是我做梦的那天晚上与柯尼斯坦谈兴正浓时，他所指出的我的一大缺点——我这个人往往过分地沉浸于自己的嗜好之中。

由于再讨论下去似乎与这梦的解析无甚联系，我们的分析工作就告一段落，不多细谈，我仅想在此指出我们演绎的过程是如此地由“山穷水尽”到“柳暗花明”。事实上，我与柯尼斯坦所谈的内容，在此我仅提出了某一部分而已，而再对这些谈话细细品味，才使我对这个梦的意义豁然开朗。我思路进行的全过程正如以下所列：“由我个人的喜好而至我妻子的喜好、可卡因、接受医界同行的治疗导致的尴尬、我对学术专论的喜好以及我对某些问题的忽视，就如植物学而言——这些再加上我当晚与柯尼斯坦的部分对话，由此，我们又再度证实了，梦是如此地为自我的理想与利益想尽办法（就如以前所分析过的伊玛的打针）。”假如我们再就梦的论题继续推演下去，并将这两个梦作为参照，我们会发现还有一个问题有待讨论：一个与做梦者本身看起来似乎风马牛不相及的故事，常常一变就产生了确切的意义。现在这梦显示了这样的意义：“我曾经的确发表过许多（有关可卡因）有价值的研究报告”，就像我曾经表示的“自诩”：“我毕竟是一个工作勤奋、做事严谨的好学生”，而这两句话具有一个含意——“我的确值得如此自诩”。我之所以提到这梦，主要是要讨论梦是如何由前一天的活动所导致的，因此，以下不再对这梦做进一步解析。本来我认为梦的内容只与一种白天的印象有明显关系，但当我进行了以上的解析之后，我才发现另一个经验，也很显然地可以看作是这梦的第二个来源，而梦中所出现的第一个印象，反而往往无甚关系而为较次要的遭遇。“我在书店看到一本书”——这样的开头确实曾使我愣了一会儿，且那内容丝毫引不起我们任何兴趣，但第二个经验却具有着重大的心理价值——“我与挚友，一位眼科医师热心地讨论了个把钟头，而这话题使我俩很有感触，特别使我触动了一些久藏内心的回忆。而且，这对话又由于某位朋友的介入而中止”。现在，且让我们仔细比较这两件白天所发生的事，另外，它们与当晚所做的这个梦又有何关联呢？

在梦的“显意”里，我发觉，它只不过提及了较无关系的昼间印象。因此，我能够这样重申：梦的内容采用了那些无关大局的经历，相反地，一旦经过梦的解析之后，我们才能发现注意力所集中的就是最重要、最合理的核心经验。假如我的梦析确实是以梦的隐意沿着正确的方法所做出的研判，那么，我能够说，我无意间又获得了一大收获。我现在确信那些认为“梦只是白天生活琐碎经验的重现”的论断是站不住脚的，而我还必须驳斥那些认为“白天清醒时期的精神生活并不延续到梦中”的学说。还有，认为“梦是我们的精神能量对芝麻小事的浪费”也是不堪一击的邪说。与此恰恰相反，其实在白天最引起我们注意的印象，完全掌握住了我们当晚的梦思。而我们在梦中对这些事的关心，完全是提供了我们白天思考的资料。

至于我梦见的为何总是一些无关紧要的印象，而对那些真正令我激动得足以“日有所思，夜有所梦”的印象，却反倒隐藏不见，我认为最好的解释方法，就是再运用“梦的改装”的现象中所提过的，心理力量中的“审查制度”来做一番阐释。有关那本樱草属学术专论的记忆，使我联想到与我朋友的谈话，如同我那病人的女友在梦中不能吃到晚餐，代表着熏鲑的暗示一样。目前，唯一的问题是：在“这本学术专论”与“和眼科医生朋友的对话”，这两件看起来毫无关联的经历间，到底是用什么关系连在一起的？以“吃不成的晚餐”的梦而言，那两个印象间的关系却还瞧得出来，我那病人的女友最喜欢熏鲑，多少可由她女友的人格在她心中产生的反应而流露出蛛丝马迹。可是，在我们这个新例子里面，却是两个毫无关联的印象。第一眼看上去，除了说“那都是在同一天发生的经验”之外，确实找不出共同点。那本专论我是在早上看到的，而与朋友的对话是在当天晚上。而由分析所得的答案是这样的：“这两个印象的关系在于两者所含的‘意念内容’，而不是在于对印象的表面叙述。”在我分析的过程中，我曾经尤其地强调挑出那些连接的关键——某些别的外加的影响，通过L夫人的生日被遗忘，才致使关于十字花科的学术专论和我妻子最喜爱菊花一事扯上关系。但我不相信，仅仅这些鸡毛小事就能够引发一个梦。就像莎士比亚的《哈姆雷特》中所说的：“主啊！要告诉我们这些，并不一定要那些鬼魂由坟墓中跳出来！”还是让我们再自己往下看吧！在更加仔细地分析下，我看到那个打断我与柯尼斯坦谈话的，是Gartner（格尔特聂）的教授，而且Gartner这个德文词意即“园丁”。此外我当时曾恭维他太太的花容玉貌（“Blooming” appearance）。确实，我现在已想起那天在我们的对话中，曾以一位叫作弗罗拉[1]的女病人作为主要话题，显然由这些关键把讳莫如深的植物学和当天另外发生的，真正比较有意义的兴奋印象联系起来了。此外还须提到某些关系的成立，比如，可卡因的一段，就十分确切地把柯尼斯坦医师与我的植物学方面的学术论作联系在一起，也由此使这两个“意念的内容”熔于一体。因此，可以这么说，第一个经验实际上是用来引导出第二个经验的。

假如有人指责我这种解释是片面的武断臆测，甚至是故意编造出来的话，我是早作了心理准备的。假如“格尔特聂”教授花容玉貌的太太不出现的话，再假如我们所讨论的那女病人叫安娜，而并非弗罗拉的话，答案仍是可以找到的；假如这些念头的关系根本不存在的话，在别的方面或许还是能够有所发现的。实际上这类关系并不难

1 弗罗拉（Flora）：罗马神话中的花神。——译者注

找，就如我们平时常用以自娱的幽默问话或双关语一样，人类智慧的能量毕竟是无限的。更进一步说：当在同一天内发生的两个印象之中可找出一个能够利用的关系时，那么，这梦很有可能是循着另一途径形成的。或许在白天时另一些同样次要的印象涌上心头，只是当时被遗忘了，但其中某一个却在梦中取代了“学术专论”这一印象，而通过这个取代物才找出了与朋友对话的联系。因为在这个梦中，我们找不出比“学术专论”这个印象更恰当的可作为分析的关键，因此，很显然它是最适合此目的了。诚然，我们不必如拉辛[1]笔下“狡猾的小汉斯”一样诧异地发现：“原来只有世界上的富人才是非常有钱的！”

但是，依循我以上的说法，那些无甚紧要的经验，怎样在梦中代替对心理上更具重要性的经验，这一定很难被普通人所接受。所以，我会在此后各章再多找机会探讨，以期能使这一理论更为合理。可是就我个人而言，由无数的梦的解析所取得的经验令我确信，这种分析方法所获得的结果的确是有价值的。在一步紧接一步的解析过程中，我们能够发现梦的形成曾经产生了“置换”现象——用心理学的话来说就是：一个具有较弱潜能的意念，只有从最初具有比较强潜能的意念那里逐渐吸取能量，直至某种强度才能脱颖而出，浮现到意识界来。此种转移现象实际上在我们日常言行中是屡见不鲜的。例如，一个孤独的老处女可能几近疯狂地喜爱某种动物，一个单身男子会变成一个热心的收集狂，一个老兵会因为保全一小块有色的布条——他的旗帜——而抛洒热血，深陷于爱情中的男女会由于握手稍久一点，而感到非常的兴奋，莎士比亚笔下的奥赛罗仅仅由于丢了手帕而雷霆大发……这些都是足以令我们置信的心理转移的实例。但是，如果我们同样地用这种基本原则来证实自己的意念在意识界的浮现或抑压——也就是说，一切我们想到的事都得经过这种下意识的过程而产生的话，我想我们或多或少总会有种“果真这样的话，我们这些人的思考过程也太不可思议、太不正常了”的想法；而且，如果我们在清醒状态下意识到这种心理过程，相信我们定会感到这些想法的荒谬，但之后逐渐地再经过一些讨论，我们就会发觉梦里所做的转移现象的心理运作过程，其实绝不可能是不正常的程序，只是比一般较原始的正常性质略有个别不同罢了。

所以，我们能够看出梦之所以以这类芝麻小事作为内容，事实上说白了就是一种“梦的改装”经过了“转移作用”的表现。而且，我们也应该想到，梦之所以被改装是因为两种前述的心理步骤之中的审查制度所导致的，因此，不难预料到，经过梦

---

1 拉辛（Racine，1639—1699年）：法国剧作家、诗人。代表作有《安德罗玛克》《巴雅泽》《米特里达特》。——译者注

之解析后我们可以看出，这个梦切实有意义的来源，事实上是白天的那些经历，由此种记忆再将重点转移到某些看来无关紧要的记忆上。然而，这观点与罗伯特的理论刚好完全相反，但我确信，他的理论事实上对我们说来毫无价值可言，罗伯特所要解释的事实其实本来就不存在，他的假设完全是因不能从梦的“显意”看出内容的真正意义所引发的误解。对罗伯特的辩驳，我还有以下几句话：果真按照他所说的，“梦的主要目的在于利用不同寻常的精神活动，将白天记忆中的剩余残渣，在梦中逐个予以‘驱除’”，那么，我们的睡眠就显而易见地成了一件沉重的工作，而且，甚至还比我们清醒时的思考更加让人心烦。因为白昼十几个小时所留给我们的琐碎感受之多，不用说，即使你整个夜晚都在“驱除”它们，也是远远不够用的，而且更不可思议的是，他竟认为要忘掉这么多残渣式的印象，竟能一点也不消耗我们的精神能量。

再则，当我们要批驳罗伯特的理论时，仍存在着还须再探讨之处——我们始终未解释过当天乃至前一天的毫无关系的感受，竟会经常构成梦的内容。这种感受往往不能从一开始就与潜意识里的梦的真正来源找出联系，就上面所做的探讨，我们能够看得出梦是一步一步地朝着有意识的转移方向在蜕变，因此，要打开这种“最近但没有密切关系的感受”及它的“真正来源”，只有期待某种关键性的发现。也就是说，这所谓无甚关系的感受仍必须具有某种合理的方面，不然，那就真的要像梦中运行那般漂浮不定，难以确定了。

或许用以下的经验能够给我们一些解释：假如一天当中发生了两件或两件以上能够导致我们的梦的经验时，梦就会将两件经验综合成一个完整经验：它永远遵循着这种“强制规则”，而把它们综合成一个整体。例如，在一个夏季的午后，我在火车上邂逅了两位朋友，但他们彼此间却并不相识。一位是十分得人心的同事，另一位则是我常去为他们看病的名门之后。我替他们双方做了介绍，但在旅途中，他们却一直只是分别与我攀谈而始终不能融洽相处，因此我不得不与这一位说这个，再与另一位谈那个，实在是吃力。记得当时，我曾对我那位同事提及请他为某位新进人物加以推荐。而那位同事却回答说，他是深信这位年轻人的能力的，只不过，这位新人的那副尊容实在难以得人器重。而我则附和他说：“也正是由于这点，我才会认为他最需要你的推荐。”没多久，我又与另一位聊了起来，我问到他叔母（一位我的病人的母亲）的健康近况，听说当时她由于极度虚弱而病死了，就在这旅程的夜晚，我做了这样一个梦：我梦到那位我希望能够得到青睐的年轻人，正跻身于一间时髦的客厅内，与一大群有身份的大人物们亲密相处。之后，我得到消息说，当时正举行着我另一位旅伴的叔母的追悼仪式（在梦中这老妇人已死去，我必须承认，我始终就与这老妇人搞不好关系）。如此，我便将白昼的两个经验感受于梦中综合而构成一件单纯的经验。

鉴于无数次同样的经验，我将合理地推出一个原则——梦的形式受到某种强制规则的作用，将一切能够导致梦的刺激来源综合构成为一个单一的整体。在我之前，像德拉格、德尔勃夫等人，也均说到过，梦是一种倾向，常把多种有兴致的印象浓缩为一个事件。在下面一章里（关于梦的功能），我们将要谈到，这种综合为一的强制规则，事实上是一种"原本精神步骤"的"凝缩作用"的一部分。

现在，我们须再考虑另一个问题：由解析所发现的这些导致梦的刺激根源，是否必定都是近期的（而且极有意义的）事件？或者是，就做梦者心理上来说，只要是件十分有意义的一连串思绪，便能够不拘时限，只要一想到这事就足以引发梦的形成？通过无数次的解析经验，我所得出的结论是：梦的刺激根源，完全是一种主观心理的运作，根据当天的精神活动，将昔日的刺激变得像刚刚发生的那般新鲜。

现在，或许已到了我们该将梦的根源所运作的各种情况，进行系统化整理的时机了。

梦的根源包含：

（1）一种近期发生并且在心理上具有重大意义的事件，并非直接表现于梦中。例如，有关伊玛打针的梦，以及把我的朋友当成我叔叔的梦。

（2）若干个近期发生并且具有意义的事实，在梦中综合成一个整体。例如，把那年轻医生和老妇人的丧事追悼仪式合在一起的梦。

（3）一个或数个近期发生且具有意义的事件，在梦中以一个同时发生的无关紧要的印象来表现。例如，有关植物专论的梦。

（4）一个对做梦者本身十分具有意义的经验（经过回忆及一连串的思绪），却经常在梦中以别的近期发生却无甚关系的印象作为其表现内容。（在一切我分析过的病人里，以这一类的梦为最多。）

从梦的解析，我们能看出梦中某一成分通常就是最近某种印象的再次出现。可是这种成分很有可能和真正导致梦的刺激（一种重要的，或甚至不是太重要的）同属外意念的范畴。或许是来自与一个无甚关系的印象非常接近的意念，而经过或多或少的联想得以找出它和真正导致梦的刺激的关系。所以，梦的内容听似变幻多端，实际上就在于这两种情形的选择——究竟要不要经过置换过程。而由此我们注意到：既然已经有这种"选择性"的存在，梦本身必然会有各种不同层次的内容，就像医学上解释各种意识状态的变化幅度时，认为这是脑细胞由部分清醒向全部清醒的变化过程一样。

所以，当我们再对梦的根源做一探讨时，我们会发觉，有时一种在精神上具有重大意义但却不是近期发生的印象（只是一连串的回忆），在梦的形成中会被另一种近期所发生，却在心理上无甚重要的芝麻小事所代替，这只需要它能具备以下两种条件：梦的内容仍保持其与近期的经验有关系；导致梦的刺激本身必然仍在精神上具有重大意义，但在上述的四种梦的根源中，仅有第一类能以同样的印象来符合这两个条件。

现在，我们再来研究，假如我们认为这些相似的但不太重要的印象，只要是最近所发生的，则能够利用来作为梦的材料；可是一旦这印象拖延一天（或甚至数天），它们则再也不能作为梦的内容的话，那我们就等于是认同印象的“新鲜性”在梦的形成中据有与该记忆所附的感情分量近乎相等的地位。其实，这“最近与否”的重要性，还是有待更深入的探讨的。

顺便说一下，我们还必须考虑到这样的可能性——在夜晚，我们是否曾下意识地将我们的意念和记忆的资料，予以重大的更改。若真如此，那么，谚语所说的“在你作重大决断前，还是先好好睡一觉再说吧！”就果然大有道理了。但讨论至此，我们事实上已由“梦之心理研讨”，转移到常会因此提及的“睡眠之心理研讨”了。

目前，我们的结论仍然面临着一大难题的考验——假如一些毫无重要性的印象想要进入梦中，都至少要与“近期”发生一点关系的话，那梦中有时出现的某些我们早期的生活印象，在该印象发生不久时（也就是说，还没失去其“新鲜性”时），若是对心理上毫无特殊印象——就像施特林姆贝尔所说，它们既不新鲜又非心理上特别有意义的事——何以不在当时就被遗忘？

关于这种责难，我想我们能够通过“心理症”病人的精神分析所获得的结果，来做满意的回答。解释如下：在早期发生的对心理有重大意义的印象，在当时不久就已转移并被重新整理，但却以某些无甚关系（对梦境或思考而言）的印象所代替，并以此固定在记忆中。所以，这些出现于梦中看来无甚重要的早期印象，实际上在心理上都具有较大意义。否则假如它真的是无甚关系的早期经验，那决不会于梦中重现的。

由上述的这些说明，我想读者们都会和我一致同意一切的梦都不只是毫无根据的，所以，也就没有被称之为“单纯坦率的梦”的存在。至于这一点，除了儿童的梦及某些对夜间感官所受刺激导致的简单的梦之外，我能绝对地、毫不动摇地坚信这结论的正确性。除了以上我所举的这些例子，无论是显而易见的具有重大心理意义的梦，还是需要通过整套的解析，排除那些改装的成分才得以解析得出其心理意义的梦，最终都是符合这一结论的。梦是绝非毫无意义的，我们也绝不可能允许琐碎小事来干扰我们的睡眠。一个看来简单而坦率的梦，只要你愿意花时间与精力去分析它，结果必定是不单纯的，用句较直露的话来说，梦都显示出“兽性的一面”。因为这种说法必引致诘难，而我自己也很想找时机对梦的形成中所具备的改装作一更为详细的说明，我准备再举几个我所收集的所谓单纯无邪的梦为例来做解析。

梦例之一

一位聪慧高雅的少妇，在她生活中表现得非常保守——就像通常所描述的是那类“秀外慧中型”的标准主妇，曾经做了这样一个梦：“我梦见我到市场时已太晚了，肉卖光了，菜也买不到。”看来，这是一个很单纯无邪的梦吧！可是，我相信这并非就是梦的真正含义，所以，我要求她详述梦中的情节：她和她的厨师一起上市场，厨师拿着菜篮子，当她对肉贩说出所要买的东西时，肉贩子回答道：“现在那种东西早已卖光了。”并拿另一种东西向她推销说，“这也十分不错的！”可是她谢绝了，于是，他们再走到一位女菜贩那儿，那女人劝她买一种不同寻常的蔬菜，黑色的成束地绑着，可是这少妇回答说，“我不认识那究竟是什么，我还是别买的好！”

这梦与当天的昼间经验之关系是十分清楚的。她当天确实是太迟才到市场，以致没买到任何东西。“肉铺已经关门”，这经验深入她的印象中，而导致梦中的这番叙述。但且慢！在这叙述中，完全没有提及那肉贩的衣着是否有些不同寻常呢？做梦者始终就没有形容过他的服装式样，或许这是她在刻意避免吧！让我们来好好地推敲这梦究竟蕴涵着什么意义！

在梦中，通常有些内容是以谈话的方式来表现的——就如梦见某人说什么，或是听到什么，却并不一定仅是想到什么，并且这种说、听的内在之清晰有时简直还能找出究竟与日常清醒状态下所发生的那一种情形有何种关系。当然了，这些一经解析起来，仅可用做一种尚待整理，或经过变动而与原来真实内容有出入的素材罢了。在我们这次的解析中，就以这种谈话的内容作为出发点吧。那肉贩子的话“现在那种东西‘早已卖完了’”究竟从什么地方来的呢？那就是我曾说过的话呀！在几天前，我曾劝她说：“那些儿时遥远的记忆，你可能‘再也想不起来了’。”但其实在解析中竟发现它已“转移”至梦上头了。所以，梦中的肉贩子事实上是象征着我，可是她拒绝购买另一种代用品，也只不过是她内心不能接受“以前的想法感受会转移到目前的情形”的说法。“我不认识那究竟是什么，我还是不买得好！”此话又是从何而来呢？出于解析的方便，我们将此话拆成两半：“我不认识那是什么”，此话是当天与她的厨师由于某件事发生争执时所说过的气话，而且，她当时还接下去说了句“你做事可要做得像样点儿”——在这儿，我们能看出又有一个“置换作用”的发生，那两句对厨师所说的话中，她将真正有意义的一句话压抑下来，而用另一句比较无意义的话来取代，而这句压抑下去的句子——“你做事可要做得像样点儿”才真正符合梦中所余下的一些内容。对某些人不合理的要求，我们通常会用一句俗话：他忘了关他的肉铺子。在此，我们几乎能够看出这解析后的缘由，然后，我们再用卖菜女人的对话来验证一下。那种绑成一束一束来卖的蔬菜（后来她又补充说是长形的），并且是黑色的，这种既像芦笋又像黑萝卜的梦中怪菜，到底是什么东西呢？我认为不用再去详释这些意味着什么（想想，漫画中的"小黑，救救你自己吧！"这很可能是有关漫画形式的画谜的回忆）。可是，就我而言，这"肉铺子"早已关门的梦所解析出来的故事，好像与我们最初所猜测的和性有关的主题息息相关。在此我并不想探讨这梦的整个意义，因此，还是就此打住，然而至少到这儿，我们能够说，这梦还有很多意义，而且绝非那么坦率无邪的。

梦例之二

这个梦是上例病人所做的另一个梦，从某方面来看，甚至可以说是与前一个梦配成一对的梦。她丈夫问她："我们的钢琴是否应该请人来调音了？"她回答道："那大可不必，琴锤本身早晚是会坏的。"同样，这又是一个当天昼间所发生的事的重现。这天，她丈夫确实问过她这样的话，而她也确实这样回答过。可这梦的意义是什么呢？她认为那钢琴是一个令人作呕的"老木"盒子（德文为kasten），专门产生最难听的音调来，那是在结婚之前她丈夫就已经"拥有"的东西，然而，真正的关键句子在于："那大可不必"。此话出自昨天她的一位女朋友来访时的对话。她的这位女友进门时，曾被要求脱下大衣，可是她拒绝了，她说"谢谢，可是我立即就走，那大可不必"。到这里使我又联想到昨日在接受我的精神分析时，她曾经突然间抓紧她的大衣，因为她发觉有一个纽扣没有扣好。那意思像是说："请你不要从此窥看吧！那大可不必"。"盒子"（kasten）代表着胸部（brustkasten），而这梦的解析使我看到她从开始发育的年龄到现在，就总是对自己的身材非常不满。可是假如我们再次把"令人作呕的"及"难听的音调"这件事也考虑进去，我们就会发现在梦里，女性身体所常常注意到的两件事情——身材、声调，不过是某种更加主要的问题的取代品和参照物。

梦例之三

在这里我将暂时中止叙述那位少妇的梦，而插过另一个年轻男人的梦作一解析。他梦见"自己又将冬季的大衣穿上，那真是一件恐怖的事"。这种梦从表面上看，是一种十分明显的天气骤然变冷的反应，但若是再仔细观察一下，你就会发觉梦中前后两段，根本无法找出合乎情理的因果关系——为何在冷天里穿大衣会是一件恐怖的事呢？在进行精神分析时，他自己首先就联想到，昨天有一个妇女，毫不含蓄地告诉他，她最幼的一个小孩，完全是因为当时她丈夫所戴的避孕套在性交时裂开的结果。现在，他本人再次以这件对他而言相当深刻的事推演出如下的理论：薄的避孕套也许有危险（会裂开而使对方受孕），可是厚的又不好使。而避孕套是一种“套上去的东西”，而按字面上的直译，英文的pullovcr即德文中的ü berzieher，可是，德文这个词表达的意思为“轻便的大衣”。而且，对一个未婚的男子来说，由女人如此直露地讲出这些男女性交的细节，的确是“一件恐怖的事”，很显然，看来这个梦又不是那般纯洁的吧？

现在就让我们再次回到我们那位少妇的另一个纯洁的梦吧！

梦例之四

她把一根蜡烛放在烛台上，可是蜡烛断了，不能撑直，学校里的一个女孩子说她动作笨拙，可是她回答道，这并非她的错。

这倒是一件确实发生过的事，前一天她曾经把一根蜡烛放在烛台上，可是并没有像梦中所说的那样断掉。这梦曾使用了一个明显的象征：蜡烛是一种能令女性性器官兴奋的物品，它断了，不能够撑直，这对于男人而言，就是说“性无能”了。（“这并非她的错。”）可是这位受过良好教养，对那些猥亵的事完全不了解的高尚少妇，怎么可能知道蜡烛这方面的用法呢？可是她到底说出她曾怎样偶然地听到过这种事：她以前曾有一次在莱茵河上泛舟时，有一群学生划舟越过她，而且大声唱着一首猥亵的歌：

瑞典的皇后，
藏在那“紧闭的窗帘”内，
拿着阿波罗的蜡烛……

她当时并未听清楚最末那句话的意义，所以，她曾要求她丈夫解释那是什么意思，于是，这些内容就进入梦中，而且，由另一种纯洁的回忆所掩饰；当她从前在宿舍时，曾因“关窗帘”关不好而被人嘲笑她动作笨拙。可是手淫的意义与性无能的关联又是经常为人所提及的，因此，这梦的纯洁内容一通过解析，就再也称不上纯洁了吧！

梦例之五

就这样对梦的真实境遇做出结论，未免过早，因此，此处我准备再提到同一个病人的另一个表面上看起来更纯洁的梦：“我梦见我正做着某件我白天确实做过的事，那便是我将一个衣箱装满了书本，以致没办法合上箱子。我做的这个梦与现实相同。”在此，做梦者一再强调这个梦和实际情况的符合。所有这种做梦者对 梦的评判，虽然是睡醒以后的想法，可是，通过后来的推论，我们能够了解其实这些也是属于梦的隐含之意。

我们已经了解，梦确实是叙述了睡觉前所发生的事情，假如用英文来分析这些梦的话，需要绕个大圈子了，但还是不容易得出结论。

我们可以说小箱子是这梦的重点（参照第四章，梦见“箱内装了一个死去的小孩”一例），箱子装得太满，而且别的什么东西都再装不下。可见这个梦并没有包含任何邪恶意思在内。

在上述这么多“纯洁的”梦中，拿性因素作为重点的检查规则是十分显然的。然而，这是十分重要的题目，我们会在后面再详加讨论。

二、孩提时的经验形成梦的起源

经过事实的证明，和其他一些关于这方面的论述（除了罗伯特以外），我们可以发掘出梦的第三特征——那些不想记起的儿时经历在醒觉时能够重现在梦里。

因为从梦里醒来以后，并不能把梦的每一个成分全部记清，所以，不可能断定这些儿时经历的梦发生的频率。而且，我们所要证实的儿时经历，需要能从客观的方法着手，因此，实际上要找到这种实例也很困难。

毛利所记载的实例，应该算是最鲜明的了。记载如下：有一个人已离开家乡20年，就在他决定回去准备出发的当晚，他梦见他身处于一个不熟悉的地方，正在和一位陌生人谈话。等到他回到家乡时，才发现梦里那些稀奇古怪的景色，恰是自己家乡附近的景色，更令人惊奇的是，梦里的陌生人也真有其人——是他父亲生前的一位好友，现在仍然居住在当地。这个梦明显地证实了这是他小时曾见过的家乡人物的重现，同时，该梦更加能够解释出他是怎样急不可待地心系故园，就像那已买了演讲门票的少女，和那个父亲已许诺带他到哈密欧旅行的小孩所做的梦一样。诚然，这些促成儿时印象重新出现于梦境的动机，不通过分析是无从发掘的。

我有一位同事，听了我的这些演讲后，曾经向我夸耀，他的梦极少有经过“改装”的。他对我说，他曾经梦见过，那位曾在家中帮佣以及他11岁的女佣和他过去的家庭老师同床共枕，甚至连地点也清晰地出现于梦境中。这令他非常感兴趣，因此，他把这梦告诉了他哥哥，没想到他哥哥笑着对他说，的确有这件事。那时他哥哥6岁，十分清楚地记得这对男女确有苟且关系。每当家里大人不在时，他们就把他哥哥灌醉；而这个小家伙，就睡在这女佣的房里，可他们以为年仅3岁的孩子决不懂事，因此就在房中干了起来。

还有些梦，虽没经过梦的解析，然而，可充分确定它的根源，即这种所谓“经年复现的梦”——孩提时就做过的梦，在成年期仍多次出现于梦境中，尽管我本身并未做过此类的梦，但我却能举一些实例。一个30多岁的医生对我说，他从小时候到现在就经常做梦看到一只黄色的狮子，狮子的形象他甚至能够清楚地描绘出来。可是后来有一天他终于发现了“实物”——一个早已被他遗忘的瓷器黄狮子，他的母亲告诉他，这是他孩提时最喜欢的玩具，可是，他却丝毫也记不起这东西的存在。

现在，让我们把注意力由梦的“显意”移至经解析之后才得以显露的梦的“隐意”，我们会十分惊奇地发觉，有些以其内容看不出任何苗头的梦，一经解析，竟然会发现也是由孩提时的记忆所导致的。我再来引用那位曾梦见“黄狮子”的同事所做的另一个梦。有一次当他读完南森关于北极探险的报告后，竟梦见他在浮冰上用电疗法给这位患有“坐骨神经痛”的探险家治病！经过解析后，他才回忆起有过孩提时的经验，可是假如没有这件经验的加入，这个梦的荒谬性将一直无法解释。那大概是他三四岁的时候，他坐着听家人畅谈探险的趣事，因为当时他依然无法区别reisen（德文，意思是旅行、游历）与reissen（德文，意思是腹痛、撕裂般的痛），以致他曾问他父亲，探险是否是一种疾病而招致哥哥和姐姐们的嘲笑，也许由此而导致了他“遗忘掉”这件使他觉得羞辱的经验。

我们仍有一个相类似的经历，那就是当我在解析那例关于十字花科植物的梦时，我也曾经联想到一件我孩提时的回忆——当我5岁时，父亲就给我一本有图片的书，被我一页页地撕碎。讨论到此，也许仍有人会怀疑这种回忆会出现于梦中的可能性，是否只是由于解析时勉强产生的联系，可是我深信我这解释的准确性，能够通过这一丰富而紧凑的联想作一印证：“十字花科植物”→“最爱吃的花”→“最喜爱的菜”→“朝鲜蓟”，可是朝鲜蓟需要一片一片地剥皮。另一个词“植物标本收集簿”（herbarium）“书虫”（bookworm，即“书呆子”），他们是整日以啃食书本为生的，以后我将告诉读者，梦的最终意义大多是与孩提时期有关毁坏性的景象密切联系的。

另外，还有一系列的梦，我们将通过解析过程来发掘导致梦的“愿望”，而且其“愿望之实现”都来自于孩提时期，所以，我们定会惊奇地发现，在梦中，孩提时期所有的干劲儿全部都活现了。

我现在还要继续讨论前面所提及的，那个能证明出非常有意义的梦——“我的朋友R先生被我看作我的叔叔”。我们曾以它来充分证明出其目的在于实现某种“愿望”——能使我本人被聘用为教授。并且我们也曾看出，在梦中我对R先生的感觉与事实相悖，并且我对那两位同事于梦中也予以不恰当的轻视。因为这是我自己的梦，因此，我能够说，因为以前所得出的解析结果仍不能令自己非常满意，所以，准备继续做更进一步的解析。我深知，我梦中虽然对那两位有这般苛刻的批评，但实际上，我却对他们评价相当高。可是我自己认为，我对那教授头衔渴求的急切程度，并不能使我在梦与醒觉的状态下，感觉产生如此的差异，若是那份钻研上进之心是那样强烈的话，我倒认为是一种非正常的野心，而说实在的，我本身可以丝毫不为能达成这种企求为乐。诚然，我不知别人对我是何种看法，或者我真是个野心勃勃的人吧，但如果我是有野心的话，我想我也不会以小小一个所谓“大教授”的职位就可以满足的，或许老早我就已改途旁骛了。

那么，我梦中所具有的那份野心又从哪里而来呢？在此，我回忆起了一件我儿时常常听到的趣事——在我出生那天，一位老农妇曾向我母亲（我是她的头胎孩子）预言：“你为这世界带来了一个伟大人物”，实际上，这预言也没什么特别，世界上哪个母亲不是欢欢喜喜、殷殷切切地望子成龙呢？而且三亲六眷们又有哪个不会顺着她说几句使人锦上添花的话呢！还有一些老太婆们，因为自己饱经沧桑、心灰意冷，因此一切希望憧憬均贯注于未来的新鲜血液，我想那送给我母亲这预言的老太婆，也许也不过是这种恭维之辞吧？难道这俗不可耐的几句话竟成为我企求功名利禄的缘由吗？且慢！我现在又回忆起另一个孩提时代的印象，或许那更能说明我这份“野心”的来源。在布拉格的一个晚上，双亲带着我如往常一样地去某家饭馆吃饭（当时我大约十一二岁），那儿有一个潦倒的诗人，挨桌地向人索钱，只要你给他一些小钱，他就会照你给他的题目即席作一首诗。因此，爸爸让我去请他来表演一下。可是，当父亲还未出题目之前，这个人就先主动地为我念了几句韵文，而且断言，假如他的预感不错的话，我将来一定是一个起码部长级以上的大人物。到现在，我仍清晰地记得那晚我这位“杰出的部长”是何等得意。最近我父亲带回了一些他大学时同学中杰出人物的肖像，挂在各厅用以增添门第光彩，并且，这些杰出人物中也有犹太人。所以，每个犹太学校的学生在他们的书包里，总要放着一个部长式的公文夹子以自期许。非常可能是基于这个印象，使我刚入大学时，曾打算专攻“法律哲学”，这一决定直至最后一刻才临时变更，毕竟一个读医科的人，永远没有登上部长宝座的那天吧！现在，我们再回头去看这个梦，我才知道我目前这种不尽人意的生活与往日“杰出部长”的美景的天壤之别，就在于失去了这份“年轻人的野心”。对于我这两位值得尊敬、学问渊博的同事，只由于他俩都是犹太人，我就如此刻薄地一个称之为“大呆子”，另一个则强加“罪犯”之名，这态度就像我是个大权在握、赏罚凭我的“部长”了。对了，在这里我却又发现：也许由于部长大人拒绝授予我“大教授”这个头衔，所以，在梦中，我就以这样荒谬的做法扮演他的角色。

在另一个梦里，我也注意到，虽然引发这梦的导火线是近期的某种愿望，但那实际上只是孩提时某种记忆的强化罢了。我将在以下内容中列出一些“我极想去罗马”的愿望所导致的梦以供参考。

由于每年逢到我有空能够旅行的季节，都会因为健康问题去不成罗马。所以，多年来我始终唯有以“梦游罗马”来稍解我心中的热盼。于是，我会梦见自己坐在火车车厢内，凭窗远眺，看到罗马的台伯河和圣安基罗桥。不久火车便开动了，而我也就清醒过来了。我从来未曾到过这城市，而梦中那幅罗马景色，其实是前天我在某病人的客厅里所看到的一幅出名的版画作品。在另外一个梦里，某人将我带上一座小丘，遥指在云雾中半隐半现的罗马城。记得当时，我曾因为在如此远的距离仍能看清景物而惊讶不已。这类梦的内容实在太多，此处就不一一提它了。然而就此，我们已能够看出，要“看到那心仪已久的远方之城”的动机是何等的明显。其实，我在云雾中看到的不过是吕贝克城，而那座小土丘也只是格莱先山，在第三个梦中，我终于置身于罗马城内了。但令人失望的是，我发现那不过是普通都市的景色而已：“城里有一条流着污水的小河流，在河岸的一侧是一大堆黑石头，而另一边是一片草原，并有一些大白花点缀在上面。我遇到了祖克尔先生（Herr Zucker，德文中有糖的意思），我决定要向他问路，以便在这城市内走一圈。”很显然，我根本不能在梦中看到我实际根本没有到过的城市。若将我所看的景色，逐一地进行分析的话，那梦中的白花，是在我所熟悉的拉韦纳那儿。所见到过的；可是这座城曾一度几乎代替了罗马，变成意大利的首都；在拉韦纳四周的沼泽地带，如此美丽的水百合就生长在那一摊摊的污水中，就如我自己家乡的奥斯湖的水仙花一样，因为它长在水中，我们实际上是看得到却摘不到，所以，在梦中，我就看到这些山花是生长在大草原上的；至于“靠在水边的黑石头”，一下子让我联想到那是在卡尔斯矿泉疗养地的铁布尔谷，可是这又使我想起向祖克尔先生问路时的情形。在这混乱交织的梦的内容里，我能够看得出其中蕴含了两个我们犹太人经常在写信、谈话中喜欢提及的轶事（虽然，其中偶尔会含一种令人心酸的成分）。第一个轶事是关于体力的，它描述了一个穷苦多病的犹太人，一心向往去卡尔斯矿泉看病，因此，没买票就混上了开往那地方的快车，却不幸被验票员发现，路上受尽检票时的奚落和虐待。后来，他终于在这痛苦的旅途中的某个车站遇到了一位朋友，他问这个人“你要到哪去呢？”这可怜的家伙有气无力地回答：“到卡尔斯矿泉——假如我的‘体力’尚能支撑得下去的话。”而另外一个我联想到的犹太人的故事是这样的：“有一个不懂法语的犹太人，刚到巴黎，向人打听前往富人街的路。”其实，巴黎也是我若干年来总想去的地方，当我第一步踏入巴黎时，心里的满足、喜悦之情，迄今犹历久弥新，也因为这种畅游大都市的喜悦，令我对旅行更加具有浓厚的兴趣。另外，关于“问路”这回事，完全是指罗马而言，因为俗话常说“条条大路通罗马”，所以“路”与“罗马”显然有明确的关系可寻。下面，我们看看名字叫“祖克尔”（糖）的人与我们常常送身体衰弱的病人去疗养的“卡尔斯矿泉”，这令我联想到一种与“糖”有关的“体质衰弱病”——“糖尿病”（Diabetes，德文为Zuckerkrankheit，直译即“糖病”），而做这梦时，正当我与住在柏林的朋友商量好在复活节在布拉格会面之后不久，当时会谈的内容也能够找出一些与“糖”和“糖尿病”有关的话题。

第四个梦，是紧接着我和某朋友见面后不久所做的，又将我带回到罗马城内。极为奇怪的是，在这街上竟有这么多用德文写的公告。就在这前一天，我写信给这位朋友时，曾猜测说，布拉格这地方也许对一个德国的旅游者来说，不会太舒适吧！因此，在梦中，我便把约好在布拉格相见的场合转换成相遇于罗马，而同时也实现了另一个我自从学生时代就曾经有的愿望——想使德文在布拉格被人重用。其实，因为我出生在住有很多斯拉夫民族的莫拉维亚人的一个村子里，因此，在我童年的最初几年，我应该学会几句捷克语的。记得十六岁那年，我在偶然的机会听到别人哼着捷克的儿歌，此后，我自然而然地均能流利地哼出来（但对所唱的内容却是一点也不懂）。所以，在这梦里头，确实有不少是出自我孩提时期的种种印象。

在我最近的一次意大利旅途中，我在经过特拉西梅努斯湖时，终于看到了台伯河，可是按照日程，只能“过其门而不入”，离罗马五十里即转向他处。这份憾意更加深了我儿时以来对这“永恒之都”的憧憬。当我计划下一年作次旅行，从此地经过罗马去那不勒斯时，我突然想起一句过去曾经读过的德国古典文选（这无疑是琼·保尔的著作）：“在我决定去罗马时，我感到十分的焦躁，而徘徊于这两者之间——去当个温克尔曼的助理呢，还是做个如伟大的汉尼拔将军那样独当一面的角色？”我自己仿佛是步了汉尼拔的后尘，注定到不了罗马——当人们都预料他会到罗马时，他反而折往坎帕尼亚。在这一点上与我类似的汉尼拔，始终是我中学时代的偶像，就如同龄的那些男同学们一样，我们在“朋涅克”战役上都同情迦太基人，而敌视罗马，再说，当我意识到自己身为犹太人，经常受班上德国同学的轻视时，一种遭受到反犹主义摧残的感受，更使我在内心对这位民族英雄增添了仰慕。在我这年轻人的脑海中，汉尼拔与罗马的战斗象征着犹太教与天主教间永不休止的冲突，而此后不断遭受的一些反犹太人运动所造成的感情创伤，使我这种孩提时的印象愈加根深蒂固，对罗马的憧憬实际是象征着胸中一大团热烈殷切的盼望——像那些腓尼基将领们，曾为了实现汉尼拔终其一生的愿望——进军罗马城，明明知其不可为却跟随他出生入死。

而现在，我第一次发现有一件青年时期所经历的事，至今仍深深地在我的感情或梦境中展现出其影响力。当年我大概十一二岁，父亲每天都带着我散步，并与我谈论他对世事的认识。他曾告诉我一件事，以证明我现在的生活比他那个时代强多了。他说："在年轻时，某个周末我穿戴整齐，戴上毛皮帽，在家乡的街道上散步，迎面来了一个基督教徒，毫无原因地就把我的新帽子打入街心的泥浆里，并骂我'犹太佬，让开路！'"——我忍不住地问父亲"那你如何对付他的呢？"没想到他只是冷静地回答道："我走到街心，把帽子捡了起来。"这个当时牵着我小手的身躯高大的男人，我心目中的英雄，竟是这般令我失望，而与汉尼拔的英雄父亲布拉卡斯把年幼的汉尼拔带到祖坛上，让他宣誓一生以罗马人为敌的那份气概相比，这种强烈的反差更令我加深了对汉尼拔的崇仰，并且，甚至时时幻想着自己就是汉尼拔。

我想我还可以把我的这份向往迦太基将领的狂热再追溯到更年幼时发生的事，而前面所提到的只不过是强化了这种印象，将之转化成新的形式反映出来而已。在童年时，当我学会了读书以后，第一本看的书就是梯尔斯（Thiers）所著的《执政与帝国》。我至今清楚地记得看完那本书之后，我曾一度把那位帝国的大将军的名字，写在一个小标签上，并贴在我木制的玩偶兵士身上。自那时起，玛色那（一位犹太将领）就成为我最仰慕的大人物。而碰巧的是，我的生日恰好与这位犹太英雄同一天，只是刚好差了100年，这也更令我以此自豪。（拿破仑本身就曾因同样地越过阿尔卑斯山，而以汉尼拔自许。）也许我这种军人崇拜的心理更可追溯到三岁时。因为我自小体质较差，而因对一位比我仅大一岁的小男孩所产生的忽敌忽友的感觉激发起了一种心理反应。

梦的分析工作越是深入，我们便越会相信在梦的隐意里，孩提时的经验确实构成许多梦的起源。

我们曾经说过，梦极少会把记忆以一种毫不改变、毫不简缩的方式重复出现在梦的内容中。然而，倒曾有过若干这种近乎完全真实的记忆翻版的记载。而我在这里，也可附加一个由孩提时记忆所产生的梦。我的一位病人曾告诉我一个只经过一点"改装"的梦，而他本人也一下子就辨出那梦的确是一种正确的回忆。这份记忆在醒觉下并未彻底消逝，只是已经有一点模糊。可是在分析过程，他就已清清楚楚地追忆出其中每一个细节。他记得在他12岁那年，曾去看望一位住院的同学，那时那位同学躺在床上，翻身时不小心把他的生殖器露到了裤子外面。而我这位病人当时竟不知怎的，一看到那同学的生殖器，竟不由自主地也将自己的生殖器由裤裆里掏出来，结果招致别的同学惊讶鄙视的目光，而他也变得极为尴尬，竭力想把它忘掉。不料在23年后，在梦中这情景竟然又重现了，只不过内容还是略略地改变了一下。在梦中，他不再是主角，而是被动的角色，并且那位生病的同学也被另一位现在的朋友所代替。

当然一般来说，在梦的“显意”里，童年的情景多数只有蛛丝马迹可寻，必得经过耐心的解释分析才得以辨认出。这一类梦的例证，其实也很难令人完全信服，因为这种童年经验的确实存在性是根本无法找到鉴证物的，而且，如若发生在更为早期的话，那我们的记忆是不能辨认的，所以，要获得“孩提时期的经验在梦中重现”的结论，需要利用许多因素，并加以精神分析的工作成果，方可予以证实。但在梦的解析时，我们常常会将某一孩提时期的经验从全部经验中个别摘出来，以符合个人的意愿；特别是，我有时未能将真正作精神分析时所获得的资料全部附进去。但是，我还是认为再举几个例子是很有必要的：

（一）

我的一位女病人，在她一切梦中都呈现出一种特征——“急急忙忙”，非得赶着时间去搭火车啦，要送行啦……有一次“她梦见想去拜访一位女友，她母亲劝她骑车子，不用走路去，可她却不停地大叫而狂奔”。从这些资料的分析，可以引出某些童年嬉闹的回忆，尤其是“绕口令”的游戏，所有小孩间无恶意的玩笑，也可从分析中看出有时是取代了另一些孩提时的经验。

（二）

另一位病人叙述了如下一个梦：她置身于一间摆满各种机器的大屋子中，令她产生了一种仿佛置身于骨科康复中心的感觉。她听见我对她说，我时间有限，不能个别接见她，而让她和另外5位病人一块接受治疗，她立即拒绝了，并且不愿躺在床上或任何别的东西上，她坚持独自站在屋子的一角，而期待着我会对她说“刚刚的话并不当真”。但同时，另外5位却嘲弄她说她太蠢了，也就在同一时刻，她又好像觉得有人叫她画很多的方格子。

此梦的起初，其实是指“治疗”和对我的“转移关系”，而接下去则涉及孩提时的一段情景，然后，部分以“床”衔接起来。“骨科康复中心”来自我对她所说过的一句话。记得当时我曾比喻说，对她的精神治疗需要的时间及性质就如同骨科毛病一般，尚需要耐心，得经得住漫长的治疗。当治疗开始时，我曾对她说：“目前我仅能给你一点儿时间，但渐渐地，我会每天有整整一小时为你治疗。”而这些话都引起了她那极易受伤的敏感——这种敏感正是儿童注定要变为“歇斯底里症”的条件。他们对爱的需求是永远得不到满足的。我这病人在8个兄弟姐妹中排行最小（所以，会“和另外5个病人一块儿……”），虽然父亲最疼爱小女儿，但她心里常觉得爸爸用在她身上的时间与爱护仍不够。

而她等着我说“刚刚的话并不当真”能够这样解释：有一位裁缝的小学徒送来她所订制的衣服，而她当时便付钱托他带给老板。之后她问丈夫，不知这小孩子会不会把钱在半路上弄丢了，她是否还得再付一次钱。她丈夫“嘲弄”地回答：“嗯！那是当然要再赔一次的。”（正像梦中的“嘲弄”。）于是，她焦灼地反复问，期望她丈夫说一句“刚刚的话并不当真的”。由此，梦中的隐意可由以下构筑起来：“假若我肯用两倍时间治疗她，那她是否必须付两倍价钱呢？”——一种吝啬且丑恶的想法（孩提时期的不洁，在梦中常常以贪钱所代替，而“丑恶的”这个词恰可构成这两者之间的联想），假如梦中所提及的期待我说出“那不是真的”一段，其实是拐弯抹角地暗指“肮脏”这个词的话，那么“站在一个角落”以及“不愿躺在床上”均可以另一件童年的经验来解释——“她曾因尿床，而被罚站在一个角落里，并且受爸爸的厉声斥责，同时兄弟姐妹们也都在一边嘲笑着她”，等等；关于那小方格，则来自她的一个小侄子。他曾画出9个方格，并且在这上面做出一道算术上的难题——每个方格要填一个数字，从而使每个方向加起来均得出15。

（三）

这是一个男人的梦：“他看见两个男孩扭打成一团，从周围所扔着的工具看来，他们大约是箍桶匠的儿子。后来一个孩子终于被摔倒了，这位较弱的家伙戴着蓝石做的耳环，他抓起了一根竿子，爬起身就想追上去打那对手，但对方却拔腿便跑，躲到站在篱笆旁边似乎是他母亲的女人背后。那女人实际上是一位临时工（即所谓按日计酬的工人）的妻子，最初她背向着做梦的这人，后来她竟转过头来，用一种可怖的表情盯着他，以致这做梦者吓得立即跑开，但他还记得那女人的下眼皮呈赤红色，自两眼下突出来。”

这梦以非常多的他当天所遇到的一些零碎小事作材料。当天他确实曾看到两个男孩在街上打架，且有一个被摔倒。但当他跑上前想劝架时，两个小家伙都立即跑掉了。“箍桶匠的孩子”——这句话直到他在后来另一个梦的分析中，引用了一句谚语时方看出头绪。那句话是：“打破桶底问到底。”“戴着蓝石做的耳环”——据梦者自己说，这大概是娼妓的打扮。这使人想到有一句时常可听到的有关两个小男孩的打油诗：“……另一个男孩子叫玛丽。”这也等于说，其实，那被打倒的是个女孩子。“那女人站在篱笆旁”——当天在那两个小鬼跑掉后，他曾到多瑙河河畔散步，由于当时就他自己一人，他就在篱笆旁边小解，但刚解完后，迎面就碰到一位穿戴华贵的老妇人，对他愉快地打招呼，并且给了他一张她的名片。于是，在梦中，那女人就如同他在那篱笆边小解一样变为她站立在篱笆旁边。正是因为如此的变换涉及“女人小解”的问题，才解释得通以下几点：“可怖的表情”，“赤红色的肉突出来”——女人蹲下去小解时，性器官所呈的样子，而这梦就如此奇怪地将儿时两件记忆混在一处：儿时，有一次他曾摔倒一个女孩子，还曾看到一个女孩子蹲着小解。而这两次都致使他有机会窥视到女孩子的性器官。而且，梦者坦白道，当年也曾因对这方面太好奇而遭到父亲的严厉责备。

（四）

在下面这位妇人的梦中，我们能够看出掺入了几多儿时记忆，以及一些荒唐的幻想。“她急匆匆地赶去购物。结果，在格拉本大街她突然像整个身体都瘫痪了似的，双膝触地站不起来，旁边围观了许多人，尤其是一些开车子的家伙，但他们都袖手旁观，没有一个人愿扶她一把。她几次试图站起来，但都白费力气，后来她大概是站起来了，因为她又梦见她被载入一辆出租车进而驶回家去。当她进入车内之后，一个极大极重的篮子（外观看来像是市场卖东西用的篓子）由窗口‘被扔了进去’（thrown into）。”

首先，得说明一下，这老妇人还是小孩子的时候极易受惊，以致她的梦始终都以让她胆战心惊的故事居多。上面这个梦的头一部分很显然来自骑马摔下的情景。她年轻时，曾经常常骑马，而在更早的童年时，她极可能常玩“骑马”的游戏。由这“摔下来”的意念又令她回忆起在她童年时，家中老门房的16岁左右的男孩，曾有一次在外发癫痫，而被路人用街车送回家。虽然，她并未目睹发作时的情景，但这种由癫痫昏迷而摔下来的念头，却充塞于她的想象中，以至日后引起了她自己的歇斯底里症的发作。当一个女性梦到摔落，大多是有“性”的意味在里面，会想象自己变成了“一个堕落的女人”。再由梦的内容做一番审查，更能够看出确有其意。因为，她梦见是在格拉本大街摔下去的，而格拉本街正是维也纳最有名的风化区。至于“市场卖东西用的篓子”更有别的一番解释：德文krobe除篓子或菜篮之意外，还有冷落、拒绝之意，而这令她回忆起早年她曾对向她求婚的人予以多次的冷落，在后来的日子里，她又自觉遭到报应，受尽了别人的冷落。这和梦中另一段“他们只是袖手旁观”非常吻合，而她自己也解释为“受人鄙视”的意思。另有，那“市场卖东西用的篓子”或许还有一种含义，在她的幻想中，她曾谈及她受人鄙视而错嫁了一个穷光蛋，以致沦落到在市场卖东西的地步。最后，“市场的菜篮子”也可解释为仆人的象征，这又让她联想到一件儿时的经历——她家的女厨子因为偷东西而遭到解雇，当时她曾“双膝落地”哀求人们原谅她。（这时梦者12岁。）接着，她又联想到另一个回忆，有个打扫房间的女佣因与家里的车夫有暧昧关系而被解雇，但以后这车夫娶了她做妻子。由此回忆，使我们对梦中有关的“开车的家伙们”有了些线索可寻：车夫在梦中与事实恰好相反，并没有对堕落的女人予以援手，还有关于那“丢篓子”的一段也尚待解释。特别的是，为何它是被“由窗口丢进去的”，这能够让我们想到铁路运货工人的运货方式，还可以令人联想到本地特有的民俗——“越窗偷情”。此外，还有与“窗”有关的记忆：某年在避暑地，有个男子曾把几株青梅丢进这女人的房内。她妹妹曾因有个白痴在窗口徘徊偷窥而惊慌失措。那么，现在以如此多的回想再引出另一个回忆：她10岁时，有位男仆因被发现与她的保姆做爱（他们的这种关系，连她这样的小孩子都看得出来），而被迫收拾东西，双双被赶出门去（thrown out）（而在梦中，我们所用字眼为“被丢进去”）。另外，我们在维也纳，常对佣人们的行李用句轻蔑的话“七李子”来代替，“收拾你那些七李子，滚蛋！”

我所收集的这些梦，无疑都来自心理症患者，而解析结果都可溯自其孩提时的印象，甚至是记忆朦胧或完全记不起来的最初三年的经验。但由于这些均取材自心理症病人，尤其是歇斯底里症的病人，而使得梦中出现的孩提时情景，或许受到心理症的气质影响而走了样，因此，若要由此即概括到一切梦析的结论，大概仍难令一般人折服。而就我自己的梦所做的解析而论——当然我想我自己没有严重的症状，却发现在梦的隐意里，竟也会意外地找出我童年的某段情景，并且整个梦即可用这单一的童年经验推演出来。以前，我曾举过这样的原例，但我仍打算提出一些不同但相关的梦。倘若我不再多举几个自己的梦来证明其根源有些出自近期的经验，有些出自早已忘却了的童年经验，那么，将本章作一结束就未免言之过早了些！

梦例之一

旅途归来，既饿又累，躺在床上立即进入梦乡，但这辘辘饥肠的不舒服就导致了如下的一个梦境：我跑到厨房去，想找些香肠吃。那儿站着3个女人，其中之一是女主人，她手中正卷着某种东西，看来似乎是汤团之类的东西。她要我再等一会儿，待她做好了菜再叫我（此话在梦中听得并不很真切）。于是，我觉得有些不耐烦。便不高兴地走开了。我想穿上大衣，但穿上第一件时，发现太长了，于是，我只好脱下来，这时我很惊奇地发觉这件大衣上，居然铺有一层贵重的毛皮。然后我又拿起另一套绣有土耳其式图案的外套，这时来了一个长脸短须的陌生人，说我不可以拿走那件外套，他说那是他的，我对他说这外套上均绣有土耳其式的图案，但他却回答说：“土耳其的（图案、布条……）又关你屁事？”但不久我们却又变得彼此非常友好起来。

这梦在解析时，我竟非常意外地回想起一本大约我平生第一次读过的小说，或应该说是第一本我从第一册的最后部分读起的小说，当时我大概13岁。那本小说的书名、作者我都记不起来了，但结局竟仍然清晰地印在脑海里。那本书中的英雄最后发疯了，一直狂呼着3个给他的一生带来最大幸福和灾祸的女人的名字。我记得其中一位女人叫贝拉姬（Pélagie），但我仍搞不明白为何在分析这梦时我会联想起这小说。由于提及3个女人，令我联想到罗马神话的3位巴尔希女神（Parcae），她们执掌着人类的命脉。以我所知，梦中三个女人之一，就是那女主人，是已经生了小孩的妈妈，就我自己来说，母亲是第一个带给我生命和营养的人，而爱与饥饿唯有在母亲的乳房里才能得到最好的解决。我且顺带提一段趣闻：“有位年轻的男子曾告诉我，他本人极欣赏女人的美，而他最感遗憾的是，他的乳妈如此漂亮，但他当时却因太年幼，而未能利用哺乳的绝好时机占点便宜。”（对心理症病人而言，为了探索其形成的因素，我的习惯总是先利用他的某件逸事加以追问下去。）由上面的推演，变成了巴尔希女神中有一位两手搓着面团，像是在做汤团。

一位命运女神做这种事，很是怪异，好像还须再进一步探讨下去，这可以用我孩提时另一经验来做某种必要的解释。当我6岁时，母亲给我上了第一课。她告诉我，我们是来自大自然的尘埃，最终也必会消逝为尘埃。这听起来令我非常的不舒服，并且表示不相信这种说法。于是，妈妈双掌用力相搓（就像梦中那女人一样，差别是妈妈两手间并没有生面团在其中），把搓下来的黑色皮屑让我看，以此证明我们的生命是由尘埃变成的！记得我在目睹这种现场表演的事实后，心中感到非常的惊奇，后来我好像也就勉强地接受了她的这种说法——“我们人类均难逃死亡”。

在童年时，我常在肚子感到饥饿的时候，跑到厨房去先偷吃，而每每总被坐在灶旁的妈妈责骂，她让我一定要等到饭菜做好了才能用餐。所以，梦中我到厨房所碰到的女人，确是暗喻着那两位位命运女神巴尔希了。现在再来瞧瞧“汤团”这个词有何意思，起码它让我联想到大学时教我们“组织学”的一位教师，他曾控告过一位名叫克诺洛（Knodel，德文Knodel有“汤团”的意思）的人剽窃他的作品，而“剽窃”（plagiarizing）即是将不属于自己的物品占为己有。这又令我得以解释出梦的另一部分：我被人当作是常常在人多手杂的剧院讲堂下手的“偷大衣的贼”，我之所以会写出“剽窃”这个词，完全是一种无意的行为。而现在我则开始瞧出，或许这就是梦的隐意之一，而且，可作为梦的别的显意部分的桥梁（Brücke）。联想的过程是这样的：贝拉姬（Pélagie）→剽窃（plagiarizing）→横口鱼（plagiostomes）或鲨鱼（sharks）→鱼鳔（fish-bladder）——就这样由一本旧小说引出克诺洛事件及大衣（德文überzieher有几个意思：大衣、套头毛线衣、性交所用避孕套），所以，很显然这又涉及性方面的问题。诚然，这是一套相当牵强的联想，但若非经过"梦的运作"的努力，我在清醒之中是决不会有如此想法的。虽然，我无法找到任何强迫我做此联想的冲动，但我还要一提的是，有个我十分喜欢的名字——布律克（Brücke，德文可译为字与字之间的"桥梁"，见上述），那令我想到我在一所名叫布律克的学校里上课时的欢乐时光——不为功名利禄只是纯趣味的追求，"每天酝酿在智慧的宝藏内而无他求"——而这恰与我做梦时"折磨"我的欲望形成强烈的对照，最后，又使我回忆起一位令人怀念的老师，他叫弗莱雪（Fleischl），这名字发音就像是能够食用的Fleisch（德文意思是"肉"）。紧接着，我的思路又涌动出许多景象：包括有表皮层皮屑的一副感伤的场景（母亲——女主人）、发疯（那本小说），由拉丁药典（Küche即"厨房"）可找到的一种麻痹饥饿感的药——可卡因……

依此下去，我能够将此复杂思路继续推演，并且能够将梦中各部分逐一予以解析。但由于私人关系，使我不得不在此略有保留，所以，我将在这纷杂思潮中只执其一端，而由此直探那梦思（dream thoughts）的谜底。那梦中长脸短须的、阻拦我穿第二件大衣的人，模样很像我妻子经常向他购买土耳其布料的那位斯巴拉多商人。他叫宝宝比〔Popovic，儿童对"屁股"（bottom）的戏称〕，一个非常怪的名字，幽默大师史特丹汉姆曾开他的玩笑说："他道出了自己的姓名以后，握手时脸都羞红了！"此外，我发现了与前头由贝拉姬、克诺洛、布律克、弗莱雪等一般的、由名字发音近似而导致的种种联想，几乎没有人否认我们孩提时代都喜欢利用别人的名字来做恶搞剧，或许我由于过于习惯运用这种联想，以致遭到了报应，因为我自己的名字就经常被人拿来作为开玩笑的对象。歌德也曾注意到每个人对自己的名字是多么敏感，他认为那种敏感也许甚至超过皮肤的触觉。而赫尔德[1]的发音为题材，写了一段打油诗：

你是来自神灵（Gottern），来自野蛮人（Gothen，或译"哥特人"），还是来自泥巴中人（Kote）？——你徒有神明的形象，最终也必归于尘埃……

我之所以将话题扯到这里来，无非是想证明一下名字的误用确有其意义。且让我们在此回到刚刚谈过的话题吧！在斯巴拉多购物的事，让我联想起一次在卡塔罗购物的情

1 赫尔德（Johann Gottfried von Herder，1744—1803年）：德国著名哲学家、文学评论家、历史学者及信义会神学家。被认为德国浪漫主义先驱。——译者注

形。那次我由于过于谨慎，而失去了一个非常好的交易机会（“失去了一次抚摸奶妈乳房的机会”——见以上所提到的那位青年人）。由饥饿而引起的那个梦里，确能导致一种想法——我们不要轻易让东西跑掉，能抓到手的就尽量拿，哪怕犯点错也要这样干，我们决不可轻易放过任何机遇。生命是短暂的，死亡是无法避免的。因为这其中可能有“性”的意味，而且“欲望”又不愿考虑是否有做错的可能性，这种“及时行乐”的看法，确实有理由需要逃避自己内心的审查制度，而遁托于梦境中，所以，当梦者所忆及的时光得到梦者本身足够的“精神滋养”时，他便能将所有逆反思想现于梦中，而不让丝毫恼人的“性”方面的惩罚出现于梦中。

梦例之二

这个梦需要更详细的“前言”：

为了消磨几天的假日，我选择了奥斯湖作为度假目的地，于是，当天我到（维也纳的）西站去坐车，因为到得早一点，刚好碰到开往伊希尔的火车，这时，我看到了都恩伯爵，他又要前往伊希尔去朝见皇上吧！虽是天降大雨，他却若无其事，不慌不忙地由区间车的入口直入，而向他索票的检票员（他也许不认得这位伯爵大人）对他不屑一顾。不一会儿，往伊希尔的车子开走了，站务员要求我离开月台到候车室等车，费了一番口舌才总算被允许继续停留在月台上。此时十分无聊，于是，我就利用这机会，冷眼旁观人们怎样贿赂站务员以期获得座位。此时，我心中极想说出来——我希望自己也可以享有那份权利。下意识的，我又嘴里哼起一只歌曲，后来，我才察觉到这是《费加罗婚礼》中一段由费加罗所唱的咏叹调：

若是我的主人想跳舞，想跳舞；
那么就让他遂其所好吧！
我愿在旁为他伴奏。

这整个晚上我始终很烦闷，甚至急躁到想找个人争吵，我乱拿那些侍者、车夫开玩笑（但愿这些并未伤到他们的感情），而这时某些带有革命意味的、反叛的思想忽然涌上心头，就如同我在法兰西剧院所看到的喜剧作家博马舍借费加罗之口所说的那些话，一些生来为大人物的人所发的狂言，如阿马维巴伯爵想到用其君主之权，以获得对苏珊娜的初夜权，以及我们那些恶作剧的记者们对都恩伯爵的名字所开的玩笑，他们叫他“不做事的伯爵”（因“都恩”之名为Thun，德文意思是“做事”）。实际上我并不嫉妒他，因为眼下他极可能正战战兢兢地站在国王面前受训；而在这里正满脑子筹划怎样度假的我，才真是个“不做事的伯爵”呢！这时，走进一位绅士，我认出这家伙是政府医务检查的代表，并且因他的能力和表现赢得了一个“政府的枕边人”绰号。这家伙蛮横霸道地坚持，凭他的政界地位，必须要给他弄半个一等房间（政府官员有权买半票），而最令人气恼的是，有个管车人竟向另一个伙伴说：“喂！住另半边的那位我们放在哪里好呢？”这种喧宾夺主的无理作风，实在太让人无法忍受，我可是付了整个一等房间的钱呀！后来，我总算有了一个整间的，但却不是套房，一旦晚上尿急，可没有厕所在房间内的。我与那管车人争了半天也毫无所获，于是怏怏地讽刺他，今后还是在这房间地板上弄个洞，好让旅客尿急时方便些。入睡后，在这清晨两点三刻时，我竟因尿急而从梦中惊醒过来。以下便是这梦的内容：

一大群人，一个学生集会——某个伯爵名叫都恩Thun或塔飞（Taaffe）（后者是奥地利政治家，曾任首相，和都恩一样，十二分偏爱帝国的非德意志部分的独立）正在演讲，有人问到他对德国人的看法，他以轻蔑的神态，不着边际地回答道：“他们喜欢的花，就是那种款冬”。接着他又将一片撕下的叶子，实际上是一片已干枯的树叶，装在纽扣洞内。我愤怒地跳起来，但我立刻为自己的这种突发动作而惊讶不已。

接着的内容较模糊，似乎那场地是在一个通道里，出口处挤满了人，而我必须立即逃掉。我跑入一间装设高雅的套房内，显然是部长级人物的高级住宅，里面的家具尽是介于棕色与紫色之间的色调，最后我跑到一条走廊上，那儿坐着一个肥胖的年老的看门女人，我想避免与她说话，以防被人阻挡在门外，但她却仿佛认定我的身份已足以通行无阻似的，因为她竟问我，需不需要有人掌灯引路。我以手势，或用语言对她表示那大可不必，并且要她就坐在原地不动。就这样，我十分狡猾地摆脱了追踪，现在我开始走下阶梯，而后又是一道狭窄陡峭的小路。

接着，又是更模糊的一段：我的第二个任务好像是要立即逃离这座城市，就像我上面所述的需要急速离开那房子一样。我坐在一辆单马马车内，并对车夫说，火速送我到火车站去。而当他抱怨说我会把他累坏时，我答道：“到了车站，我就不会再要求你赶车了。”这听起来，似乎他已为赶车赶了一大段——一般只有火车才跑得了的长路。火车站上人潮涌动，而我拿不定主意到底是去喀列姆（Kretms）还是去奈姆（Zneim），但我仔细一想，有可能官方会派人在那儿窥伺，于是，我决定去格拉茨（Graz）或类似的地方。现在我置身于一火车厢内，好像是电车厢内吧！而在我的纽扣洞内插着一个坚硬的棕紫色且很惹眼的辫带似的东西。到此，这景象又消失了。

接着我又再次置身于火车站内，但此次，我是与一位老绅士在一起。别的一些仍是想不起来的部分，我正努力着不被人认出的计划，后来感觉这个计划快实现了，

“因为思考到的与经历到的，通常是同一回事”。他装成盲人似的，至少有一眼是瞎了，而我手持一个男用的玻璃便壶（这是我们在这城市里所刚买到的）招呼他小解。看来，我成了一个照顾这盲人的看护者了。此时，若是站务员见到我们这景象，一定会注意到的；同时，这老头子的姿态，以及其排尿器官，都栩栩如生地让我感觉到了。（然后我因尿急而从梦中惊醒过来。）

这样的梦好像是一种幻想，让梦者重回1848年的革命时期。这或许是1898年的革命周年庆祝所带给我的这份记忆的重现。还有过去我到华休远足时，曾顺道大伊玛尔村玩了一趟，而那里据说就是当年革命时期学生领袖费休夫避难之处。而费休夫这类人物仿佛也在这梦的“显意”中出现过很多次，因此，这乡村小游也许就是促成此梦的伏笔，而由这个村落，令我想起我住在英国的哥哥的房子，并由此再联想到我的弟弟，他常用丁尼生的那首标题为《50年前》的诗来揶揄他的妻子，而他的孩子们每次总会纠正他的老毛病——因为那首诗名应是《15年前》。但这份幻想与因看到都恩伯爵所导致的想法之间的联系，却犹如意大利式教堂的正面与其背面的建筑物找不到丝毫的衔接处一般，但在这正面里，却还充满着许许多多的缺口，和一些可穿透入内的迂回暗道。

这个梦的第一部分包含有好几种景象，在此我打算逐步解开来一一阐释。

梦中伯爵的那份狂傲，差不多等于是我15岁那年在学校所遇到的那一幕景象——我们的老师极端傲慢自大，不被人欢迎，致使我们在无法忍受之下孕育着“叛变”，而担任领导的主谋人物则是一位常以英王亨利八世自许的同学。那般情形对我而言，就如同要发动一次政变似的，而当时有关多瑙河对奥国的重要性的讨论也仿佛是一种公开的叛逆。我们这些叛变的伙伴中，有一位出身贵族的同学，被称为“长颈鹿”（因为他的身高所得的绰号），有一次被暴君似的德文教授训斥时，他站得就像梦中那伯爵一般姿态。关于“喜欢的花”以及那“纽扣洞内所插的某种东西”等等，无疑是暗指着某种花〔最后令我想起那天我曾送兰花和耶利奇玫瑰（它卷枯的叶片在潮湿的空气中能重新展开）给一位朋友〕，而我由此追忆起一部莎士比亚的历史剧本（亨利第四，第一幕、第一场）所表现的红白玫瑰的内战。这段追忆刚好可由刚刚提到的《亨利八世》衔接上去。再下来，我们将由红白玫瑰可联想到红白康乃馨。（有两段小诗，一段为德文，一段为西班牙文，悄悄溜入对这一点的分析之中：——玫瑰、郁金香、康乃馨；每一种花都不免凋谢。——伊莎贝拉，不要为花儿凋谢而哭泣。第二段西班牙文诗曾在《费加罗婚礼》中出现过。）而在维也纳，白色康乃馨已成为反闪族人的标记，而红色康乃馨则象征“社会民主党”人士。在这段联想中，隐含着过去我在风光旖旎的萨克森旅途中所遇的一次反闪族人运动的不愉快追忆。这个梦的第一段使我追溯到另一种情景——那是我早年的学生时代，我参加了一个德国学生聚会，讨论哲学同一般科学的关系。初生牛犊不怕虎，我以纯粹的唯物主义的观点，拥护一种非常偏激的观点，这让一位睿智的老学长忍无可忍，他站了起来，把我十足地痛斥一顿。我记得他是一位很具领导才干、组织团体的青年，同时呢，他有一个绰号，似乎是一种动物的名字。后来，他又说到他自身，过去就曾有过一段时间非常偏激，但后来才迷途知返地觉悟。"我愤怒地跳起来"（就像梦中一样），变得十分冲动且无礼地反驳他，既然他本人也曾有过一段如此的经历，那我对他今天这么讲并不感到"惊奇"（在梦里，我本人对自己的德国国家主义竟抱有如许的感情感到"惊奇"）。会场立刻引起了一阵骚动，差不多所有同学均要求我收回刚才所说的话，但我仍固执地坚持我的立场。幸好，这位受辱的学长相当知理，并不接受他们的意见来向我挑战，而把这争端就此结束了。

这个梦所剩余的一些情景的根源则更难寻找到。那伯爵轻蔑地提及"款冬"这植物究竟是何意义呢？为此我必须再对自己的联想系列做一番审核：款冬（德文为Huflattich，字面意思是"蹄形莴苣"，英译为hoof lettuce）→莴苣（lettuce，一种类似莴苣的一种青菜）→色拉（salad，尤指莴苣凉拌菜）→Salathund（看到别人有的吃而嫉妒的狗），于是，我发掘出许多晦涩含糊的描述，其中颇有文章：例如"长颈鹿"这个词（Giraffe），德文（Affe）为"猿猴"之意，故由此推出猴，然后猪、牝猪、狗，由此类推可以推出笨驴（donkey），而恰好可用来加在我们那位教授的头上，以发泄我对他的轻蔑。更进一层，我将款冬（huflattich）——我怀疑这是否正确——译为蒲公英（pisse-en-lit），这意念是我由左拉[1]的小说《阳春》而想起的——"小孩子，带着掺有蒲公英的沙拉一起去"。"狗"的法文是"chier"，听起来有点类似另一种较大功能的动词"chier"（大便），而法文"pisser"（小便）代表着较小功能的动词。接着我们就要寻找出第三种属不同物理状态（固、液、气三态）的，平时在社交场合无法说出口的东西。在上述那本《阳春》里，还提到将来的革命等内容，其中有一段非常特别的内容，与排泄气体的产生有关，这便是我们俗话说的"屁"（flatus）（实际上这不在《阳春》而在《土地》一书中）。而我现在必须详细检讨下，"flatus"这个词为什么要绕这么大的弯子才产生出来：最初提到"花"，接着是西班牙的歌谣，小伊莎贝拉（Isabella），由此再联想到斐迪南（Ferdinand）、伊莎贝拉（Isabella），再由亨利八世引至西班牙征服英国的"无敌舰队"（the Armada）全

1 埃米尔·左拉（Emile zola，1840—1902年）：法国作家，自然主义创始人。代表作有《小酒店》《卢贡—马卡尔家族》《三城市》和《四福音书》等。——译者注

军覆没后，英国为庆贺此历史上的大胜利，曾在一奖牌上刻了一句“Flavit el dissipali sunt”（“他把他们吹得溃不成军”——偶然来访的传记作家弗里茨·韦特尔斯博士向我指出，我在格言中漏掉了耶和华的名字。英文奖章在云雾般的背景下刻有希伯来文神的名字，因而既可看作是一部分图案也可认为是铭文），因为西班牙舰队是被一场海上暴风雨所打垮的。我对这段铭刻的名言颇感兴趣，甚至曾想过，一旦我对歇斯底里症的观念与治疗的研究确有成果发表时，我一定要用这句话作为《治疗》一篇的篇头！

关于这个梦的第二幕，由于不能完全通过我意识中的“审查”，故未能作较为详细的解析。在梦中，我恍若替代了某位革命时代的伟大人物，这人曾与一只鹰有一段传奇的故事，并且听说他患有肛门“失禁”的毛病……虽然这些史迹大多数都是一位“宫廷枢密官”（Consiliarius aulicus）说给我听的，但我仍认为这些事不能通过我的“审查”。梦中那套房令我想起我看过的这位大人物私用驿车内的装潢布置一般。但“房间”（Zimmer）在梦中，常常是象征“女性”（Frauenzimmer）的。那梦中的看门女人，实际上是一位我曾在她家受她好意招待，谈吐风趣的老女人，但在梦中却丝毫不带感激地给予了她这个角色。有关灯的事，使我回想起戏剧家及诗人格利巴泽曾因此种相似的经验，日后写出名剧《希洛与黎安德》（Hero and Leander），即《情海波涛》——海浪，波涛，由此联想到“无敌舰队”与暴风雨。

由于我最初选析此梦的目的在于谈孩提时期的记忆，故在此我不准备再详细探讨这梦的另外两部分，而只举其中一部分来说明它们怎样使我想起两件童年经验。读者们也许会认为，那是由于有关性的资料因而需要被抑制下来，但你们也许不会因这种解释而满足。事实上，有许多事我们自己不必隐瞒，但却仍然深感“不足为外人道也”，而在这里，我们并不准备追究造成我避开这些探讨的理由。我们是欲找出那些使梦的真正内容无法呈现出来的“内在检查”的“动力”。对此，我愿坦然承认，这些梦中有三部分显示出在我清醒时始终抑制了“过分夸张”与“荒谬自大”，这些思绪居然在梦中分别地，甚至在梦的显意中呈现出来（如此看来我可真成了一个狡猾人物）；而且，在梦未成形的那晚，也使我始终心浮气躁。各式各样的浮夸，譬如我提及格拉茨这地方，会用到富人惯用的口吻“格拉茨才值多少钱”，读者们若是还记得大师拉伯雷的名著《巨人传》中的人物，也许我这梦的前部分就涉及这类吹嘘的狂态。而以下所列的，则属于我所述的两个童年的记忆。

我曾为了旅行而买了一个新的“棕紫色”的行李箱，而这颜色在梦中出现了好多次。我们都知道，儿童们认为东西只要是新的，肯定能引人注意，现在我要告诉各位一件我童年的往事，这是后来家人告诉我的：我在两岁时，仍常常尿床，而当我因此受责时，我便会对父亲说：“待我长大后，我要在N市（最近的一座大城）给你买张新的大红色的床。”所以，在梦中，我们在城里所刚刚遇到的，便是一种承诺的实践。（我们或许能够更加深入地发现对男人便壶与女人的行李箱、盒子之间的联想。）而一切孩提时期的自大狂在这一句承诺中都表现无遗，梦中所述的小便困难，于小孩子而言到底有何意义，我们已在前述的梦中（本章开头部分）有所解释，心理症病人的精神分析告诉我们，尿床与日后性格中野心的倾向有很大关系。

此后，在我七八岁时尚有一件我记得特别清楚的小事情：有一天晚上即将睡觉时，我不顾爸妈的拒绝，拗着父母要睡在他们的卧室内。父亲因我不听话而骂了一句“这种男孩子将来肯定没出息！”而这句话当时肯定严重地伤害了我的自尊心，因为日后这情景在我梦中曾出现过许多次，并且每次必连带地呈现出我各种各样的成就以及受人尊重的景象，似乎我想说：“爸爸！你看，我还是有出息吧！”而童年的记忆也说明了梦中最后出现的一个人物——为了报复，我将人物关系颠倒过来。那老人，肯定是指我父亲，因为他的一只眼瞎了，正像我那一只眼睛患有青光眼的老父。在梦中由我照顾他小解，就像我幼年时他照顾我一样。由“青光眼”的联想，我对可卡因的研究使他的青光眼手术得以成功完成，而这又是我实践了另一次的承诺。此外在梦中，我又把他弄成了那副惨相：盲了眼，我必须用“玻璃尿壶”服侍他小解，而心中却愉快地想着我那引以骄傲的有关歇斯底里症的理论。

我这两个孩提时代与排尿有关的情景，按照我的说法，能够找出与我冀望求名之心有联系的话，那么，奥斯湖的车厢上恰好没有厕所这一情况，更深化了我的这种说法。由于没有厕所，我必须在旅途中强忍着尿，而造成我真的于清晨因尿急而惊醒。我想，一定会有许多人以为我尿急的感觉便是这梦的真正刺激来源。而我却有不同的看法。梦里的念头为因，而尿急是果，由于我平日很少晚上起来小解，特别是这种夜半的时刻更无可能；并且即使是在各种比这更为舒适的旅途中，我也从未有过尿急而惊醒的体验。其实，这个论点即使不能得出解释，也丝毫不会削弱我以上论断的可信度。

还有，在梦的解析时获得的经验，令我注意到一个事实：梦的解析虽然可以从梦的来源和愿望的刺激，经由思路的运行，而追溯至“孩提时代”，从而找到清楚的关联，使人感觉到解释很完全，但我仍要自问，这个因素能否作为梦的基本条件？若是这想法能成立的话，那我就能概括地说：“每一个梦，其梦的显意均与近期的体验有关，而其隐意均与很早以前的体验有关。”在歇斯底里症的病人身上我的确注意到，那些早年的经验在他们的想法中竟然栩栩如生地持续至今。但我仍是很难确实地证明这个说法，在另外一章里（第七章）我将再以“梦的形成”中“早年经验”所扮演的角色做一探讨。

上面，我们提出了梦的形成所具的三个特点：“梦的内容多数以不重要的事为显意”——这已通过“梦的改装”的探讨作了令人满意的解释；而另外两个特点“梦的内容多选用近期的以及孩提时代的经历”——我们仍很难从梦的动机中推测出这两个特点。现在就让我们暂且先记住——这两个特点仍需更加详细地解释与检验，等到讨论有关睡眠时的心理状态，或研究心灵的结构时再做细谈。以后我们就会发现：经由梦的解析，就像通过一个“检验孔”一般可以窥视整个心灵的内部结构。

但在此，我准备再强调由最后这几个梦所分析得出的另一结果——“梦‘往往’看出来有好几方面意思”，并非只有上述那些例子所显示的好几个愿望的实现，而且“十分可能是一个愿望的实现隐蔽了另一愿望的实现，必须经过最后层次的分析，方能发现那最早时期的某种愿望的实现”。最后，我想或许有人会问我，在这句子开始所用的“往往”，能否更正确地改为“恒常的”？

三、梦的肉体方面的起源

本书开宗明义的第一章里，我们已详尽地讨论过一些关于肉体上的刺激对梦的形成所产生的影响，因此，我们只需再回忆一下那些探讨的结果。我们已知道肉体上的刺激又可分三种，由外物引起的客观上存在的感官刺激，只能觉察到的感官内在的兴奋，以及从内脏发出的刺激。而且，我们还注意到，这些关于梦的研究，也起源于梦的“精神来源”到底是与“肉体来源”共同运作还是并不存在的问题。就关于肉体来源的可靠性而言，我们对这由外物导致的、客观上存在的感官刺激——不论是睡眠中偶然发生的刺激，还是在睡眠状态时身体内部状态所共同产生的刺激，它们的意义及其证明，都有人用实验的方法予以证实；而只能主观觉察到的感官刺激，则可由梦中复现的乍睡乍醒的感官影像窥其一斑；对于由内脏发出的肉体上的刺激，虽无法确定地证明其影响，但大体上可由众所周知的消化、泌尿和性器官的兴奋状态对梦的内容所产生的影响，可看出一些端倪。

因此，“神经刺激”与“肉体上的刺激”就这样被看作是梦的“解剖学上的来源”，而有许多学者，却以为这便是梦的唯一来源。

然而，我们却已发现了好几个疑问，足以说明这种肉体刺激的理论是毫无根据的。

虽然提倡这种理论的学者们是何等地自信，特别是在偶然的、外界的神经刺激方面，他们或许很容易在梦的内容中找出这种来源，但是，他们还必须承认一件事实——梦中所发现的这些丰富的意念，内容却无法仅仅以外界刺激而完全解释得通——这方面，卡尔金小姐曾在六个星期中，从她本人的梦，包括另一实验者的梦与外界感官所受刺激进行的实验看出，她们两人的梦与外界刺激的关系分别只达13.2%与6.7%，在她们所收集的一切梦中，仅有两个梦能够与器官感觉拉得上关系。这一统计数字使我们早先由自己的经验所造成的对这一说法的怀疑大大加深了。

往往有人索性就将梦分为两类，一类是神经刺激导致的梦，另一类是其他因素导致的梦。如斯皮达就曾分为“神经刺激梦”以及“联想梦”，但这仍然解决不了问题。只有找出梦的肉体来源与梦内容意念之间的关联，那才是真正解决了这个问题。

在上述“外来刺激的来源并非多见”的证明之外，还有第二个质疑：“很多梦若是用这种梦的来源加以解释，不见得完全行得通”。特举两例：第一，为什么梦中的外来刺激的真实性质往往很难看出，而多以别物取代？第二，为什么心灵错误感受到的刺激所产生的反应竟是这样的多变呢？我们已知道了史特林姆贝尔对这质疑所做的答复，他认为心灵在睡眠时往往与外界隔离，而不能对外界感官刺激予以正确的解释，所以，被迫用来自各方的朦胧的刺激建构一番幻象。在他那本《梦的性质及其来源》第108页，他有如下说法：

在睡眠时，来自外界或内在的神经刺激，在心灵上引发出一种感觉，或情节，或任何一种精神过程，而这样的感觉在心灵中唤起了醒觉状态时所体验到的某些记忆、影响，或者说是那些以前的各种感受——可能是一点儿也没有经过润色的，或有精神价值附着于上的，由此经过神经刺激导致心灵收集到一些可多可少的影像记忆，而使得我们如同在醒觉状态下一般。心灵能“解释”这些睡眠中由神经刺激所产生的印象。而这种解释的结果即所谓的“神经刺激梦”——一种梦，它的成分是由神经刺激在心灵上产生精神效果，而按照“复现的原则”使某种心灵上的影像得以重现。

主要观点与这理论相同的，就是冯特的主张。他认为，梦的观念绝大多数来自于感官的刺激，特别是全身性的刺激，因而导致多数为不真实的幻象——只利用很小部分的真实记忆，而扩展为幻觉的程度，以此理论来说明梦内容与梦刺激的关系，史特林姆贝尔曾做过一种比喻——“就像一个不懂音乐的人，用他的十根指头在琴键上乱弹一般。”这便是说，梦并非一种由精神动机导致的精神现象，它是一种生理刺激导出的结果——只是因为受到这刺激后，心灵不能以别的方式表现其反应，而必须以精神上的症状来表现而已。出于同样的假设，梅涅特曾对强迫性思维的解释作了那有名的比喻：“在数码转盘上，每个数字都高高地以凸字表现出来。”（这句话在梅涅特的书中并未查到。）

尽管这理论看来广为人们所接受，而且谈论起来也颇动听，但我们仍不难看出它的问题。每一个在睡梦中使心灵产生幻想的肉体刺激，通常可导致无数种不同的梦的内容。但史特林姆贝尔与冯特均无法指出“外界刺激”与心灵用以“解释”它的“梦内容”之间的关系，也由此不能解释得通这种“刺激经常使心灵产生出的这般舒适的”梦。别的反对意见大多针对这理论的基本假设——“在睡眠中，心灵不能正确地感受外界刺激”。老一辈的生理学家布尔达赫曾告诉我们，在梦中，心灵仍能相当正确地解释那些由感官所得到的印象，并且正确地给予反应；并且已指出，某些对个人较重要的感觉常常在睡眠中并不会与别的一些刺激同受到忽视，相反地，它们常常自然地脱颖而出，引起睡眠者的特别重视。一个人在睡觉时，听到别人叫自己的姓名往往很快惊醒，但在别的声响下却往往仍照睡不误。当然，这是基于一个大前提——在睡眠中，心灵仍能辨别出各种不同的感觉，因此，布尔达赫认为，并不是心灵无法解释睡眠状态中的感官刺激，而是它对这些刺激并不产生足够兴趣所致。后来利普士又将布尔达赫这一套拿出来，以攻击主张肉体刺激这一派的观点。在这些论争中，心灵这东西就如一段趣闻中的睡着一般：“你在睡觉吗？”他回答“没有”，而再问他“那么，你借我几个弗罗林[1]吧？”他却有了借口：“喔！我已睡着！”

有关肉体刺激形成梦的理论仍有大量的不适之处。观察的结果是：在我们刚开始做梦时，那肉体刺激立刻介入的话，我们仍不能确定外界刺激必然会导致梦的形成，譬如说，我在睡觉的时候，我感受到触摸或压力的刺激，我仍还有许多的反应供我选择。我也许根本不理它们，而直至醒来时，才发现我的腿没盖上被子，或是我由于侧卧而压着一只手臂。实际上，在精神病态的研究中，我发现有许多的例子，都是各种非常兴奋的感觉或运动方面的刺激，却在梦中引不起一点儿反应；或者，我能够在睡眠中始终感受到这份刺激的存在，就像通常睡眠中所感受到的痛感一样，但在梦中却没把这痛感加入内容里头；第三，我也许会由于这刺激而惊醒，用来驱散或避开这份刺激；最后第四种反应：我也许由这神经刺激而导致梦的产生。别的尚有各种各样与梦的产生同样可以发生的反应，所以，那种说除了肉体上的来源之外找不出别的引起梦的动机的论调，真是欺人之谈。

鉴于上述的肉体来源的说法的诸多漏洞，一些学者如谢尔奈以及跟随他的哲学家伏克尔特，都致力于更详细地探讨和研究那些由肉体刺激所导致的具有各种彩色影像的梦，以确定其精神活动的性质，为此他们将梦当作一个心理学上的问题进行研讨，

1 弗罗林：1252年热那亚和佛罗伦萨开始铸造的一种金币。足金，重3.5克左右。——译者注

并且认为梦完全是一种精神活动。谢尔奈不仅将梦的形成以其诗般的文笔加以精彩的描绘，并且深信他本人已找出了心灵应付所受到刺激的原则。按谢尔奈的说法，梦是不受拘束的幻象，它刚由白天所受到的束缚中解放出来的，而正要用象征的手法将感受以发出刺激的器官特性表现出来。因此，我们能够写一种释梦的书，一种解析梦的导引。靠这些，我们得以将肉体感觉、器官状况，以及刺激状态由梦的影像中找出意义来。“因此猫的影像就象征着非常坏的脾气，而雪白、光滑的白面包就代表着赤裸的人体”。在梦中的幻象，整个人体就以一间房子来代替，而内脏各器官分别被房子中各部分所代替。在牙痛导致的梦中，一个圆形拱顶的大厅代表着嘴巴，而一座向下的阶梯即象征喉下至食道，“在头痛导致的梦中，一座天花板覆满蟾蜍颜色的蜘蛛，即表示着上半头部有毛病”。“对同一个器官，我们在梦中常常使用各种不同的象征：呼吸舒缩的肺脏以烈火熊熊的火炉代替，心脏以空盒子或篮子代替，膀胱以像圆形皮包的东西或仅是空心的东西代替。而最有趣的是，当梦结束时，受刺激的器官本身或其功能通常会毫无掩饰地真的由做梦者的肉体上表现出来，所以，牙痛的梦通常会以从口腔中拔出大牙而结束。”然而，这种说法又难免过分神化了，所以，使得谢尔奈的读者们对他的理论极难接受，甚至连一些我本身也觉得颇有道理的，都由于所言太玄而难为一般人所相信。我们能够看出，他这方法实际上等于古代应用象征理论的释梦方法的复活，只不过他用在释梦的，仅局限于人体的象征符号而已。因为缺乏科学所能理解的方法，使得谢尔奈这理论的应用仍受到很大的限制，由此对梦所做的解释仍充满着不确定性，尤其是一种刺激能够在梦内容中用好几种象征符号所取代的理论，更令人难以信服，甚至连他的门徒伏克尔特也很难确信房屋象征人体的说法，还有另外一个反对的理由：按照他的观点，梦的活动本质上是一种无用的、无目标的心灵活动，心灵本身仅满足于围绕着刺激构成一些幻想，而根本就不曾想将这刺激消除掉。

谢尔奈这个肉体刺激的理论尚有一大致命的缺点。某些肉体上的刺激是始终持续存在的，而这种刺激常常认为在睡眠中较清醒时心灵更容易感受到它的存在。为此，我们就很难解释，为何心灵并不整晚地持续在做梦，为何并不是每夜均梦见一切这些有关联的器官呢？假如对这种质疑，我们做出如下的遁词：“要导致梦的活动，必须先使眼、耳、牙齿、肠等等器官有特殊的兴奋状态”，那么，我们又面临另一难题：怎样证明增加的刺激是客观的呢？这只能在少数梦中能够找出证明来。假如说梦见飞翔即象征着肺叶的舒缩，那么这种梦，正像史特林姆贝尔所说的，应该是天天被梦见的，否则就得证明出在做这梦时梦者的呼吸尤其加快；当然，还有第三个更好的解释，那就是说，当时肯定是由某种特殊的动机使梦者的注意力倾注于那些平素经常存在的内脏感觉，这将令我们的论证远远超过谢尔奈的理论范畴。

谢尔奈与伏尔克特的理论，其目的在于唤起我们对某些有待解释的梦特征的关注，从而促成了更新的发现。其实，梦的确具有他们所谓的肉体器官的象征现象——譬如说，梦中的水往往代表着想小解的行动，而男性性器官往往以直耸的硬物或木柱作象征，等等；还有一种充满新鲜视觉，五光十色的梦中影像与别的晦暗不明的梦影进行比较，令我们也难以驳斥那种“由视觉刺激引起的梦”的理论。同样地，对那些含有声音人语的梦也不能否认的确是有幻觉形成的存在。一个像谢尔奈所说的梦——两排长得活泼可爱的儿童站在一座桥上对峙着，相互打来打去，直至最后梦者本人坐到桥上去，由他的下颏拔出一根大牙方结束这场怪梦。另外，伏尔克特的另一类似的梦，两排抽屉拉出拉入，最后也是以拔牙作结束。因为这两位作者记述了非常多的这类梦的形成，因此，我们也绝不能把谢尔奈的理论看成一种昧于真理的臆测。所以，我们所必须做的工作便是怎样对这种所谓的牙齿梦的假想象征做一种不同的解释。

在我们对梦的肉体来源的探讨中，迄今为止我始终未引述我们由梦的分析所得的结论。现在，由于利用一种从前研究梦的学者们所不曾用过的方法，我们可以证明梦具有精神活动的内在价值，由愿望来充当梦形成的动机，而前一天的生活经验充作梦内容中最确切的资料。而任何别的研究梦的理论，假如忽略了这种重要的研究方法，以致把梦看作由肉体刺激导致的无用的、费解的精神反应——都不必再多作批评给予否定。否则，那就等于说（事实上，这根本不可能的）有两种完全不同的梦，一种我们已详细观察得到结果的梦，而另一种却是那些仅有早年的学者所研究的梦。为了解决这份矛盾，我们必须尝试在我们梦的理论的范畴内找到方法，用以解释那些所谓肉体引起的梦。

这方面的工作，已经有了初步的进展。我们发现，梦的工作以一种前提为基础的，即要使同时感到的所有梦刺激综合成一个整体性（见本章开头部分）。我们知道，如果当天遗留下来了两个或者两个以上印象深刻的心灵感受，那么，从这些感受所产生的愿望便会凝聚而形成梦。这些具有精神价值的感受，又与当天另外一些没有什么关系的生活经历综合而成梦的资料。因此，梦其实是睡眠时对心灵所感受的一切所做出的综合反应。就现在已分析掌握的有关梦的资料看来，我们发现梦是包含了心灵的剩余产物以及一些记忆的痕迹。这些记忆，尽管其真实性的本质并无法当场验明，但至少能充分地感受到精神上的真实性（因为多半与最近或孩提时代的资料确有关联）。有了这种观念，我们会比较容易地预测，在睡眠时受到的新刺激与本来就存在的真实记忆将会综合成怎样的一种梦。当然，须强调的是，这些刺激对梦的形成确实是重要的，因为它无论如何都是一种真实的肉体感受，而它必须通过与精神所具有的其他事件相结合，才完成了梦的资料。换言之，睡眠中的刺激必须与那些人们所熟悉的、日间经历遗留下来的心灵剩余产物相结合，才会形成一种“愿望的实现”。然而，这种结合并不是一成不变的。我们已经知道，对梦中所受的物理刺激，可以有很多种不同的行为反应。而一旦这种合成的产物形成以后，肯定能在这梦的内容里看出各种肉体与精神的根源。

梦的本质并不因为肉体刺激加上精神资料而有所改变，无论它是以何种真实的资料为内容，依然是代表着“愿望的实现”。

在此，我提出几种外界刺激能改变梦的意义的特点。我认为梦的形成必须看梦者当时的生理状况，比如，当时外界刺激强度、睡眠深度（平时习惯性的，或当时偶发的）以及个人对睡眠刺激的反应等等。或许，有的人根本不受干扰而继续呼呼大睡，有的人因此而惊醒，有的人却会把自己纳入梦的资料中。因为有这些差异，外界刺激对梦形成的影响也会因人而异的。就我自己而言，由于我向来睡眠很好，很少被外界刺激所惊扰，因此，由外界肉体刺激引起的兴奋很少能进入我的梦中，而大部分的梦均来自于精神上的动机。事实上，我只记得自己有一个梦是与一件客观的、痛苦的肉体刺激来源有关联，并且我认为在那个梦里，我们便能看出外界刺激是如何影响梦的特点的。

我骑着一匹灰色的马，起初有些胆战心惊、小心翼翼，好像我是被逼得硬着头皮练习似的，然后，我碰到一位同事A先生，他骑着一匹装有粗劣饰带的马，A先生挺直端坐于马鞍上，他提醒我某些事情（可能是告诉我，我的坐鞍很差）。而后，我就开始觉得骑在一匹十分聪明的马身上，非常轻松自如，我越骑越舒服，也越觉得熟练。我的所谓的马鞍是一种涂料，敷满了整个马颈到马臀间的空隙。我正骑马行走在两辆篷车之间，想尽快超越他们。当我骑马进入城市街道有一段距离后，我便转过头来，想下马休息。原先我打算停在一座面朝街心的小教堂门前，可是我却在距离它很近的另一座小教堂前下了马。旅馆就在同一条街上，我本可以让马自个儿跑到那儿，但我宁愿牵着它到那儿。不知为什么，我似乎以为如果骑着马到旅馆面前再下马会太丢人。在旅馆面前，有个童工在张罗，他拿着我的一份笔记本，向我调侃其中的内容，且在上面写着一句“不想吃东西”（并且底下用双线加注），再下去又另有一句（较模糊的）“不想工作”，这时，我猛然地意识到我正身处于一个十分陌生的城镇，在这里我没有工作。

初一分析，还不能十分明确这梦是由于痛刺激所引起的。就在前一天，我因长了疮而痛苦万分。后来，竟在阴囊上方长成了一个苹果大的疥疮，使我每走一步都感到穿心之痛，全身发热、痛苦不堪、了无食欲，再加上当天繁重的工作，我整个人都要崩溃下来。虽然这种情况并未使我完全不能行医，但因为这病痛的性质与发病部位，至少有一件事是我一定无法做的，那就是“骑马”。而就由于“骑马”这种活动构成了这个梦，一种对此刻病痛的最强有力的否定方式。其实，我根本不会骑术，而一生我也只骑过一次马。且骑的是无鞍马，更是我不喜欢的。但在梦中，我却骑着马，似乎在我的阴囊处根本未长什么毒疮似的。或者说，“我之所以骑马，是因为我希望并没长什么疮会妨碍我”。由梦的叙述可以猜测，我的马鞍其实是指能使我无痛入睡的敷料膏药。或许，由于如此舒适，使我最初的几小时睡得十分香甜。后来痛感又开始加剧，直至使我几乎痛醒过来，于是梦就出现了，并且抚慰地哄我，“继续睡吧，你不会痛醒的！你既然可以骑马，可见并没有长什么毒疮，因为哪里有人长了毒疮还能骑马呢？”而梦就这样成功地把痛感压制下去了，使我能够继续沉睡。

梦并不是只用一个根本与事实不符的幼稚意念来敷衍掉疥疮的痛楚（就像痛失爱儿的母亲或突告破产的商人所表现出来的幻觉妄想），但是，在梦里，它所否定的感觉与影响还与一些心灵中实在的记忆有所联系，梦将这些资料一一加以利用，“我骑着一头‘灰色的’马”，这颜色与胡椒盐的颜色一样，而这正好使我想到，最近一次在村庄碰到我的同事A先生，他曾警告我，调味品加得太多的食物吃了会生疥疮，并且一般人也都以为疥疮的病因与“糖”大有关系。我的朋友A先生自从替我去治疗那位我曾花过一大番心血的女病人以来，他更在我面前“趾高气扬的”（to ride the high horse直译应为：骑着高马）。这位女病人，实际上就像《星期日骑士》（周末骑士伊特齐格的著名原则：——伊特齐格，你骑马到哪里去？——不要问我，问我的马好啦！）故事里头的马一样，任我随心所欲地载着她跑，所以，梦中的“马”其实就是这位女病人的象征（梦中说，它是“十分聪明的”）。我觉得“非常轻松自如”，其实就指在我同事A先生取代我以前我在女病人家照顾她时的感受。记得城里名医中有一位支持我的同事，最近就我对这位女病人的处置，作了如此评价“我想你是很称职的”（I thought you were safe in the saddle up there.直译应当是：我想你在那“马鞍”上是安全的）。自己的身体正受着这样病痛的折磨，还坚持每天为病人做8～10小时的心理治疗，可真称得上是尽心尽职了。但我也深知，如果没有理想的健康状态，确实无法再将这繁重吃力的工作继续干下去了。而在梦中又充满一大堆如果这个病继续发展下去会产生的恶果（那札记，就像神经衰弱的病人拿给他们的医生看的：“不想工作，不想吃东西”）的联想。更进一步地讨论，我发现这梦可以由骑马来代表愿望的实现，更追溯到童年的回忆，我与年纪长我一岁的侄子（现住于英国）在童年时的多次吵架。还有，这个梦也采用了一些我去意大利旅行的素材片段，梦中的街道恰是威洛纳与锡耶那两城市的景象。更深一层的理解引向性方面的梦意，我发现梦中所用的这些风光明媚的城镇，竟可能是这位未曾去过意大利的女病人所梦见的“意大利”（德文为gen Italien，音近Genitalien“性器”）。同时，我提到A先生以前，是我到她“家”给她看病的，还有我那疥疮所长的位置，均隐约有“性”的意味。

在我的另外一个梦中，也同样成功地将打扰睡眠的刺激驱逐掉了，这次的骚扰是来自感官的刺激。其实，这偶发的刺激与梦内容的关联是在很偶然的机会下发现后，才使我对这个梦得以了解。“在一个夏天的清晨，我住在提洛尔（在阿尔卑斯山中）的别墅里，醒来时我只记得梦见‘教皇死了’。”对这短短的毫无印象的一个梦，我竟完全无从解析，唯一扯得上关系的是，在几天前我曾在报纸上看到有关他老人家身体微有不适的报道。但这天早上我太太问了我一句话：“今天清晨你可听到教堂的钟声大作吗？”事实上，我根本没听到这钟声，但确实因为听这句话以后而对梦中情景才恍然大悟。因为这群虔诚教的提洛尔人所敲出的钟声，使我因睡眠的需要产生了这样的反应——为了报复他们打扰别人的睡眠，我竟构成了这种梦的内容，并且得以继续沉睡而不再被钟声所扰。

在以前几章里所提过的一些梦，也都可以用来作阐释“梦的刺激”的例证。那“高歌畅饮”的梦（醒来感到口渴的梦）便是一个好例子，其起源完全来自“肉体的刺激”，而且是由“渴”的感觉引起的“愿望”，即为此梦的唯一动机。其他由种种肉体刺激即可产生梦的例子也不在少数，一个病妇梦见她扯掉两颊的冷敷器具，是一个对痛刺激所产生的较不寻常的“愿望的实现”的反应。这也许使梦者暂时忘掉了痛苦，而将其病痛感觉转移到他人身上。

我那3位巴尔希（命运女神）的梦，很明显是个饥饿的梦。这种对食物需求的渴望可远溯到儿时对母亲乳房的期待，但它却以这种无害的欲望取代了某种不能公之于世的欲望。在那些有关都恩伯爵的梦里，我们也许可以看出一种偶发的肉体需要，通过什么样的程序，而与一种精神生活最猛烈、最强力潜抑的冲动发生关系，还有，伽尼尔所写的，拿破仑一世被定时炸弹的爆炸声惊醒以后，使他产生了一个战争的梦。由此，我们不难清晰地看出，睡眠中，精神活动对肉体感觉发生反应的真正目的。一位年轻的律师，由于太全身心地投入于某件破产讼案而感到非常疲劳，在午睡时，竟然梦见与一位由这件讼案才认识的莱西先生相会于胡希亚汀（Husyatin），而这地名

"Husyatin"（德文Husten的意思是"咳嗽"）又将他引入更深的冥想。不久他惊醒过来，才发现他的枕边人正因气管炎而不断大声地"咳嗽"。

现在，且让我们用拿破仑（这位出名的精于睡眠之道的传奇人物）的梦，来比照以前所曾提过的那位好睡的医科学生。他曾被女房东由昏睡中叫醒，提醒他已经到了上医院的时候了。当他再次蒙头大睡时，他就梦见他正躺在医院的病床上，而最可能的解释就是："假如我已经在医院里了，那我就不必现在起床赶去医院了。"这显然是一种"方便的梦"（convenience-dream），而梦者自己也承认那的确是他做梦的动机。因此，可以看出一般的梦所具有的一种秘密，所有的梦，就某个方面而言，都属于"方便的梦"。这种梦可以使睡眠者继续酣睡而不必醒来。"梦是睡眠的维护者，而不是扰乱者"。以后在另一章，打算再就醒觉状态的精神因素讨论这种观念，但就目前而言，我们可以用这种观点来解释由外来的刺激所引起的梦。不管是心理真的能够完全不理会外来刺激的强度和意义而继续呼呼大睡，还是利用梦来否定掉那些外来的刺激，或者是第三种说法——睡眠中的心理能感受刺激，它总是将一种适合睡眠理想状态的感觉编织到梦里，以抵消其他干扰睡眠的因素，正像拿破仑那样，他就以为"那只不过是阿尔哥的枪炮声在梦中的回忆而已"而继续酣睡。

"睡眠的愿望"使有意识的自我调整其自身的感受，再加上梦的检查作用以及后面将会提到的"加工润色"，而使自我形成了梦。这种观念必须在梦形成的动机探讨中谨记在心，每一个成功的梦都是愿望的实现。至于梦所必须附带的、不变的"睡眠愿望"和梦所达成的其他愿望，究竟是什么关系，以后再详论。由于"睡眠愿望"的说法，我们可以补缀史特林姆贝尔与冯特的理论不足，并且可以减少前面叙述的那些用外界刺激做解释的荒谬和令人怀疑的程度。其实，睡眠中的心理能够对外来的刺激予以正确的感受，并投以主动的好恶，有时可能因此会惊醒。因而，这些正确的感受，只有通过了那权威的睡眠愿望审查制度，才能在梦中显现出来。梦中情境所用的逻辑可用下面的例子代表："那是夜莺，而不是云雀。"因为如果真的那是云雀的话，那么这美妙的夜就要结束了。然而，通过这种检查的外界刺激，心理可能有至少一种解释，然后再选择出其中与心理上的愿望冲动最相符合的，作为梦的内容。所以，我们可以说梦中每一个内容都有肯定的存在，而不存在任何令人生疑之处。对梦所做的错误解析其实并不是一种幻觉，而是一种遁词（如果你愿意这样称呼的话），就像梦的审查制度所取代的转移置换，日常的精神活动过程也免不了有这种歪曲事实的缺点。

只要外界的神经刺激和肉体内部刺激的强度能足够引起心理的注意（如果它们只

能够引起梦，而不能达到使人惊醒的程度），它们既可成为梦的出发点，又可作为素材梦的中心，然后再从这两种心理上的梦的刺激所产生的意识间，便可以找出一种适当的愿望实现。实际上，可以发现许多梦都能从其内容里找到肉体上的因素，甚至有些情况下，本来愿望未必存在，却由于梦的形成需要而唤醒了它的存在。梦说穿了无非是代表愿望的实现罢了，它的工作就在于，从某种感觉中找出能借此达成的某种愿望。甚至这些感觉资料带有痛苦不愉快的成分，它仍可以构成某种梦，心理能够巧妙自如地将某些会引起的不愉快，或根本相矛盾冲突的资料，通过两种心理步骤（见第四章）和存在于其间的审查制度，而变为十分合理的愿望实现。

大家知道，精神的生活领域里，有许多是属于心理“原本步骤”（或谓“原本系统”）的潜抑的愿望，之所以不能实现是在于“续发步骤”（或谓“续发系统”）的压力，在它们二者之间我们并不是以“时间性的存在”来划分的，即这些愿望最初存在，后来就被摧毁而消失了。“潜抑作用”的原则，是我们研究心理症状所需具备的观念。它认为受潜抑的愿望并不是就此消失，而是因为受到某种重压而予以暂时性的抑制。从另外的一个词“压抑作用”就可看出其含意。而一旦这些受到压制的愿望能够脱颖而出，于是“续发系统”的压抑力便告消失（这种压抑是可以意识到的），这时在心理本源表现出“不愉快”来。总之，我们的结论是：如果在睡眠中有来自肉体上的不快乐的感受发生，梦的活动可以将之利用来达成某种本来受压制的愿望。此时审查制度仍或多或少地存在着。

这种说法对于某些“焦虑的梦”是可以解释得通的，但是另外一些梦却不太适用于这种愿望理论，而需要其他的解释。因为梦中的焦虑均免不了带有心理症状的特点，所以，来自性心理兴奋的梦，其焦虑是代表受潜抑的原欲，因而这种焦虑，就像整个梦一样，具有十分重要的心理症状的意义，而我们所面临的难题就在于：梦中愿望实现的趋势，究竟发展到什么程度才会受到限制？另外还有一些“焦虑梦”，却是因为来自肉体因素而焦虑，比如，某些肺脏或心脏有疾病的患者，往往因为偶发的呼吸困难而焦虑，同样，它也可以使某些强力压制的愿望在梦中予以实现，以疏导出那份焦虑。要想对这两种看来是互相矛盾的情形找出十分合理的说明，事实上也并不困难。当这两种心理构成因素——一种“情绪上的偏好”与一种“观念内容”具有十分密切的关系时，只要其中之一确实存在，即可产生另一种，甚至梦中也是这样。那么，可以看出，来自肉体的焦虑引发了受到压制的“观念内容”，再加上性兴奋，使得焦虑能够宣泄出去。就某些情形来说，“由肉体产生的情绪改变会从精神予以解释”，而相反地由另外一种情形，“来源都是由精神因素引起，但所受压抑的内容却十分明显地从肉体上将那种焦虑宣泄出来”，然而，在这些方面的探讨所面临的各种困难与梦的了解并没什么关系，而这些麻烦之所以会产生，是因为讨论的范围已经跨入了焦虑的演变与“潜抑”的问题。毫无疑问，来自身体内部的梦刺激包括了全身肉体的各种知觉，它不仅能够提供梦的内容，并且能使“梦思”在所有的资料中挑选出最适合其特性的部分作为梦内容的代表，并将别的部分予以删除。同时，这些留下来的全身性的知觉以及所附着的心理意象都对梦有十分重要的意义。一旦这些知觉所带来的反应是痛苦，那它就可能会通过另一相反的形式来表现。

假如睡眠时来自肉体的刺激没有达到应有的程度，那么，它们对梦形成的影响，最多也不过像那些白天遗留下来的印象，换句话说，它们只能与某些“观念内容”相结合才能形成梦，就像是一些便宜的现成货色，可以视需要而随时取用，而不是很重要的梦的来源。我可做一种比喻：当一位鉴赏家拿一块稀世宝石，请工匠制成艺术品时，那工匠必须看宝石的大小、色泽以及纹理来决定制成什么样的工艺品，如果他所用的材料是满地皆是的大理石、砂石，那么，工匠就可以按照他自己的意图来决定制成什么成品。在我看来，这种比喻是可以说明为什么那些几乎每天都发生的较平凡的肉体刺激并不是经常能构成千篇一律的梦。

我们最好还是举一个释梦的例子。有一天，我曾经对梦中常有的一种“被禁制的感觉”产生了兴趣，而思索了一天，结果当天晚上我做了这样一个梦：“我衣衫不整，从楼下用一种近乎于跳的方式，每步跨三个台阶上楼梯，我为自己健步如飞而十分得意。突然我发现我的女仆正从楼梯上向着我走下来，刹那间我感到十分尴尬，而想马上转身躲开，但我却感到一种‘受禁制的感觉’，竟在楼梯上动弹不得。”

解析

这梦中的情景是来自每日生活中的真实情况。在维也纳我所住的房子有两层，我的诊所和书房在楼下，楼上是我的起居室，两者间唯有一个楼梯能上下相通。我每天都要工作到深夜才上楼休息。在做梦的当天晚上，我确实是衣冠不整地（已把领带、纽扣全部解开）蹒跚上楼，可是，在梦里却变得近乎衣不蔽体的程度。通常，我上楼总是两三阶一大步地跑上去。而在梦里也可以看出愿望的实现——由于能如此步履轻松，表示我心脏功能还相当不错，同时，这种跑上楼的自在正好与后半段的动弹不得的困境又形成了鲜明的对比，我在梦中的动作完全是自由轻快，使我不禁想起，有如在睡梦中飞驰一般。

但梦中我独自上楼去的那房子却并不是我的家。起初我无法认出那地方，而后来有个女人告诉我这是在什么地方，这个女人是我每天出诊两次去给她打针的一位老友的女佣。而在梦中的地点的确就是我每天都要走两趟的那老友家的阶梯。

这些“阶梯”与“我的女佣”如何会跑入我的梦中呢？因为自己衣冠不整而十分羞惭，无疑是带有“性”的成分的。那女佣人比我年纪大，而且一点也不吸引人。这些疑问不禁使我想起以下的插曲：当每天早上我去她家看病时，总是习惯性地在上楼时要先清清喉咙，把痰直接吐在阶梯上。由于这两层楼梯间连一个痰盂也没有，所以，我以为楼梯如果想保持干净的话，问题并不在我，而是她应该买个供人使用的痰盂。但那管家婆却是一个吝啬而有洁癖的老女人，她每天一到那时总是站在楼梯口，注意我是否又随便吐痰了，而一旦正好被她发现，势必又有一阵窝囊气好受，甚至后来她看到我，也不再作任何礼貌的招呼。就在那做梦的第二天早上，我又因那女佣的恶言更加强了我对她的反感，当我看完病走出前门时，那女佣竟然盯着我说：“大夫！你最好擦干净再进来吧，我们的红地毯又要被你搞脏了！”而这些事件可能可以解释为什么“阶梯”与“女佣”出现在我的梦中了。

至于“跳台阶上楼”，这与我吐痰在楼阶梯上也是有着密切关系的。咽喉炎与心脏病却可能是由于吸烟的恶习而导致的惩罚，再加上就连我自己的女管家也怪我不够清洁，因此，我在两家均不得人好感，而这在梦中就混合成一件事。

其他有关此梦的解释，须等我能够指出“衣冠不整”的“典型之梦”的起源以后再作详谈。从刚才所描述的梦可以看出，梦中“受禁制的感觉”往往是在梦境需要再接上另外一个事件时发生的。而我睡觉时的运动系统状况并无法解释这个梦的内容，因为就在不久前，我才发现我又习惯地跳着上楼，跟梦中情景完全一样。

四、典型的梦

一般来说，如果别人不向我们提供一些他的梦中所隐含的各种意念想法的话，我们就无法对他的梦做一个合理的解释，也因此会令我们的释梦方法受到限制。但与这种特具个人色彩、鲜为外人所能了解的梦形成对照，还有一些例子，却是几乎每个人都有过的这样同样内容、同样意义的梦。由于这类“典型的梦”，不管梦者是谁，几乎都有同样的来源，所以，对这种梦的研究特别适合对梦的来源作探讨，因此，我很期待将释梦技术用在这些典型的梦上。但有一个人们不愿意承认的事实，那就是在对这类梦的材料研究上，我们的技术还不尽如人意。因为当我们试图对一个典型的梦做解释时，和其他梦的情况一样，很难从做梦者那里获得可使我们理解的种种联想，即使出现，数量也相当少且十分模糊，不足以解决问题。

为什么会有这几种困难，以及我们如何去补救这种技巧上的缺陷，则留待下一章再讨论。读者们将来自会了解我为何在本章只能来处理几类“典型的梦”，而将其他的讨论延至下一章。

（一）尴尬——裸体的梦

梦见自己在陌生人面前赤身裸体或穿得极少，有时也有可能并不会引起梦者的尴尬羞惭。但是我们目前却认为，较有探讨价值的梦是那些使梦者因尴尬而想去逃避，却又发觉无法改变这窘态的梦。唯有赤身裸体的梦，才真正属于本章所谓的“典型的梦”，否则他们的内容核心可能是又包含其他各种关系，或因人不同而异的特征。这种梦的关键是“梦者会因梦而感到十分痛苦和羞愧，并急于以运动的方式遮掩其窘态，但是却又无能为力”。我相信大部分的读者或许曾经历过这一类的梦吧！

暴露的程度和样子大多是模糊的，可能梦者会说“当时穿着内衣”，但其实这并不是十分清楚，大多数情况下，梦者对于袒裸程度的叙述均会以一种十分模糊的方式来表示：“我穿着内衣或衬裙”，而通常，这种叙述衣服单薄的程度并不能足以引起梦中那么深的羞惭。像一个军人，梦见自己不按军规着装，便会代替了这种“裸体”的程度，“我走在街上，忘记了带佩刀，一个军官向着我走来……”或者是“我没戴领章”，或是“我只穿着一条老百姓的裤子”等等。

在梦中被看见而感到不好意思时，在场的大多是一些陌生面孔，而并非有一定的特点；并且在“典型的梦”中，梦者多半不会因为自己所感羞惭尴尬的这件事而受到别人的呵责。相反，那些人都呈现出漠不关心的样子，就像我曾经注意过的一个梦，那人是一副冷漠的表情，而这更值得我们好好回味其中蕴意。

“梦者的尴尬”与“人的漠不关心”恰好构成了梦中的矛盾。从梦者自身的感觉来说，外人或多或少应该惊奇地投以一眼，或嘲笑他几句，甚至训斥他。对这种自相矛盾的解释，我认为，可能是因为梦的“愿望的实现”的作用，外人憎恶的表情被一笔勾销了，而梦者本身的尴尬则可能因为某些理由而保留下来。对于这种只是有部分内容被“愿望的实现”改装的梦，我们仍然不能完全了解。基于这种类似的题材，安徒生写出了著名的童话《皇帝的新衣》，最近又有路德维希·弗尔达写出了类似的《护符》。在安徒生的童话里，有两个骗子为皇帝编织了一种号称只有天神和诚实的人才能看到的新衣。于是皇帝就信以为真地穿上了这件连自己也看不见的衣服，这件纯属虚构的衣服于是就成了人心的试金石，人们也都因为害怕只好装作没看到皇上赤身露体。

然而，这就是我们在梦中的真实写照。我们可以如此假设：看来，这些无法理解的梦的内容，可以由这看不见衣服的情境引起回忆中的某种情况，只不过这情况已失去了其原有的意义而用作其他用途了。可以看出，这种“续发精神系统”在意识状态下是如何将梦中内容“曲解”，并由这一因素决定了所产生的梦的最后形式；还有，就是在“强迫观念”“恐惧症”的形成过程中，这种“曲解”（当然，这是指对同样心理的人格而言）也扮演了一个大角色。甚至，我们还可能指出这释梦的素材来自何处，“梦”就有如那骗子一样，“梦者”本身就是那个国王，而有问题的“事实”就因道德的诱惑（“希望被别人认为他是诚实的”）而被出卖，这也就是梦中的“意”——被禁止的愿望受潜抑的牺牲品。经过对“心理症”病人所做的梦的分析，我发现有的梦者，童年时的记忆在梦中的确有很重要的地位，只有在童年，人们才会有那种穿戴很少地置身在亲戚、陌生的保姆、佣人及客人之前而并不感惭愧与羞涩的经历。我们发现，有些年纪大些的孩子，他们在脱下衣服的时候，不仅没有不好意思的表情，相反地会兴奋地大笑、跳来跳去，拍打自己的身体，而母亲或在场的其他人总是要训斥几句：“嘿！你真不害臊——不要再这样了!”小孩总是有一种在别人面前展示自己的愿望，我们随便走过哪个村庄，总是可以遇见几个两三岁或四五岁的小孩子在你面前卷起他（她）的裤子（裙子）或敞开衣服，很可能他们是以这种行为在向你致敬呢！我有一位病人，仍清楚地记得自己在八岁时，脱衣上床后，吵着要只穿上衬衣就跑入他妹妹房间里去唱歌跳舞，被家人严厉制止了。心理症病人童年时曾经在异性小孩面前暴露自己肉体的记忆确实有着相当重要的意义，患妄想病的病人，当他脱衣时，常会产生一种被人偷看的妄想，这也可以直接来自于童年的这种经历。在其他的性变态的病人中间，也有一部分是因为这种童年冲动的加强而引起所谓的“暴露症”。

童年时期的那段天真烂漫的日子，在日后回忆起来，总使人感到“当时有如身在天堂仙境”般的印象，而天堂仙境其实就是每个人童年幻想的实现。这就是为什么人们在这个天堂仙境里总是赤身露体而并不感到羞耻尴尬的原因。然而，一旦到了羞恶之心开始萌发的时候，人们便被驱逐出这天堂的幻境，于是才有关于性文化的发展，此后只有在每天晚上凭着梦境人们才能再现天堂的时光。我们曾推测过最早的童年期（由不复记忆的日子开始至3岁为止）的印象，都是各遂其欲望的产物，由此，这印象的复现即成为愿望的实现。因此，赤身露体的梦即为“暴露梦”。

“暴露梦”的中心人物，往往就是“梦者自己”，而不是童年的影像。由于日后各种各样穿衣服的情境以及梦“审查制度”的作用，梦中所呈现的往往不是全裸，而是呈现出“一种衣冠不整的样子”，然后会再加上“一个使他感到羞惭的窥望者”。在我所收集的这类梦的资料中从没有发现，这种梦中的旁观者正好是童年暴露时的真实旁观者的复现，毕竟，梦境并不是一些单纯的一种追忆。但很奇怪的是，这些童年时“性”兴趣的对象也并没有复现于梦中、“歇斯底里症”和“强迫性心理症”之中，唯独“妄想症”仍然保留着这种旁观者的影像，并且虽看不见“他”，但病人本身却错误地深信“他”冥冥中仍在暗伺于旁。在梦中这类旁观者大多被一些并不注意梦者尴尬场面的“生面孔”所取代，其实这就是梦者想暴露给其关系深切者的一种“反愿望”。“一些陌生人”有时在梦里还另有其他的含意。就“反愿望”来说，它总是代表着一种不为人知的秘密。我们甚至可以看出，妄想症所产生的“旧事复现”也符合这种“反面倾向”，而且，梦中绝不会只有梦者一个人，他一定被人所窥伺，而这些人却只是“一些陌生的、奇怪的、影像模糊的人”。

而且，“潜抑作用”也在这种“暴露梦”里插了一手。由于那些为“审查制度”所不允许的暴露镜头均无法清晰地出现于梦中，所以，从中可以看出，梦所引起的沮丧感觉完全是由于“续发心理步骤”所形成的反应。如果要避免这种不开心的感觉，就只有努力使那情景不再重演。

在后面的章节里，我们将再度讨论“被禁制的感觉”。现在我们可以看出在梦中，它代表“一种意愿的矛盾”“一种否定”。对于我们潜意识的目标，暴露是一种“前进”，而对“审查制度”的要求来说，它却是一种“终结”。

我们这种“典型的梦”和童话以及小说、诗歌的关系并不是巧合或偶然的。有时诗人以他深入的分析也可以发现，他的作品可以追回到梦的本身，而诗歌只是由梦所转变出来的产品，有位朋友曾推荐我看凯勒[1]的作品《绿衣亨利》，其中就有一段非常值得注意：“亲爱的李，我想你永远也无法体会奥德赛回到家园，赤裸着身体、满身泥泞地出现在娜希佳和她的同伴面前时所经历的辛酸！你想明白那意思吗？且让我们慢慢地回味这件事吧！假如你曾经背井离乡，远离了亲友而迷失于他乡；如果你曾历尽磨难；如果你也曾饱经忧患，处于逆境，被人遗忘，那么，也许有一天晚上，你会梦见自己回到家乡了，你不但看到了那熟悉的最美丽的景色，而且还有一大堆你所想念的人跑出来迎接你，但突然间你发现自己衣衫破烂、近乎赤裸，并且全身是泥，马上你会被一种羞惭和恐惧所淹没：你会想找个东西挡住自己并找个地方躲起来，而最终冷汗浃背地惊醒过来。一个饱经沧桑、历尽艰险的人，只要是还有人性的话，肯定

---

1 凯勒（Gottfried Keller，1819—1890年）：瑞士德语作家。代表作有政治抒情诗集《诗歌集》。——译者注

会有这种梦的，而荷马就是从这人性最深的一面发掘出这个感人的题材。”

所谓的人性中最深的一面，这些能引起读者们产生共鸣的诗篇，正是从那些发生在童年时的精神生活的激动所演化成的不复存在的影像。童年的愿望，如今已不被容许，于是，在受到潜抑后，乃趁机通过这沦落天涯的断肠人的希望表现于梦中，也因而使这实现在娜希佳故事的梦，理所当然地成为一种“焦虑的梦”。

至于我梦见自己慌张上梯，然后变得在阶梯上动不了，因为有这些主要特征，所以也是一种“暴露梦”。这也可以再追回到我童年时期的某些经验，也只有明白了这些，我们才知道女佣人对我的看法（譬如说，她怪我弄脏了地毯），如何使她在我的梦中扮演那种角色，现在我差不多可对这个梦作比较合理的解释了。在精神分析上，一个人必须学会利用各种资料时间上的先后联系来分析两个似乎毫无联系的意念。一旦接连发生，那么它们就要看作一件事来加以解释，就如我们念英文字时，一旦a与b合写在一块，我们就会将ab合念成一个音节，而释梦的手法也是这样。阶梯的梦，可以从我所做过的有关阶梯的一系列梦中所熟悉的人里找出解释（当然，这一系列的梦必须是属于类似内容的），而另一系列的梦则是有关于一位保姆的记忆，这是一位从我吃奶到2岁半一直寄养于她家的妇人。这个人在我的记忆里已很模糊，母亲最近才告诉我关于她的事情。这女人长得又老又难看，但却极为聪明伶俐。由我所做过的关于她的梦来看，她好像对我并不太和善，并且对我不讲卫生的习惯经常加以责骂。因为我那病人家里的女佣人也在这个方面对我进行数落，于是，我在梦中就把她变成一个差不多已不复记忆的老女人。当然，这有一个假设：虽然这位保姆对小孩子十分苛刻，但这个孩子是喜欢这个保密的。

（二）亲友逝去的梦

另一系列称为“典型的梦”，其内容都是亲人之死，如父母、兄弟、姐妹或儿女的死，在这里，我们必须将这类梦分为两种：一种是梦者并不为之所动；而另一种却会使梦者为至亲的死而感到悲伤，甚至于在睡梦中哭泣。

上述的第一种梦，其实不能算是“典型的梦”。因为这种梦一旦分析下去，肯定会发现其内容是暗示着某种从表面上看不出来的愿望。这就像我们说过的那个梦见姐姐的孩子僵死在小棺木里的梦（见第四章），这个梦并不表示梦者希望她的外甥死去，就如我们由分析获知的，而是隐藏着想见到久别的情人的愿望——她在很久以前参加另一外甥丧礼时见过这个人后，就再也没见过。而这愿望，才是梦中真正的内容，因而这并不会使梦者由此而伤感。我们可以看出这种梦所包含的感情并不属于这类梦的内容，而应该是梦的隐意，只不过是这类“情绪的内容”并没受到“改装”而直接表现于“观念的内容”而已。

但另一种梦，却使梦者真正想到亲友的死亡，而产生非常悲痛的情绪。这显示出——正如内容所指的——梦者确实希望那位亲友死亡，但是，因为这种说法肯定会引起曾做过这类梦的读者们的怀疑，我会尽可能以最令人信服的理由来加以说明。

我们曾经举过一个梦例来说明梦中所完成的愿望并不一定是目前的各种愿望，它们可能是在过去的、已放弃或已受压抑而埋藏的愿望，但我们也不应该因为它曾复现在梦中，就认为他这愿望仍然继续存在。但是，它们并没有完全消逝，并非像我们一般人死了就会完全归于消失一样，它们倒有点像《奥德赛》中的那些魅影，一旦喝了人血还可以还魂的。那梦见孩子死于小盒子内的例子就包含了一个15年前就存在的愿望，当时梦者已承认其存在——而且，这也许是最重要的梦理论的观念，有关梦者童年记忆就来自于这个愿望的存在。当这梦者还是一个小孩时（确切是在几岁时发生的，她已记得不太清楚了！），她听到人家说，她母亲在怀她时，曾有过严重的精神郁梦症，曾努力地盼望这孩子胎死腹中。等她长大了，而且自己有了身孕，她只不过依样画葫芦地形成了这样的梦，任何人如果曾经梦见过自己的父母、兄弟或姐妹死亡而十分悲恸，我并不认为这就会证明他们“现在”仍然希望家人死亡，而释梦的理论，实际上也不需要有这种证明。它只是在申言，这种梦者必然在其一生的某个时间或者童年时有过这样的希望。但我认为，这些说法，似乎还很难让人信服，很可能，有人完全反对这种想法的存在。他们认为不管是现在已消失的或还存在的，这种荒唐的希望不可能曾经发生过，因而，我只能利用现有的例证来勾画一下已潜藏下来的童年期的心理状态。

首先，暂且让我们来考虑一下小孩子与他兄姐之间的关系。我实在不明白，为什么我们总认为兄弟姐妹永远是相亲相爱的。因为，每个人在事实上都曾对其兄姐产生过敌意，而且我们能证明出这种疏远事实上是来自童年期的心理，而且，有些还会持续到现在，甚至，那些对其弟妹非常好的人，事实上，在童年期的敌意依然存在于心中。兄姐欺负弟妹，讥骂、抢他的玩具，而年纪较小的只有满腹怒气，但不敢发作，对于年纪大的既羡慕又害怕，而后来他最早争夺自由的冲动或者第一次对不公平的抗争，即针对这压迫他的兄姐而发。这时他们的父母却会抱怨说，他（她）们的孩子总是不团结，却找不到原因。其实，即使是一个乖孩子，我们也无法要求他的脾气达到我们成人所应有的那样，小孩子都是完全的以自我为中心，他迫切地感到自己需要，而努力地想去满足它。特别是一旦竞争者出现时（可能是别的小孩子，但大多是兄弟姐妹），他们就会全力以赴。还好我们并不因此而说他们是坏孩子，我们只是说他调皮。毕竟，这种年纪对于他们是不可能通过自己的判断或法律的观点来对自己的过失行为负责的。但随着年龄的增长，在所谓“童年期”阶段，利他助人的冲动和道德的观念开始在他小小的心灵里慢慢发展，引用梅涅特的话：一个“续发自我”渐渐出现，而压抑了那“原本自我”。当然，道德观念的发展并不是在所有方面都同时进行的，而且，童年时“非道德时期”也因人而异，我们通常对这种道德观念变化的失败习惯性地称之为“退化”，但事实上这只是种发展的“迟滞”，虽然“原本自我”已因“续发自我”的出现而遁形，但在歇斯底里症发作之时，我们仍可多多少少地看得出这“原本自我”的痕迹。在“歇斯底里性格”与“顽童”之间，我们的确可以找到十分明显的相同之处；相反，强迫观念心理症，却是因为原本自我的呼之欲出，而引起“道德观念的过分发展”。

很多人，他们目前与他们的兄弟十分和好，并且为他们的死亡而悲痛欲绝，而在梦中却发现他们早年所具潜意识的敌意，仍没完全消失；特别是由三四岁以前的小孩子对其弟妹的态度，我们可以看出一些十分有趣的事实。父母亲通常会告诉他，新生的弟弟或妹妹是鹳鸟从天上送来的，而小孩子在仔细地看这新来到小东西以后，往往表示以下决定：“我看，鹳鸟最好还是再把他带回去吧。”

在此，我打算慎重地说明，我认为小孩子在新弟妹的降生之后，都能感觉到他们带来的坏处。我有个小病人，他现在与比他小几岁的妹妹相处得很好，但在他知道妈妈又生了一个新妹妹时，他的反应是：“无论如何，都不把我的小红帽子给她！”而如果说小孩要长得更大时才会觉得弟妹将使他少受很多宠爱的话，那他的敌意应该是从那时起才产生的。我曾经看到一个不到3岁的女孩，竟想把在摇篮里的小婴儿勒死，而她的理由是，她认为这小家伙如果继续活着对她很不利。小孩在这段时间多半都能强烈地、毫不掩饰地表现他的嫉妒心理。还有，如果那新生的弟妹不久就死去，而使他再次挽回以前全家对他的宠爱，那么，下次，如果那鹳鸟再送来一个小弟妹时，这孩子是否会很自然地又希望他死去，以便能使他得到以前第一个弟妹没出生前或他（她）死后的那段幸福的日子呢？当然，就正常情况而言，小孩对其弟妹的这种态度，只是一种因年龄不同所导致的结果，而经过一段时间，小女孩们就会对新生无助的小弟妹产生母爱般的本能。

一般来说，小孩子对其兄弟姐妹的仇视事实上比我们所看到的、观察到的更为普遍。

就我自己的儿女来讲，因为他（她）们每一个岁数都很接近，使我无法做这种观察。为了补偿这点，我认真地观察了我那小外甥，他那众宠加身的“专利”在15个月后因为另一女性对手的降生而终结。虽然，刚开始他对这新妹妹表现很好，抚爱她、吻她，但还不到两岁开始学说话时，他就马上用这新学的语言，表示了他的敌意。一旦别人谈到他的妹妹，他就气愤地哭叫："她太小了、太小了！"而再过几个月，当这妹妹已经长得够大而骂不了"太小了"时，他又找出了另一个"她并不值得如此受爱护"的理由——"她一颗牙齿也没有"。还有，我们家人都注意到我另一个姐姐的大女儿，在她6岁时，花了半个钟头的时间，对每个姑姑、姨妈不停地说："露西现在还不会了解这个吧？"露西是她的竞争对手——比她小两岁半。

我问到的差不多所有的人，都曾梦到过兄弟或姐妹的死，并找出了其中所隐含的十分强烈的敌意。在女病人身上——除了一个例外，我都得到过此种梦的经验，而这例外，只经过简单的分析，又可证实这种说法的正确。有一次，当我正坐着为一个女病人解释这件事情时，我突然想到她的症状可能与此有关系，所以，我问她是否曾有过关于这种梦的经验，想不到她居然说没有。但她说只记得4四岁时头一次做过这样的梦（当时她是全家最小的孩子）。在以后这梦也出现过好几次。"一大堆的孩子，包括所有堂兄堂姐们，正在草原上游戏，突然间他（她）们全都长了翅膀，飞上天去，而永远不会再回来。"她本身并不明白这梦有什么意义，但我们却很容易看出这梦是代表着所有兄姐们的死亡，只是用的是一种不受"审查制度"影响的原始形式，同时，我大胆地再进一步分析：由于在她小时与叔伯的孩子们常住在一起，那些孩子中曾经有个孩子夭折，但梦者当时还不到4岁的年纪，总有可能会产生这种疑问：小孩子死了以后变成什么？而其所得的回答大概就是"他们会长出翅膀，变成小天使"。经过这种解释，那些梦中的兄姐们长了翅膀，像个小天使，而这是最重要的一点——飞上天了。但我们这小天使的编造者却独自留下来了；所有的都飞走了，只有她一个人留下来。孩子们在草原上游戏，飞走了，这差不多是指"蝴蝶"。由此看来，好像小孩子的意念联想也与古时候人们想象赛姬[1]和有翼的蝴蝶时的联想一样。

也许有些读者现在已同意小孩的确对其兄弟姐妹存有敌意，但他们却还是怀疑，难道赤子之心的小孩竟会坏到想致自己的兄弟姐妹于死地吗？然而，有这种看法的人，却忽略了这一事实。小孩子对"死亡"的观念和我们成人的观念并不完全一样，在他们脑海里根本没有衰老病死的恐怖，坟场冷清的可怕和无极世界的阴森。所有成人对死的不能忍受，以及神话中所说的可怕的"末日"，在小孩心中根本不存在，死的恐怖对他们是陌生的、不可理解的，因而，他们常会用这种可怕的话，对他的伙伴恐吓："如果你再这样的话，你就会像弗兰西斯一样死掉。"而这种话使做母亲的听了大为震惊，乃至不能原谅；甚至当一个8岁的孩子在和母亲一起参观了自然历史博物馆后，竟然对他母亲说："妈，我实在太爱你了，如果你死了，我一定把你做成标本，放在房间内，这样

1 赛姬：希腊神话中，丘比特之妻。——译者注

我就可以天天见到你！”小孩对死的观念就是这样地与我们不一样。

对小孩子来说，他们并没意识到死前的痛苦，因此“死”与“离开了”对他们来说只不过是同样的“不再打扰别的还活着的人们”。他们根本分不清这个人在不在，是因为“距离”，“关系疏远”，或是“死亡”。在小孩最早的年岁里，一个保姆被解雇了，而没过多久母亲死了，那么，我们由分析通常可以发现，这两个经历在他的记忆中形成了一个串联。另外还有个需要了解的事实是，小孩通常并不会强烈地想念着某位离开的人，而这常常使一些不理解的母亲为之伤心。（譬如，当这些母亲远离家里几个礼拜回来后，佣人们说：“小孩在你不在时，从不吵着找你。”）但其实，如果她真的去世了，那么，她才会明白小孩只是最初看来好像忘了她，但慢慢地他们就会开始记起亡母而哀悼的。

因此，小孩只是希望消除另一小孩的存在，并且将这愿望用死亡的形式来达成。由死亡愿望的梦所引起的心理反应证明，不管其形式有多么不同，梦中所代表的小孩的愿望和成人的愿望仍然是相同的。

然而，假如我们把小孩梦见其兄弟的死解释为是童年的自我中心使他把兄弟看作对手的，那么，对于父母之死的梦又怎样解释呢？父母爱我、育我，难道我还会以这种极自我中心的理由来表明这样的愿望吗？

对这难题的解决，我们可以从某些线索着手——大多数的“父母之死的梦”，都是梦见与梦者同性的双亲之一的死亡，因此，男人往往梦见父亲之死，而女人往往梦见母亲之死。当然，我并不认为都是这样，但大部分情况是这样，以致我们需要用具有一般意义的因素来进行解释。一般来说，童年时“性”的选择爱好往往引起了儿子视父亲、女儿视母亲有如情敌，而只有他（她）死了，他（她）们才能随其所欲。

当读者斥责这种说法荒谬绝伦的时候，我希望你们能再客观地考虑一下父母与子女实际上的关系怎样。我们首先必须把我们传统的行为标准，或孝道所要求于我们的父子关系和日常真正所观察到的事实分清楚，这样就不难发现父母与子女间确实隐藏着不少的敌意，只不过在很多情况下，这些愿望不能通过“审查制度”而已。

让我们先探讨父亲与男儿之间的关系。我认为由于奉行了“十诫”的禁令而使得我们对这方面事实的感受纯化了，或者我们不敢承认人性都忽略了“第五诫”的事实。在人类社会的最低和最高阶层里，对父母的孝道通常比其他方面的兴趣来得逊色。从古代流传下来的神话、民间小说等都使我们发现很多令人深思的有关父亲霸道专横、擅用其权的传闻。克洛诺司[1]吞食其子，就像野猪吞食小猪一样；宙斯将其父亲“阉割”，而取代其父位。在古代家庭里，当父亲的越是残暴，儿子必越与其产生敌对，而且更希望其父早日死去，以便接掌其权。甚至在中产阶级的家庭里，父亲也因为不让儿子作自由的选择或反对他的志愿而造成了父子间的敌对。医生常常可以看到这样一件可怕的事实：父亲死亡时的悲伤有时还不足掩饰儿子对因此而得到自由之身的满足感。一般来说，现代社会的父亲仍对得来已久的“父性权威”至死不放，以至诗人易卜生在他的戏剧里将这父子之间源远流长的矛盾搬上了舞台。母亲与女儿之间的冲突大多始于女儿长大了想争取性自由而受母亲干涉的时候，而母亲在这一方面也或多或少因为眼见含苞待放的女儿已长得亭亭玉立，而自己青春不再，难免有伤痛之情。

所有这些都在一般人身上曾发生过，但对一些把孝道看作理所当然的人来说，对其父母之死的梦，却仍无法解释得通。但是，我们仍可就以上的讨论继续探究这些童年早期死亡愿望的来源。

就心理症的分析来说，更证实了我们以上的各种说法，因为分析的结果显示出小孩最早的“性愿望”是发生在很早的年龄的，女儿最早的感情对象是父亲，而儿子的对象是母亲，因此，对儿子来说，父亲变成可怕的对手，母亲成了女儿的对手。这种情况就像兄弟之间“对手”的敌视一样。因此，在孩童心理中，这种感情很快地形成“死亡愿望”。一般来说，在双亲方面，也很早就产生同样的“性”选择。很自然，父亲疼爱女儿，而母亲袒护儿子（但在“性”的因素并无法歪曲其判断的范围内，他们仍然是主张严厉地训练子女的），小孩子们也会注意到这种偏袒，同样也会对欺负他的一方表示反对。小孩认为大人“爱”他的话，并不只是满足他一种特殊需要，它必须包括纵容他各方面的意愿。概括地说，小孩做出这些选择，一方面是因为其自身的“性本能”，另一方面则来自双亲的刺激加强了这种倾向。

虽然这种孩提时代的倾向大多数都被忽略掉了，但在最早的童年仍然有一些看得到的事实以供探讨。我认识的一个8岁女孩，当她妈妈离开餐桌时，她就会利用这机会，俨然以母亲的代理人自居：“现在我是妈妈，卡尔，你要再多吃些蔬菜吗？听我的话，再多吃一些……”等等。一个还不足4岁的聪明伶俐的女孩，由以下所说的话完完全全道出了这种儿童心理，她坦白地说：“现在妈妈可以走了，然后，爸爸一定要与我结婚，而我将成为他的太太。”但这绝不是说她并不爱她的妈妈。同样，如果

1 克洛诺司（Cronus）：宙斯之父。希腊神话中第一代泰坦十二神中最年轻的领袖。他是时间的创力和破坏力的结合体，吞噬一切的时间。他的父母是天神乌拉诺斯和地神盖亚，他的妻子是掌管岁月流逝的女神瑞亚。——译者注

在他父亲远行时，男孩允许睡在母亲身边，而一旦父亲回来后，他又被叫回去与他不喜欢的保姆睡觉时，他肯定会有某种愿望："父亲永远不在家该多好！"这样他就可以永远的拥有亲爱的、美丽的妈妈，而父亲的死显然就成为这一愿望的达成。因为小孩由"经验"（譬如已死去的祖父永远不再回来的例子）得知人死了就再也不能回来了。

虽然在小孩身上，我们可以找到与我们的解释相吻合之处，但从成人心理症的精神分析来看，却不能达成如此完全的效果。因而，心理症病人的梦必须加上"梦是愿望的达成"这一前提才能更完整地了解。某日，我看到一位妇人很忧郁，啜泣着。她告诉我，"我再也不想见到我的亲戚了，他们会使我害怕。"接着，她主动地告诉我一个她4岁时所做的梦，这梦至今她仍然清楚地记得，当然，她是无法知道其意义的。"一只狐狸，或山猫在屋顶上来回走着；接着，有些东西掉下来，又像是我自己掉下来，以后就是妈妈被抬出房子外——死了。"梦者因此而大哭。我告诉她这梦是指她希望见到其母亲死亡的童年愿望，因为这个梦，使她认为没有脸见其亲戚，于是她又给我讲了一些儿时的故事。当她还是小孩子时，街上的小男孩有一次叫她一个很难听的外号"山猫眼仔"；还有是当她3岁时，有一次从屋顶上掉了一块瓦片敲破了母亲的头，使她头部大量出血。

我曾对一位年轻女病人的各类不同精神状态做过透彻的分析。在她起初发作的狂暴惶惑状态下，她对母亲表现出一种从未有过的转变，只要母亲靠近她，她就对母亲拳脚交加，辱骂，但同时却对另一位比她大很多的姐姐极其柔顺。后来她变得比较沉静清醒，其实是较无表情的状态，常常睡不好觉，也就是这时她开始接受我的治疗和梦的分析。这时的梦大多经过一些掩饰，影射了她母亲的死亡。有时是看到她参加一个老妇人的丧礼，有时是梦见她与姐姐坐在桌旁，身着丧服……毫无疑问都可看得出梦的意义。在慢慢地康复后，她开始有了歇斯底里的恐惧症，而最大的畏惧就是会担心她妈妈会发生什么意外，不管她当时身在何地，只要一有这种念头，她就要赶回家中看看母亲是否还活着。透过这个病例，加上我从其他途径得来的经验，可谓收获不小。由此可以看出，心灵对同一个使它产生兴奋的意念，可以产生几种不同的反应，就如对同一作品可以用几种文字的译文一样。在她狂暴惶惑的状态时，我就认为是当时"续发心理步骤"已完全被平时受压抑的"原本心理步骤"所扬弃，以致对母亲潜意识的恨意占了上风，才露骨地表现出来。后来，病人变得较为沉静而清醒时，表明心灵的不安已平息下来，而"审查制度"得以抬头，因此，这时对母亲的敌意只有在梦境中才会出现，在梦中表现为让母亲死亡的愿望。最后，当她在向正常之路迈进时，她就产生了对母亲的过分关心——一种"歇斯底里的逆反应"和"自卫现象"。而由这些观察所得，我们对于一般歇斯底里症的少女常对其母亲有太多的依赖，也有了个清楚的解释。

在另一个病例中，我对一个患有严重“强迫心理症”的青年人的潜在意识精神生活做了深入的研究。当时，他严重到不敢上街去，因为他害怕自己在街上会见人就杀，他整天只是想办法，为街上发生的任何可能涉及他的谋杀案，找出自己确实不在场的证据，当然，这个人的道德观念和他所接受的教育具有比较高的水平。由分析（并靠此以治疗其病）可知，在这要命的“强迫观念”下，却隐藏着他对其过分严厉的父亲有一种谋杀的冲动，而这冲动又曾在他7岁那年，连自己都吃惊地表现出来了。当然，这种冲动早在7岁以前就已经酝酿着了。在他31岁那年，父亲因一种痛苦的疾病而死去，于是，这种强迫观念立即开始在心中作祟，把对象转变为陌生人，进而形成了这种恐惧症。任何一个曾希望谋杀亲父的儿子，怎么可能对其他无血亲的陌生人不存杀害之心呢？于是，他只好把自己锁在房间里。

以我现有的广泛经验来看，所有后来变成心理症的病人，父母大多在其童年时代的心理上占有很主要的位子。对双亲之一产生深爱而对另一方深恨，由此形成开始于童年时期的永久性心理冲动，这也是今后发生心理症的一个重要因素。然而，我不相信心理症的病人与普通人在这方面能找出很明显的区别——也就是说，我不相信这些病人本身就制造出一些绝对新奇而不同于正常人的特点，比较可能的说法（这是由平时观察正常儿童所得到的证明）应该是：日后变成心理症的孩子，在对父母的喜爱或者敌视方面，将一些正常儿童心理中较不明显、较不强烈的因素也是明显地表现出来了。由古代传下来的一些野史轶闻也可看出这种道理，只有需要通过以上所说的孩提心理的假设，才能真正了解这些故事深邃而又普遍的意义。

我将提出的是有关俄狄浦斯王的趣闻，也就是索福克勒斯的悲剧《俄狄浦斯王》。俄狄浦斯是底比斯国王莱乌士与王后约卡士达所生的儿子，因为神谕在他生前就已预言他长大后会杀父，所以一生下来，就被弃之于野外，但他却被邻国国王收养，而成了该国的王子，直到他后来发现因自己出身不明而去求神谕，由于神谕告诉他，他命里注定将杀父娶母而警告他远离家乡时，他才决定离开这国家，但就在这离家的路上，他碰到了莱乌士大王，而因为一个突然的争吵，他将这身份不明的父亲杀死了，他后来到了底比斯，在这里他答出了拦路的斯芬克斯（希腊神话中人面狮身怪物）之谜，而被感激的国民拥为王，同时娶约卡士达为妻。在位期间国泰民安，他与生母生下了两男两女，直到最后底比斯发生了一场大瘟疫，国民再次去求神谕，这时所得的回答是，只要将谋杀先王的凶手赶出国度便可停止这场浩劫。但凶手在哪呢？事情过去那么长时间，罪犯又到哪儿找呢？而这部悲剧主要就这样一步一步，忽然山穷水尽，忽然又柳暗花明地（就像精神分析的工作一样）渐渐引出最后的残酷真相——俄狄浦斯就是杀死莱乌士的凶手，更糟的是他本身还是死者与其妻所生的儿子。为这糊里糊涂所做出来的滔天大祸而震惊的俄狄浦斯，终于走进最悲惨的结局——自己弄瞎了眼睛，离开了家乡之国，完全符合了神谕的预言。

《俄狄浦斯王》是一部命运的悲剧，天神意志和人力在灾难面前只不过是小虫撼柱，强烈的对照形成其悲剧性。而观众所深受感动的大概是这人力的渺小，神力的可怕吧！近代作家也因此纷纷以他们自己构思的故事来表达这样的矛盾，以期达到同样的悲剧效果，然而，观众们却好像对这些作品中无法改变命运而死亡的可怜角色，并没有投以类似的感动。就这一方面而论，近代的悲剧是失败的。

因此，如果说只有《俄狄浦斯王》这部戏剧才能使现代观众或读者产生和当时的希腊人同样的感动，那么唯一可以解释的是，这部希腊悲剧的效果并不在于命运和人类意志的冲突，而在于这冲突的情节中所表现出的某种呼声引起的共鸣，因而，我们认为《批评女祖先》等近代的命运悲剧作品缺少真实感。的确，在俄狄浦斯王的故事里，是能找到我们的心声的。他的命运之所以让我们感动，是因为我们自己的命运也是一样的可怜，是因为在我们还未出生以前，神谕也已将最毒的咒语加在我们一生当中。很可能，第一个性冲动的对象是我们自己的母亲，而第一个仇恨的对象就是自己的父亲是早就注定的，同时，我们的梦也会使我们相信这种说法。俄狄浦斯王杀父娶母就是一种愿望的达成——一种童年时期愿望的共同达成，但我们比他幸运的是，我们并没有变成心理症，而可以成功地将对母亲的性冲动逐渐地收回，并且逐渐忘掉对父亲的嫉妒仇恨。我们就是这样，由儿童时期愿望达成的对象身上收回了这些原始愿望，而尽其可能地给予潜抑，一旦文学家出于人性的探究而发掘出俄狄浦斯的罪恶时，他让我们看到了内在的自我。而发觉尽管又受到压抑，这些愿望仍然存在于心底。且看这结尾鲜明的道白：

看吧！这就是俄狄浦斯，
他不仅解开了宇宙之谜，而带来权势，
他的财产被所有国民所羡慕，
但，看吧！他却处于这么可怕的厄运里！

而这段告诫十分深刻地感动了我们。由于自竞争时代以来，我们就一直傲气地自以为如何聪明，如何有办法，就像俄狄浦斯一样，我们看不到人类与生俱来的欲望，和自然所赐予我们的负担，而一旦这些现实得到应验，我们又大多不愿正视这童年的景观。

在索福克勒斯这部悲剧里，可以找到有关俄狄浦斯的故事是从很早以前的梦中得来的线索，而其内容大多是因为童年时第一个性冲动引起该儿童与双亲的关系受到痛苦的折磨。约卡士达曾为了安慰当时还不知晓其身份、为神谕而担心的俄狄浦斯说，她认为有些人常梦见的事，未必一定有什么重大意义：

有许多人常梦到在梦中娶了自己的母亲，
但对这种梦如果能一笑置之的，都能过得很好。

梦见与自己母亲性交的人也不少，但人们却对此而大感愤怒、惊讶而不能明白，由此，我们就不难找出要了解这种悲剧和父亲之死的梦，关键在哪里。俄狄浦斯的故事，事实上就是对这两种“典型的梦”所产生的幻想的反应，而也就如在成人身上一样，这种内存必须加上改装的感情，因而故事的内容往往掺入可怕和自我惩罚的结果，最后形成的情景经过一种已经无法辨认的另外的加工润色，以合符神学的旨意。当然，在这部作品中，与其他作品一样，神力的万能与人类的责任心难以达成一致。

另外一个偌大的文学悲剧——莎士比亚的《哈姆雷特》，也与《俄狄浦斯王》一样来自同一根源。但因为这两个不同时代的差距——这段埋藏文明的进步和人类感情生活的潜抑，以致对这相同的材料作出了不同的处理。在俄狄浦斯王那里，儿童的愿望和幻想都被表现出来并且可能由梦境看出底细；而在哈姆雷特那里，这些都被潜抑着，然而，我们只有像发现心理症病人的有关事实一样，透过这种过程中所受到的抑制效应才能看出其存在。在更近代的戏剧里，英雄人物的性格大都掺入了犹豫不决的色彩，这已成了悲剧决定性效果的不可缺少的因素。这个剧本主要也就在于刻画哈姆雷特要完成这件加在他身上的报复使命时，所表现出的犹豫的痛苦，原剧并没提到这犹豫的原因和动机，而各种不同的解释都无法令人满意。按照现在流行的看法，这是歌德开始提出的，哈姆雷特代表人类中一种特别的人类类型——他们的生命活力多半被过分的智力活动所瘫痪——“用脑过度，体力日衰”；而另外一种观点认为，莎翁在此显示给我们的是，一种似乎所谓“神经衰弱”的病态和优柔寡断的性格。然而，从整个剧中的情节来看，《哈姆雷特》绝对不是用来表现一种无能的性格。从两个不同的场合，我们可以看到哈姆雷特的表现：一次是在愤怒下，他杀死了躲在挂屏后的窃听者；另一次是他故意地，富有技巧地，甚至毫不犹豫地杀死了两名谋害他的朝臣。那么，为什么他对父王的鬼魂所吩咐的工作却迟迟不前呢？唯一的解释就是这项工作具有某种特殊性，哈姆雷特能够随心所欲，但却对杀死他的父亲，并篡其王位、夺其母后的坏人无能为力——那是由于这人的所作所为正是他自己在童年时想了很久的欲望的实现，因而，对仇人的仇恨早被良心的自责不安所代替。因为良心告诉他，自己事实上比这位杀父娶母的凶手好不到哪里去。在这里，我是把故事中的人物潜意识所含的意念提高到意识界来加以说明；如果有人认为哈姆雷特是一个歇斯底里症的病人，那么，我又不得不承认这是由我的解释而导致的不可避免的结果。他与奥菲莉亚的对话中所表现出的性变态，也与这种推论的结果相吻合——在此后几年里，这种性变态一直盘踞在莎翁心中，直到最后他才写出了《雅典的泰门》。当然，我们也就可以说，哈姆雷特的遭遇事实上是影射莎翁他自己的心理，而且，布兰德在对莎翁的研究报告（1896）中指出，这个剧本是在莎翁的父亲死后没多长时间写出的（1601）。这可以说，当时他童年时期对父亲的情感又复苏了。还有，我们也许知道，莎翁早夭的儿子，就是叫作“哈姆涅特”（Hamnet，发音很像“哈姆雷特”）。就像《哈姆雷特》处理人子与父亲的关系一样，他另一部同时期的作品《麦克白》则是以“无子”为题材的。就像所有心理症的症状和梦的内容，都能经得起“过分的解释”，甚至有时需要经过一段“过分的解释”才能看出其真相一样，我们对所有真正的文学作品，也要通过文学家心灵中不仅一种的动机、冲动去了解它，并且需要承认，它可能有两种以上的不一样的解释。在这里，我只想就这位富有创意的文学家的心灵冲动中隐藏的最深的一层来加以讨论。

关于此类亲友之死的“典型的梦”，我在此想以一般梦的理论再说几句。这些梦显示给我们一些很不一般的状态，它让一些潜在想法所构成的梦意，躲过“审查制度”，而以本来的面目显示出来，而这只有在一种特别状况下才有可能发生。以下两种因素有助于这种梦意的形成：第一，我们心中必定潜藏着一种愿望，而我们自己完全相信，这些愿望在做梦时也不会被发现，于是，“梦的审查制度”就对这种怪异念头毫无戒备，就如所罗门法典，当年就没预料到要加设一条有关杀父之罪的刑律一样；第二，在该特殊情形下，这种潜在的、意想不到的愿望常常以某种对亲人生命关心的形式，对当天白天遗留下来的感受发生让步的现象。但是，焦虑必定会利用相对应的愿望而如影随形地步入梦境。因此，在梦中这种愿望往往都能被白天所引起的对他人的关心所掩盖。但是，如果有人认为梦只不过是夜以继日的心灵的活动，而把这种亲友之死的梦排除在一般梦的解说之外的话，那么，这些解释也就更加简单，而一些遗留下来的难题就再不需要加以深究了。

试图进一步研究这种梦和“焦虑梦”之间的关系，是十分有意义的。在这亲人死亡的梦里，潜在的愿望大都能避开“审查制度”，而不受它改装，但也因此带来梦中所感受的伤痛情感，同样，“焦虑梦”也只有在“审查制度”全部或部分受到压制时才可能发生。而另一方面，一旦由肉体来源而引起了真实的焦虑感，则那强大的“审查制度”就会抬头。因而，我们能很清楚地看出心灵如此运用其审查制度来“改装”梦的内容的用意——只有这样做，“才能避免焦虑或其他形式的痛苦后果”。

在前面，我已提到过儿童心理中的自我主义，现在我要再次强调这一点，并且，因为梦也保留了这份原有特征，所以，我们很容易由此看出其间的联系。所有梦都以绝对的自我为中心，每个梦都可找到所爱的自我，甚至可能以经过改装的面目出现。而梦中所达成的愿望也都是这种自我愿望。表面看来“利他”的梦内容，其实都是“利己”的。下面我将再举出几个看来有悖于这种说法的例子进行分析：

梦例之一

一个还没到4岁的男童告诉我他的梦：他梦见一个很大的画有花卉的大盘子里，放着一大块烤肉，而突然之间那些肉并未经过切碎，却一下子被吃光了，但他却没看见是谁吃掉的。

这个家伙梦中的饕餮之客到底是谁呢？当天的经历必能给我们提供一点线索！几天以来，这小孩子一直按医生的要求只喝牛奶，做梦那天，由于他实在太顽皮了，众人罚他不能再吃晚饭，因为他早就已被限制少吃食物，所以，他也并不很在意接受这份惩罚。他知道自己今晚肯定是没东西吃了，因此，他就努力避免再想肚子饿的事情。然而，在梦中虽然经过了改装，但无疑地，他自己就是梦中那个对丰盛晚餐期待已久的人（甚至是一大块没切开的肉），但因为他知道自己是不准吃这些东西的，所以，他也不敢像通常饿了的孩子所做的梦那样，坐在餐桌旁大吃一顿，因而梦中这吃掉烤肉的人就不敢露面。

梦例之二

有天晚上我梦见自己在一个书摊上看到一本我很感兴趣的收集本（艺术作品、历史、成名艺术家的专集）。这本新集的书名叫《著名的演说家》（或《著名的演说》），而出现的第一个人物的名字叫莱歇尔博士。

分析时，我对这个德国反对党的莱歇尔，一个著名的大演说家，居然会在我梦中出现而心感纳闷。原来事情是这样的：几天以前，我开始对几位新病人做心理治疗，一天要花掉10～12个小时，因此，我自己就成长篇大论的演说者了。

梦例之三

在另一个场合，我梦见一名我认识的大学教授告诉我：“我儿子最近患了近视。”随后是一些简单的对话，而紧接着的第三部分就出现了我和我的长子。

就这个梦的隐意来看，这位教授和他儿子只是用来影射我和我的长子，后面我会就其中另一特点再详细地讨论这个梦。

梦例之四

由以下这个梦，就可以看出真正以自我为中心的那种感情，如何隐藏在关怀别人之后：

我的朋友奥图看来像生病了一样，脸色难看，眼球突出。

奥图是我的家庭医生，我对他很感激，因为，几年来都是他在关心着我家小孩的健康，他不但在他们有病时给予治疗，并且，每次来总是找借口带些礼物给我们。而在做梦那天，他正好来我家拜访，当时我的太太注意到他看来很疲倦。当晚我就梦见他这个样子，简直就是一个得巴泽多氏病的病人。如果你忽略了我所说过的释梦法则，那么，你一定会解释这个梦代表着我十分关心友人的身体健康，以至将这份关心之情带到梦中。然而，这不但与我“梦是愿望的达成”的说法相反，并且，更不符合我这“梦只能是以自我的冲动来做解释”的说法。假如你们那样分析我的梦的话，那么，我为什么又要担心奥图会患巴泽多氏病呢？另一个方面，我自己的分析是利用了一件我6年前发生过的事情。当时我们一些人，包括R教授，正坐在一辆车里，在黑夜中赶路，打算到还有几小时路程的某村庄过夜。因为司机太疲劳。把我们都翻下河，还好，大家都没受伤，但我们只好在邻近的小客店过夜。当时，我们的不幸引起了村民的同情，曾有一位男士，一看就知道身患巴泽多氏病（皮肤褐红、眼球突出，但喉部并没肿胀），上来招呼我们，并且问我们是否需要什么帮助。R教授告诉他说：“不要什么，只需借我一套‘睡衣’就行了！”但这位慷慨的男士回答道“很抱歉，这我可没有”，随后就离开了。

继续分析下去，我才想起巴泽多并非只是发现那种病的医生的姓名，同时也是一位有名的教师的名字（现在我已很清醒，倒觉得这种事实是否可靠还是问题）。我的朋友奥图，我曾经嘱咐他，万一我出现意外，孩子们的身体健康问题，特别是青春期这个年纪（因此我提到了“睡衣”）全部交给他负责，但由于梦中我看到奥图身患上述那位慷慨村民的症状，我才明白梦中意义是：“如果我有不幸的话，奥图对我的孩子们会就像那村民对我们一样关怀和体贴。”这梦所含的自我意味，现在大概可以清楚地看出来了吧！

但这梦的愿望达成又在哪里呢？并非是我在对好友奥图进行报复（他好像经常在我梦中吃亏），而是以下的情形：就像我将梦中的奥图比做那村民一样，我自己也变成了另外一个人——R教授，因为我有求于奥图，就像R教授那时有求于那位村民一样，而这才是关键所在。因为R教授在学术圈内总是独树己见，和我一样，以致他直到晚年才得到他早就应有的教授头衔，于是，我再次发现“我很希望做一个教授”！那句“他直到晚年才……”是一个愿望的达成，因为这表示我还能活很长时间，足够有时间让我在儿女青春期亲自照顾他们。

至于其他使那些梦者感到快乐或陷入恐惧的“典型的梦”，我自身是不曾有过这些经验的，但就我所做的精神分析倒可以讲一些心得。从现存的那些资料来看，这些梦也是一种童年影像的再现——也就是说，梦可能包括那些童年时代最喜欢的包含急速运动在内的游戏。差不多所有作舅舅、叔叔的，不是对着小孩伸出双臂带着孩子满地跑，就是放他在自己膝上摇，然后突然一伸腿，吓得小孩哇哇大叫，要不然就是把小孩高高举起，再突然收手，出其不意地吓他一下。而在那种时刻，小孩总是会高兴得大叫，并且毫不满足地要求再来一次（特别是这种游戏如果有一点恐怖或眩晕的感觉在内时）。以后在他们梦中又反复出现这种感觉，但却把扶他们的手省略了，于是，他们就在梦中能自由地在空中飞。我们都知道，所有小男孩都喜欢荡来荡去或玩跷跷板一类的游戏，而一旦他们看了马戏团的运动表演后，他们对这些游戏的回忆就更加清楚了。某些男孩，歇斯底里症发作时，只是对某种运动不断熟练的重复，这些动作本身虽并不刺激，但却给当事者带来性感觉的兴奋。简单地说：儿童时期兴奋的游戏都是在飞上、掉下、摇晃的梦中得以出现，只有肉欲的感觉现在变成了焦虑，然而，就像所有母亲都知道的，能够使小孩兴奋的游戏最终都会以争吵或哭闹而结束。

因而，我有充足的理由否认以睡眠状态下，皮肉的感觉、肺脏的胀缩动作等来解释这种飞上、掉下的梦，我发现这些感觉都能够由梦所带来的记忆重新复现，所以，不如说它们是梦的内容本身，而不只是梦的来源。

但是，我并不能对这些“典型的梦”给以充分合理的解释，更确切地说，是因为我现有的资料使我走入这一进退两难的困境，我所说的一般意见是这样的：当任何心理动机需要它们时，这些“典型的梦”所具有的皮肉或运动的感觉就会复生了；而不用它们时，它们就被忘记了。至于这和儿童经验的关系，则可从我对心理症的分析中得到证明，但我却无法说出这些感觉的记忆（虽然看来都是“典型的梦”，但却有因人而异的记忆）究竟对梦者一生的经历还有哪些其他意义。然而，我还是希望能有机会再仔细分析几个好例子来补充这些不周全之处。也许有人怀疑，为什么这种飞上、掉下、拔牙的梦很多，而我却还说资料缺乏，其实从我开始注意“释梦”的工作以来，我自己竟从来没有过这种梦，虽然我治疗过很多心理症的人，但并不是所有的梦都能解释，还有很多梦都没有办法去解释，某些形成心理症的因素，在心理症症状将消失的时候，会变得更为厉害，而使得最后的问题仍然无法解释。

（三）考试之梦

每一个在学校经过期末大考而升级的人，总是说他们常做一种噩梦，梦见自己考场失败，甚至他必须重修某一科目。但是，对已得到大学学位的人，这种“典型的梦”又为另一形式的梦所取代，他常常梦见自己没有获得博士学位，而另一方面，他在梦中却清楚地知道自己已经毕业多年，早已步入大学教师之列，或早已是律师界的资深人物，怎么会有没得到学位呢？梦者常深感疑惑。就像我们童年时代为自己的错误行为受到处罚一样，这是由我们学生时代的苦难日子——要命的考试所带来的记忆的复现。同样，心理症的“考试焦虑”也是因这种幼稚的恐惧而加深的。然而，一旦学生时代过去之后，再也不是父母或老师来“惩罚”我们，以后的日子乃是自己所支配，但每当我们感到某件事做错了，或疏忽了，或未尽其本分时（一言以蔽之，即“当我们自觉有责任在身时”），我们就会再梦到这些曾令自己紧张的入学考试或博士学位的考试。

对“考试之梦”作更深一层的研究，我想列举一位同事在一次科学性的讨论会上所发表的有关这方面的看法。按他的经验来看，他认为这种梦经常发生在已经通过考试的人身上，而对那些考试失败者来说，这种梦是不会发生的。由许多事实的证明，使我深信“考试的焦虑梦”通常发生在梦者第二天将要从事某种可能有风险，而且必须负责任的“大事”的时候，而梦中所出现的一定是一些梦者曾费很大心血，由其结果来看这只是杞人之忧的那些经验。这样的梦使梦者完全意识到梦的内容在醒觉状态下受了多大的误解，而梦中的讥议“但，我早就是一个博士了”等等都是对梦的一种安慰，因此，其用意以下面的话概括为：“不要为明天的考试担心吧！想想当年你要参加大考前的紧张吧！你还不是白紧张一番，而事实上却毫不费力地拿到你的学位吗？”等等，但是，梦中的焦虑却来自于做梦者当天所遗留下来的某些经验。

就我自己和他人有关这方面的梦境，分析起来虽然不是很准确，但大多符合这种说法。譬如说，我曾没有通过法医学的考试，但我却从没梦到这事，相反，对于植物学、动物学、化学，我却大伤脑筋，然而，因为老师的宽厚而从没发生过问题，而在梦中，我却常想到这几科考试的风险，我也常梦见又参加历史考试，而这又是我当年一直考得很好的科目。但我得承认一件事实——这大多是因为当时的历史老师（在另外的一个梦中，他成了一个独眼的善人）从不曾漏看一件事，那就是我在交回的考卷上，常在没有把握的题目上用指甲划叉，以暗示他对这问题不要太苛刻了。我有一位病人，他曾在大考时缺席，而后来补考通过，但却在国家公务员考试中又失败了，至今仍未能被政府录用。他告诉我，他常梦见前一次考试，但后一次考试却从没梦见过。

斯特克尔（W.Stekel）是第一位解析“考试梦”的人，他说这种梦全部是影射性经验和性成熟，而以我的经验来看，这种说法是屡试不爽的。

第六章
梦的运行

所有以前所做过的有关梦的解释，都是从记忆中保留的“梦的内容”直接进行阐明，他们在梦内容中寻找解释，有些甚至不经过剖析，而直接从梦内容中得出结论。然而，在这方面我们却有一些不同的见解，在我们研究出来的结果和“梦的内容”之间，我们又发现了另一种新的心理资料：梦的隐意或“梦思”，而我们的解梦乃由这些资料入手，并不是沿袭自古以来所用的“梦内容”（或称为“梦的显意”）。因此，我们所涉及的将是一个新的工作，一种近似写小说的工作——仔细检验“梦的隐意”和“梦的显意”之间的关系，并研究后者如何由前者演变出来。

“梦的隐意”和“梦的显意”就犹如用两种不一样的预言来表达同一种内容，或说得更准确些，“梦的显意”就是以另一种表达的方式将“梦的隐意”翻译给我们，而所用的符号和法则，我们只有通过译作和原著的比较，才能看清。一旦我们做到了这一点，那“梦的隐意”就不再是一个难以了解的秘密。“梦的显意”，就犹如象形文字，它的符号必须逐个翻译成“梦的隐意”所采用的文字。这些符号绝不是以它原来的形态就可以解释的，它必须按符号所代表的意义来做这项翻译工作。例如，现在我眼前出现一个画谜：有一间屋子，在屋顶上有只木船，然后，出现了一个大字母，接着就是一个无头的人在飞跑……乍一看，我肯定会说这荒唐而毫无意义：木船怎么可能放在屋顶上？没头的人怎么会跑？而且，人怎么可能比房子还大？还有，如果整个情景是一幅景物，那么，这个字母又代表什么呢？自然界的风景哪有这样的原景象？所以，要想正确地解释这画谜，必须抛弃对这部分或整个的反对批评；反之，如果将每一个影像都看作有意义，而努力地去找出每一个代表或涉及的文字，然后再把这些文字拼凑成一个句子，这时它们再也不是没意义的，而很有可能成了一句美丽动听且意味深长的格言。梦其实就是一种画谜，只是我们的祖先还没找到真正的释梦方法，而误把画谜当作一幅艺术品来欣赏。正因为如此，才会误认为梦是毫无意义、毫无价值的。

一、凝缩的作用

在梦的“隐意”和“显意”之间的比较中，最引人注目的就是梦的工作包含一大堆“凝缩的作用”。与“梦的隐意”的冗长丰富比较，“梦的内容”就显得贫乏粗陋，如果梦的叙述需要半页纸的话，那么，解析所得的“隐意”就需要六到八张、甚至十张纸方可写完。这种差距的比例因各种不同的梦而不同。但凭我的经验来看，差不多都是这样的比例。一般来说，我们多半小看了梦所受凝缩的程度，以为由一次解析所得的“隐意”就包含了这个梦所有的意义。然而事实上，如果对这梦继续分析下去，还能发掘出更多深藏在梦里的含义，因此，我们必须要先做个声明：“一个人永远无法确定地说他已将整个梦完全地解释清楚了”。尽管所做的解释都达到毫无瑕疵、令人满意的程度，但他仍有可能从同一个梦里再找出另一个意义来，因此，严格地说，凝缩的程度是无法确定的。由梦的“隐意”和“显意”之间的不成比例，而得出“在梦的形成中，必有许多心理资料经过凝缩的手续”的结论，也许会受到一些反对。因为我们常有这种感觉，“我昨晚做了很多梦，但大部分都记不起来”，因此，有人认为醒后所记起的部分只是整个梦里的一些片段，如果能把所做的整个梦都追记出来，那就差不多可与“梦的隐意”一样多了。从某种程度来说，这种说法不是没有道理。梦只有在睡醒后马上记录下来才有可能准确地把握住所有内容，否则会随着时间慢慢淡忘了。然而，我们要看清一件事实，那就是自以为梦见的比能记得起的资料要多得多，其实是一种错觉，而这种错觉的原因以后还会再详细解释。还有，梦工作时所采用的“凝缩作用”会因“有可能忘掉一些梦内容”的说法受到影响，因为我们可以通过记忆残留下的梦的各部分分别找出所代表的很多意义。果真梦的大部分内容都不会忘记，那么，我们将很可能无法探讨一些新的“隐意”，因为我们不可能判断这些遗忘了的梦所隐含的“梦思”，一定同我们仍保留下来的部分内容所解析出来的“隐意”完全相同。

就每一部分“梦的显意”逐步分析时所形成的那些意念来看，很多人肯定禁不住会问：难道现在分析这个梦时，心灵所产生的每一种意念都能构成“梦的隐意”吗？换句话说，我们难道不是先假设了所有这些念头都在睡眠状态下活动着，并且都参与了梦的形成吗？而且，有些在梦的形成时并没参与的新念头，是不是有可能在解析梦意时才产生呢？对这种反对意见，我只能给予一种条件性的回忆。当然，这些分散意念的组合是到分析时才初次出现的，但我们可以看到，这种组合只有在各种意念之间确实在“梦的隐意”里有某种联系时才会出现。因此，可以说，只有在能以另一种更基本的联系形式存在的情况下，才有这种新组合的结果。由分析时所形成的大部分意念来看，我们不得不承认它们早在梦的形成时就已有所活动，因为假如我们从一连串的意念下手时，很多乍看之下对梦的形成并没联系的意念，会突然带给我们一个确实与梦的内容有联系的结果，而这正是梦的解析所不可缺少的，也只有从那一连串的意念追寻下去才能达到。大家不妨再翻阅前面所说的有关“植物学专论”的那个梦，即挖掘其中所含的惊人程度的“凝缩作用”。（虽然我并没有完全地解析出来。）

然而，人们在做梦前睡眠状态下的心理又是怎样呢？是不是所有“梦思”都并列地陈列于脑海里呢？还是一个个地相互竞逐于心灵？还是各种不一样的意志，各由不一样的制造中心，同时涌到心头，而在此交汇？我认为，现在讨论梦形成时的心理状态不用提出这种仍不能确证的观念，但是，我们别忘了我们所想的是“潜意识的思想”，这与我们自己冥思苦想中的“意识思想”是有较大差异的。

但是，如果梦的形成真是经过一番“凝缩作用”，那么，这个过程又是怎样进行的呢？

现在，如果我们假设这一大堆的“梦思”只有很少的意念能用一种“概念元素”表现在梦中，我们就可以推断说，“凝缩作用”是用“删略”的手法来对付“梦思”的，“梦”并非“梦思”的准确译者；它并没如实地翻译，相反，只不过是东删西略的产品，我们很快就会发现，这种观念事实上是不太正确的。但目前，我们姑且以此为起点先自问：“如果‘梦思’中只有很少数元素能进入‘梦的内容’，那么，究竟是什么条件来决定这些选择呢？”

为解决这问题，我们先研究一下这种梦内容中有哪些符合我们所追寻的条件的元素，而这方面最好的资料是那些在形成时经过强烈的凝缩之后才形成的梦，下面我选用之前说过的“植物学专论”的梦来加以解释：

（一）植物学论著的梦

梦内容：“我写了一本有关某种植物的专论，这本书就搁在我面前。我翻到其中一页折皱的彩色图片，看见一片已脱水的植物标本，如同植物标本收集簿里的一样。”

这梦的最主要成分就是“植物学专论”。这是因为当天的实际经验所产生：当天我确实曾在一家书店的橱窗前看到一本关于“樱草属”的专论。然而，在梦中却并没提到这“属”，只有“专论”和“植物学”的关系遗留下来。这“植物学专论”马上使我联想到我曾经发表过的有关可卡因的研究一文，而可卡因又引导我的思路走向一种叫作《纪念文集》的刊物，和另一个人物“柯尼斯坦医师”——我的挚友，一位眼科专家，他对可卡因临床应用于局部麻醉有一定的功劳。还有，由柯尼斯坦医师又使我想起，我曾和他在当天晚上聊过天，却被别人打断了。当时所谈到的有外科、内科几位同事之间的工资问题。于是，我发现这谈话的内容才是真正的“梦的刺激”，而有关樱草属的“专论”虽然是真实的事情，但却是无关紧要的小插曲。现在我才看出来，“植物学专论”只是被用来作为那天两件经历的共同工具，利用这无关紧要的真实印象，而把这些有心理意义的经验以这种迂回的方法联系起来。

然而，并不是只有植物学专论的整个合成的意念才有意义，如将“植物学”“专论”等字眼分开来联想，也可产生扑朔迷离的各种“梦思”。由“植物学”使我想到一些人物：格尔特聂教授（Prof.Gartner）和他漂亮（blooming）的太太。（德文Gartoerr意思是“园丁”。）一位名叫“弗罗拉（花神）”的女病人，和另一位我告诉她有关“遗忘的花”（forgotten flower）的妇人。由格尔特聂这人，又使我再次联想到在“实验室”和柯厄斯坦的谈话，还有这谈话中所谈到的两位女性，由那与花有关的女人，我又联想到两件事：我太太最喜爱的花，和我匆匆一瞥所看到的那本专论的标题，更进一步地，我又联想到在中学时代的生活，大学的考试，和另一种崭新的意念——有关我的爱好（这曾从上述的对话中表现出来），再利用从“遗忘的花”所联想到的“我最喜爱的花——向日葵”而联系起来，而且由“向日葵”，一是使我想起意大利的旅游，另一方面又使我想起童年第一次触发我读书的情景，所以，“植物学”就是这个梦的关键所在，而且这成为各种思路的交叉点。并且，我能证明出这些思路都能从当天的对话内容中找出联系。现在，我们就仿佛在思潮的工厂里，正在从事着“纺织工作”：

小织梭来回穿线，
一次次过去，
便编成了千条线。

在梦中的“专论”再次出现两件题材：一件是我研究工作的性质，而另一件却是我的爱好的昂贵代价。

由这初步的研究来看，“植物学”和“专论”之所以被用作“梦的内容”，是因为它们能使人想到最大数量的“梦思”，它们代表着很多“梦思”的交叉点，而就梦的意义来说，它们就具备了丰富的意义。这种解释可用另外一种形式做以下表达：“梦的内容”中的每一个成分都具有很多的意义，它们代表的不仅是一种“梦思”。

如果我们认真检查梦中每一成分怎样从“梦思”演变过来，那我们将可以了解得更多。由那“彩色图片”引入另外一个新的题目——同事们对我的研究所做出的批评，以及梦中出现的我的爱好问题，还有涉及我童年时曾经把彩色图片撕碎的记忆。“已脱水的植物标本”联系到我中学时收集植物标本的经验，而特别加以强调，所以，我能看出“梦内容”与“梦思”之间的关系，并非仅仅是梦内容的各个成分代表好几种“梦思”，每一种“梦思”同时还能被多种不同的梦内容的成分所代表。从梦中某一成分入手，经过联想的思路可以引发好几种“梦思”，相反，如果从某一种“梦思”着手，也可引发出好几个梦中的成分。而在梦的产生过程中，并非是一个梦思或一组梦思，先以简缩的手法在“梦内容”中出现，然后，另一个梦思再以同样方法继续出现（就像按人口比例，每多少人选出一位代表的过程一般）；事实上，整个“梦思”同时受到某种加工，但在这整个过程中只有那些具有最强烈最完整的份子才表现出来，因此，这种过程反而更像“按名册选举”。无论是哪一种梦，经过我的解释，我总发现我这“基本原则”屡试不爽，由整个“梦思”演变而成各种“梦内容”的成分，同时成分又各有多种的梦思加于其上。

为了说明“梦思”和“梦内容”的关系，必须再多举一个例子。以下所举的例子也许可以更清楚地看出两者相互交织的关系，这是一位“幽闭症”患者所做的梦，读者们在以下的分析中就可以看出为何我如此喜欢这梦的结构，而称它为“非常聪明的梦活动的产品”。

（二）一个美丽动人的梦

梦者和很多朋友驾着车子正在×街上兜风，这街上有一间很普通的旅店（但事实上并没有）。在这旅店里的一个房间内正在演一出戏剧，起初，他只是观众，但后来竟成了演员。最后，大家都开始换衣服，准备回城里去。一些人在楼下，一些人在楼上换，楼上的已经换好了装，但楼下的仍在慢慢地换，以致引起楼上的同伴责备。他的哥哥在楼上，他在楼下，他认为哥哥们换装那么快简直太没必要（这部分比较模糊），并且，他们在到达这里之前，早就已经决定好谁留在楼上，谁在楼下；接着，他独自从山路走向城市，脚步非常沉重，举步艰难简直是在原地动弹不得。一位老年绅士走入了他的行列，并且愤怒地谈论意大利国王。最后，当快到山顶时，他的脚步开始变得非常轻松。

举步困难的印象特别清晰真切，甚至醒后，他还分不清刚才那是在梦中。

由梦的显意来看，内容倒是普通，然而，这次我要一反常规，以梦者认为最清楚的部分开始着手解析。

梦中所感到的最大困难——就是举步沉重并带气喘——那是梦者在前几年生病时曾有过的症状，当时再加上一些其他的症状，被诊断为“肺结核”（可能是“歇斯底里的伪装”）。从我们对“暴露梦”所做的研究，已经清楚了这种梦中运动受禁制的感觉，到现在为止，我们又可以看出这可用来作其他种类的代表。“梦内容”中关于爬山的那部分，起初很吃力，到了山顶又变为轻松，这使我想到法国小说家都德的名作《萨福》这故事里，有一位年轻人抱着他情人上楼，开始情人轻如鸿毛，爬得越高，越觉得不堪负荷，这种景象事实上就是一种他们之间关系发展的象征，而都德借此来告诫年轻人千万不要四处留情，留下满身风流债，到头来留一身的负担。

虽然，我知道这病人最近和一女伶相识，而终告破裂，但我们不能说，我这种解释完全正确。在《萨福》中的情形正好与此梦相反，梦中的爬山开始是困难，而后来轻松，但小说中的“象征”却是开始轻松，后来却成了重负。让我吃惊的是，病人竟告诉我这种解释正好和他当天晚上看的一部戏剧的结构很相似，那剧本叫作《维也纳的巡礼》，讲的是一位开始颇受人尊敬的少女，最后沦落到卖笑生涯，而后来又与一位上层男士发生关系，开始“向上爬”，但最后导致她的地位却更加低落。这剧本又使他想起另一个剧本《步步高升》，而这部戏的广告画就是以“一列阶梯”为代表。

再往下的解析显示出，那位与他热恋过一阵子的女伶就住在×街上，但这街上并没有旅店。然而，当他在维也纳与这位女伶度过这半个夏天时，他就住在这附近的一间小旅馆。当他离开旅馆时，他告诉车夫：“发现这儿没有一只臭虫，我很高兴！”（事实上，害怕臭虫又是他的一大畏惧症），而车夫回答说：“这地方怎么能住人呢？这根本算不上是一间旅店，充其量只不过是一间小店而已。”而“小店”这两个词又使他马上想起一句诗：“后来我就成了这么好的主人的宾客！”但这首乌兰德的诗中所赞颂的主人公却是一棵“苹果树”，第二段诗句又从思潮中浮现出来：

浮士德（面对着年轻的女巫）：

我曾有一段美梦，
我看见了一株苹果树，
那儿高挂着两个最漂亮的苹果，
她们诱使我不由自主地“爬上去”。
漂亮的苹果，
自从天堂里惊鸿一瞥，
你就朝夕心仪这苹果，

而我非常高兴地获知，
在我的花园里正长着这种苹果。

“苹果树”和“苹果”的内涵，我认为是毫无疑问的：那女伶丰满的酥胸，就是使我们这位梦者神魂颠倒的“苹果”。

从梦的内容看来，我们可以确定这梦带有梦者少年时期的另一种印象（梦者这时已30岁）。如果这种说法正确的话，那么，这定是针对梦者的奶妈而言。奶妈柔软的胸部实际上就是孩子最好睡觉的“旅馆”，“奶妈”以及都德笔下的萨福，事实上就指他最近抛弃的那位情妇。

这位患者的哥哥也出现在“梦内容”中，“他哥哥在‘楼上’，于他在‘楼下’”。这与事实又是相反的，就我所知，目前，他的哥哥穷困潦倒，而他过得很不错。在叙述这“梦内容”时，梦者曾就“他哥哥在楼上，而他在楼下”一节闪烁其词。恰巧这句话正是一种我们在奥地利常用的口语，当一个人名利丧尽时，我们就会说“他被放到‘楼下’去了”，如此说他“垮下来了”一样，而如今我们应该清楚地看出，在梦中某件事故意以“颠倒事实”的情形出现时，一定有它特殊的意义，而这种“颠倒”正好解释“梦思”与“梦内容”之间的联系。如果要了解这种“颠倒”，确有据可查。在这梦的结尾，很鲜明地“爬山”以及《萨福》中的叙述正是“颠倒”的一例，然而，这种“颠倒”的含义可以分析如下：在《萨福》这本书中。那男人抱着那没有与他有性关系的女人上楼，而如果在“梦思”里，一切都颠倒的话，那应是一个女人抱着男人上楼，但这只有可能发生于童年时期——奶妈抱着胖娃娃上楼，因而，这梦的结尾部分成功地将奶妈和《萨福》拉上了关系。

正如诗人创造出《萨福》这名字，总免不了引申到女人同性爱一样，梦中“人们在‘楼上’‘楼下’，”也意指梦者心中对“性”方面的幻想，而这种幻想，就和其他受潜抑的欲望相同，与梦者心理症很有联系。“梦的解析”并无法告诉我们，这些仅是幻想，而不是事实的记忆，它只能提供给我们一套想法，而让我们自己再去品味其中的真实价值。在这种情况下，真实的与想象的乍看之下都具有一样的价值。（除了梦之外，其他更重要的心理结构也有这种情形。）就像我们早已知道的，“许多朋友”代替着“一种秘密”。而梦中的“哥哥”，利用对童年景象的“追忆”产生的“幻觉”，用来代替所有的“情敌”，然后再连接一件没什么关系的经验，“一位老年绅士愤怒地谈到意大利国王”意指低阶层的人踏进了高级社会所发生的冲突。如此看来倒颇似都德笔下那年轻男士所受的警告，而这也一样地可用在哺乳的小孩身上。

在以上的两个梦里，大家更容易看出“梦内容”与“梦思”的多种关系。但是，由于这些梦的分析仍没能彻底解决，所以，也许有必要再选一个梦来做系统的分析，以便辨别出梦内存在的多种意义。为这目的，另选用前面提过的“伊玛打针”的梦，而从这例子，我们就不难看出“梦的形成”所使的“浓缩作用”常常利用了多种途径。

“梦内容”中的主人公是我的病人伊玛，在梦中她看来就像她通常的样子，因此，那无疑是代表她本人的，可是，当我在窗口给她检查的时候，她的态度却是我从另一位妇女身上所看到的。而这女人，在“梦思”里，我宁可用来代替我这位患者。因为伊玛在梦中有“白喉伪膜”，使我联想到长女得病时的焦急，因此，她又替代我的女儿，而由于和我女儿名字的雷同，让我联想到一位因毒素致死的病人。在梦中，伊玛的模样一直未变，但她的角色却发生着变化。她变成了一位我们在民众服务门诊所看的一位病童，在那儿我的朋友们为她们统计智能的差别，而这种变迁很显然地是受了我小女儿的影响，因为她屡屡不愿意张开嘴巴，正如梦中的伊玛变成了另一位我检查过的女人，而利用同样的联系，又联系到我太太身上。还有，因我在她喉头发现的病变，进而联系出好几位其他的人。由伊玛而引起的一连串联想所产生的那些人物，在梦中并不会亲身出现。她们全部聚合于“伊玛”梦象背后，所以，伊玛成了一个“集合影像”，且不能避免许多相互冲突矛盾的特征。在梦中，伊玛代表了其他那些被梦中“凝缩作用”抛弃的人物，但却仍把这些人物的特点稍稍保存下来，点点滴滴注入梦中伊玛的形象。

为解释“梦的凝缩作用”，我将以另一种方式创造一种所谓“集锦人物”——让两个以上的真实人物的特征集中于一人身上。我梦中的M大夫就是以这种方式构成的。他因“M大夫”闻名，并且言行都同于通常的M医生，可他所生的病和身体上的特征又属于另一个人物——我的哥哥。而苍白的脸色，因为是他们两人的共有特点，所以，并无特殊意义。梦中的R医生同样是R和我伯父的“集锦人物”，但这个“集锦人物”却是一种不同方式编造出来的。这次我并没有把两个人物记忆中的特点加以合并，相反地，我运用了嘉尔登制造家人肖像的办法——我把两个人物重叠在一起，而使两人的类似特征更加明显，而彼此之间不同的特点反因互相中和而变得不明显了。梦中我伯父的“漂亮胡子”的出现，就因为R与我伯父两人外貌上的共同特点，至于，那胡子慢慢地变成灰色，则可以联系到我父亲和我自己。

“集体”或“集锦”人物的形成是“梦凝缩”的一大方法。我们马上又可以应用在另一种联系上。

"伊玛打针"的梦所提及的"痢疾"这个名词也有很多种解释，它可能是由"白喉"这个词音的相像而引起的，但另一方向，它也有可能是影射我送去东方旅游的那位病人（这位病人的"歇斯底里症"是个误诊）。

梦中所提到的propyls（丙基）这个词也是一个极为有趣的"凝缩"产物，在"梦思"里其实amyls（戊基）这个词更有分量，很有可能这是在梦产生时，两字之间发生了简单的"交换"。而其实由以下的补充分析，可以看出这种置换往往是凝缩的结果：假如我对propyls这个德文字多思考一段时间，那么，它的同音字propylaea（神殿入口）肯定会自然浮现出来的，而propylaea并非只有在雅典才能找得到，在慕尼黑也能看到。而大约在做这梦的一年前，我正好去慕尼黑看望一位病重的朋友，而这位朋友就是我刚好与他提过trimethylamin（三甲胺）这种药物的人，所以，由梦中紧接着propyl跑出来的是trimethylamin，更可支持这种说法。

就像在另外的梦分析中一样，我在这里曾发现了一大堆对同等意义的联想，这使我承认在"梦思"中的戊基确实是在"梦内容"中被丙基这个词代替了。

一方面，这梦关系到我的朋友奥图的一些想法。他不了解我，他认为我做错了，他送了我一瓶含有戊基怪味的酒，但另一方面，与前者形成对比的，又有一些关于我住在柏林的朋友威廉的意念，他真正理解我，他会永远认为我是对的。而且，他会提供给我一些非常有价值的关于"性"过程的化学研究资料。

在有关奥图的意念中，引起我特别注意的总是一些引起梦的近因，而amyls是属于较清晰的成分，以致在内容中占有一席之地。至于有关威廉的意念则多半是从威廉和奥图两人之间的对比所造成的，各部分都与奥图的意念有所联系。在这整个梦里，我一直有种明显的趋向——排斥那些我不喜欢的人物，而偏向能和我共同随心所欲的人。因此，属于奥图意念的amlys（戊基）便使我联想到属于威廉意念的trlmethylamin（两者一样是属于化学的领域），由于这意念因受到心理方面的欢迎而能从"梦内容"中脱颖而出，amyls本来也可以不经改装地进入梦内容中，但却因为其所能包含的意念，可以由威廉意念的字眼所包涵而失败。propyls既然与amyls这字看来相像，而且它又可以在威廉意念之间以慕尼黑的propylaea找到联系。因此，两意念间以propyls-propylaea发生联系。而双方就像经过了协商，而以中间产物出现于梦的内容中，于是，就这样造成了一个含有多种意义的共同符号。也只有通过这种多种意义的字眼才得以深究"梦内容"的原貌。因而，为了形成这种共同代号，梦内容中注意力的转移一定发生在某些在联想范围内靠近该重点的细节上。

由这个"伊玛打针"的故事多多少少可以看出，在梦的形成过程中凝缩作用所扮演的角色。我们发现“凝缩作用”的特点，即在梦的内容中找到那些一再重现的元素，从而形成新的联合物（集锦人物，混合影像）和产生一些共同代号。至于凝缩作用的目的和采用的方法，要等我们讨论到梦形成的所有心理过程以后再作更深的研究。目前，先让我们就所得的结果作整理，我们所得出的事实是这样的：由“梦思”和值得注意的“梦内容”之间的联系恰好由“梦凝缩”补充。

梦中的“凝缩作用”一旦以“字”或“意义”表达，更容易为我们所理解。一般来说，梦中所出现的“字”往往被看作“某种东西”，并与东西所附带的意念一样，也需要经过同样的结合变化，于是，这种梦就产生了各种各样滑稽的新字。

1. 我的一位同事寄来一份他写的论文，其内容就我看来，好似对最近生理学的发现有些高估了，并且，也对自己使用了很多言过其实的话，于是，在当天晚上，我梦见了一句非常明显的针对这份论文所发的批评：“这确实是一种norekdal型的”，这个新字的形成乍看起来的确令我费解，这字无疑是对kolossal（巨大的）pyramidal（顶尖的）诸如此类的最高级形容词的谐谑相仿，但我却怎么也找不出字源到底从哪来的。最后，我才发现这个怪字可以分为两个名字：Nora（娜拉，《傀儡之家》）与Ekdal（埃克达尔，《疯狂的公爵》），而这又分别来自易卜生的两部名剧。不久以前，我曾读过一篇有关易卜生的评论，而这篇论文的作者最近发表的一篇作品，恰巧是我梦中所批评的对象。

2. 我有一位女病人梦见一个男人，他长着漂亮的胡子，还有一双奇异的、炯炯有神的眼睛，手指向挂在树上的一块指示牌，上面写着：“uclamparia-wet”（原德文无法翻译，此为英译者自创）。

分析：那男人长相很威严，他闪烁的眼神马上使她想起罗马近郊的圣保罗教堂里所有见到的细工镶嵌制成的教皇绘像。在早年的教皇绘像中有一位有金黄色的眼睛（其实这是一种视觉的幻觉，但却常常引起导游者的注意）。更深一层的联想显示出此人的整个长相确实和她的牧师很像，而那漂亮胡子的造型使她想到她的医生（我弗洛伊德本人），而那人的身材却和她父亲相似。这些人对她来说，都有一种共同关系——他们都引导指示她生命的道路。再进一步地探索，金黄色的眼睛→金子→钱——所受精神分析治疗花费了她很多金钱，而使她非常伤心。金子，更使她想到酒精中毒的“金治疗法”——D先生，如果他不患上酒精中毒，她就会嫁给他——她赞同别人偶尔喝点酒；她有时也喝点啤酒或普通的酒，这又再次使她想到圣保罗教堂及其周遭环境。她想起那时曾在这附近的一所叫Thre Fontane（三泉）的寺庙里喝了一种Troppist（天主教之一支）僧徒用“尤加利树”（eucalyptus）所制成的酒。后来，她告诉我，这些僧侣怎样在沼泽地带种植尤加利树而把整片沼泽荒地变为良田，因此，uclamparia这个词可以看出是由eucalyptus（尤加利树）与malaria（疟疾）两字合成，至于wet（潮湿）这个词则是由该地区从前是沼泽地区而引起的想象。还有，wet（潮湿）有时也暗示着相反的dry（干燥）。而巧合的是，那位如果不沉迷于酒杯就可与她成婚的男人名字便叫Dry。这怪名字Dry来自德文字源。德文drei意为“三”，因此，这又影射到“三泉”寺庙。在说到先生的酒癖时，她曾用了以下夸张的说法：“他能喝掉整座泉水”。而Dry先生自己也曾自我解嘲地说：“由于我永远‘干燥’（dry，意指其名字而言），因此我必须经常喝酒。”而eucalyptus（尤加利树）也意指她的心理病症，这病最初曾被误诊为Malaria（疟疾），因为她的焦虑性心理症发作时，经常发冷发热，以致在意大利时被人误以为是疟疾，而她自己也相信从那些僧侣手中买到的尤加利树汁的确多少治好了她这种病。

因此，“uclamparia-wet”这凝缩的产物恰好是梦者的心理症与其梦的交叉点。

3．这是一个我自己的较冗长杂乱的梦，主要情节是：在航海旅程中，我突然想起下一站是Hearsing港，而再下一站为Fliess。后者也正好是我一位住在B市的朋友的名字，而B市是我经常去玩的城市。而Hearsing这个词则是采用了普通维也纳近郊的地名所常有的ing字尾，如Hietzing，Leising，Modling。（古代米底亚字，意思是“我的快乐”，而德文“快乐”就正是我的名字Frcude这个字。）然后，再加上另一个英文字，Hearsay，意即毁谤、造谣，而借此与另一白天所发生的无关紧要的印象联系起来——一首在《费林根脓疮》的刊物上讽刺中伤侏儒Sagter Hatergesage（Saidhe Hashesaid）的诗。还有，由Fliess与ing字尾凑成的字Vlissingen确有这地名，这正是我哥哥从英国来访问我们时所经过的港口。而Vlissingen在英文中则称为“Flushing”，意即Blushing（脸红），这不得不使我想起一些罹患ereutophobia（惧红症）的病人，这种病例我曾治疗过好几个，还有，最近贝希特洛（Bechterew）所出版的有关此方向的心理症的叙述，也使我非常愤慨。

第一个读了这本书的读者对我作了以下的指责，而后来的读者也许也会赞成：“如果真是这样，梦者未免都表现得太幽默且富有机智了吧？”但是，实际上就梦者来说，确实是如此的。只有将这种批评引申到梦的解析者身上时才会遭到反对，假如我们的梦呈现得幽默，并不是我个人的过失，而是梦形成时所处的特殊精神状态，而这与机智、幽默的理论大有联系。梦之所以会变得幽默，大都是由于阐明意念的最直截的方法往往行不通所致，我的读者们也许会相信我的病人的梦所表现的幽默并不低于我自己所提出的梦。因此，这种批评更促使我投入到“梦工作”与机智的比较研究。

4．在另一个场合中我做了一个可分成两部分的梦。第一部分是一个我清晰记得的单词儿，Autodidasker；第二部分则是我几天前所做的梦的翻版，而这梦使我在下次遇到N教授时，一定得告诉他："上次我曾请教您的那位患者正如你所料，是个心理症的病人"。所以，这新创的词Autodidasker不但具有某种隐意，而且，这意义肯定与我对N教授的诊断要予以推崇的论断有点联系。

如今，Autodidasker这个词可以简单地分成为Autho（德文"作家"即Autor）Autodidakt，和Lasker，此后者可联想到叫Lasalle的名字。这第一个词Author就做梦的这段时间来讲正有一番特别意义。那时，我给太太买了许多本我哥哥朋友（他是一位名"作家"）所做的画回家，并且，就我所知，这人名叫大卫的作家，与我是同乡。有天晚上，我太太告诉我，大卫的一本小说（描述天才被埋没）曾使她深受感动，因此，我们的话题就转向了怎样发掘自己子女的天才才不会把它们糟蹋了，但我和她说，她所害怕的这种差错可以用"训练"来弥补。当夜，我的思路走得更广，满脑子交织着我太太对子女的关怀和一些其他琐事。可那小说作者告诉我哥哥的有些关于婚姻的看法，也指引我的意念进入旁支而产生了梦中的种种象征。这条思路引至布莱斯劳（Breslau）这地名，一位我们熟悉的妇女结婚后就搬到那地方居住，但在布莱斯劳，我找到两个人名：拉斯克（Lasker）和拉萨尔（Lasalle），这两个例证都可用来证明我的担心——"我的子女的一生将会被女人毁弃"，这两个例证皆代表了两种导致男人毁灭的路。

这些"追逐女人"所引起的想法，让我想到我的哥哥，他至今仍然独身一人，名叫Alexander，可我明白，我们习惯于简称他Alex的这发音，酷似lasker（拉斯克）的发音，并且，经由这事实让我的思路又从布莱斯劳通往另一条道路。

然而，我所作姓名、音节的拼写工作，同时还有另外一种内涵。这代表了我的内心的某种愿望——期望我哥哥能享受家庭的幸福，并且，用以下方法表现出来：在描述艺术家生活的小说中，由于其内容和我的梦思有联系，于是更待追查，这位出名的作者通过书中主人公Sandoz（桑多兹）把他个人和他的家庭乐趣全部托出。而这名字也许通过以下步骤进行变形：Zola（左拉）如果倒过来读（小孩最喜欢将名字倒念的）便成了Aloz，但这种改装仍然不够，因此，Al这个音节，由于与Alexander第一音节相同，演变成该字第二音节Sand，而凑成了Sandoz这书中人物的姓名，而我的Autodidasker也是利用这种相同的方法产生出来的。

对于我的幻想"我要告诉N教授，我们两人一起看过的那位病人的确患上了心理症"可以由以下方式产生：就在我要开始休息度假时，我碰到了一个麻烦的病例，当时以为是一种严重的器官毛病，可能是脊髓交替退化病变，但却无法证实出来。这其实完全可以诊断为“心理症”而省了很多麻烦，但因为病人对“性”方向的问题都予以否认，而使我不愿意轻易地做出这种诊断。因为这种困难，使我不得不求助于一位我很敬佩的医师，他听了我的质疑后，告诉我：“你继续观察一段时间吧！我推测他可能是心理症病人。”因为这位医师反对我关于心理症病源的理论，所以，虽然我并未反对他的诊断，但我却仍然保留了内心的怀疑。几天以后，我告诉这病人，我实在无能为力，而劝他另访高明。然而，出乎意外的是，他到这时才坦白告诉我，过去他曾对我撒谎，他感到羞惭歉疚，后来他终于告诉我一些我早就预料出来的性问题的病因，而有了这些才使我能确实诊断为“心理症”。这才使我放心了，但与此同时，我还是觉得很遗憾；毕竟我得承认我所请教的那位前辈，他不会因性问题的隐瞒而受挫，仍能做出正确的诊断，的确技术高超，因此，我决心下次与他见面时，一定立即告诉他，事实证明他是正确的，我是错了。

以上就是我这梦中所要做的事。但要是我承认了自己的错误，又可达成什么愿望呢？我真正的目的就在于证明我对子女的担心是不必要的，也就是说，在梦思中所采用的我太太的恐惧可因此而证明为错误。梦中所说的事实的对错与梦思中的核心并没有脱节，于是，我们有同样的两种选择，要么是由女人引起的机能性或器官性的病，要么是由真正的性生活引起的——也就是说“梅毒性瘫痪”或“心理症”，同时，拉萨尔的堕落又与后者有间接的联系。

在这结构完整的（并且经过分析后意义清晰的）梦里，N教授不只代表这种推断所产生的结果和我想证明自己错误的想法，也不只是由布莱斯劳这地名联想到那位婚后住在那里的朋友；梦中N教授的出现，还与当时我们一起看病人后的聊天有些联系。记得当他看完了那病人后，除了提出前面说的建议外，他问我：“你有几个孩子了？”“6个。”他以关切的、长者的神态又问我：“男孩还是女孩？”“男女各三个，他们是我最大的骄傲和财富。”“嗯！你可得小心些，女孩子还问题不大，倒是男孩子日后的教育并不轻松！”我回答他，至少到现在为止，他们都还很听话。很明显，这种有关我儿子以后的说法使我不太高兴，就像他当时对我那病人的诊断认为不过是心理症一样。于是，这两件连续发生的事情就因此合在一起，而当我在梦中加入了心理症的故事时，我就利用它来替代了有关孩子教育的对话。其实，我太太所担心孩子的问题才是真正与梦思的核心发生关系的。于是，虽然我使N教授所说的儿童教育问题引起的隐患也进入内容中，但它却隐藏在我的希望中：“证明这种担心纯属杞人忧天”，而这幻想同时代表了这两种相互冲突的抉择。

“考试的梦”在解析时也遇到了同样的困难。我已在“典型的梦的特征”里提到过，梦者所补充的一些联想资料一般满足不了解析的需要。对这类梦有更深一层的了解则有待于更多的这种梦资料的搜集与挖掘。前不久，我所说过的安慰词句，如：“你早已就是一个医生”等，其实，并不仅仅是一种安慰，而是一种谴责。这可以有另一种话外之意：“你已那么大人了，却还做出这种傻事，还犯这种小孩子的错。”而这种自我安慰和自我谴责的混合体正是“考试的梦”也具有的特征，因此，由最后解析的那个梦来看，我们完全可以推论“傻事”“小孩子的毛病”都是被斥责的性行为的重复。

梦中的文字转变和一般发生妄想病的情况差不多，并且在“歇斯底里症”和“强迫观念”的病人身上也可以看到。小孩子口头上的恶作剧——在某种年龄时，他们也真正把“字”“话”当作对象，甚至创造出一些新奇的语言、自造的语法，而这些便成了梦和精神官能症的共同来源。

对梦中奇怪的新字进行解析，特别适合用来探讨梦工作的“凝缩作用”的程度。但一定不要因上述所举的少数例子产生一种错觉，以为这些材料都属少见的甚至是例外的梦。恰恰相反，这种梦例有很多，只是在精神分析治疗中，梦的解析工作很少有记录下来整理成报告的罢了，而且所能报告出来的解析大多也只能为神经病理学者所掌握。

当梦中有一些话语，确实清楚地来自某种想法时，差不多所有这种“梦中的话”都来自于“梦资料”中印象犹新的话，这些话的措辞可能原封不动，也可能只是稍加变动。往往“梦中的话”是由说过的一些话东扯西拉地凑合在一起，句法或许不变，但整句话的意思却可能变得暧昧，甚至连句法都有改变，这些“梦中的话”常常只是在追述重复那些记忆犹新的话罢了。

二、转移作用

当我们收集以上的“梦凝缩”的例子时，我们就已发现了另外一种重要性不小于“凝缩作用”的因素：某些在“梦内容”中占有重要部分，在“梦思”中却完全不一样，与此相反的情形也常有。许多在“梦思”中处于核心的问题，又在“梦内容”中可以找出痕迹。而梦就是这样的无法捉摸，由它的内容经常并不足以找出“梦思”的核心。例如，在以前提到过的“植物学专论”的梦里，“梦内容”中最主要的部分显然是“植物学”，但在“梦思”里，我们主要关心的问题却是同事间工作时所产生的矛盾，以及对我自己花费太多时间于个人嗜好上的不满。至于那“植物学”除了用来做个“对照”以与“梦思”发生一点点关联外（因为植物学一直并非是我喜欢的科目），并无法在“梦思”中找到一点地位。在我的病人所做的关于萨福[1]的梦里，“上山下山，上楼下楼”便是主要内容，但是“梦思”却主要是担心与下层人发生性关系的危险。由此可见，梦思中只有一小部分进入梦内容，并予以过度的夸张，而在我舅舅的梦中，那漂亮的胡子在“梦内容”中可以说是个核心，但却与我们分析后找出的“梦思”——追求“功成名就”的欲望，竟是毫不相干。由这些梦，使我们完全相信“转移作用”的存在。但与此完全不同的，在“伊玛打针”的梦里，我们却发现了这个梦的“梦内容”中每一单元的地位都与解析后的“梦思”完全对应，于是，分析过这种梦后，再遇到以上所举的梦例，我们难免为这“梦思”与“梦内容”之间崭新而不协调的关系感到吃惊。如果我们在正常生活中的心理过程中发现，一个意念或一大堆意念的产生是从一大堆意念中挑选出来后，才在意识界受到重视的，那我们就会证实确实有一种特殊的心理价值（某种程度的兴趣）会带有脱颖而出的意念。但是，我们却发现，在“梦思”中这每一个单元所受到的价值在“梦形成”时并不存在，或并不加以考虑。由于梦思中的各种意念实际上也不能分出价值的高下，我们经常要靠自己的判断才能做决定，在梦形成时，那些附有强烈兴趣的重要部分常常成了次要部分，反而被某些“梦思”中次要的部分取代。这种情形，乍一看好像每个意念所带的心理价值并不被梦形成所接受，它所含的意义多少反而才是关键，我们很容易就认为能表现于梦内容中的并非是梦思中的重要部分，而只不过是它多次出现的原因。但是，只是这个假设并不能使我们对梦形成的了解增加多少。首先，我们就无法相信，两个具有多种意义和内含价值的意念除非彼此一致朝外，那才有可能影响梦的选择。那些在“梦思”中最重要的意念通常也可能经常出现，因为每一个梦思的单元都是由这些核心散发出来的。但梦仍可能排斥这些经过特别强调而且强烈地增援过的单元，而在梦内容中采纳其他只受到强烈增援的意念。

这种困难，靠研究梦内容的“过度决定”或许可以解决。不少这方面的读者，也许会认为发现梦内容的各单元的多种意义并非是重要的工作。因为在分析时，我们是从各梦中的单元入手，将每个由这单元发生的联想一一记录下来的。那么，有关这些单元在记载的意念资料中较容易再次出现的可能性难道还会有什么怀疑吗？由于我并不能承认这种反对意见的正确性，我现在只能说出以下的想法：在梦析中所找出的意念里，有些已与梦的核心相差很远，而变成了好像是为了一种特殊目的而设的人为

1 萨福（Sappho，约公元前630或612—约公元前592或560）：古希腊著名的女抒情诗人。——译者注

的添加物。它们的目标能马上识别出，也就是在“梦思”和“梦内容”间建立某种关系，而这经常是很勉强的关系，而且，在许多情况下，如果这些重要单元在解析时没有能找出，那么，“梦内容”中的各单元只是可以“过度决定”，连“足够的决定”都不能做到。所以，我们可得出结论：在梦的选择中处于决定性地位的“许多意义”，可能不会永远是梦形成的最主要原因，而常常只是某些不为我们知道的精神力量的次要产物。但是，对每一单元要进入梦内容来说，这才是很重要的因素，因为根据我们观察可知，有时“多种意义”并不易从“梦资料”内找出来，而只有经过一番心血才能得到。

现在，我们不妨这样假设：在“梦的工作”下，一种精神力量，一方面可将其本身所具备的有较高精神价值单元中的精神强度卸除，另一方面，通过“过度决定”的方法，在较低精神价值的单元中塑造出新的重要价值，而凭着这种新形成的价值才能遁入梦内容中。若这种办法真是梦形成的步骤，则我们可以说，在梦形成的过程，各单元之间已经产生了“心理强度的转移作用”，而由此形成了“梦内容”与“梦思”的不同。这种我们所假想的心理运作正是梦的工作中最核心的一环，我们将其称为“梦的转移”，而“梦的凝缩”和“梦的转移”是我们分析梦的结构而发现的两大艺术成就。

我认为靠“梦的转移”来解析梦中包含的精神力量很容易，而转移的结果只是使梦的内容不再与梦思的核心看起来有关系，而梦只凭这种改装的面目再现潜意识里的梦愿望，但是我们当前已熟悉了梦的改装，所以我们可由此追溯出在精神生活中某种“心理步骤”对另一种所做的“审查制度”；而“梦的转移”就是达成这种改动的主要方法之一，我们只能假设“梦的转移”是因这种审查制度的作用产生的一种精神内在的自卫。

在“梦形成”时，究竟“转移”“凝缩”和“过分解释”哪个处于首位，哪个为副，且留待以后再说。但与此同时，我们顺便要提一下的是，要使意念能出现在梦中的第二个条件是“他们一定能免于审查制度的抗拒”，有了这种假设，我们就可以说“梦的转移”是不容怀疑的事实。

三、梦的表现形式

我们发现，在把潜在思潮转变成梦的原意的过程中，有两个单元在运作：梦的凝缩和梦的转移作用。在接下来的讨论里，我们便会遇到另外的两个决定性因素，它们肯定决定了哪些材料能进入梦中。

虽然，这存在使我们讨论的进展有停顿的危险，但是我还是认为有先把解释梦的程序来个简单介绍的必要。我得承认，要把这些程序解释得明白，并且能让评论家相信最简单的方法就是用某种特殊的梦做例子，详细地加以解释（如我在第二章中对“伊玛打针”作的分析），接着把所发现的梦思集中起来，而寻找出构成梦的程序——也就是说，用梦的合成来完成梦的分析。其实，我已经在好几个梦例之中凭自己的指示用了上面的方法，但我不能在这里将它们发表，由于这牵涉到有关精神资料的性质问题——有太多理由，而每一个理性的人都会同意的。这些顾虑在分析梦时并没有多少影响，分析是不完全的，但仍然能具有其价值——虽然它并没有深入梦的内容，但是对梦的合成而言却不是这样，我认为若不完全，那么它就没有说服力，所以，我只能把一些世人所不知道的人的“梦的合成”公之于世。但由于这愿望只能靠我的心理症病人来完成，因此，我要把这问题的讨论放下暂时不管，直到我能把心理症患者的心理和这个题目联系在一起——在另一本书里。

将梦思合成以构造出梦的尝试，使我领悟到从分析中得来的材料不一定都具有相同的价值。只有某些部分是主要的梦思——也就是说那些全在梦中被置换的；但如果没有审查制度（censorship）的话，它们自身就可以改变整个梦，其他的材料就常被当作是很重要的，我们也无法来用它支持“后者对梦的形成也有贡献”的论调。相反的是，从这之后到分析这段过程里，倒可能发生了一些使它们产生相关的事件，所以，这部分材料即包括了一切由梦的原意指向隐意的连接途径，又包括一些中间的连接关键——在分析的过程中，通过它们便能发现那些连接的途径。

目前，我们仅对本质（重要）的梦思感兴趣，这些经常是一组有相当繁杂思想与记忆的综合——因一些我们清醒时熟悉的思想串列所提供，它们往往是凭许多不同的中心发出来的，尽管有相互衔接的地方，每一思想串列常是它相反的想法所紧随，并且同它有相互的关联。

当然，这繁杂构造的每个不同的部分相互间就有许多逻辑关系。它们能表示前景或背景，离题或说明。不同情况，不同证据或是反驳。但是，当整个梦思是在梦运作的压力下时，这些元素就会被扭转，被粉碎，并且被挤在一起了——就像碎冰被挤成一堆——于是就产生这样的问题：构成它基础的逻辑构架会变成什么样？梦中到底是用什么来代表“如果”“因为”“就像”“虽然”“不是这个……就是那个”等连接词呢？——假如没有这些，我们是不能知道任何句子或语言的。

我们首先想到的回答是，梦并没有什么方法来表现梦思之间的逻辑关系，总的说来梦并不重视这些连接词，梦所表达和操纵的只是梦思的内涵，而释梦的过程，就是要把这被梦的运作破坏了的联系重新建立起来。

梦之所以不能表达出这种连接关系，是因为造成梦的精神材料的性质所致。就像绘画与雕刻所受到的限制一样，它们不像诗歌那样能够使用语言；同样的原因，它们的缺陷部分始于那些它们想利用表达某些想法的材料之上。在绘画找到其表达原则之前，它曾尝试过要克服这缺陷——在古代的绘画中，每个人物的口中都有着小小的说明，用来叙说画家没办法用图画来说明的想法。

现在，或许有人会对梦不能表现逻辑关系表示不赞同。因为在一些梦中常常有最繁杂的理智运作——反对或证实某些叙述，以至用来讥讽或比较，就如同是在清醒时的思想一样，但这又一次说明了外表常常是欺骗人的。假如深入分析这些梦，我们会发现这整个思潮只不过是梦思材料中的一部分，但不是在梦中产生的理智运作：这外表看来像是思想的东西，只不过是又一次体现了梦思的重要材料而不是它们间的相互联系——这就是思想表现出来的，我将要提出某些有关这方向的事实（请看第六章“荒谬的梦”）。最简单的是，梦中说的句子（所特别描述的），只是一些没改变，或稍有变动的梦思材料罢了，这种话常常只不过是暗示了包含在梦思中的一些事件，而梦的意义可能和它差距很大。

但我不得不承认重要的思想活动——并不是梦思材料的再次复现——确实在梦的形成中起重大的作用。在完成本题目的讨论后，我将说明这种思想活动所扮演的部分。那时我们就会知道这思想活动并不是从梦思产生，而是在梦完成之后（由某一观点来看），由梦本身产生的。

我们暂时能这样说，梦思之间的逻辑关系在梦当中是无任何独立的表示的。比如说，如若梦中产生矛盾，那这矛盾不是因为梦本身便是由于某一个梦思的内涵导致，梦的矛盾只能在十分间接的情况下才与梦思之间的冲突有所连接，但是就像绘画（至少）最终能够找到一种方式——而不再是那种小小的说明——来说明那些文字的目的（如感情、威胁、警告等），梦也可凭一些手段来阐述梦思之间的一种逻辑关系——对梦的表现方式做一些变化。实验显示，各种梦都有表现方式不同的“改变”，有些梦并不理会它的材料之间的逻辑关系，而另外一些就尝试尽量考虑，于是，梦有时与它处理的材料相差不远，有时却又有巨大的不同。同样，如果梦思在潜意识中有着先后的时间顺序时，梦对它们的处理也有着相同变异幅度（如伊玛打针的梦）。

梦的运作怎样决定梦思之间的这些（逻辑）关系（而这是梦的工作中很难表现的）呢？我将一个一个地加以阐述。

首先，一般的考虑，通过存在于梦思之间的相关性——这毫无疑问是存在的——把它们联系成一个事件，于是就产生连续性（时间）的逻辑连接。由这点来说，梦就像是希腊或巴那斯画派的画家那样，把所有的哲学家或者诗人都画在一起，这些人确实没在一个大厅或者山顶集会过；但从思想来看，他们确是同一个群体。

梦谨慎地遵循此法则，甚至细节也不放过。不管何时，只要梦把两个元素紧紧地拉在一起，那么这就表示在有关的梦思之间一定存在着不同的亲密关系，这就和我们的文字相像，“ab”意味着两个字母是一个音节。只要在“a”及“b”中间有个空隙，那么“a”就是前一个词的最后字母，而“b”是另一个词的开头，因此，梦中二元素的并列不是不相干的梦思由概率而并接在一起，其实，在梦思中这部分也是具相同的关系。

为了表现这之间的因果关系，梦有两种在本质上一样的程序。假想梦思是：“既然这是这样的，那个则必然会发生。”最常见的表现方法是用附属子句来做开始的梦，那主句就是“主要的梦”了。而时间的前后关系还可以倒过来。但是一般梦的重要部分是和主句相对应的。

我的一位女病人有一次讲了一个梦，它是说明梦的因果关系的好例子，我将在后面把它完整地写出来。梦是这样的——它有一个短的序曲，接着包括一个非常广泛的梦，但却紧紧围绕着一个主题，也许能称之为“花的语言”。

开头的梦是这样的：当她走入厨房，两位佣人正在那儿，她挑她们的毛病，指责她们还没有把她那份食物准备好；与此同时，她看见一大堆厨房里经常使用的瓦罐，口朝下的在厨房里垒叠着，为了让内壁滴干。两个女佣人想去提水回来，不过必须步行到那种流到屋里或院子的河流去汲取。接着，梦的主要部分就这样接下去：她从一些排列非常奇特的木桩高处向下走，感觉很高兴，因她的衣裙并没有被它们勾着……

开始的梦和她双亲的房子是有关联的，这是没问题的，梦中的话是她妈妈经常挂在嘴边的。但那堆瓦罐是来源于同一建筑物内的小店。梦的其他部分则说到了她父亲——他经常追求女佣人。但最后在一次河流泛滥之中，得了重病死去（他们的房子靠近一条河流）。所以，藏在这“起始的梦”的意义在于：“因为我出生在这房子，在这卑鄙并且使人忧郁的环境……”主要的梦也具相同的观念，不过却用一种愿望的满足把它加以改换，“我是从高贵世家来的”，所以隐藏的真正观念是：“由于出生是这样卑微，所以我生命的过程也就是这样的了。”

据我所知，把梦分成这样相等的两份，并不一直表示这后面的梦思和前面的梦思之间具有因果的关系，相反，我们会觉得同一材料往往用不同的观点各自出现于这两个梦中。当然，晚上那些最终导致射精的梦就是这样的——这是一系列将肉体需求越来越清楚表白出来的梦。有时，这两个梦源于梦思不同的中心，只不过其内涵有点相同，以致这梦的中心在另一个梦中只是线索般地存在着，在这梦中不重要的部分却是另一梦的中心。但在某些梦中，将它作为一个短的前言和一个较长的主要部分，正表示这两半有着明显的因果关系。

另一种表现因果关系的方法则牵涉较少的材料，将它梦中的一个形象（不管是人或物）变形成另外一个。当变形在目击下发生的时候，我们要真正地考虑其因果关系——而不是在那种只是某物替代了某物的时候。

我已经谈过这两种方法在实质上是一样的，因为在这两种情况之下，因果关系同样是利用先后顺序来表现的：前者是用梦的先后发生，后者却以一个形象直接变成另一个。我必须承认，多数的梦例之中并没有人出现这种因果关系，它们已经在梦的过程中，由于不可避免各元素的混淆而消失了。

那种随便哪一个都可以的“不是这个——就是那个”的情况在梦里是没有办法表现的，它们往往各自插入梦中，好像二者都是同样的有效（其实只有其一能够成立）。伊玛打针就是一个明显的例子，它的隐意明显如下：“我不用为伊玛仍然存在的病痛负责，因为这不是由于她拒绝接受治疗，就是因为她生活中那不适当的性生活，或者就是因为她的病痛是器官性的，而不是歇斯底里的。”这梦完全满足了这些可能（其实它们是排他性的——不同时存在）。如果合乎梦的愿望，它也会毫不犹豫地加上第四个可能。在分析完这个梦后，我把“不是这个——就是那个”加入梦思的内涵中。

但是，如果在重新产生一个梦的时候，想运用“不是这个——就是那个”——比如说“这不是花园就是客厅”——则呈现于梦思的就是和一个简单的加法罢了。“不是这个——就是那个”一般是用来指一个含糊的梦元素——但能够被分开。在这种情况下，解释的原则是：将这两个情况看成一样有效，以一个“和”字把它们连贯起来。

比如说，有一次我的朋友留在意大利，我刚好有一段时间和他失去联系。当时我梦见收到了有他地址的电报。是以蓝字印成的电报体，第一个字是模糊的：

或者是“Via（经由）”，

或者是“Villa（别墅）”，

或者是“Casa（房子）”；

第二个字是“Secerno”，念起来好像是意大利的人名，这提醒了我与这位朋友讨论过的词源学题目，而且也表示了我对他的不满，因为他把自己的住址保密那么长时间而不告诉我。但是第一个字的三种可能情况却在分析后变得各自独立，而且都能成为一个思想串列（chain of thoughts）的起点。

在父亲出殡的前一天晚上，我梦见了一个布告（招贴或者海报），它很像在火车站候车室中贴有那种禁止吸烟的布告，上面印着：

"你被要求将闭上两只眼睛"（You are requested to close the eyes）

或是：

"你被要求把一只眼睛闭上"（You are requested to close an eye）

我习惯把它写成：

"You are requested to close the an eye（s）"

这两个不一样的说法有不同的含义，在分析的时候就会引起不同的分歧，我那时选择了极其简单的送殡仪式，因为我很明白父亲对这种仪礼的观点，但是家中的其他成员对这种清教徒式的简单葬礼并不怎么赞成，认为会被那些参加葬礼的人们所瞧不起。所以，其中一句话："你被要求将一只眼睛闭上"——这说明，闭着一只眼，也许是忽视的意思。在这里我们非常容易发现非此即彼所表露的模糊意义，梦的运作不能用单一字眼来表现出梦思中所呈现的模棱两可，因而这两种思想即使在梦的显意中也开始分开了。

在有些梦例中，这种要表现出"非此即彼"的困难是凭借将梦分成相同的前后两半来克服的。

梦处理相反意见和矛盾的方法是值得我们注意的——它干脆不加理会，对梦来说，"不"好像是不存在的。它经常把相反的意见连在一起，或者把它们当作同样的事件来呈现。它甚至会随意地用相反意思代替原先的元素而在梦中出现；因此，我们不能一眼望过去就决定一个相反元素在梦思中是否也是如此存在或者刚好相反。

在前面刚提到的一个梦中，我们已经解析过它的第一句（"因为我的出生是这样"）。在此梦里，病人曾梦见自己正从一些高低排列的木柱上走下来，手里拿着开着花的枝条。因为这形象，使她想起了那位手持百合花并宣告耶稣诞生的天使画像，——而她的名字恰恰又是玛丽亚——同时也使她想起，当街道用青色树枝装饰起来，举行"耶稣圣体游行"时，那些穿着白色袍子步行的女孩子，——由此，梦中这开着花的枝条肯定是暗示着贞洁——枝条上长着红花，看起来好像是山茶花。——梦仍在进行当中——在她走下来的时候，花已经都枯萎了。因而，接着一些一定是月经的暗示——由此看来，这握着好似百合花般枝条的少女，同时也象征着茶花女：她平时戴着白色的山茶花，而在月经来临的时候，则戴青红色的。这带着花的枝条，同时代表着贞洁与不贞。而这梦表现她对这一生纯洁的欣喜，但是在有些部分却暴露了相反的概念（如花的凋谢）——显示出她由于各种有关贞洁过失而导致的罪恶感（也就是说，在她孩童时期发生的）。在分析梦的过程中，我们能够非常清楚地把这两道思想区分开来。自我安慰的那部分是比较表面化的，而自责的那部分较为深藏——这两道想法是完全对立的，但性质相像的元素却在梦的显示之中用同样的事件表现。

梦的形成机制所喜欢的逻辑关系只有一种，那就是相似、和谐，或相近的关系——即“恰似”。这关系与别的不一样，它在梦中能用各种不同的方式表现，梦思之间早已存在的平行或“恰似”的关系是形成梦的第一个基础，而梦的运作大部分只是在制造出一些新的平行关系来代替那些已经存在，但无法通过审查制度的障碍。梦的运作是趋向于凝缩，因此，它支持这种相像的关系。

相似、和谐，所谓具有同样归属的——在梦中却以单元化来表现一些关系，或者早已存在于梦思间，或是刚刚才被创造出来。第一种大概可以称为“仿同”，第二种则称之为“集锦”。“仿同”是用在人的身上，而集锦则对事物统一，不过“集锦”也可用于人的身上。而地点则经常被当作人一样看待。

在仿同作用里，只有和共同元素相联系的人才能够表现于梦的显意中，其他人则被压抑了。但是这个梦中的封面人物出现于所有的关系和环境中——不但是他自己，而且也概括了其他的人物，在集锦作用里，这种情形就扩展到人的关系——这梦的影像概括了所有人所持有的特征，但不是每个人都共有的；因此这些特征的组合促使了一个新的单元化，一个新的组成。集锦的实际过程可以有好几条，有时，梦中人具有一个与他相关的人的名字——在这种情况下，我们一眼就能看出来，因为这和醒着的知识一样：这正是我们要的人——而外面却是别人的样子，或者，梦的影像可以一部分像一个人，一部分又像另一个人。或者这第二人的涉及并不是外观的，而是存在梦中人的姿态，说话和所处的环境中。在最后的这种情形下，仿同和创造一个集锦人物间的区别就不那么清楚了。但是，要制造一个像这样的集锦人物的想法可能遭到失败，在这种情况下，梦中的景物就只像是属于其中一个有关的人物，别的人（而通常是最重要的），则变成一些附随的，而不具有任何功能。做梦的人有时可能会用这些词句来形容这种情况：“我妈妈也在那里”（斯特克尔）。梦内容中的这一元素也许像象形文字中的决定性因子——不是发音，而是用来表明别的符号的。

造成两个人物结合的共同元素也可能会表现于梦中，也可能会被删除。一般来说，仿同或者是建造一集锦人物的原因是为了避免表现出共同元素。为了避免说“A仇视我，B也是这样”，于是我在梦中制造一个由A和B合成的人物，或幻想A在做一些为B所特有的行动。如此造成的梦中人就有了新的连接。而它代表A和B的情况使我能够在梦适当的时间里穿插一个它们共有的元素，也就是说，对我的仇视态度。凭借这种方法常常能使得梦内容达到显著的凝缩：如果我能够凭别人把同样的情况表现清楚，那就可以省去直接表现某人的情况所需的复杂，我们也可以很轻易地指出，这种利用仿同形式来表现的方法也可以用来避过审查制度的阻抗，而阻抗却是梦运作的严厉一面。审查制度反对的，也许正好落在梦思中某一不同人物的特定意念上，所以我就寻找另外一个人；他也与这被反对的材料有关，不过相关较少，由于这两人不被审查通过的共同点使我可塑造一集锦人物——它有了两人其他无关紧要的特征，无论是源于仿同或集锦作用，于是这人物被允许进入梦内容而不被阻抗，因此利用梦的凝缩作用，我满足了审查制度的要求。

当梦呈现出两个人共有的元素的时候，这通常是暗示着另外一个被蒙蔽的共同元素，但却因为审查制度而不能表现。共同元素一般凭借置换作用来达到顺利表现的目的，于是，梦中集锦人物所具有的不重要的共同元素，让我们能得出这样的断语：梦思中一定会进入一个远非这样不紧要的共同元素。

根据上述的讨论，仿同作用或者是集锦人物具有以下意义：首先，它代表两个人相互之间的共同元素。其次，它代表一件被置换了的共同元素，再次，它只是代表了一种一厢情愿（wishful）的同一元素。因为希望两个人具有共同元素的想法，常和这两人的置换不谋而合，因此，后者在梦中也是以仿同作用来表现的。在伊玛打针的梦中，我希望把她与另一病人置换——那就是说，我希望另一病人同伊玛一样也在接受我的治疗。梦达成这种愿望的方法是，出现一个叫作伊玛的妇女，只不过她被检查的方式却是我从前看到的另一妇女所接受的治疗情况（请看第二章）。在有关我叔叔的梦里，这种交换已成为梦的中心：我利用打鼾和评判同事来把自己想象成部长。

根据经验，我发现每个梦都关系着做梦者自己，没有丝毫例外，梦完全是自我的。当自我在梦的内容中反而是别人时，我可以很有把握地说，自我一定利用仿同关系隐藏在这人的后面，因而能把本人的自我加入梦内容里。在别的情况下，假如本人的自我确实出现在梦中，那么也可知道别人的自我也凭借仿同作用而隐藏在本人的自我后面。所以在分析这种梦的时候，常常得注意我同此人所共同具有的隐匿元素（而这元素是连接在此人身上的）。在别的梦里，自我最初是附着在别人身上，但当仿同作用消失后又再次回到本人的自我身上来的时候，这些仿同使我得以仔细观察：在自我的意念中，哪些部分是审查制度所不能通过的。因为这种原因，自我在梦中可以经过数次交叠，时而直接呈现，时而却又经由仿同别人而表现，通过好几个仿同作用，它才能把大量的梦思凝缩起来。这种梦者的自我，在梦中曾经多次呈现或者以不同的方式表现，基本上是和在清醒的思考中，自我也会出现于不同时间、地点或关联没有两样——例如这句子：“当我想我从前是非常健康的一个孩子。”

关于地点名称的仿同，比起人的仿同来就更容易了解，因为，在梦中富于重大影响力的自我并没有牵涉在内。在我的那个有关罗马的梦里，我发现自己在一个被叫罗马的地方，不过却看到街上很多的德文广告，感到非常奇怪。然后是愿望实现，使我立刻想到布拉格；而这愿望可能起源于我儿童生活时度过的德国国家主义时期（而这已经是过去的），在做这个梦时，我希望在布拉格遇到朋友（弗利斯）；于是，罗马和布拉格的仿同可以用一种愿望的共同元素来解释：我想在罗马遇到朋友，而不想在布拉格。并且这会见的目的使我愿意将布拉格和罗马交换。

这种制造集锦的结构也正好是使梦时常披上一层神秘外衣的最主要原因。由于它在梦内容中引入了一种不能靠感官感受到的元素，此种建构集锦影像的精神程序非常明显地和清醒时幻想，或画恐龙与半人半马怪物的情况一样。唯一的不同点在于，清醒时，欲创造的新构造自身决定了这想象物的外表；而梦中集锦的影像却取决于某些和它外表毫无关系的因素——即梦思所含的共同元素。梦中的集锦物可以有很多种方法去完成，最简单的方法就是只以某物直接表现，但这种表现却暗示着它还有别的归属。更复杂的方法就是把两个物体结合成新的影像，而在这结合过程中，巧妙地利用两者在现实中所含有的相同点，新的产物也许非常离奇，也许会被认为是非常的联想，这要看原来的材料是什么，以及其拼凑技巧的高低而定，如果凝缩成一个单元的对象太不和谐，那么梦的运作经常制造只有一个相当明显的核心，但附和着一些不很明显的特征后就满意了。在这种情况下，我们可以说，把材料组成一个单元化影像的努力是失败了，这两种表现方法相互重复出现，产生一些性质等于两种视觉影像竞争的东西。在绘画中，当我们想表现很多个人所承认的意象所形成的一般概念的时候。也会产生同样的情形。

梦当然是这些集锦的组合。在前面所说的梦的分析中，我已经举出了很多例子；以下我将再补充几个。下面这个是第五章中报告过的梦，是以“花的语言”来描述病人的生命过程的：梦中的她在手中拿着开花的枝条——我们曾表示这代表着圣洁以及性的不贞。根据花朵的排列情形，这枝条也向梦者暗示着樱花，而这些花儿，如果分开单个来看则是山茶花，而且给人的印象是，花是拼凑上去的，这集锦物各元素之间的共同点可以从梦思中显示出来。开花的枝条暗示着那些要赢得，或者想得到她好感的人所贡献的礼物。因而小时候她获得樱花，此后获得山茶花树；而“那个花看来却像是加上去的”的外表，则象征着一位到处游历的自然学家为获得她的青睐而赠送的关于花的图画。另一位女患者在她的梦中则出现了一个这样的东西——既像是海边沐浴用的茅草屋，又像是乡村常见的厕所，还像是小镇房子的顶楼。前面两个元素之间的共同点是关于人们的赤身与脱衣；而与第三者的连接就可以得出这样的结论：（在她小时候）顶楼也是和脱衣有关。另外一个男人则在梦中出现了两个地点的集锦——而在这集锦物里面进行“治疗”。其中的一个是我的诊疗室，另外一个则是在他第一次认识太太的娱乐场所。一个女孩在她哥哥答应请她吃一顿鱼子酱之后，梦见哥哥的脚上沾满了黑色颗粒的鱼子酱。这“感染”的元素（道德上的意思）和她回忆起的小时候布满双脚的红疹（而不是黑的），以及鱼子酱的颗粒组合成一个新的概念——她是从她哥哥那里得到的。在这梦里（别的梦也一样），人体的一部分被当作东西来看待。在弗伦茨报告的一个梦中，那个集锦的影像由医生与马组成，并已穿着睡衣。在分析过程中，这位女患者感受到睡衣象征着小时候她的父亲在某一情境的影像，于是，这三个元素的共同点也就明显了。这三部分都是她生性好奇的对象。当她还年轻的时候，保姆经常带她到一个军队的马场去，因而她得到许多机会来满足她那没压抑住的好奇心。

我在前面曾经说过，梦不能表达矛盾或者是相反的关系——也就是“不”。我现在将第一个提出不同的意见。有一类能够属于“相反”前提下的例子是利用仿同作用的——在这些梦例中，交换或者代替的意念是和相反情况联系着的。关于这点，我前面已经列举过很多例子。另外一类则属于一种我们可称之为“刚好相反”的旗下，它以一种特殊的方式表现在梦中似乎可以把它形容为玩笑。这个“刚好相反”并未直接表现在梦中，但却经过梦内容（那些为了别的理由而创造的）中刚好与它相邻接部分的扭曲而泄露它的存在事实——就像是一种事后回忆，这种形式用实际例子解释可要比描述轻松多了，在第六章的“一个美丽的梦”，就是“楼上和楼下”的梦里，表现的爬楼梯刚好与梦思的原型相反，即是这刚好和都德名作《萨福》中情境相反：在梦中往上爬的动作开始非常困难，后来却很轻松，而在都德的故事中开始极其容易，而后来却困难了。另外，梦者同她哥哥的“楼上”“楼下”的关系在梦中恰好倒过来。这显示出在梦思中，两件材料之间的关系是相反的；而我们可以发现，梦者幼年时的想让乳母拥抱的幻想，与在小说的情节中刚好颠倒，主人公却抱着太太上楼。我那梦见歌德抨击M先生的梦也一样。在此种梦的分析中，必须弄清楚这关系，否则是不会成功的。梦里歌德批评一位非常年轻的M先生；而实际存在梦思中的却是另一个非常重要的人物（我的朋友弗利斯），他被一个不知名的小作家批评。在梦中，我计算歌德去世的日子——实际的计算却是根据一位瘫痪病人的生日。梦思中具有决定性影响力的思想刚好与歌德应该得到疯子般待遇的意念相矛盾。“刚好相反”，梦（的潜匿意义）这么说，“如果你不了解书里说的是什么，那么你（评论家）便是白痴，而非作者。”另外，我想，这种把意义歪曲了的梦都隐含着一种轻蔑的，有看这种“背叛某件事”的意念，（譬如说，在萨福的梦中，梦者把他和他兄弟之间的关系颠倒过来。）另外，我们同时可以看到这种梦中的相反手法常常是起源于潜抑的同性恋行动。

顺便说一下，把一件事扭转到反方向是梦的运作非常喜欢的表现方式，也是运用最广泛的。它的第一个好处就是能满足对梦思中一些特殊元素的愿望，“假如这件事是相反的话，那该多好！”这常是表现自我对记忆中那些不尽如人意部分的最好方法。还有，“相反”是逃避审查制度的有效方法，因为它形成一堆歪曲的材料，而且具有一种瘫痪的效果。比如说，对尝试要去了解这梦的含意泼冷水，因此，如果梦很顽固地不愿表露其意义，那么，追究梦显意里那些恰好与之相反的特殊元素是很有意义的，因为经过这手续后整个情况就明朗了。

除了将主题颠倒以外，我们还要注意时间的倒置，梦的改装最常见的方法是把事情的结局，或者思想串列的结论放在梦的开始部分，而把结论的前提和事情的原因留在梦的后面，因此，假如不把这个原则放在脑海里，分析梦就要无法适从了。

在有些梦例里，我们必须把许多梦内容颠倒过来才能找到它的真正意义。比如说，有一个年轻的强迫症患者在某个梦中隐匿着一个自儿童时代就已存在的诅咒父亲死亡的意念。这父亲又是他所害怕的，梦的情形是这样的：因为他回家晚了，被父亲骂了一顿。这梦发生在精神分析的治疗过程中。根据他的联想来看，其本来的意思可能是他生父亲的气，因为父亲回来的太“早”了。他宁愿父亲永远不要回来，这就等于诅咒父亲死去，因为这个男孩子在父亲外出之时做了一件错事，被警告说：“等你爸爸回来，就有你的苦吃!”

如果我们要更深一层的研究梦思和梦内容的关系，最好的方法就是将梦作为起点，然后，研究梦表现方法中的正式特征究竟与底下的思想有何关系。最明显的是，梦里面各种梦的影像会激起不同的感觉强度，在梦的各段或者是不同的梦里，又都具有不同的清晰度。

不能把各种梦影像的强度差别（位于我们所了解的两个极端之间）看成比真实情况来得大（我们认为这是梦的特征，其实是掩人耳目罢了），因为这和我们在真实情况中所体会到的不清晰度无法比较。我们常常说，梦中不清晰的对象是“消逝的”，而认为更清楚的影像必定是酝酿了很长时间的。现在的问题是，到底是梦思的什么东西决定了梦内容中不同部分的鲜明度呢？

我想分析一些可能的情况来作为开始。因为梦的材料也许包括一些睡眠时所感觉到的真正感受，于是可能有人会这样假设：源于这些感觉的梦内容必定会有特殊的强度，或者反过来说，在梦中特别鲜明的，一定起源于睡觉时的真正感觉。但从我的经验来看，这种假设从未成立过，因睡觉时所受到的神经刺激产生梦的影像要比由记忆产生的清楚，这种关系是不可能存在的。真实与否，对梦影像的强度来说是丝毫没有影响的。

另外，我们可能这么认为，梦影像的感觉强度（鲜明度）与对应的梦思所包含的精神强度有联系。而精神强度就相当于精神价值，即最鲜明的也是最重要的——是梦思的中心所在。可是，目前我们知道，真正重要的元素一般是不能通过审查而进入梦内容中的；但无论怎样，也许它在梦中的直接衍化物也带有一些较大的刺激，并且不需要因此而形成梦内容的中心，但是这种想法由梦的比较研究来看也是错误的。梦思中检查元素的强度，和梦内容中对应元素的强度是毫无联系的：事实上梦思材料与梦之间发生了“所有精神价值的完全转换”（尼采语），在梦思中重要的元素，也许它的衍化物在梦中成为短暂的存在，并且在一些更强烈的影像对比之下，显得并不重要。

梦中各元素的强度会由两个独立的因素来决定：其一，完成愿望实现的元素是以特别的强度表现的。其二，由分析过程来看，梦中最明显部分乃是产生最多思想串列的源泉——那些最鲜明的元素也是那些具有最多决定因子的。换种说法即：最大强度的梦元素，是那些借以得到最大凝缩作用的元素（请见第七章）。我们也许可以期望，最后总是会有一个公式来表达出这两个决定因素和强度的关系。

前述那个问题——关于梦中引起某一元素的强度或清晰度的原因——不能和下面这个关于梦各个段落和整个梦的混乱或清楚的问题混为一谈。在前一问题里，清晰度是和模糊度相对，而后行之清楚则和混乱相对。但这两种尺度的强弱关系是互相平行的，具有鲜明印象的那段梦，常常是含有强烈因素的，而暧昧不清的梦就具有一些强度较小的元素，但是梦的清楚或混乱可要比梦中元素的鲜明度更难于分清。因为一些以后即将讨论到的理由，我们目前还不能对前者加以讨论。

但在某些例子中，人们很奇怪地发现，梦的清晰度与梦的改装没有关系，它反而由梦思的材料直接而来（并且是梦思的一部分）。我就有个梦，在我醒来时，觉得结构完美、清晰而毫无瑕疵——当我在梦中仍然迷糊的时候，我想要理出一类不受凝缩与置换作用影响，而属于“睡眠中的幻想”的梦，但是细察这少有的梦例时，我发现它仍然和其他梦具有一样的缺陷和隔膜；因此就把这“梦的幻想”的分类删除了。

梦的内容代表了我们希望得到以及困扰我们（我和我的朋友弗利斯）的两性原则。而这梦愿望实现的力量使我认为这理论（刚好没有出现于梦中）是清楚且毫无瑕疵的，因而我认为完成梦的判断其实只是梦内存的一个重要部分罢了。在这梦例中，梦的运作侵犯了我清醒时的思想，将之改变使我认为这是对这梦的判断，其实这是在梦中未能成功表现出来的梦思的材料。有一次，在分析一位妇女的梦的时候，我遇到了与这梦相同的情况。开始的时候她拒绝说明，因为"这是非常不清楚和混乱的"。但当我一再告诉她不能如此确定她一定对以后，她说，有好几个人进入了梦里——她本人，大夫和她父亲，但是，她却不能确定她父亲是否就是她父亲，或者那个人是谁，以及这类的问题。把梦与她分析过程中的联想结合起来，很清楚地证明这是一个常见的故事，关于一个女佣人怀孕了，但不能确定"私生子的父亲到底是谁"。因此，梦显示不清晰的部分其实就是促成此梦素材的一部分，即是说，这素材以梦的形式来表现。梦的形式或者梦见的形式普遍的用来表示其隐蔽的主题。

对梦的注解，或者表面看来是善意的批评，经常是用来掩饰那以微妙方式出现于梦中的部分；尽管实际上是出卖了它。比如说，一个梦者说，"梦已被抹掉了，而分析结果却显示出他回忆（童年的）他在聆听那个替他大便后擦（wipe）屁股的人交谈"。另外有一个例子值得详细记录。一个年轻小伙子做了一个很清晰的梦，内容提示他有关童年时的幻想。他梦见傍晚时分，在夏季游览胜地的旅馆里，由于记错了房间号码，结果走进了一间客房，房里一位老太太正与她两个女儿解衣就寝。然后，他说："梦在这里有个空档；少了一些东西，最后出现了个男人，他想把我扔出去，于是，我就挣扎。"他虽然尽了力，却一直没有办法记起这重要部分，无疑这是暗示着他儿时的幻想；到最后，真相大白，他所想找寻的其实在他叙述梦的隐蔽部分的时候已经表达出来了。这空档就是这些要上床的妇人的阴道，而"少了某些东西"，则是对女性生殖器的代名词。当他年轻的时候，他对女性生殖器官有好奇心，同时相信有关幼童的性理论——根据这理论，女人也是具有男性生殖器官的。

我想起了另外一个相同意义的梦。梦者说："我和K小姐一起进入公园餐厅……然后就是含糊的部分，中断了……然后发现自己处在妓院之中，那里有两个或三个女人，其中一个只穿着内衣裙。"

分析：K小姐是他前任长官的女儿，他承认，她就像是他的妹妹，不过他有时会去与她交谈。在一次谈话后，他们"似乎开始察觉到彼此性别的不同"，他好像这么说："我是男人，而你是女人"。他只到过此餐厅一次，那是与他姐（妹）夫的妹妹一起去的——对他来说，她没有什么吸引力。有一次他与三位女士走过这间餐厅的大门；那三位女士是他妹妹、阿姨以及刚提到的姐（妹）夫的妹妹。其中二位对他来说没有任何影响，但都是他的妹妹。他很少逛妓院——一生中可能只去过两三次。

对这梦的分析主要建立在梦中“含糊的部分”及“中断”的基础上，因而，引导他回想起在孩童时代，出于好奇的缘故，曾经（虽然很不经常）检视过比他小几岁的妹妹的生殖器，后来他就做了这个梦，象征着他对这过失行为的（意识的）记忆。

同一天晚上所发生的梦的内容都是整体的一部分，而它们之所以会分成这些章节以及许多组合和数目的事实，又都是有意义的；这可以看成是深藏着的梦思所提供的信息。在分析含有大量关键部分的梦时（通常来说，是同一晚上发生的梦），我们不应该忘记这种可能，即这些分开，而又是连续着的梦可能含有同样的意义。并且是以不同的素材表达着同一个行动。如果是这样的话，那么，第一个梦通常是最懦弱的以及被歪曲的，而接着的就较为明晰和可信了。

圣经中那个由约瑟夫解释的法老王所做的关于母牛和玉米穗的梦就是属于此类。约瑟夫（Josephus）的记载（《古代犹太史》，第二册第五章）要比圣经上详细多了。就在国王提起第一个梦后，他说：“当我看到这景象时，就从梦中惊醒了；就在思索这到底有什么意义的时候再度入睡。接着又做了一个梦，这要比前一个要来得露骨与离奇，使我感到惊恐与迷茫……”听完国王对梦的叙述后，约瑟夫说：“国王呀，这个梦虽然用两种方式来表现，但却具有同一意义……”

荣格（1910）在那篇《谣言的心理》中提到，某个女孩经过改装的“色情的梦”如何不经过分析即被她同学识破了，以及这个梦是如何进行更进一步改装和掩饰的。他在叙述了关于这个梦的许多故事后，下了这样的评论：“在一系列的梦中，最后一个梦的影像所要表达的思想，完全和第一个影像所要表达的相同。审查制度利用一连串的不同象征、置换、无邪的改装等来达到尽量延长时间隔离此情节的目的。”谢尔奈对于这种梦的表现方法非常熟悉，他曾经描绘过，并且把它与他的器官性刺激的理论结合在一起，当作是一种特别的定律：“最后由某一特殊神经刺激引起、象征性的梦的构造都要遵循这一般的规则：在梦开始的时候，它用一种最遥远，最不正确的暗示描绘着产生刺激的对象，但是最后当所有可能的图像来源枯竭时，它则赤裸地表现出刺激本身，或者是（依梦例不同）有关的器官或者是该器官的功能，所以，梦在指示出其器官性原因后干净利落地达到了目的……”

兰克（Otto Rank）肯定了谢尔奈的定律。他报告的女孩的梦被分为两个部分，中间有一段间隔，但却是同一个晚上发生的，而第二个梦是以达到性欲高潮而结束。即便是没有从梦者取得详细的资料，我们也能进一步地很详细地分析第二个梦；但是从两梦之间的许多联系来看，能够发现第一个梦所表现的内涵和第二个梦一样，不过是以一种比较隐匿的方式表达而已。因此，第二个达到性欲高潮的梦使我们能给予第一个梦完美的阐释。兰克即根据此梦例，很正确地用梦的原理来分析“产生性欲高潮或遗精的梦”的意义。（请看第六章）

根据经验，我认为很少有机会遇上要用梦的明确或有疑问的素材，来判断梦的清晰或混乱。后面，我将讲解一个“梦的形成”的因素（以前没有提过，而这将决定梦中各因子的价量）。

有时当梦中的某一情况或段落发生一段时间后，突然会冒出这样的句子：“似乎好像在同一时间里出现在了另一个地方，并在那里发生了某件事情。”过一阵子，梦又回复了原来的主流，这中途的打叉不过是“梦的材料”的一个插曲而已——一个窜入的意外思想，梦思里是这样表现的：以“当”（when）来替代“如果”（if）。

那个在梦中经常能被发现而且那么靠近焦急的被禁制感究竟具有什么意义呢？在这种情况下；想要前进，但是却发觉自己被胶粘在那里；想要获得什么但却被一些困难阻挡着；列车就要开了，但是却不能赶上；想举起一只手为受到的侮辱报复，但却发现它是软弱无力的，例子真是举不胜举。前面，我们已经在暴露的梦当中提到这感觉，不过却没有真正对它进行分析。一个简单但理由又不充分的答案是，在睡觉时经常有动作麻痹的感觉，因而就产生了这种感觉。但是，为什么我们不一直梦见这种被抑制着（麻痹）的行动呢？我们可以很合理地这么想，这种在睡觉过程中的任何时候都可以唤起的麻痹感，使某些表现方式容易暴露出来，并且只是当梦思的素材必须要这样表现时才会感觉到。

这种“无法做任何事情”并非经常以此种感觉呈现在梦中，有时它甚至是梦内容的一部分。下面是这方面的一个梦例，我认为它为这种梦的意义提供了很好的说明。以下是这个梦的节录，在梦里我由于不诚实而被指控：这个地方是私人疗养院与某种其他机关的混合，一位男仆人拉着我去受审。在这梦里，我知道某些东西不见了，而这审问是因为怀疑我与这失去的东西有关〔由分析看来，这审问（检查）有两种意义，并且包括了医学检查〕。由于知道自己是无辜的，并且又是这里的顾问，因此，我一言不发跟着仆人走。在门口，我遇见另一位仆人，他指着我对那个仆人说：“为什么你要引他来呢？他是个值得敬佩的人。”然后，我就独自走进大厅，大厅旁边立着许多机械，使我联想到了地狱以及它恐怖的刑具。在其中一个机器上躺着我的一位同事，他不可能看不见我，不过他却对我毫不在意。然后，他们说我可以走了，但我找不到自己的帽子，并且也没法走动。

这梦的“愿望实现”的确是表现了我“被认为是诚实的，并且可以走了”。所以，在梦思的各个素材中必定和这个相反。“我可以走了”是一个赦免的讯号，所以，在梦的末尾，阻止我离开的某些事情的发生，不就可以认为是那些含着阻碍的潜抑正在这时刻呈现出来了吗？因此，我不能找到帽子的原因就是“毕竟你并不是个诚实的人”。但是，梦里这“无法做任何事情”是用来表达一个相反的情况——“no”，因此，我又要修改前面所谈的梦是不能表达“不”的话。

在其他的梦里，“无法行动”并非是单纯的一种情况，而是一种感觉；这种被禁制的感觉无非是一种更强有力的表达方式，它表现着一种意志，并且这受到反意志的压抑，此被禁制的感觉代表着一种意志的矛盾。我们以后将会提到，睡觉中所连带的运动性麻痹正好是做梦时思维程序的基本决定因素之一。我们了解运动神经传导的信息无非是意志力的展现，而我们在梦里断定此传导受抑制的事实，无非使整个程序显得更适合于代表意志以及反意志的行为。并且很容易看到被禁制的感觉凭什么那么接近焦虑，而在梦中经常和它相连。忧虑是一种原欲的冲动，来源于潜意识并且受到潜意识的禁制。（根据后来的理解，这句话不再能成立。）所以，当梦中，被禁止感和焦虑相连时，这肯定是属于某个产生原欲的意志力量的时候——或者说，这必然是性冲动的问题。

我将在其他地方讨论梦里的评论“毕竟这不过是梦而已”的精神含义，我在这里只不过是要说，这是为了分散对所梦见的重大事件的注意。有趣的是，梦实质的一部分在梦里被描述为梦到底有什么价值？这有关“梦中梦”的谜已经被斯特克尔在分析一些令人信服的梦例后解开了。再说一遍，其目的是为了减少对梦里所梦见事物的重要性，即去除其真实性。梦里所梦见的是梦的希望，打算在醒后将其蒙蔽的情况。所以能够很合理的推想，梦里所梦的是真实（真实的回忆）的显现，然而，那些梦里所表现的其他事物应该是梦的愿望罢了，等于说希望这被称为“梦”的事物不会发生——换个说法，假如某一事件是以梦中梦的方式插入梦中的，那么可以很肯定地说，这表明这事件是真实的——最确定不过的了。

四、梦素材的表现力

直到现在为止，我们已经研讨出了许多以梦为表现梦思的方式。我们了解在形成梦之前，梦思必须通过某些程度的改造，并且我已触到有关这方面更深层的题目（除了其一般性原则之外）。我们也了解，这些素材被撤离了许多联系后，还要经过压制的过程，同时因为在元素不同强度之间的交换，也导致素材间产生了精神价值的变化。到目前为止，我们所研讨的交换作用只不过限于将一个特殊的意念与一个和它非常接近的相互交换，而结果导致了凝缩作用，使一个介于两者之间的单元化元素进入梦境（而不是两个）。我们还没提到其他的交换作用，由分析可知，还有另一种交换作用，它交换有关精神的语言表达。在这两种情况下，交换都产生于一系列的想象，此种程序能产生于任何一种精神领地，而置换的结果往往是一个要素取代了另一个要素，或者某一要素的语言形式被另外一种所代替。

第二种“梦的形成”的置换作用不仅在理论上有特别大的吸引力，而且，也可以解释梦因素伪装的极其荒谬的外表。置换的结果经常造成梦思中一种无色与抽象的形式变为图画的或具体的形式。这种改变的优点及目的自然是一目了然的。从梦的观点来看，能够抽象化的，也就能被表现。就像在报纸内画家由于重要政治题目而遇到了插图（表现）的困难，抽象的概念也使梦得到了相同的危机。这种置换不仅使表现能力受益，而且可以因而得到凝缩和审查的好处。只要是抽象形式的梦思都是无法利用的：只要它变成图像的语言后，梦的运作所要的对比与相似（假如没有，它也会自己创造的）在这新的表达形式下就能够更简单地建立了。这是因为，在每种语言的历史发展中，具体名词比概念性名词有更多的联系。可以这样想：在形成梦的中间过程中（使得纷繁杂乱的梦变得简洁和统一），很多精力是花在使梦思转变为适当的语言形式上的。任何一种想法，假如其表达方式因为别的理由而确定的话，那么，它就能通过一个变数来选择其表达形式（这些是其他想法所具有的表达方式）。或许从开始就如此，像写诗一样，如果诗要押韵，那么后面一句一定受到两个限制：它必须表达某种恰当的意义，而其表达也要符合第一句的韵律。最好的韵诗是那种找不到刻意求韵的斧凿痕迹，而且它想表达的意义，因为相互制约的关系，从开始就选定了一些词和字，然后只要稍加变动就可能满足诗韵了。

在一些例子中，这种改变表达的方法甚至直接协助了梦的凝缩。由于它含糊的字眼表达出许多梦思（而不是一个），而整个文字的智慧就这样白白地被梦的运作所抛弃了。我们没必要因为文字在梦的形成所扮演的角色而感到奇怪。既然它是许多意念的间接点，文字便可以认为它注定是含糊的；而心理症患者（比如说，在构造强迫性思想与害怕时）利用这些文字的好处毫无羞耻之感（不比梦来得少），以达成凝缩和假装的目的。我们也不难发现，梦的改造也因表达的置换得利，如果用一个含糊的字眼替代了两个意义明确的，那么，结果肯定是误人的；如果以图像来替代我们日常所用的严肃表达方式，那么，我们的理解能力将会大受阻拦，特别是我们从来没了解过的、应该是按字面解释或是打比方的内容。而且是不是直接和梦思相联，还是要通过一些中间插入的语句。在分析已有的要素时，我们经常不知究竟：

（1）是否要看它的正面或反面意义；

（2）是否要当历史来表明（即回忆）；

（3）是否以象征的方式来表明；

（4）是不是以其文字意义表明。

但尽管是这样含糊的性质，我们也可以说这是梦运作的产品（应当想起，它们并不是基于要被了解而制造的），对它的翻译者所带来的困难要比那些古时候的象形文字来得简易多了。

我已举了几个梦例，它们利用含糊文字的关系来表现。比如，“伊玛打针”梦中的“她好好地张开嘴巴”和“我没法运动”。以下我将记录一个梦，内容大多是把抽象意念变为图像，这种梦的分析法和利用象征方法来分析梦的分区，一样是清晰而毫不含糊的。在象征的梦研究中，分析家可以随意选择理解象征的钥匙；而在这种用文字伪造的梦里，解答已经表明，只是却被一些日常的文字用法所遮掩。如果在恰当的时机中有正确的处理的话，那么我们便能够部分或完全地解释这种梦，有时甚至我们不必借重梦者提供的资料。

我的一位熟人的太太有下面这个梦：

她坐在剧院里，那里正上演瓦格纳的歌剧，直到早上七点五十四分才结束，剧院正厅里摆放着餐桌，观众在大吃大喝。她那位刚从蜜月旅行回来的表兄弟和他的年轻太太坐在一起，旁边是一位贵族。看来这新婚夫人相当公开地把丈夫从蜜月中带了回来，就像是把帽子带回来的情形一样。大厅的中间有个高塔，上面有平台，四周围绕着铁栏杆，指挥员就在上面（他具有利希特的特征）。他在那里一刻不停地沿着栏杆走，一直走得汗流浃背，他只有通过那种位置来指挥簇聚在高塔底下的乐队。她和一位女人坐在包厢内，她年轻的妹妹在正厅中准备递给她一大堆煤，由于她不知道会如此长，故感觉快冻僵了（就像包厢在这漫长的演奏里，需要暖气来保持温暖一样）。

虽然梦是聚集在一种情境下，但是由另外的角度看，在一些方面仍然缺乏意义：譬如说那位于正厅的高塔，还有在上面的指挥！最不可理解的是她妹妹竟然由正厅下面递给她那些煤块。我故意不要求她将这梦做个分析，是由于我对梦者的人际关系有比较透彻的了解，所以能不靠她的分析就能够解释梦里的某些部分。我知道她挺同情一位音乐家——他的事业因为太过疯狂以致过早的缩短了。为此，我想应该把正厅的塔当作一种暗喻——她希望此人走向利希特的位置，驾于整个乐队之上。此塔乃是利用恰当的材料做成的集锦图像。塔的下部分表示这人的伟大；上面的栏杆以及他在里面像一位囚犯或一条牢笼里老虎一样团团转——这表明了这不幸者的姓名以及他最后的遭遇。这两个意念也许要用Narrenturn（疯人塔，疯人院的旧称）表示出来。

解决了此梦的表现方法后，我们便能利用同一方式来了解第二部分的荒诞——她妹妹递给梦者的煤块。“煤块”肯定是指“秘密的爱”：

Kein Feuer，Keine Kohle
Kann brennen so heiss
als wie heimliche Liebe
Von der niemand nichts weiss
无火，便无煤，
燃得如此火爆，
就好像是秘密的爱，
无人知道。（德国之民歌）

她和这位女朋友都还没有结过婚（德文“sitzen geblieben”按字面解释就是坐冷板凳），她的妹妹（仍然有结婚的希望）递给她煤块，因为“她不知道它会这么长”，梦并非特别指出什么会这样长。如果这是故事书，那我们会说这是指的演奏时间，不过由于是梦，所以，我们只好把这只言片语当作是不同的实体，认为它的用法是混乱不清的，而应该在后面加上“在她结婚之前”。梦者的表哥和他的太太在正厅中坐在一起，以及后者坦露的爱情更进一步地证明了对“秘密爱情”的解释。整个梦的中心，是在于梦者的热情（fire）和年轻太太的冷淡（cold）之间的秘密与公开爱情的比较。而在这两种情况里都有人被看重，在这里是指那个贵族以及被寄以很高期望的音乐家。

前面的谈论使我们发现第三种梦思转变为梦内容的因素，也就是梦考虑它将利用的精神素材的表现力，这大多是指视觉影像的表现力。在各种主要梦思的附属思想中，那些具有视觉特点的将大受欢迎；而梦的运作毫不迟疑地努力将一些无法应用的思想重铸成另一种新的文字形式，即使变得不寻常也无所谓，只要这个程序能够帮助梦的表现，以及解除这种拘束性思想所造成的心理负担就可以了。把梦思的内容改变成另一种模式的同时，也可以产生凝缩，并且可能创造出一些与其他梦思的联系，而这些本来是不存在的；这第二种梦思也许是为了与第一个梦思相连，早就把自己原来的表达方式作变化了。

锡伯尔（Herbert Silberer）曾经就梦的生成发表了许多将梦思改变为图像的直接观察办法，因此，可以独立研究这梦的运作的因素，他发现，在很疲惫的情况下，做一些理智的工作，往往思想会脱离而代之以一个图像——他发现这是那个思想的代替物。锡氏以一个不太适当的“自我象征”来形容这种代替物。下面我将引述锡氏论著中的一些例子，而在以后提到有关现象的特点时我会再次涉及这些例子。

例一——我想修改一篇论文中不满意的部分。

象征——我发现自己正在削平一块木板。

例二——我努力使自己熟悉（了解）别人建议我做的形而上学的研究。我认为他们的意图是要人在追寻存在的实质时，努力克服困难以达到意识与存在的更高层次。

象征——我把一柄长刀插入蛋糕中，好像是想将一片蛋糕提起来。

分析——我的使刀动作意味着说到的“克服困难”……以下是对这个象征的解释。我经常在聚餐时切蛋糕，把它分给每个人；切蛋糕所用的是一把长而能弯曲的刀子，所以，要特别小心，特别是要把切好的蛋糕，干净利落地放到碟子里；要将这刀子小心的塞到蛋糕下面（这和那缓慢的“克服困难”以达到本质相对应），在这图像里还有一个象征，因为这是一种千层糕，所以，刀子要切过很多层（这和意识与思想的许多层面互相对应）。

例三——我失去了一系列思想的线索。我想再把它找回来，不过得承认这种思想的起点已经不可能再得到了。

象征——排字工人的一个排版，只是末尾几行的铅字掉了。

回想受教育者的精神生活（属于玩笑、座右铭、歌曲、成语的部分），我们应该期望它们一定经常被用来替代梦思以作伪装的目的。比如说，梦见许多四轮马车，每一辆车上装满不同种类的蔬菜，这到底具有什么意义呢？它是对“Kraut unt R ü ben”（字面意思“卷心菜和大头菜”）的相反意义，即混乱的意思。不过很奇怪，这梦我只听过一次，普遍性相同的梦只有少数几个。而这些都基于一些大家都熟悉的暗示和文字的替代物。而且这些象征大部分为心理症患言，传说与习俗所共有。

如果我们更进一步地探究这个问题，就能发现在完成这种替代的过程中，梦的运作并非利用什么新的创新来达到目的，在这种情况下，也许是不受审查制度的阻抗的。它运用一些早就存在于潜意识的方式；而它所喜爱的变形手法与心理症病人在幻想中，或者是意识的玩笑与暗示中的情形大致一样，所以即可了解谢尔奈的梦的分析，而我另外已经为其基本的正确性辩论过了（请见第五章）。不过这种对自己身体想象的先入为主的概念并不是梦所特有的，也不是特点。我对心理症患者潜意识思想分析的结果发现，它是经常存在的，并且是起源于对性的好奇，对生长中的年轻男女来说是指性及自己的性器官。谢尔奈（1861）及伏尔克特（Volkelt）（1875）坚持，家里的东西并不是用来象征身体的唯一来源。他们的观点是对的，不论是梦，还是心理症的幻想，不过，确实有许多病人用建筑物来比喻身体以及性器官（对性的兴趣远超过外生殖器官）。对这些人来说好像柱子或圆柱代表着脚（就像《所罗门之歌》内的象征），每一个门（gateway）代表身体上开的口（即洞“hole”），每一种小管都在提醒着泌尿器官，等等。有关植物与厨房的事同样也可以用来隐匿性的影像，对植物已用了许多语义学上的用语，如一些可以追溯到古代的类比想象：像什么上帝的葡萄园、种子，和《所罗门之歌》中的少女的花园等。在思想或者梦中，最丑陋以及对性生活最详尽的描述也可以用那种看来是纯洁无邪的厨房活动暗示，而我们也将无法知道歇斯底里症的症状，假如我们忘记了性的象征可以从一些普通的以及不明显的部分找到最好的匿藏，那么，神经质的孩子无法忍受血及生肉，或者看到蛋或通心粉就恶心，还有那些带有神经质的对蛇的夸大性害怕，在这些背后都有性的意义。不论什么时候，心理症利用这些伪装的时候，他们都遵循着一条人类古代文明已经走过的途径，并一直沿用至今（仍然存在），并且罩着最薄的薄纱；在言语、迷信和习俗上都可以毫不费力地找到证据。

下面我将记录一位女病人做的所谓“花”的梦，（我在第六章答应将此梦记录下来。）在经过说明后，梦者就失去了对这美梦的爱好。

开始的梦

她走进厨房，那时两位女佣人正在那里干活儿。她挑出她们的毛病，责备她们没有把她那些食物准备好。同时，她还看见一大堆厨房里常用的瓦罐，口朝下地在厨房里重叠着以让里面的水滴干。这两个女佣人准备去提水，不过要步行到那条流到屋里或院子里的河边去汲取。

重点的梦

她从有一些排列着奇特的木桩或篱笆的高处向下走，那是由小方形的木板（Wattle）架构成大格子状，它们并不是用来让人攀爬的；因此要找个落脚的地方也很困难，她为衣裙没有被什么东西钩破而感到高兴，所以她一面走一面仍保持着值得尊敬的样子。她手里握着一根大枝条，事实上像是一棵树，开满着红花，枝芽交错并且向外扩展；看来有点像樱桃花；但又像是重瓣的山茶花。当她下去的时候，她手里只有一株，然后突然变为两株，后来又变成一株。不久有的花朵已经开始枯萎了。走下来后，看到一位男用人，她很想和他说话，而他正在修剪着同样的一棵树，他用一片木头努力把长在树上的倒垂下来的一团团头发状的寄生物拖出来，别的工人也在花园砍下了相同的枝条，把它们丢到路边上。许多人各自拾取了一些，她问他们，自己是否也可以拾取一株。一位年轻男人（她认识的某人，一个不太熟悉的）正站在花园里，她走上前问他如何把这种枝条移植到她自己的园子里去，他却拥抱了她，她挣扎着问他想要怎样，难道他认为谁都可以这么抱着她？他说这没有什么不可以，这是允许的。然后他说他愿意和她到另一个花园去，教她怎样把这树种好。并且加上了一些她不太理解的话："无论如何我需要三码（后来他又这么说：3方码）或者三寸（18寸）的土地。"就好像是为了这个，情愿要她支付给他什么似的，或者想要在她的花园中取得什么补偿，或者想要逃避一些法律，并且由此得到一些利益，但并不伤害她。至于他是否真的展示什么给她看，她一点也不清楚。

这个梦可以说简直是一种自传式的，而我完全是因为那个象征要素才把它提出来的。这种梦常常发生在精神分析期间，其他时间却很少发生。

我当然藏有许多这种资料，但是如果都提出来，将使我们太过深入于心理症病患的情况，这就导致了同样的结论，梦的运作不需要利用一些特殊的象征活动，它利用那些已经存在于潜意识中的象征，因为它们更能符合"梦的构成"的要求（从具有的表现力来看），以及能够逃避审查制度。

五、梦的象征

从最后这个自传式的梦来看，我一开始就注意到梦里的象征。在经验慢慢增加后，才逐渐了解其重要性与牵涉之广，然而这也是受了斯特克尔著的影响；我认为在这里提到他是合适的。

这位作家对精神分析的破坏也和他的贡献一样多。他带给这些象征许多意料之外的解释；而起初大家对这些解释都表示怀疑。不过后来，这些解释大半都被证实并被接受了。我这么说并非小看史氏成就的意思，即他的理论被怀疑不是没有理由的，而是他用来支持（说明）其分析的例子经常不能令人信服，而他所利用的方法在科学上也是不可信赖的，史氏是利用直觉来解释梦的象征。关于这点，我需要感谢他直接了解的才能。但是，这种禀赋不能完全被接受，但它又无法予以置评，所以，其正确性就不可得知了。这就像是坐在病床旁，以嗅觉来对病患的感染加以诊断一样，尽管许多临床医生能对嗅觉加以更多的利用（通常是退化的），而且可借以诊断胃肠病而引起的发热。

随着精神分析的进展，可以发现许多病人都有这种惊人的对梦的象征的直觉。他们大多数人是精神分裂症，即今日所谓的精神分裂病的病患，有一段时间里我竟怀疑有这种倾向的梦者都患有此病。但事实并非如此，这实际上只是个人特殊的禀赋，并且没有病理上的意义。

当对梦中代表“性”的象征的广泛利用感到已经很熟悉的时候，我们会产生这样的疑问：这些象征是否大多数都具有确定的意义，就像速记中的记号一样呢？甚至还会想利用密码来编一本新的《释梦大全》。对此，我有这样的意见：这种象征并不是梦所特有的，而是潜意识意念，特别是关于人的意念的特征，常常可在民谣、童话、故事、成语、文学典故，或流行的神话中发现；这可要比在梦中表现得更为彻底。

假如我们一定要找出它的象征性意义，以及研究这无数的，而且大多数仍然没有解决的和象征关系的问题，那么就会远离梦的解释。所以，在这里我要说，象征乃是一种间接的表现方法，我们不能无视其特征而与其他的间接表现方法混为一谈。在有些例子里，象征与它所代表的物象具有十分明显的共同性。在别的例子里，却是隐匿而不是那么明白的，因此，使人对这种象征的选择感到担心。但必定只有后者才能讲清象征关系的本质意义。象征是具有遗传性的。现代那些以象征关系相接的事物在史前也许是以概念或语言的身份相连接的。这象征的关系好像就是一种遗迹，一种以前身份的标志。就像舒伯特（Schubert）指出的一样，许多梦例中，相同象征的应用可要比在日常用语中来得更为普遍。许多象征和语言一样悠久，而其他例如“飞艇”“齐伯林”（齐伯林，德国工程师，此处指以他名字命名的大飞船）则是在近代才产生的。

梦通过象征来表现其隐匿的思想，因此是很偶然的，而好的象征，总是习惯性的（或者几乎是习惯性的）用来表达类似的事情。但是不能忘记梦中精神资料的可塑性。很多场合，“象征”应当以它恰当的意思来加以解释，而不仅是象征式的；但有时，梦者却在其私人的记忆中导衍出力量而将种种平时不表示“性”的情形来作为性的象征，假如梦者有机会在各种象征中任意选择的话，那么与梦思中其他材料的中心有关联的象征必定为他人所喜爱，也就是说，虽然是典型的，但还是存在差异。

即使是谢尔奈以后的研究，也使人无法对“梦的象征”的存在产生任何的异议，乃至于艾里斯（Havelock Ellis）也认为梦不可避免地充满着象征。我们不得不承认，象征的存在不仅使梦的解释变得简单也使它变得困难。通常遇到梦内容中的象征要素时，利用梦者自由联想的分析技巧是毫无用处的。而为了能适用于科学发展的批判，我们一定能回复到利用释梦者的随意判断——这在古代已被应用，而在史特克尔轻率地分析梦的情况以后好像又复活了。因而遇到梦内容中的象征时，我们必须运用综合技巧，一方面依赖于梦者的联想，另一方面依赖于释梦者对象征的了解和掌握，为了要杜绝对梦的随意判断，在解释象征时必须相当谨慎。仔细探讨追究它们在此梦中的用意如何；而对梦的分析的确定，一些是由于知识的不完全，这在继续进步后会慢慢加以改善的，另一些则要归咎于梦象征本身的特点了。它们通常有一种或多种的解释；就像中国的汉字一样，正确的结果必须经由前后文的意思判断才能得到。这种象征的含糊与梦的特征凝缩作用相联系。即便是区区一个梦的内容，也要表现出在性质上不相符合的各种思想与愿望来。

在这些限制与保留下，我将进一步深入讨论。

皇帝和皇后（或者是国王和王后）通常代表梦者的双亲，而王子和公主经常代表着梦者本人。但伟人和皇帝都被赋予了同样高度的权威性。为此，比如歌德在许多梦中都以父亲的象征显现。

所有长的东西，如木棍、树干、雨伞（打开时则形容伞）代表着男性性器官，那些长而锋利的武器如刀，匕首及矛也是一样。另外一个常见但并非完全可以弄清的是指甲锉——也许和擦上擦下的动作有关。

箱子、皮箱、橱子和炉子就代表子宫。另一些物品如船、各种容器也具有相同的意义。梦中的房子常常指女人，特别是描述各个进出口时，这种解释更不容置疑了。而梦里对于门房开锁与否的关心则容易理会，因此无须直截了当地指出用来开门的锁匙；在爱伯斯坦（Count Eberstein）女公爵的歌谣里面，乌兰（Uhland）利用锁和匙的象征来架构画出一幅动人心魂的通奸画面。

一个走过套房的梦便是逛窑子或进后宫的意思，但从沙克斯列举的干净利落的例子看来，它也可以代表婚姻。

当梦者梦见一个熟悉的屋子在梦中成为两个，或者看到了两间房子（而这原本是一个的）时，发现这和童年时对性的好奇（探讨）有关，相反也是如此。在童年时候，女性的生殖器和肛门被认为是一个单一的东西——即下部，后来才发现这个区域原来具有两个不同的开口或洞穴。

阶梯、梯子、楼梯或是在其上面来回走动都代表着性交行为，而梦者努力攀爬着光滑墙壁，或者从房屋的正面垂直下降（常常在很焦虑的状况下），则相对于直立的人体，或者是重复着婴孩攀爬父母或保姆的梦的回忆。其中“光滑”的墙壁指的是男人；因为害怕的原因，梦者经常用手紧握屋子正面的突出物。桌子，或者是为餐点准备的桌子、柜子是指女人。或许是运用对比，因为在这些象征中，其外观是毫无突起的。一般地说，木头（wood），从其文字学上的关系看来，是代表着一种女性材料（Material）。“Madeira群岛”这名词的意义象征着葡萄牙的森林（wood）。因为“床与桌子”的婚姻，所以后者在梦里常常取代前者，因而代表性的情意被置换为吃的情结了。

至于衣着方面，人的帽子经常可以认为是表示男性的性器官。外衣（德语：mantel）也是这个意思；虽然没研究过这象征有多大程度是由于发音相似的原因，在男人的梦中，领带经常是阴茎的象征，无疑，这不仅是因为它的形状，还因为它是男人所特有的、不可缺少的物件，更因为领带是能依各人的爱好随意选择的，但这种自由，从所代表的物看，自然是要被禁止的。在梦里利用这种象征的男人，通常在现实生活中是很喜爱领带的（近似奢侈的），而且收集了许多。

梦中许多复杂机械与器具都很可能代表着性器官（通常是男性的），梦的象征作用在描述这一方面时发挥得淋漓尽致，而各种武器或工具无疑都是男性生殖器官的象征，如犁、来复枪、左轮手枪、匕首、军刀等。梦中的许多景象，特别是那些具有桥梁小河，或者长着树林的山岭，都很清晰地表示着性器官。马奇诺维斯基（Marcinowski）出版过一组梦（由梦者画出来），无疑地表现了梦中出现的风景与其他地点。这些画很清楚地刻画出梦的显意和隐意的分歧，如果不小心的话，它们似是设计图或地图，但如果仔细去观察就知道它们是代表人体、性器官的，而这时这些梦的内容才能被解释。至于说遇到那些不可领会的新语时，就一定要考虑它们是不是能由一些具有性意义的成分凑成的。

梦中的小孩也常常代表性器官。确实，不论是男人或女人都幽默地把他们的性器官叫作“小男人”“小女人”“小东西”。斯特克尔认为“小弟弟”是阴茎的含义。与一个小孩子玩耍，或打小孩的梦常常暗示着手淫。

表示阉割的象征则是光秃秃的景观或剪发、牙齿脱落、砍头等动作。如果梦关于阴茎的普遍象征两次或多次重复出现，那么，这就是梦者用来防止阉割的保证。梦中假如出现了蜥蜴，那种尾巴断了又会再长出来的动物，具有同样的意义。

在许多神话和民间传奇里，代表性器官的动物在梦中也有相类似的意思：如鱼、蜗牛、猫、鼠（表示阴毛），而男性性器最主要的象征则是蛇。动物、小虫常表示小孩子，比如说，不想要的弟弟或妹妹；被小虫所纠缠常是怀孕的象征。

值得一提的是最近呈现在梦中的男性性器的象征：飞艇，或者是利用具有飞行和其形状的关联。

斯特克尔还捕捉到很多象征和例子，但是还没有充足的证明。他的论点，特别是那本《梦的语言》载有关于解释象征的最完全材料，里面大部分内容是凭借着想象得来的，不过通过研究后能知道这些是正确的，如那部分关于死的象征。但是，因为此作者缺乏批判精神，而且又喜欢以偏概全，所以使人怀疑其解释是否可靠。这种过失甚至能使理论变得毫无意义。所以在接受他的结论前，必须要细心考虑。因此，我很谨慎地只引述他的几个例子。

根据斯特克尔的思想，梦中的"右"和"左"具有道德的意义，"右手边的小道常用来指正直之道，而左手边的则是走向犯罪的途径。因此，'左'可以代表同性恋、乱伦或性异常，而'右'则代表着婚姻，和娼妓性交等。其意义通常决定于梦者自己的道德观。"梦中的亲属也是代表性器官的意思。在此，我只能证实孩子（son，daughter）和妹妹是具有这种意义的（即是当他们属于"小东西"这范畴）。另一方面，我却碰到了一个毫无疑问的例子。在这个梦例中，"妹妹"代表着乳房，而弟弟则代表着较大的乳房，史氏认为梦见追不上车子的含意是悔恨年龄的差别太大，无法赶上。他说旅途中带着的行李，是一堆把人拖住的罪恶，但这行李却经常正确地象征梦者自己的性器官。史氏也给在梦中常常出现的数字赋予特定的意义，但这些解释不但没有足够确凿的证据，同时也并不是永远正确的；虽然在他的少部分例子中，这种解释似乎能够得到证实，在许多梦例中"3"这数字可以从许多方面来证明是男性生殖器的象征。

斯特克尔提出的推论是，性象征具有双重意义。他问："是否有种象征（如果此想象暗示着）不能同时表现在男性及女性身上呢？"事实上，括号内的句子已经消除了这理论的大部分确定性。因为实际上，想象并不经常这样暗示（承认）着。根据经验可以这么讲，史氏的一般化推论不能够表达出事实的繁杂性，尽管有些象征可以代表男性性器和女性性器，而另外一些象征则大部或全部代表男性或女性的意义。事实就是这样的，在想象中会以长而硬实的物品来暗示男性性器，而中空的木箱、箱子、木盒等是不能用来代表男性性器的。不过梦的倾向，以及潜意识幻想，应该用双性的象征表示出一种原始的特性。因为孩童时期无法辨认两性性器的不同，而给两性的性器以同样的特征，但有时可能会误解某一象征具有两性的意义，比如我们忘记在某些梦中，性别是倒行的，男的转变为女的，而女的转变为男的。这种梦表达了一种意愿，如女人想要成为男人的愿望。

性器官在梦中可以用身体的其他部分来表现：如用手或脚来代表男性器官，口耳甚至眼睛来表示女性的生殖器开口，人体的分泌物——粘液、眼液、尿、精液等，在梦里可以互相置换代替。斯特克尔后面这句话大体上来说是对的，不过却受到赖德勒的批评，认为要做这样的修改："发生的事实是，有意义的分泌物——如精液，被一些无所谓的东西代替了。"

我希望上面这些不完整的提示会激发人们去研究探讨这个题目和收集这方面的资料。本人在《精神分析引论》中应当给梦的象征予以更详细的报告。

下面我将附几个例子来解释这些象征在梦中的应用，并指出如果不重视梦的象征，我们就无法解释梦。在许多梦例中，人们是如何情不自禁地承认了这些象征的意义！同时，我要提醒大家，也不要过分估计梦的象征的重要性，以致使得梦的解析成为翻译梦的象征的理论，而忽略了梦者的想象，梦的象征和梦者的想象总是相辅相成的；无论就理论或实际来说，后者的地位都是第一位的。因为我们能从梦者的评论中，总结出具有决定性的意义，而对象征的了解，就像我说过的那样，只是一种次要的部分。

梦例之一：帽子，男性的象征（或者男性性器官）

（节选自一位年轻妇女的梦，她正因为害怕受到诱惑而患有广场恐惧症）

夏天，我在街上漫步，戴着一顶奇形怪状的草帽；它的中间部分向上翘起，而周围则向下垂，（在这里，病人的叙述稍为迟疑一下）其中一边比另一边低一些。我兴高采烈，同时确信：如果当我从一群年轻军官身旁走过的时候，我认为他们都不能伤害我。

分析——由于她不能对这帽子产生任何相关事物的联想，所以我对她说："这个中间部分竖起而周围侧向下弯曲的帽子，一定是指男性生殖器。"也许你会认为奇怪用帽子来代表男人，请你别忘记这句话"Unter die Haube Kommen"[字面的意思是躲在帽子下（get under the cap）]是"找一位丈夫结婚"的意思，我故意不问她帽子两端下垂的程度为什么不同；尽管这些细节可能是解释的关键所在。我继续向她说，因为她的丈夫具有这样漂亮的性器，所以她不必害怕那些军官，她没有企图从他们那里得到任何东西的必要；往往由于受诱惑的幻想，她不敢单独无伴地出去散步。基于其他的素材，我已经多次向她解释其焦虑的原因。

梦者对此分析的反应是惊奇的，她先是收回了自己对帽子的描述，且声称她从来没有说起帽子两边下垂的事。但我确信自己没有听错，所以不为她所动，并坚持她一定说过。然后，她沉默了好一会儿，等鼓足了勇气才问道，她丈夫的睾丸一边比另一边低具有什么意义，是否每个男人都是那样。就这样，该帽子特殊的细节就被这样解释了，而她也同意了这个解释。

当病人告诉我这个梦的时候，我已经对这帽子的意义感到熟悉了。别的不那么明晰的梦，倒使我想到帽子也象征代表女性的生殖器。

梦例之二："小东西"性器官的象征，用"被车碾过"来象征性交

（这是广场恐惧症患者的另一场梦）

妈妈把她的小东西（她的小女儿）送走了，因此，她必须自己一人走。她和妈妈走进火车车厢内，于是看到她的小东西正在沿着轨道直直地走着，她想一定会被火车碾过的。她好像听到自己骨头被压碎的声音。（这使她产生不舒服的感觉，但仍旧没有真正的害怕。）然后，她从窗子向车厢后面望，看那些碎片会不会被看见。然后她责怪母亲为什么让这小东西自己走。

分析——要将这个梦做一个完整的解释并不是很容易的事。它是一连串循环不断的梦的一部分，因此必须和其他的梦连在一起才能被彻底的了解。我们很难找出足够的素材来解释这些象征。首先，病人说这火车之旅是和她过去一段经历有关，暗中表明她曾被携带着离开了一家疗养院（她因精神病住院），而她爱上了这家疗养院的主任，当她妈妈来把她接回家的时候，这位主任到车站来送行时送给她一束花作为分别的礼物。她感到很尴尬，因为她妈妈看到了这个情况。在这里，她妈妈就象征着阻碍她爱情的尝试。而在病人年轻的时候，这严厉的女人确实曾经充当过这种角色。她的另一个联想与这个句子也有关："她从窗户向车厢后面看，看看是否可以看见那些碎片。"由梦的正面来看，容易使人想到她的小女儿被碾过而成为碎片，而她的联想却指向另一个方向，她想起从前曾经看见父亲在浴室里赤裸的背面。接着她继续谈论关于性别的区别，同时也强调即使在背后也能看清男人的性器，而女人是见不到的。在这里，她认为："小东西"就是指的性器官，而"她的小东西"，一是她有一个两岁的小孩，另外也是指她自己的性器官。她抱怨母亲想要她像没有性器官那样活着，而在梦的开始就表露了这种指责："妈妈把她的小东西送走了，所以，她得自己一个人走。"在她自己的想象中，"自己一个人在街上走"就是指没有男人，没有任何性关系——她不喜欢这样，而这一切都说明当她还是小女孩时，的确由于受到父亲的宠爱而遭到妈妈的妒忌。

对这个梦的更深一层的解析，可从同晚发生的另一个梦显现出来。在那个梦里，梦者把自己与自己的兄弟仿同。其实，她自己就是一个很男性化的女孩，别人经常说她应该是个男孩子，与兄弟仿同的结果清楚地指出"小东西"意义即性器官。她的母亲一定把他（或她）阉割了。这只可能是因为玩弄她的阴茎才受到处罚，所以，这仿同作用也证明了她小时候曾经自慰过。到目前为止，她这个记忆仍然只是限于其兄弟身上，从第二个梦的一些资料看来，她在早年的时候一定了解男性性器官，不过到后来忘掉了。更进一步来说，第二个梦暗示了“幼儿期的性理论”；按照这一理论，女孩子都是被阉割的男孩，当我暗示她曾有过这种孩童式的估计时，她立即用一段轶事来证明这一点。她说她曾听到男孩对一个女孩子说，“是切掉了吗？”女孩子立即回答道：“不，从来都是这样的。”

因此，在第一个梦里的把小东西（性器官）送走和那威胁着她的阉割有关，最后，她对母亲的责备是想把她生成男孩。

但“被车碾过”所象征的性交在梦中并没有明显的看出来，但是可以从其他许多来源加以证实。

梦例之三：象征着性器官的建筑物、阶梯和柱子

（一位年轻男人的梦——它被父亲的情结所抑禁）

他和父亲一起散步。地点应该是维也纳郊区布拉特公园，因为他见到了一个圆形建筑物，并且前面还有一个附属物，看起来有点斜，而且连接着一个捕获来的圆球。他父亲问他这些是做什么用的；对父亲的问题他感到很惊讶，不过还是对他解释了。然后，他们走进了一个广场，上面铺着一大张锡片。他父亲想要拉一大片下来，不过先是向周围望望，看看是否有人在监视着他。他对父亲说，只要告诉技工就一定可以毫无麻烦地得到一些。一组阶梯，从这广场向下延伸到一根圆柱那里，它的外壁是一些软绵绵的物质，就像是盖上软皮面的扶手椅子，在这个圆柱的尽头是一个平台，接着又是一根圆柱……

分析——病人一定是属于治疗效果不佳的一类，也就是在分析的前一段时间里毫无困难，但从某一点以后，就变得开始无法接近了。他几乎不需要任何帮助就能自己把这个梦解释了。他说：“那圆形建筑物一定是我的性器官，而它前面的栓禁用的圆球就是我的阴茎，而我一直担心它的软弱。”为了更加详细地观察，可以把圆形建筑物认为是臀部（孩子们习惯地以为臀部是属于生殖器的一部分），在它前面的就是阴囊。他父亲在梦中问他这些是做什么用的，即等于问他性器官的功能和目的是什么，在这里似乎应该把情况倒过来，即梦者想成为发问者。因为事实上他从未这样问过他父亲，所以，我们把这当作是梦思的一个意愿，或者是一个条件从句，“如果我被性知识启发而问爸爸……”在梦的另一部分中，我们将看到这想法的连续。

伸展着一大张锡片的广场，这是由梦者父亲的商业财产所导衍的。为了慎重起见，我用锡来代表病人爸爸真正在经营着的物质，但不改变另外的文字。梦者加入了他父亲的产业，对某种令人起疑但却使公司盈利的行为大加反对。因为，表现刚才所解析的梦思是这样连下来的："如果我问他，他也可能会像对他顾客一样的欺骗着我。"至于那个表现他父亲在商业上不诚实的"拉断"，他却有另一种解释，即是表示着手淫。我不但对这解释很清楚，而且在这个梦里也能证实之。事实上，手淫的秘密性质这里可以用相反的形式来表达，即可以公开地做。与我们想象的一样，手淫的行为再度置换到梦者父亲的身上（和梦中前面一段的问题相同）。他很快地把圆柱认作阴道，这是因为墙壁上有柔软的覆盖的缘故，从别处得来的经验来看，我想说，就与爬上一样，向下爬同样是代表在阴道内性交。

梦者自己替两个圆柱之间隔着的一个长方形的平台加以自传式的解答。他开始性交了一段时期，后来因为抑制的关系而不得以停止了。现在希望借助于治疗后而再度能够性交，但是此梦结尾的时候，却愈来愈不明显了。任何对此了解的人都会想到是第二个主题涉入梦的内容里来了，而这由于父亲的产业，他的欺骗行为，和解释第一个圆柱是阴道共同暗示着：这些都一定是指向与梦者母亲的关联。

梦例之四：用人来象征男性性器官，用风景来象征女性性器官

（达纳报告的一个梦，梦者未受教育，她的丈夫是一位警察）

……然后有人闯进屋里来，她非常害怕，大声呼喊着要警察来。但他却和两位流浪汉攀登着许多的梯级悄悄地溜到教堂里。在教堂的后面有一座小山，上面长满了茂密的灌木。警察戴着铜盔，佩戴铜领，外面披一件斗篷，并且留着褐色的胡子，那两个流浪汉静静地跟在警察后面走，在腰部围着袋状的围巾。教堂的前面有一条小路延伸到小山上；它的两旁长满青草与灌木丛，而且愈来愈茂盛，在山顶上却变为寻常的森林了。

梦例之五：孩童阉割的梦

① 一位3岁5个月大小的男孩，非常不喜欢他爸爸从前线回来。有一天早上醒来，他带着激动与困扰的神情，一直这么重复说着："为什么爸爸要用一个盘子托着他的头？昨晚爸爸用盘子托着他的头。"

② 一位正患着强迫心理症的学生清楚地记得在他六年级的时候，一直不断地做着下面的梦："他到理发厅去理发，一位身材高大，面貌凶狠的女人却跑来把他的头砍下，而且，他认出这女人是他的母亲。"

梦例之六：小解的象征

弗伦茨在匈牙利一份叫作《纸媒》（Fidibusz）的漫画刊物上找来了一系列图画，他一下子就能看出这可以说是梦的理论。兰克就曾因此写了一篇论文。

那幅图画的标题是，"一位法国女保姆的梦"，其中只有最后一张图片才表现出她被小孩的叫声吵醒，换句话说，前面7张图都是梦的各个不同阶段，第一张图描绘的应该是使梦者醒过来的刺激：小孩已经感到需要，并要求她的帮助。而在梦里，他们却不在房间里，她正带着他一块散步。在第二图中，她已经把他带到街道的一角让他小便，而使他能够继续地睡着。但那想唤醒她的刺激一直持续着，而且确实在不断加强着，这小男孩因为没有人理睬的原因，叫得更大声了，他愈是加大声音坚持要保姆起来帮助他，梦就愈保证说什么都很好，而且，她不必醒过来；同时，梦也把愈来愈强的刺激转变为愈来愈多的层面。小孩解出的小便就愈来愈有力量。在第四张图片上，它居然能浮起小舢板，接着就是一艘平底船，然后一艘轮船和邮轮。这位天才的画家很清楚地描绘了想要睡眠与继续不断使梦者醒来的刺激之间的挣扎。

梦例之七：梦中的楼梯

（兰克所报告与解释的梦）

我必须感谢我那位同事，他曾提供给我关于牙齿刺激的梦，现在他又给我另一个明显的关于遗精的梦：

“我奔下楼梯（或者一层公寓），追赶着一位女孩，因为她对我做了一些错事，所以一定要处罚她。在楼梯的下面却有人替我拦住了这个女孩（一个大女人？），所以，我捉住了她，但不知道有没有打她，因为我突然发现自己在楼梯的中间和这女孩性交（似乎就像是悬浮在空中一样）。这不是真正的性交，我只是用性器官摩擦她的外生殖器而已，而当时我却很清楚地看到它们，而且还有她的头正向上转向一侧，在这性行为当中，我看到在我的左上方挂着两张小画，这画也像是在空中一样悬着，画中画着房子四周围绕着树木的风景。在比较小的那张画的下端，没有签画家的名字，反而是我自己的姓名，好像是要赠给我的生日礼物，然后，又看见两幅画前面的标签，说还有更便宜的小画。（然后我自己就很不明显了，好像是躲在床上）而自己却就因为遗精带来的潮湿感醒过来了。”

分析——在做此梦同一天的黄昏时候，梦者就曾经在一间书店里，等待店员招呼的时候，看到一些展列在那里的图画，这与他在梦中看到的有些相似，他靠近一小张他很喜欢的图画，想看看作者是谁，但是他根本不认得这作者。

后来（同一个黄昏），当他与几位朋友在一起的时候，他听到了一个关于某个放荡的女佣人夸耀称她的私生子是在“楼梯上造出来”的故事。梦者询问了有关这不寻常事件的细节，了解到这女佣人带着她所喜爱的男人回到家里。因为在那里根本没有机会性交，所以，那男人在兴奋当中就和她在楼梯上行起周公之礼。梦者当时还用一个描述假酒的刻薄话做了一个开玩笑的类比，并说这小孩其实上是由“地窖阶梯上的葡萄酒里”生产出来的。

梦和那天傍晚发生的事有密切的联系，而且梦者能够很容易的把它们说出来。但他却很难把梦中属于幼儿期回忆的那部分挖掘出来。这楼梯是在他消磨大部分童年时光的地方，特别是他在这里第一次有意识地感觉到性的问题，他常常在这楼梯游戏，除了别的事情以外，他还经常两脚跨骑在楼梯的扶手由上面滑下来，这给他性的感觉，而在梦中他也是很快地冲下楼梯——是那么的快，用他的话说来，他并没有把脚搁在梯级上，而是像一般人所说的“飞”过它们。如果考虑幼时的经历，那么，梦的开始部分就显现出性兴奋的因素。梦者曾和邻居的小孩在楼梯以及其他的建筑物里玩有关性内容的游戏，并曾有过像梦中一样的满足愿望的经历。

如果我们还记得前面对性象征的研究——楼梯和攀爬楼梯，几乎没有例外地表示着性交行为，那么，这梦就非常清楚了。其动机，从由遗精的结果来看，只是纯粹地属于性欲的。梦者在熟睡当中被激发起性欲，这在梦中是用冲下楼梯来表现的。此性兴奋的虐待要素（基于孩童时期的婚戏）在追赶以及控制女孩上表示出来。性欲冲动就愈来愈增加并指向性行为，在梦里用捉获小女孩，并把她放在梯级的中间段来表示。直到这里，梦仍然是象征形式的！具有性意味，面对没有经验的梦的解释者来说是不可了解的，但对性欲兴奋的力量来说，这种象征式的满足并不能让人安睡，而这兴奋最终会导致性欲高潮。整个楼梯的象征事实上是表示着性交，这个梦就很清楚的证实了我的观点，即以上楼梯具象征性的一个理由是，二者都具有韵律性特点的特征，梦者在梦中很清楚、很确定表达的事是那具有韵律性的性行为以及它的上下动作。

关于另外两幅图画，除了它们的真实意义以外，我还要补充一句，它们仍然具有“Weibsbilder”（这个德文的字面意义为“女人画”，俗指“女人”）的象征意义。很明显的是有一幅较大而另一幅较小，就像梦中有一个大女人和一个小女孩出现似的。而那“还有更便宜的画”却代表了有关娼妓的情结，而梦者的名字署在较小的那幅画上。和那是生日礼物的观念却暗示着对双亲的情结。

而最后那个不很明显的情况，梦者见到自己睡在床上，同时还有一种潮湿的感觉，似乎指的是幼儿自慰期更前的时期，其原型是与尿床的相似的快感。

梦例之八：楼梯梦的变异

我的另一个男病人，患有严重的心理症和自我绝禁性欲念症，他的幻想（潜意识的）病态地固定在他妈妈的身上，而且常常反复地做着与她一起上楼的梦，我曾有一次向他提道，一定程度的手淫也比这种强迫性的自制对身体的害处小些，然后，他就做了下面这个梦：

他的钢琴老师责怪他不专心练琴，骂他没有认真的练习Mocheles（莫斯切尔斯）的“Etudes”及“Clernenti（克莱蒙特）”的“Gradus ad Panassum（高蹈派练习曲）”。

在评论的时候，他指出“Gradus”也是阶梯的意思；而琴键本身就是阶梯，因为它分有音阶（即阶梯）。

可以说没有任何意念在梦中不可以用来代表“性”的事实和愿望。

梦例之九：真实的感觉及表现的重复

有一位35岁的男人报告了一个他记得很清楚的梦，并且说这个梦是他在4岁时做的：一位负责执行他爸爸遗嘱的律师（他3岁时父亲就逝世了），买了两只大梨，给了他一个，另一个却放在客厅的窗台上，当他醒来的时候认为他梦到的是真事，并一直固执地要求妈妈到窗台上把第二个梨子拿给他，她妈妈因此而嘲笑他。

分析——因为这位律师是一位快活的老绅士，梦者似乎记得他真的曾经为他买来一些梨子。窗台就像他在梦里看到的一样。但这两件事之间一点关联都没有，只是他妈妈在稍前的时候曾告诉他一个梦，说有两只鸟停在她头上，她曾自问它们什么时候将会飞走；但它们却没有飞走，而且其中一只还飞到她嘴上吮吸着。

因为病人不能想象，所以，给我们机会用象征的方式来尝试解析。那两个梨子是那曾给他滋养的母亲的乳房；而窗台就是她乳房的投影，就像是在梦中房子的阳台一般，他醒过来的真实感是有一定道理的，因为他妈妈真的在给他喂奶，并且事实上也比通常的时间还长，那时他能吃到她妈妈的奶，这梦必须如此解析：“妈妈再给我（或让我看）那从前我吮吸过的乳房吧。” “过去”是以用吃了一只梨子来表现；“再”就表示他渴望另一只，在梦里，对一行为暂时性的重复，通常以一物象的数目上的重复来表达。

值得注意的是，在一个4岁小孩的梦中，象征就已经扮演着部分角色，这是常规而且非例外的。可以很安全地讲，梦者最开始的时候就得利用象征。

下面是由一位26岁的女士提供的不受外来因素影响的梦例，表明她在早年的时候，在梦生活以外或以内也应用到了象征。在她年龄在3～4岁之间的时候，保姆带她和小她11个月的弟弟，以及年龄在二人之间的表妹一起上厕所，之后再一起外出散步。因为她是老大，所以让她坐抽水马桶，而另外两个坐在便桶上。她问表妹“你是否也有一个钱袋呢？华特（她弟弟）他有个小香肠，我也有个钱袋。”她表妹回答：“是的，我也有个钱袋。”保姆很开心地听她们说话，并回去告诉了孩子们的妈妈，而她得到的是激烈的斥责。

这里，我想加入一个梦，其中那些天衣无缝的美妙象征，使我们不必得到梦者很多的协助就可以把梦解释得很好。

梦例之十：正常人梦中的象征问题

经常用来驳斥精神分析的理由之一是，梦的象征可能是神经质思想的产物，但却不会发生在正常人身上。最近这观点还曾被艾里斯所强调。而精神分析发现，正常和神经质生活之间并没有质而只有量的差距。的确，在梦的分析中，潜抑的情结在健康以及病人身上都是同样运作的，表示出二者的机制与象征都是完全相同的。正常人纯真的梦，事实上比神经质的人含有一些更简单、更聪明以及更特殊的象征，因为在后者当中，由于审查制度更加严谨的态度因而产生了更厉害的梦的改装，使象征变得更加含糊和不易解释。下面的这个梦就说明了这种事实，这是一个并非神经质，不过却是相当正规和保守的女孩子所做的梦，在和她的交谈中，我得知她已订婚，只是有些障碍使她的婚期必须延迟。她自己告诉我下面这个梦：

“由于祝贺生日，我在桌子的中间摆放了鲜花。”在回答问题的时候她曾告诉我，在梦里她好像是在家里（她目前并没有住在那儿），因而有一种“幸福的感觉”。

因为常用的象征使我不需帮助即可解释这个梦。这是出于她渴望当新娘的愿望：桌子以及当中摆放的鲜花，代表着她以及她自己的性器官；她以完成来显现出对未来的愿望，因为她已经希望要生孩子了，结婚已经过去了好久。

我向她指出“桌子的中间”并不是一个很常见的表达方式（她承认了），当然我不能直接地对这一点反复询问，我小心地不去暴露她有关这象征的意义，而只是问她对梦中分离的部分，在她脑子里有什么想象没有。在分析的过程中，由于对分析兴趣的增加，而开始时的保守态度正在渐渐消失，并为有一种开放性的态度所代替。

当我问那些是什么样的花时，她第一个回答却是“高贵的花，为它付出了不少的代价”，然后说它们是“山谷中的百合，紫罗兰及石竹花，或者是康乃馨”。假设在梦里，呈现的百合花通常的是象征贞洁的意思，她证实了这个假设，因为她对百合花的联想也是纯洁。山谷通常象征是女性的，因此梦的象征利用这两个花的英文名词的偶然巧合，强调出了她贞操的可贵“高贵的花，要为它付出代价”——表达出了她期待丈夫能够重视她的价值，我们将看到“高贵的花”这句话在三个不同的花的象征中都具有不同的意义。

“紫罗兰”（violet）表面看来是没有什么象征性的意义的，但据我看来，它似乎是很大胆的，也许可以追溯到它与法国词“viol（强奸）”的潜意识联系。让我惊奇的是，梦者也联想到了英文字中的“violate（暴力）”，这个梦利用了“violet”和“voilate”之间偶然的想象（它们只是在最后字母的发音上略有不同），来以“花的语言”表现出梦者对奸污的想法（另外一个利用花的象征），以及显露出她性格上可能存在的一些被虐待的特征，这是个很恰当利用“文字桥梁”来连接到达潜意识上的途径，“要为它付出代价的”是指要成为妻子或妈妈一定以付出其生命作为代价。

连接在“石竹花”后面的是康乃馨（carnation），因此，我想这词可能与“肉体”（carnal）的有关，但梦者的联想却是“颜色”（colour），她还说，康乃馨是她未婚夫送给她次数和数目最多的花。说完以后，自己又突然承认所说的并非实情：正如我所期望的，她所想象的不是颜色而是肉体化（incarnation），恰好“颜色”也不是太离题的联想，但却取决于康乃馨的意义（肉色），这也是由一样的情结来决定。这种缺乏坦率的情况显示阻抗是最大的。对立的事实是，此点的象征性最清楚，而且原欲和潜抑对于阳具论题之间的斗争也最为强烈。梦者叙述其未婚夫经常给她那种花不但暗示着“康乃馨”的双重意义，而且还指出它们在梦中的阳具意义。花的礼物，正如在生活中最使她激奋的因素，表达着一种性礼物的交换。她把贞操看作是一种礼物，并且期待着被回报以感情的和性的生活。在这里，“高贵的花，要为它付出代价”无疑的是有着经济意义的。梦里的花包括了处女的贞操，男性以及阳具暗示着奸污和暴力等一系列象征。值得指出的是用花的象征性是很平常的事，也许情人之间赠送花朵也是具有此种潜意识的意义。

她那在梦中准备的生日，毫无疑问是指婴孩的诞生，她仿同他未婚夫，因此，代表着他将为她准备生产——即是与她性交，潜匿的思潮可能是这样的：“如果我是他，我不会再等下去，也会不管什么安全期而与她性交，甚至会用暴力的。”暴力这个词由此显示出来了，因此，原欲的虐待因素也得以表露。

在梦的更深层，此话“我安放……”毫无疑问的是自我享乐的意思，也就是曾有着幼儿期的意义。

梦者泄露了她对自己身体缺陷的关注，而且这只能在梦中才会变为可能。她把自己当作一张桌子，是平的没有突出的地方，并且再强调着“中央”的可贵。在另一个场合中她用了这些字“中间的一朵花”，即是指她的处女的贞操，桌子的水平状态也一定与她自己身体的特征有关。

我们应当注意这个梦的浓缩：没有多余的内容，每一个字都是一定的象征。

后来，梦者自己也替这个梦做了补充：“我用绿色的纸来装饰花朵。”她又说这是用来罩在普通花盆外面的“花纸”。她接着说：“来隐藏那些不整齐的东西，那是一些不好看的东西。有一个间隙，那是群花之中的空间。这些纸看来好像是地毯或是苔藓。”对“装饰（decorate）”，她的联想是“端庄（decorum）”，与我期待的一样，她说绿色占绝大部分，而她的想象是“希望”——另外一个与怀孕的联系。在这一部分的梦，主要的因素并没有与男人仿同；羞耻之意念与自我启示先来，她为了他而把自己装扮得好看，并且承认自己肉体上的一些缺陷，而感到羞耻，并且想要尝试改正。她的地毯以及苔藓的联想很清楚的就是指示着阴毛。

这梦反映了一些在清醒时毫无觉察的思想，虽然是有关肉欲的爱以及性器官，她被“安排了一个生日”——即是说，她被性交。它也表露了被奸污的恐惧，也许还包含有愉快的受苦思想。她承认了自己肉体上的缺陷，而对自己是处女予以过分的价值来加以补偿。她以羞耻心作为她肉欲的讯号，而且，其目的也在于生产一个婴孩的借口。物质的考虑（不在情人考虑之内的）也找到了显现的途径。连接在这简单的梦的情感——一种幸福的感受，表示那强有力的感情终会感到满意。

弗伦茨说得好，象征的意义和梦的内容在那些来找精神分析的人的梦中最容易被找到。

在此我要插入一个同一时代的历史人物的梦。这样做是因为在任何梦例中都表示着男性性器官的对象，在这里有着更进一步的意义，很清楚的表现了阳具特征，马鞭没有止境地伸长除了表示勃起外，再不能代表什么了。另外，这是一个非常好的例子，可以说明某些严肃的思想也可能由幼儿期的性资料来表现。

梦例之十一：俾斯麦的梦

（录自沙克斯的一篇论文）

在他那篇《男人与政治家》中，俾斯麦引用了他在1881年12月18日写给皇帝威廉一世的信，里面有这样一段话：“阁下的来信使我有勇气向阁下谈一下一个1863年春天的梦，那是发生在战争最激烈的时候，是谁也不会知道结果将是什么，我梦见（我醒来后的第一件事就是向太太以及其他的证人叙述此事）自己在狭窄的阿尔卑斯山山路上骑着马，右边是悬崖，左边是岩石。小径愈来愈窄，所以，马儿拒绝再继续前进了。因为太狭窄的缘故，所以要回转身来走或是下马都已是不可能了，然后我用左手拿着马鞭，击打着光滑的岩石，乞求上帝的援助，马鞭无止境地延长，岩石壁像舞台上的背景一样跌下去（不见了），开辟了一条宽敞大道，能够看到小山与森林的景象，像是波希米亚的：那里有普鲁士军队的旗帜，尽管是在梦中，我脑子里仍然立刻浮现出向你报告的念头。这个梦非常完满，在我醒过来的时候，全身充满着喜悦与力量……”

分析——这个梦分为前后两个部分。在前半部分，病人发现自己动弹不得。但是却奇迹般地在第二部分中被救出来了。马儿与骑士的困境，非常容易知道是此政治家危机境况的梦的图像。对这危机他大概具有一种特殊的感觉，因为他在发生前就对这个问题思虑了很久。在上面引用的文字中，俾斯麦用同样的比喻，那里不可能有“出路”来形容当时的形势。所以，他一定很清楚此梦的图像的含义。这同时是锡伯尔“官能现象”[1]的一个例子，梦者脑子里运转的各种程序，每一个他所能够想到的解决方案都依次地受到不可逾越的障碍，但他却不能把自己从这执着中分开——十分恰当地把骑士进退不得的情况表达出来。他的骄傲使他不能考虑投降或辞职的问题。在梦中是这样显示的，“回转过身来或下马都不可能。”在他那种勇往直前的人生（不停地为别人利益而辛劳工作）中，俾斯麦一定很容易把自己想象成一匹马；事实上他很多次这样表示过，譬如他著名的言论“好马是死在工作中的”。由此来看，“马儿拒绝前进”不过表示这过度劳累的政治家想要躲避现况的愿望，用另外一句话说，他用睡觉与做梦来消除“现实原则”对他的束缚，及第二部分明显显露愿望的实现，其实在这段文字中（阿尔卑斯山的小径）就暗示出来。无疑俾斯麦已经知道他可能要在阿尔卑斯山的加斯泰恩度过下一个假期，所以这梦把他带到那里，他一下子摆脱所有的政务的纠缠。

在梦的第二部分，梦者愿望的实现可以两种方法来实现：一种是不经过伪装的，另一种是象征性的，其象征性的表达是以阻碍前进岩石的消逝，然后展示出宽阔大道来表现他梦寐求之的“出路”；而最便捷的，不经过伪装的就是那前进中普鲁士军队的图像。为了解释这个梦想，并不需要创造出一些神秘的假设，弗洛伊德愿望达成的理论就足够了。在此梦中，俾斯麦已决定，为避开普鲁士内部的冲突，最好的办法是赢得对奥地利战争的胜利。所以，这梦表现出愿望的实现。就像弗氏所假设的，当梦者看到普鲁士军队和他们的旗帜出现在波希米亚（即敌人的境内）的时候，此梦例与众不同的是，梦者不仅仅是达成梦中的愿望就满足了，他知道怎样在现实中实现，任何了解精神分析的人都不会忽略的一个特点就是那无限伸长的马鞭。我们很清楚马鞭、棍子、枪矛以及相类似的东西是阳具的象征：而马鞭伸长的时候，无疑表明阳具的最大特征——延展性，而这种现象的夸张，即比喻它无限的伸长，好像表明源自幼儿时期的过度投注。而病人手握马鞭的事实则很清楚地暗示着手淫，尽管这并不是指梦者的现实的情况，而是很久以前孩童式的欲望。斯特克尔医师发现，在梦中左手足代表着错、抑禁的以及罪恶的事，在这里是非常适合的，能够适用于孩童时

1 就是官能心理学现象。官能心理学是基于亚里士多德的自然主义官能心理学开始发展起来的。亚里士多德曾提出过三种官能：一般感觉、想象和记忆。官能心理学理论中最具代表性的人物伊斯兰教医生伊本·西那，他认为人类具有四类七种心理官能。——译者注

受到抑禁的手淫，在这最深的幼儿期层面，以及和此政治家目前的计划有关的表面我们很容易找到一个与二者相关的中间层。抽出马鞭击打岩石，同时向上帝求援，于是得到奇迹式的解放，这与《圣经》中摩西用岩石击出水来救助以色列口渴的小孩十分相似。我们可以不假思索地认为俾斯麦对《圣经》这一段记载十分熟悉，因为他是来自一个热爱《圣经》的新教家庭。很可能在这段冲突期间里，俾斯麦把自己比喻成摩西，不过这解放人民的领袖，得到的报酬却是反叛、仇恨与忘恩。在这里，我们应当和梦者的意愿相连，但是，此段《圣经》记载也含有手淫性幻想的内容，摩西在神下命令的时候，手握着杖子，而上帝由于他这违法的行动而惩罚他，说他在未进入良善邦国（迦南，指有希望之良善邦国或境况）之前一定会死去。那被禁止的握杖子的行动，在梦中一定是具有握着阳具的象征，由于它的鞭击而导致水源和死的威胁，这一切我们都能找到幼儿期手淫诸种主要因素的联合。我很有兴趣地观察到：在此校定过程中怎样把这两个不同来源的图像联系在一起（一个是源于天才政治家的心灵，而另一个则是来自孩童心灵的原始冲动），并由此成功地避免了所有引起困扰的因素，握着杖子（或鞭）是个禁忌和反叛举动的事实，只是象征性地以“左手”表示罢了。另一方面，在梦显意中，呼唤上帝意味着要公开否定任何的抑禁和秘密。至于上帝对摩西的两个预言——他会看到良善的邦国，但不能进入。第一个十分清楚是满足的表现（“看到小山和森林的景色”），而第二个是令人苦恼的，大概是因再度校正而删除了，这成功地把此景色与前一个联成一单元，即用岩石的消失代替了水的流出。

我们可以想象，在幼儿期手淫性幻想未了时（这包括抑禁的因素），孩子肯定是希望他人不知道发生过的任何事情。在此梦中则恰恰相反——想要将所发生的事情立刻报告国王，这一相反很奇妙地与表层梦思的胜利幻想以及梦显意的一部分配合得天衣无缝，这种胜利与征服的梦，往往掩盖着战胜情欲的意愿。梦中的某些迹象，比如说，梦中的前进受到阻碍，可是当他运用他那可伸长的鞭子抽打时就展现了一条宽阔的大道，可能即指向这点，但是没有足够的理由能够推断，说此种确定的思想和意愿呈现在整个梦中。这是个改装得很成功的梦的例子。所有令人不快的事都被表面的保护层所遮蔽着，从而可以避免焦虑的产生，这个梦是个成功的意愿实现，丝毫不违背审查制度；因此我们能够相信在醒来的时候“充满着喜悦与力量”。

最后的一个例子是：

梦例之十二：学者做的梦

这是一个年轻男人的梦，他努力克服手淫的恶习，因为非常喜爱与女人的性关系。

前言——在梦的前一天，他指导学生做格氏（Grignard）反应，就是经由碘的触媒作用将镁溶解在绝对纯净的乙醚中。两天前，在做同样的反应时发生了爆炸，把其中一位合作者的手灼伤了。

梦——①他好像是要合成苯镁溴化合物。他很清楚地看到了实验器材但却把自己代替了镁。一会儿，他感觉自己处在一个很不稳定的状态，他不断地对自己说："这样就对了，事情进行得非常顺利，我的双脚已经开始溶解，膝盖也变软了。"然后他用手抚摸着脚。这时（他不能说出是怎样做的）他把双脚伸出容器之外，对自己说："这不会是对的，尽管，应该如此。"在这时候，他已经部分的醒来了，不过为了向我汇报，他就重温了此梦。他对梦中的解决（溶解）感到十分害怕，在这半睡状态中，他非常激动并重复着"苯，苯。"

②他和家人正在某地（该地以ing结尾），11点半的时候他还要到Schottentor去见一位特别的女士。（"某地"或许指维也纳近郊，"Schottentor"则接近于市中心。）可是他却在11点半才醒来，于是对自己说道："已经太迟了，你不可能在12点半到达那里。"接着，他看见全家人围坐在桌子旁；他的母亲是相当的清楚，而女佣人正拿着汤碗，于是，他这么想："既然已经开始晚餐了，要出去现在也是太晚了。"

分析——他本人也认为无疑的，第一部分的梦与要会面的女士有关（这梦发生在他约会的前一天晚上）。他承认他指导的那个学生特别令人厌烦，他曾对他说："这是不对的。"因为没有一点证据显示出镁曾受到影响。但那学生用一种漠不关心的语调回答："不，不是这样的。"那学生必定是代替了他本人（病人），于是他对这分析也和那学生对合成一样漠然置之。而那梦中的"他"则是代替了我。对他不关心的分析结果，我一定是很不高兴的呀！

再说，他（病人）是那被用来分析（或合成）的材料，问题是成功的效果怎样。梦中关于他脚的事，表明了在前一天傍晚发生的事。他在练习舞蹈遇到一位他极想追求的女士，他把她抱得很紧，以至于她都叫出声来了。与他放松对她脚的压力时，他能觉察到她强有力的压力正顶迫着他大腿的下部直到膝盖的部位——这与他梦中提到的部位是相同的。由此看来，这位女士是瓶子里的镁——事情终于进行了。从我的关系来看，他是女性，对于那女人来说，他是男性。假如和那女人的关系相处得很好，那么对他的治疗也能够顺利完成，他本身的感觉以及膝盖的感受都倾向手淫，这与他前一天的疲倦相关，他和那女人的约会实际上是在十一点半，而他想以睡过头来回避，而与他的性对象留在家（即是手淫）则对应着他的阻抗。

当他重复着"phenyl"（苯基）的关联时，他告诉我他非常喜欢这些末尾是"yl"的词，因为它们很好用，如benzyl（丙基），acetyl（乙酰基）等，这解释不了什么。可是当我向他暗示着“Schlemihl”（“Schlemihl”是与用“-yl”结尾的词押韵的一个词，源于希伯来文，德文中常指笨手笨脚无能的人）也是这系列中的另一个时，他很高兴地笑了起来，并说在这个夏季里，他读了本普霍斯（Marcel Pr é vost）写的书，里面有一章是《拉摩的私物》，里面的内容事实上包括了对les Schl é mili é s（笨蛋）的批评。当他念这本书的时候，他曾向自己说，“这就与我一样，如果他错过了这个约会，那么他就是另一个‘les Schl é mili é s’（笨蛋）的例子。”

梦中的性象征好像已经在实验上给以证实了，在1912年K.施罗特尔医师利用史沃伯达所提出的条件，使受到极度催眠的人产生梦，结果发现梦的内容大半取决于暗示。如果暗示他应梦见正常的或不正常的性交，那么这暗示的梦，就会用那些对精神分析所熟悉的象征来代替性的材料。例如说，如果暗示一位女士，说她应梦见和一位朋友做同性恋的游戏，那么这位朋友在梦中背着一个毛茸茸的手提袋，上面有个标签注明“只限女士”，这位做梦的女士先前一点不知道梦的象征与其解释，但是在我们要对这些有趣的试验下个判断时却遇到了困难，因为史罗德在完成这实验不久后自杀了。唯一留下的记录就是刊载在《精神分析中心论坛》的原始的通讯。

同样的结果亦有罗芬斯坦在1922年的报告，而贝特海姆（Betlheim）和哈特曼（Hartmann）所做的另一些实验是特别有趣的，因为他们没有利用催眠术。他们讲了一些大概与性有关的故事给患科尔萨科夫氏精神病的患者听，把他们搅糊涂，然后让他们把这些故事再说出来以观察其歪曲的程度。他们发现在病人解释梦时，所熟悉的象征出现了，譬如上楼、插入与枪击，象征着性交，而刀和烟象征着阴茎。他们认为楼梯象征的出现相当重要，为他们正确地觉察到“没有任何意识的改造欲望能够做成这种象征”。

只有当我们对梦中象征的重要性，做个恰当的评价后才能够继续研究第五章提到的典型的梦。我想应该把这些梦大致地分为两类：那些永远具有同样意义的，以及那些虽具有梦的同样的内容却有着各种不同的解释的。关于第一类的典型的梦，我在考试的梦中已经很详细地说明过了。（请见第五章）

关于漏搭火车的梦应当和考试的梦放在一起，因为这两种梦具有相同的感情，通过其解释让我们觉得这样做是可以的。另外有一种安慰的梦，与那种梦中感觉到的焦虑相反——即对死的害怕。“分离”是最常用也是最容易建立起来的死的象征。于是这种安慰的梦是这样的：“不要怕，你不会死（分离）。”就像考试的梦会这样安慰他说：“不要怕，这次也不会发生什么。”这种梦的困难处在于，它除了安慰的表示外，还会有焦虑的因素。

那些因为“牙齿刺激”引起的梦，常在被分析的病人中出现。不过却离我的理解很远。它对分析总是具有非常强烈的阻抗作用。但最后，有很多充分的理由使人们相信，在男人中这些梦的动机都是因为青春期性的欲望而来的。我将要分析两个这样的梦，其中一个现实是“飞行的梦”。它们都是由同一个人梦见的——他是一个年轻男人，有强烈的同性恋愿望，但在现实生活中却尽量抑止。

他在剧院厅里观赏着《费得里奥》（Fidelio）的演出，L君坐在他的旁边。此人与他意气相投，而他很想与他做朋友，突然间他从空中飞过剧院大厅，并用手从嘴巴里拔出两颗牙来。

他说好像是被投掷在空中的感觉。因为上演的剧是《费得里奥》，因此想到这样的台词：

wer ein holds Weib errungern…
他赢得了一位可爱的女人……

这好像是恰当的，但即使是获得了最可爱的女人，也不是梦者最终的愿望。另外两行则更加切题。

Wem der grosse Wurf gelungen
Eines Freundes Freund zu sein…
他完成了伟大的抛掷
由于变成了朋友的朋友……

此梦包含着“猛的抛掷（great throw）”但却不是意愿实现的。它还隐现出梦者痛苦的经历，他的友谊往往是不幸的，会被“摔出去（thrown out）”。它亦暗示着这个恐惧——他的厄运也在他与此朋友的关系上出现，害怕遭到他身边欣赏《费得里奥》歌剧的年轻男子的拒绝。接着这个喜爱挑三拣四的梦者很是羞耻地做了如下的坦白：有一次被一位朋友拒绝后，他在肉欲的兴奋下连续作了两次的手淫。

下面是第二个梦：他由两位熟知的大学教授治疗，而不是我，其中一位对他的阴茎做一些处理，他害怕开刀。另外一个用铁条勒住他的嘴，因而使他掉了一两颗牙齿，他被四条丝巾缚了起来。

此梦具有性意义是毫无疑问的。那丝巾暗示着对一位相当熟悉的同性恋者的模仿，梦者从来没有性交过，在真实生活中也从来没有想要和男性性交，所以他想象的性交是来源于他青春期常有的手淫。

在我看来，凡有牙齿刺激的典型梦的变体（如牙齿被某人拔掉等）都可能作同样的解释。但我们感到困惑的是，为什么“牙齿刺激”会具有这种意义呢？我想指出，对性的潜抑往往是利用身体上部来转换到身体下部的。因此，歇斯底里症患者各种应该表现在性器官的情感与意愿，都在其被反对的部位表现出来（如果不表现在适当的性构造上）。我们有一个例子，在潜意识的象征中，性器官是用面孔来象征的。在语言上，屁股与面颊是相似的，而阴唇与嘴唇相似，把鼻子和阴唇相比也是常见的，而且由于二者都有长毛而更相仿。唯有牙齿没有相似的类比；但正因为是这种相似与不相似的组合，使牙齿在受到性潜抑的压力很适宜用来做表现的媒介。

但我不能假装说有牙齿刺激的梦都是手淫的梦，尽管我对这种解释毫无疑心，我已经尽我所知的加以解释，剩下不能解决的也只好不提。但我总要引述另一个语义学上相平行的用途。在我们的世界中，手淫的行为被含糊地形容为“sich einen aus reissen”或者是“sich einen herunterreissen”（字面的意思是“拉自己出来”，“作践自己”）。我不知道这名词来自何处，其想象的基础是什么：但“牙齿”和第一句话很配。

根据一般人的信念，梦见牙齿脱落或被拔掉是说明着亲戚的死亡，但从精神分析的观点来看，这种说法只有在开玩笑的条件下才能成立（前面已说过）。不过这里我想引用兰克所提供的一个牙齿刺激的梦：

我一位同事，很久以来就对梦的解释有着浓厚的兴趣，他寄给我这个源于牙齿刺激的梦。

不久前，我梦见自己在牙科诊所里，牙医正在磨钻我下巴的一颗坏牙。他工作了许久，结果使牙齿变得无用了。然后他拿起一把钳子，毫不费力就把它拔了出来——这使我吓了一跳，他叫我不用担心，因为他真正治疗的并不是牙齿本身。他把牙齿放在桌上，它立刻分离成几层（对我来说，这似乎是上排的门牙）。我从做手术的椅子上站起来，好奇地走近它，并问一些我感兴趣的医学问题。牙医一边把我白得出奇的牙齿各层分开，并用某种器具把它捣碎，一边回答说，这和青春期有关，因为只有在青春期以前，牙齿才这么容易掉下来，如果是女性的话，在生下孩子后会这样。

然后我就觉察到（我相信那时我是处在半睡状态下）自己在遗精，但是却不能很清楚地了解这和梦的哪个部分相关，不过好像在牙齿拔出来以前就已经发生了。

然后，我又梦见一些不再记得的东西，只是结尾是这样的。我把帽子和大衣遗留在某个地方（也许是在牙医的衣帽室里）希望有人能拿来给我，而我当时只穿着外套，正要追赶一辆已经开动的火车，我在最后时刻跳上了最后那节车厢。当时已经有很多人站在里面，我无法挤入车厢内，只好忍受这不舒服的旅行。不久，终于有机会摆脱了，我们的列车要进入隧道的时候，迎面开来两列火车，看来起来它们好像是个隧道。从其中的一列车厢的窗子望出去，我好像觉得自己是在车子外面。

前一天的经验与思绪提供了解释此梦所需的资料。

（1）事实上我最近到过牙科部门治疗，而在做梦的时候，下巴的虎齿一直在不停地痛，就是梦中牙医磨钻的那一颗，他对这颗牙齿的处理又比我想象的要久。在做梦的那天早晨，我再一次因为牙疼到牙医那里，他对我说也许还要拔掉下面的另一颗牙，因为痛感可能是来自此处。那是颗智齿，当时我问了一个有关他的医德问题。

（2）同一天下午，我由于牙疼引起的坏脾气而向一位女士道歉，而她却告诉我她害怕把她的一个牙根拔出来（其牙冠已经完全报销了）。她认为拔掉眼牙（上颚犬齿）是相当疼和危险的事，虽然一位熟人告诉她要把上排的牙齿拔掉是非常简单的。她的坏牙正好是在上排。这位熟人又告诉她说，有一次在局部麻醉之下他被拔错了一颗牙。这又增加了她对拔牙的担心。然后她又问我眼牙是臼齿还是犬齿，以及我对它们的了解，我告诉她这些看法是迷信的，虽然同时也强调了某些大家所接受的事实，然后她向我提起一个很古老而又流传很广的传说——如果孕妇牙疼的话，那么她将会生一个男孩。

（3）这种说法引起了我的兴趣，因为这联系到《梦的解析》中所提到的“牙齿刺激的梦是手淫的替代”，而这位女士说民间传说中牙齿和男性性器官（或男孩）是相联系着的。当天晚上我就翻阅《梦的解析》的相关部分。我发现下面这些论点和前述两件事同样对我的梦具有影响。弗洛伊德对“牙齿”刺激的梦的看法是：“在男人中，这些梦的缘由都是由青春期手淫的欲望而来的。”而且“各种有牙齿刺激的梦的变体（如牙齿被某人拔掉等）都能作同样的解释。但我们感到困惑的是，为什么‘牙齿刺激’会具有这种意义呢？对于这一点，我想强调对性的潜抑往往是利用身体上部来转换到身体下部的（在这个梦中，却由下巴转到上颚）。所以歇斯底里症病患者各种本来应该表现在性器官上的情感却在别的不被反对的身体部位表现出来。”以及：“但我仍要引述另一个语义学上相平行的用途，在我们这一国，手淫的行为含糊地被形容为‘sich einen aus reissen’或者是‘sich einen herunterreissen（拔出来，拔出来）’。”在年轻的时候，我就了解这种表达就是指手淫，有经验的梦解释者将会很容易地找到在此梦中潜隐着的幼儿时期的资料。另外梦中的牙齿如此容易地被拔出来，后来变为上排的门牙，使我记起孩童时的一件往事，我自己把松动的上排门牙拔掉，很容易而且不疼痛。这件事（我仍然能很清楚记得它的情节）刚好发生在第一次有意识地对手淫进行了尝试（这是一个银幕式的记忆）。

弗洛伊德所引用荣格的话："发生在女性的牙齿刺激的梦具有'生产的梦'的意义"，它与一般人所相信的孕妇牙疼的意义一起决定了此梦中有关（青春期）男女病例的不同。这又使我想起了前一次从牙科诊所回来后所做的梦。那次我梦见刚嵌上的金牙冠掉了出来，这使我大为愤怒，因为我已花了大笔的钱，并且这笔钱还没有弥补过来。但现在我已经能了解这个梦的意义了，这是承认了手淫在物质上超过了对象爱（object-love）：因为后者，从经济的观点来看，都是比不上前者的；而我相信这位女士关于怀孕妇女牙疼的意义又重新唤起我的这些思想。

我想这位同事的解释是极富有启发性的，也没有什么可以反对的，我没有什么要补充，除了对第二部分的梦所可能隐含的意义以外。这部分内容似乎表现出梦者由自慰到正常性交的转变，很明显的是经过了极大的困难（如火车进出的隧道）及后者的危险性（如怀孕以及外衣）。梦者在这里充分利用了这文字桥梁："Zahn-ziehen（Zug）"及"Zahn-reissen（Reisen）"。

此外，从理论上说这一梦例让我感兴趣的有两点：第一，它提供了赞同弗洛伊德理论的证据——梦中发生的遗精是伴随着拔除牙齿的举动。不论遗精以何种形式呈现，我们都应该把它看成一种不需要用手机械刺激的手淫式的满足。另外，此梦中伴随着遗精的满足并没有任何对象，而通常是应该有对象的，即使是幻想式的，所以它完全是自我享乐的或者最多也是轻微的同性恋。

第二点需要强调的是，也许有人会这样反驳说，这个梦例并不能说明弗洛伊德的理论，因为前一天发生的事足够使人理解这梦了。梦见牙科医师和某女士的谈话及阅读的《梦的解析》都能很清楚地解释他为什么会产生此梦，特别是他的睡眠受牙疼的困扰。如果需要，我们也可以这样解释，此梦是怎样处置了那打扰他睡眠的牙疼——利用那减除牙疼的想法，以及将梦者所害怕的疼痛感沉溺于原欲内，但即使是很不严格，我们也不应该对此太认真。单凭读了弗洛伊德的解释，梦者就可以把拔牙齿和手淫连在一起了，或者是能够把那个关联实行——除非这想法长久以来就存在的，而梦者自己也承认这点，在这句话"sich einen ausreissen"中。这关联不仅通过与该女士的谈话而复苏，而且也和他下面所报告的事件有关，因为在读《梦的解析》时，他很不愿意相信（其理由是可以理解的）这种牙齿刺激的梦的意义，并且想要知道这种意义是否能应用到所有的这种梦上，此梦证明了这点（至少对他来说），并说明了他为什么会去怀疑这个理论中的这个观点，此梦亦是一种愿望的实现，想要让自己相信弗氏观点的正确性和可适用的范围。

第二类典型的梦，包括那些梦者飞或浮在空中、跌落、游泳等等。这种类型的梦又有什么意义呢？只给出一般性的回答是没有用的，下面我们将看到，它们在每个梦例里都是不相同的，只有它们那些未经处理的感觉材料才是由同一个来源导致的。

精神分析的材料使我断定这种梦就是再现孩童时期的印象，它们和“动作”的游戏紧密相关，即是那些非常能吸引孩童的游戏，没有哪一位叔叔不会把孩子架在伸展的双肩上，在屋内快速走动（显示如何飞），或者是让孩子骑在他的膝盖上而突然伸直脚，或者把孩子高举过头然后假装让他落下。孩子们非常喜爱这种活动，会不断要求重来一遍，特别是一些会带来一些害怕与目眩的刺激的动作。好多年后，他们就会在梦中重复这些感觉；不过在梦中他们省略了支持的手，因此他们就像是浮着或跌落，而没有丝毫的支持。孩童喜爱荡秋千及跷跷板是每个人都知道的，而当他们看到马戏班子里的杂技表演时，此种记忆又复活了，男孩子们歇斯底里的发作有时导致这种玩乐的重演，具有复杂动作的技巧，此种动作的游戏尽管本身是无邪的，但却常常引起性的感觉。孩童的顽皮游戏如果让我来形容，就是常常在飞行，跌落，眩晕等动作的梦中重现，那些愉快的感觉就变形为焦虑感，这就像每个妈妈知道的那样，这种顽皮的行动常常以拌嘴和哭泣结束。

因此，我反对那种认为飞行或跌落的梦，是由于睡觉中的触觉感或者是肺脏伸缩感等引起的理论，我认为这些感觉是由梦所牵连到的记忆的重复。也就是说，它们只是梦内容的一部分但不是来源。

因此，这些由同样的根源、相似的动作而导致的素材，可以用来表现各种可能有的梦思，所以自由浮沉的梦（通常具有欢愉的调子）有各种解释。对某些人来说，这些解释是因人而异的，但对其他人来说，它们又可能是典型的。我的一位女病人常常梦见自己在街道某个高度上浮游着，她很矮，并且很害怕与别人接触后受到污染。她的飘浮着的梦满足了她两个愿望，一个是把她的脚由地上升高，另一个是把她的头抬举到更高层的空气中。对另一个女病人来说，她发现自己关于飞行的梦表达了“像一只鸟那样”的愿望，而别的梦者梦到飞行则是想变为天使，因为白天的时候他们并没有被称呼为天使，从飞行和鸟的密切关系来看，男人的飞行的梦是有肉欲意义的，因此，当我们听到有些梦者对此种飞行力量感到骄傲时是不足为怪的。

维也纳的费登（paul Federn）[1]，后来到了纽约，他曾经在维也纳精神分析的集会上报告了这种非常吸引人的理论，即这种飞行的梦很多都是勃起的梦。因为这常常占据人类幻想的奇特的勃起，给人的印象是反重力作用的（请和古代的配有飞翼的阳具相比）。

值得一提的是像沃尔德（Mourly Vold）那样，极力反对任何一种梦的解析的道貌岸然的研究者，也支持飞行或飘浮的梦是具有情欲的。他说这种情欲的出现是“飞行的梦最强有力的动机”，并且强调伴随着很强的震荡感，以及勃起和遗精的次数。

“跌落”的梦则往往具有焦虑的特征。在妇女来说此种解释是没有一点困难的，因为她们大都以“跌落”来作为向情欲诱惑低头的象征。我们并没有忽略跌落的幼儿期的来源，几乎每个孩子都有跌倒然后被抱起来爱抚的经历；如果晚上从床上摔下来，保姆是会把他抱到床上去的。

那些经常梦见游泳，并且在水中划游前进时感到极其愉快的人通常都会尿床的。下面我们将从不止一个的例子中知道游泳的梦最容易代表的是什么。

有关火的梦的解释，证实了禁止孩子玩火的规定，以使他们不至于在晚上尿床，因为这些梦例中有许多关于孩童时期尿床的记忆。在我的那本《一个歇斯底里病患者的部分分析》（杜拉的第一个梦）中，我利用梦者的病历，叙述了一个此类梦的完全分析与合成，并且也表现出这种幼儿期的材料如何被用来表现成人的冲动。

如果我们把这名词看作是呈现于不同梦者，但却具有相同内容的梦的显意时，那么，我们就可以提出许多“典型”的梦例来。比如说，可以叙述经过狭窄道路或是在许多套房里走来走去的梦，或是一些有关盗窃的梦。这些神经质的人在睡前会认真仔细地事先采取各种防范措施，还有人则梦见被野兽追赶。例如，野牛或者马匹，被人用刀子、匕首或矛枪威胁着，后面这两类梦是那些焦虑者的梦的显意识所特有的。对这些资料的特别研究是非常必要的，不过在这里我却想提出两个其他观察得到的现象，虽然这并非完全仅能用于典型的梦上。

我们越是寻求梦的解答，就越会发现成人大多数的梦，都是与性的资料以及表达情欲的愿望有关。这只是适合于那些真正解析梦的人，即是说那些在梦的显意中发掘出其隐意的人，而不是那些单单记下梦的显意就感到满足的人（譬如说，纳克记录的性的梦）。我现在要说的这个事实一点都不令人奇怪，而且与我解释梦的原则完全相符。从孩童时期开始，没有哪一种本能会像性本能遭受那样大的潜抑（请看拙著《性

1 费登（Paul Federn，1871—1950年）：精神分析治疗家，主要研究精神病及治疗，以及发展自我心理学。著有《精神病分析》《自我心理学和精神病》等。——译者注

学三论》），因此，也没有其他的本能会留下那么多那么强烈的潜意识愿望，能够在睡眠状态下产生梦。在解释梦的时候，一定不要忽视掉性情节的重要性，当然也不应该过于夸大，以至于认为它是唯一重要的。

如果仔细解释的话，可以断定许多梦都是双性的，以一种过分解释来表现梦者同性恋的冲动，即那些梦者的正常性行为的相反冲动。所以，我不赞同斯特克尔以及阿德勒一直认为的"所有的梦都是两性的"的观点，因为我觉得这是不能举例说明的，也不像是真的。然而，值得注意的是，许多梦可以满足不是情欲（广义的）的要求，如，饥渴的梦，方便的梦等，因此我认为，"每个梦的后面都有死亡的阴影"（斯特克尔）或是"每个梦都表现出梦由女性倾向男性化的趋势"（阿德勒）都是不适合于梦的解释的。

有关"每一个梦都需要性的解释"的话（批评家对这一观点不停地而且是愤怒地加以抨击），是不可能在我这本《梦的解析》中找到答案的，在前面的几个版本中没有，在将来的版本中也不会有。

我以前曾在别的地方指出一些看来是无邪的梦可能蕴藏着情欲的愿望。我可能会用许多的例子来证实这点。而且许多表面上看似乎淡泊无奇、不为人注意的梦，在经过分析后却大都出人意料的具有"性"的内容。一般来说，在未分析前，谁曾会想到下面这个梦是具有性的意愿呢？做梦者这么说："在两个富丽堂皇的皇宫后面，有一个门锁紧闭的小屋，太太带我走过通往小屋的小径后把门打开，于是我很轻而易举地溜进了内部的庭院，那里有个斜的上坡。"任何一位多少有点解析梦的经验者，马上就会意识穿入狭窄的空间，以及打开闭锁的门户，都是最常见的性的象征，由此可知此梦代表着肛门性交的意愿（在女性的两个堂皇的臀之间）。那个狭窄而有斜斜的上坡，自然指的是阴道，梦者在梦中受太太协助的插曲使我们这么断定，在现实里，可能是太大的顾虑使他不能实现这种意图。然而在做梦的当天，有位女士碰巧到梦者家里来，并且给予他此种感觉——既然他要这么做，是不会遭到太大反对的。两个皇宫之间的小屋可能是布拉格炮台的回忆，而这一点能更进一步关联到此女士，因为别忘了她是由那里来的。

当我向一位病人反复强调说俄狄浦斯的梦会频繁发生（即梦者和其母亲性交），他却这样回答："我没有做过这种梦的回忆。"然而，在这以后，病人能记起其他并不显著、平淡无奇但却重复出现的梦。经过分析后显示这又是一个俄狄浦斯的梦，我由此可以肯定地说，和母亲性交的梦多半是经过伪装，很少是直接呈现的。

在许多关于风景及山水的梦中，梦者总是这么强调："我以前到过这些地方"，此种“似曾见过”在梦中具有特殊的意义。这些地方通常指梦者母亲的生殖器官，因为再也没有别的任何地方可以让人有这种感觉——认为他以前到过。

有一次我曾被一位强迫性心理症患者的梦弄迷糊了。他梦见去察看一间他去过两次的房屋，但这位病人曾经告诉过我，他6岁时的一件事——有一次他和母亲同床而睡，却在她睡着时把手指误插入她的阴道内。

通常，许多带有焦虑的梦都有此种内容，即梦者穿过狭窄的小路，或者在“水”中，都是基于一种对子宫内生活，存在于子宫，和生产过程的幻想。下面还有一个男人的梦，表露出他在幻想中怎样在子宫内观察其父母性交的。

他身处在一个深坑中，不过却带有一个像塞默林（Semmering）隧道中的窗门。开始时，他从窗口能看到空旷的风景，然而很快他发现一个图像填补了这个空隙（它立即呈现，并堵住这间隙），这图画描绘一片经过深耕的土地；而新鲜的空气，蓝黑色的泥土，以及这种景象带给人一种“勤苦奋发”的激情，激发出美丽动人的感觉。然后他又看见一本有关教育的书在他面前铺开……更令他感到吃惊的是，里面大部分内容是说孩童对性的感觉，而这又使他想到我。

下面又是一个女病人关于漂亮的水的梦——这在她的治疗中是极富有意义的。

那个在她假期经常去的某个湖中，她在一个冷月反照的地方投入郁黑的水中。

这就是那种出生的梦。它们的解释恰好和梦的想法相反，不是“投入水中”而是“从水中出来”——即是出生。我们由此从法语“lune”（即下部）联想到出生的部位。冷月不正好是孩子们想象他们出生的地方吗？而病人希望在她夏天度假的场所出生，这到底又有什么意义呢?我这么问她，她毫不犹豫地说：“这治疗不就为的是使我觉得是再度出生吗？”因此这个梦便是邀请我在这个夏天度假的地方继续为她治疗，换而言之，在这里治疗她。大概在这梦中也有一个轻微的欲做母亲的暗示。

以下是我从琼斯[1]的著作中摘录的另一个关于出生的梦。“她站在海滩上，看着一位颇似她本人的男孩在涉水。他一直走进水里，直到她看到他的头在水中或浮或沉为止。接着这景象就转到一个挤满人流的旅馆大厅，她的丈夫离开了她，然而她和一陌生人进入谈话”。分析后发现第二部分的梦表现她欲背叛丈夫并与第三者发生关系……第一部分则是个显而易见的出生幻想，不管是在梦或神话中，孩子由羊水中生产出来通常是用孩子投入水中的改装来表现的。这些例子中较为人们所熟悉的当然

---

1 爱德华·琼斯（Edward Jones，1928—1993年）：美国实验社会心理学家。——译者注

是阿多尼斯[1]、贺悉里[2]、摩西及巴克斯[3]的出生。在水中浮沉的头使病人想起她自己怀孕时的胎动。男孩进入水中，导致一个截然相反的想法。那就是把他由水里拉出来，抱入育婴室，把他洗好，穿戴好，然后带回家中。

由此可见，第二部分的梦即表露出属于梦的隐意（私奔）的前半部，而第一部分的梦又和梦的隐意的后半部（出生的幻想）相符合。除了这秩序的颠倒外，在这两部分的梦中还有许多的倒反。在梦的前半部中，男孩子涉入水中，然后是他头在水中浮沉：然而，在蕴含的梦思中却是胎动，接着孩子破水（双重倒反）。在梦的后半部中，丈夫离开她，而在梦思中却恰好相反是她离开丈夫。

亚伯拉罕报告了另一个出生的梦，是一位快生产期的年轻孕妇的梦，“一个地下通道径直由她房间地板通到水源（生殖道——羊水），她拉开通道的门，很快地冒出一只浑身长满褐色毛发、海豹似的动物，这动物顷刻间变成梦者的弟弟，对他来说，梦者老是具有母亲的象征。”

兰克在许多梦例中都曾指出，出生的梦常利用具有小便刺激的梦一样的象征。在后者中，情欲刺激是以小便刺激来体现的。这些梦的不同层次的意义与自孩童以来逐渐改变的不同象征意义相对应。

谈到这里，我们应当再回到前章暂时中断了的题目：那种影响睡眠的肉体刺激对梦的形成的影响。受到这种影响的梦不仅公开表明愿望达成和为了方便的目的，而且经常是一个明晰的象征；因为这种刺激一般是在象征式的伪装下，在梦中与它竞争失败后把梦者弄醒了，这不仅适用于遗精与激情的梦，而且也适合于那些遗尿或遗粪的情况。遗精的梦的特殊性质，使我们直接了解到一些被认为是典型，却又受到激烈议论的性的象征。由此使我们相信，一些看来纯洁无邪的梦只不过是性景象的前奏曲罢了，通常，后者只有在较少见的遗精的梦中才通过伪装而直接呈现，其他时候，则变成焦虑的梦把梦者惊醒。

有尿道刺激的梦的象征意义，在很早以前就已经为人知晓。希波克拉底[4]一度认为，梦见喷泉及泉水就表明膀胱有毛病（艾里斯记录），谢尔奈研究尿道刺激的多重象征后，断定“所有具有相当程度的小便刺激通常会转成性区域的刺激，而且象征性地表现出来……具有小便感的梦一般是表现‘性’内容的梦。”

---

1 阿多尼斯（Adonis）：希腊神话中爱与美的女神阿芙罗狄娜所爱恋的美少年。——译者注

2 贺悉里（Osiris）：古埃及的主神之一，司阴府之神，地狱判官。——译者注

3 巴克斯（Bacchus）：希腊传说中的酒神。——译者注

4 希波克拉底（Hippcrates）：古希腊著名医生，被西方尊为“医学之父”，欧洲医学奠基人。——译者注

兰克在他那篇关于惊醒的梦的多重性象征的辩论中这么断定，许多有关小便感的梦，实际上是由一些性的刺激所导致的，不过，却退化地想从幼童的尿道性欲中得到满足。尤其是那些由小便刺激导致的清醒和排尿。不过，梦却义无反顾地继续着，然而，那些不经过伪装的方式直接表露出情欲幻想的例子，则更富有启发性了。

同样，肠刺激的梦的象征，也具有相类似的对比，同时证实了社会人类学常提到的金子和粪便之间的联系，“例如说，一位患有肠胃疾病并受治疗的妇女，梦见一个人在一间看起来像是乡村户外厕所的小木屋附近埋藏着宝藏。梦的第二部分则显示她正在擦净她那刚拉完大便的小女孩的屁股。”

拯救的梦也和出生的梦相关，在妇女的梦里，被拯救，特别是由水中救出，和生产是具有相同意义的。对男人来说，这种梦的意义就不一样了。

强盗、窃贼、鬼怪——这是人们上床前所害怕想到的，有时甚至会妨碍人们的睡眠——源于同样的孩童回忆。他们是那些三更半夜吵醒孩子，以免他们尿床，或者是拉开他们的被单，用以检查孩子的手放在什么地方的夜访者（双亲）。在分析一些焦虑的梦时，我曾经让梦者回想起那些夜访者，强盗通常是梦者的父亲，而鬼怪则是穿着白袍的女性。

六、算术及演说的梦的一些例子

在提到影响梦形成的第四个因素之前，我要说明在我所收集的许多梦例中，有一部分梦的原因是要说明前述三种因素的相互合作，而另一部分则是为了要提供一些证据来支持那些迄今为止仍未提出充分理由并加以证实的断定，或者是为了要得出一些必然的结论。当说明梦的运作时，我发现很难用例子来坚持我的见解。因为，支持某种命题的情况只有在梦的解释的全部内容下才有意义，如果离开了整体，就失去了意义。然而，由另一方面来看，即使是粗浅的分析也会导出许许多多的内容来，因此使我们感到困扰而记不清原来想说明的思想主线。这种技术上的困难，就是我的“借口”。而读者们也能在下面的叙述中发现各种各样的东西；它们根本没有任何的共通点（除了和前面数节的内容有关外）。

我想先举几个很特殊或者说是不同寻常的梦的象征方式。

一位女士梦见：一个女用人站在梯子上，好像是要擦洗窗子的样子，身边却带着一头黑猩猩及一只猩猩猫——后来她改正为长毛而又有丝光的猫（梦者后来改为安哥拉猫）。这位佣人把这些动物向她身上抛来，黑猩猩拥抱着她，这使梦者感到非常厌恶。此梦看似以一种非常简单的策略来达成目的，利用暗喻直接地表现出来，“猴子”及“野兽”，通常是用来骂人的。然而，从梦中的情况看来，它们恰好表示了倾泄着谩骂。在下面的诸多梦例中，我们还会碰到许多运用这种方法的梦的运作。

另外一个颇为相似的梦。一位女士生下一个头部形状扭曲得很厉害的孩子，梦者听见别人说这孩子是依据它在子宫的位置而生长的，因此变成这个样子，医生说能用压力使脑袋变得好看些，不过那样做将会损伤孩子的脑子。可她自己却认为这是一个男孩子，因此，这么做是不会有什么害处的。这梦正好隐含了经过更改的“对孩子的印象”，这念头正好是梦者在治疗过程中，医生所给予的解释。

在下面这一梦例中，梦的运作稍微有些不同，这个梦是关于到靠近格拉茨希尔姆泰克水域的一次旅行的。外面的天气阴得令人害怕，有一座残破不堪的旅馆，水正顺着墙面滴落下来。床单都潮得可以拧出水来。（梦的后半部分，并不像我所写的那样直接被报告出来。）此梦的意思是“过剩”——这个梦思中的抽象观念起先被扭曲成某些形式，如泛滥，“液体”或“淹过”；不过，后来又以许多相似的图像来表现：外面的狂风暴雨，墙壁面上的滴水，湿透的床单水——都是水，都一样掩盖着一切。

在梦的表现中，文字的正确讲法并不比格调更重要。对这一点我们并不感到奇怪，因为，在韵诗中，这些规则也是正确的，兰克曾经很细致地描述，并详尽地分析了一个女孩子的梦。这梦是关于她如何走过田野，然后割下大麦和小麦丰满的麦穗（Ahren）。她童年时期的一位朋友朝她走来，但她却想避开他。分析表明这个梦是关于“接吻”（Kuss in Ehren，其发音与Ahren相同，字义就是kiss in honour）的。在梦里，那被切割并不是被拔除的“Ahren”隐喻着谷类的穗子，而当这和“Ehren”连在一起时，它就代表着其他许许多多潜隐的梦思。

从另一个方面来看，文字的演变使梦的运作变得容易。因为文字中有许多是源于图像而且又具有实体的意义，不过今天却变为无色而抽象的。因此，梦所需要做的事就是回归这些文字过去的意义，或者是追溯其演进过程的早期情况。比如说，某男人梦见其弟弟被捆于一个箱子（kasten）中，在分析的过程中，kasten被schrank（衣橱，或者抽象的指“障碍”“限制”）所置换，因此，梦思即是他弟弟应该自我约束，自然不是梦者本人。

另一男人梦见自己爬上高山，在那里他有非常广阔的视野。而事实上这也与其兄弟仿同，那位兄弟正在编辑一本关于远东的回忆录。

在《绿衣亨利》[1]里，提到一个关于活泼的马儿在燕麦中翻滚的梦，而麦穗都是“一个香香的杏仁，一颗葡萄干以及一枚新的铜板……包在红色的丝巾里，用猪毛绳捆起来。”作者（或梦者）让我们能够直接解释这梦的图像：在麦穗的哺养之下，马儿觉得无比舒服，于是大声喊叫道：“燕麦刺着我”（意即财富纵坏了我）。

根据亨生（Henzen）的理论，那维亚人的梦尤其经常出现双关语和文字游戏；在他们的梦里，我们很少会发现有哪一个梦是不具有这些特征的。

要收集这些表现的方式，并根据原则来分类的确是一件大事。有些表现方式有时可以看成是“玩笑”，而又使人觉得，如果不经当事人的解释，其意义是不容易被捉摸到的。

1. 一个男人梦见，有人问他某人的名字是什么，他却记不起来。他自己的解释是“我不应该梦见他”。

2. 一位女病人说她梦见梦中的人块头都特别的大。她说，这一定与她的童年有关，因为，那时候所有的成人看来都是特别的大，她本身并没有出现在梦里。

至于童年的梦亦可以用另外一种方式来表达，即把时间转变为空间。人物与景象好像是在远处一样，在路的尽头，或者像是从望远镜看出去的那样。

3. 一位在现实生活中，经常喜欢使用抽象或者不确定词句的男人（虽然大致说来头脑仍是很清醒的）梦见有一次，他在火车抵站的同时到达火车站，不过让人奇怪的是，火车是静止不动的，而站台却是移动的——一个和事实恰好相反的荒谬事件。这事实不过暗示着另一个梦内容而且也一定是相反的。分析的结果使病人回忆起某些图书，里面印着一些倒过来用头支持身体，用手来走路的男人。

4. 同一位梦者有一次告诉我另一个短梦。就像是个画谜一样，他梦见他叔叔在汽车上给他一个吻，然后他立刻给我以下这个我根本不会想到的解释，这是指自淫（auto-erotism）。这梦在现实生活中，很可能被看作是笑话。

5. 一个男人梦见自己把一位女士从床的后面拉了出来。这梦的意思是，他对她有好感。

6. 一个男人梦见他自己是一位坐在皇帝对面的官员。这是指他与父亲对立着。

7. 一个男人梦见他治疗某一位断腿的病人。分析的结果显示折断的骨头表示着婚姻的破裂（正确的说，应当是通奸）。

8. 梦中的时刻往往代表着做梦人童年某个特定时期的年龄。因此梦中的“早上

---

1 《绿衣亨利》：瑞士作家凯勒的小说，此书以第一人称述说了主人公的成长史，是世界著名青少年读物。——译者注

五时十五分”是指梦者5岁3个月时。这是有意义的，因为那时他的弟弟出生了。

9. 这又是梦中表达年龄的方式，一位妇女梦见她和两位小女孩一起散步，而她们的年龄差别是15个月，她不能想起任何熟人和这有关。她自己这么解释，这两个女孩都代表着她，而此梦提醒她童年时的两个创伤性事件相隔15个月。一件发生在她三岁半的时候，而另一件则是发生在她4岁9个月的时候。

10. 在进行精神分析期间，病人常会梦见自己，以及会在梦中表达出自己对此治疗的想法与期望，这是不足以令人感到惊奇的。最常用来表现这种想象的方式是旅行，通常是汽车，因为它是现代化以及复杂的工具。这时，病人即会借用车子的速度来作为对讽刺性评论的通气口——而如果潜意识（梦者清醒时思绪的一个元素）要在梦中表现的话，它很容易为一些隐蔽的区域置换在别的情况之下（即和精神分析治疗无关），这些区域则代表着女性的身体或者是子宫。在梦里“下面”通常是指性器官；与之对照的，“上面”则是指脸部、口部或者是乳房。梦的运作往往用野兽来表现一种梦者所惧怕的情感冲动，不论这是他本身或者是他人所有的。（然而，我们只要更进一层就可以用野兽来置换那些拥有此种冲动的人。此点和那些以供食用的畜生，或是狗、野马来表现令梦者害怕的父亲的梦例相去不远，是一种令我们想起图腾的表现方式。）我们可以这么说，野兽是用来象征原欲的，一种为自我恐惧以及被潜抑作用来抗衡的力量。通常梦者亦会把他的心理症（即他的病态人格）由自身分出来，并把他作为另外一个独立无关的人。

11. 以下是沙克斯记录的一个例子：“由弗氏梦的解释，我们知道‘梦的运作’以各种形象的方法来表达出字眼或句子的意思。如果它所要表达的意思是不明确的，那么，梦的运作就可能利用这含糊：其中这个意义存在于梦思，而另一个意义则表现在显意中。下面这个短梦就无疑是一个这样的例子。它并且为了表现的理由，很自然地利用了前一天的经验，在做梦的那个白天里，我得了感冒，并且决定晚上如有时间的话，我就尽可能地躺在床上休息，在梦里，我好像是在继续做白天所做的事。那天我把剪报贴在本子里，尽力的依它们性质的不同而归类，可是在梦里我尝试把剪下来的资料粘到册子上，但是它却无法粘在纸页上（geht nicht auf die Seite），这使我感到很痛苦。醒来时，发现梦中的痛苦仍在我头脑中持续着，所以，我必须放弃上床以前的决定，这个梦在它指引我睡眠的能力以内。用这句含糊的句子‘er geht nicht auf die Seite’（但是他不要上厕所）来满足我这不想下床的愿望。”

我们可以这么说，为了用视觉形象说明梦思，梦的运作不惜利用各种各样它力所能及的方法——不管在清醒的时候，他本人认为这是否合法。这使那些仅听过梦的解释但没有实际经验的人把梦的运作视为笑柄并对它有所怀疑。斯特克尔的书《梦的语言》具有许多这种例子，但是我一直尽量不去使用它们，因为我认为作者没有批判的眼光，并且滥用其技巧，所以对任何没有偏见的脑袋来说，它们都是有缺点的。

12．下面的例子是取自道斯克（V.Tausk）所写的名为《关于梦对颜色和人物的利用》的论文。

（1）A君梦见他过去的女主人穿了一件带有黑色光泽（lüster）的衣服，臀部显得很窄——意思是他过去的女主人很淫乱（lüstern）。

（2）C君梦到的是一个女孩在路上，沐浴在白色的光芒之下，并且穿着一件白色的宽罩衫。——梦者在这条路上第一次和怀特小姐发生性关系。

（3）D太太梦见八十岁的老演员Blasel穿着盔甲（in voller Rüstung）躺在沙发上。然后他又在桌椅上跳来跳去，拔出一把短剑，望着镜子里自己的像，向空中比划，好像是在与一敌人作战。——解释：梦者患有长期的膀胱（Blase）疾患。她躺在沙发上接受分析：当她望着镜子内的身影时，她自己认为年岁虽然已经大了，但自己仍然是强壮的并且是精神饱满的（Rüstig）。

13．梦中的一个伟大的成就——一位男人梦见自己是一位怀孕躺在床上的女人。他发现这种情况后非常令他不快。他大声喊道：“我宁愿……”（在分析的过程中，当他想起还有一位护士后，他以“敲碎石头”来完成这句话）。在床的后面挂着一张地图，地图的下沿靠一条木头来支撑着，他拿着该木条的两端把它撕开，木条不在中间断开，而是沿着长轴裂成两条。这动作使他感到很舒服，并且能协助他分娩。

不需任何帮助，他把撕下木条（leiste）解释成伟大的成就（Leistung）。他企图利用脱离女性态度使自己脱离这不舒适的情况（在治疗中）……那木条如果不在中间断裂，却不可置信地沿着长轴纵分为二，对此梦者是这么解释的：梦者想起的这种混合着分裂为二以及破坏的情景是阉割的一种暗示，梦常常用两个阳具的象征来表现阉割，作为对某种相对意愿的大胆表示。恰好鼠蹊（leiste）是靠近生殖器的部分，梦者总结梦的解释后说，他愿意接受女性的态度，因为这总比阉割好得多。

14．在用法文分析一个病例时，我必须解释一个自己以大象的形象出现的梦，我自然会问梦者为什么我会以这种形式表现，他回答说“你在欺骗我”（Vous me trompez）（Trompe=trank，象鼻）。

梦的运作通常会用一些很淡弱的关系成功地表现出不容易出现的材料，如某些特殊的名字。在我的一个梦中，老布鲁克（old Brücke）让我做一个解剖……我取出了一些看来十分像一张捏皱了的银纸的东西（在后面我还会再提到此梦），对这一点的联想（我是费了些劲才得到的）是“stanniol”[锡箔=锡纸；stanniol由锡（stannium）衍变而来]，后来我才发现自己所想的名字是“Stannius”——那位我小时很钦佩的写了有关鱼类神经系统解剖论文的作者，而我老师布鲁克叫我做的第一件科学工作，事实上是和某种鱼类的神经系统有关的。道理很简单，不能在画谜中用此鱼类的名字。

这里仍然要记一个很奇怪的却又是应该被注意的梦。因为,这是个儿童的梦，而且容易用说理来解释。一位女士说：“我记得小时候常常梦见上帝头上戴着一顶有边的纸做的帽子。我常常在吃饭的时候被戴上那种帽子——为的是不让我看见别的孩子的餐盘里有这么多的食物。既然我知道上帝是万能的，那么,这个梦的意思是：我是无所不知的，即使我头上戴着那顶帽子。”

当考虑梦中所显露的数字和计算时，我们就能知道梦运作的性质以及操纵梦思的方法。尤其是，梦中出现的数字常常会被人迷信地以为与将来的事件有关。因此,我下面选用了我收集的一部分材料。

梦例之一

下面的梦是关于一位女士，在她快要完成其治疗的时候所做的梦：她一定要去偿付什么，她的女儿从她（梦者）的钱包里拿出了3佛罗林和65个克鲁斯。梦者问女儿说：“你干什么？它只不过值21个克鲁斯而已”。据我对梦者的了解，我只需要她的解释，就能了解这梦的全部内容。这位女士是从外国搬来的，她女儿正在维也纳念书，如果她女儿留在维也纳，那么,她就会继续接受我的治疗。这女孩的课程将在3个星期后结束，而这也意味着她的治疗即将终了。做梦的前一天，女校长曾问她是否考虑把女儿再留在这学校学1年，她当然也联想到自己可以因此再继续接受治疗。这就是此梦的意思，一年是365天，而剩下的课程和治疗时间有3个星期，恰好是21天（虽然实际治疗的时数要比这个少）。这些数目在梦中则是指钱——这并不是因为这种象征具有更深层的意义，而是因为“时间即金钱”的关系，365克鲁斯只不过等于3佛罗林65克鲁斯；梦中数目那么小的钱无疑便是愿望达成的结果，梦者为了实现继续接受治疗的愿望，把治疗以及上学的费用地大大降低了。

梦例之二

另一个梦中所涉及的数字则更为复杂。一位女士，虽然年纪很轻，但已经结婚了好多年，这时她恰好知道一位与她几乎同龄的熟人爱丽丝才订婚的消息，于是，她便做了下述的梦：她和丈夫一起在剧院里，剧院的另一边几乎完全没有人。丈夫对她说，爱丽丝和她的未婚夫也想要来，但是只能买到坏的座位——3张票只值1佛罗林50克鲁斯——自然他们不会要的。她想，假如他们买下那些票也没有什么坏处。

这1佛罗林50克鲁斯的来源是怎样的呢？事实上，它是源起于前一天的一件无关紧要的事。她小姨收到丈夫寄来的150佛罗林，而她很快就用这些钱来买珠宝。值得一提是150佛罗林是1佛罗林50克鲁斯的100倍。那么，那3张戏票的“3”字又是从哪里来的呢？唯一的关联是，她那位刚刚订婚的朋友恰好比她小3个月，当我发现了“空剧院”的意义后，整个梦的意思就明白了。这暗示（不经过改装的）了一件她丈夫原来逗弄她的小事。她准备去看一部预定在下星期上演的戏，并且，在几天前就急急忙忙地去订票。当上演的时候，他们发现戏院几乎是空的，实际上，她根本无须这么急。

因而，梦思是这样的：“这么早结婚是幼稚可笑的。我根本用不着这么急的，从爱丽丝的情况看来，我最后也会得到一位丈夫。如果是那样，我会比现在好上100（宝藏）！假如我能够忍耐（和她小姨的急躁相对），我的钱（或嫁妆）能够买3个和他（丈夫）一样棒的男人！”

我们发现，此梦中的数字比前面那个梦更改得要多——经过更大的改观和变动。对于此点的解释是，梦思在能够表现以前，首先要克服很大的精神对抗。另外我们不应忽略梦里那件荒谬的事，就是两个人要买3张票，关于荒谬的梦将在后面提到，不过在这里我想先指出，这个荒谬的事件要特别强调的是梦思——“这么早结婚是幼稚可笑的。”而这个数字“3”正好天衣无缝地满足了要求——它刚好是她们两人的年龄差，不重要的3个月。把150佛罗林减少为1佛罗林5克鲁斯则说明病人在受潜抑的思想中低估了丈夫（或财产）的价值。

梦例之三

下面这例子则显示出梦中的计算方法——这种方法给梦带来不好的名声。一位男人梦见自己坐在自家的椅子上——B是他以前的熟人——对他和家人说：“你们不让我娶玛莉是个大错。”然后，他又问那个女孩。“你今年几岁？”她答道：“我生于1882年。”“那么，你是28岁啦。”

因为此梦发生于1898年，所以，这计算很显然是错误的，如果没有别的解释，那么，这种错误和白痴没有两样。这位男病人是那种见到女人就想追的人，而恰好这几个月来，排在他后面接受治疗的是一位年轻的女士；他常常问起她，并且，很焦虑地想给她留下好印象。他估计她大概有28岁。这解释了此计算的结果。1882年是他结婚的那年。另外，他也忍不住要与我诊所里的两位女佣人谈话（她们一点也不年轻）——她们常常为他开门——但是，由于她们对他一点反应也没有，于是，他自我嘲笑地说，可能她们认为他是一位年老的严肃绅士。

梦例之四

这又是另一个与数字有关的梦。它是很明显地或早或迟或多或少就决定了的。这是达特纳医师提供的梦与解析："我那栋公寓的主人是位警务人员，他梦见自己在街上执行任务时（这是个愿望达成），一位挂着22和62（或26）号码臂章的督察走近了他，不管如何，上面有好多个2就是了。"

梦者把2262分开来报告，即说明它们具有不同的意义。他记得在做梦的前一天，他们曾在警察局提过某人服务的年资——那是一位督察将在62岁的时候退休，领取养老金的事。而梦者自己只服务了22年，他不得不再服务两年两个月后才能领取百分之九十的养老金。梦的第一个部分是满足梦者一直想达到的督察阶级的愿望。这个2262臂章的高级官员也就是梦者本人，他正在执行任务——这又是他另一个一厢情愿的愿望——即他已经又服役了两年又两个月，因此可以和那位62岁的老督察一样领取全部养老金了。

如果我们把这些例子，以及我将在后面提到的梦例加以观察，那么我们可以很有把握地说梦的运作其实不会带有任何计算程序（不管其答案是否正确）；它只不过是用计算的方式来表现出梦思，由此暗示出某些不能用别的方式表达的材料。从这点来看，在梦的运作中数字是一种表达目的的介质，这就和那些以文字表达的名字和演说完全一样了。

事实上，梦本身不能创造任何演说词（请看第五章），无论有多少演说或言谈出现于梦中，也不管它们合理与否，通过分析后都可以证明它们都是以一种任意的方式从梦思中，那些听来的或是自己说过的言语中节录的，它不但把它们四分五裂（加入一些新的意义排斥一些不需要的），并且把它们重新排列起来。于是，一个看来前后连贯的言谈，经过分析后可以知道是由三个或四个不同部分凑成的。为了完成这新说法，梦往往要放弃梦思中这些话的本来意义，并且赋予一些新义。一旦我们仔细研究梦中的言谈，我们就会发现，它一方面具有一些相当清晰以及实在的部分。另一方面则是一些连接的材料，（或许它们是后来加上的，就像是我们在看书的时候，会自动加入一些意外遗漏的字母及音节一样），所以梦中言谈的构造就像是角砾岩似的——各种不同种类的岩石被胶质紧粘在一起。

严格说来，这些叙述只能适合于那些具有"感觉"性质的言谈，并已为梦者描述为"言谈"的事物。另外的言谈——那些不被梦者认为是听到的或者是说出的言论（即在梦中不涉及听觉或行为动作的）——不过，像那些发生在清醒时刻的念头，往往会原原本本地进入梦里。我们读过的东西，也常常有很多出现在梦中那些无关紧要的言谈中，不过这些东西不容易被追溯来源，但是不管怎样，那些梦中被当作是言谈的东西，确实是清醒时听过或说过的。

我已经在解释梦的过程（为了别的理由）中提出了许多有关梦中言谈的例子。因此，在第五章中那个无邪的“上市场”中梦见的“那种东西再也买不到了”，是象征着我，而另一句话“我不知道那是什么东西，我还是不要买的好”。实际上就是使这梦变得“无邪”。梦者在前一天曾与厨师发生争执而说出了一句气话：“我不知道那是什么，你做事必须做得像样点！”这看似无邪的前半部分言谈很巧妙地加入了梦中（暗示着后半部分）而且天衣无缝地满足了梦中潜藏的幻想，但同时却又出卖了这秘密。

下面是许多具有同样结论的例子中的一个。

梦者正在一个大庭院里，院里正在烧着许多尸体。他说，“我要立即离开这里，我受不了这种情景。”（这不一定是说出来的。）随后他遇见了屠夫的两个孩子，他问他们，“嘿，它们的味道好吗？”其中一个说道：“不，一点都不好。”——好像指的是人肉。

这梦的无邪部分是这样的：梦者与太太在晚餐后一起去拜访邻居——一个好人但又是一个令人倒胃口的人（即不很受人欢迎的人）。这位好客的老太太恰好吃完晚饭，并且强迫他去试试她菜肴的味道。他拒绝了，并且说自己一点胃口也没有，她一再要求道：“来吧，你能吃得下的”（或者是这类的话）。于是，他不得不试试看，并且赞美地说：“味道确实很好。”不过当他和太太单独在一起的时候却又埋怨这邻居很固执以及菜肴不好。而这句话“我不能忍受这种景象”（在梦中也不呈现为一种言谈）——则暗示着那位请他吃东西的老太太的形象。这意思一定是指他不想看到她。

下面的这个例子——它有一个很明确的言谈作为整个梦的核心，不过我要在后面提到梦中的感情时才给予完全的解释。我很清晰地梦见：我晚上到布鲁克实验室去，听到轻轻的敲门声，我把门打开。敲门的是（已去世的）弗莱雪（Fleischl）教授。他和一些陌生人一起走进来，和我只说了几句话后就坐在他的位置上。然后我又做了另一个梦，我的朋友弗利斯非常顺利地在七月到了维也纳，我在街上碰见他时，他正与我一位（死去的）朋友P君谈话。我们一起到某个地方去，他们两人面对面地坐在一张小桌子前面，而我却坐在桌子狭窄的另一边，弗利斯提到他妹妹，并说她在四十五分钟之内就死掉了，还说了一句“这就是最高限度”，因为P不了解，于是，弗氏转过头来问我是否告诉过P君关于他的事。在这时候，我被一些奇怪的感情所控制，因此，企图向弗利斯解释，P君（不可能了解，因为他已经去世了）。但我那时却说了

"Non vixit"（我知道自己的错误）。于是，我抱歉地望着P君。在我的凝视之下，他的脸色发白，他的外貌变得模糊不清，他眼睛成为病态的蓝色——最后溶掉了，对此，我感到高兴，而且知道弗莱雪也是一个鬼影，一个"revenant"（还魂者，字意是"回来的人"）。我觉得，只要有希望，这种人都可能存在，而如果我们不希望他存在的时候，就又会消失。

在这个巧妙的梦中，包括了许多梦的特征——我在梦中所做的评论，错误地把Non vivit说成Non vixit即把"他死了"（He is not alive）说成"他不能生活"（He did not live），与梦中认为的死者交往，以及那荒谬的结论，给予我极大的满足——如果要详细地予以说明，估计将花费我一生的时间，在现实里我无法完成梦里所能完成的事——即为了自己的愿望而不惜牺牲自己的好友。由于任何隐匿都会破坏这个令我清楚的梦的意义，所以，在这里以及在后面我只将讨论其中的几个问题。

此梦的中心是P君被我用目光消灭的那个场景，他眼睛变成一种古怪而神秘的蓝色后，他就溶化掉了。这个景象肯定是从我现实生活中的某一个事件里抄袭过来。在我当生理研究所指导员的时候，很早就得上班，布鲁克听说我迟到过好几次，他有一天故意在开门前到达，等待我的来临，他对我说了一些简短且有力的话，不过对我没有很大的影响，倒是他那蔚蓝色的眼睛恐怖地瞪视着我使我很不自在。在这眼神前我变得一无是处——就像梦里的P君一样。在梦里，这角色刚好倒过来。只要记得那位伟人眼睛生气的神色，就不难理解当时那位年轻犯过者的心情了。

过了很久以后，我才找出了梦中"Non vixit"的源头，最后我发现这两个字并不是听到或说出来的，而是很真切地看到了，于是，我马上就知道其来源，在维也纳皇宫的恺撒·约瑟夫纪念碑的碑脚下刻着这些字：

Saluti patriae vixit（实际碑文上的字句是"Saluti public vixit"），
non diu sed tatus.
为了他的祖国的利益，
他活得不长，但却全心全意。

从铸刻的文字中抽取足够的字词来表达梦思中的仇视思想，恰好可以暗示："此人对此事没有表达意见的余地，因为他根本没有活着。"这提醒了我，因为此梦发生在弗莱希的纪念碑揭幕后几天内，那时恰好我再一次看到了布鲁克的纪念碑，因此在潜意识中我替那位聪慧的朋友P君感到难过。他尽其一生贡献于科学，但是却因为死得过早而使得他不能在这种地方树立起纪念碑，所以我在梦中替他树立碑石；而他的名字又恰好是约瑟夫（Josef）。

根据梦的解析规则，我现在仍然不能用non vixit，来取代non vivit（前者是恺撒·约瑟夫纪念碑的文字，而后者是我梦思中的想法）。梦思中一定会有某种东西促成这种转换。于是到了梦中我对P君同时具有仇恨和慈爱两种感情——前者强烈，而后者则不太明显。不过它们同时都以“Non vixit”表现出来，因为P君在科学上的贡献，会给他竖立一个纪念碑；但是由于他怀有一个非常恶毒的念头（在梦的末尾表达出来），所以，我要将他消灭，我注意到后面这句子有一种特别的寓意，因此，在脑海中必走原有的某种模式。在什么地方才可以找到这种相似句子呢？——是同一人怀有的两种相反反应，但看起来既正确而又无矛盾。在文学上有这样一段文字说过并在读者脑海上烙下深刻印象的，那就是莎氏名剧《恺撒大帝》中布鲁特斯的演说：“因为恺撒爱我，所以我为他哭泣！因为他幸运，所以我为他高兴：因为他勇敢，所以我赞颂他；但因为他野心勃勃，所以我杀他。”这些话的结构以及它们相对的意义难道不就是与我梦思中所发现的相同吗？因此，在梦里我扮演着布鲁特斯的角色。我要是能在梦思中找到一个附带的关联点来证实这点该有多好！我想可能的关联点是，“我的朋友弗利斯在七月到维也纳来。”对于这一点细节，真实生活中没有任何实例可以说明，因为据我所知弗利斯从来没有在七月到过维也纳，但既然七月是因为恺撒而命名的，所以这很可能暗示着我充当了布鲁特斯的角色。

说起来也怪，我的确曾经扮演过布鲁特斯的角色——那是我在孩子面前介绍席勒的布罗特斯与恺撒的诗句。那时我14岁，仅比我大一岁的侄儿协助我，他从英国来看望我们；他也是个还魂者（revenant也作归来者），因为在他身上，我看到了我最早期伙伴的回归。直到我3岁以前，我们一直不能分开。我们互相爱着，虽然也有时打架；这童年的关系对我同代朋友的关系上产生了深刻的影响，这点我已在前面暗示过。因为我侄子约翰那时在性格等各个方面发生了变化，并且这些变化深深地烙在我潜意识中：他肯定有些时候对我不很热情，而我也肯定很勇敢地反抗过。因为家父（同时也是约翰的祖父）曾这样责备我：“你为什么打约翰？”“因为他打我，所以我打他。”——那时我还不到两岁，一定是这幼年的情景使我把“non vivit”改变为“non vixit”，因为在童年后期的语汇中wichsen（和英文的vixen发音相同）即是打的意思。梦的运作，直言不惭地利用了此种关联。在真实情况下，我没有恨P君的理由，但是他的确比我强多了，所以，像是我童年伙伴的再现，这仇视可能与我早年与约翰的复杂关系有关。后面我还会再提到这个梦。

七、梦中的理智活动与荒谬的梦

在解析梦的过程中，我们已经多次遇到一些荒谬的因素，所以，我不想在其意义与源由的探讨上花费更多的精力（如果它具有意义与来源的话）。因为那些反对梦具有价值的人的主要理论是，梦是一种碎裂了的心灵活动的没有意义的产物。

我将举几个例子来加以说明，读者将发现梦的荒谬性乍一看是很明显的，不过在经过更深层次的研讨后，这种特性就不存在了。以下就是一些关于梦见父亲死去的梦——乍看起来似乎是某种巧合而已。

梦例之一

此梦是一位其父亲已死去6年的病人做的。他父亲遇到一次严重的车祸：他坐的那列飞驶着的夜间快车突然脱轨，座位挤压在了一起，把他的头夹在中间。梦者看见父亲睡在床上，左边眉角上有一道垂直的清晰伤痕，梦者很惊奇，父亲怎么会发生意外呢？（因为他已经死了，梦者在描述的时候加上这一句。）父亲的眼睛是何等的清楚呀！

根据习惯，我们应该这么解释：可能梦者在想象意外发生时，他忘记他父亲已经去世好多年了；但当梦在继续进行的时候，这记忆又再次出现，使他在睡梦中对这梦中的情景感到吃惊。这种解释是毫无意义的。梦者请一位雕塑家为父亲塑一个半身像（busi），两天前，他第一次去了解雕塑工作进行的如何。（在德语来说，bust又指发生意外，或不对劲。）雕塑家从来没见过他父亲，只能根据照片来凿刻。梦发生的前一天，他要一位仆人到工作室去察看此石像，看他是否也觉得石像的前额显得太窄。然后，他又陆续想起一些构成此梦的材料。每当有家庭或商业上的事情困扰时，他父亲都会习惯性的用两手按着两边的太阳穴，好像他觉得头太大了，必须把它压小些。——在梦者4岁的时候，一枝手枪不知为什么竟意外的走火了，把父亲的眼睛弄瞎了（那时他也刚好在场），“父亲的眼睛何等的清楚呀！”——梦中出现在他父亲左额上的那道伤痕，和生前的皱纹（每当悲伤的时候）是一致的，而伤痕代替了皱纹的事实又引出造成此梦的另一个原因。梦者曾为他的女儿拍过一张照，但此照片不小心从他手中掉下来，恰好跌出一条裂痕，垂直地延伸到她女儿的眉毛上。他不能不认为这是不祥之兆，因为在他母亲去世前数天，他也不小心把母亲照片的底片损坏了。

因此，这梦的荒谬性仅仅是在口头上把照片、石像和真实的人混淆在一起的粗心大意罢了。如在看照片的时候，有人会这么说：“你不觉得你与父亲完全一样吗？”或“你不认为你父亲有些不对劲吗？”当然，此梦的荒谬性是可以很容易避免的；而且，就从这个例子看，我们可以说，这种荒谬是允许的，甚至可能是被策划的。

梦例之二

这是我的一个梦，与前面的梦几乎相同。（家父于1896年逝世。）父亲去世后在墨牙族人（匈牙利的主要民族）的政治生活中扮演着一种特殊的角色，他使他们联合成为政治团体。此时，我看到一张很小而且很不清晰的画像：

似乎是在德国国会上，许多人聚集在一起，有一男人站在一张或两张凳子上，别的人都围在他四周。记得他死去的时候躺在床上的样子，简直就像是加里波第。我为这诺言终于实现了而感到高兴。

还有什么会比这些更荒诞无稽呢？做梦的时候正好是匈牙利政局最混乱的时候——由于国会瘫痪导致了无政府状态。最后全凭泽尔（Sz é ll）的才智而得以挽救。（这是匈牙利在1898—1899年的一场政治危机，由苛洛曼·泽尔组织联合政治而获得解决。）在这张小画像中所包含的细节和此梦的解析有很大的关系。我们的梦思一般以同样大小的真实形式呈现，但在这梦中见到的画像却源于一本有关奥地利历史的书中插图——反映了在那有名的“Moriamur pro rege ncstro”（我们誓死效忠国王）事件中，玛丽亚出现在普累斯堡的议会上的情景。和图片中的玛丽亚一样，梦中家父的四周围绕着群众，而他却站在一张或两张椅子上面，他使人们团结起来，就像是一位总裁判似的（二者间的关联是一句常用德语，“我们不需要裁判”）。——则当家父逝世的时候，的确围绕在他床边的人都说他像加里波第。他死后体温上升，两颊泛红而且愈来愈深……回忆到这里，在我的脑海中便自然而然的呈现出：

Und hinter ihm in wesenlosem Scheine
Lag was uns alle bandigt，das Gemeine
在他的身后，在空洞的幻影中
存在着主宰我们每个人的东西——共同命运。（这是歌德在他的朋友席勒死后几个月内为其遗作《钟之歌》所作跋中的诗句。他谈到席勒的灵魂正飞向真善美的永恒之乡。）

这种高层次的思想使我们对最终现实的“共同的命运”提前有个准备。人死后体温的升高和梦中这句话“他死后”相对，他最大的苦痛是死前数个星期肠子完全瘫痪了，我各种不尊敬的想法都与这点关联着。我一位同事在中学的时候就失去了父亲——那时，我被深深地感动，于是，我俩成了好朋友。有一次他向我提起他一位女亲戚痛心的经历。她父亲在街头暴毙，被抬回家后，当他们把他衣服解开时，发现他在“临死之际”或是“死后”拉出屎来。她对此深为不快，并认为这是一件无法从她对父亲的记忆中抹去的丑事。现在，我们已经触及此梦的愿望了，即“死后是既伟大而又受污辱地呈现在孩子们面前”——谁不是如此想呢？是什么造成这梦的荒谬性呢？表面的荒谬是，由于忠实地呈现了在梦中的一个暗示，而我们却常常忽略了在其成分间所蕴藏的荒谬性，在这里我们又一次不得不承认荒谬性是故意的和刻意策划着的。

由于死去的人经常会在梦里出现，而且与我们一起活动，甚至发生关系（就像是活着一样），所以常常会造成许多惊奇，而且造成一些奇怪的解释——而这一切只不过显出我们对梦知之太少而已。其实这些梦的意义是很明显的，它常发生在我们有这种想法的时候：“如果父亲还活着，他对这件事会怎么说呢？”除了将有关人物呈现在某种特定的情况下之外，梦是无法表达出“如果”的。比如说，一位从祖父那里得到大笔遗产的年轻人，正在悔恨花去许多钱的时候，他梦见祖父还活着，并且严厉地指责他不该如此奢侈。而当我们所谓更精确的记忆发觉此人死去已经很久时，那么这个梦中的指责只不过是一种宽慰的想法（幸好这位故人没有亲眼看到）或者是一种惬意的感觉（他不可能干涉）罢了。

还有另外一种荒谬性，这也发生在死去亲属者的梦中，不过却不是表现为荒谬与可笑，而是暗示着一种极端的否认，所以它表示一种梦者想都不敢想的潜抑的思想。除非我们坚持这一原则——梦是无法区分什么是愿望，什么是真实的，否则要解释这种梦是不可能的。比如说，某位在他父亲最后那场大病中细心照顾他老人家的男人，在父亲死后的确悲伤了好久，做了一场无意义的梦。他梦见父亲又活了，和以往一样同他谈话，但（下面这句话很重要）他真的已经去世了，只是他自己不清楚而已。如果我们在“他真的已经死了”的后面加上“这是梦者的愿望”，以及他“不清楚”梦者具有此种想法，那么这个梦就可以解释了。当他照顾父亲的时候，他不断地希望父亲早些死去——这是一个慈悲的想法，因为这可以使他的痛苦得以结束；但在悲悼的时候，这个想法又变成为潜意识的自责，好像是由于他的这个想法而缩短了父亲的生命。由梦者幼儿期反抗父亲冲动的复活，使这种自责得以在梦中呈现：而由于梦的怂恿与清醒时思想的极端对立，造成了此梦的荒谬性。

梦见梦者所喜爱的死者在解析梦上确实是一件让人很棘手的问题，常常不能很完满地加以解释，原因是梦者和此人之间有着特别强烈的矛盾情感。常见的形式是，此人起初活着，但突然死了，然后在接着的梦境里又活了起来，这使人感到迷惑不解，不过我终于弄清了这种忽生忽死的变化正暗示出梦者的冷漠（“对我来说，不管他是活着或死去，都是一样的”）。这种冷漠当然不是真实的，它不过是某种想法罢了；其功能不过是使梦者否认他自己那种强烈的并且是矛盾的感情，即是说，这是矛盾感情在梦中的表现。

在另外一些与死人有关的梦里，以下原则对解释这些梦会有些帮助：若在梦中，梦者不被提醒说那人已经死了，那么梦者就会把自己看成死者，也就是梦见自己的死亡。但若在做梦的过程中，梦者突然惊奇地对自己说，“奇怪，他已经死去好久了”，那么他就是在否认自己的死亡。但我必须承认，对于此种梦的秘密，我们还没有全部了解。

梦例之三

我将在下面的例子中指出，在梦的运作中故意制造出来的荒谬性，而这原先在梦的材料中是不存在的。在我度假前几天，遇见都恩伯爵后做了一个梦（见第五章第二个梦）：我在一辆计程车上，要求司机送我去火车站，在他提出一些异议后（好像我把他弄得很疲倦似的）我说：“当然，我不可能和你一起驾着车子沿火车铁路走。”好像我已经坐着他的车子驶过一段通常用火车来完成的旅程。对这种让人感到混乱而又没有任何意义的故事，经过分析后得到这样的结论：前一天，我租一辆计程车到恩巴赫一条偏僻的街道去，但司机不知道这街道在哪里，他就一直漫无目的地开（像这类高贵的人所常常做的一样），一直到我发觉了，向他指出正确的路线，并嘲讽了他几句。在后面我还会想到由这个计程车司机联想到贵族，因而引出一连串的思想。在这里我想指出的只是，贵族给我们这些中产阶级和平民留下的最深刻的印象是，他们非常喜欢坐在司机座位上。都恩伯爵确实是奥地利国家马车的司机。梦中的下一句话则是指我的兄弟。我把他与计程车司机仿同了，那年，我取消了和他一起到意大利旅行的计划。“我不可能和你一起驾着车子沿火车铁路走”，这是对他不满的一种表示，因为他经常埋怨我在旅途中把他累坏了（在梦中这点没有变更），这是由于我坚持要尽快地在许多地点之间赶来赶去，以便能在很短的时间里，更多地看到许多美丽的风景和名胜。做梦的那个晚上，他陪我到火车站；但我们快到车站的时候，他却在郊区车站与总车站之间的地方下了车，以便乘郊区车子到布格斯朵夫（距维也纳约八英里）去，那时我对他说，你可以乘主线到布格斯朵夫，这样就能与我多处一段时间了。这导致了梦中的那句话：坐着他的车子驶过了一段通常以火车来完成的旅程，这恰好与在真实中所发生的相反——一种tu quoque（拉丁文“你也是”）式的争辩，那时候是这么说的：“你可以和我一起乘上线车来走完你要用支线车（郊区车）经过的距离。”在梦中，我用“计程车”替代了“郊区车”，而且把整件事混淆了（但恰好能把我兄弟和计程车司机的漫不经心联系在一起）。这样我就可以成功地创造出一些看来无法解释又毫无意义的梦，而且与我梦中前段所说的事件发生冲突（我不能和你驾着车子沿火车线路走）；因为没有任何的理由能让我分不清什么是郊区车什么是计程车，所以我肯定是故意在梦里设计出这迷幻的事因的。

但这又为了什么呢？下面我们将探讨荒谬的梦的意义，以及发生的动机。上述梦的谜底是这样的：我需要在梦中用一些荒谬的极不可解的关联加在“fahren”这个词上，〔在梦和分析中，已反复使用的德文“fahren”这个词，在英文中用作“驾”（汽车）和“乘”（火车），二者的翻译要看上下文不同而定。〕因为，在梦思里要有一个被表现的意念。一个晚上，我在一位聪慧好客的女士家里（她在同一梦的其他部分以管家的身份出现），听到两条我无法解答的谜。别人几乎都猜对了，而我虽经努力却还是没有找到答案，只是增加了别人的笑料而已。其实，这两条谜是建立在“Nachkommen”和“Vorfahren”两个相关的语句上。整个谜语是：

在主人的一再要求下，
司机终于完成了，
每个人都有的，
它就在坟墓里休息。

答案：Vorfahren（即“驾驶”“祖先”，字面的意思是“走在前面”或“以前的”）。

而令人困惑的是，另一条谜语的前半部分与前面那首诗完全相同。

在主人的一再要求下，
司机终于完成了；
不是每个人都拥有的，
它休息于摇篮中。

答案：“Nachkommen”（即“跟在后面”“后裔”，字面的意思是“跟着来”和“继承者”）。

当我看到都恩伯爵管理着国家，我不禁坠入了费加罗的境界。他这样称赞伟大的绅士们，说他们是与烦恼同生的（即是nachkommen），因此这两条谜语就成为梦中运作的中间思想。又由于贵族和司机很容易被搅在一起，有一段时间我们又把司机称为“Schwager”（马车夫或堂兄弟）。于是，通过凝缩的作用就把我兄弟引入到同一画面中，而这梦背后的内容是：“为自己的祖先而感到骄傲是可笑荒谬的；最好是自己成为祖先。”这个决断（即某些事情是可笑荒谬的）就造成了梦里的荒谬。这使梦其他比较模糊的部分也显得明朗了，即我为什么会想到以前和司机驶过一段路途呢〔vorhergefahren（以前驾过）→vorgefahren（驾过）→vorfahren（祖先）〕。

如果梦思里包含这样一个判断（即某些东西是荒谬的），那么，梦就会变为荒谬。也就是说，梦者潜意识的思想同时具有批评与荒诞的动机。所以，荒谬是梦在运作中表现其相互矛盾的一种方法。而别的方法是把梦思的内容颠倒过来，或是产生一种动作来抑制感觉。然而，梦中的荒谬性不能简单地翻译为“不”，因为，它毕竟是用来表达梦思中的情绪的，它是梦思中所包括的矛盾与嘲笑的组合。只有在这种目的下，梦的动作才会造出一些荒谬性来，才能将一部分隐意转变成显意。

其实，我们已经提到过一个具有下列意义的荒谬的梦。对这个梦我只是加以解释而没有进行详细的分析，是关于瓦格纳的歌剧的。歌剧一直演到早晨7点45分才结束。在剧中，指挥者是站在高台上的……很明显，它是指：“这是个杂乱无章的世界，是一个疯狂的社会；那些本应得到某些东西的人却无法得到；而那些游手好闲，阿谀奉承的人却得到了，”然后，梦者又把她自己的命运与其表妹（姐）的命运进行比较。在我们分析过的第一个荒谬的梦的例子中，它和死去的父亲相关联，这并非巧合。在此种例子中，造成荒谬的梦的情形具有同样的特性。因为父亲的权威，很早的时候就受到了孩子们的批评，他对孩子的严格要求反而使孩子们（为了自卫的缘故）密切注意父亲的每一个弱点；但是在我们的脑海里，由父亲的印象所激起的孝心（特别在父亲死后），却严厉地审查着我们，不让任何这种批评到达意识所表达的层面上来。

梦例之四

这是另外一个有关死去父亲的荒谬的梦。

我接到故乡的市议会寄来的一封信，是关于某人在1851年住院的费用问题。那时他在我家因为发生痉挛而必须住院。对于这件事我感到很奇怪，因为在1851年我还没有出生，而且可能与此有关的父亲已经去世了。于是我到隔壁房间，父亲正躺在床上，然后我告诉他这件事，令我惊奇的是，他记得在1851年里，有一次他喝醉了酒被关了起来；那时他正在替T公司做事。于是，我就问：“那么，你是经常喝酒的？那么，你后来是否紧接着就结婚了呢？”算起来我是在1856年出生的，仿佛正刚好是在接下来的一年。

从前面的讨论我们可以得到启发，此梦之所以一直呈现其荒谬性，只不过是暗示着梦思中具有特殊而且令人痛苦的感情冲动。这种争辩在这梦里公开地表达出来，在家父成为受嘲弄的对象时，我们将更为惊异。从表面看来，此种公开外露的态度与我们所谓梦的运作的审查相矛盾，但是当进一步发现在这例子中家父只不过是一种展列的人物，而各种各样讽嘲都是指向另一位隐藏着的人物时，我们就可以了解这种情况了。虽然，梦通常表现出对某人的反抗（一般背后隐藏着梦者的父亲），然而，在这里却正好相反。表面上是父亲而实际上却代表着另一个人，因此，这梦能在这种不经伪装的状态下进行（而此人物通常被视为神圣的），这是因为自己能确定所指的人，一定不是父亲本人。这个梦发生在我听说一位年长的同事（其判断力被认为是不会错误的），对我的一位精神病人的治疗已经进入第5个年头而大感惊奇，并且表示不能赞许的时候。在一种不被察觉的伪装下，暗示着此位同事很久以来一直想取代家父所不能完成（满足）的责任（关于费用，医院的住费问题）。当我们之间的关系变得不友好时，我的感情冲突就像父亲与儿子发生误解时所产生的那样。由于父亲的地位，以及他以前给予儿子的帮助不可避免地产生了作用，梦思对此指责（我为何不快一点）并加以强烈的抗议。这种指责起初是指我对病人的治疗，后来就扩充到其他事物上。我想，难道他会知道有谁会治的比我更好吗？难道他不知道，除了我这种方法外，这种病是完全无法治愈的吗？那么四或五年的时间与一辈子相比又算得了什么？何况在治疗过程中，病人的情况又变得如此的舒适呢。

这个梦之所以能给人带来荒谬感，是因为有许多从不同梦思而来的句子，不经过中间的连接直接地排列在一起了。因此，这句话“我到隔壁房间见他”和前句话所涉及的主题失去关联，这恰好正确地表现出我向父亲汇报那未经他同意的婚约的事情，因此，这句话表现了老头子的宽宏大量，与某人，还有另外一个人的行为形成鲜明的对比。我们注意到，在梦里我爸爸允许受别人嘲弄，这是由于在梦思中他被列为模范的对象。审查的特性，要求我们不可以谈论被抑禁的事情（事实），但是却可以说说关于此事物的谎言。记起他“有一次喝醉了，被关了起来”，实际上这句话已经不再与家父有关。他所代表的人物不折不扣就是著名的梅涅特，我是怀着十分虔敬的心情跟随其足履之后，而他对我的态度，在最初的赞赏之后就转变为公开的仇视。这梦引起了一些旧事，他曾经告诉我，他年轻的时候曾一度因为习惯于服用氯仿使自己中毒而被送到疗养院去。它又使我记起另外一件他死前不久曾发生的事：在研究男性歇斯底里症时，我写了一些他否认其存在的事物并与他痛苦地争论。当我在他患上使他致命的疾病中拜访他，并问候他病情的时候，他说了许多关于其病症的话，而且，这样决断：“你要晓得，我本人就是男性歇斯底里症最典型的例子。”因此，他终于同意了他固执地反对了好久的事，这不仅使我感到惊奇，而且感到满足。但是，在梦里我怎么会用父亲来比喻梅涅特呢？我又看不出两者之间有哪些相似的地方。此梦很精简，但足以完全表示出梦思中这个条件句了：“假如我是教授或枢密院顾问官的儿子，那么我一定能做（进行）得更快。”所以，在梦里我把父亲变成了教授和顾问官。

梦里最令人迷惑的荒谬性要算是对1851年的看法了。对我来说这似乎与1856年没有区别，就像5年的差距是没有任何意义似的。最后这句话正是梦思所要表达的，四五年恰好是我得到前述那位同事支持的时候，而且又是我让未婚妻等待的时间（然后才结婚）；这是梦思所追寻的一种巧合，因为这是我使病人能完全治愈所耗费的最长时间。“5年算得了什么？”梦思这么说，“对我来说，这根本就不算一回事，不值得去加以考虑，我还是必须用足够的时间。如果你不相信，那你就等着看吧，我会像过去成功地完成别的事情一样来完成这件事，我一定会成功。”除了这些以外，51本身却由另一种方式决定了具有相反的意义（如果不去考虑前面那世纪的数字的话），这也是为什么它会在梦中出现多次的原因。51岁对男人来说好像是一个十分危险的年龄，我认识的好些同事都是突然在这个年龄时死去的，而在这些人之中，有一位经过很久时间的拖延，在死前数天才被晋升为教授。

梦例之五

下面又是一个关于数字的荒谬的梦。我的一位熟人，M先生曾被人在文章中激烈地加以批评，我们觉得这是太过分了，这个评论家我们认为可能是歌德。M先生被这一攻击弄惨了，他在餐桌前向大家诉苦，不过这一不愉快的个人经历并不影响他对歌德的尊敬。我试图找出其时间顺序，尽管是不大可能的，歌德死于1832年，既然他对M先生的批评要比那个时间早，所以当时M先生一定还很年轻，在我看来那时他也许只有18岁。但我不清楚现在是什么年代，所以整个计算变得十分暧昧。很巧，这篇批评文章，歌德刊登在《自然》杂志上的著名论文里。

下面我将找出这些混乱情节的内涵。M先生是我在餐桌上认识的，不久前，他要求我去诊视他那全身瘫痪的弟弟。这个怀疑是正确的；在那次的诊疗中发生了一件令人尴尬的事情。在与病人谈话的时候，病人在没有任何要求下突然说出他哥哥小时候的许多荒唐事。我询问病人关于他出生的日期，同时让他做几道小计算题，以便测试其记忆力的程度，他却答得很好。从中可以看出我在梦里的情景就像是那位瘫痪的病人，我不清楚现在是什么年代。梦的其他部分却来源于另一件近事。我的一位朋友是一本医学杂志的编辑，最近在他的杂志上刊登了一篇文章，猛烈抨击德国的我的另一位朋友弗利斯新近出版的一本书。这篇抨击文章由一位年轻的评论家执笔，而他实际上是没有足够的能力来这样做的。我想我有应该去进行交涉，并且要求他改正。编辑朋友对这事感到遗憾，认为不应该刊登出那篇文章，不过他却不愿在杂志上做任何修正。于是我就与该杂志断交了，不过在辞职书上我写道："希望我们的私人感情不受此事件的影响。"此梦的第三个来源是一位女病人提供的——那时这个记忆还很清晰——她那位患精神病的弟弟坠入一种狂暴地喊叫着"自然！自然！"的声音中，为他诊治的医生认为呼喊的内容是来源于他所阅读的歌德对自然的卓越论文，而且也说明了他在研究自然哲学时的过分劳累。但是我却认为这是与性有关的——即使是没有文化的人对自然也是这样的，后来，这位不幸的病人竟将自己生殖器割除了，这至少说明我还没有错到哪里去，那时他才18岁。

我要提一下的是有关我朋友那本遭到猛烈批评的书（另一位书评家说"不知道是自己还是作者本人是疯狂的"）——它描述了一个人一生中发生的事，并显示了歌德的一生不过仅是时间的倍数，而且还具有生物学上的意义。因此，很容易知道，我在梦中置身于此朋友的处境（我企图找出其时间顺序，但我的表现就像是个瘫痪病患者似的，所以，梦就变成了一团荒谬的聚合）。梦思就这么讥讽："自然，他（我的朋友弗氏）是一个发疯的傻瓜，而你们（批评家）是懂得很多的天才，难道就不能刚好倒过来吗？"像在这一梦例中，这种相反的例子俯仰皆是，比如说，歌德抨击这个年轻人就是件荒谬的事，而一位年轻人却很有可能去贬低伟大的歌德；另外我在计算歌德死亡的年代时，却引用了瘫痪病人出生的时间，对此点该处已经有了详细的讨论。

我曾指出过，梦都是出于一种自我的动机。对于此梦中我代替了朋友的位置，并把他的困难担在了自己身上的事必须加以说明。我清醒的时候，批判的力量不足以使我这样去做。那个18岁病人的故事，以及对他所喊叫的"自然！"作的不同解释，却暗示了大部分医生与我的意见不同（我相信心理症是基于性的），所以我就对自己这么说，"那些评论你朋友的言论同样可以使用在你身上——事实上，你已经受到某种程度的议论了。"所以，梦中的"他"是可以用"我们"来代替的。"是的，你们很对，我们是蠢材。"梦里又以歌德那美妙的语句来显示着mea res agitur；因为中学毕业时我对职业的选择感到犹豫不决，后来却因在一场公共讲演中听到了此文章的演讲，使我下定决心从事自然科学的研究（此梦将在后面更进一步的讨论）。

梦例之六

在本书的前面，我曾提到过另一个我的关于自我没有什么呈现的梦。那是在第五章的第三个梦中，M教授说："我的儿子得了近视……"，当时我说那仅仅是梦的开头而已，是另一个与我有关的梦的介绍，下面就是当时省略的主要的梦思，不经过解释是不能够明白的。

罗马城最后发生了一些特殊的事件，出于安全考虑，必须把孩子们转移到安全的地方，这点他们都办妥了。然后，我看到大门的前景，那是一种古老的两扇式的大门（在梦中，我想起来那是意大利西恩纳的罗马之门）。我坐在喷泉的旁边，感到极其忧郁并且几乎要落下眼泪，一位女服务生或是修女牵着两个小男孩，交给他们的父亲（并不是我）。但是，其中年纪较大的那位肯定是我的大儿子；另外一位我感到很陌生。那个女人要孩子们和她吻别。她长着一只大红鼻子，所以，男孩子不愿意与她吻别，但却伸出手向她挥手致意，并说"Auf Geseres"，而且，向我们两人（或者是我们两人之一）说"Auf Ungeseres"。我认为这是表示友好的意思。

这个梦是在我看过《新犹太街》（Das neue Ghetto）的戏剧后所产生出来的想法上建立起来的。这是关于犹太人的问题，因为不能给我的孩子一个他们的国家而替他的前途担忧，因此我很焦虑，想好好地教育他们，使他们能够享受到公民的权利——这一切都能在梦思中分辨出来。

"在巴比伦的水边我们坐下来哭泣，"西恩纳同罗马一样，因美丽的泉水而久负盛名。如果罗马会在我梦中出现的话，那么它必定会以另一个已知的地点来代替。西恩纳的罗马之门附近有一座巨大而且灯火辉煌的雄伟建筑，那就是疯人院。在该梦发生前不久，我听到一位和我有同样宗教信仰的人被迫辞去了他在此疯人院中辛苦奋斗所得到的职位。

我的兴趣在于"Auf Geseres"（此梦中的情景使我期待着这字眼"Auf Wiedersehen"）以及与它相反而又无意义的"Auf Ungeseres"（Un）的意思是"不"，从希伯来学者那里得到的知识显示"Geseres"是真正的希伯来文，源于动词"goiser"，其意思最好是译为"遭受苦难""命定的灾害"。但从谚语的用法中使我们认为它的意思是"哭泣与哀悼"。而"Ungeseres"则是我新发明的文字，同时也是第一个引起我注意的字眼。开始时，我并不能从它那里得到什么，但是，在梦的结尾中所说的那句话，"Ungeseres"表示要比"geseres"更具好感的意思，却打开了联想之门，同时说明了这字的意思。鱼子酱具有同样的功能；无盐的（ungesalzen）鱼子酱要比咸（gesalzen）的更贵一些。"将军的鱼子酱"——贵族式的权利，在这背后隐藏着对家庭里一位成员玩笑式的暗喻。由于她比我年轻，因此，我希望待她将来能照顾我的孩子；这恰好和梦中出现过的一位人物（修女）同我们家里那位保姆相应合，然而，在gesalzen-unsalzen（有盐——无盐），和“Geseres-Ungeseres”之间仍然没有任何的过渡思想，但这可以从gesa ü ert—ungesa ü ert（发酵——不发酵）中挖掘。在逃离埃及的时候，以色列人没时间让他们的面团发酵，为了纪念该件事，他们从复活节开始直至这一天都是吃不发酵的面团。在这里我要加上一点突然呈现的联想。我记得在上个复活假期中，我和柏林的那位朋友一起在陌生的布莱斯劳街道上散步。一位年轻姑娘向我问路，我不得不坦率地告诉她自己不知道，然后我对朋友说：“我希望这姑娘长大后会更懂得怎样选择那些导引她的人。”不久前，我曾见到一个门牌，上面写着“海罗医生、诊疗时间……” “我希望这位同行不是个小儿科医师。”同时我这位朋友对我提起他对两条生物学意义的看法，而且说了这么一句：“假如我们和独眼巨人（Cyclops）一样只有一只眼睛长在额头中间……”这便导出了梦中教授说的那句话：“我的儿子是个近视（Myops）……”〔德文Myop是根据Zyklop型而构造的一种特定（ad hoc）形式〕现在我知道“Geseres”的主要来源了，很多年前，当该M教授的儿子（今天已是独立的思考家了）坐在教室的板凳上念书时，不幸患了眼病，并且，在医生治疗后成了他焦虑的原因。他这样说，只要眼病仍然局限在一边就无所谓了，但假如感染到另一只眼睛的话，那么后果就太严重了。后来，他这只眼睛的病完全好了，然而，为时不久又有迹象显示了另一只眼睛也受到了感染。孩子的妈妈十分害怕，赶紧把医生请到家里（他们住在很遥远的乡下）。当医生诊察后，对他妈妈大声说：“你为什么把它看得那么严重（Geseres）呢？如果那只眼睛好了，那么这一只也一定会好的。”结果证明医生是正确的。

现在，我们要必须考虑：所有这一切与我以及我的家庭究竟是怎么样的联系呢？M教授的孩子用过的书桌，后来，他的夫人将那个书桌转赠给了我的大儿子，在梦里我通过他的话来说出了那句“告别的话”，我们很容易就猜出这种置换代表了其中的希望。这张桌子的设计是要使孩子避免得近视眼以及只用一边的视力看东西，因此，梦中的近视眼（其实背后是独眼巨人），以及对于两侧性的文字，具有许多意义，但这并不是指身体的一侧性。同时也包括了智力发展的一侧性，难道梦里这一切荒谬不就是表示对这种焦虑的矛盾吗？这孩子转到一边说再见后，再转到另一边来说相反的话，似乎是要恢复平衡似的，但他的行为似乎是为了要维持两侧性的对称。

于是，梦愈荒谬则其意义就愈深远。不论在什么年代，那些想要说什么，但又知道说出来就会对自己不利的人都把那些话冠以一顶愚蠢的帽子。对于那些听这些禁忌话的人们来说，如果他们能一面嘲笑而又一面自认自己所反对的事物是荒谬的。那么，他们就会比较容易接受（忍受）它。剧中的那位皇子不得不把自己装扮成一个疯子，他的行为的确就像是梦在真实中扮演的角色似的；所以我们可以用哈姆雷特皇子概括自己的话来代替梦并加以注释——即用智慧与不可解来掩藏真实。他说："我只不过是疯狂的西北风，当风向南吹的时候，我从手锯认识那头苍鹰。"

因此，我解决了关于荒谬的梦的问题，即梦永远不会是荒谬无稽的，即从来不会在健康人的梦中出现——而梦的运作之所以会产生这些荒谬，或是梦的内容竟会含有个别荒谬的因素，是因为它必须要表现梦思中所含的那些批评、荒谬与嘲笑。

下面要做的事是要显示我前面所说过的梦的运作的三个因素——凝缩、置换，以及表现力。另外，还有一个将会在后面讨论的第四个因素的观点，而梦的功能不过是根据这四个因素，把梦思翻译出来。我以为心理活动会完全或部分地加入梦的形成的观点，这是一种错误的观点。但不管怎样，梦里常常会出现一些判断，一些评论和一些赞赏，并且有时对梦中别的因素会表示惊奇，甚至加以解释，或者加以申辩。故下面将用一些经过挑选的例子来澄清这些现象所引起的误解。

简单来说，我的观点是这样的：每一件在梦里看来明显是理智活动的事件均不能被作为梦运作的心理成果，它仅仅是属于梦思的材料，它们只不过是以一些现成的构造展现在梦的显示中。我甚至可能进一步地阐述！即睡醒后对一个还记得很清的梦所下的断语，以及重述此梦所产生的感觉或多或少展示出梦的隐情，而这一切都要包括在解析的范围内。

1．我已经引用过了一个非常明显的例子，一位妇人不愿意和我谈及她所做的一个梦，因为"它非常不清楚和混乱。"她梦见某人，但不知道那人是谁，然后她又梦见一个垃圾箱（Misttr ü gerl），并且产生了下面的回忆。当她刚刚成为主妇时，有一次一位到她家拜访的年轻的亲戚开玩笑地对她说，你的下一个工作将是得到一个新的垃圾箱。第二天她就真的接到了一个，不过里面插满了山谷里的百合花。这个梦所表现出的一句德国常用的话"不是长在我自己的肥料上"。（Nicht auf meinem eigenen Mist gewachsen，句子的意思是"这并非我的责任"或者"这不是我的孩子"。Mist 的德文意思是"肥料"，俗语指垃圾，维也纳的方言中指"垃圾箱"。）当分析完成后，我们会发现潜在的梦思是梦者小时候听到过一个故事所产生的后果。那是关于一位女孩怀了孕而却不知道孩子的爸爸是谁的事。在这个梦例中，梦所要表现的内容又一次渗透到清醒的思想里：用清醒时对梦中的断语来显现出梦思的一个元素。

2．另一个相似的梦例是，一位病人做了一个自以为很有趣的梦，因为醒来后他马上对自己说："我一定要把这梦讲给医师听。"等到把此梦加以分析后，很清楚地显示出该病人从一开始就是在欺骗，决定将不告诉我什么。

3．第三个梦例是发生在我身上的。我和P一起去医院，途中经过一个有许多房屋和花园的小区，同时，我觉得以前好似在梦里经常看到过这个地方。我不知道该怎么走，他指出一条转角到达餐室的路给我（在室内，并非在花园里）。我在那里打听过多妮女士的消息，知道她和三个小孩就住在后面的一间小屋里。我向那里走去，但还没有走到那里就碰见一个模糊的人影，带着我的两个小女孩；和她们站了一会儿后，我就把她们带在自己身边，并且对我的妻子把孩子留在那里很有怨言。

当醒来的时候，我似乎有一种非常满足的感觉，原因是我将从这梦的分析中了解“我经常梦见这个地方”到底是什么意思。事实上，精神分析并没有告诉有关此类梦的意义，因此，“满足”是属于隐意的，而并非是对梦的任何决断。我的满足婚姻给我带来了孩子，P的大半个人生和我相伴在一起，只是后来他在社会地位与物质上远远超过了我，但婚姻却因为无后而变得不尽如人意了。关于这梦的意义，可以从梦中的两件事就可以加以说明，不必再进行完全的分析。前一天，我在报上读到多纳夫人（Dona A-y）逝世的消息（而我在梦中称之为“多妮”），她是因为难产而死的。我太太说，负责接产的妇女就是替我们接生两个最小孩子的那位。“多纳”这个名字之所以会引起我的注意，是因为不久前在一本英文小说中看到过它。另一件事是，此梦发生的日期，正是我长子生日的前一天晚上；他似乎颇有诗人的气质。

4．从梦见家父死后还在墨牙族人的政治领域中扮演某种角色的梦里醒来后，也有同样满足的感觉，我的解释是，这种满足是上一段梦的连续，记得父亲死去的时候，就像他躺在床上的那个样子，简直就像是加里波第自己，我很高兴这一承诺终于实现了……（还连下去的，不过我已经忘了）。分析终于使我能够填满这空隙，这是关于我第二儿子的事。我给他取了个与历史上伟大人物一样的名字“克伦威尔”，这个名字在我孩提时期，曾强烈地吸引着我，尤其是我到英国访问，在儿子出生的前一年，我已经决定如果生下的是个男孩子的话就一定要取这个名字，而我将以非常满足的心情去祝贺这新生儿。这里我们非常容易地看出，为人父亲那种被压抑的自大是如何的转嫁给孩子的，而在真实生活中，这不过像是一种将潜抑的感情付诸实施的办法。而小孩子之所以会在梦中出现，是因为他和那将要死的人有同样的瑕疵——容易把屎拉在床单上。请用该眼光来将Stuhlrichter（总裁判，依字意解乃是“椅子”或“凳子”的裁判）和梦中所展露出来的，要在自己的孩子面前表现出伟大与不受辱的姿态加以评比。

5．接下来我们将注意分析梦中所表达的决断，而不再管那些还在呈现于睡醒时刻或者是清醒时刻的判断。在歌德抨击M先生的例子里就包含着许多的决断。“我企图找出其时间顺序，虽然是不大可能的。”不管从那一方面看，它好像都是批评这件荒谬的事——即歌德将会去抨击这位与我很熟悉的年轻人。“我看那时他大概仅有18岁。”这句话看起来好像是经过计算的，虽然是出自愚劣的脑袋，但最后那句“但我不清楚现在是什么年代”却似乎是梦中不确定的或者是疑惑的范例。

所以，上面这些话从表面看来都像是原发于梦中的决断，但分析结果显示出的这些文字还可以有别的解释，而且是解析此梦者非常重要的。同时这些话还可以澄清各种荒谬。这句话“我企图找出其时间顺序”，使我置身于我朋友弗利斯的处境——他仍在想找出生命的时间顺序，这样它就会失去评定它前面极具荒谬性意义的句子的分量。插入的那句“虽然是不大可能的”则属于下面的话“看来他似乎是……”在与那位女士议论其弟弟病案的例子中，我差不多完全使用了这些精确的字眼，如在我看来，这简直是不大可能的观点——即他大声呼喊“自然！”怎么会和歌德扯上什么关系呢？但我认为这是非常可能的。这些语句又具有一些你熟悉的性的意义。确实，在此例子中，的确表达了某种决断，不过是发生在真实生活里（而非在梦中），是被梦思追加起来并且加以利用的。梦的内容以及对其他梦思的方式将这种决断巧妙地加以利用了。

在梦中，虽然数字“18”和决断的相连是毫无意义的，但这是此决断从原来地方脱离原留下的痕迹。最后的那句话“我不清楚现在是什么年代”只是为了强化我与此瘫痪病人的距离。在我诊查他的时候，这点的确曾被提及过。

从研究看来，这些好像是对梦的评论的结果，在本书的前面所提到过的解析梦的原则：必须把梦各成分间的联系看成是无关的，同时又必须从每一个要素本身出发去探讨其源由。梦是一个有机的整体，但在研究的时候必须再把它恢复成碎片。从另一方面来说，在梦里一定有种心灵的力量在运作，才会造成这些表面的关联，也就是说这种力量将梦的运作所连成的材料再度加以校正。这是我们面对的另一种力量，其重要性我们将在后面加以对比，现在且把它当作是构成梦的第四种因素。

6. 下面又是一个我曾引用过的梦例，可以作为“决断”在梦中运作的例子。在市议会寄来通知书的那个荒谬的梦中，我这么问：那么，后来你是否紧接着就结婚了呢？算来我是在1856年出生的，似乎刚好是接下来的那一年，这一切就蒙上逻辑结论的外衣。家父在紧接他的追求之后，于1851年结婚，我当然是家中的老人，在1856年出生，所以，这都是对的。我认为这个虚假的结论是为了达成某种愿望而设计的，而主要的梦思是这样子进行的：“四五年根本不是一回事，不值得去加以考虑。”这种逻辑式结论的每个步骤，不管与内涵或程序如何相像，都可以认为在梦思中就决定好了。而我这位同事认为，治疗大病的病人自己决定要在治疗结束后去结婚。梦中我同父亲谈话的方式就像是审问或考试一样，这使我联想起大学中的一位教授，他常常询问选修他课程的学生许多令人讨厌的问题："出生年、月、日？"——1856——"父亲名字？"接着学生就用拉丁文说出父亲的教名；我们学生都这么认为，这位教授是否可能由学生父亲的教名能推断出什么结论，而不能由学生的名字推断出来。因此梦中推断出结论不过是另一件推断结论（梦思中的一件材料）的重复罢了。由这里我们又学到一些新的事物。如果梦中出现了一个结论，毫无疑问，它肯定是源于梦思，不过它表现的方式可以是一段回忆的好材料，或者是以逻辑方式联结一连串梦思。不管怎样，梦中的一个结论一定是代表着梦思中的结论。

现在，让我们再对梦进行解析。这位教授的询问不仅使我想起大学生的注册名单（是用拉丁文写的），而且还使我想起了自己的学术研究。攻读医学的5年，对我来说的确是太短了，于是，我静静地再多工作了几年。因此，熟人都把我当作是闲人一个，怀疑我是否能过关。于是，我很快的决定参加考试，并且获得通过，尽管迟了些。以下是我对梦思新的强化，凭着这个梦思我能坦然地面对批评我的人："虽然我慢慢做使你们认为不可置信，但是我仍将会获得成功的；我将使我的医学学习得到一个令人满意结果。过去，事情曾经这样的发生过。"

梦开始的数句话里隐含着一些具有争辩性质的句子，这些争辩还不能说是荒谬的，而且可能是发生在清醒的时候。对市议会寄来的这封信我感到很奇怪，因为在1851年时我还没有出生，同时和这可能有关的家父也已逝世。这两个辩解不但本身是对的，并且，如果我真的接到过这么一封信，它们也会与我的辩解相吻合。从前面的分析知道，此梦是源于苦恼及嘲讽的梦思。如果假设审查的动机是非常强有力的，那么梦的运作仅是为了制造一些对存在于梦思中荒谬思想的完整与确实的反驳。但是分析的结果却显示出了梦的运作并不是那么自由，它必须要义务性地运作出梦思得到的材料，这就像是一道代数方程式（除了数字外）其中包含着加号、减号、根号、幂号，如果叫一位不懂得数学的人把它记录下来，那各种符号和数字都可以被抄下来，但是却把它们都混淆在了一起。梦中的这两个辩解可以追溯到下述材料上。当想起我对心理症病人作心理学解释，所引用过的前提，第一次听说曾经引起过怀疑和嘲笑时，我觉得非常困扰。比如说，我认为，人生第二年的印象（有时甚至是第一年）会一直存在于那些以后发病者的感情生活中，而这些印象——虽然受到记忆的扭曲与夸张，都是造成歇斯底里症状的第一个和最深刻的根基。而当我在适当的时机去向病人解释这点的时候，他们总是以一种嘲弄的口气模仿着这新得到的知识，他们将会准备去寻找一些他们还未活着时的记忆。而我的另一个发现是，父亲对女儿的早期性冲动所充当的角色（出乎意料的）——亦会遭到同样的看待。但是不管怎样，我觉得会有足够的理由认为这些假设是正确的。为了证实这一点。我想起一个例子，他的父亲在他还很小的时候就去世了，而后来的事件证明，存在的潜意识中，仍然留有这位很早就去世的死者的影子（这么想的确很令人费解）。这两个结论是基于从正确性将会受到考验的推论上，因此这就是愿望达成——即在梦运作中利用我害怕会遇到考验的论点来推导出不会被引起争论的结论。

7. 在一个梦的开始时，梦者对突然而来的事物表示一种吃惊，对这梦我至今还没有好好加以研究，老布鲁克叫我做一些非常奇怪的事。这与解剖我自己身体的下部（骨盆部和脚）有关。我以前好似像在解剖室看过它们，但是却没有注意到自己的身体缺少这些部分，而且丝毫也没有害怕的感觉。N.路易斯站在旁边帮我把骨盆内的内脏器官取了出来，我们能够看到它的上部，现在又可以看到下部，二者是合起来的，还可能看到一些肥厚肉色的突起（在梦里面，使我想起痔疮）。一部分盖在上面像是捏皱了的银纸，我亦小心地把它钩出来。接着我再次拥有了一双脚，在市镇里走动。但是（由于疲倦的缘故），我坐上计程车，使我惊奇的是，这车子开进一间屋子里，里面有一条通道，在快到尽头的地方转了一个弯，车子终于又回到屋外来了。最终，我与一位拿着我行李的高山向导走过变化无穷的风景。在路途中，考虑到我疲倦双脚的缘故，他也曾背过我。地上很泥泞，所以，我们沿着路的边沿走；人们像印第安人或吉卜赛人似的坐在地上——其中有位姑娘。在这以前，在滑溜溜的地上一步步前进的时候，我有这样一种惊奇的感觉，即经过解剖之后我怎么会走得这么好呢？终于，我们到达一间小木屋，末端开了一个窗。向导于是把我放下来，同时拿起两块预先准备好的宽木板架放在窗台上，这样就可以构成一个跨越窗边陷坑的桥梁。此时，我真担心我的脚。但是我们并没有像预料中那样渡过去，却看到两位成人躺在沿着木屋墙壁而架的板凳上，好像还有两个小孩睡在其旁边，似乎是小孩将使这渡越成为可能（而不是木板）。我起来的时候，感到十分害怕。

每一位对梦的凝缩作用有稍许了解的人都会知道，要详细分析这个梦需要用多少页纸才够说清楚。幸运的是，在这里我只需讨论其中一点，即作为“梦中的惊异”的例子。这表现在插入的那句话“很奇怪”中。让我们来看看这个梦。那位在梦中帮助我工作的N.路易斯小姐曾经找过我，要我借给她一些书阅读。我给她哈盖特著的《她》，我向她解释说：“这是一本奇怪的书，但却潜藏着许多意义。”“永恒的女性，我们感情的不朽……”她打断了我的话，“我已经知道了。难道你没有属于自己的东西吗？”“没有，我不朽的巨著还未写成。”“那么，你什么时候才能出版你那所谓最新的启示，而且，我们都能看得懂的那本书？”她以这种讽刺的语气问道。我发现她是在替别人发言，因而就默而不语，我想即使只是把自己对梦的工作成果发表出来也要付出极大的代价，因为我必须公开许多自己私人的性格。

> Das beste was du wissen kannst,
> Darfst du den buben doch nicht sagen
> 你所知道的最好的事，
> 你都不可坦率地告诉小孩子们

梦里要我解剖自己，因此在自己的梦例中自然要牵涉到自我分析，布鲁克在这里出现是十分恰当的，因为在我第一年的科学研究中，我就曾把自己的一个发现放在一边，直到他一再坚持要我把它发表出来为止。但和N小姐的谈话引起的思想太深而不能显现出意识来，它们分散到同为提起哈盖特的《她》所激起的材料里面。这评语“很奇怪”是与在此书上的，还有该作者的另一本著作《世界的心》，梦中的好多元素即来自于这两个极富想象力的小说。著者被背过的泥泞地带，以及要用宽木板才能渡过的陷坑，是取自《她》这个书。而印第安人和木屋中的女孩则来自《世界的心》，这两本小说的向导都是女性。并且都和危险的旅行有关：《她》描述了一条神奇冒险的道路；很少有人走过，并且引向一个还没有被发现的地带。从我对此梦所做的笔记看来，双腿的疲倦是在那个白天所感觉到的，也许这带来了一个倦怠的情绪和这个疑惑的问题：“我的脚还能负载多久呢？”《她》这部冒险故书的结尾是：女主角（向导）不仅没有替他人和自己找到永生，自己反而葬身于神秘的地下烈火中。一种恐惧无疑在梦思中活动着，那“木屋”就是暗示着棺材，即“坟墓”。然而，梦的运作却成功地以愿望达成来实现这个希望。因为我到过坟墓一次，那是靠近奥维托被挖空的伊特律利阿人的坟墓——一个狭窄的小室，靠着墙壁有两个石凳，上面躺着两个男人的骨骼，梦中的木屋内面看来与它没有什么两样，除了石室变成木屋以外。梦好像是这样说：“如果你一定要在坟墓中旅居的话，那么就让成为这伊特律利阿人的坟墓吧！”通过这置换把最悲惨的期待转变成为非常受欢迎的事。然而不幸的是，梦经常能够把伴随着感情的概念颠倒过来，但却不能常常改变这种感情。所以梦醒的时候我就觉得“害怕”——虽然这观念很成功地呈现出来（即孩子也许会完成他们父亲失败的事）。这暗喻着一本怪

诞小说中所谓人的认同可以一代代流传下去，持续达二千年之久。（本梦将在后面再度提到）

8. 另一个梦的内容对梦中的经验发出类似的惊异。但是这个惊异却与一个深刻的，牵强附会的几乎是理智的解释相连，即使它不包括其两个有趣的特征，我也要将它加以分析。在7月18日或19日晚上我乘坐开往南方的火车旅行，当睡着的时候我听见："Hollthurn到了。停十分钟。"我立刻联想到了棘皮动物（holothurians）——想到了自然历史博物馆——这是勇敢的人类在绝望中对抗统治他们国家的超级力量的地方——是奥地利的反抗改造运动。就像是斯地里亚或泰罗的一个地方。接着我隐隐约约看到一个小博物馆，里面摆着这些人的化石或遗物。我很想走出火车，却又犹豫不决。在看台上有携带着水果的妇人，她们蹲在地上，在那个姿势下，邀请似的举起她们的篮子。我之所以会犹豫不决是由于我不知道时间够不够，然而火车没有动。突然我处在另外一间房子里，里面的家具和座位显得很窄以至于背部会直接抵触到车厢的靠背，对此我感到很惊异。但我想自己也许在睡着的状态下被人换过了车厢。这间房子里面有好些人，包括一对英国兄弟，墙上书架明明白白的摆着一排书，我看到《国富论》和《物质与运动》，那是厚厚的巨著，包着褐色书皮。那男人提起关于席勒的一本书，问她妹妹有没有忘记，这些书好像有时像是我的，有时又像是属于他们的，我想加入他们的谈话，为了要证实或者支持前面所说的……我醒来的时候浑身是汗，因为所有的窗子都开了，车子恰好停在马尔堡（在斯地里亚内）。

在记下这个梦的时候，我又想起另一个梦来，这是记忆所想遗忘的。我与这对兄妹交谈，提到了一件特殊的工作："这是从（from）……"但接着我自己又更正为："这是由（by）……""是的，"那人和他妹妹说，"他说的对。"（将在第七章再度提到）

在梦中，车站的名称一出现，无疑的就把我部分的弄醒了，我用Hollthurn替代了马尔堡，而在车长喊"马尔堡到了"的时候，我就听到的事实可由梦中提到席勒而得到证实。虽然他出生在马尔堡但却不是斯地里亚的这个马尔堡。（席勒不生于任何一个马尔堡，而是生于马尔巴赫，德国任何一个小学生都知道，我也不例外，这是一个口误。）这一次旅行我虽然乘坐的是头等车厢，但却很不舒服，火车挤得满满的，我的那间小室内还有一对男女，看来很像贵族，但却很没有教养。或者我觉得他们根本不需要装出由于我的进入而引起恼怒的样子，我礼貌地打了个招呼，但是没有得到任何反应。虽然，两个人是并肩坐着（背向着火车头），那妇人在我眼光下很快地用阳伞挡住面对着她的那个靠窗的座位；门立刻关上了，他们两人交头接耳的交换是否要开窗户的意见，也许他们一下子就猜出了我想透一口新鲜空气的欲望。这是个非常热的晚上，完全封闭的小室很快就会有令人窒息的感觉。根据以往的旅行经验看来，这种有傲慢以及无情行为的旅客只有那些享受半价或免费优待的人才做得出来的。果然当查票员走来，我将那花了许多钱买来的票交给他看时，从那个女士的嘴里发出傲慢的以及好像是威胁的声调："我丈夫有免费优待。"她有种奸诈以及不满足的外貌，年纪距离女性美丽的凋微已经不远；那个男人没有说一句话，只是坐在那里动都不动。我想睡一觉，在梦中我对这个令人不快的旅伴进行了很可怕的报复；没有谁会怀疑在梦前半部的支离破碎的表面下会隐藏着侮辱与轻视。当这个要求被满足后，下一个希望就出现了——改换房间，在梦中各种景象很快的改变，同时亦没有引起任何的反对，因此，如果我从记忆里找出一些更可亲的人物来取代面前的这两位，是丝毫也不会让人感到惊奇的。但是在这例子中，某个东西反对将景色改变，并且认为要加以解释。我为什么会突然转到另一个车厢里呢？我不记起是什么时候改换的。只有一种可能：我一定在睡着的状态下换过了车厢——很稀奇的一件事，不过，此种例子能在精神病患者里寻得到，我们了解有些人可能以一种朦胧（半清醒半迷糊）的状态踏入火车旅途，没有一点迹象暴露其不正常，不过，直至到了某处才猛然醒悟过来，并且对中间那漏掉的记忆感到诧异。因此，在梦中我宣称自己是"Automatisme ambulatoire"（无主漂游症，即一种歇斯底里症）的患者。

辨析的结果使我找到又一个答案，那个希望解释的企图并不是我的意志（假如把它归为梦的运作的结果，那么，这就太使我惊诧了）而是录自一位心理症病人。在这书前面我提及一位得到很高教育，可是在生活上却是个心肠软的男人，在他父亲逝世后不久就一直不停地责难自己有谋杀的意念，同时替他本人所动用的安全措施而感到烦恼，这是一个被迫性思想症的严重病例，不过患者没有完全的病识感。起初，他一到街上就注意（强迫性冲动）他遇见的任何人在何地消失，假如那人忽然逃脱他的视线，那么，他就感到很苦恼，而且认为或许自己已经把他杀掉了，这使他痛苦不堪。因此，这里面蕴含着（除了别的以外）"该隐幻想"（Cain phantasy）因为"任何人都是兄弟"。他无法做完这项工作（下手），所以不得不把自己锁在房间里，可是报纸却带来了外面出现谋杀事件的消息，而他的良心就会以一种揣测的形式向他暗示，也许他自己恰是那个被捉拿的杀人犯。在头几个星期里，因为断定自己没有走出房子使他因此免除这些指控。然而一天，他认为自己可能会在一种无意识状态下走出房屋，因此，杀害了别人而自己不知，从那时候起，他就把室内的前门锁着，把钥匙交给管家，并再三的强调，一定不能让这钥匙送到他手里（即他向管家要）。

这就是我企图解释的自己可能会在无意识状态下调换了车厢的起源；这早就在梦思里做好了，准备现成的套入梦内容中，而且，在这个梦中显而易见的要满足自己与病人仿同的目的，我对他的回忆很容易的就被一个联想联系起来：我上一个夜间的旅途就是与此人一起过的，他痊愈了，我同他一起到各省去看望他那些邀请我去的亲戚，我们两人拥有一间包厢；整个晚上皆让窗子开着，我们两个谈得非常高兴，我了解到他的病源在于对父亲的仇恨冲动来自童年，而且和性有关。通过和他的效仿，我向自己坦白同样的冲动，而事实上，梦的下一部分以同样放纵的幻想了结。——由于这两个人对我的粗鲁，而这又是出于我的到来使他们起先要在夜晚里拥抱、亲吻的计划落空，这个幻想还能追寻到孩童时代，那时可能处于某种好奇心，小孩子跑到双亲的房间去，却让父亲赶出去。

我找个需要更多描述的例子，它们只不过能证明我前面所说的罢了——即梦中的结论正是梦思中原型的再现而已。

一般，这重复出现的并不恰当，甚至插入一个很不合适的内容来，不过有时却像我们最后这个例子所指明的那样，它使用的那么巧妙，以致初看之下，我们会以为这是在梦中独立的心理活动。在这里我们要注意，即使精神活动没有投入梦的建造，可是却可以将几个相同来源的元素联系在一起，使其有意义而且不产生冲突。在讨论这个问题以前，我们首先要知道梦中发生的感情，并将它同变思的感情加以对比。

八、梦中情感

施特里克的精细观察，使我们认识到梦中的情感和梦的内容是不同的，梦中的感情在醒后会很容易就被忘却。“在梦里假如我害怕强盗，当然强盗只是想象的，但是，畏惧却是真实的。”在梦里如果我感到高兴，这也是一样。根据感觉知道，梦里所体验到的感情，与清醒时的体验相比很具有相同的强度，是毫不逊色的。而梦确实以更大的精力，要求把它的感情包括到真实的精神经验中去（而对其内容的要求却没有那么大）。但在醒悟时刻我们却不能就这样把它包含在内，因为除非能与某个观念连接到一块，否则我们无法对情感加以精神上的评估。而若感情和观念的性质与强度不能相敌视，那么这清醒时刻的判断力就处在模糊的状态之中了。

我们常常感到奇怪，梦中概念内容并不伴随着情感（可是在清醒时刻，这念头是不会激起感情的）。史特林姆贝尔曾宣称，梦中的意念是个富有精神价值的。但梦中还存在一种完全不同的情况，即一些看起来是平淡的事件，却会导致强烈的感情冲动。因此，在梦中可能处在一个可怕的、危险及厌恶的情况下，实际上并不让人感到害怕；相反对一些无害的事情而感到惊慌，或者对一些很幼稚的事情觉得非同凡响。

梦的谜在了解其隐意之后会很快地消失。所以，我们不用再为这谜烦恼，因为这么一来，它就不会存在了。分析的结果显示出意念的素材会被调换以及被取代，而感情却可以维持原状不变，所以，对这种现象我们不应再感到奇怪。因为意念的素材经过修改以后，当然与那未曾改变的结果不再一致；所以通过分析能把适当的素材放回原处，也就不用惊奇了。

在一个受到审查影响和阻抗的精神情结里，情感是最不受到影响的。单凭这点，我们就可以得到如何弥补那遗漏思潮的指向。对心理症病人来说，这比梦要来得更确切。因为就其本质而言，它们的感情是恰当的，虽然其强度会由于神经质注意力的调换而加以夸大。如果一位歇斯底里症病人惊诧于自己会对一些琐细无聊的事情感到恐惧，或者一位得了强迫性思想症的病人因为自己对一些并不存在的事实感到困扰以及自责而大感惊异，那么他们都是失去了方向的。因为他们把这些意念——即那些琐事，或者根本的事实当成是很重要的，所以，他们再挣扎也是要失败的。他们认为这些意念是他们思维活动的起点（即病根所在），精神分析可能使他们回归正途，让他们辨认这些感情是应当的，并且把那些属于它的意念寻找出来（已经受到潜抑，并为一些替代品所替换）。这一切的条件是，感情和那些意念之间并不存在我们认为理所当然的不可分割的连接，这两个分离的整体只不过是勉强结合在一起，所以在分析后就能分离。根据梦的解析经验看，事实的确是如此的。

下面我将利用一个梦作为开始。虽然梦的意念应显示梦者应当有情感的激动，但事实却与此相反，而分析正能解决这一点。

梦例之一

她在沙漠中看见三头狮子，其中一头朝着她大笑，即使后来她千方百计地要逃开它们，但她当时并不感到畏惧，她正尝试着攀爬上树，却看到她表姐（妹）（一位法国太太）已经在树上了……

分析得到下列事实，梦中的“不为所动”来源于英语中的一句俗话：“鬃毛是狮子的饰物罢了。”她的父亲保留着一道胡须，盘桓在脸上像是狮鬃似的。她的英文老师的姓名又是莱茵（Lyons）小姐。一位熟人送给她一份Loewe（德语，狮子之意）的民谣集，这就是梦里那三头狮子的来源。那么，为什么她要害怕它们呢？她读过一篇故事，描述一位黑人，由于同伴的怂恿而起来反叛，后来被猎狗追赶，被迫爬上树逃命，然后，她在一种高昂的情绪下说出她一些残缺的记忆，如《如何捉狮子》：“把一片沙漠放在筛子上筛，则狮子将会留下来了。”还有一个关于某官员的轶事，非常有意思，但将很少有人知道：有人问那位官员为什么不去钻营讨好上级，他回答道，“他已经在上面了”。于是，整个梦就可解开了。我们知道了她在做梦的那一天到丈夫上司那里去拜访，他对她很有礼貌，而且，吻她的手而她一点也不畏惧他——尽管他是个高个头，并且，在她那国家的首府里扮演着社交的主要人物（social lion）。因此，这狮子就和《仲夏夜之梦》中那个暗含着的让每个人都舒畅的狮子相同了。所有那些梦见狮子而不畏惧的梦都是如此。

梦例之二

我的第二个例子是，一位少女梦见她姐姐的孩子死了，躺在小棺材内，但是她却根本不感到伤心悲恸。经过分析我们可以认为，梦者只不过利用此梦来掩饰她那想再见见她所爱男人的欲望而已；她的感情必须和愿望相适，而不是配合这种伪装。所以她不需要悲哀。

在有些梦例中，感情和取代了感情所附着的原先素材的意念仍然有相连之处。但在其他的梦里，二者的差别却变得很大。感情与它那归属的意念从根本上脱离了关系，而在梦的别的部分出现，和新组合的梦要素相结合，这情况就与我们前面提及的梦中判断的例子相同，如果梦思中有一个重要的决断，那么梦的中心就存在一个；但是梦中的结论可能调换到一个不相同的材料上，这种调换经常是依据对偶的原则。

我将引用下面这例子来证明最后这种可能。这是我分析得最深刻的一个梦例。

梦例之三

一座临近海洋的城堡。后来，它不再坐落在海边，而是在一个狭窄的，与海连通的河上。城堡的主人是P先生。我和他一起待在宽敞的招待室里——开着三页窗，前面是一道墙的突起物，就好像是城堡上的齿形状似的突起物，我属于防守军团，也许是一位志愿的海军军官。由于处在战争状况下，所以，我害怕敌人海军的到来，P先生想要躲开风头，提示我如果害怕的事情来临时应该如何处理。他那残废的妻子和孩子们都在这座城堡里。轰炸开始时，大厅里相当肃静，他呼吸加重，转过身来就走，但是，我把他拉住了，问他如果必要时，应怎样与他联络。他讲了一些话，不过却立刻倒在地上死去。毫无疑问，我的问题肯定给了他一些很强的刺激。在他死后（对我一点影响都没有），我觉得他的妻子是否还要待在城堡里，我是否应把他死亡的消息报告给更高的统辖当局知道，我是否要替他管辖这个城堡（因为我的地位仅次于他）。我立在窗前，看着那些航行着的船只通过。全是一些商船，急速地驶过深蓝色的水面，有一些船有根烟囱，有一些船则有鼓胀着的甲板〔就像在开始的梦（Introductory dream）中那个车站建筑一样，不过并没有在这里报告〕。接着，我兄弟和我一起立在窗前，看着运河。当看到某一艘船时，我们恐惧地大叫道：“敌舰来啦！”然而结果却是一艘我知道要返航的船。紧接着就是一条小船，以一种非常滑稽的方式穿插到中间来，它的甲板上能够看到一些奇异的杯形或箱形的物体，我们齐声喊道：“那是早餐船！”

船的快速行驶，深蓝色的水面，烟囱上飘着褐色的烟，这一切结合成一种紧张、不吉祥的景象。

梦中的地点是我几次到阿德里亚蒂卡（Adriatic）〔米拉马拉（Miramara）、杜诺（Duino）、威尼斯（Venice）和阿奎拉（Aquileia）〕的目的地所结合成的。复活节期间，我和兄弟到阿德里亚蒂卡游玩的印象依然非常深刻（做梦的前几周）。这个梦也暗示着美国和西班牙之间的战争，以及这个海上战役留给我的焦虑感（因为我美国亲戚的安危）。

梦中有两个地方应显现着感情。一处是应该有感情冲动但没有发生，反而将注意力集中在城堡主人之死“对我一点影响都没有”。在另一个方面，当我以为看到敌舰时，惊恐万状，整个睡眠也笼罩在恐惧中。在这个结构完好的梦中，感情配置得那么好，结合没有产生明显的冲突，我没有理由要因为城堡主人之死而感到害怕，不过在成为城堡的统帅以后，却因为见到敌人的舰队而感到害怕。分析表明，P先生不过是我自己的一个替代物罢了。在梦中我反而替代了他，我自己才是那猝死的城堡主人，梦思是有关我早死后家庭的未来情况。而这是梦思中唯一骚扰我的，所以，一定是与它分离而和认为见到战舰的情节相连在一起的。另一方面，那部分和战舰有关的梦思却是由最令我愉快的回忆中得来。一年前，在威尼斯的一个神奇而艳丽的白天，我们一起站在房子的窗前看着蔚蓝色的水面，那天，湖上船只的行动较繁乱，我们期望英国船只的到来，并且给予隆重的款待，突然我太太跟孩子一样快活地大喊：“英国的战舰来啦！”在梦中，我因为这些相似的字眼而引起恐惧。（我们又再次发现，梦中的语言是由真实生活中重现而来的，我会在后面叙述我太太所喊的“英国”亦脱离不了梦的运作。）因此，在把梦思转化为梦显意的过程里，我把愉快转变为了惧怕，我只需要轻微暗示一下，各位将会明白变形本身就超出了梦内容的隐意。这例子也证实梦的运作可以任意地把情感与梦思原来的联系割断，并在显意中某一经过筛选的地方将它说出来。

我要利用这个机会来稍微地分析一下“早餐船”的含意，它在梦中的出现，使原先较为合理的情况变得没有意义了。当我对梦中这物象进行更仔细的观察时发觉这船是黑色的，中间最宽阔的部分被切断了，所以，它的形状和我们在埃突斯堪城的博物馆里被吸引的那些物件极为相像。那是一些方形的黑色瓷器，有两个把柄，上面放着好像是装咖啡或茶的容器，有点像今天我们使用的早餐用具，经过询问后，我们才知道这是埃突斯堪女人用的化妆用具（toilette=toilet set），上面有些器具可以存放粉末和化妆用品。我们还开玩笑地说，把它带回家送给自己太太是个很好的主意。因此，梦中这个景象的意义即是黑色的丧服（toilette=衣服），意思是死亡。这景象另一方面又使我回忆起那些装运了死人的船（德语Nachen，由希腊文υε`κμζ推导而来，意即死尸）——早些时候人们把尸体放在船上，让它在海上漂浮而非身死其中。这与梦中船只的回航相关联：

Still，auf gerettetem Boot，
treibt in den Hafen der Greis.
平安地坐在船上，
老人静静地驶回港口。

——《生和死寓言》的一部分，席勒作

这是该船失事后的返航〔德语Schiffbruch的字面意思是沉船（shipbreak）〕而早餐船恰好在中间被切断了，但“早餐船”这名字起源于何处呢？这就是源自“战舰”前缺失的“英国”。英语早餐（breakfast）就是打破绝食（breaking fast）。这打破（breaking）和船的失事（ship-break）又再联系在一起，而绝食（fasting）和那黑色丧服或toilette又互相连着。

可是“早餐船”这名字是在梦中新创造的，这使我记起最近一次旅程中最愉快的一件事，因为不放心阿奎拉（Aquileia）供给的食品，所以，我们预先从戈里扎（Gorizia）带来一些食物，又从阿奎拉买到一瓶上好伊斯特里安（Istrian）酒。当这艘小邮轮慢慢地从“谷湾”运河驶过空阔咸水湖再驶向戈拉德（Grado）的时候，我们两人在甲板上高兴地吃着早餐，我们从来没有吃过比这个更舒畅的早餐了。因此，这就是“早餐船”，在生活愉快最佳记忆的背后，正隐藏着对不可预测以及神秘的将来所具有的忧郁。

感情与其直接联系的解离是梦形成的一件最明显的事实，不过这并非是梦思转为梦显意过程中的唯一或最重要的变化。如果将梦思的感情和梦中那些相对比，那么，我们立刻就会感觉到一件很明显的事实。不论在什么时候，梦中的情感都能在梦思中

寻到。不过，反过来也同样成立，通常因为经过种种处理后，梦中的感情已经远逊于起先的精神素材，在重新将梦思构建的时候，我们往往会感到最猛烈的精神冲动，总是有挣扎着想出头和一些与它截然不同的冲突和对抗，可是，再回头看它在梦中的表现，却会发现它一般是无色的。没有任何强烈的感情，梦的运作不仅将内容并且也将我思想感情成分缩减到冷漠的程度。可以这么说，梦的运作造成感情的压抑。譬如说，那个关于植物学理论的梦。事实上，梦思是想要按照自己的选择去自由行动，并按照自己（只是我自己而已）认为是对的想法来指引我生命冲动的感情要求。好像是由这梦推论而来，但却不是这么说："我写了一本关于这种植物的专论；这本书就在我跟前，它有彩色的画片，每一画片都带着一片脱水的植物标本。"这就如同是个满目疮痍的战场换取的和平，但又看不出有任何迹象显示那已经发生过的战争。

然而，有时就不是如此的，活生生的感情有时会进入梦中，但我们要先考虑以下的事实，即许多看来是淡漠的梦，不过在追究其梦思时却带有深厚的感情。

我不能对梦运作将感情压抑的事给予彻底的解释。在这样做之前，必须先要对感情的理论以及压抑的机制加以详细的研究，因此，我只想提及两点。我被迫（因为旁的理由）这么认为，感情的发泄是一种指向身体内部的离心过程，跟运动及分泌作用的神经分布相似。就如同睡眠当中，运动神经冲动传导受到限制一样，潜意识点燃离心的感情发泄在睡梦中可能也变得困难。在这种情况下，梦思的感情冲动就显得软弱，所以，在梦中显现的也不会很强烈，由这观点来看，"感情的压抑"并非是梦运作的功能，而是因为睡眠的后果。这也许是真的，但却不完全是真实的。我们必须重视，任何相当复杂的梦都是各种精神力量相冲突后相互协调而产生的。架构成意愿的思潮必须要对付阻抗的审查；而同时另一方面，我们都清楚潜意识的每个思想串列都带着某种感情，所以，这么想可能不会错到哪里去，即感情的压抑是各种相反的力量相互牵制，以及审查压抑的结果。因此，感情的压抑是审查的第二结果，而梦的改造乃是第一结果。

下面我将提到一个梦，其冷漠的感情可以用梦思中的反面对抗来以加解释。这个梦很短，不过肯定会使每位读者感到厌恶。

梦例之四

一个小山丘、上面有一个好像是露天的抽水马桶：一个十分长的座位，尽头上是个洞，它的后边满满地盖着许多小堆的粪便，具有不同尺寸和新鲜度。在座位的背后是草堆，我对着座位小便：长条的尿流把所有的东西冲净，粪堆很容易被冲掉，落入洞中。不过似乎后来还有些东西留了下来。

为什么我在此梦中一点也不觉得厌恶呢？

分析的结果显示，此梦乃是由一些最令人满意、最惬意的思潮构成的。我马上联想到赫丘利斯（Hercules）打扫奥金王的牛厩，而这大力士就是我。小丘和草堆是来自奥斯湖，我的孩子正在那里停留。我已经发现心理症源起于孩童时期，因此，能预防使他们不患该病。除了那个洞的座位，与一位女病人出于感激而送给我的一件家具的样子相仿，这让我想起很多病人曾经夸奖过我。的确，即使是那个关于人类排泄物的老设施也可以解说成是一种快慰。无论在真实中我是如何讨厌，在梦中它则暗示着一些事实，即意大利小城镇的马桶都完全是这个样子。那把什么都冲净的小便，便是个伟大的象征。这是在《小人国游记》内，奥列佛熄灭利里普的大火——虽然这使小人的皇后对他产生厌恶，这也是拉伯雷的巨人卡冈都亚跨越诺脱达姆教堂，用尿来喷射城市用以报复拜火教徒的办法。在做梦的前一个晚上，我刚翻阅了尼尔对拉伯雷著作所做的插图，奇怪的是，另一件事可作为我是此巨人的证据。巴黎著名的诺脱达姆教堂是我喜爱的地方，每当闲暇的时候，我都在教堂那布满着怪物与魔鬼的塔尖上上上下下。尿流使粪便那么迅速地消逝又使我想起这句座右铭来："它吹垮了他们。"日后，我将把这句话作为一篇关于歇斯底里症治疗方法论文的篇名。

现在提一下此梦让人兴奋的原因。这是个闷热夏天的下午，黄昏时分我讲演有关歇斯底里症以及行为偏差的关系。我对自己所说的一切都不太满意，并且，好像是毫无意义的，我很疲劳并且对这艰苦的工作感到全无兴趣，心里一直希望着这一切都赶快结束，早些和孩子们一同去游览美丽的意大利。就在此种情绪下，我由教室走到了咖啡馆，在露天吃了一些小食品，可是我毫无胃口。一位听众跟来并要求我喝咖啡吃卷面包并坐在我身旁，然后他就开始说一些谄媚的话；说他从我这里获得了许多东西，说他如何用崭新的眼光来观察事物，以及我关于心理症的理论是如何冲掉了他那有奥金牛厩似的错误与偏见。总之，他说我是个伟人。我当时的心情对这种赞扬恰好不可能接受，于是，我一直与自己的厌恶感斗争，提前回家以便摆脱他，并在入睡之前翻阅拉伯雷的画页和梅耶的短篇小说《一个男孩的哀愁》。

这就是造成此梦的素材。而梅耶的短篇小说就勾起我童年的一幕。白天情绪的骤变以及厌恨之情持续进入梦中，并且提供显意的整个素材。可在晚上，一个相反而强有力的，几乎是夸张式的自我肯定情绪代换了前者。于是梦内容必须找到一种形式能同时表达出自惭形秽加上夜郎自大的妄想。二者的妥协造成了这含糊不清的梦内容，但同时也变作一种淡漠的情绪，这是由于两个相反的冲动互相调和的结果。

根据愿望实现的理论，如果没有这种自大在讨厌的情绪中发生的话，那么此梦是无法产生的（它虽然受到压抑，但却具欢愉的气氛）。因为困扰的事情可能不会在梦中表现；没有任何令我们困扰的梦思能够进入梦境，除非它同时具有一种满足另一种愿望的伪装。

梦的运作同时还有另一种处置梦中感情的方法——除了把它们转换或降至零以外，梦的运作能把它们变得恰好相反，对于解梦的规则我们已经非常熟悉了——在解析时，梦中每一个因素都很可能代表相反的意义，其概率是与显意相同的，我们事前并不能知道它是这种意思或是那种意思，只能由梦的内涵才能确定。当然一般人会怀疑它的真实性，因而释梦的书通常采用“梦的意义和其显意相反”的规则，这种能够把事情转换为相反的事实是因为在脑子内部，某件事与其对偶是很密切的关联。就像种类的置换一样，这种转变可以满足审查的要求，不过常常却是愿望实现的产物，因为愿望实现本身就是把一件不痛快的事情以其反面来置换，如同概念能以反面呈现于梦中，梦思的感情也是这样；而且，这种感情的变换似乎常常由梦的审查制度来完成的。我们可以用社交生活作为审查梦最为大家熟悉的比较，因为在此种场合，利用压抑加上相反的感情达到假装的目的，假如和一位我需要毕恭毕敬的人谈话（而我又想表现出对他有敌意的话），那么，我必须要能掩饰这些感情，而且，缓和我的语气，如果我说一些非常有礼貌的话，而表情或姿态却表现出恨意与轻视，那么，结果是和公开在他前面表露敌意一样。所以，审查使我压抑着感情，即如果我是佯装的专家（所谓玉面狐狸），那么，就能装出相反的感情——愤怒时候的微笑，充满毁灭欲望的时候一副深切挂念的表情。

我们上面看到过一条有关感情以相反形式显现的例子。在那个梦里我看见我叔叔留着黄色的胡子。梦中我对朋友R先生怀有很深厚的感情，为何在梦中却觉得他是一个大傻瓜。一个一开始就是由梦中把感情倒反的例子，引申出审查存在的可能，但我们不需要假设说梦运作是凭空造出这种感情的，因为它早就存在于梦中了，而且，常常是随手就可招来，梦的运作是基于一种防卫动机产生的精神力量来将它们加强，直到可以在梦形成中独当一面。在刚刚提到的关于叔叔的梦中，那个相对的，深厚的感情也许来源于孩童时代（在梦的后面部分暗示着），因而，据我孩童早年以及特殊的经历来看，叔叔与侄儿的关系成为所有我友谊与仇恨的由来。

一个关于这种相反感情的好梦例，弗伦茨记载过，一位老绅士半夜把太太吵醒，因为他在睡眠中毫无拘束地大笑，后来这人就讲述了以下这个梦：“我睡在床上，一位我认识的绅士走进了房间。我想把灯打开，但办不到，我一次又一次地尝试，都不成功。然后我太太从床上下来协助我，然而她也一样办不到，因为穿着睡衣在外人面前觉得害羞，所以，她同样也放弃了尝试，又回到床上。这一切是那样的可笑以至于我忍不住大笑。太太问：‘你笑什么？你笑什么？’但我还是一直大笑，直到醒来。”第二天，这位绅士感到十分忧郁，同时又很头痛，他自己认为是由于笑得太过而感到不安。

分析起来，这梦不是那样好笑的。进入房间的那位他认识的绅士，从梦的隐意来看那是死亡“伟大的未知”的意象——一个他前一天在脑海中浮现的意念。这位老绅士患着严重的动脉硬化症，所以有理由在那天想到死亡。而不可抑制地大笑，则是置换了因为他必须死亡所带来的哭泣，他所以不能再扭亮的是生命之光。这忧郁的思想与他睡前尝试的性交有关，他尝试过，不过却失败了，虽然太太宽怀而谅解地协助他，他知道自己不行，已经走下坡路了。梦的运作成功地把性无能与对死亡的忧郁以一滑稽的景象表达出来，并且把哭泣变成大笑。

有一类特别的梦，可称之为“伪君子”，并且是对愿望达成定理的重大的考验。这是从希尔弗丁（Dr.M.Hilferding）女医师在维也纳精神分析协会提供的罗赛格（Peter Rossegger）的梦以后，才吸引了我的注意力。

罗赛格在《你被解雇了》的小说中记下这个故事：

“平常，我睡得很死，但近来好多晚上却不能很好地入睡，虽然我的职业是学生以及文学家，但好多年以来我就背着一个不能解脱的裁缝生活的影子——像一个不能甩掉的鬼影。

“在白天，我并不会常常或强烈地想到过去，就像剥去野蛮人外皮而想轰轰烈烈地干一番事业那样，我这位充满干劲的年轻人也会想到关于自己晚上的梦。只有在我养成思索的习惯以后，或者是身体内野蛮人的本性开始稍微肯定它还存在时，我才发现只要做梦，我在梦里都是一个裁缝工，长时间的在师傅的店里工作而没有薪俸。坐在他身旁缝缀熨烫服装时，我非常清楚自己不再属于这工作，在成为中产阶级以后，我还有很多更有意义的事情要做，但梦里我总在度假中，老是在外旅行，而且，坐在师傅旁边帮他的忙，对此我觉得不舒服，浪费了太多的宝贵时间，而这些时间可以用来做一些更重要的事情。如果布料裁得不太准，就要挨师傅的骂，可是，他从来没有提到薪酬的问题，弯腰站在黑暗的店里，我常常想写个报告来告假。有一次我办到了，不过师傅毫不理会，然后我又再坐在他的旁边缝着衣服。

“在这些辛劳的工作之后，我醒来的时刻是如何的快乐呀！不是我自己决定这持续的梦如果再发生的话，我要坚决地地把它甩开并说：‘这只不过是个错觉，我正在躺在床上，我要睡觉。’可是第二个晚上我又坐在裁缝店里了。

“于是这梦继续好几年，而且是很有规则地发生，有一次我和师傅在阿尔佩霍夫（Alpelhofer）的家（这是我第一次当学徒时所寄住的农夫家）工作，师傅对我的工作特别生气。‘我想知道你的脑筋溜到哪里去了？’他叫道，并严肃地望着我。我想最合理的反应是站起来对他说，我工作的目的只是为了让他高兴，接着离开他，但我从未那样做。当师傅叫另一个学徒过来，命令我离开好让他有座位坐下来时，我并没有反对而移到角落去缝缀。同一天，另一名工人，一个狡猾的伪君子被聘用——他是有名的浪荡鬼——19年前曾经在我们这里干过，可是，有一次从酒馆回来他却掉进了湖里。他要坐下来已经没有空位了，我带着疑惑的眼光紧盯着师傅，然而，当他向我这么说，‘你对裁缝没有天分，你可以走了。’从那以后，我们就一刀两断互不相认了。我是那么害怕因此醒了过来。

“灰色的晨曦从没有挂上窗帘的窗子照进房间来，各种艺术著作环绕着我，我那漂亮的书架上摆着永恒的荷马，伟大的但丁，不可超越的莎士比亚，辉煌的歌德——都是灿烂光耀的不朽人物。隔壁房间里传出孩子醒来和母亲开玩笑的笑声。我感到自己似乎又重新体会到一种田园诗般的甜蜜、平和、诗意的精神生活。这是我一直深深感到的沉思的欢乐。然而令我感到不痛快的是，不是自己上交辞呈，而是反被师傅开除。

“是多么的奇异呀！自从梦见被辞后，我就再次享受平和了，再也没有梦见缠绕了那么久的裁缝生涯了——这个虚假朴素的生活确实是令人愉快的，不过却在我以后的生活中留下好长的阴影……”

在这一长系列的梦中（梦者是个作家，小时候是个裁缝职工），我们很难发现愿望实现。梦者的欢乐全部建架在他白天生活的基础上；晚上做梦时，他又再次回到他努力挣脱的不愉快的生活中。我自己一些相类似的梦使我对这个问题能稍微了解。当我还是个年轻的医生时，我有很长一段时间给化学研究所工作，不过没办法掌握好这门科学所要求的技巧，所以在清醒的时候，我一直不愿想起这乏味的以及丢脸的工作生活。可是，我却一直梦见自己在实验室工作、分析以及做其他各种事情，这些梦和考试的梦一样让人感到不快而且也不确切。当分析其中的一个梦时，我始终注意“分析”这个词——使我拿到解开这些梦的钥匙。从那些日子开始我就是个分析家，我现在做的就是那些被赞许的分析工作，当然事实上是精神分析。因此我发现：如果我对早上的分析工作感到满意，并且吹嘘自己是如何的成功的，那么，当晚做的梦就会提醒着另一件——就是我没有理由感到满意甚至是失败的分析工作，这是对奋斗成功者惩罚的梦，就如同那位裁缝职工变为作家后所做的梦一样，但是梦为何会自我批评？为何会磨灭自我奋斗的成功骄傲呢？为何会呈现合理的警告却不是强蛮的达成愿望呢？就如同我前面说过的一样，这问题解答起来很困难。我们或许可以这样来说，这种梦的基础也许是一种夸张而野心勃勃的幻想造成的，不过后来却被这泼冷水的侮辱思绪取而代之，我们不能忘掉心灵中的被虐待冲动，这或许造成了这类相反，我赞成将这类梦命名为“处罚的梦”以便与达成愿望的梦相区别，我想这才不会与我前面所提的各种理论有所矛盾，不过只是言语上的一些缺憾让我们觉得，两个相反的极端会合在一起是很新奇的。对此种梦的仔细研究，会使我们又再发现另一个元素，在我有关实验室的许多梦当中，有一个背景很模糊，而且我又正好处在医学生涯中最忧郁和最不成功的年龄。我还没有职位，并且不知道要怎样赚钱生活，但同时却还发现我有好几个能够选择的结婚对象。所以，我就再度年轻，并且，她也年轻了——这位和我共度好多年困苦生活的妇女，于是，一个一直向老年人内心念叨的愿望变成了潜意识的梦的煽动者。这种心灵上的虚荣及自我批评之间的对立，决定了梦的内涵，只是那些深埋的欲望自然是年轻人的愿望，才能将这冲突变成为梦。就是在清醒的时刻我们有时也会这样子对自己说：“今天所有事情都很顺利，只是以前的那些日子是困苦的。不过这都一样，因为那些时光是美好的——那时我还年轻。”

另一类会经常遇到而且认为是虚伪的梦，其内容是和一些长久以来已断绝友谊者的和谐交往。这些梦例的分析都表现出一些使自己与他们断绝来往或成为敌人的事情。只是在梦中却描绘成完全相反的联系。

就作者或诗人记忆中的梦来说，我们能知道他们肯定会省略那些他们认为是无关紧要或是分散注意力的梦的内容。因而，这对于我们来说是一个大难题，不过只要他们将那些内容填补后问题就解决了。

兰克（Otto Rank）曾向我说过格林的神话故事“小裁缝”或是“一拳7个”具有相同的命运成功者的梦，那位裁缝后来成为英雄后，并被招为驸马。有一天晚上，他梦见以前的手艺，那时他正躺在他太太（公主）的身旁。所以，公主大生疑心，第二晚叫武装的守卫藏在可以听见梦者呓语的地方，准备将他逮捕，只是小裁缝事先受到警告，因此得以改正他的梦。

要使梦思感情能够转化为梦中所呈现的感情，是要经过繁杂的程序的，如删除、减轻及倒置等，然而，这种程序在经过系统的分析后合成的梦例中可以被辨别出来。

下面我将再引用一些感情的梦例，它们将证实这些说法。

假如我们再回溯到那个奇怪的梦，即有关老布鲁克让我解剖自己骨盆的梦（见第六章）。我们很容易发现在此梦里，我缺乏在这种情形下所应有的害怕感觉。从许多方面来说这都是某种愿望的达成，解剖即指我在这本关于梦的书中所做的自我分析——这程序在现实生活里对我有大的困扰，以致我推迟了一年多不让它出版。后来想到我可能可以克服这个不愉快的感觉，所以造成我梦中不害怕的感觉，我也很高兴不再变为灰色（grauen，亦指grow grey）。我头发已经长得够灰了，这警告说我不能再继续推迟下去。在梦的结束部分，那种要我的孩子完成艰难旅程的目标才得以表现出来。

梦例之五

下面我们再来谈论两个梦醒后感到快乐的例子。第一个例子，得到快乐的理由是希望，"这乃是我的所谓'曾经梦见这个'的意义"，而感到快乐的原因其实是我的第一个孩子的出生。第二个例子感到快乐的理由是我认为某些预期的事情终于成为了事实，而事实上所指的与前个梦例类似！这是我在有了第二个孩子时的快乐。在这些梦例中，梦思里的情感持续到梦中；不过我们可以有把握地说，梦中事情是没有如此简单的。假如对此二例予以更深的分析，我们很容易发现这个避过审查的快乐是受到了另一来源的加强。这另一个来源有理由惧怕审查，而其伴随的感情，如果表面不用一些类似而合理的快乐（来自一些被核准的源流）来掩饰，只将自己置身于其掩护之下，无疑是会遭受阻抗的。

不幸的是，我不可能在这些梦例中说明这点，可是由生活另一部分所取得的例子，能够使这意义变得清楚。有一位我很厌恶的熟人，每当他发生什么不好的事，我都会有一种觉得很快乐的倾向。可我性格中的道德部分却不让这冲动得逞，我不敢表示希望他倒运的想法，但每当他遭到一些不应当遭到的厄运时，我都要抑制着自己的满意，同时强迫自己去表露且觉得很遗憾，任何人一定都会在某个时候碰到我这种情况。可是，后来却发生了一件事，这种让我讨厌的人做了一件坏事正处在罪有应得的情况下，这时我由于他得到了惩罚而感到快乐满足，并且和其他公正无私的人具有同样的意见。发现自己的满足要比他人来得更强烈，那是因为有别的来源支持（由我的憎恨），尽管这方面直到那个时刻前始终受到审查的阻碍，但在这改变的情况下，它仍可以随意奔驰在社交生活中。被厌恶或者是不受欢迎的少数人如果犯了过错，往往会受到此种待遇，他们所受到的惩罚经常在应得之外再添上那些恶意，而这种感情在以前并没有产生任何后果。那些惩罚他们的人肯定是不公正的，然而，他们自己却不知道。于是，那长久的压抑解除后所获的快乐将它蒙蔽了。在这种情况下，感情从质上说是对的，但量却不对了；当自我批评对某一点不予置喙后，它很容易忘记对第二点的审查。就好似一道门被推开后，人们就很轻易地都挤进来，这要比开始你所希望放进来的人数多很多。

神经质性格的一个主要特点是：某一原因产生的结果，尽管在本质上来说是合适的，可是量却太大了——就心理学所已经了解的来说，也可适用上述的句子，多余的部分仍是那些以前受压抑而留在潜意识的情感所引起的。这些感情借着与一个真正的原因相连，而使它的产生与其他的源由——一个合法且没有瑕疵的情感——连接在一起。所以，我们注意到被压抑以及压抑机制之间的关系，并不完全仅是相互地抵消，有时二者也会紧密合作，互相加强而造成一病态的效果（这也是一样值得注意的）。

现在，让我们运用这些精神机制的提示来探讨梦中感情的表达吧！一个在梦中显示的快乐，即使能够在梦思里找到其原因，也不一定能够完全用此关系来加以解释。平常我们还要在梦思中寻找另一根源——一个受到审查压抑的。由于这压抑的关系，这源由平时所产生的效果不是快乐却是与其相反。可是，因为第一种感情源由的存在，使得第二个源由的快乐不再受压抑的影响，而且，使得第一来源的满足得以加强。所以，梦中的感情是由几个来源组合而成的而且受到这些梦思的过度决定。那就是在梦的运作过程中，那些可以产生相同感情的源由，挤在一起共同制造的。

从对那种以“没有生活”（non vixit）作为主题的梦的分析看来，我们已可以对这种复杂的问题有一点儿了解了。在这梦中，各类性质的感情在显梦里构成两个部分。当我用两个字把自己的敌手和朋友歼灭后，仇恨和困扰的感觉便产生了——梦中的文字“被一些奇怪的感情所克制着”。另一部分出现在梦快结束的时候，我特别高兴，并且认为有一种“还魂的人”可以用意愿就能随意将其歼灭（而我知道在清醒时候，这是荒谬的）。

我还没有提及这个梦的来由呢——这是很重要的，了解这一点能使我们更深层地掌握这个梦，我由朋友那里得知柏林的一位朋友——弗利斯将要做手术。我想从他住在维也纳的亲戚那里打听有关他的情况。开完刀后所得知的情况并不是很乐观的，所以，我感到很焦虑，并想亲自到他那里去。可是，那时我自己也在生病，全身疼痛的寸步难行。因此，梦思中是我担心这要好朋友的生命，据我所知他唯一的姐（妹），在十分年轻的时候就由于一个不大的毛病而去世了（我并不认识她）。〔在梦中弗利斯（梦中我称其为“FL”）提到他姐（妹），而且说她在45分钟内就死掉了。〕我一定是这么想，他的身体也强壮不到哪儿去，所以，虽然不久，我就要在听到有关他的更糟糕消息后抱病上路，而且肯定会到的太迟，这又将成为让我永远自责的原因。

所以“来得太迟所受到的责骂”成为此梦的中心，而这正好可用年轻时候的良师布鲁克，当我迟到的时候用蔚蓝色眼珠恐怖地瞪视，来指责我的情景表现出来。不过，梦不能如此完全地把它搬过来用，理由我会在后面提起。所以，他把蓝眼珠给了另外一个人，而且给予我歼灭的力量。这可以明显地显露出来这种愿望达成的结果。我对这朋友的生命的关心，我对自己不去看望他的自责，我对此事的羞愧（他曾很客气地来维也纳看我），我认为自己是假借有病不去看他的，这种种自责是造成梦中所显现的感情风暴的原因，同时也是在梦思这部分中的狂吹。

不过，产生此梦的缘由当中却有一个是具有相反效应的。动完手术后的开始几天，他的状况不太好。我曾被警告不许和任何人谈论此事。这让我很伤心，因为这是在对我的谨慎表示不必要的怀疑。当然，我明白这话不是我朋友说的，然而，这是传达讯息者的笨拙而且过度胆小造成的；然而，这掩饰着的责备却使我感到非常愉快，因而这并非毫无理由。大家清楚，只有那种实质性的指责才能有伤害的力量。许多年前，当我还很年轻的时候，我认识两个人，他们是很要好的朋友，他们用友谊来表达对我的敬意；可我很愚蠢地在一次谈话中将其中一位所说的批评他朋友的话告诉了另外一位，这件事当然和我的朋友弗氏毫无关系，可是我却永远忘不了这件事情。这两个人一个是弗莱雪（Fleischl）教授，另一个的教名是约瑟——这恰好是梦中我那朋友兼对手的P的教名。

在梦中这一元素指责我不能保守秘密。弗利斯问我还告诉过P君多少有关他的事，也是同样的指责。不过凭着这个记忆（我早期不能保守秘密以及造成的后果）反而使我现在这个对自己将太迟到达的自责转换到在布鲁克实验室工作的时刻。并且通过把梦中被歼灭的人喻为约瑟，不断指责自己到达的太迟，而且还指责我强烈地压抑着自己不能坚守秘密。由这梦便可以看出凝缩作用和置换作用，以及其产生的动机。

可我现在这个微不足道的愤怒（关于警告我不得泄露关于弗氏的疾病）却在心灵的深处得到加强，成为一种仇恨的洪流，指到我在现实生活所喜爱的人身上。这个加强源于我的童年，我已经说过，我的友谊与敌意来源于童年时和大我一岁侄儿的关系；他怎样凌驾于我之上，我如何学习保护自己。我们在一起生活，互相亲爱，不可分离，可是有一段时间（据长辈的回忆），我们二人常打架，并且埋怨对方的不是。以这一观点来说，我以后的朋友都是这类人的肉体转化，所以都是“还魂的”这位侄儿在我孩提时代又再出现，那时，我们5次扮演着恺撒与布鲁特斯的角色。我的感情生活一直强调着自己应有一个十分亲密的朋友和一个仇敌；而我一直可以使自己满足这愿望，我这孩童的概念经常会使我的朋友与敌人出现在相同的人身上；当然这不会在同一时间发生，也不是经常转换的（和我童年的情况不同）。

至于说一件最近发生的事情如何会引起孩童时所发生的事件，而且以之取代当前的因果关系，我却不想在这里加以讨论。这问题属于潜意识思想心理学的范围，或者是心理症的一个心理学上的解释。不过，为了梦的解析的原因，我们能够这么假设，我对孩童的联想（或者由幻想所产生）多少具有下列的内容：我们这两个孩子因为某些事而打架——到底是为了什么可以不管，尽管记忆或其错觉把它表现得很真实——每一个都说他比另一位先到达，所以有权利得到它，于是，我们整夜都打闹着；力量便是权力；然而，由梦中的证据看来，我自己也觉察出自己的过错（“我知道自己的错误”）；只是这次我是强者，掌握着战场的胜利；至于失败者跑到我父亲（他祖父）面前，告我的状，而我用从父亲口中听来的话为自己辩护：“因为他打我，所以我才打他。”这个记忆（更可能是幻想）在我分析的时刻浮现在脑海中——在未有更多的证据面前，我很难说为何会如此——并且成为梦思的中间元素，积聚着它们的感情（就像收集流入来的水流一样）。从这点看来，梦思是这样的：“活该，你应对我让步，为什么你想要将我推倒呢？我不要你，不久我便能够找到别的伙伴。”等等，而后这些便进入到梦中表现的途径。有一段时间，我指责过约瑟（P），因为他也采取类似的态度：“ote-toi qui je m'y mette！（让开！）”他在我以后继任布鲁克研究所的助理，该研究所的升迁不但慢而且啰唆。然而，布鲁克的两个得力帮手又没有离开的迹象，因此，年轻人便沉不住气了，我的这位朋友明白自己的日子确实不多了，并且又因为与上司之间没有深厚的感情，所以时常大声公开地表示出不满。又加上他的上司弗莱雪病得很厉害，而P想要把他赶走的愿望也许不只是为了自己的升迁，其意图也许更为恶毒。当然，在几年前，我亦有相同的想法，因此，一旦有晋级和升迁的可能，那么就会产生对妄想意愿压抑的机会，莎士比亚的哈姆雷特王子即使在他病危父王的床前，也压抑不住把皇冠戴在头上试试的冲动，然而，和我们的推理相似的是，梦中对我这位朋友无情想法的惩罚让我放弃了自己。

“由于他野心勃勃，所以我杀他。”然而，他不能等待别人的离开，所以，他本身就被铲除了。这是在我参加大学纪念堂揭幕典礼之后立刻产生的随想——不是对他，而是对另外的人们，因此，我梦中所感觉到的快乐，应该如此解释：“一个公开的处罚！你是罪有应得。”

在P君的葬礼后，一位年轻人讲了下面这些似乎不合情理的话：“教士说的话让我们觉得这个世界失去此人后，是没法存在的。”他也只是表达其忠诚的反应，其感伤因为夸张而得到困扰，然而，他这些话则是下述梦思的起因：“真的，他是没有人可以代替的。我已经看到许多人死去了呀！只是我还活着，所以，我拥有这个领域啦。”在我担心没法赶上见弗利斯（FL）一面的时候，类似这样的想法就涌现出来，我只能想到这种解释；由于自己比别人活得久些，他死去（并非是我）了，而我硕果仅存并拥有这个领域——而这不是童年以来所梦寐以求的。这源于童年的满足（拥有这个领域）造成梦中情感的主要成分，我很高兴自己还活着，所以就像下面这轶事所表达的幼稚自我情绪一样。丈夫对妻子说：“如果我们中间有一人死去，那么我会搬到巴黎安家。”所以，很明显的，我觉得自己不是将死去的那个。

不可否认，解析与报告自我的梦需要具备高度的自律。由于这将使报告者成为和他共同生活的高贵人物中的坏蛋，所以，我觉得自然的，这些还魂者我要他活多久就活多久，而且能够从一个意愿就将它抹杀掉，这就是为什么我的好友约瑟会在梦中得到惩罚。只是还魂者是我童年时候朋友的肉体重现罢了，因此也是我感到快乐的来源——我可以随时为此角色找到替代者，我对这快要失去的朋友也可以找到一个替代者，因为没有人是不能够置换的。

但审查到底是干什么呢？为什么它对这狠毒的自私不予以强烈的反对呢？为何它不把联结在这思想串列中的快感改变为极端的不愉快呢？我想答案应该是这样的：和此人相连的某种无法对抗的思想串列同时也得到了快乐，而且这种感情恰好遮住了由受抑制的童年妄想所带来的感情。在揭幕典礼的时候，我感情的另一层次是：“我失去许多朋友了呀！有些人死了，有些是因为友谊的破裂；我是多么的幸运，由于我已经用一个新的，而且对我更有意义的人来代替他们，在我这个轻易不再能获得友谊的年代，我要保持这种友谊而不再失去它。”“我让一个新的朋友来代替失去的友谊”是能允许进入梦而不会受干扰的，只是同时却偷溜进了源自童年感情的具有敌意的满足。毫无疑问，童年的感情加强了现时这合理的感情，可是童年的仇恨也非常成功地获得且表现出来的机会。

除了这些以外，梦中还明显地暗示着，另一可以导致快乐的思想体系。不久前，在长时间的期待之下，我朋友弗氏（FL）生下一个女儿，我了解他是如何的哀悼着他夭折的妹妹，所以写信告诉说终于能够将他对妹妹的爱转移到这个女儿身上了，而他将失掉那不可补偿的损失。

因此，这个思想又和前面谈到的隐意的中间思想出现关联（而由这思想发射出许多相反的途径）——“没有人是无法予以取代的”“只有还魂者：我们那些失去的都会再度回来！”而梦思各种相冲突成分间的再现，由于下面这个偶然事件而连接的更为密切了：我朋友小女儿的名字碰巧和我小时的女伴的名字一样，这位女伴和我同年，而且是我那位最早的朋友兼敌人的妹妹。（即John与Pauline兄妹）。当我听说此婴孩命名为保利娜（Pauline）时心中十分快乐，对此巧合的暗示是，我在梦中，以一个约瑟代替了另一个约瑟，而且发现毫无办法压抑住“FL”与“Fleischl”之间开头的相像处。现在我的思想又再次回到自己孩子的名字上，我一直认为他们的名字不要追求时尚，而应该纪念那些我喜爱的人，这些名字使他们成为还魂者，我想，孩子不就是我们到达永恒的方式吗？

对梦中的感情，我还有一点意见需要补充。从睡眠者脑海中的某一元素造成我们所谓的“情绪（mood）”，或许是某种感情的倾向而这会对他的梦产生决定性的影响，这种情绪大概根源于他前一天的经历或思想，或者是根据记忆。不管怎样，它都是伴随着适当的思想串列。不论是梦思的理念决定了感情，还是感情决定了梦思的理念，对梦的框架来说没有什么不同。二者都显示梦的框架是受到愿望实现的影响，而且都是由希望取得心灵的动力，这种实际存在的情绪和梦中产生的情感是应该得到同样看待的，即有时会被忽视，有时会用来作为愿望实现的新解析。睡觉中的不安情绪可能是梦的原动力，由于它引起了生机勃勃的愿望，这正是梦所想要满足的。情绪所附着的素材因此被加以运作，直至能够表达其愿望达成为止。而这不安情绪在梦思中如果愈是强烈和占优势，那么愈被强烈压抑的愿望冲动便乘机钻入梦中；由于既然不愉快已经存在（否则它们需要制造出来），因此困难的部分已经完成了使自己潜入梦中的工作。这时，我们又再遇到焦虑的梦的问题，然后我就会知道这将是梦活动的边缘的例子。

九、再一次的校正

终于我们现在能够谈论梦形成的第四因素了。如果我们用和开始一样的方法来探讨梦内容的意义——即用梦中显示的内容和它梦思的来源相比较，那么就会碰到一些必须以崭新的假设来予以解释的元素，在我的大脑中还记得一些例子，梦者在梦中感到惊奇，愤怒，被拒绝，而这仅仅是梦内容中的一部分引起的。在前面的众多例子中，我们不难发现，这些梦内紧张的感觉和内容并不一致，这曾在适当的例子中显示出来。可是有许多这类的材料却不能如此解释，无法找到它与梦思的关系，譬如说，这句经常在梦中出现的话“毕竟这不过是个梦而已!”有什么意义呢？这是梦中一个真正的评论。就像我在清醒时所做的一样，而且这常是睡醒前的序曲，更常见的是，它紧跟着一些令人不安的感觉，但在发觉这只不过是梦境后又会平静下去。当梦中产生“毕竟这只是个梦而已”时，它和奥芬巴赫（Offenbach）[1]的笑剧中《美丽的海伦》中所述说的具有同样意义；它不过是要减少刚刚体验到的事件的重要性，以便使接下来即将产生的经验更加易于被接受，它的目的是在向“睡眠”催眠。由于这精神因素正要使它兴奋起来，并且有使梦不再继续的可能，或者是该剧的继续发展，这么一来，就可以更舒适地继续睡下去，并且承受梦中的一切，因为“这毕竟只是一个梦而已”。我认为这是一个令人轻蔑的评论。“毕竟只是一个梦而已”是在下述情况下产生的：当那一直没真正休眠的审查发现，在不经意的情况下让某个梦出现，要再抑制确实是太晚了，所以，审查只能用这些话来对出现表示焦虑感。这不仅是精神审查的精神松弛的一个事例。

这使我们能够证实梦中的每一事物，并不都是来源于梦思，何况其内容能由一个与清醒脑袋不相上下的精神功能制造出来。不过问题是，这种情形是例外的？还是除过审查以外，这种精神活动也经常能占据梦内容的一部分呢？

我们毫不犹豫地承认后者是正确的，尽管知道审查机构只是删除或限制梦的内容，但是也能够增加或插入一些内容。这些插入的内容是十分容易被辨认出来的。往往梦者述及此点时难免会犹豫，自然前面冠以“就像（as though）”；它们自己并不太令人注目，不过，却是用来连接梦内容的两个部分，或者将梦的两个部分连接起来。与真正源于梦思的材料对照后才知道，它是较难留存在脑子里的；假使我们把梦给忘了的话，这部分的记忆是最早失去的。我怀疑那些经常听到的怨语：“我有许多梦，不过忘了大部分，只记得一些零碎。”（请看本章第一节）就是由于这种快速忘却的思潮引起的。在解析的过程中有时我们会发现，它与梦思的材料丝毫无关联，不过在仔细的研究后，我们还会发现这并不常见；插入的部分往往能溯源到梦思，只不过无法以自身的力量或先决的方法来呈现于梦中；似乎只有在十分特殊的情况下，这类精神活动才会创造出新的事物，在大部分的情形里，它只是利用梦思中的材料。

这个梦运作因素的特征就是目的，这正是泄露其身份的部分了。这功能如同诗人恶意形容哲学家的字眼一样：“它用碎布缝补着梦架构的间隙。”因为它的努力使梦克服了荒谬和不连贯的问题，并且接近于理智。可是它也不是常常成功的。

表面看来，梦通常是合乎逻辑与合理的，从一个可能的情况开始，然后，经过一连串的发展，最后，得到一个合理的结论（虽然并不太常见）。这一类的梦一定受过此种精神功能（与清醒时的头脑没什么两样）大量的修正。看来似乎是有意义的，不过却与真正的意思大大不同。如果将它们加以分析，我们不难发现，再度校正任意加

---

1 雅克·奥芬巴赫（Jacques Offenbach，1819—1880年）：法国作曲家、古典轻歌剧创始人之一。代表作有轻歌剧《地狱中的奥菲欧》《美丽的海伦》《格罗什坦公爵夫人》等。——译者注

工着梦的素材，并且把它们之间的关系降低到最低程度。可以说这些梦还未呈现在清醒的头脑以前，就已经被解析一遍了。在别的梦例中，这种具有偏向的校正只能说是部分的获得成功。梦的一部分开始似乎是很合理的，接着又变得模糊，毫无意义，接下去又再变成合理了。还有一些梦例，校正是完全失败了的，因为那些梦是一堆无意义的碎片组合而已。

我不否认这个属于第四种梦产生因素的存在，不久我们还将对它感到熟悉。事实上，它是在四个因素中最被我们所熟悉的一个，这个第四因素具有提供给梦的新贡献，当然它和其他的因素一样，也是利用梦思中现存的素材，依据其爱好来进行选择。有一个这样的例子，它不需要辛辛苦苦地为梦构建起一座冠冕堂皇的正面，因为这已经存在于梦思中了。我习惯于把这些梦思叫作幻想，就像在清醒时说的“白日梦”似的，也许这么说可以避免误会。精神科医师对梦在精神生活中所扮演的角色还不太明白，虽然本尼迪克特（M.Benedikt）在这方面有很好的开始。不过白日梦所具有的意义并不能逃过诗人那敏锐的眼光，譬如歌德曾在很有名的《总督大人》中仔细描述了一位小角色的白日梦。对心理症病人的研究使我们很惊讶地发现幻想（或者白日梦）是歇斯底里症状的直接前身，即使不是全部至少也是大部分。歇斯底里症状并不是与真实的记忆相关联，而是建立在一些对于记忆的幻想上。因为这些能意识到的白天幻想经常发生，使我们对此构造得以了解。不过，除了这些意识到的幻想外，还有更多的潜意识幻想，其内容与受到潜抑的来由是造成它们变为潜意识的理由。仔细讨论这些白天幻想的特征，使我们觉得将它和晚间的思想产物——梦相比是较为恰当的，他们和晚间的梦具有很多相同的性质，因此对它们的研究也许是了解梦最短的与最好的方法。

和梦一样，它们都是愿望实现；和梦一样，它们根源于幼童时经历到的印象；和梦一样，它们因为审查的松弛而得到某种程度的益处。如果再仔细观察其结构的话，我们不难发现，“愿望的目的”正把各种建构的素材重新组合以形成新的整体。它们与幼童时期的记忆关系，就像是巴洛克宫殿（Baroque palace）和古代废墟的关系一样，其台阶和柱子供给这些现代建筑的材料。

由“再一次校正”中，这个所谓梦产生的第四个因素，我们再次发现那个在创造白日梦而又不受别的影响得以呈现出的同样精神活动。可以简单地说，我们所说的第四个因素就是把供给的素材塑成一些像白日梦的事物。只是梦思中如果已经有现成的白日梦存在，那么，梦运作的第四个因素就会利用这现有的资料，而将它纳入梦的内容，所以，有些梦只是在重复着白天的幻想——也许是满意识的。比如说，我的孩子梦见和特洛伊战后的英雄同驰战场；还有我那“Autodidasker”的梦，其第二部分我和N教授谈心的重现完全是白天幻想（此幻想本身是无邪的）。只是这些有趣的幻想只形成梦的一部分，或者仅有一部分进入梦境中，只能这样解释，即梦的产生需要满足许多繁杂的条件。通常说来，幻想和其他的梦思部分都是受到同等看待的，不过在梦中，它通常被视为一个整体。在我的梦中常有许多部分是奇特的，和其他部分明显不同，它们好像更加通顺，关系更为密切，并且比梦的其他部分来得更为短暂。我知道这些大都是进入梦中的潜意识的幻想，可是却从未成功地记下这种幻想。除了这点以外，这些幻想和梦思的其他成分一样会受到压抑、凝缩，片面和互相重叠等等。还有一些居中的例子，在两个极端的一头，是那些一成不变的造成梦的正面内容的素材；另一头是极端相反，只不过以其中一些元素，或是十分遥远的比喻来出现在梦的内容中，梦思中幻想的最后结果自然也与它能够符合审查的要求和凝缩作用的程度有关。

前面所选择的梦例当中，我始终避免引用那些潜意识的幻想占据相当重要地位的梦，因为在介绍这个独特的精神因素之前，需要先花很长的篇幅来讨论潜意识思考的心理学。只是我还是不能完全不考虑幻想，因为它们常被完完全全地移入梦中；更常见的是，通过梦而让我们意识到，所以，我下面要再引用一个梦例，里面含有两个互相抵触的幻想——一个是明朗化的，而另一个则是前者的解析。

这个我唯一没有很好记下注释的梦，内容大略是这样的：梦者，一位年轻未婚的男士，正坐在他常去的餐馆内（在梦中很真实地呈现）。之后几个人出现了，并要把他带走，其中一位还要逮捕他。他对他的伙伴说：“我一会儿再付账，我还会回来的。”可是，他们以一种蔑视地嘲笑说道：“我们全都知道了。大家都这样说的。”其中一位客人在他背后说：“又是一个！”他于是被带到一个狭小的房间，里面有一位妇女抱着一个小孩，押他的这个人说：“这是米勒先生。”一个警察，或者是某种政府官员迅速地翻阅着一堆入场券或者纸张，并且反复念“米勒，米勒，米勒”，最后，他问梦者一个问题而他答道：“我会这样做的。”于是他又望着那妇人，发现她长着满脸大胡子。

在这梦例中，我们很容易把两部分分开，表面的一个是被逮捕的幻想，看来它好像是新近由梦的运作制造的，只是我们仍能够见到它背后的材料，而这只受到梦运作稍加改换，实际就是结婚的幻想。这两个幻想在相同特征中显得十分清晰——如同高尔顿相册上的照片一样。那位单身汉应放回到这餐馆来，其同伴的怀疑（因为累积的经验而变得更聪明些），再加上他们在他背后说“又是一个（去结婚的）。”——这些却能够很圆满地符合两种幻想。那向政府官员宣誓的“我会这样做的”也是如此。

翻阅一大堆纸同时重复着相同的名字比较次要，然而却是婚姻典礼的一个特征，即便阅读一堆祝贺的电报，它们的致电大都是具有同样名字的。结婚的想象实际上比表面的被逮捕的幻想更易成功，因为新娘在梦中确实出现了。从得到的消息中可以找到新娘最终为什么会长着胡子的原因，但它不是由分析得出的。在梦发生的前一天，梦者和一位朋友（和他一样对婚姻感到害羞）在街上散步，他要朋友注意一位走向他们的漂亮、黑发女子，他朋友说："确实不错。只要这些漂亮女人在几年以后，不要像她们父亲一样长着胡子就好了。"自然即使在这个梦中，梦的改造仍在发生作用。所以，"一会儿再付账"指的是怕岳父对聘礼的态度。的确，各种疑虑都会使梦者不得由这结婚的幻想中得到愉快。其中之一仍然是害怕结婚会使他成为不自由的人，因此在梦中他变形为被逮捕的角色。

假使我们暂时回到这个观点上——即梦的运作喜欢利用梦思中现成的幻想，而不是利用梦思来另外制造一个，那么，我们就能解决与梦相关的一个最有趣的问题。我曾经提到过，毛利（Maury）在长梦结束之后醒来，发现他的后颈被小木板敲击着，而梦中他却梦见过法国大革命，他自己被断头台上的刀片切掉了脑袋。虽然此梦仍然是连贯的，但据他的解释，使他醒过来的那种刺激，是他所不可能够预测到的。因此，就只有一种情况是可能的，即梦恰好是在木板敲击他的头，和他醒来之间形成的。在清醒的时刻，我们始终就不敢认为思想活动会如此神速，所以，认为梦的运作具有加速人的思想程序的看法是正确的。

对于这迅速成为大家所熟悉的理论，许多作者都加以激烈的反对，他们不停地怀疑毛利的梦的正确性，同时又想辩论清醒时刻的思绪并不比这梦来得慢——假使夸张的部分能加以消除的活，这些辩论引出的诸多基本问题，不过我却不认为它们接近于答案。我不得不承认，譬如说我下意识地认为伊格（Egger）对毛利断头台的梦的反对是能令人折服的。我却以为这梦或许应该做这样的解释：毛利的梦大概是表示那么多年以来一直埋藏在他脑海里的幻想，不过却在他被猛然一刺弄醒的那时刻里被唤起，或者是被暗示出来。事实果真如此，就不难解释为什么这么长而详细的梦会在这么短的时间里被制造出来，这是因为这故事早就做好了，假使这块木头在清醒的时候击中毛利的头，那么，也许他还会这么想，"这就像砍头一样。"但是既然他在梦中被木板击中，梦的运作自然会很快利用这敲击的刺激而获得愿望实现，就如同他是这样想（这完全是比喻的）："这是个实现我那意愿幻想的绝好时机，这个幻想是我在过去念书的时候形成的。"这是不容易受到人怀疑的，因为每一个年轻人在强有力的印象下都会造出很像这样的梦的故事。谁不会被那恐怖时代的描述所吸引呢！尤其是一位法国人，而且又是从事研究人类文明历史的学者——那些贵族男女，国家的精华，都显示出他们能兴致高昂地面对死亡，而且，在死亡的瞬间仍能维持其高贵的风度与灵活的智慧。对于一个年轻人来说，这样的想象是多么的诱人啊！想象自己正向一位高贵的女士诀别——吻着她的手，义无反顾地步向断头台，或者野心正是这幻想的主要动机，自己取代那些可恨的人物又是何等的诱人啊！（这些人只利用其智力与流利的口才就能统治城市中那些痉挛抽动的人心，并且通过判决就把千千万万的人送上断头台，而铺就整个欧洲大陆改革的道路。同时，他们自己的头也很不安全，终会有一天落在断头台的刀下。）试想，把自己看成纪龙德（Girrondist）分子，或者是伟大的英雄道尔顿（Dalton），又是多么令人兴奋的啊！这便是此梦的一个特征，他被"带到执行死刑的地方，四周围着一大群暴民"，看来他的幻想就是此种"野心"型的。

这长久以来就已准备的幻想并不在于梦的展现，只要触摸一下就可以了。我的想法是，如果弹几道音符，就有人说是莫扎特的《费加罗》（Figaro）〔就像在《唐璜》（Don Giovanni）中所发生的一样〕，许多印象就会被吸引出来，但先前我一点也没有想到，关键的词句就像是同时把所有的关系都搅动了起来。潜意识的思想程序还是一样，这弄醒他的刺激让精神也兴奋起来，而让整个断头台的幻想得以实现。但这幻想并不是在梦中全部都会浮现，只是在睡醒后才回想出来。醒来后，他仍记得在梦中以整体的方式激起的幻想所具有的所有细节。所以在这个梦例中，我没法证实自己确是记得一些梦见的事情。这种解释，即这只是事先准备好的幻想，而被一个弄醒的刺激激发出来，可以应用在另外的被外在刺激弄醒的梦，如拿破仑一世在战场中被炮弹吵醒时的梦。

图波沃士卡（Justine Tobowolska）为了那关于梦的长短所做的论文而收集的梦例中，我本人认为最有价值的是马卡里奥（Macario）所描述的剧作家波佐（Casimir Bonjour）做的梦。一个傍晚，波佐想去观看他剧本的第一次演出，但他是那样的疲倦以致当戏幕刚拉开的时候，他就开始打瞌睡。在睡梦中他看完了全戏的五幕，以及各幕上演时观众的情绪表现，还有在戏演完后他很高兴听到热烈的鼓掌并且高喊他的名字。突然他醒来了，但他难以相信自己的耳朵和眼睛，因为戏不过才刚演了第一幕的头几句话。他睡着的时间绝不会超过两分钟，我们这么想是不会太草率的：梦者看完五幕戏，并且观察观众对各段落反应态度的事，并不需要在睡梦中以任何新鲜的材料制造出来，而完全可以由已经存在的幻想重现出来。图波沃士卡和别的作家一样，强调那些观念急速倾盆而出的梦都只有共同的特征：它们都是特别连贯的（这和别的梦不同），而对它们的回忆仅是摘要而不是细节，当然这是那些由梦运作触发现成的幻想所具有的特点，但是原作者并没有提出这个结论，我当然没有断言所有被弄醒的梦都适用这种解释，或者说梦中快速呈现的观念都是经由这种方式处理的。

在这里我们必须去讨论梦内容的“再一次校正”与其他梦运作的因素之间的联系。难道制造梦的程序是像下面描述的那样吗？梦的形成原因——如凝缩作用的效力，逃避审查制度的需要，以及精神意念的表现力，从梦的材料中抽取出临时的内容，然后，这些内容再经过重新铸造直到完全符合续发的“再一次的校正”。但这是不可能的，我们倒不如假设这一因素从一开始就和凝缩作用、审查制度和表现力一样，梦思必须满足它的需要才能被引导与选择出来，而形成梦内容的一部分。这些因素似乎是同时进行的，不管在哪个梦例里，这个最后提到的梦的因素，对梦是具有最小的束缚力的。

下面的讨论将会使我们认识到，我们称之为“再度校正”的精神功能和清醒时的头脑活动很可能是完全等同的。我们清醒（前意识）的思想对一切可认知材料的态度，和对待梦中内容的材料是完全相同的，对于清醒的思绪来说，我们很自然地给这些材料建立秩序，制造相互间的关系，同时使它满足理智的期望。事实上这样做确实是太过分了，魔术师很容易利用这些理智习惯来愚弄人们。我们努力使各种感觉印象综合成合理的形式，往往让我们自己陷入最奇特的错误中，甚至把眼前材料的真实性否认掉。

关于这方面的证据是众所周知的，我不再在这里花费太多的笔墨。人们在阅读的时候，时常会把错印（而把原意破坏）的部分误认为是正确的。法国一本畅销杂志的编者，有一次和人打赌，他能叫排字工人在一段长文章的每个句子后面都加上“前面”“后面”的字眼，而没有一个读者能觉察出来，结果他赢了。很多年前在报纸上看到一条有关这种虚假联想的滑稽例子：有一次，无政府主义者投掷的一枚炸弹在法国国会会议上炸开了花，迪皮伊（Dupuy）以勇敢的话“会议继续进行”来缓和恐惧的气氛，看台上的来宾被问到他们对此暴行的印象，其中两位来宾是从乡下来的，一位说他确实在某人发表言论后，听到过爆炸声，不过，他以为国会在每个发言人说完后都要鸣炮一声；第二位也许听过几次会议，因而也有同样的结论，他认为鸣炮是对一些特别成功演说的致敬。

精神机构以同样的态度对待梦的内容，要求它们合理而能加以第一眼的解释，不过却常因此产生误解。为了解析的目的，我们的原则是，不管什么梦例，我们都不考虑梦表面的连贯性，而重点考查各部分的不同来源，所以不论梦本身是清晰的还是含糊的，我们都得遵循各要素原先的路途回溯到梦思的材料去。

现在我们就能知道，前面所讨论的有关梦的清晰或含糊都不是独立存在的，再度校正产生效用的那部分是清晰的，而不能产生效用的部分是含糊的。又因为梦中含糊的部分常常又是不太鲜明的，因此，我们能这样断言：续发的梦的运作也能提供各个梦要素的强度。

如果我们要选择一个物象来和这个梦的最后形式（经过正常思考协助后）相较量，那么这个物象没有比《飘页》（Die Fliegende Blatter）中那些很久以来就吸引众多读者的名言更恰当了。书中的句子给读者的印象是像拉丁名言，而实际上是一些极其粗鲁的土话。为了对比的缘故，把土话句子中的文字字母排列顺序弄乱，再重新排列。因此，一些地方难免出现真正的拉丁文字，有些地方又像拉丁字的缩写，而另外的部分又好像是掉了一些字母，或涂删了的文字，因此忽视了每个独立文字的意义。为了不被愚弄，我们必须放弃找寻名言的企求，注意每个文字，不论其外表排列如何都要把它重新组成自己的母语，只有这样才能真正了解。

再度校正是梦运作四个元素中，最能被大多数作者观察到而且了解其意义的，艾里斯曾对再度校正进行过有趣的描述："事实上我们可以想象，睡眠中的意识对自己这样说，'我们的大人（清醒时刻的意识）来了，它是强而有力的理智和逻辑，等等。赶快！把材料收集好，将它们排列好——任何秩序都可以——在它再掌握实权之前。'"

对其运作时的方法和清醒时刻思想的雷同，曾被德拉克鲁瓦（Delacroix）[1]描述过："这个解析的功能并非梦所特有，我们清醒时刻对感觉的作用所做的逻辑协调也是同样。"

苏利（James Sully）和图波沃士卡也有同样的见解："精神对这些不连贯的幻觉所做的一切努力，就和白天它对感觉所做的协调一样，它把所有分散影像以想象的环节都连接起来，并且把它们之间的巨大间隙充填起来。"

根据其他作者的说法，这种重组以及解释程序在梦开始发生时起，一直持续到清醒时为止，因此，包尔汉（Paulhan）说："我常常这样想，梦也许会有某种程度的变形和重新造形，在记忆中……那些产生系统化的想象在睡梦开始时作用，不过却要在睡醒时才能完成，所以思考的速度在清醒时刻的想象力会很明显地增加。"

李罗（Bernard–Leroy）对图波沃士卡说："反过来讲，我们对梦所做的解析与协调不但需要借助于梦中的资料，而且也需要用到清醒时刻的资料……"

于是，这个大家所共知的因素无可避免地被过分高估了，他们认为梦之所以能创

1 德拉克洛瓦（Eugne Delacroix，1798—1863年）：法国浪漫主义画家。——译者注

造出来，完全是由于它的成就。戈布洛（Goblot）认为此种创造性工作是在睡醒刹那间所产生的，而富科（Foucault）更进一步的认为，清醒时刻的思想把睡眠时浮现的思绪制造成梦。对此观点，李罗和图波沃士卡有以下评论："由于有人认为在清醒的时刻可以发现梦的进行，所以（这些作者）认为梦是由于清醒时刻的思想把睡眠时所产生的影像制造而成的。"

根据对再度校正的讨论，我将更进一步研究梦运作的另一个因素，这是由最近锡伯尔的细心观察和研究发现的。我前面曾经提到，锡氏是在极度疲倦与昏困的状态下，强迫自己从事理智活动而发现自己把思想转变为图像。在那一刻，他用以处理的思想不见了，却被一些图像替代了此类抽象的思想。不过这时所产生的影像（可以和梦的元素相比较）有时并不是所从事的理智活动，而是与疲倦以及工作的困难和不愉快有关系。也就是说和从事这项工作的人主观情况与功能有关，而与他所从事的一切活动对象没有关系。锡氏把这常发生的事情叫作官能性现象，而不是他所期待的"物质现象"。

比如说："一天下午，我很疲倦地躺在沙发上很想睡觉，又强迫自己同时思考一个哲学上的问题。我想比较康德与叔本华两人对时间的不同看法，不过因为太疲乏了，我无法立即把他们两人的争论同时浮现在脑子里，而这是比较他们言论的必要条件。经过几次徒劳的尝试后，我只好把所有意志用来将康德的推论展现在脑海中，以便能和叔本华的相比较。但当我把注意力转移到后者，然后，再返回到康德的时候，却发现他的论证已逃开了，我无法再把它们挖掘出来。要把藏匿在脑子里的康德理论找出来的徒劳尝试，突然使它在我眼前以一种实在的形象的影像呈现出来，就像是梦的影像一样：我向一位脾气暴躁的秘书询问某件事情，他那时正弯着腰伏在办公桌上办事，恼怒我那紧急问题带来的干扰，因此半伸着身体，给我一个愤怒而难看的脸色。"（锡伯尔）

下面则是关于往返清醒和睡眠之间的例子。

发生时的情况：早晨，快清醒的时候，当我在某种程度的睡眠状态（半睡半醒）下，回想刚才所做的梦，想要重复以及继续下去，却发现自己愈来愈接近清醒，不过心里却想一定要留在这朦胧时刻。

梦中的情境：我把一只脚跨到一条溪流的另一边，不过又立刻把脚收了回来，因为我想要停留在这一边。

这一例发生的情况和另一种相同（想在床上多睡会儿而不睡过时间）。他想要在床上多躺一会儿而一下睡过了时间，"我想要多睡一会儿。"

梦见的情境：我和某人道别，不过却安排不久和他（她）再见面的时间。

锡氏观察到的官能性现象（代表某种精神状态而非物体）主要是发生在入睡与清醒两种情况下。明显的是，梦的解析和后者有关，锡氏的例子有力地指出，在许多梦中，显示梦的最后部分，接着便是醒过来。往往只是表现清醒过程，或者是有清醒的欲望，这种表现可能是跨过门槛从一房间走到另一房间，离开，回家，和朋友再见，潜入水中，等等，但是从自己的梦或分析别人的梦，我却无法找到很多和门槛象征有关的梦的要素，而锡氏的著述却能使我寄希望找到更多的象征。

但是这种门槛象征也许可能解释梦的中间部分，比如，往返于深睡以及睡醒之间的时候。然而，在有关这方面的确凿证据还未找到以前，而较为常见的是过分决定的例子，在这些例子当中，和梦思相连的梦的内容只是用来表现某种精神活动的状态而已。

锡氏表现的这一有趣的官能性的现象（虽然错不在该作者），却导致了许多滥用的行为，因而它被认为是支持那些古老的有象征性和抽象地来解析梦的凭证。很多喜爱此"官能性类型"的人甚至在梦思具有一些理智活动或情绪活动程序时，就说它是官能性现象。这些以前遗留下来的残物，固然并不比其他材料有更多或更少的权力进入梦乡。

我以为锡氏现象是清醒时刻的思想对梦形成的第二个贡献（第一个贡献我们已经借再度校正的名义研究过了）。我们已经显示了白天的注意力持续在睡眠状态下指导着梦，局限看它，批评它，而且保留着中断它们的权利，看来这个留存的精神机构唤醒了审查官，但这对梦的形式具有很强的限制性。锡氏的观察所能追加的是，在一些状况下，自我观察也扮演着某种角色，而且形成一部分梦的内容。这种自我观察机构（可能在哲学家的心灵里非常发达）与别的如精神反省、观察的错觉、良心、梦的审查等的关系，还是在别处讨论更为适当。

以下我将把这长篇有关梦运作的讨论加以摘录。我们曾被指问，精神是以它全部的力量还是仅以剩余的受限制部分力量来创造梦？研究的结果表明这个问题是不合适的。假如我被迫一定要回答的话，那么，我要说二者全是对的。尽管看来这两个答案是互相对立的，但在制造梦的时候，我们能够分辨出两种精神活动：梦思的产生，以及把它转变成梦的内容；梦思是理性的，它是我们所能具备的所有精神精力创造出来的，它们属于那些不在意识层面的思想程序，这程序也产生我们的意识思想。无疑，梦思有很多值得探讨的神秘之处，但是却和梦没有特别的关系，所以不需在梦的前提下进行讨论。可是形成梦的第二种精神活动（把潜意识思想转化为梦的内容）却是梦所独有的特点，这特殊的梦的运作和清醒时思想形式的差距远比人们想象的还大，即使是梦形成的精神功能在最低点时也是这样，梦的运作不仅仅是更不小心、更无理性、更健忘，或者更不安全的；它和清醒时刻的思想根本不同（就本质来说），因而，是不能加以比较的。它并不思考、计算或者判断；它把自己局限在给事物以新的变形上，我们上面已经不厌其烦地描述过种种它在产生结果前所应当满足的情况，那个结果，最重要的是要能够通过审查。为了达到此目的，梦的运作就置换各种精神的强度，甚至把全部的精神价值都改变了。思想应当完全或主要以由视觉或听觉的记忆痕迹来表现，但这又使梦的运作在进行新的置换中做表现力的考虑。可能，要由晚上梦思所能给予的制造出更大的强度，所以，就有凝缩作用，我们没必要去注意思想之间的逻辑关系，它们只是特殊的梦的一种伪装，但是，梦思的情感不会受到很大的影响，这些情感往往是受压抑的；当存在梦中时，它们与起初附随着的思想是分离的，并且与同样性质的感情连在一起。只有梦的运作的一部分——即所谓的校正（由于梦例有量多少的不同）——受到部分清醒的意识影响，才和其他作者苦心赞誉的思想（他们想用来包括梦形成的所有部分）一样。

第七章
梦程序的心理

在我听到的很多梦当中，有一个例子尤其值得我们注意：这是一位女病人报告的，她曾在有关“梦的讲演”中听到这样的梦（我至今仍然不知其准确的来源）。该梦的内容所产生的深刻印象却使该女士再次梦见（即再度梦见此梦的某元素），或换句话说，就是她经由此种方法来表示她对梦的某些片段的赞同。

这个范例的前因（她所听到的梦）是这样的：一位父亲在孩子快病逝的时候整日守在病床旁。孩子死后，他到隔壁房间睡下，但是让两室相连的门敞开着，所以，他能看见置放他孩子的房间以及尸体周围点燃着的长蜡烛。他还请了一位老人照顾死尸，并且在那里低声祷告。睡了几小时后，这位父亲梦见他孩子站在他床边，捉着他的胳膊，轻声地责怪他：“爸爸，难道你不知道我被烧着了吗？”他惊醒过来，发现隔壁房间正燃着耀目的火焰，跑过去一看发现那位守候的老人睡着了，一支点燃着的蜡烛掉了下来，把周围布料和他深爱的孩子的一条手臂给点着了。

这位病人对我说，这感人的梦很容易解释，并且那讲演也非常准确地加以了说明。肯定是那经过大门射来的火光照射在父亲的眼睑上，使他得到了下述的结论（假使清醒时，他也会有相同的印象）：蜡烛倒下来，连带烧着了尸体旁的某些东西。可能他在进入梦乡时还在怀疑那老人是否能够尽职。

对这种解释，我没有异议，但是要补充的是，梦的内容肯定是多重性决定的，梦中那孩子的话必定在生前说过，而且和他爸爸心灵中的一些重要事件有所关联。比如那句“我发着高烧”，可能病人在最后这场病中，发着高烧的时候这样说过。而“爸爸，难道你不知道？”可能和某些被遗忘的敏感情况有联系。可是，尽管知道此梦是一种具有意义的程序，并且关联着梦者的精神体验，但是我们却非常奇怪此梦为什么会在此种急需醒过来的情况下发生。所以这梦也是某种愿望的达成。在梦中，这个男孩的行为像是活着一样：他走到父亲的床前，握住他的手臂，警告他——可能和他生前说出“我发着高烧”的情况一模一样。为了满足此愿望，所以，父亲多睡了一会儿。他喜欢梦中的情况，因为这样，他的孩子又活过来。假若父亲先醒过来，然后才达到以上结论而赶到隔壁，那么，孩子的生命就缺少了这段时间。对于这引人注意的短梦的特点，我们毫无异议。直到现在为止，我们重要的论点都放在梦的意义上，发现这种意义的方法，还有梦的运作如何隐匿其意义之上。梦的解析一直是我们的主题，而现在我们却遇到了一个，其意义非常明显，解析毫不困难，但是留下的某些特征与清醒的时刻有所不同的梦，并且此区别必须要加以解释，只有把所有关于梦的解析的工作放在一旁，才会体验出我们对《梦的心理》的了解是何等的贫乏！

但是，在踏上“梦的心理”这条路以前，我们必须先停下来向周围望望，看看在前面那段路途中是否遗漏了什么重要的事物。我们必须知道，以前经过的路乃是此旅程中最顺利的，假如我没有太大错误的话，直到现在，我们所走过的路全部是通向光明的——即使是更深入的了解。可是一旦我们要更深层地了解有关梦的精神程序，那么我们面临的将是一片黑暗。我们无法以精神程序来解释，因为所谓解释就是将某事件追溯到一些已知的知识上，而眼前没有确定的心理知识使我们能够用来作为梦心理探究时的基础。相反，我们必须设立许多和心灵结构有关的假说，还有其运作的力量。可是我们必须小心，不能以超越逻辑的条件来联结设立假说，不然，这些假说的价值便不确定了。可就算我们的推论没有错误，而且，考虑过各种逻辑的可能性，仅仅这些假设上的残缺就足以使我们所有的推演变得徒劳无功。即使费尽心思，仅对个别梦，或者是其他心灵活动加以充分的研究，我们仍然无法证实心灵架构以及其进行的方法。为了达到目的，我们必须对一系列的心理功能加以比较研究，之后，将所得到的每种确定的知识综合起来。所以我们暂时要把由梦的精神分析推断而得的假设放在一旁，直到它和我们由另一角度去研究同一问题的结论产生关系为止。

一、遗忘

然而，现在我想把论题转移到我们以前一直忽略了的，而且可能动摇梦解析根基的一个题目上。许多人都认为：事实上我们根本不知道那些我们想加以解释的梦——或者应该更明确地说，我们没有把握它是否真正像所描述的那样进行。

第一，我们所记忆的并加以解释的梦自身就受到那不可信赖的记忆的拦截，它对梦的印象的保留非常无能，并且常常把最重要的那部分忘却了。当我们把注意力集中在个别梦的时候，经常会发现虽然曾经梦到的更多，但能记得的很少，而记得的这部分又是很不清楚的。

第二，有很多理由怀疑我们对梦的记忆不仅残缺不全，而且是不正确与谬误的。一方面，我们怀疑梦是否真如记忆的那样不相连；另一方面，我们也要怀疑梦是否像叙述地那样连贯。是否在回忆的时候，任意用一些新的并且经过挑选的材料填补被遗漏或压根就不存在的空档，也许我们以一些装饰品将它修饰得圆圆滑滑，导致无法判断哪部分是原来的内容。曾经有一位作者施皮塔（Spitta）这样说，梦的前后秩序都是在回忆的时候添加进去的。所以，这个我们想判断其价值的印象，是否可能全部从手指间滑过却不留丝毫痕迹呢?

直到目前为止，我们都忽略了以上的警告。相反，我们把一些琐碎的、显而易见的以及不确定的部分和那些明显确定的部分予以一样的评价。伊玛打针的梦中，就有这个句子，“我马上把M医师叫进来”。我们假设它是源于一些特殊的缘由，所以，我就能追溯到一个不幸病人的故事。我就在他的病床旁“马上”把一个年长于我的医生叫来。那个（将51和56看成不可区分的）明显很荒谬的梦中，51那个数字多次出现，我们没有把它当成一件自然或者是无意义的事件。反而我们由此推论，51背后一定暗藏着另一个隐意；沿着这个思路，发现原来之所以我恐惧51，是害怕这一数字会是我的大限，这和梦的主要内容所夸耀的长寿产生鲜明的对照。在那个“Non Vixit”（未曾活到）的梦中，我最初忽视了一个中途插入的不明确的事实：“因为PL不知道，所以，弗氏转过头来问我”，等等。当解释遇到困难的时候，我回到这句话上，结果追溯到孩童时期的幻想——这恰好是梦思中间的重要分歧点。这是从下面这几句话推出来的：

你们很少了解我，
我也不了解你们。
直到我们在泥巴中相见，
才能很快的彼此了解。

——海涅

所有分析中都有很多例子可以显示出，梦中最琐碎的元素通常是解释过程中不可或缺的，并且通常解释会因为对它的忽略而被延误了。我们对梦中所展现的各种形式的文字都赋予一样的重要性。就算梦中的内容无意义或者不完全，我们也把这些缺陷加以考虑。换句话说，其他作者认为是随意糅合，并且草草带过以避免混淆的部分，我们全部把它奉为圣典。对这个分歧意见，我觉得有加以解释的必要。

这些“解释”对我们是有利的，尽管别的作者并非全都错，在我们最近获得的对梦来源的知识指导下，以上的矛盾突然解除了。在重新叙述梦的时候，我们会改装它。这是对的，但这改装正是我们前面提到的再度校正——这个平凡施展作用于正常思考的机构——又一次运作。可是这改装不过是梦思通常受到梦审查修正的一部分。其他作家都会注意或怀疑这运作明显的“梦的改装”作用；但是我们对这些却没有太大的兴趣，因而，另一个有更为深远的扭曲作用（虽然较不明显）早已经从隐蔽的梦思中选出梦来。以前，作家所犯的唯一过错就是认为将梦用语言表达所造成的变异是随意的，不能苛求有更进一步的分解，所以，给予人们一个错误的梦的图像。他们过于低估精神事件被决断的程度——它们从不是任意的。在所有的梦例中，我们非常容易看出下面这种现象：假如某要素不被丙思想串列所中断，那么丁思想串列就会非常快的取代它的位置。比如说，我要任意想出一个数字，当然这是不可能的：所提示的数字是毫不含糊的，并且必然经过思考，尽管对现时的注意力来说，它也许是遥远的。在清醒时刻，梦所受到的校正更改，也同样并非是随意的，它们和被取代的事件间有着关联，而且替我们指出通往该内容的路径，而那可能又是另一个替代品。

在解析梦的时候，我通常会运用以下手段，而且从未失败过。假如病人向我提出的梦很难了解，我要他再重复一遍的时候，他很少会运用同样的文字。并且他那运用不同文字来形容的梦的部分恰好是梦伪装的脆弱点。在我看来，它的意义就像西格弗里德[1]斗篷上的绣记对哈根所代表的意义一样，这就是梦解释的起始点。要病人重复一遍，就是在警告他说我要花费更多的心思来分析这梦。所以，病人会怀着抵触心理，在这阻抗的压力下，他急促地企图掩蔽梦伪装的弱点，用一些较不明显的字眼来取代那些会泄露意义的表达方式，不过，他这样做恰好引起了我的注意。所以，梦者企图阻止梦被解释的努力倒让我推断出它斗篷上绣记的所在。

前述作者过分怀疑我们所记得的梦究竟有多少是错误的，就因为这没有什么理智上的依据。一般来说，我们没法保证记忆力的正确性，对它赋予超过客观性的信任。对于梦或者梦的某一部分是否准确地被反映出来的怀疑，事实上是指出梦审查制度的一个变体而已（就是说梦思要进入意识层面所遭受的阻抗）。这种阻抗不因已经产生的置换和取代而消失，它仍然以某种存疑的姿态附着在那些被认可出现的材料上。我们非常容易误解这点，因为它是作用不太明显的要素。我们已经清楚，梦所呈现的，

1 西格弗里德：古老的德国传说中的一个沐浴了龙血，刀枪不入的英雄，但背上一处未沾龙血成致命弱点，武士哈根说服知道这一秘密所在的克里姆希尔德，然后，在西格弗里德衣服上的这一致命处绣了一个小十字架，并据此刺杀了他。——译者注

是经过精神价值的完全置换，已和梦思不同，改装必须在消除精神价值后才可能产生；它往往以此种方式进行表达，并且偶尔也安于这种现状。但假如某种含糊的梦的内容被怀疑的话，我们就有非常的把握说，这是一个迷惑梦思的直接推衍，就像是古代国家的伟大革命，或者是文艺复兴后的情况：曾经一直控制整个国家和局势的掌握实权的贵族家庭，现在还在被放逐，所有的高级官员被新面孔所取代。只有那些最穷困、最无力量的败落人家，或者是那些关系较远依附者才会被允许住在城内。即使这样，他们还是不能完全享有自己的公民权利，而且不被信任，这种不信任和上面所提到的怀疑是相对应的。这就是为什么我要强调分析梦的时候，全部用来评价确定度的方法都要废弃；但梦中的蛛丝马迹，必须要当作是绝对的真实。在追究梦中的某一元素时，我们应当坚持这个态度，否则分析必将搁浅，假如对某个要素的精神价值抱有疑问，那么对梦者的作用是，该元素背后所藏有的观点也不会自动进入梦者的脑袋。因而，结果是不会太明朗的。梦者可以相当合理地说："我不太清楚这是否真的发生在梦中，不过我的确有过这样的想法。"但是从来没有人这样说过。事实上，这疑问是造成终止分析的原因，也是精神阻挠的一种工具或衍化物，精神分析的假设是正确的，它的一个条件是：凡是阻碍分析工作进行的都是一种阻抗。

除非考虑精神审查制度，否则梦的遗忘也是不可解的。在许多例子中，梦者觉得梦见许多事情，却记得很少，这可能具有其他意义。比如，梦的运作整晚都在进行，却只留下了一个短梦。无疑，时间愈久，我们忘掉的梦的内容也就越多；有时即使费尽心思也无法将它们记起来。我认为此种遗忘常常被高估，而且，梦之间的沟隙限制了我们对它的了解。我们经常能够用分析的方法来填补忘掉的梦的内容，至少在很多例子中，能根据一个剩余的部分框架构出所有的梦思（当然，不是梦的本身，而这事实上并不重要）。为了达到这个目的，梦者必须在进行分析的过程当中付出更多的注意力与自律，但是这也显示出梦的遗忘不是没有仇视（即阻抗）的因素在内。

通过观察此种被初步遗忘的现象，我们就可以得到"梦的遗忘是带有偏见的，并且是一种阻抗表现"的确实证据。常常在分析的过程中，被遗忘的梦的某部分又会出现。病人经常这么形容："我刚刚才想起。"通过此种方法所得以呈现的梦的部分内容必定是最重要的，它通常是位于通往梦解析的最近路途上，因此，也就受到最多的阻抗。在本书的许多梦例中，其中一个梦即有一部分通过这种"后来想起"的方式呈现出来。那是一个关于旅行的梦，有关我向两个令人不快的旅行者的报复。那时我因为对此梦内容的厌恶而没有深入地解析，那段被省略的部分是这样的：我提及席勒的一部著作（用英文），"这是从（from）……"但察觉出自己的错误后，自己就更正为："这是由（by）……""是的，"那人对他妹妹说，"他说得对。"

这种在梦中出现的自我更正，虽然引起了某些作者的兴趣，但在此时此地却不必花费我们太多的心血。我要举出一个关于梦在记忆中发生文字错误的典型例子。这事发生在我19岁的时候首次访问英国。第一次，在爱尔兰的海边度过一整天，我很愉快地在沙滩上捡起浪潮所遗留下来的水生物。当我正观察着一只海星的时候〔梦的开始即是hollthurn 和holothurians（海参类）这类词〕，一个漂亮的小女孩走过来问道："它是海星吗？是活的？"我答道："是的，它是活的。"我立刻发现了自己的错误，尴尬地赶紧加以改正。而在梦中我却以别的德国人常犯的文法错误来取代之，"Das Buch ist von Schiller"应该翻译成这本书是"由"（by），而不是"从"（from）。在听了这么多关于梦的运作的目的，以及其不择手段的任意运用各种方法以达到目的的讨论后，如果听说"from"这个英文单词是因为与德文"Fromm（虔诚）"的同音而达到高度凝缩作用的，我是不会感到惊奇的。但是我那个关于海滩的记忆为什么会呈现在梦中呢？它表示了一个最纯真的例子——我把性别的关系混错了。这当然是解释此梦的关键之一。而且，所有听过马克思的《物质与运动》书名来源者都不难填补这个空隙：它来源于莫里哀的喜剧《幻想症患者》中的"La matière est-elle Laudable"（事情顺利吗？）——肠子的动作（motion）。

况且，我还能用目睹的事实来证明梦的遗忘大部分是由于阻抗的结果。一位病人曾对我说，他刚做一个梦，不过却全都忘了，于是，我们再继续进行分析。然后遇到一个阻抗；于是，我向病人解释一番，通过鼓励与压力帮助他和这不能令他满意的思绪达成妥协，我几乎要失败时，突然他大声叫道："我现在想起自己梦见什么了。"因此，妨碍我们进行分析工作的阻抗也同时使他忘记了此梦，但是，通过克服此阻抗后，这梦又回到他的脑子里。同样，一位病人在经过了某种分析过程后，可能会想起他好多天前所做过的梦，而这梦在分析前是完全被遗忘了的。

精神分析的经验提供另一个证据，说明梦的遗忘主要是由于对该事情的阻抗，而不是由于睡觉和清醒是两个互无关联的境界。虽然别的作家也强调这一点，但我常常有这样的经验（别的分析家与正在接受治疗的病人也有同样的经验），在睡眠被梦吵醒后，我立刻以拥有的理智力量去进行解释，在那种情况下我往往坚持假如不能完全了解，就不再睡觉。然而，我有过这样的经历：在第二天清晨醒来时，完全把解释以及梦的内容忘得一干二净，虽然记得我的确曾做过梦而且解释过它，只是理智无法将梦保留在记忆内，引申梦往往和解析的发现一起烟消云散。但这并不像某些权威人士所认为的那样：梦的遗忘乃是由于分析活动和清醒时刻的思绪间有一道精神的阻隔。

马登·普林斯先生对我的“梦的遗忘”加以反对，他认为遗忘只是解离（分裂的）精神状态所产生记忆丧失的一种特殊情况，而我对这种特殊记忆丧失的解释无法引申到其他记忆类型上，因此，我的解释是毫无价值的。我要提醒读者，在对这种解离状态叙述上他根本没有尝试去寻找一种动力性的解释。如果他这样做了的话，他肯定会发现潜抑（由它而来的阻抗）是造成精神内涵的遗忘与解离的主要原因。

在准备这篇文章的时候，我已经观察到梦的遗忘和其他的精神活动的遗忘没有什么两样，并且梦的记忆也和其他的精神功能相似。我曾经记录下许多自己的梦，有些是当时无法完全解释的，有些则根本未加以解释，而现在（已经过了一年到二年之间），我是为了想得到更多的实证而对某些梦加以解析。这些分析都很成功；的确，我可以说，这些梦在经过长时间隔离后，反而变得比近期的梦更容易解释，可能是因为在这段时间内我自己已把一些内在的阻抗克服了。在进行这些分析时，我经常把以前的梦思和现在的加以比较，发现现在的总是较多，而过去的通常是被包括在新的里面。起先我很惊讶，不过很快就不以为然了，因为自己很早就有要病人诉说他们的旧梦，而把它当作昨日的梦加以解析的习惯——实施同样的步骤，并且可以成功。当研究到焦虑的梦时，我将要提出两个这样迟延解析的例子。我在得到这第一次经历的时候，曾经准确地预测：梦和心理症的症状诸方面都很相似，所以我用精神分析来治疗心理症——譬如说，歇斯底里症。我不但要解释那病人的现有症状，而且还必须解释那些早就消失的早期症状。我发现，病人的症状早期比现在的问题更好解决，甚至在1895年，我在《歇斯底里研究》上，曾经替一位年龄超过40岁的女病人解释她15岁时第一次歇斯底里症的发作。

下面，我将提到些关于解析梦更进一步却不互相关联的观点，这也许能作为读者的引导，如果读者想分析自己的梦来验证我的观点的正确性的话。

必须要知道，解析自己的梦并不是简单容易的事，尽管并没有阻抗此种感觉的精神动机，但要察觉这种内在的现象以及其他平时不太注意的感觉，都必须经过不断的尝试。要把握住那些“非自主的观念”更是难上加难。任何一位想如此做的人，必须对本书所提到的各项事实非常熟悉，并且遵循这些规定进行分析，必须不带任何先入为主的观念、批评，或者情感和理智上的成见。必须要牢牢记住法国生理学家伯纳德对实验工作者的规劝：“像动物一样工作。”他是说必须具有野兽般忍耐性，而且不计较后果。如果你能遵循这劝告，那么此事就不再是困难的。

梦的解析常常不会在第一回合就能完全解决。在遵循着一系列的相关关系后，我们常常会发现自己精力消耗殆尽；而且当天不可能再从那梦中得到什么，最好的办法是暂时放弃，以便日后再继续工作。那样也许另一个梦的内容会更吸引住人们的注意，并且导出另一层的梦思。这种办法也许可以称为梦的部分解析。

要使初学者明白即使已把握了梦的全部解析，一个合理合题的解析，而且顾及到了梦的内容的每一部分，他的工作仍未结束，因为同一个梦也许还有别的逃离它注意的不同解析，如“过度的解析”。的确，我们不容易有这样的概念，即无数活动的潜意识思绪挣扎着寻求被表达的机会；而且也不容易体会到梦的运作往往把握着一些能涵盖数种意义的表达——就像神仙故事中的小裁缝“一拳打死7个”。读者也许埋怨我在解析过程中加入了一些不必要的技巧，不过实际的经验将使人们知道得更多。

从另一方面来说我不能证实锡伯尔第一个提出的：每个梦（或者是很多梦，或某类的梦）都有两种解析，而且两者之间有某种固定的联系，其中一个是“精神分析的”，通常赋予梦某种意义，这经常具有孩童式的“性”的意义；另外一种他认为较重要的是“神秘的”，这里面暗藏着梦的运作视为更重要且更深刻的思绪。锡伯尔虽然引叙了梦例来说明这二点，但他并没有足够的证据。而我认为锡伯尔的论断并不能成立。尽管他说，多数的梦并不需要特别过度的解析，尤其是所谓的神秘的解析，锡氏的观点和近年来所流行的理论一样，他们都是掩盖梦形成的基本情况，且把人们的注意力从其本能性的根源转移开来。在某些情况下，我能够证实锡氏的说法。通过分析的方法，发现在某些情况下，梦的运作必须面对把一些高度抽象的概念转变为梦的难题，但这些概念是无法直接加以表达的，为了解决这个问题，它必须把握着另一组的理智材料，而这材料与那抽象概念稍微有些关联（可以说是譬喻式的），并且，要表现也没有那么多的困难。对于这种方法形成的梦，梦者轻而易举地说出其抽象的意义：但是对那些中间插入材料的正确解释就需要借助那些我们已经熟悉了的技巧。

我们是否能够解析全部的梦呢？答案是否定的。要记着，在分析梦的时候我们应该对抗那些使梦改装了的精神力量。因此问题是，我们的理智兴趣，自律的能力，心理知识，以及解析梦的经验是否足以应付那些内在的阻抗。通常，我们可以更深入一些：让我们自己相信此梦具有的意义，那些紧接着的梦常常能证明我们解析前对梦的假设（即它是有意义的）。由于连续几个星期或者几个月的一系列的梦，常常基于同样的来源，所以必须互相关联地进行分析，仔细观察两个连续的梦，我们会发现A梦的中心在B梦中并没有十分重要的地位，反之一样。所以它们的解析常常是互补的。以前我曾经举过很多例子来说明，同一晚上所做的几个梦一般应作为一个整体来进行解析。

即便分析最彻底的梦，也往往有一部分内容必须放置不顾，因为在解析的时候，我们发现这部分内容是一些不能解开的互相缠绕着的梦思，并且也不能增加我们对梦内容的了解，此部分内容就是梦的关键，由此伸展到无知。由解析得来的梦思并没有某种确定的根源；它们在我们那错综复杂的思想世界中向各个方向延伸。而梦的愿望却由某些特别接近的纠缠部分滋生出来，这就像蘑菇由菌丝体长出来的情形一样。

现在，我们需要回到有关梦被遗忘的一些事实上。到目前为止，我们仍无法从那里推导出任何重要的结论，我们已经知道清醒时刻的生命，无疑倾向于要把晚间所形成的梦给遗忘掉，不管是整个儿在睡醒时就忘掉，还是在白天一点点地忘掉；我们还知道遗忘的主要原因是由于精神的阻抗，在晚间它就尽其所能地反对过了。但是，如果这种观点是成立的，为什么梦会在这阻抗的压力下形成呢？让我用最极端的例子来解释（意即清醒时刻把梦中一切都忘掉，就好像从来没有梦见一样），在此种情况下，可以这样推论，晚间的阻抗如果和白天的一样强，那么梦就不会产生了。于是，结论是，晚间的阻抗力量较小，虽然并没有彻底失去（因为它仍然是梦形成的改装因素）。但我一定要假设其力量在晚间减弱，因此使梦形成能够得以进行。现在我们很容易了解为什么阻抗在恢复全力以后能把它虚弱时所允许的事否定掉。描述心理学告诉我们，梦形成的唯一准则是：心灵必须处在睡眠状态下。现在我们已经可以解释此事实：睡眠使梦得以进行是精神内涵审查度减弱的结果。

无疑，我们想把这点作为梦遗忘的大量事实所能推导出的唯一结论，并且以此为基础更进一步的研究睡眠中和清醒时这阻抗的能力相差几何。但是我想现在先暂停一下。当我们更深入研究梦的心理时，我们会发现梦的形成还可以从别的角度来看。比如说：也许那时对抗梦思表达的阻抗会回避不见，但力量丝毫不少，二者都能够促进梦的形成，并且都是发生在睡眠状态下。现在我们要暂时在这里停顿一下，待会再继续讨论。

现在，还必须考虑另外一些反对我们解析梦的程序的意见。我们的方法是，先把全部的那些平时指引我们的有意义观念弃之不顾，然后把注意力全部集中在梦的某一要素上，记下不由自主浮现的和它关联着的任何观念，过后再换一部分，又依样画葫芦似的重复一次。不管思绪往哪边去，我们都任其发挥，并且可以由一个题目转移到另一个起因（尽管自己没有直接参与），但我们有信心在最后得到梦所源起的梦思。

反对者的理由是：梦中某一要素能将我们带到某处（即带来某些结论）不足为奇，因为每个观念都可以和某些东西息息相关。值得惊异的是，这些漫无目的，而且任意的思想串列如何能导出梦思来呢？很可能是自我欺骗而已。我们一直跟踪着某一要素的联想，然后，因某些理由而中断，接着再遵循第二个要素的联想。在这种情形下，原来信马由缰的联想会愈来愈窄。因为我们的脑海里仍然浮现着原先的思想，所以在分析第二个梦思时，我们很容易捕捉到和第一道思绪相关的联想，然后自己欺骗自己——认为已经找到一个连接梦中两种要素的思想。因为我们任意地把思想连接在一起（除了正常那种由一个思想转移到另一个的情况以外），最后一定会找到大量的我们形容为梦思的“中间思想”——这是没有保证（即不知是否真实）的，因为我们不可能知道梦思到底是什么——而且认为是相当于梦的精神替代物。但这整套都是，这只不过是一种富有技巧的机会组合而已，如果在这种情况下，任何人，只要他能付出这些劳而无功的代价，都可以由梦编造出任何的解析。

假如只是面对这些反对意见，我们也只需要如此辩驳就行了，即描述出解析所造成的深刻印象；跟踪某一元素过程中突然浮现出的和梦其他要素的相关性；况且除非原本就有精神上的联系，否则单凭机会是不可能由梦中推衍出这么多东西的。另外，我们也可以指出，这种梦的解析和解除歇斯底里症状的方法是差不多的，这方法的可靠性可以用症状的一起浮现与消除进行证实。可以这样说，本书的论断是由“插入的说明”而验证的。但这些不能说明为什么跟踪某个无目的而且是任意的思想串列就会到达事先存在的目标；不过我们并不需要回答这个问题，因为这问题本来就不成立。

由于在解析梦的时候，虽然我们摒弃了一切意见，并让任意的思想浮现，但我们其实并不是跟踪着一些毫无目的的思想潮流，我们知道，能够摒除的思想只能是那些我们知道的有意义的思绪：一旦成功地完成摒除工作后，那些不被知道的有目的的想法，或者更准确地说，潜意识——就会出面左右大局，于是决定了那些非自主的意志浮现。不会有任何的影响力能让我们的精神力量去做一些无意义的思考，甚至无论什么样的精神混乱的状态都不可能。精神科医师们太过于草率的放弃他们对精神程序完整的信心。我知道，在歇斯底里症和妄想病中，无目的的思绪和梦的形成一样，是没有办法产生的，可能，这种无目的的想法原本就不可能表现在任何内发的精神异常上。如果劳列的看法没有错，那么谵妄或者意志迷乱的状态也是有意义的。我们之所以不了解是由于中间有个无法超越的“沟”。在观察这些病症的时候我也有同样的想法：谵妄之所以会产生是因为审查制度不再隐瞒它的操作，即它们不再齐心协力制造一些不被反对的新想法，反而草率地把不合格的全部删除掉，所以，余下来的就支离破碎，不知所措了。这种审查制度的行为就像苏联边界的报刊审查委员会的工作一样，他们要把国外杂志涂黑了许多段落后才允许流传到他们所保护的民众手中。

大概在器质性的脑部障碍中，思想能够通过一些偶然的关联而自由推演，但在心理症中所谓的自由推演却是可以用那受到审查影响而被推到台前的思想串列（其意义被隐藏着）来说明的。下面这些所谓表面关联被看作是自由联想（即不受意识力量主宰），即通过谐音、含糊不清的字义、暂时和字义无关的巧合，或者是在开玩笑和文字游戏中所运用的联系。这些特殊的联系恰好存在在那些由梦元素通往中间思想串列的过程当中；同样，它们也存在于由中间思想通往梦思本身。我们非常惊奇于能在许多梦的分析上看到这样的例子，架构于两思潮之间的联系，没有哪一种是过分放松以至于不配合，也没有哪种玩笑是开得太过粗鲁而不能使用。但这种表面看来吊儿郎当的真正理由却因此很快地就被发现了。无论何时，当两个元素之间有着很表面或者牵强的联系时，它们之间一定还有一个更深刻并且正统的联系，不过却要受到审查制度的阻抗。

表面联系之所以盛行的真正原因不是因为舍弃了有意义的思想，而是因为审查所施加的压力，如果当审查封锁了正常的渠道后，自然表面的联系就要取而代之了，我们也许能够想象出这样的类比：一个山区主要交通遭到堵塞（譬如说，洪水泛滥），但是与山区的联系仍然可以利用一些陡峻不便的小径（平时为猎人所用）。

这里我们要分辨两种情况，尽管基本上来说它们是如出一辙的。第一个情况是，审查制度破坏了两个思想之间的联系，于是它们不再受到阻抗。然后这两个思绪相继进入意识层面，二者间的真正连接被隐没了，但却有层表面的联系（这种联系我们本来不会想到的）。这一联系一般是附录在那些并不受到压抑，并且也并不是主要的联系所在。第二种情况是，两个思想之间的内涵都各自受到审查的阻抗，于是必须以一种替代的形式表现，但在选择两个替代的时候，它们之间的表面联系也重复着两个思想之间的主要关联。在这两种情况下，审查都将正常而严肃的联系转移成一个表面的，并且似乎是荒谬的关系。

这是精神分析最常用的两个定理——即当意识层面的观念被摒弃后，潜意识中有意义的概念则被控制了。由于有这种转移的关系存在，所以我们在解析梦的时候，不加思索地依靠着此种关系。

以下的两个原则在现时的对神经症的精神分析中应用最为普遍：第一，因为摒弃了意识中的有意义概念，概念即被潜意识中的有意义概念所控制；第二，表面的联系只不过是一些更深层的以及被压抑的关联的替代物而已。的确，这理论已成为精神分析的基础，当我要求病人舍弃充当任何角色，把他脑海中浮现的所有事情告诉我的时候，我深信他不能摒除那些有意义的概念，而且尽管他提起的那些看来像是无意或者是任意的事物，实际上却与他的疾病有着关联。另外一个病人对“有意义的概念即是我的人格”深信不疑。至于这两个定理的证明和其重要性的体验，已经属于叙述精神分析治疗方法的范畴了，所以在这里，我们不得不又暂时将梦的解析置于一旁。

综合以上许多反对的意见，可得到一个真正的结论，我们不需要把所有解析工作的联想都看作是夜间之梦的运作。然而在清醒时刻进行分析工作时，我们可沿着相反的方向，跟随着一条由梦思通往梦元素的途径，而梦的运作所遵循的那条路线也和我们反向。这些途径也并非全部是双线大道，但能够两面相通，我们白天的分析就好像是沿着一条河道驾驶着木筏，有时遇见中间的思想。有时会遇见梦思，在这种情况下，我们知道白天的材料也会被列入解析的行列中。可能夜间以后所增加的阻抗让我们必须做更多的改道。我们驶过的河道有多少支流无关紧要，只要它带我们找到所要寻找的梦思就行了。

二、后退（退化）现象

在反驳了各种反对意见后，至少在显露了我们的防御武器以后，已不能再迟延那已经准备了长时间的心理探讨了。现在让我们把近期的主要成果公布一下：梦是一种精神活动，与其他的活动一样重要；梦的动机常常是一个需求满足的愿望；梦之所以没有被认为是愿望，而且具有特征性与荒谬性，这完全是精神审查制度在梦形成过程中加以干预的结果。除去回避审查以外，下述的因素也在梦的形成过程中扮演着一定的角色：需要把精神材料凝缩起来，要能用影像来表现，需要一个合理可解的梦构造的外表（尽管不一定真）。上述的每一主张都导致一些心理假说和预测。因此我们必须探讨梦的意愿动机和梦形成的四种条件之间的相互关系，以及这些条件相互之间的关系，而且还必须找出梦在精神生活中的位置。

在本章的开始，我引用了一个梦，它提醒了许多我们仍未解决的问题。其实这个梦（关于被燃烧的童尸）并不难解析，不过从分析的结论来看，它并没有被完全解释清楚。当时我问过这问题：为什么父亲只是梦见而不是醒过来？同时我发现那希望孩子仍然活着的愿望是他做梦的一个动机。再更进一步的研究分析，我又发现此梦还有另一个愿望在运作，但就目前的材料我们可以这么说，睡眠时思想程序的愿望达成促使了此梦的形成。

假如把此梦的愿望达成删除掉，那么梦思与梦这两个精神事件之间的差别，就只能用特征作为区别了。梦思也许是这样的；我看见孩子尸体躺卧的房间传来一线光芒，大概是一支蜡烛掉在孩子的身上，或许点燃了我的孩子了。梦毫不改变地反映出这些意念，不过却是用一种实际的情况来表现（就像在清醒时一样的用感觉器官来感觉），这就是梦程序最显明的特征：某种思想，或者某些意念的思想，在梦中都物像化了，并且以某种情境来表现，就像是亲身体验过一样。

那么，我们又该怎样解释这梦运作的特征呢？或者把范围缩小点儿。我们把它放在精神程序的哪一个位置才合适呢？假如更仔细地分析这个梦，我们会发现梦的显意具有两个相互独立的特征：思想在这里用一种眼前的情景表现出来，从而省略了“也许”这个字眼。思想被变形为景象以及言语。

在这个梦例中，那个把期待式的思想，改变成现在式的思想改变并不是非常明显，这可能是因为梦中的愿望达成只扮演着次要角色的原因。让我们再来看另外一个梦例，如伊玛打针——这里，梦的意愿并未脱离那被带入梦境的清醒时刻的思想。它的梦思是这样的一个条件句：“要是奥图医生应该对伊玛的疾病负责，那该有多好！”不过梦却压抑着这个条件，用一个单纯的现在式表示“当然，奥图医生应该对伊玛的疾病负责。”这个是梦（即使是最不改装的）带给梦思的改变，我们没必要在这点上浪费时间。在意识的幻想（白日梦）之中，理想观念也受到相同的对待。当都德的乔伊斯先生在巴黎街头流浪的时候，尽管他的女儿相信他已经找到一份工作，并且正在办公室里坐着。奥图梦见一些发展给他带来了一些具有影响力的帮助，使他能如愿地找到工作，而他这正是以现在式梦见的。因此梦和白日梦同样的利用现在式，现在式是用来表达愿望达成的时态。

第二个梦所具有的特色是，将思想内容转变成视觉形象（可以由这点和白日梦区分），对这种形象我们不仅富于信心，而且像体验过似的，我现在必须补充的是，并非每个梦都能把概念转变成能感觉的形象，有些梦只是许多思想的组合，但是，由于具有梦的特性而不能把它们排除在“梦”这类属之外。我那个“Autodidasker”的梦就是一个很不错例子。它所包含的感觉要素并不比我白天所想的多多少。只要是长一点的梦里面，肯定会有某些元素没有转变成感觉的形式，它们就像清醒时那样的被想起来。另外，我们要记住此种将观念转变为感觉形象的事并不是仅仅发生在梦里，在幻觉与幻影上也可能发生（不管是发生在心理症病患或者是健康人身上）。一言蔽之，我们现在所观察到的关系并不全都是排外的。不过这个梦的特征（如果它呈现的话）仍然是最显明的，所以，我们想象梦境的时候没有丢掉它。但为了了解它，我们必须再进行更为详尽的讨论。

作为探究的开始，我想提一个十分有价值的理论。在一篇梦的简单的讨论中，伟大的G.T.H.费希纳指出梦的性质：“梦中活动的景象和清醒时刻的概念世界是不一样的。”这是唯一使我们了解梦特殊性的假说。

这些文字给我们带来了“精神位置”的概念。我不承认所谓精神装置的诱惑。我们将仅限于在心理学的基础上，我建议把这个使精神功能推动的装置想象成复式显微镜或照相器材。在此基础上，精神位置就相当于这类器材中初步景象得以呈现的那个部分。我们知道在显微镜或望远镜中存有这种理想点，虽然没有任何可以触摸的零件存在于这点上。我们没有必要因为这比喻不够完美而感到遗憾，因为这种类比只不过是为了帮助了解那错综繁杂的精神功能，通过把功能分解，并将不同的成分划归于这类器材的不同部分。据我们所知，到现在为止，还没有利用这种方法去探讨精神的工具的打算，而我认为这样做没什么不合理，只要我们能保持冷静的头脑，并且不把建筑的骨架搞错，我坚信可以让假设自由奔驰，因为第一次接触无知的题目以前，我们都需要一些辅助观念的协助，所以我将先提出一个最粗略而踏实的假设。

我们把精神装置想象成一个复式的构造，它的各个组成部分我们将称之为“机构”，为了更清楚的理由，把它称为“系统”。然后我们可以预测这些系统间互相存在着一些空间的关系，就好比在望远镜里，各个系统的镜片所处的位置一样。严格地说，并没有必要假定精神系统具有空间的秩序。事实上，只要有个确定的先后次序也就够了，也就是在某一个特定的精神事件上，系统的激发自然会遵循着一个特定的暂时秩序。在别的程序中，先后次序可能就不一样。并且这是可能的。出于简便的考虑，我们暂且把这个装置的成分称为“ψ系统”。

首先这个由ψ系统组成的装置是具有方向性的。我们所有的精神活动都是开始于刺激（不论是内在还是外在的），终归于精神传导。于是，我们将给予此装置一个感觉以及运动的开头和结尾。精神程序或步骤通常从感觉端进行到运动端，所以精神装置可以用图表来表示。

但这也只是满足我们很久以来就熟悉的需求——精神装置还应该具有像反射弧一样的构造，反射动作仍旧是每种精神功能的模型。

然后，我们又在感觉端加以第一次分化。在感觉刺激后，精神装置便会留下一些痕迹，我们能将它称为“记忆痕迹”，与这有关的功能则称之为“记忆”。假如我们坚持让精神程序附在系统上的观点，那么，记忆痕迹必将使系统发生永久性的变化。就像在别处指出的一样，同一个系统如果既要它停住不动，又要它继续保持新鲜度以便接受新的刺激将是非常困难的。所以，依据假设的原则，我们将这两个功能归于两个不同的系统。我们假定第一个系统位于此装置的最前端的作用是接受感觉刺激，但不留下丝毫痕迹，因此没有记忆。但在它背后的第二个系统，其作用是将第一个系统的短暂激动转变成永久的痕迹。于是，我们这个精神装置的图解就像以前一样了。以下是我们精神机构的图表。

我们知道记忆所保留的东西，多于刺激感觉系统的感觉内涵。在记忆中，感觉是互相联系的，特别是当两个同时发生时，我们将这事实称为“关联”。非常明显，假如感觉系统没有记忆的话，关联的痕迹是不可能存在的。如果先前的一个连接会影响新的感觉，那么，感觉元素在执行功能的时候就不免要受到阻碍了，因此，我们必须假定，记忆系统内一定存有关联的基础。所谓关联即是在阻抗减少以及在交往便利的途径形成之后，激动比较容易由此记忆元素传给与之相关的另一个记忆要素。

经过仔细考虑后，我们发现这种记忆要素的存在不仅仅是只有一个，而应该存有好多个。如此一来，由感觉元素传导的同一激动便会留下许多不同的永久性痕迹。第一种记忆系统便会记下同一时间内发生的关联，而且，同一个感觉材料在以后的记忆系统中则依据其他的巧合而安排，比如说“相似”的关系等等。不过，要把这种系统的精神意义以文字来表达的话那是在浪费时间。其特征——根据它与不同的记忆原料的关系而定，就是（假如我们想要揭示一个更偏激的定理）在传导这类要素带来的激动时，它所给予的不同程度的阻抗。

在这里我想插入一个一般性的评语，可能会有重要的启示。那些没有记忆力的感觉系统也许会带给我们意识层各种繁杂的感觉性质。同时，我们的记忆力，包括那些深印在脑子里的都属于潜意识，它们能被提升到意识层面，它们能在潜意识状态下实施他们的活动。被形容为我们的“性格”的乃是基于我们印象的记忆痕迹。此外，那些对人影响极大的印象——发生于人生早期童年时的印象就几乎不会变为意识的。假如记忆再度被提升到意识来，它们的感觉性质和感觉相比，不是等于零，就是很小。如果下面这个理论能被证实，那么，我们就非常有希望能够了解造成心理症激动的原因，这个理论是在ψ系统中，记忆与意识的特质是互相排外的。

关于精神装置感觉端的构造，我们至今没能利用上由梦或其他精神活动所获得的知识，梦能够让我们了解这装置的另一部分。在前面已经提到为了了解梦的形成，我们必须假定两个心理机构，使其中一个将另一个的精神活动加以验证（这包括将它由意识层面删除掉）。我们得出的结论是，这个批判的机构要比那个受批判的机构更接近意识层面，它就如同一道筛子，站在意识与后者之间。并且，有理由认为可以将这个批判的机构和那指导我们清醒时的生活、决定我们自主意识行为的机构同体化。假如我们把这些机构用系统来取代，那么，这些批判（审查）的系统一定位于此精神装置的运动端。现在，我们把这两个系统加入我们所设立的图中，并表示它们和意识层面之间的关系。

运动端的最后一个系统是属于前意识的，表示这个系统的激动程序可以不再受到阻碍而直接到达意识层（这里假设其他的条件能够满足的话，比如说，达到某种程度的强度，或者那个被称作“注意力”的功能有特殊的分布等等）。这个前意识也掌握了自主运动之论，我们把它背后的系统称为“潜意识”。因为除非是经过前意识的协助，否则它是无法到达意识层的，并且通过这关卡时，其激动的程序必须受到改变。

那么，梦形成的动力到底要放在这些系统的什么部位呢？为了简便起见，我们指的是在“潜意识”中。然而，在以下的讨论中，我们会发现这并不完全对。因为梦形成的程序必须与属于前意识的梦思相关联，但如果只考虑梦的愿望，那么，我们将发现产生梦的动力是由潜意识供给的，由于这个缘故，我们把潜意识作为梦形成的起点，就像其他的思想结构一样，这个梦形成的促成者努力地想到达前意识，然后进入意识层。

通过实验得知，前意识通往意识的途径，在白天清醒时都由于审查的阻抗而被封锁，要到晚上睡着时它们才有办法进入意识层。问题是如何进入，以及要经过何种变动。如果梦思是因为晚间潜意识与前意识之间的阻抗力减弱而得以潜入的话，我们的梦应该是有概念式的性质而不是有幻觉式的性质，因此，潜意识与前意识间审查标准的降低，只能够解释像“自问自答者（Autodidasker）”之类的梦，而不能解释我们作为起点的“尸体被燃烧”的梦。

那么，幻觉式的梦究竟是如何产生的呢？我们只能说它激动的传播方向是反向的，它并非指向运动端，而是向感觉端，最终传到知觉的系统。假如我们把清醒时的潜意识的精神程序称之为“前进的”，那么我们就要把梦中的称之为“后退的”。

这个后退（退化）无疑是梦程序的一个心理学上的特征，但必须记得，这不仅仅是发生在梦里而已，回忆和正常思考的程序也同样需要精神装置的此种后退作用，由较多繁杂的概念回到构成它们的记忆痕迹的原料上。但是，在清醒的时候，这种后退作用不会超过记忆影像，它不会使知觉影像产生幻觉式的重现。为什么梦中就可能呢？在提到梦的凝缩作用时，我们不得不假设某个概念所附着的强度，可以通过梦的运作转移到另一个概念上。可能就是这个正常精神程序的改变使感觉系统的传导反向，由思想概念开始，一直到达完全鲜明的感觉上。

我们希望在讨论目前这名词的重要性时，没有欺骗自己，因为我们所做的事不过是在命名一个错综复杂的现象。当概念在梦中通过后退而变成原来的感觉影像时，我们称之为“后退。”如果这名词不带来一些新知识，那么它的命名又有什么用处呢？我相信“后退”这名词对我们是有用的，至少它连接了一个我们通过图解早就知道的事实（在这个图解中，精神装置是具有方向的）。现在，这图解可要首先给我们带来好处了，因为只要再对它仔细观察一下（不必做进一步推论），我们就可以发现梦的另一个特征。如果把梦看成为这假想精神装置的“后退”现象，那么，我们就能解释为什么所有梦思的逻辑关系在梦的活动中会全部消失，或者难以表达出来。因为根据图像，这些关系并不存在第一个记忆系统，而是存在于后一个系统上，所以在以后退为感觉形象的时候，它们必然会失去表达力。在后退现象中，梦思的构架溶解为原先的材料。

什么变化使得白天不可能产生后退现象呢？对此，我们不得不满足于一些假定，这时每个系统必须在能量上加以改变，以便会更容易或更不容易激动，在这种装置上有很多方法都可以使激动通道产生改变。首先是睡眠状态对感觉端产生的能力变化，在白天，有连续的激动从此系统的感觉端流向运动端；晚上，这种流动停止了，所以不能阻挡激动的反向传导。按照某些作家的意见，与外面世界隔绝可以解释梦的心理特征，在解释梦的后退现象时，我们一定要考虑其他病态状况下的后退（迟化）现象。对于这些现象，刚才的解释根本用不上。虽然感觉流动不间断，但后退现象仍然发生，对于歇斯底里症和妄想症，及正常情况下的幻影，我的解释仍然是“后退现象”，即思想移形为影像。然而，能够产生这种移形的思想，是与那些被潜抑或者处在潜意识中的记忆密切相连的。

例如，我有一位很年轻的歇斯底里症病人（一位12岁的男孩），他因为受到一个红眼青面者的恐吓而不能入睡。这现象的缘由是他四年前得到另一男孩的潜抑记忆（虽然这有时会到意识层）。那个男孩送给他一份关于孩童包括手淫在内的坏习惯所导致的严重恶果的警世手册。这位病人现在正因为这个坏习惯而自责。他妈妈曾形容她行为不检的孩子为红眼青面（红眼圈）。这就是他幻影的来由，而这又恰好提醒了他妈妈说过的另一个预言，这样的孩子长大以后会变成智力障碍者，在学校里根本学不到东西，或者很早就会夭折。我这位小病人实现了预言的前一部分，他的学习成绩的确很差，而从他的自由联想看来，他正害怕另一半的实现。我要多说一点，这个孩子在经过治疗后，已经能够容易入睡了，神经质也消失了，并且在学年结束时，取到了优异的成绩。

这里，我要说另一位歇斯底里症病人（40岁的妇人）告诉我她生病前的一个幻影。一天早上，她睁开眼睛，看见她兄弟在她房间里（虽然她知道他正住在一家医院里接受治疗），她的小儿子睡在她的旁边，为了不让这孩子看见舅舅而发生痉挛，她用床单盖住儿子的脸。这时那个幻影就消失了。这个幻影其实是她孩童时期记忆的一个翻版。此记忆虽然是有意识的，只不过和她脑子里的潜意识材料有着极为密切的关系，她的保姆曾经提起过她的母亲（她很年轻就死去了，当时我的这个病人才不过18

个月大），说她母亲患有癫痫或是歇斯底里性痉挛，而这就要归咎到她弟弟（即病人的叔叔）用一条床单罩头扮鬼恐吓她的结果。因此，这幻影和她的记忆有相同的因素：弟弟的出现、床单、恐吓及其后果，所不同的是，这些因素重新组成了另一种内容，而且转移到别人的身上。而明显的动机（或者是它所取代的思想）是她害怕自己的儿子会受到恐吓而患病。

我引用的这两个例子和睡眠脱离不了关系，对于我想通过它们证明的事来说，以它们为例并不是非常恰当。因此，我还要提起一位患有幻觉性妄想症的女病人的病情分析，以及我未发表的对心理症病患的心理研究（弗氏从未发表过这类题目的论文）。我们发现在这种思想后退变形的情况下，记忆的力量不可小看，尤其是那些源自童年时期，被潜抑或留在潜意识里的记忆。这些记忆把和它关联而且被审查禁锢的思想拉入后退现象中，也就是使它像记忆那样呈现出来。另外，在《歇斯底里症研究》中，我们发现，当我们把幼年时期的影像（不管是记忆或幻想）回升到意识层面来看待时，它们会像幻觉一样被看到，而这特点只有在用文字报告的过程中才会消失。我们还发现那些记忆很少是“视觉性”的人，他们对孩童时候的回忆一直保持留着鲜明的视觉状态。

假如我们不否认儿童经历以及源于它们的幻想占据了梦思的大部分，同时又注意到这些经历的碎片常常会在梦中出现，而且，许多梦的愿望来源于它们，那么，我们就能肯定在梦中，思想转变为视觉形象的原因，就是由于这些视觉记忆渴望复活，施压于那些被摒除于意识之外的思想，并挣扎着寻求表达而产生吸引的结果。从这观点看，我们可以把梦形容为儿童时期景物的替代品，由于变成最近的材料而被加以变更。幼童时期的景物不能自己复活，所以只好满足于成为一个梦。

如果这么说，幼童时期的景物（或者是它们幻想的产物）能够成为梦的模型，那么，谢尔奈和他的信徒的所谓内源刺激的假说就变成多余的了。谢尔奈在1861年假定梦中呈现非常明显或者非常多的视觉元素时，梦者一定是正处在一种“视觉刺激”的状态下，即是视觉器官受到了内源的刺激。我们不必摒弃这假说，但是，只要假定这激动指的是视觉器官的精神感觉就行了。不过我们也许能够进一步指出，这种激动状态是由某个记忆引起的，同时也是某个曾经是视觉刺激的记忆的复活。我不能从自己的经验里唤出产生这种结果的幼童记忆，我认为自己梦中的感觉成分比别人的少。但是在我近几年最鲜明与最美丽的梦里，我从梦里清晰的幻觉中溯源到最近或是近时期印象中的感觉部分。在第六章中，我曾记录下一个梦，里面有蔚蓝的海，船上的烟囱冒出来褐色的烟，以及深褐色和红色的建筑物；这给我留下极深刻的印象，如果说来源的话，此梦一定可以追踪到某个视觉刺激。但是，是什么东西使我的视觉器官产生这种刺激呢？这是一个由过去许多系列的印象相联合的近期印象造成的。我所梦见的颜色就是前天孩子们用玩具砖头堆砌的，并向我炫耀的精致建筑物的颜色；那些大砖头是同样的深红色，而小一点的是蓝色和褐色，这也与我上次游意大利时的色彩印象有关：浅湖以及伊索佐的美丽蓝色和卡索的褐色（即Trieste背后的灰石台地）。梦里的漂亮颜色只是记忆的重复而已。

如果让我们摘录从这个梦的特征（即将概念内容投射为影像的力量）学到的东西，我们大概没有利用已知的心理学定律来解释这个梦的运作的特征，但我们已经把它挑选出来并称之为“后退现象”。我们认为这种现象不但有抗拒思想以正常途径进入意识层的阻碍作用，而且具有鲜明视觉感的记忆产生吸引的结果。感觉器官在白天源源不断地产生着行进性刺激，在晚间停止不再产生的情况下，就会促进“后退现象”的发生。在后退状况下，由于没有辅助力量，引起后退的动机强度就要来得更大了。不过不应忘记，在梦里或者是病态下的后退，其能力的转移必定和正常的精神生活不同。对前者，它可以使感觉系统产生完全的幻觉，而在前面对梦的运作“表现力”的讨论，可认为是梦思所引起视觉景色的选择性吸引。

另外，后退现象在心理症状形成的理论中所占的地位，并不亚于那存在于梦中的。我们可以把后退（退化）区分为三种现象：区域性的后退现象，这是指我们在ψ系统中所讨论的；时间性的后退现象，是指后退至古老的精神架构而言；形式的后退现象，这是指原始的表达方法替代了常用的。这三种后退现象基本上说是一个，而且往往同时产生。因为那些古老的（时间上说来），即较原始的，就精神区域学来说，也更接近于感觉一端。

在对梦中后退（退化）现象的讨论结束的时候，我们必须提起一个不断向我们的理论冲击的观念（在更深入地研究心理症时，这种观念会再度以不同的强度出现）。从总体上看，梦是退化到梦者最早期情况的例子，是梦者童年的冲动和表达方式的复活。在童年的背后，我们能够看见种族进化的——一个人类进化的图像。个体的发展只是生命的偶然性一个简短的重复而已。在我看来尼采的话是对的，他说梦中“存在着一种原始人性，而我们不能直达那里”，我们也许能期望从梦的解释中去了解人类的古老传统。对他那天赋的精神加以了解，也许梦和心理症都保留有比我们期待的更多的精神古物，因此对那些关心并想重建人类起源的最早最黑暗时期的种种科学来说，精神分析是最有价值的。

我们也许对第一部分的梦的心理研究感到不尽如人意，不过应以自慰的是，毕竟我们正在向黑暗进军！只要起步不错，由别的方法一定也能到达同一结论，那么也许有一天我们会对自己的发现感到满足。

三、愿望实现

本章开头引述的引燃童尸的梦，提供了一个好机会来考虑“梦是愿望的实现”这一理论所面对的困难。当然，如果有人说梦单单是愿望实现，那么我们都会感到惊奇的——这不仅仅因为与焦虑的梦相反。前面的分析表明梦的背后还隐含着意义与精神价值，我们从未想到这些意义是如此统一的。依据亚里士多德那个正确而简明的定义：“梦是一种持续到睡眠状态中的思想。”既然我们白天的思想程序能产生那么多的精神活动，诸如判断、推论、否定、期待、意念等等，那么，为什么到了晚间就把自己仅仅局限于愿望的产生呢？相反，不是有许多种梦显示出了其他不同的精神活动吗？比如说“忧虑”。本章开头那个引燃童尸的梦，不就是这样一个梦吗？当火焰的光芒照射在这位睡着的父亲的眼睑时，他立即推演出这样的结论：也许一支蜡烛掉在儿子身上，并且尸体燃烧了起来。他把这结论转变成梦，并且将它装扮成现在的一种情境。此梦的哪个部分是属于愿望实现呢？在这个例子中，我们不难看出，由清醒时刻持续而来的思想或者是新的感觉刺激具有垄断式的影响力。这些考虑都是对的。我们不得不更进一步地去研究愿望实现在梦中扮演的角色，以及梦者的清醒时刻的思想究竟带有什么意义。

我们早就根据愿望实现把梦分成两类。第一类很明显地表露出愿望实现，而另一类梦的愿望实现不但不易觉察出来，而且往往以各种可靠的方法加以掩饰。在后一种情况下，我们知道是审查影响的结果。那些具有不被改装的愿望的梦大部分是发生在孩童时期，不过简短而且明了的愿望达成的梦也“似乎”（我要强调这个字眼）一样可以发生在成人身上。

接下来要问的是，梦中的愿望究竟来自什么地方？在提出此问题时，我们脑海中是否还会浮现出其他什么可能的种类，或者完全相反的影像呢？我想这个显著的对比是白天的意识生活和潜在意识的精神活动（只有晚间才会引起我们注意）所造成的，对于此种意愿，我想到了三种可能的来源：也许在白天感到了激动，只是因为外在的理由无法得到满足，所以，把一个被承认却未被满足的意愿留给晚上；也许来源于白天，却遭受排斥，所以，留给夜间的是一个不满足而且被潜抑的愿望；也许和白天全无关系，它是一些受到潜抑，而且，只有在夜间才活动的愿望。如果再回到那个精神装置的图解上，就能够把这些愿望的源头勾画出来：第一种愿望来源于前意识中；第二种愿望从意识中被赶到潜意识去；第三种愿望冲动无法突破潜意识系统的束缚。现在的问题是，这些不同来源的愿望对梦来说是否具有同等的重要性，并且，是否有同样的力量促使梦的形成？

如果对所有已知的梦在脑子里进行思索，那么我们立刻要加上第四个愿望的来源，就是晚间随时产生的愿望冲动（比如说，口渴或者是性需求）。我们认为梦愿望的起源并不影响促成梦的能力。我又想起了那个小女孩因为白天延迟了游湖的计划而在晚间做的梦，和其他被我记录下的孩童的梦一样，我把它们称为前一天未被满足但也没有被潜抑的愿望。至于那些由于白天受潜抑的愿望，在晚上化为梦的例子，实在是举不胜举，对于这一类梦我只想举一个非常简单的例子。做梦者是个非常喜欢作弄别人的妇女，有一次，一位比她年轻的朋友订婚，许多熟人问她："你认识他吗？你对他的印象好吗？"她的回答虽然都是一些应酬的赞语，但实际上隐藏了她自己真正的批评态度，尽管她很想照实说出来：他只不过是一个普普通通的人（字面意思为按"打"计算的人，很多的意思）。当天晚上，她就梦见别人问她同样的问题，而她以这种方式进行了回答："如果再要订购的话，只要写上编号就可以了。"经过分析很多的例子后，我们发现如果梦曾被改装，那么，其愿望肯定是源于潜意识，而且在白天是无法觉察到的。所以，我们的第一印象是，所有的愿望都有相同的价值和力量。

但事实是恰恰相反。虽然我在此无法提出任何证据，但我仍要强调这种假定，即梦愿望的选择是更加严格的。当然，我们可以用孩童的梦证实，白天不能满足的意愿能够促使梦的产生，同时也不该忘记，这只是孩童的愿望，是孩童所特有的愿望冲动的力量。我对成人白天没有满足的愿望在夜间可以产生梦表示怀疑。我宁可这么想：当人们学会以理智来控制本能的生活后，愈来愈不能形成或保留那种对孩童来说是很自然的强烈愿望。对此当然有人与人之间的差异，有些人可以把这种幼童式的精神程序保留得很久，就像童年很鲜明的视觉想象力的减弱也存在个体差异一样，不过一般说来，我认为一个白天未被满足的愿望是无法使成人产生梦的。我随时准备这么说，来源于意识层的愿望会帮助梦的产生，不过只能仅限于帮助而已，意识中的愿望无法得到其他的援助，梦是无法产生的。

梦的来源实际上是潜意识。我相信，意识的愿望只有在得到潜意识中相似的意愿加强后，才能产生梦。从心理症病人的精神分析来看，可以相信潜意识的愿望是永远活动的，只要有机会，它们就会和意识的愿望结盟，并且将自己较强的力量转移到较弱的意识上。所以，表面看，意识的愿望独自产生了梦，但是，由梦形成的某些不很明显的特征能够看出潜意识的痕迹。永不会消亡的潜意识愿望，使我想起了有关泰坦族人的神话故事，记不清到底经历了多少年，这些被胜利的诸神用巨大的山岳埋在地底的族人，仍然以他们那强劲四肢的痉挛而造成大地的震颤。但根据心理症的心理研究，我们知道这些遭受潜抑的梦都来源于幼童时期。于是我想把刚才下的结论（即梦与愿望是没有关系的）取消，代之以另一个：梦中呈现的愿望一定是幼童时期的，对成人来说，它来源于潜意识，而由于孩童前意识和潜意识之间还没有明确的分界（仍未有审查制度的产生），或者只是在慢慢地分化而仍未清楚，所以它的愿望是清醒时刻的未满足或未加以潜抑的意愿。我知道这个结论虽不绝对正确，但却常常证明属实（即使在一些我们不怀疑的例子中），因此把它当作是一般性的推论，也未尝不可。

所以，可以认为清醒时候的愿望冲动在梦形成的时候被放置到了次要的地位。除了是梦内容的赞助者提供的一些真实感觉的材料之外，不知道愿望还有什么作用。现在我将用同样的思路来考虑那些白天留下来的精神刺激（但并非愿望）。当人们睡觉的时候，将清醒时刻的思绪潜能暂时停止，能够这样做的人都会睡得很好，拿破仑就是一个很好的例子。但人们并不是常常能够这样，或者能够完全这样。一些仍未解决的问题、令人头痛的烦忧、过于强烈的印象，这一类的事情甚至使思想活动持续至睡眠，并且把持了我们称作前意识系统的精神活动。我们可以将持续入梦的思想冲动分成以下几类：

1. 由于一些偶然的原因，没能在白天达成结论的。
2. 由于智慧的不足，而没能完全处理的。
3. 那些在白天被排挤与潜抑的。
4. 因为前意识在白天的作用使处在潜意识中的愿望受到强有力的激动的。
5. 所有无关紧要的白天印象，由于是无关紧要的所以没有被处理的。

我们低估了梦里那些从白天残留下来的精神强度的重要性，尤其是那类白天未被解决的问题，我们的确知道这种激动在晚间仍然为表现而努力挣扎，并且我们也可以假定，在睡眠状态下，前意识的激动并不按正常的途径进行到意识层。晚间，如果人们的思想能够按正常的途径通往意识层，那么人们一定没有睡着。我不知道睡眠状态究竟会给前意识带来什么样的变化，但无疑这种特殊系统在睡眠时的能量变化是造成睡眠的心理特征，而这系统也控制行动的能力，但是在睡眠时却瘫痪了。另一方面，除了潜意识继续发生的变化外，我确实不能在梦的心理中找到其他任何睡眠所造成的变化。所以在睡眠中除了从潜意识而来的愿望激动外，没有任何的来源可以造成前意识的激动；前意识的激动必须得到潜意识的加强，同时必须和潜意识结合在一起才能表现出来。但前一天在前意识里的遗留物究竟对梦有什么影响呢？它们一定会广泛地寻求入梦的途径，即使在夜间也想利用梦的内容来进入意识层。的确，它们有时还控制住梦的整个内容，迫使它进行白天没有完成的活动。这些白天的遗留物除了愿望外，自然还有其他的性质，在这里我们要分析它们到底需要满足什么条件才能进入梦中。这是非常重要的，也许和“梦是愿望实现”的这种理论有着决定性的联系。

让我们用一个以前提过的梦为例。我梦见我的朋友奥图像生病似的，好像得了甲状腺功能亢进症。（请见第五章第三节。）在做梦的前一天，我对奥图的脸色感到忧虑，这忧虑就像与他有关的其他事一样，让我非常关切，我想这种关切一定被我一起带入睡眠，我可能很焦虑地想知道他到底是什么地方不对劲儿。这个忧虑终于在做梦的那晚得以表现——其内容不但没有意义而且也不是愿望实现。因此，我开始调查这忧虑不恰当表现（梦）的根源。经过分析，我发现自己将这位朋友与L男爵仿同了，而我却与R教授仿同。为什么会选择这种特殊的替代，我仅有一个理由解释；我一定整天都在潜意识内与R教授仿同，因为通过仿同，我孩童时的愿望，自大狂的愿望才能得到满足。面对朋友的仇视（在白天，一定受到排挤）则浑水摸鱼，乘机窜入梦中，而我日间的忧虑也通过一些替代品在梦的内容中表现出来。这白天的思想（并不是愿望反是忧虑）和在潜意识受到潜抑的幼童时期思想相应的结束，使它们得以经过适当的化妆后进入意识层。这忧虑越是放权，连接的力量就越大；而在这忧虑和愿望之间，并不需要有任何的关联。事实上，在这个例子中确实如此。

也许继续对这问题加以分析是有必要的。如果梦思的材料和愿望刚好相反时，如一些适当的忧虑、痛苦的反省、困扰的现实，梦会怎样？可能的结果可大略分为两种：梦的运作成功地运用相反的观念取代了所有的痛苦概念，因此压制了归属它们的痛苦感情，结果造成了一个简单而令人满意的梦，一个看来是愿望实现的梦。这痛苦的经历或许能进入显梦，虽然经过修饰，但仍能或多或少地被认出来。就是这类的梦使我们怀疑“梦是愿望实现”这一理论的真实度，因而，需要我们进一步地探讨。对这种带有令人困扰因素的梦，人们的反应可能是漠不关心的，也可能具有整个困扰情况所涵盖的痛苦情感，甚至可能发展成焦虑或担忧而使人惊醒过来。

不过，从分析的结果来看，这些令人不快的梦，和其他的梦一样，是愿望实现。一个属于潜意识而且受压抑的意愿（它的满足对我来说是痛苦的）在白天痛苦经历的不断激发下，把握时机，支援它们，使它们得以入梦，在第一种情形下，潜意识和意识的愿望是相符合的。在第二种情况下，意识与潜意识（潜抑与自我）之间的不协调则泄露出来了。而这就像那个实现三个愿望的童话故事中，神仙答应那对夫妇实现了的情景一样（请看第七章）。这种潜抑愿望得以呈现后所带来的极大满足或许可以中和那些白天遗留物所带来的不快。在这种情况下，梦者的感觉是漠不关心的，虽然它同时满足了愿望和恐惧。也许睡着后的自我在梦的形成中占据了更大的地位。对那被潜抑的愿望的满足产生了强烈的悔恨，甚至会以焦虑感来终止梦的进行。因此我们不难发现，不愉快的梦和焦虑的梦同样都是愿望达成，这与我们的理论是一致的，而且这与那些明明白白是愿望实现的梦没有两样。

不愉快的梦或许是惩罚的梦。必须承认，由于对这种梦的认识使我们对梦的理论增加了许多新的知识。在这些梦中得到满足的也同样是潜意识的意愿，换言之，这个愿望要处罚梦者，因为他拥有一个被禁忌的冲动。到现在为止，这些梦还能满足下面的条件：梦形成的动力，必须由属于潜意识的某个愿望提供。但是经过仔细的心理解析后，我们发现它们不同于其他愿望的梦，在第二类的情况下，梦的形成愿望是潜意识并且受到了压抑的。而在处罚的梦中，尽管同样属于潜意识，不过不是潜抑，而是属于“自我”的。所以，处罚的梦显示自我在梦的生成上也许会占有更大的分量。如果我们以“自我”和“潜抑”的对比来取代“意识”和“潜意识”的对比，那么梦生成的机能可能就会更清楚一些。不过在这样说以前，必须清楚心理症的产生原因，因此在这本书里我不能这么做。我想强调的是，处罚的梦不一定要在白天发生了痛苦事件的情况下才发生，相反，当梦者感到自在时最容易发生，白天的遗留物虽然带有一些令人满意的思想，但它们所表达的满足却是被禁忌的。这些思想除了其反面外不能在显梦中被发现，和前述第一类的梦相同。所以处罚的梦的特征是：其梦生成的愿望并不来源于潜抑的材料（虽然是在潜意识），而是因为它引起的处罚意愿，属于自我但同时也是潜意识的（即是前意识）。

这里我想谈论一个自己的梦，来说明前面所说的观点，特别是关于梦的运作怎样处理前一天的余痛。

“开始是很不明显的。我告诉太太，我有些消息要说给她听，这是一些非常特别的消息。这使她担心起来，并说她不想听。我向她保证听了这些消息后她一定会高兴的，于是我开始告诉她我们那孩子所属的军团寄来一笔钱（5000克朗？）……优异的表现……分配品……这时我和她一起走进了一间小房间（看来有点像仓库），找些东西，忽然我看见孩子，他没有穿制服，而是穿着绷得非常紧的运动服（像只海豹），还戴着一顶小帽，他爬向碗柜旁边的篮子，似乎想把什么东西放在里面，我叫他，他不回答，他的脸和前额都缠着绷带。他用手在嘴巴里搅动半天，把什么东西塞了进去，他的头发闪着灰色光芒。我想：‘难道他消耗得那么厉害吗？他也有假牙了吗？’我还没有来得及再叫他一声，就醒过来，虽然没有感到焦虑但却心跳得很厉害。这时我床边的表指着：凌晨二点三十分。”

对这个梦要完全加以解析是根本不可能的，所以，只能强调几个重点。前一天的痛苦期待终于产生了这个梦，我们又有一个星期没有接到在前线作战的孩子的讯息了！我们很容易由梦的内容中看出，他不是受了重伤便是被杀害了。在梦开始的时候，梦的运作很辛勤地以一些相反的事物来取代那些令人困扰的思绪，如要说一些令人愉快的消息——关于寄来的钱……优异……分配品（这笔钱来源于我行医时的一件令人满意的事，因此，我想要把此梦拖离原来的主题），但是这种努力失败了。我的太太怀疑一些可怕的事，而拒绝听我说。这个梦的伪装过于浅薄，它本想压抑的事反而把它戳破了，假如我的孩子战死了，那么，他的战友就会将他的东西寄回来，而我将把这些东西分给他的弟妹或者别人作纪念，一般来说优异奖是颁发给那些光荣战死的军人的，所以，梦虽然努力挣扎，却还是表露了开始想极力否认的事实，而同时愿望实现的倾向也通过被改装的形式表现出来（梦中这种场地的改变，无疑，可以视为锡伯尔所谓的门槛象征）。我无法说清是什么东西造成了此梦的动机力量（因此表露了我这困扰的思潮）。在梦中，我的孩子不是掉下来（在战场掉下来，即死去之意），却是爬上去，事实上，他是成绩优异的爬山运动爱好者。他没有穿制服，穿运动服，这表示我在担心他发生意外，因为他曾在一次滑雪中跌下来，把大腿摔断了。另外，他穿着的样子使我马上想起某个年轻人，我们那个可爱的外孙儿，而从他的灰头发又使我联想起了我女婿，他在战争中度过了非常困难的日子。这又是什么意思呢？……我已经说得够多了。场地是一个仓库，还有一个他想从那儿拿某些东西的碗柜（在梦中变为“他想放入某些东西”）这暗示着我自己找来的一件麻烦。那时我不过才两三岁，我爬上仓库里的凳子，想拿碗柜或桌子上某些好吃的东西，小凳子翻倒了，它的边缘打中我的下巴，那时很可能把我所有的牙齿都打掉了，回忆伴随着这样的一个告诫，这好像是指向那些勇敢士兵的敌意冲动。通过更深层次的分析，使我发现那隐含着的冲动竟在我孩子的可怕意外事件中得到了满足，这是老头子对年轻人的嫉妒（而在真实生活中，老年人却认为自己完全地把它压制着）。毫无疑问的，悲痛的感情——像这种灾难确实发生后会带来的，为了取得一点安慰肯定会找寻某种潜抑的愿望实现。

我现在能很清楚地判定潜意识对梦所扮演的角色。我必须承认有一大类的梦，其产生的原因大部分来源于白天生活的残遗物。再回到奥图的梦去看一看。假如由于我对朋友健康情况的忧虑而无法入眠，那么，那个希望自己将升为教授的愿望可能就会使我睡过整个晚上。但忧虑本身也不能造成梦，梦生成所需要的动力必须由愿望来提供，而如何才能捕捉住一个愿望来作为梦的动力来源，那就是值得忧虑的事了。

或许可以用一个类比来说明这种情况。白天的思绪在梦中扮演着一种企业家的角色；但就像人们所说的，企业家虽有头脑，若没有钱他也是不可能有作为的，他要一位有钱的资本家支持各项开支，而这个负责精神消费的资本家毫无疑问一定是来源于潜意识的愿望——不管清醒时刻的思绪是什么性质。

在现实中，有时这个资本家本身就是企业家。在梦中，这也是常见的。一个潜意识的愿望被白天的活动激活起来而形成了梦，另外，在我的这个类比中各种允许的经济情况，在梦中都可以找到对应的地方。企业家本身也许是一些小投资者，几个企业家可能共同寻求一个资本家的帮助，或者是几个资本家联合支持某个企业家的资金。同样，我们遇到过具有许多愿望的梦，还有其他相类似的情况，不过现在没有进一步扩大研究的必要。以后再详细讨论梦的愿望。

上述类比中的第三种比较要素，即企业家所能够动用的那笔恰当的资金（在类比中是钱，在梦中却是精神能量），对生成梦构造的细部还具有很大的影响力。在前面谈到转移的作用时我曾经指出，在梦中都可以找到一个感觉强度十分明显的中心点。一般来说，这个中心点就是愿望实现的直接表现，因为如果把梦的运作的转移作用删除后，我们会发现梦思各要素的精神强度都被梦内容的各要素的感觉强度所置换，而相邻愿望实现的要素与它的意义没有关系，它们只是与愿望相反，而且是令人困扰的思想衍生物罢了。它们靠的是与中心要素的人为的联系而获得足够的强度，因此，能够在梦里呈现。所以，愿望实现得以表现的力量并不是只集中在一点，而是如同球形似的扩散在其四周，它所包围的所有要素，包括那些本身没有意义的，所以有足够的力量得以表现，在这些含有若干愿望的梦里，我们可以很容易地把个别愿望实现的范围界定出来，而梦中的缝隙便是这些范围之间的边缘地带。

上述的讨论中虽然减少了白天遗留物在梦中所占据的重要性，但还是应该给予它们更多的重视，它们肯定是梦生成过程中的重要成分，因为我们从以往的经验中发现了这使人惊异的事实，即每个梦内容都与最近的白天印象——一般是最不明显的——有连带关系。直到现在为止，我们还不能说明为什么这是需要的，当我们把潜意识愿望所扮演的部分印在脑子里，与此同时到心理症病人那里去找寻材料，那么这种需要性就会非常显著了。从心理症病人那里我们了解到，潜意识的概念本身是不会进入前意识的，所以，只有通过和已经属于前意识的概念发生关系，同时把自己的强度转移过去，遮掩着自己，从而对前意识施加影响，这便是转移作用。它可以解释心理病人精神生活的很多现象，这无端获取很大强度的前意识概念，尽管被转移，但并没有引起改变，也许会由于受到那转移内容的压力而被修饰。我希望各位能原谅我从日常生活中取得类比。我觉得这种受潜抑的观点与在奥地利的美国牙医相仿，他无法在这里开业，除非他能请到一位合法的医生代他签字，而且在法律上“庇护”他。如同成功的开业医师很少与这种牙医结盟，这些在前意识中就已吸引普遍注意的前意识或意识的概念，也不会被选中和潜抑的概念连合。因此潜意识很喜欢和前意识那些不被注意、受漠视的或刚被打击排挤的概念发生关系。在关联的规则中，有一条是众所周知的（由经验加以证实），如果概念在某方面得到很密切的联系时，它可以排挤其他的各种新联系。我以前曾据此创立歇斯底里麻痹的理论。

假定由心理分析过程中所发现的对潜抑概念的转移也在梦中运作时，我们就能够马上解决梦的两个谜：即在每个梦的分析上，我们都能够找到一些新近发生的印象交织在梦的结构中，这些新的要素一般都是琐碎的。这些刚刚发生且无举足轻重地位的要素，之所以能代替古老梦思进入梦中，是因为它们不怕阻抗的审查。虽然这些琐碎要素很容易入梦的事实可以用不受审查制度阻抗来说明，但近来发生的事物中常常出现的事实也指出了转移作用存在的必要。这两件事都满足了潜抑的要求（一些还不发生关系的材料）——选用那些无举足轻重地位的要素是由于它们没有广泛的联系，而选用那些近来的要素则是由于它们还没有时间去形成关联。

所以，我们知道这些被划入无足轻重地位的白天遗留物，不仅在梦生成中（如果它有份的话）从潜意识中借来某些东西，即那些潜抑愿望所拥有的本能性力量，而且凭一些不可分割的东西提供给潜意识，即转移现象所必要的附着点。如果想从该点更深入地去探讨心灵的过程，那么，我们必须更深入地了解前意识和潜意识之间的相互作用——这可根据心理症的研究来达到，但是，梦对这一点却毫无帮助。我还有一件事要讲，白天的遗留物，不可否认的是真正的睡眠的打扰者，而梦不会打扰，反倒促进着睡眠。我今后会再次回到这论题中。

到现在为止，我们一直都在讨论梦的愿望，追溯着潜意识的来源，并且分析了它们与白天遗留物的联系，而这遗留物可能是一种愿望，一种精神冲动或者直接是新近产生的印象，在这种情况下，我们都能够说明各种各样清醒时刻的思绪在梦的生成中所扮演角色的重要性，甚至把这种思想系作为基础，我们也能解释这种极端的例子，即梦追求着白天的活动，而且为真实生活中还没有解决的问题达成令人满意的结论。我们所缺少的只是这样一种例子，借以分析它幼童时期或者是潜抑的愿望，通过这愿望的能量使前意识的活动达到成功地强化。然而，这一切并不能使我们对这个问题，即为什么潜意识在睡眠当中除了是愿望实现的动力外而没有提别的什么东西——有更深一步的了解。这问题的回答将会让我们更加了解愿望的精神性质。我想用以前叙述过的精神装置的图解来回答。

我们毫不怀疑这种精神装置在达到现在的完整性之前一定经过了长时期的演变过程，让我们先回忆一下早期的演变过程的功能。从一些必须以其他的角度给以证实的假设看来，这精神装置的能量起先是使自己尽量地避免遭受刺激。所以，其初期的构造是依据反射装置的蓝图而设计的，接受的感觉刺激能够迅速地通过运动渠道产生反应，但它所面临的生命危机却干扰着这种简单的机能。另一方面这种精神装置之所以能够更进一步的扩展也是由于这种原因。它首先面对的生命危机主要是肉体的需求。内在的需求所产生的激动要从行动中找寻发泄，这可以比喻为“内容变化”或者“感情的表露”。例如一位饥渴的婴儿会无端地大喊大叫。但情势却没有改变，由于来源于内部的需求而产生的激动，并不是只能产生暂时性冲击的能量，它是连续不断的。只有经过某种处理后才会发生改变（如婴儿这例子，便是通过外来的帮助）——即达到“满足的经历”后才能使内源之刺激终止。这“满足的经历”的主要组成部分是一种特殊的感觉，在这个例子中，便是营养在脑子里所印下的记忆，影像自此以后与需求所产生的激动记忆痕迹相联系。这种联系建立后，一旦此种需求再出现，就会立即引出一种精神冲动，重新加强此种感觉的记忆影像，并再次唤起这种感觉，换言之，即重新建立第一次满足的情形。这种冲动我们称它为愿望。而感觉的两次出现即是愿望的满足。由于需求产生的刺激直接造成感觉的充盈是满足愿望的最终捷径，或许可以假定一个原始的精神装置应该遵循的途径，就是愿望结束于幻觉。所以，第一种精神活动的目的在于对感觉的仿同，即重复着与满足需求相关联的感觉。

生命的痛苦经历一定会使这种原始的思想活动变为一种续发的而且是更适宜的行动。这种通过装置内后退作用的捷径所建立的知觉相似，对心灵其他部分的影响与外来的知觉刺激并不一样。这是因为满足并不能接在它后面，并且需求仍还存在。这种内发的精力充沛只能在不停产生的情况下下才能与外在的刺激具有共同的价值，事实上，此情况可发生在产生幻觉的精神病人以及饥饿幻想的情形中，靠对愿望对象的依附而消耗整个精神活动，为了更有效地利用这种精神能量，它必须在后退现象还未完成前将它断绝，让它不得超出记忆影像之外，并且能够寻求其他的途径达成我们所希望的依靠外在世界而得到知觉相仿。这种抑制后退现象，以及接着把激动分开来的现象乃成为控制随便任意运动的第二类系统的工作，因而第一次将行动导向预期的目的上。然而，所有这些复杂的精神活动——从记忆影像到外在世界所建立的知觉仿同，仅是达成愿望实现（这是经验认为必需的）的回环的途径罢了。其实思想也没有什么，它不过是幻觉式愿望的一种替代品而已，显而易见，梦肯定是愿望实现，因而，只有愿望才会让我们的精神装置运作。从这角度来看，梦是通过后退现象这条捷径而实现愿望的，只不过是我们所保存的精神装置的原始运作方式，这种方式早已因缺乏效果而被遗弃。这个曾经一度控制着清醒生活的方法——那时候心灵依旧年轻，然而能力并不强，现在好像被流放到夜间去了。这就好比我们在托儿所中发现了那种被大人摒弃的古老的原始工具——弓和箭。梦是那早已被废除的幼童精神生活的一部分。这种精神装置的运作方式在正常的情况下是被约束的，而在精神病人中却又重新建立；在与外在世界的关联上，却表现出它们不能满足我们需要的真实原则。

非常明显，潜意识的愿望冲动也企图在白天发生作用，而使作用转移的事实（精神病症也一样）非常明显地指出，它们竭尽全力地想在前意识通向意识层的路途上挤出它们的路，并且得到控制行动的力量，所以潜意识和前意识之间的审查制度——这个是梦迫使我们去假设的，应该受到我们的认同与尊敬，因为它是我们心理素质的守护者。那么我们是不是应当这么想象：这个守护者在夜间的松弛是一种粗心大意的行为，因为这让潜意识中的潜抑冲动得以表露，而且使得幻觉式的退化现象再次产生？我认为不是这样，因为在这重要的守护者去休息，而我们可以证实并不是熟睡时，它同时也关紧了活动力量的大门。无论那正常状态下被抑制的潜意识冲动在台上怎样高视阔步，我们也没有必要担心，由于它们是无害的，所以，它们不可能使那些可以改变外在世界的运动装置发生运动，睡眠保证了那必须加以防御的阵地的安全，而如果这种力量的转移并不是由于守护者夜晚的松弛而进行的，而是因为它的力量的病态减弱，或是潜意识激动能量的病态加强，同时前意识仍然充满着潜能，通往行动能量之门依旧敞开时，情况就不那么简单明了。在这种情况下，守护者抵挡不住，潜意识的激动压倒前意识，所以控制了言语和行动，或者强有力地造成幻觉式的退化，因而通过知觉吸引所造成的精神能量分散而指导着那些并不为它们设计的精神装置，这种情况被我们称为精神病。

我们目前最适于再继续组装心理的骨架。尽管我们停顿在介绍潜意识与前意识那点上，但是我们有理由继续讨论所谓的“愿望是制造梦的唯一精神动力”。我们已经接受了这种观点：梦永远是愿望实现。说到理由，那是因为它们都是潜意识系统的产物，而它的活动除了愿望实现外，没有任何目标，并且除了愿望的冲动外，不具备别的能量。现在如果我们继续坚持这种基于解析的事实而创立的具深远影响的心理推测，那么就有责任证明这种推测将会把梦置于人的别种精神活动的联系中。假如潜意识这个系统存在的话（或者是与它相仿而适合于我们讨论的东西），那么，梦不可能只是它的独一无二的表现。每一个梦都可以是愿望实现，然而除了梦以外一定还有别的形式的愿望实现。事实上所有关于心理症症状的理论也都说明了一点：它们也可以作为是潜意识愿望的满足，我们的解释不过是让梦成为那类对精神科医师具有重要意义的第一个成员罢了，并且对梦的了解仅显示了精神病学所遇问题的纯粹心理学方向的说明。

这一类愿望实现的其他部分，如歇斯底里症，具备一个基本的特点，而这种特点不会在梦中发现，在本书里常常提到我们在研究中发现的，为了要形成歇斯底里的症状，脑子里的两道主流必须要合在一起。这些症状不仅仅是一个可实现的潜意识愿望的表露，而且在前意识中肯定还有一个满足这个症状的愿望，所以，这些症状至少有两个决定性的因素，各自来源于两个与这种冲突相关联的系统，就与在梦中一样，它们对更深一步的多重性决定并没有限制。据我所知，这些不来自潜意识的决定性因素，都毫无例外地对抗潜意识愿望的思想串列，例如一种自罚行为。因此可以这么说：歇斯底里症只有在由不同精神系统引起的两个相反愿望能够在单一的表露中汇合而得到满足的时候才能出现（请与我最近阐述涉及的有关歇斯底里症的起源的论文——歇斯底里幻想以及它与双性的关系——相对比）。在这里，例子对我们的帮助是有限的，由于除了非常详尽的说明这种复杂情况外，没有任何东西可以达到此种结论，所以我不准备去证实此论点，只想引述一个例子来说明这一点更为鲜明，而不是用来证实。我的一位女病人的歇斯底里性呕吐，一方面是满足她那青春期开始时就存在的潜意识幻想——即她会持续怀孕，生下无数个孩子的愿望，后来还产生了一个她与很多男人结合以便实现上述结果的愿望。因而她产生了一个强有力的护卫性的冲动以对抗这不道德的愿望。另一方面，由于呕吐会使她失去美好的身材，从而也就失去了对任何人的吸引力，所以这种症状也能满足那处罚自己的思想串列。同样这一病症能满足这两方面的要求，因而就可以成为真实；这与古安息国皇后对待罗马三执政之一的克拉苏的方法一样。

由于她相信克拉苏之所以出征是因为爱好黄金的缘故，所以，她下令将溶化的黄金倒入他尸体的口中，然后说：“现在你已得到你想要得到的。”但到目前为止，我们所了解的关于梦的产生就是它们流露的潜意识愿望的满足。但从表面看来，操纵大局的前意识好像在强迫愿望产生某种改装之后才允许这种满足。但我们常常在梦中找不到一个与梦愿望相反的思想串列。只有偶尔从梦的解析中才可以看到一些反应物的迹象，例如在我梦见叔叔（蓄着黄胡子）的梦中，我对朋友R的感情。然而，这些漏掉的部分可以在前意识的其他地方找到。梦通过各种扭曲表达出潜意识的愿望，但操纵大局的系统则退入睡眠的愿望内，体察那愿望而改变辖属于它权力范围内精神装置的能量，而且在整个睡眠过程中继续把握着这个愿望。

这个属于前意识对睡眠的决定性愿望往往能够促进梦的生成，让我们回想本章开头那位父亲的梦，他通过隔壁房间传来的火光，推想到他孩子的身体可能被火烧着，这父亲在梦中得到这样的推论（而不是在被火光弄醒的时候）。我们曾提出产生此种结果的其中一个精神力量是，那瞬间延长他在梦中见到孩子的生命的愿望。而其他源于潜抑部分的愿望也许就脱离了我们的注意力，因为我们无法分析这个梦。可以假定，另一个产生此梦的动力是这位父亲需要睡眠；他的睡眠（与这孩子的生命一样）由于梦的缘故而延长了，他的动机是“让梦继续进行吧，否则我就得醒过来”。在别的梦中（就和此梦一样），想要继续睡眠的意愿实际上是支持了潜意识的愿望。在第三章我曾经描写了一些表面看来是“方便的梦”，然而，有些梦都可以应用以上所说的形容词（即睡眠的意愿）。这种继续睡眠的愿望的操纵最容易在那种“惊醒的梦”中发现，它们将外来刺激加以某种方式的掩饰使这些刺激与睡眠的继续进行不发生冲突；它把刺激编入梦中，因此使它们失去了代表外在世界刺激的能力。同样的愿望肯定会发生在其他的梦中，尽管这种愿望本身就可能让当事人由睡眠中醒来。在一些例子中，当梦见不吉利的事时，前意识会这样和意识说：“不要紧，再继续睡吧！终究这只是梦罢了。”以上这些不过是泛论，主要的精神活动对梦所持的观点，虽然事实不一定如此，但我必须做如此的结论：在整个睡眠状态中，人们知道自己在做梦，就与知道自己在睡觉一样地确定。因此必须不要过于注意这些相反的论调，即我们的意识从未想到后者，而且后者也只是在特殊的情况下才步入意识中的（即当审查制度解除护卫的时候）。

另一方面，有些人在夜晚时能十分清楚地知道自己是在睡觉还是在做梦，因而好像具备用意识指导梦的能力，比如说这种梦者对此感觉不满意时，能够将其中断而不醒过来，然后再从另一个新方向开始，这就像一位通俗的戏剧家在众人要求之下，会把他的戏剧套上一个较为令人满意的结尾一样。或者在其他情况下，即当梦使他步入一种性兴奋的状态时，他可以自己这么想：“不要再梦下去了，以免遗精而消耗精力，要忍住，而将它留给真实的情况。”

瓦西所记录的圣德尼斯的埃威侯爵自称可以随心所欲地加快梦的进程，而且还能如愿以偿地把梦转到任意的方向和内容上，好像在那种情况下，睡眠的愿望被另一个前意识的愿望所代替——即观察自己的梦并且去享受它。这种愿望与那种在某种特殊条件获得满足时而不想醒来的愿望（如第五章提到的保姆或者是“被尿湿的”保姆的梦）一样，和睡觉不产生冲突。此外，大家都很明白，如果某人开始时就对梦有兴趣的话，那么他醒后所能记得的梦也就更多了。

弗伦茨在讨论有关导引梦出现的其他观察中，曾经这么认为，“梦从各种角度精心掩饰着这刹那间占据着心灵的思想，假如某一梦的影像威胁着愿望实现，那么它就会消除这个影像，同时接着继续寻找新的答案，直到最后，它终于产生一个能满足这两个心灵机构的愿望实现”。

四、从梦中惊醒——焦虑的梦

现在我们知道，前意识在整个晚上都集中精力于睡眠的愿望，所以，我们要再进一步了解梦的程序。然而，首先我要先摘录一下我们已知道的部分。

做梦的情况是这样的：它或者是前一天清醒时刻的遗留物并且没有失去其所含有的能量，或者是整个清醒时候的流动将潜意识中的一个愿望激励起来，或者是这两种情况的巧合（我们已经讨论过各种可能的情况）。潜意识的愿望与白天的遗留物连接起来，并且产生转移作用，有可能也在白天的过程中已经产生，或者要到睡眠状态下才能产生，产生一个转移到近期材料的愿望，或者是一个近期的愿望在受到压抑后通过潜意识的协助而得以新生，然后这种愿望想通过思想程序必须经过的正常渠道，从前意识（但它有一部分是属于前意识的）努力地冲向意识。然而它还是碰上那仍会发生作用的审查制度，而且受到它的制约，这时它已经被改装，这是通过转移到近期材料造成的。直到这里，它正在转化为一些如强迫性思想、妄想或者相似的东西（受到转移作用加强的思想）的路上行进，而且，因为审查的原因在表达上产生了改装。然而它再一步的行进又受到前意识睡眠状态的影响（可能这个系统通过减少激动来保卫自己，以防受到侵害）。因此，梦的程序进入后退的途径，这条途径因为睡眠状态的特殊性质而能够畅通无阻，各类的记忆吸引着并指引它上路，某些记忆只是凭一些视觉的能量而存在，并没有变成为续发系统（later system）中的字眼。在它后退的途径上，梦程序获得了表现力。（此后，我将提到压缩的问题。）此时梦已经完成了它返回旅途中的第二部分，旅途的第一部分是行进的，从潜意识的景象或者幻想情景直导向前意识，第二部分则是从审查的前线再度返回到知觉上来，但是当梦的程序内容变为知觉的以后，它就冲破了审查制度与睡眠状态在前意识中所建立的障碍。它很成功地将注意力转向自己，而且使意识对它注意。

意识被我们认为是用来解释精神性质的感觉器官，在清醒的时候可以从两个方面接受刺激。一是它由整个装置的周边（知觉器官）取得激动的讯息，二是它还可以接受愉快与不愉快的激动——这种激动是精神装置内部与能量转移有关的特有精神性质。ψ系统中别的程序（这包括前意识）都不具备任何精神性质，因而不能是意识的对象，除非它能把愉快或不愉快带到知觉上去。可以如此假定：这种愉快与不愉快的产生，能够自动调整能量精力的添加过程，然而为了使更精细的调节工作得以进行，各程序必须使自己比较经得起不愉快的影响。因此，前意识系统必须具有一些能够吸引注意的性质，但这些性质可能就是前意识程序与语言符号系统（一个并非不具备性质的系统）的联系而产生的。所以本来只是感觉器官的意识就变成了思想程序感觉器官的一部分了。因此，产生了两种感觉面，一种是对知觉的，另一种是对前意识的思想程序的。

我假设睡眠状态使指向前意识的意识感觉面比知觉系统的感觉面更不易受到激动，这种在夜间对思想程序的兴趣减弱甚至丧失具有另外一种意义，那就是由于前意识需要睡眠，思想要停止。然而，一旦梦成为知觉后，它就能通过新获得的性质而刺激意识。这种感觉刺激促进前意识里的一部分可以利用的能量去注意发生激动的原因，这是它的主要功能。所以，应该承认每个梦都有唤醒的作用——即它使前意识中静止的一部分能量产生活动。在这种能量的影响下，梦于是受到人们所说的“再度修正”的修饰——针对其连贯性与可解读，这就是说，此能量把梦与其他的知觉内容给予了相同的待遇；只要梦材料允许，它也得到同样的预期性概念。如果梦程序的第三部分具有方向性，那一定也是前进的。

为了避免误解，我想谈一谈有关梦程序时间上的联系——这是不会太离题的。毫无疑问，在有暗示性的关于断头台的梦里，高博提出了一个很引人注意的结论。他要说明梦不过是占据着睡眠和清醒之间的过渡时期。人醒来的过程需要一些时间。在这段时间里，梦产生了。我想，或许是这样的，最后梦的影像是如此强有力，以至于把人们弄醒。实际上，在这刹那间人们已经准备起床了，所以它才具有这种力量，梦是刚刚开始清醒的产物。

杜卡斯曾指出，高博因为要推广他的理论，忽略了许多事实。梦是发生在人们还未清醒的时候，如在一些梦见自己做梦的例子里，凭借我们所具有的知识来看，我们不能同意，梦只是占据了快要醒过来的那段时间，相反梦动作的第一部分可能在白天就已经开始了，这是在前意识的控制下进行的，第二部分——审查制度所做的变动，潜意识情景的吸引，以及挣扎着希望成为知觉的努力，无疑是整个晚上都在进行着的。从这些观点看来，当人们感觉整晚都在做梦，不过不知道梦到什么的时候，我们或许是正确的。

然而，我觉得没有必要认为，梦在变为意识以前一直都维持着我所叙述的时间顺序：首先出现的是转移的梦的愿望，接着是审查制度所造成的改装，然后，就是改变为后退的方向等等。虽然我必须用这种方法来叙述，但实际上却是许多情况（途径）同时产生、激动摇摆的，有时这样，有时那样，直到最后它在某个最有希望的方向上集合，而具有特殊性的一组就继续保留下来。凭我个人的经验看来，我认为梦的运作需要超过一天一晚的时间才能获得结果，如果这一观点确立，那么我们对于“梦形成”所显示出的优异才能就不必感到诧异了。我的意见是，甚至那些将梦当作知觉事件来了解的要求也在梦吸引意识的注意以前就发生关系了。但是从这点开始，梦形成的步伐就开始加快。因为从这一刻开始梦就与任何被感觉到的事件一样，接受同样的待遇。这就如同放烟火一样，准备的时间要好久，但在一瞬间就放完了。

到这个时候，梦的程序或者已经由梦运作得到足够的强度来吸引意识与唤醒前意识（不管睡了多久，也不管睡的深或是浅），或者其强度仍不足以达到此点，因而必须继续留存在一种戒备的状态下，直到刚才要醒过来的那一刹那，注意力变得较活跃而与之会合为止。多数的梦都是只有较低等的精神强度，由于它们都在等待那醒过来的过程，这能解释以下的事实：当人们由深睡中醒过来时，通常能够发觉到一些梦见的东西，在这种情况下（与人们自觉醒过来的情况相同），我们首先注意到的是梦运作所创造的知觉内容，然后才察觉到外在世界所提供的知觉内容。

但是具有高度理论价值的梦都是那些能在睡眠的中途将人们弄醒的梦，大家或许会这么问，梦（潜意识的愿望）为什么具有力量能打扰睡眠（即干扰前意识的愿望）？其答案肯定存在于那些我们现在还不知道的能量关系上。如果具有这种知识的话，那么就会发现，让梦自由地发挥及施于梦以或多或少的注意力是一种能量的节省——如果与有似白天般地严加控制潜意识的情况比较。从经验来看，即使在晚上使睡眠中断数次，梦与睡眠也不是互相排斥的，我们不过起来一回，然后立刻又睡着了。这就如同在睡眠中把苍蝇赶走一样，本身就是一种醒过来的现象。假如我们再度入睡，这中断的就被除去，就像那个熟悉的保姆或被尿湿的保姆的梦中所显现的一样，那种想睡觉的愿望的满足与维持某种程度的注意力是不会相互违背的。

在此我们必须注意一个基于对潜意识更多的了解而产生的反面意见。我们曾经断定潜意识是永远运动着的，但是同时又说它们在昼间没有足够的能量使自己被察觉。然而如果睡眠的状态仍然持续着，同时潜意识的愿望也显示出它超强的能力来创造出梦，并且因此唤醒了前意识，那么为什么梦在被觉察到的时候这种力量又消失了呢？并且梦会不会继续重现，就像讨厌的苍蝇被赶之走后又飞回来呢？我们又有什么权力断定梦是驱除了“睡眠的打扰者”呢？

潜意识愿望永远在活动是不可否认的事实，它们代表那些经常被利用的路途，只要稍微有些激动就行。确实，这种不可毁灭的性质是潜意识程序里的一个明显特点。在潜意识里任何东西都没有终点，也没有过时，或是被遗忘。在研究心理症病患（尤其是歇斯底里症）的时候，这一点更加明显。那些导致歇斯底里症产生的潜意识思想途径，只要有足够的激动堆积起来，就会再度重蹈一个三十年前所受到的侮辱，只要它能够进入潜意识的情感内，那么这三十年来的感受就和新近发生的没什么两样。无论什么时候只要这个记忆一被触及，它就复活起来，受到激动的充电，然后用发作而得到运动的释放，这恰好是心理治疗所要干涉的地方，它的工作是使潜意识程序能够被处理，最后把它忘掉。的确，那些逐渐被遗忘的记忆以及那些不再是新鲜的印象所具有的微弱情感，我们向来都把它视为理所当然，认为是时间对记忆所产生的反应，而事实上这是辛苦的努力所带来的续发变动。这是前意识做出的工作。而精神治疗所能做出的是将潜意识带到前意识的管辖区之内。

因而任何一种特殊的潜意识激动程序都可能产生两种结果。一是不被理会，在这种情况下它最终会在某个地方形成突破，并由此得到将其激动释放并产生行动的机会。二是它受到前意识的影响，所以其激动不仅不会解除，反而会受到前意识的束缚；这第二种情况就是在梦程序中所产生的。来自潜意识的激动，当其因受意识中刺激的指引而变为知觉，在半路上与梦相会，把梦的潜意识激动约束住，它就没有办法再进行干扰活动。如果梦者真的清醒的话，他肯定能够赶走那些干扰他睡眠的苍蝇。而我们同时也发现这是一种比较方便而且比较经济的方法，让潜意识的愿望自由发挥，通过打开后退现象之路以产生梦，接着利用前意识运作的一点力量将这个梦束缚住，而无须在整个睡眠之中继续不断地把潜意识愿望紧紧地束缚住。梦虽然不是一个有意义的程序，但是在精神力量的相互作用上亦获取了一些特定的功能。我们现在看一看这些功能是什么。梦使潜意识自由不同的激动不同程度地受到前意识的控制，在这个过程中，其把潜意识的激动释放了，这是一种安全的活动，利用一点点清醒时刻的活动以保持前意识的睡眠，就像许多精神构造（它是这些系列中的一员）一样，它促成一种妥协，同时为两个系统服务，使它们能互相谐和。假如现在我们翻过来看第一章中罗伯特所提的关于梦的“排泄的理论”，我们甚至可以在一瞥之下就决定要接受他的所谓梦的功能，尽管他的前提及有关梦程序的观点与我们的不同。

所谓“至少使两个系统的愿望互相谐和”暗示了梦的功能有时也是会失误的。梦在开始的时候是对潜意识愿望的满足，但如果这个愿望达成的目的过于激烈地扰乱了前意识以至于不能再继续睡下去，那么梦就破坏了这种妥协的关系，并且不能进行第二部分的工作。在这种情况下，梦就完全被中断了，并变成为完全清醒的状态，即使在这状况下，梦虽然看起来像是睡眠的打扰者而不是正常睡眠的守护者，但这并不完全是梦的过错。这种事实完全没有必要让我们产生这样的偏见，并对梦的意义产生怀疑。这并非唯一的例子，对个体来说，那些正常情况下有用的计策在情况发生了某些改变后，就变成无用的而且是碍手碍脚的事实是常见的，而这些困扰至少具有一两种使个体的调节机构重新进行调整来应付变化的新功能。当然现在我脑子里想的是“焦虑的梦”。为了不使别人误解，我一直在逃避这个与愿望达成定律的主张有所不同的梦，我将在下面提到一些有关“焦虑的梦”的解释。

对我们来说，产生焦虑的精神程序也能满足某个人的愿望，这是不相互矛盾的。可以用这事实来解释，即愿望属于一个系统（潜意识），而它却受到意识的拒绝与压抑。即使是在完美无瑕的健康心理中，前意识对潜意识的压制也并不是完全的，而这种压制可用来衡量精神的正常程度。心理症的症状显示出这两个系统发生了冲突，这些症状产生的妥协是使二者之间的冲突得以终止的产物。它们一方面让潜意识激动并有发泄的场所，即给它一个发泄口；另一方面也能让前意识对潜意识有某种程度的控制。在这里考虑歇斯底里症或广场恐惧症的意义是非常有益的。假设一位神经质的病人无法单独穿过马路，我们可以很正确地称他为“症状”者。如果强迫他去做那些他认为无法做的事情（通过消除他的症状），那么将导致焦虑性的发作。而事实上广场恐惧症的导火线往往是在马路上发生的焦虑。所以我们会发现，症状之所以产生是为了避免焦虑的发生，恐惧症就像是一个竖立着对抗焦虑的碉堡。

如果不去探究那些感情所扮演的角色，我们的讨论是无法继续进行下去的，只是在目前的情况下，我们不能完全做到这一点。让我们先这样假设，感情对潜意识的压抑是最重要的，如果让潜意识自生自灭，它便会产生一种本来具有快乐性质的感情，在受到抑制之后，变得十分痛苦。而压抑的结果和目的便是阻止痛苦的产生，这种压抑扩展到潜意识概念的全部内容，因为痛苦的产生可能从这些内容开始。这里我们将以一个有关感情来源的而且是相当确定的假说来作为今后讨论的基础，这一假说视感情为一种运动或者分泌功能，不过它的神经分布之谜却要在潜意识中寻找。在前意识的控制下，它被束缚和抑制，以致不能产生感情的冲动。所以，如果来自前意识的能量将不能发出，那么潜意识的冲动就有释放出一种不愉快与焦虑感情的可能。

如果此梦的程序能继续进行下去，那么，这种可能性就会物质化。那些使它能够实现的情况是：潜抑必须早就发生，而冲破压抑的愿望冲动也要足够强大。而这些决定性因子就不在梦形成的心理构架之内，要不是我们的论题有一个地方（即夜间潜意识的释放）和焦虑的产生有联系，那么我将要取消有关“焦虑的梦”的讨论，并且由此而省略了许多暧昧不清的内容。

我已经一再说过，形成“焦虑的梦”的理论是心理症病患者心理的一部分。可以这么说，梦中的疑难是个焦虑的问题，而不是梦的问题。在指出它和梦程序相连的部分后，我们就没有什么可做的了。我现在还剩下一个问题。既然我曾经断定心理症的焦虑于“性”，那么我就要解析一些“焦虑的梦”以显示梦境中所存在的性材料。

在此我有理由将心理症病患者的许多例子置于一边，而引用一些年轻人的梦。

几十年来我都没有做过真正“焦虑的梦”，但我仍然记得七八岁时所做的一个梦，而在30多年后再予以解析，这梦还很清楚。我在这个梦中看见我深爱着的母亲，她的外表有一种特别安静的表情，被两个或三个长着鸟嘴巴的人抬入屋里，放在床上。我醒了过来，又哭又叫，把双亲的睡眠给打断了。那些穿着很奇怪并且具有鸟嘴巴的人，是我由菲利浦《圣经》的插图中看到的。我想他们一定是那些从古代埃及坟墓上的雕刻而来的鹰头神。另外经过分析，引出一位坏脾气的男孩，他是一个看门人的孩子。当我们小的时候，大家经常一起在屋前的草地上玩耍，这个男孩子叫菲利浦。我好像是从这个男孩那里听到了有关“性交”的名词，而那些有教养的人用拉丁文“交媾”来说这种事。在这梦里我选用了鹰头，一定是根据那年轻指导员（他对生命的事已经很熟悉了）的脸色来猜测此字具有性的意义。梦中我妈妈的那个样子，则是抄录祖父死前数天昏迷、喘着气的样子，对于这个梦的“再度校正”的解析是我妈妈快要死了，坟墓的雕刻和这鹰，我醒来的时候充满焦虑，直到把双亲吵醒以后还不停止吵闹，我记得一看到妈妈的脸孔，心里就平静起来了，似乎我需要她并没有死去的根据。而这个梦的“续发的”解析在焦虑的影响下已完成了。我并没有因为梦见妈妈将要死去而感到焦虑，之所以会产生焦虑是因为在潜意识的校定中我已受到了焦虑的影响。当我们把潜抑加以考虑的时候，这焦虑之情可以追究到那含糊的却又明显的由梦中视觉内容所表现的性的意味。

一位27岁的男人得了很严重的病，一年后，他告诉我说他在11～13岁之间常常反复地做这样一种梦，并为此感到十分担忧：

一个男人拿着斧头在追赶他，他想要逃开，可是他的脚似乎麻痹了，不能移动半步。这是一个很常见的关于“焦虑的梦”的例子，而且，从来不会被认为是与性有关。在分析的时候，梦者还想到他的一位叔父告诉他的故事（在那梦第一次发生之前），那是有关他叔父有一天晚上在街头被一个不怀好意的男人攻击的事。梦者自己由这联想得到了以下的结论，他在做这个梦之前听到一些与这些情景相似的事。至于斧头，他记得在一次劈柴的时候曾用斧头把手指砍伤了，然后，他又马上提到和他弟弟的关系。他对弟弟不好，经常将他打倒在地，他记得有一次他穿着长靴踢破了弟弟的头，流了很多血，他母亲对他说："我害怕有一天你会把他杀掉。"当他仍然在思索暴力的时候，他突然想到他9岁那年有一天晚上他父母亲很晚才回家，而后一起上了床，而他恰好没有睡着。不久就听到了喘气声音以及其他奇怪的声音，他还能猜到双亲在床上的姿势。进一步的分析，显示他将自己与弟弟的关系和父母的此种关系相类比。他把父母亲之间发生的事包含在暴力与挣扎的概念下，并且找到了对这种观点有利的证据：常在母亲的床上找到血迹。

可以这么说，成人之间算是家常便饭的性交会使看见的小孩感到奇怪并且产生焦虑的情绪。这种焦虑之所以产生乃是因这种性激动不能为小孩所理解，所以转为焦虑，另外我们知道在一个很早的生命过程中，孩子对异性父母的性冲动还未受到潜抑，因而，曾坦率地予以表达。

对于小孩在晚上发作的恐惧和幻想，我毫无怀疑地给予同样的解释，这种例子也是一种性冲动的问题，因为不被了解从而受到排挤引起的。而如果把它记录下来会显示出发作的周期性，因为性原欲可以因为意外的刺激，也可以因为自动的周期性发展从而得到加强。

我没有足够的材料来证实我这一解释。

另一方面，小儿科医生不论是对孩童的身体或是精神方面都缺少这种掌握整个现象的见解。下面我要引用一个有趣的例子，如果不小心被医学神话所蒙蔽，那么就很容易的会将它看错，我要借用德贝克（Debacker）的有关论文《夜惊》。

一位12岁的男孩，身体虚弱，感到焦虑而且多梦，他的睡梦开始受到困扰，几乎每个星期都有一次从睡眠中惊醒，非常焦虑之中还伴随着幻觉。他一直都能清楚地记得这些梦。他说那怪物向他大喊："啊，我们捉住你了！啊，我们捉住你了！"于是，嗅到一种沥青和硫黄的味道，他觉得皮肤受到了火焰的烧伤。他从梦中醒来时感到非常恐惧，但起先都叫不出声来。当声音回复时，他记得自己清楚的说："不，不，不是我，我什么也没有做！"或者："请不要这样！我不会再做了！"或者有时说："阿伯特从来不会这样做！"后来，他不肯脱衣服，"因为火焰只有在他不穿衣服的时候才来烧他。"当他依旧做这种恶魔的梦（对他的健康是种威胁）时，被送到了农村，18个月之后他复原了。在他15岁的时候，他承认："我不敢承认，但我却一直有一种针刺的感觉，而且，那种过度的激动使我感到非常焦虑，好几次我真想从宿舍的窗口跳出去！”

可以毫不困难的推论：这男孩小的时候曾经手淫过，他想要否认它，或者由于这坏习惯而要给自己严厉的处罚（他的招供是：“我不会再做了”，“阿伯特从来不会这样做”）。在青春期，这种手淫的诱惑又再度通过生殖器官的刺痒感觉而复活了，现在他产生了对压抑的挣扎，但他虽将他的原欲压抑下来却又形成焦虑，而这种焦虑则将他以前扬言要处罚自己的方法集合起来。

现在让我们看看原作的推论：

1. 通过观察可以很清楚地看出青春期可以使一位健康的男孩变得非常软弱，并产生某种程度的大脑贫血。

2. 这种大脑贫血会使人格发生变化，产生罪恶的幻觉，以及非常剧烈的夜晚焦虑状态（也许还有白天的）。

3. 这个男孩的魔鬼幻想和自我谴责要追踪到宗教教育在小时候对他产生的影响。

4. 所有这些症状在相当长的一段乡村生活之后消失了，这是由于身体的运动以及青春期结束后体能和精力的发展所致。

5. 或许影响这男孩大脑发展的先决者是先天的遗传因素，也或者是受他父亲的性病感染。

以下是他的结论：“我们把这病例归属于因为营养不足而引起的无热性谵妄，因为这个症状是由于大脑缺氧的缘故引起的。”

五、潜抑——原本的与续发的步骤

为了更深入地了解梦的心理，我给自己找来一种非常麻烦的事情，对某件事来说，我的解说力量是很不够的，我一方面只能把这些复杂而又同时产生的元素，一个一个地加以描述（不能同时进行），另一方面在描述每一点的时候，又要避免预测它们所依据的理由。像这一类的困难，都是我的力量所能解决之外的。在叙述梦的心理时，几乎已经忘了提出这些观点的历史性发展，对这些我得予以补偿。虽然我对梦这个问题的探讨方向，是根据以前对心理症病人的研究而定的，但我并不想把后者当作我目前这工作的引证基础，尽管我一直想这么做，但是我却更想以相反的方向进行，即以梦来作为对心理症病患者心理研究的探讨方向，我知道读者将遇到许多困难，但我却不能提供一种可以避免这些困难的方法。

因为我对处理这些问题的方法不满意，所以我很愿意在此稍微停顿一下，以便能考虑其他观点。它们似乎对我的努力给予了较充分的肯定，就像在第一章中所描述过的一样，我发觉自己正在面对一个各派作家各具截然不同意见的论题，在对梦这个问题的处理上，我都能对主要的问题给予合理地解决。我们只是反对其中的两个观点，一是所谓梦是一种“无意义的过程”，二是它是属于肉体的。其余观点，我都能在自己的论题中证实这些相互矛盾的观点，并且指出它们的正确性。

关于梦是清醒时刻的兴趣与冲动的延续，可从隐匿的梦思予以证实。这种证实与那些对我们具有重大意义与兴趣的事情发生关联。梦永远不会为小事而担忧。不过我们又要接受相反的意见，即梦收集白天的各种无甚要紧的遗留物，而这些遗留物又不能把握白天任何重大的兴趣，除非它们和清醒时刻的活动分开。我们发现对于梦的内容来说，这也是正确的——它靠改装而将梦思的表达给予了改变。由于想象机制的原因，使梦的程序能够比较容易控制住近期的或者是毫无关系的概念性材料（这时还未被清醒时刻的思绪所封禁）；而它也因为审查的原因，将精神强度从一些重要但又遭到反对的对象转移到一些无足轻重的事情上。对于梦具有“超强的记忆”并与幼童时期的经历有关的事实，早已成为梦的定理的基础，在梦的理论中，幼童时期的期望是梦的生成所不可缺少的动力。

自然无须怀疑睡着时外来刺激的重要意义（这曾经实验加以证实），但是，我们曾经指出过这些材料和梦愿望的关联，相当于白天活动中持续入眠的思想遗留物一样。我们也没有理由反对这个观点——梦对客观刺激感觉的解释与错觉一样——不过我们已经找到了产生这种解释的动机。这些原因被其他的作者忽略了。对于这些刺激感觉的解说是——不会打扰睡眠，并且可满足愿望实现。对于感觉器官在睡眠时感受到的主观性刺激，拉德先生曾予以证实。我们并没有把它当作梦的一个特别的来源，但却可以利用那在梦背后活动的记忆的退化性复苏来解释这种激动。

至于那些内脏器官的感受，曾经一度是解释梦的主要论点，也在我们的思维中占据着一席之地，但不是重要因素，诸如落下来、浮游或是被抑禁的感觉，都是一种随时“待命出发”的材料，不管什么时候，只要需要，梦的运作都会利用它来作梦思的表达。

我们相信梦的程序是快速而且是同时发生的。如果用“意识对已造好的梦内容的察觉”来看，这个观点是正确无误的。不过，在这以前的梦的程序，可能是缓慢的而且是具有波动性的。至于梦之谜，就是在一个很短的时间里积压大量的材料的疑问，我们的解释很简单，它们是把心灵内那些已经做好的结构拿来应用。

众所周知，梦都是经过改装的，而且受到记忆的切割，但这并没有形成阻碍，因为它不过是梦形成的那一刻就已经存在的改装活动的公开化，而且是最后的一部分。

至于那令人失望而且从表面看来是无法达成妥协的争论：心灵在晚间是否也睡觉，或者它仍然像白天那样统帅着各种精神机构。我们发现二者都是对的，我们能证明在梦思中那非常繁杂的理智机能是存在的，这种机能几乎与精神装置的所有其他来源在一起运作。同时，我们也承认梦思都源起于白天，而且也不否定心灵曾有睡眠的状态。所以即使是“部分睡眠”的理论也有其价值，我们发现了睡眠状态的特征并不是心灵连结的解体，而是统辖白天的精神系统将全部精力都集中于睡眠的愿望上。从我们的观点看来，它虽然不是唯一的决定性因素，但却是促使梦表现的后退现象得以进行的原因，所谓“放弃对思想流向的主动引导”的观点也不可予以非难。精神生活并不会因此而变得漫无目的，因为当主动的具有意义的思想被舍弃后，非主动的思想就取得了统辖权。另外，在梦里含有各种松弛的关联，而且还存在其他我们想象不到的联结。这些松弛的关联只不过是那些具有意义的联结的替代物，确实，我们曾把梦认为极为荒谬的，不过梦例却又使我们感到，不论梦的表面看梦是如何的荒谬，但它还是非常合理的。

就梦的功能而言，每个作家都有自己的看法，对此我们毫无他议，例如“梦是心灵的安全阀”，以及罗伯特说的“所有有害的东西，经过梦的表现后，都会变得无害了”等等，这观点不但与我们所说的梦的双重愿望吻合，而且就这句话来说，我们比罗伯特了解得更深一些。至于“心灵在梦中能够自由扮演”的观点，在我们的观点看来，就相当于前意识的活动让梦自由发展却不予以干扰，像“在梦中，心灵回复到胚胎时期”这一类的文字，也如艾里斯形容梦的话——“一个古老的世界，具有庞大的感情和不完全的思想”——令我们感到高兴，因为这与我们的论点不谋而合（我们认白天被压抑的原始活动和梦的构造是有关系的）。我们也能诚恳地接纳苏里所写的：“我们的梦带回我们早先的以及依次发展的人格。在睡眠中，我们恢复从前对事物的看法和感觉，以及那些曾经统辖我们的冲动和反应。”还有，我们亦和德拉格一样，认为那些受到“压抑的”愿望成为梦的主要动力。

我们还很看重谢尔奈叙述的那部分，关于“梦的想象”的重要性，以及他本人的说明，但我们不得不把问题转到另一个角度来看。事实上，问题不在梦创造了想象，而是在梦思的建造上，潜意识的想象活动占据了重要的部分，不过我们仍旧感谢谢尔奈，因为他指出梦思的来源，但是，他所描述的梦的运作几乎都归于全白天的潜意识活动，这潜意识活动促使梦生成的能力不次于促使心理症症状的产生。这与我们关于的梦的运作是不相同的，而且梦运作包含的范围也较窄。

所以，我们没有理由放弃梦和精神疾病之间的关系，反而应在一个新的立场上建立一个更加巩固的联系。

我们之所以能够在自己建筑的结构内，容纳早期各派作者们所提出的各种不同的相互矛盾的发现，这要归功于梦的理论的特色，它将所有这些理论结合成为一个更高级的单元。对于许多新的发现，我们却给予了新的意义，遭到我们否决的是少数。但是，我们的建筑仍未完全。除了那些因为我们进入梦心理的死角所遇到的复杂问题以外，似乎又遇到了一个新的矛盾。一方面我们认为梦起源于完全正常的心理活动，但另一方面，我们又在梦思中发现很多不正常的梦的程序，这些程序后来进入了梦的内容，而且，在解析时又重映了一遍。所有那些被称为“梦运作”的却与我们所知道的理智的思想程序不同。以前作者的严格判断，认为梦的精神功能是低能量的，这一观点似乎是正确的。

只有做更进一步的研究才能得到解释，并且使我们走入正确的轨道。现在让我们再把另外一个梦形成的联结加以更仔细的观察。

我们已经发现，梦取代了许多来源于日常生活的思绪，并且形成了一个特别完整的逻辑秩序。因而不必怀疑这些思想是否来源于正常的精神生活。我们认为价值很高的思想以及非常复杂的行为，都可以在梦思中找到，然而，我们不需要假设这些思想行为都是在睡眠的时候完成的，这种假设曾大大地反驳了我们至今所引用的关于睡眠精神状态的概念。反之，这些思想也许是来源于前些日子，从一开始就逃过了意识的注意，在睡眠开始进行的时候，就已经完成了。由于有这个前提，我们最多也只能够下这样的结论：最繁杂的思想成就不需要意识的帮助也能完成。在接受精神分析治疗的歇斯底里症患者或强迫思想症患者中，我们都会找到这种事实，这些梦思本身当然不是不可能进入意识层的，如果我们白天不能意识到它们的存在，那一定有许多别的原因。要被“意识”到和那些特殊的精神功能、注意力有关，这个功能具有一定的能量，因此，可以从某一有问题的思想串列转移到别的目标上。另外，还有一种方法可以使这些思想串列不能够进入意识。“意识的反映”显示在施展注意力的时候，是沿着一条特殊途径，假如按照这条途径行进的时候，将会遇到一个不能接受批评的概念，这样我们就瓦解了，即遗弃了注意力的潜能。好像这样开始并被遗弃的思想串列就会继续进行下去，将不会再受到注意，除非它在某一点达到特别高的强度，才有可能迫使注意力再去注意它，所以，如果某思想串列开始的时候就受到排斥（也许是意识的），在直接的理智用途下，判断它是错的，或者是毫无用处的，那么就可能造成这样的结果：这一思想串列将继续进行下去，并不被意识所察觉，直到睡眠的开始。

概括一句，我们把这一类的思想串列称为“前意识”，并认为它是完全理智的，而且相信它或者被忽视，或者被排挤而受压抑。让我们用再简单一点的语言叙述我们对思想产生的看法。我们相信当产生一个有目的的概念时，某些数量的激动，即被称为“潜能”（cathectic energy）的东西，就会依着这种概念选择的连接途径，转移过去。

那些被忽视的思想，就是没有得到这种“潜能”者，而受到压抑或排挤的思想串列，其潜能即被收回。在这两种境况下，它们都得依靠自己的激动。有时这些思想串列，具有有目的的潜能，可以吸引意识的注意力，而后再经由意识的机构而得到过度的潜能。接下来，我们要说明意识的功能和性质。

前意识中进行的思绪最后会有两种结果，或者是自动消失，或者是延续下去。对于前者，应该这样认为：它通过能量中各个相连的小径传播出去，这种能量使整个思想网络都处在一种激动的状态，这种激动状态持续了一阵以后就消退了，这是因为寻找解脱的激动转变为静寂的潜能。假如是这第一种结果的话，对梦的生成来说，已不再具有任何意义了，但前意识中仍然隐藏着其他有目的的概念，它们来源于潜意识，而且一直保持着活动。它们有可能控制住这些前意识中未被理会的思想激动，或者建立起它与潜意识的联系，并将潜意识愿望的能量传递过去。因此，虽然加强了力量但仍然不能使它到达意识层，然而，这种受到压制以及被忽视的思想串列仍能够自我维持，于是，可以这么说，这种前意识的思想已经被带入了潜意识中。

其他可能引起梦形成的条件如下：前意识的思想串列可能一开始就与潜意识的愿望相连，所以受到了具有目的的潜能的拒绝；或者一个潜意识的愿望，由于一些原因（如从肉体而来的）而变为活动性的；并且，寻找机会把能量传递到那个前意识所不支持（不供给能量）的精神遗留物上去，这三种情况都有类似的结果：前意识中的思想串列，受到前意识潜能的遗弃，不过却能从潜意识的愿望中获得潜能。

从这点开始，这种思想串列将进行一系列的变形，我们不能再认为这是正常的精神程序，这将最后导致出一个令我们惊讶的结论（一个精神病理学上的构造）。下面我将列举这些程序：

1. 每一个单独的思想强度都可以全部释放，由一个思想传递给另一个思想，因此某些概念形成时，就被赋予了极大的强度。又因为这过程可以数次重复，所以整个思想串列的强度最终会集中在某个思想因素上。这就是我们所说的梦运作的“压缩”或“凝缩”。凝缩作用是人们对梦的产生感到如此迷乱的主要原因，因为在已知的、正常的和能够到达意识层的精神生活里找不到相类似的东西，在正常的精神生活中，也能找到一些属于整个思维系列的结果或连结的概念，它们也具有很高的精神意义，但是其价值却并不能让任何对内在知觉来讲是明显的感觉状态表现出来。另外，在凝缩的过程中，每个精神的相互关联都变成为概念内容的强化，这种情况就与我写书的时候，用方体或正体来表达那些我认为是应该区别的重要部分。在演说的时候，我要用更大的声调和特殊的语气，用以强调那些重要的句子。第一个类比使我立刻想起了梦的运作所提供的实例：在“伊玛打针的梦”中的那个词“trimethylamin”（三甲胺）。艺术史学家们要我们注意到这样的事实，即最早的而且最具有历史性意义的雕刻都服从于相同的原则，它们以形象的大小来代表雕像的地位。国王要比他的侍从或被击败的对手大二到三倍，罗马时代的雕刻则利用更微妙的技巧来表现这种效果。比如皇帝被放在中央，直立着，被特别谨慎地加以雕塑，而他的敌人却屈服于他足下。而今天在我们之间，下级对上级所行的鞠躬礼也就是这种古老表现原则的一种延续。

梦中凝缩的行进方向一方面受到了梦思与理性的前意识关系的影响，另一方面又受到潜意识中视觉记忆的决断。凝缩作用的结果是产生那些可以穿透而进入知觉系统所需要的强度。

2．通过强度的转移，中间思想（和妥协相似）通过凝缩作用而形成（参阅曾提过的许多例子），这也是常规思想所从未有过的，在常规思想中最主要的是选择以及保存那“适当的”概念要素。另一方面，在我们尝试用语言表达出前意识的思想时，集锦构造和妥协常常会出现，而它们被认为是“说漏了嘴”。

3．在那些互相转移强度的概念之间，具有特别松弛的相互关系。它们之间的联系是我们正常思维所不屑一顾的（最多用于笑话上），尤其是那些同音不同义的和一语双关的情况，被认为是与其他的连接相符。

4．互相矛盾的思想，不仅不互相排斥，反而因互为对立物而相依共有，常常会组合成凝缩的产物，似乎矛盾并不存在一样，或者它们达成了一种妥协，对此种妥协，我们的意识是同样不能接受的，只是却常在行动中出现。

以上是一些梦思（其前身是架建理智的基础）在梦的运作过程中最为显著的异常步骤，以后将还会看到这些程序的重点是使潜能变为能动的、同时能加以释放。至于这些潜能所附着的精神要素，其内容与真正的寓意并不被重视，可以这样假定：凝缩作用以及妥协的产生是为了促成退化作用，就是让思想转变为影像的作用。至于一些梦的分析和梦的合成，如“Autodidasker”的梦，虽然不会具有退化现象所产生的影像，但也会和别的梦一样，具有同样的转移和凝缩作用。

因此，可以得到这样的结论：梦的生成与两种基本上就不同的精神程序有关，其中一种产生完全合理的梦思，与正常思想具有同样的正确性；而另外一种则以最迷乱、最不合理的方式，来处理这些思绪，我们已经在第六章的论述中，把第二种精神程序称为梦运作本身。对这精神程序的来源，我们又有何什么话说呢？

假如我们早先没有深入的了解心理症的心理，特别是那些歇斯底里症的，我们就不可能回答这个问题。通过这些研究，我们发现另一个不合理的精神程序在歇斯底里症状的产生中占据着突出的地位。在歇斯底里症中，在开始的时候我们也仅仅是看到一些完全合理的思想与意识的思想一样正确，而这第二种形式的产生我们无法找到，只能在后来的追踪研究中发现。通过对病人症状的分析，就会发现这些正常的思绪受到了不正常的处理：它们经由凝结作用而产生妥协，通过表面的关联，在不矛盾的情况下，由退化现象的小径转变为外在所表现的症状。因为梦运作的特点与那些产生心理症症状的精神活动完全是一致的，所以我们把歇斯底里症的结果借用在梦里。

我们借用歇斯底里症的论述中的下述主张：一个正常的思想串列只有在如下情况中才会受到前述异常的精神处理，即当一个来源于幼童时期而且受到潜抑的潜意识愿望转变到思想上时，这思想才能得到这种处理。我们曾经假设产生动力的梦的愿望均来源于潜意识（这与上面的观点是相符合的），但这种假设虽然无法驳斥，却也不是完全正确的，为了要解释“潜抑”这个我们已经用过多次的词，我们必须要更进一步去研究我们的心理框架。

我们已经提到过关于原始精神装置的假设，其目的是避免激动的积累，使之尽可能地维持在平静的状态。由于这个原因，它的建造蓝图依据的是反射装置。而运作力量本身就是一种能引起身体内部变化的方法。然后我们要继续研究“满足经验”所引起的精神后果。在这点上，我们又加入第二个假说：激动累积（如何达到累积效果，我们暂可以不管）的感受是痛苦的，同时它可使装置产生作用，为重复这种满足经验而运作起来，也包括减少刺激，以产生快乐的感觉，精神装置里的这道主流，由不愉快流向愉快，我们将其称之为“愿望”，我们可以断定只有愿望才能使这装置产生运动，而愉快与痛苦的感觉则自行调整激动的路程。第一个愿望的产生也许是“满足记忆”幻觉式的强化印象，不过对于这种感觉除非能够得到完全的消耗，要不然就无法使需求停止，因此也就无法靠它获得快乐的感觉。

因此我们需要第二种活动，或者称之为“第二个系统”的活动，它使记忆的潜能不能超过知觉的范围，束缚着精神力量，并且把由需求而来的激动加以改造，使它按照一条特定的路，直到最终通过一种自觉的行动操纵外在世界，使个体能够真正地感觉到那个引起满足的“对象”。在精神装置的图解中，就提到这里。这两个系统就是在完全发展的装置里所说的潜意识和前意识的根源。

为了能够达到用行动将外在世界适当地予以改变的目的，必须在记忆系统中积累一大堆的经验，以及许多由不同的“有目的的概念”记忆材料所产生的永久性关联，这样我们就可以将假设向前推进一大步。第二个系统的活动是在永远通过摸索的前进过程中，相互送出或收回的潜能。一方面它需要不受约束地管理各种记忆材料，但从另一方面来看，如果它只沿着各个思想小径释放大量的潜能，那么将使它随意漂流并且毫无效果的损耗掉，同时还减少了那些用来改变外在世界的力量。所以我这样假设（为了提高效率的缘故），这第二个系统将其大部分能量置于静止的状态，而只利用一小部分能量转移在现象上。我虽然还不太了解这些程序的机制，但是每一位想真正了解这一概念的人必须在脑子里有个实体的比较，即想象神经细胞激动时所伴随的行动。我所要强调的概念是，第一个系统的活动是使激动的能量能够自由顺畅地流出，而第二个系统却是用由此产生的潜能，把那激动的流出口堵住，并使它变为静止的潜能，同时提高其能量。所以我假定第二个系统控制激动所遵循的途径与第一个系统不相同，当第二个系统在其试验性的思想活动中达成结论后，它就解除抑禁，并且把积累起来的激动释放掉用以产生行动。

假如把抑制第二系统内“潜能的解除”与“痛苦原则”的调节功能加以类比，那么，就可以获得一些有趣的结论，现在先指出满足的死对头，即客观的恐惧经历。让我们假设，某知觉刺激作用于这个原始装置，并且是痛苦的来源，因此产生了一种协调的运动行为，直到最后一个动作使这个装置与知觉分开，同时也远离了痛苦为止。如果知觉再次出现，这种运动行为也会立刻进入状态进行运作（也许是某种逃难的动作），直到知觉又再次消失为止，在这种情况下，没有任何倾向会以幻觉或其他的方式去增加这种痛苦来源知觉的潜能，相反，假如有什么发生而使得这种令人困惑的记忆图像重新显现，这个原始装置会立刻把它再次删去，因为这种激动如过多而流入知觉，便会产生（或更精确的说是开始产生）痛苦。这种记忆上的回避，不过是重复了此知觉的逃脱，又得到以下事实的帮助，即记忆不像知觉，它没有足够的能力来唤起意识，所以不能获取新鲜的潜能，这样通过精神程序的方法毫不费力地回避那些曾经产生困扰的记忆，将为我们提供一种原型，以及第一个精神潜抑的例子，这是一个经常可以见到的事实，即回避那些令人困扰的刺激，还能在具有正常精神生活的成人中见到。

考虑到痛苦原则，第一个 ψ 系统则不能将任何不愉快的事情带入其思想中。它除了满足愿望以外，别的什么都不能做。假如一直停留在这一点上，那么，第二系统的思想活动必定会受到阻碍，因为它需要很自由地与各种经验的记忆沟通，因此，会产生两种可能。第二系统或许可以完全不受痛苦原则的约束，因此能够继续进行而不会受到不愉快记忆的影响；或许它无法将不愉快的情绪释放。我们要删除第一种可能性，因为痛苦原则很显然地控制着第二系统的激动过程（与第一系统中的相同）。因此，只剩下一种可能，即第二系统在转移潜能的同时抑制了记忆激动的产生，这当然也包括不愉快感的产生（可以与运动神经传导相比）。因此尽管出于两个不同的起点，但是，根据痛苦原则以及前面所说的消耗最少潜能的原则，我们却可以得到同样的结论，那就是第二系统转移潜能的同时也产生了激动传导的抑禁。必须牢记（这是了解潜抑定律的钥匙）：第二系统只能在可以抑制住某一概念所引发的不愉快感觉时，才能将潜能传移给它。任何能够逃脱抑制的都将无法被第二系统及第一系统所靠近，由于痛苦原则的缘故，它会迅速地被删除掉，这种不愉快的抑制并不一定是完全彻底的，不过它必须有一个开始，只有这样才能使第二系统知道这种记忆的性质，和它是否就是思想程序所要找寻的目的所在。

我们把第一系统里所进行的精神程序（步骤）命名为“原本步骤”，而把由第二系统的抑制所产生的程序命名为“续发步骤”。我们还能找出另外的理由说明为什么续发步骤修改原本步骤。原本步骤大力去想产生激动的传导，因为由此堆积起来的激动，才能形成“知觉仿同”。但是，续发步骤放弃了这个企图，以另一个来取代它的位置，即建立“思想仿同”。任何思想都是通过某个满足的记忆（被认为是“有目的的概念”）绕道而达到同一记忆的相同潜能，想通过运动经历再次获得，思考所注意的是概念之间的彼此联系，但又不能被它们的强度引入歪路。很显然，概念的凝缩，以及那些中间的和妥协的产物，都形成如同目标的障碍，因为它们用某一概念代替另一概念后，就把开始时通向第一个概念的通道弄歪了。因此像此类的步骤都是继发性思考须极力避免的，我们也能够看出，“痛苦原则”虽然在另一方面为思想步骤提供了许多重要的指标，可是在建立“思想仿同”时却成为一大阻力。所以思想步骤的倾向必须从“痛苦原则”的规定中脱离出来，同时将感情的发展降到最低，使它刚能产生信号便可。由意识的帮助获得过度的潜能后，思考才能达到精练功能的目标。不过我们很清楚，即使是在正常的精神生活中，这个目标同样很难达成，但是我们的思考仍然客观存在因痛苦原则的影响而经常发生错误。

然而，这种让思想（续发思考活动的产物）变为原本精神步骤的对象，并不是精神装置功能上的缺陷。（这个方式可用以解释梦以及歇斯底里症的产生。）此缺陷根源于发展历史中的两个会合的因素。其中一个完全属于精神装置，因而对两个系统的关系有着决定性的作用；另外一个因素的作用便是波动性的变化（时大时小），把机质性的本能力量带进精神生活中。这两个因素都起源于童年，并且是自幼开始的，是我们的精神和身体器官发生变异的遗留物。

当把精神装置里的一个精神程序称为“原本步骤”的时候，我们不仅仅是对其重要性和效率进行了考虑，还打算通过命名来显示发生时间的先后。据我们所知，还没有任何精神装置仅具有原本步骤，因此，这样的一个装置只能是理论上的虚构物。可下面这点却是事实：精神装置中，原本程序是最先产生的，而续发步骤则是在生命的过程中慢慢成形，抑制然后掩盖过原本步骤，但是，要完全控制它可能要等到壮年，因为续发步骤出现得慢，因此，我们的核心（由潜意识的愿望冲动所组成）还是前意识所不能到达和了解的，或是抑制的，但后者则受到一经决定就再也不能变更的限制，且成为传导潜意识愿望冲动的最佳途径。这些潜意识的愿望对前意识的精神趋向能施以强迫的压力。这是后者所必须遵循的，但是后者或许可以努力地将这些潜意识力量分开，且将之引导入更高层的目标，续发步骤出现较晚的另一个结果是，前意识的潜能不能进入广大的记忆材料中。

在这些来源于幼年时期不能被毁灭或抑禁的愿望冲动中，一些愿望的满足是同继发性思考的“有目的概念”相矛盾的，这些愿望的满足非但不再产生快乐的感情，反而产生痛苦。这种转变的感情恰是我们所谓的“潜抑”的根本。潜抑的疑问是：它为什么发生这种转变？又是基于哪种动机的力量？对这些问题，我们在这里只要稍有涉及就行了。只要了解这种转变是在发展的过程中产生的，只需回忆孩童时期怎样发生厌恶感，而这原本是不存在的，并且同续发系统的活动有关。那些被潜意识愿望用来释放情感的记忆，不会被前意识所接近，所以附于记忆的情感的释放也不会受到它的抑制。即使把附在它们上面的愿望能量转移给前意识思想，前意识思想同样会因为这种情感的起源而无法和它靠近。反之“痛苦原则”则控制大局，使前意识远离这被转移的思想。因而它们就被遗弃了，很多幼童时期的记忆一开始就被前意识舍弃了，这是潜抑的必然结果。

最佳的情况是不愉快的感情在前意识里。因为思想转移丧失潜能后就无法产生了，这种结果说明痛苦原则的参与是有作用的，然而当潜抑的潜意识愿望通过机质性的加强后，再转给被转移的思想，情形就不同了。在此情况下，即使丧失了前意识的一切潜能，这种转移的能量所引起的激动也使这些思想企图突破重围，因而产生防卫性的挣扎。由于前意识加强了对潜抑思想的抗拒（即产生“反潜抑”），随后这些被转移的思想（潜意识思想的工具）通过症状产生的妥协状态达到突破的目的。然而当这潜抑思想得到潜意识思想的有力支援，同时又被前意识潜抑舍弃后，它们就受到原本精神步骤的支配，而运动行为的产生就是其结果。或者，可能的话则会使知觉仿同形成幻觉式的结果。我们知道，前述这些不合理的步骤只能发生在被潜抑的思想中，现在我们又能看到更深一层。那些发生在精神装置中的不合理步骤是根本的，只有概念被前意识舍弃，任其自然，并且被潜意识不受压抑的能量转移（这潜意识在努力地寻找出口），它们才会发生。其他一些观察也能证明我们的观点——这些被称为谬误的，并不是指正常步骤的错误（所谓理智错误），而是指从抑制解脱出来的精神装置的活动方式。所以我们发现驾驭前意识由激动转变为行动这个过程仍然是同样的情形，可是前意识思想与文字之间的联结也可能出现同样的转移和混淆，对此我们常归咎于粗心。最后，要抑制非常原始形式的功能，需要掌握更多能量的证据存在于以下的事实中：一旦我们让这些力量突破到意识层，就会产生一种滑稽（要通过笑声将能量过多地释放出来）的效果。

有关心理症的理论指出了下面这个不容置疑的事实，即只有幼童时期的性愿望冲动，在孩童的发育过程中受到潜抑后，才会在以后的发展中重新复苏过来（或许是因为起始的原因是双性的性体质的关系，或者是因为在性生活的过程受到了不良的影响），因此可供给产生各种心理症症状的动力，只有推断到这些性力量，我们才能把潜抑理论中仍存在的缝隙堵住。关于这些性的和幼童时期的因素是否也适用于梦理论的问题，我将不回答。我仍未完成这方面的理论研究，因为在假设梦愿望永远是从潜意识中产生而来的，便已经超过我能解释的范围。在此我也不想再深入研究形成梦和歇斯底里症之间的精神力量有哪些不同，对此我还没有足够的了解。

此外还有一个问题我认为是重要的，正是因为这个问题我才推导出了有关两个精神系统的讨论——它们的运作方式和潜抑的事实。现在要解决的，不是我是否能将这与相关的心理因素总结出一个适当且正确的概念，或者（相当不可能）我的看法是否歪曲或不完全。尽管在判断精神审查和梦内容的合理与异常的修正中，我们会有许多分歧，但以下这些却还是事实。在梦生成的过程中，这类步骤肯定在运作，而它们基本上与歇斯底里症的形成是相同的。然而梦并不是病态的，它并没有表现出任何精神平衡的困扰，况且它也不会发生效率被破坏的结果。或许有人认为不可能从我的梦或者我病人的梦中得出任何关于正常人的梦的结论，但我坚信这个反对意见是不值得一驳的。如果我们的争论能够由所见的现象追溯到动机力量上，结果会发现心理症病人所应用的精神机制并不是新创，而是早已存在于正常的装置之中。这两个精神系统，掌管二者之间通道的审查机制，其中一个活动对另一个的抑制与掩盖，以及二者与意识层的关系，或者其他对此观察到的事实的更可信的解释，这些组成了精神工具的正常结构，而梦却指出了一条让我们能够了解这精神构造的道路。即使很保守的局限在已知的新确定的和知识的范围，对梦我仍然能够这么说：它证实了那些被压抑的东西仍然将继续存在于正常人或异常人的心理中，而且还具有精神功能。梦本身也是这些受压抑材料的一种表现，从理论上来讲，每一梦例都如此。从实际的经验看至少可以在大多数的情形中找到，尤其是那些显示出最明显的梦生活的特征者。清醒时，因为矛盾态度的相互中和，所以，心理中被压抑的材料不能被表达，而且无法被内部的知觉所感受，可是在夜间，由于冲力对妥协结构震撼的结果，这种被压抑的素材找到了进入意识的方法与路径。

Flectere si nequeo superos，Acheronta movebo.

假如我不能上撼天堂，我将下震地狱。

梦的解释是了解潜意识活动的途径，凭着对梦的分析，我们能够知道这最神秘最奇异的构造。毫无疑问，这仅仅是一小步，但却是一个良好的开始，而且这个开始使我们能够更进一步进行分析（或许基于其他我们称之为病态的构造），而疾病，至少那些正确的被称为官能性的——并不是表示这装置的瓦解，或者在内部产生新的分裂。它们需要有动力的解释，在各种力量的共同作用下，有些成分被加强，有些被减弱，因而许多活动在正常机能的条件下不会被察觉。我希望在别处能够发现这两种机构合成的装置，因为这样要比只有其中一个来得更加容易。

六、潜意识与意识

如果更仔细想一下，就会发现前面的心理讨论使我们假定有两种激动的程序或者解除的方式，而不是两个靠近装置运动端的系统，但这对我们的影响并不很大，因为如果发现一些更恰当且更靠近我们所未知的真理的事实时，我们必须随时把以前的概念架构加以修改。因此，让我们来修正一些错误的观念（之前我只根据字面意思轻率地将两个系统看成是精神装置的两个位置）——如“潜抑”和“突破”中所包含的这些错误观念的印迹。当我们说某个潜意识思想寻找机会进入前意识，然后突破下进入了意识界的时候，我们脑子里所想的并非在新的地方形成新的思想（像副本由原本复印出来，两本共同存在的情形），而那个突破人意识的概念也不是指位置的改变。同理，我们也能够说前意识的思想被潜抑或被潜意识驱逐而加以代替。这些意象（借用争抢一片工地的观念）很容易使我们认为某个地点的精神集合真的已经消逝，而以另一个新据点的集合来代替。现在用一些和现实更接近的东西来取代此种类比：某些特殊的精神集合是具有潜能的，可以再增加，也可以减少，因此这种结构就可以受到某特殊机构的控制或者脱离。在这里用一种动力学的观点来代替前述的区域性观点，即我们假设可更改的不是精神构造本身，而是它的“神经分布”。

可是，我认为可以利用这两个系统的形象化比喻，这是合理的。如果把以下的观念放在脑海中，那么就能够避免任何滥用此种表现方法的可能。概念、思想以及精神构造一般来说不应认为是“坐落”在神经系统的任何机质要素上，而是（可以这么说）“在它们之间”，而各种阻碍以及便利的道路形成了相对应的关联，可以说内在知觉的所有对象都是“假象”——虚构的，和用望远镜通过光线的折射所形成的影像一样。可这个系统本身并不是精神的，而且，永远不能为我们的精神知觉所察觉，把它看成是像望远镜投影的镜头那类东西，是合适的。但是如果继续进行比较，我们会把两系统之间的审查制度类比为，光线从一介质进入另一新介质中所发生的折射作用。

至今，我们只是靠自己的摸索来发展心理学，以后，我们应该利用那些盛行的现代心理学的定律，并且检查它们与我们这理论间的关系。利普斯曾在他那有影响力的文章中声称，就心理学来说，潜意识这个问题相对而言不属于心理学上的范畴。只要心理学家不重视这个问题，认为“精神”指的是“意识”，而潜意识的精神程序却是明显的“无意义”，那么医生对不正常精神状态的观察就不能用心理学去诊断。医生和哲学家只有互相承认所谓“潜意识的精神程序是一个确定的事实”后才有合在一起的基础。如果有人对医生说“意识是精神不可缺少的特征”，那么医生一定会耸耸肩膀。如果医生对哲学家的话有足够的信心时，他或许会这么假定，然而我们和科学上所追究的毕竟不是同一类问题。如果对心理症病人精神生活有一点了解，对梦做一个全面的分析或许会给任何人都留下很深刻的印象，那些最繁杂并且是最合理的思想程序，无疑是属于精神程序——能够在不引起意识注意的同时而产生。当然，这是真的：医生只有在能够交流和被观察的意识界中形成某种影响之后，才能够研究潜意识的程序。可是意识产生的结果也许是一个与潜意识不同的精神特征，以至于内在知觉没有办法辨别丁是丙的取代物。医生们应该自如地通过潜意识程序对意识的影响，以“推论”的方式继续进行了解。通过此法，他可以发现意识效果只是潜意识的一个遥远（即次要的）的精神产物，而后者不仅是以这种方式出现在意识界，而且它的出现与运作常常为意识所不知。

我们必须舍弃这种过高的想法，即意识是真正了解精神事件不可缺少的根本，就像利普斯所说过的，潜意识是精神生活的一般性基础，潜意识是个很大的圆圈，它包括了“意识”这小圆圈；每个意识都具有一个潜意识的原始阶段；而潜意识或许还停留在那阶段上，不过却具有完善的精神功能，潜意识才是真正的“精神实质”。关于它的内在性质，我们就像对外在世界的真实一样的不清楚。而它通过意识与我们进行交往，就像我们的感觉器官对外在世界进行观察一样感到不完备。

当我们放弃了意识与梦之间的对立，以及将潜意识放在它应占据的位置上时，许多早期作者关于梦的重要问题都丧失了意义。因此许多曾使人们感到惊奇的，在梦中成功呈现的活动不再被当作是梦的产物，而是属于潜意识的思想，它在白天的活动并不少于夜间的。假如像谢尔奈所说的那样，梦不过是在玩弄着一些身体的象征性表现，那么我们知道，此类表现是一些特定潜意识幻想的产物（这也许源于性的冲动）。它们不仅表现在梦中，而且，呈现在歇斯底里性恐惧症和其他的症状上。如果在梦中继续进行白天的活动，并且完成它，还带来了具有价值的新观念，那么我们所要做的只是撕除梦的伪装。这种伪装是梦运作和心灵深处不知名力量共同作用的产物（如塔尔蒂尼奏鸣曲之梦中的魔鬼），其理智上的成就和白天产生相同结果的精神力量是完全一致的。即使在理智以及艺术的产物上，我们或许也倾向于要特别强调意识的部分。从某些创作力特别旺盛的作家的报告来看，如歌德和荷尔姆赫兹，他们创作中的那些新的和重要的部分是整体地呈现在脑海中，并不是经过一番思考的。当然在另外的情况下（需要每个理智成分的专注时），意识活动亦有部分的贡献。这没有什么值得奇怪的。但不论在哪里，只要意识一参加，它就会把它的活动遮盖起来，这是它滥用了的特权！

把梦的历史性意义作为一个独立的问题来讨论是不值得的。比如说，或许一个梦促使某个领袖去做一些大胆的尝试，它也许因此而改变了历史，那么只有在认为梦是一种神秘力量，并且与通常的精神力量不同时，才能产生此问题。假如把梦看作是在白天遭受了挫折后的冲动的“一种表达方式”（在晚间被心灵深处的激动来源所加强），那么这问题也就不存在了。人对梦的尊崇是基于一种正确的心理认识，这是人类心灵中无法控制也无法摧毁的力量，崇拜那个产生梦愿望的“魔鬼”以及在我们的潜意识中运作的力量。

在提及潜意识时，我并不是没有任何目的。因为我所描述的潜意识和其他哲学家所说的潜意识不同，甚至和利普斯的也不同。在他们看来，这个名词只是意识的相反词，这个他们以同样的热诚、精力去赞成和反对的论题是——除了意识以外，一定还有潜意识的精神力量。利普斯更进一步的断言，一切属于精神的现象都是存在于潜意识之中，而其中的一部分也同时存在于意识中。然而我们集中这些有关梦和歇斯底里症的现象并不是为了证实这个理论，因为对清醒时刻正常生活的体验就完全可以证明它的正确性。从精神病理学构造以及此类的第一成员（梦）的分析所得到的新发现是，潜意识属于精神的——是两个不同系统的功能组合。正常人是这样，病态的人也是这样。所以，就有两种潜意识，至今仍没有为心理学家们所分辨。从心理学上的用法来说，它们都是潜意识的，可是从我们的观点看来，其中一个被称为“潜意识”，它是无法进入意识层的，而另一个我们称为“前意识”，因为其激动——在满足某些现定，或者经过审查的考核之后是能够到达意识界的，关于这种激动到达前必须通过一连串固定机构（可以从由审查制度所产生的改变看出它们的存在）的事实，使我可以以一种空间的类比来描述它们。在前面，我们已经谈过这两个系统的相互关系，即前意识存在于潜意识与意识之间，像一道筛子。前意识不仅阻碍了潜意识和意识的沟通，而且控制着随意运动的力量，负责可以变动的潜能的分布，其中一部分被称为“注意力”的是大家所常说的。

此外，我们还必须要分辨超意识（superconscious）和下意识（subconscious）之间的不同，这两个词在近期的精神分析文献上时常见到，因为这种辨别相当于强调精神与意识之间的相同。

那么，意识外的角色又是什么呢？（它一度曾是那么全能，隐瞒着一切。）只有那些用来察觉精神性质的感觉器官了，由那图解的基本概念看来，我们只能把意识感觉说成一种特殊系统的功能，因此缩写成“意识（Cs）”是恰当的。从物理的观点看来，我们认为这个系统和知觉系统（Pcpt）十分相像，它可以接受各种性质的刺激，但是却无法保留变更的痕迹，即没有记忆。知觉系统的感觉器官指向外在世界的精神装置，对意识的感觉器官来说，本身就是一种外在世界，而意识存在的目的就是靠着这个关系。这里我们一再接触到各种机构（似乎是统治着精神装置结构）组成统治集团的原则，激动的材料由两个方向传到意识的感觉器官：从感觉系统，即激动决定刺激的性质而来。或许在变成意识感觉之前，先经过新的修饰；从精神装置的内部而来。当有某些改变之后，进入意识，而其步骤的数量是由快乐和痛苦的质量被感觉出来的。

那些发现理智和极其复杂的思想结构不一定经过意识也可以产生的哲学家们会感到疑惑，不知道意识到底具有哪种功能。在他们看来，它仅是整个精神中步骤多余的镜像。可我们却依靠意识系统和知觉系统的类比避开了这尴尬。我们知道感觉器官的知觉把注意力的潜能都集中在传导感觉刺激的输入途径中，知觉系统不同性质的刺激是精神装置运动量的调节物。我们也能够认为，意识系统的感觉器官也有同样的功能。凭借对愉快与痛苦的观察，它影响精神装置内潜能的路径，否则此路径将借着潜意识量的转移而运作。痛苦原则很可能是第一个自动调节潜能转移的因素。然而对这些性质的“意识”，会导致第二种更微妙的调节，甚至可能反对第一种。为了使装置功能完善，不惜冒着与原先计划相反的危险，引导并且克服那些会发生痛苦的关联。从心理症的心理看来，这些因感觉器官不同性质刺激而引起的调节程序占据了这种精神装置功能的重大部分。原始的“痛苦原则”的自动管辖以及效率上的局限，受到感觉调节的中断（它的本身亦是自动的）。我们发现潜抑（虽然开始有效，不过后来终于失去了抑制力以及心理的控制）比知觉更容易影响记忆，因为它不能从精神的感觉器官获得更多的潜能。众所周知，一个要被删除的思想由于它受到潜抑可能变为意识。另一方面，这种思想有时候之所以受到潜抑是因为别的原因而将它退出意识层。以下是一些解开潜意识症结所能利用的治疗程序。

意识的感觉器官对于那数量能够变更的潜能调节，造成了过强的潜能价值，能够从以下的事实表露出来。由于产生了一些新的性质，所以带来了一些新的调节，这是造成人类优于动物的原因。思想程序本身并不具有任何性质，除了伴随着的快乐或痛苦的激动。我们知道必须对此加以某些限制，因为它们可能打扰思想，为了要使思想程序具有性质，对人类来说，它必须和文字记忆相关联——其剩余的性质足可以吸引意识的注意而使意识赋予思想程序一种新的可变化的潜能。

只有对歇斯底里症的思想程序进行剖析，才能够了解意识这问题的多面性。从这里能够得到这样一个印象，即由前意识潜能转化到意识时也存在类似于潜意识与前意识之间的审查制度。同理，这个审查制度通过某种数量的限制后才产生作用，所以，具有低能量的思想构造就会逃离它的控制，我们可以在心理症症状中找到很多不同的例子。这些例子显示出某个思想为什么不能进入意识，或者为什么能在某种限制下挣扎着进入意识。这些例子都指出了审查制度与意识之间的那种即密切又相反的关系。以下我将用两个例子来结束对这问题的讨论。

几年前，我和一位病人进行交谈，她是一位聪明的女孩子，可是脸上却显露着一种单纯而冷漠的表情，她的衣着很古怪。一般说来女人对衣着都很在意，可她罩衫一边却向下垂着，罩衫上的两枚纽扣也没有扣好，在我没有要求说要看的情况下，她却露出她的小腿。她说她主要的困惑是（根据她的说法）：在她的身体里有一种感觉，好像有些东西在里面“刺”，“前前后后地”一直不停地“摇摆”着她，有时使她全身“硬邦邦的”。当时我一位医学同事也在场，他看着我，显然他了解她讲的意思。但令我感觉惊异的是，病人的妈妈对这一切一点都不在乎，尽管她自己也一定常常处于她孩子所说的状态下。这女孩全然不知她自己的话里所包含的意义，否则，她就不会说出来了。此例中，审查制度可能受到了蒙蔽，因此使一个本来曾被困在前意识内的幻想通过伪装的无邪的话出现了。

另外一个例子是。一个14岁的男孩患挛缩性抽搐、歇斯底里性呕吐、头痛等，后来找我做精神分析。我如此开始对他的治疗：要他把眼睛闭上，然后，如果见到什么影像或者有什么思想就立刻告诉我。他用对影像的描述来进行回答——他来见我之前最后的那个印象在记忆中浮现。那时他正与叔叔下象棋，看着面前的棋盘，他想到若干种情况，有利的或者不利的和一些不安全的下法。之后，他看见棋盘上有一把匕首，一个属于他爸爸的东西，在他的幻想下被置于棋盘上。接着是一把镰刀，之后是大镰刀，之后是一位老农夫在他家的远处用大镰刀修剪草地。过了好几天，我才发现这一些图像的意义，这位小孩由于家庭的不愉快而感到烦恼，他爸爸是个粗鲁而又容易发脾气的人，和生病的妈妈的感情不和睦，而且，在他所受的教育中有太多的“威胁”，爸爸和妈妈离了婚，她妈妈是一位温柔、富感情的女人，后来又再度结了婚。有一天，他爸爸带回一个年轻女人，那就是这病人的新母亲。几天以后，这孩子的病就开始发生了。他对父亲的恨被压抑后产生了上述一系列的图像，其暗喻是很清楚的，它们的材料来源于对神话的回忆。镰刀是宇宙之神宙斯用来阉割他父亲的用具；老农夫的形象代表宙斯那残暴的父亲克洛诺司，他把自己的孩子吃下肚去，对他的行为宙斯给予如此不孝的报复。他父亲的再婚，给了这孩子一个机会去报复他的父亲因为他玩弄自己的性器而给予他的责备和威胁。〔请注意：下棋、不安全的下法（被禁止的行为）、可伤害人的匕首。〕在这个例子里，长期被潜抑的记忆及由此记忆而诱发出来的东西一直存在于人的潜意识中，现在却用一种绕圈子的办法，以一种表面无意义的图像来溜入意识内。

如果有人问梦的研究到底有哪种学科上的价值，我的回答是：它对于心理学有所贡献而且是解决心理症状问题的曙光。有谁能预言对精神装置的构造和功能的彻底了解，能具有多大的意义？因为即使在今天这种不完全了解的情况下，我们仍可以将之用于治疗心理症疾病，并且获得了很好的治疗效果。但是当把这个研究当作是了解心理以及每个人隐匿着的性格的工具时，我听过这样的问题——这究竟有什么实际上的意义？从梦中泄露出的潜意识冲动是不是显示出了生活中真正力量的重要性呢？压抑愿望中的道德意义究竟要不要予以重视？它们现在创造了梦，以后会不会创造别的东西？我从不认为自己能够回答好这些问题，因为我并没有深入的研究过梦的这方面的问题。但是，我认为罗马皇帝把他的一名百姓处死，因为这名百姓梦见了自己想谋杀皇帝——是错的，他应该先找出此梦的意义，而这意义极可能与梦的表面极不同，也许是具有另一种内容的梦，因而含有这种弑君的意思。我们难道应该认为以下的说法是对的吗？——柏拉图曾经说过善良的人满足于“梦见”坏人实际干的事。所以，我认为梦理当被宽恕。至于这些潜意识的愿望是否应该变为真实，我就想不出了。不过那些中间的以及转化的思想应该是真实的。如果潜意识愿望以其最真实的面貌出现在眼前，我们仍然应该毫不犹疑地这样决断，精神的真实也是某种特殊的存在，不应该与物质上的真实混为一谈。同此，人们拒绝接受其梦境中的不道德似乎也是不必要的。在了解了精神机制的功能以及认识了意识与潜意识之间的关系后，梦中生活的不道德部分和幻想的生活就会大部分消失。沙克斯曾说：“如果回到意识中去寻找那些梦告诉我们一个现实情况的东西时，我们不会感到惊奇，放大镜使我们发现的所谓庞然大物不过是微细的小虫而已。”

在判断人类性格的实际用途上，一个人的行为和实际表达出来的意见就足以供人参考了，其行为更应该是第一个被考虑的而且是最重要的。因为许多到达意识层面的冲动在未付诸行动前就被精神生活的真正力量抚平了。事实上，这些冲动在进行时常常不会遇到什么阻碍，因为潜意识会在某个阶段将它们删掉。无论如何，我们在这片经过极其认真耕耘的土地上学习，是非常有好处的。因为人类复杂的性格——被动力向各方向推动——并不像古老的道德哲学中所提及的简单的二分法。

那么，梦是否真能预示将来呢？这个问题当然不成立，与其这将认为，倒不如说梦可以提供我们过去的经验。因为从不同的角度来看，梦都是来源于人，而古老的信念认为梦可以预示未来，这也不是没有道理的。以愿望实现来表现的梦当然预示着我们期望的将来，然而这个将来（梦者梦见是现在）却被他那坚定的愿望弄成和过去的完全一样了。

第二篇 2

精神分析引论

第一章
绪　论

我想大家可能已经通过阅读或者传闻了解了一些有关精神分析的知识，但我现在要讲的是“精神分析引论”，因此我必须假设大家对此一无所知，要我来从头说起。

不过，有一点，我可以假设大家是知晓的——那就是：精神分析法是神经错乱症的治疗方法之一。这个治疗方法不仅与其他的医药治疗方法不同，而且还恰恰相反。一般来说，要让病人接受一种新的治疗方法，医生常常会夸大这种方法的轻便性，以便使病人相信它的效力。我认为，这个办法很不错，因为这能增强治疗的效果。

然而，在采用精神分析法来治疗精神病患者时，我们所使用的方法就完全不同了。我们要向他强调这个治疗方法实施起来是多么困难，需要多么长久的时间，需要他自己做出多么大的努力和牺牲；至于治疗的效果如何，我们会告诉他不能确定，一切成功都要靠他本人的努力、了解、适应和忍耐。我们之所以会采用这种看起来很反常的治疗态度，当然有其充分的理由，这个大家以后会知道的。

很抱歉，我一开始演讲，就如同对待神经病患者一般来对待大家，我要劝大家下一次不要再来听讲了。我还要告诉大家，我能带给你的只是关于精神分析的一点不完全的知识，对于你们来说，要对精神分析形成一种独立的判断是很难的。这是因为你们所接受的教育和你们的思维习惯，会迫使你们反对精神分析，而要想克服这种本能的抵抗力，你们就必须先在内心做出很大的努力。我的演讲最终会让你们对精神分析了解到何种程度，这个我无法确定；不过我有必要告诉你们，在听完演讲之后，你们并不能掌握怎样进行精神分析的研究，也不可能实施精神分析的治疗。

另外，你们当中如果有人不满足这种肤浅的了解，想要更深入地研究精神分析法，与之建立永久的关系，那么我不但不会予以鼓励，事实上，我还要给予警告。因为从目前来看，倘若选择了这个职业，那么他在学术上成功的机会将十分渺茫，而且当他的事业开始时，他会发现，整个社会都不能了解他的目的和意向，甚至还会敌视他，对他倾泻所有隐藏的罪恶冲动。他所要应付的麻烦问题恐怕会像现在欧洲战争的流毒一样难以预计。不过，有些人常常会被一种新知识所吸引，并愿意为此不顾一切。假如你们有人受到了警告，但是下一次仍然来听讲，我自然十分欢迎，但我有义务向你们指出精神分析所面临的内在的困难。

首先，是关于精神分析的教学和说明的问题。

你们在进行医学研究时，习惯于用眼睛去看，如解剖的标本、化学反应的沉淀物以及神经受刺激后所有肌肉的收缩等。当你们和病人接触后，你们通过感官来了解病人的症状，观察病理作用的结果，或者分析致病的原因。从外科方面来讲，你们能够目睹治病的手术，也可以自己尝试去做。即使是就精神病疗法来说，病人的症象以及异常的表现、语言和行为所提供的一系列现象，也会在你们心中留下深刻的印象。因此，医学教授大多是做说明和指导性工作的，就如同引导你们游览博物馆一样，而你们也会与所观察的对象直接产生关系，根据自己的亲身经历，来确定新事实的存在。

然而，不幸的是，精神分析就完全不同了。在进行精神分析的治疗时，除了医生与病人进行谈话之外，没有其他的方法。病人讲述自己从前的经验、现在的印象，并倾诉自己的痛苦，表达愿望和情绪。医生则只能静静地倾听，想办法引导病人的思路，以使他注意某些问题，并给他一些解释，观察他因此产生的赞许或否认的反应。而病人的亲朋好友只相信他们所看见的、接触的，或像在电影中所见到的那些行为，而在听到“谈话可以治病”时几乎没有不表示怀疑的。他们的理由其实是矛盾的，没什么道理可言。因为他们与此同时也相信神经病患者的病痛，完全是由想象而生的。

说话和巫术原本是同一回事。今天，我们用话语能够使人感到快乐，也能够令人感到失望。教师用话语向学生讲授知识，演讲者用话语来感动听众并左右他们的判断。话语能够引起情绪，我们经常用它来作为互相感应的工具，因此我们不要小瞧心理治疗的谈话。假如你们能够听到精神分析者与病人的谈话，那是值得高兴的事情。

不过，要听到他们的谈话并不是很容易，因为进行精神分析时的对话是不允许别人旁听的，谈话的进程也不可以公之于众。事实上，我们在讲授精神病学时，是可以向学生介绍神经衰弱的患者或癔症患者的，但是病人只会讲述本人的病情和症状，而不会谈及别的。只有在对医生有特殊感情的情况下，病人才愿意畅谈，以便满足分析的需要。如果有一个与自己无关的第三者在场，病人就会缄口不语。这是因为分析时所要说的话，都是他们思想和情感上的秘密，他们不仅不愿意告诉别人，甚至连自己都想设法隐瞒。

因此，在进行精神分析治疗的时候，你们是不可以参观的，如果你们想要学习精神分析，就只能借助传闻。不过，这种间接的学习方式会让你们对于精神分析这个问题很难形成自己的判断。在这种情况下，你们要做的就是相信报告人所说的。

现在姑且假设你们正在听关于历史的知识，而非听关于精神病学的东西，或者假设一下讲师是在讲关于亚历山大大帝[1]的传奇和成功的故事。可是讲师凭什么让你们相信他所说的话是真的呢？从根本上来说，讲师所讲的历史事迹比精神病学似乎更不可令人相信，因为历史教授也和大家一样，没有亲身参加过亚历山大的战事，而精神分析者至少能向你们叙述他自己所曾参与过的事实。历史学家往往会拿出一些证据作为他说话的依据，他会让你们去看与亚历山大生活在同一时代或比他稍晚一些年代的迪奥多罗斯、普鲁塔克、阿利安等人的记载，他也会让你们去庞贝看历史遗留下来的亚历山大的石像和钱币，向你们展示与伊索斯战争相关的照片。可是，从严格意义上讲，这些证物也只能证明古人们对于亚历山大的存在和他所立战功的真实性是深信不疑的。这也许又会遭到你们的批判，你们可能觉得关于亚历山大的一切都不足为信，可当你们离开教室时却不会再怀疑亚历山大存在的事实。原因有二：其一，如果教师也对史实心存怀疑，他没有必要硬要你们相信，这对他没有任何好处；其二，对于这些史实的记载，历来史学家也很少怀疑。如果你们怀疑他们的记载，可以通过两种方法来进行测验：一是看他们是否有作伪的动机，二是看他们的记载是否一致。通过测验的结果，我们可以得出亚历山大的史实是确实可信的，至于摩西和尼罗特的记载则可能会有一些偏差。利用这种方法，你们最后也能判断出精神分析是否是可信的。

你们当然有权利这样问：假如精神分析既无客观的证据，也不可能允许公开参观，那么我们要怎样去研究它，并相信它的真实性呢？

研究精神分析并非一件容易的工作，目前对其有深入研究的人也屈指可数，不过要学习精神分析也并不是无门路可走。精神分析的入门可以从自我人格的研究开始。有人将“自我研究”称为“内省”，事实上并不完全是这样，只不过是因为没有更好的名字来描述它才这样说的。事实上，有很多普通的心理现象可以用来作为自我分析的材料，当然前提是你已经对自我分析的知识有了一定的了解。精神分析所描写的东西是确实可信的，分析的深入也是无止境的。假如你们想更深入地学习，可以自己当一回病人，亲自接受精神分析高手的分析，利用这个机会学习分析高手的精湛技艺。这是个非常不错的学习方法，不过只局限于个人，不能用之于整体。

关于精神分析的第二个困难，并非它本身固有的，而是在你们受了医学研究的影响之后才有的。你们的心理态度往往是受过医学训练后养成的，这与精神分析的态

1 亚历山大大帝（Alexander，前356—前323年），20岁继承王位，是欧洲历史上最伟大的军事天才，马其顿帝国最负盛名的征服者。——译者注

度是大不一样的。你们常常从解剖学的角度来看待机体的机能和失调，用物理化学和生物学的观点来加以说明和解释，却从来不从精神方面来考虑，忽略了精神生活才是复杂的有机体最后发展的结晶。你们不熟悉精神分析的观点，因此常常否认它的科学价值，而把它留给哲学家、玄学家和一般人。这个不足让你们无法成为一个良好的医生，因为在治疗病人过程中，首先接触到的就是病人的精神生活。正是因为你们轻视精神生活的重要性，小瞧了那些江湖术士，才使得他们能够收到一些治疗效果。

因为在学校里学习医学时没有一种附属的哲学科目作为辅助，导致了你们以往教育上的这一缺陷，这也是情有可原的。你们无法真正懂得心身的关系或了解精神生活的失调，即使你们学习了一些关于心理学的知识，如思辨哲学或叙述性的心理学，或和感官生理学连带研究的所谓实验心理学。虽然医学上也有一种精神病学专门讲有关各种精神失调的临床图书，但是就连精神病学者本人也不完全相信这些纯粹的描述公式是不是真的能够称得上是科学。这些图画所表现的症状到底是怎样发生的、组成的，又是怎样联系的，还都是个未知数：它们或与脑子里的变动没有什么联系，或者虽然能有一些联系，却解释不通。只有当这些精神失常被认为是机体疾病间接导致的，才有采用精神治疗的可能。这个就是精神分析所要补填的缺陷。

精神病学是以精神分析法为心理基础的，并从中得到解释身体和精神的病扰的理由。要掌握精神分析法，就必须放弃在解剖、化学、生理等方面的种种成见，完全应用纯粹的心理学概念。这对于你们来说，开始时会有些难以接受。

另外，还有一种困难，它并非源于你们的教育或你们的心理态度。

精神分析有两个最足以触怒全人类的信条：一个是精神与人们的理性成见相反；另一个是精神分析与人们道德或美育的成见相冲突。要打破这些成见是很困难的事情，它们是不可轻视的，作为人类进化所应有的副产物，它们是极有势力的，而且它们有情绪的力量作基础。精神分析的第一个让人感到不快的命题是：心理过程主要是潜意识的，而意识的心理过程则只是整个心灵的分离部分和动作。

我们不要忘记，我们以往常常认为心理的就是意识的。

意识似乎正是心理生活的特征，而心理学则被看作是研究意识内容的科学。很明显，这是不容反对的观点，任何反对都会被看成是胡闹。可是，精神分析与这个观点却是相互抵触的，它否认“心理的即意识的”这种说法。精神分析认为心灵包含感情、思想、欲望等作用，其中思想和欲望都可以是潜意识的。精神分析正是因为有了这个主张，一开始便无法得到那些头脑清醒的科学者的同情，反而被疑似荒谬捣鬼的巫术。我之所以指出“心理的即意识的”这种说法是偏见，是因为如果潜意识真正存在，那么人类进化过程中终有一个时期会否认它，至于否认它会带来什么好处，这就不是你们所能想到的了。因此，去争辩心理生活是否和意识在同一范围或超出于意识的范围之外，就如同是在做文字之争，没什么实际意义。不过，我还是要告诉大家，承认潜意识的心理过程是人类和科学开创一种新观点的一个具有决定性意义的步骤。

我要讲述精神分析的第二个命题了。它和第一个命题之间有着十分密切的关系，它也是精神分析的一个创见，即认为无论是从广义上还是狭义上来说，性的冲动都是神经病和精神病的重要起因，这是个前人所没有意识到的创见。更有甚者，这些性的冲动被认为对人类心灵获得最高文化的、艺术的和社会的成就具有最大的贡献。

依我看来，大家之所以敌视精神分析法，主要原因还在于这个结论。大家一定十分想知道为什么会得出这个结论。我们的文化之所以能够创建起来，是因为我们人类在生存竞争的压力之下，曾经竭力放弃满足我们的原始冲动。而我们的文化之所以能够不断地被改造，也是由于历代加入社会生活的每个人不断为公众的利益而牺牲自己本能的享乐。而其所利用的本能冲动，又尤其以性的本能最为重要。所以，性的精力被升华了，也就是说，它用转向其他较高尚的社会目标来替代了追求性的目标。不过，因为性的冲动不易控制，由此而导致的组织并不具有一定的稳固性，而参与文化事业的每个人也可能会有受性力反抗的危险。一旦性力放肆起来，回复到它原始的目标，那么社会文化就将面临最大的危机。正因为如此，社会不希望有人指出性和社会发展的关系，更不愿意承认性本能的势力，或讨论个人性生活的重要，甚至为了训练克制性力，几乎完全避而不谈关于性的问题。所以说，精神分析的理论是要受到非难的，它被看成是丑恶的、不道德的，甚至是危险的。不过，这种反对观点并不见得会生效，因为精神分析的结论实在可以称得上是科学研究的客观结果；要想驳斥得有力，就必须有相当的理由。

把不合意的事实看成虚妄，继而找各种理由去加以反对，这是人类的本性。把不能接受的东西看成是不真实的，然后用来自感情冲动的一些逻辑的、具体的理由来驳斥精神分析的结果，即使面对我们强有力的反驳也要坚持其偏见，这则是社会的本性不过，对这种反面的理论趋势，我们决不能表示退让，我们必须承认自己苦心研究所得到的事实。只要在科学研究的范围之内，我们就无须顾及其他人的成见，不管这些成见是否有道理。以上这些是当你们开始对精神分析感兴趣时可能会遇到的一些困难。

对于刚入门的大家来说，我或许讲得太多了。不过，假如你们没有因此而失望，我可以接着继续讲。

第二章
关于过失

现在，我们不再去假设而要从观察到的事实入手。我们可以选取一些我们经常遇到但却很少有人注意的现象，这些现象并不属于疾病的范畴，即使在健康人身上也时有发生，心理学上将这些现象称为过失行为。比如，口误、笔误、误读和误听等情况，就经常会出现在我们的生活中。当你想要向别人叙述一件事情的时候，想好的话说出口时却用错了词；在书写的时候，想写的是这个字，却鬼使神差地写成了另一个字；阅读文章时，读错了某个熟悉的字；听觉器官没有毛病，可是却听错了别人讲的话。

还有一些过失是由于人们暂时性的遗忘所导致的，比如突然忘记了一个熟悉之人的名字，或者忘记了自己所要去做的事情等。这些内容只是被暂时的遗忘，后来多半会自然而然地记起来。

不过，也有一些记忆不是暂时性的遗忘，而是永久性的遗忘，比如把某件东西放错了位置，后来再也找不到了。这种遗忘常常令我们感到惊异懊恼，甚至难于理解。还有一些过失，虽然也有暂时性，但却与此十分相似，比如有些人明明知道某事是不确定的，但有时候却会信以为真，像这样的现象不胜枚举。

像口误、笔误、误读、误听等过失名词在德文中都是以“ver”开头的，可以看出它们之间存在着内在联系。但是，这些在生活中出现的种种过失往往是暂时的，不重要的，甚至根本就没有什么具体的意义，就好像是遗失了某样根本不必在意的东西一样。因此，在许多人看来，日常生活中的很多过失都是不值得研究的。

而我现在却要让大家来对这些现象进行研究，或许你们会表现得不耐烦，并加以反对。你们可能会说：“这世界上值得解释的神秘玄奥的事情太多了，我们花那么多力气去研究这些无关重要的过失根本毫无意义。如果你们能够解释一个耳聪目明的人自称在白天能看见或听到一些根本就没有存在的事物，或解释某人为何突然宣称自己正在遭受他最亲爱的人迫害，又或者可以用最巧妙的理由来证明一种就连一个小孩子都会感到荒谬的幻想，那人们可能就会更愿意重视精神分析了。可是假如精神分析只能解释一个演说家为何说错了字，或一个主妇为何弄丢了钥匙等琐碎小事，那么我们就应该把更多的时间和精力放在那些更加重要的事情的研究上。”

我想说，大家不要急着下定论，这个批评其实是文不对题的。当然，我不能夸口说精神分析从来不做琐碎的事情，事实恰恰相反，精神分析所观察的材料常被其他科学讥讽为是琐碎、平凡和不重要的，甚至被说成是现象界里的废料。大家似乎都这么认为：凡是重大的事情就要有重要的表现。难道说，在某些情况下，重大的事情就不能借一些琐碎的事情表现出来吗？

这道理是很容易说明的。举个例子，假如你是一个未婚青年，对某个女孩子产生了好感，那么你怎么才能知道自己已经博得了她的欢心呢？难道一定要她明白地告诉你或给你热烈的拥抱吗？当然不是，你一定是从她的一个眼神、一个手势或和你握手的一瞬间就知道了。又比如，假如你是一名侦探，正在侦查一件谋杀案，在既无人证又无物证的情况下，你能指望罪犯会给你留下一张有他的姓名和地址的照片吗？你只能从一些蛛丝马迹中找到一些有用的信息。因此，我们不能轻视那些看似微乎其微的符号，它们其实也是有很高价值的，通过这些信号我们或许能够发现重大的事情。你们认为生活中和科学上的大问题更容易引起我们的兴趣，我当然不反对，但是我要告诉大家，如果你们决定从事于研究重大问题，那也是没有什么益处的。你可能会不知道怎么着手下一步。就科学工作而言，如果你的面前有一条可以前行的路，那么你照着走下去就行了。

如果你不带任何偏见或成见，一直向前，或许就能借助事情之间的联系（包括小事和大事之间的联系），通过做一些微不足道的事情，而幸运地从事大问题的研究工作。从这个观点来说，我也希望你们不要对正常人也常常出现的小过失失去研究的兴趣。如果我现在问那些不懂精神分析的人如何来解释这些现象，我想他的回答肯定是：“这些小事根本不值得解释。”

他为什么会这么说呢？难道他认为小事就不值得关注，就不能与其他事情发生因果联系吗？不管是谁，如果这样否认自然现象的因果关系，就等于没有科学的宇宙观。即使是宗教观也不会如此荒谬，因为在宗教的教义中，如果不是上帝所愿，即使“一雀之微也不会无因落地”。假如我们的朋友知道这个道理，他一定不会坚持这个答案，他可能会说如果我去研究这些现象，一定会得到合理的解释。

那一定是由于轻微的机能错乱，或精神的松懈所致，这些情况都是可以找到的。一个人平常说话没有出现问题，但是现在却出错了，原因不外有三：一是处于疲倦或不舒服的状态；二是很兴奋；三是注意力集中在别处。要证实这些很容易：一个人在疲倦、头痛、周期性偏头痛时常会说错话或常常忘记了使用合适的名词，有很多人在偏头痛发作时甚至连专有名词都记不起来。

人处在兴奋状态时也常会用错字或做错事；注意力分散或集中于其他事情时，也常容易忘记一些没有计划好的事和他想要做的事。我们以布拉特剧本里的教授为例，因为他的精力集中在第二卷书的问题上，他才会把自己的雨伞错拿成了别人的帽子。

我们由自己的经验得知，如果一个人的注意力集中在别的事情上，就很可能会忘记他的计划或信约。

不可否认，这些话很容易理解，可却无法引起大多数人的兴趣，也无法满足我们的期望。还是让我们来细心研究这个解释过失的理论吧。以上所说的这些过失发生的条件是属于不同类别的：常态机能下出现的循环系统疾病和失调是错乱的生理根据；兴奋、疲倦及烦恼等，则可看成是心理生理的原因，这些都容易理论化。疲劳、烦恼和全面的兴奋能够引起注意力的分散，以致人们做事情受到干扰而不能准确完成。如果神经中枢的血液循环有毛病或变化也可能产生相同的结果，从而引起注意力的分散。总之，导致各种过失产生的主要原因就是由于机体的或心理的原因而引起的注意力扰乱。不过，这种解释对精神分析的研究并没有太大的帮助，因此我们决定抛弃它。

事实上，当你对这个问题进行更深入的研究以后，便会发现这个“注意力”理论与事实并不完全相符，或者至少不能据此推论一切。很多人没有处于疲倦或兴奋的状态，而是一切正常，但也可能发生这种过失和遗忘。除非是因为出现了这些过失，我们才在事后将这些过失归因于他们自己所不肯承认的一种兴奋的状态。事实上，这个问题并非这样简单，因为注意力加强，事情未必会成功；注意力减弱，事情也未必失败。有许多纯粹本能的动作，不需要注意也能成功。比如走路，就算去的地方不明确，但也能到达目的地而不至于走错了路；这至少是我们常见的。

善于弹钢琴的琴师即使不假思索也可以弹成调。他当然可能会犯些偶然的错误，但是如果自动弹琴可以增加错误的危险，那么因不断地练习而使弹琴的动作完全变成自动的琴师就会极容易陷入这种危险之中了。不过，我们知道，有时候许多动作虽然没有给予特殊的集中注意，却往往更容易出成绩，而有时为了成功不敢有一丝一毫的分心，反而更容易导致错误。你们可能会说那是兴奋的结果，但是兴奋为何不能促进他注意力集中在所期求的目的上呢？关于这一点我们无法了解。因此，如果一个人在重要的谈话中把自己要表达的意思说反了，就很难用心理生理说或注意说去解释了。

关于这些过失还有许多别的不是很重要的特点，也并非这些理论所能解释清楚的。比如，一个人暂时想不起来某人的姓名，令他非常懊恼，可是他无论怎么努力都无法想起那个已经到了嘴边只需有人提起便可立即记起的名字。

我们再来举个例子。有时错误增多，会导致互相连锁，或互相替换。比如，有一个人第一次忘记了一个约会；第二次，他特别努力去记，结果却又发现自己把日期和钟点记错了。又比如有一个人想用各种方法记起一个已经遗忘的字，而思索时竟将那个可为第一个字做线索的另外一个字完全忘掉了，他要是因此追究这个字，又会忘掉其他的字引发连锁反应，如此等等。

排字的错误也是如此。据说，有一次在某“社会民主”报上也出现了这种错误。该报记载一次节宴，说：“到会者有呆子殿下”（His Highnes， the Clown Prince）。第二天更正时，该报道歉说：“错句应更正为‘公鸡殿下’”（His Highnes，the Crow-Prince）。又比如，某将军以怯懦广为人知。有一位随军记者访问将军，在通信中称将军为this battle-scared veteran（意思是临战而惧的军人）。第二天，他道歉了，说昨天的话应更正为the bottle-Scared veteran（意思变成了好酒成癖的军人）。据说这些过错是排字机中的怪物作祟的结果——这个比喻的涵义就不包括在心理生理说范畴内了。

暗示也能让人说错话。以一个故事为例：有一个新演员在《奥尔良市少女》一剧中充当一个重要的角色，他本应禀报国王说：“The Constable sends back his sword”（意思是“警察局长将剑送回来了”）。但是在预演时，主角开玩笑，几次将新演员的台词改成了“The Komfortabel sends back his steed”（意思变成了“独马车将马送回来了”）。结果公演时，这不幸的新演员虽一再告诫自己不要说错，结果却还是错了。新演员的失误显然是由于错误的暗示引起的，即他被暗示分了心。

关于过失的特点，并不是分心说所能解释的；但是我们也不能因此就说这个学说是错误的，或许加上某一环节才能使它变得完满。然而有许多过失却可以从另一方面加以考虑。

我们以口误为例。大家应该记得我们之前所讨论的只是究竟在什么样的情况下说错了话，而我们所求得的答案也只是根据这一点而得来的。

当然除了这个特殊的原因，我们也可以考虑一下其他的原因。这就需要考虑过失的性质了。虽然就生理方面来说，我们已经提出了这个问题，但只要这个问题还没有得到回答，过失的结果又没有得到合理的解释，那么在心理方面，就仍然属于偶然发生的现象。比如，我说错了一个字，我说的方式可以有无数种，可以用无数个别的字来代替想说的那个字，或要想说对也可以有很多变式。那么，在可能存在的许多错误之中，为什么唯独发生了这个特殊的错误呢？是不是只是偶然发生的？这个问题是否有合理的答案呢?

1895年，语言学家梅林格和精神病学家迈尔曾设法研究发生口误的原因。他们通过大量的事例，采用纯叙述的手法，将口误分成了“倒置”“预现”“语音持续”“混合”“替代”五种。现在我们举例来分类加以说明。比如，某人将“黄狗的主人”说成“主人的黄狗”，这就是明显的“倒置”的例子。又如一个旅馆的茶房去给一位大主教送茶水，当他敲着大主教的门，主教问是谁敲门时，茶房竟然慌张地回答说：“我的奴仆，大人来了。”这也是个倒置的绝好例子。

至于语音持续，则是由于已经说出的音节干涉到了将要说出的音节而发生的。例如，在某次聚会中，某人把“各位，请大家干杯（auzustossen），祝我们的主人健康”，错说成了“各位，请大家打嗝（aufzustossen），祝我们的主人健康。”又如，议会的一位议员称另一位议员为“honourable member for Central Hell”，（意即中央地狱里的荣誉会员），他把国会，直译过来就是中央大厅（Central Hall）误说成了中心地狱（Central Hell）。再如，一个士兵对朋友说：“我希望我们有一千人战败在山上”，他错把fortified（守卫）说成了mortified（战败）。这些都是“语音持续”的例子。在第一例中，“ell”这个音是从前面的词“member for Central”持续下来的，在第二例中，“men”一词里m音延续下来构成了mortified。

最为常见的例子还是“混合”或凝缩的例子。比如，一个男子问一位女士，可否一路“送辱”她（begleit-digen）；“送辱”这个词是由“护送”（begleiten）和“侮辱”（beleidigen）这两个词混合而成。（但是年轻人要知道，如果他这样鲁莽，便很难成功赢得女人的喜欢。）又如，有人想要表达的是自己是被动的单恋（即情不自禁的单相思），但却说成了自己是被恋，这就是一个凝缩的例子。

比如一个可怜的女人说自己患了一种无药可治的鬼怪病（incu-rable infernal disease），又如某夫人说：“男人很少知道女人所有的‘无用的’性质（ineffectual qualities）的价值。”这些都可称为“代替”

梅林格和迈尔的这些实例解释并非很完满，他们认为一个字的音和音节有不相等的音值，较低音值的音会被较高音值的音干涉。

显然，这个结论是以“不常见的预现”和“语音持续”作为根据的；就他这种口误而言，即使存在音值的高下也不成问题。最常发生的口误是用一个字代替另一个与其相似的字，它们音节有着类似之处。例如某教授在授课时，说：“我不愿估量前任教授的优点。”这里的“不愿（geneigt）”其实是“不配”（geeignet）的口误。

不过最普通而又最值得注意的口误是把想要说的话说反了，这种口误可不是由于音的类同而混乱的结果。有些人认为相反的词彼此之间有着很深的联系，因此在心理上有很密切的联想。举个例子来说，比如有一次国会议长在会议开始时说："各位，现在法定人数已够，因此，我宣布散会。"

任何与说话人有关的熟悉联想，有时也会导致口误。

有一次，赫尔姆霍茨[1]的儿子和工业界领袖及发明家西门子的女儿结婚，宴会时，司仪请著名生理学家杜布瓦·莱蒙讲几句祝词。他的祝词说得相当漂亮，可是在结束时举杯庆祝，他却说："愿西门子和哈尔斯克百年好合！"西门子和哈尔斯克是一个旧公司的名称，在柏林很有名字，在座的人都知道。不知道为什么，杜布瓦·莱蒙将新娘和新郎的名字说成了一家公司的名字。

综上所述，需要注意文字间的类同和音值，字的联想也要加以重视。不过，这还不够。要想完满地解释错误，就某一类型的实例而言还必须将前面所说过或想过的语句一起研究。依梅林格的想法来看，这些例子都属于"语音持续"，不过起源较远而已。——如果真是这样，我想口误之谜将不得而解了。

不过，在研究上述各例时，有一种问题值得我们注意。我们之前所讨论的，是引起口误的普遍条件，而从没研究过口误的结果。仔细分析，其实每一种口误的结果都是有意义的。也就是说，口误的结果本身可被看成是一种有目的的心理过程，是一种有内容和有意义的表示。我们过去谈论的只是错误或过失，现在看来这些过失也可能是一种正当的动作，只是它突然出现，代替了那些更为人们所期待的动作而已。

从某些例子来看，过失的意义也是在明显不过了。议长在会议开始时就宣告闭会，我们由此可以推测出他一定认为本届会期必定没有好结果，不如散会来得痛快；因此这个过失的含义是不难揣知的。又如某女士赞美另外一位女士说："我一看就知道这顶可爱的帽子一定是你绞成（cufgepatzt）的。"她把"绣成"（aufgeputzt）说为"绞成"，其实是她实在看不上对方的手艺但又不便明说。又如某夫人十分刚愎自用，她说："我的丈夫让医生帮忙代定食单。医生告诉他根本不需要，说他只要按照我所选定的东西吃喝就行了。"这个过失的含义也很容易懂。

现在假设大多数的口误和一般的过失都有意义，那么我们过去从未关注过的过失的意义，就应该引起特殊的注意，而其他几点都应该相应退到次要地位。生理的及心理的条件可以略而不谈，把注意力全部用在研究有关过失意义及意向的纯粹心理学研究上，我们目前可用这个观点来对过失的材料做进一步讨论。

在没有讨论之前，还有一点是需要我们注意的，那就是诗人常利用口误及其他过

1 赫尔姆霍茨（Helmholtz，1821—1894年），德国著名物力学家和生物学家。——译者注

失作为文艺表现的工具。这也证明了诗人认为过失或口误是有意义的，他是故意这么做的。在诗人眼里，口误有着不可替代的作用，他可能想用口误来表示一种深意，展现主人公的精神世界。

当然，假如诗人确实想要借错误来传递他们的意义，那我们就无须太过重视。错误或许根本没有深意，而只是精神上的一种偶发事件，或只存偶然的意义，不过诗人却仍能用文艺的技巧给过失以意义，来达到文艺的目的。

由此我们也可得知，在研究口误时，求之于诗人或许胜过求之于语言学者和精神病学者。

德国著名剧作家席勒（Schiller）在他的作品《华伦斯坦》第一幕第五场里举了一个非常精彩的口误例子。在上一幕中，少年比科洛米尼陪伴华伦斯坦的美丽女儿一直到营寨，一路上，他热切地为华伦斯坦公爵辩护而力主和平。在他退出后，他的父亲奥克塔维奥和朝臣奎斯登贝格不禁为他的言语感到大吃一惊。随后，他的父亲和奎斯登贝格有这样一段对话：

奎斯登贝格：天哪，难道就这样吗？朋友，难道我们就让他受骗吗？我们就放任他离开，不叫他回来，不在此时此地打开他那蒙蔽的眼睛吗？

奥克塔维奥：（从沉思中振作起来）他早就已经打开我的眼睛了，我都看得清清楚楚了。

奎斯登贝格：你在说什么？

奥斯塔维奥：这该死的一段旅行！

奎斯登贝格：为什么呢？你究竟什么意思？

奥斯塔维奥：朋友，来吧！我得马上用我自己的眼睛顺着这不幸的预兆来看一个明白——走！

奎斯登贝格：什么？要到哪里去呢？

奥斯塔维奥：（匆忙地说）到她那里去！到她本人那里去！

奎斯登贝格：到……

奥斯塔维奥：（更正了自己的话）到公爵那里去。快跟我走吧。

奥斯塔维奥本要说“到公爵他那里去”，但是由于想着儿子的事，不自觉出现了口误。从“到她那里去”这几个字，我们可以看出，其实他对于公爵的女儿免不了是有所依恋的。

兰克[1]在莎士比亚的诗剧里找到一个更合适的实例，就是《威尼斯商人》一剧中，那幸运的求婚者巴萨尼奥选择三个宝器箱的那场戏。我可以先为大家读一读兰克的短评：

“莎士比亚的名剧《威尼斯商人》（第三幕第二场）中的口误都更好的表达出诗的情感好技术的灵巧。

这个口误与弗洛伊德在他的《日常生活的心理病理学》中所引《华伦斯坦》剧中的口误相类似，也足见诗人深知这种过失的结构和意义，并认为一般观众都可以领会。珀霞因受她父亲誓约的束缚，必须纯靠机会来选择丈夫。她幸运地摆脱了那些她不喜欢的求婚者，好不容易等到了她倾心的巴萨尼奥来求婚，但怕他也会选错箱子，于是她想告诉他，即使他选错了，也能博得她的爱情，但是因为有父亲的誓约所以这些话又不能直说。莎士比亚让她在这个内心的冲突里，对巴萨尼奥说出了这样的话：

请你稍等一下！等再过一两天之后，再来冒险吧！因为如果选错了，我就失去了你的友伴，所以我请你等一下吧！我真的不愿失去你（但这可不是爱情）……或许，我应该告诉你怎样做出正确的选择，可是我受誓约的束缚不能这样做，因此你很有可能会选不到我。但是一想到你可能会选错，我便想打破誓约。请不要注视着我，你的眼睛已经征服了我，将我分作两半；一半是你的，另一半也是你的——虽然我应该说是我自己的，但即便是我的，那当然便也是你的，所以一切都属于你了。

她想要暗示他，就是在他选择箱子之前，她已经属于他了，非常倾慕于他，只是这一层按理是不应说出的。于是诗人便利用口误来表示珀霞的情感，这样既能使巴萨尼奥稍微安心，又能使观众耐心地等待选择箱子的结果。”

这里我们要注意的是，珀霞在这段话的最后是如何巧妙地将自己说错的话和辨正的话相调和的，如何使它们既不会相互抵触，又能掩饰其错误。

“……既然是我的，那当然便也是你的，所以一切都属于你了。”

一些医学界之外的学者，通过观察而揭开了过失的意义，可以说是我们学说的先驱。

大家都知道，利克顿伯格是一个滑稽的讽刺家，歌德说：他如果说笑话，那笑话的背后就一定暗藏了一个问题。有时，他还会将问题解决的方法隐示在笑话中。

有一次，他讽刺某人说：“他常将angenommon（动词，有‘假定’之意）读为Agamemnon，因为他读荷马读得太熟了。”这句话可作读误的解释。

在下次演讲中，我们要考察诗人是否会同意对于心理错误的见解。

---

1 奥托·兰克（Otto Rank，1884—1939年），奥地利心理学家，精神分析学派最早也是最具影响力的成员之一。——译者注

第三章
过失是有意义的

在上次讲演时，我们只是讨论了过失本身，而没有涉及过失与被干涉的有意动作的关系；大家知道，拿某些例子来说，过失好像有意义。假如过失有意义这个说法能在更大范围上成立，那么研究过失意义的研究会比研究引起过失的条件来得更加有趣。

心理过程的意义究竟是什么，我们首先必须要有一致的观点。

我认为，意义即它所借以表示的“意向”（intention），或是在心理程序中所占据的地位。就我们所举的大部分实例来说，“意义”一词皆可用“意向”和“倾向”（tendency）等词来替代。

到底是因为表现，还是因为有意夸大过失的意义，才让我们认为过失之中存在意向呢?

现在我们仍以口误举例，仔细观察更多的表现，就能明白这些实例都有明显的意义或意向，尤其是那些把自己所要说的话说反了的例子。比如，议会议长在宣布开会时说成了散会，很明显，其意义和意向就是他想要闭会。或许你认为“他自己这么说的”，我们不过是抓住了他的要害。大家最好不要表示反对，认为这是不可能的，你以为他要的是开会而不是闭会，以为他的意向就是要说开会的。如果你们这样认为，就忘记了我们原意是要“只讨论过失”，而忽略了过失和它所扰乱的意向的关系，由此，你们就会犯逻辑上“窃取论点”（beging the question）的错误，而随意处理其所讨论的全部问题。

在其他实例中，口误虽不完全表示相反的意思，却仍表示出来一种矛盾的思想，比如“我不愿（geneigt）估量前任教授的优点”中的“不愿”虽并非“不配”（geaignet）的反面，但这句话的意义却与说者应取的态度大相矛盾了。

还有些实例，口误表示的除了本身的意义外还有一个第二意义，因此错句就像是好几句的凝缩。比如那个刚愎的女人说：“我选择的东西他只要吃点喝点就行了。”她的言外之意是说：“他虽然能支配自己的饮食，但是他要什么又有什么用呢？只有我才可以代他选择食品呢？”口误常给人这种凝缩的感觉。

又比如，一位解剖学教授在讲演完鼻腔的构造之后，问学生们是否明白了，学生们回答明白了之后，他却说道：“真不可思议，要知道充分了解鼻腔解剖的人，即使在几百万人的城市中，也只一指可数……不，不，我的意思是屈指可数。”仔细品读就会发现，他的意思是，真正懂得这个问题的只有他一个人而已。

一些口误的实例可以明显看出其意义，但还有一些例子的意义是不易了解的。比如，错读了专有名词，或乱发些无意义的语音等，都是比较常见的实例。从这一点来看，就可以解答“过失到底是否全部有意义”这个问题了。其实如果更仔细地研究这些例子也能揭露一个事实，就是这种错误是很容易看出端倪的；说实话，这些看起来很难理解的例子与前面比较容易懂得的例子之间并没有太大的差别。

比如，有人问马的主人，马怎么样了，马主人回答：“啊！它可‘惨过’了（stad）——可能只有一个月可活了。”“It may take another month。”其实他想说的是这是一件惨事（a sad busines），但他把sad（惨）和take（过）糅合到一起，结果就成了“惨过”（stad）。

还有一个人在谈及一件引人非议的事时说：“于是某些事实又‘发龊’（refilled）了”。他的意思是要说这些事实是“龌龊”的，结果把“发现”（revealed）和“龌龊”（filthy）合而为一变成了“发龊”（refilled）。

大家还记得有个少年要“送辱”一个女孩的例子吗。我们曾将此二字分解成“护送”和“侮辱”，现在不需要证据便清楚这个分析是可信的了。

从这些实例可以看出，它们即使表达的意思不太明白，却都能解释为是两种不一样的说话意向彼此混合或冲突。不同的是，在前面一组的“口误”中，一个意向排斥了其他意向，说话者把所要表达的话说反了；后面一组则是一个意向歪曲或更改了其他意向，于是造成了一种有意义的或无意义的混合字形。

我想现在大家已经了解了大部分口误的秘密了。如果弄明白了这一层，那么之前不能理解的另一组口误也就自然能理解了。比如变换名词的形式虽并非经常因为两种相似的名词的竞争所致，但第二个意向还是比较容易看出来的。非口误所致的名词的变式也是比较是常见的；这些变式主要是为了某一人名。这种方式有些侮辱人的意味，有教养的人员一般不愿采用，但又不愿意放弃，因此它常被伪装成笑话，一种比较下流的笑话。举一个粗俗的例子，法国总统Poincaré 曾被歪曲为“Schweinskaré”（猪样的）。进一步讲，这种讥讽的意向也能够隐匿于因口误而造成的人名变式之后。如果这个假定成立，那么因口误而造成的滑稽可笑的变名便可以这样解释。比如，议会议员称别人是“中央地狱里的名誉会员”（honourable member for Central Hell），会场里安静的气氛立刻就会被打乱，因为这个字眼可以唤起一种可笑而不快的形象。由于这些变式带有讥讽的味道，所以我们能够断定它背后还有这样一个意思：就是“你别被骗了。我这个字是没有意义的，如果谁乱说，就让他下地狱！”

其他的口误，如把完全无害的字变成粗俗污秽的字也同样适用于这样的解释。

一些人为了娱乐，有故意将无害的字说成粗野的字的这个倾向。有人把它看成是滑稽的表现，但实际上，如果你听到这样的例子，就不免会提出疑问，这到底是有意的笑话还是无意的口误。

关于过失之谜，我们似乎已经揭开了一些谜底。过失的发生并非没有原因，它是一项重要的心理活动。两种意向同时发生，或互相干涉，导致了过失的发生，而且这个过失是有意义的。我知道大家心中还有一些疑问，当然，我们必须要先解决了这些难题，这样你们才会相信我所说的。我当然不愿意用草率的结论欺骗你们，还是让我们冷静地依次解决每一个问题吧。

你们可能会有怎样的疑问呢？第一个问题，你们可能会问我这个解释是用来说明一切口误的事例，还是只能说明某些少数的事例？第二个问题，这个答案能否适用于许多种类的过失，如误读、误写、遗忘及做错事和丢失东西等呢？第三个问题，疲倦、兴奋、心不在焉及无法集中注意力等因素究竟在过失心理学中占何种地位呢？另外，过失中的两种意向往往是互相竞争的，有一种常常是明显的，另一种则不一定，那么我们究竟怎样去揣知那种不明显的意义呢？

除了上述这些问题之外，你们还有没有其他问题？假如没有，那我可要提问了。我要提醒大家，我们讨论过失，不只是为了要了解过失，而是要进一步去了解精神分析的要义。因此，我要问大家一个问题：究竟是哪种目的或倾向在干涉其他意向呢？而干涉与被干涉的倾向之间又存在怎样的关系呢？过失的谜一旦解决，便又开始了进一步的努力。

难道这就是一切口误的解释吗？

我想说，是的。

为什么呢？

因为我们如果研究一个口误的例子，便能得到这个结论。不过，我们可不能证明所有口误都受到这个法则的支配。但是，即使我们所解释的口误的例子只是一小部分，却也能够有效地说明精神分析的结论；何况这些口误还不只是一小部分的事例。

关于这个解释可否适用于其他种类的过失，我们也能先给予肯定的答复。以后再讨论笔误、做错事等例子时，大家也不会再对此有疑问。不过为了方便叙述，我们先充分地研究了口误之后再来说这个问题。

像循环系统的扰乱、疲倦、兴奋、分心及注意力不集中等某些学者比较看重的因素对我们说来有何种意义呢？假如过失的心理机制如上所述，这个问题的答案则会更彻底。当然我不否认这些因素。说实话，精神分析只是要将过去已经说过的话加入一些新鲜的材料，而对于其他各方面的主张基本上是没有争议的。有时候，之前被忽视现在却被精神分析补加的正是那事件中最重要的部分。那些由于小病、循环系统的紊乱和疲倦等发生的生理倾向，也会引起口误；这在日常生活中是值得相信的。可是承认这些到底能解释什么呢？答案是，它们并非过失的必要条件。即使是在完全健康和正常的情形之下，也能产生口误。因此，身体的因素只算是补充的，只能给产生口误的特殊精神机制提供便利。我过去用过这样一个比喻，用在这里也很合适。这就好比在黑夜里我在一处僻静的地方散步，忽然流氓出现了，把我的金钱、手表都抢去了，而由于黑暗我根本没看清强盗的面孔。我向警察局控诉说："是僻静和黑暗抢去了我的钱物。"警察局长或许会告诉我说："从事实上来说，你有些太相信极端的机械观点了。你应该控诉的是有一个没看清的窃贼趁黑夜和僻静胆大作案，是他将你的钱物劫去。在我看来，首要的事是捉贼。因为贼捉到了才有可能取还赃物。"

兴奋、分心、注意力不集中等心理生理的原因，只是几个名词而已，根本算不上解释。也就是说，它们是帘子，我们必须揭开帘子看看才行。我们应该问：究竟是什么原因引起了兴奋或分心？音值、字的类同、某些字共有的联想等影响因素为过失指出一条可以发泄的道路，因此它们是重要的。但是即使前面有一条路，就能保证我一定走这条路吗？当然不能，我还需要走这条路的理由，让我不得不循着这条路走。因此，这些音值和字的联想正如身体状况一般，只是诱发口误的原因，不能作为口误的真正解释。我讲演时说的无数词语中就有许多字和别的字声音很像，或与其相反的意思或公用的表示有密切的联想，但我却很少用错。

哲学家冯特认为意向本身如果因身体的疲倦导致偏向于联想，便容易引起口误。这看起来有些道理，但却不免与经验相抵触，因为从大多数例子来看，口误并没有什么身体的或联想的原因。

我对你们的下一个问题特别感兴趣：究竟用什么方法来测定两种互相干涉的倾向呢？这个问题非常重要。被干涉的倾向是比较容易被认识的，犯错误的人知道并且承认它。令人怀疑的是另一种，即所谓干涉的倾向。大家应该记得，我说过这个倾向偶尔也是显而易见的，只要我们有认错的勇气，便能在错误的结果之中看出这个倾向的性质。

议长要宣布开会，但他却把意思说反了，而事实上他骨子里是想要闭会。看得清楚明白，根本无须解释。其他实例则不然，干涉的倾向只是让原来的倾向略有改变，而没有将自己的意思充分暴露出来，那么我们究竟用何种方法来探得这个变式中那种干涉倾向呢？

在某些例子中，我们可以采用稳便而简单的方法，即用你测定被干涉的倾向的方法来测定干涉的倾向。我们可以查问，让说话者恢复他原来所要说的字。

“啊！它可惨过（stad）——不，它可再过一个月。”他也可以补充说明干涉的倾向。我们可以问他为什么先说“惨过”呢？

他说，“我本来想说的是‘这是件惨事’。”

就另一例来说，说话者用了“发龊”两个字，他表示他本想说这是一件龌龊的事，可是他控制住了自己，用另一种表示取而代之了。其干涉的倾向正如被干涉的倾向那样清晰可见。

这些实例的发生和解释都并非我或帮助我的人编造出来的，我是有目的选用它们。我们必须问那说话者为什么会发生这个错误，看他是否可以解释。如果没有这样问，他可能就会轻易放过而不会去寻找答案。不过一旦追问他，他就会将他所想到的第一个念头说出来。事实上，我们所要讨论的精神分析的雏形就来自这个小小的帮助和其结果。

不过我担心大家才了解精神分析的概念，可能会对它产生一种本能的抵抗。大家不是竭力想要抗议，说犯错误的人告诉我们的话不就是可靠的证据吗？你可能认为他为了要满足你要求解释的希望，而将他所想到的第一个念头告诉了你。至于是不是确实因为这样引起了这个错误，大家都没有足够的证据。它可能是这样的，也可能不是，他或许还想得到一种别的解释。

显然，你们是太小瞧心理事实了。如果有人拿某一物质去做化学分析，来测定其中某一成分的重量，然后从这个测出的重量得到某一结论，你认为一个化学家会因为害怕这一分离出来的物质可能会有其他重量，而去怀疑这个结论吗？不管是谁都知道，除了这个重量，不会有其他的。所以说，他一定会在这一基础上毫不犹豫地建立进一步的结论。那么关于心理事实，说某人在受盘问时想到这个观念而没有想到别的观念，你们就不愿意轻易相信，总认为他可能还有别的念头，事实上，这完全是你们不愿放弃自己心中的心理自由的幻觉。关于这一点，很抱歉，我不能苟同大家的意见。

现在你们可能会出现另一种抗议了，认为：“我们知道精神分析有一种特长的技术，可以使被分析者解决精神分析的问题。比如在餐桌上的那个让请大家起来打嗝以祝主人健康的客人，你说他干涉的倾向是想要取笑，可是这个倾向与这个对主人心怀尊敬的客人的倾向又是互相冲突的。不过，这只是你的解释，你的观察和这个口误没有什么关系。如果你去征求那位说错话者的意见，他不但不同意他有污辱的意思，而且还会强烈地否认这个意思。为何当别人坚决否认时，你对这个无法证明的解释还抓着不放呢？”

没错，这次你们的辩驳可以说是很有力了。我能够想象那位不相识的客人，他可能是那位首席客人的助理员，也可能是一位年轻的讲师，或者是一个很有希望的青年。如果我告诉他，他这样对他的领导有点有失尊敬。那么一场吵闹便会发生了，他会不耐烦起来，生气地对我说：“你管得也太多了，你要是再多说，就别怪我不客气了。要知道你的怀疑足以破坏我一生的事业。我是因为说了两次auf，才误把anstossen说成了aufsatossen。这是梅林格所谓‘语音持续’的例子，背后绝对没有其他恶意。你知道这一点那便够了。”

这确实是一个有力的抗议。我知道我们不应该再怀疑他，可是他在说自己的错误没有恶意的时候，是不是反应太强烈了呢？他完全不必因纯学术的研究而大发雷霆，这一点你们也许会同意，但你们仍会觉得他自己知道应该说什么，不应该说什么。可是他到底知道吗？恐怕这还是一个疑问吧。

你千万不要以为现在已将我驳倒了。

你们可能会说：“这是你的技术问题。假如说错话的人的解释与你的观点相一致，那么你便可以宣告他是本问题的最后证人！但如果他所说的和你的观点不一致，你可以马上宣告他说的话毫无根据，要大家不必相信。”

这的确是个好方法。不过，我可以举一个类似的例子。比如在法庭上，被告认罪，法官便相信他；被告不认罪，法官就不相信。一旦不是这样，法律便不能施行了；即使有时候也存在过失，但大家总该承认，这个法律制度是行之有效的。

你可能会说“嗯，难道你是法官吗？犯错误的人是你的被告吗？难道口误就是罪过吗？”关于这个比喻，大家其实没必要予以驳斥。事实上，关于过失的问题，我们所持的意见是不同的，但我现在还不知道如何去和解。因此，我才提出法官和罪犯的比喻充当暂时和解的基础。

大家应该承认，如果被分析者承认了过失的意义，那么这个过失的意义就是毋庸置疑的。当然，我承认假如被分析者不肯直说，或者根本不见面，那么就得不到直接的证据，我们就不得不像法官审案那样，利用其他证据来进行推断。在法庭中判罪，为了需要，是可以采用间接证据的。精神分析虽然没有这种必要，但也可以考虑采用这种方法。假如你相信科学只会有已经确定证实的命题，那你可能有所误解了。而且如果你对科学做这样的要求，也不太公平。只有那些有权威欲的，想要以科学教条代替宗教教条的人才有这样的要求。事实上，科学作为教条只有极少数明了的原则，主要是那些有不同程度的概率的陈述。科学家有个特点，即可以满足于接近真理的东西，即使最后缺乏有力的证明，他也能进行创造性的工作。

不过，如果被分析者不想解释过失的意义，我们要到哪里去寻找解释的起源和作为证据的资料呢？以下几种都可以作为来源：首先，可以借助那些非过失所产生的相似现象，比如一个人如果因错误而变式和因故意而变式是一样的，都暗含着取笑之意。其次，可借助引起过失的心理情境，犯错误者的性格和没有犯错误之前的情感，过失往往就是反映这些情感。通常来讲，我们以一般原则来寻求过失的意义，最初这只是一种揣测，使问题得以暂时解决，后来通过研究心理情境而求得证据。

有时，还需要在进行进一步研究过失的意义后，才能证实我们所猜测的对不对。以口误为例，虽然我举了好几个例子，但恐怕要说服你们也并不容易。其实，那位要“送辱”某女士的青年是很害羞的，而那位说自己的丈夫要吃喝她所选定的食品的夫人则可以看出是位治家很严的妇女。我再举一个例子，某俱乐部开会，一个青年会员演说时猛烈攻击他人，他称委员会的成员为“Lenders of the Committee”（意即委员会中的放债者）他用Lenders（放债者）代替了“members”（意即委员）。

我们可以猜想出，他在攻击别人时脑子里正活跃着一些与放债（lending）有关的干涉倾向。事实上，有人告诉我这位演说家经常在金钱上遇到困难，那时正想借债。因此其干涉的倾向暗含着这样一种意思：“你在抗议时请慎重一些吧！这些人都是你想要向他们借钱的人啊。”

其实，像这样的间接实例，我可以提供给你们很多。如果一个人很努力还无法记起一个熟悉的人的名字，那么我们就能够推测出他对这个人一定没有什么好感，因此不愿去回忆。假如我们记得这一点，那我们便可以讨论下面几个过失的心理情境了。

Y先生爱上了某女士，但这位女士对他没有什么兴趣，不久后，这个女士和X先生结婚了。Y先生早就认识X先生，并与他在业务上有联系，可是现在他却经常忘记X先生的名字，以至于每当写信给他的时候都不得不向别人询问他的名字。很显然，Y先生是不想记起这位幸运的情敌，要将他永远忘掉。

又如，某女士在和医生谈及一个他们所共同认识的女朋友时，用的是这位女友没有出嫁以前的姓氏，她承认自己十分反对这个婚事，并且厌恶她现在的丈夫，所以忘记了她结婚以后的姓氏。

关于专有名词的遗忘，我们以后再详细讨论，我们现在还是先关注引起遗忘的心理情境。之所以发生“决心”的遗忘可能是因为一种相反的情感阻止了“决心”的实行。不光精神分析家这样认为，其实一般人在日常事务中也常常这样，只是在心理上不肯承认而已。

假如一个施恩者忘记了求恩者的请求，那么施恩者即使道歉也仍会让求恩者感到怨恨或不快。因为在求恩者看来，既然施恩者答应了他的请求，就应该去做，但是很显然，施恩者太忽视他了，而没有去实践。我们由此可以看出，即使在日常生活中，遗忘有时也可能会引起怨恨，在这一点上精神分析者和一般人似乎想法一致。试想一下，一女主人看见客人来了，却说：“没想到你今天来了？我早就忘记了今天的约会了。”客人会是什么感觉。

又如，一青年假如对他的恋人说自己已将他们上次所定的约会完全忘记了，会是什么结果。事实上，这个青年是决不会承认的，他会在一瞬间找出各种理由来说明他为何没有践约赴会，为何一直到现在都没给她消息。大家都十分清楚，在军队中，遗忘是不能作为借口来求得宽恕而免于刑罚的。关于这个制度，大家都承认它是公允的。那么，每个人都会承认某种过失是有意义的，并知道这意义是什么了。可是他们为何不将它推之于其他过失并公然承认它呢？这个问题当然有它自己的答案。

遗忘“决心”的意义在普通人心里已经是被认可的了，难怪作家们常用这种过失来表示相类似的意义。大家是否读过萧伯纳的《恺撒与克利奥佩特拉》，可还记得在最后一幕离场时，恺撒因为觉得自己忘记了一件想要做的事情，而感到十分不安。后来，他才想起这件事是没有与克利奥佩特拉话别。作者想通过这个文学的技巧来表明恺撒的自大之感，事实上恺撒并没有这种感觉，也没有这种渴望。由历史可知，恺撒曾带克利奥佩特拉一起去罗马，并且恺撒被刺的时候，克利奥佩特拉和她的小孩子还住在罗马，直到后来，他们才离城逃亡。

这些遗忘“决心”的例子的意义都很容易看得出来，因此对我们的研究并没有多大用处。我们的目的是要从心理情境中寻找过失意义的线索。所以，我们现在来讨论一种不是很容易了解的过失，也就是关于物件的遗失。在你们眼里遗失物件是非常令人烦恼的事情，因此很难相信遗失物件是有目的的，然而实际上这种例子非常多。有一个青年弄丢了一支他非常喜爱的铅笔。几天前，他曾收到他的姐夫寄来的一封信，信的结尾这样写道：“我现在即没有时间也没有兴致鼓励你四处鬼混。”

原来这支铅笔是他姐夫送给他的礼物。假如事先没有发生这个事件，我们当然不会说他弄丢东西背后有遗弃礼物的意思。像这样的例子数不胜数。一个人遗失物件，可能是因为与赠物者吵嘴而不愿记起他，或者因为厌恶旧物，试图找个借口换得一个更新更好的物品。又或者将物件失落、损坏或毁坏，也往往能够达到相类似的目的。一个小孩在生日的前一天弄坏了自己的表、书包等，你能说这是偶然发生的事件吗？

一个人曾经因为丢失物件而感到不安，那么他一定不愿相信这个行为是有意为之的。不过有时我们也能通过丢失物件的情境探知一种暂时的或永远的遗弃之意。下面的例子也许最能说明这个观点。

有一个青年给我讲了这样一个故事："几年前，我和我的妻子之间有很多误会。虽然我知道她有着很好的美德，但我们却缺乏一定的感情，我一直认为她过于冷淡。有一天她散步回来，为我买了一本书，她以为我看到这本书会高兴一些。我很感谢她对我的关心，并答应会读它，可是我把它放在杂物中，就怎么也找不到了。几个月之后，我偶尔会想起这本书，可是依然找不到。大约半年后，我的母亲生病了。母亲的住处和我家相隔很远，但我的妻子却一直坚持去母亲身边看护她。通过母亲病重这件事，我看到了妻子的美德。一天夜里，我怀着满腔感激我妻子的热情回到家，我鬼使神差地走到书桌面前打开了一个抽屉，结果我看到了那本屡寻而不可得的书。"

动机一旦消失，失物便找到了。

这样的例子，我可以举出很多，不过我不想这么做。如果你们想知道，可以去看《日常生活心理病理学》（1901年初版），那本书里有很多关于过失的实例。这些实例都可以拿来证明相同的事实。从这些例子中，你们可以看出错误是有用意的，也能了解怎样从发生的情境中揣知或证实错误的意义。在这里我不想过多地征引，因为我们今天的目的是为了研究这些现象，以更好地掌握精神分析。我现在要说的只有两点：第一，是重复的和混合的过失；第二，以后的事实可以证明我们的解释。

重复的和混合的过失最能够代表过失。假如我们只证明过失是有意义的，那么举这些过失足矣，因为就算是极愚笨的人也能明白它们的意义，即使是吹毛求疵的人也会信而不疑。由错误而导致重复，从中可以看出它必有用意，并非事出无因。而一种过失转化为另一种过失，从中能够看出过失的要素：此要素并非过失的样式和其所用方法，而是利用过失去达到目的倾向。

我给大家举个重复遗忘的例子吧。琼斯写好了一封信，可是这封信放在在桌上好几天也没有寄出去。后来他决心寄出了，可是却忘了写收信人的姓名和住址，结果被退了回来。补填之后，再送到邮局去，结果这次又忘了贴邮票。最后，他不得不承认自己其实心里是不太想寄出此信的。

还有一个例子，是误取别人的东西之后又把东西弄丢了。一个女士和她的名画家姐夫同游罗马，身居罗马的德国人设盛宴款待这位名画家，并送了他一枚典雅的金质章，可是他并不看重这精致的赠品，这位女士为此而感到很不高兴。她在姐姐到达罗马后便回国了，结果打开行李时，发现自己竟然把那枚金质章带回来了，而她怎么也想不起来自己是怎么带回的。她马上写信告诉姐夫，并说自己会在第二天将这枚金质章寄回去。可是到了第二天，金质章怎么也找不到了，以至于她不能如约寄还，于是她才知道自己犯下的过失其实是有用意的。事实上，她想要将这个艺术品据为己有。

我曾经讲过一个遗忘和过失相结合的例子。某人忘记了开会的事情，他告诫自己第二天一定不要忘记，可是当他第二天赴会的时候却记错了时间。有一个爱好文艺和科学的朋友以自己的经验给我讲了一个类似的例子。他说："几年前，我被选为某一文学会的评议员，当时我想或许我有机会让我的剧本能在F戏院里公演，可是之后我却总是忘记去开会。在读到你的关于这个问题的著作以后，我感到很自责，觉得他们帮不到我，我就不去开会，似乎有点太卑鄙了，于是我决定在下星期五无论如何也要记得去开会。我多次提醒自己，后来真的去了。但令我诧异的是，会场的门竟然是关着的，显然已经散会了。原来我把开会的日期记错了，那天已经是星期六了！"

我本想再举一些这样的例子，不过现在我还是应该继续往下讨论，让大家看一些需要将来去证实的例子。正如我们所想象的那样，这些实例的心理情境在当时是尚不可知或无法测定的。因此我们那时的解释也只能作为一种假说，没有太大的说服力。不过后来发生的另外一些事，能够用来证实以往的解释。

有一次，我在一对新婚夫妇家里做客，这位年轻的妻子笑着给我讲述她最近的一次经历，说她在度蜜月回来后的第一天，她的丈夫上班去了，她便邀请她的姐姐一起去买东西。在大街上，她忽然看见了一个男人，于是她碰了姐姐一下，说道："看，那不是K先生吗？"原来那人正是刚刚和她结婚了几个星期的丈夫，可是她却忘记了自己和他结婚这件事。我听了她的讲述后，非常不安。结果几年以后，确实证实了我的揣测，这个婚姻有一个不幸的结局。

梅特说过这样一个故事，某女士在她结婚的前一天，竟忘记了试穿婚纱，使得裁缝非常着急，她记起来的时候已经是深夜了。结果她结婚后不久，她的丈夫就离开了她。梅特认为，这位女士遭到抛弃与她忘记试衣有着一定的联系。

我还知道另一个与丈夫离异的女人的故事。这位女士结婚后在金钱往来时签字还经常用她没有结婚前的签字，结果没过几年，她果然又回到小姐的身份了。还有几个别的女人，她们的婚姻结果也不是很好，这和她们在蜜月中遗失了她们的结婚戒指有一定的关系。

我这里还有一个结果较好的奇怪例子。德国有一个著名的化学家，他在结婚时竟然忘记了婚礼，没有到教堂去，反而走进了实验室。后来，他一直没有结婚。

你们可能觉得这些例子中出现的过失有一些预兆的迹象在里面。事实上，预兆确实就是过失，比如失足或跌跤，其他的预兆可以说是客观的事件而非主观的行动。不过大家或许不会相信，要决定某件事是属于第一种还是第二种，也并非一件容易的事情，因为主动的行为通常会伪装为一种被动的经验。

假如我们回顾已往的生活经验，肯定会说倘若当时我们有勇气和决心将一些小过失看成是一种预兆，并在它们还不明显时就把它们看成倾向的信号，那我们应该能够避免很多失望和苦恼。事实上，我们常缺乏这样的勇气和决心，以免有迷信之讥。事实上预兆也不一定都会变成现实，至于什么原因，我们的学说将会告诉大家。

第四章
过失是心理的行动

前面我们已经讨论了过失的意义，在此，我要说明一下，我们并没有说每一个过失都有其意义，虽然我相信这并非不可能。我们只要证明各种过失比较普遍地有这种意义就足够了。而对于这一点，各种过失的形式也稍有不同。

除了那些基于遗忘的过失，如遗忘专有名词或“决心”及失物等，有些口误、笔误等完全是生理变化的结果。关于遗忘的过失在某些实例中也被认为是没有意义的。

总而言之，我们的理论只能用来解释日常生活中的一部分过失。即使我们假设过失是由于两种互相牵制“意向”发生的心理行动，大家也一定要记住这一点。

这就是我们的精神分析的首个结果了。这种互相牵制的情况是过去的心理学所不知道的，它更不知道此种牵制能产生过失。我们已经扩充了心理现象的范围，让心理学得到了前所未有的认可。

下面，让我们先讨论一下一句话的含义：过失是心理的行动。这句话是不是比“过失是有意义的”含义更加丰富呢？

我认为并不是这样。与之相反，前一句话要比后一句话更加模糊，更容易引起误会。只要是生活中能够观察的一切，都可被认为是心理现象。不过，还要看它是否是这样一种特殊的心理现象，如果它直接起源于身体的器官，或物质的变化，那么就不属于心理学研究的范围；如果它直接起源于其他心理过程，并且在这些过程背后在某一点上发生一系列的机体变动，我们便把它称之为心理过程。因此，我们说过失是有意义的反而比较便利，这里的意义指重要性、意向、倾向及一系列心理过程中的一种。

另外，还有一组现象与过失存在十分密切的联系，但却不适宜被称为过失，我们称之为“偶然的”和症候性的动作。这些动作看起来是毫无动机和意义的，也是毫无用处的，而且显然是多余的。一方面，它们与过失不同，没有出现第二个意向用来反抗或牵制；另一方面，它们又和我们所看作表示情绪的姿势和运动并无区别。偶然的动作通常没有明显的目的，如触摸衣裳或身体的某些部位或伸手可及的其他物品等。

这些动作也包括应做而不做或哼哼哈哈的自娱自乐等。

我认为这些动作都有意义，都能做出与过失同样的解释，也能看成是真正的心理动作，并作为其他较重要的心理过程的表现。不过我现在不想再详细讨论这些现象了，还是接着谈论过失，因为讨论过失能够使许多研究精神分析的重要问题更加清楚。

我们在讨论过失时往往会遇到几个有趣却得不到解答的问题。我们说，过失是两种不同意向互相牵制导致的，其中一个成为被牵制的意向，另一个称为牵制的意向。通常来说，被牵制的意向不会引起什么问题，而牵制的意向往往会引起其他的问题，我们首先要知道是什么意向在牵制其他意向；其次，牵制的意向和被牵制的意向之间存在怎样的关系？

同样以口误为例，我们先来回答后一个问题，然后再回答前一个问题。口误里的牵制意向，在意义上也许与被牵制的意向有关，在这类实例中，前一种意向往往是后一种的反面、更正或补充。不过在其他一些有趣的例子中，牵制的意向在意义上或许与被牵制的意向毫无关系。

第一种关系在我们已经研究过的实例里能够很容易得到求证。那些把要说的话说反了的口误，其牵制的意向基本上都和被牵制的意向存在相反的意义，故此，其错误就是两种相反的意向互相冲突的结果。那位议长口误的意义是："我宣布开会了，但却更希望闭会。"

一个政治性的报纸被人议论说其腐败，于是此报纸打算写文章进行申辩，结尾处本想用下面这一句："读者应明确本报一直在以最不自私（disinterested）的态度在为社会谋幸福。"可是受委托写此申辩稿的编辑却不小心将"最不自私的态度"误写成了"最自私的态度"（in the most interested manner）。其实这位编辑在想，"我不得已要写这篇文章，可是内幕是什么，我当然清楚得很。"又比如，有一位代表认为某事应直告皇帝，可是他对自己的行为感到恐惧，因此口误把直告说成了婉告。

上面所举的例子给人以凝缩和简约印象，其中也含有更正、补充或引申之意，其中第二倾向与第一倾向紧密相连。比如"事件已经发生了，倒不如直接说它们是龌龊的，所以——事件于是发龊（refilled）了。"

"懂得这个问题的人屈指可数，不过事实上，真正只有一个人懂，既然这样——便算屈一指可数吧。"又如"我的丈夫当然可以吃喝他自己喜欢的饮料和食品，不过你知道我可不允许他什么都喜欢，所以——他就只能吃喝那些我所喜欢的饮料和食品吧。"

从这些例子来看，其过失都起源于被牵制的意向的内容或与这种意向存在直接的关系。如果互相牵制的倾向没有关系，便不免显得奇怪了。如果牵制的倾向和被牵制的倾向的内容之间丝毫不存在任何关系，那么牵制的倾向要从哪里发生呢？为什么又正好在那个时候表现出来呢？要回答这个问题，就必须要从观察入手，从观察的结果中我们可以了解到牵制的倾向起源于这人不久前出现的一个思路（a train of thought），然后表示出来就成为这个思路的尾声。对于这个思路是否已经用语言表达出来却并不重要。所以这可以看成是“语音持续”的一种，不过未必是言语的“持续”。牵制的和被牵制的倾向之间存在联想的关系，不过在内容上是找不到这种关系的，只是牵强在一起而已。

我还曾观察到这样一个例子。一次，我在秀丽的多洛米特山中，遇见两个维也纳女人。我与她们一起出发散步，一路上我们讨论游历生活的快乐和劳顿。其中一个女人承认，其实这种生活并不是很舒服。她说：“整天在太阳底下走路，走到外衣……和其他的东西都被汗水湿透，这真的不是一件愉快的事。”说这话的时候，她在某处迟疑了一下。她接着说：“不过如果有nach Hose换一换……” Hose是裤子的意思。其实这位女士本想说的是nach Hause（意思是我家里）。假如我们不去分析这个口误，我想大家也很容易理解，这个女人本来想列举一些衣服的名目，如“外衣、衬衫、衬裤”等，可是因为要合乎礼仪，所以没把衬裤说出来，然而在下面那句话中，那个没有说出来的词语因为声音相似就变成Hause的近似音了。

现在我们可以来说下那个一直没有回答的问题了，就是，究竟是些什么倾向在用这种奇特的方式来牵制其他意向的呢？这些意向虽然种类繁多，但我们只要找出它们的共同点来就可以了。抱着这个目的去研究这些例子，我们可以把它们分成三类。第一类是，说话者知道自己这种牵制的倾向，并且在犯错前也感觉到了这种倾向。比如“发龊”这个口误，说话者既承认他所批判的事件是龌龊的，同时也承认自己有要将此意发表的倾向，只是后来加以阻止了。第二类是，说话者知道自己有那个牵制的倾向，但不知道这个倾向会在说错话之前就表现出来。所以，他虽然接受了我们的解释，但难免会表现出惊异。这种态度的例子在很多口误中都能看到。第三类是说话者不承认自己有这种牵制的倾向，而且对于我们的解释会大加驳斥。比如关于“打嗝”的例子，当我说出他的牵制倾向时，说话者会极力反驳。我想我猜得到你们是怎么想的，你们可能会被他的热情所打动，而退一步想自己是否应该放弃这种解释，而采用精神分析诞生以前的见解，把这些过失看作是纯粹的生理行动。不过，我和你们的态度则大不一样。我不会相信说话者的否认，并且会坚持我原来的解释。我的解释还包含一个假设：就是说话者所不知道的意向能够通过他表示出来，而我能够根据种种迹象推测出其性质。

这个结论既新奇，又关系重大，你们可能会有所怀疑。这我都知道，而且我并不否认你们是对的。不过有一件事要弄清楚：如果你要想推翻这个已经被多个实例证明了的过失说引申出的合乎逻辑的结论，你们就一定要做出大胆的假定；不然的话，你们刚刚开始获得的过失说就白费了。

那么就先让我们看看这三类口误的共同点吧。很幸运，这个共同点很容易发现，就前面两类来说，说话者是承认其牵制的倾向，而且在第一类里，说话者在说错话之前，就已经感觉到了那倾向的活动。不过不管是哪一类，其牵制的倾向都被压制下去了。说话者决定不把观念表现出来，于是他便说错了话。也就是说，那不许发表的倾向反抗说话者的意志，或者改变他所允许的意向表示，或者与其相混合，或者打算取而代之，来让自己得到发表。这就是口误的机制。依我看，第三类的过失也完全可以同这种机制相协调。我只要假设这三类例子的区别在于压退一个意向的有效程度互不相同。在第一类中，其意向不但存在，且说话前已被察觉，只是说话时才被拒斥，由于被拒斥，才在错误里得到了补偿。在第二类例子中，这种拒斥表现得更早，在说话之前，这种意向虽然没有被察觉，但却显然是口误的动因。如此一来，第三类的解释就简单多了。一种意向即使受了长时间也可能是很长时间的阻止，得不到表示，说话者于是极力否认，可是，我敢肯定这种意向仍然是可以感觉到的。如果暂且将第三类问题放置一边不谈，从其他两类例子中，我们也可以得到这样一个结论：对说话的原来倾向的压制是产生口误不可或缺的条件。

目前来说，对于过失的解释，我们已经有相当的进步了。我们不仅知道过失是有意义和有目的的心理现象，还知道它们是两种不同意向互相牵制的结果，同时也了解到这些意向中假如有一个想要借牵制另一个而得到发表，那么其本身则要先受一些阻力禁止它的活动。

一句话，就是一个倾向只有先受到牵制然后才能牵制其他倾向。这当然无法完满地解释过失现象。我们马上会进一步提出问题。简单来说，就是我们知道的越多，提出新问题的机会也就越多。比如我们可能会产生这样一个疑问：为什么事情不可以更加简单化地进行呢？如果心里产生一种意向想要阻止另一种倾向不让它实现，那么一旦阻止成功，这个倾向就根本不可能表现出来；而假如阻止失败，那么被阻止的倾向就应该可以得到充分的表现。

不过，过失只是一种调解的办法，在过失里，那两种冲突的意向既包含一部分成功也包含一部分失败。除了少数例子之外，被胁迫的意向即使没有完全被阻抑，也无法按照原来的目的直冲而出。我们可以想象出来，之所以发生这种牵制或调解，一定存在某种特殊的条件，只是我们现在还无法推测出来而已。当然，我并不是说我们对过失进行更深入的研究就能发现这些未知的条件。如果我们没有要对心理生活的其他模糊境界进行彻底的研究，并通过这些研究进行推导，那么我们则不敢对有关过失的进一步说明做出必要的假定。不过我们还要注意一点，即使像我们在这方面所常作的那样，用那些细微的迹象做研究指导，也可能存在危险。

有一种叫作联合妄想狂（combinatory paranoia）的心理错乱，就是利用这种小小的迹象超越所有限度。当然，我并不是说因此而得到的结论就是完全正确的。我们如果想要避免这种危险，就要扩大观察的范围，就要从各种方式的心理生活中积累很多类似的印象。

在结束过失的分析之前，我还要提醒大家，一定要牢记我们用来研究过失的方法，并以此作为一种榜样。通过这些例子你们可以知道，我们研究心理学的目的究竟是什么；我们的目的不但要描述心理现象并对其进行分类，还要把这些现象看成是心力争衡的结果，表示着向某一目标进行的意向，这些意向或互相结合，或互相对抗。然后我们要对心理现象做一种动态的解释（a dynamic conception），然后再根据这个解释进行推论。要知道，有时候我们推论的现象要比我们看到的现象更为重要。

即使我们不再研究过失了，但我们仍然要将整个问题做一次鸟瞰式的观察。在观察过程中，有些事情是我们熟悉的，有些则是陌生的。关于分类的问题，则仍根据我们前面所举出的三种：一是口误、笔误、读误、听误等；二是遗忘，如忘记专有名词、外文字、决心和忘记印象等；三是误放、误取及失落物件等。总而言之，我们所研究的过失一半属于遗忘，一半属于动作的错误。

关于口误我们前面已经详细讨论过了，不过现在我还是要再增添一点材料。一些与口误有关的带感情的小错误也是相当有趣的。人们通常不愿意承认自己说过的错误，而且常常不在意自己说错了话，但是对于别人说错话却从来不放过。口误也具有传染性，在说到口误时往往自己也很容易跟着说错。对于那些极小的错误，我们很容易发现它背后的动机，只不过无法由此看出隐藏的心理过程的性质而已。比如一个人在某一字上受到了一点干扰，以至于把长音发成短音，那么不管他的动机是什么，最后都会将后一个字的短音发成长音，用一个新的错误来弥补他之前犯的错误。又比如将双元音ew或oy等误读为i时也可能会出现相同的结果，后面的i音必将改为ew或oy来做补偿。这种现象的背后好像有某种用意：不让听的人觉得是说话者对于本国语习惯的疏忽。第二个补偿的错误则是想引起听的人对于第一个错误的注意，表明自己已经知道了。最常见、最简单且最不重要的口误是将语音凝缩或提前发出，比如将长句说错一定是因为最后一个想要说的字影响到了前一个字的发音。我们可以看出说话的人对这句话很不耐烦，并且不太想说出它。当我们进展到临界线，一般生理学的过失论和精神分析的过失论也就没有分别了。从我们的假设来看，这些例子中，牵制的倾向抗拒其所要说的话；不过我们只能推断出牵制倾向的存在，却无法得知其目的何在。它所引起的扰乱，可能是受语音的影响，也可能是因为联想的关系，不过这些都可以看作是注意力没有集中在想说的话上所导致的。事实上，这种口误的要点并非注意的分散，也并非所引起的联想的倾向；而是由于存在其他意向牵制原来的意向。至于它的性质，与其他更显著的口误不同，无法从它的结果推想出来。

接下来说笔误。笔误的机制和口误相同，因此对于笔误，无须什么新观点，只要稍稍增加一些关于过失的知识就可以了。那些最常见的小错，比如将后面一个字，尤其是最后一个字提前书写，就可以看出来写字者不爱写字或没有耐性；更明显的笔误则能看出来牵制的性质和意向。

通常来讲，如果一封信中出现了笔误，则我们可以看出写信的人在写信时候内心不安宁，至于为什么会这样，我们则未必知道。与口误一样，发生笔误时自己并不容易发觉。有这样一种情况值得我们注意。有的人在发信之前经常会重读一遍，而有的人则不会。如果这些人在重读自己写的信时，常会修改那些出现明显笔误的地方，这要怎么解释呢？表面看来，好像他们知道自己写错了字，不过我们能确信的确是这样吗？

对于笔误的实际意义还有一个有趣的事例。大家是否还记得杀人犯H的事。他假冒细菌专家从科学研究院里盗取很危险的病菌，企图杀害那些与他相关的人。他有一次向某一学院的职员控诉他们所寄来的培养菌完全没有效力，却出现了笔误，把本来“在我实验老鼠和豚鼠（Musen und Meerschweinchen）时，”竟然错写成了“在我实验人类（Menschen）时”。这个笔误虽然也曾引起院内医生的注意，可是却没有人拿此来推断其结果。如果那些医生们把这个笔误作为一个口供进行详细侦查，以便及时破获杀人犯的企图，这不是更好吗？从这个例子来看，产生这样一种严重的结果不正是因为不了解我们的过失论吗？

当然，我知道，这种笔误虽然会引起我的怀疑，但是拿它做口供确实有一点不合情理，因为事情不会如此简单。虽然笔误是一种迹象，不过只有笔误却无法作为侦查的理由。从笔误中可以看出这人有毒害人的心思，可是我们却无法确定这究竟是一种毒害人的确定计划，还是只不过是一种无关实际的幻想。

出现此种笔误的人甚至还可能找到强大的主观理由，来否认这种猜想，并驳斥这种观念是无稽之谈。待我们后面讨论心理的现实和物质的现实之间的区别时，就会容易理解这种可能性的存在了。不过这个例子充分证明了过失有着不容置疑的意义。

读误的心理情境则与口误和笔误完全不同。在读误时，两个相冲突的倾向由一个被感觉性的刺激所代替，因此可能缺乏坚持性。一个人所读的东西并非他心理的产物，也不是他所要写的东西，因此，多数读误的例子都是用此字代替彼字，而这两个字之间除了字形相似以外可以不存在任何关系。利希滕贝格的“Agamemnon”代“Angenommen”的例子可以说得上是读误的绝好例子。

要了解读误引起错误的牵制倾向，我们完全可以不用看全文，只用下面两点来进行分析研究即可：一是在对错误的结果也就是代替的字进行自由联想时，其所引起的首个观念是什么？二是在何种情况下发生读误？有时候，只用后一个问题就能解释读误。比如某人在一个陌生的城市游玩，尿急了，他一抬眼看见一座楼房的二楼有一个牌子上写着“Closethaus”（厕所）。他十分疑惑为什么这个牌子挂得那么高，他再仔细一看才发现这个牌子上写的原来是“Corsethaus”。就其他例子来说，假如在内容上原文和错误不存在什么关系，就一定要进行彻底分析，不过这需要对精神分析的技术抱有信心并进行过训练才有可能成功。当然，对读误的解释也并非这样困难。

在利希滕贝格的例子中，从“Agamemnon”所代进的字中，我们不难推测出引起扰乱的缘由。又如在战争中，我们经常会听到一些城市和将军的名字或者一些军事术语，因此我们看到相类似的词语时，往往就会发生误读现象，让心中所想的事物代替了那些尚未发生兴趣的事物。

有时候文章本身也能引起扰乱的倾向，促使人们发生误读，将原文的字读成相反的字。分析研究表明，如果你让一个人去读他不喜欢的文章，那么他往往会因为对读误的厌恶而发生误读现象。

从上述的一些读误例子中，我们可以看出组成过失机制的两个要素好像不是十分明显。这两个要素是指什么呢？一个就是倾向和倾向的冲突，另一个是由于其中一个倾向被逐而产生过失以求补偿。当然，这类矛盾并非全都会发展成为误读，不过纠缠于与错误有关的思路的确比他之前所承受的抑制要明显多了。而在因为遗忘而导致错误发生的各种情境中，这两个因素倒是非常容易看出来。

关于“决心”的遗忘，很明显只存在一种意义；就连它的解释也是一般人都能承认的，这在上文中我们已经提到过。

牵制“决心”的倾向往往是一种反抗的倾向，一种不愿意的情感。这个反抗倾向的存在早已是无可厚非的了，那么我们接下来只要研究它为何不用一种稍微明显的方式表达出来就可以了。其实，有时候我们也能推想出这种倾向为何必须保密的动机，因为他知道假如将这种动机展示出来一定会受到别人的谴责，而若能巧妙地利用过失这种方式，也能够很好地达到想要的效果。不过，如果在决心之后和行动之前，心理情境发生了重要的变化，导致不需要实行决心了，那么即使忘记了决心，也不属于过失的范围了。因为假如不去记忆，那么忘记也就无足轻重了。只有在决心还没有被打消的时候，忘记实行才算得上一种过失。

通常，忘记实现决心的例子大体上都是一样的，它们浅显易懂，基本上不会勾起研究的兴趣。不过，其实研究这种过失也会收获一些知识。

前面我们说过，遗忘决心的行动一定会有一种相反抗的倾向。这并没有错，不过根据我们自己研究的结果，这“相反之意”（counter-will）也存在两类，即直接的和间接的。关于什么是间接的，我们可以用一两个例子来说明。比如施恩者不在第三者面前为求恩者说话，这可能是因为他对于这个求恩者没有什么好感，因此不愿意为他引荐。我们可以理解为是施恩者不想提拔求恩者。不过，事情也许更加复杂一些，施恩者不愿介绍可能是另有隐情。或许，这和求恩者没什么关系，他只是对第三者没有好感。由此可以看出，我们的解释在实际中是不可以乱用的。对于那个过失，求恩者虽然已经正确地解释了，可是他却仍然可能因为多疑而冤枉了施恩者。

又如，某个人之所以忘记了约会，最常见的原因就是他不想与有关的人相见。不过如果仔细分析，也可能不是那个人，而是与约会的地点有关，或许那个地方会引起他痛苦的回忆，因此他特意回避。又比如，写好的信总是忘记寄出，虽然其相反的倾向可能与信的内容有关，不过也可能是因为这封信让他想起了另一封过去的信，因为对过去的信感到厌恶而导致对这封信也产生了厌恶之感。所以，即使是非常有根据的解释，我们也要慎重地加以考虑，要知道，心理学上相等的事件，在实际中可以有很多不一样的意义。

事情倘若真是这样，大家可能会更加奇怪了。你们可能认为间接的“相反之意”，就能用来证明其行为是病态的，不过，我要告诉大家，其实这种行为即使在健康和常态下也可以遇到。此外，大家千万不要错误地认为我在承认分析解释的不可靠。我过去说过忘记了实现一个计划可以有多种意义，不过这是对没有分析知识根据普遍原则来进行解释的例子来说的。如果对相关的人进行分析，那么就能判断出其厌恶的原因到底是什么了，到底是信的内容，还是另有原因。

接下来是第二点：如果大部分的案例已经证明“决心”的遗忘一定来自“相反之意”的牵制，那么即使被分析者不承认我们所说的“相反之意”的存在，对于自己的解释我们也是敢于坚持的。

还是举个最平常的遗忘的例子，如忘记还书、还债等。我敢说，忘记了还书或还债的人，肯定存在不愿意还书或不愿还债的意图。即使他对此持否认态度，却也不能对他的行为做出另一种解释。

所以，我们就算告诉他，他有这样的意向，他自己也不会觉得，反而会借着遗忘的结果而表现出自己的目的。而此时的他可能会为自己辩解说自己只是遗忘而已。大家都知道，我们之前就遇到过这种情境。已经有很多实例证明了我们对于过失的解释，如果现在做逻辑的引申，那么就必须假设人们已经存在各种倾向，这种倾向虽然他们自己都不知道，但是却可以产生重大的结果。可是，如果真是这样，我们就难免要与普通心理学及普通人的见解相冲突了。

而忘记专有名词、外国人名和外文字等，也是因为与这些名词直接的或间接的不相融洽的倾向。对于直接的厌恶，前面我已经举了例子，而要想解释间接的原因则要有细心的分析。比如，由于这次大战，我们不得已放弃了很多之前的娱乐，于是我们对于专门的记忆也多少受到了影响。最近，我忽然记不得比森茨（Bisenz）镇。根据分析，我并不厌恶这个镇，而是因为我曾在奥维多的比森支大厦（the Palazzo Bisenzi）有过一段快乐的生活，而比森茨和比森支的发音又十分相似，因此被连带淡忘了。在遗忘这个名称的动机上，我们第一次遇到了一个原则，此原则后来在神经病症候的产生上占据了重要的位置，简单概括就是，回忆与痛苦情感有关的事物就会引起痛苦，因此记忆方面便有意地排斥回忆这种事物。忘记名词和其他多种过失、遗漏和错误的最终目的，实际上就是这个避免痛苦的倾向。

不过关于名词的遗忘，好像尤其适合解释心理生理，因此有时候发生名词遗忘未必就一定存在一种避免痛苦的动机。研究分析表明，一个人如果存在忘记名词的倾向，但他并不单纯嫌恶这些名词，或者这些名词也不会引起某种不愉快的回忆，也可能是因为这一特殊的名词属于某种更为亲密的联想系列。

此名词被固定在这儿了，不愿与其他事物联想在一起，我们有时为了要记住某些名词，特意使它们之间产生联想，可是也正因为如此造成的联想反而促进了遗忘。如果大家还记得记忆系统的组织，那么看这一点也就不足为怪了。人物的专有名词可以说是最明显的例子，因为这些名字对于不同的人来说价值各不相同。比如提奥多（Theodore）这个名字，对有些人来说没什么特殊的含义，可是对有些人来说，这却是他父亲、兄弟、朋友或自己的名字。根据经验可以得知，如果你们是前者，那绝不至于忘记这个名字的客人，但如果你们是后者，那么你们对于以此为名的客人就未必会记得了，因为你们会想要把这个名字留以称呼自己的亲友。假设这个因联想引发的阻抑，正好与苦痛原则的作用和间接的机制相符合，那么我们也就能够明白为什么说暂忘名词的原因其实也是很复杂的。不过，倘若能对事实进行充分分析，那么即使原因很复杂，我们也是可以将其完全揭露出来的。

与遗忘名词相比，遗忘印象和经验可能更能明显地表现出一种避免不愉快的倾向。不过，并非所有这类遗忘都属于过失的范畴，只有那些按照正常的标准，不合理、不寻常的遗忘才属于过失的范畴，比如忘记了最近十分重要的印象，或者遗忘了记得十分清楚的事件的某一段。至于我们到底为什么或怎样具备遗忘的能力，尤其是忘记那些如孩提时代事件的印象十分深刻的经验，则不属于我们探讨的范围。

对于这种遗忘的原因，不能完全用避免痛苦联想来解释。我们很容易忘记那些不愉快的印象，这是毋庸置疑的。很多心理学家都曾注意到这一点，就连达尔文也深谙此道理，正因为如此达尔文对于与他学说相冲突的事实，都会慎重记载，因为他怕自己遗忘了这些事实。

用遗忘来抵制不愉快的记忆，第一次听到这种说法的人可能会提出抗议。因为他们根据自身的经验，认为恰是痛苦的记忆才难以忘记，这是由于痛苦的回忆通常不受意志的支配，比如那些悲伤和羞辱的回忆。

这么说是没错，可是这个抗议的理由却不够充分。要知道心灵就是彼此相反的冲动相互决斗和竞争的地方，如果用非动力论的名词来表达的话，那就是心灵是由相反的倾向组成的。一个特殊倾向的出现丝毫不会影响其相反倾向的存在，这两种倾向是可以并存的。我们要弄明白的是：这些相反的倾向究竟存在怎样的关系？遗失和错放物件不但可以表示很多意义，同时也有很多要借这些过失表示出来的倾向，因此，在讨论这个问题时，我们往往会表现出特殊的兴趣。

上述实例的共同点就是失物者都有存在失物的愿望，唯一不同的是这个愿望的目的和理由。一个人遗失物件，可能是因为这个东西坏了，或者他想要换个更好的，或者是他根本不喜欢这个东西，又或者他对赠送这个东西的人不满意，也有可能是他不想再去回忆得到此物时的情境。遗失或损坏物件，都能用力来表示相同的意向。据说，在传统社会中，私生子往往要比正常家庭的孩子虚弱得多，这无须去抱怨幼儿园教养员用粗糙的方法对待儿童，只要看他们管理儿童时在某种程度上的漠不关心就足以明了了。事实上，物件的保存与否和这个是同样的道理。

有时一个东西即使没有丢失的价值，但是也可能会被遗失，因为人们心中可能会出现这样一种想法，即牺牲了这个东西可以避免其他更可怕的损失。我们根据分析可以看出，目前这种消灾解难的方法仍然十分通行，因此，可以说有时候我们的损失也是出于自愿的牺牲。

失物也可以用来泄愤或自惩。总之，失物的背后有着举不胜举的各种动机。

与其他过失相同，误取物件或动作错误也经常被用来满足一种本该禁止的愿望，其并总是以偶然的机会为借口。比如我的一个朋友，他非常不愿意乘火车去乡下访友，结果他在换车的时候竟然误上了回城的火车。又比如，某人在旅行时想要在某处停下来歇歇，但是他已经和人约在别处，结果他因为记错或延误了时间，最终还是如愿以偿地留了下来。还有，我的一个病人，我告诉他不要与他的爱人通电话，结果他在打电话给我时却误拨了号码，打到了他妻子那里。我们再来看个工程师的自述，它足以说明损坏物件和动作错误的意义。

“一次，我和几个同事在一个中学的实验室做关于弹力的实验。这项工作是我们自愿去做的，可是它耗时太久，已经超出了我们原想的时间。有一天，我和我的朋友F一起进入实验室。他说自己家里很忙，不愿在这浪费太长时间。我听了对他表示同情，并半开玩笑地说起了一星期前停工的事件。我说：‘我真想这个机器再坏一次，那样的话我们就可以暂时停工，然后早点回家。’

在布置工作的时候，F的工作职责是管理压力机的阀门，也就是说，他必须慎重地打开阀门，以便使储藏器内的压力缓慢地进入水压机的气缸里。领导实验的人站在水压计旁边，当到了压力适中的时候，他大声喊道：‘停止！’F听到这个命令时，拼命地用力向左旋转阀门。要知道，在关闭阀门时须向右转，这是无可争议的。可是，F却不知怎么了，转错了方向，于是储藏器内的所有压力立刻侵入到压力机内，导致连接管不胜负荷，其中一个立即破裂了——这件事并没造成什么伤害，不过我们却因此可以停工回家了。事后，我们在谈起这件事时，朋友F却记不起我在事故发生前所说的话了，而我却记得清清楚楚，这确实是很能说明问题的。”

通过这些例子，我们再看到仆人们失手损坏家内的器物，可能就会想是否完全出于偶然了。我们也可能会怀疑某人自己伤害了自己，或使自己处于危险之中，到底是不是偶然事件了。如果有机会，我们倒是可以进行分析实验。

我所说的这些关于过失的内容只是皮毛，其实还有很多问题值得研究和讨论。如果你们听了我的演讲，已经略微改变自己过去的信仰并准备接受这些新的见解，那我就相当知足了，至于其他尚未解决的问题就随它去吧。只靠过失的研究无法证明所有的原则。过失之所以有价值，是因为它们是普通的现象，你们自身都容易观察，同时又不和病态发生什么关系。

在演讲结束之前，我再次指出一个一直没有答复大家的问题："从这些例子中，人们已经认识了过失，并且他们的行动也似乎证明了他们了解了过失的意义。可是，他们到底为什么还这样普遍地将过失看成是偶然的、无意义的现象，并强烈地反对精神分析的解释呢？"

没错，这个问题的确有必要解答，不过我现在不能解释给大家听。我希望大家可以慢慢领会其中的种种关系，最后无须借助我的帮助，自动找出答案。

第五章
梦的初步研究

有一天，我们发现某些神经病患者的症状是有意义的，而精神分析治疗法正是以这个发现为基础的。精神病患者在接受精神分析的治疗时，往往会说到疾病的症状，偶尔也会提起梦，鉴于此，我们开始怀疑梦也有存在的意义了。

不过，我们要说的却和这个历史顺序不一样，而是将这个顺序倒过来，先说一下梦的意义。梦的本身就可以说成是一种精神病的症状，研究梦是为研究精神病所做的最好预备。健康的人也会常常做梦，因此给我们的研究带来很大的便利。说实话，假如我们都健康而且都做梦，那关于精神病研究的所有问题，我们就几乎都可以从人们的梦里得到答案了。于是，梦就成了精神分析的研究对象。

与过失一样，每个健康人都会做梦，但却往往被认为没有什么实际的价值而遭到忽视。过失通常只是遭到一般人和科学的忽视，如要加以研究，并不会让人觉得不可思议，可是要研究梦却会引起别人的讥笑。有人说，过失背后可能还有一些重要的事实，研究它也不无所得，但研究梦不但毫无所得，还会被认为是十分可耻的一件事，因为它既不科学，又有倾向于神秘主义的嫌疑。

在神经病理学和精神病学中，梦实在是太渺小、太没有价值了，根本不值得作为科学研究的对象。医生们有许多更重要的问题去研究，比如心理的肿疡症、出血慢性炎症等，根本不能分心去研究梦。还有一个因素能表明梦不适合做切实的研究，即对象的不确定性。举个例子来说，病人明白地自称：“我是中国的皇帝。”这是妄想，它的轮廓比较明确。然而梦呢？梦的大部分往往无法叙述。谁能确保自己说得完全正确，没有一点删改或增补？通常情况下，我们对于梦的记忆是模糊的，除了能记住一些细小片段外，大部分是记不起来的。难道我们可以用这些不确定的资料作为一个科学心理学或治疗方法的根据吗？

否认梦作为科学研究的对象，这个论点显然是太过于极端了。在探讨过失时，也有人认为它太过渺小不值得研究，但我们却能以“由小可以见大”来自解。我们说梦很模糊，但这就是梦的特色——某物拥有某种特色是不受我们支配的；何况除了模糊的梦之外，还有明确的梦。从精神病学研究方面来说，除了梦还有一些别的对象也有模糊的特性，比如很多强迫观念的症状，有很多著名的精神病学家曾对其加以研究。我曾经治疗过这样一个病例。患者是一位妇人，她在叙述自己的病时这样说："我有一种感觉，就像曾经伤害过或想杀害一个生物——或许是一个孩子——不，不，也可能是一条狗，如同我曾把它从桥上推下去——或类似于这样的事。"说到梦不容易有确切的回忆，关于这一点是可以补救的，其实我们只要把做梦的人所说的一切都当作是梦的内容就行了，而不要去理他在回忆中所忘记的或改编的东西。进一步来说，一个人说梦是不重要的事实太过于武断了。

我们由经验可以得知，梦所留下的情绪会影响人很长时间。根据医生的观察，梦可以说是精神错乱和妄想症的起源。偶尔因为一个梦而激起了做大事业的冲动，在历史上也是大有人在的。科学家们瞧不起梦的真正原因是什么呢？在我看来，应该是对古时人们太重视梦的反感。要描述古代的情形并不是一件容易的事，不过，我们却可以推定出，早在三千多年以前，我们的祖先就已经像我们一样做梦了。而且，古人往往都认为梦有着重大的意义和实际的价值，他们喜欢从梦里去寻求将来的预兆。

在古代，希腊人以及其他东方民族在出兵打仗时都要带上一个详梦者，就好比现在出兵打仗一定要带上侦察员一样。亚历山大大帝在出征时，身边就会带上最著名的详梦者。在攻打泰尔城时，亚历山大曾经有放弃攻城的想法，因为泰尔城在岛上，防御十分牢固。一天夜里，亚历山大梦见了一个半人半羊的神在十分得意地跳舞，亚历山大将这个梦告诉了详梦者，详梦者认为这个梦预示着攻城的胜利，于是，亚历山大便发动进攻，用武力占领了泰尔城。虽然伊特拉斯坎人和古罗马人也会用一些其他方法来卜知未来，但是在希腊、罗马时期，详梦术十分流行，也非常被世人所推重。据说生于哈德里安帝时代达尔狄斯的阿耳特弥多鲁斯，曾著有一本详梦书流传后世。至于这详梦的技术是怎样退化的，又为何被人们所忽视，我无法奉告。

令详梦术退化的肯定不是学术的进步，因为在中世纪的黑暗时期，那些比详梦术更荒唐的事物都被慎重地保存着。实际上，人们对梦的兴趣逐渐降低，详梦术渐渐沦为与迷信相等同的地位，而相信详梦术的又往往是那些没有受过教育的人。以至于到现在，人们相信详梦术只是为了想在梦中求得彩券的中奖号码。另一方面，现在精密的科学也会将梦作为研究的对象，不过它的目的却是为了阐明生理学的理论。在医生眼里，梦只是物理刺激在心理上的表示，而非一种心理历程。

宾兹在1876年曾说过，梦是"一种无用的、病态的物理历程，与灵魂不朽等概念完全没有关系”。莫里将梦说成是一种舞蹈狂的乱跳，与正常人的协调运动正好相反。古人常常这样比喻梦，认为梦的内容就像一个不懂音乐的人用十个指头在钢琴的键盘上乱弹所发出的声音。

解释一件事隐藏的意义称为“解释”，但是前人解释梦，却从来不谈其隐藏的意义。我们看冯特、乔德耳及其他近代哲学家的著作可以发现，他们常常大谈梦的生活较之醒时思想的不同，以此来贬低梦的价值；他们更愿意去谈缺乏联络的联想、批判能力的停止作用、一切知识的消灭，以及其他机能减弱的特征等等。

关于梦的知识，精密科学的贡献似乎只在于一点，就是在睡眠时所有物理刺激对于梦的内容的影响。刚去世不久的挪威作家伏耳德曾写了两大卷书（这两本书于1910年和1912年被译成德文出版）来讨论梦的实验研究。不过他所写的几乎都是有关手足位置变换所得的结果。这些研究，就当是我们对于研究梦的实验的模范。你们可能想象不到，纯正的科学如果知道我们想探求梦的意义，会怎样评头品足？批判是必不可少的了，不过我们并不会就此退缩。如果过失能够有潜在的意义，那么梦也能够有这种意义。不过，纯正科学已经来不及研究多种情况下过失的意义了，所以还是让我们采取古人和大众的见解，来步古时详梦者的后尘吧。

首先，我们要明确自己这一事业的方向，了解梦的范围。究竟什么是梦？很难用一句话来下定义。其实，梦是大家所熟悉的，不必去追究其定义。不过，我们有必要指出梦的要点。梦的范围很大，梦与梦之间的差异有很多。如何发现这些要点呢？我们还是先来指出一切梦的共同成分，也许可以从中找到梦的要点。所有梦的共同特性首先就是睡眠。很明显，梦是睡眠中的心理生活，这种生活虽然和醒时的生活很像，但是同时也有很大的差别。这是亚里士多德对梦的定义。梦与睡眠似乎有着更密切的关系。我们在被梦惊醒，或自然醒来，或勉强地由睡眠中醒来，都常常有梦的影子。梦似乎是介乎睡眠和苏醒之间的一种情境。因此，我们可以把注意力集中在睡眠上，那么睡眠又是什么呢？

睡眠是一个生理学或生物学的问题，目前还有许多争论。我们虽然没有一个明确的答案，但是我想我们还是可以指出睡眠的一个心理特点。睡梦中的情境是：我不想和外面的世界有任何交涉，也不想对外面所发生的事情产生任何兴趣。我喜欢用睡眠来逃避外面的世界，并且可以躲避那些来自外面所带来的刺激。同样，我如果对外面的世界厌倦了，也可以去睡觉。临睡之前，我可以对外面的世界说，“请让我安静吧，我要睡了”。孩子们说的话正好和此相反：“我现在还不想睡觉；因为我还没有困意，让我再玩一会儿吧。”

因此，睡眠的生物学目的等同于蛰伏，而其心理学的目的好像是停止对外面产生兴趣。我们其实不愿来到这个世界，所以和这个世界的关系，有时会产生隔断，这样才能忍受。因此，我们如果回到未来到这个世界以前或“子宫以内”的生活，将类似生活中的特点重复引起，如温暖，黑暗，及刺激的退隐。生活当中我们有些人会像一个球似的蜷曲着身体，就像胎儿孕育在子宫里一样。所以我们成人似乎仅有三分之二属于现在的世界，三分之一还没有出生。每天清晨睡醒的时候就好像重新出生了一样。其实我们一提到觉醒，有时也会说这样一句话：“我们好像是重新获得了新生。”——在这一点上，我们对新出生的婴儿的感觉和理解或许完全错误了，也许婴儿本身的感觉没有我们想象中的舒服。在提到婴儿出世的时候，我们通常会说“初见天日”。

睡眠往往是一种无意识的愉快状态，与觉醒状态相比较，睡眠的时候人与周围的接触停止，自觉意识消失，神经反射减弱，体温下降，心跳减慢，血压轻度下降，新陈代谢的速度减慢，胃肠道的蠕动也明显减弱。但如果在一个人睡眠时给他作脑电图，我们会发现，人在睡眠时脑细胞发放的电脉冲并不比觉醒时减弱，这说明大脑并未休息。画面中的金发女郎，神情安详、肌肉放松，好梦正酣的神态惟妙惟肖。

如果这就是睡眠的特性，那就可以说梦并不属于睡眠，反而好像睡眠并不欢迎这个补充物的存在。其实我们应该相信，如果我们没有做梦，那么这样的睡眠才算是最好的、最舒适的睡眠。人在睡觉的时候，心理尽量不要产生任何活动；如果这种活动不自主的存在，那么，将无法达到真正睡前安静的情境；我们不得已会有一些心理活动的残余，梦的产生就是代表这些残余的存在。因此，梦好像没有任何意义了。至于过失则与此不同，因为过失毕竟是清醒时心理活动的表现；但是假如我睡了，除了那些让我们所不能控制的残余，心理活动已完全停止，所以梦不需要有意义。其实，属于心灵的其他部分已经安睡，那么梦就有意义，这是我不可以利用的。所以，梦这种心理现象就是物理刺激所引起的或不规则反应的产物。梦应该是醒的时候心理活动的剩余，从而干扰着我们正常的睡眠。这是一个本不足以促进精神分析的目的问题，也许我们从此可以下定决心把它抛弃了。

梦虽然没有任何用处，但不要有任何怀疑，它们确实是存在于这个世上的，我们不妨来解释一下它们的存在。为什么心理活动不能停止呢？或许是不愿心灵安静的意念在作怪；有些心灵受到了刺激，而心灵对于这些刺激会不由自主地做出反应。所以睡眠中的梦就是反应刺激的一种方式。我们从这里入手，也许就能够给梦为什么存在做一个解释了。我们可对每种不同的梦进行研究，它们究竟是采取什么样的方式来扰乱睡眠，而产生了梦的，这样一来，我们就可以知道它们是否存在一个共同的特性。

那么它们到底有没有其他共同的特性呢？其实还存在另一种特性，但我们现在很难理解。睡着时和睡醒时比较，心理活动并不相同。我们处在梦中时，我们相信在梦里经历的事情，其实那也许仅仅是一个干扰的刺激。梦中的大部分情境都是我们用眼睛看到的，虽然也混有思想、感情及其他感受，但我们总是相信看到的。我们要想把梦讲给别人听，往往觉得比较困难。做梦的人常常说，“我能把它画出来，但不知道如何把它讲出来。”

精神能力的降低无法用来区分梦和醒，就像聪明和愚钝的人，其实只是一种质的区别，然而我们很难说明白区别究竟在哪里。费希纳曾说过，梦和醒的生活观念不同。这句话究竟有什么意义，我们无法理解，但是，大多数的梦都会在我们的心中留下很奇妙的印象。把一个不太懂得音乐的人演奏出来的曲子和梦做个比较，也不容易成立。因为钢琴总以同样的音调反应乐键上的律动，只是不能弹成曲子罢了。虽然我们并没有了解梦的第二个共同的特性，但是我们也必须牢记在心。

还有其他相同的特性吗？无论我从哪个角度看，都想不出来，只是能看出它们有不同的地方——比如说：“梦能够停留多久？感情的成分、明确的程度，我们能够记住多久？”这一切绝不是我们在无意义的乱动中期望得到的。

就梦能停留多久来说，有些很短，就那么一小段记忆，一个独立的思想，也许只有一个字。也有内容丰富多彩的，将梦里的事情从头演到尾，经过的时间好像很长。还有些梦条理分明，就像真正经历过一样，就算醒来后似乎还不相信自己是在做梦；还有异常模糊让人无法追述的梦。就算是同一个梦，也有非常清楚和不是很明了的区别所在。还有前后矛盾的，或机智或奇妙，有些则愚蠢、混乱、荒谬、怪诞。当然，有些梦对我们不会有任何影响，有的则会真正触动到我们的心灵——甚至会或喜或惧，痛苦到流泪，恐惧到惊醒，很多很多。还有很多梦醒了以后就不会记得了，也有印象特别深刻，过了一段时间也忘不掉的，时间长了记忆会模糊，就不会记得那么清楚了。我们对一些非常生动的梦会印象特别深刻，以至于三十年后还会清楚地记得，就像是刚刚经历的事情一样。梦和人很像，也许一生只有一次见面的机会，也许会重复呈现，有的稍稍有所改变，有的甚至没有任何变化。总之，夜里的心理活动的片段能够支配的材料很多，能把白天所经历的事情创造出来——只是不完全相同罢了。

为了把梦中的这些差异解释清楚，我们假设不熟睡时的不同水平，或醒和睡之间的过渡状态相应。然而，如果这个解释能够成立，那么当心灵和醒觉状态越来越接近时，不仅梦的内容、价值及明了的程度会随着增高，而且做梦的人也会渐渐明白这是在做梦，绝不至于梦里既有一个合理、明了的成分，同时又有一个不明了、不合理的成分，接着又会梦到许多其他的事情。心灵决不能如此迅速地变化睡眠的深浅程度，这么解释是没有意义的。其实，对于这个问题，我们还没有解释的捷径。现在我们暂时避开梦的“意义”不谈，试着从梦的共同元素出发，期待对梦的性质有较深切的了解。我们曾通过睡眠和梦的关系，断定对扰乱睡眠的刺激的反应。在这点上，我们知道精密的实验心理学能给我们带来帮助，实验心理学曾证明睡眠时受到的刺激能在梦里表现。在这些方面有许多实验，尤以伏耳德的实验首屈一指。有时候我们还能通过自己的观察证实他们研究的结果。在这里，我想和你们分享一些较早的实验。

莫里曾拿自己做过这种实验。他让自己嗅着科隆香水进入睡梦中，于是他梦到了开罗，在法林娜店内，接着进行了一些荒唐的冒险活动。有个人在他的脖子上轻轻一捻，他又梦到有人在他的颈上敷药，还梦见小时候为他诊病的一个医生。又有人滴一点水在他的额上，他便梦见在意大利，他正流着汗喝奥维托的白酒。

有一些刺激梦，或许更可以用来解释通过实验而产生的梦的特点。下面这三个梦是由一个敏锐的观察者希尔布朗特记载的，都是关于闹钟声音的反应：“一个春天的早晨，我正在散步，穿过几处绿意渐浓的田野，一直走到邻村，看见大队村民手持赞美诗，穿着整齐干净，向教堂走去。这是个即将举行晨祷的礼拜日。于是我决定也参加，但因天气炎热，就在教堂的空地上纳凉。我正在读坟墓上的碑志，忽然听到那击钟者走进阁楼，阁楼很高，当时我看见楼内有一口小小的钟，钟响一响，人们开始祈祷。过了一会儿，钟还没有动，后来开始摆动了，钟声响亮而尖锐，于是我从睡眠中醒来，听见的原来是闹钟的声音。”

另一个意象的组合如下：“一个晴朗的冬天，路上积雪很厚。我已约定好乘雪车去探险，但是等了很久，才有人告诉我把雪车放在门外。于是我上车，将皮毡打开，把暖脚包取来，坐在车内。但是延迟了一会儿，马车才开始出发。接着我把钟索拉起，小钟不断地剧烈摇动，发出一种熟悉的乐音，因为声音太大了，我从梦中惊醒，发现却是闹钟尖锐的声音。”

现在举第三个例子：“我看见一个女仆手捧着几打高摞起来的盘子，从厨房里走出来，向餐厅走去。我看她手中捧着的金字塔般的瓷盘好像要失去平衡。我警告她说：‘当心！你的瓷盘会摔在地上。她的答复是：她们已经习惯这样拿盘碗了。但是，我还是跟在她的后面，非常焦虑。我是这样想的——她在进门时撞着了门槛，瓷盘落地摔得粉碎。但是——我立刻知道那不断的声音并不是由于盘子碎了，却是有规律的钟声——梦醒后才知道这个钟声是闹钟发出的。”

以上这些梦都是很巧妙而容易理解的梦，前后连贯，和寻常的梦不同。这么看，我们当然不会有疑问。这些梦的共同点是，每一个实例都通过一种声音被唤起，梦者醒来，知道这声音来自闹钟。通过这个我们知道梦是怎么产生的，然而我们所知道的还不止这些。梦中本没有对闹钟的认识，梦中也没有呈现闹钟的影像，却还有一种声音代闹钟而起。干扰睡眠的刺激在每个例子中都有着不同的解释。这到底是什么原因呢？有点无从说起的意味，好像是任意的。然而想对梦有所理解，我们要在多种声音之中解释，为什么偏偏单选这一种来代表闹钟所发出来的刺激。对此，我们可以反对莫里的实验，因为侵扰睡眠者的刺激虽然在梦里出现，但是他的实验无法解释为何恰巧通过这种方式呈现，这好像不是干扰睡眠刺激的性质能够说明的。而且在莫里的实验中，还有许多其他情景，同时依附于那个刺激直接引起的结果，例如那个利用科隆香水达到了梦里的荒唐冒险，我们也无法做出明确解释。

你们或许认为只要将梦者从梦中唤醒，便有助于我们对外界干扰刺激的影响有所了解。但就许多其他实例来讲，却没那么容易。我们绝对不是入梦即醒，如果到了早晨回忆昨夜的梦，我们如何知道它是源于哪个干扰的刺激呢？我曾在某次梦后成功地推测一种声音的刺激，但这当然是由于受了某种特殊情形的暗示。

在蒂洛勒西山中某处的一个早晨，我醒后才知道自己梦见了教皇逝世。对于这个梦的由来，我自己无法解释，后来妻子问我："你在快天亮时听见从教堂发出的可怕的钟声了吗？"我睡得太熟没听见，但是幸亏她告诉了我，我才懂得我的梦了。

有时睡眠者由于受到某种刺激而做梦，可是后来就怎么也不知道刺激是什么。这种情形到底多不多呢？也许多，也许不多。要是没有人通过刺激相告，我们都不会相信。除此以外，我们也不再估计外界侵扰睡眠的刺激了，因为我们知道这些刺激只能对梦的片段加以解释，而无法解释整个梦的反应。

我们不必为此就完全放弃这个学说，我们还可从另一方面来对此进行推论。究竟是哪些刺激侵扰睡眠，引人入梦，并不十分重要。如果这不总是外界的刺激侵入一个感官，那也可能是发自体内器官的刺激——即躯体的刺激。这个假说与一般关于梦的起源的见解相似，或者相一致，因为"梦起源于胃"是一个普遍的传说。可是，夜里干扰睡眠的躯体刺激，醒后却不知道，所以也无法证明。但是对于梦起源于躯体刺激，有很多可以信赖的经验能够证明，这点我们不能忽视。

总而言之，身体器官的情况会对梦境产生影响，这点毫无疑问。梦的内容，有很多与生殖器的兴奋或膀胱的膨胀有关，这点也是众人皆知的事情。除此之外，还有些例子，从梦的内容看来，至少能揣想它一定有一些类似的躯体刺激在发挥作用，因为我们可以在梦的内容里看出这些刺激的代表、替身或类化。施尔纳曾研究梦（1861

年），也力主梦起源于躯体刺激之说，并列举几个好例子加以证明。比如，他梦见“两排清秀的孩子，发美肤洁，怒目相对而斗，开始两排孩子互相拉着手，又放开，然后又恢复拉手状态。”他把这两排小孩解释为牙齿，这好像能得说过去，梦者醒后“从牙床上拔出一颗大牙”，似乎更能证实其解释的可靠。又如把“狭长的曲径”解释成起源于小肠的刺激似乎也很确切，施尔纳主张梦总是通过类似的物体来代替其刺激由此引起的器官，好像也能得到互相印证。因此，我们也愿意承认体内刺激和体外刺激在梦中所占的地位同等重要，不过还有一点遗憾，那就是对于这个因素的估价也存在相同的缺点。针对大多数的例子来讲，梦是否归于躯体的刺激，缺乏证明。只有少数的梦，才使我们怀疑其起源和体内的刺激有关，其他大多数的梦却并非这样。最后，体内刺激与体外的感官刺激相同，都只能说明梦对它的直接反应。所以我们仍无法搞清楚梦中大部分内容的起源。但是在研究这些刺激的作用时，还能注意到梦的生活有另外一个特点。梦不仅让刺激重现，还能将刺激化简为繁，义外生义，使之与梦景相适合，并用他物来代替。这是“梦的工作”的一方面，使我们产生了浓厚的兴趣，因为我们或许因此而对梦的真实性质更加了解。一个人做梦的范围不受梦的近因限制。英王统一三岛，莎士比亚为此写了《麦克白》一剧来庆祝，但是这个历史事实是否能说明全剧的内容呢？能解释全剧的奥秘和伟大吗？显然不能。同样，梦者所受的外部刺激和内部刺激只是梦的缘起，对于梦的真实性质不足以解释。

梦的第二个共同因素是其心理生活的特性，它一方面很难领会，另一方面又不足以作为进一步研究的线索。我们梦中的经验大部分都是视像，能用刺激来解释吗？我们所经历的真就是那些刺激吗？假设确实是刺激，那么作用于视官之上的刺激少之又少，为什么梦的经验大多数是视像呢？又比如梦中的演说，难道真有会话或和会话相似的声音在我们睡眠时侵入耳内吗？我觉得这种可能绝对不会有。

假设用梦的共同因素做出发点不能促进我们理解梦，就让我们针对它们的差异进行讨论吧。梦常常是混乱的、荒唐的、无意义的，但有些梦也比较合理且容易理解。我最近听到一个年轻人的梦，情节是这样的：“我在康特纳斯劳斯散步，遇见某君，和他同行一会儿之后，我进了家餐馆。有一位男人和两位女人一起走过来，在我的桌旁坐下。我起初有些厌烦，试图避开她们，后来看了一眼，却觉得她们非常秀丽”。

梦者说康特纳斯劳斯是他所常去的路，自己前晚确在那散步，路上也确和某君相遇。至于梦中其他部分则不是直接的回忆，只是和先前某个事件类似而已。又比如一个女士的梦也不难了解。“她的丈夫问她：‘你不认为我们的钢琴要调音吗？’她回答说：‘这样不值得调，琴槌要配新皮才行。’”这个梦用同样的字句把她与丈夫在白天的对话又重复了一遍。我们通过这两个简单的梦得到了什么呢？所得到的不过是一个事实：日常生活与其他有关的事件都能在梦中见到。如果梦都是如此，那么这一点就颇有价值。但这又是不可能的，有这种特点的梦仅仅是少数而已。多数梦和前一日的事件是无关的，因此我们无法通过这个来了解荒唐的或无意义的梦。换言之，我们遇到了一个新问题：我们不但要知道梦是什么，如果像上面所举过的例子，内容浅白，那还要对梦中重复出现的新近事实有所了解，看其究竟还有什么原因和目的。

我若继续这样企求梦的了解，不但我自己厌倦，你们恐怕也会厌倦。可见对于一个问题，如果未找到解决的办法，哪怕引起全世界的兴趣，对我们也没有什么帮助。这个解决办法现在仍没有求得解释。实验心理学在通过刺激引起梦的知识上只有微薄的贡献，而哲学除了讥笑我们课题的无关宏旨，此外便没有贡献，可我们又不愿去领教玄妙的科学。历史和一般人的见解认为梦富有意义，能够预兆，但那又不完全可信，且没有实证的可能，所以我们的初步努力完全没有效果。然而我们从一个以前从没注意的方面，不期而遇地获得了一个研究的线索。那就是人们所说的“白日梦”，它是一种常见的现象，是幻想的产物，无论是健康的或是病人都会有，因此研究起来很方便。白日梦既和睡眠没有关系，就第二个共同特性来讲，又缺乏经验或幻觉，只是一些想象而已。做白日梦的人自己也承认那是幻想，目无所见，而心有所想。这些白日梦也许会在青春期之前被发现，有时也在儿童期之末，一般人到成年时，也许就不再有白日梦了，当然也有人可能一直到老都有。

很明显，这些幻想的内容是受动机指挥的。白日梦中的事件和情景，或用来满足白日梦者的野心或权位欲，或用来满足他的情欲。年轻男子脑中都是野心的幻想；年轻女人的野心则集中于恋爱的胜利，所以多数是情欲的幻想。但是在男子幻想的背后也常常潜伏着情欲的需要，他们之所以要建立伟大事业和取得胜利，其目的都是要博得女子的爱慕和赞美。在其他方面，这些白日梦各不相同，其命运也存在差异。

有些白日梦经过较短的时间后，即会被一种新的幻想代替，有些白日梦会变成长篇故事，与时俱进，随着生活不断发生变化。很多文学作品就是以这种白日梦为题材的，文学家将自己的白日梦加以改造、化妆或缩减，再把它们写成小说和戏剧。但白日梦的主角通常是梦者本人，他们或直接出面，或暗中用他人作为自己的写照。白日梦之所以是梦，或许是因为它和现实的关系同梦很像，而其内容也和梦一样不现实。然而白日梦之所以叫做梦，也许是因为它和梦有着相同的心理特征。至于这个特征，我们仍在研究当中。反言之，我们认为的名同则实同，也许是完全错误的。究竟如何，我们会在之后的章节中给予答复。

第六章
释梦的技术

如果我们想将已有的结论运用于梦的研究之中，就必须要采用一种新的方式。在这里，我要清楚地告知你们：下面的一个假说可看作是进一步研究的根据——梦并不是一种躯体的现象，而是一种心理现象。但是这个假定依据的是什么理由呢？坦白地说我们没有理由，但是也一样没有理由阻止我们做出这种假定。我们的看法如下：如果梦是一种躯体的现象，那便和我们没关系；如果要我们产生兴趣，那就只有让一种心理现象成为假定。因此，我们宁愿认定这个假说是正确的，再看有什么结果。一旦有结果，便能确定这个假说成立与否，近而把它确认为一种稳妥的结论。接下来我们要确定这个研究到底有什么目的，或者我们到底要朝哪个方向努力呢？

我们的目的和其他一切科学研究的目的相同——简言之，就是先求得对这些现象的了解，进而把各个现象之间的关系确立好，最后，想办法对它们加以控制。所以，我们要继续以“梦是一种心理现象”的假说作为基础。

梦是梦者自身的语言和行动，只是我们不了解罢了。假如现在梦者有所表示，而你们不懂，你们会做出怎么样的选择呢？你们要听我的想法吗？那么我想说我们为何不去向梦者询问梦的意义呢？我们在研究过失的意义时，也曾采用过这个方法。那时所讨论的是关于舌误的例子。有人说：“于是某事又发龊了。”我们莫名其妙，便追问下去。那人立即回答说他原本想说“那是一件龌龊的事”，但是他制止了自己，改用了较温和的字眼说：“那边又发生了一些事。”那时我已经说过询问的方法就是精神分析研究的基本模式。你们现在能够懂得，精神分析的原理就是在可能的范围内，让被分析者回答心理专家的问题，所以梦者也可以通过这样的方法来解释他的梦。

但是对梦的过程的研究远没有如此简单，这点我们众所周知。就过失来说，一，适用这个方法的实例很多；二，有许多例子，被问者不愿回答，而且听到别人替他回答时，便愤怒地加以驳斥。至于梦，第一类例子匮乏，梦者常说自己对自己的梦也一无所知。我们不能为他做解释，当然，他一定也不能表示驳斥。这样我们就不用努力求解了吗？他既无所知，我们也无所知，第三者当然也无所知，所以无法得到解决。如果你们高兴，那就这样吧。但是，如果你们不把这当回事，那就随我的意思吧。

我可以肯定地告诉你们，梦者对自己梦的意义很了解，只是他自己意识不到这一点，所以他认为自己一无所知。话一出口大家肯定会对我下的肯定结论产生怀疑，同时也会提醒我注意这个事实：我刚说了几句话，就已经做出了两个假定。因此，恐怕就很难继续论证自己方法的可靠性了。既把梦说成是一种心理现象，又说某些事件自身原本清楚明白，可又不知道自己是明白的——像这类的假定！你们只要记得两个假说不可能同时并存，就会对由此演绎而得的结论毫无兴趣了。

的确，我在这里讲演，是希望大家能够学些什么的，所以不想欺瞒你们。我曾自称要讲演“精神分析引论”，但是我不能打着宣称神的旨意的名号，对你们讲许多易于连贯的事实，却将一切困难隐藏起来，轻而易举地让你们相信自己学到了新东西。出于你们都是初学者的原因，我才急着把这个科学的本来面目，包括它的不成熟和累赘之处，以及它可能引发的批判和所提出的要求，都完完全全地展示给你们。

无论何种科学，尤其对于初学者都应该这样。我也了解在讲授别的科学时，往往在一开始总是要想尽办法竭力将那些缺点和困难向学生隐瞒起来。但我在讲授精神分析时不会这样做。所以我提出两个假说，一个包含在另一个之中。如果有人觉得这都太勉强或太不肯定，或有人习惯于应用更精密的演绎或更可靠的事实，那么他们就没有必要再跟我走了。只是我要劝告他们，如果想走所谓可靠的、充满捷径的路就要完全抛开心理学问题，因为在心理学范围内，怕很难找到像他们所走的那样可靠可行的路。而且我深信一种科学要对人类的知识有所贡献，是不能勉强让人信服的。是否相信，要看成绩，这需要经过耐心等待，并用自己的研究成果来吸引大家的注意和征服大家的怀疑，这才是真正的科学。但是我也要提醒那些不会因此而泄气的人，我这两个假说的重要区别。第一个假说“梦是一种心理现象”可以通过我们以后长期的研究得到证实。第二个假说在其他地方获得了证据，我只是把它移到这里用罢了。

我们到底在哪里、用什么关系可以假定一个梦者有着他不知道自己所有的知识呢？这个事实让人感到惊讶，它既可以改变我们关于精神生活的概念，也没有加以隐瞒的必要。还可以顺便指出，这一事实在被说出来的同时，就会引起误会，但它又的确是真实的，所以它其实是词义矛盾的。但是梦者绝对没有隐瞒的想法。我们也不能把事实归罪于人们缺乏兴趣或是无知，也不用归罪于我们自己，因为这些是被决定性的观察和实验所忽视的心理学问题。

这第二个假说的证据到底是从哪里得到的呢？得自于催眠现象的研究。

1889年，我在法国南锡曾目睹李厄保[1]和伯恩海姆[2]做了一个实验。他们给某人进行催眠，使他置身于梦幻状态之中。这个人醒后，声称他对睡眠时所经过的事件一无所知。伯恩海姆屡次请他说出催眠时的经过，那人则声称完全不记得。但是伯恩海姆再三提示，断定他应该知道。那人迟疑不决，开始回忆，渐渐地记起了催眠者所暗示的某事，接着又记起一事，其记忆也渐渐明了而完满，后来竟毫无遗漏地全都记起了，而且没有任何人告诉他。由此可见这些回忆是从开始就一直在他心里的，只是没有拿取到而已。他以为并且相信自己不知道，情形和我们所推测的梦者的情形是完全相似的。假如这个事实成立，我想你们一定会惊奇地问我："你讨论过失时，说错误的话之后隐有用意，只是自己不清楚，所以极力否认，那时你为何不提这个证据呢？如果一个人可以有某种记忆，而自己又认为自己什么也不知道，那也就是说，很可能他的一些心理历程是自己所不知道却确实在进行的。这个论据如果早一些提出，我们会信服，而且我们会理解过失。"是的，那时我也本想提出，但是最后我还是决定这个论据留起来，待将来需要时再用。

有些过失本身容易解释，还有一些过失，我们若要弄懂它们的意义，便须假定有一种心理历程是本人所不知道的。至于梦，我们不得不在其他地方寻求解释，而且如果要在催眠方面拿证据，你们也比较容易接受。过失的情况是常有的，它不同于催眠的状态。梦的主要条件是睡眠，而睡眠和催眠之间存在着明显的关系。催眠也许能够称为不自然的睡眠。我们对被催眠者说："睡吧"，这个暗示便能和自然睡眠时的梦相比拟，二者的心理情境也很相似。在自然的睡眠中，我们与外界的交涉完全停止。催眠时也是一样，只是与施术者互相感通而已。可将保姆的睡眠视为常态的催眠，保姆虽然睡着了，却仍与孩子互相感通，能够被孩子所唤醒。所以现在如果用催眠来比拟自然的睡眠，似乎就一点都不大胆了。而"梦者"对梦原本就知道，只是无法接触这个知识，所以不相信自己知道的假设也就不算荒唐的捏造了。

我们对梦的研究，曾从干扰睡眠的刺激和白日梦入手，现在还有第三种途径，那就是催眠时是暗示所引起的梦。现在如果回过头再谈梦，或许就有把握了。我们知道梦者对梦是有所知的，问题就是怎样使他有可能拿出这个知识来告诉我们。我们不希望他立刻说出梦的意义，然而我们却觉得他能推知梦的起源，和梦所引起的思想和情

---

1 昂布鲁瓦兹-奥古斯特·李厄保（Ambroise-Auguste Li é beault，1823—1904年），法国精神病学家，南锡学派的创建人，现代催眠术之父。——译者注

2 希波莱特·伯恩海姆（Hippolyte Bernheim，1840—1919年），法国心理治疗家，南锡学派的代表人物之一，主要从事癔症、催眠和心理治疗 等方面的研究工作。——译者注

感。针对过失而言，你会记得有人错说了“发龊”，你问他为何产生这个错误，他的第一个联想就为我们做出了解释。释梦的技术非常简单，可用这个例子作范例。

我们也问梦者怎么会做这个梦，他的回答也能视为对梦的解释。至于他是否认为自己有所知或无所知，那是无关紧要的，我们都报以同等的对待。这个技术原本十分简单，然而我怕你们会反对得更厉害。你们会说：“又来一个假定，这是第二个了！更不靠谱了！”你问梦者对于梦的看法，你认为他的第一个联想真的是我们需要的解释吗？然而他或许根本就没有什么联想，或者只有上帝才知道他在想什么。你这个期望所根据的理由，是我们无法猜测的。其实，你是过于相信机会，而在这里我们却需要用更多的批判力。况且梦不像一个单独的舌误，它是由许多元素组合成的，那么，究竟哪一个联想值得我们信赖呢？

我们对梦进行分析，把它拆分成各个元素，逐一研究，于是梦和舌误的相似之处便成立了。你又说，如果我们问到梦者在梦中的独立元素，他也许会说自己没什么意念，这也是对的。针对某些例子而言，这个答复能够接受，这些例子是什么，我以后再告诉你们。奇怪的很，关于这些例子，我们自己有着明确的见解。但是，笼统地说，梦者如果说自己没有意念，我们要反驳他，尽力让他作答，告诉他应当有一些意念——结果，不是我们的错。他会引起一个联想，至于联想的是什么，那就与我们无关了。过往的经验尤其容易想起。他会说：“那是昨天的事”（例如之前所举出的两个不难理解的梦），或者：“那使我记起最近发生的事”，通过这个梦与前一天的印象往往容易发生联系，而不是我们所能料到的。而且他以梦为起点，就会记起之前的事，最后竟又能回忆起遥远的往事。假设梦者的第一个联想一定是我们所需要的，或者至少可以作为解释的线索，你们认为这个假定是荒谬的，又认为联想能够随心所欲，而不和我们想要寻求的事情产生关系，更认为我如果期望其他事，有别的可能，那就大错特错了。我已经大胆地表述过，你们对于精神的自由和选择，信仰已经根深蒂固，我也指出这个信仰缺乏科学依据，应当给支配心理生活的决定论的要求让位。梦者受查问时刚好发生这一联想，而不发生另外的联想——这个事实需要得到尊重。我也不是通过一个信仰来反抗另一个信仰。由此而得的联想并不是选择的结果，也不是无定的，也并非和我们所想求得的毫无关系，这些可以得到证明。最近我得知，在实验心理学里也能得到相类似的证据。

这点很重要，请你们额外加以注意。我如果问某人对于梦中的某个成分有何联想，我便会让他把原来的观念留在心上，任意地想，这就是自由联想。自由联想需要一种不同于反省的特殊注意。对很多人来说，这一点很容易做到，但对有些人来说，却很难。如果我不用任何特殊的刺激字眼，或限定我需要联想的种类，例如想让某人记住一个专有名词或一个数目，那么因此呈现的联想就具有较高度的自由。这种联想让我们有很大的选择空间，比精神分析用的方法更便利。然而针对具体的例子说，其联想都要严格受到某种情绪的控制，而对这种情绪所发生的作用我们是一无所知的，这正和那些引起过失和所谓“偶然”动作的倾向是相同的。

我和我的多个助手曾针对那些无因而至的姓名和数目，做过多次实验；有些实验已经刊用。方法如下：用一个专有名字引起一系列联想，而这些联想连在一起，已不再是完全自由的了。不过，却与梦中各成分所引起的联想相同。这个联想一直持续下去，直到联想者思想竭尽，不再有所遗漏为止。至此，你就可以解释一个专有名词的自由联想的动机和意义了。这些实验屡次得到同样的验证，因此得到的材料十分丰富，使我们不得不进行细节的研究。这些联想彼此衔接得非常迅速，而趋向一个隐秘的指向是如此有把握，这使我们感到很惊奇。

我会用一个人名的分析作为例子，这个分析无须用大堆的材料。我曾在给一个青年人进行治疗时，偶然提起上面的实验，说我们在这些方面看起来好像有选取的自由，事实上所想到的专有名词，无一不受制于当时的形势和受试验者的身份和癖好。因为他对此怀疑，我就请他当场实验。我知道他有许多女友，亲密程度各有不同，所以我对他说，如果要记起一个女人的姓名，便有许多姓名供他取舍。他同意了，可结果不仅让我感到惊讶，连他自己也觉得诧异，因为他并没有顺口举出大量女人的姓名，而是先静默片刻，然后承认自己所想到的只有Albine（其意为“白”）。“这就怪了！”让人惊讶的是，他并不认得什么人叫Albine，这个姓名也不能引起什么联想。你们也许认为分析是失败的，其实这个分析非常完满，不需要其他联想的补充。原来这个青年皮肤过于白皙，是个有点女性化倾向的男性，那时我们正在研究他性格中的女性化性格，谈话时经常戏称他为Albino（即“天老儿”，意为白化病）。他对Albine的联想表明他那时候最感兴趣的女人却是他自己。

一个因为某些意念而偶然想到曲调，只是本人对这些意念的存在一无所知。一个人之所以想起某些曲调，一，可能是因为曲中的歌词，二是由于曲调的来源（但是这句话要有下面的限制：真正的音乐家偶然想起一个曲调，则是因为这个曲调有音乐的价值。我对于音乐家缺少分析的经验，所以不敢把他们包含在以上结论之内）。

第一种原因比较普遍。我知道一个青年人在某一时期内特别喜欢“特洛伊的海伦”中的巴黎歌的音调，后来经过分析，他才意识到自己那时正同时爱恋两个少女，一个叫伊达（Ida），另一个叫海伦（Helen）。这些原来自由发生的联想，如果都受此种限制，并依附于某种确定的背景，那么依附于单独的刺激观念而引起的联想，也必然受到同样严格的约束。实验表明，这类联想不仅取决于我们所给予的刺激观念，而且依赖于潜意识的活动，也就是依赖于当时没有意识到的含有强烈的情感价值的兴趣和思想（也就是我们所称的情结）。这种联想曾经是很有价值的实验题材，而这些实验在精神分析史上也占有重要的地位。冯特学派首创一种所谓“联想实验”，被实验者对于一个指定的“刺激字”需要尽量地答出他所想到的“反应字”。在试验中要注意下列事项：反应字的性质，刺激字和反应字之间的时距，重复实验时所产生的错误等。布洛伊勒[1]和荣格[2]所代表的苏黎世学派，有时请被实验者表述为什么有奇特的联想，有时用连续的实验，以求解答联想实验的反应，结果才慢慢了解这些非常态的反应都严格地取决于一个人的情结。

布洛伊勒和荣格的这个发现，是实验心理学和精神分析连接的纽带。你们听到这些，也许会说：“现在我们都承认自由联想是受约束的，并非像我们最开始所想象的那样，是可以自由选择的。我们承认梦的成分联想也一样，然而我们争执的问题并不是这个。你主张这个元素的心理背景制约着梦里的每一个元素的联想，至于这个背景是什么，我们不得而知，我们看不出这有什么证据。如果说梦的元素的联想受梦者的情结来决定，这又对我们有什么好处呢？这对梦的理解毫无帮助，最多像联想实验那样，只是对所谓的情结有一些了解，然而情结和梦又有什么关系呢？”说的没错，但是你们却忽略了一个要点，正是这个要点使我不用联想实验来作为这个讨论的起点。就联想实验来说，决定着反应的刺激是我们任意选取的，反应则介于刺激字与被试验者的情结之间。就梦而言，刺激字则被梦者的心理成分所代替，而其起源则不是梦者所知，因此，这个心理成分本身可被视作一个情结的派生物。所以，如果我们假定梦的各成分的联想是被产生这一特殊成分的情结所决定，从而通过这些成分就能发现这个情结，就不算异想天开了。

现在再举一个例子作为证据。专有名词的遗忘可用于说明梦的分析，区别在于，专有名词只关系到一个人，而释梦关系到两个人。如果我暂时忘记了一个专有名词，但它仍在我的脑海之中，而通过伯恩海姆的实验转一个弯，便能对梦者有同样的断定。现在这个虽已忘记但却确实知道的专有名词，已经使我无法捉摸了。经验告诉

1 布洛伊勒（Bleuler，1857—1939年），瑞士精神病学家，第一个提出“精神分裂症”一词的人，其代表作《精神病学教材》被视为精神病学的范本之一。——译者注

2 卡尔·古斯塔夫·荣格（Carl Gustav Jung，1875—1961年），瑞士著名心理学家、精神分析学家，享誉世界的现代心理学的鼻祖之一。代表作《无意识过程心理学》《心理类型》《记忆、梦、思考》等。——译者注

我，努力思索是没有用的，但是我往往可以想到一个或几个别的专有名词。

假如我只是自然地想起一个代名，则梦的分析情境和这时的情境明显是相类似的。我真正想追求的也不是梦的元素，它只是用来代替那件事——我所不知道而想借梦的分析来追求的事。区别在于：我若忘记了一个专有名词，我完全明白那个代名并不是原名，而就梦的元素来讲，只有经过艰苦研究之后，才可有此见地。如果我忘了专有名词，则可用代名为起点，去求得那时逃离意识之外的事物，比如忘了的名字。如果我注意这些代名，让它们在我心内引起一层一层的联想，迟早能够唤回那已经遗忘的原名。因此，我知道自然引起的那些代名，不仅和遗忘的名字有明确的关系，而且是被限制的。我想用下面的这个例子来加以分析：有一天，我忘记了在里维埃拉河上以蒙特卡洛为首都的一个小国的国名。我想过了关于这个国家的任何事情，想起了鲁锡南王室的艾伯特王子，想起他对深海探险的热情、他的婚姻——总之，一切都回忆一遍，但还是无效。因此，我便不再去想，任由那种种代名涌上心头。它们来得凶猛。最先是蒙特卡洛，其次便是阿尔巴尼亚（Albania，意思是“白”）首先引起了我的注意。接下来是蒙特尼哥罗（Montenegro），或许因为黑白的对比[1]再次，我便注意到那些代名有四个都有“Mon”一个音节，这让我立即想起了那个被我忘记的国名叫摩纳哥（Monaco），可见代名实际起源于忘了的原名。四个代名来自原名的第一音节，而最后一个代名恰按照原名各音节的次序，而且包括了末尾的音节，使原名的音节齐全。至于这个专有名词之所以被暂时忘记的原因，还不得而知。意大利人喜欢用摩纳哥人来称呼慕尼黑，因此与慕尼黑相关的思想就抑制了我对摩纳哥的回忆。对于释梦来说，这个例子非常好，而且简单易懂。针对其他例子而言，你也许要对代名作较长、较复杂的联想，那时和梦的分析就会更类似了。

我也曾有过这样的经验。某人曾请我共饮意大利酒。他有着对某种酒的愉快回忆，在饭店里要了这种酒，但却忘了酒名。有许多不同的代名陆续出现，我推测他是因为一个名叫赫德维的女子而将这种酒名遗忘的。结果真是如此，他不仅说自己曾在初尝此酒时遇见一位叫赫德维的女子，而且因我的推测，而记起了酒名。那时他已经快乐地结婚了，赫德维这个名字显然属于不愿提起的往事。

专有名词的遗忘如果像上面所说的，则释梦便有可能了。由代替物出发，通过一系列的联想，总可以获得原来的对象。而且通过遗忘的名字推论起来，我们或许能够假设一个梦的元素的联想不只因那元素而定，而是由不在意识内的原来的念头来决定。这个假定如果能成立，那么释梦的技术便有了一定的根据。

1 Albania之意为白，而Montenegro之意为黑。——译者注

第七章
显意和隐意

我们对于过失的研究取得了一定的效果。因为有两种结果顺着研究过失的方向由已知的假说推理得出，一种是关于梦的元素的见解，另一种是释梦的技术。梦的元素本身是梦者所不知道的某些事物的代替，而不是主要物或原有的思想，如同过失背后的潜伏意向一样，梦者虽然确实知道某些事物，但却无法记起它们。

许多这一类元素组合成了梦，如果梦的某一元素是这样的，那么整个梦也就应该是这样的。我们的方法就是，在意识之内，对这些元素加以自由地联想利用，以使其他代替的观念进入其中，然后再由这些观念推出那隐藏在背后的原念。

为了使这些名词更符合科学的用法，我现在要对名词加以修订。为了更为精确的叙述，应当用“非梦者的意识所可及的”或“潜意识的”代替“隐藏的”“不可及的”或“原来的”。所谓潜意识，它的意义和已忘的字及过失背后意向的含义相同，意思是当时属于潜意识的（Unconscious at the moment）。从另一方面来看，梦的元素本身及由联想而得的代替观念，都可称为意识的（conscious），这些名词并没有任何理论上的成见，有谁能说“潜意识的”是一个不适用又不容易了解的名词呢?

现在如果将我们的见解由一个单独的元素推广到整个的梦，那么潜意识的某事物代替了梦，而发现这些潜意识的思想便是释梦的目的所在。因此，在释梦时要遵守三个重要的规律：一是我们不必去理会梦的表面含义，无论它是合理的或荒谬的，明了的或含糊的，我们所要寻求的潜意识思想都绝不是这个（有关这一规律的例子我会在后文提出）；二是随时唤起代替的观念应当作为我们工作的界线，不用去思考这些观念是否合适，也不必顾虑它们和梦的元素是不是相离太远；三是对于所要寻求的那些隐藏的潜意识思想，我们必须耐心地等着它们自然而然地出现，就像前述实验里遗忘的摩纳哥一词那样。

由此可以看出，对我们来说，究竟能记得多少梦，或者正确与否，是一件无关紧要的事情。所记得的梦并不是真正发生的事情，只是一个化妆的代替物，其他代替的观念被这个代替物唤起，由此我们便得知了我们原来的思想，而意识之内就出现了被隐藏在梦内的潜意识的思想。尽管我们的记忆不正确，也只是将那代替物再度加以化妆而已，而且这种化妆本身也存在着动机。我们可以对自己的梦和别人的梦做出解释，但是因为从自己的梦中所得较多，所以会更加信服。

如果对这一方面做实验，也存在着阻力。我们对于源源而来的联想是有所批判和选择的，并不是完全承认。不合适的、无关的、太荒谬的、文不对题的联想被我们一一否定，结果，联想在未十分明了之前就被这些反对意见压抑得不见踪影了。因为我们一方面容易执着于最初的观念，即梦的元素，另一方面又允许自己利用批判选择，从而破坏了自由联想所得的结果。如果这些联想不是由自己解释，而是由他人代为解释，那么所做的批判选择又另有一种动机，就算我们想阻止也阻止不了。有时候，我们也会因为某一联想太不愉快而不愿意告诉他人。

显然，研究会被这些反对的理由阻碍。如果我们要对自己的梦做出解释，就必须不受它们的影响；如果解释他人的梦，则必须制订严格的规则，使得他即便遇到太琐碎、太荒谬、太无关系或太不愉快等上述四种理由，也能继续联想。虽然他允许遵守这个规则，然而不可避免地，后来仍然要触犯规则，我们为此感到烦恼：首先，很可能虽然经过我们一再解说，但是他仍不相信自由联想的功效；其次，我们以为也许让他读几本书，或送他去听演讲，就会使他对我们的观点不再产生怀疑。然而这种种麻烦都是不必要的，因为对这个学说深信不疑的我们，也不免对某种联想产生反对的态度，只是经过了再三思考之后，才能克服。

我们大可不必为倔强的梦者而感到懊恼，反而可以对这个经验加以利用，去寻求某些新鲜的事实。越出人意料的事实就越重要。我们知道，有一种抗力（a resistance）阻碍着释梦的工作，批判的反对就是这个抗力的表现形式。这种抗力和梦者在理论上的信仰没有关系。而且从经验来看，我们还知道，没有什么可以作为这种批判的反对的根据。而且与之相反，人们所要抑制的联想才是最重要的线索，可以被用来发现潜意识的思想。所以，如果一个联想伴随着这种反对，那么就不得不需要特别注意。

这个抗力是新发现的事实，是通过我们的假说演绎出来的一个现象。研究可能因为这个需要对付的新成分而更难进行了，我们为此感到吃惊和烦恼，因为早知如此，还不如干脆停止这种研究。何必为了对这种无关紧要的问题进行研究，引起如此多麻烦，而对顺利地应用技术造成妨碍呢？然而从另一方面来看，这些困难的确有让人难以舍弃的地方，我们或许可以由此推出，这么麻烦的研究是有价值的。

如果从梦的元素或代替物出发来探索隐藏的潜意识思想，不可避免地要受到抗力的阻碍。因此，可以做出这样的假设，有一种很重要的念头隐藏在代替物的背后，如果不是，研究就不会遭遇这么多的困难？我们能够做出这样的断定，如果一个孩子不肯把手里的东西直接伸出去给别人看，那么那个东西一定不是他所应有的。

在对抗力作一种动态的解释时，则需要知道，抗力是有量的变化的。这些抗力时大时小，我们在研究时常可以看见这些差异。

在这里，我们还可以将释梦时的另一种经验附述于此。也就是说，我们由梦的元素达到它背后的潜意识思想，有时只有几个联想，或许只有一个就可以了，有时却必须经过冗长的联想，而且必须克服掉许多批判的抗力。我们或许以为随着抗力的大小不同，联想的数目必将发生变化，这也是一个不错的想法。如果抗力很微弱，那么其代替物与潜意识思想之间就相距不远；反过来说，潜意识思想随着强大的抗力而发生变化，于是要由代替物达到潜意识思想本身必须要走很多弯路了。

或者可以选择一个梦作为例子来试用我们的技术，看看它是否符合我们的期望。然而什么样的梦可以被我们选中呢？你们不知道选择一个梦作为例子的困难所在，我也无法向你们解释这些困难是什么。有些梦从整体来说，很少化妆，也许有人认为，这些梦可以用作出发点。然而所谓最少化妆的梦，究竟是指什么来说的呢？是指像我们上文所举过的两个实例那样吗？有着明确的意义，有条不紊的程序。如果我们要做这样的假定就大错特错了，因为研究的结果表明，这些梦偏偏存在很多化妆之处。

如果我们不做任何的规定，随便选取一个梦作为例子，你们或许对此又会大失所望。我们关于梦的元素的联想，也许需要非常烦琐地观察记载，以致整个研究都受此影响，得不出明确的见解。

如果将梦写出来，并与这个梦所引起的一切联想进行比较，我们可以发现，与原来的梦相比，记载联想的篇幅要多出数倍。所以选取几个简短的梦用来做分析，似乎是最实际的方法，至少每个梦要传达一点意见或对我们的某个假定做出证实。这个办法是我们最终决定采用的，除非是我们被经验告知，必须采用化妆不多的梦才可以。

还有一个简便的方法可以让释梦变得简单：我们先对整个的梦不必做出解释，而是以梦的单独的元素为限，用几个梦作为例子，看我们是怎样运用技术去解释它们的。

案例一

一个女人回忆在她童年的时候，曾多次梦见上帝头上戴一顶尖顶的纸帽。对于此梦，你如果没有梦者的帮助，该做何解释呢？从表面上来看，这种回忆在童年一点意义也没有。但是那女人说，当她还是一个小女孩的时候，为了偷看兄弟姐妹盘子内的食物是不是比她的多，就常在进餐时戴上这么一顶帽子，如此一来，便有线索可以追寻梦的意义了。显然，帽子起着遮盖的效用，探悉这段往事变得容易起来了。而梦者的另一个联想，更容易解释这个元素和整个梦了。她说："我听说，没有任何事情可以隐瞒上帝，这个梦的意义只能是，虽然他们想瞒我，但是我也如同上帝般无所不知，无所不见。"或许，这个例子过于简单了。那么我们来看第二个例子。

案例二

一个性格多疑的病人曾做了一个较长的梦，在梦中，有人告诉她关于我的论《诙谐》那本书，并且对此大加赞美。其次便是关于水道（canal）的事，也许在另一书内可以见到水道这个字或与这个字有关的字……她不知道……这一切都十分模糊。

在你们看来，一定会以为梦见的水道本身模糊，所以难以解释。你们认为难以理解是对的，但模糊并不能作为难以理解的原因；相反，是别的原因使得此梦难以解释，也正是这个原因使得这个元素很模糊。对于"水道"一词，梦者没有联想，自然，我也不知道说什么才对。第二天，这个病人告诉了我一些或许与此有关的联想。

她记起了某人的一句玩笑话：有一个英国人在多佛尔和加来之间的渡船上讨论某问题时说："高尚的和可笑的之间仅隔一沟"（Du sublime ou ridicule，il ny a qú un pas）。一个著名的作家回答他说："是的，那就是lePas-de-Calais了"，意思就是法兰西是高尚的，而英格兰是可笑的。这个Pas-de-Calais是一条水道——也就是英吉利海峡。也许你们要问，这个联想和梦有关吗？在我看来当然有关，这就是那个令人不解的梦的元素真意。或者你们不相信这个笑话在做梦之前就已经存在且成为"水道"这个元素背后的潜意识思想，你们可能认为它们是后来捏造出来的。由联想看来，可见过分的赞美掩饰了她的怀疑，而抗力是造成联想迟缓和梦的元素模糊的原因。对于此例中所有梦的元素及其背后的潜意识思想的关系，你们要多加注意，它如同是思想的片段，用他物在做比喻。因为梦的元素与潜意识思想相距太远，所以变得无法理解了。

案例三

一个病人做了一个很长的梦，梦中有一片段如下：他家里的几个人围坐在一支特殊形状的桌子前……梦者想起来，在某一家庭内也曾见过同样的一张桌子，于是他持续联想下去……父子的关系在这个家庭内很特别，梦者马上接着便说，自己与父亲的关系也是这样的。所以这个类似的一点就是用此桌入梦来指示的。

对于释梦的要求，这个梦者早已经熟知。如果不是这样，就不必对桌子的形状这样琐碎的事进行研究。确实，梦中所有事物并不是无因而起的，如果我们要得出结论，就需要对这种琐碎的、似乎是没有动机的细节进行研究。对于为什么选取桌子来表示"我们的关系与他们的相同"这一点，你们也许仍感到疑惑。但是如果你们知道那一家姓"Tischler"就可以解释这一点了（Tisch意即桌子）。梦者梦见亲属们围此桌而坐，意思是指他们也都是一些"Tischler"还需要注意这样一点，对于这种释梦的叙述不免轻率，这也是选梦的困难之一。或许，我也可列出另一个例子，然而虽然可以避免轻率之弊，但取而代之的是另一种缺陷。

在此，对两个新名词加以注释。梦的显意（the manifest dream-content）指可以说出来的梦，梦的隐意（the latent dream-thought）是指隐含于其背后，由联想而得的意义。

接下来，我们就必须对上面各例所有显意和隐意的关系加以讨论了。这些关系有很多种类。在例一和例二中，梦的显意也就是隐意的一部分，只是作为一个片段出现的。有一小部分闯入梦里的潜意识思想，就像电报码中的缩写一样，成为片段或暗喻。如例二所示，要将此片段或暗喻凑成全义来释梦。所以用一个片段或一个暗喻来代替他物是梦的化妆作用之一。显意和隐意之间的另一种关系体现在例三中，从下面各例中能更加清楚地看出这种关系。

案例四

某女子被梦者将从沟渠中拉出来，他认识这个女子。梦者由第一个联想，即可释梦如下：他"选取了她"，看中了她。

案例五

又有一人梦见他的兄弟手持竹节，第一个联想是中秋节到了，第二个联想他才道出梦的隐意：他的兄弟正在节省开支。[1]

案例六

梦见登高山以望远。乍听起来，此梦似乎很合理，无须加以解释，只需研究是什么回忆引起这个梦就足够了。这是一种错误的做法，这个梦与较欠条理的梦不相上下，也需要做出解释。因为任何有关登山的事情，梦者都无从记起，反而记起某友人正刊行一种Rundschau（评论），以讨论人类和地球上最远部分的关系，所以梦的隐意是梦者自以为是一个评论者"reviewer"（reviewer实即为"测量者"）。

梦的显意和隐意的新型关系在这里都有所体现。与其认为显意是隐意的化妆，不如说是代表了它——一种由字音引起的可塑性的具体意象。然而从结果方面来看，也可以视为一种化妆，因为我们早已记不得究竟何种具体意象是这个字的起源了，所以现在意象代替了这个字，我们就不认识了。如果你们知道梦的显意大多为视像构成，思想和文字只占很少的分量，便可以知道，在梦的构造上，显意和隐意之间的这种关

1 此梦为译者改译。——译者注

系具有何等的重要性，如此一来，就更可知为了达到隐藏的目的，一长列的抽象思想可在显梦里造成代替的意象。绘制谜画用的就是这种方法。在此，我们就不对这种意象和诙谐心理学的关系进行讨论了。

至于显意和隐意之间的第四种关系，留待将来有需要时再进行讨论。即便在那时，我也不会将与此有关的所有内容统统列举出来，只要满足要求就够了。

现在，你们做好了解释整个梦的准备了吗？自然，关于梦的选择我不会选取最难的，但是所选取的梦也必须具有梦的特点。

一个年轻的妇女已结婚多年，某夜她做了这样一个梦：她和丈夫在剧院内，正厅前排座位有一边完全是空的。她的丈夫说爱丽丝和她的未婚夫也要来看戏，但是只能用一个半弗洛林（钱币名）买到三个坏座位，当然，他们是不会要的。她说，她认为他们没有任何损失。

由梦所起的事件是梦者所陈述的第一件事，已经表现在显意中：她确实曾听她的丈夫说过，和她年纪相仿的友人爱丽丝已订婚了，这个梦就是对此消息的反应。我们已经知道，许多梦都能轻易地反映出前一天发生的事件，同样，梦者也很容易对此追根究底。单单从此梦来看，梦者已经道破了显意里的其他一些同样的元素。

"有一边座位还完全空着"这一细节是什么意思呢？这指的是前一星期发生的事，她想去看戏，很早就定了位子，以至于多付了票价。等到入场一看，有一边座位几乎完全空着，显然，她的担忧是多余的。即使在开场的当天来买票，也能买到，为此她受到丈夫的讥笑，认为她太匆忙了。其次，一个半弗洛林指的又是什么呢？这与看戏的事一点关系也没有，而是在说前一天听到的一个新闻：她的嫂嫂再接到丈夫寄给她的150个弗洛林后就匆匆地到珠宝店里去，像一个傻瓜一样，把钱全部用来买一件珠宝。

为什么是"三个坏座位"呢？对此，她一无所知，除非下面这个观念也算一个联想：她结婚已经十年，而这个订婚的女子爱丽丝的年纪只比她小三个月。那么为什么两个人买三张票呢？对此她没有什么可以说的，而且不愿有所联想。

梦的隐意足可以从这少数联想而得到的材料中被发掘出来。奇怪的是，时间这个概念她提到了好几次，这便是此梦的共同基础。由于她的戏票买得太早，太匆忙了，所以不得不多付票价；她的嫂嫂拿到钱后就匆匆地到珠宝店里买首饰，好像迟了就买不到一样。把这些特别看重的各点，如"太早""太匆忙"等和梦所引起的事件（即年纪比她小三个月的朋友现在也已订婚了）以及她对于嫂嫂的严厉批评，认为如此匆忙、未免太傻等事合起来看，则可以将梦的隐意归纳为："我太傻了，才急于结婚，从爱丽丝的身上可以看出，我迟一些也还能和人订婚”。（她自己的急于买票，她的嫂嫂的急于买珠宝都用以表示此意，而看戏代表结婚）。

或许我们可以再往下进行分析，不过这种分析会较欠明确，因为分析所得的结论必须与梦者的话相一致，而不起冲突：如“我用这笔钱或许可以得到百倍于此的利益”（150个弗洛林恰恰百倍于一个半弗洛林）。假如用这笔钱代替嫁妆，则意思就是说嫁妆可以买到丈夫，那么珠宝和坏座位也就是指代丈夫了。假如把“三张票”和一个丈夫联系起来，那就更好解释了。但是我们的知识却还做不到这一点。我们只知道这个梦的意思是梦者看不起丈夫，而后悔自己太早就结婚了。

我认为，我们对第一次释梦的结果不但不会感到满意，反而会感到奇怪。观念是如此之多，以至于我们无法全部了解。我们知道，对这个梦的解释还没有到达终点。现在将已明白的各点列举如下：首先，我们要知道“匆忙”是这个梦隐意的重点所在，而在显梦中没有体现出“匆忙”来。如果没有对此进行分析，就无法知道这个隐意的存在。所以似乎在显梦中，没有呈现潜意识思想的中心点。这一事实必将从根本上改变整个梦所给予我们的印象。其次，观念在梦里面做无意义的结合（如一个半弗洛林买三个），使得我们在梦的思想内发现下面一个隐意：“（结婚太早）未免太傻。”显然，“未免太傻”的隐意是由显梦中的无意义成分表现出来的。再次，显意和隐意的关系从比较的结果来看，它们之间并不简单，不一定总是一个潜在的元素被一个明显的元素所代替。二者是交叉关系，属于两个不同的组，所以一个明显的元素可以代表几个潜伏的思想，而一个潜伏的思想也可以为几个明显的元素所代替。

如果从梦的意义和梦者对意义的态度来看，我们将发现更多令人惊奇的事实。虽然对于我们的解释，那位太太表示了认可，但她仍感到十分惊异。她不知道自己对丈夫竟是如此地轻视，更不知道为什么会这样。这就是说，这个梦的许多细节还未被完全了解，在我看来，对于释梦，我们还没有做好充分的准备，所以还需要进一步的训练。

第八章
儿童的梦的研究

我认为我们进行的速度有点过快，所以让我们后退几步来看。

在我们运用应用分析法对梦的化妆做出解释之前，我曾说过，为了避免由化妆而引起的困难暂时将注意的范围缩小，以那些没有化妆或很少化妆的梦为例是最好的办法。其实照这个办法，又避免不了和精神分析的发展过程背道而驰；因为事实上，对于未经化妆的梦，只有在应用我们的释梦法对曾经化妆的梦彻底地分析之后，才能知道它的存在。

我们可以在儿童的梦中找到这种梦。儿童的梦简短、明白、易于了解，虽然没有含糊的意义，但仍然是梦。然而不是所有儿童的梦都属于这个类型。化妆的梦在儿童期开始时就已出现，据记载，5～8岁之间的儿童的梦就已经具备了成人的梦的一切特点。

但是一系列的所谓幼稚的梦在初具精神活动或四五岁这一时期存在，对此进行研究便可发现，同一类型的梦在儿童后期还可以拥有，甚至在某种情形下，成人也可以与婴孩具有同样幼稚的梦。对于梦的主要属性，可以从这些儿童的梦中做一个真实可靠的了解。

（一）要了解这些梦，不用进行分析，也不用应用任何技术，更无须询问述梦的儿童。然而，我们却要对他的生活略有所知。每一个梦都可以由前一日的经历解释而来，因为心灵在睡眠中对于前一日经历的反应就是梦。作为进一步结论的根据，现举如下几个例子：

例1：一个1岁零10个月的小孩要送另一个孩子一篮樱桃作为生日礼物。虽然这样一来，他自己也能得到一些樱桃，不过显然，他不愿意这样做。第二天早晨，他说自己梦见赫尔曼已经吃光了所有樱桃。

例2：一个3岁零3个月的小女孩第一次游湖。她在返回时因为不愿上岸而放声大哭，她认为，湖上时间过得太快了。第二天早晨，她说自己梦见又去游湖了。我们可以推断出，她梦中游湖的时间一定比白天长。

例3：一个5岁零3个月的男孩和别人一起游览位于哈尔斯塔特附近的厄斯彻恩塔尔。他以前曾听说过，哈尔斯塔特在德克斯坦山的山脚下，他对此山很感兴趣。德克斯坦山从奥西地方的房子内就可以看见，如果使用望远镜，连山顶上的西蒙尼小屋都可能会看见。这个孩子曾经常使用望远镜去看这个山顶上的小屋，不过是否能看见，却无人知晓。带着这个愉快的期望作，他开始了这次旅程。

每当有新山在望的时候，他都会问那是不是德克斯坦山，每次人们都告诉他不是。于是他渐渐失去了兴致，开始默不作声，也不愿意去看瀑布了。大家都以为他是太累了，但是他第二天一早早晨很高兴地说："昨夜我已梦见在西蒙尼小屋之内了。"他是怀着这个期望加入这次旅游的。关于路程，仅是对以前听到的话的重复："你必须在山上走六个小时才能到达山顶。"。

（二）这些儿童期的梦也有意义；它们都是完整的、可以了解的心理动作。

在上文中讲过，你们不要忘记医学上梦的见解，也不要忘记，梦被有些人比喻为不懂音乐的人在钢琴键盘上的乱弹。与这种说法相反的就是上面所引述的儿童的梦。奇怪的是，在睡眠时，一个儿童能做出完整的心理动作，而在同一情境之内的成人仅仅对间断的反应便感到满足了。而且无论从哪一方面来说，与成人的睡眠相比，儿童的睡眠都更熟、更深。

（三）这是一些没有经过化妆的梦，它们的显意和隐意相同，所以不用解释。由此我们可以十分肯定地说，梦的主要属性不是化妆，你们也一定会对此表示赞同。但是经过仔细的研究后发现，这些梦也有化妆的成分存在，即使只是相当浅的程度，但是多多少少在梦的显意和隐意之间都存在着区别。

（四）梦是儿童对日前经历的反应，如果他们对经历的事感到遗憾，抱有希望或有不曾满足的愿望便做梦。为了满足这个愿望，儿童会毫会无掩饰地借助梦来达成。

现在就梦所占的地位进行讨论。关于这一点，我们已经知道一些明确的事实，但是只有极少数的梦才可以用这些事实来解释。因为儿童的梦是十分容易完全了解的，所以在儿童的梦中，这种身体刺激的影响很难被发现。不过，即使这样，我们也无须放弃这个刺激生梦的观念。我们必须记住这一点，除了身体的刺激可以扰乱睡眠之外，心理的刺激也同样可以做到。我们知道，大多数时候，正是这些心理的刺激在扰乱成人的睡眠，因为使成人们引起睡眠所需要的心理情境，即和外界脱离关系的情境，在这些刺激的作用下都不能达到。他们不睡眠的原因是他们宁愿继续正在做的工作，也不愿意被打断生活。所以不曾满足的愿望是侵扰儿童睡眠的心理刺激，梦是他们对此的反应。

（五）由这个捷径，我们得知了梦的功能。假设梦是对于心理刺激的反应，那么为了消除其刺激而使睡眠继续下去，就需要一个发泄的渠道，梦的价值就在于此。目前仍然不知道这种发泄为什么会选择梦作为动力来实现，然而我们已知道扰乱睡眠的不是梦（以此责备梦的有很多人），恰好相反，梦担负着保护人的角色，使我们的睡眠不被干扰。我们原以为睡眠较深是因为没有梦，很明显这个见解是不正确的。如果没有梦的帮助，就不可能睡觉，都是因为有了梦我们才睡得好。如同巡警在驱逐扰乱治安者时不免要开枪一样，不可避免地，我们也会稍微受到梦的干扰。

（六）梦因愿望而起，梦的主要特性之一就是用梦的内容表示这个愿望。另外，梦不但能使一个思想有表示的机会，还能借幻觉经验的方式来表示愿望的满足，这可以说是梦的一个不变的特性。

“我很想游湖”是引起梦的愿望，而梦的内容则是：“我正在游湖”。因此就这些儿童期的简单的梦来说，梦的隐意和显意之间还是稍微有些区别，隐意经过化妆将愿望译为经验。

我们在释梦的时候，一定要设法还原这种化妆作用。如果这是所有梦的最普遍的特性之一，我们就能知道解释前述各梦的方法了。“我看见兄弟手持竹节”的意思并不是“我的兄弟正在节省开支”，而是“我希望我的兄弟要节省开支”，这两个普遍特性之中，后一个比前一个更容易被大家所接受。

在经过广泛的研究之后，我们确信，引起幻梦的常常是一个愿望，而非一种成见、目的或者谴责。不过其他特性并不因此改变，也就是说梦不仅重复引起这个刺激，并且因为被当成一种经验，便使刺激消灭而安静了。

（七）就梦的这些特性来说，我们也可以将梦与过失进行比较。我们在过失里发现了一个牵制的倾向和一个被牵制的倾向，这两种互相对立的倾向导致了过失，过失就是两者互相妥协的结果。梦也同样属于这个范畴；其被牵制的倾向是指睡眠的倾向，而牵制的倾向是一种心理刺激，我们将其称为（力求满足的）愿望，因为目前我们还找不到牵制睡眠的其他心理刺激。梦也是这两种倾向相互协调的结果：人在睡梦中，却仍然实现着自己的愿望。我们满足了愿望，却仍处于睡眠之中。总之，这两种倾向各有一半成功和失败。

（八）大家应该记得，我曾想借“白日梦”来解决梦的问题。“白日梦”具有满足愿望、野心或情欲等特点，不过其采取的方式是思想或想象，虽然比较生动，但与幻觉的经验是决然不同的。因此，“白日梦”还是梦的两个特性的，不过却缺乏为睡眠所特有而为醒时所不能有的那一属性。在语言中，我们也同样发现了梦的这个主要特性，即满足愿望。

诚然，有些梦实际上就是想象过程的重现，但这种情况只在睡眠的特殊状况下才发生，我们将这样的梦称之为“夜中白日梦”（a nocturnal daydream）。除了睡与醒的差别，这种梦与白日梦没有什么差别。另外，我们还能在一些俗语和常用语中发现与白日梦相类似的证据。如俗话说：“猪梦橡实，鹅梦玉米。”“小鸡梦什么呢？梦见谷粒。”这些谚语所说的已由儿童降至动物，其所主张的梦的内容也是满足愿望。还有很多成语，如“美梦成真”“此事是梦想所不及的”；“就连最荒唐的梦也不会有如此想象”等，其含义也大多与“梦是愿望的满足”这一论断相符。

当然，也有所谓“焦虑的梦”（anxiety dreams）、痛苦的梦或无关痛痒的梦，不过这些都没有与之相当的成语。当然我们也会听过“噩梦”这个名词，可是据普通的用法，“梦”总是带有一些满足愿望的含义。不管是什么谚语绝不会说猪鹅梦见被宰杀的。

一般谈梦者常常会忽略梦的这个满足愿望的特性，这未免有些令人费解。其实，他们早看见了这一层；只不过他们从未承认过这是梦的特性，从未将其作为释梦的引线。他们到底为何这么做，我们想想便能知道，这个我们以后再说。

现在还是来看看通过对儿童的梦进行分析，我们能够轻而易举地得出哪些结论。

（1）保护睡眠是梦的功用；

（2）梦是由两种互相冲突的倾向而起，一种是睡眠，另一种则是满足某种心理刺激；

（3）梦是具有一定意义的心理动作；

（4）梦有两个主要的特性，即愿望的满足和幻觉的经验。

除了上述曾举出的梦和过失的关系之外，我们这个研究还没有什么特别的标识。即使一个从未研究过精神分析的心理学家，差不多也能对儿童的梦做出一样的解释来。可是为何却没有一个人做这样的解释呢？

如果所有的梦都如此幼稚，那么梦的问题早就解决了，我们的研究也早就完成了，就不必去询问梦者，也不必去谈什么潜意识或引用自由联想的方法了。很明显，这是我们应该继续努力的方向。

我们总是能够发现，那些看似普遍使用的准则，其实最后只能用于少数几个梦。因此，我们现在要解决的问题是，儿童的梦所表现的特性是不是较为稳定，或者说意识不明显而愿望不易看出的梦是不是也具有这些属性？我们认为这些梦已经过多次化妆，因此无法立刻加以判断。要分解这种化妆，就一定要求助于精神分析法，当然如果是想单纯研究儿童的梦的意义就没有这个必要了。至少还有一类梦与儿童的梦相似，也没有经过化妆，并容易认出是愿望的满足。

这些梦都由迫切的生理需要如饥、渴、性欲等所引起，作为愿望的满足即在于对这些体内刺激的反应。比如我所记载的，有个1岁零7个月的小女孩因为吃多了水果，消化不良，不得不挨饿一天，结果她当天晚上就梦见一份写着自己名字的菜单，上面还有她喜欢的草莓、覆盆子、鸡蛋、奶油面包等。这个梦显然是对白天挨饿的直接反应。巧合的是，她的祖母，68岁零5个月，因为浮动肾脏（floating kidney）不得不断食一天，结果她当晚就梦见有人请她聚餐，面前尽是山珍海味。其他如饥饿的囚犯、食物断绝的游历家和探险家也都会经常梦见得食充饥。比如，著名探险家诺顿斯柯尔德在他1904年出版的一部关于南极探险的书中，讲述了他和探险队过冬的情景：

我们的梦清晰地显示了我们当时的思想方向。我们从来没有做过那么多、那么鲜明的梦。即使是那些很少做梦的朋友，每天早上起来交换梦境的时候，也常有长梦作为谈资。我们所有的梦都是关于那遥远的故乡，偶尔也涉及我们眼下的处境，不过梦的主要对象还是吃的。

有一位朋友经常在晚上做梦时大嚼，早晨起来时他会因为自己在梦里吃了三道菜而深感愉快。还有一个人梦见了满山都是烟草，另一个人则梦见有船向自己杨帆驶来，一直到它挡住了眼前所有的冰块。还有个梦也值得一提：邮递员送来一封信，之后便反复解释他迟来的原因，他说信刚开始送错了地方，后来费了许多周折才将信件取回。

睡梦中虽然有很多稀奇的事情，不过，令我惊异的是，我们所有人的梦都缺乏想象力。我想，如果我将这些梦都记载下来，必会让心理学家大感兴趣。梦给了我们大家莫大的满足，我们是如何思慕睡乡，你们由此便可想而知了。

另外，在这里我再引一段杜普里尔的话："派克旅行非洲，在几乎渴死时，常梦见家乡那水源丰富的山谷；特伦克在马格德波格的城堡内挨饿时，经常梦见有美食环绕；乔治·巴克曾参加富兰克林的第一次探险，当其粮绝将死时，经常梦见饱食难以消化。"

不管是谁，如果因为晚餐进食过多，入夜大渴，就难免会梦见喝水。不过，大饥大渴并不会因梦而止，醒来时口渴还是要喝水，饥饿还是要进食。此时梦确实没有什么实际的功用，不过显而易见的是，梦的目的在于保护睡眠，使得刺激不会惊醒梦者。假如愿望的强度比较弱，那么"满足愿望的梦"往往能够达到满足的目的。

同样，性欲的刺激也能因梦而得到满足，不过这种满足自有其特点。性欲的冲动不像饥渴那样十分依赖外物，梦遗也能使梦者得到真实的满足；不过对外物的关系也非常重要（这一层等我们后面再讲），因此这真实的满足与梦的对象仍不免有联系，只不过是其中的伪装不是很明显而已。正如兰克所说过的，梦遗这一特点可用来作为研究梦的化妆的适当对象。

对于成人来说，愿望的梦经常在满足自身之外，还含有其他纯由心生的事物，要想弄懂这种梦，我们还要对它继续加以解释。不过，成人如果有这种幼稚型的满足愿望的梦，也未必就是由迫切的生理需求引起的。有些梦带有强烈的感情色彩，明显是某种特定的心理刺激的结果。比如那些充满“焦急”的梦（“impatience”dream），梦者或准备旅行，或打算看戏，或预备演讲，或计划访友，都将他的期望预先在梦中实现了：在动身前旅行者一定到了目的地，要看戏的已经在戏院内，演讲者已经在掌声里陶醉，拜访者则已经在和所想要访问的朋友告别。又如所谓“偷懒”的梦（“comfort”dreams），梦者为了要继续酣睡，便梦见自己已经起床、洗脸、上学，事实上他仍然在睡觉，这个梦的意思是想在梦里起床，而并非想真正起床。

我们之前已经承认，睡眠的愿望常在梦的构成上占据一席之地，就这些梦来说，这个愿望会作为梦的起因而明显地表现出来。因此梦的需要与其他重大的机体需要是同样重要的。

我想在这里请大家参考慕尼黑的沙克画廊中施温德绘画的复制品，从画中我们可知，梦可由强烈的心理刺激而起，对于这一点，画家是十分清楚的。画的名字叫《囚徒的梦》，梦的主题自然就是囚徒的越狱。画中，囚犯梦见自己正在从窗口往外爬，这时，阳光透过窗户照在了他的脸上，他醒了，他的美梦定格在窗口。如果我没有误解或附会，那么可以说站在顶端而靠近窗口的妖神（即囚犯希望取得的位置）其实就是囚犯心目中自己的化身。我之前说过，除了儿童的梦和幼稚型的梦以外，其他各种梦都不免经过多次化妆，难以解释。我们虽可揣测这些梦也都是满足愿望的梦，但一时也不敢就此断言，也无法从梦的显意推定这些梦到底是由什么心理刺激所引起，或证明它们也和别的梦相似是为了解除或减轻其刺激。它们需要加以解释或翻译，对于化妆的历程要进行溯源的研究，显意要代之以隐意，之后才能明确地断定可否用研究儿童的梦而求得的种种结论来解释所有的梦。

第九章

梦的检查作用

通过对儿童的梦的研究，我们已经了解了梦的起因、主要特征和功能。梦是一种用幻觉的满足将侵扰睡眠的心理刺激消除掉的方法。对于成人的梦，我们所能解释的只有一类，即幼稚型的梦。至于其他种类的梦，不仅没有讨论，也并没有了解，但是我们已经求得的结果却不容小视。一个梦如果完全能得到了解，使得愿望得到满足，这绝非偶然巧合，所以一定非常重要。

我认为其他种类的梦是对一种未知内容的化妆代替物，而对这种未知内容一定要加以研究。我们之所以做这种假设，除了其他理由之外，还因为梦与过失很相似。所以，我们一定要研究以求了解这所谓梦的化妆作用了。

梦之所以神秘莫测，就是因为它具有化妆作用。我们要弄清楚以下几点：（1）化妆的起因（即动因）；（2）化妆的功用；（3）化妆的方法。我们还可以把化妆看成是“梦的工作”（dream-work）的产物。现在可以对梦的工作和其中的所有力量进行描述了。

下面先讲述一个梦，这个梦是由精神分析界的一位知名的夫人（指胡格·赫尔穆斯医生的夫人所记录）。她说梦者是一位德高望重，受教育程度很高的妇人。此梦未被分析，录梦者以为精神分析家会一语道破，无须解释。而梦者也未解释，只是大肆申斥和批判，好像自己深刻理解梦的隐意，她说，“你看，一个日夜只替孩子操心的五十来岁的老妇人，居然会做这样一个荒唐的梦！”

现在可以对梦境进行叙述了，梦是关于大战时的“爱役”。

“她来到第一军医院，对门警说要进院服务，必须与院长当面谈。她在说话的时候，着重强调了‘服务’二字，以致警官马上就知道她指的是‘爱役’。由于这个妇人有些老，因此警官有些迟疑，后来，还是让她进院了，但是她并没去见院长，而是走进一个大暗室内，室内有许多军官、军医，他们或站或坐地围在一个大餐桌旁。她对一个军医说明自己的来意，军医立刻明白了她的意思。她在梦里所说的话就像是：

‘我和维也纳的无数妇女准备把自己供给士兵、军官或其他人等……’最后变为喃喃之声。然而她一看军官们半怀恶意和半感困惑的表情，就知道他们都已明白她的意思了。她又继续说：‘我知道我们的这个决定很不正常，但是我们都有一颗热诚的心。每一个在战场上战斗的士兵，决不会有人问他是否愿意战死的。’接着是一分钟的静默，很难堪。然后军医用两臂抱住她的腰说：‘太太，如果真是这样，那……’（接着又是喃喃之音）。她脱身而退，想道：‘他们大概都是一样的’，于是回答说：‘天啊，我是一个老妇人，怎么会有这种事啊。有的条件不得不遵守：总得注意年龄，一个老妇人和一个小孩或许不……（喃喃）实在是太可怕了。’军医说：‘我很明白’；但是有几个军官，还有一个曾向她示爱的少年，都大声欢笑，那老妇人就请求当着院长的面，把事情弄清楚；她认识院长。可是她突然大吃一惊，她竟然不知道院长的姓名。军医对她充满敬意，告诉她怎么上三楼——从一条很狭窄的螺旋形铁梯通过暗室，直至楼上。上楼梯时，她听见一个军官的话：‘无论她年纪大小，这个决定足够惊人，向她致敬吧！’她觉得她走上了一个没有尽头的铁梯，只是在尽自己的义务。”

这位老妇人在几星期内重复做过两次这样的梦，仅内容上稍有些变动，但据她本人说，这种变动都是毫无意义或根本不重要的。这个梦和白日梦很像，很少有不连贯处，而且有许多地方只要稍加询问就能明白：你们明白，但却从没这样做过。

让人感到非常惊奇而又颇有趣的是那些语气忽断的地方；有三处内容好像变得模糊不清了，语气一断，便被喃喃之声所取代了。

由于我们还没有对这个梦加以分析，严格来讲，我们绝对没有对其意义进行揣测的权利，但是仍有若干蛛丝马迹可寻，例如“爱役”两个字，可以作为下结论的材料。而在喃喃声之前断续的话，也都可根据意义进行补充。补足之后，便有一种梦幻生成，也就是表明梦者准备随时尽职献身，来满足军队中各色人员的性需求。这种可怕的性欲幻想的确很无耻，然而梦却并未谈及此事，每当前后关系中应当表露什么的时候，就会在显梦内出现模糊不清的喃喃之声，那些秘密的意义已经完全被消灭或已受到压抑。

这些细节为什么会引起压抑呢？主要是因为其本身的性质太令人惊骇了，对于这一层，我想你们并不难通过推想得知。近来同样的事不胜枚举。以任何一种有政治色彩的报纸为例，你们会发现到处都有删削之后留下的空白。这些空白处，原本一定有新闻检查员不赞许的事情，所以才被删除得一字不留。你们也许会觉得这样太可惜，因为被删的部分一定是新闻中最有趣之处。

有时检查并不是针对整个句子。编著者料想到某段也许会被检查员指摘，因此便把这些句子化硬为软，或暗示影射，或略加修改。因此新闻中不再有空白，但是因那些转了弯而缺乏明了的表示，可以觉察到著者在书写时，已经在内心里做过一番检查了。

凭借这个比喻，我们可以这么说：梦里装成喃喃之声的话或删去的也一定充当了检查作用的牺牲品。我们也的确用了梦的检查作用这个名词，并把它看成梦的化妆的原因之一。每当梦中出现了断续之处，我们便知它是因为检查作用。更进一层讲，凡是在较明确的其他成分中，出现的在记忆中较模糊、意义含糊，并且有可疑成分的，我们认为这便是检查作用的证据。然而无论如何，检查作用很少像在“爱役”梦里那么痛快且爽直。而上述第二个方法是检查作用较为常用的，即用暗示、影射、修饰等来代表真正的意义。

还有第三种行使职权的方法适用于梦的检查作用，即新闻检查条例无法比拟的，上面分析过的一个梦可以用来说明梦的检查作用这个特殊的活动方式。你们可记得“用一个半弗洛林买三个坏座位”的梦。这个梦背后的隐意为：“太匆忙了，太早了”占重要的地位，意思是说“结婚那么早真傻；那么早买戏票也傻，嫂嫂那么匆忙花钱买珠宝也傻得可笑……”

在显梦中并未表现这个主旨，显梦的侧重点在看戏买票。由于梦的元素有这样一个重心的移植和改组，因此梦的显意与梦的隐意相差悬殊，以至再没有人怀疑隐意的存在了。这个重心的移植便是化妆所用的主要方法之一，而梦之所以这般奇异，也是因为这个原因使梦者不愿承认这是自己内心的产物。材料的省略、改动和重组——这便是梦化妆和检查活动用的方式和方法。

我们现在要对化妆作用进行研究，而检查作用则是化妆的主因，或主因之一。移置（displacement）一词往往兼括排列的变动和更替。梦的检查活动基本如以上所述，我们现在可将注意力转移到其动力学上。我希望你们在对待“检查作用”时不要用拟人说的意义，把检查形容为一个严肃的小鬼，寄居在脑中小房间里行使职权；也不要硬性地确定它的位置，认为有一个“脑中枢”会产生检查的力量，那个中枢一旦受伤，这个力量便立刻停止发挥作用。我们现在可以只把它当作一个有用的名词，来表示一种动的关系。我们也可以不必因此而对这个力量的实施者和接受者各为何种倾向而不闻不问，就算我们发现自己遇到了检查作用仍熟视无睹，也不必为此感到惊奇。

但是这的确是事实，必须记得我们用自由联想法时，曾有一种奇怪的经验：我们知道要用梦的元素努力企求其背后的潜意识思想，会不可避免地遇到一种反抗。对于这个抗力，我们曾说过，它时而很大，时而很小。抗力小，只需要几个联想便能够完成释梦的工作；抗力大，因而不得不使联想变得冗长，让我们与出发的观念相距甚远，一路上还必须要与那些因联想而引起的种种批驳做斗争。这种释梦时所遇到的反抗，现在看来，即"梦的工作"中的检查作用，确切地说，反抗是一种客观化的检查作用。因此可以得出结论：检查的力量并没有因对梦的化妆产生促进作用而枯竭，它作为一个永久的机关仍然存在，其对维持已存在的化妆起着重要作用。而且正如释梦时的抗力大小随不同元素而有所变化一样，因为检查作用而引起的化妆程度也随着梦中的各个元素的不同而不同。通过对显梦和隐梦的比较研究得知，一些潜伏的元素消灭殆尽，一些有微小的改动，一些仍居于显梦中，甚至变本加厉。

然而我们的目的是寻求和探究施行检查的和受检查的是何种倾向。这个问题对于了解睡梦和人们的生活都扮演着很重要的角色，如果我们将已解释过的梦做一次概览，那么回答这个问题并不难。施行检查的倾向，就是梦者在清醒时承认或赞许的倾向。你如果对自己的梦的正确解释予以否认，那么你的动机就是促使检查，从而形成化妆的动机，因此释梦就有了必要性。

现在再来看那位五十岁妇人的梦吧。我们虽然对这个梦并未做何解释，但是她自己也感到非常吃惊。如果冯·胡格·赫尔穆斯医生把梦的无可怀疑的意义如实相告，恐怕会她会更加暴怒。梦里污秽的话之所以以喃喃之音代之，正是因为这种批驳拒斥的态度。

其次，我们可以通过这个内心批判的观点来对梦的检查作用所反抗的倾向具有令人不愉快的性质进行描写。它们往往与伦理的、审美的或社会的观点相违背，我们平常根本想不到，就算想到也必深感厌恶。而且这些在梦里化妆的被检查的愿望，正是自我主义无限制的表现；由于梦者的自我呈现在各梦中，而且地位很重要，虽然它知道如何在显梦里隐身。这个梦的自我神圣主义（sacro egoismo）和睡眠时的必要心理态度——即和整个外部世界隔离的态度——并不是没有一定的关系。

打破一切伦理束缚的自我由受美育所拒斥、道德规律所制裁的性欲需要所支配。而对快乐的追求，我们将之称为"力比多"，即肆无忌惮地选取常人不能容忍的事物作为自己的对象。不仅是自己的妻子，还包括普通人都视为神圣不可侵犯的——如母亲和姊妹，父亲和兄弟等。

那位妇人的梦其实也可以算是乱伦的梦，她的"力比多"明显是以儿子为对象的。一些我们认为和人性不相容的欲望也足以成梦。憎恨无限制地泛滥，复仇的愿望、杀人的愿望不胜枚举，更有针对至亲的人，如梦者的父母、兄弟、姊妹、夫妇及子女等，以他们为对象。这些被禁止的愿望就像被恶魔所牵引，我们如果知道它们的意义，那么醒来时对就算用最严厉的刑罚来制裁这种愿望也不为过。然而梦的本身却不必对这种邪恶内容承担责任，梦的作用在于保护睡眠不受侵扰。人们一定记得，梦的本性并非邪恶，况且你们也知道有些梦是为满足正当的愿望和身体的迫切需要而生的。由于这些梦在行使职能时并不触犯审美的倾向和伦理道德，因此便没有化妆的必要。你们也记得化妆的程度与下边的两个因素成比例：第一，被检查的愿望越是骇人，则化妆的程度越大；第二，被检查的要求越是严格，则化妆也越烦琐。因此一个严受管束而拘泥太过的少女不得不将一种严格的检查作用强加给梦的兴奋，以这种方式给梦化妆，这种兴奋在医生看来只是一些可以允许的、无害的“力比多”欲望，而梦者本身在十年后同样会得出这样的结论。

你们[1]现在仍没有勇气来怒斥我们释梦研究的结果。我想你们[2]对释梦的工作还不是很了解；然而我们首先要义不容辞地抵御某些可能的攻击。这个研究的弱点显而易见：我们的解释是以之前的假设为前提，如梦的确存在某种意义。因为催眠获得的潜意识观念能用来解释常态的睡眠，如一切联想都受束缚等。

现在如果把这些假设加以演绎来帮助释梦得到可靠的结果，则我们也许能够断定这些假设是正确的。但是如果得到的只是我描述的那种，那又如何呢？当然，也许会有人说：“这些结果是不可靠的、荒谬的，甚至是不可能的，因此那些假设存在着一定的误区。”或许梦始终不是一种心理现象，也可以说在常态心理中不存在潜意识，或许我们的技术还存在漏洞。因此作这种种假设远比接受那些由我们的假设演绎而得到的可恶结论来得更简单和完满。

的确，简单固然简单，完满固然完满，但这不一定是正确的。你们[3]还要等待，此时还不能妄下判断。首先，我们的解释有可能会引发一种更强而有力的抗议。你们说这个结果让一般人感到不愉快甚至厌恶，然而这并不至于对我们产生非常严重的影响。我们对梦的背后有些愿望的倾向做了解释，而梦者本人也对此有异议，这才是一种确实的、更有力的抗议。有一个梦者说：“什么？你要通过我的梦来表明我不愿花钱给妹妹办嫁妆和为弟弟付学费吗？但是这根本不可能，我为弟弟、妹妹终日操劳，我这一生都在尽我做兄长的职责，由于我是长子，况且这事我已经向我亡母保证过。”又有一妇人说：“你是说我希望我丈夫早死？那简直是无稽之谈！或许你不相信，我的

1 原文此处为“我们”，但根据上下文意思，此处为作者笔误，应为“你们”。——译者注

2 同上。——译者注

3 同上。——译者注

婚后生活有多么愉快，而且如果没有了他，我就等于失掉了在人间所拥有的一切。”又有一人说：“你觉得我对自己的妹妹有性的欲望？这未免也太可笑了。我们兄妹向来不和睦，已有好几年都不谈话了。我对她漠不关心。”

如果这些梦者不承认、也不否认那些原本属于他们的倾向，我们或许可以不为所动，也可以说这些就是他们意识不到的事物。然而如果他们在自己内心发现一种和我们所解释的愿望恰恰相反，而且以他们的生平行为来证明这个相反愿望占有着优势，我们便不得不知难而退了。我们如果把整个释梦的研究斥为一种能够导致谬论的工作而加以抛弃，现在就正是时候。

不，这还不是时候。在做了详细考虑后，就算是再强有力的抗辩也不容易站得住脚。如果精神生活果然有潜意识倾向的存在，则在意识生活中相反倾向占优势就不重要了。心灵内或许有同时容纳两种互相反对或矛盾的倾向的地方，也许一个倾向的优越会使相反倾向降落到潜意识之内。因此之前讲的第一种抗议只是说，释梦的结果既不简单，又令人很不快。

对于第一点，我们可以说，不管你们如何喜欢简略，也决不会因此而使梦的任何一个问题得到解决，你需要在一开始就下决心承认梦的复杂关系。至于第二点，你若以好恶作为评判科学是非的标准，那显然就大错特错了。如果释梦的结果令人不快，甚至于恼羞成怒，那又有什么关系呢？“这无害于存在。”这是我年少行医时，就曾听我师父说过的话。如果我们要切实地了解这个宇宙，便不得不低头，坦然地摒除自身的好恶。假使一个物理学家证明说地球上的有机生命即将灭绝，你一定不敢反对说：“那不可能，我很反感这种预测。”我想，如果没有另一个物理学家出来证明前一个物理学家的前提或估计有误，你大概只会默不作声。如果你只按照好恶行事，那么你就是在对梦的结构机制进行模拟，而不是想对梦做任何了解。

你也许不再介意被检查的梦中欲望的可厌性质，而另提一个抗议，认为人性绝不至于这么可恶。但是你能否用自己的经验来证实这句话呢？暂时不去讨论你把自己看作是何种人，但是你曾看见过那些和你一样甚至比你优秀的人怀揣善意，你的仇人义薄云天，你的朋友不再嫉妒，所以你才不得不对性恶的观念进行驳斥吗？难道你不知道很多人在性生活上都很难信赖和控制吗？或者你竟不知道我们在睡梦中的一切过度和反常的行为都是人们每天在清醒时所犯的罪恶吗？精神分析也不过是在证实柏拉图的格言：“恶人亲往犯法，止于梦者便为善人。”

现在把这个丢开不谈，请看看目前仍蹂躏着欧洲的大战：试想大规模的暴戾欺诈风靡于文明各国之内。你真的以为几个杀人如麻、争城掠地的野心家若没有几百万同恶相济的追随者，便能使这潜伏的恶性尽情暴露吗？谁还敢在这种情况下力辩人性不恶吗？

你也许会认为我对大战持有偏见，而要向我表示：一切英雄主义、自我牺牲及公众服务的至高无上的善良品质也都表现在大战之内。的确不错，但是你不要因为精神分析而对这方面做了肯定，就对它的其他方面进行诋毁，我们常常被这样冤枉。

我们决不愿否认人性的高尚，也从来没有贬损过人性的价值。相反，我不仅将被检查的恶念向你们全盘托出，而且当提到有检查作用压抑这些恶念时，我会让它们隐而不现。我们之所以对人类的性恶这般强调，只是因为别人总是否认这一点，这不但不能改善人的精神生活，反而会让其变得复杂难解。如果我们现在对这种片面的道德观弃之不用，那么就一定能在人性善恶的关系上找到更正确的公式。

这个问题可以到此结束了。释梦的结果虽然存在着奇妙的一面，我们也不要为此就放弃释梦的工作。或许将来会有另一条路来了解这些结果，而目前应该坚持这个说法，即梦的化妆是因为自我以为的倾向对夜间睡眠中的恶念进行检查的结果。如果我们问这些恶念何以在夜间发生，或如何发生，那便仍有很多还需要探究之处和许多还未得到解答的问题。

如果我们此时对这些研究的另一结果视而不见，那便不免会犯错误。对于那些干扰睡眠的梦的愿望我们本不了解，只是释梦时才知道它们，所以我们曾说这些愿望“当时是属于潜意识的”，它的意义如上所述。

但是我们必须要承认它们还不只是当时属于潜意识的。因为我们已经多次提到过，梦者虽因释梦而了解它们的存在，但对其仍持否认的态度。这种情形正像解释‘打嗝’那一舌误时，餐后演说家曾愤怒声明自己当时或无论何时都没有轻侮过他的领袖。我们那时就已不敢相信他说的是真话，我们确信演说者永远不清楚自己内心想的是什么。每当对化妆复杂的梦境进行解释时，我们总是会看到相同的情境，我们的学说也因此而更增添了一层意义。我们现在就可以说，精神生活中有一些历程和倾向是我们所不明白的。那些不曾明白的，或许会长久地不明白，或永远也不会明白。这便使潜意识一词有了新的含义：“当时”或“暂时”等形容词并非这个词的要义，潜意识不仅是“当时隐潜的”，简直可以说是永远隐匿的了。后文将进一步讨论这一点。

第十章
梦的象征功能

我们已经知道由于梦的化妆导致了梦是难于理解的，而梦的化妆又是对不道德的潜意识欲望冲动施行的检查结果。当然我们不敢说检查作用是化妆作用的唯一原因，我们若对梦做进一步地研究，便能发现化妆作用存在着其他原因。换言之，如果消除检查作用，我们依然不能对梦有所了解，而显梦也不能和梦的隐意保持一致。这是促成化妆的另一个因素，是通过我们觉察到精神分析技术的一个缺陷而引发的。以前我认为有时针对梦中的单独元素，被分析者很难引起联想；但这种情形当然没有像他们所说的那么多。

若分析者坚持不懈，则仍可由大多数例子引出联想，但是针对一些少数例子来讲，确实完全不能引起联想，即使真的硬要联想，也不是我们想要的。精神分析的治疗如果遇到这种情形，便有意义可寻，这里暂不提及，但是在为一般人释梦或为自己释梦时，以上情形也有发生的可能。在这种情形下，无论怎么劝说，都不会奏效，直到最后我们才知道当梦里出现特殊元素时，便会产生这种不愉快的障碍。原本我们以为这只是技术失败中的特例，现在才知道这是某一新原则作用的结果。所以，我们便试着用自己的办法来解释和翻译这些不能引起联想的元素。令人惊奇的是，每当我们敢于这样翻译的时候，往往能够获得完满的意义，反之，只要决定不用此法，梦便失去连贯性而变得毫无意义。这种实验开始时，我们本不敢这样认为，但相同的例子越来越多，使得我们不得不信。

为了演讲，我准备了一个概述，虽然比较简洁，但并不会引起误会。我们来对一组梦的元素，使用一种固定的翻译，就像我们在通俗的释梦书上看到的，对梦里各种事物都采用同样的那种翻译。可是你们要记住我们使用自由联想法的时候，梦的元素却从未有过这种固定的代替物。你们也许会立刻觉得这个释梦的方法比自由联想法更不靠谱。但是我们是用自己的亲身经历来搜集的许多适合用这种方式翻译的例子，于是知道释梦有时不用完全应用梦者的联想，只要应用我们自己的知识就够了。至于这种知识源自哪里，下半段我们会讲到。

我们可以把梦的元素和对梦的解释的固定关系称为一种象征的关系，而梦的元素本身便是梦的隐意象征，从前，当我们研究梦的元素和其隐意的关系时，我曾列举三种关系：（1）以部分代替全体；（2）暗喻；（3）意象。我又提出了第四种可能的关系，但并没有把这种关系解释清楚，这第四种关系便是刚才提及的象征关系。关于这个问题，在我们未举出特殊的观察以前，请把目光放在那些可供讨论的让人感到有趣的方面。我们梦的理论中最引人注目的部分也许就是象征作用。

第一，既然象征和被象征的观念之间的关系固定不变，且后者似乎是前者的解释，所以我们的技术与古人和一般人的释梦截然不同，然而从某个程度上讲，象征主义是暗合古人和一般人释梦的意思的。因为有象征，我们能在某种情形之下解释梦而不必询问梦者，其实不管怎样，梦者都不会以象征相告。如果我们知道梦中常有的象征、梦者的人格、他的生活状况及梦前接受的印象，便能够立即释梦，仿佛一见面就能翻译出来。这个实例既能使释梦者满意，又会使梦者叹服，所以远远胜于麻烦的询问法。然而你们可不要因此而产生误会，要花样绝不是我们的一贯招数，自由联想法决不能代替基于象征作用的释梦法。象征法是联想法的补充，而它所得的结果只有与联想法合用才有成效。

关于梦者心理情境的问题，你们要知道我们不仅仅解释熟人的梦。一般来讲，我们对于引起梦的前一天发生的事实基本无从知晓，因而被分析者的联想就是所谓心理情境的知识的来源。

有一点特别值得注意，即关于梦和潜意识之间的这个象征作用的问题居然引起了最激烈的抗议，尤其是后文即将讨论到的那几点。即使善于判断的人对于精神分析在其他方面已深表同情，可在这一点上也极力反对。

如果我们记得下面两件事，则这种行为便更令人惊异了：（1）象征作用并不像梦那样独特，也非梦的独特性质；（2）精神分析虽不缺乏独创的见解，但是梦的象征作用并不是精神分析开创出来的。如果要我们列举近代此说的先辈，则当首推施尔纳（1861）；精神分析只是证明了他的学说，而且在某些重要问题上还做了修订。

也许你们希望通过几个例子，讲明梦的象征作用的性质。我愿把我知道的内容都告诉大家，但是我自以为我们的知识没有如我们所期望的那么丰富。

象征关系的实质是一种比拟，但和任何其他的比拟不同。我们认为有特定的条件制约着这种象征的比拟，但尚未能弄清楚这些条件是什么。一物一事能够比拟的事物并不都在梦中呈现而成象征，相反，梦也能够代表任何事物，它只是人们梦的潜意识中精神元素的象征，因此二者存在界限。我们也必须承认，对于象征的概念目前还无法指出明确的界限，因为象征同代替物、表象等极易混淆，甚至与暗喻十分相近。有些象征的比拟基础较易看出，有些象征则必须追求其比拟中的共同因素或公比。有时只有认真仔细思考才能发现其隐义，有时在思考后，仍无法解释其意义。而且即使象征是一种比拟，这种比拟也不会由于自由联想法而表露；梦者对这一切毫无察觉，所以说应用象征也不是有意的。而若是要以此来引起他的注意，他确实也不愿承认。由此可见象征的关系即一种特殊的比拟，至于其性质怎样，我们还不清楚，也许以后的一些发现能增加我们对这个未知量的了解。

梦中用象征来作为事物代表的数量很少，如父母、儿女、兄弟、姐妹、生死、裸体、人体——此外还有一物，但暂时无须提及。

房屋代表着整个人体所常用的象征，这件事施尔纳也曾知道，只是他把这个象征的重大意义夸大了。一个人在梦里顺着房屋的前面攀缘而下，时而感到愉快，时而感到恐怖。如果墙面平滑，房屋指的就是男人；如果房屋有壁架和阳台则代指女人。父母在梦中则是皇帝和皇后或国王和王后，抑或其他高贵人物。这么说来，梦的态度是恭敬的。儿女、兄弟、姐妹等所受的待遇并不亲切，往往被象征为害虫或小动物。出生的象征往往与水联系紧密，或梦见落水，或梦见从水中爬出，或梦见把人从水中救出来，或梦见被从水中救出，这都代表母子的关系。梦见乘车旅行则往往是垂死的象征，而种种隐晦的暗喻则表示死亡，如梦见赤裸着身体，用衣服和制服遮盖。我们也由此发现象征和暗喻渐渐没有了严格的分界。

这些事物的象征是这么贫乏，以至于关于性生活的事物如生殖器、性交等象征的丰富就不能不让人感到吃惊了。梦中的多数象征都是性的象征。虽然和性有关的事物很少，但是其用来象征的数目则非常多，二者在数量上很不相称，每一个事物各自都有许多意义相同的象征。因此，最后的解释是引起一般人的攻击。梦的象征方式五花八门，而其解释却相当单调。

这固然是大家不想见到的，但这是事实，能有何办法呢？由于这是在这次讲演里首次提到性生活，我有必要把声明我讨论这个问题的态度。精神分析对任何事而言都不能隐蔽，所以我们不用为讨论这种重大问题而感到羞愧。因为无论何事都要先正其名，然后才会减少无谓的争论。无论坐在这里的听众是男还是女，我都一律平等对待。演讲科学不容得隐瞒，也不能只适合女性的要求，既然在座各位女士来听讲，便是在表明要和男子接受相同的待遇。

在梦中，男性生殖器有各种不同的象征，普遍来讲，其比拟所依据的共同观念比较明了。首先，神圣的数字“3”象征着男性生殖器。其更重要、更受两性关注的部分（阳具）其象征可以是手杖、伞、竹竿树干等长形直竖之物；也可能是有穿刺性和伤害性的物体，如小刀、匕首、枪、矛、军刀等种种利器；也可以是如枪炮、手枪及左轮手枪等种种兵器。后面这些东西因其形似，所以是非常合适的象征。少女在焦虑的梦中，往往被佩刀或佩来复枪者追赶。这种梦比较常见，这种象征，连梦者自己都能解释清楚。有时男性生殖器以水所流出之物为象征，如：水龙头、水壶或泉水；有时以可拉长之物为象征，如有滑轮可拉的灯，及自由伸缩的铅笔等。其他如铅笔、笔杆、指甲锉刀、铁锤及其他器具等，也显然是男性的象征。这些意义都很浅显易懂。

因为阳具有违反地心吸力直竖向上举的特点，所以也用气球、飞机，近来可用齐柏林飞船为象征。但是梦中出现的高举还有另一种关于勃起的更有力象征，它使生殖器成为人的主要部分，于是梦者自己便飞起来了。梦中高飞是普遍发生的，有时也非常美丽，现在如果把这种梦解释为性兴奋的梦或阳举的梦，你们也不要因此而大惊小怪。精神分析研究家费德恩曾对这个解释的可靠性作了证明，而以精明著称的沃尔德曾用臂和腿的不自然姿势进行实验，他的理论原本和精神分析大小一致（也许他对精神分析一无所知），但他的研究结果也说明了同样的道理。你们不要因为妇女也会梦见高飞，就来驳斥我们的学说，要知道梦的目的在于使欲望得到满足，而妇女往往在不知不觉中有一种想变成男人的欲望。而且你们如果熟悉解剖学，就不至于假设女人和男子不能有相同的感觉而实现这个欲望，因为女子的生殖器有和阳具一样的一小部分叫作阴核，在儿童期和在性交以前它和阳具占有同等地位。

有些男性的象征就像爬虫和鱼，尤其是蛇作为著名的象征比较难领会，更难理解的是帽子和外套为什么也能做这种象征，但它的象征意义是没有问题的。至于手脚代表男性生殖器是否也可视作象征会让人产生疑惑。但又由于它和鞋袜、手套的关系，就不得不将其视为象征之一。

女性生殖器则以一切有空间性和容纳性的事物作为象征，例如罐和瓶、坑和穴、口袋、保险箱、各种大箱小盒及橱柜等，船艇也属于此类。很多象征是指子宫，而不是指其他生殖器官，比如火炉、碗柜，尤其是房间。在这里，房屋的象征和房间的象征相关联，而门户则代表阴户。木和纸等制造的各种材料，如书和桌等也是妇人的象征。

针对动物界而言，蜗牛和蚌一定是女性的象征；就身体各部分而言，则嘴代表阴户；就建筑物而言，则小礼堂、教堂都是妇女的象征。而你们应该知道，对这一切象征理解的难易程度是各不相同的。

乳房也是性的器官；女性的乳房和臀部都是以苹果、桃子和一般水果为象征。两性的阴毛在梦里则往往通过森林丛竹的形式表现出来。

女性器官的复杂部位常可比喻为有树、有水、有岩石的风景；而男性器官因为其特殊构造而往往象征着各种复杂而难于描述的机器。女性生殖器还有一个象征能注意，那就是珠宝盒，而梦里的“宝贝”“珍珠”也能是爱人的代表，糖果往往象征着性交的快感。通过自己生殖器而得到的满足则以各种游戏为喻，比如弹钢琴。手淫则以溜动、滑动和折枝为喻，都非常典型。尤其要注意的是，手淫的象征是拔牙或掉牙，其要义是用宫刑作为手淫的惩戒。至于性交的特殊象征则远比我们期望的少，但在这里也能举出如骑马、登山、跳舞等有节奏的活动，又比如受暴力待遇，如为武器所威胁及为马蹄所践踏等。

你们不要把这些象征的解释和用途看得太简单，实际上，在各方面所遇到的往往都出人意料。比如，两性所用的象征常可互相交换，这点使人难以置信。有很多象征可兼用来代表女性和男性：比如小男孩、小女孩或小宝宝。有时女性生殖器往往象征着男性，而男性生殖器往往象征着女性。这点不好理解，除非我们对人类性概念的发展已略有所知。就某些例子而言，这种象征好像模棱两可，而实际却不是这样，最显著的如口袋、橱柜、武器等则永远是单性，不是两性可互用的。

现在脱离被象征的事物，而从象征本身讲起，来表明性象征的起源，对于取义较不明显的象征则可以稍加说明。这种象征可以用帽子为例，帽虽偶尔也代表女性，但也常有男性的意义。同理，外套代表男人，虽然有时是专门针对生殖器的。这到底是什么原因呢，你们完全可以随便提问的。领结下垂，是男性的象征；衬衫、内衣则往往是女性的象征。衣服、制服隐喻着裸体，上面已经说过。拖鞋和鞋则意味着女生殖器。桌和木材象征着女性，这点虽然费解，但仍然无须怀疑。登山、登楼或登梯的动作很明显是性交的象征，其兴奋的增加和节奏的性质相同，如登高者上升时呼吸短促，仔细一想便能了解这点。

我们已知道女性生殖器可被比喻成风景，高山巨石可作为男性生殖器的象征，而庭园则往往象征着女性生殖器，水果代指乳房，而不是指孩子。有情欲且感官兴奋的人往往被喻为花卉，野兽是女性生殖器的代表，尤其是处女的生殖器。关于这层，你们要记得花原本是植物的生殖器官。

房间的象征意义是我们已经知道的。这个象征还能够扩大，于是门窗（即房间的出入口）用来指阴户；房间开闭的意义可以类推：开房间的钥匙即象征着男性。这些材料是用于研究梦的象征作用的，但是并不完备，一边扩充的同时，一边还可以深入。但是我认为足够了。你们也许深感不快，认为：“我真的生活在性的象征中间吗？我周围的一切事物，我所穿戴的衣服鞋帽和我所接触的一切难道都仅仅是性的象征吗？”这些疑问确实有一定道理，对于梦的象征，梦者既不提起半句，我们究竟怎么揣摩这些象征的意义呢？

我的答复是：我们的知识来源广阔，有戏语和笑话，有民间故事，有神话和神仙故事，有关于各民族习惯、风俗、歌曲和格言的传闻，还有惯用的俗语和诗歌。这些方面存在很多相同的象征，其中有许多意义都不言而喻，都可自然了解。如果我们把这些来源一一分开考察，便可知它和梦的象征作用有着很多相同点，使我们不会不相信我们解释的正确性。

我们曾说过，据施尔纳的见解，人往往在梦里用房屋作为象征。如果将这个意义加以扩充，则大门和窗，小户都能成为体腔出入口的象征，而屋的正面可以是平滑的或有壁架和阳台。俗语中也有同样的象征，比如，毡帽和头发。在解剖学里，身体的出入口统统叫作‘户’或‘门’，如幽门或阴户等。

父母入梦变成帝王和皇后，第一次听见并不觉有些奇怪，但在神仙故事里，确实有和这个相平行的事实。有许多神仙故事开头便说：“古时有一个国王和皇后”，难道我们不知它的意思就是“古时有一个父亲和母亲”吗？针对家庭生活来讲，儿子有时叫作公子，而长子叫作太子。国王叫作“庶民之父”。有时小孩被叫作小动物，例如在英格兰西南部的康瓦尔郡，被叫作“小蛙”，在德国被叫作“小虫”，表示疼爱孩子，便将他们称为“怪可怜的小虫”。

现在我们回来谈房屋的象征。房屋突出的各个部分在梦里能够作攀登之用，这便和一句著名的德国话暗合，讲到德国胸部特别发达的女人，便说：“她有能供我们攀登之处。”此外还有一句和此相同的俗话：“在她的屋前有许多木材”，我们之前说木材是女性母亲的象征，从此处似乎又能得到证明。对于木材这个题目还有很多话可谈论。为什么木材代表女人或母亲，那是不易理解的，但在这里我们能够利用各国语言加以比较。在我们的国家里，也有把孩子叫作“小猫”“小狗”的——这种化广为狭的过程很常见。现在在大西洋里有一个名叫马德拉（madeira）的岛，岛名是葡萄牙人发现这个岛时所定，因为那时岛上有茂密的森林，而葡文“木材”就是madeira。但是你们都知道这个madeira只是拉丁字materia的变式，而materia又有原料之意。materia源自mater（意为母亲），用来制造任何物品的原料都可看作那物品的生母。所以说木材是女人或母亲的象征，我们也只是续用这个字的古义。

与水有关的事常表示分娩，比如入水或出水，那表示自己分娩或自己出生。我们不要忘记这个象征指的是双重进化的事实。不仅人类，一切陆生动物都是从水生动物进化而来的（这是关系较远的重要事实），而每一个人，每一种哺乳动物第一期的生活都是在水中经历的（即胚胎在母亲子宫的羊水内生活时），所以分娩时是从水里出来的。我自然不想让梦者知道这件事，而且我认为他没有必要知道此事。也许他还是孩子时听别人说过，但我认为这和象征的构成无关。

小孩在托儿所里听说婴儿是鹳鸟带来的，但是鹳鸟是怎么得到婴儿的呢？在池中或井中——那就又是从水中出来了。我有一个病人，当他还是孩子时（那时他是一位小伯爵）听到这件事，后来不知他去了哪里，整个下午都见不到他的踪影，找到他时，他就躺在宅内湖边，盯着水面，想要看看水底的婴儿。兰克对神话中英雄的降生曾做过比较研究，在这种神话中——最早为阿卡德的萨贡王（约公元前2800年）——弃孩子于水中和救孩子出水二事占据了重要地位。兰克明白这就是分娩的象征，它象征的方法和梦所用的一样。无论什么人如果梦见救一个人出水，他便认为这个人是他的母亲，或任何人的母亲。而在神话中，救孩子出水的总以为自己是这孩子的生母。一个笑话讲，有人问一个聪明的犹太孩子，谁是摩西的生母，那孩子回答说“公主”。那人说：“不对啊，公主只是把孩子从水里取出来。”孩子说，“那就是她生的呀”，可见他对神话解释得挺好。在梦里出发旅行是垂死的象征；同样，在托儿所里，如果儿童问一个死者去了哪里，保姆们会告诉他那人“远行”去了。诗人也用同样的象征说死境是“旅行家到了就回不来的乌有之乡。”日常谈话中，也常常把死喻为“最后的旅行”，无论什么人如果深知古礼，便知道丧仪都很隆重，比如在古埃及，往往用所谓的《亡灵书》赠给木乃伊，认为是其最后旅行的指南。因为坟地和活人的房屋差别极大，所以死者的最后旅行最终便真成了真实的事了。性的象征也不只属于梦，你们应该知道有时候轻侮女人，戏呼之为“铺盖”，可谁都不知道这就是一种生殖器的象征。

《新约》中有：“女人是较脆弱的器皿”。犹太人的圣书，文体与诗颇为相近，也有很多性的象征的表示，这些象征很少有人了解，所以在如“所罗门之歌”里，其注释曾引起许多误会。在后来的希伯来文学中，也常常用房屋来比喻女人，用门户作为生殖器的出入口的比喻。比如男子若发现妻子已不是处女，就说，“我发现门已开了。”这种象征在希伯来文学中也很常见，比如有妇人谈到她的丈夫，“我把桌子为他摆开，但是他把它推翻了。”

跛孩之所以跛，据说是因为男人“将桌子推翻”了。这些我都引自布吕恩的列维的书：《圣经和犹太人法典中性的象征》。船在梦里意为女人，语言学家也主张这个信仰，他们说Schif（德文“船”字）的原义是泥造的器皿，和Schaf（意为木桶或木制器皿）为同一个字。至于火炉是指女人或母亲的子宫，也可从希腊科林斯的珀里安德尔与其妻梅里沙的故事中获得证明。据希罗多德的译文，这个暴君原本很爱他的妻子，但因妒忌却把她杀了。他在杀害妻子之后，看见了她的影子，并命令影子诉说有关他妻子的事，于是那已死的妇人证明了她的身份说，他（珀里安德尔）“把他的包子放在一个冷火炉里了”。这是一句隐语，并非第三者所能明白的。还有克劳斯所编的《不同民族的性生活》是研究各民族性生活的必读之书，书中说某部分德国人讲到给女人接生时说，“她的火炉已粉碎了。”生火和烧火的相关事宜都含有性的象征，火炉或火灶则代表女人的子宫，火焰代表男性生殖器。

如果你们因梦中常见的山林风景象征女生殖器而感到十分惊奇，那么你们通过读神话便知“地为人母”这句话在古代宗教仪式中的地位，这个象征还支配着整个农业的观念。至于梦里以房间表示女人则可从德国的俗语中追溯它的起源；德语以Frauenzimmer（指妇人的房间）代表Frau（即妇人），即人可以用自己所住的房子为代表。又如说到the Porte（土耳其宫廷），意指苏丹和其政府，而古时埃及的国王法老也只有“大宫廷”的含义，但是这个溯源的推论看起来比较肤浅。在我看来，房间象征女人，是因为它有“人居其中”的特征。而我们也对房屋所含有的这个意义有了了解。从神话和诗歌的角度看，我们可以把镇市、城堡、堡垒、炮台也当做女人的象征。现在如果对那些不说德语和不懂德语的人的梦进行研究，便能证明这点。近年来我治疗过的病人，多数是外国人，虽然说他们的语言中没有与德文Frauenzimer一字相当的字，但是根据我的记忆，他们的梦也一样用房子代表女人。象征超出了语言的范围，这是以前梦的研究家舒伯特在1862年所主张的。不过我所有的外国病人都对德文略知一二，所以这个问题只能让那些只知道本国文而不懂德文的外国病人的分析家做最后的判断。

对于男性生殖器的象征，没有一个不是出自俗语、笑话或诗歌之内，尤其是古希腊诗人拉丁的作品。但是我们不只看见梦中有这种象征，且能从各种各样的工具中看到，尤以锄犁为最。对于男性生殖器的象征，范围又大，争论又多，我们为节省时间，最好对此存而不论。我只想对这三个数目略说几句。这个数目被看得十分神圣是否源于它的象征意义，暂且不说，但是有许多如苜蓿叶等分三部分组成的自然物，就是源于它们的象征意义，而被用在盾形纹章和徽章之上。又如所谓的“法国的”三瓣百合花、西西里和人岛两岛所通用的怪徽章“trisceles”，外形是一个通过中心点射出的三脚跪着的像，也只为男性生殖器的化妆，因为古人认为生殖器的影像是消灾避祸的有效工具；现在所有护符也可认为是性的象征。这种护符多用小小银质悬饰做成，如四叶苜蓿、猪、香蕈、长梯、扫烟突、蹄铁形物等。四叶苜蓿代替了三叶的，作为象征，三叶当然比较合适；猪在古时是丰盛的象征；香蕈是阳具的象征，有一种香蕈因为和阳具很像，所以其学名为Phallus impudicus；马蹄铁的轮廓和女性的阴户十分相近；而其长梯和扫烟突则是性交的象征，因为一般人往往以扫烟突形容性交。（参看《不同民族的性生活》）我们对长梯入梦是性的象征有所了解，而由成语看来，Steigen“升登”一字实有性的意义，例如：Den Frauen nachsteigen（意即盯梢女人）和einalter steiger（意指年老的登徒子）。法文表示进行的字为la mar-che，而un vieux marcheur之意也指年老的登徒子。这个联想或许可以用下面这个事实作为根据：即有许多大型动物在性交时，雄性一定会趴到雌性背上。

折枝象征着手淫，不只由于折枝的动作和手淫十分相似，而且在神话中，二者也有很多类似之处。然而对于以掉牙或拔牙作为手淫或手淫的惩戒，即阉割的象征要特别注意；民族故事中也有和这件事相同的，只是梦者极少知道罢了。我想许多民族的割包皮仪式和阉割的形式相似。近来还听说了一些澳洲原始部落在成年时举行割包皮仪式（指对男童成年的祝贺），而其他附近的部落则用拔牙仪式代替。

在这里举完这些事例，就该收尾了。这些只是一些例子，如果搜集这种事例的真正的语言学、人类学、神话学、民族学的专家，而并非我们这些对此知之不深的人，那么所搜集的材料就将更丰富且更加有趣味，而我们对于这个问题的了解程度真的很有限。

首先，梦者虽能做出象征的表示，但他对这种象征却并不了解，哪怕清醒的时候，也未必能认识。这个事实有些太奇怪了，就像你忽然惊讶地发现你的女佣人居然懂梵语，虽然你知道她自小就在波希米亚的一个乡村内长大，未曾学过梵语。这个事实显然不易和我们的心理学说相调和。我们只好说梦者关于象征的所有知识是潜意识的，是他潜意识的心理生活的附属。然而，即使有这个假定，也没有带给我们多大帮助。我们以前只是把暂时不知道的或永久不知道的潜意识倾向的存在做了一个假定，现在这个问题膨胀了，实际上我们不得不相信潜意识的思想关系、知识和不同事物之间的比较，并因此常常用一个观念代替另一个观念。这些比拟并不意味着每次都要提供全新的材料，它们本身就是随时可以应用的、现成的。为什么这么肯定呢？因为尽管语言不同，每个民族所用的比较也都是完全一致的。

那么这个象征的知识究竟是从哪里来的呢？语言的习惯仅仅属于知识源流的一小部分，其他方面和与此相当的事实多不为梦者所知。因此我们必须先把这些材料加以整理。

第二，这些象征的关系并非梦所特有的，因为我们知道一样的象征在神话和神仙故事，还有俗语、民歌、散文和诗歌之内都存在。象征的范围十分广泛，梦的象征只是其中的一小部分，因此我们便从梦着手研究其象征问题。有许多象征常出现在别的地方，但在梦中看不见，或即使出现在梦中，次数也极少；反之，有许多梦的象征也只是偶然在其他地方出现，这是我们已经知道的。由此我们可判断象征只是一种古用今废的表示方式，其中的某些部分在形式方面稍做了改变。这里，我想起了一个很有意思的精神病人的幻想，他认为世间一定有一种所谓“原始语言”的东西，而这些象征就是这种原始语言的遗物。

第三，你们一定认为其他方面的象征都不以性为转移，可梦的象征却为何都代表性的对象和性的关系呢？这实在难于理解。我们能否假设原本属于性的象征以后在其他方面被选用，或这方面的象征方式降低为别的表示方式呢？显然，这些问题都不是只通过梦的象征便可解答的，因此，我们对真正的象征和性有着特殊密切的关系持坚定的支持态度。

关于这一层，我们最好请教一下语言学家乌普萨拉的斯珀（他的研究与精神分析无关），根据他的意见，在语言的起源和发展上性的需要占据非常重要的地位。他说，在进化上，动物最早发出的声音就是召唤异性伴侣的工具，在之后的发展中，语言作为一种元素就成为原始人工作时所伴随的声音。这种有节奏的声音与工作造成了联想，于是工作也伴有性的趣味了。所以原始人仿佛是以工作来代替性的活动，而让工作变得愉快。那么工作时所发出的字音便有双重意义，一方面和性的动作有关，另一方面则与劳动或性的动作的代替物有关。时间久了，字音逐渐失去了原来的用法和性的意义。几代之后，出现的有性的意义的另一个新字也是一样，于是此字也被用于新的工作方面。由此而产生一些基础字，这些基础字原本属于性，后来失去了性的意义。假如这种说法是正确的，那么我们至少就有了以它来了解梦的一种可能性。正是因为梦把这些原始情形的一部分保留了下来，所以梦里才会有诸多性的象征，而为什么以武器和工具来代替男性，材料和事物又为何用来代表女性，由此也便有了答案。于是象征的关系可以视为古字相同的遗意，比如古时一度和生殖器同名的事物现在在梦中可以作为生殖器的象征。进一步来讲，我们所有与梦的象征相平行的事实都能让你们明白精神分析为何会引起普遍的兴趣，而心理学和精神病学则不能这样。精神分析的研究和神话学、语言学、民俗学、民族心理学及宗教学等许多其他学科有着很密切的关系，而研究的结果又给这些学科提供了有价值的结论。因此，当你们听说精神分析学家写了一本以促进这些关系为唯一目的书，你们也大可不必吃惊。这里，我指的是《初恋对象》（lmago），它的编者为萨克斯和兰克，于1912年首次出版。精神分析与其他学科之间存在着一种施多于受的关系。精神分析那些令人惊奇的结果虽受其他学科的证实而收获颇丰，但是总体来说，也正是精神分析给这些学科提供了有实效的研究观点和方法。人类个体的精神生活接受精神分析的研究，它所产生的结果能用来解决人类生活中的诸多谜题，或者至少也能为这些问题带来解决的希望。

至于对假定的所谓“原始语言”或用这个方法为主要表示的精神病究竟怎样才能有深切的了解，我还未曾提及。你们如果对这一层存有疑惑，就无法领会整个问题的真义。有关神经病的材料可在神经病患者的症候和其他表示方式中找到，而精神分析正是要解释和治疗这些现象。

第四个观点让我们重回原点。我们曾说过，就算没有梦的检查作用，梦的解释也很困难，因为那时我们一定要将梦的象征译为日常的语言。因此象征作用是和检查作用并存的梦的化妆的第二个独立因素。检查作用也常常利用象征，这个结论十分明显，因为它们的共同目的是使梦变得奇异并难解。

通过对梦的进一步研究，能否发现化妆作用的又一个因素，我们马上就能知道。但是在结束梦的象征作用的问题以前，一定要再提一下这个奇怪的事实，那就是艺术、宗教、神话、语言虽然毫无疑问地充满象征，但是只有梦的象征作用引起了受教育者的强烈反对。这不都是因为象征和性的关系而引起的吗?

第十一章 梦的工作

如果现在你们已经懂得了梦的检查作用和象征作用，那么，尽管你们还无法完全了解梦的化妆作用，但也能对大多数的梦进行解释了。你们可以应用以下两种方法，这两种方法是相互补充的：（一）引起梦者的联想，直到能通过隐念的代替品来求得其原有的隐念为止；（二）运用你们自己的知识来对梦里象征所代表的意义进行补充。而因此引起的疑难之处，待以后再讨论。

我们之前曾对梦的元素和隐念的关系进行过研究，但是当时的准备不够充分，因此现在重新加以讨论。我们将它们之间的关系归纳为四种：（一）以部分代全体；（二）暗喻；（三）象征；（四）意象。现在可以把讨论的范围扩大，而将整个显梦和由解释获得的隐梦做比较的研究。

我希望你们永远不要把显梦和隐梦混为一谈。假使你们能清楚地辨别这二者，那么你们对梦的了解程度，恐怕就不是我的《梦的解析》一书的多数读者所能做到的了。但我还是有必要强调一下下一个层面，即梦的工作就是隐梦变做显梦的过程。相反，因为显梦回溯到隐念的历程就是我们释梦的工作，所以释梦的目的是将梦的工作推翻。

针对儿童的梦而言，其愿望的满足虽然清晰可见，但梦的工作也存在一定的活动，因为白天的愿望往往进入梦境而变成现实，思想则往往会成为视觉的意象。这种梦可以不去解释，我们只需对这两种变化的经过进行回溯就足够了。至于其他样式的梦，其梦的工作颇为复杂，因此把它称为梦的化妆来表示区别。

对于化妆的梦，为了恢复梦的原来隐念，我们便不得不加以解释。由于我曾有机会比较许多种梦的解释，所以我现在才能对将梦的工作进行细述，并知道它是如何处理梦的隐念的材料的。但是请你们不要报过多地希望，对如下这段话，你们必须用心倾听。

梦的工作的第一个成果是压缩作用。所谓压缩，就是指显梦的内容比隐念简单，貌似是隐念的一种简写体。没有经过压缩作用的梦，或多或少都要经过压缩，而且有时压缩的程度很大。而与压缩相反的作用绝对不会出现，即我们不会发现显梦的内容比隐梦丰富，或显梦的范围比隐念大。压缩的方法一般有如下几种：（一）某种隐念的成分完全被消灭；（二）隐梦的许多情结中，只有一个片段侵入显梦之中；（三）某些性质相同的隐念成分在显梦中融合为一体。

如果你愿意，可以保留着“压缩”这个词，关于上面的第三种方法，可以找到很多相关实例。比如在你们自己的梦中，也会有“数人合为一人”的压缩例子。在这种混合而成的影像中，一个人相貌像甲，穿着像乙，职业又像丙，但是你自己始终把他看成是丁。因此在这个人身上会体现四人所共有的属性。关于物件或地点，也会出现这种混合的影像，只要这些物件或地点有一些共性能让隐梦支配就行了。

一个新的不稳定概念由此形成，而用这个共同属性作为核心，压缩的各部分彼此混合之后，往往会形成一种模糊的图片，仿佛几个影像同时投影在一个感光片上。

在梦的工作中，这种混合影像占有相当重要的位置，我们能够证明，混合影像在开始时并不存在，它们是梦把这些影像混合在一起时特意制造出来的。例如，选择一种特殊的语言来表示一种思想。我们曾见到过这种压缩或混合的实例，它们是造成舌误的主要因素。有位年轻人说要“送辱”一位太太，其实这就是“送”和“侮辱”混合在一起造成的口误。有时候，为了使话语变得诙谐幽默，也会使用这种压缩。

除此之外，压缩现象虽不常见，但确有许多幻想和梦中数人合二为一的现象相当，因为也有许多成分在实际上原本不相隶属，而在幻想上合为一体，比如古代神话中半人半马的怪物和滑稽的动物，或是“布克林”的图画等。其实所谓“创造的”幻想并不是发明新的东西，只是把各方面的材料重新整合起来。进行中的梦的工作有如下特色：尽管在梦的工作的材料中有一些不愉快且可摒弃的思想，但是这种思想却能通过正确的形式表达出来。梦的工作把这些思想转换成了另一种形式，奇怪的是在翻译成另一种文字或语言的过程中，它使用的居然是一种混合法。翻译者在其他地方总要保留原文所有的区别，尤其是所差无多的事物的区别，而梦的工作会采用诙谐的方式，以双关语来表示两种思想，并因此而将两种不同的思想混合起来。针对这个特点，我们不能苛求自己立即对其有所了解，然而这对于我们解释梦的工作来说，的确起到举足轻重的作用。

压缩虽足以让梦变得模糊，但它并不能让我们感到梦的检查作用的势力有多大。我们也许会认为压缩是机械或经济的原因造成的，但是不管怎样，检查作用都在其中担当一定的角色。有时压缩的成就可能会出人意料：两种完全不同的隐念，常混合成一个显梦，因此我们对梦似乎有了一个稍微满意的解释，可同时却又忽视了第二种可能的意义。

而且压缩对显梦和隐梦的关系存在一定影响，即两者的各元素间的关系尤其复杂。由于互相交错的原因，使得一个明显的元素同时代表若干个隐念的元素，而一个隐念元素又能化为若干个明显的元素。当释梦时，我们会发现一个明显的元素的种种联想不会依次呈现；若要它呈现，往往必须要到整个梦得到解释之后。因此，梦的工作是通过一种特殊的样式来表示思想的；既并非字与字一一对应，也不是一个符号对一个符号的翻译，更不是有规则可以遵循的选择作用，当然也不是某一常用元素代表其他若干个元素的代表作用。它所采用的是一种与此截然不同且更为复杂的方法。

“移置作用”是梦的工作的第二个成就。这里并没出现新的问题，我们清楚这都是梦的检查作用的工作。移置作用有两种方式：（一）一个隐念的元素不以自己的一部分为代表，而以没有多少关系的其他事物来替代，其性质和暗喻很相近；（二）其重点由一重要的元素，移置到另一个不重要的元素之上，梦的重心被移置，于是梦就以异样的形态出现了。

人在清醒时的思想，也常用暗喻代替原意，但和梦的暗喻有一点重要区别：觉醒时所用的暗喻容易了解，而这替代物的内容也和原意有着一定的关系。比如说笑话时也常利用暗喻，那时已经省略了内容的联想，而用不常见的表面联想所取代。比如或取谐音，或取双关的意义。不过这种联想仍须大家所了解。如果暗喻所指的真意难以被辨认，则笑话将会完全失去其原意。而梦中代用的暗喻，则完全没有这些限制，它和原意的关系，既浅薄又疏远，所以不容易被了解。而且一经说明，便觉得与笑话完全不像，其解释也十分牵强。只有当我们因暗喻不能逆溯到原意时，梦的检查作用才算完成目的。

就算我们的目的是要发表思想，移置重心也并不合理，虽然我们在清醒时也会偶尔用这种方法来开玩笑。要说明这一点，用下面的故事为例比较恰当：某村有一个铜匠犯了死罪，法庭判决他有罪，但是村里只有他一个铜匠，却有三个裁缝，因此铜匠不能死，所最后用一个裁缝来顶替他的死罪。

梦的工作的第三个成就，从心理学的角度上讲，最为有趣，即将思想变为视觉现象。我们知道梦中的思想不能完全转变成视觉现象，许多思想仍然保持其原形，并在显梦中表现为思想或知识，此外，视觉现象也不是思想变形的唯一可能方法。但是它却是梦的主要特征，除了另一种情况；这部分梦的工作变化非常少，而且视觉现象作为梦的成分，也为我们大家所熟悉。

很明显这种方法实施起来并不容易。可设想你们现在要通过绘图来说明报纸中的一篇政治论文，必须要将文字改成图画。文中所有具体的人和物都可以用图画代表，而且可以表现得更完满。但是如果你们要将一切抽象的文字，包括指示各种思想关系的语词，如关系词、连接词等，统统都改成图画，就会遭遇重重困难。就抽象的文字而言，你们或许能采用各种方法，比如将文章的内容先译成其他各字，这些字就算很少见，但其语根的成分较为具体，所以做出这种表象比较容易。你们或许还能由此想到这样一个事实：抽象的文字原本就是具体的，只是它们具体的原义渐渐失去了意义而已。所以一旦有可能，人们便不免去回溯这些字原有的具体含义。比如，“占有”一物的实际意义，是“坐在它的上面”。这就是梦的工作的进行方法。在这种情形下，你们要求精确的表示是很困难的，也不能埋怨梦的工作难以用图来加以替换。（在对这几页文稿进行修改时，我偶然看到了报纸上的一段新闻。我把它抄了下来，用来证明上述几句话。预备役军人M曾发誓违背婚誓就会遭受断臂的惩罚，而他真的遭到了上天的报应。他的妻子M夫人安娜控告K夫人克勒孟坦对丈夫不贞，她控诉当自己的丈夫M在前线服役期间，K夫人与之私通。在私通期间，M每月送给她70克朗，此外，她还接受了M的一大笔钱，以至于原告M夫人和孩子们陷入挨饿的凄惨境地。M夫人从自己丈夫的同事口中得知，他曾和K夫人共同去酒店饮酒到深夜。而被告K夫人有一次曾当着几个士兵的面，询问她丈夫是否会离开自己的“发妻”到她那儿去，而K夫人的寓所看管人也多次看见M夫人的丈夫在K夫人的房间内穿过什么衣服。然而，K夫人在利物浦斯诺特的法官面前说不认识M。她发誓，他们之间没有发生亲密关系。但是，一个叫M的阿伯丁的证人提供证据说他曾亲眼看见原告的丈夫和K夫人接吻，K夫人为此非常惊恐。前几次开庭，M在被召出庭受讯时，坚决否认自己和被告的亲密关系。可是昨天，地方法官收到他的一封信，信中推翻了自己之前的供词，供认他和K夫人一直私通到去年的六月。而上几次出庭，他之所以否认和被告私通，只是因为在开庭前他们见了面，被告跪求他不要声张。他接着写道：“今天，我不得不在庭前招供实情，因为我的左臂折断了，我认为这是上天对我犯罪的惩罚”。法官判决如下：该刑事犯罪为时已久，案件无法成立，原告撤销其控诉，被告得以开释。）一些如“因为”“所以”“然而”等等表示思想关系的语词，如果你们要用图来表示，显然不会那么容易，因此，这部分只能省略。同理，梦的思想内容也会随着梦的工作而化为物体和活动等材料。

如果那些非图画可以形容的关系能被替换成更生动的影像，你们或许就会觉得满意。同样，梦的工作能通过显梦的形式特点，就像它的明晰性，或隐晦性，和区分为不同部分等，成功地把大部分的隐念表现出来。梦的部分成分数目和梦的主题或起伏的隐念数目几乎相等。一个起始简短的梦，和后来详尽的主梦有着导引或因果的关系。梦内情境的改变，则是次要的隐念的代表。所以，梦的形式也非常重要，它本身需要解释。一夜里的几个梦往往只有一次，表示梦者为能够完满地控制一个不断加强的刺激而努力过。而在单一的梦里，一个特别困难的元素需要用多个象征作为它的代表。

如果我们继续将隐念和显梦进行比较，则不管在哪方面都有可能会产生出人意料的事情，哪怕梦中荒谬绝伦的事实也有着各不相同的意义。在这一点上，医学家释梦和精神分析者释梦有着更加显著的区别。从医学家的角度来看，梦荒谬的原因是梦时的心理活动暂时宣告停止，而从我们的角度看，梦是荒谬的，是因为梦的隐念含有“它是荒谬的”这种指责。之前讲过的去剧场看戏（一个半弗洛林买三张戏票）就是一个很好的例子，其表达的意见就是：“结婚太早未免太荒谬了。”

我们在释梦时，发现梦者往往对某一个元素是否曾入梦，或入梦的是否就是这个元素持怀疑态度，而对其他元素则没有这样的反应。通常来讲，隐念中确实没有和这些怀疑相当的东西，它们统统因检查作用而起，是压抑不能完成导致的。

我们最为惊人的发现之一是梦的工作处理隐梦中相反意念的方法。隐梦中材料的互相连贯的各点在显梦中凝缩在一起，这点是我们已经知晓的。但是相反的意念和相同的意念都会以同样的方式来处理，特别要用同样的显梦成分表示出来。如果显梦的成分正反两面，其代表的意义分三种：（一）同时代表正面和反面的意义；（二）仅仅代表它自己；（三）代表相反的意义，那么释梦时怎样处理这些情况，还需要看前后关系而定。因此梦内没有“否”字的代表，至少没有清楚的词语来表示。

值得庆幸的是，梦的工作的这种奇怪现象可以在语言发展上找到类似的情况。语言学家大多主张在最古老的语言中，所有相反的词如：强弱、明暗、大小等，都是用同一词根来表示的，即原始文字的歧义性。比如“ken”在古埃及语中，原意是“强”和“弱”。说话时因音调和姿势的不同，没有使两歧的字引起误会；在书写时，则加上所谓的“限定语”，即画一幅图，比如在“ken”之后，画一个挺胸直立的人则其义为“强”，如画一个屈膝下跪的人，则其义为“弱”。直到后来，同一原始文字的两个意义才因语根的微小变化而表示两种不同的意义。

不仅最古老的语言是这样，较近代的，或现在存在的语言，发展到了最近阶段也仍然保存着许多早期的两种含义。如果把相近的语言相互比较，就可得到更多的例子：英文：lock＝闭锁；德文：Lock＝洞、孔穴，Lücke＝裂隙。

梦的工作的另一特点也可在语言发展上得到证明。在古代埃及语和其他后来的语言中，音的位置变换，一前一后，导致用不同的字来表示相同的基本观念。所有英文、德文这类平行的，比如：Topf（pot）—pot（锅）；Boat—tub（桶）；Hurry（匆忙）—Ruhe（rest）（休息），拉丁文和德文平行的，例如：capere—packen（to seize）（捉住）；ren—Niere（kidney）（肾）。

除此之外，梦里还有情境的倒置或亲属关系的倒置，使我们仿佛置身在一个混乱世界之中，比如猎人追兔在梦里往往变成兔追猎人。而事物的前后程序也跟着颠倒，所以在梦中表现为先果后因，使我们想起三流戏院中所演的戏剧，主演者先倒地而死，然后才听见使他丧命的枪声。有时梦里各元素的位置整个被倒置，所以释梦时，可以将最后位置的元素改放在前面，而位置最前的元素改放在后面，这样才好理解梦的意义。比如梦的象征作用也有这个现象，如，落水和出水都表示分娩或出生，而上梯和下梯的意义也相同。梦的工作的这些特征依附于原始语言文字的表达方式，其难以了解的程度与原始的语言文字几乎等同，这一问题且稍后评论。

现在将这个问题的其他方面提到讨论日程上来。显然，将隐念变成知觉的形式，尤其是视觉的影像，是梦的工作所要完成的事。我们的思想原本就是采用这种知觉的形式。感觉印象是其最早的材料和其发展的最初期，更确切地说，是先有这些感觉印象的"记忆画"，后来渐渐才有文字附着于这种图画之上，连络起来以成思想。所以，梦的工作是让我们的思想倒退，而返回发展过程中所经的老路，而记忆画在这个倒退的过程中进展为思想时的一切新生物都不得不随之消失。这就是梦的工作的意义。

懂得了梦的工作的历程之后，我们对显梦的兴趣就不再那么强烈了。但是我仍想对显梦加以论述，因为我们在梦里直接感觉到的部分终究只有显梦。

诚然，在我们眼里，显梦已经失去了重要的地位。不管它是郑重地组合起来，还是分裂为前后不相联络的图画，对我们来说都无所谓。虽然梦的表面看起来意义充分，但是我们知道这种梦的表面形成于梦的化妆作用，和梦的内容没有必然联系，正像由意大利教堂的门面，不能够完全推知其中大概的结构和基地的设计一样。有时梦的表象也有其意义——赤裸裸地表现隐念的要点。但是，我们要清楚这一点，必须要经过释梦而明白其化妆的程度之后才能做到。有时两种成分的关系非常密切，也可能会产生类似疑问；即由这种联系看来，虽然可以推想隐梦里的大部分成分也有类似的关系，然而我们有时深信隐念中的一些成分在入梦后却距离很远。

大致地讲，我们不能用显梦的一部分来解释显梦的另一部分，就像梦是互相连贯，表里如一的。就大多数的梦而言，其构造其实就好比粘石——用水泥将各种石片互相黏合，而使表面上的界线与里面各种石块原来的界线不同。梦的工作的这一机制，被称为“润饰”，其目的在于把梦的工作的直接产物合成一个连贯的整体。在润饰时，梦的材料往往排成大相径庭的次序，而为了完成这个目的，隐念会竭尽可能地交错穿插这些材料。

然而我们不能过分夸张梦的工作存在的可能成就。它的活动无外乎如下四种：梦的压缩、移置、意象及润饰。梦中所有判断、批评、惊异或演绎推理等表现都不是因梦的工作引起，也很少是后来对梦的回忆的表示。但大部分还是隐念的断片，改造成梦境相合的方式，然后侵入显梦中。

除极少数情况外，一般梦中的会话都不是梦的工作所创造，而是对梦者自己之前所闻或所说的话的模仿和补充，进入隐念而变成梦的诱因或材料。梦的工作也不包括数的计算，显梦中若有计算，一般只是数目的混合，或者仅仅是估计，或只属于隐念中某种计算的副本。在这种情形下，难怪我们对梦的工作产生的兴趣，不久便转向隐念，而隐念则以化妆的形式在显梦中流露出来。但是我们通过理论的探讨，也不应该让兴趣偏离太远导致全梦被隐念替代，而将适合前者的评语附加在后者身上。我们无须因精神分析的结果被人误用，而使二者发生混淆而感到奇怪。要知道“梦”只能用于梦的工作的产物，或只能用以称隐念受梦的工作处理后而取得的方式。这个工作很别致，在精神生活中可算是独一无二的。

所谓压缩、移置及思想变为还原的影像等作用，都是新奇的发明，是我们在精神分析上的收获。你们还可通过与梦的工作平行的现象知道精神分析和其他研究的关系，尤其是对于语言思想发展的研究。如果将来你们对梦的工作的机制是神经病症候的一种范本比较了解了，就更能领会这个发现的重要性了。

目前我们还无法充分了解梦的研究在心理学上的重要作用。但是以下两点值得参考：（一）这种研究可用来证明潜意识的精神活动——也就是梦的隐念的存在；（二）释梦的结果往往出乎我们的意料，它会使我们认识到心灵的潜意识生活的范围实际上非常广泛。

第十二章
梦例的解析

请大家不要因我只讲的释梦的断片而没有为你们解释长梦而感到失望。大家不要以为只要经过长期准备就能很好地解释一个长梦，或认为完满地解释数以万计的梦之后，就能举出许多好例子以证明自己对梦的工作及梦念的理解了。这些想法并没有错，但还是存在很多困难的。

首先，释梦并不是我们的主要任务。那么我们究竟在什么情形之下才来释梦呢？为了精神分析工作的训练，有时我们会没有目的地研究一个朋友的梦，或长期地研究自己的梦。我们主要研究的都是受精神分析治疗的神经病人的梦。这些人的梦所提供的材料要比常人更加丰富，我们解释他们的梦通常是为了达到治疗的目的，一旦能从这些梦中获得有利于治疗的事物，我们就不会再一一解释了。另外，在治疗时，因为有很多梦起源于潜意识的材料，而对这些材料，我们尚不能完全了解，也很难对其进行充分的解释，所以在这些精神病人被完全治愈之前，释梦便成了泡影。我们需要将神经病的一切秘密搞清楚，才可以对这些梦加以讨论，由于我们只是以为神经病研究做准备的目的来讲梦的，所以我是做不到这些的。我现在倒希望你们自愿放弃这种材料，而选择常人或你们自己的梦进行解释。不过这些梦的内容往往又是无法解释的。

无论我们有多不愿意，由于梦经常侵入人格最秘密的部分，所以若想彻底地释梦，就不能有所忌讳。关于述梦，除了由梦的材料而引起的困难外，还存在另一种困难。要知道梦者本人对梦已经感到很惊奇了，而在那些不明白梦者人格的人们看来，就会更觉吃惊了。有很多精神分析的著作都对梦进行过精巧的和详尽的分析，我也曾在刊物上对病状的经过进行过分析。而在有关释梦的例子中，最好的当属兰克所发表的对一位少女的两个有关的梦的分析。关于梦的记载大约只有两页文字，而关于分析的叙述则占了76页。短时间内我们无法进行详述，我们也完全不必对一个冗长而变化多端的梦进行多重解释。我只需从神经病人的梦里选取几段进行略述，就能看出梦中这个或那个孤立的特点来。最容易指出的是象征，其次是梦的表象的倒退性的某种特点。我将告诉你们以下各梦值得一述的原因。

（一）

有一个梦只包含两幅简单明了的图画：一幅是在星期六的早上，梦者的叔父正在吸烟；另一幅是一个妇人像抱着自己的孩子一样抚抱着梦者。

关于第一幅图，梦者（是一名犹太人）说他的叔父是一个很虔敬的教徒，他从来都没有在安息日抽过烟，将来也决不会。第二幅图的妇人只是使梦者想到他的母亲。这两幅图的思想显然是互相关联的，然而究竟有怎样的关联呢？因为他明确表示，他的叔父实际上绝不至于做出梦中的行为，于是立即引进了“假使”一词。

“假使我的叔父是如此虔敬的教徒，却也在安息日吸烟，那我也不妨受母亲的抚抱了。”由此可以看出，在安息日吸烟和为母亲所抚抱，在虔诚的犹太人看来都是禁忌的事情。大家应该记得，我曾说过，解梦的工作，其实就是将梦里某些已经被删除的关系，重新进行整理补充，使梦的思想回复到初始的状态。

（二）

对梦的论述使我在社会上几乎成为梦的公共顾问。这些年来，有很多人给我来信讲述他们的梦，并期望得到我的意见。这些成了我可能释梦的宝贵材料。如果梦者不将自己所知道的全讲述出来，我们就很难理解他的梦。下面是慕尼黑的一个医科学生的梦，而我之所以征引这个梦，主要是为了让你们知道，如果梦者不将他所知道的都据实以告，我们是很难理解他的梦的。我想你们的心中一定认为，释梦的理想方法是翻译象征，为此宁愿抛弃自由联想法。

据梦者所述，1910年7月13日，天将亮的时候，他做了这样一个梦：我梦见自己骑自行车在杜平街穿梭，突然后面有只狗向我追来，咬住了我的鞋跟。我拼命往前骑几步，就下了车，坐在石阶之上，并用力打走紧紧咬住我鞋跟的狗，与此同时，有两位老太太在我对面坐着，狰狞地注视着我，随后我便惊醒了。从象征我们并看不出什么，但是梦者后来对我们说他在街上看见一个女子，对之非常喜欢，却没有认识的方法。因为他原是一个喜爱动物的人，他知道那个女子也是如此，所以他恨不得通过她的狗为媒介而和她认识。

他又说自己曾几次调解争斗中的狗，旁观者赞不绝口。他所羡慕的女子还常和此狗一同出来散步。在他的显梦内这个女子似乎不存在，只能看见她的狗。也许狞视着他的老太太就是女子的化身，他再说出来的话却对我们没什么帮助了。至于梦中骑自行车只是他记得的情境的直接写照，因为他每次遇见少女和她的狗的时候都在骑自行车。

（三）

当我们的亲人去世后，我们会在一段时间做特殊的梦，将死者去世的事实和自己想要他复生的愿望联系在一起。我们时常有死者入梦，虽死犹生的梦境；有时也似乎半死半活，而每种情境都有特有的标记。在梦里和在神仙故事里复活是被允许的，特别在神仙故事中，复活更是常见，所以这些梦不能说是毫无意义的。据我分析，这种梦的结果似乎总是能找到合理的解释，然而要死者复活的愿望总是最奇异的表现。我想选择有关这方面的一个梦来讲述，这种梦听起来似乎很八卦，而其分析的结果却足以说明上面理论中指出的各点。

梦者的父亲在数年前去世，他的梦境是这样的：他的父亲死后不久被人掘出，并且面有病容。他继续活着，而我则尽力阻止他注意……之后便梦见其他的事情。

他父亲的死是事实，但实际上并没有被掘出，这是不存在的事情。据梦者讲述在其送葬回来之后，有一颗牙齿开始作痛。犹太人有一格言说："牙痛，可以将齿拔去。"他便按照格言真的去拜访医生想要拔牙。但是牙医却告诉他牙痛贵能忍耐，拔牙不是办法。牙医想要用药杀死齿下神经，让其三天后再来，他会把已死的神经取出。梦者认为这一取出，便应了梦境中的"掘出"。

他说的有道理吗？事实上，这两件事倒也不是完全呼应的。因为取出的是牙下已死的部分并不是牙齿本身，但据我们的经验，梦的工作是可以有这种遗漏的。因为关于牙的一切话语根本不适用于他的父亲，如果我们硬是将已死的父亲和已死的却尚留在口内的牙联系在一起，那就无怪显梦是如此荒谬。那么父亲和牙之间到底有什么公共的成分呢？我想一定是这样的：梦者又说他常听人说，梦中掉牙，就是要死亲人的预兆。然而这种俗语的解释根本没有道理。因此，我们只能在梦的内容的其他成分中发觉梦的真意了，这不免令人更感怪异。

我们还没来得及追问，梦者就开始向我们细述他的父亲的病和死，以及父子之间的关系。父亲久病卧床，医药费是一笔很大的开销，而对父亲的悉心照顾也使他劳心费神，但是他毫无怨言，仍然忍耐着，从没有产生过希望父亲快点死去的想法。他自诩不会违背犹太人的孝敬观念，并坚守犹太人的法律。难道他的梦没有相互矛盾的地方吗？当然有！他曾将牙齿和父亲合为一体。他一方面要以犹太法处置病牙，认为牙痛应立即拔牙，另一方面同样以犹太法对待父亲，认为做儿子的应该承担整个负担，不必顾惜金钱或精神上的损失，而不对父亲有所怨恨。假如梦者对于病父和病牙有同样的情感，换句话说，假如他希望因为父亲的死，他的病痛和费用可以早日完结，那么两者情境的相同不就可以令人信服了吗？

我认为，这的确是梦者对久病的父亲的态度，他以孝顺自诩只是为了阻止这种念头的出现。在类似的情形下，人们往往都会希望病父快死，但在表面又装作善意的考虑，认为“这对父亲也是一种幸福的解脱。”不过，我们应该特别注意的是，此时梦者隐念上的樊篱已被摧毁。梦者思想的第一部分只是暂时的，是潜意识的，也就是说，只有梦的工作正在进行时，才会这样。另一方面，他对父亲厌倦的情感才永远是潜意识的，可以溯源到儿童期。这个隐念已经在他的父亲生病期间经过化妆进入到了潜意识之内。

对于形成梦的相关内容，我们也可以做此推断。虽然在梦里他没有一点儿对父亲怨恨的表示，但是我们如果研究梦者在孩提时代对父亲怨怒的起源，就能够知道，

他畏惧父亲是因为父亲曾禁止他在儿童期和青春期后的手淫行为。这便是梦者与他父亲的关系，他对父亲的情感略带敬畏的色彩，而敬畏则来自早年的性威胁。

现在，我们可以用他的手淫的情结来解释梦中其他的说法了。“他面有病容”，实际暗指牙医的另一句话，即：“这里没有牙就未免不好看了。”同时也暗指青年在青春期内因性欲过度而流露或害怕自己流露的“病容”。由于梦的工作，梦者将自己在显梦里的病容转向他的父亲，使得自己精神上如释重负。

“他继续活着。”这句话一方面是指他虔诚地求得父亲复活的愿望，也符合牙医保牙不拔的允诺。

“我尽力阻止他注意”非常巧妙地引导我们用“他已死”这几个字来完成这一句话，实际上这是对手淫情结的一种补充。年轻人当然要设法掩盖自己的性生活，而不使父亲探悉。最后，我还要告诉大家，所谓“牙痛的梦”，常暗指手淫和因此而招致的惩罚。

由此可见，这个不可解的梦，是由三个因素组成的：一是梦的压缩作用引导人们进入解梦误区；二是梦者删除了隐念中所有的中心思想；三是梦者原始的隐念被双关的代替物取而代之。

（四）

有些直率平凡的梦，就其本身来说，丝毫没有怪诞荒谬的地方，但却引发了这样一个疑问，我们梦见这些无聊的琐事到底是因为什么呢？我们之前曾多次想探求其原因，现在引述这种梦的一个新例子。这是一位少女在一个夜晚发生的三个耐人寻味的梦。

1.梦者正从自己屋内厅上走过，头部突然撞上了灯架，导致血流不止。这种事在现实中从来没有发生过。不过她的说明却非常耐人寻味：“你知道那时我的头发真令

人害怕。昨天，母亲对我说：‘好孩子，要是真这样，你的头就会很快秃得像屁股了’。”由此可见，头部成为替代身体下部的物体。至于灯架的象征，无须梦者解释，我们也能够了解：凡是能够拉长的物体，都象征着男性生殖器。因此，这个梦的真意是指女性身体下部与阳物接触而出现血流不止。这个梦还可有别的意义；根据梦者进一步的联想，这个梦也含有月经来潮的意义。

2.梦者在葡萄园中，忽然发现一个幽深的洞穴。她知道这个洞穴原来有一棵树插在里面，但是不知何时这棵树被连根拔去了。关于这一点她说，“树已不见了。”意思是说，自己在梦里没有见到树。不过这一句话却表示着另一思想，即让我们相信，不去怀疑象征的解释。这个梦涉及另一个关于性的幼稚见解，即认为女孩本来和男孩的生殖器是相同的，后来因被阉割（树根拔去），导致拥有不同的形状。

3.梦者站在书桌的抽屉之前，抽屉是她所熟悉的，因此如果有人触动抽屉，她就会马上知道。我们知道，书桌的抽屉以及所有抽屉箱盒都象征着女性生殖器。她知道交媾（或者据她的意思，任何接触）之后，生殖器便会暴露出来，而这正是她向来害怕的事。我认为这三个梦的主要重心在于“知”的一个观念。她记得，在孩提时代对于性事件的探索，而她深为自己因探索而获得的知识感到自豪。

（五）

这里还有一个象征作用的例子。不过这次我要简要地叙述一些将梦前的心境。一个男人和一个女子发生爱恋，共同度过了一夜。男人说女人的品质是母性的，每当拥抱之时，他都会有生孩子的愿望。可是，他们每次性交时却又不得不设法避孕。清早醒来后，那女人便诉说了一个梦。她梦见有一个戴红帽子的军官正在街上追她，她拼命地逃跑，但他紧追不舍。她跑上楼梯，气喘吁吁地逃到房里，将门紧闭上锁。她从锁孔中看到那个男子正坐在门外凳子上流泪。

红帽军官的追逐和女人的气喘上楼梯这两件事，很明显是交媾的象征。而梦者将追逐者关在门外，则是梦中常有的假装作用的一个例子，因为在交媾完毕前，即引身而退的其实是男人。同理，她又将自己的悲痛之情转移到男子身上，因为在梦里哭泣的是他，而他的眼泪同时又代表了精液。

我想你们一定经常听别人说，精神分析认为所有梦都有性的意义。现在大家应该清楚这个责难是不正确的了。想想那些满足愿望的梦，用来满足那些最显著的需要，如饥渴、自由等等；还有安乐的梦（comfort dreams）、焦虑的梦（impatience dreams）和贪欲自私的梦。不过你们一定要记得，根据精神分析的结果，化妆显著的梦大多数表现的是性欲（但也略有例外）。

（六）

我给大家举了这么多关于梦的象征的例子，其实是有一个特殊用意的。之前我曾说过，要你们相信精神分析的发现确实是一种困难的工作，现在你们应该同意我的这种说法了。不过精神分析的各个主张是彼此密切相关的，因此，相信了这一点，就很容易让你们接受整个理论的其他各点了。我们也可以说，如果你们肯举起一个小指头赞成精神分析，那么不久之后就可以举起整只手赞成了。如果你们承认过失的解释是能够满足的，那么在逻辑上，你们就不会怀疑其他的部分的了。梦的象征作用也应该可以说是引起这种信仰的另一个捷径。

我现在再告诉大家一个梦。这个梦之前曾公开刊布，梦者是一个穷苦社会中的女人，她的丈夫是一个更夫。大家可以放心，这样一个女人不可能知道精神分析的方法，更不知道什么是象征作用。所以，你们完全可以判断我们从性的象征而得到的解释到底是不是在胡说。这个梦大概是这样的：深更半夜，有人破门而进。她在惊惧中大呼更夫的名字，可是此时更夫已经进入教堂了，而且有两个游民相伴左右。教堂门前有几个石级，后面是一座高山，有一片森林在高山之上。更夫棕黄色的胡子遍及两腮，身披盔甲，十分英武。两个游民静静地与更夫同行，腰下穿有围裙，其形如袋。有一条小路从教堂到达高山，路的两旁生有短草矮树，越往高处越密集，到了山顶就变成了严密的森林。

这里所用的象征很容易辨认：三个人代表男性生殖器，高山、密林和教堂的胜地等象征女性生殖器，而登阶则象征着性交。梦中所谓“高山”的部分在解剖学上也称为阴阜（the monsveneris）。

（七）

我现在想再说一个梦，也能用象征来加以解释。梦者虽然没有理论上的知识，但能解释其所有的象征。因此，这个梦的征信价值更高。这个梦境很离奇，至于引起梦的情形却还无法确定。

梦者说，他正和他的父亲在维也纳的公园里散步，忽然看见一个大圆厅，厅前有一个小屋，屋内有一个泄了气的氢气球。父亲问他这氢气球是用来做什么的，他非常奇怪父亲为什么会问这个问题，但最终还是回答了父亲。接着，他们走进了一个天井，天井内铺有一大张金属薄片。他的父亲举目四望，见没有人就撕下一大片金属薄片来，并对儿子说，自己只需和管理者说一声，就可以拿走。自天井往下走，经过几个石级，就可直接抵达一个深洞。洞的两旁分布着皮座椅似的软垫，洞底有一个长长的平台，平台后面还有一个洞。梦者自己解释了这个梦：“那大圆厅代表我的生殖器，至于厅前泄了气的氢气球则象征着阴茎，因为我曾嫌它软弱。”以下是详细的说明。

“大圆厅代表臀部（小孩经常把臀部算在生殖器内），前面小屋则是阴囊。”在梦里，他的父亲问他生殖器有什么用途或机能。很明显，这个情境应该倒过来，是梦者发问才对；因为实际上这些问题从来没有问过，我们可以将这个梦的隐念翻译成一个假设的愿望：“假如我要请父亲回答……”这个隐念的结果，我们就很容易知道了。铺有金箔的天井，象征意义则无法解释，这实际上是他父亲营业场地的暗示，金箔代表他父亲经营的商品。除此之外，我们对于梦中的措辞一律没有改动。

梦者曾经承袭父业，非常反感他的父亲用不正当的手段赚钱，因此，上述的梦似乎在说：“（我如果问他），他也会像欺骗顾客那样来欺骗我。”关于撕取金箔则象征经商的欺骗行为，不过梦者却另有解释：他认为这是暗指手淫。这个解释是我们所熟悉的，而且私自手淫而用相反的观念表示出来（即：“我们可以公然为之”），也正和这个解释暗相符合。因此，把这件事认为是他父亲做的，正好与梦里刚开始向父亲发问相呼应，都正好是我们意料之中的答案。梦者还把洞穴解释为阴道，因为它的四壁有软垫。在我们看来，入洞出洞都是性交的象征。梦者还根据自身的经验解释了关于第一洞底的平台，和平台之后的第二洞。因为他曾和女子性交，后因太软弱而不能畅所欲为，现在则希望借助于治疗而恢复此事的能力。

（八）

下面还有两个梦。梦者是一个有显著多妻倾向的外国人，根据这两个梦，能够证实一种说法，即两梦之中都有梦者的出现。虽然在显梦的内容中有了伪装，但梦中的皮箱仍然象征着女性。

1.梦者正在做长途旅行，行李由马车送至车站。他的皮箱很多，重叠着堆放在那里，其中有两个黑皮箱是商人旅行家专用的。他对某人关切地说：“只要把这些皮箱送到车站就可以了。”实际上，他确实带着许多件行李旅行，在接受诊疗时，他又讲述了很多关于女人的故事。那两个黑皮箱是两个黑女人的替代物。在他那时的生活中，这两个黑女人正占据着重要的位置。有一个甚至要跟他到维也纳，不过由于我的劝告，他发电去阻止了她。

2.在海关检查处，另一个旅行家打开皮箱，一边吸烟，一边满不在乎地说：“箱内可没有违禁物。”海关职员露出认可的表情，可是当再搜查的时候，却在他的箱中发现了一件严重的禁运物品。旅行家不得不让步说：“这就没法子了。”事实上，旅行家是梦者的替身，而海关职员则是我。他对于我本来非常直爽毫不隐瞒，可是他新近与一位女子发生了关系，却决定不告诉我，因为他怕我认识她。他将被人发觉时的那种羞愧的情境推到了一个陌生人的身上，自己似乎不在梦内。

（九）

这里还有一个象征的例子，是我过去从没有说过的：梦者路上遇见了他的妹妹和两个朋友同行，这两个朋友是一姐一妹。他只与这两个姐妹握了手，却没有和自己的妹妹握手。事实上，他根本不记得有过这件事。不过，他据此回忆道，自己曾在某时对于一个女子的乳房发育的迟缓表示过惊异。因此，这两个姐妹实际上代表着两个乳房，如果这个女孩不是他的妹妹的话，他恐怕就要伸手去摸一摸了。

（十）

接下来的一个例子是关于梦中的死亡象征的。

梦者说，他正在跨过一个非常高而陡峭的铁桥，同行的还有两个人，他本来知道他们的姓名，但醒来时却忘记了。他们两个人突然不见了，而他看到的是一个头戴小帽、身穿套裤、形状如鬼的男子。他问那人："你是送电报的吗？"那人回答，"不是。"他又问："那你是马车夫吗？"那人又回答，"不是。"于是，梦者继续做他的梦，而且梦境越来越恐怖怪异。醒来时，他又在幻想中追忆铁桥忽然断裂，自己坠入到深谷之中。

梦者如果特别强调梦里人物不是他所认识的，或忘记了他们的姓名，那么事实上，这些人和梦者的关系都很密切。就此例来说，梦者有两个兄弟，他如果在梦里害怕其他两个人死亡，那实际上就是表示希望他们死去。关于送电报人一节，他认为电报往往会带来坏消息。从他的制服来看，他应该是一个管灯的人，他可以像死神毁灭生命之火一样去熄灯。由马车夫，他想到乌兰德[1]咏卡尔王航行的诗和波涛汹涌的海上，同行的两个人认为自己就是诗中的卡尔王。他由铁桥又想起最近的一件事和一句俗语："生命是一座吊桥。"

（十一）

下面也可看成是死亡之梦的另一实例：一位素不相识的先生留给梦者一张黑边卡片。

（十二）

还有一个梦应该会引起你们的兴趣，不过这个梦是以梦者的神经病状态为起因的。梦者在火车内，火车就停在旷野之中，他认为将要有意外之事发生，一定要努力逃脱。于是他穿越各个车厢，遇人便杀。死者有司机、警卫人员等人。

---

1 路德维希·乌兰德（1787–1862年），德国浪漫主义诗人。代表作《歌手的诅咒》《诗集》等。——译者注

这个梦让他想起过去朋友给他讲的一个故事：在意大利的某条铁路线上，有一个狂人正坐在车上的小房间内被护送。一个错误的巧合，让他与一位普通旅客同室而居。结果，狂人杀死了这位旅客。于是，梦者从那时候开始就以狂人自居，因为他常有一个“强迫观念”，认为自己应把知道他秘密的人们全部消灭。紧接着，他又说了另一个梦的起因。前一天，他在剧院里看见一个美丽的女子，特别想娶她为妻，但后来由于对她产生嫉妒，决定将她抛弃。他知道自己极易产生嫉妒，要娶她简直是发疯了。换句话说，他认为她非常不可靠，而他的嫉妒可能要让他杀害所有和他竞争的人，而穿过多个房间则是结婚的象征（以相反之意表示一夫一妻制）。

关于车停在旷野内和怕有意外之事这一层，他对我们讲了以下的故事：有一次，火车在车站外的路线上忽然停车，车厢里一位女士说害怕会发生车祸，最好将双腿提起。“双腿提起”这一句话，让他想起了他和上述女人的事情。他们在两情相悦的日子里，曾经常到这里郊游。接着他又有了一个新论点来支持这个结论，即现在娶她无异于发疯。事实上，据我所知，他仍然抱着想娶她这个疯狂的愿望。

第十三章

原始的梦和幼稚的梦

我们曾经谈到过，梦的工作会受到检查作用的影响，将梦的隐念变成其他的形式，本章就用这个结论作为出发点。其实这些隐念和醒着的时候熟悉的、有意识的思想的性质是一样的，不过因为它表示的新形式有很多特点，所以我们很难了解。我们曾经讲过，这种表达方式往往回复到早已过去的文化发展阶段——比如象形文字、象征的关系等，或者说语言思想还没有发展之前的初始状态。正因如此，我们把梦的工作所利用的表现叫作原始的或退化的方式。

基于这种原因，我们可以做一个推想：假如我们对梦的工作做更深的研究，就能对现在不是很清晰透彻的初期文化得到一些有意义的结论。我希望这个成为现实，可是目前来说还没有人去做这个工作。梦的工作所追溯的时期是原始的，它具有两层含义：一是指个体的幼年；二是指种族初始形态。因为个体在幼年时期将人类整个发展的过程做了一个简单的重演。我相信要区分那些属于个体初期的和植根于种族初期的潜在的心理过程的可能性是存在的。就比如象征的表示，从来不是个体所习得的，而是种族发展的遗物。

当然上面所指的特点并不是唯一的。我们从自己的日常经验中就能明白，差不多所有人都有遗忘了自己幼年时经历的情况。在记忆中，1～8岁时的经验和8岁以后积累的经验不同，甚至可以说没有一丝相同的痕迹。一些人固然能自诩连续记得自幼年到现在的经验，然而大部分人却正好与之相反，即幼年的经验在记忆里是一片空白。我觉得，这件事还没有引起足够的注意。

儿童在两岁的时候就能够说话了，也能适应一些比较复杂的心理情境，而自己说过的话很容易就会被自己遗忘，过了几年后，即使有人再提起，他也不记得了。但是，幼年时候由于经验的负担不是很多，所以记忆力要比后来好很多。并且我们没有任何根据说记忆是特别高等或比较复杂的心理活动；有时候智商低的人比智商高的人记忆力好。

然而，我请你们一定要留意第二个特点，这第二个特点是建立在第一特点基础上的，即虽然遗忘了幼儿时前些年的经历，但是还会有一些回忆形成梦的意象。这种遗留似乎还缺少证据。对于成人而言，他们通过选择将记忆中不重要的部分淡忘掉而把重要的部分保留；对于儿童而言，他们遗留下来的记忆力并不都是重要的。这些经验往往是无价值的，甚至是丑恶的，以至于令我们感到十分奇怪，为什么这个特殊的经验偏偏被记住了。我曾经试图用精神分析法来研究幼年遗忘和片段回忆的问题，但它的结果未能如我的愿。其实儿童也和成人一样，只在记忆中保留着自己重要的经验。但是我们常看到这样的事情：在记忆中所谓重要的经验，由于梦的压缩作用特别是移置作用，被一些貌似琐碎的事情取代了。因为这个缘故，我称这些幼年的回忆为屏蔽记忆（Screen memories），通过精神分析法可以将童年遗忘的经验重新唤起。

在运用精神分析治疗时，我们常常将幼年时记忆的空白重新填补起来，治疗如果很有效果，我们经常能重新唤起那些早就淡忘的幼年经验，使其重见天日。事实上，幼年的这些印象是永远不会被遗忘的，而它之所以无法表露出来，主要因为它的一部分被潜意识吸纳了。但是有时这些经验也会自然而然地流露于潜意识之外，因而形成一个完整的梦境。

由此可知，梦的工作是可以还原到这些隐潜的、幼稚的经验的。这方面的实例在一些精神分析的书中屡见不鲜。下面是我记录的实例：有一次，我梦见一个对我有过很大恩惠的人，我仔细打量着他：他瞎了一只眼，身子矮小并且很胖，两肩高高耸起……我由此推断他可能是个医生。幸而我的母亲那时还健在，我问她："在我出生后到三岁离开家那年，那位来看我们的医生长什么样子。"她说："那位医生瞎了一只眼，身材矮胖，两肩耸起……"这个幼年遗忘的记忆重新唤起的例子，就是梦的第一种"原始的"特点。这个知识对于另一个问题有一些关联，可是这另一个问题到现在都还没有解决。

我们知道梦起源于过度的性欲或邪恶的念头，因而梦的检查作用和梦的化妆作用是必要的；对于这个理论所引起的惊异，大家应该还记得。假设我们解释这样一种梦，梦者虽然本身对这个解释毫无争辩之意，然而他一定会问这种愿望为什么会侵入他的心内。由于他对于此事似乎一无所知，并且意识到的愿望又适得其反。我们可以毫不犹豫地告诉他，那个他所否认的愿望的起源：这些邪恶的冲动往往起源于过去或不远的过去。事实证明，虽然他现在已经不记得了，但他的确曾经知道这些冲动。比如，某妇人曾经做了一个梦，意思是希望自己的独生女（那时正17岁）早日死去。通过分析，我们帮她找到了产生这一邪念的原因。原来这个独生女是不幸婚姻的产物，她与丈夫婚后不久，因夫妻感情不和就分道扬镳了。当孩子还在她腹中时，她因和自己丈夫吵闹，愤怒之下，以拳击打自己的小腹扬言要杀死胎儿。生活上像妇人这样的母亲有很多，她们现在爱护甚至溺爱孩子，但是曾经怀孕时并不是出于自己的愿望，她也希望体内的婴儿不再生长，并且使用各种手段实现这个愿望，幸好这个邪恶的念头没有产生严重的后果。因此梦者想要让自己女儿死亡的邪念，虽然令人惊奇，但确实来源于曾经这样的联系。

还有一个男人，他在梦里经常有杀害第一个爱子的想法，并且他承认了自己的邪念。从分析中我们得知他的婚姻是失败的，因此，当他的长子还在幼年时，他希望孩子早点死去，他就可以重新来过并且也就此解脱了。

生活中有很多类似的邪念，这种冲动的起源都是一样的，他们都是对过去事情的回忆，并且这件事曾在心理和意识上起到过作用。你们或许会因此而倾向于得出这样一个结论：假设两个人的关系没有丝毫变化，那么梦和邪念就无法滋生。也许你们这个结论是可以得到赞同的，我要提醒你们的是，你们的想法不要仅仅停留在梦的表面含义，而应该对梦的隐含意义做进一步的分析。希望自己亲生骨肉死去的显梦只是一张令人可怕的面具，而梦的隐藏意义却截然不同，也许那亲爱的人是另一人的替身。

以上关于使自己亲人死亡愿望的情形，可以引出一个更加宽泛的问题。你们也许会认为："即使这个死的愿望的确存在过，并且通过回忆得到证实，但这样的解释也是错误的。"由于这个愿望早已被克服掉了，现在只能作为一种潜意识存留在回忆中，因为失去了情感的价值，就不足以刺激梦的形成。因此以上结论缺乏证据。

"为何梦里竟会回忆起那一个愿望呢？"这个问题，你们的确有提出的理由。如果想要得到答案，定会牵涉很广。因此我不得不限定讨论的范围，暂时不去谈及这个问题，希望大家谅解。目前如果能证实这早已克服的愿望的确是梦的起源，我们就达到了目的。这以后也可以继续研究其他邪念是否也能如同此理溯源于过去。

我们知道，"死的愿望"大多源自于梦者无限制的利己主义，而且常为梦的主因。如果任何一个人在我们的生活中成为阻碍，我们都会在梦里把他驱除，而不管这个人是父母、夫妻、兄弟或姊妹。人类彼此的关系本就很复杂，因此这种情形经常会发生。不过，这种恶意竟为人类所固有，就难免让人感到奇怪了，因此假如没有进一层的证据，我们一定不愿意承认这种梦的解释是正确的。要找到这种愿望的起源就要追溯到过去，我们很容易看到个体在过去的某一时期之内，这种利己主义的愿望常以最亲爱的人为目标。一个孩子在幼时（这个经验到后来便被淡忘了）经常会明目张胆地表现这种利己主义。因为孩子总是先爱自己，然后才知道去爱别人而牺牲自己。

即使他爱别人，也只是为了要满足自己的需要，归根结底来说，还是起源于自私的动机。只是到了后来，才能使爱的冲动脱离利己主义，因此事实上，孩子是由于自私，然后才学会如何爱人。

在这里，我们可以把孩子对他兄弟姐妹的态度和他对父母的态度放在一起进行比较。孩子们坦白承认，对于兄弟姐妹不但毫无爱恋之情，而且视自己的兄弟姐妹为敌人，加以仇视。这个态度通常会延续到长大成人，或到成人期以后。之后这种敌视往往被柔情所取代，或者说常常被一种较亲密的情感所代替或掩盖。事实上，敌视的心态在年幼的时候就已经开始发展了。两岁半到四岁的孩子，当他们的小弟弟或是小妹妹出生时，他们往往表现出不友好的态度，说自己讨厌新出生的弟弟或妹妹，希望鹳鸟[1]将他们衔走。

然后，他一有机会就会采取一些手段来诋毁或攻击弟弟妹妹，这类事例常常发生。如果两个孩子的年龄相差不大，当孩子的心理活动有比较充分发展的时候，他所视为敌人的弟妹已经存在，那么他只得使自己适应环境；相反，如果两个孩子的年龄相差比较大，小孩子的幼稚可爱会引起大孩子仁慈的情感，并且把他视为玩耍的对象。如果两个孩子年龄相差八岁，大孩子又是姐姐，小孩子是弟弟，则大孩子就会出现保护性的母性冲动。说实话，我们如果在梦里有希望兄弟姊妹死去的想法，不要太过惊奇，因为我们可以从童年的经历里发现它的起源，或假定他们依旧住在一起，常常在较迟的几年中找到它的源起。

萧伯纳曾说过："一位年轻的英国小姐，怨恨自己的姐姐胜过自己的母亲。"育儿室里的孩子们，经常会发生争夺父母的宠爱，或发生霸占公有物品，甚至互相争夺房内的空间等激烈的争斗。这种敌视的对象，可以是兄姐，也可以是弟妹。那么这种兄弟姐妹和父子、母女之间的仇恨是怎样产生的呢？

先看看母女和父子的关系，从儿童的观点来看，这种关系自然较为亲密。我们感觉到，父母与子女之间如果没有爱的滋养，比兄弟姊妹之间缺乏爱更可怕。父母与子女之间的爱是神圣的，而兄弟姐妹之间的爱则是凡俗的。从日常的观察中我们发现，父母与已成年的孩子之间的爱往往达不到社会公认的那种伟大和高尚，并且相互间隐藏着敌意，如果双方不受忠孝和慈善道德的约束，那么敌意大爆发也是有可能的。

父子和母女之间这种仇视的动机，女孩子对母亲限制她的意志感到怨恨，因为做母亲的往往用社会的观念来限制女儿的性自由；有时母亲仍然想要争宠，不甘心被置于一旁。在父子之间这种情形表现得更加突出。在儿子眼里，他认为父亲对他的管教

1 欧洲人常欺骗孩子，说孩子降生是由鹳鸟衔来的，这在前文中也曾提到。——译者注

是一种社会压迫，正因为有了父亲这道无法逾越的障碍，作为儿子的他才不能随心所欲地释放早期的性快乐，也不能过多地花家里的钱。如果父亲是一个国王，那么儿子希望父亲死去的愿望会更加强烈。父女或母子之间的关系，则看起来不容易产生这种悲剧的局面，因为这里仅有慈爱，且不至于受到任何自私考虑的干扰。

你们也许要问我，为何要讲到这种众所周知而没人敢说的事实呢？因为人们往往会否认现实生活里这些事实的重要性，并且对社会理想确实实现的次数进行过分夸大。但是，如果让说风凉话的人们来讲真话，还不如让心理学家来说比较妥当。事实上这种否认也仅限在实际生活中；因为小说戏剧已经完全推翻了这些理想并且开始对这种动机进行赤裸裸地描绘了。

所以如果大部分人的梦都表现出排斥父母的愿望，尤其是排斥同性的父或母，那是不足为奇的。我们可以假设这个愿望醒时也有，并且可以存在于意识之内。如果它能隐藏在另一动机之后，就像前面所说第三个例子的梦者将自己真意隐藏在怜父病痛的情感背后，这种敌意便很难单独得势，一般较温柔的情感就能够征服它，使其不会表现出来，尔后却会在梦里有所显现。

当我们的解释让它在梦者的其余生活中保持应有的地位时，它在梦中单独表现出来的夸大形式就恢复其真正的比例了（萨克斯）。不过，这种希望亲人死亡的观念，有时在实际生活中也是没有基础的。在清醒时，成人们决不承认会有这种想法。事实上，这种根深蒂固的敌视，尤其是儿子对父亲、女儿对母亲的敌视态度，起源于幼年的最早时期。

我所指的爱的竞争，显然带有性的意味。男孩子早期就有恋母情结，他把母亲视为自己的占有物，却把父亲视为与自己争夺母亲的仇敌；同样的道理，小女孩认为自己在父亲心目中的地位被母亲占领了。从观察中可得出，这些情感起源于孩子的幼年时期，我们将这种情结叫作“俄狄浦斯情结”（Edipus complex），也叫“恋母情结”。这个概念来源于希腊神话中，俄狄浦斯无意中杀父娶母的故事。精神分析学派认为男孩在两岁就具有这种无意识的欲望。

在这个神话中，儿子有两个极端的愿望——那就是杀父和娶母的愿望——只是呈现方式略有改变。我不认为俄狄浦斯情节涵盖了亲子间的所有关系，有些关系比亲子关系还复杂。并且，这个情结有时发展，有时退隐，有时甚至颠倒了关系，然而不管怎样它总是儿童心理最重要的组成部分，但它的影响和结果却常常被我们忽略。还有父母本身也常常刺激子女，引起他们的俄狄浦斯情结。由于他们常常偏爱异性的孩子，因此父亲总是宠爱女儿，而母亲喜爱儿子；或者这种爱可以使夫妻之间冷漠的爱得到替代。

精神分析的研究提出了俄狄浦斯情结以后，不仅不能得到世人的赞同，反之还引起成年人的强烈反对。一些人肯定会否认这种情感的存在，但这种否认是违背事实的，并且夺取了剥夺情结本身的价值。我始终坚信，并且不会对其否认和粉饰。俄狄浦斯情结虽为现实生活所排斥并且放逐在稗官野史之内，但它在神话中有所流露，这却是很耐人寻味的。希腊神话中早已生动地描述了这种大家不可避免的命运，所以我们不能否认这种情结的存在。

兰克先生对这个问题作了细致的研究，并且详细叙述了俄狄浦斯情结经过多种形式的变化、改造和化妆，对诗歌和戏剧所产生的巨大影响，而且这种情结具有和梦的检查作用所产生的相同的变形。所以，在一些年长的梦者里，即使没有与父母产生矛盾，也会呈现出俄狄浦斯情结。“阉割情结”（Castration complex）即因父亲对于早年幼稚的性活动加以恫吓而引起的反应，它与俄狄浦斯情结有着密切的联系。我们由那些已经查明的事实进而可以研究儿童的精神生活。现在我们可以对儿童梦内禁忌的愿望——性欲过度的起源进行解释。因此，我们对儿童性生活状态的研究，必须注意以下各种事实。

第一，说儿童期没有性生活，只有生殖器发育成熟时才有第一次的性欲，事实上这是两个荒谬的不可信的观点。儿童幼年的性生活就有丰富的内容，虽然和成人认为常态的性生活有诸多的不一致。成人常态和变态状况下的性生活有以下不同的方面：一是不论性生活的对象是人或是兽；二是对性生活没有任何厌恶的感觉；三是打破亲属的界限（即同族不婚的界限）；四是打破不同性别的界限；五是将身体其他部分的器官与生殖器同等对待。以上这些界限不是与生俱来的，是随着自身生理发展和教育逐渐形成的。对于小孩子而言，这些界限不能对他们起到约束的作用。他们本不知道人类和兽有什么不同，随着年龄的生长，才知道自己高于兽类。他小时候，并不会对粪便有厌恶感，只是经过教育以后，他们才会厌恶粪便。他小时候对性别也没有任何概念，甚至认为男女的生殖器是一样的构造。他还会将自己最亲近的人或因其他理由而以自己最喜爱的人视为性欲对象，如父母双亲、哥哥、弟弟、姐妹或保姆等。

第二，我们在儿童身上还可以了解到性的另一特点，即在后来的恋爱关系中，他们不仅满足于生殖器上的快感，并认为身体其他的很多部分也可有同样的感觉会产生相类似的快感，因此和生殖器具有相同的功用。因此可以说孩子是多形变态的（polymorphously perverse），我们在儿童的身体发现这些冲动的迹象是因为一方面儿童的一切性生活被教育所制止，另一方面后来的性欲望的强烈程度高于早期的性冲动。这种抑制就形成了儿童期没有性欲的理论。

然而这些表现，有的被成人忽视了，有的失去了性的意味而未被注意，最后完整的事实被推翻了。一些人常常一面在育儿室里斥责儿童在性方面的“顽劣”，一边又坐在写字台边赞赏儿童在性方面的纯洁。

事实上，儿童在独自居住或被引诱的时候，会表现出变态的性活动。成人们把这种表现叫作“小孩的诡计”或是“花样”，并不会严肃地惩罚孩子，这种做法没有错，因为不能用道德和法律去评价和判断儿童，就仿佛他已经成年并且要自己负全责似的。但是事实是存在的，并且是重要的：第一可以成为先天倾向的证据；第二也可以引起后来的发展。我们还可以从中窥视整个人类性生活的秘密。如果我们能从梦的背后看出这些变态的愿望，那只不过是梦在这方面也完全恢复到婴儿的幼稚状态罢了。

在这些禁忌的愿望之中，对于乱伦的欲望，即把爸爸妈妈、兄弟、姐妹当作性交的对象是尤为重要的。你们也懂得，人类的社会是不允许并且厌恶也严禁这种兽欲的。学者曾经对乱伦的憎恶作了荒谬的解答：一些人认为这是造物者保存物种的方式，因为亲属性交的结果就是物种退化；一些人认为亲属关系在儿童时期就避免性欲。如果这种推断是真的，人类就不会出现乱伦行为，那么社会就没有将这种乱伦行为设为禁忌的必要，而我们更无从得知。正因为有了这种禁忌，才证明确实有一种强烈的欲望存在。

精神分析的研究已证实，儿童必会先将亲属视为性交的对象，只是后来才反对这种观念，但这个观念的起源，却无法从个体心理学中找到答案。现在我们可以把怎样用儿童心理学来释梦的结果小结如下：

我们已经懂得，儿童遗忘的经验以及心理生活和性的特点，比如利己主义、乱伦行为都可进入潜意识里形成梦。于是，我们每晚做梦的时候都会还原到这种幼稚的幼儿时期。“潜意识就是幼儿的心理生活”的信念，由此可得到证实，但“人性本恶”的可恼印象便逐渐被削弱了。由于这个可怕的罪恶只是指最早期的、原始的和幼稚部分的精神生活，所以只对儿童时期产生影响。我们一方面不重视，是由于它的分量很小；另一方面不是很注意，是因为我们对儿童没有高级的伦理标准。我们的罪恶似乎由于回复到这个幼稚的时期而暴露出来。虽然我们也很惊奇，但是这种表面现象是不足为信的，我们可没有像梦的解释所假设的那么坏。

假如我们梦里罪恶的冲动只是幼稚的，或仅是回复到原始的伦理发展时期，梦不过是让我们在思想和情感上又变成了孩子，那么以这些罪恶的梦为耻是不合理的。可是我们的心理生活并非只有理性，还有很多非理性的成分，即使明知其不合理，我们也难免为这些梦感到惭愧。

我们让这些梦接受梦的检查。假如这些欲望中有一种欲望例外地、赤裸裸地侵入意识，并被我们认出来，就难免会让我们恼羞成怒。而且，虽然有时梦已经化妆，但我们仍能有所了解，我们还是会感到万分羞愧。你们试想，那年高望重的太太对于“爱役”一梦，我们还没有对她解释梦的意义，她就已经怒斥梦的荒谬了。因此，这个问题是尚未解决的。如果我们继续研究梦的罪恶问题，我们可能会得出另一个结论和另一种估价的人性。

对于梦的整个研究，我们得出两个结论，这两个结论可以说是新问题和新怀疑的起点。结论一，梦的倒退作用（the regression in dreams），不仅是形式的，并且是实质的。它把我们的意念用一种原始的方法完完全全地演绎出来，而且唤醒了性欲的原始冲动和自我的古老支配权，甚至让我们恢复了古人一切理智的财富；当然，如果象征可被看成是理智的所有物的话。结论二，梦的古老的幼稚特点，从前虽曾独占优势，现在却只能恢复到我们的潜意识之中，并且改变和扩充了潜意识的观点。

“潜意识”这个词，在此处不再表示一种观念，而是一个特别的领域，它有自己的表现方式和自己的欲望，以及特别的心理机制。但是由释梦获得的那些隐念，并不隶属于这个领域，这与我们醒时的思想种类类似，尽管它们仍属于潜意识。要如何解释这个矛盾呢？我们觉得有必要辨别一下。有些观念起源于意识的生活并具备意识生活的特点——这可称为前一天的“遗念”——它与某些来自潜意识区域的观念集合而成梦，在这两个区域之间完成了梦的工作。潜意识加在这个遗念上的影响，可能会构成倒退作用的条件。在没有对心灵做进一步的探索之前，可以将此看作关于梦的性质最深刻的了解。不过，我们不久就能给隐念的潜意识性质冠以另一个名词，使之区别于由幼稚方面而起源的潜意识材料。

当然，我们还能问：在睡眠时，我们的心理活动到底是受哪一种力量所迫而出现这种倒退作用呢？为何没有这个倒退作用就无法对付那干扰睡眠的精神刺激呢？如果说，是因为有梦的检查作用才使得心理活动必须化妆，并采用在古代可以通行而现在已不可解的表示方式，那么这些现已被克服的旧冲动、旧欲望和旧特性又为何要重新活动呢？总之一句话，实质上和形式上的倒退作用到底有什么用处？

要很好地解决这个问题，我们只能说这是梦的形成的唯一可能的方法。而且就动的方面而言，除此之外，对于引起梦的刺激，也没有其他解脱的方法。不过对这个答案，我们目前还无法给出充足的理由。

第十四章 欲望的满足

我认为在这里，我有必要重新提下我们研究的经过。我们刚想应用精神分析法时，就遇到了梦的化妆作用。为了让大家对一般的梦的性质有所了解，我决定将化妆问题暂时搁起，先研究小孩子的梦。等到研究儿童的梦已有结果之后，再直接研究梦的化妆。我希望大家对于梦的化妆研究也能掌握一二。不过我们必须承认，由这两方面求得的结果没能互相连贯，因此我们现在要做的事情就是将它们的结果连贯在一起。

我们可以从这两种研究中看出，梦的主要性质在于将思想变形为幻觉的经验。这个历程到底是怎么完成得非常令人惊奇，不过这是普通心理学的问题，我们不必在此谈论。通过对儿童梦的研究，我们渐渐知道了所有梦的目的：让存在于某人内心深处的欲望得到满足，从而消除一些干扰我们睡眠的刺激。关于化妆的梦，在我们还不知道怎么解释以前，当然不能下论断，不过从一开始，我们就希望能够将儿童的梦的观念和这些梦的观念互相连贯起来。如果我们知道所有的梦实际上就是儿童的梦，都是利用幼稚的材料并以儿童的心理冲动和机制为特征的，那么我们就能实现这个愿望了。如果你们对梦的化妆已有所了解，便不禁会问："梦是欲望的满足"这个观念是不是也可以用来解释化妆的梦？

我们刚才已对许多梦进行了解释，不过未对"欲望的满足"这个问题加以讨论。我想在我们之前释梦的时候，你们一定已经多次想到这个问题："你假设作为梦的工作目标的'欲望的满足'是否已经有了证明呢？"这个问题非常重要，因为这就是一般批评家经常提出的。你们要知道，人类生来就对新观点感到厌恶，而将任何新观点缩小到不可再缩的范围之内，就是这种厌恶之情的表达方法之一，而且如果有可能，还会给它加上一个标号。"欲望的满足"就是这么一个标号，它被用来概括我们这个梦的新论。

他们一听说梦是欲望的满足，就会问："梦中哪里才是欲望的满足呢？"他们提出这个问题其实就等于推翻了这个观念。他们立即就想起了曾经做过的某些不愉快的梦，并且会反驳道："他们那么令人恐惧，怎么可能满足什么欲望？"因此，他们便会认为精神分析的梦的学说不可信，不可能解释一切繁多复杂的梦。如果非要做出回答，只能说在化妆的梦中，他们的欲望并没有向外展露出来，而是需要做进一步的分析，等得到真正的结果后才能证明它。

我们知道，梦通常会受到检查作用，因此那些经过化妆的梦，其背后的欲望是为检查作用所禁锢的，换句话说，正是因为某些欲望的存在，梦才不得不以化妆的方式展现出来。不过，我们很难让一般批评家明白这一事实，即：在梦还没有得到解释之前，我们不能问梦到底满足哪一种欲望，他们总是忽略了这一点。事实上，他们之所以不愿意接受满足欲望之说，也正是因为梦的检查作用。因为有这个检查作用，他才以赝品代替真正的思想，从而否认这些被检查的梦的欲望。对于我们自身来说，自然想知道为何会有这些不愉快的梦，为何会有所谓"焦虑的梦"（anxiety dreams）。

这是我们首次碰到梦的感情问题，这个问题固然值得特别研究，可是遗憾的是，我们现在还不能对此加以讨论。普通批评家有一点似乎是对的，即：假如梦是为了满足欲望，不快情绪就没有侵入的可能。要弄清楚"欲望的满足"这一概念，我们应该重视以下三点问题。

第一点，梦的工作有时不能满足所有欲望。这是由于隐念中不愉快的情感虽然常常出现在显梦当中，但分析的结果证明，隐念带来的不愉快要比由这些隐念形成的梦强烈许多。许多例子都能证明这一点，比如一个人因为口渴，于是在梦里喝了许多水，但是他醒来后仍然没有止渴。但这也不失为正常的梦，因为它依旧存有梦的特性。我们要说的是"Ut desint vires，tamen est laudanda voluntas"（虽力量缺乏，但仍不失其为欲望的实践）。不管怎样，它很容易辨别的意向依旧是值得称赞的。这种梦的工作失败的例子的确很多，它之所以失败的一个原因就是梦的内容并不能代替真正的情感。因此在梦的工作进行时，梦里显现的不快内容可以转化为欲望的满足，而不快的情感则始终不变。因为情感和内容很难调和，这时批评家就趁机推翻"梦是欲望的满足"的结论，甚至认为，连那些没有危害的内容也伴随着不愉快的情感。

我们可以这样说，这个批判犯了很低级的错误，因为在这样的梦里，梦的工作满足欲望的倾向是很明显的，而这种倾向只有在这些梦里才会分离展现出来。他们批评的原因在于不熟悉神经病人，总认为内容和情感之间的关系比实际存在的关系还密切，所以当不能了解内容改变的时候，它伴生的情感依旧可以保持不变。

第二点相当重要，但同样被大多数人所忽视。一般情况下，一个愿望一旦得到满足，大多数人都会感到心情愉快。但是也有例外，某些人并不以此为乐，相反还会因此感到焦虑。然而我们知道梦者对于他的欲望的态度是很特别的：他拒斥这些欲望，指责这些欲望，总而言之，不希望有这样的欲望。所以，这些欲望的满足不会使他快乐，相反会让他很不快乐。经验证明，这种不愉快，虽然有待解释，然而它们却是焦虑形成的主要原因。就其欲望来说，梦者判若两人，因某些共同的要点合二为一。

为了更好地说明这一点，我给大家举一个有关神仙与欲望的故事。一个慈爱的仙人说可以实现一个穷人和他妻子的三个欲望。这对夫妻高兴得不得了，他们对于欲望的挑选很是慎重。那女人由于嗅到邻居家烧腊肠的味道，于是就想要两个腊肠。而一瞬间腊肠已经放在了她的面前，第一个愿望就这样得到了满足。男人很生气，认为妻子太愚蠢了，不应该想得如此简单，于是恼怒之下就想惩罚一下妻子，他就说希望把这两条腊肠挂到妻子的鼻子上，于是腊肠就真的挂到了妻子的鼻子上了。第二个愿望也实现了。然而男人的欲望却使女人很难受。故事的结局可想而知，他们毕竟是夫妻，所以第三个愿望就是把腊肠从女人的鼻子上拿走。从这个神话故事中，我们可以得到很多启示。不过，它在这里说明了这个道理：一个人欲望的满足，并不代表另一个人也喜欢，除非两个人非常默契，息息相通。

现在要更完满地解释所谓焦虑的梦也就不那么困难了。需要考虑一点，有时候焦虑梦的内容，很可能未经化妆，好像躲开了检查者的盘问。实际上，这种梦往往是没有隐蔽的欲望的满足，然而这个欲望当然并不是梦者要承认的，而是他早已排斥的那个欲望了。结果引起了焦虑，来取代检查作用。

儿童的梦是梦者已经承认的欲望的公然满足，一般化妆的梦是被压抑的欲望的隐蔽满足，而被称为压抑的欲望的公然满足则是焦虑的梦的公式。我们知道焦虑是表示被压抑的欲望太过强烈，只有经过检查作用，才能得到一些或全部满足。因为我们是从检查的角度出发的，所以应当明白，如果我们的一些欲望被压抑得不到满足，只能通过我们产生不愉快的情绪以示反抗。我们梦里所表现的焦虑，其实是由于那些不能制服欲望的力量引起的。

这种抵抗为何变成了焦虑，我们无法仅从梦的研究就能明白，显然还要在其他方面继续寻找答案。通过分析未经化妆的焦虑的梦，我们可以用其要点来解释轻微化妆的梦以及其他可能产生不快或焦虑的梦。大致来说，焦虑的梦往往使我们惊醒，是因为其背后的欲望还没有得到满足。就这些梦来说，其本来的目的虽然还没有达到，然而其主要性质却未因此而改变。我们曾说梦是睡眠的看守者或监护人，目的是保证睡眠不受干扰。现在，要是这个保护人的力量无法支撑他完成自己的职责，就会和梦一样，只能把人唤醒了。同样地，也有一些人有时在梦里感到焦虑，当被惊醒时，发现不过是梦而已，便会继续沉睡。

你们也许会问，梦的欲望到底在什么时候才能制胜检查者？那就要视欲望和检查作用两方面而定。或许由于某种理由，欲望的力量能变得很强大，然而根据我们得到的印象，二者的势力均衡时发生变化的原因，往往是因为检查者的态度。我们已明白检查作用会随着梦的成分的不同而改变它的强度，而严厉的态度也不尽相同。而且检查作用的普遍行为是不确定的，就是同一成分也常常没有同样严厉的表示。

当检查者突然自觉没有能力与某种欲望抗衡，它便会摒弃化妆作用，并且实施最后的抗衡办法：让梦者由于焦虑而惊醒。这些邪恶的、被摒弃的欲望，为什么偏偏在夜间兴起来扰乱我们的睡眠呢？这种情况虽然让我们觉得奇怪，但还无法对其加以解释。要回答这个问题，我们只能选择另外一种以睡眠的性质为基础的假说。

白天时，检查作用的沉重压力施在这些欲望之上，让它们几乎没有侵入意识的可能。然而到了深夜，检查作用可能像精神生活的某些作用一样，由于睡眠而暂时放松了警惕，或者至少很多力量都削弱了。检查作用放松下来后，被禁止的欲望便伺机活动起来。有些患失眠症的神经病人认为自己当初的失眠是自动的，他们不敢进入睡眠是由于害怕做梦——也就是说，他们特别害怕检查作用放松警惕而带来的后果。你们很容易知道，检查作用的减弱本身是没有什么大害的。由于睡眠可以削弱活动的机能，因此罪恶的意念便伺机而起，但充其量也不过产生梦境而已，事实上是没什么妨碍的。由于这个原因，梦者可以在夜里自我安慰："这只不过是个梦罢了，由它去吧。"便继续沉睡。

第三，不可回避惩罚机制。一些人对欲望的满足并不感到很高兴，相反，他会表现得焦虑不安，就像跟那个拥有欲望的自己是完全不同的两个人一样。从这里可以看出，他们受着惩罚机制的约束。对于这一点，我们同样可借用前面那个神仙故事来说明。首先，腊肠的出现是第一人（妻子）欲望的直接满足。将腊肠挂在妻子的鼻子上则是第二人（丈夫）欲望的直接满足；与此同时，也是为了惩罚妻子愚蠢的欲望。在人类精神活动中，类似的惩罚倾向的欲望很多很多，它们大都强而有力，可看作是某些痛苦梦的主要原因。

也许经过分析，你们会认为所谓"欲望的满足"是缺少依据的，但经过研究就会知道你们的观点是错的。只要把梦的种种内容加以比较分析，便会发现欲望的满足、焦虑的满足、惩罚的满足等说法，其意义是非常狭窄的。然而焦虑和欲望作为同一事件的两个方面，很容易引发联想。据我们所知，在潜意识里，焦虑、欲望被视为同一产物。而就惩罚本身来说，其不失为欲望的一种满足，只不过它满足的是检查者的欲望。因此，虽然你们不赞同欲望满足的理论，但大体上我却未曾让步。不过我们也不希望推诿责任，所以我们必须在每一个化妆的梦里证明欲望满足的真实存在。

现在再来回顾前面我们解释过的那个梦，即关于一个半弗洛林（金币名）买三张座位已损坏的戏票的梦。在那个例子中，我们曾得到很多有关梦的知识，我希望你们还没有忘记。一天，一位年轻的妇人听她的丈夫说，小她三岁的朋友爱丽丝订婚了。当天晚上，她就梦到自己和丈夫一起去看戏，然而剧场一边的座位几乎空着。丈夫告诉她，爱丽丝和她的未婚夫本也要来的，但最后没有来，因为他们不愿意用一个半弗洛林买三个不已经损坏的座位。爱丽丝说，这已经是最便宜的戏票了。

现在，我们已知道这个女人在梦念中对她的丈夫表示不满，并深悔自己结婚太早。但我们也会觉得奇怪，这种悔恨的思想是怎样变为欲望满足的呢？而在显梦中，是如何显露出痕迹的呢？事实上，“太快了，太匆忙了”这种句子中的含义已经因检查作用不敢显露本意，剧场中的空座位就是这个元素的暗喻。而“一个半弗洛林买三张票”这句话，本来让人迷惑，然而现在因为有了梦的象征作用的知识，就很容易理解。“三”这个数字是男子的代表。因此我们很容易把这个显梦的成分解析为：“用嫁妆买一个男人，即丈夫”。其言下之意，用我那如此盛大的嫁妆，可以买到一个好十倍的男子。而“到剧院去”实则是指结婚，“买票太早”则暗喻结婚太早，这个代替就等于是欲望得到了满足。

梦者虽然很后悔自己结婚过早，然而却没有像听到女友订婚的消息那样反应强烈。对于自己的婚姻，她也曾在女友面前夸耀过，并且认为自己比她们幸福。正是起源于性的“窥视冲动”的好奇心和“窥视”（lokon）的欲望，才促成了女子早婚的念头。因此，那位妇女梦到去戏院，显然是结婚的代替。现在她既因结婚太早而深觉后悔，于是她就回想到曾经用结婚来满足自己的“窥视欲”（skoptophilia）。又由于受这个古老的欲望冲动的支配，进而用少女时到剧院去的观念来代替结婚的观念。

也许这个例子很难解释潜在欲望的满足，事实上，当我们解释每一个经过化妆的梦时都要这样辗转迂回，这是我们必须采用的步骤。此时此刻，我们不能对这种方法详加说明，我们只能说这样的方法是很有成效的。但是在理论上，我却很乐意对此加以讨论。因为经验已经告诉我们，作为梦的完整理论之一，这种方法很容易引发矛盾和误解。而且你们可能会觉得我已将自己的学说撤回了一部分，因为我曾说梦可以是欲望的满足，也可以是欲望满足的反面，如焦虑或惩罚。你们可能认为这又是一个好机会，能逼我做出进一层的让步。

还有人说我把自己明白的事情说得太简单了，根本不能令人信服。你们虽然已经接受了释梦的一些理论，但是对于欲望满足的问题，仍不免时常停下来问：即便承认所有梦都有意义，并都能够通过精神分析法研究出来，但是我们到底为何一定要否认所有反面的证据，而勉强将这个意义放在欲望满足的公式之内呢？为什么我们的思想在黑夜里没有白天那么多方面呢？为何一个梦不能时而是某种欲望的满足；时而是欲望满足的反面，如惊惧；又时而是一种决心、一种警告、一种问题的正反面考虑，抑或是一种谴责、一种良心的刺痛或对于一种事业的预备，或者其他呢？为何一定要说是一种欲望，或最多也只是说欲望的反面呢？我们或许可以说，假设其他每一点都得到了赞同，只有在这一点上持有异议，那是不重要的。我们既然已经发现了梦的意义和寻求意义的方法，不也就能够满足了吗？如果我们太严格地限制了梦的意义，那么过去取得的成绩也许又会被抛弃了。但是这种说法是不对的。因为在这个问题上的误解与我们关于梦的知识有重要关系，其结果可能会危及这种知识对神经病理解的价值。另外还有一点，“屈己从人”虽然有一定的处世价值，但是在科学上却无益而有害。

梦的意义为何不是多方面的？关于这个问题的第一个答案是很常见的。我也不知道它们为什么不这样，但既然它们已经这样了，那我也不反对。从我这方面来讲，它们完全可以这样。可是在这个广阔的梦的概念中，却有一个小小的障碍，即实际上梦的意义并非如此。

我的第二个答案主要说这一点，即说梦能代表思想和理智操作的多重方式，依我看，这并不是一种新的观念。有一次我研究某种病理的发展，曾记载了一个梦。梦者连着三天晚上都做了这个梦，而后就不再做此梦了。我那时的解释是，这个梦相当于一个决意，决意一成事实，就没有再做梦的必要了。之后，我又公开了一个梦，当时认为这个梦是用来表示忏悔的。那么我为何先要自相矛盾，现在又一定要说梦只是欲望的满足呢？在我看来，我宁愿矛盾，也不愿承认一个愚蠢的曲解，因为这个曲解可能会让我们失去在梦的问题上所有苦心研究的结果，而且会将梦和梦的隐念混为一谈，认为梦的隐念是这样，梦也一定是这样。梦的确可以代表或还原刚才所提到的各种思想方式，如决心、警告、反省、动作的准备以及计划等。不过，如果你们仔细观察，就能发现这只不过是针对变成梦境的隐念来说的。你们从释梦的经验中可以知道人们的潜意识历程富有这种决心、准备和反省，并通过梦的工作而成为梦景的材料。不管何时，如果你们的兴趣不是集中在梦的工作上，而是集中于人们的潜意识历程，那么你们就不会深入讨论梦，而说梦的本身就能代表一种警告、一个决心或其他，这实际上也未尝不可。

此法也经常用于精神分析的研究，大致来讲，我们不过是想要拆除梦的表面形式，而代之因梦而起的相应隐念。所以，当我们猜测梦的隐念时，却在无意中知道了我们刚才讲过的高级而复杂的心理动作是可以在潜意识中完成的——这个结论的确令人惊异，也令人惶惑。

我们现在还是言归正传吧。你们说梦可代表各种思想方式，如果你们认为这只是一种简约的表达方式，而不认为这些思想方式是梦的重要性质，那你们当然是对的。谈到一个梦时，要么是指显梦即梦的工作的产物，要么就是指梦的工作本身即梦的隐念化为显梦的那种心理历程。如果你们认为还有别的意义，那就大错特错了，这会使你们思想混乱，产生错误的观点。如果你们所指的是梦的隐念，那就请你们说清楚，千万不要因说话指向不明而增加问题的隐晦程度。梦的隐念是梦的工作制造显梦所用的材料，你们为何总是将材料与制造材料的手续混为一谈呢？有些人只知道那最后的产物（指显梦），而不能解释其由来（指梦的起源）和制造的经过（指梦的工作），假如你们分不清显梦和隐念，又与这些人有什么区别呢？处理思想材料的梦的工作就是梦的唯一要点，谈及理论方面，我们没有理由忽略此事，虽然有时在某种实际的情境下也可以忽略过去。

另外，分析观察表明，梦的工作并非只是将隐念译为之前讲过的原始的或退化的表示方式。反之，经常会有一个"虽不属于白天的隐念，但实际是造梦的动机"的事物附加在其上，它就是潜意识的欲望。梦的内容的改造，正是为了满足这个欲望。因此，如果你们只是讨论梦所代表的思想，那么梦就可以是任何东西，如一种警告、一种决心或一种准备等等。此外，它本身也常可为一种潜意识欲望的满足。但是，如果你们将梦看成梦的工作的产物，那么除了欲望的满足之外，它就不再有任何意义了。梦并不仅仅是决心、警告的表示，在梦中，决心等常会借助于潜意识欲望译成原始的形式，而译成的结果则刚好是那个欲望的满足。总而言之，梦的主要特性是欲望的满足，其他成分则可有可无。

我对这些已经十分明了，不知大家也是否搞懂了。当然，要证明这一点并不容易，因为要有证据才行，而证据的取得则要建立在对许多梦作慎重的分析之后。另外，关于梦的概念的最重要之处，只有与其他现象一起讨论时才能令人信服，可是要讨论这些现象，还需有待于未来。假如你们懂得各种现象都有着怎样密切的关系，就能明白如果这种现象没有得以研究，那么就无从深知另一种现象。因为我们现在还不知道关于与梦的现象相似的神经病的症候知识，因此我们不得不暂时停下来。现在我再举一例来进行一种新的推论。

我们仍然举那个我们已经讨论过几次的例子：关于一个半弗洛林买三张票的梦。

我之所以选取这个例子，并没有任何特殊的目的。我们都已经了解这个梦具有如下隐念：梦者听到她的朋友刚订过婚，就为自己结婚太早而深感懊悔，又认为如果自己再晚一点儿结婚，或许可以嫁得一个更好的丈夫。因此，她对于现在的丈夫有一些蔑视。我们又知道这些隐念之所以会成为梦的愿望，乃是一种窥视欲，想能够因此自由看戏——这或者是一种古老的好奇心的产物，要看结婚后有何结果。我们都知道，小孩的这种好奇心经常将父母的性生活作为目标。也就是说，这是一种婴儿期的冲动。如果成人具有这种冲动，那么此冲动也一定是起源于婴儿时期。可是，梦者在前一天所听到的消息（即女友订婚的消息）并不会引起窥视欲，而只是引起懊悔。这个（窥视欲的）冲动刚开始与隐念并没有什么关系，因此分析时即使没有牵涉到窥视欲，释梦的结果也是可以得到的。然而，懊悔并不能因本身生梦。后悔结婚太早，根本不足以成梦，除非是因为这个思想激起了从前的那个欲望，即要看结婚后的后果如何。

这个欲望才是构成梦的内容，而用到剧院去看戏代替了结婚，其形式则是早期欲望的满足："现在我可以到剧院去看以前不许看的东西了，不过你还不能，因为我已经结婚了，而你还没有。"如此一来，实际的情境正好变成了反面，于是旧时的胜利取代了新近的懊悔，其结果就是自夸之感和窥视欲同时得到了满足。而正是后者的满足，决定着显梦的内容。因为从显梦来看，梦者坐在剧院内，而她的朋友则独坐在角落里。梦的其余部分，则表现为这个满足情境的所有不易了解的变动形式，隐念仍隐藏在其背后。释梦的工作就是要追求其背后所隐藏的苦痛的隐念，至于那些代表欲望满足的部分可以略而不谈。

说了这么多，只是希望你们能注意这些梦的隐念。其一，大家不要忘了对于这些隐念，梦者是并不知晓的；其二，这些隐念都很容易合理而互相产生关联，因此可看成是对于引起梦的任何刺激的应有反应；其三，这些隐念的价值不次于任何精神的冲动及理智的活动。我想为这些隐念起一个较以前更有限制的名称，即前一天的遗念（the residue from the previous day）。梦者可以承认它们，也可以否认它们。于是，在这个"遗念"和隐念之间我就可以建立一种区别，梦的隐念指的是由释梦发现的一切，而"前一天的遗念"则只是这些隐念的一部分。

于是我们可以这样略述梦时经过情形的概念：除了"前一天的遗念"以外，还有一种强有力却被压抑的潜意识欲望的冲动，梦的产生正是因为有了这个冲动。因为这个欲望的冲动在对"遗念"起作用，所以隐念的其他部分也就随之造成了非醒时所可理解的部分。

我曾经用一个比喻来说明遗念和潜意识欲望之间的关系，现在再说一遍。不管是什么企业，都有一个资本家在支付费用，一个计划家在设计如何实现计划。就梦的结构来说，资本家就是潜意识的欲望，提供必要的精神能力资源给造梦。计划家则是前一天的遗念，决定着消耗能力的方式。事实上，资本家也可以自己做计划，而计划家也可以有资本。这本来可以使实际的情境化繁为简，可是在理论上却因此增加了困难。从经济学上来讲，同是一个人，也会对其资本家的职能或计划家的能力加以区别，而正是因为有了这个区别，我们的比喻才能有相当的根据，梦的形成也有相类似的变化。这一点我就不说了，你们自己去想吧。

姑且停在这里吧，我们不能再往下讲了。我想你们可能早就心怀一个疑问，现在可以提出来了。你们可能要问："所谓'遗念'，是潜意识的，而梦的形成需要的欲望也是潜意识的，这两者一样吗？"

这个问题问得好：这是整个事件的重中之重。它们两者虽然都是潜意识的，但是含义有所不同。我们知道，梦的欲望是另一种潜意识，它起源于婴儿期内，并且具有其特殊的机制。我们如果用不同的名称来区别这两种潜意识，当然是很便利的，可是我却宁愿等到大家熟悉了神经病的现象之后再说。本来潜意识的概念就已经令人感到匪夷所思，如果现在再说潜意识还分为两种，那就不免要引起各种非难了。

所以，我们就到此结束。这又成了一段未说完的话，不过我们正希望这种知识因我们自己的努力或他人的研究而有进一步的发展。事实上，就我们现在知道的来说，已经够令人新奇和吃惊的了。

第十五章
关于梦的几点释疑

在结束梦的讨论之前，我们有必要讨论一下这个新学说所引起的几个最普遍的疑难问题。你们在听了这么多次演讲以后，也难免会有下面各种批评。

（一）

你们可能认为，我们释梦的工作，即使坚持一贯的技术，但是一旦碰到有歧义的地方也很难决定何去何从。因此将显梦译为隐念，就不能保证准确。这主要表现在：首先，如果梦里的某一成分既有表面意义又有象征意义，该选取哪一种呢？因为事物被用为象征之后，仍不失为原来的事物。假如没有客观的证据断定这个问题，那么岂不是就由释梦者任意决定关于某一特点的解释了？其次，当两个相反的事物同时出现在同一个梦境中时，究竟是采用正面的意义还是采用反面的意义？释梦者同样会难以抉择。再次，梦里经常会有些事例前后颠倒，遇到这种情况释梦者又可任意假定其有或无了。最后，大家可能听人说过，一个已有的解释未必就是唯一可能的解释。谁能保证释梦者就不曾武断做出解释或者忽视其他完全可以允许的解释？

在这些情形之下，如果释梦者真的可以自由决定，那么从客观上来说其结果就必定不足以信赖。或许你们也可以认为问题不是出在梦这儿，而是由于我们的概念和前提有所错误，才使得我们对于梦的解释难以令人信服。

我当然不能否认你们所说的话，不过我认为这仍不足以证明你们所得的两个结论：一是我们的释梦工作是由释梦者任意取决的；二是释梦的结果如果不完满，那么研究的手续也可能是不正确的。如果你们指责的不是释梦者的任意取决，而是释梦者的技术、经验和理解等，我倒是可以和你们站在一边。因为在释梦的过程中，个人的因素是在所难免的，尤其是解释特别困难的问题时。其实就其他科学的研究来说，也是这样的，同一种技术不同的人应用起来产生的效果也是不一样的，这是没有办法的。比如对象征的解释，看上去似乎很武断，不过只要你们静下心来仔细想想，再联系相关的梦的内容，和梦者当时的整个心境，就会分辨出哪种结果是正确的，哪种是存在偏差的。

你们认为解释不完全是假说的谬误造成的，可如果你们知道两歧性或不确定性是梦本就具有的性质，那这个结论也就没有什么意义了。

我曾说过，梦的工作是将梦念译为与象形文字相类似的原始表示方式。而这种原始的语言本身就具有两歧性或不确定性，但是我们却不能因为这一点而怀疑它们的实际应用价值。又如相反的字在梦的工作内同时出现，这与古文字中“原始语言”（primal words）的意义类似。这些知识来自语言学家阿倍尔。他在写于1884年的书中说，古人虽用这种双关语互相通话，但却不会彼此误会。这是因为我们可以凭说话者说话的声调、姿势以及整个前后关系来揣测，他说的话究竟是什么意思，是正还是反。如果是在写字时，看不出姿势，那他们就以小图画代之，比如象形文字的ken一字，如果附以一个屈膝者的图，就是“弱”的意思，如果附以一个直立者的图，就是“强”的意思。因此，即使字音字符双关，也不会令人误解。

在最古老的语言中各种不确定的意义是常有的，而现代文字中则没有。比如，闪米特语的文字（Semitic writings）现在仅存子音而缺乏母音，读者要想知道全部意义必须要联系上下文加以推测。象形文字所采用的原则也大同小异，因此埃及文字的发音也无从揣测。

在埃及的神圣文字中，还有其他许多不确定性，比如图画到底是从右往左读，还是从左往右读，完全由译者任意决定。如果想要读懂其意义，还要看图上的人脸，或鸟，或朝向。如果题词在较小的物品之上，译者还可以根据自己的喜好和物品的地位随意把图画排成直行，或改变符号排列的次序。埃及字还有一个最令人怀疑的地方，就是文字和文字之间不留空位。每页上的图画之间的距离都一样，我们很难确定某一符号到底是前面句子的结尾还是新句子的开头。而与之相反，波斯的楔形文字，两字之间就有一根斜线作为隔离的符号。中国的语言和文字是最古老的，却一直通用至今。

为了找到中文内种种与梦相类似的不确定性，我还专门学习了一点关于中文的知识。结果并没有让我失望，因为中文里的确存在许多足以令人大吃一惊的不确定性。中国文字有各种表示音节的音，或为单音，或为复音。其中有一种方言只有四千字却约有四百多个音，每一个音平均约有十种不同的意义；有的少些，有的多些。只根据上下文还不足以明白说话者所要表达的到底是这十种可能的意义中的哪一种，于是为了避免误会，需要想尽各种办法。这些方法中的一种是合两音而成一字，还有一种是四“声”的应用。为了便于比较，我还要告诉大家一个更有趣的事实，那就是实际上这种语言是没有文法的。谁都无法确定这些单个音节的字到底是名词、动词还是形容词，而且语尾也没有变化来表明性（gender）、数（number）、格（case）、时（tense）或式（mod）等等。我们也可以说，这个语言就只有原料。这就好比我们用来表示思想的语言因梦的工作还原而为原料，而不表示其相互间的关系。在中文中遇到不确定之处时，就只能由听者根据上下文的意思来进行判断。比如，中国有句俗语叫“少见多怪”。它的意思很容易理解，可翻译为：“一个人见到的越少，觉得奇怪的地方就越多。”也可以翻译为：“见识少的人，难免对不知道的事物感到奇怪。”这两种翻译只是在文法构造上稍有差异，我们当然无须对两者进行选择。虽有这些不确定性，但中文仍不失为传达思想的一个很便利的工具，由此可知，不确定性未必就是误会的起因。

我们还要承认，梦的地位根本无法与这些古代的语言和文字相比。因为后者原来是作为传达思想的工具的，不管采用哪一种方法，它的目的都是为了让人们明白了解。而梦则不同，梦的目的在于隐瞒，它并不是传达思想的工具，而是不想让自己的某些观点公之于众。因此，如果梦中有很多疑难之点无法确定，我们完全不必感到吃惊或不安。我们从比较研究的结果可以看出，这一不确定性应该被认为是各种原始的文字语言的通性。

事实上，只有实践和经验才能确定我们对梦的了解到底达到何种限度。我认为这个限度很大，只要看看这些善于分析者所得到的结果就足以证明我的这种说法。通常情况下，一般人在科学上遇到疑难问题时都会保持怀疑的态度，借以显示自己的优越，科学家也不例外，但在我看来，这样做是不对的。你们可能不知道，巴比伦和亚述的碑文被近人译成今文的时候，也曾出现过这种现象。一般人都认为这些楔形文字的翻译者是只凭幻想做出判断的，而他们的整个研究都是在欺骗人，不过，“皇家亚细亚学会”（The Royal Asiatic Society）在1857年曾做过一种判别是非的测验。该会将新发现的碑文分别寄给了当时从事这种研究最为著名的四个人——罗林森、欣克斯、福克斯·塔尔波特和奥佩特，让他们各自翻译好了再寄给学会。学会人员将四个人所译的文章进行比较，最后宣布，四个人的译文大致相同，由此可知，在楔形文字翻译上已取得的成绩是可以相信的，而未来的进步也是大可预测的。于是那些不谙此道的学者逐渐不再对翻译者妄加嘲讽了，而之后有关楔形文件的翻译也变得越来越明确。

（二）

很多人认为，有些释梦的结果未免显得生硬或滑稽可笑，并因此而对精神分析大加驳斥，我想你们当中也有人会这样认为。这种性质的批评很多，就拿最近的一件事情来说吧，瑞士虽然号称自由的国家，可是近来竟然发生了某校校长因为对精神分析产生兴趣而被迫解职的事情。这位校长虽然曾经抗议，但是某报登载了教育当局对于此事的决议案，文内涉及精神分析的几句是这样表述的："苏黎世大学费斯特尔教授的书中所举的例子大多属于强词夺理，令人惊愕……这种理论和证据竟然让一个师范学院的校长深信不疑，真是出乎人的意料之外。"

据说这份决议案是他们经过冷静判断的结果，但在我看来，这个所谓"冷静"根本是在自欺欺人。因为只要他们稍做考虑，就不至于采取如此贸然的举动。一个人不可能只根据他第一次所得到的印象，就能得出有关心理学较为深奥的重要问题的正确结论，如果真是那样，那才真是强词夺理。而之所以出现这种情况，主要和移置作用效果有关。大家都知道，移置作用是梦的检查作用最为有力的工具。

因为有移置作用，所以我们称之为暗喻的代替物才得以形成。我们不太容易辨认出这些暗喻本身，要想追溯到它背后的隐念本身也很困难，因为隐念与暗喻是用一种最奇特的非本质的联想而结成关系的。整个问题就在于想把隐念隐匿起来，梦的检查作用的目的就在于此。然而，我们要搜寻这已被隐匿的隐念，就要到它平常所属场所之外去寻找。在这一点上，瑞士教育当局显然没有近来边境的稽查员聪明。因为如果这些稽查员要搜查文件和计划书，可不会只搜查书信匣，他们也会想到间谍和私贩们可能会将物件藏在极难发觉的地方，比如双层靴底之间。如果在这种地方找到违禁物，这当然是"硬拉"出来的，可是也不失为一种很精巧的"发现"。

既然我们已经承认隐梦的元素和表面的代替物之间有着离奇或滑稽可笑的关系，那么也就该知道有很多例子的意义是无法求得的，我们必须依赖以往经验的指导来进行梦的分析。而只靠我们自己的努力要想解释这些梦是不行的，因为我们无法猜出隐念和显梦之间的关联物。要解决这个迷，还需要由梦者引用自己的直接联想（他有这个能力，因为代替物本起源于他的心中），或者由梦者为我们提供材料，以方便我们解决。如果梦者不帮助我们，那么我们将永远无法了解显梦的元素。现在我再给大家讲一个新近发生的例子。

我有一个女患者，她的父亲在她接受治疗期间忽然死了，于是她常在梦里寻找机会使父亲复活。有一次，她梦见她的父亲说："十一点一刻了，十一点半了，十一点三刻了。"这样的时间报告到底怎么解释呢？她告诉我们她的父亲喜欢看大孩子们遵守时间到食堂里进午餐。这个联想虽然与梦的元素相合，却无法解释该梦的起源。从当时的治疗情况来看，我们曾怀疑她是否对自己的父亲怀有怨恨、批评的情绪，或者是她的父亲对她很严厉。后来，我们让她任意联想，不要管是否离题很远。她于是说，自己在前一天内曾听过心理学问题的讨论，有一位亲戚曾说了一句话："原始人

（Urmensch）在我们内心复活。”我们从这句话中明白了梦的意义。她为了使父亲能够在自己的心目中复活，竟然在梦中将父亲变成了一个“报时者”（Uhrmensch），一刻一刻地报时，一直到午餐的时间。

我们自然不能轻易放过这种双关语（pun）。事实上，梦者的双关语往往归属于释梦者。另外还有一些例子，我们不好判断它们是笑话还是梦。不过，大家要知道，有些舌误也可能会发生同样的疑难。有一个人说梦见自己和叔父同坐汽车（auto）内，他的叔父抱着他接吻。梦者自己解释这个梦有自淫（autoerotism）之意（“自淫”一词，在我们的“力比多”说内，用以表示不借外物以满足情欲的意思）。

这个人难道为了欺骗我们而捏造出一个笑话来，把auto谐autoerotism之音假借为梦的一部分吗？我当然不会这么认为，我相信他确实做了这个梦。可是为什么梦和笑话有这么惊异的相似之处呢？这个疑问曾让我走了许多弯路，为了找到答案，我甚至对诙谐（wit）本身作了彻底的研究。研究的结果认为，诙谐的起源是：先有一个念头受潜意识的意匠经营，然后发展为诙谐的方式，并因受到潜意识的影响，所以也受压缩作用和移置作用的支配，也就是说，受梦的工作的相同作用支配。这就是为什么梦和诙谐有时会出现相似性的原因了。所不同的是，无意的“梦的笑话”不能像一般笑话那么可笑，要想知其缘故，可以对诙谐做进一步的研究。

作为一种蹩脚的诙谐，“梦的笑话”既不足以引人发笑，也引不起人们的兴趣。从这点来说，我们可以学习古人释梦的技巧；这个释梦的方法不是只给了我们一堆废料，实际上也为我们提供了很多有价值的标准的释梦例子。我还是举那个在历史上具有重要意义的梦为例。关于这个梦的记载，普鲁塔克和道尔狄斯的阿尔特米多鲁斯的说法略有不同。这个梦的梦者是亚历山大大帝。当亚历山大率军围攻泰尔城的时候（公元前322年），遭到了城内军民的顽强抵抗，亚历山大本想放弃攻城，但是，一天夜里，他梦见了一个跳舞的半人半羊的怪物（a dancing satyr）。随军释梦者阿里斯坦德罗斯解释了这个梦，他将“satyros”一字分为ca Tupo（泰尔是你的了），并因此预祝亚历山大取得胜利。受这个解释的激励，亚历山大下定决心攻城，最后确实将城攻陷了。所以，这个解释虽然看起来很牵强，但确实是准确的。

（三）

有些对释梦有研究的精神分析家也可能会怀疑或反对我们这个梦的学说。之所以会出现这种情况，原因有二：一方面是由于观念的混乱；另一方面是以不正确的归纳作为根据而提出了主张，所以犯了和医学上关于梦的学说相同的错误。正如你们所知道的，有人认为梦谋求的是适应当时的情境而解决将来的问题，也就是说，梦有“预

知的倾向”（a prospective tendency）或目的。（这是米德尔的见解）

我们已说过这个见解有一定的缺陷——它因没有分清梦和梦的隐念的区别而忽略了梦的工作。如果那些谈“预知的倾向”的人们用这个词代指隐念所属的潜意识的精神活动，那么一方面这并非创见，另一方面，它还有只谈一点不及其余的弊端，——除了从事于应付将来外，潜意识的精神活动还有许多其他任务。还有一种错误的见解更为混乱：认为每个梦的底下都含有“希望他人死”之意。我还不十分清楚这个假说的意思，不过我怀疑这种说法是分不清梦和梦者的全人格的结果。

还有人认为，只要是梦都有两种解释：一种是前面我们所说的精神分析的解释，另一种是叫作“寓意的”（anagogic）解释，这种解释主要在于描写其较高等的精神作用，而忽略本能的倾向。（这是西尔别里尔的学说）这个理论是以少数特例为根据的，也是一种不合理的归纳。这种梦偶尔有之，但假如我们要把它推广，运用到大量的梦的解释中，就不适宜了。此外还有一说，认为各种梦都可用“两性”解释，即常见的梦都可以解释为男性倾向和女性倾向二者的混合。（这是阿德勒[1]的学说）

你们虽已听过许多次这样的演讲，但未必能明白阿德勒这句话。这种梦当然也会偶尔有之，可是后来你们就会发现，这种梦的构造和癔症的某种症候有些类似。我想说的是，我之所以要将这些新发现的梦的一般特征一一指出，主要是为了告诉你们不要轻信它，或至少使你们对我的关于梦的理论不再表示怀疑。

（四）

有些人认为接受精神分析治疗的病人会为了迎合医生的理论，有意去梦见性的冲动，梦见支配他人或梦到再生（斯特凯尔）等内容，因此，这样的梦的研究未免缺少客观的价值，似乎不太可靠。实际上，这个论点是非常荒唐的：其一，在精神分析治疗法出现以前，梦这种现象就已经存在了；其二，现在接受治疗的病人在没有接受治疗之前，也同样可能做出类似的梦。

因此，对于这个论点所包含的事实根本不值得我们去加以证明，这些事实对于梦的理论也不会产生什么影响。因为梦是由前一天的“遗念”产生的，是清醒时有兴趣的经验遗物。假如医生的话和所施的刺激对于病人产生了重要的影响，那么它们一定是混合于这种“遗念”之内的梦的精神刺激。就如同前一天起而未伏的其他有情感价值的兴趣一般，它们的作用和骚扰睡者睡眠的身体刺激很相似。

和引起梦的其他因素一样，被医生所引起的思绪可能会在显梦之内出现，也可

1 阿尔弗雷德·阿德勒（Alfred Adler，1870—1937年），奥地利心理学家，个体心理学的创始人，现代自我心理学之父，代表作《自卑与超越》《个体心理学的实践与理论》等。——译者注

能在隐念之流露出来中。我们知道，梦可因实验而引起，或准确地说，梦的材料的一部分可因实验而被引入梦中。精神分析家对病人的影响，与实验家所处的地位是一样的，比如伏耳德在实验的时候就会将被实验者的四肢摆成某种形状。

纵使我们可以转移他人的梦的材料，但绝对不能转移其梦的目的，因为梦的工作的机制和潜意识的梦的欲望绝非外界的影响能比得上。在讨论那些起始于身体刺激的梦的时候，我们可以在反应梦者所受的身体刺激或精神刺激中清楚地看出梦的生活的特点和独立性，所以，如果说梦的研究没有客观的价值，那就是混淆了梦和梦的材料。

关于梦的问题，我们已经讲了很多。相信大家可以看出来，我有很多部分略而未讲，而且每一点的讨论都不是十分详尽，这是因为，梦的现象与神经病的现象之间关联太过密切。我们的计划是想以梦的研究作为神经病研究的引线，这个方法要比先研究神经病而再研究梦更好一些。不过，因为我们把梦当成了解神经病的预备，所以我们只好等略懂得神经病的表现形式后，再对梦进行精确的了解。

我不知道大家是怎么想的，不过在我看来，花了这么长时间讨论与梦有关的问题是值得的，如果你们想要快速地了解精神分析理论的精确性，除此之后就再找不到更好的办法了。如果我们要说明神经病的症候是有意义的，有目的的，并且是由梦者的生活经验所形成的，那就必须进行更长时间的努力。

对梦来说，虽然最初有些杂乱难解，但是要在梦内指出这些事实，而证实精神分析的种种前提，则只需几个小时的努力便够了，例如，证明潜意识的精神作用，和其所遵循的特殊机制及其所表示出来的本能的推动力等的存在。如果我们知道梦的构造与神经病症候的构造是多么相似，又能仔细推想梦者是怎样快速地变成一个清醒的合理的人，那么就可以相信，神经病的产生只不过是因为精神生活中力的均衡发生了改变而已。

第十六章
精神病学与精神分析

时间过去了一年，很高兴又看到你们继续来听我的演讲。去年，我演讲的主题是用精神分析法解释过失和梦，今年，我要让你们了解精神病的现象都有哪些。通过我的演讲，你们将会发现，这些现象和梦及过失有很多相同之处。

在演讲开始之前，我首先要声明今年演讲的态度与去年有所不同。去年，我总是在征求大家的意见之后才进行下一讲，有意与你们进行辩论，任由你们反驳，总是以你们掌握的常识作为评判依据。因为大家对于过失和梦都非常熟悉，而且你们所具有的丰富经验并不比我少，就算没有这方面的经验，要想得到也是比较容易的事情。今年我要改变这一做法。因为精神病的现象对于你们来说并不熟悉，你们不是医生，除了从我的演讲课上听到这些现象之外，没有其他任何与之接触的机会。如果对于讨论的主题一无所知，即使你们具有很强的判断能力，采取去年的做法也是毫无用处的。

当然了，千万不要因为有这样的声明，大家就认为我要以一个权威者的身份来做演讲，而你们只能无条件地接受。如果你们真的这样想，那我就太冤枉了。我不是让你们迷信于我，我只是想让大家对精神病研究产生兴趣。假如你们对精神病很陌生，而且也没有这方面的判断能力，那么对于我接下来要讲的话，你们可以不用相信，但也不要抗辩，只要静静地聆听，最后我的话会慢慢在你们心里产生作用。

信仰难求，所以要想获得它必须付出代价，这样它的价值才会恒久。我研究精神病学已经有很多年了，在这方面也有一些新奇的发现，而你们跟我不同，所以没有权利把研究精神病学当作自己的信仰。当然，我们对于学问不必采取轻易相信的态度，也无须妄加评判而对学问持有异议。这就如同一见钟情，是来源于一种特殊情感的心理作用。同样，我们也不要求病人信仰并拥护精神分析，因为过度的信仰会让我们产生更多疑虑，所以我更希望你们持合理的怀疑主义。我希望你们能够让精神分析的概念在你们的内心生根发芽，并适时地同一般的理论相结合，从而形成自己认定的观点。

换个角度讲，你们不要认为我所讲的精神分析的观点只是一组凭空想象的观念。

事实上，这些观念都来源于直接观察或经过观察分析得出的结论，都是经验的结晶。至于这些结论是否可靠，那就要视这个学科将来的发展趋势而定了。我在这个领域进行研究已经有二十五年了，不谦虚地说，这些观察工作都是非常艰难的，需要专心致志地去完成。我总觉得，那些批评家们不愿对精神病学理论的基础进行讨论，就好像这个理论都是主观臆断的产物一样，可以任人随意点评，我无法理解这种批评态度。出现这种局面的原因，可能是医生没有关注精神病人，也不留心倾听他们的诉述，最后没有经过仔细观察而得出有益的结论。我想在此告诉大家，今天乃至以后的演讲，我都不会针对上述情况发表我个人的批评意见。

有人说，“辩论是真理之源”，我无法对此表示赞同。我认为这句话应该出自希腊诡辩派的哲学，而诡辩派的错误之处就在于对辩论术的价值进行过分夸张。我个人觉得，所谓科学的论辩基本上没有多大效果，更别提论辩时大家的观点都是个人观点了。我也曾作过一次正式的科学辩论，当时的对手是慕尼黑大学的洛温费尔德。最后，我们成了好朋友，友情一直延续至今。从那次辩论之后，我便不敢再做这种尝试了，因为谁都不能保证辩论之后还会有同样的结局。

我拒绝辩论是公开的事实，你们一定会认为我既固执又不谦虚。如果你们真的持有这种观点，那么我可以答辩如下：如果你们经过苦心研究得到了一个信仰，你们也一定会坚决捍卫自己的主张。对于我来说，自从开始研究以来，已多次修改过自己的主要观点，无论是删除还是增加，都照实刊布了。可是这种坦白的态度换到的是什么结果呢？有些人不参考我修正过的结论，只是一味地根据我已往的见解无的放矢。而有些人则嘲笑我善于变化，且诋毁我不足信任。

不断变更自己观点的人自然不值得信赖，因为他最后修正过的学说可能还会存在错误，然而坚持已见、不愿让步的人，也同样会被认为固执而不虚心。事实就是如此，面对这种矛盾的批评，我只能自己给自己寻找安慰了。这就是我所坚持的态度，我依然要根据日后的经验去不断修正我先前的学说。但是，对于我先前的学说，我还不觉得需要对其修正，希望将来也不用修正。接下来，我要详细地介绍精神分析理论在精神病症候中的运用。我会给大家举一个类似于过失和梦的现象的例子，通过类推和对比帮助大家更好地了解精神分析理论。

精神病学中有一种动作叫作“症候性动作”（symptomatic act），在我的访问室里很常见。通常，病人在访问室里讲述完他多年的病痛之后，精神分析家并不会对病人的讲述发表意见。有些人可能会认为，那些病人并没有病，只要用点水疗法（hydrotherapy）就可以了。而精神分析家则不会这样认为，因为他们见闻广博，不能简单地做出这种判断。有人问我的同事，对于那些来访者该如何处理，我的同事说要罚他们重金来赔偿时间的损失。所以，当你们听说即使最忙的精神分析专家那里都很少有病人登门时，就不用感到奇怪了。

我在待诊室和访问室之间设了一道门，在访问室里又有一道门，室内铺上了地毯。这样布置的理由显而易见：当我允许病人从待诊室进来时，他们通常都会忘记关门，有时甚至两扇门都不关。我每次看到这种情形，都会很不客气地请他们回去把门关好，无论这个病人是绅士还是时髦女子。我知道自己这样做让人觉得很傲慢，我也知道有些时候他们并不是有意的。但是，就大多数情况而言，我这样做确实没有错。因为如果一个人将医生的待诊室和访问室之间的门敞开，那么他就是一个下等人，会被我们瞧不起。

在我没讲完这段话之前，请大家不要误会我。一个病人只有当待诊室没有他人共同候诊的时候，走进访问室时才会忘记关门。如果待诊室里有一个陌生人也在候诊，那么他一定不会忘记关门。因为当他看到有陌生人的时候，为了防止他和医生的谈话不被第三者听见，他一定会非常谨慎地将两扇门都关好。所以说，病人忘记关门并不是偶然的，也不是无意义的，更不是无关紧要的，因为他的这种行为流露出他对医生的态度。

这就像有些人去拜见地位较高的人一样，可能会先打电话询问何时能被接见，同时又渴望访问者丛集，就像欧战时杂货店内的场景一样。但是出乎他的意料，当他进来时，发现这个房间空荡荡的，布置又很朴素，这样的场景让他深感失望。于是他会想，既然医生如此失敬，那么就给他点惩戒。所以，他就把待诊室和访问室之间的两扇门都敞开。他的意思是：呸！这里现在没有别人，无论我在这里待多久，都不会有第二个人来的。如果开始时不对他的这种行为进行打击，那么在谈话时他就会对医生表现得傲慢无礼。

对于这种症候性动作，有如下几点分析：（1）这种动作并非偶然，而是有各自的动机、意义和目的；（2）这种动作发生的心理背景是全部可以指出的；（3）从这种小动作中我们可以推测出一种更重要的心理历程。另外，做出这种动作的人其实并没有意识到这个动作，因为他们绝不会承认之所以开着不关那两扇门，是对我表示侮蔑。很多人可能在刚进入待诊室确实因为没有人而有过失望感，不过这与此后他们发生的症候性动作所存在的关系确实不在他们的意识之内。

为了便于大家更加细致地分析一些常见的症候性动作，也为了便于观察，现在我举一个病人的例子。这是最近发生的例子，之所以选择它是因为它简单、容易叙述。

在我讲这个例子的时候，请大家注意其中的相关细节。

有一位年轻的军官，回家探亲时，请我为他的岳母治疗。他的岳母拥有一个幸福的家庭环境，不过因为时常有种无聊的想法，以至于经常让全家人感到苦恼。这位老太太时年53岁，身体十分健朗，性格也比较温和善良，根本不像有病的人。她向我叙述了她的病情，情况大致如下：

她与丈夫自恋爱结婚30年来，感情非常好，从来没有发生过争吵，甚至没有脸红过。她的丈夫是某个工厂的经理，虽然已经到了退休年龄，但是出于义务心，仍然在原单位供职。她的两个儿子都已经成家。她几乎没有什么可以操心的事情。可是，一年前忽然发生了一件意想不到的事情。她收到了一封匿名信，信中说她的丈夫正和一个年轻的女人私通，她竟然相信了这是真的，从此以后她的幸福便被毁坏了。

事情具体情况是这样的：她家有一个女仆，深得她的信任。另外，还有一个年轻的女子，出身虽和这女仆差不多，但是在生活上却比较幸运。她曾接受过商业的训练，因此有机会进入工厂工作，后来因为男职员们、服兵役去了，她便有机会升任待遇较优厚的职务。她就住在工厂里，几乎所有的男职员都认识她，并且称她为"女士"。那失意的女仆知道后，产生了强烈的嫉妒心理，于是只要有机会，她就会以各种理由说这个女工的不是。

有一天，老太太和女仆一起讨论刚刚来访的一位老先生，据说他和妻子没有住在一起，而是和另一个女人好了。老太太很疑惑，说："他的妻子怎么会不知道呢？"转而又说："假如我的丈夫也背着我有了别的女人，那真是太可怕了。"没想到第二天，她便接到了一封匿名信，信里面说的正是她最担心的事情。信件上的字迹是伪造的，她断定这封信是出自不怀好意的女仆之手，因为信中提到的女人正是那女仆所痛恨的女人。虽然老太太明知此信不可信，但是最终还是因为这封信得了病。

老太太精神上遭受了刺激，她当着丈夫的面大声责备。她的丈夫在这件事上处理得很好，他没有生气，而是笑着安慰她，并否认此事，他还将工厂里的医生请来，为自己的妻子诊视。他在第二件事上处理得也很合理，他辞退了那个滋扰生事的女仆。从那以后，老太太自认为自己已经不再去想这件事了，她也不相信信上所写的内容，可是只要听见那女职员的名字，或者在路上看到那个女职员，她就忍不住去怀疑、忧虑，甚至怨骂。以上就是老太太的病状。即使没有精神病学的丰富经验，我们也能够看出来两点：第一，在叙述自己病症的时候心气太平和了，似乎有所隐瞒，这与其他的神经病不同；第二，她实际上还是相信那封匿名信里的内容。

作为一个精神病学者，对这种病症应该采取什么样的态度？我们可以很容易揣测出他对患者待诊室的门那种症候性动作的意见。他认为那件事情纯属偶然，在心理学上不需要研究。但是对于这个老太太的病症，却不能再持这样的态度了。症候性动作看起来并不重要，但是症候却应该引起重大的注意。从主观上来说，症候常伴有强烈的痛苦，从客观上来说，症候也有使家庭破裂的危险。因此，势必要引起精神病学者的兴趣。

首先，精神病学者会分析症候的一些主要属性。那折磨着老太太的观念其实从质上来说是有一定意义的，而老太太的丈夫也确实存在与女职员发生关系的可能性。不过，对于这个观念，也有一些没有什么意义但却无法解释的地方。除了匿名信之外，老太太根本没有理由去假设其忠诚的丈夫会做这种事，尽管这件事并不普通。患者知道这个消息缺少证据，也无法准确地说明消息的来源，所以，她应该清楚这种妒忌是根本没有根据的。她也确实这样说过，不过她却又觉得好像这件事真的发生了一样而深感痛苦。我们把这种不合逻辑和现实的观念，称为“妄想”（delusions）。可以说，那老太太的苦恼是来自于一种“妒忌妄想”（delusions of jealousy），她的表现显然具备这种病的主要特征。

如果这一点成立，一定会增加我们对精神病学的兴趣。一种妄想不会因为事实的存在而消失，也不会起源于实际的存在，那么，它究竟起源于什么呢？妄想可以有各种各样的内容，为什么这种病的妄想偏偏只以妒忌为内容呢？又是哪一种人才会产生妄想，尤其是妒忌的妄想呢？

我们请教精神病学者，本来希望他能为我们找到原因，可是请教的结果仍无法使我们满意。我们有很多问题，可是他只讨论了一个。他可能会通过研究这个老太太的家族史，给我们一个答案，因为他认为一个人的家族史中如果常发生类似的情况，或者有精神错乱的病人，那么其本人也可能患有妄想。也就是说，这位老太太发生妄想，很可能是因为她有引起这一妄想的遗传倾向。不过，话虽这样说，难道就意味着事实确实如此吗？难道说这就是她得病的唯一原因吗？难道能说病人之所以发生这种妄想而不是其他妄想是无法解释的吗？所谓的遗传倾向可以支配一切吗？不管她过去有过怎样的经验和情绪，就不能在此时或彼时发生一种妄想吗？大家或许很疑惑，为什么科学的精神病学无法给我们以更深层的解释。我可以坦率地告诉大家：“一个人有多少，才能给多少；只有骗子才会说空话去欺骗别人。”

精神病学者对于这种病也不知道该怎样做进一步的解释，只能通过诊断和妄测其病的将来变化来安慰自己。那么，用精神分析可以得到更好的效果吗？那是当然的，我要告诉大家，即使像这样隐晦的病症，我们还是可以从中发现一些事实，从而有更深切地了解。我请大家来注意一些细节问题：老太太妄想的根据就是那封匿名信，这封匿名信就是她自己招来的，因为是她自己在前一天对狡诈的女仆说，如果她的丈夫与别的女人私通，那就是天下最可怕的事情了。正因为这样才引起了女仆寄信的想法。事实上，老太太的妄想并不是因为那封匿名信才存在的，而是发源自心中的一种恐惧，抑或是一种愿望。

除这一点外，我对其进行的两个小时的分析也是值得注意的。在她叙述病情经过之后，我曾经请她讲述她的思想、观念和回忆，可是她却很冷漠地拒绝了。她表示，一切都过去了，她没有什么想法了，于是，两个小时后我不得不停止分析。她称自己已经完全好了，那病态的妄想再也不会发生了。她之所以这么说，一方面是由于抵抗，另一方面是因为害怕我对她进行分析。可是，在这两个小时的交谈中，我还是从她偶然说起的几句话中分析出了她妒忌妄想的起源。原来她对于请我来为他诊病的女婿产生了一种迷恋。当然，这种迷恋完全是在老太太不自知的情况下发生的，即使知道也是很有限的。因为他们之间存在着丈母娘和女婿的关系，她的迷恋很容易被隐藏而表现为无害的慈爱。我们从已知道的一切，很容易能够推想出这位好太太、好母亲的心理。

这种迷恋虽然不能存在于她的意识之内，却会深深地进入她的潜意识系统，正是这种潜意识，给了老太太一种沉重的压力。压力产生后，老太太就会寻求有效的解脱，而最简单的解脱方法就是依靠造成忌妒的移置作用的机制。假如她的丈夫与年轻的女职员产生爱恋，那么她便不会因为自己爱上年少的男子而感到良心受到谴责，因此，她以幻想丈夫的不忠实来作为自己痛苦伤痕的一副安慰剂。对于她自己的这份爱，她其实是一直不自知的，不过因为妄想给了她种种便利，于是她的私爱在妄想中的“反影”（指她丈夫与女职员的爱恋）就成了一种必然的妄想和意识了。所有责难当然都是徒劳无益的，因为种种责难只能是针对那“反影”而发，而不能针对她那深埋在潜意识中的“原物”（指她和其婿的恋爱）而发。

下面，我们将精神分析对这个病的研究结果来做一下总结。当然，我们一定要保证我们所收集的资料是千真万确的，这一点大家无须怀疑。

第一，所谓妄想并非是无意义和不可理解的，它已经具有一定的意义和合理的动机，并与病人的情感经验有一定的关系。第二，一种妄想往往是另一精神历程所引起的必然反应，而这另一种精神历程通过其他表示能够推测得知。妄想具有抗拒真实和逻辑客观性的特性，而这都源于它与另一种精神历程存在这种特殊的关系。妄想来源于欲望，是用来自慰的。第三，致病的经验最终决定了这个妄想属于妒忌妄想。大家可以看出这与我们所分析的症候性动作有两个重要的相似之处：一是症候背后的意向，二是症候与潜意识欲望的关系。

这当然无法解决此病所引起的全部疑难之处。事实上，还有很多问题，有些是还未得到解决，有些则因为情况特殊而根本无法解决。比如，这位婚后一直很幸福的老太太为何会爱上自己的女婿呢？就算发生恋爱，也可以找其他的托词，为什么一定要向自己的心情强行推加在丈夫的身上来寻求解脱呢？大家千万不要认为这些问题不值得探讨。我们已经收集了很多材料，可以对这些问题做出各种可能的解答。患者在年龄上正处于一个特殊的时期即更年期，在性欲上会显得特别强烈，也就是我们所说的性欲亢奋。只这一点就足够说明问题了。另外一个理由就是，其忠实的丈夫上了年纪，近年来在性能力方面已经不能满足她旺盛的性需求了。在临床医学中，确实也有很多类似的案例，只有那些在性能力方面稍显不足的男人才会对自己的妻子特别忠实，特别抚爱妻子，并且对她们的精神不安非常体恤。至于那位老太太其变态迷恋的为什么是自己的女婿呢？在这里，我要告诉大家，其实从远古以来，岳母和女婿的关系，就被人类看作是一种特别有性意味的关系，有很多野蛮民族，还因此产生一种十分有力的禁忌（参见《图腾和禁忌》1913年）。对妻子的性爱，转移向妻子的母亲，这种倾向在少数人身上确实存在，只是这种倾向一直受到文明社会的制约而已。那么我们刚才讨论的这个病例到底是上述哪一种或两种，抑或是三种因素在作怪呢？这个我无法回答你们，因为我只做了两个小时的分析，之后就没有继续下去。

我知道上面我所说的这些事情都是大家所未能了解的，我之所以要说这些话，是想让大家对精神病学和精神分析进行比较。我想问大家一件事：你们是否看出来这二者之间存在互相抵触的关系？精神病学不去讨论妄想的内容，也没有采用精神分析的技术，而只是强调遗传，给我们展现一种普通的远因，却不先去发现其较特殊的近因。可是难道说两者之间一定要存在抵触，就不能互相补充吗？遗传的因素难道就无法和经验的重要性相结合吗？大家可能认为精神分析的探究与精神病学的研究确实没有什么互相抵触的地方。事实上，反对精神分析的并非精神病学本身而是精神病学者。精神分析与精神病学的关系就像组织学与解剖学的关系：一个研究器官的表面形态，一个研究器官的构造，比如组织和其他构成的元素等。这两种研究互为终始，很难看出二者有任何矛盾。大家都知道，现在医学研究的基础是解剖学，可是在过去，社会上是严禁医学家解剖尸体来对身体内部构造进行研究的，正如现在社会上咒骂我们实施精神分析来研究人类心理内部的历程一样。或许很快我们就会承认，假如没有关于精神生活的潜意识历程的知识，精神病学就不能算是有科学基础的。

虽然精神分析多次遭到驳斥，不过或许有人还是会对它表现出好感，希望它在治疗方面可以自圆其说。大家知道，精神病学一直来没有打破妄想的能力，而既然精神分析知道妄想的机制，那么或许能够治疗妄想吧。然而，在这里我要给大家一个否定的答案：不管怎样，就现在来说，与其他治疗法一样，精神分析也还没有能力治疗妄想。虽然我们了解病人有何经历，但我们没有方法使他们自己也了解这一切。大家也应知晓，我对于刚才所说的妄想，也只能作最初步的分析。

你们可能会因此认为这种分析是没什么意义的，反正也得不出什么结果，可我并不这么认为。不管是否能立刻见效，我们都要去研究，这既是我们的权利也是我们的义务。可能有一天，我们那些零碎的知识都会转化为能力，一种治疗的能力，可是这一天什么时候才能到来，我们尚不知晓。进一步说，精神分析虽然无法治疗妄想以及其他神经病和精神病，但也是科学研究的一种必不可少的工具。当然，目前我们还无法实现这样的技术，这是不争的事实。我们将人作为研究资料，而人是有生命和意志的，要他参加这种研究，就要有一个动机，可是现在他并没有这个动机。那么，就让我用下面这句话来结束今天的演讲吧：对于大部分的精神病来说，目前的知识确实拥有能够治疗的能力；这些病本来是不容易治疗的，不过在某种情况下，我们的技术让我们收获了满意的结果，这在医术上不能不说是首屈一指的。

第十七章
神经病症候

在上面一讲里，我提到了临床的精神病学通常不去过问个别症候具有怎样的形式或内容；而精神分析则恰恰相反，它以症候为起点，认为症候本身有各自的意义，而且与患者的生活经验有一定的关系。

1880—1882年间，布洛伊尔曾研究并治愈了一个癔症的案例，在这之后，癔症引起了大家的关注，同时他也是神经病症候的意义的首个发现者。法国的让内曾得出过同布洛伊尔一样的结果；实际上他比布洛伊尔还要早一些公布了自己的研究结果，布洛伊尔是在十年之后（1893—1895年，也就是我和他合作的时期内）才将其观察结果公布出来的。

到底是谁最先发现的并不重要，因为我们都知道无论哪个发现都不是一次就能够完成的，成功未必就能与劳动成正比。比如，虽然是哥伦布发现了美洲新大陆，但是美洲并不是以哥伦布命名的。其实在布洛伊尔和让内之前，著名的精神病学家劳伊莱特就曾提到过狂人的妄想，假如我们对其进行诠释，其实也可以发现其中的意义。我一直很重视让内关于神经病症候的解释，因为他曾将这些症候看成是占据病人内心世界的"隐意识观念"（idees inconscientes）的表示。不过，让内之后的态度却异常慎重，似乎他只是将"隐意识"看成了一个名词；只是一个名词而已，并不具有明确的意义。因此，我便无从了解让内的学说，不过我知道他已经与伟大的地位擦肩而过了。

与过失和梦一样，神经病的症候也都各有其意义，并且都与病人的内心生活存在某些关联。对于这一要点，我举几个例子来为大家加以说明。虽然还不能证明，但我仍然要说，其实不管什么种类的神经病都是这样的，不管是谁只要进行一番观察，都会相信这一点。不过，因为一些特殊的理由，我在此不举癔症的例子，而举另一种很特殊的神经病为例，这种病的起源与癔症是十分相近的。对于这种病，我有必要先说几句。这种病叫作强迫性神经病（the obsessional neurosis），不像癔症那么常见，也可以这么说，它表现得毫不张扬，经常隐藏在病人的心事中，几乎不会在身体上表现出来。精神分析最初就是以强迫性神经病和癔症这两种病作为研究基础的，而我们的治疗方法也在这两种病上收到了功效。不过，从强迫性神经病来说，精神的感受丝毫没有表现在肉体上，因此它比癔症更容易因精神分析的研究而让人理解。换句话说，它所表现出来的神经病组织的特点要比癔症显著得多。

强迫性神经病有以下的表现：病人心中充满着实际上毫无趣味的思想，觉得自己有特异的冲动，并且被迫做些没有什么意义却又忍不住去做的动作。那些思想抑或是强迫观念本身根本没有什么意义，对病人来说也是乏味的，或是愚蠢的，可是不管怎样病人却免不了总是用这些思想和观念来消耗自己的精神，这是强迫思想的起点。虽然病人也不愿意如此，可是却没有办法抵制。病人面对的问题似乎关乎生死存亡，劳心费神，无法停止。他内心所感觉到的冲动也是如此幼稚而无意义的。这些冲动都是些可怕的事，比如犯重罪的诱惑，病人不仅会因认为这些冲动与自己身份不相符而加以排斥，还会惊慌失色地逃避它们，用各种各样的预防方法来防止它们的实现。实际上，他的确没有一次实现过这些冲动，而预防和摆脱每次都获得了最终的胜利。他真正所做的事情都是些根本无害的琐事，也就是我们所说的强迫动作，这些动作都是日常动作的重复和加工的排练，以致那些平常必要的动作，如上床、洗漱、穿衣、散步等都变成了非常艰难而繁重的工作。那些病态的观念、冲动和动作，并非以同样的比例混合而为强迫性神经病，它们大体上会占较重要的地位，而其病的名称就由此而定。不过所有形式共有的特征仍然很明显。

显而易见，这是一种癫狂的病症。我想精神病学者即使其想法再荒唐，也未必能捏造出这种病来，假如我们没有每天亲眼看见这种现象，也不会相信这是真的。大家不要认为治疗这种病人可以劝告他努力摆脱，别去想这些荒谬的观念，不要做那些无聊的动作而去做合理的动作。事实上，这些也正是病人所愿意去做的，因为他清楚自己的处境，也赞同我们对于他的强迫性症候所持的见解，其实他自己也会提出这种见解。

可是这一切他都是情不自禁地去做的。在强迫性情境中所做的动作，似乎有一种很大的力量在推着他前进，他根本无法用常态精神生活中的力量去抵抗。他能采用的唯一一个办法，就是交换代替法，即用一个比较缓和的观念来代替原有的荒谬观念。他可以用其他的预防方法代替原有的那种，也可以做另一个动作来代替原来的动作，但是，这只是在以此易彼，却无法将它完全打消。

此病的一种主要特征就是这种症候的交替（包括其原来形式的根本改变）；值得注意的是，这种病在精神生活中一切的相反价值或极值（polarities，指的是强弱明暗等相反的观念）好像分化得更为明显。除了受积极性和消极性的强迫之外，也会在理智方面产生怀疑态度，以至于可能发展为即使是平常真实的事情也会产生怀疑。虽然强迫性神经病病人都富有精力、善于判断，并具有超出常人的智力，但所有这些症候却都能使病人一天天丧失精力，从而限制自由。大家能够想象得出，要在如此矛盾的品性和病态的表示的迷惑之中找到得病因，这是多么艰难的工作。目前我们所能做的就是对这种病的一些症候进行解释而已。

大家听了上面这些讨论，可能很想了解现代的精神病学对于强迫性神经病到底有什么贡献。其实它的贡献是很贫乏的。除了给各种强迫行为以相当的名称，精神病学似乎根本没什么贡献。

如果单说患这些症候的病人是“退化的”，这当然不能满足我们。这只是一种价值的评判，或者只是一种贬抑之词，不能作为一种解释。我想我们很容易断定退化的结果会产生各种怪态。原本我们就认为这种症候的病人一定与普通人不一样，可是他们就真的比其他的精神病患者和癔症患者，或者精神错乱者更为“退化”吗？很明显，这个形容词太泛泛了。假如你们知道那些有才能的伟人也曾表现出这种症候，就不免会怀疑这个形容词到底是否合适了。不过，由于伟人们十分慎重，而为其作传的人又难免会说谎，因此我们不容易了解他们的本性。他们有些人热爱真理几近疯狂，如左拉，并且他们还有很多古怪的强迫性习惯。精神病学只是称这些患者为“退化的伟人”便算是给出了一个交代，可是从精神分析的结果来看，就像患者那些没有退化的其他各病的症候一样，这些特殊的强迫性症候也是完全可以消除的。我自己在这方面就取得了不错的成绩。

下面，我只举两个例子来说明对强迫性症候的分析，第一个是旧例，因为我还没有发现更好的例子，第二个则是最近遇见的例子。因为这种叙述必须明确而详细，因此我们就只以此两例为限。

曾经有一个年近三十的女人患上了很严重的强迫性症候，我本来是有可能治愈她的，可是后来因我生活上发生突变而使工作受到了影响，这种可能便化为了乌有。具体是怎么回事，我可以之后再告诉大家，还是先说说这个女人。在一天之内，这个女人除了其他动作之外，经常做这样一个奇怪的强迫性动作——她经常从自己的房间跑到隔壁的房间，然后站在房间中间的一张桌子旁边，按电铃把女佣招来，有时让她做些小事，有时又把她打发走，之后她又跑回自己的房间。这种现象本没有什么危险性，但是却勾起了我们的好奇心。

至于是什么原因，病人并没有用分析者帮忙就简单地说了出来。

我根本猜不出这个强迫性动作的意义，也无法给出适当的解释，我也不止一次地询问病人为什么会有这样的行为，意义是什么，可是她总是回答不知道。然而有一天，当我劝说她不要去怀疑某种举止行为后，她忽然间意识了强迫性的意义。她向我详细地讲述了这一强迫性动作的经过。

十年前，她嫁给了一个比她大很多岁的男人。直到在结婚那天晚上，她才知道自己嫁的这个男人是缺乏性能力的。那天夜里，这个数次从自己的房间跑到她的房间，想一试身手，结果都失败了。第二天早晨起床后，他感到十分羞愧，说道："这未免会让整理床铺的女佣看轻。"于是，他随手拿起一瓶红墨水倒在了褥单上面，可是却没有倒在准确的位置上。

我刚开始有些不明白病人叙述这件事与我们刚才讨论的强迫动作之间到底有什么关系；因为我觉得这两种情境除了一个女佣，以及从这个房间跑到另一房间的动作之外，再没有什么相似之外。之后，病人又带我进入到了隔壁房间，我看到在桌子上的台布有一块明显的红斑。病人说自己之所以站在桌旁，是为了使女佣一进来，就可以清楚地看到这块红斑。于是，我们就能从中看出这强迫动作与结婚之夜的情景的关系了，当然，对于此事仍要再加查问才能更加明晰。

首先，我们能够了解到病人是在以自己来代替丈夫，从这个房间跑到另一个房间，是在上演其丈夫的动作。为了便于对照区分，我们可以把桌子和桌布分别假想成床和床单。也许你会觉得这似乎有点太过牵强，不过只要想想我们前面谈到的"梦的象征的研究"那节所讨论的内容，就能明白我们这种假设并不是没有道理的。桌子在梦境中，确实经常作为床的代表，"床和桌"结合起来就是结婚的意思，因此床可以代表桌，桌也可以代表床。

种种这些都可以证明强迫动作富有意义，也可以看成是重要情景的重复排演，不过我们未必就要停留在这个相似之处上。如果我们能够更加认真地思考这两种情景的关系，或许就能更容易了解这种强迫动作的目的；很明显，这个动作是以召唤女佣前来为中心点的。她想向女佣展示桌布上的那块红斑，以印证自己丈夫所说的"这未免会让整理床铺的女佣看轻"那一句话。她重演丈夫的动作，为的是让她的丈夫不被女佣所轻视，因为红斑已出现在应该出现的位置了。因此她不但要重复排演过去的情景，还要加以引申和修改，以便使情景没有任何破绽和缺点。另外还有一层意思，就是要修正让那夜悲剧产生和误泼红墨水的情境，也就是丈夫缺乏性能力那件事。这种强迫动作好像在对别人说："不，他并没有在女佣面前丢脸，他在性能力方面是行的。"

她的整个强迫性动作产生的过程就好像在梦里一样。她通过这个动作来满足自己的欲望，借以恢复丈夫倒红墨水之后的信誉。有关这位病人的其他事实，也能够让我们有理由对她的强迫性动作做出上述的解释：她已与丈夫分居很久，早已产生与丈夫离婚的念头，而且当时正想决定那样做。可是，她内心却始终在乎她的丈夫，于是她强迫自己对丈夫忠实。

为了免受他人的诱惑，她开始过起了离群索居的生活。事实上，她在幻想里已经饶恕了自己的丈夫并将他理想化了。她之所以出现这个病症主要是因为她不想让自己的丈夫遭受恶意的毁谤，也为自己与丈夫分居找了合适的理由。我们当初只是分析了一种无害的强迫性动作，没想到却让我们发现了她发病的主因，同时又推知了一般强迫性神经病的特性。我希望大家对这个案例可以多研究一下，因为几乎所有关于强迫性神经病难以预料的情景在这个案例中都表现出来了。这个症候的解释也是病人在一瞬间自己发现的，并没有经过分析者的指导或干涉，而且这个解释并不是病人幼年时期已经被遗忘掉的经历，而是她成年后真实面对的事实。所以，那些批评家们经常对我们关于症候解释进行的种种攻击，已经站不住脚了。像这样的好案例确实是不容易遇到的。

另外，还有一点。这一无害的强迫动作竟然直接牵涉到了病人最秘密的事情，难道不让我们感到惊奇吗？试想，若是说一个女人一生中最为隐秘、最不愿意告诉别人的事情，还有什么是比自己的新婚之夜所发生的一切更具代表性的吗？而我们现在竟了解了她的性生活的全部秘密，难道说，这真的是事出偶然，没有丝毫特殊的意义吗？也许大家会说，我是为了自圆其说才选择这个案例的，这里，我请大家暂且不要着急下这个结论。我们先来看看第二个例子。这个例子与第一个例子性质完全不同，是一个普通的例子，讲述的是上床前的预备仪式。

有一个年仅19岁的女孩，长得十分漂亮，没有兄弟姐妹，是家里的独生女，因此父母十分宠爱她。她受过高等教育，在智力上比她的父母似乎更胜一筹。本来她的性情是极为活泼的，可是最近不知道为什么她忽然表现出一些只有精神病人才有的症候来。例如，她一改以前温柔的个性，近来经常发脾气，尤其是对她母亲的态度极为恶劣。有时，她又表现得抑郁犹疑，后来竟然发展到不敢一个人上街和走过广阔的广场。对于这个女孩的若干详细症状，请恕我不能再次一一列举出来，不过，即使不用详细介绍，大家也能从她的病状诊断出她患有广场恐惧症（agoraphobia）和强迫性神经病。接下来，还是让我们看一下她入睡前的具体状态吧。

这个女孩每晚都入睡困难，这让她的父母十分担心。为了医学上表述的需要，我暂且将女孩每天晚上上床之前所有准备的过程称之为“预备仪式”。大致说来，即使是常人，在每天上床睡觉之前也会有一种仪式，或者说至少需要某种条件才能更好地入睡。这种从醒到睡的经过通常都会形成一定的方式，在每天晚上都照例演出一次。不过，一个健康人所需要的睡眠条件一般能有合理的解释，而且如果外界的情境变了，也能够迅速适应，让这个仪式做出适当的调整。然而，病态的仪式通常是一成不变的，并且还要做出相当大的牺牲来维持这个无聊的仪式。从表面上看，这种仪式似乎也能找到合理的理由作借口，唯一和常态的不同之处是这个形式实行起来太过小心翼翼了。如果我们对其进行更细密的观察，就能够看出其实这种借口的理由是非常站不住脚的，而且这个仪式的所有惯例也无法用所举的理由进行掩饰，有些惯例甚至与其理由相互抵触。

我们这位病人为了能有个好睡眠，即宣称她在夜间需要绝对安静的环境，必须排除所有声音的喧扰。于是，她每天睡觉之前必须做两件事：一是让房内的大时钟停止不走，并将其他所有小的钟表都拿出屋子，就连床边桌上的小手表也不例外；二是要将所有花盆和花瓶之类的东西都慎重地放在写字台上，以免它们在夜间跌落破碎，打扰到她的清梦。事实上，她自己也十分清楚没有必要这么做，因为小手表即使放在床边桌上，也未必能够听到滴答声，而且我们都知道时钟有规律的嘀嗒声未必会侵扰睡眠，有时反而更容易让人入睡。她也承认花盆和花瓶放在原处只要不去碰撞，也不会突然坠地破碎，可是她就是十分担心和忧虑。

事实上，她在预备仪式中的某些动作并不符合她一味求静的动机。比如，她每天晚上睡觉的时候，一定要让自己的卧室和父母的卧室之间的那扇门半掩着，为了达到这个目的，她甚至还设置了各种障碍物在门口，可这样做反而会招致声音。其实，她最重要的预备仪式是铺床的行为。床头的长枕一定不能与木床架接触，小枕头一定要叠着横跨在长枕头的上面，并且成一个菱形，她睡觉的时候一定要准确无误地把头放在这个菱形之上。盖上鸭绒被之前，她一定要用手使劲地抖动鸭毛，使羽毛下降，然后把松软的羽毛压平，使其变得平整。

在这个预备仪式中还有其他一些细节，在这里我就不一一叙述了，因为那些细节离题太远，不能为我们提供新的材料。大家千万不要认为这些琐事很容易进行。她每做一件事，总是担心没有做好而不停地重复去做。就这样翻来覆去，等到她完成这套仪式时已经过了一两个小时。

对于她的强迫性症状，我曾多次对她做出过细致、详尽的分析。刚开始的时候，她坚决予以否认，认为不可能是我分析的那样。后来，她则以讪笑表示怀疑。不过，虽然最初她拒斥了我的解释，但之后又对这个解释的可能性加以考虑，并注意所引起的联想，回忆所有可能的关系，最终还是自愿地接受了我的解释。在接受我的观点之后，她开始逐渐减少原来那些无意义的强迫动作，结果，在治疗还没有结束的时候她就已经抛弃全部的仪式了。

在这里，我要告诉大家，我们现在所做的精神分析工作绝不能只持续地集中在了解某一单独症候的意义上。因为我们时常要放下正在研究的主题，而在分析另一方面问题时又会将其提起。因此，我现在要告诉大家的关于这个女孩的症候的解释，其实就是很多结果的综合。这些结果曾因为研究其他方面而中断过，但是往往在过了几个星期或几个月后又被找到了。

在治疗过程中，我首先让患者了解了这样一个事实，即钟表除了有一般的象征意义之外，还可以代表女性的生殖器。对于这一点，我们可以从日常生活中的一个现象加以印证，如有些女人经常自夸，自己的月经就像时钟一样准时。或许钟表可以代表女性生殖器，正是因为这个原因。这个女孩之所以害怕钟表的嘀嗒声，并认为钟表的嘀嗒声会扰乱她的清梦，实际上是因为这种声音还有另一个含义，就是性欲被激起时阴核的兴奋。她承认自己确实好几次在梦中出现过这种感觉，她因为害怕这种感觉，于是每天夜里便将所有的钟表都移开。而像花盆和花瓶等用于容纳的器物，在精神分析理论中一般也被认为是女性生殖器的象征。因此，这个女孩害怕它们在夜间跌破也是含有意义的。我们知道有一种风俗流行很广，就是一个女孩子一旦订婚，就会在订婚时打破一个花瓶或花盆，让在场的每个人上前拿取一块碎片，以表示这个女孩子已经有了归属，别的男子就不应该再对她有所企图。这一风俗的起源，可能要追溯到一夫一妻制的实行。

另外，这个女孩因这个仪式中的某一部分还联想到了小时候的一件事。当她还是一个孩子时，她曾经手里拿着一个玻璃杯，也可能是一个瓷瓶，在飞跑时一不小心跌倒了，手中的玻璃杯被摔得粉碎，而她的手也因此被割破，流了很多血。她长大时对于性交等事已经略有所闻，生怕自己在新婚之夜因为不流血而被怀疑不是处女。她之所以害怕花瓶跌碎，就是想要抛弃那些关于贞操和初次交媾流血等事的情结，以摆脱会不会流血的焦急。其实，这些不必要的顾虑与防止室内东西发出声响是风马牛不相及的事情，可是她却执意要将其联系在一起。

一天，女孩突然对自己的强迫行为有了奇特的认识，她忽然知道自己为什么不让长枕头接触床架了。她说，在她看来，长枕就像一个妇人，而直挺挺的床架则像一个男人。于是，她似乎是用一种魔术的仪式，将男人和妇人隔开。确切地说，她在潜意识中不愿意让自己的父亲与母亲在一起，不想让他们发生交媾行为。其实，早在她发病多年以前，她就曾想法设法地达到这个目的了。她曾假装胆小或利用惊惧的倾向，让自己的卧室和父母的卧室之间的门开着，事实上，这个办法她发病时依然在用。此举让她可以偷听父母的举动，不过这也让她好几个月都处于失眠的状态。她这样打扰自己的父母还没有感到满足，那时她甚至直接睡在父母中间，于是“长枕”和“床背”真的就被阻而分离了。后来，她长大了，便不能舒服地和父母同床，可是她仍然故意假装胆怯，让母亲和她交换，自己好和父亲同睡。这件事确实是幻想的起点，我们在仪式中也看到了其结果。

如果长枕头代表妇人，那么她抖鸭绒被让毛羽下降，使之隆起，就含有另一种意义了。究竟是什么意义呢？原来“隆起”即代表着怀孕。事实上，她是不希望母亲怀孕的，因为她一直担心父母交媾的结果，会给她生一个弟弟或妹妹来，那样的话她岂不是多了一个竞争对手？长枕头既然代表母亲，那么小枕头自然就是代表女儿了。可是为什么小枕头一定要斜放在大枕头之上形成一个菱形，而她的头又要正好放在那个菱形的中心呢？在日常的绘画或墙面装饰物中，菱形有代表女性生殖器的意思，她是在假借自己代表男人或父亲，而自己的头代表男性生殖器，来阻止新的弟弟或妹妹出生。或许你们会说，在处女的内心里竟然会存在这种可怕的思想吗？我不得不给予肯定的答案，不过大家别忘了这些观念并非是我创造出来的，我所做的只是将其揭露出来而已。病人临睡前的这种仪式自然是十分奇怪，但我们不能否认仪式和幻想之间因解释而显露出来的类似之处。

在这个案例中，我认为重要的一点是，大家要记住这个仪式并非一个单独幻想的产品，而是几个幻想的混合产物，不过那几个幻想总是会汇合于某点。大家还要记住，病人对于性的态度表现出积极的和消极的两个方面：一方面是对性欲的渴望，另一方面是对性欲的反抗。

假如我们将这个仪式与病人的其他一些症候联系起来，或许能得到更多的分析结果。不过，这并非我们现在的目的。大家只要知道，病人在年幼时曾对于父亲有过一种“性爱”，并且这种“性爱”让她近乎痴狂。或许正是因为这个原因，她对母亲的态度才会如此恶劣。另外还有一点，我们也应该引起注意，就是这个症候的分析牵扯到了病人的性生活。我们越深入了解神经病症候的意义和目的，对这些不正常的事情也就越不会觉得奇怪了。

从以上两个例子中，我们可以看出，精神病的所有症候，同过失和梦一样，都与病人的日常生活经历有密切的关系。当然，我并没有让大家就因为这两个例子就相信我这句话的价值，更不会为了让你们信服而继续举例。事实上，每个病人都要经过很长的治疗时间，如果要充分讨论关于神经病理论的这一点，即使我一个星期讲五小时，也要一个学期才能讲完。所以，我只能挑选出这两个例子来作为我所说的证明。如果你们想要更深入地了解，可以参阅一些关于这个问题的著作，如布洛伊尔对于他的首个病案（即癔症）的症候的经典解释，荣格对于所谓精神分裂症（dementia praecox）的症候的出色说明，以及后来各种心理学杂志上所发表的种种论文。对于这一类病症的研究是非常丰富的。很多精神分析家往往会把注意力放在神经病症候的分析和说明上，而神经病的其他问题会被他们暂时忽视。

如果你们当中有谁对这个问题有过相当的研究，就一定会对证据材料的丰富深有感触，可同样也会遇到一些困难。既然我们已经知道症候的意义与病人的日常生活息息相关，那么当我们在面对不同的病例时，就要注意到一些细节，哪怕这些细节在常人眼里并不起眼，甚至可以说是非常无聊的。只有观察入微，我们才能知道他们产生这个念头或这个动作的原因。

其实，那个经常跑到桌子旁边按铃召唤女佣的病人，她的强迫动作就是这个症候的完满模式。不过，与其决然不同的症候也并不少见。比如一些典型的症候是各种病例所共有的特征，不存在个别差异。如此一来，就很难找出其与病人生活或旧时特殊情境的关系了。我们再来说说强迫性神经病，如那位在睡前做各种琐事的女孩。虽然说她所表现出的很多个别特征可以用来作为一种“历史的”解释，不过几乎所有的强迫性神经病病人都会做出某种动作，并不断有规律地排演。比如，有的病人要每天洗澡很多遍，还有的病人患有广场恐惧症，虽然这种病症已经不再被认为是强迫性神经病，但它却会像一种焦虑性癔症一样，经常表现出很多类似精神病的病态特征来。这些患者当中，有的害怕围绕起来的空地，有的害怕宽敞的广场，有的害怕长的直路或小路，有的则需要有人陪伴或有车在后面跟着才会有安全感。

不过，除了上述这些基本相同的成分以外，具体到每个病人来说，他们所惧怕的内容还是有所区别的。比如甲只害怕狭窄的小径；乙只怕宽阔的大路；丙只有看见周围人少才敢出门；丁只有看见周围人多的时候才敢前行。癔症也是这样，除了很多特点因个人不同而有所区别外，多数都具有此症的共同特点，如以各人的历史作为解释的根据似乎并不合适。不过我们必须要记住，正是因为有了这些症候，才能进行下一步诊断。如果我们已知晓癔症的一个特殊症候，来自于某一经验或某组经验，例如一种癔症的呕吐起源于一组恶臭的印象，那么假如我们发现另一种呕吐的症候起源于完全不同的经验时，就难免会感到迷惑不解。癔症的病人好像总是会因为某种不可知的原因而呕吐，而经由分析所找到的那些历史原因，往往只是病人因内心需要或随机捏造的一些用以掩饰其目的的借口。

故此，我们只能得出一个令人沮丧的结论，即每个神经病症候病人的不同表现方式，虽然可以根据病人的经验得到完满的解释，可是我们的科学却不能说明那些病案并不常见的典型症候。而且，我还未曾向大家提及在追寻一个症候的历史意义时是会遇到各种各样的困难的。其实我并不打算对大家说这一点，因为我虽不愿对大家有所隐瞒，但也我不想在我们刚开始进行共同研究时，就让大家处于迷惑或惊异的状态。虽然我们才刚刚开始了解症候的解释，但我们也想用已有的知识来逐步征服那些未知的困难。

我想用下面这种想法来鼓励大家：这个症候和那个症候之间，其实很难找出什么基本的区别。如果可以将每个人的不同症候解释为病人的经验，那么与某一经验有关的典型症候也应该可以解释为人类所共有的经验。或许，神经病一切常见的特征，比如强迫性神经病的重复动作和怀疑等，都只是些普遍的反应，只是因病人病理的变化才被迫变得严重和明显起来的。总的说来，我们并没有理由让自己沮丧，我们应该去探索那些更值得去研究的发现。

我们也曾在关于梦的理论中遇见过类似的困难，只不过我们在之前讨论梦的时候，没有提及这个困难。梦的显意本来是很复杂的，它是因人而异的，而我们之前已经详细叙述过分析这种内容而得到的相关结果。不过，我们也能够看出，某些梦是具有一定典型性的，是人们所共有的，内容大致都相同，因此分析起来都有一定的困难。比如，梦见跌落、飞行、浮水、游泳、被拉扯、裸露身体，以及其他各种焦虑的梦。这些梦因其梦者不同而有不同的解释，而其所共有的，我们还尚未找到任何说明。不过，我们可以注意到，在这些梦里，其公共的基本成分也点缀着各人不同的特性，或许由其他梦的研究而得到的关于梦的生活知识，就能够用来作为这些梦的解释，而我们要做的就是逐渐扩充我们赋予这些事实的含义，而不必加以曲解。

第十八章

创伤和潜意识

之前我曾讲过，我们做进一步研究应以已经学到的知识为前提，而不只是怀疑。虽然大家对前面举的两个例子的分析结论很感兴趣，但我们还没有对其进行进一步的探讨。

（一）

大家可能觉得上面两个例子的病人都很“执着”，对于自己过去的一些事，她们找不到摆脱的办法，从而导致自己与现在乃至将来都脱离了关系。她们似乎是在借病遁世，又好似隐于道院中看破红尘的人。拿第一个例子的病人来说，她的生活一直被那早已结束的婚姻困扰着，可是她却仍然与丈夫保持着关系，没有提出离婚。我们从她的症候中不免对其心生宽恕、赞美和惋惜。事实上，她还年轻，完全可以吸引很多其他男子，可是她却借各种或有或无的理由来维持她对丈夫的忠诚。她不见陌生人，不打扮，而且不签名，不送礼，为的是不让自己的东西落入他人手中，以此来逃避外界的人和事的诱惑。

对于第二例的病人来说，她之所以出现那些症状则是由于在青春期前对于父亲的“性爱”。她觉得只要自己有病，就不能结婚生子。由此我们可以推测出，她是想通过自己有病这一事实，来逃避以后将要面对的恋爱和婚姻，从而达到长期依恋于自己父亲的目的。

我们不禁疑惑：为什么一个人会采取这种怪异的、无益的极端态度来对待生活呢？我们可以假定这种态度是神经病的通性，而并非只是这两个病人所特有的症候。实际上，这确实是各种神经病普遍的、重要的特征。布洛伊尔的第一个癔症病人是安娜·欧，她原是一位聪明伶俐的姑娘，患病时才21岁，她的病是在她去服侍她衷心敬爱的父亲时开始发作的。她的临床症状极为复杂，她总觉得自己不能很好地面对生活，因为她做不好一个女人应该做的事情。经分析我们得知，每一个病人的症候常会让他们长期地执着于过去的生活，而就大多数的病例而言，每个精神病患者表现出来的症候几乎都是他们过去生活的折射。这些生活经历往往可以追溯到他们的儿童时期，甚至更早的吸乳期。与此相类似的，还有近来大战时的流行病——创伤性神经病。这种病症常常发生在某些特殊的遭遇后，例如在车祸、火灾或其他危及生命的可怕经历之后。

创伤性神经病与那些自然发生的，还有我们以往常分析治疗的神经病是不一样的，因此用其他的神经病观点来解释这种病症也是不科学的。不过，此病确也有与其他神经病相同的地方，这个以后我会告诉大家。大家都清楚，对于创伤发生之时的执着是创伤神经病病源所在。这些病人经常会在梦里重现对其造成创伤的情景，而癔症发作时似乎也是病人再将这样的创伤情景完全再现。这些病人过去可能应付不了这种情境，现在也做不到。由此我们便可理解精神历程中的所谓“经济的”概念。

“创伤”一词其实就是这个“经济的”意义。如果一种经验能在短时期内使心灵受到一种极度刺激，并且使之无法用正常的方法求得适应，进而使心灵有效能力的分配受到永久的扰乱，这种经验就被我们称为“创伤的”。在这个概念范围之下，我们把神经病“执着的”经验称之为“创伤的”。如果一个人对一种强烈的情绪经验应付不来，就会造成神经病，因此神经病的成因和创伤病是十分相似的。

实际上，在1893—1895年间，布洛伊尔和我为了把我们观察到的新事实理出一个理论而制定出的第一个公式，就和这个观点并无二致。

对我前文中所举的第一例中的少妇来说，她的病症和这种说法也不相违背。因为她不能忍受有名无实的婚姻，所以她便始终执着于自己的创伤情境。不过对第二例中的少女而言，这个公式就显得有些不足。首先，小女孩对于父亲的崇拜是一种很正常的经验，而这种经验随年龄的增长却在减弱，所以“创伤的”一词在这里就没有了意义。其次，从她病情的经过可以看出对初次性爱的执着，在当时好像全无害处，却在若干年后才表现出强迫性神经病的症候。神经病有很多复杂而多变的成因，但是我们也不必把“创伤的”观点当成错误的观点而舍弃，因为它的解释可以用在其他的地方。

经过上述分析，我们可以看出，刚才所采用的路径即“创伤的”观点行不通，我们只好另辟蹊径了。

“创伤的执着”其实是非常常见的一种现象，几乎每一神经病都含有这样一种执着，但执着未必就会导致神经病。这种执着有时与神经病相结合，有时发生在神经病发作之时。比如悲伤就是一种对于过去某事的情绪“执着”的绝好例子，它和神经病一样，与现在和未来无关。一般人都能了解悲伤与神经病的区别。

我们可以定义一些神经病为病态的悲伤。但是有这样一种人却也不一定是神经病：如果一个人生活的整个结构因有创伤的经验动摇不定，也就丧失了生气，对现在和将来都不产生兴趣，只是沉迷于回忆之中，这种不幸的人不一定会成为神经病。所以我们不能因为太过重视某个特点就把它看成神经病的一个属性，即使它很常见也很重要。

（二）

接下来讲述由我们分析而得到的第二个结论，我们不必对这个结论加以限制。就第一例的病人来说，我们已经对她所做的无聊的强迫行为以及由此而引起的回忆之间的关系进行了讨论，而且也曾由这个关系推测到其强迫行为的目的。但是我们忽略了一个值得我们充分注意的因素：病人在继续她的行为时，并没有意识到自己的行为与以往经验的关系，她根本无法回答这个隐藏在其后的令她冲动的因素。接下来的治疗使病人意识到这个被忽视的关系而且能诉说出来，但那时她也不明白她的行为的目的在于对其过去的痛苦事件的修正，以抬高其亲爱的丈夫的身价。经过漫长而反复的努力之后，她才明白这种动机是促使强迫动作实现的动力。

在她结婚次日早晨的情景和她对于丈夫的柔情，组成了我们称之为强迫动作的“意义”，但她不了解这个意义的两个方面。她在动作时不了解动作原起和原止，所以在她的内心存在着一些精神历程，而强迫动作就是这一历程的结果。也许平时她知道结果，但在此结果之前的历程，她却意识不到。

伯恩海姆曾做过一个催眠试验，他让催眠者于醒后五分钟时在居室内打开一把伞，被催眠者虽不知什么原因但却会照做，我们的病人就与之相类似。这就是我们所说的在我们心中发生的潜意识的精神历程。在其他人没有给出更科学的解释之前，我们可能不会放弃这关于存在潜意识精神历程的推想。

第二例的病人基本上也是如此。她定下一个不许长枕和床架接触的规则，但是关于这个规则的起因和意义她却并不知道。不管她心理上愿不愿意接受这个规则，她在行为上都在强迫自己去实行。她曾试图探究原因，但总是没有结果。几乎没有人能知道强迫性神经病的这些症候、观念和冲动的来源，但是谁都无法阻止这股扰乱正常的精神生活的阻力，就连病人自身也觉得它们像是来自另一世界。在这些症候之中，存在一个与其他方面相隔离的特别区域的精神活动，也就是说，这些症候可以作为潜意识的证据。正是由于这个原因，只承认了意识心理学的临床精神病学，根本无法解释这些症候，只能将其称之为特种退化的象征。强迫观念和冲动的本身实际上与强迫动作的实行是一样的，都不是潜意识的，因为这些强迫观念和冲动只有侵入意识，才能使症候形成。不过，因分析而得出的那些前行的精神历程和因解释而发现的连锁关系可以被确定是潜意识的，至少在病人没有通过分析研究而明白其经过之前是这样的。

另外，大家还要考虑以下几点：第一，这两个例子的所有事实都可以用各种神经病的每个症候来加以证实；第二，不论身处何时何地病人都不知道症候的意义；第三，从这些分析中可以得出，这些症候起源于潜意识的精神历程，在没有其他干扰时，这些历程又可变为意识的。因此，我们可以知道，若是没有心灵的潜意识部分，精神分析便无法展开，更不要提我们习惯于将潜意识看作实有的东西而加以处理。倘若只知有潜意识一词，而从未分析，或是没有对神经病症候的意义和目的进行探究，对于这一问题就没有发言权。精神分析能发现神经病症候的意义，我们可以初步认为潜意识的精神历程的存在有着不可否认的证据。

还有一点，我觉得比第一个发现更为重要，它能更好地说明潜意识和神经病症候的关系，这是布洛伊尔的第二个发现，也是他一个人的功绩，这个发现就是，不只症候的意义总是潜意识的，症候和潜意识之间还存在一种可以相互代替的关系，而症候的存在只是这个潜意识活动的结果；以后大家会慢慢领会他的这个发现。

我和布洛伊尔有一个共同的想法：病人内心存在某种潜意识的活动，它包含着症候的意义。也就是说，症候发生之前，必有一个潜意识的过程，症候会在潜意识的历程成为意识之时消失。由此可知，这是一个消灭症候的精神治疗办法。布洛伊尔发现使病者把含有症候意义的潜意识历程引入意识，那些症候就会随之消失。此法使他的病人恢复了健康，消除了一直令其头痛的症候。这个发现并不是布洛伊尔单纯推理的结果，而是他在病人的配合下，有幸进行的一个观察。这件事不是与你们已知的事相比较就能明白的，但这却是一种新事实，许多其他的事实都可以用它来做解释。

鉴于这个发现如此重要，现将其进行展开讨论：症候的形成实则是潜意识中其他事情的代替。在正常的状况下，某些精神历程一定要发展到病人在意识内明确知道时才会停止。如果不能这样发展，或者如果这些历程突然被阻而成为潜意识，那么症候也就随之产生了。所以说，症候就是一种代替物。如果我们可以用精神疗法来重新还原这个历程，那么消除症候的工作就能够完成了。

这一发现仍是精神分析疗法的基础。从后来研究的结果来看，当潜意识的历程成为意识的历程之时，症候就会消失，不过要实现这一点，并非一件容易的事情。

如果想消除症候，需将潜意识的某事转化为意识的某事。为了不让大家误以为这个治疗完成起来很容易，我还要再作一些说明。根据我们已经得出的结论，神经病通常是在病人不知道其应当知道的精神历程时形成的，这与苏格拉底的“罪恶成于无知”那句名言很吻合。有经验的分析家通过分析可以很容易地知道病人的潜意识情感所属，所以治疗起来很容易，只要告诉病人这个知识就可以了。

用此方法可以治疗症候的潜意识意义中的一方面，不过对于另一方面，即病人生活的以往经验与症候的关系，就很难由此推测出来了。分析家只能等病人记起来告诉他，因为他不知道病人的所有经验。不过就这一点来说，我们往往可以通过其他途径来达到目的。我们可以通过病人的亲戚朋友了解他已往的生活；从他们的口中我们可以了解是什么事情造成了病人的创伤，因为很多事情往往发生在病人的幼童时期，病人可能不知道或不记得，但他们的亲人可能知道。

如果将这两种方法结合起来，就可能在短时间内消除病人难以治愈的病源。要是这样就太好了，可事实上并不像我们想象得那么容易。这两种“知”是不一样的。在心理学上，“知”的种类不一样它们的价值也就不尽相同。正如莫里哀所说，人各不同，医生方面的知和病人方面的知是不一样的，无法达到相同的效果。医生只是单独地将自己所知道的告诉病人，这样效果是不明显的。确切地讲，这个方法不足以使症候消失，不过，它却可以带来另外一种效果，使分析得以进行；尽管其得出的第一个结果往往是一种坚决的否认。病人会因此得知之前所不知道的事情，也就是症候的意义，只不过，他所知道的也是有限的。由此我们可以看出，无知并不只有一种。

我们要了解这些无知的区别，就需要对心理学问题有深刻的了解，不过，“知道症候的意义就能让症候消失”这句话却仍可以说得上是真理。这个真理所必需的条件是：这项知识一定要以病人内心的改变为基础，而这种内心的改变一定要是以完成精神治疗为目的。我们在此可能会碰到许多问题，而不久之后，这就能被看成是症候构成的动力学了。

现在，我有必要停下来问一下，大家是不是觉得我所说的话太深奥且杂乱？我是否往往说了一段话又加以限制，引起一连串思想，又任它掉落，以致让你们听得莫名其妙？如果真是这样，我感到非常抱歉。我并不愿意牺牲真理来追求简单，而是想让你们充分了解这个学科的复杂和困难，只要你们相信我所说的话，即使现在暂时不能理解，也没有多大关系。我知道每一个听众和读者都会将所听见和所读到的事实按照自己的心意进行整理排列，化长为短，化繁为简，摘略出自己想要记得的。有一句话说得很好：开始时听得越多，最后所得也越丰富。所以，虽然我说的话很繁杂，但希望大家能明白我所说的关于潜意识、症候的意义，及两者之间的关系。还有两点是我们以后要循序渐进研究的问题：一个是临床问题，即人得病的原因及采取怎样的神经病态度面对生活；另一个是精神动力学的问题，即他们产生的从神经病出发的症候的过程。这两个问题是存在着共同点的。

在此我不再做进一步探究，但请大家用剩下的一点时间注意一下上面两个分析的另一特性：记忆缺失或健忘症，这也是以后随着研究大家便会逐渐明白的重要一点。我们可以将精神分析的治疗归纳成“凡属潜意识内的病原都须进入意识之内”这样一个公式，不过也可以用“病人所有的记忆缺失都必须加以补充”这个公式代替它，也就是说我们必须设法消灭他的健忘症。这样说可能会让你们感到惊讶，但其实这两句话的意思是一样的，即我们必须承认，症候的发展和健忘症之间有一种重要的关系。

拿我们分析的第一例病人来说，大家可能会发现这个健忘症的观点很难得以证实，因为病人并没有忘记唤起强迫动作的情境，非但如此，他还记得很清楚，而且就连形成症候的其他因素也未曾忘记过。在第二例中，那举行强迫仪式的少女也具有过去的记忆，只是不够清晰明了而已。她前几年的行为，如坚持将父母和自己的卧室之间的门半掩着，让母亲不能睡在父亲的床上等事，她不仅没有忘记，且都清晰地记得，只是因为内心中觉得不安，并没有将之与自己的病情联系起来。

需要我们特别注意的是，就第一例的少妇而言，她虽曾无数次地实践她的强迫动作，但却从来没有觉得它和结婚之夜以后的情景有什么相似之处；即使要求她直接探索其强迫动作的起源时，她也不曾记起此事。同样，第二例中的少女，即使她每天夜里上演那些仪式，可是却从来没有意识到这个情景的意义。两个例子中的病人都没有真正的健忘或记忆缺失，可是那些正常的，能够用来引起记忆的线索却都已被剪断了，这种记忆的障碍便导致了强迫性神经病。而癔症却有所不同，它的特征是范围较大的遗忘。我们可以从分析癔症的每一个单独症候中得到已往整个印象的线索，如果这些印象不被提起，便可能真的被遗忘了。一方面，由于婴儿期的遗忘，我们不明白精神生活的最早印象。所以癔症的遗忘和婴儿期的遗忘似乎有很大的关系，也就是说这个线索可以逆溯而至最早的幼年。另一方面，我们会发现病人也会淡忘最近的经验，即使不完全遗忘，也会遗忘一些致病或使疾病加重的诱因。他们会忘掉一些重要的细节，或者用自己的假想去代替。在对病情的分析结束之前，我们很难发现那些新近经验的回忆。

我说过这些记忆能力的损坏是癔症的特征，这些症状（即癔症的侵袭）会在没有留下任何回忆的痕迹时就产生。因为不同于强迫性神经病，所以这些遗忘的现象是癔症的心理性质的一部分，而不是一般神经病的通性。一个症候的意义是由两种因素混合而成的，即其来源和趋势或原因，也可以说，是导致症候发生的印象和经验，以及症候所欲达到的目的。

症候可源自于多种印象，这些印象均来自外界，之前都曾是意识的，但后来由于被遗忘成为潜意识的。至于症候的原因或趋势一般都是内心的历程，刚开始可能是意识的，也有可能永远不是意识的，始终保留在潜意识之内。因此，和癔症一样，症候的来源或症候所赖以维持的印象是否被遗忘都无关紧要，而症候的趋势则一开始就可能是潜意识的，所以足以使症候有赖于潜意识。这一点在癔症和强迫性神经病中是一样的。

我们如此重视精神生活的潜意识，难免会引起人们对精神分析的不满。大家不要对此表示诧异，认为人们之所以不满只是由于对潜意识还不太了解，或者很难找到潜意识存在的证据，在我看来，这种反抗有一种更深层次的动机。

人类的自尊心曾先后受到了来自科学界的两次重大打击。第一次是哥白尼发现了我们的地球不是宇宙的中心，而只是无穷大的宇宙体系的一个小斑点。虽然亚历山大的学说也曾表达过相近的观点，但这个发现最终还是要归功于哥白尼。第二次是达尔文在生物界掀起的“进化论”。这个生物学的研究否认了人异于万物的创生特权，证明了人类是动物界的物种之一，并同样具有一种不可磨灭的兽性。达尔文的这个“价值重估”曾引起同时代的人们最激烈的反抗。人们的自尊心受到第三次最难受的打击是来自现代心理学的研究。这种心理学研究向我们每个人的“自我”证明了要主宰自己是一件多么困难的事情，还有，要得到少许关于内心的潜意识历程的信息也是一件极不容易的事情。事实上，不是只有我们精神分析家才要求人类观察自己的内心的，在我们看来，我们只是用人们视之为秘密的可贵经验做了分内之事而已。也正是由于这个原因，世人完全不顾学者的态度和严谨的逻辑而一味地非难精神分析。另外，我们在另一方面也被迫扰乱了世界的安宁，这一层你们以后会明白的。

第十九章 抗拒与压抑

如果我们想对神经病有更深入的了解，就需要更加丰富的材料。通常情况下，有两种观察材料是很容易得到的，它们都很特别，开头还很令人惊异。因为我们在去年曾经做过这方面的准备工作，所以现在理解起来一定也更容易了。

当我们治疗病人的症候时，病人经常对医生表现出强烈的抗拒态度，这种境况很是奇怪，甚至无法令人相信。可是，这样的情形是不能对病人的亲友们说的，因为即使说了，他们也会认为是我们在为遮掩治疗上的失败或持续时间过长而找借口。

病人通常并不承认这种情形是抗拒。如果我们能使他们认识到而且承认这种情形，那就是我们治疗上的一大进步了。想想看，病人因为症候已经让自己和亲友身心俱疲了，为了治疗又在时间、金钱和精神上做出巨大的牺牲，最后却因为抗拒而终止了所有的治疗。这样说可能你会认为有点不近情理，但事实就是这样。假如你们责备我们不合乎情理，那么我们只需要举一个普通的例子就能证明我们所说的：有一个人因为牙疼而去看牙医，可是当牙医拿起钳子说要治疗他的腐牙时，他马上就会找出各种理由推脱了。具体来说，精神病患者所采用的抗拒方式繁多而精巧，很多时候都难以识别，精神分析师往往需要长时间的观察提防。

我们在精神分析治疗中所使用的方法，大家应该已经在释梦的环节有所了解了。我们会想办法让病人处于一种安静的，方便他进行自我观察的情境当中，然后告诉他不要去想任何事情，将内心所感觉到的一切，诸如感情、思想、记忆等，根据浮现在心中的先后次序一一描绘出来。我们会清楚明白地警告他，不要对任何观念或联想有所选择或做出任何取舍，即使是他认为太“讨厌”或太“无聊”的事情，或者认为太“不重要”，或太“无关系”“无意义”而没有必要说的事情也不能舍弃。我们的目的是让他只注意浮现在意识层面上的思想，让他放弃任何方式的抵抗。我们会告诉病人，治疗是否会成功，治疗时间是长还是短，都取决于他是否遵守这个基本的规则。从这个方法中我们可以看出，凡是那些让病人怀疑或否认的联想，常包含着导致发现潜意识的材料。

这样的一个规则建立起来以后，随之发生的第一件事就是，病人开始以它为抗拒的首要目标。病人会采用很多方式用来进行抗拒：他首先会说自己内心一片空白，而后又说想到的太多了，以至于没办法进行选择。随后，病人可能还会批驳医生的观点，质问你的那一套是否行得通。接下来，他就说无法讲述自己觉得羞惭之事，而恰是这种想法让他不再遵守信约了。或者，他记起一件事，但是因为这件事关乎他人而不是他自己，于是他就不按照此规则行事了；又或者，他刚刚想起的事情真的太不重要，太无价值，或太荒谬绝伦，便自认为医生不会对他这种想法感兴趣。他就这样磨蹭着时间，突然想到这种办法，忽然又用那种办法，虽然他一直说他要说出所有的想法，最后可想而知，他根本只字未提。

每个病人都不例外，他们都在想办法将自己羞于出口的想法隐藏起来，以抵抗分析者的治疗。

有这样一个病人，平时他很聪明，然后利用这种方式把在他看来很甜蜜的恋爱隐藏了好几个星期。我对他说不应破坏精神分析的规则，他却说，这是他个人的私事。精神分析的治疗法当然不能允许病人有这样的庇护权，否则，就相当于我们一方面想方设法追捕罪犯，一方面却又允许在维也纳城内开设一个特别保护区，并阻止在市场或圣斯蒂芬教堂附近的广场上抓人。如此一来，这个罪犯当然就会隐身于这些安全的地方了。我曾经也决定给某人这样例外的权利，因为他必须重新获得做事的能力，而他又是一个文官，受誓约的束缚不能将某种事件告诉别人。最后他对治疗结果非常满意，但我却很不满意；此后，我就决定不再在这样的条件之下进行治疗了。

强迫症的病人常常会因为多心或疑虑而使我们治疗的规则沦为无用，而焦虑性癔症的病人有时会让这个规则变得更加荒谬可笑，因为他们常常会做一些风马牛不相及的联想，使分析无从下手。我不喜欢把治疗上的困难告诉你们，只要你们明白，由于我们的决心和韧劲，最后终于能让病人遵守一点治疗规则了，可是他们又把抗拒转向了另一个方面，这个时候他们常表现出理智的批判，他们把逻辑作为工具，将在普通人眼中所看到的精神分析学说的困难和不精准的地方都表现了出来。如此一来，我们就要从每一位病人口中听取科学界对我们施加的所有批判和抗议。不过外界批评家对于我们的责备，仍然毫无新意，所以这些对我们而言没什么大不了的。

事实上，病人们仍然是可以晓以道理的。他很乐意我们去指导他，驳倒他，并且推荐参考书给他们，他从中可以明白很多东西。总之，如果不去分析他，他就可以立即成为精神分析的拥护者。然而，即使在求知这个过程中，他的抗拒也是会表现出来的，而他这样做就是为了逃离面前的特殊工作，我们当然不会同意。

就强迫性神经病来说，他们的抗拒还会使用一种特殊的方式，那种方式是我们早就想到的：分析进行得很顺利，没有受到牵制，于是病案中的问题渐渐明了，可是后来我们觉得很奇怪，为什么如此多的解释却没有取得明显的成效，没有使症候获得很大改善。最后我们才发现原来强迫性神经病的抗拒又恢复到以怀疑为特征上了，让我们没有任何办法。病人好像是在对自己说下面这样的话："这些分析都特别有意思，我很乐意继续接受。假如它是真的，当然对我很有益处，但是我无法相信。因为不信，对我的病就不会有作用。"这样一直下去，到最后病人失去了耐性，最终又表现出了坚决的反抗。

理智的抗拒不是最坏的，我们很容易战胜它。糟糕的是，病人知道怎么在分析本身范围内加以抗拒，而要征服这些抗拒在分析法上是非常艰苦的工作。病人不去回忆曾经生活中的一些感情和心境，而是将这些感情和心境表现出来，使其重新复活起来，通过"移情作用"（transference）来反抗医生和治疗。举个例子来说，假如患者是一名男性，他会把医生视为他的"父亲"，从而以儿子的身份来向"父亲"索取个人独立和思想独立的权利。他之所以反抗，也可能因为想努力获得与父亲平等的权力或胜过父亲，再或者因为不愿意再次担负报答父母之恩的责任。很多时候我们感觉病人喜欢找医生的过失，让医生感觉自惭形秽，试图打败医生并且完全颠覆医生想治疗疾病的心愿。要是换作女性，为了达到抗拒的目的，有的女性会巧妙地移爱于医生。但是当这个爱达到了一定强度，病人对于实际治疗的所有兴趣及治疗时的所有约束就全部消失了。那么，病人随即而来的妒忌和受到各种委婉的拒绝后而产生的忌恨，无疑会破坏她和医生的良好关系，如此一来治疗的效果也就无从谈起了。

我们不应该严厉责备这种抗拒。因为这些抗拒涵盖了病人以往生活中很多重要的素材，并且这种材料的表现方式会使人信服，所以，如果分析家的技术巧妙，就很容易把这种抗拒转化为助力。我们要注意的就是，这种材料常常会先表现为一种抗拒，一种伪装，并且对治疗有所妨碍。我们也可以说病人用来以反抗治疗的，是他自我的性格特性和他自己的态度。正是因为所有这些性格特性会随着神经病的状况和要求而表现出来，我们才观察到了一些平时不容易理解的材料。不过，大家不要认为我们把这些抗拒的呈现看作威胁分析治疗的偶然危险。事实上，我们明白以上的抗拒是一定会呈现出来的。只有当这些抗拒不能确切地被唤起，并且充分让病人了解他抗拒的时候，我们才会觉得不满意。因此，我们知道了克服这些反抗，乃是分析的重要工作，是让治疗稍微看到效果的证明。

另外，大家还应该注意一点，即病人经常利用分析时所有偶然发生的事情来阻挠分析的开展，比如利用分散注意力的事物，或者他所仰慕的人对于精神分析的指责，或者是很容易加重神经病强度的所有机体紊乱等。每次病人的病状改善都可能会引起反抗治疗的动机。由此，大家大约可以知道了，分析时一定会遇到和克服的抗拒到底有怎样的力量和方式了。关于这一点，我之所以不厌其烦地讲，是因为我想让你们了解，我们关于神经病的动力学概念依据是我们所有病人对自己症候的抵抗治疗的经验。

布洛伊尔和我曾经用催眠术作为实行心理治疗的工具。布洛伊尔的第一位病人就是在接受催眠暗示的情境中接受治疗的。最初，我采用的也是这个方法，我不得不说那时候的工作很顺利，时间也很充足，可是它的效果不是很好。所以，我后来不再用催眠术了。我知道只要催眠术还在使用，这些病症的动力学就不可能被了解。因为在催眠时，病人的抗拒是医生没办法看到的。催眠消耗了抗拒的力量，当然也能进行一些分析和研究，但是反抗力会因为凝聚在一起而没办法被攻破，如此一来就与强迫性神经病的怀疑产生了一样的效果。所以，我不得不说，只有丢掉了催眠术，精神分析才算得上真正开始。

如果抗拒的测定非常重要，那么与其轻率地假设它的存在，还不如行动。或许一些神经病确实因其他原因而联想停滞，或许对于我们学说的那些责备确实值得引起我们的注意，或许我们不应该草率地将病人理智的抗议看成抗拒的表现形式而不去理会，可是，即使如此，我也要告诉大家，我们对于抗拒所做的判断并不是草率行为，我们有机会观察这些批判的病人在他们的抗拒出现以前，和其抗拒消失以后的行为。

当病人接受治疗的时候，他们抗拒的强度随时在变。每当我们接近一个新问题的时候，他的反抗力经常会随之增加；每当我们要加以研究的时候，其反抗力便会升到最高度；当研究结束的时候，他的反抗力也会随之消失。假如我们的治疗方法没有错误，一般不会马上引发病人的强烈反抗。因此在分析的时候，我们可以明确地看出，同样一个人在分析的过程中会出现不同的反抗表现，可能一会儿批判反驳，一会儿沉默。在分析过程中，每当病人对于某件事情感到特别痛苦的时候，也就是反抗力最为剧烈的时候，就表示他们的某些潜意识材料进入了意识领域。他们的行为与情绪性迟钝（emotional stupidity）者的行为相类似。此时，如果病人在医生的帮助下克服了这个强烈的反抗，那么他就获得了重新认识问题的能力。不过，在之后的一段时期，他仍不能独立行使批判力，他们仍是情绪的傀儡，受抗拒的支配。这时，只要是他不喜欢的事情，他便会想方设法批驳，然而只要是他喜欢的事情，他便立刻相信。也许我们都是如此。一个受过心理分析的人，其理智由于太受感情生活的支配，必须经过很长一段时间的巩固，才不至于在此方面感受到压力。

对于病人极力反抗症候的破解和心理历程恢复平常的状态这样一个事实，我们到底应该怎样解说呢？我们说在这里所遇见的是一种强有力的余波，它反对治疗的进行，而当时引发病症的也一定就是这同样的力量。在症候形成时，一定也有过某种历程，这种历程的性质如何可由我们的经验推知。通过布洛伊尔的观测，我们已了解，症候的发生必须先有某种精神历程在正常状态时没有进行到底，导致意识无法引发，症候就是这种未完成的历程的替代品。我们现在知道了那些我们猜想在工作着的力到底在哪里。病人一定曾经努力让相联系的精神历程无法入侵意识，最后就成为潜意识的，而因为是潜意识的，所以有构成症候的能力。往往在分析治疗的时候，这同样的努力又会活动起来用来反抗化潜意识为意识的想法。这便是我们所知道的抗拒方法，由抗拒而发生的致病历程我们则称之为压抑（repression）。

现在我们来更明确细致地讲述这个压抑历程的定义。这个历程是症候发展的最重要的先决条件，然而它有别于其他经历，它没有平行的迹象。我们可以举例说明，某个人在心里有一种强烈的念头想要去实现，但当他想到实践的后果时便又拒绝了这个想法。于是，这个强烈的愿望就只能存留于记忆中。这整个决断的经过都是动作者自我（Ego）充分认识的。假如同样的冲动受到克制，结局会有很大差别：冲动的力量仍旧存在，然而在记忆里几乎没有什么痕迹。自我虽然一无所知，但是压抑的历程依旧能被完成。所以，这个比较仍不足以让我们对关于压抑的性质有更深的了解。

压抑这个词汇可以因为一些理论上的概念而被赋予比较清晰的意义，我这就给大家讲解一下这些概念。为了达到这个目的，首先要从“潜意识”一词的纯粹叙述的意义进而叙述它的系统价值。也就是说，我们认为一种心理历程的意识或潜意识只是该历程的属性中的一种，但未必是决定性的。

如果这种历程是潜意识的，那么它不能侵入意识也许只是它所遭遇的命运的一个标志，而未必是它最后的命运。为了获得这个命运更详细的观念，我们也许能这样说每一个心理历程（有一种情况例外，这个我们容后再说）：可先存在于潜意识的状态之内，而后发展而转变成意识的状态，就如同照相一样，先是一张底片，而后印成正片，最后变成图像。然而并不是所有的底片一定都能印为正片，同样，每一个潜意识的精神历程也不一定都化为意识的。我们可以这样解释这种关系：每一个单独的历程都先属于潜意识的心灵系统，随后在某种情况之下，由这个系统转化为意识的系统。

如果用空间的概念来解释这些系统的话，可以把这些系统比喻成前后两间相互毗邻的房子。潜意识的系统就是其中的大前房，在这个前房里，各种精神兴奋就像许多个体，相互拥挤在一块。和大前房毗邻的外间小房子，有点像接待室，意识系统就停留在里面。然而这两个房间之间的门口，有一个守卫在那里看守，专门对进出的个体进行盘查，任何个体要想从大前方进入到外间的小房子，都必须经过守卫的同意。如此一来，那些守卫看不顺眼的个体要想进入小房子就非常困难了。即使有些个体通过某些途径，趁守卫疏忽而进入了外间小房子，那么最终也会被护卫赶出去。这充分说明了潜意识的控制作用。

我们可以将这一比喻扩充到具体的叙述中。在里间的大的房子内，潜意识里的兴奋是不会被另一间房子里的意识所感知的，从一开始它们就是逗留在潜意识里面的。如果它们想要进入外间，但却遭到了守卫的阻拦，从而无法成为意识，我们就称它们为那些兴奋的个体被压抑了。然而就算被准许入门的那些兴奋也未必能成为意识，那些个体只有在能够引起意识的注意时，才可成为意识。所以，我们通常将外面的这间房子称为前意识的系统。假使我们称任何一种冲动是被压抑的，意思就是说这种冲动因为守门人不允许它入侵前意识，结果导致它无法冲破潜意识。至于那个守门人则是指我们在分析治疗中去释放被压抑的意念时所遇到的抗拒力量。

你们或许认为这些概念既粗略又古怪，不是科学的讲述所能允许的。我知道它们失之简略，甚至知道它们是错误的，然而除非我错了，否则我们有很多比较高明的定义来取代它们。至于到时候你们是否仍旧认为它们是古怪的，我便不得而知了。

不管怎么样，它们暂且可以充当一种对解释的有用的帮助，而只要它们对说明有帮助，我们就应该重视。但是我仍然认为在这些过于简略的假说中，这两个房间和二者之间的门口的守门人，这站在第二个房间最后作为观察者的意识，都与实际的情形差不多。并且我很乐意你们承认，我们所用到的潜意识、前意识、意识等名词，与其他学者所讲到的或应用的下意识（sub-conscious）、交互意识（inter-conscious）和并存意识（co-conscious）等名词相比，争议较少，并且相对容易自圆其说。

如果是这样，那么我认为更为重要的推想是，我们用来解释神经病症候的心理系统的假说能产生普遍的效果，从而使常态的机能有更明显的效果。对于这个结论，我们现在不做细说，但是假如我们因为病态心理的研究而对向来很难理解的常态心理机能有了更深的了解，那样我们就会对症候形成的心理学上更加感兴趣。换句话说，你们真的还没有看出这两个系统及其与意识的关系那些概念的依据吗？潜意识及意识之中的守门者就是让显梦形式受它摆布的调查人。那些唤起梦的刺激的白天存留下来的经验，是前意识的材料。这个材料在夜里熟睡时，受到潜意识和被压抑着的欲望和激动的干扰，从而利用本身的能力，加上联想的关系，形成了梦的隐意。这个材料在潜意识系统的组织下，受到意匠的管理，例如压缩作用和移置作用，其经过的情况连常态的精神生活即前意识的系统都无法得知，也没办法承认。这两个系统的区别也是机能的不同，潜意识和意识的关联是一个永久的特征。因此从它对意识的关系即可决定每一种历程属于这两个系统中的哪一个。梦是正常的现象，因为即使健康的人睡觉也会做梦，梦和神经病症候的一些推论是可以应用于常态的精神生活的。

由此可见，压抑只是症候形成的一个必要的先决条件，而症候则是某些心理历程被压抑的产物。不过，即使我们了解了压抑的作用，我们仍然需要经过长时间的研究才能了解症候的形成经过。压抑作用还有其他方面的问题，比如：哪一种精神的激动才被压抑？压抑背后到底有怎样的力量？有什么企图？关于这些问题，我们只在某一点上知道一些。在我们研究抗拒作用的时候，知道了抗拒的力量源于自我，源于明显的或潜伏的性格特性，可以说，正是这些力量造成了压抑作用，或者说至少起了一部分压抑作用。目前我们了解的也只有这些。

我们即将讲述的第二种调查对我们也很有帮助。通过分析，我们经常可以找到神经病症候背后的结果，这对你们来说已经不算新鲜事了，我在讲前面的两种神经病时就指出了这个事实。但是两个神经病例子到底能说明什么呢？你们当然有权要求有两百个或者更多的例子来对此说明，然而我对此并不认同。你们应该依赖自身的经验或信仰，至于这种信仰，可以用各精神分析家所公认的证据为基础。

你们要知道，对前两个例子来说，由于症候分析的结果，让我们深入到了病人私密的性生活中。第一例症候的目的或者说趋势非常明显；第二个例子也许受到了另一个因素的影响变得有些模糊，这个另一因素留待以后再说。从这两个例子我们能够推知其他受分析的例子也都莫不如此。不管什么时候，我们都会因分析而得出病人性的经验及欲望，不管什么时候，我们必须肯定症候是为了达到相同的结果，这个结果就是性欲的满足。病人想用症候来达到满足性欲的结果，因此症候事实上是无法获得满足的代替品。

试着再想想第一例病人的强迫动作。因为丈夫的生理缺陷，这个女人不得不与她所爱的丈夫分居，可是由于两个人感情深厚，她又不愿意对丈夫不忠。如此一来，她只能通过强迫性症候来满足了自己的私欲了，而且这么做还可以抬高丈夫，为丈夫辩护，特别是他的阳痿。她所表现出来的症候与梦相似，基本上是一种欲望的满足，尤其是性爱欲望的满足。在第二个例子当中，我们分析得知，这个女孩的预备仪式主要是为了阻止父母的性交或再生一个孩子。大家可能认为她是想借此仪式让自己取代母亲。事实上，这个症候的目的还在于想排除性欲满足的障碍，以满足病人的性欲。关于第二例的复杂之处，我们稍后再做详述。

我请大家注意，至今为止，通过我们对压抑作用、症候形成和症候的解释，其相关的理论就涉及了三种神经病，即焦虑性癔症（anxiety hysteria），转变性癔症（conversion hysteri）和强迫性神经病。我们常把这三种病合称为移情神经病（transfernce neurosis），它们都能接受精神分析的治疗。

除此之外，其他神经病还没有经过精神分析的严密研究，就其中某一类病而言，之所以无人研究，主要是因为没有受治疗影响的可能。你们要知道精神分析还是一门很年轻的科学，它的研究还需要一些时间和经验，并且在不久之前，采用这种方法的还只有一个人而已。不过，我们目前正从各方面对非移情神经病的症状进行较深切的了解。我想不久的将来就可以告诉大家，我们的假说和结论如何因适应这种新材料而渐渐发展，还能表明这些进一步的研究不仅没有让我们的知识产生矛盾，而且还增加了我们知识的统一性。所以，前面说过的一切只适用于这三种移情神经病，我现在还想补充一句，将可使症候的意义明了的程度进一步增加。关于致病的情境如果加以比较的研究，便可将这个结果可以简化为一个公式，那就是，这些得病的原因是他们的性欲在现实中得不到满足而使他们感到某种缺失。你们将看到这两个结论是怎样完美地互相补充的。正因为如此，症候才可被解释为生活中无法得到满足的欲望的代替品。

我说的神经病的症候是性的满足的代替品，这句话的确可能引发很多抗议。今天我也只打算讨论其中的两种。如果你们有人原来分析过大量的精神病人，也许会摇头说："这句话对一些症候就不管用；因为这些症候可能含有一种相反的企图，即想排拒或者制止性的满足。"对于你们这个意见，我不想分辨什么。就精神分析来说，很多事情要比想象得困难，要不然也没必要用精神分析来说明了。

前面所举的第二例，病人的仪式中确实有许多动作可认为有这种禁欲的意思，如把时钟拿走来防止夜里阴核的勃起，再比如提防着器皿打碎则意味着是想保护她的童贞。就从她上床的很多仪式来说，这种禁欲的意思更加明显，她的整个仪式似乎只是反抗性的回忆和诱惑的防御工作。但是我们从精神分析那里已经知道，相反的事情不一定就是矛盾的。我们或者可以补充这个说法，认为症候的最终结果不是性的满足就是性的抵制。癔症以积极的欲望满足为要点，强迫性神经病则以消极的禁欲意味为要点。症候有达到性欲满足的目的，也能达到禁欲的目的，因为这个两极性（polarity）是以症候机制的一些因素为基础的，只不过我们还没有机会提到这个机制而已。事实上，症候就是两种相反的、互相冲突的倾向之间相互调和的结果。它们其中一方面代表被压抑的倾向，一方面代表那抑制其他倾向而导致症候的主动倾向。即使因素中有一个在症候中较占上风，另一个也不会完全失去地位。就癔症来说，这两种倾向常常出现于同一症候之内。就强迫性神经病来说，这两部分常常有很大区别，那时的症候是具有双重性的，包含两种相互抵消的动作。

关于第二种抗议便较难处置了。如果将症候的解释统统加以探讨，你们最先会认为性的代替满足的概念必须极力扩充才能将解释囊括在内。而且也会指出这些症候不会提供实际的满足，它们只会再生一个感觉或者实现一个由某种性的情结而引发的联想。再或者，你们还会认为这个明显的性的满足常常是幼稚的、无意义的，或许类似一种自淫的动作，或者让人回忆起儿童期便已经得到控制的坏习惯。并且你们会奇怪，认为为什么竟然会有人将具有虐待性质的、令人惊骇的或不自然的欲望的满足看成是性的满足。事实上，对于这类事情我们不会形成统一的意见，除非我们先对人类的性生活作了透彻的研究而规定“性的”一词的范围。

第二十章

“性的”含义

“性的”一词究竟有何种含义，相信大家一定有自己的看法。首先，你们肯定认为它是不正当的，不应该从嘴里说出来或显见于纸上的。曾经有一个著名的精神病学者，他的几个学生想要让他相信癔症的症候常带有性的意味。为了证明这一点，他们让他到一个患癔症的女人床边。那个女人的症候明显是在模仿生孩子的动作。

老师看了回答说：“生孩子不一定就是性的啊。”没错，生孩子不一定就是不正当的事啊。

我知道大家不赞成我在讲这种重大的问题也说笑话，然而，这个故事并不全是笑话。说实话，要给“性的”这样一个词下个定义，是很难的。或许，只有和两性相关的事情我们才能用“性的”一词来形容，可是，我们必须知道，这样的话就未免太空泛而不确定了。

如果作为中心点的是性的动作本身，大家可能会认为“性的”就是指由异性的身体（尤其是性的器官）获得快感的满足。更狭义地讲，就是指生殖器的接合和性的动作的完成，即性交。可是真要是这样，大家几乎都会认为“性的”和“不正当的”是一样的意思了，而生孩子一事似乎与性没有什么关系。如果大家把生殖的机能看成性生活的要义，那么估计你们也会将手淫、接吻等事排斥在“性的”定义之外，不过，手淫、接吻虽然不是以生殖为终点，但却无疑是属于性的范畴的。既然大家都看到要为“性的”下定义是如此困难，我们在这里就不再去尝试了。

虽然“性的”一词未必能有完善的定义，但是笼统地讲，大家还是明白“性的”一词的意义的。一般来说，“性的”含义通常指两性的差别、快感的刺激和满足、生殖的机能，以及不正当而必须隐匿的观念等。这也只是一般意义上的、实际生活上的见解，具体到科学上就不单单指这一点了。通过艰苦的研究（只有具有克己自制的精神才有可能完成这种研究），我们已经知道，一些人的性生活有异于常人，我们将他们称之为“性倒错者”（the perverts）。

在性倒错者当中有一类人，似乎并不存在两性差别的概念，他们只对于同性感兴趣，而对于异性（尤其是异性的生殖器）则毫无兴趣，甚至会感到厌恶和恐惧。可以说，这类人完全没有生殖的机能，我们把这类人称为同性恋者。他们往往在其他方面的心理发展，不管是理智的还是伦理的，都达到了无可指摘的高尚标准，只有这方面有此缺陷，因此科学家称他们是人类的一个特种，即所谓"第三性"（third sex），但他们与其他两性享有均等的权利。对于这个意见存有异议的，以后有机会可以加以批判。"第三性"常常自诩为是人类中的"优异者"，事实上当然不是这样，他们当中也存在与其他两性一样多的低劣的和无用的个体。

这些性倒错者本来也可以因有情欲的对象而像常人一样达到自己的目的，不过，这类人人当中存在一些变态的人，他们的性活动和兴趣与普通人差别很大。这些人的种类不仅很多，也有很多难以理解的情况，因此可以与布劳伊格赫尔所画的用来表示"圣安东尼诱惑"的种种怪物，或者用福楼拜所描写的在他的悔罪者面前走过的一大队衰老的神像和崇拜者相比。

我们可以将这些人分为几类：第一类，他们性的对象已经改变，和同性恋者一样；第二类，他们性的目标已经改变。第一类的性倒错者，他们都不需要生殖器的接合，而是用对方的其他器官或其他部位代替生殖器（比如以嘴或肛门来代替阴道），他们不管是否存在障碍，也不管是否可耻。另一些人虽然还以生殖器为对象，但并非因为它们的性机能，而是因为其他相近的机能。对他们来说，别人认为不雅的排泄机能也足以满足他们的性欲。有些人根本不以生殖器为对象，而是以身体的其他部分，如妇人的胸部、脚跟或者毛发等作为为情欲的对象。还有一些人甚至不需要身体的任何一部分，而只需一件内衣、一只鞋或一条内裤就可以满足他们的情欲，他们就好像拜物教的信徒。还有一些人表现得更加恐怖，他们不喜欢活人的身体，而是喜欢不能抵抗的死尸。当然，这是因为受了犯罪的强迫观念的驱使，是被文明社会所不容的。这些骇人听闻的事我们就不再多说了！

第二类的性倒错者，他们性欲的目标只是正常人所做的一种性的准备动作。有一些人偷看别人的私处或窥探别人的性活动，来寻求性的满足；有一些人则裸露自己身体的私密部分，也期望对方也这样做。还有一些虐待狂，他们专门想通过给对方造成苦痛和惩罚来满足自己的性欲望，轻一点的，只是想让对手屈服；重一点的，直至对手身体受重伤才肯罢休。与虐待狂者相反的是被虐待狂者，他们只想被对方虐待或受惩罚，不管是实在的或象征的。还有一些人兼有这两种病态的现象。最终，我们还知道属于这两大类的性反常者中每一类还可分两种：第一种是在实际上寻找特殊的方式得到性欲的满足，第二种只是在幻想中得到满足，不需要有现实的对象，幻想就可以满足他的愿望。

这些疯狂的、怪诞的、骇人听闻的行为无可置疑地构成了他们的性生活。不只他们自己是这样想，承认它们的代替性质，就连我们也必须承认这些行为在他们生活上的重要；就像常态的性的满足在我们生活中的重要位置一样，甚至有着相同或者更大的付出。我们也可以粗略或详细的阐述出这些变态癫狂的现象和常态的现象到底哪里不同。大家还要知道性的活动里所有的不好现象在这些方式里依旧存在，有时它已经达到了使人厌恶的程度。

我们到底应该持怎样的态度来对待这种性的满足方式？假设我们表示愤怒、厌恶，而且自信没这些欲望，那根本没用，这不能解决问题。这种现象和其他现象有着共同之处。你如果以这些现象是怪诞的、癫狂的为借口，想不予理睬，避开逃离这样的话题，那是容易被驳倒的，因为这些现象是普遍的、随处可见的。但如果你们认为这些现象只是性本能的变态，我们关于人类的性生活的理论没必要因此被修改，那就必须进行一场严肃的答辩了。我们如若不能了解这些病态的性的方式而让它们和常态的性生活联系起来，那常态的性生活也一定不会被了解。总之，我们在理论上不得不完满地阐释所有倒错的存在以及它和常态的性生活的关联。

为了达到这个目的，我们可以借助一个观点和两种新证据。这个观点应归功于伊凡·布洛赫，他认为，“所有的倒错都是退化的表现”，他的说法是没有根据的。因为不管任何时代，从远古到现代，不管什么民族，从最原始的到最文明的，都有这种性的目标和对象的变态，并且一般人偶尔也会接受这种变态现象的存在。至于那两种证据则来自于精神分析对神经病人的探究；它们在性的倒错理论上有很大的影响，这是确定的。

我们前面说过神经病的症候是性的满足的代替，也说过若从症候的分析来阐释这句话，是很困难的。实际上，我们应把那些称为“倒错的”性的需求看成是一种性的满足；因为症候的解释以此为根据是很常见的。同性恋者自认为是人类中最优秀的，然而如果他们知道任何一个神经病人都会有同性恋的倾向，并且多数的症候都表现出这种潜伏的同性恋倾向，那么他们自认为的优越感就立刻消失殆尽了。而那些直接大胆地说自己是同性恋者的人，他们同性恋的倾向和行为是很明显的。可是这些人的数量与处于潜伏期的具有同性恋倾向的人相比，简直是少之又少。实际上，我们必须把选择同性为对象这类事情看作是爱的能力的一个常态，并且一天比一天了解这件事的重要性。同性恋和常态的不同会依然存在，而这些不同在实际中的重要价值往往要大于他们在理论上的价值。

我们有必要下一个定论，认为妄想狂（paranoia，是精神错乱的一种，目前已经不再属于“移情神经病”）常常会因为企图控制其强大的同性恋倾向而引起。你们也许还记得前面讲述的第一个女病人，他在强迫的行为中，模仿一个男人即她已经分居的丈夫的行为。神经病的女人经常会出现这种以女装男的症候，虽然这样的行为事实上不能认为是同性恋，但却与同性恋的起源有很大的关联。

或许正如你们所了解的，癔症这种神经病能在身体的每个系统，例如循环系统、呼吸系统等中发生症候，因此可以扰乱身体上的一切机能。通过分析的结果可以知道，那些用其他器官代替生殖器的，被称为倒错的冲动都会在这些症候里显现出来。

因此，生殖器可以被其他器官所代替。我们正因为对癔症症候的研究才知道身体器官除了它们原有的机能之外，还兼有性的意味，而且如果性对它们的要求太强大，则会使原有机能受到牵制。所以我们遇到的在与性无关的器官中，作为癔症症候的感觉和冲动基本上都是变态性欲的满足。现在，我们就会更加明白营养器官和排泄器官为什么会产生性的刺激了。性的倒错也可以有类似的特征，只是性的倒错的症候比较容易分辨，而癔症的症候解释起来则要大费周折了。此外，大家也要认识到，倒错的性的冲动是病人人格潜意识的一部分，并不属于意识的部分。

强迫性神经病的症候虽然很多，但是因为精力过多而导致施虐狂的性倾向的目标变态是最主要的。这些症候根据强迫性神经病的组织，被用来抗拒那些变态的欲望，有的则表示其满足和拒绝之间的矛盾冲突。但是满足是没有捷径的，它了解怎样在病人的行为中徘徊以达到它的目的，并且让病人自己惩罚自己，过分烦恼和沉思等是这种神经病的其他方式。再比如说过分地将常态中仅仅属于准备动作的看成是性的满足，如偷窥、抚摩及探索的欲望。由此，我们就找到了这种病之所以会以接触的恐惧和强迫洗手占很重要的地位的原因。大多数的强迫性动作都是变了样子的手淫，手淫往往被看成是各种性幻想唯一的基本动作。

我可以更加详细地阐释倒错和神经病之间的联系，然而我觉得我所说的已经达到了我们想要达到的目的了。但是我们也不能因为倒错的倾向在症候的说明上有一定的优势，便过多地猜想人类的这些倾向具有普遍性及强烈性。大家已经知道，缺乏常态的性的满足能引发神经病，实际上，正是由于这种缺乏，性的需要才促使性的激动去寻求变态的发泄。至于具体过程，你们以后会慢慢了解。

不管怎样，你们都会明白这种“侧面的”阻遏必然会增加倒错冲动的势力，因此如果实际中的常态的性的满足没有受到妨碍，那么倒错冲动的势力一定会因此减弱。

除此之外，在明显的倒错状态中还会看到另一种相似的成因。就一些例子来说，性本能或者因为暂时的被阻碍，或者由于永久的社会制度的阻碍，而几乎得不到常态的满足，所以常会引起倒错的状态。而从其他例子上来看，倒错的倾向和这些条件几乎没有任何关系，它们似乎就是某人性生活的本来状态。

可能就目前来说，你们认为这样的解释不仅不能说明常态性生活和倒错性生活的关系，反而增加了混乱。然而你们要明白这样的一个论点：假如性的满足的实际障碍或者缺乏，能使那些曾经没有表现出倒错倾向的人们现在表现出这种倾向，那么我们可以断定这些人很容易发生倒错的症候；或者换言之，倒错的倾向已经在他们体内存留。因此我们就得到了上面所说过的第二种新证据。

从精神分析的研究上来看，我们已知道，由于分析症候所引起的回忆和联想经常会追溯到儿童期，因此研究儿童的性生活也是很有必要的。近来对儿童的直接观察已经证实了我们所发现的一切。我们知道了一切倒错的倾向都来源于儿童期，儿童不仅有倒错的倾向，并且有倒错的动作，这和他还没有成年的程度正相符合。概括地说，倒错的性生活也就是婴儿的性生活，唯一的区别是范围大小和成分繁简略有不同而已。

现在大家可以用全新的视角来看倒错现象，不会再轻视它和人类性生活的关系了。但是，这些耸人听闻的新发现也许会引发你们不快的情绪！首先，你们肯定否定儿童存在这种所谓的性生活，否认我们研究的科学性，否认儿童的行为和后来倒错的行为有任何关系的那个论证。我们先来说说你们反对的动机，然后再粗略地叙述我们通过观察得来的事实。

你们会说儿童没有性生活，性的激动、性的需要、性的满足等，只有年龄从12～14岁，也就是青春期才会突然获得。这样说，与我们观察得来的完全不符，在生物学上也是没有价值的，这和假设他们生来就没有生殖器，只有到青春期内才开始勃发一样可笑。事实上，青春期所引发的是生殖机能，这个机能起到作用以后，就回利用身体和精神中已有的材料达到它本来的目的。

你们错在没有分清性生活和生殖，因此，你们也无法了解性生活、倒错的症候及神经病。这个错误还包含着一层意义，即大家之所以会犯这个错误，是因为我们都曾作为孩子，在儿童时期也都受过教育，而教育最重要的社会要求之一便是使作为生殖机能的性本能接受个体自身的束缚和控制（即社会的要求）。因此，社会为了达到自己的幸福，就让儿童的正常身体发展暂时往后推迟，直到他在理智上达到一定的成熟度为止，因为可教育性本质上是随性本能的完全发动而停止的。反过来说，如果性本能失去约束，一定会一发不可收拾，那么苦心建设而成的文化组织将会在顷刻间崩塌。然而要想完全掌控性本能也很困难；要么常微不足道，要么过犹不及。社会的基本动机是属于经济的，如果社会中的每个分子没工作可做，社会就会没办法继续他们的生活，因此社会总希望工作的人越多越好，并且希望人们把精力都放在工作而不是性生活上——这种从原始时代就存留下来的永久的生存竞争直到今天依然存在。

教育家的经验告诉我们，儿童性意志的陶冶必须及早开始，我们应在他的青春期之前就开始控制儿童的性生活，而不是等到他的本能势力爆发以后。现在教育的目的就是让儿童的生活变为“无性”，只要是婴儿的性活动便加以禁止，并且让儿童对性生活感觉不快，长此以往，儿童是没有性生活的结论都被科学认定了。

为了使已有的信仰和目的不与事实相违背，人们忽视了儿童的性生活，并将此当成了一个很大的成就，而科学也进行了自圆其说以求自足。小孩子就这样被说成是天真无邪的，纯洁美好的，任谁都不能否定这个结论，否则他就是侮辱圣法的诽谤者。

但是孩子们才不会墨守成规，他们正常且不管不顾地暴露自己的兽性，由此可以看出，所谓“纯洁的天性”是后来学习来的。令人奇怪的是，那些不认为儿童有性生活的人们，却从未放松过在教育上的禁锢儿童们的工作；他们一边不承认儿童有性生活，一边又用非常严厉的态度来处理儿童的任何一个与性有关的行为。还有一层最足以和“儿童没有性生活”的偏见相冲突，那就是在孩子五六岁的时候，但多数人已经遗忘了这个时期。这一段遗忘也许只有用分析的研究才能召回意识，然而也会有成梦的可能性，这在理论上是十分有趣的。

我现在要阐明儿童最显而易见的性活动了。为了更好地叙述，我特地引入了一个名词——“力比多”（libido）。与饥饿一样，这个名词指的也是一种能力、本能，力比多是性的本能，而饥饿是营养的本能，至于其他名词，如性的激动和满足等则没有定义的必要。神经病的解释大多和婴儿的性活动有关，那是你们容易了解到的，你们自然也会以此作为抵触的一个理由。这个解释是以分析的研究为前提的，是从某一症候追本溯源。

婴儿的首次性的激动与其他重要的生活机能是密切相关的。大家都知道，婴儿期的孩子每天除了吃就是睡。每当婴儿在母亲怀抱内熟睡时，他那舒服而满足的神情与成年人在享受性的满足后的神情十分相像。当然光凭这一点还不足以做出结论。我们知道，婴儿经常有咂嘴吮吸的动作，即使没有进食的时候也会这样。他们之所以这么做，并不是由于饥饿造成的。我们称这种动作为“lutschen”或“ludeln”，在德文中这两个词的意思是“吸吮的享乐”。比如很多婴儿有吸橡皮乳头睡觉的习惯，这实际上是为了享受吸吮带来的乐趣。有的婴儿如果不做吸吮的动作就不愿意入睡。

布达佩斯的儿科医生林德纳是第一个认为这个动作带有性的意味的人。保姆和育婴员虽然不谈学理，但对这种吸吮的动作也这样认为。他们都深信婴儿做这个动作就是为了寻求快感，他们把这种动作称为婴儿的“恶作剧”，如果婴儿不自觉地做这种动作，他们就用严厉的方法强迫孩子改正。事实上，婴儿做这个动作除了寻求快乐之外确实没有别的目的。婴儿的这个快乐最初是在吮吸食物时感觉到的，不久后他们发现即使不吃东西这样做也很快乐。由于这种快感的享受是以嘴和嘴唇为主要区域的，因此，我们称这些部分为“性感觉区”（erotogenic zone）。

如果婴儿能像大人一样表达自己的思想就好了，他一定会承认在母亲怀中的吸乳动作是他生命中最重要的事，因为这种动作，的确同时满足了他生命中两种最大的欲望。

精神分析的研究也告诉我们，吸吮动作确实会在精神上与人终身相伴，它不但是整个性生活缘起的出发点，还是各种性满足的雏形。有些时候，人们常会产生这样的想法借以自慰。吸吮母亲乳汁的欲望实际上含有贪恋母亲胸乳的欲望，因此，母亲的胸乳也就成了性欲的第一个对象。至于这第一个对象在后来各种对象的选择上到底多么重要，而对于其他不同的精神生活到底因何改造、代替进而产生重大的影响，在此我就不详述了。

而一旦吮吸成为一种固有的习惯，婴儿往往就会将贪恋的对象转移到自己身上，比如在不能吮吸到母亲乳头时，婴儿常常转而吮吸自己的拇指或嘴唇来获得快感。婴儿不借助外界的事物也能获得快感，往往还会将兴奋的区域扩大到身体的第二种区域，以增加快感的强度。性感觉区所能产生的快感本就有不同的强度，正如林德纳医生所说的，婴孩在自己的身体上四面抚摩，觉得生殖器的区域特别富于刺激，于是放弃吮吸而进行手淫，这是一个重要的经验。

通过对婴儿吮吸动作的理解，我们接下来把注意力转到婴儿性生活的两个要点上。为了满足自己机体的基本欲望，婴儿于是产生了自淫的行为，也就是说，他在自己身上追求性的对象，由婴儿通过吮吸来获得快感就能很明显看出来，而实际上，排泄在一定程度上也不例外。婴儿在大小便中也会获得快感，并且他们还时不时地故意做这些动作，以期获得最大可能的满足。

不过，正如卢阿德里安曾经指出的，外界的压力不允许小孩有追求这种快感的欲望，他们会对小孩进行干涉，让小孩第一次大致察觉到成人的内外冲突。于是小孩不能随意排泄，排泄的时间也要由他人指定。成人们为了使小孩放弃这些快感，就告诉他，关于大小便的一切都是“不文雅”的，必须加以隐蔽，于是小孩不得不放弃自己的快乐来得到他人的认可。事实上，刚开始时，他对于排泄的态度并不像现在这样。他本来对自己的粪便没有如此厌恶，反而将粪便看成是自己身体的一部分而不愿遗弃，并想把它作为第一种“礼物”送给最敬爱的人。即使受到教育的陶冶而放弃了这些倾向之后，他依然把粪便看成是“礼物”和“黄金”，而撒尿也似乎成为一件特别值得骄傲的事情。

我知道大家早就想打断我的话而大喊：“不要再胡说了！肠的蠕动竟然被说成是婴儿用来作为快感的性满足的根源！粪便竟成为他们不愿意丢弃的宝贝，而肛门竟成了生殖器的一种！怎能让我们这些相信呢？不过，我们倒是懂得了为什么儿科医生和教育家会如此坚决地拒绝精神分析和它的理论了！”可是，大家不要忘了，我之所以要做这样的类比，是想让大家更加清楚婴孩性生活与性的倒错之间的关系。你们难道不知道，现在有很多成人，无论是同性恋的或异性恋的，确实存在性交时把肛门看作阴道插入的情形吗？你们难道不知道有许多人终身保留着排泄时的快感并把这看成是人生一件大事吗？或许你们会听到过一些年龄稍大可以谈论一些问题的儿童，说自己对于大便有怎样的兴趣，看着别人大便又有怎样的快乐，但是如果一开始就吓唬这些儿童，他们当然就会知道不能再说这类话了。

如果你们不愿意相信这些事情，你们可以去查阅精神分析的证据，还有对儿童所有直接观察的报告。要知道，对于这个问题要撇开那些成见而持有自己的观点，是需要莫大的勇气的。不过，如果你们真的认为儿童性的活动和成人性的倒错关系确实令人惊骇，那我也不会觉得遗憾，这种关系本来是自然就存在的，因为儿童除了一点儿模糊的迹象外并没有将自己的性生活化为生殖机能的能力，所以如果儿童真的有一种性生活，那么这种性生活就一定是倒错性质的。

放弃生殖的目的是所有性倒错的共同特点。判断性活动是否是倒错的，主要是看它是否止于性的满足，而并非以生殖为目的。由此，你们便可知道性生活的发展要点就在于顺从生殖的目的。只要是还没有发展到这个程度的，以及不愿遵从这个目的而只寻求满足为止的一切性的活动，都被称为性倒错，是被人所不齿的。

我们还是回过头来叙述婴儿的性生活。或许我们还应该对其他各种器官也进行同样的研究，以充当对上面两种器官观察的补充。儿童的性生活都在于各种本能的活动上，这些本能有的在自己的身体上寻求满足，有的在外界的对象上寻求满足，总体来说就是各取所需，不相为谋。在身体的各器官中，生殖器官当然是最占优势的。有些人从婴儿期一直到青春期或青春期后，都在不断地用手淫来寻求自身生殖器的快乐满足，并不借助其他生殖器或对象。关于手淫的问题在这里我们不宜进行详述，因为值得讨论的问题太多了。

虽然我本希望限制这个讨论的范围，不过我们还是不得不略加叙述一下儿童对于性的好奇一事。因为这种窥探是儿童的性生活的特征，也是导致神经病症候的要点，因此不能省略不说。确切地说，儿童对于性的窥探，早的在三岁以前就有了。他们对于性的窥探并不局限于异性，因为性别差异在儿童眼中并不算什么。比如，就小男孩来说，在刚开始的时候，他会认为任何人都长着和自己一样的生殖器。可是有一天男孩突然看到小妹妹或别的小女孩的阴户，他立刻会否认所见的是真的，因为他实在没有想到与他一样的人为什么竟然没有这个如此重要的器官。之后，他知道事实确实如此，便会表现得十分惊恐，于是开始恐惧这个小器官，并处在了“阉割情结”的控制之下。如果此后他的心理能够健康发展，那么这个情结就是他的性格成因；如果他的身体和心理从此变得柔弱，那么这个情结就是神经病的成因；如果他接受精神分析的治疗，那么这个情结就是他抗拒治疗的成因了。

就小女孩来说，我们知道她们往往会因为缺少一个像男孩一样的阴茎而深感失落，并可能会妒恨男孩的得天独厚，有时还会产生想成为男人的欲望。此后，如果她的心理正常发育，将形成女性的性格特征；反之，如果她的心理不能正常发展，就会通过精神病症候的形式表现出来。另外还有一层，在儿童期内，女孩的阴核与男孩的阴茎一样，是一个特别富于刺激的区域，可以用来自己寻求性的满足。当女孩要成为妇人时，应该及早将这个刺激的感受性由阴核降位到阴道口；那些阴核常保留这种刺激的感受性而无法转移的妇女，被称为是性感迟钝的妇女。

儿童对性的兴趣最初专注于“我从哪里来”的问题——与斯芬克斯的怪谜[1]背后的问题相同。之所以好奇这个问题主要是因为他们想要保护自己的利益，怕其他的孩子出生。育婴员常常会这样回答：你是外面的鸟叼来的。可是小孩对于这话的怀疑程度往往超出于我们的意料之外。他们知道成年人在用谎话欺骗自己，于是自己想办法解决，可这又谈何容易呢。由于他们的性构造还没有发展，因此想找出答案会受到很大的限制。他们刚开始会认为儿童是由某种特殊的物体和消化的食物混合而成，因为他们并不知道只有女人才能生育。可是后来他们又发觉这是不对的，于是放弃了儿童成于食物这种想法。再后来他们又会想到父亲和制造小孩一定有关系，但是究竟是什么关系，他们还没有发现。

---

1 希腊神话传说中狮身人面的怪物，她坐在忒拜城附近的悬崖道路上，问过路的行人一个谜语，如果行人答不上来，就会被它害死。这个谜语是：“什么东西早上用四只脚走路，中午用两只脚走路，晚上用三只脚走路？”答案是“人”。——译者注

假如他们偶然看见父母性交的场面，他们也会认为这是父亲企图在制服母亲，或是父母之间的一场争斗。这是在用虐待来解释性交，当然是不对的。可是他们并不知道这个动作与生孩子的关系。假如他们看见了母亲的床上或内衣上有血，他们会认为这是父亲伤害了母亲。再过几年之后，他们可能会猜测男子的生殖器在制造孩子上一定有着重要的地位，但却仍然无法知道这个器官除了排尿之外到底还有什么机能。

凡是儿童刚开始都认为孩子的出生是由肠子造成的，也就是说，小孩的造成就如同一团粪便。直到对肛门区的兴趣完全衰退之后，儿童才放弃了这个理论，而代以另一种假设，认为肚脐或两乳之间是生孩子的区域。如此循序渐进，他们对性的事实开始逐渐了解。除非是由于没有知识，对于这些事实不加注意。一般来说，在青春期之前，他们都会接受一种不完全而不正确的印象，而这常常就是他们后来发病的创伤原因。

大家现在应该已经知道了“性的”一词在精神分析家眼里的意义。精神分析家往往会扩充性的意义，主要是为了维持关于神经病中性的起源，和症候的性的意义的说法。至于这种扩充到底有没有道理，你们可以进行自由判断。我们之所以扩充性的概念，是想将性倒错者和儿童们的性生活囊括进来。换句话说，我们这是在恢复性的意义的原有范围。至于精神分析之外的所谓“性”，则只是指通常状况下的属于生殖机能的狭义的性生活。

第二十一章
性的发展与性的组织

我想上一讲中我还没有让大家深信，性的倒错在性生活的理论上有着怎样的重要性。所以，我今天很愿意尽我之所能，对这个问题进行修正和补充。

大家不要认为，我是为了性倒错现象才去修正和补充“性”的意义的。事实上，关于儿童性的研究与性倒错现象关系更为密切，而性倒错和儿童性的一致是特别值得我们参考的。婴孩性的表现，在后几年的儿童期内会变得很明显，但是其最早的表现方式却会慢慢消失。假如大家不承认演化的事实及分析的结果，那就会否认儿童的那些表现含有性的意味，并认为它们只有其他模糊不定的属性了。

鉴定一种现象是否具有性的意味，目前还没有统一的标准。很多人曾把生孩子即生殖目的作为性的标准，但是这个标准太狭隘了，现在已经不再采用了。有的人把生理上的周期性作为性的标准，如弗里斯，他将生物学的周期性23天和28天作为标准之一，但是这个标准同样引起了很多争论。还有的人认为性的过程中，身体会产生一些特殊的化学性质，并以此为标准，但这些变化还不明了，因此这些标准都不确切。至于成人的性倒错现象则是明显而确定的。它们具有性的意味，这是毋庸置疑的。不管将它称为什么，退化现象也好，或其他什么，但是绝没有人敢否认它们不是性的现象。如果单独根据这种现象来看，也能看出我们可以主张性和生殖机能是两码事，因为性的倒错是妨碍生殖这一目的的。

这里有一平行的事实颇值得我们注意：大多数人认为“心理的”意即为“意识的”，而我们则将“心理的”一词的含义扩充，使其包括“心灵的”非意识的部分。就“性的”一词来说，也是如此。大多数人认为这个词与“生殖的”含义相同，更准确地说，是把“性的”和“生殖器的”之间的含义等同，而我们同样可以认为那些不属于生殖器的以及无关于生殖的各事是“性的”。虽然这两件事原本看起来只是形式上的类似，但却具有深刻的意义。

可是，如果性的倒错现象的存在在这一问题上具有如此强有力的理由，为什么之前没有人去完成这个工作，解决这个问题呢？对此，我可没什么可说的。在我看来，性的倒错早就是一个特殊的禁区，由此隐约地形成的一种理论，已经干扰了科学对这个题材的判断。

在某些人眼中倒错现象不但是令人厌恶的，而且是荒唐可怕的。实际上，性倒错的患者就如同一个可怜虫，为了换取不易求得的满足，他们常常要付出惨痛的代价。性的倒错虽然有着不自然的对象和目标，但其行为带有的性意味是很明显的，因为那些为满足倒错欲望的动作，通常也能使倒错者达到性高潮而泄精。这当然是指成年人来说的，至于儿童则没有性高潮，也不会有泄精的可能，他们虽有一种近似的行为来代替性高潮，但这种代替也无法被认定为是性的。

为了使我们对于性的倒错能有正确的了解，我还要补充几点。性倒错虽然被一般人所不齿，并与常态的性的活动大不一样，但通过简单的观察我们可以看出，即使在正常人的性生活中，也不免会存在这种或那种倒错的行为。比如接吻最初也可能是一种倒错的动作，因为接吻时是双方嘴唇上性觉区的接触，而并非生殖器的接触。但却从没有人谴责接吻是倒错，而且在一些影视剧当中，接吻反而被认为是一种美化了的性的动作。然而，接吻很容易变成一种绝对的倒错动作，比如当接吻刺激的强度很大时往往会让人达到性高潮以致出现泄精，这种情形是很常见的。又如有些人在享受性的乐趣时会注视并抚摩他的对象，而他的对象则可能会在性高潮时出现手捏口咬的行为。还有些人的性高潮并不是由对方的生殖器引起的，而是由对方身体的其他部分而引起的。像这样的例子有很多，我们当然不能把单有这种特癖的人们排除在正常人之外，而将之加到倒错者的行列之中。事实上，倒错的实质并不是转移性的目标，也不是生殖器的被取代，甚至也不在于性对象的变换，而仅仅是以变态的现象为满足，并完全排斥以生殖为目的的性交。

事实上，如果这些行为是为了进行常态的性生活而所做的准备活动或前奏，就不能称之为倒错。从这一点来说，就可以大大缩短正常的性与倒错的性之间的鸿沟。我们还可以推断出，正常的性生活是由婴儿的性生活演化来的，其演化的过程是先删减某些没有用的成分，然后集合其他有用成分，使之从属于一种新目的，也就是生殖目的。

现在，我们可以用这个倒错现象的观点来更深入而明确地去研究或说明婴儿的性生活问题了。不过，在没有进行这个研究或说明之前，请大家先注意二者之间的一个重要的区别。总的来说，倒错的性生活是异常集中的，其整个活动都趋向于唯一一个目标，而且其中某一个特殊部分的冲动占最重要的地位，它支配着其他冲动。就这一点来说，倒错的性生活与正常的性生活实际上是一致的，只是其占优势的部分冲动和性的目标彼此不同罢了。两者都各构成一个富有组织的系统，只不过统治的势力不一样。

婴儿的性生活一般来说缺乏这种集中和组织，他们的各部分冲动占有同等重要的地位，各自独立地追求自身的快乐。从这种集中在儿童期的缺乏和在成人期内的存在来看，正常的性生活和倒错的性生活都源自婴儿期的性生活。另外，一些倒错的现象与婴儿的性生活更加相似，因为它们当中有很多“部分本能”（component in-stincts）和目标，都是各自独立地发展起来的，甚至能永远保存下来。可是，对这些现象来说，称它们为性生活的幼稚病比性生活的倒错更加贴切。

做好了准备工作，我们可以开始进一步讨论一些疑问。比如大家可能要问：“你既然也不能明确承认成人的性生活是由儿童期的表现发展而来的，那为什么一定要说它们就是性的呢？为什么在描写性的生理方面时，不只说婴儿那些为吮吸和迷恋于粪便等活动是为了在器官中求快乐呢？如此一来，你就可以不用因为主张婴儿也有性生活而让人们产生反感了。”

对于这一点，我只能回答说，“求快乐于器官之内”这句话并没有错，我知道性交的至高无上的快乐也只是一种身体的快乐，得自于生殖器官的活动。可是你们谁能告诉我，这个原本无足轻重的身体的快乐，到底是何时才获得后期发展所应有的性的意味呢？对于这个“器官快乐”的知识是不是更多于关于性的知识呢？你们可能认为它们是在生殖器起作用时才具有性意味的，性只意味着生殖器。你们甚至可能会回避倒错现象这个障碍，并指出尽管倒错可以不用借助于生殖器的接触，但毕竟大多数还是要靠生殖器来达到性欲的高潮。如果你们因为倒错现象存在的结果而否定生殖与性的本质特征之间的关系，并同时强调生殖的器官，那你们的立场就前进了一大步。如果这样的话，我想我与你们的分歧就没有那么多了；这只是关于生殖器官和其他器官的争论罢了。

有很多证据可以证明其他器官本可以用来代替生殖器来求得性的满足，比如常态的接吻、淫荡的倒错生活，或者癔症的症候，你们到底会怎样处置呢？就癔症来说，原本属于生殖器官的刺激现象、感觉、冲动，甚至于生殖器勃起的活动等，常常会转移到身体上的其他器官（比如自下而上地转移到头部和面部等），所以，我们看成是性的主要特征的东西就都不再存在了。接下来大家就不得不下决心，跟着我的一起来扩充“性的”一词的含义，包括早年婴儿期旨在求“器官快乐”的一切活动。

现在为了支持我的学说，我再提出两点主张。大家都知道，早年婴儿期所有求快感而不大明确的活动，我们将其称之为“性的”，这是因为在分析症候追溯到这种活动时，我们所借助的材料都确认为是“性的”。下面让我们来用一个比喻加以说明。

假如有两种不同的双子叶植物，如苹果树和豆科植物，我们往往无法观察到它们从种子生长起来的经过。不过我们可以想象一下，这两种植物都能够通过充分发育的植物来追溯其生长的经过，一直到最初为双子叶时的种子植物。实际上，双子叶是很难辨别的，两种植物的双子叶看起来几乎一模一样。然而，我能不能因此就断定它们最初是完全相同的，只是在后来植物发展过程中才产生种类差异的呢？或者，从生物学角度来说，我们是否能更确信，虽然我们无法在双子叶里看出这个差异，但是这个差异原本就已经在种子植物中存在了呢？我们称婴儿寻求快感的活动是“性的”，其实就是这个道理。至于每种器官快感是不是都能够称为“性的”，或者除了“性的”之外，是不是还有别的快感不能称为“性的”，我不能在这讨论。我们对于器官快感和它的条件知道的实在不多，因此根据追溯分析的结果，还无法对最后所得的成因做出明确的分类，这也无须奇怪。

另外还有一点，你们即使想让我相信婴儿的活动并不带有性的意味，可是你们现在却很少能拿出证据来证明你们所急于主张的“婴孩无性生活”之说。事实上，婴儿从3岁开始就已经明显地有了性生活，他们的生殖器已经出现了兴奋的表现，或者他们已经开始有周期地进行手淫或在生殖器中进行自求满足的活动。此外，婴儿性生活的精神和社会方面也应引起重视，他们往往在选择对象时，会偏爱某一人或者偏爱某一性别，也会经常表现出嫉妒之情；这些都是在我们平常生活中可以观察到的，可以说是有目共睹。也许你们会说，你们并不是否认儿童很早就有情感的表示，只是怀疑这种情感是否带有性的意味而已。事实上，3～8岁的儿童，已经懂得隐藏起自己情感中的这个元素，但是只要我们细心观察，还是能够收集到充分的证据来证明这个情感带有“肉欲的”色彩。至于你们观察不到的各点，则可以通过分析的研究来加以充分的补充。

儿童这个时期的性目的与我们前面说的性的窥探有着非常密切的关系。这个时期的儿童还未真正懂得什么是性交，因此儿童性目的倒错症有很大一部分是儿童未成熟的组织的自然结果。儿童在6～8岁时，性的发展往往会呈现一种停滞的或退化的现象，我们把这个时期称为潜伏期，而在部分人身上，未曾出现过这种潜伏期。潜伏期并不意味着性的活动完全停止。在潜伏期以前所有心理的经验和激动都可能被淡忘，这就是我们之前讨论过的幼儿期经验的丧失，我们正是因此才无法记起幼儿时期的事情。而我们之所以要进行精神分析，就是想要将这个遗忘了的时期召回到记忆之内。于是，我们不得不假定这个时候开始的性生活就是这个遗忘的动机，也就是说，压抑作用的结果就是这个遗忘。

事实上，儿童从3岁起，其性生活就与成人的性生活存在很多相似之处了。所不同的有三点：一是他们的生殖器还没有成熟，缺乏稳定的性的组织；二是他们存在性的倒错现象；三是他们整个冲动力较为薄弱。这些都是我们已经知道的。就理论上来说，性的发展在这个时期之前的各阶段，也就是我们称之为力比多发展的各阶段，是最有趣的。力比多发展得很快，并不是我们可以直接观察到的。我们之所以能追溯到力比多发展的初期现象并明了其性质，是借助了精神分析对神经病的研究。力比多的初期现象虽然只是从理论上推想得到的，但是在实施精神分析的时候，我们便可看出这些推想有着实际的需要和价值。

一种病态的现象经常能让我们明了那些在常态中所容易忽略的现象。因此，我们便能够确定儿童在生殖器统治其性冲动之前所采取的性生活方式。在潜伏期之前的最初婴儿期内，这个统治势力就已经有了基础，而从青春期开始，它就有了永久的组织。在最初婴儿期内时，存在着一种散漫的组织，我们将它称为生殖前的，因为在这一时期占据优势的不是生殖的部分本能，而是虐待狂和肛门的组织。性别的差异那时尚未占重要地位，占重要地位的是主动和被动的区别，这个区别可被看成是性的“两极性”的前驱。

从生殖器的观点来看，最初婴儿期内所有雄性的表现都容易转变为支配的冲动，有时也容易转变为虐待的行为，而有被动目的的冲动多数与这个时期很重要的肛门性觉区有关。窥视欲和好奇的冲动此时也占有一定的势力，而生殖器则只完成排尿的机能而已。这个时候的部分本能也具有一些对象，而且这些对象不一定只是一个物体。这个虐待的、肛门的组织就正好在生殖区统治前的一个阶段。通过仔细的研究，我们可以知道在后来成熟的构造中这个组织到底保留了多少，而这些部分本能又是被迫经过哪些途径才在新的生殖组织中占有一定地位的。

在力比多发展到虐待的、肛门期的后期时，还能够窥见一个更原始的发展期，这一时期以口部的性觉区为主要部分。我们能够猜出，为吸吮而吸吮的性活动就属于这个阶段。看一下古时埃及人的艺术就能知道，画中的儿童大多把手指放在嘴内吮吸，而亚伯拉罕曾发行了一本书，书中提到的性生活中，这个原始的口部性的感觉就依然保留着。我知道大家肯定认为这最后关于性的组织的话，不能被称为是一种知识，而是在胡说。或许我讲得是过于详细了，不过还请大家少安毋躁，事实上，我刚才所说的话以后会对你们大有用处的。

请大家记住，性生活即力比多机能，并非一经发生就有最后的形式，也并非遵循着它最初形式的途径扩大起来的，而是经历了一系列各种各样的形相。概括来说，它经过的变化之多，堪比毛虫蜕变为蝴蝶的所有变化。这个发展的关键在于，使所有关于性的部分本能接受生殖区统治势力的支配，并使性生活从属于生殖的机能。在进行这个变化以前，性生活似乎只是一些单一的部分冲动在各自独立活动，每一个冲动各自追求器官的快感（即在某一身体器官内追求快感）。这种无组织状态因为想要达到“生殖前”的组织而有所缓解，生殖前的主要组织是虐待的、肛门的时期，之前还有最原始的口部时期。

除此以外，力比多还包含其他一些历程，不过我们对这些历程所知有限。而正是因为有了这些历程，一种组织才能进化到较高一级的组织。至于力比多发展所经过的这许多时期对于神经病的了解到底有什么意义，读了下文，你们就知道了。

今天我们还要进一步讨论这个发展的另一面，即性的部分冲动和对象的关系。不过对于这一部分，我们只能简洁地谈谈，以便留出一些时间来研究其后产生的结果。

一切性本能的部分冲动，有的刚开始就有一个对象，并一直保持不变，例如支配的冲动（施虐狂）及窥视欲。有的则与身体的某一特殊性觉区有关，只在刚开始有一个对象依赖那些属于性以外的机能，等到脱离了这些机能以后就会放弃这个对象。比如，性本能中嘴的部分的第一个对象是母亲的乳房，因为乳房可以满足婴儿摄取食物的需要。这个性爱的成分在为获取食物而吸吮时本来可以得到满足，但在为吸吮而吸吮的动作里，就宣告独立，放弃外界的对象代之以自己身体的一部分。于是口部的冲动变成了自淫的，这与肛门及其他性觉区的冲动一开始就是自淫的十分类似。概括来讲，口部的冲动此后的发展一共有两个目的：一是放弃自淫，再以体外的一个对象代替自身所有的对象；二是将各个冲动的不同对象组合在一起成为一个单独的对象。如果单独的对象是完整的，也和本人一样有一个身体，自然是可以做到的，不过，假如自淫的冲动不抛弃其他一些无用的部分，要完成也是具有一定难度的。

另外，性本能的部分冲动在追求对象方面也比较复杂，还没有人能完全掌握。我们可以着重注意下面这个事实：如果在儿童期的潜伏期之前这个历程就已达到了某一阶段，那么其所选取的对象与其嘴部的快感冲动和由于吮吸而选取的第一个对象就是一致的。也就是说，其对象就是母亲，而非母亲的乳房，或者说爱的对象是母亲。这里所说的爱，着重在性冲动的精神方面，暂时忽略性在物质方面的要求。大概也就是在这个时候，儿童就开始受到压抑作用的影响了，他们已忘掉了自己性的目标的某一部分。这个以母亲为爱的对象的选择被称为俄狄浦斯情结，在神经病精神分析的解释中占有非常重要的地位，同时也可能是大家排斥精神分析的一个重要的原因了。

这里我有必要附述一个欧战时的故事。在波兰国内的德国前线上，有一个医生，他十分信仰精神分析，经常用此方法治疗病人，并取得了可观的效果。这件事引起了同事们的注意，有人问他原因，他承认自己是用精神分析的方法治疗的，并且毫不犹豫地同意把相关知识传授给同事们。于是，军营里的医生们和上级军官等每天晚上都集合起来聆听他演讲精神分析。刚开始，所有的一切都进行得很顺利，可是当他讲到俄狄浦斯情结时，有一个高级军官表示他无法相信，他认为讲演者把这等事告诉为国捐躯的勇士和做父亲的人，是一种下流的行为。于是，这个分析家被禁止演讲，并被迫移驻到了前线的其他地方。可是在我看来，如果德国军队的胜利依靠的是这样一种科学的“组织”，可不是一个好现象，我想在这种组织之下，德国的科学是无法繁荣起来的。那么，这个骇人听闻的俄狄浦斯情结究竟是什么意思呢？相信大家现在都急切地想知道。顾名思义，这个情结与希腊神话中俄狄浦斯王的故事有关。俄狄浦斯命中注定要弑父娶母，虽然他一再尽自己之能避免神谕所预言的命运，可最终还是在不知不觉间犯下了这两大重罪，他深深地为此忏悔，并刺瞎了自己的双眼。

索福克勒斯[1]将这个故事改编成了一个悲剧，我相信很多人都被这个悲剧给打动了。根据索福克勒斯的剧本，俄狄浦斯在犯下这两罪之后，他进行了长时间详细地询问，在他不断地发现新证据后，事情的真相开始逐渐暴露出来。俄狄浦斯询问的经过与精神分析法有着相似之处。他的母亲约卡斯达被其诱惑最终成为他的妻子，而她在谈话中并没有在意这持续的询问。她说，有很多人都梦见自己娶母，不过梦是无关重要的。然而，在我们看来，梦却是非常重要的，尤其是很多人经常做的具有代表性的梦。我们深信约卡斯达所讲的梦与神话中可怕的故事有着很密切的关系。

索福克勒斯的悲剧竟然没有引起听众的怒骂，这不得不说是一件惊奇的事情。事实上，听众比那迟钝的军医更有理由表现出怒骂的反应，毕竟这是一个不道德的戏剧，它描写出这样一种情境：神力规定某人应犯某罪，即使有道德的本能来反抗犯罪的行为，可最后也是无济于事，结果使得个人可以不用对社会的法律负责。或许，作者是想借这个神话故事来表示其控诉命运和神的意思？在敢于对神进行非难的欧里庇得斯[2]的手里，可能确实存在这种控诉，可是一直十分虔诚的索福克勒斯却根本不可能这么想，他认为虽然神预定了我们应犯某罪，但是我们也应该顺从他们的意志，这才算得上是高尚的道德。正是出于有了这种宗教的考虑，他解决了剧中不道德的问题。

---

1 索福克勒斯（Sophocles，约前496—前406年），雅典三大悲剧作家之一，《俄狄浦斯王》为其代表作。——译者注

2 欧里庇得斯（Euripides，前480—前406年），与埃斯库罗斯索福克勒斯并称列的希腊三大悲剧大师之一，代表作《独目巨人》《阿尔刻提斯》。——译者注

我不认为顺从神的意志是此剧的美德之一，它不能减弱剧本所产生的影响。看戏的人往往不是因为这种美德受到了感动，他们所做出反应的是因为神话本身的隐义和内容。他们似乎在做自我分析，并发觉自己内心也有俄狄浦斯情结，知道神和预兆的意志其实就是他自己潜意识的反应。他们似乎也想起了自己曾经也有驱父娶母的愿望，只是不得已打消了这个念头。在他们看来，索福克勒斯似乎在说："不管你是否承认曾经有过这个念头，又或者，不管你曾经如何想要抵抗这些恶念，最终都将是徒劳无功的。你无法做到无罪，因为你不可能打消掉这些恶念，它们将仍留在你的潜意识之内。"这的确是心理学的真理。一个人虽然已经把恶念压抑到潜意识之内，并自认为自己不再有这些恶念而感到欣慰，可是，他虽然看不出这个罪恶的基础，但仍不免有罪恶之感。

很显然，俄狄浦斯情结是神经病人产生罪恶感的重要原因之一。另外，我在1913年写了一本名为《图腾与禁忌》（Totem and Taboo）的书，书中叙述了一种关于最原始的宗教和道德的研究，那时我就怀疑有史以来人类的整个罪恶之感可能就来自俄狄浦斯情结。对于这个问题探讨，我知道最好暂时到此为止。不过，这个问题既然已经提起了，就不能再轻易放下，因此我们要回过头来讲一下个体心理学。

如果我们直接观察儿童在潜伏期之前是如何选择对象的，那么我们就可以看出他们的俄狄浦斯情结有哪些表现。我们很容易看到，小孩子要独占母亲而不要父亲。他们看见父母拥抱就会感到不安，看见父亲离开就会满心高兴。他们常直言不讳地表达自己的情感，说些要娶母亲为妻的话。虽然这事看起来没法和俄狄浦斯故事相比，可事实上却也十分相似，两件事的中心思想是相同的。有时候同一个孩子也会对自己的父亲表示好感，这常使我们迷惑不解。事实上，这种相反的或两极性的情感在成人时可能会引起冲突，但在婴儿期却是可以并存的，这与此种情感后来永远存在于潜意识中的状态是一样的。

你们可能会反对我的说法，认为小孩的行为是受自我动机支配的，不能够作为俄狄浦斯情结说的证据。而母亲照顾孩子的所有需要，为了孩子的幸福，当然要一心一意，不能为别的事情分心。这话说得没错，可是就这种或其他类似的情境来说，自我的兴趣也只是为爱的冲动提供了相当的机会。

常常有母亲笑着叙述自己儿子的可笑行为，说他们坦然表示对性的好奇，有的坚持与母亲同睡，有的一定要在室内观看母亲换衣服，有的甚至公然表示出一种诱奸的行为，这些行为无疑都带有性爱的意味。还有一点是我们不能轻易忽视的，即母亲照料女孩子往往和照料男孩没有什么差别，可是却会产生不一样的结果。父亲对于男孩的照料也常无微不至，丝毫不逊于他的母亲，可是却无法得到儿子对母亲那样同等的重视。概括地说，不管怎么批评这个说法，都无法否定这个情境含有性爱的成分。

从儿童自我利益的观点来看，如果他只让一个人而不让两个人照顾自己，那不是太愚蠢了吗？这是男孩和其父母的关系，反过来就女孩来说，也是一样。女孩常迷恋自己的父亲，经常想取代母亲的位置，有时候还会效仿母亲撒娇，我们可能只觉得她可爱，却忽视了由这种情境而能够产生的严重后果。父母的行为常常也会引起孩子的俄狄浦斯情结，因为父母对孩子的宠爱往往会有性别的选择，比如父亲常溺爱女儿，母亲常溺爱儿子。单纯这种溺爱还不足以让儿童的俄狄浦斯情结的自发性受到很大的影响，不过，如果父母有了新的孩子，儿童的俄狄浦斯情结就会扩充成一种家庭的情结，他们会感到自我的利益受到了妨碍，于是对新孩子产生一种厌恶之感，并常有去之而后快的想法。可以说，比起与父母的情结有关系的情感，他们这些怨恨新孩子的情感常会无所忌惮地表露出来。如果他们这种欲望得到满足，不久之后新孩子真的死去了，也不会对他们产生多大影响。因为分析表明，虽然这种死亡对于儿童来说是一个重大的事件，但却不会留存于记忆之中。但如果母亲因为另一个孩子的出生，使他变成了次要人物，那么他就会开始与母亲疏离，从而对母亲产生怨恨，这种怨恨常成为他与母亲产生永远隔膜的基础。我们前面已经说过了，性的窥探及其结果和这些经验都有一定的关系。当这些新弟妹稍稍长大的时候，他对于他们的态度常会发生一个重要的转变。一个男孩子可能会将妹妹作为爱的对象来取代他那不忠实的母亲；如果有几个哥哥争夺一个小妹妹的爱，那么在育儿室内就会常常出现一些敌对情感。而当父亲对于女孩不像以前那么温柔亲昵时，女孩也常常会把对父亲的感情转移到哥哥身上，或者将自己的小妹妹当作自己与父亲的孩子来爱。

如果现在开始对儿童进行直接的观察，使其不受分析的影响，来讨论他记得清楚的事情，我们就会发现很多类似的事实。除了这些事，你们还可推想到儿童在兄弟姊妹行列中的次序，这对于他后来生活有着重要的影响；凡是作传记的人都应该考虑到这一点。事实上，这些论点随手可得。而加入你们此时回想起科学上对禁止亲属相奸的解释，就难免会哑然失笑。为了解释这件事，我几乎用上了所有方法！据说，在同一家庭内，异性成员因为从小住在一起，已经习以为常，所以异性之间就不会再引起性的诱惑了。另外，因为在生物中有反对纯种繁殖的趋向，所以在心理上会存有对乱伦的恐怖。然而事实上，假如人们真的会有自然的障碍来抵抗乱伦的诱惑，那么法律和习惯就根本没有必要对此做出严重惩戒了。

真理往往存在于相反的方面。人类所选择的第一个性对象常常是亲属，如母亲或姐妹，因为要防止这个幼稚的倾向最终变为事实，才出现了最严厉的惩罚。就现在仍然生存的野蛮的和原始的民族来说，他们关于乱伦的禁令比我们的要更加严格。赖克在他最近的著作中提到，野蛮人将青春期作为“再生”的代表，青春期举行完仪式，就代表着那孩子已摆脱了对母亲的乱伦依恋，而恢复了对父亲的情感。

那些神话向我们表明了，人们虽然对人类的乱伦深觉恐怖，但他们却可以允许他们的神有此权利。读过古代历史的人都知道，兄弟姊妹的乱伦婚娶是帝王们的神圣义务（比如埃及和秘鲁的国王），普通人无法享有这样的特权。弑父娶母乃是俄狄浦斯的两种罪恶，可人类的第一个社会的宗教制度就是图腾制度，而图腾制度就是以此二罪为戒的。接下来，我们再由对儿童的直接观察过渡到对患神经病的成人的分析研究上。分析的结果对于俄狄浦斯情结的知识会有怎样的贡献呢？我们可以立即回答这个问题。由分析而发现的情结与由神话中所发现的情结是完全一致的。

这些神经病人几乎每一个都是俄狄浦斯，也就是说，他们在反应这个情结时都成了哈姆雷特。由分析而发现的俄狄浦斯情结比婴儿本身所表现的更为扩大而明显，他们并非只是有一点点怨恨父亲，而是想他死去，对于母亲的情感则带有很明显地娶母为妻的目的。儿童期的情感果真这样浓厚强烈吗？还是说在分析时无意中引进了一个新因素而使我们受骗了呢？事实上，我们很容易发现这个新因素。不管什么时候，不管是谁，如果想要描写过去的一件事，即使他是一个历史家，也难免会在无意中对过去那个时期加入一些现代和近时的色彩，因此，过去的事件就难免有些失真。就神经病人而言，完全有可能以现在解释过去。我们将来能知道此事也有其动机，而这整个“逆溯往昔的幻想”也必须要加以研究。

我们还会马上知道儿童对于父亲的怨恨也能因其他的各种动机而变本加厉，对于母亲性爱的欲望也往往会采取儿童做梦都想不到的方式。不过我们假如想用“逆溯往昔的幻想”和后来所引起的动机来解释整个俄狄浦斯情结，那就不免白费功夫了。因为虽然俄狄浦斯情结中可能会掺杂进一些后天的成分，但是它在幼稚时的根基仍然是保存不动的，这一点可以通过对儿童的直接观察加以证实。

所以，由分析俄狄浦斯情结而得到的临床事实，实际上变得非常重要。我们知道，性本能在青春期时便开始全力求其满足，它常常以亲属为对象，来发泄力比多。婴儿以母亲作为性的对象，尽管看上去是儿戏，但是它却奠定了青春期选择对象的方向。这是一种很强烈的俄狄浦斯情结，然而，在青春期的孩子已经意识到了这种“罪恶”，于是将这些情感拒之于意识之外。事实上，孩子从青春期开始就在力图摆脱父母的束缚，只有当这种摆脱成功之后，他才从孩子变成了社会中的一员了。

对于一个男孩子来说，他的工作是不再把母亲作为性欲的目标，而在外界寻找一个实际的爱的对象。另外，如果他仍敌视父亲，那么他必须力求和解。如果他反抗未能奏效而一味臣服于父亲，那么他就必须力求摆脱父亲的控制。这些工作是每个男孩子都需要去做的，然而真正做得理想的，即在心理上及社会上得到圆满解决的，则少之又少。这也是一件值得注意的事。对于神经病人来说，这种摆脱几乎就是完全失败的。做儿子的终身屈服于父亲，不能引导他的力比多趋向于一个新的性的对象；对于女孩子来说，其情况大致相同。从这个意义上说，俄狄浦斯情结确实可以看成是神经病的主因。

关于俄狄浦斯情结，还有许多在实际上和理论上非常重要的事实，但我只能做一个不完全的记载。至于其他的种种变式，在这里我就不说了。不过，我想指出关于俄狄浦斯情结的一个并不直接的结果，这一结果对文学创作有着深远的影响。兰克在他的一本很有价值的著作里曾提到，各时代的戏剧作家多取材于俄狄浦斯乱伦的情结及其变式。另外还有一层也要说一下，远在精神分析诞生以前，俄狄浦斯的两种罪恶就已经被人看成是不可驾驭的本能的真正表现了。在百科全书派学者狄德罗的著作里，有一篇著名的对话叫作《拉摩的侄儿》，曾由大诗人歌德译成德文。里面有这样几句话需要我们注意一下：假如这个小野蛮人（指小孩子）自行其是，保持其所有弱点，抛除理性，回复到孩提时代，再加之以三十岁成人所拥有的激情，那么他就会扭断他父亲的脖子，而同他的母亲一起睡了。

还有一事也要附带说一下，那就是俄狄浦斯的妻子也就是他的母亲实际上可以用来释梦。不知大家是否还记得梦的分析结果，成梦的愿望往往带有倒错和乱伦的意味，或表露出对于亲爱的人出人意料的仇恨。我们当时并没有对这种恶念的起源加以解释，不过现在你们应该可以明白了——它们都是力比多的倾向，即力比多在其对象上的“投资”。虽然说它们起源很早，并早已在意识生活中被放弃，但是在入睡之后仍然会出现，并具有一定的活动能力。

事实上，这种倒错的、乱伦的、杀人的梦不单是神经病人所特有的，一般常人也会有。因此，我们能够推想出现在正常的人们曾经一定也有过倒错的现象和俄狄浦斯情结。唯一不同的是，由正常人的梦分析所发现的情感，在神经病人的身上表现得更加厉害而已，这也正是我们将梦的研究作为神经病症候研究的线索之一。

第二十二章
力比多发展过程中的危险性

我们前面已经讲过，力比多机能要经过多方面的发展，才能行使正常的生殖职能。现在我想强调这个事实对神经病的起源具有非常重要的作用。依据普通病理学的原则，这种发展主要包含两种危险：停滞和退化。力比多发展的第一个危险是停滞。其实，生物的发展历程本就具有变异的趋势，因此并不是都需要历经发生、成熟到消逝每个过程。有些部分的机能或许一直都停滞在初期之中，于是在普通的发展之外，还会存在几种停滞的发展。

我们也可以用别的事实来比拟这些历程。比如有一个民族想要离开故乡到外面去寻找一个新地盘（这在人类初期的历史上是经常发生的事），当然不可能所有的人全都会到达目的地。除了一部分人在迁徙途中死亡以外，还有一些移民会在中途停下来定居。我们也可以就近打个比方，大家都知道精液腺本来在腹腔之内，高等哺乳动物的精液腺会在胚胎的某一发展期中开始一种运动，结果便移到了盆腔顶端的皮肤之下。但是有些雄性动物的这一对器官只有一个停留于盆腔之内，有的则一直被阻滞在其所必经的腹股沟管之内，抑或这个腹股沟管在精液腺通过之后，本应闭塞但却没有闭塞。当我还是学生的时候，我曾在布吕克[1]的指导之下，进行科学的探索，而考察的对象就是一个很古式的小鱼脊髓的背部神经根起源。这些神经根的神经纤维是由灰色体后角内的大细胞发展而来的，其他脊椎动物身上已经不再有这种情形。可是，后来我发现在这种小鱼整个后根的脊髓神经节上的灰色体外都存在类似的神经细胞，于是我便断定这个神经节的细胞是由脊髓沿神经根运动发展成的。

从进化的发展来看，我们还可以推知这样一个事实：这个小鱼的神经细胞在经过的路线上，有一部分会半途停留下来。这些当然只是比喻，存在着缺陷，经不起缜密的推敲。但我们仍然可以说，虽然其他部分能够同时到达目的地，但是个性冲动的单独部分也都有可能停滞在发展的初期之内。如果将每一种冲动都看成是一条小河，那

1 即著名生理学家艾内斯特・布吕克。——译者注

么从生命开始的时候，河水就在不停地流着，并且可以把这个流动想象成是继续向前的运动。

或许你们认为这些概念仍然需要进一步加以说明，这当然没错，不过这样一来未免离题太远了。我们现在姑且将一部分的冲动在其较初期中的停滞称为（冲动的）执着。

力比多发展过程中的第二种危险是退化。那些已经向前进行的部分是很容易向后退回到发展的初期阶段的。冲动发展到一阶段，如果遇到外界强有力的阻碍，使其无法达到满足的目的，那么它就只有转向后发展，回到原来的位置。我们还可以假定，执着和退化在某种程度上是互为因果的。在发展的途中，执着之点越多，新近发展的机能突破外界阻碍的困难也就越大，退回到初期阶段的可能性就越大。也就是说，越是新近发展的机能，越无法抵御发展路上的外部困难。比如一个迁移的民族，如果大部分人都在中途停滞下来，那么向前走得最远的那些人，在遇到劲敌或阻碍时，就越容易因战败而退回。而且，在前进中停滞在中途的人数越多，前面的人战败的风险就越大。

大家要了解神经病，就要牢记执着和退化的这种关系，这样才能可靠地研究神经病的起因（或病原学），这是我们之后会讨论的，现在我们还是先谈退化的问题。关于力比多的发展，大家早已知晓一二，我们知道力比多的退化会有两种可能：一是退回到以亲属为对象的阶段，这是乱伦的性质；二是整个性的组织退回到发展的初期。这两种均发生于移情的神经病，并都在它们的机制中发挥着重要的作用。在神经病人身上常常出现第一种退化。如果将另一类自恋神经病（the narcisistic neuroses）也加入进来，那么关于力比多的退化的讨论就更加热闹了，但我现在不想多说。这些病状既能够提供给我们关于力比多机能的其他发展历程的结论，也可以向我们表明与这些历程相当的新的退化方式。不过，我认为大家现在最好还是了解退化作用和压抑作用的区别，并掌握这两种作用的关系。大家应当记得我们前面说过的关于压抑的作用：一种心理的动作本来可以成为意识的（也就是说，它本属于前意识的系统），但却被迫降落到潜意识的系统，这种历程称为压抑。另外，潜意识的心理动作因为意识阀的检查排斥而不能进入前意识系统，这种历程也称之为压抑。我们应特别注意一点，压抑这个概念与性是没有什么关系的。压抑作用是一种纯粹的心理历程，甚至可以看成是有位置性的历程。这里所说的位置性，指的是我们所假定的心灵内的空间关系，或者也可以说是关于几种精神系统里的一种心理装置的结构。

我们这里所说的压抑一词是狭义的而非广义的用法。如果我们采用广义的用法，即由高级的发展阶段降到低级的发展阶段的历程，那么压抑作用也可以归在退化作用的行列了。因为压抑作用也可以看作是一种心理动作发展中所有回复到较早或较低阶段的现象。压抑作用的退回方向并不是很重要，因为在离开潜意识的低级阶段之前，如果一个心理历程停滞而不发展，我们也可以将其称为动的压抑作用。因此，可以说压抑作用是一种位置的、动力的概念，而退化作用则单纯是一种叙述的概念。不过，我们之前所说的与执着作用相提并论的退化作用，则是专指力比多退回到发展的停顿之处这一种现象，也就是说，它的性质和压抑作用在实质上是完全不一样的。我们不能将力比多的退化作用看成是一种纯粹的心理历程，也不了解这退化作用究竟在精神机制中处于何种地位，因为退化作用虽对于精神生活有着强大的影响，但是其中肌体的因素仍然是最明显的。

单纯的讨论很容易让人感到枯燥无味，所以我们还是举一个临床例子来说明问题。大家都知道，移情的神经病分为癔症和强迫性神经病两种。就癔症患者来说，他们的力比多时常退化到主要以亲属为性的对象阶段，而几乎没有退回到性的组织的较早阶段的。所以说，癔症的机制主要以压抑作用为主。假如我能用推想来补充这种神经病已有的知识，则可以这样来描述这一情境：在生殖区统治之下的部分冲动虽然已经联合起来了，不过这种联合的结果却遭到了来自与意识相关联的前意识系统的抵抗。

因此，生殖的组织只能够应用于潜意识，而不能应用于前意识。前意识排斥生殖组织，从而出现了一种类似于生殖区占优势的状态，但事实上却不是这样的。就这两种力比多的退化作用来说，其中退回到性组织的前一阶段的那一种，其实更令人惊异，因为在癔症中往往看不到这种退化作用。然而，神经病的整个概念又过多地受到了癔症研究的影响，所以我们承认力比多退化的重要性要远远不如压抑。如果以后在癔症和强迫性神经病之外，又有其他神经病（如自恋神经病）加入讨论，那么我们可能会再一次扩充和修改我们的观点可能会进行。而单纯就强迫性神经病来说，力比多回复到从前虐待的、肛门组织的阶段实际上是最为明显的因素，并且它还决定了症候所应有的方式。对于患者而言，他的冲动都是经过伪装的，有虐待倾向。他心里想到的是“我要谋杀你”，事实上却是“我要享受你的爱了”，于是，这个冲动就又回复到了原来的主要对象，而且要满足这个冲动，只有最亲近和最亲爱的人才行。大家可以想见，病人的这些强迫观念是如何的恐怖，而他的意识却又无法解释这些观念。不过，压抑作用在这种神经病的机制中也是有一定地位的，这并不是一下子就能观察到的。

如果没有压抑作用，力比多的退化作用就无法引起神经病，而只能产生一种倒错的现象。由此，我们可以看出压抑作用乃是神经病最重要的特征。如果你们了解了有关倒错现象的机制知识，那么就会知道这些现象并非如我们在理论上所揣测的那么简单了。

假如你们将关于力比多的执着作用和退化作用的这项说明看成是神经病病原学的初步研究，那么你们或许可以立即接受这个说明。在这一问题上，我过去已经给了大家一些片段知识，即人们如果没有满足自己力比多的可能，就容易患神经病，因此我们也可以说人们是由于被“剥夺”才得病的，并且他们所表现出来的症候恰恰就是对失去的满足的代替。当然，这并不是说，任何种类的力比多满足被剥夺都会让人们患上神经病，只不过对于所有已经被研究的神经病来说，剥夺这个因素是最普通的条件。我无意揭示神经病病原学的全部秘密，而只是想强调一个重要而不可缺少的条件而已。为了更深层地讨论这个问题，我们可以从剥夺的性质说起，也可以从被剥夺者的特殊性格说起。

剥夺并不是绝对能致病的因素，只有被剥夺去的正好是那人所渴望而可能也是唯一的满足性欲的方式，才有可能致病。简要来说，人们可以有许多其他的方法来忍受力比多满足的缺乏而不至于发病。有很多人是可以进行自我克制的，他们或许当时会感到不快，或要忍受无法满足的期望，但却不至于因此得病。因此，我们可以肯定地说，性的冲动是非常富于弹性的；如果我们可以用弹性这个名词的话。如果这一冲动不能予以满足，那么另一冲动常可提供充分的满足。这就好比一组装满液体的水管，互相连接成网状，当一端被堵了，水也可以从另一端或其他端流出。虽然性的冲动都受生殖欲的控制（这一受控制的条件很难想象得出），但性的部分本能和包含这些本能的性冲动都可以彼此交换对象，也就是说，它们都可以换到一种容易求得的对象，而这种互相交换和迅速接受代替物的能力，可以对剥夺的结果产生一种强有力的相反影响。在这些防止疾病产生的历程中，有一种在文化的发展上也起着重要作用：正是由于有了这个历程，性的冲动才能放弃从前的部分冲动的满足或生殖的满足目的，而去采取一种新的目的——这个新目的虽然与第一个目的有关联，但却不再被看成是性的，在性质上应当称为社会的。这个历程表现在文化上就叫作升华作用，正是由于有这个作用，我们才可以把社会性的目的提高到性的（或绝对利己的）目的之上。顺便提一下，升华作用只不过是一个比较特殊的例子，只表明性的冲动和其他非性的冲动的关系。关于这一层，等以后再细讲。

大家不要认为既然有如此多的方法可以用来忍受性的不满足，性满足的剥夺就变成一个无足轻重的因素了。当然不是这样，性满足的剥夺仍然保持着致病的能力。虽然有不少方法可以处理性的不满足，但却未必够用。一般人所能承受的力比多不满足程度毕竟是有限的，力比多的弹性和自由灵活性并非每个人都能够充分保存。且不说很多人的升华能力都微乎其微，即使有升华作用也只能发泄力比多的一部分而已。很明显，在这些限制当中，关于力比多的灵活性是非常重要的，因为一个人所能寻求的目的和对象的数目是非常有限的。

大家要知道，力比多的不完满发展能够让它执着于较早期的性的组织，和多数是实际中无法满足的对象的选择上，这种执着的范围很大，有时数目也很多，由此我们可知，力比多的执着是第二个有力的因素，它和性的不满足一起共同造成了神经病的起因。概括来讲，在神经病的起因中，力比多的执着代表内心的成因，而性的剥夺则代表身体外部的偶因。

在此，我想提醒大家，不要在无谓的争论上表态。在科学的问题上，人们常把真理的一面看成是整个的真理，然后因为支持这一部分真理，而对真理的其他部分产生怀疑。精神分析运动中有些部分就是这样遭到怀疑和放弃的。有一些人只承认自我的冲动而否认性的冲动，还有一些人只看见生活中现实事业的影响，却忽视了个体过去的生活，类似这样的例子不胜枚举。另外，还有一个没有解决的两难问题，即神经病到底是起因于内在呢，还是起因于外在呢？换个方式说，神经病到底是某种身体构造的必然结果，还是个人生活中某种创伤的经验的产物呢？再具体一点来说，神经病是起因于力比多的执着和性的构造呢，还是起因于性的剥夺压力呢？这个问题是十分可笑的，这与“一个孩子产生于父亲的生殖动作还是母亲的怀孕”这个问题是一样的。一个孩子的产生既需要父亲，也需要母亲，神经病产生的条件与此相似。从原因上来讲，神经病可排成连续不断的一个系列，在这个系列内，其中两个因素，即性的构造和经验的事件，或者如果你们愿意，也可以说是力比多的执着和性的剥夺，其中一个如果占据一定优势，那么另一个就会退居不显著地位。在这个系列的一端，有一些极端的例子：这些人的力比多的发展和正常人是不一样的，因此不管他们有什么样的遭遇和经验，也不管生活多么适意，最后都会得病。在这个系列的另一端，也有一些极端的例子：如果生活不给他们带来各种负担，那么他们就不会得病。介于这两个极端之间的例子，是倾向的因素（即性的构造）和生活的有害经验会此消彼长。如果他们没有某些经验，那么其性的构造不足以致病，如果他们的力比多有不同的构造，那么生活的变化也不足以使他们产生神经病。在这个系列内，我可能会偏向于性的构造的因素，不过这要看大家是怎样界定神经过敏的。在这里，我想告诉大家，这一个系列可定名为互补系（complemental series），并且还要提前告诉你们，其他方面也会有这种互补系。

力比多常常执着于特殊的出路和特殊的对象而不变，我称之为力比多的“附着性”（the adhesiveness of the libido）。这种附着性是一个独立的因素，它因人而异，而其决定性条件还没有被发现，不过它在神经病病原学上的重要性却是毋庸置疑的。同时，它们相互间的关系也非常密切。

在许多条件下，普通人的力比多也可有类似的附着性（至于什么原因现在还不知道）。在精神分析诞生之前，也有人（如比纳）发现，一些人的回忆中，能够清晰地记得幼年时所有的变态本能倾向或对象的选择印象，随后力比多便附着于这种印象，终身挥之不去。至于这种印象为什么会对力比多有如此强大的吸引力，往往很难解释。

我举一个自己曾经亲身观察过的患者的例子。这个患者对于女人的生殖器及其他所有诱惑都无动于衷，能引起其强烈性欲的只有穿了某种样式鞋的脚。原来，是他6岁时的一件事造成了他的力比多的这种执着。患者清晰地记得，那时他就坐在保姆旁的凳上，保姆教他读英文。保姆是一个很平常的老年妇人，有着蓝而湿的眼睛，塌而仰的鼻子，这一天她因一只脚受伤而穿着呢绒的拖鞋，并把脚放在了软垫之上，腿部则很端庄地藏而不露。这只脚给患者留下了强烈的印象，甚至着了迷。后来，即使他在青春期偷偷地尝试了正常的性活动之后，也无法忘记那只脚。只有类似于保姆的瘦削而有力的脚才能成为他的性对象，如果还有其他类似于那位英国保姆的特点，他便更受吸引。不过，这个力比多的执着还不足以让他成为神经病，而只是让他成了性倒错者，也可以说，他成了一个脚的崇拜者。

我们从中可以看出，力比多过分的、未成熟的执着，虽然是神经病不可或缺的条件，但是它的影响却远远超出了神经病的范围之外。并且只有这一条件也未必会致病，这与前面所说的性的剥夺相同。

至此，神经病起源的问题看起来似乎更加复杂了。事实上，经精神分析研究，我们已发现了一个新因素，这个因素在病因中还没有被提及，因为只有在突然患神经病而失去健康的人们身上才最容易看到这个因素。这些人经常表现出与欲望相反的精神冲突的症候，其人格一部分拥护某些欲望，另一部分却加以反抗。凡是神经病都会有这样一种矛盾，这看起来也没有什么特别的。我们都知道，大家的精神生活中都常会出现有待解决的矛盾。因此在这种矛盾能够导致疾病之前似乎一定要具备一些特殊的条件才能实现。现在我们就是要追问这些条件到底是什么？心灵中到底都有什么力量参加了这些致病的矛盾？而矛盾与其他致病的因素之间又存在什么关系？

尽管不免失之简略，但我还是希望能为这些问题给出差强人意的答案。致病的矛盾是由性的剥夺引起的，因为力比多得不到满足，就必须寻求其他出路和对象。然而这些出路和对象与人格产生了冲突，导致新的满足就无法实现，这就是症候形成的出发点，这一点以后我们还会提到。性的欲望被禁止后，它会采取一种迂回的前进道路，并以伪装的方式突破阻力，最终达到满足的目的。这里所说的迂回的道路是指症候形成来说的，症候就是因性的剥夺而起的新的或代替的满足。

精神矛盾的含义有另一种表述，即外部的剥夺一定要辅以内部的剥夺才能致病。如果两者真的做到相辅相成，那么外部的剥夺和内部的剥夺一定会与不同的出路及不同的对象互相关联。如此一来，外部的剥夺取消了满足的第一种可能，而内部的剥夺又取消了另一种可能，而精神矛盾的症结正在于这第二种可能。我之所以这样说，是有另一番用意的，要知道，在人类发展的初期，内部的障碍原本是由现实中的外部障碍而引起的。

可是禁止性欲所需要的力量或致病的另一组矛盾，到底来自什么地方呢？广义地说，我们可以说它们是一些非性的本能，可隶属于自我本能这个名词之下。关于移情的神经病分析，原本并没有为我们提供对这些本能做进一步研究的充分机会，我们只不过能从病人的反抗分析中大致看出这些本能的性质而已。因此，神经病的致病原因在于自我本能与性本能之间的矛盾。在一系列病案中，不同的纯粹性冲动之间似乎也存在一种矛盾，不过产生矛盾的那两种性的冲动之间通常都会有一种是赞许自我，另一种是反抗自我，但归根结底，还是一码事，因此我们还是将之称为自我和性的矛盾。

当精神分析将心理历程看成性本能的一种表示之后，有很多学者对此提出了反对意见，认为精神生活中除了性的本能和兴趣之外，一定存在其他的本能和兴趣，并认为我们不能把所有的事件都归结于性。实际上，一个人能与反对者达成共识，未尝不是一种快乐。精神分析从来没有忘记非性的本能，而且它本身就建立于性本能和自我本能的严格区别之上。不管别人怎么反对，精神分析坚持的并不是神经病起源于性，而是神经病起源于自我和性的矛盾。精神分析虽然研究了性本能在疾病和普通生活中所占的地位，但并没有否认自我本能的存在和重要性。唯一不同的是，精神分析将研究性本能作为首要工作，因为这些本能在移情的神经病中最容易研究，而且精神分析必须研究别人所忽略的事件。

所以，我们不能说精神分析抛弃了人格中所有的非性部分。从自我和性的区别来看，自我本能的重要发展需要依赖力比多的发展，并且会对力比多的发展产生很大的影响。事实上，我们对于自我发展的了解，根本不如对力比多的发展了解得充分。一般来说，我们只有研究了自恋神经病，才能掌握一些自我构造的知识。不过，费伦齐[1]也曾努力要在理论上找出自我发展的几个阶段，而我们起码可以以两点为稳定的基础

1 桑多尔·费伦齐（Sándor Ferenczi，1873—1933年），匈牙利心理学家，精神分析学派的早期代表人物之一。——译者注

来进一步研究这个发展。我们并不认为一个人的力比多的兴趣从一开始就是同自我保存的兴趣相冲突的。事实上，自我与性组织在各个不同的阶段都在力求互相调和以彼此适应。力比多发展的各个时期的持续可能有一个规定的程序，而这个程序也可能会受自我发展的影响。我们还能够假设这两种发展（即自我的和力比多的发展）的各个时期之间有一种平行或相关的现象，如果这种相关被破坏，就会致病。

下面这个问题尤其重要：倘若力比多在发展中有力地执着于较早的一个阶段，那么自我将采取什么样的态度呢？或许它会容许这种执着，那样的话就会造成倒错的或幼稚的现象；它也可以不容许力比多有这种执着，那么结果就会是力比多出现一种执着，自我就出现一种压抑的行为去制止。于是，我们可以得出这样一个结论：神经病致病的第三个因素是对矛盾的易感性，它与自我发展的关系等同于它与力比多发展的关系。

鉴于此，我们对于神经病起因的见解就扩大了。神经病致病的原因有以下三个：第一是性的剥夺，这是最普通的条件；第二是力比多的执着（迫使性神经病进入特殊的途径）；第三是自我的发展拒绝力比多的特殊激动后所产生的矛盾的易感性。这个事实并不像大家猜想的那样神秘而难解，不过我们在这方面的工作还没有完成，因为还要增加许多新事实，另外还有一些已知事件要做进一步的分析。下面我举一个例子，来说明自我发展对于矛盾的趋势进以及对神经病所产生的影响。这个例子虽然是虚构的，但在现实生活中也未必就不会发生。

我用内斯特罗伊[1]的滑稽剧名称来命名这个故事，即《楼上和楼下》（On the Ground-floor and in the Mansion）。我们假设楼上楼下有两个小女孩，她们来自不同的家庭，一个是富家千金，一个是佣人的女儿。我们假定主人允许这两个孩子自由玩耍，那么她们就会很容易做出一些“顽皮的”，即带有性的意味的游戏来。她们会扮作父亲和母亲，互相窥视排泄和更衣，互相抚摸生殖器官。佣工的女儿可能会扮成诱惑人的女人，因为她虽然只有五六岁，但已经知道不少关于性的事情。这些游戏的动作虽然历时很短，但却完全能引起这两个孩子的性激动，并且在游戏停止之后，会出现几年的手淫行为。

她们的经历虽然相同，但是结果却可能大不一样。佣人的女儿可能会在月经来临之后就停止手淫行为。几年之后，她可能会结婚生子，也可能会整日为了生活奔忙，她可能会成为一个著名女演员，也可能会成为某个贵族夫人安稳度过一生。也许她的

1 内斯特罗伊（Nestroy，1801—1862年），奥地利剧作家，喜剧演员，代表作《楼上和楼下》《护身符》等。——译者注

一生没有什么显赫的成功，但是不管怎样，她绝不会因为未成熟的性活动而受到伤害，可以舒舒服服地生活着，不会得神经病，但是主人的女儿则大不一样。她在孩子时就产生了罪恶感，没多久她就竭力摆脱了手淫的满足，但内心却总是有种烦闷的感觉。等到年纪稍大而略知性交时，就会产生莫名的恐惧心理。也许她还会有不可遏制的手淫冲动，但她不愿意告诉别人。当她可以结婚时，神经病突然发作了，这使得她反对结婚和享受生活。

为什么会这样呢？如果我们了解这种神经病的经过，就会发现这个受到良好教育的、聪明的、有理想的女子已经完全压抑了自己性的欲望。而这些欲望已经无意识地附着于她在幼时和玩伴所共有的一些邪恶的经验之上。这两个女孩子虽有相同的经验，却有不同的结局，之所以会这样，是因为一个女孩拥有另一个女孩所没有的自我发展。就佣人的女儿来说，在她的幼年和成年之后，性的活动都是自然而无害的。但是主人的女儿由于接受了良好的教育，而教育的标准是让她压抑性的欲望，于是她在自我压抑后，希望自己成为一个纯洁寡欲、道德高尚的女子。此外，理智的训练又让她对自己应尽的女性义务极为轻视，而她的自我中的这种高尚道德和理智的发展，使得她与性的要求互相矛盾，于是就产生了神经病。

关于力比多的发展还有一个方面，我想在今天也来探究一下，这不单能让我们扩大眼界，还可以由此证明我们对自我本能与性本能所定下的严格而难以了解的界限是非常有道理的。

如果讨论自我和力比多的发展，我们必须要特别注意之前所疏忽的一个方面。说实话，自我和力比多的发展因遗传的作用都是全人类在远古及史前进化的缩影。就力比多的发展来说，这个种系发展史的起源是显而易见的。试想有些动物的生殖器和嘴关系十分密切；有些动物的生殖器与排泄器官不分界限；有些动物的生殖器就是其运动器官的一部分，关于这些事实，可以参考波尔希的名著。我们可以看出，动物因为性组织的形式而存在各种根深蒂固的倒错现象。至于人在这个种系发展史的方面则表现得不是很明显，因为属于遗传的性质基本上都要由个体重新习得，而这可能是由于原来引起这种习得的条件，现在仍然存在并对所有个体产生影响的原因。这些条件过去会引发一种新反应，而现在，它们已经引起了一种倾向。

此外，每一个个体的既定发展途径也会因受外界的影响而有所变动。但是我们都知道，人类必须有能将这种发展维持至今的势力，这就是现实所要求的剥夺作用。假如我们要给它一个真名，可称之为必要性，或生存竞争必要性。一个严厉的女教师往往会教会我们很多事情，然而这种严厉产生的恶果往往就是神经病患者；无论哪种教育都不免有此危险。这个以生存竞争为进化的动力学说，不会削减“内部的进化趋势”的重要性；如果这种趋势真的存在的话。

值得注意的是，性本能和自我保存的本能遇到现实生活的必要性时所表现的行为是不同的。自我保存的本能以及所有隶属于自我的本能都比较容易控制，它们很早就接受必要性的支配，并且使其本身的发展得以适应现实的旨意。我们能够了解到，如果它们不服从“现实”的旨意，就无法求得所需要的对象，而个体如果没有这些对象，就会死亡。而性的本能则比较难控制，因为它们从来就不缺乏对象。它们就如同寄生在他种生理机能之上，同时又能在自身求得满足，因此它们刚开始是不受“现实”必要性的教育影响的。对于大多数人来说，其性本能可以在某一方面一直保留这种固执性或“无理性”而不受外界的影响。大约在性欲勃发的时期，一个青年的可教育性就将宣告结束。教育家早就了解这一点了，而且他们也知道怎样应对。不过他们也许肯接受精神分析结果的影响，而将教育的重心移到吸乳期开始的幼年；小孩通常在四五岁时就已经成为一个完整的生物，其禀赋才能是在后来发展中才逐渐显现出来的。

我们如果要充分了解两组本能的含义，就要稍稍离开主题，将那些可看成经济方面的部分也包括在内，而这是指精神分析的一个最重要的而又最难懂的部分。我们或可提出下面的一个问题：心理器官工作的主要目的是什么？我们的答案是求乐。我们整个的心理活动好像都是在努力去求取快乐而避免痛苦，并自动地受唯乐原则的调节。我们最想知道的就是什么条件会引起快乐，什么条件会导致痛苦，然而这种知识正是我们所欠缺的。我们只能揣测：心理器官内刺激量的减少、降低或消灭，能够引起快乐；而刺激量的增高，则会导致痛苦。

人类可能拥有的最强烈的快乐，是性交的快乐，这是毋庸置疑的。因为这种快乐的历程是心理激动及能力分量的分配，因此这种考虑我们称之为经济的。除了追求快乐之外，我们还可以说心理器官是用来控制或发泄附加在本身之上的刺激量或纯能量的。很明显，一直以来性本能的发展都是以追求满足为目的的，这个机能可以一直保存不变。自我本能刚开始也是这样的，但因受到必要性的影响才懂得用别的原则来代替唯乐原则。它们在认识到避免痛苦的工作与追求快乐的工作一样重要后，才知道有时必须要舍弃直接的满足来延缓满足的享受，并忍耐某些痛苦，甚至必须放弃某种快乐的来源。自我接受这种训练之后，就变成了“合理的”，不再受唯乐原则的控制，而顺从唯实原则。这个唯实原则归根到底也是在追求快乐，只不过追求的是一种延缓的、缩小的快乐，由于它与现实相适应，因此不易消失。

自我发展中的一个最重要的进步就是由唯乐原则过渡到唯实原则。我们看到，随后，性本能也勉强地经过了这个阶段，而不久之后，我们还会看到人的性生活的满足由于有了外界现实的这种微弱的基础，将会出现怎样的结果。如果人类的自我有与力比多相类似的进化，那么当你听说自我也有所谓的退化作用时也就不会那么惊讶了，不仅如此，你并且还会希望知道自我回复到发展的初期阶段在神经病中到底占有怎样的地位。

第二十三章 神经病症候的形成

在平常人眼中，症候是疾病的本质，症候的消除就意味着疾病的治愈。但在医学界，症候和疾病是完全不同的，症候的消灭并不等于疾病的治愈。不过在症候消除后，剩下的形成新症候的能力，就成了疾病的唯一可以捉摸的成分。所以，我们也可以这样认为，即知道了症候的基础，也就等于了解了疾病的性质。

症候（这里所指的是精神的或心因性的症候及精神病）对于整个生命的各种活动是有害而无益的。患者经常痛恨厌恶症候，并深以症候为苦。症候给患者带来的危害主要是消耗了病人所必需的精神能力，而且患者在抵抗症候时也同样要消耗许多能力。如果症候的范围扩大，那么患者势必就要在这两方面大大削弱精神的能力，从而导致自己无法处理生活上的事情。概括来说，这个结果主要依消耗的能力分量而定，由此大家可以看出，“病”在本质上是一个实用的概念。症候形成所需要的条件都是常态人所共有的，假如我们只从理论的角度出发，而不看这个问题的程度大小，那可以说，我们都有神经病。

我们已经知道，神经病的症候是矛盾的结果，而矛盾产生于病人追求力比多的一种新满足的时候。这两种互相抵抗的能力会重新存在于症候之中，同时因为它们在症候形成中可以妥协互让，从而能够收到互相调解的效果。这也正是症候会有如此抵抗能力的原因，至于症候能够一直存在而不消失则有赖于两力的相抗。我们还知道，这两个矛盾的其中一种成分是未满足的力比多，这个力比多因为被“现实”所阻遏必须另求满足的出路。但是如果“现实”是残酷的，那么即使力比多想要采用其他对象来代替那力所不及的对象，结果也必须倒退，转而去寻求满足于一种过去曾经克服过的组织或一个过去已被遗弃了的对象。如此一来，力比多就不得不退回到以前发展中曾经停滞过的那些执着之处。

倒错的过程和神经病的过程有着明显的区别。如果这些退化作用没有引起自我方面的遏制，那么最终就不会形成神经病，而且力比多仍然能够得到一种实在的、非常态的满足。可是，假如自我不但控制意识，而且想要同时驾驭运动的神经支配和心理冲动的实现，假如它不赞成这些退化，那么最终就难免会发生矛盾。而力比多如果被阻遏，就一定会另求发泄能力的出路，以顺应唯乐原则的要求，总之一句话，它必须避开自我。而现在在退回的发展路上越过的执着点（自我之前曾经借压抑作用来防止这些执着点）正好可以用来帮助力比多逃避。力比多既然已经退回且重新投入这些被压抑的“位置”，就等于摆脱了自我及自我法则的支配，不过，这也同时代表着它放弃了之前在自我指导下所得到的一切训练。假如力比多目前得到满足，那很容易得到控制；但假如力比多受到了外部剥夺和内部剥夺的双重压迫，就会变得难以驾驭，而转向迷恋已往幸福的日子了。这就是力比多主要的、不变的性质。之所以会产生这种情况，是因为力比多所依附的观念是潜意识系统，所以它也具有此系统所特有的历程，即压缩作用和移置作用，这一点与梦的形成相似。力比多在潜意识中所依附的观念即所谓“力比多的代表”必须与前意识的自我力量相互抗衡，就如同隐梦那样，当它刚开始由思想本身形成于潜意识中来满足潜意识幻想的欲望时，就会有一种前意识的活动去检察，只许它在显梦内达成一种和解的方式。自我如此抗拒力比多，力比多就不得不采用一种特殊的表现方式，以便让两方面的抗力都能得到适当的发泄。

于是，作为潜意识的力比多欲望的多重化妆的满足，也作为两种完全相反意义的巧妙选择的混合，症候得以形成。但梦的形成和症候的形成是不一样的。成梦时所有前意识的目的都只在于保全睡眠，不允许侵扰睡眠的刺激进入意识，不过对于潜意识的欲望冲动，它却从来不采取严厉禁止的态度。它之所以如此缓和，是因为人在睡眠时的危险性较小，睡眠的条件本身就完全可以使欲望无法成为现实。

大家要知道，力比多在遇到矛盾时仍能够逃脱，就是由于有执着点的存在。力比多退回到这些执着点之上，就能巧妙地避开压抑作用，并在保持着妥协的情况下获得一种发泄或满足。通过潜意识和过去的执着点，力比多用这种回环曲折的方式最终成功地获得了一种实在的满足；虽然这种满足是有限的，几乎无法辨别。对于这一层，我请大家注意两点：第一，大家要注意力比多与潜意识、他方面自我、意识和现实之间，到底存在怎样密切的关系，虽然这种关系当初并不存在；第二，我之前讲过的以及以后还要讲的这个问题，都只是就癔症而说的。力比多到底是在什么地方找到它所需要的执着点来冲破压抑作用的呢？答案是，在婴儿时期的性活动和经验里，以及在儿童期内被遗弃的部分倾向和对象里。力比多求得发泄的地方正在于此。

儿童期有着双重的意义：其一，天赋的本能倾向是在这时初次呈现的；其二，性活动必须经历外界的影响或偶然的事件才能引起。我认为这双重的区分是非常有道理的。我们原本就没有否认内心倾向能够表现于外，不过从分析观察的结果来看，儿童期内纯粹偶然的经验是完全有可能引起力比多执着的，这一点基本可以肯定。天赋的倾向自然是前代祖先的经验遗产，不过它们也是在某一时期中所习得的。如果没有这种习得性，也就不存在所谓遗传了。

习得的特性原本能够传递给后代，怎么会到后代的时候消失呢？其实，我们通常太过注意祖先的经验和成人生活的经验，而完全忽视了儿童期经验的重要性。事实上，儿童期经验也是相当重要的。因为它们经常发生在还没有获得完全发展的时候，所以更容易产生重大的结果，同时，也就更容易致病。就这一点，我们从鲁氏等人对于发展机制的研究中便能看出端倪：一个正在分裂的胚胎细胞团被一根针轻轻刺一下，其发展就会被完全彻底干扰，而如果幼虫或成长的动物受到同样的伤害，它们就不会有什么问题。

我们前面已经指出，成人力比多的执着是神经病体质的成因，现在我们可以将之再划分成两种成分：一个是天赋的倾向，另一个是儿童期内习得的倾向。学生们都喜欢表格式的记载方式，所以这些关系也可以用如下列表来表示：

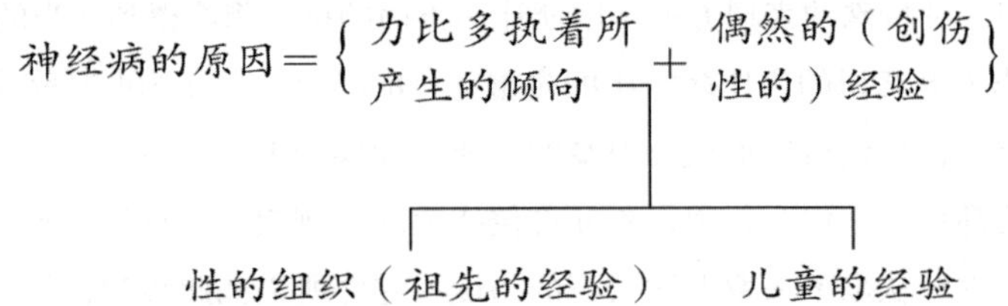

遗传的性构造因为其特别侧重点不同，有时是这种部分冲动，有时是那种部分冲动，有时只有一种，有时则很多种混合在一起，所以，常常表现为许多不同的倾向。性的组织和儿童的经验成为另一种“互补系列”，这与之前所说的由成人的倾向和偶然经验而形成的十分相似。其实，在每一系列中都存在相似的极端例子，各种成分之间也都有相类似的程度和关系。这时候应当提出的问题是：这两种力比多退化中比较显著的一种（即指回复到较早期的性的组织）是不是被遗传的构造成分控制呢？不过现在我们暂时不讨论这个问题，等我们了解了多种神经病形式后再说。

我们现在还是看下这个事实：精神分析研究表明，神经病人的力比多是附着在他们的幼时性经验之上的。从中我们可以知道，这些经验在成人的生活和疾病中也占有重要地位。就分析的治疗工作来说，这个重要性也是同等重要的。不过从另一观点来看，我们也很容易看出，这一层会有被误解的危险，这个误解会让我们完全从神经病情境的观点来观察生命。假如我们认为力比多是在离开新地位后才退回到婴儿经验的，那么婴儿经验就显得不那么重要了。我们也可能由此得出相反的结论，认为力比多的经验在其发生时就不重要，它的重要性只是因后来的退化作用才获得的。大家应该还记得，我们之前讲俄狄浦斯情结时，也曾对这种非此即彼的问题进行过讨论。其实，要解决这一点也并不困难。退化作用很大程度上增加了儿童经验的力比多，换句话说，退化作用增加了致病力。这句话虽然没错，但只以此作为决定因素，也常会引起误会。其他的观点也应依此进行论证。

其一，从观察结果来看，我们能够确定幼时的经验有其特殊的重要性，这在儿童期中已很明显。事实上，儿童也会出现神经病。对于儿童的神经病来说，时间上的倒置成分已经大大减少或已经完全不存在，因为神经病的发生是紧跟在创伤性的经验之后的。就如同我们可以通过儿童的梦来了解成人的梦一样，研究婴儿的神经病也能够使我们减少对成人神经病的误解。儿童的神经病比我们平时所想象的更加常见，但我经常会忽视儿童的神经病，误认为这些小孩子的恶劣行为或顽皮的表现，并通过权威进行压服。事实上，这种神经病是非常容易识别的。它们常表现为焦虑性癔症，其意义我们以后再说。再进一步，如果我们把成年人的神经病与幼儿时期的神经病结合起来看，我们会发现成人神经病往往是幼时神经病的直接继续，只不过，幼时神经病的表现通常更具体而细小。不过，就如我们之前说过的，就某些具体实例来说，儿童的神经过敏性也可能会终身持续不变。就少数的例子来说，我们当然可以在一个儿童处于神经病的状况之下去做分析，不过更多的时候我们还是必须以成年得病的人去推想儿童所具有的神经病，并且在推想的时候一定要特别谨慎，才能避免错误。

其二，如果儿童期没有任何东西能够吸引力比多，力比多为什么常退回到儿童期呢？这一层是很让人费解的。只有当我们假定发展的某些阶段上的执着点附有一定分量的力比多时，这些执着点才有相当的意义。

最后，我还可以说，婴儿期及其以后的性经验，其强度与神经病的形成也休戚相关。有些疾病的起因完全在于儿童期内的性经验，这些经验往往会产生一种创伤性的效果，并且只需有一般的性的组织和不成熟的发展作为补助就能够致病。还有些疾病的起因则全在后来发生的矛盾，但分析往往还是偏向儿童期的性经验，这是退化作用产生的结果。因此，我们可以有两种极端的例子，即“停滞的发展”和“退化作用”，在这二者之间存在各种程度不同的混合。

有些人认为只要及时干涉儿童的性发展，就能有效避免神经病。老实说，一个人如果只注意婴儿的性经验，或认为只要是延缓性的发展，儿童就不会被这种经验所动摇，就算是在预防神经病了，这就大错特错了。

我们知道，导致神经病的条件十分复杂，如果我们只注意一个因素，肯定不会收到效果。严格的督察在儿童期内是没有效果的，因为性欲是先天的，根本无法控制，即使能控制，也不像教育专家所想象得那么容易；因为控制而引起的两种新的危险是不容小觑的。如果控制得太严密了，儿童就会过分地压抑自己的性欲，结果通常是弊大于利，而且到青春期时往往会无力抗拒那时所产生的性的迫切要求。所以，在儿童期内开展预防神经病的工作到底是不是有利，或者说一种改变了的对现实的态度是否能够收到效果，这都不好说。现在我们回过头来继续讨论症候的问题。症候能让患者产生现实中所缺乏的满足，而满足的方法就是让力比多退回到过去的生活，也就是退回到对象选择或性组织的较早阶段。我们之前提到过，神经病人经常无法摆脱过去生活的某一时期，现在我们知道了，这个过去的时期正是他的力比多得到满足和感到快乐的时期。神经病人经常回顾已往的生活史，并不断追求这一个时期，以期凭借记忆或想象的帮助回复到吸乳的时期。症候在某种程度上重复产生了那种早期婴孩的满足方式，哪怕这种方式因为矛盾而带来的检察作用必须有所化妆，并且有时候也会转化为一种痛苦的感觉，很可能导致神经病的发生。有时候，伴随症候发生的满足，患者并不知道其为满足，反而深以为苦，只想逃避。这种转化起源于精神矛盾，症候便是在这种矛盾的压力之下形成的。于是过去视为满足的，现在却不得不引起他的反抗或恐怖了。生活中有很多有关这种感情变化的简单而有趣的例子，比如，一个孩子原本非常喜欢吮吸母亲的胸乳，但几年之后，他却会对乳汁有一种强烈的厌恶，而且这种厌恶经久不衰。如果乳汁或其他含有乳汁的液体表面有一层薄膜，那么这种厌恶感竟可化为恐怖。这是因为这层薄膜也许使他记起从前所曾酷爱的母亲胸乳，而且断乳时创伤的性经验对其也产生了影响。

另外，还有一点也让我们对于症候作为力比多的一种满足方法感到奇怪而又无法理解。我们在现实生活中看成是满足的，在症候中却从来没有表现。这是因为症候多是不依赖对象的，它与外界的现实没有什么关联。这是返回到唯乐原则而放弃唯实原则的结果，同时也是返回到一种扩大的自淫病，即一种最早期的满足性本能的方法。它们只在体内求得一种改变，而不去改变外界的情境。换句话说，是以内部的行动替代外部的行动，以适应代替活动——从物种史的观点来看，这又是一个很重要的退化作用。如果我们将它和由症候形成的分析研究所发现的一个新因素放在一起讨论，那么这一点就更加清楚了。另外，我们应该记得症候的形成与梦的形成是一样的，其中压缩和移置作用都在起作用。和梦一样，症候也代表一种幼稚的满足，不过这个满足可能会由于极端的压缩而化成了一个单独的感觉或冲动，也可能因为多重的移置，从整个力比多情结变成了一小段细节。所以，即使我们常常可以证实力比多的满足是的确存在的，但却很难从症候中发现它，也就没好什么奇怪的了。

前面我们说过，我们还要研究一个新的因素，一个令人惊奇的因素。大家都知道，症候分析的结果，已经让我们知道了力比多所执着的以及由症候所形成的幼儿经验，可问题就在于这些婴孩经验不一定都是真实可信的。事实上，对于大多数实例来说，它们都是不可靠的，有时甚至还和历史事实完全相反。要知道，与其他事实比起来，这件事更容易让我们怀疑这种分析所产生的结果，或怀疑整个神经病的分析所赖以建立的病人本身。此外，还有一事令人大惑不解：如果患者提供给我们的经验都是真实可靠的，那么我们就感到有了稳固的基础，但如果患者提供给我们的经验都是虚构和幻想的，那么我们就不得不去掉这种不可靠的立足点而寻找其他出路。可是，事实上患者这些在分析中回忆而得的儿童经验，有时是虚构的，有时也是可靠的，对于大多数例子来说，都是真假混杂的。

假如症候所代表的经验是千真万确的，我们相信它对于力比多的执着是有很大影响的，但如果其只是病人的幻想，我们当然不能把这种幻想当成发病的原因。要得到一个妥善的办法确实不易，或许我们能够在下面这些类似的事实里找到一些线索。进行精神分析前，我们在意识中经常保存着关于儿童期内的模糊记忆，这些记忆是可以伪造的，或者说至少是真伪相混的；我们很容易能够看出其中的漏洞来，因此我们至少可以相信，应该对这个意外失望负责任的并不是分析，主要问题还是在病人自身。

我们如果稍微思考一下，就很容易看出这个问题的症结在哪里。事实上，症结在于病人轻视现实，并忽视现实和幻念的差别。病人用幻想的故事来浪费我们的时间，不免让我们很生气。在我们看来，幻想和现实之间的距离差之千里，它们具有不同的价值。其实，病人的思想正常时，偶尔也会采取这样的态度。当他提出一些材料引导我们到达所希望的情境（即建筑于儿童期的经验之上的，构成症候的基础）时，我们也分不清所研究的到底是现实或是病人的幻想。只有根据后来的某种迹象才有可能解决这一问题，并且那时我们还要想办法让病人知道真正的结果，告诉他哪些是幻念，哪些是现实。要完成这个工作是非常不容易的。因为如果我们刚开始就告诉他，就如同每一个民族用各种神话来掩盖已经忘掉的历史一样，他目前所说的都是他曾用以掩盖儿童期经验的幻念，那么他对于这个问题的兴趣就会突然锐减（他也想寻求事实而不是幻想），结果就会让我们大失所望。不过，如果我们暂时让他相信我们所研究的确实是他早年时的真确事件，等到分析完成以后再对他说明，那么我们就要冒后来可能发生错误的危险，并且可能会受到他的讥笑，认为我们容易受骗。他一定要经过一个很长的时期才能明白，幻念和现实应受到同等待遇，而且在开始时，被研究的儿童期经验到底属于幻念还是现实根本不重要。而且，这显然也是对于他的幻念所应有的唯一正确的态度。事实上，幻念也是一种实在。

我希望大家不要认为这些幻念都是不存在的，而要把它当作病人创造出来的一种真实的反应。这种真实反映了一种心理的现实，它的重要性丝毫不亚于病人真正经历过的那些事实。事实上，在神经病的领域里，心理的现实才是唯一主要的因素。

神经病人在儿童期内所常发生的事件，可以分为窥视、引诱、阉割三个方面，这三个方面都有现实的基础，如对于父母性交的窥视、为成人所引诱、对于阉割的恐怖。如果你认为这些事情不会真的发生，那就错了。事实上，年纪大一点的亲属们都可以证明此事。比如，一个小孩子玩弄自己的生殖器，他的父母或保姆就会吓唬他，说要割掉他的生殖器或砍断他犯罪的手，以便阻止他的这种行为。做父母的往往会承认有这样的事，因为他们认为这种恫吓是理所应当的。有许多人对于这种恫吓还留有清晰的回忆，如果此事发生在较后的儿童期中时就更是如此。而且如果提出恫吓的人是母亲或其他女人，病人就往往会将执行惩罚的人说成是父亲或医生。过去，法兰克福有一个儿科医生叫霍夫曼，他曾写了一本书，名叫《斯特鲁韦尔彼得》，这本书在当时非常出名，因为作者在书中对于儿童的性及其他情结有着独特的见解。在书中，作者提出了以割大拇指作为吮指头的惩罚，其实这就是用来替代阉割的观念的。从对神经病人的分析来看，阉割的恫吓看起来很常见，事实上却并不是这样。

我们必须承认，儿童因受成人的暗示，才知道自淫的满足是被社会所不许的，又因看见女性生殖器的构造而受到了影响，于是就用这种知识作为编造以上恫吓的基础。还有一种可能，一个小孩子即使曾经没有什么了解和记忆，但也许会亲眼看见过父母或其他成人的性交，从而受到影响。如果他详述了性交的动作，但实际上并未亲眼看到过，那么，他所描述的场面可能就是建立在对两只狗（或其他动物）交媾的观察基础上的。之所以会这样，主要是因为在青春期内，他的偷窥欲没有得到满足，于是他的回忆便以幻想的面目出现。至于有人说他在娘胎中就看见过父母性交，那绝对是幻想。关于引诱的幻想则有更为特殊的兴趣，因为这往往不是幻念而是事实的回忆。不过，这种幻想与其原来的面目已经大不相同了。比如，一个女孩子在叙述自己孩提时的经过，常说引诱者是父亲，而事实上，引诱常常来自于同年龄或较大的孩子。至于在儿童期内未受引诱的儿童，他因手淫而深感惭愧，于是便在幻想中确立一个心爱的对象，以掩蔽那时的自淫活动。大家千万不要认为儿童受近亲引诱的事是完全虚构的。大多数精神分析家在所治疗的病例中，都证实过此事，只不过这些事件实际上本属于较后的儿童期，而在幻想中被移到较早的儿童期中去了。这些幻想表明，这种儿童期内的经验是神经病必不可少的条件。

如果这些经验确实曾见于事实，那当然很好，但是如果实际中并没有这些经验，那么它们一定是起源于暗示而为意匠经营的产物。不过，不管是幻想还是现实，这些经验都是十分重要的。那么，这些幻想的材料到底来自何处？无疑是出自本能，可是同样的幻想总是由同样的内容构成的，这又怎么解释呢？对于这一点，我心中有一个答案，不过在你们眼中，这个答案可能是极为荒唐的。我认为这些原始的幻念（primal phantasies，我用这个名词来指代这些幻念及其他一些幻念）是为物种所有的。一旦个体自己的经验不够用的时候，他们就会利用古人所曾有过的幻念。在我看来，今天我们在分析中所看到的幻念，在人类史前的时期都是事实，比如儿童期内的引诱，见父母性交而引起的性兴奋，以及阉割的恐吓或者说阉割本身等。儿童在幻念中的表现只能说是在用古人曾经有过的经验来补充个体实有的经验，我们甚至怀疑，比起任何一个学科，神经病的心理学都似乎更能提供给我们关于人类发展的最初模型的知识。

既然已经说起这些事实，就免不了要说一下所谓“幻念形成”这种心理活动的起源和意义。大家知道，虽然没有人完全了解幻念在心理生活中的地位，但总体来说幻念所起的作用还是非常重要的。关于这一层，我可细述如下。我们知道，人类的自我在现实面前逐渐顺应现实的要求，从而追求唯实原则，于是，自我便不得不暂时或永久放弃了种种求乐的欲望以及欲望的对象和目标——不仅是关于性的。然而放弃是痛苦和困难的，于是一种补偿的心理活动便产生了，这就是幻念。在幻念中，那些已经被遗弃的快乐渊源，和满足快乐的途径都可以脱离现实的要求还有所谓“考验现实”的活动而继续存在。每一种渴望都变成了满足的观念，虽然明知道这并不是现实，但在幻念中求得欲望的满足却同样能够引起快乐，所以人类仍可以在幻念中继续享受着不受外界束缚的自由。由于在现实中得到的那微乎其微的满足是无法救饥解渴的，于是他忽为求乐的动物，忽又为理性的人类。

丰唐曾说过，“有所作为就会有连带而来的产物”。幻想的精神领域的创造过程几乎和这种情况一样，即在因农业、交通、工业的兴旺发达而使地貌迅速失去原始形态的地区，留有一方“保留地带”和“自然花园”。不管是无用的或有害的旧有事物都可以在这个保留地带中任意生长繁殖。幻念的精神领域就是从唯实原则手里夺回的“保留区”。

白日梦是我们所曾见过的最为人所熟悉的幻念的产物，它是野心、夸大和性爱欲望想象的满足。现实生活中越谦逊，幻想上就越骄傲自满，由此可以看出，想象的幸福实质就是回到一种不受现实约束的满足。我们知道夜梦就是以这些白日梦为核心和模型的，换句话说，夜梦基本上就是白日梦。白日梦未必是意识的，潜意识的白日梦也很常见，所以，这种潜意识的白日梦既是夜梦的根源，也是神经病症候的根源。

接下来，我们说一下在症候形成过程中幻念起到的重要性。我们前面说过，力比多因遭受了剥夺，在复返之前曾离开过，不过仍有一小部分能力附着在原地。这里，我并不是想要修改或者撤销这句话，而只是要在中间插入一个连锁的枢纽。力比多到底怎样回到这些执着点上面的呢？事实上，力比多并没有完全丢掉这些对象和渠道，它们仍逗留在幻念中，并保持着和原来差不多的强度。

力比多只要退回到幻念里面，就能够寻路回到被压抑的执着点之上。这些幻念尽管与自我相反，但是二者之间并没有矛盾，自我并不排斥幻念，对幻念很宽容，相对的，自我也因此得到了发展。自我本来要依靠着某种数量性的条件而保持不变，但现在却因力比多回到幻念里面而被扰乱了。因为被附加了能力，幻念便会更加奋勇直前想要将其变成现实，而那时幻念和自我的矛盾就必然会出现。这些幻念过去虽然是潜意识的或意识的，现在却是既受自我的压抑，又受潜意识的吸引。力比多便从潜意识的幻念而深入到潜意识内幻念的根源，也就是又回复到力比多原来的执着点之上了。

力比多返回到幻念之上其实是症候形成途径的一个中间阶段，我们可以将之称为内向（introversion）。内向是荣格曾创造的一个名词，不过，他却将这个很适用的名词用在了别的事物上。我则坚持这个词用在这里最合适，于是，我们便将力比多偏离开实在的满足，而过分地积储于原本无害的幻念之上的这种历程称为内向。当一个内向的人处于一种不稳定的状况之下时，就很有可能成为神经病人。他正在移转的能力如果受到扰乱，就能够引起症候的发展，除非他的力比多可以从其他途径得到发泄。就是因为力比多停留于这个内向阶段之上，才疏忽了神经病满足的虚幻性以及对于幻念和现实的区别。

大家知道，我已在病因的线索里引进了一个新的元素。这个元素是一个关于数量的元素，我们应该经常加以注意，仅对病因进行纯粹的质的分析是不够的。也就是说，关于这些历程仅有一个纯粹的、动的概念是不充分的，还应该有经济的观点。我们都知道，两种相反的力即使具备了实质性的条件，也不一定发生矛盾，除非二者都有相当的强度。

另外，先天的因素也会引起人的疾病，这也是因为其部分本能比其他本能更占势力。我们甚至可以说，人们的倾向在本质上基本是一样的，差别主要在于量不同。就抵御神经病的能力来说，这个量的成分是非常重要的。一个人能不能患神经病，主要是看他所有未发泄的而能自由保存的能力的到底是多大的量，且有多大一部分能从性的方面升华而移用于非性的目标之上。从质上来说，可以将心理活动最后的目的看成是一种趋乐避苦的努力，从经济的观点来说，则指正确分配心理器官中现存的激动量或刺激量，不让它们积储起来而引起痛苦。

我已经用如此多的篇幅讲述了神经病症候的形成。不过我要再次强调，我今天所说的话都只是就癔症的症候来说的。强迫性神经病的症候虽然与其在本质上是一样的，但实际上还是有很大差异。自我对于本能满足的要求在癔症里表示出反抗，在强迫性神经病中这种反抗更为明显，在症候上占有重要的地位。其他神经病与其差异更大。不过关于那些神经病症候形成的机制，我们还没有加以彻底研究。

在即将结束这部分内容之前，我还想说一种幻念生活，相信大家都会对它感兴趣。幻念也可循一条路返回现实，那就是艺术。其实，艺术家也有一种反求于内的倾向，和神经病人差不多，他也被各种强烈的本能需要所急促，也有各种渴望，如权势、财富、名誉和妇人的爱等等，但是他缺乏获得这些满足的手段。于是，他和有欲望而不能满足的其他人一样，脱离现实，以转移他所有的一切兴趣和力比多，过上享受幻念的生活。这种幻念本来十分容易引起神经病，但他之所以没有得病，是因为有许多因素集合起来以抵拒病魔的入侵；现实中确实有一些艺术家因患神经病而使自己的才华无法得到完全展露。或许他们的天性中有一种强大的升华力，而在产生矛盾的压抑中存在着一种弹性，因此，艺术家所发现的返回现实的路径一般是这样的：过幻念生活的人中不是只有艺术家，幻念的世界容许所有人类，不管是谁只要有愿望没有实现都可以去幻念中寻求安慰。不过，对于没有艺术修养的人们来说，其从幻念中得到的满足是非常有限的；他们的压抑作用是残酷无情的，因此除了意识的白日梦外，他们无法享受任何幻念的快乐。但对于真正的艺术家来说则不是这样。首先，他知道如何润饰他的白日梦，使这些白日梦不露出个人的色彩，又能被他人共同欣赏；他还知道如何对白日梦进行充分的修改，掩饰那些不道德的根源；其次，他又有一种可以处理特殊材料的神秘才能，使它们忠实地表现出幻想的观念。他也知道如何把强烈的快乐附着在幻念之上，至少可以暂时控制住压抑作用使其无所施其技。

如果他可以把这些事情全部完成，那么他就能够使他人共同享受他潜意识的快乐，而且让人们对他感戴和赞赏。那时，他就能够通过自己的幻念而赢得从前只能从幻念中才能得到的东西，如荣誉、权势、爱情等等。

第二十四章 一般的神经过敏

在上面一讲中，我说了很多不容易理解的话，现在可暂时离开本题，听听大家有什么意见。我知道大家不太满意。你们肯定以为精神分析引论与我之前讲过的一定不一样，你们想要听的并不是理论而是生活中的实例。你们可能要告诉我，那个关于楼上和楼下两个小孩的故事能够用来说明精神病的起因，可我不得不遗憾地告诉你们这并非实际的例子，而是我捏造出来的故事。或许你们还想告诉我，当我开头叙述那两种症候（我们希望这也并非想象的），并说明其经过及其和病人生活的关系时，症候的意义就已经出现端倪了，你们肯定希望我能继续这样地演讲下去。可是，我并没有那么做，反而给你们讲了很多又长又难懂的理论，而且这些理论似乎总是讲不完，经常需要加以补充。我还介绍了很多过去没有介绍给大家的一些概念。我一会儿放弃叙述的说明，而采取动的观点；一会儿又丢掉动的观点，换上一种所谓经济的观点，让你们很难领会这些学术名词到底都有什么样的含义，是不是只是为了好听才不停调换。我又列出了许多不着边际的概念，如唯乐原则、唯实原则、物种发展的遗传等，可还没有加以说明就将它们抛弃到一边去了。

大家可能也会心存疑虑，我要讲神经病，为何不先讲大家都知道而感兴趣的神经过敏，或神经过敏者的特性，比如患者与外界接触时令人难以理解的反应和他们的激动性、不可信赖性，以及完成任何事情的无能？为何不从日常简单的神经过敏的解释讲起，再逐渐讨论那些难以理解的极端表现呢？

对于这些，我无法否认，也不能怪大家。我不能夸耀自己陈述的能力是如何厉害，以至于能够想到每一个缺点都有特殊的用意，我认为换一种方式进行可能会对大家有利。说实话，我最初确实是这样想的，不过，并非每个人都能顺利实行一个合理的计划，总是会有一些事实突然介入材料，而让人不知不觉改变了初衷。虽然作者很熟悉材料，可是陈述起来也未必尽如作者之意；往往自己说完了也不知道为什么要这样说而不那样说，让人大惑不解。

或许这是因为我的论题，即精神分析引论本来不包括这段讨论神经病的文字。因为精神分析引论部分包括过失和梦的研究，而神经病的理论已经属于精神分析的本论了。我想我不可能在如此短的时间里阐述神经病理论所包含的所有材料，因此，我只能作简要的叙述，让大家在上下文之中了解症候的意义，以及形成症候时所有体外、体内的条件和机制。

这就是我所要做的工作，也就是精神分析现在所能贡献的要点。正因为如此，我才讲了那么多关于力比多及其发展和自我发展的话，相信大家在听了最初的若干讲之后，已知道了精神分析法的主要原则以及潜意识和压抑（抗拒）作用等概念的概况。

在接下来的演讲里，你们将会知道精神分析工作到底在哪一点上找到了它的有机衔接。我说过，我们所有的结果都只是对单一的一组神经病来研究的，即移情的神经病，而且，我也只是详述了癔症症候形成的机制。你们虽然可能还没有完全了解和明白所有的知识，但是我希望大家至少已经稍稍了解精神分析工作的方法，及其非解决不可的问题和应当叙述的结果。

大家希望我在开始演讲神经病时，先描述患者的行为，还有他是如何患病的，如何设法抵抗的，又是如何想办法求得适应的。这的确是一个非常好的论题，值得研究，也很容易讲述，不过也有很多原因不让我们从这里入手。其中一点就是存在这样的危险，即潜意识和力比多的重要性会因此而被忽视和看轻，而且所有事件都将根据患者的自我观点来判断。大家都对患者自我的不可信赖和自我袒护心知肚明。自我总否认潜意识的存在，并压抑潜意，那么在与潜意识相关之处，我们要怎么去相信自我的忠实呢？况且受压抑最厉害的往往是被否定的性要求。显而易见，用自我的观点，一定无法了解这些要求的范围和意义。如果我们知道了压抑作用的性质，自然就不会让自我来充当这个争衡的裁判了。我们应警惕自我对我们所说的话，不要上当受骗。假如是它自己提出的证据，那么它似乎从始至终都是主动的力量，因此症候的发生也几乎是它的愿望和意志为依据的。我们知道，自我多数时候都处于被动的地位，事实上这是它掩饰事实的方法。不过它也不能经常维持这个虚伪的局面——在强迫性神经病的症候里面，它必须承认自己遇到了一些一定要努力去抵抗的势力。

一个人假如不注意这些警告，而甘愿被自我的表面价值所欺骗，那么所有的事情就都能顺利地进行了。精神分析所侧重的潜意识、性生活及自我的被动性所引起的抗议，他也都可以避免了。阿德勒说，神经过敏是神经病的原因而非结果，他同意这种说法，却不能解释一个梦或症候形成中的细节。

如果你们问我：我们是否可以既重视自我在神经过敏和症候形成中所起的作用，

同时又不忽视精神分析所发现的其他因素？我的回答是：这当然是可能的，我们迟早能这么做，可是精神分析现在所要做的研究，并不适合以这个终点为起点。不过我们可以事先指出一点，将这个研究包含其中。有一种神经病叫作自恋神经病，自我与自恋神经病有着十分密切的关系，分析研究这些神经病，就会让我们正确而可靠地预估自我在神经病内所占的地位。

不过，自我和神经病之间，还存在一种显而易见的关系。这种关系几乎在各种神经病中都存在，不过在创伤性神经病（我们还不是很了解这种神经病）中尤其明显。各种神经病的起因和机制中都有同样的因素，不过对于一种神经病来说，这种因素在症候的形成上占据着重要的地位，而对另一种神经病来说，其他因素又占据重要地位。这就如同剧团中的演员，每一个演员都去演一个特殊的角色，如主角、密友、恶徒等，每个人都选取不同的、适合自己表演口味的角色。因此，形成症候的幻念并不像在癔症中的那么显著，而自我的“反攻”或抵抗主要针对强迫性神经病，至于妄想狂的妄想则以梦内所谓润饰的机制为特点。

自我有自私利己的动机，在这一点上，创伤性神经病，尤其是源于斗争的创伤性神经病表现得尤其突出。单是创伤还不足以致病，但是如果创伤性神经病已经形成了，那么这些动机就将变成疾病维持的基础。这个趋势目的在于保护自我，使自我不受引致疾病的危险。它同样不愿恢复健康，除非确定危险已不会再卷土重来，或者尽管有危险，但酬报相当丰厚。

自我对于其他所有神经病的起源和延续也有这样的兴趣。我们曾说过，症候会满足压抑的自我，同时受到自我的保护。以症候的形成来解决精神矛盾可以说是一种很便利的办法，也十分符合唯乐原则的精神，因为症候可以让自我免去精神上的痛苦。事实上，就连医生也认为，有些神经病的确是解决矛盾的好方法，它对别人最无害，而且又被社会所容许。医生有时承认他也同情正在接受治疗的疾病，或许你们听了会觉得惊奇，但事实上，并不是所有人都把健康看成是最重要的事。患者也知道世界上除了神经病的病痛外，还有其他各种痛苦，但是他出于需要，宁可牺牲自己的健康。此外，他还知道如果有了这种病痛往往能够避免遭受许多人的其他各种困苦。所以，虽然说每个神经病人都逃入于疾病中，但也必须承认，很多病例都有着逃遁的充分理由。医生知道这种情形，有时也只好默许了。至于这些特例，我们暂且不予讨论。

大致来说，自我逃入神经病后，就在内心中“因病而获益”。而且在某种情况下还能获得一种具体的外部利益，在实际中也稍有价值。我们来举一个最普通的例子，比如有一妇人受到了丈夫的暴力虐待，她若有神经病的倾向，那么逃入病中就是最好的选择。假如她太懦弱或太守旧而不敢用偷情来自慰，或者她不是很坚强，不敢公然反抗外界的攻击选择与丈夫离婚，又或者她没有独立生活的能力也没有找到一个更好的丈夫的希望，又或者她在性的方面对这个蛮横的男人仍怀有强烈的依恋，那么逃入病中就是她唯一可以利用的方法了。疾病就是她的工具，她可以用它来抵抗丈夫，来进行自卫，甚至可以用它来进行报复。她虽然不敢抱怨婚姻，但却可以公然向医生倾诉内心苦闷。医生成了她的良友，而原本粗暴蛮横的丈夫现在也不得不宽恕她了，为她花钱，允许她离开家庭，稍微放松了对她的压迫。假如由病而得的这种外部的“偶然的”利益极为明显，实际上又没有任何代替品来替代疾病，那么即使医生用尽全力，也未必能够治好患者的疾病。

由于自我所欲和自我所创的说法，我曾对神经病表示反对。或者你们会认为我刚才所说的“因病而获益”的话是在为自己的这种说法辩护，不过我想请大家冷静一下，其实这话或许只有这样的意义：自我可欢迎自身任凭怎样都无法避免的神经病，如果神经病真的有何可利用之处，那么自我就会尽量加以利用。

这只是问题的一面。如果说神经病是有利益的，自我自然愿意与它相安无事，不过我们必须想到，在利益中还存在各种不利的地方。很明显，自我在接受神经病的同时也有所损失，它能解决矛盾，但却会付出惨痛的代价。事实上，伴随症候而来的病痛与之前症候矛盾的苦痛程度几乎是相等的，甚至可能还要大一些。自我既想要避免症候带来的痛苦，同时又不愿放弃由病而来的利益，这正是自我无法两全的事。由此看来，自我其实并不愿意如它最初所想的那样，要由始至终主动地关心这个问题。我们要牢记这一件事。

假如你们是医生，并在治疗神经病人方面有很多经验，那么你们就不会期望那些抱怨病痛最厉害的患者会最容易接受你们的援助——因为事实正与此相反。不管怎样，大家不难知道，只要是因病而获益的事，都完全可以加强由压抑而起的抗力，进而为治疗增加困难。

另外还有一种因病而得的利益，并不是与症候同时出现的，而是产生于症候发生之后。像疾病这样的心理组织，如果持续的时间很长，往往能够获得一种独立实体的性质。它具有与自存本能相类似的功用，同时还构成了一种“暂时安排”，与精神生活的其他力量互相结合，即使完全相反的力量也不例外。它也很少会放弃那些能够一再表现自身有用和有利的机会，于是它常获得一种第二机能来巩固自身的地位。我们现在不用拿疾病来举例子，而从现实生活中选取一个例子：一个很有能力的工人，在工作中因意外受伤而不幸成了残废。他失去了工作能力，于是只能依靠按期领得少数的赔偿金和乞讨得来的少量金钱度日。他的新生活虽然比较低贱，但正因旧生活的破坏才能得以维持。如果你想要治好他的残废，就等于剥夺了他维持生活的手段，因为他现在是否能再从事以前的工作，已是一个疑问了。神经病假如也有这种附带的利益，我们便可使之与第一种利益相并列，将其命名为因病而获得的第二重利益。

大家千万不要小瞧了因病而获益的实际重要性，但也不必太重视它的理论意义。除了前面我们已经承认的特例之外，这个因素还经常让我们想到奥伯兰德尔在《飞跃》一书中所举的一个说明动物智力的例子。

一个阿拉伯人骑着一匹骆驼，在高山中的狭路上行走，在转弯处忽然看到前面有一头狮子正要向他猛扑过来。此时的他根本无路可逃，一边是深谷，一边是峭壁，没有任何退避和逃走的路，他只得坐以待毙了，但是骆驼则不然。它纵身一跃，带着骑者一同跳下了深谷，而狮子只能在旁边看着干瞪眼了。神经病对病人的救助未必有多大，就算它用症候来解决矛盾，但终究只是一种自动的历程，根本满足不了生活的实际要求，而且病人一旦用症候来解决问题，他的其他才华肯定会被放弃。假如这个时候还有选择的可能，那么较容易的办法就是上前和命运进行一场公正的搏斗。

我不以一般的神经过敏为出发点，到底有何目的？这一层我还要加以说明。大家可能认为从这个讲起，会很难证明神经病起源于性，如果这么想你们就错了。

就移情的神经病来说，必须对其症候加以解释，方能看出其起源于性，至于我们称之为实际神经病（actual neuroses）的一般形态，它的性生活的起因却是引人注意而又显而易见的事实。我在二十多年前就已经知道了这一事实，也是从那时起就开始怀疑，为什么在检查神经病人的时候，不把一切关于性生活的事都加以考虑呢？

由于研究此事，渐渐引起了病人对我的不满，不过经过一段时间的努力研究，我得出了一个结论：如果一个人的性生活是常态的话，那么他就不会得神经病——我指的是实际神经病。虽然这个结论有些忽略了个体的差异，“常态”一词也还欠缺固定的意义，但是总体来说，这个结论在今天仍具有相当的价值。之前，我可以在某种神经过敏与某种受伤的性状态之间建立一种特殊的关系，假如仍有类似的材料来供我研究，我一定可以把这些关系重复一次。在研究的过程中，我常注意到，一个人如果对一种不完全的性生活满意，如手淫，他就会患有一种实际的神经病。如果他的性生活方式发生变化，那么可以肯定，他的神经病也会立即变成另外一种。我能够根据病人病情的变化去推知他的性生活方式的变化，如果我坚持这个结论，一直到让患者不再说谎而做出证明为止，那么他们肯定就会转身寻求那些对性生活不感兴趣的医生了。

事实上，我也知道神经病的原因并不总是来自性的方面。有些人是因为性的境况受到损害而得病，但也有些人会因为财产损失或身体机能严重失调等原因而致病。关于这些变化的解释，之后我们自然就会明白。到时候我们对于自我和力比多的关系将会有更深切的了解，并且对这个问题研究得越深刻，我们对于它的了解也就越完满。

一个人只有在自我不能处理力比多的时候，才会患神经病。自我的能力越强大，处理起力比多问题来也就越容易；自我能力减弱一分，力比多要求神经病患病的趋势就会更强烈。另外，自我和力比多之间还存在其他一些较为密切的关系，不过现在还不是讨论这些关系的时候，我们暂时将其搁置。我们需要注意的是，不管哪种神经病，也不管是如何起病的，神经病的症候必须依赖力比多提供的能量来维持，而力比多的用途也会随之失调。

现在我要告诉大家，实际神经病的症候和精神神经病（psycho neuroses）的症候是完全不同的。之前我曾讲过的大部分内容是有关精神神经病的第一组，即移情的神经病。与精神神经病的症候一样，实际神经病的症候也起源于力比多，其症候其实是力比多的变态用法，是力比多满足的代替物。实际神经病的症候纯粹是一个物质的历程，与心灵无关，与复杂的心理机制也无关。如头痛、苦痛的感觉、某些器官的不安情况、某些机能的减弱或停止等，它们都是生理上的变化（即如癔症的症候也是这样），通常不会受心理变化左右。然而它们到底是怎样成为力比多的表现的呢？力比多难道也是在心灵内活动的一种能力吗？事实上，这个问题的答案很简单。

我现在把反对精神分析的第一种理由再为大家重述一下。反对者认为我们的理论是想只用心理学来解释神经病的症候，因为过去从来没有任何一种症候能用心理学的理论来解释，因此我们成功的希望看起来是极为渺茫的。可是这些批评家忘记了性的机能不纯粹是心理的，正如它不仅仅是物质的一样。它的影响既有身体生活上的，也有心理生活上的。我们已经知道，精神神经病的症候是性的机能受到扰乱后的心理结果，那么如果我告诉你们，实际神经病是性的扰乱在机体上所产生的直接结果，你们也就不会感到惊讶了。

临床的医学为我们提供了一个十分有用的信息（这已被许多不同的研究家所公认），我们可以借此来了解实际神经病：就实际神经病症状的细节及其身体的系统和机能共同显示的特点来看，这与异质毒素的慢性中毒或突然排除（即酒醉或戒酒后的状况）后所发生的病态相似。这两种病态可以用巴西多病（Basedow's disease，即突眼性甲状腺肿exophthalmic goitre）的状况进行比较，因为这种病也是因为中毒产生的，只不过它的毒素不是来自体外，而是来自体内的新陈代谢罢了。从这些比拟中我们看出，实际神经病源是在于性的新陈代谢作用受到扰乱。至于扰乱的因素则可能是由于产生了过多的性的毒素，病人机体不能处理，或者是内部的甚至于心理的状况不容许机体处理这些毒素。这种关于性欲的性质假定早就已经得到远古人类的认可，比如酒可生爱，爱可称为沉醉——这些观念已或多或少地将爱的动力移于身体之外了。

我们应该还记得性觉区这个概念，并想到各种不同的器官都可发生性的兴奋。除了这些，关于性的新陈代谢或性的化学知识还是空白的一章。对于此事，我们还一无所知，也无法断定性的物质是不是分为雌雄两种，或是只假设一种性的毒素为力比多的各种刺激的动因就可以了。现在我们所建立起来的精神分析大厦其实还只是一种上层建筑，我们早晚要为其建造有机的基础，不过就我们目前所掌握的知识来说，要建造这个基础尚嫌不够。

精神分析之所以是一门科学，其特点主要在于所用的方法，而非所要研究的题材。这些方法可以用来研究文化史、宗教学、神话学以及神经病学，且都不失其主要的性质。精神分析的目的和成就，是发现心灵内的潜意识。实际神经病的症候可能是直接起因于毒素的损害，因此它们不是精神分析所要研究的问题，既然精神分析无法对其做出任何解释，那么就只好将此工作移交给生物学及医学去研究了。

现在，大家应该能更好地理解，为什么我要如此安排我的演讲顺序了吧。如果我要讲神经病学引论，那么我就应该先讲实际神经病的简单形式，然后进一步讲述那些因力比多扰乱而导致的较为复杂的精神病，这才是正当的办法。那样的话，我就必须要从各方面收集关于神经病的知识，而就精神病来说，就应该引入精神分析作为了解这些病态的最重要的技术方法。

然而，我所宣布的题目是精神分析引论。我认为传授给大家精神分析的观念要比传授一些神经病的知识更加重要，所以对于精神分析的研究并没有什么贡献的实际神经病，就不适合放在前面来说。同时，我也认为我这样选择对大家来说是非常有益的，精神分析的知识是值得一般受教育者注意的，而神经病的理论则只是医学上的一章。

不过，你们希望我注意实际神经病也是对的。因为实际神经病和精神神经病在临床上有着密切的关系，这足以引起我们的注意。我要告诉大家，实际神经病一共有三种单纯的形式：第一种是神经衰弱（neurasthenia），第二种是焦虑性神经病（anxiety-neurosis），第三种是忧郁症（hypochondria）。这种分类也不完全可靠，因为这些名词的含义是很难确定的。有些医学家认为在神经病的混乱世界中，不应该有任何分类，因此他们反对临床上所有病症的种类，甚至会对实际神经病和精神神经病的区别加以否认。我觉得他们这样做太过分了，他们所采取的方向根本就不是一条进步的道路。上述三种神经病形式可能单独出现，也可能相互混合，而且兼有精神神经病的色彩，因此我们不应放弃了它们彼此间的区别。大家都知道，矿物学中的矿物和矿石是有区别的，矿物能够一一分类，一部分就是因为它们常常是结晶体，与环境不同。而矿石则为矿物的混合体，但其混合也不是单纯依赖机会而都是有一定条件的。就神经病的理论来说，我们对于它们的发展历程知道的不多，没有与矿石相等的知识，但我们如果将能够辨认的临床元素（这些元素就好比是个别的矿物）先行提出来，这也未尝不是个好的研究方法。

实际神经病与精神神经病之间还有一种非常重要的关系，即精神神经病症候的初期阶段常常表现为实际神经病的症候。这种关系在神经衰弱症与移情神经病中的转化性癔症（conversion hysterin）之间，以及焦虑性神经病与焦虑性癔症之间表现得都十分明显，同时也可见于忧郁症与我们以后要讨论的一种神经病，即妄想痴呆（paraphrenia，包括精神分裂症和妄想狂）之间。

我们可以举癔症中的头痛或背痛为例。分析表明，这种疼痛是利用压缩作用和移置作用，满足了力比多的幻想，或代替了记忆。有时这种疼痛并不是虚构的，而是性的毒素作用后的直接症候，也是性的兴奋在身体上的表现。我们原本并不认为所有癔症的症候都存在这样一个核心，但事实确实如此，而且性的兴奋在身体上所有的影响（不管是常态的还是病态的）都适合用来形成癔症的症候。它们就如同一粒沙土，是牡蛎采取造成珍珠母的原料，凡性交时所有性的兴奋的暂时表现，都能够造成精神神经病症候最适宜、最便利的材料。

另外还有一种历程，在诊断及治疗上也特别有趣。有些人虽有神经病的倾向，但长期以来并没有发展为神经病。然而，如果他们的机体出现了发炎或损伤等状况，这种所谓的症候或实际上的症候，就会立即被采用，被潜意识幻想用来加工成为精神神经病的症候。医生处理这种情况时，往往会先试用一种治疗法，然后再试用另一种治疗法。要么设法消灭症候所依赖的机体基础，而不问其有无神经病的倾向；要么只治疗已形成的神经病，而置其机体的刺激于不顾。这两种方法有时这种有效，有时那种有效，至于就这种混合的病状来说，尚未有所谓普通的原则可以遵循。

第二十五章
真实的焦虑和精神病的焦虑

我知道。大家一定会认为我上一节关于一般的神经过敏的讲演是非常不完满的。很多神经过敏者都抱怨“焦虑”，把它当作最可怕的负担。我想你们肯定十分惊讶，我为什么却单单没有提及焦虑这一层。事实上，焦虑或恐怖常常变本加厉导致最无聊的忧虑。我不希望在这个问题上敷衍过去，我决定尽可能将神经过敏的焦虑问题进行详细讨论。

焦虑或恐怖其实并没有什么可描述的，几乎每个人都曾亲身体验过这个感觉，准确点来说，是体验过这个情绪。神经过敏的人相较于其他人来说，为什么会特别感到焦虑，对于这个问题我们还没有进行认真的讨论。可能我们认为神经过敏的人就应该这样的，并觉得神经过敏和焦虑两个名词是互相通用的，意义差不多，其实这种想法是错误的。常常感到焦虑的人未必就一定患有神经过敏，而症候很多的神经病人也未必会有焦虑的情绪。

不管怎样，有一个事实是毋庸置疑的，焦虑是各种最重要的问题的中心，如果我们弄明白了焦虑，也就了解了整个心理生活。我自认为即使不能给大家一个完满的解决，至少可以让你们看到我用一种不同于学院派医学的方法，即精神分析来研究这个问题。学院派的医学注重的是焦虑所引起的解剖历程。我们知道如果病人延髓受了刺激，医生往往会说病人在迷走神经上患了一种神经病。延髓当然是一个不错的对象，我曾经也为研究延髓费了许多时间和劳力。不过现在我必须说，你们如果想要了解焦虑的心理学，根本无须掌握那些关于刺激所经过的神经通路的知识。

精神分析认为，焦虑有两种不同的形态，一个是真实的焦虑，另一个是神经病的焦虑。真实的焦虑或恐怖对我们来说可能是一种最自然、最合理的事，我们将之称为对外界危险或意料中伤害的知觉反应。这种反应与逃避反射相结合，是一种保护自我的表现。至于引起焦虑的对象和情境，则随着一个人对外界的知识和势力的感觉不同而有所不同。野蛮人因为无知而害怕炮火或日食月食等天象，文明人则因为懂得开炮又能预测天象，而不会害怕。有时候知识虽然能够预料到危险的来临，但同时也会引起自身的恐怖，比如一个野蛮人在莽丛中看到足迹会意识到野兽近在咫尺，从而产生惧怕而退避，但同样的情景，文明人往往会因为无知而无所畏惧。又如一个富于经验的航海家看到天边有一小块黑云，就会惊惧万分，因为他知道风灾将至，而在乘客看来，那块黑云根本不足为奇。

然而大家不要认为真实的焦虑就是合理而有利的，有时候情况恰恰相反。当危险来临时，最有利的行为是保持冷静的头脑，估量自己可以支配的力量是否能够化解面前的危险，然后再决定最佳的办法是逃避、防御还是进攻。至于恐怖根本没有任何好处，没有恐怖反而可以有较好的效果。而且过分的恐怖最为有害，当恐怖来临时，人的行动都会变得麻木，连迈开步子逃跑的力量都没有了。对于危险的反应通常含有两种成分，即恐惧的情绪和防御的动作。一只受惊的动物，它既惊惧同时也会逃跑。事实上，这里有利于生存的行动是“逃跑”，而不是“害怕”。因此，大家肯定会认为焦虑根本无益于生存，不过只有对恐怖的情境进行更详密的分析之后，我们才能对这个问题有更深切的了解。

首先是对于危险的“准备”。在准备阶段，人的知觉比较敏捷，肌肉也比较紧张。这种准备，很明显有利于生存，而如果缺少这种准备，可能就会产生严重的结果。而紧随准备而来的，一方面是肌肉的活动，大多时候是为了逃避，高级的动作则是为了防御；另一方面就是我们所谓的焦虑或恐怖之感了。恐怖之感的时间越短，甚至一刹那只起信号作用，则焦急的准备状态也越容易过渡成行动状态，从而使整个事件的进行越有利于个体的安全。

因此在我看来，在焦虑或恐怖之中，焦虑的准备看起来是有益的成分，但焦虑的发展却会成为有害的成分。至于焦虑、恐惧、惊悸等名词在普通习惯上是不是具有相同的意义，我暂时不加以讨论。我认为焦虑没有确切的对象，恐惧则把注意集中到对象上，而惊悸似乎有其特殊的含义——它也是就情境来说，对突然到来的危险没有任何准备而产生的反应。对惊悸来说，如果存在焦虑，就可以说它可存在。

你们可能会觉得“焦虑”一词的用法有某种浮泛而不明确的地方。大概地说，焦虑是感觉有危险时产生的主观状态，这种状态被称为情感。那么，情感究竟在动的意义上是怎么一回事呢？它的性质很复杂，包含两种意思：其一，它含有某种运动的神经支配或发泄；其二，它包含某些感觉，这些感觉包含已经完成的动作和直觉，以及直接引起的快感或痛感，情感的主要情调就来源于这种快感或痛感。不过，我并不认为这种叙述已深入情感的实质。

对于某些情感，我们应该有较深切的了解，并知道它的核心连同整个复杂的结构都是某种特殊经验的再现。情感有很早的起源，是整个人类共有的，而并非个体独有的。为了让大家更明白，我们也可以说，情感状态的构造与癔症十分类似，它们都是记忆的沉淀物。所以，癔症的发作可以看成是一种新形成的个体情感，而常态的情感则可以看成是遗传下来的癔症。

大家不要认为我刚才所说的关于情感的话是属于常态心理学的公共财产。事实上，这些概念孕育于精神分析的沃土之中，是精神分析的独特产物。正如詹姆斯-朗格说，心理学对于情绪的理论在精神分析家的眼中是没有什么意义的，也没有讨论的可能。不过，我们也不要认为自己有关情感的知识是无可非议的，这其实只是精神分析在这个朦胧领域内所做的初次尝试。接着往下说，我们相信自己知道这个在焦虑性情感中重新发现的已往印象到底是什么，我们认为关于出生的经验，包含苦痛的情感、兴奋的发泄以及身体的感觉等，只要是足以构成生命有危险时的经验原型，就能再现于恐怖或焦虑的状态之中。

出生时的焦虑经验产生的原因主要是因为新血液的供给（内部的呼吸）停止了，刺激异常增加，可以说第一次引起焦虑的原因是有毒性的。

焦虑这个名词所侧重的是呼吸的紧张，而这种用力地呼吸其实是一种具体情境（指子宫口等）所产生的结果，之后总是伴随而生一种情感。第一次的焦虑是与母体分离造成的，也非常耐人寻味。我们当然相信，在经过了无数代以后，有机体已经具有再次引起这第一次焦虑的倾向，因此没有谁可以避免焦虑性情感。即使他是传说中的麦克杜夫太（麦克杜夫太因为较早脱离了母胎，以致无法体验到出生的动作）也不例外。至于哺乳动物以外的其他动物，其焦虑经验的原型到底是什么性质，我们当然不能随便胡说。我们也无法探知它们到底有什么复杂的感觉，这可能相当于我们所感觉到的恐惧。

你们可能很想知道，为什么我会说出生是焦急性情感的起源和原型。这不是来自我的异想天开，而是来自于对人们直觉的启发。很多年以前，我和很多家庭医生一起聊天。有一位产科医院的助理讲了一件关于助产士毕业考试中的趣事。考官问一个考生，孩子出生时羊水中为什么会有胎粪？考生立即回答说：“那是因为孩子受惊了。”结果她受到了嘲笑，而且没有通过考试。我内心对这个女孩充满同情，因为虽然她的答案来自其直觉，但是她却看出了一个非常重要的关系。我们还是回过头来讨论神经病的焦虑。神经病人的焦虑到底有哪些特殊的表现和状态呢？

这里我可有许多话要说。首先，在这种焦虑里有一种普遍的忧虑，这是一种“浮动着的”焦虑，易附着在合适的思想之上，影响判断力，引起人的期望心，并等待机会进行自圆其说。这种状态可称为期待的恐怖（expectant dread）或焦虑性期望（anxious expectaticn）。患有这种焦虑的人们经常担心各种可能的灾难，将每一偶然之事或不定之事，都看成是不吉之兆。很多人在别的方面不能称其有病，但是却经常会有这种惧怕祸患将至的倾向，我们可以将之称为多愁善感的或是悲观的。而属于实际神经病中的焦虑性神经病，就经常以这种过度的期待和焦虑作为不变的属性。

第二种焦虑与第一种焦虑相反，它比较受心灵的限制，多附着在一定的对象和情境之上，指代的是各种不同的特殊恐惧症焦虑。美国著名的心理学家斯坦利·霍尔最近曾采用一些华丽的希腊语为这些恐惧症命名，它们听起来就像埃及的“十灾”[1]（the ten plagues of Egypt），不过它们的数目要远远比十个多。

我们可能经常对下面的对象或内容感到恐惧，如黑暗、天空、空地、猫、蜘蛛、毛虫、蛇、鼠、雷电、刀剑、血、围场、群众、独居、过桥、步行或航海等。这些乱七八糟的现象，还可以分成三组。第一组对象和情境确实有一点危险，在我们常人看来也是凶恶可怕的，这些恐惧症的强度看起来有点过分，但完全可以理解，比如我们看到蛇都会害怕而躲避。可以说，大多数人都多少有蛇的恐惧症，达尔文就曾经被一条藏在一块厚玻璃板后面的蛇吓到。第二组所有的对象都和危险有关系，不过这种危险常常被我们忽视，而大多数情境的恐惧症属于这一组。我们知道，坐火车要比在家中危险得多，火车有时会有互撞的危险，而坐船也往往有翻船的危险，但是这些危险我们都未放在心上，游历时坐船乘车都不至于如此担忧。又比如过桥时，桥可能突然断塌，我们就有落水的危险，但是这种事件很少发生，因此它的危险也就不太值得在意了。又如独居也有危险，在某种情况下，我们虽不愿独居，但也不是所有的时候都不耐独居。其他像群众、围场、雷雨等也都这样。我们并不是不能理解这些恐惧症的内容，只是不了解它们的强度。随恐惧症而来的焦虑是根本无法形容的，不过，反过来说，我们在某些情境中感到焦虑的事情，在实际中神经病人却丝毫不怕，虽然他们也同样称它们为可怕的。

另外还有第三组，就完全不是我们所能理解的了。比如一个强壮的成人在城里走，竟然会害怕过街道或广场，一个健康的女人会因为一只猫擦过身旁或一只老鼠在房内窜过而惊恐到几乎失去知觉。我们无法探知这些人所忧虑的危险究竟是什么。对

1 《圣经·旧约》的《出埃及记》中记载，神叫先知摩西将希伯来奴隶带出埃及，但是当时的法老不让以色列人离开，此时摩西给法老的土地带来了“十灾”，分别是血灾、青蛙灾、虱子灾、苍蝇灾、畜疫灾、泡疮灾、冰雹灾、蝗灾、黑暗之灾、长子灾。——译者注

于这种“动物恐惧症”来说，根本不是普通人的畏忌增加了强度的问题了。比如有许多人一看见猫就会忍不住去爱抚，并引起猫的注意。而老鼠本来是多数女人害怕的动物，但是有很多女子却喜欢爱人称自己为“小鼠”，而女人真要见了这小小的动物，又要大惊失色了。

一个人害怕过桥或广场，就像小孩子一样。可小孩子往往是受了成人的教训才知道这种情境的危险，而一般患空间恐惧症的人，如果有朋友引导他走过空地，他的焦虑是可以减轻的。这两种焦虑，一个是“浮动着的”期待恐怖，一个是附着于某物之上的恐惧症，两者相互独立，相互之间没有关系。这一种并非另一种进一步的结果，它们很少合在一起，即使混合起来也很偶然。最强烈的一般性忧虑未必就会造成恐惧症；反过来说，终身患空间恐惧症的人也未必就有悲观的期待恐怖。有很多恐惧症，比如怕空地、怕坐火车等，都是长大后患上的。而有些恐惧症，比如怕黑暗、雷电、动物等，则是生来就有的。前者是严重的病态，后者则是个人的怪癖。不管是谁如果有后者中的一种，就可能同时也患有其他类型的恐惧症。我还要再说明一点，所有这些恐惧症都应属于焦虑性癔症，也就是说它们和所谓转化性癔症之间存在密切的关系。

第三种神经病的焦虑是一种不解的谜；其焦虑和危险之间不存在明显的关系。这种焦虑可能见于癔症之中，也可能和癔症的症候同时产生。有时，这种焦虑会因某种刺激，出乎意料地出现，而照常理来说，此时应该出现的是另一种情感。有时，这种焦虑无因而至，没有任何征兆和原由，完全是自发的，不但我们不懂，病人也莫名其妙。我们经过多方研究，也没有看出任何危险或存在危险的蛛丝马迹。就这些自发的病症而言，焦虑的复杂情况可以分为许多成分，这整个病症也能够以一个特别发展的症候为代表（来代替），比如战栗、衰弱、心跳、呼吸困难等，而我们所认为焦虑的一般情感，反而不会出现了。这些症状可称之为“焦虑的相等物”，它与焦虑本身存在相同的临床性及起因。

对于真实的焦虑和神经病的焦虑，我们知道了前者是对危险的一种反应，而后者则与危险几乎没有关系。那么，这两种焦虑到底有没有相关联的可能呢？神经病的焦虑又怎么去了解呢？我们现在姑且希望，只要有焦虑出现，就一定会有其所可害怕的东西。我们还可以通过临床观察的三种线索来了解神经病的焦虑。

第一，我们很容易看出期待的恐怖或一般的焦虑与性生活的某些历程有很密切的关系，或者可以说是与力比多应用的某些方式关系密切。我们可以举一些简单而又耐人寻味的例子，你们可以从中看到兴奋受阻而产生焦虑的情况。比如一个男人在订婚之后结婚之前的情况，还有女人因丈夫性能力较弱或为避孕起见而草草地完成性交的行动，都因强烈的性的兴奋经验得不到充分发泄而缺乏完满的结局。在这种情形下，力比多的兴奋就会消失不见，进而产生焦虑之感，或形成期待的恐怖，或形成焦虑相等物的症候。男人的焦虑性神经病多数是因为性交合未能尽兴，女人更是如此。因此医生在诊察这种病症时，一定会先看是否有这种起因的可能。无数的事例证明，如果性的错误能够得到及时更正，那么焦虑性神经病大多可以消失。

据我了解，性的节制和焦虑的关系已被大多数人所承认，即使是向来讨厌精神分析的医生们也不会再否认它。可是他们却仍有曲解这种关系的倾向，认为神经病人本来就畏手畏脚，在性的事情上更是小心翼翼。不过在女人身上，我们却能看到完全相反的证据。通常，女性在性生活上多处于被动地位，其性生活的进行要视男人的情况而定。一个女人如果越喜欢性交并且能力越强，那么对男人的虚弱或不尽兴的交合就会越感到焦虑。相反，一个在性方面不感兴趣或性的要求不是很强烈的女人，即使遭到了同样的待遇，却未必会产生严重的结果。

还有一个关于性的节制或节欲的问题。性的节制或节欲往往会造成力比多没有满足的出路，如果力比多坚持要求发泄，可是在其他方面却又无法升华，那么所谓节欲就会成为导致焦虑的条件。至于结果是否会致病，那往往取决于力比多量的多少了。抛开疾病不说，单就性格形成这一点来说，我们也很容易看出节欲常与焦虑和畏忌相伴，而性的随便宽容则往往和大无畏的冒险精神相连。这些关系虽然可能会由于文化的多重影响而改变，但关于焦虑与节欲有密切的关系这一点却是不容我们否认的。

焦虑的产生与力比多的关系有很多确凿的证据，比如处于青春期和停经期的女人，其力比多的分量会异常增加，对于焦虑就会产生影响。在很多兴奋状态中，我们也能直接看得出性的兴奋和焦虑的混合，以及力比多兴奋最终会被焦虑所代替。由此所接受的所有印象都是双重的，一个是力比多的增加缺乏正常的利用机会，一个是身体历程的问题。焦虑到底怎样发生于性欲，目前还不是十分明了，我们只能说，性欲一旦缺乏，焦虑之感就会随之而来。

第二种线索可以通过对精神神经病，尤其是对癔症的分析而得到。我们知道，焦虑是癔症的症候之一，它没有对象可言，所以病人不能说出他到底害怕什么。于是，病人借润饰作用（见第十一讲），把死、发狂、灾难等最可怕的对象与焦虑联系起来。我们如果分析他的焦虑或伴有焦虑的症候所发生的情境，就很容易发现那遭到阻挠而为焦虑的表现所代替的到底是哪种常态的心理历程。也就是说，我们可以揣测，潜意识的历程如果没有受到压抑，就将顺理成章地进入意识之内。令人奇怪的是，这个历程本该伴有一种特殊的情感，但现在，无论这个理应伴随心理历程而进入意识的情感是什么，都会被焦虑所代替。在病人的潜意识里，总有一种相类似的兴奋存在，比如忧虑、羞愧、迷惑不安，也可以是一种“积极的”力比多兴奋，也可以是一种反抗的、进攻的情绪，比如愤怒，但我们所能看到的却只有焦虑这一种情绪。焦虑就如同一种通用的货币，每当一定的观念内容受到压抑的时候，它可以用作所有情感的兑换品。

第三种线索往往是某些病人的强迫性动作提供给我们的。有些患者经常有一些强迫性行动，如洗手或其他仪式等。这些动作可以免去他们的焦虑，如果禁止他们做这些动作，他们会因此而感到极度恐惧，最后还是被逼着去做出这种动作。我们知道他们的焦虑隐藏在强迫动作之下，之所以做这种动作是为了要逃避恐怖之感。因此，在强迫性神经病内，原本要产生的焦虑就被症候所代替。如果回头来看癔症，也能发现一种大致相同的关系，即压抑作用的结果可产生一种单纯的焦虑，也可产生一种混有其他症候的焦虑，还可产生一种没有焦虑的症候。大概说来，这些症候形成的目的就在于逃避焦虑的发展，所以，可以说在神经病问题中，焦虑占据着一个非常重要的地位。

我们通过对焦虑性神经病的观察，可得出这样一个结论：当力比多失去自身正常的应用时，就能够引起焦虑。这种焦虑的经过是以身体的历程为基础的。从癔症及强迫性神经病的分析来看，还能得出另外一个结论：心理方面的反抗也能让力比多失去常态的应用而引发焦虑。对于神经病焦虑的起源，我们只知道这些，虽然不是十分明确，但是目前还没有其他方法可以增加我们在这方面的知识。

我们的第二步工作，即找到神经病的焦虑（用在变态方面的力比多）和真实的焦虑（对于危险的反应）之间的关系，看起来会进行得十分困难。有人可能认为这两件事根本没有可比性，可是神经病的焦虑感觉与真实的焦虑感觉又确实很难区分。

我们可以借助自我和力比多的对比的关系来说明神经病的焦虑感觉与真实的焦虑感觉之间的关系。我们知道，焦虑的发展是自我对于危险的反应，是逃避之前的预备，然后由此进一步推想自我在神经病的焦虑中也有想要逃避力比多的要求，而且会像对付体外的危险一样，对待体内的危险，这样一来，就证实了如有所虑必有所惧的假设。当然这类似的比喻还不只这些。正如同逃避外界危险时的肌肉紧张，结果可用站定脚跟来采取一定的防御一样，正是现在神经病的焦虑发展让症候得以形成，才使焦虑有了稳固的基础。

不易了解的地方还有很多。既然焦虑意味着自我逃避自己的力比多，那就等于假定焦虑的起源仍在力比多之内，这就使人难以理解了。我们都知道，一个人的力比多基本上是那个人的一部分，不能看成是体外之物。这属于焦虑发展中的形势动力学（to-pographical dynamics）问题，目前我们了解得还不是十分清楚，比如消费的到底是什么精神能力？或这些精神能力又属于什么系统？

对于这些问题，我不能说我全都能够答复，不过我这里还有另外两条线索，这里我们要借助于直接的观察和精神分析的研究来帮助我们推想；我们先在儿童心理学中求焦虑的源流，然后再说附着于恐惧症的神经病焦虑的起源。

通常来说，儿童都有一种普通的忧虑心理。我们往往很难确定这种忧虑到底是真实的还是神经病的焦虑，但是在研究了儿童的态度之后，我们就很容易判断这两种焦虑的区别了。儿童害怕生人并怕新奇的对象和情境，这并不奇怪，我们只要一想到他们的柔弱和无知，就十分明了了。所以，我们认为儿童都有一种强烈的真实焦虑倾向。如果这种倾向来自遗传，那也只是因为适合实用的要求。儿童不过是在重演史前人类及原始人的行为，他们因为无知无助，对于新奇的及许多熟悉的事物都存在一种恐惧感，不过这些事物在我们成人看来已不再是可怕的了。如果儿童的恐惧症至少有一部分被看成是人类发展初期的遗物，这也在我们的期望内。

在其他方面，还有两件事不能忽略：一是儿童的焦虑是各不相等的，二是那些小时候对各种对象和情境都会异常害怕的孩子，长大后通常就会转变为神经病者。因此，真实的焦虑倘若过度，就可以看成是神经病倾向的标志之一。焦虑性好像比神经过敏还要原始，因此我们可以得出结论说，儿童以及后来的成人之所以对自己的力比多畏惧，只是因为他们对于所有事都感到畏惧。因此，焦虑起于力比多之说可以取消。而且基于对真实焦虑条件的研究，在逻辑上还能得出下面一个结论：对于本身软弱无助的意识（阿德勒将其称之为“自卑感”），到成年时期如果仍然存在，就可视为神经病的根本原因。

这句话虽然简单，却值得我们注意，因为我们用来研究神经过敏问题的观点可能要因此而动摇了。这种“自卑感”，即连同焦虑及症候形成的倾向，好像确实能够持续到成年时期，可在某些特殊的病例中竟然也会出现所谓“健康”的结果，这就需要更多的解释了。那么，通过对儿童焦虑性进行严密观察，我们能得到哪些知识呢？

小孩子一开始就畏惧生人，这种情境之所以重要，只是因涉及情境中的人，后来才牵涉到物。但是儿童一开始就怕见生人并非因为他认为这些生人怀有恶意，也不会把自己的弱小与他们的强大相比较，认为他们会危及自己的生存、安全和快乐。这种关于认为儿童疑忌外界势力的学说其实是非常浅陋的。事实上，儿童见生人而惊退，是因为没有见到一个亲爱而相熟的面孔；主要是母亲。他因感到失望，又变成了惊骇——他的力比多无可消耗又不能久储不用，于是就变成惊骇得以发泄出来。这个情境就是儿童焦虑的原型，是出生时与母分离的原始焦虑条件的重现。

最早让儿童感到恐怖的情境是黑暗和独居。害怕黑暗经常会相伴一生，而不愿保姆或母亲离开的欲望则是二者兼有。我曾听见一个怕黑的孩子大呼：“妈妈，对我说话吧，我怕黑。”那个母亲回答：“但是那有什么用呢？你也看不见我。”那孩子回答说：“如果有人说话，房内就会亮些。”因此，在黑暗中所感到的期望就变成了对黑暗的惊惧。事实上，儿童出生时并不具有真实的焦虑，这种焦虑只是通过后天的训练而形成的。

对孩子来说，他知道得越少，害怕得也就越少，正所谓无知者无畏。因此像那些后来成为恐怖的情境，如登高、过水上的窄桥、坐火车或轮船等，小孩子多不会害怕。我们也希望孩子能够从遗传中获得这些保存生命的本能，那样的话，我们也就无须再花费大把的时间和精力来保护他、照料他，使他不致遭受各种危险了。然而，事实上，儿童总是对自己的能力估计过高，他因为不识危险，经常在行动中毫无所惧，或者沿着河边跑，或者坐在窗台上，或者玩弄刀剪，或者玩火，总之，他那些看起来会伤害自己的所作所为都会使看护者惊惧不已。我们不能让他在痛苦经验中学习，因此就必须通过训练而使他最终引起真实的焦虑。

如果一个孩子很容易因训练而知道惧怕，并对于未受警告的事也能预知危险，我推想那是因为他们的体内力比多的需要超过一般人。要不然，就是他在幼时的力比多习惯了满足。无怪乎那些后来变成神经过敏的人们，在其孩提时，也是神经过敏的。要知道，如果一个人的大量力比多被长期压抑，那么他就很容易患上神经病。我们可以看出，其中是有一种体质的因素在起作用，关于这一点，我们从未否认过。我们从观察及分析的一致结果可以看出，体质的因素本无地位，或仅占有无足轻重的地位，但是有些学者却偏要侧重这一因素而排斥其他因素，这才是我们所反对的。

我们通过观察儿童的怕虑性可以得出下面的结论：儿童的恐怖与真实的焦虑（即对于真正危险的畏惧）并没有什么关系，而是与成人所有神经病的焦虑存在密切的关系。这种恐怖和神经病的焦虑一样，都起源于没有发泄的力比多。儿童如果失去所爱的对象，就会利用其他外在对象或情境作为代替。

现在我们知道，恐惧症的分析所能告诉我们的，都在我们了解的范围内。儿童的焦虑是这样，恐惧症也是这样。概括地说，力比多如果无处发泄，就会不断地转变成一种类似于真实的焦虑，即用外界一种无足轻重的危险来做为力比多欲望的代表。这两种焦虑能够互相一致，一点也不奇怪，因为儿童的恐怖不但是后来焦虑性癔症恐怖的原型，而且还是它的直接先导。每一种癔症的恐怖，虽然都有不同的内容和不同的名称，但都能溯源于儿童的恐怖，并成为它的继承物。唯一不同的，是它们的机制不同。

就成人来说，力比多虽然暂时不能得以发泄，但也不会转变成焦虑，因为成人知晓怎样保存力比多而不用，或怎样将其应用在其他方面。然而，当他的力比多附着于一种受过压抑的心理兴奋上时，他的那些儿童时的情形就会随之产生。儿童一般没有意识和潜意识的区别，假如这个人已退回到儿童时的恐怖，那么他的力比多就非常容易变成焦虑。大家应该还记得我们曾讨论过压抑作用，不过那时我们所注意的只是被压抑观念的命运，却忽略了附着在这个观念上的情感到底会怎样。现在，我们知道这个情感不管在常态上会有怎样的性质，在这个时候它都会转变成焦虑，这种情感的转变其实是压抑历程的一个非常重要的结果。要陈述此事是比较难的，因为我们还不能确定，潜意识情感的存在同前面我们所说的潜意识观念的存在是一样的。我们知道，一个观念，不管是意识的还是潜意识的，总能够保持不变。我们还知道相当于潜意识观念的东西到底是怎么一回事，甚至于一种情感可以解释为一种有关能力发泄的历程。假如我们对于心理历程的假设还没有完全的考查和了解，就不能说与潜意识的情感相当的到底是什么，因此也就无法在这里加以讨论。不过，我们仍然要保留那已得到的印象，即焦虑的发展与潜意识系统有密切的关系。

力比多如果受到压抑，就会转变成焦虑，或以焦虑的方式求得发泄，这是力比多的直接命运；这一点我之前曾讲过。现在我还有必要补充一句话：变成焦虑并非是受压抑的力比多唯一的、最后的命运。在神经病中，还有一种与之相反的历程，以此来阻止焦虑的发展，而且有很多种方法可以用来达到这个目的。比如就恐惧症来说，我们可以看出神经病的历程分为两个阶段：第一阶段完成了压抑作用，使力比多转变成焦虑，这时的焦虑是针对外界的危险的；第二阶段是设置种种防备的壁垒，以防止与外界危险接触。自我一旦感觉到力比多的危险，就会采取压抑作用来逃避力比多的压迫。恐惧症就像一座城堡，可怕的力比多就如同外来的危险，城堡就是用来抵抗这种危险的。恐惧症中的这种防御系统存在一定的弱点，即只能防御外界的危险，对于来自内部的危险却毫无抵抗力，如果它将来自力比多方面的危险当成是一种外界危险，那么永远都得不到效果。正因为如此，其他神经病就改成利用其他的防御系统来阻止焦虑发展的可能性了。这部分在神经病心理学中是最有趣的，不过我们要讨论这个问题，就有点离题太远了，而且要有特殊知识作基础，所以，我现在只简单地说几句。我说过，自我在压抑作用之上设置了一种反攻的壁垒，这个壁垒一定要保全，这样压抑作用才能持续存在。至于反攻的工作则是用各种抵御的方法，避免在压抑之后出现焦虑。

还是回到恐惧症这个话题上。我希望现在大家已经认识到只是解释恐惧症的内容、研究它们的起源，比如导致恐怖发生的这一个对象或那一种情境，而不考虑其他的，这是完全不够的。同显梦的重要性一样，在恐惧症中，内容也十分重要。我们要承认，在各种恐惧症的内容之中，不管怎么变动，还是有很多内容是因为物种遗传而成为五种恐怖对象的；这是霍尔曾经讲过的。事实上，这些恐怖的对象和危险本身并没有关系，仅仅是危险的象征罢了，所以，我们深信，在神经病的心理学中，焦虑的问题始终占据着中心地位。我们还深深地觉得，焦虑的发展与力比多的命运及潜意识的系统存在密切的关系。另外还有一个事实，即“真实的焦虑”应被看成是自我本能用来保存自我的一种表示；这个事实虽无可否认，然而它不过是一个不连贯的线索，并且在我们的理论体系中还是一个缺口。

第二十六章
自恋

关于性本能和自我本能的区别，我们已经进行过多次探讨。它们的区别主要有三点：第一，从压抑作用来看，这两种本能是相互反抗的，性本能在表面上屈服于自我本能的压抑，以迂回曲折的方式来求得满足。第二，性本能和自我本能对于现实的必要性从一开始就有完全相同的关系，因此它们的发展各自不同，对于唯实原则的态度也不一样。第三，我们通过观察可以得知，性本能与焦虑之间的关系要比自我本能与焦虑之间的关系密切得多，我们可以注意到这样一个事实：饥渴是保存自我的两种最重要的本能，但它们却从未转变成焦虑，但对于不满足的力比多来说，却经常会转变成焦虑。

我们之所以要将性本能和自我本能进行严格的区分，是因为在精神分析中，这两者是解决问题的关键。事实上，说性本能是个体的一种特殊活动就已经是默认二者之间的区别了。唯一的问题是，这个区别到底具有什么意义，以及我们是否严肃认真地对待这个区别。解决这个问题，还需要看下面的两点：第一，性本能在身体的和心理的表示上，到底与自我本能差别到了何种程度，我们能否对其进行规定；第二，因这些差异而引起的结果到底有多么重要。我们本来无意要坚持这两种本能在本质上的差异，况且就算有了差异，了解起来也是很难的。它们只是被描述为个体能力的泉源，如果要讨论它们就根本上来说到底是同属于一种还是分属于两种，则决不能只以这些概念为基础，而必须以生物学的事实为根据。就现在来讲，我们对于这方面的知识了解得不多，即使我们知道很多，对于精神分析的研究来说也没有多大用处。

荣格认为各种本能都同根同源。可是，只要是来自本能的能力都被称为“力比多”，这显然也是不行的。因为如果采用这个办法，根本不可能让精神生活中的性的机能消失，所以我们仍然要将力比多分为性的和非性的两种。不过，我们会将力比多一词仍旧保存着，用来专称性生活的本能力，就如我们之前提到的一样。

我认为是否应该对性的本能和自我保存的本能到底加以区别的问题，对于精神分析来说并没有多大的重要性，而且精神分析也没有资格讨论这个问题。从生物学的观点来看，很明显能够找到很多证据来证明这个区别的重要，因为在有机体的机能中，唯有性这一种是超出个体之外而与物种相联系的。这个机能的行使不像别的活动那样经常对个体有利，而是为了得到性的高度快乐，有时甚至会危及生命。不过，个体的生命仍然需要保留一部分遗传给后代，于是为了达到这种目的，就出现了一种不同于其他新陈代谢的历程。

个体自认为自己非常重要，并认为性也像其他机能一样，只是用来寻求个体满足的一种手段，但从生物学的观点来看，个体的有机体只是物种绵延的一段，与不朽的种质（germplasm）相比，其生命是非常短暂的，只不过是种质暂时的寄身之所。不过，用精神分析来解释神经病，就不需要进行这种深远的讨论了。

性本能与自我本能的区别可以说是了解“移情神经病”的关键。这种神经病的起源可以追溯到某一基本的情境，而性本能与自我本能在这个情境之中互相矛盾，或者说自我以本身作为独立的有机体的资格与另一种资格，即作为物种延续的一分子，是互相对抗的。这个分立可能是从有了人类才开始存在的，所以总体来讲，人类之所以较优胜于其他动物，可能就在于他有患神经病的能力。人类力比多的过分发展及其精神生活的异常复杂（这可能是从力比多发展而来），好像正是导致性本能与自我本能矛盾发生的条件。不管怎样，我们已可明确，人类在这些条件之下，具备了远远超出动物的进步，因此他患神经病的能力就好像只是人类文化发展能力的对应面。不过这些推论与我们目前讨论的课题并没有太大关联。

我们的研究只是根据这样一个假定：性本能的表现和自我本能的表现能被区别开来。在移情的神经病内，这种区别是很容易看到的。只要是自我对于自身的性欲对象的能力投资，我们都将其称之为“力比多”，而来自生存本能的其他投资，我们则称之为“兴趣”。如果推求力比多的投资、变化及其终极的命运，我们就可以初步了解到精神生活中各种力的进行，而为这个研究提供了最好的材料正是移情的神经病。不过，关于自我及其构造和机能的种种组织，我们仍然不能完全了解，于是，我们便不得不相信其他神经病的分析也许会对这些问题的理解有所帮助。

事实上，早就有人用精神分析的概念来研究其他情感了。1908年，亚伯拉罕和我讨论之后，发表了一种主张，认为精神分裂症的特征是没有在外物上投资的力比多（见《癔症与精神分裂症的精神性欲的区别》）。不过那时出现了一个问题：患痴呆症者的力比多既然已经离开了它的外物，那么它的结局又是怎样的呢？亚伯拉罕毫不犹豫地认为，力比多又回到了自我，他认为力比多的这种回复乃是精神分裂症中夸大妄想的起源。这种夸大妄想就如同恋爱时对对方身价的夸大其词一样。我们也是因为研究精神病的情绪和常态恋爱生活方式的关系，才第一次懂得了精神病情绪中的这样一个特点。

我要告诉大家，亚伯拉罕的这个见解在精神分析中仍然保留着，而且已经成为我们关于精神病理论的基础。我们已逐渐了解了这一概念：力比多虽然附着在某种对象之上，并表现出一种想在这些对象上求得满足的欲望，但它也可以抛弃这些对象而用自我本身来作为代替；这个观点已经逐渐发展得更为周密。

过去P.纳基在形容性的倒错时使用的是自恋一词，即一个成年的个体将施于爱人身上的拥抱抚摩滥施于自己身体之上。现在，我们借用这个名词来称力比多的这种应用。

其实你们只要略微思考一下，就会发现世界上确实存在很多这种爱恋自己身体的现象，而且这个现象并非完全是例外的或无意义的。或许，这种自恋就是十分普遍的原始现象，有了这个现象，才有对客体的爱，而且自恋现象并不会因为有了对客体的爱而消失。我们应该还记得“客体力比多”的进化，在这个进化的初期，儿童的很多性冲动都在自己身体上寻求性的满足，即我们所谓的自淫满足。这种自淫现象就是力比多在自己身上发泄的行为，也就是自恋下的性生活。

概括来说，我们对于自我力比多和客体力比多的关系已获得了一个相当的观念。如果借用动物学方面的比喻来加以说明的话，这个观念就像是一团未分化的原形质一样，既可以随所谓“假足”而向外伸张，也可以缩回这些“假足”再将原形质集为一团。这些假足的伸出，就如同是力比多投射在客体之上，而最大量的力比多仍可留存在自我之内。于是，我们可以推断出，在常态的情况之下，自我力比多可以转变成客体力比多，而客体力比多最后也可能被自我所收回。借助这些概念的帮助，我们就能解释整个心理的状态，或者退一步讲，我们就可以用力比多说来描述常态生活的情况了，例如恋爱、机体疾病及睡眠等状态。

对于睡眠的状态而言，我们可以假设睡眠状态是脱离外界而将精神集中于完成睡眠的愿望。我们都知道，半夜里梦的精神活动也是以保持睡眠为目的，并且全受利己主义的动机所控制。用力比多说来解释，我们可以认为，在睡眠的时候，所有一切在外物方面的投资，无论是力比多在利己或者利他方面的投资，都被撤回而又集中于自我。自我分配出去的能力都收回来了，身体的疲劳自然也就得以恢复了。睡眠和胎内生活的相似之处也可以因此得以证实，同时也可在心理方面扩大其意义。力比多分配的原型或原始自恋的现象都能在睡眠中重现，而那时，力比多和自我的利益就会在自足的自我中合为一体而无法划分。

这里我还要附带说两点：

第一，自恋和利己主义的区别在哪？在我看来，自恋是把力比多作为利己主义的补充。我们平时所说的利己主义，只是着眼于某人的兴趣，而自恋则是有关力比多需要的满足。在实际生活上，两者具有互不相关的动机。一个人可能是完全的利己主义者，但是如果他的自我要在一个客体上谋求力比多的满足，那么他的力比多对于客体就会有强烈的依恋，他的利己主义那时就必须保护他的自我不因对客体的欲望而有所损伤。一个人既可以是利己主义的，同时也可以是强烈自恋的，即感到不是很需要客体，而这个自恋可能表现为直接的性满足，也可能表现为所谓爱情，从而有别于肉欲。对这些情境来说，利己主义具有明显而常存的成分，而自恋则是变动的成分。利己主义的对立面是利他主义，利他主义并非是力比多投资于客体之上的一个名词。与力比多不同，利他主义在客体上并没有谋求性满足的欲望。不过，如果爱情达到最高的强度，利他主义也能够在客体上变成力比多的投资。大概来讲，性的客体可以将自我的自恋吸去一部分，于是自我往往就会过分估计客体的性。假如再加上利他主义，就会将自恋之人的利己主义引向客体，那么性的客体就会把自我完全吞没掉。

在这些枯燥的科学玄想之后，我想如果引一段诗来说明自恋和热爱的区别，并加以“经济的”对比，或许对大家的理解会有所帮助。这段诗引自歌德的《东西歌女》（West-East Divan），是楚丽卡与她的恋人哈坦的对话：

楚丽卡：奴隶、战胜者和群众都异口同声地承认，自我的存在乃是一个人真正的幸福。如果他不失去自己的真我，就没有必要拒绝所有人。如果他仍然是他，就能够忍受任何物的损失。

哈坦：就算你是这样的吧。我可是从另一条路来的，我在楚丽卡的身上，看见了人世幸福的全部。如果她有意于我，我愿牺牲一切。如果她舍我而去，我的自我也就立刻消灭，那时哈坦的一切也都成过去。如果她很快爱上了某个幸福的爱人，那我只好在想象中，和他合为一体。

第二，是扩大了梦的学说。除非我们假设潜意识中被压抑的观念已经对自我宣告独立，否则梦的起因就是无法不可解释的。虽然自我为了睡眠已经撤回了自身在客体上的投资，但是这种观念仍不受睡眠欲的支配，而保存着其活动力。只有这个假设才能使我们明白，这种潜意识的材料到底是怎样利用夜间检查作用的消灭或减弱来塑造白天剩余的经验，从而产生一种为本人所不允许的梦的欲望。反过来讲，这种剩余的经验与被压抑的潜意识材料之间本来已经有了一种联络，由这种联络可能会产生一种抗力来反对睡眠的欲望和撤回力比多。所以，我们有必要把前面所讲的有关于梦的构成的概念再并入这个重要的动力因素之中。

有些情况，比如机体的疾病、伤痛的刺激、器官的发炎等，能够让力比多从客体上撤回。这些撤回的力比多又重新依附在自我上，被自我投资于身体上病痛的部分。比起自我兴趣从外界事物上的撤回，力比多从客体上的撤回在这种状况之下更让人感到惊异。不过，这对我们了解忧郁症十分有利。在忧郁症中，有些在表面上看不出病痛的器官却要求自我的关注。不过我并不打算对这一点，或对其他能用客体力比多返回自我来解释的情境进行讨论，因为我想大家此时一定会有两种抗议。一种是你们会问我，为何在讨论睡眠、疾病时一定要坚持力比多和兴趣，以及性本能和自我本能的区别？事实上，要解释这些现象，我们只要假设各人都有一种自由流动的一致的力投射到客体之上，也可凝集于自我之中，这样两方面的目的就都能达到了。另一种抗议，你们要问我，为什么敢将力比多从客体离开看成是疾病的起源？为什么如果这种由客体力比多转为自我力比多或一般自我能力的变化，就是一种每日每夜常有的、常态的心理历程呢？

对于这两种抗议，我的回答是：你们的第一个抗议听起来似乎相当有道理。单从睡眠、疾病及恋爱等情形的研究来看，或许还看不出自我力比多和客体力比多，或力比多和兴趣的区别，不过大家不要忘了我们最初的研究。事实上，我们现在所讨论的心理情境正是以这些研究为根据的。既然我们知道了由移情的神经病而引起的矛盾，我们就必须要将力比多与兴趣、性本能与自存本能加以区别。而此后，这个区别便会经常引起我们的注意了。

如果要揭开所谓自恋神经病，如精神分裂症的谜，或者要完满地解释自恋神经病与癔症及强迫性神经病的异同，就必须要假设客体力比多有变成自我力比多的可能，也就是说，我们必须承认自我力比多的存在。之后，我们才能用由此得出的理论来解释疾病、睡眠及恋爱。我们要将这些理论的到处试用，看到底在哪些方面可以走得通。而唯一没有直接根据分析的经验的一个结论就是：不管力比多附着于客体还是自我，始终都是力比多而不会成为自我的兴趣，而自我的兴趣也一定不会变成力比多。不过，这句话也只是表示性本能和自我本能的区别。我们已经对这个区别进行了批判的考察，就启发性上来说，它暂时是有用的，具体的可以等到证实它没有价值之后再说。

至于大家的第二个抗议也是一个合理的问题，不过论点上有点错误。客体力比多回复到自我确实不一定都会导致疾病的发生，而力比多每夜在睡眠之前撤回，醒后又复原，这也是千真万确的事实。这就如同原形质的微生物收回假足之后，往往又再次伸出。然而，如果有一种确定的、很有力的历程，强迫着力比多从客体上撤回，那结果就大不一样了；由此而成为自恋的力比多就找不到返回客体的途径了，而力比多在自由运动上受到障碍，就肯定会致病。自恋的力比多如果储积到某种限度之上，就会变得不可忍受。我们可以假设它正是因为这个缘故而投射于客体之上的，而自我也不得不放出力比多，以免过分储积力比多而生病。假如我们的计划是要对精神分裂症作更特殊的研究，那么我或许能告诉大家，使力比多脱离客体而无法复返的那一历程实其实与压抑作用有密切的关系，可以将其看成另一种压抑作用。不管怎样，如果大家能知道这些历程产生的初步条件——据我们现在所知，几乎和压抑作用互相一致，那么大家对于这些新事实就很容易了解了。

矛盾彼此相似，且互相矛盾的力量也是相等的，但其结果却不同于癔症，这是因为倾向有所不同。这些病人的力比多发展的弱点位于发展的另一时期，而引起症候的执着点也有不同的位置；可能就位于初期自恋的阶段之内，那么精神分裂症最后就会返回到这一阶段。总而言之，对于自恋的神经病来说，我们必须假设它的力比多在发展上执着的时期要远远早于癔症或强迫性神经病。大家或许已经听说自恋神经病实际上比移情神经病更为严重，而由关于移情神经病的研究而得到的概念足以用来对自恋神经病进行解释；两者之间确实存在互通之处，它们基本上是同一组的现象。因此，一个人如果没有掌握关于移情神经病的分析知识，就很难对这些病症（应属于精神病学）做出相当的解释。

精神分裂症的症候与自恋不同，它们的发作并不是由于力比多返自客体而储积在自我之内。它们还会表现为其他一些现象，具体可追溯到力比多要复返于客体而力求恢复的结果之时。事实上，这些现象才是这种病的显著特征。它们与癔症的症候相类似，偶尔也有少数类似于强迫性神经病的症候，不过就各方面来讲，二者仍存在很多不同之处。就精神分裂症来说，它们的力比多返回到客体或客体观念的努力，虽然看起来有所收获，然而所收获的只是原物的影子而已，如附着在原物上的名词或影像。由于受篇幅所限，我们对这个问题就不再做进一步讨论了，不过在我看来，力比多返回到客体的努力这个方面，是可以被用来了解意识的观念与潜意识的观念之间的区别的。

我们现在可以把分析的研究再往前推进一步了。自从有了自我力比多的概念之后，我们也就有了解自恋神经病的可能了。我们现在的工作，就是要从这些疾病里找到动力的成因，同时通过对自我的了解去扩充我们对于精神生活的知识。我们主要是想建立一种关于自我的心理学，可是自我心理学无法建立在我们自己的自我知觉所提供的材料之上，而是要像力比多心理学那样以对自我病狂的分析为根据。大家可能会认为如果自我心理学可以成立，那么我们从移情神经病的研究里得到的关于力比多的知识就变得得不那么重要了。事实上，我们目前在这方面还没有取得过重大进步。我们不能用研究移情神经病的有效方法来研究自恋，你们不久就会知道我之所以这样说的原因。

在研究自恋的病人的时候，我们往往在走通了一小段路之后就会碰壁，并且无法继续通过。大家知道，移情神经病内也有这种抵抗的壁垒，不过这个壁垒可以一段一段地冲破。但是自恋的抵抗是无法克服这种壁垒的，充其量也只能伸长脖子去窥视墙外有什么经过，聊以满足自己的好奇心。所以，我们必须设法改变研究方法，可是现在还找不出一种更好的改善方法来。事实上，我们并不缺乏关于这些病人的材料，而且这些材料的分量还相当可观。然而我们目前只能用从移情神经病中得到的研究知识去注释这些材料。这两种病症的相同之处已经给了我们满意的出发点，至于用这个方法到底会收到什么样的成效，这得将来才能知道。

除此之外，阻碍我们前进的困难还有很多。说实话，只有研究过移情神经病的人们，才有能力去研究自恋神经病以及和自恋有关的精神病。可是，精神病学者几乎从来不研究精神分析，而精神分析家所见过的精神病的例子又太少，因此，现在必须培养一批精神病学家，使其先接受精神分析的训练。美国已经在朝着这个方向努力了，有几位精神病学者领袖开始对学生讲演关于精神分析的学说，医院和疯人院中的主任医生也都想用精神分析的理论来观察病人。我们偶尔也探到了自恋幕后的一些秘密，因此，现在我想告诉大家一些关于此病的见解。

妄想狂是一种慢性精神错乱，在目前精神病学的分类上，具有很不确定的地位。不过，它确实与精神分裂症有着密切的关系。我曾提议过，两者都应该归属于妄想痴呆，妄想狂的形式随幻想内容的不同而名称有所不同，比如夸大的幻想、被压迫的幻想、被妒忌的幻想以及被爱的幻想等。

对妄想狂病人症候的解释往往各式各样。比如精神病学也曾凭理智的努力，想用这些症候来互相解释：一个病人深信自己受人迫害，他推想自己一定是一个要人，由此逐渐产生妄自夸大的幻想。精神分析法认为，这种夸大的幻想是由于力比多从客体上撤回而使自我膨大所致，这属于第二期的自恋，是早期幼稚形式的回复。在对被迫害的幻想的观察中，我们找到了一些线索。首先，我们知道对大多数的事例来说，迫害者和被迫害者是同性的。这种解释本来蕴含着好意，不过对于某些已受严密研究的例子来说，似乎病人在健康时就对这个同性者极其友爱，而只是在发病之后，才将其看作迫害者。这种病还能够因联想而进一步发展，将一个被爱的人换成另一人，比如将父亲当成严师或权威者。从这些观察来看，我们认为一个人是由于想要抵御一种强有力的同性恋冲动，于是采用了被迫害妄想狂作为护身符。爱转变成恨，而恨又足以危及既爱又恨的对象的生命，这个转变与力比多冲动变成焦虑是一样的，都是压抑作用经常出现的结果。

我们举一个最近发生的例子来加以说明。有一个年轻的医生曾在自己的住处恫吓过一个大学教授的儿子，为此，他不得不离开那里。这个大学教授本来是他的密友，但是他却认为这个朋友有超人的魔力和邪恶意图，他还认为自己近年来家庭的种种不幸以及自己在公私两方面的困顿，都是因为这个人在背后捣鬼。不仅如此，他还认为这个恶友及其父亲引起了大战，致使俄国人侵扰边疆，并且曾用各种办法企图伤害他的性命。他因此深信，这位恶友一天不死，天下大乱就一天不会停止。然而事实上，他仍深深爱他，即使有枪杀他的机会，都由于手软没有放枪。

我和病人进行了简单的谈话，从而了解到这两个人关系曾经很亲密，他们在中学时就建立了深厚的友谊。而且两个人的关系已经远超出友谊的范围，他们曾在某一夜发生过一次完全意义上的性活动。就年龄和人品来说，病人那时都应有爱女人的情感，但是他始终没有这个意思。他曾与一个美丽富有的女子订婚，但是因为他太过冷漠，女子最后宣告解约。几年之后，正当他初次能给一个女人以性满足的时候，他的病爆发了。

当这个女人在感激和热爱中拥抱着他的时候，他突然感到一种神秘的疼痛，就像一把利刃切开头颅似的。随后，他向我诉说那时的感觉，就好像尸体解剖时切开头部的那种感觉。因为他的朋友是病理解剖学家，所以他开始怀疑是这个朋友派这个女人来引诱他的。加上他之前所想象的来自这个朋友的其他迫害，他更加确定这是那个恶友的诡计。

在被迫害的幻想里，迫害者和被迫害者有时也可以是异性，那么，我前面说这种病是抵抗同性爱，难道不是与事实互相矛盾吗？我曾有机会诊察过这种情形的病，结果发现虽然这与我的说法表面上看起来相互矛盾，但事实上却互为证明。

有一个年轻的女子想象与自己有过两度激情的男子迫害自己。事实上，她最初恨的并不是这个男人，而是一个妇人，这个妇人或许替代的就是这个少女的母亲。直至第二次和这位男子相会之后，她才将受迫害的幻念由那妇人移到男人身上。因此，在这个病例中，迫害者的性别和被迫害者相同的说法，仍能成立。不过病人在向律师和医生诉说时，对于第一次的幻想只字未提，于是这便与我们关于妄想狂的理论在表面上发生了互相抵触。

与选择异性作为对象相比，选择同性作为对象进行幻想与自恋有着更深切的关系。因此，同性恋的热情一旦受到拒斥，就特别容易折回而成为自恋。

到目前为止，我还没能在演讲中，将我们所知道的所有有关爱的冲动途径的知识通通告诉大家，现在恐怕也来不及进行补充了。不过我还是要告诉大家几句话：对象的选择或力比多超出自恋期以上的发展，可分为两种类型：一种是自恋型（the narcissistic type），以能类似于自我者为对象来代替自我本身；另一种是恋长型（the anaclitic type），力比多以能满足自己幼时需要的长者为对象。而力比多强烈执着于对象选择的自恋型，同时也是有显著同性恋倾向者的一种特性。

大家应该还记得我在本编的第一讲中曾引述过一个女人的幻想妒忌。在演讲结束之前，我想大家一定很想听听我用精神分析说来解释幻念。不过关于此事，我所能告诉大家的可能没有你们期望得那么多。逻辑和实际经验影响不到幻念，它与强迫观念一样，都能用它们与潜意识材料的关系来加以解释。这些材料一方面被幻念或强迫观念所阻遏，一方面却也借幻念或强迫观念表现出来。两者之间的差异是基于此两种情绪的形势及动力的差异。

抑郁症（可分为许多不同的临床类型）和妄想狂一样，我们也能略微窥见这种病的内部构造。我们知道，让抑郁症患者深感苦恼的、无情地自我谴责，实际上都能找到关于自己已经失去的，或由于有某种过失而不再加以珍视的性对象。于是，我们可以认为，抑郁症患者虽然将自己的力比多从客体上撤了回来，但由于存在一种“自恋性认同”（narcissistic identification）过程，导致他把客体移植到自我之中，用自我代替了客体。对于这个过程，我只能加以叙述，但无法用形势及动力的名词来加以说明。自我因此被看成是那已被抛弃的客体，而那些要加在客体身上的所有报复性的残暴行为，就都改施在自我上了，由此我们也可以推知为什么抑郁症患者多有自杀的冲动了。事实上，抑郁症患者对自我的痛恨，其强烈程度与对客体的那种又爱又恨的客体的痛恨是一样的。在抑郁症中，与在其他自恋的病态中一样，患者都会出现布洛伊勒所命名的，也是我们常说的矛盾情绪（ambi-valence），也就是对于同一人存在两种相反的情感即爱和恨。可惜的是，我们无法在这次的演讲中对矛盾情绪一词进行详尽的讨论。

我们知道，除了自恋神经病以外，还有一种癔症的“自恋性认同”形式。我很希望能用几句简单的话就让大家明白这两者的差异，然而事实上这是做不到的。不过，我现在可以说几句大家可能会感兴趣的。抑郁症具有周期性或循环性，我们可以在适当的条件之下，在病去而未来之时进行分析治疗以阻止其病态的复发（我尝试了很多次，均获得了成功）。于是，我们知道，在抑郁症、躁狂症及其他病症中，都存在一种特殊的解决矛盾的方法，这种方法在先决条件上与其他神经病是一致的。大家应该能想象得到，精神分析法在这方面还是能够取得一定效果的。我还要告诉大家，通过研究自恋神经病，我们还能知道一些关于自我及其由各种官能和元素所构成的组织等方面的知识；我们过去在这方面曾做过初步探讨。

通过对幻念的观察分析，我们可以得出这样一个结论：自我的一部分一直不断地在监视、批评和比较着自我的另一部分。这也是为什么病人在诉苦时总是认为，自己的一举一动都有人在监视着，每一个想法都被人知晓并进行过考查。他的问题只在于他认为这个可恨的势力非他自己所有，而是存在于他自己的身体之外，然而事实上，病人在自我的发展过程中已经创造了一种自我理想，并把它作为一种官能的界尺，来衡量自己的实际自我和一切活动。而他之所以要创造这个理想，主要是想求得与幼时的主要自恋联系着的自我满足；这种满足自从年龄增长后，已经多次因受到环境压抑而牺牲掉了。这种自我批判的官能就是我们所谓的自我检查作用或"良心"，在夜晚梦中抵抗不道德欲望的同样也是这个官能。如果这个官能能从被监视的幻念中分解出来，我们就可以知道这个官能的起源，是由于病人在幼时受到父母、师长及社会环境的影响，通过以这些模范人物自比的过程而产生的。

这是我们将精神分析应用在自恋神经病上所得到的一些结果；可惜还太少，有很多概念我们还不明白，而只有等到对新材料进行多年的研究之后，我们才有可能将这些概念弄清楚。我们之所以能得到这些结果，是因为应用了自我力比多或自恋力比多的概念，由于有这些概念的帮助，我们才能将移情神经病方面的结论推广到自恋神经病上。你们可能要问我，是否能用力比多说来解释一切自恋神经病及精神病的失调，疾病的发展是否都是由精神生活中的力比多因素而非自存本能的失常导致的。我个人认为，解决这一问题并没有多重要，同时，我们现在还不具备答复的能力，只能静待将来解决；我想到时候一定能够证明致病的能力乃是力比多冲动所特有的。

不管是在实际的神经病方面，还是在最严重的精神病方面，力比多说都能取得胜利。因为我深知，不服从现实及必要性的支配，这就是力比多的特性。不过我也认为自我本能在这也具有连带的关系，鉴于力比多具有致病的情感，自我本能的机能就必会因此而被扰乱。即使我们承认在严重的精神病中自我本能是主要的受害者，我也不认为我们的研究就会因此而失效。关于这些我们等将来再说吧。

现在我们回过头来再讲焦虑，希望能够说明之前没有说清楚的地方。我们之前说过焦虑和力比多的关系是十分明确的，但却不与一个不可否认的假定互相调和，即针对危险而发生的真实的焦虑乃是自存本能的表示。然而假如焦虑的情感不是起源于自我本能，而是起源于自我力比多，那我们又该怎样应付呢？说到底，焦虑之感是会上升的，而且焦虑的程度越深，对身体的伤害就越大。不管是逃避的或自卫的行动，那唯一可以保全自我的行动都常受到焦虑的干扰。因此，假如我们将真实的焦虑情感成分归属于自我力比多，而把它所采取的行动归属于自存本能，那么所有理论上的困难就都可迎刃而解了。你们将不再认为我们是因为知道了恐惧才去逃避的，因恐惧而逃避是起源于对危险的知觉而引起的同一冲动。那些历经危险而幸存的人，认为自己并没有出现恐惧之感，他们认为自己只不过是在伺机而动，比如举枪瞄准进攻的野兽；不过这确实是当时最有利的办法。

第二十七章

移情作用

我们的讨论就快要结束了，我想大家一定希望我讲一些关于如何治疗的话。你们可能认为在讨论了精神分析所有复杂的难题之后，我不可能到最后要结束时竟没有一句话讲到治疗，因为精神分析的工作毕竟是以治疗为目的的。

事实上，我当然必须要提与治疗有关的话题，不仅如此，因为与治疗的现象有关，我还要告诉大家一个新事实；假如没有关于这个新事实的知识，那么大家对之前所研究过的疾病一定无法有个深刻的了解。我想大家可能并不希望我只讲实施分析治疗的技术，你们想要知道的是精神分析的治疗方法和成就。当然，谁也无法否认，你们是有知道此事的权利，但是我并不想告诉你们——我希望你们自己去摸索！你们可以想想，从引起疾病的条件直到病人内心起作用的因素，你们基本上都已经掌握了重要的事实！大家可能会有疑问，治疗到底会对哪些病起作用呢？我先告诉大家哪些病不在治疗的范围内。

其一，是遗传的倾向。我没有经常提到遗传，因为这个问题在别的科学中已经被强调过，我们没有什么新的观点可说。不过，这并不代表我们因此忽略和轻视了它。我们从事分析，当然要知道遗传的势力，然而，不管我们怎么努力都无法使遗传有所改变，这是本问题中一个预定的材料，遗传限制了我们努力的范围。

其二，幼时经验的影响。在精神分析中，幼时经验往往是最重要的材料，可是它们属于过去，让我们没有用武之地。

其三，人生所有一切的不幸。现实幸福被剥夺，往往会使人丧失生活中一切爱的成分，比如穷乏、家庭的不睦、婚姻的失败、社会处境的不良、道德的过度压迫等。尽管这方面看起来有很大的治愈可能，可是，我们不是神仙，没有施恩降祸的能力，我们无钱无势，只靠医术谋生，当然不能像其他门类的医生一样施术于贫苦无依的人们；因为我们的治疗是要花费很多时间和劳力的。不过，你们可能还是会坚持上述这些因素中一定会有一种有接受治疗的可能。

如果社会传统的道德剥夺了病人的快乐，那么我们在治疗时就可以鼓励并劝告他们去打破这些障碍，为了换取满足和健康就要以牺牲理想作为代价。事实上，这种理想虽为不少人推崇备至，但将之弃之不顾的也大有人在。既然健康的获得自由的生活，那就难免会让精神分析沾上违反一般道德这个污点：因为它让个人受利，而让社会蒙害。

到底是谁给你们关于精神分析的这个错误印象的？当然，分析治疗有一部分包括对于生活要自由些的劝告——假如没有别的理由，那就是因为病人在力比多的欲望与性的压抑，或肉欲的趋势与禁欲的趋势之间存在着一种矛盾。这种矛盾并非能用帮助一方来压服另一方就能得以解决。

对神经病人来说，虽然禁欲主义一时占了上风，但结果是被压抑的性的冲动以症候的方式得以发泄。如果我们转使肉欲方面占了上风，那么被忽视了的压抑性生活的势力就会到症候中去寻求补偿。这两种办法都无法解决问题，因为有一方面始终无法得到满足。而那些矛盾不是很激烈，通过医生的劝告就能收效的例子是很少见的，实际上这些例子是根本不用精神分析来治疗，因为只要是易于感受医生影响的人们，即使没有这个影响也一定能自求解决。

事实上，一个绝欲的男人如果决意要进行非法的性交，或者一个不满足的妻子如果一定要找一个情人来求得补偿，那么他们绝不会先去求得医生或分析家的允许，然后才随心所欲。人们讨论这个问题的时候，经常容易忽略了整个问题的要点，即神经病人致病的矛盾与矛盾着的各个冲动的常态争衡是不同的，因为常态争衡的两种冲动在同一个心理领域之中同时存在，而就致病的矛盾来说，这两种势力中的一种被禁闭于潜意识的区域之内，另一种则进入前意识和意识的平面之上。因此，这种矛盾一定不会有最后的结局。这两种势力要见面非常困难，二者无异于一在天之南，一在地之北，如果想要解决问题，一定要让两者在同一个场所之内斗争并取得平衡；我认为这就是精神分析的主要工作。

但是，如果你们认为精神分析法是以劝导人生或指示行为为要点，那你们可就错了。事实上，我们在力求避免扮演导师的角色，我们希望能让病人自己解决问题。为了达到这个目的，我们经常劝告接受治疗的患者对生活暂时不要做出重要的决断，比如关于事业、婚姻的选择或离婚等，等到治疗完成之后再说。这大概是大家没有想到的吧。不过，对于年轻或不能自立的患者，我们就不再坚持这种限制，而是要兼任医生及教育家。我们深知自己那时的责任重大，必须要小心谨慎地从事。

虽然我极力辩护分析的治疗决不鼓励自由的生活，不过大家不要因此认为我是在提倡传统的道德，这两者都不是我们的目的。我们并非改良家，只是观察家；既然要观察，就离不开批判，所以，我们不会拥护传统的性道德，也不会赞许社会对于性的问题的处置。其实，我们很容易证明人世间的所谓道德律所要求的牺牲，经常要超出它本身的价值，而所谓道德的行为也通常是虚伪和呆板的。我们不会对病人隐瞒这些批判，而当他们对待性的问题时，一定要让他们像对待其他问题一样，可以习惯于在考虑时不带偏见。如果他们在治疗完成之后，能在无条件的禁欲和性的放纵之间选取适中的解决方法来解决自己的矛盾，那么不管结果怎样，我们都不必承受良心的谴责。不管是谁，只要完成了训练，认识了真理，就能增加抵抗不道德危险的力量，即使他的道德标准在某方面不同于一般人。

你们也不要过高估计禁欲的致病威力。事实上，只有少数因剥夺作用及力比多储积而致病的患者用性爱的方式取得了治疗的效果。因此，你们不能用放纵性生活来解释精神分析的疗效。我记得我曾说过一句话来驳斥你们的这一推想，这可能会让你们走上正路：我们之所以收到成效，可能是因为用某种意识的东西代替了某种潜意识的东西，或者说把潜意识的思想改造成意识的思想。如果你们能这样，就等于击中要害。当潜意识扩大进入意识，压抑就会被打消，症候就会被消灭，而致病的矛盾就变成了一种迟早可以解决的常态的矛盾。我们的工作就是让病人能有这种心理的改造，这种改造能达到何种程度，病人们就能得到何种程度的利益。如果压抑或类似于压抑的心理历程全被解决了，那么我们的治疗也就算完成了。

我们可以将自己治疗目标表达为：消除压抑作用或填补记忆的缺失使潜意识成为意识。这些所指的其实是同一件事。你们可能并不满足于这句话的解释，认为神经病人的恢复与这句话阐述的内容大不相同。在你们看来，病人既接受了精神分析的治疗，就应该变为一个完全不同的人物，而你现在听到整个的经过只是让潜意识的材料与以前相比有所稍减，而意识的材料只比原来稍微增加而已。你们可能不明白这种内心改造的重要。虽然一个内心接受了治疗的神经病人表面上看起来依然故我，但他确实变成了一个不同的人物——他已经变成了一个能在最优良的环境下养成最优良的人格的人。这可不是一件无足轻重的事。如果你们能知道我们在分析上取得的所有成就，能知道我们用最大的努力来引起这种心理上看似琐屑的改造，那么就更能了解各种心理平面差异的重要了。

我现在说句题外话，请问你们是否知道所谓“原因治疗”的意义。原因治疗是指抛开疾病的表现形式，而去寻求突破点以根除其病因的一种治疗术。那么精神分析算不算是一种原因治疗呢？要回答这个问题可绝非一件简单的事，不过我们却由此可以看出这类问题是不切实际的。当精神分析的治疗不以消除症候为直接目的时，就与原因治疗的进行基本相似，而在其他方面却不相同。现在假设我们能用某种化学的方法来改造心理机制，或者能随时增减力比多的分量，或者能牺牲了某一冲动而增大另一冲动的势力，那么这就会成为一种名副其实的原因治疗，而我们的精神分析也就能成为侦察原因时不可或缺的首要工作。然而目前还没有这种影响能够达到力比多的历程，这是大家都知道的。我们的精神治疗术不以消除症候为目的，而是向症候下层的点上进攻，而我们只有在很奇特的情形之下，才有可能接近这个点。

那么，我们到底要怎么做才能使病人的潜意识进入意识呢？过去我们认为这事很简单，只要找出这种潜意识的材料告诉病人就可以了。现在我们知道，这是一个目光短浅的谬误。我们知道，病人的潜意识与他所知道的自己的潜意识并不是同一回事，我们将所我们知道的事告诉了病人，病人却未必能够达成同化，并以此来代替自己的潜意识思想，通常情况下他们只会兼容并蓄，实际上的变动是很少的。因此我们必须仍以形势的观点来对待潜意识的材料，应该到病人记忆中最初产生压抑的那一点上去作探寻。一定要先消除这种压抑，这样用意识思想代替潜意识思想的工作才能马上完成。

可是要怎么去消除这种压抑呢？于是我们的工作就进入了第二阶段：首先是发现压抑，其次是消除这种压抑所赖以维持的抗力。那么这个抗力又如何才能消除呢？

答案是：先找出抗力的所在，然后告诉病人。抗力可能源于我们力求消除的压抑，也可能源于更早活动过的压抑，它们都是为了抵抗不适意的冲动。因此我们所要做的工作与之前一样，即对这些情况加以解释，然后告诉病人。抵拒或抗力属于自我，而不属于潜意识，自我则一定会和我们合作，即使它不是意识的也没关系。“潜意识”一词在这里大概有两方面含义，一方面指一种现象，一方面指一种系统。这听起来似乎是很难理解，但其实这不过是我之前所说的话的重述——我们之前早提到过这一点：如果我们能因解释而辨认出抗力的所在，那么我们就会因此而消灭这种抗力和抵拒。可是，有什么本能的动力能供我们支配而让这件事有成功的可能呢？

首先，病人必须要有恢复健康的欲望，愿意和我们合作；其次，要借助病人理智的帮助。病人这种理智是因我们的解释而增强的，如果我们能给他一点提示，那么病人会很容易就用理智地辨认出抗力，并在潜意识中找到与这个抗力相当的观念。如果我告诉你：“仰头看天，你会看见一个氢气球。”或者假如我只请你抬头看天，问你可以看见什么，两相比较当然是在第一种情况下容易看见氢气球。学生第一次看显微镜，教师一定要告诉他要看什么，否则镜下即使有物可见，他也看不出什么东西来。

我们还是来说一些事实吧！就神经病的各种形式，如癔症、焦虑现象、强迫性神经病等来说，我们这种方法求得压抑、抗力以及被压抑观念的所在的办法都取得了成效，借此，病人就能克服抵抗、打破压抑，并将潜意识的材料变为意识的材料。在治疗过程中，每当一种抗力被战胜时，我们都可以感到病人的内心中正在进行一场激烈的决斗。斗争的双方，是要援助抗力的动机，和要打消抗力的动机，二者总是在同一区域内作常态的心理斗争。前者是原来建立起压抑作用的老动机，后者则是新近引起的动机，有望帮助我们解决矛盾。而我们常做的就是将已经因为压抑作用而暂时和解的斗争重复引起，拿来做解决问题的手段。首先我们要告诉病人，前者足以致病，而后者可以恢复健康；其次，我们要告诉病人，自从他的那些冲动遭到拒斥之后，现在的情形已经大不相同了。因为那时的自我柔弱幼稚，害怕受到力比多压迫的危险，总想退缩，但现在的自我已经变得强大，又富有经验，而且还能获得医生的援助，所以，当矛盾再次被引起时，会得到比压抑作用更完满的结果。大家如若不信，可以看一下我们在癔症、焦虑性神经病及强迫性神经病中治疗成功的案例。

不过也有一些其他疾病，虽然情况与此相似，但凭我们的治疗却无法取得效果。就这些病症来说，是自我和力比多之间发生了一种矛盾，从而造成压抑——这种矛盾与移情神经病的冲突在形势上有一定的差异。另外，我们也能在病人的生活中追溯到压抑所发生的点，于是就可以用同样的方法给他以同样的帮助，告诉他所要求得之事；同时，现在和压抑成立时的时距也十分有利于化解矛盾。但是，可惜的是，我们终究无法克服一种抗力而消除一种压抑。这些病人，如妄想狂者、抑郁症者及患精神分裂症者，也可能不受精神分析治疗的影响，这到底是什么原因呢？难道是因为智力上的欠缺？当然不是！要接受精神分析当然要有一定程度的智力，可是就如最聪明而能演绎的妄想狂者来说，难道他的智力比不上别人吗？事实上，这些病人们也不缺乏其他所有的推动力量。比如与妄想狂者不同，抑郁症患者深知自己的病痛之苦，但却并不会因此就较易受影响。在这里，我们又遇到了一种没有弄明白的事实，于是不免对自己是否真正具有了解他种神经病的治疗能力而产生了怀疑。

现在如果专门讨论癔症和强迫性神经病，又会马上遇到第二个出人意料之外的事实。病人在稍微接受治疗之后，往往对我们会产生一种特殊的行为。我们本以为已经注意到了所有能够影响治疗的动机力，并且充分估计到了我们自己和病人之间的情境，因而得出一个十分可靠的结论，然而在我们的预估之外，似乎有一种我们没有估计到的东西突然出现了。这个意外的新现象异常复杂，我先举一些常见而简单的例子来加以说明。

病人本来应该只专注于解决自己的精神矛盾，可是却突然对医生产生了一种特殊的兴趣。他把与医生有关的事看得比他自己的事还重要，于是他不再集中注意自己的疾病。他和医生的关系也开始变得非常友好和善，他还特别顺从医生的话，并对医生极力表示感激。此时，医生往往对病人也会产生好感，并庆幸自己能够治疗拥有这样态度和善的病人。医生也会经常从病人的亲属口中听到病人对自己的称赞。病人认为医生拥有各种美德，因此常常不绝于口地赞美医生。亲属们也经常对医生说："他对于你异常钦佩、异常信任，在他听来你说的话就是真理。"此时可能也会有明眼人插进一句话："除了你以外，他根本不说任何其他的事，总是引述你的话，简直有些令人生厌了。"

医生当时自然很谦逊，他认为病人之所以如此尊重他，一是因为希望他能帮助自己恢复健康，二是因为治疗的过程让病人增加了知识。在这种情况下，分析有了惊人的进步，病人了解医生的暗示，将注意力集中在治疗工作上，于是，当分析过程中需要病人的回忆和联想时，病人几乎很快就能提供出来，而且他的解释十分正确可信。医生感到十分惊奇和高兴，认为病人能够如此愿意接受这些本来深为外界健康人所驳斥的新的心理学观念，简直是太不容易了。分析中存在这种和睦共处的关系，病人的情形在实际上取得进步也不足为怪。

可是这种好天气并不会持续多久，阴霾终于到来了。病人说自己再也说不出更多的东西了，分析开始陷入僵局。我们很容易看出病人对这种工作已不再感兴趣，有时医生叫他说出他随时想到的事，而无须加以批驳，他似乎也听而不闻了。他的行为开始不受治疗情境的控制，似乎他从来没有表示过要和医生合作。此时，即使从表面来看，我们也能很明显地发现他有了一些秘不告人的事情，从而让他的精力分散了。这就是治疗不易进行的情境，之所以出现这种情况主要是因为产生了一种强有力的抗力。那么，这秘不告人的事情究竟是什么呢？

如果我们有了解这种事情的可能，就会发现这个扰乱治疗的原因就是病人把一种强烈的友爱感情转移到了医生的身上，而这种感情又并非医生的行为和治疗的关系所能解释的，这种感情所表示的方式和所要达到的目标会随着两人之间的情形不同而有所变化。假设患者是一个少女，而医生是年一个年轻男子，那么我们就可以想象得出结果了：一个女子经常单独和一个男人见面，又向他谈及心腹之事，而这个男人又占有指导者的地位，那么这个女子对这个男人产生爱慕是很正常的——不过一个神经病女子爱的能力自然略有变态，这一事实可暂置不论。两人之间的情境越是与这个假定的例子不同，则其倾慕之情也就越不容易理解。假如一个年轻女子遇人不淑，而医生也还没有所爱，那么她若对医生有热烈的情感，愿意离婚而委身于他，或愿意与他私相恋爱，这也是可以令人理解的。即使在精神分析以外，这种事情也属常见。可是在这种情境之下，女子和妇人们经常会做出这种惊人的自供，即爱上自己的医生这件事，足以看出她们对于治疗问题是持有一种特殊态度的。她们已知道除爱情之外，再没有什么能够治疗她们的疾病了。事实上，在治疗开始的时候，她们就已经期望能从这种关系上获得实际生活中所缺乏的安慰，而正是因为有这种希望，她们才忍受着分析的麻烦而不惜披露自己的思想，也才如此容易了解那些正常情况下难以接受的事。可是，这种自供状态确实让我们感到惊骇，因为我们所有的估计都化为乌有了。

我们怎么可以在整个问题中忽略了这一最重要的元素呢？事实证明，我们的经验越多，这一新元素也越不能否认。这个元素会改变整个问题，也会抹杀我们科学的估计。就前几次来说，我们可能会认为这不过是分析治疗时的一个意外障碍而已。可是这种对于医生的垂爱即使在最不适宜或最可笑的情境之内也不可免，如老年的女人和白发的医生之间，其实根本无所谓引诱一说，那我们就不能将其看成是意外，而要承认它的确与疾病的性质存在密切的关系了。

这个我们必须承认的新事实，就叫作移情作用，这里指的是病人移情于医生。由于这种情感的起源无法用受治疗时的情境解释，因此我们更怀疑这个情感起源于另一个方面，即这种感情已经事先在病人心内形成了，只是趁治疗的机会才转移到了医生的身上。移情可以有很多形式，可表示为一种热情的求爱，也可采取一种比较缓和的方式。如果一个是少妇，一个是老翁，那么她虽不想成为他的妻子或情妇，却可能想成为他的爱女，力比多的欲望稍加改变就变成了一种柏拉图式的友谊愿望。有些妇人知道怎样升华自己的移情作用，使其有必须存在的理由；有些则只能表现为粗陋的，几近原始的形式。不过这些基本上都是相同的，其起源之相同是有目共睹的。

如果要问这个新事实的范围，就需要再说明一点。比如男性的病人是否也有移情作用呢？事实上，男性也有移情作用，而且基本情形和女性一样。他们同样倾慕医生，夸大医生的品质，并顺从医生的意旨，嫉妒一切与医生有关的人们。移情的升华较多见于男人和男人之间，直接的性爱则较少发生，这就如同病人所表现的同性爱倾向都可表现成其他方式一样。而且男性的病人还有另一种表现方式，即反抗的或消极的移情作用，这种方式初看起来与刚才所说过的正好相反。

移情作用在治疗的开始就存在于在病人的心中，且在短时间内具有最强大的动力。这种动力的结果，如果能够引起病人的合作，将会十分有利于治疗的进行，当然没有人看见它或注意它；与之相反，如果这种动力变成抗力，就会十分引人注目了。移情作用之所以会变成抗力，主要有两种可能：一是爱的引力已太强大，已露出性欲的意味，因此内心就产生了对自身的反抗；二是友爱之感转变成了敌视之感。敌视情感多发生在友爱情感后，并常借友爱情感作为掩饰。如果两者同时发生，那么就可以作为情绪矛盾的好例子了，这种情绪矛盾支配着人与人之间所有最亲密的关系。所以，敌视的感情和友爱的感情都表示出一种依恋之感，就如同反抗和服从虽然相反，其实都有赖于他人的存在一样。病人对于医生的敌视，也可称之为移情，因为治疗的情境并非引起这种情感的原因，所以用这个观点来看消极的移情作用，也符合上面所说的积极的移情作用的观点。

移情作用到底起源何处呢？它给我们造成了什么困难？我们怎样才能克服这些困难？又能因此得到什么便利？这些问题只是对于精神分析法作专门的说明时，才能加以陈述，这里只能稍微提几句。

病人因受移情作用的影响而对我们有所要求，我们自然应该顺从这些要求，如果要怒加拒斥，就未免太愚蠢了。其实，要克服病人的移情作用，不如直接告诉他，他的情感并非起源于现在的情境，和医生也没有多大关系，这只不过是重复呈现了他已往的某种经过而已。于是，我们可以请他将重演化作回忆。这时，我们平常所看成是治疗障碍的移情作用，不管是有爱的还是敌视的，就都可以转变为治疗最便利的工具，被用来揭露心灵的隐事。可是，这种意外的现象还是难免会让你们感到惊异，为了消除你们因此而产生的不愉快印象，我还得略说几句。我们不要忘记，我们所分析的病人的病情还不能说已经宣告终结，它就像生物体一样在继续发展着。刚开始治疗时还无法阻止这种发展，不过当病人接受治疗之后，整个病的进程就立刻朝一个方向集中，即集中于对医生的关系。可以说，移情作用就如同一株树的木材层和树皮层之间的新生层，由此才有新组织的形成和树干半径的扩大。

移情作用如果发展到这个程度，那么对于病人回忆的工作就会退居次要的地位。那时我们所诊治的就不再是旧症，而是一种新创立并经过改造的神经病了。精神分析者可以追溯这个旧症的新版是如何开始的，又是如何发展和变化的，因为他本人就是它的中心目标，所以他比谁都熟悉这个经过。为了适应新起的意义，病人的所有症候都抛弃了其原来的意义。这个新意义就包含在症候对移情作用的关系之内，否则也只有那些能适应这种意义症候才留存而不消灭。如果我们可以治愈这个新得的神经病，就等于治愈了原有的病，或者说完成了治疗的工作。病人如果可以摆脱掉被压抑的本能倾向的影，而与医生保有常态的关系，那么在离开了医生之后，也仍然可以保持健康。

移情作用对于癔症、焦虑性癔症及强迫性神经病等的治疗是非常重要的，因此这些神经病都可同属于“移情的神经病”。不管是谁，如果可以从分析的经验对移情的事实获得一个正确的印象，就不会再怀疑那些在症候中求发泄而被压抑的冲动的性质了；这些冲动都带有力比多的意味。可以说，我们是在研究了移情的现象之后，才更加深信症候的意义是力比多代替的满足的。

不过，我们现在有必要更正之前对于治疗作用的某些概念，以期与这一新的发现协调一致。我们通过精神分析发现，用抗力解决常态的冲突常需要一种强大的推动力来帮助他恢复健康，不然的话，他就可能会重蹈覆辙，让已经进入意识的观念重新降落到压抑之下。这个斗争的结果仅取决于他与医生的关系，而不取决于他的理解力，因为他的理解力不强也不自由，还无法有此成就。如果病人的移情作用是积极的，那么他就会对医生表示尊重、信仰，并深信他的观点；如果没有这种移情或移情是消极的，那么病人就很难去专心倾听医生的论点了。

信仰起源于爱，刚开始是不需要理由的。如果理由是被爱者提出的，那也只是到了后来才加以批判的审查。没有作为后盾理由的爱在支撑，就不足以使病人或一般人受其影响，因此一个人就理智方面来说，也只有当力比多投资于客体时，才有受人影响的可能。因此，我们说，对于有自恋倾向的人们，即使拥有最优良的分析术，只怕也无用武之地。

其实，常人也具有将自己的力比多投射在他人身上的能力，而神经病人移情作用的倾向只不过是将这一通性进行了加倍地发挥。而对于如此重要而普遍的通性，竟没有人加以注意和利用，难道不是很奇怪吗？事实上，早就已有人注意并利用过这一同性了。伯恩海姆就曾以其敏锐的思想将人类的受暗示性作为其催眠说的根据。事实上，他的所谓“暗示感受性”也就是移情作用的倾向，由于他将这种倾向的范围缩小了，所以就没有将消极的移情算在内。不过，伯恩海姆从来没有说过暗示是什么，是怎么起源的。在伯恩海姆看来，这是一个不证自明的事实，根本无法解释。他并不知道暗示感受性有赖于性或力比多的活动。我们必须承认，我们之所以在治疗方法中之所以要放弃催眠术，只是为了在移情作用中发现暗示的性质。

不过，现在我要暂停一下，给你们留一些考虑的时间。我知道大家此时心中已滋生出一种激烈的抗议，如果不给你们机会发表，就难免会剥夺你们的注意力。我想你们一定会认为：“你终于承认自己也像催眠术者那样利用暗示的帮助了。我们一直都这样认为，可是你为什么还要迂回曲折地去追求过去的经验，发明潜意识的材料，解释各种化妆，耗费那么多时间、劳力和金钱，最后还不是在用暗示作为有效的助力？你为何也像那些忠实的催眠术者，是采用暗示的方法来治疗症候呢？如果你认为，用这种迂回曲折方法就能让隐藏在直接暗示之后的，许多重要的心理学事实显露出来，那么谁又能证明这些事实是可信的呢？这些事实难道不也是暗示或无意暗示的产物吗？你难道无法让病人接受你的想法以便对你的思想更为有利吗？”

你们提出的抗议非常有力，我必须给予回答，可是因为时间的关系，今天恐怕不能作答了。那就等下一次再说，有机会我一定会给大家一个满意的答复。

今天我必须要对在开始时所说的话做一个结束。我曾告诉大家，说要借助于移情作用来解释我们对自恋神经病无法收到治疗效果的原因。我只用几句话来解释就足够了，你们由此就可看到这个谜题是如何轻而易举就被破解，各个事实之间是如何相互贯通的了。经验证明：自恋的神经病人不具备移情的能力，即使有，也只是极其微弱。他们之所以离开医生，并不是因为敌视，而是因为不感兴趣。他们不受医生的影响，对于医生说的话不感兴趣，只是冷漠对待。因此对他人能够收效的治疗，如因压抑导致的重复致病冲突，以及对抗力的克服等，对他们却都无法产生效力。他们总是故步自封，常常自动做出一些努力，试图恢复健康，但结果却反而引起病态，对此我们也是鞭长莫及。

通过对这些病人的临床观察，我们可以看出，他们一定是放弃了力比多在客体上的投资，而将客体的力比多转化成了自我力比多。所以，这些神经病与第一组神经病（如癔症、焦虑症及强迫性神经病）是有区别的，他们受治疗时的行为也充分证明了这个揣测。因为他们没有移情作用，所以没有受到我们治疗的影响。

第二十八章 精神分析与心理暗示

大家应该知道我们今天要讨论些什么。我曾承认精神分析疗法的主要治疗效力有赖于移情或暗示。你们曾质问我，为何不利用直接的暗示，从而又引起了一个怀疑，即我们既然承认暗示具有如此重要的地位，那还能保证心理学发现的客观性吗？我曾答应大家对此事做一个完满的答复。

准确地讲，医生在直接暗示时，采用的是明确地告诉病人一些抗拒症候的话语，这些话语之中暗藏了医生的权威。事实上，治疗的过程就是发病的动机与医生的权威之间的一种斗争。在这种斗争中，你无须问这些动机，只需病人压抑它们在症候中的表示。其实，你是否对病人使用催眠术，根本没有什么区别。伯恩海姆先生以他敏锐的眼光，一再认为暗示就是催眠的实质，而催眠本身是一种受暗示的情境，是暗示的结果。伯恩海姆先生喜欢用醒时的暗示，这种暗示与催眠的暗示能够达到同样的结果。

现在我是先讲经验的结果，还是先做理论的探讨呢？我们还是先讲经验吧。

1889年，我前往南锡拜伯恩海姆为师，并将他关于暗示的书籍翻译成德文。很多年以来，我都用暗示在治疗，刚开始用“禁止的暗示”（prohibitory sugestions），后来则与布洛伊尔提出的探问病人生活的方法相结合使用。这样我就能根据各方面的经验来推论暗示或催眠疗法的结论了。

根据古人对于医学的见解，一个理想的治疗方法必须具备三个条件：一是收效迅速，二是结果可靠，三是不为病人所反感。伯恩海姆的方法符合其中的两条，此法收效比分析法迅速，且不使病人有厌恶之感。不过从医生角度来说，这种方法有些单调，因为它不管对于什么病人都是采用同一种方式来阻遏各种不同症候的出现，根本无法了解症候的意义和重要性。这种工作是机械的而并非科学的，有点江湖术士的味道，不过为了病人着想，倒也不必计较。而催眠法绝对不符合理想疗法的另一个条件，因为它的结果并不可靠。有些病能用催眠法，有些病则不能用；有些病用催眠法会收到很好的效果，有些病用此法则收效甚微，至于什么原因，我们也不是十分清楚。

更令人遗憾的是，催眠法的治疗结果无法持久，过了一段时间之后，病人可能还会旧症复发或转变为其他病症。当然那时也可以再进行催眠疗法，不过有经验的人通常会警告病人，劝他不要因多次催眠而失去自己的独立性，把催眠当成麻醉剂，嗜此成癖。反过来说，医生有时候也非常喜欢这种方法，因为实行催眠法后往往可以花最小的力气收到非常好的效果，不过收效的条件仍无法解释。有一次，我曾用催眠疗法医治好了一位女性患者，可是后来她忽然无缘无故地恨起我来，结果病再次复发。后来，我缓和了与她的关系，并重新医好了她的病，可是她却又对我恨之入骨。我还遇到过另外一个病例，病人是位女星，她的病非常顽固，我曾多次解除了她神经病的症候，可是在一次治疗的过程中，她却忽然伸出胳膊抱住了我的脖子。不管你是否愿意，事情已经发生了，所以我们就不得不研究一下暗示性权威的性质和起源了。

以上是关于经验方面的陈述，我们可以看出，抛弃直接的暗示，也可能用其他方法来代替。现在我们结合这些事实，稍加诠释。暗示法的治疗对医生的要求要高一些，而对于病人的要求则少一些，这种方法与大多数医生一致承认的对神经病的看法并不想违背。

医生可能对神经过敏者说：“其实你没有什么病，只不过是神经过敏，我花五分钟和你说几句话，就完全可以消除你所有的病痛。”只是一个最低限度的努力，无须借助什么方法就能治好一个重症，这似乎与我们对一般能力的信仰不太相容。假如各种病的情境能够互相比较，那么从经验来看，用这种暗示法绝对无法治好神经病。不过我也知道这个论点不是无懈可击的，世上突然成功的事情也是常有的。

现在，让我们根据精神分析的经验来具体区分一下催眠的暗示和精神分析的暗示有何不同。催眠术的疗法是想粉饰病人内心的秘密，并不去追究它，而分析法则是将这些隐事充分暴露出来并加以消除。前者为求姑息，后者力求彻底。催眠法用暗示来抵抗症候，只能增加压抑作用的势力，并不能改变症候形成的所有历程。而精神分析则试图在寻找病源所在，然后用暗示来解决其矛盾；催眠疗法让病人处于无所活动和无所改变的状态，一旦遇到发病的新诱因，病人就无法抵抗了。分析疗法则要求病人也要向医生那样努力，以消灭内心的抗拒。如果克服了抗拒，病人的心理生活就会出现持久的变化，有较高级的发展，并具有抵抗旧症复发的能力了。分析法的主要成就就是克服抗力，病人一定要有克服抗力的能力。通常情况下，医生会用一种有教育意味的暗示来帮助病人。因此我们可以说，精神分析疗法就是一种再教育。现在大家应该对分析法的暗示和催眠法的暗示之间的不同之处有所了解了：前者以暗示辅助治疗，而后者则专靠暗示。

由于我们已将暗示的影响追溯到移情作用，因此我们就更清楚催眠治疗的结果为何如此不可靠，而分析治疗的结果为何那么持久了。催眠术是否能够成功，主要决定于病人移情作用的条件，而这个条件是不受我们影响的。一个受催眠的病人，他的移情作用可能是消极的，也可能是两极性的，或许我们可以采取特殊的态度来防止他的移情作用，对此，我们并没有什么把握，而精神分析则直接着眼于移情作用，使其自由发展从而帮助治疗。我们尽量利用暗示力来加以控制，病人便无法再随心所欲地支配自己的暗示感受性，假如他可能会受暗示影响，那我们就会对他的暗示感受性加以利导。

现在你们可能认为：从客观的正确性上讲，精神分析背后的推动力不管是移情还是暗示，都是可以令人怀疑的。我们听到的反对精神分析时提得最多的话就是，治疗之利可成为研究之害。这些话虽然没有什么理由，但我们却不能置之不理。假如它真的有理由，那么就等于说精神分析只不过是暗示治疗术的一种有效的特别变式。而一切有关病人过去生活的经验、心理的动力、潜意识等的结论，也都不用重视了。反对我们的人确实是这样认为的，他们认为我们是先自己设想出所谓性的经验，然后再将这些经验的意义（如果不是这些经验的本身），“注入病人的心灵之内”的。

我们用经验的证据来反驳这些罪状，要比用理论有力得多。所有施行过精神分析的人，都深知我们不能采用这种方法来暗示病人。我承认我们也可以让病人成为某一学说的信徒，即使我们说的是错误的，也能让他们确信无疑。可是我们用这个方法只能影响他的理智，却不能影响他的病症。只有我们告诉病人，他在自己内心寻求之事就是他自己心内所实际存在之事时，他才能解决矛盾而克服抗力。如果医生在推想过程中出现错误，那么在精神分析进行时这些错误会渐渐消失，被正确的意见所取代。我们希望能用一种很慎重的技术来防止因暗示而起的暂时性成功，因为我们并不以第一个疗效为满足，因此即使成功了也没什么。我们认为，如果疾病的疑难没有得到解释，记忆的缺失没有被补填，压抑的原因也没有被挖掘出来，那么精神分析的研究就不能算完成了。

假如结果在时机还没有成熟之前就出现了，我们就要将这些结果看成是分析工作的障碍，而不能认为是分析工作的进步。我们必须要否认已取得的疗效，而继续揭露这些结果所产生的移情作用。精神分析法这个基本的特点，使其完全不同于纯粹的暗示疗法，而其取得的疗效也不同于暗示所得的疗效。在其他所有的暗示疗法内，移情作用都被细心地保存起来，而在精神分析法内，移情作用本身就是治疗的对象，经常被加以剖析和研究。当精神分析有了结果，则移情作用就会消失。如果那时获得了持久的成功，那么这种成功一定不是基于暗示，而是因为病人内心已发生的变化，病人的内心抗力已借助暗示的力量被克服了。

我们之所以要不断与抗力进行斗争，其目的就是为了防止治疗时的暗示产生片面影响，而这些抗力经常将自己化妆为反面的（敌对的）移情。另外，我们还需要注意一个论证，即分析有许多结果，虽然可能怀疑是起于暗示，但事实上用其他一些可靠的材料就能够证明并非如此。比如痴呆症者和妄想狂者，绝对没有可受暗示影响的嫌疑。可是这些病人所诉说的侵入意识内的幻念及象征的转化等，都与我们研究移情神经病人的潜意识所得出的结果是一致的，由此可见我们的解释虽常遭人怀疑，但确实有客观的证据。我想如果你们能在这些方面信赖精神分析，一定不至于出现多大的错误。接下来，我们要用力比多说来阐释一下精神分析疗法的作用。

神经病人既没有享乐的能力，也没有成事的能力。没有享乐能力是因为病人的力比多本来就不附着在具体事物之上，而没有成事能力则是因为病人所能支配的能力都用来压抑力比多，没有多余的能力来表现自己了。假如病人的力比多和他的自我不再有矛盾，同时他的自我又能控制力比多，那么疾病就不会发生了。因此，精神分析的治疗工作就是解放力比多，使其摆脱其先前的迷恋物，让力比多重新服务于自我。可是问题是，一个神经病人的力比多到底在哪里呢？其实这很容易找到。病人的力比多就依附于症候之上，通过症候来满足现下的所有要求。所以，我们的工作就是将这些症候控制住，并消除它们——这也正是病人所求于我们的工作。不过要消灭症候，一定要先追溯到症候的出发点，找出症候发生以前的矛盾，并借用过去未曾用过的推动力，把矛盾引向一个解决的层面或场所。而要对压抑作用做此种考察，就一定要利用引起压抑作用的记忆线索，如此才能收到部分的效果。

移情作用就是所有竞争力互相会合的决斗场。在精神分析疗法过程中，病人与医生的关系是力比多及与力比多相反抗的力量的集中之点。医生将病人症候的力比多剥夺去，于是病人原来的疾病就消失了，取而代之的是一种人工获得的移情作用或移情的错乱。病人的力比多用医生这个“幻想的”对象来代替各种其他的非实在对象。于是，这种对象的转移，就构成了新的斗争，同时借助分析家暗示的帮助，它上升到表面或较高级的心理平面之上，结果化成一种常态的精神矛盾。

由于这个时候避免了新的压抑作用，自我与力比多的反抗便消除了，病人的内心恢复了常态。力比多不会依附在暂时的对象即医生身上，也不会回复到以前的对象之上，于是它就变为自我所用了。在进行分析治疗时，我们所遇到的反抗力，一方面是由于自我对于力比多倾向的厌恶，表示为压抑的倾向；另一方面则是由于力比多的坚持性，不愿离开它以前所依恋的对象。所以，精神分析治疗的工作不外乎两个方面：一是迫使力比多离开症候，而集中于移情作用；二是极力进攻移情作用而恢复力比多的自由。

我们要使这个新矛盾获得成功，就一定要排除压抑作用，使力比多不再逃入潜意识而脱离自我；正是由于病人的自我受到分析家暗示的帮助发生了改变，这件事才有了可能。最理想的精神分析治疗过程应该是这样的：医生将潜意识的材料引入意识，自我因潜意识的消逝而逐渐扩大其范围；医生的教育作用，使自我愿意给力比多以某种限度的满足。自我让少量力比多得到升华，从而减轻对力比多要求的恐惧。精神分析治疗的经过越接近这一理想的叙述，则精神分析治疗的效果也就越大。

如果病人的力比多缺乏灵活性，不愿离开客体，或者病人因自恋而不允许有某种程度的客体移情的发展，那么精神分析疗法就会遇到障碍。治愈过程的动力学可以清晰地表示出，我们既以移情作用将病人的一部分注意力吸引到了我们身上，就应征集已脱离了自我控制的力比多的全部力量了。

我们应该知道，因精神分析而引起的力比多分配，并不能使我们直接推想到从前患病时力比多倾向的性质。假如有一个病人把对待父亲的情感转移到了医生身上，而后病治好了，那我们也不能认为病人患病是因为他对父亲有一种潜意识的力比多依恋。在这里，父亲移情只是作为一个决斗场，我们只不过是在此制服了病人的力比多而已，至于其来源则另有所在。决斗场不一定就是敌人的最重要壁垒之一，而敌人保卫首都，也不一定非要在城门之前作战。只有移情作用再被解体之后，我们才能在想象中推知疾病背后的力比多倾向。

我们现在可以用力比多说来讲讲梦。与过失和自由联想一样，我们往往也可以通过一个神经病人的梦来求得症候的意义并发现力比多的倾向。我们可以从欲望满足在这些倾向中所采取的形式中看出，遭受压抑的是哪种欲望冲动，而力比多在离开了自我以后，又依附于什么客体。因此，在精神分析的治疗中，梦的解释占有非常重要的地位。对多数的实例来说，它也是长期分析的最重要的工具。我们已知道，在睡眠中，对力比多的压抑作用会有一些松懈，此时，被压抑的欲望就会更明白地表现在梦中。因此，研究被压抑的潜意识最便利的方法就是研究梦。

神经病人的梦，其实与正常人的梦在本质上并没有什么不同，两者根本无法区别。对神经病人的梦的解释也可以用来说明正常人的梦。事实上，我们断定神经病与健康的人的区别仅仅说的是白天的状况，就梦的生活来说，这种区别是不能成立的。因此，我们完全可以将关于神经病人的梦和症候之间所得的那些结论移用于健康人。

我们不得不承认，健康的人的精神生活中也有一些因素会导致形成梦或症候。健康人同样可以构成压抑，而且要花费一定能力来维持压抑的力量，在他们潜意识的心灵里也储藏着富有能力的、被压抑的冲动，而且其中的力比多也有一部分不受自我的支配。因此我们可以说，一个健康的人在本质上也可被看作是一个神经病人，只不过他可以加以发展的症候只有梦而已。

事实上，如果你们对于健康的人醒时的生活加以批判的研究，也能够发现与这一结论互相抵触的事实，因为这个看起来健康的生命也有很多琐碎而不重要的症候。

神经质的健康和神经质的病态（即神经病）彼此的差异能够缩小到一个实际的区别，并能由实际的结果来决定，而这个差异可能会追溯到自由支配的能力与困于压抑的能力之间的一个比例。换句话说，它们只是一种量的差别，没有质的差异。这个观点为我们下面的信念提供了一个理论根据，即虽然在体质的倾向之上建立起神经病，实质上也是有接受治疗的可能的。

于是，我们可以从神经病人和健康人的梦的一致性上来推知健康的属性。不过就梦的本身来说，我们可以得到如下推论：第一，梦与神经病的症候有着密切的联系；第二，梦是古代思想的表现形式；第三，梦可以暴露力比多的倾向，以及当时实际活动着的欲望对象。

我们的演讲就快要结束了。大家可能会有些失望，因为我在讲精神分析疗法时，理论占了很大篇幅，而没有提及治疗时的具体情形和疗效。不过我有我的理由，之所以没有提到治疗的具体情形，是因为我并没有想让你们接受实际的训练来施行分析法。而之所以没有提及治疗的效果，则因为存在几个动机。

在刚开始演讲时，我曾再三声明，我们的精神分析疗法在适当的情境下所收获的疗效，绝不亚于其他医学治疗所取得的最光辉的成绩，我甚至还可以说这些成绩是你用其他方法所无法取得的。如果我再夸大，就难免会有人怀疑我是在为自己打广告，借以抵消反对者的贬斥了。在公共集会中，医学界的朋友们也曾经常对精神分析施加恐吓，并说假如将分析的失败和有害的结果公布于世，就能让那些受害的公众明白，精神分析法其实是毫无价值的。我们暂且抛开这种说法中的恶意不说，即使要收集失败的材料用来对分析的结果作正确的估计，也未必是一种有效的证据。大家都知道，分析疗法还很年轻，还有许多需要改进的地方，我们决不能用这种方法最初的结果去衡量其成效的最终标准。

在精神分析的开始阶段，我们曾试图解除病人的症候，但有很多治疗的案例最终都以失败告终。这是因为，对于那些本不适合用于精神分析法来治疗的病症，精神分析家也采用了这种方法来治疗。在不断探索中，我们知道了有些病是不宜选做分析疗法的对象的，比如妄想狂和精神分裂症到了成熟期的时候，分析法就根本无能为力了。不过，早年的失败也并非由于医生的过失，或选择病症的不慎，而是受外界情形的不利影响所致。

我过去只讲了病人内心所不能避免而可以克服的抗力，事实上，就病人所处的环境来说，所有反对精神分析的外界抗力在实际中都是非常重要的。精神分析的治疗与外科手术一样，都必须施行于最适宜的情形之内才有成功的希望。大家知道，外科医生在施手术之前，一定要先进行各种布置，如适宜的房间、充分的光线、熟练的助手、病人亲友的回避等。想想看，如果外科手术在病人家属的围观下进行，他们见你下刀便叫，那还能收到最好的疗效吗？对精神分析来说，亲友们的干涉也是一种强大的抗力，我们有时真不知道如何应付。对于病人内心的抗力，我们常常会严加防备，可是对于这些外界的抗力，我们又如何能防御呢？那些亲友们根本不是任何解释能够说服的，我们既不想对他们撒手不管，又不能将病人心中的秘密告诉他们。因为如果我们对病人亲友据实以告，就难免会失去病人对我们的信赖，病人会认为我们既信托他的亲友，就不必以他为治疗的对象了。

事实上，对精神分析来说，最大的外界压力可能来自于家庭成员。对于有些病人来说，其家属未必希望病人恢复健康，而宁愿他的病情不要好转。如果神经病源于家庭的冲突，那么家中健康的人就会视自己的利益比病人健康的恢复更为重要。我们可以想象一下，如果精神分析暴露了丈夫的罪行，那么他还会愿意让妻子接受治疗吗？丈夫的抗力与妻子在治疗过程中产生的抗力结合在一起，任我们再努力，也不可能达到理想的境界。

我不想多举例，现在只举一个病例。多年来，出于职业道德，我始终不曾提过此事。当时，我的病人是一位少女，她心中始终有所畏惧，既不敢走出家门口，也不敢独居家内。经过不懈的努力，我发现了症结所在：她发现了母亲与一位富人的奸情，并深深为此忧虑。她很不老练地也可能是很巧妙地对她的母亲做出暗示，而暗示的方法是：她改变了自己对于母亲的行为，自称除了母亲之外，没有人可以解除她独居时的恐惧。当母亲要出门时，她坚决不开门。她的母亲曾经患过神经过敏症，到水疗院参观之后，已痊愈多年了。说得更清楚些，她在院内和一男人认识，其后交往过密。而女儿的强烈暗示引起了她的猜疑，她忽然意识到，女儿恐惧的实质了。原来，女儿是想将母亲与其情人隔离开来，使他们不再有相互交往的自由。于是这位母亲决定结束这个对自己有害的治疗，她把女儿送入一处接收神经病人的地方，并声称她是一个

"精神分析的不幸牺牲品"，而我也因此被人诋毁。出于职业道德，我也只好默不作声。几年后，我有一个同事去访问这个患空间恐惧症的女子，告诉我说她的母亲和那富人的交往已成公开的秘密，她的丈夫和父亲也已经默许而没有禁止，但是她的女儿却因为这个"秘密"而牺牲了。

在第一次世界大战爆发后的前几年，各国的病人纷纷前来求诊，使我顾不得别人对我故乡的毁誉。我于是定下了一个规则，凡是在生活的重要关系上，没有达法定年龄不能独立的人，一律不代为诊治。精神分析家本不必做此规定。也许有人认为我是在向病人的亲戚发出警告，认为我为了分析起见，要使病人离开家族，或者只有离家别友的人们才能接受治疗，事实当然并非大家所想。如果病人在治疗时，仍能反抗日常生活所加于他的要求，则对治疗来说是有利的。而病人的亲戚为了避免损害这种有利的条件也应当注意自己的行为，更不应当对医生在职业上的努力妄加诋毁。可是我又怎么能让这些人保持正确的态度呢？我想你们也认为病人接触到的社会气氛和修养程度对于治愈会产生很大的影响。

外界因素干涉了我们的治疗，也使精神分析治疗法的疗效黯然失色！拥护精神分析的人们曾劝我们将精神分析法的成绩做一次统计以抵消我们的失败，我没有同意这样做。因为相比的内容相差太远，而受治的病症又各不相同，那么统计也就失去的价值。况且可供统计研究的时间又太短暂，无法证明疗效是否持久，而就多数病例来说，根本没有做记录的可能，因为病人会对他们的病及治疗要求保密，就算恢复健康后也不愿轻易告人。而那些对精神分析提出反对的人，他们最大的理由是，人类在治疗的问题上是最缺乏理性的，很难指望接受合理论证的影响。新式治疗有时会引起狂热的崇拜，比如科赫初次刊布结核菌的研究成果[1]；有时也会引起巨大的质疑，比如詹纳的种痘术[2]，实际上是天降福音，但仍有人会反对。

下面的例子可以充分说明反对精神分析的人们所持的偏见。我们治愈了一个很难奏效的病例之后，就会有人说："这根本不算什么，时间过了这么久，病人自己就会好起来的。"假如病人已经有过四次抑郁和躁狂的交叠，在抑郁症之后的一个时期内到我这里求治，过了三个星期，躁狂症突然发作了，那么他的亲属和其所请来的名医，就都会把躁狂症归罪于分析疗法。

对于偏见，我们实在无计可施，你们可以看看在大战（即第一次世界大战）中，不管是哪一集团国，不是都对其他集团国存有偏见吗？这时候最明智的做法就是暂时

1 1882年，德国医生罗伯特·科赫（Robert Koch）发现了结核菌。——译者注

2 1976年，英国医生爱德华·詹纳 (Edward Jenner)发明了为人种牛痘的方法预防天花。——译者注

忍耐着，等这些偏见逐渐随时间而消弭于无形。或许某一天，这些人在评断同一件事时，就会用不同于之前的眼光，而至于他们从前的想法是从何而来的，我们就无从得知了。

或许现在反对精神分析疗法的偏见已开始出现缓和的迹象了。精神分析学说的不断传播，许多国家中采用分析治疗的医生日益增加就是一个明证。

在我年轻的时候，催眠暗示治疗法曾引起医学界的怒视，其激烈的程度与现在“头脑清醒”的人们对精神分析的驳斥基本上一样。催眠术作为治疗的工具，确实未能完全如我们的期望，不过我们这些精神分析家或可自称为它合法的继承人，不应当忘记它对我们的鼓励和对理论的启发。同时，我们也不能回避精神分析疗法的负面有害结果。人们所报告的精神分析的有害结果，基本上是局限于病人矛盾加剧后的暂时病象，而矛盾的加剧可能是分析得太呆板，或分析突然中断导致的。你们已了解了我们处理病人的方法，至于我们的努力是否会让他们永受其害，想必你们自己能够做出正确的判断。另外，分析也有被误用的情况，尤其是在荒唐的医生手里，移情作用就是一种危险的工具。但我们并不能因此否定分析法，这就像手术刀一样，它虽然可以导致严重的医疗事故，但外科医生还必须要用它。

我的演讲到此就可以结束了。我想说的是，我感到很惭愧，我在这些演讲中有很多缺点，这并非礼节上的客套，而是发自内心的。尤其抱歉的是，当我偶然提及一个问题时经常会说在别处再进行详述，可是后来又没有实践前约的机会。我所讲的问题，现在还不是终结，而是正在发展，因此我的简要叙述也不够完全。我还有很多地方准备要做结论，可是都还没有进行归纳。不过我的目的并不是想让大家成为精神分析的专家，而只是希望你们能够对精神分析有所了解，并对其产生兴趣而已。

第三篇 3

性学三论

第一章 性变态[1]

在生物学中，人们通常用“性本能”这个专业词汇来描述动物界和人类社会中对性的需求这一现象。

性需求与饥肠辘辘时寻求食物的需求是相同的。但是到目前为止，在现存的词语中，我们尚无法找出一个特别恰当的词语来形容这种类似于饥饿时觅食需求的性需求。不过，人类却自认为很明白这种性需求背后的原因和实质。

通常，大多数人认为人在年幼时并没有性需求，这种需求是在一个人进入青春期后，伴随着个体性发育逐步完善而显现出来的，而且，该需求的最终指向是完成两性的结合，或形成有利于两性结合的条件，因此它只会发生于异性间那种不可思议的、绝无仅有的互相吸引中。不过，众多事实已经向我们证明，上面的说法根本无法立足。如果再仔细想一想，我们不难看出该论点是如何断章取义，且不全面考虑便轻率地做出判断的。

在这里，我们要引入两个词语以便更好地进行科学研究：一是“性对象”，即具有且能够展现出性诱惑的人；二是“性目的”，即性需求或性冲动想达到的结果。

结合上面几点，我们便找到了自己的研究方向：着重关注与性对象和性目的相关的性变态现象，并探究性变态与性正常的区别与联系。

第一节 “性对象”的变异

我们可以经由一个古老的传说来探知一般人是怎样看待性冲动的。据传，初始的人并没有性别差异，大家都同属于一个性别，直到后来产生了男性和女性，才将性别

1 本书中引用的实例多出自于克拉夫特·伊宾（Kraft Ebong）等人的著作，而本书所用到的精神分析法材料，主要来自于我和萨德格尔（Sadger）记录的事实；对此，后文中不再专门进行解释。——原注

一分为二。异性间互相诱惑、互相吸引，在历经多番努力之后再一次融为一体。[1]

此看法一直深入人心。正因如此，当普通人闻知一些男性的爱侣是男性，女性的性伙伴是女性，而非异性时，他们就感到很不理解。为此，我们将此类只爱恋同性，而非异性的人称之为“同性恋者”。若想在表述上更为精准，我们也能够称此类人为“性颠倒者”（inverts）。到目前为止，对于已存的同性恋者数量我们尚无法准确估算，但可以肯定的是，这不会是一个小数目。[2]

一、同性恋（也称性对象的颠倒，性颠倒）

依据同性恋者在性对象颠倒过程中所展露出的不同行为，我们可以将性颠倒者划分为三种类型。

1.绝对的同性恋

此类同性恋者的性对象始终且只能是同性。对于此类同性恋者来说，异性不仅丝毫不能引起他们的性冲动，甚至还可能导致他们对于异性产生反感，基于此反感之上的是，此类同性恋者无法同普通人一样做出正常的两性交合，即使勉强为之，也体会不到任何乐趣。因此，无论如何，异性绝对不可能成为此类同性恋的性冲动对象。

2.双性恋

此类性颠倒者对同性和异性均可能有性冲动，且自身无确切的表征。

3.偶尔同性恋者

当存在一些特别情况时，尤其是在正常的性需求得不到满足时，此类同性恋者能够以同性替代异性为性对象，继而得到性满足。

即便在同性恋人群中，针对于此类特殊性需求也存在着许多不一样的解释。有人认为正如普通人会满足自身的性欲一样，这些性颠倒者对于自己性欲的满足也是无可厚非的，而且理应让他们享受到这种权益。也有人提出，性颠倒现象乃是一种情不自禁发生的变态情形，针对该情形，性颠倒者应该尽其所能消除自身的同性恋行为。[3]

另外，同性恋在病症发作的时间上也有差别。有些人的发病时间可能会早于他能够记事的年龄，也有人在他进入青春期之后才可能表现出来。[4]这些症状也许会

---

1 见《柏拉图对话录》。——译者注。

2 估算同性恋者数量的详细步骤以及在该过程中遇到的阻力可参考希尔什弗德的《性学年刊》。——原注

3 同性恋者在同性恋行为中所表现出来的纠结程度（或者克制同性恋行为的意向），通常将会成为其是否能进行精神分析治疗的决定性指标。——原注

4 就同性恋现象的初发期来说，众多学者认为同性恋者们说的时间往往并不可信。原因在于，在他们的脑海中往往会克制其最初对异性的情感迹象。我们利用精神分析法对同性恋者早期记忆中所忘却的事件或事物进行再次激发，使他们遗失的片段得到补充，从而验证了此论断。——原注

伴随一生，也许会作为人生成长阶段的匆匆过客，在持续一段时间后销声匿迹。还有些人是不停地转换于正常者与性颠倒者之间的特殊人群。但最不可思议的是，一些性颠倒者是这样产生的：他们在自己和异性交合时引发了某种很痛苦的经历，继而转为性颠倒者。一般来说，上述的各种性颠倒行为之间不可能出现互相牵扯的关系。这种牵扯唯有在极为特殊的情形下才有可能出现并一直持续下去，而且通常情况下，处于此类极不寻常状态下的人们对自身的情形都极为满足。

很多研究者往往只是指出上述不同患者之间的区别，却避而不谈这些不同类型患者之间的共同之处，更没有将上述众多情形归纳总结为同一类型，其目的是为了在性颠倒领域研究出区别于他人的成果。但是，无论研究者们如何区别上述各种情形，占据大多数的还是中间人群。因此，人们对这些现象的区分可能反而会给自身的研究工作带来麻烦。

性颠倒的原因

同性恋或许是天生的心理变异所导致的结果，这也是我们谈及造成同性恋的原因时首先就会想到的。治疗者们发现，那些具有同性恋倾向的患者往往来自于那些最初被诊断为有心理疾病，或具有心理疾病患者征兆的人。针对这种想法，我们要对其中的两个因素进行探究和验证，这就是退化（degeneration）和天性。

退化

“退化”本身及其在各个领域的滥用已经遭到了大家的诸多反对。过去，人们对将那些无法归类于创伤性和感染性疾病的原因推给“退化”的做法习以为常，在玛格南（Magenan）对“退化”种类的划分中，就连处于人类最顶端的心智能力甚至也可能接近“退化”的边缘。就该情形而言，“退化”本身已无法再表达其原有的意思，也无法正常运用。起码以下两种情形，我认为不适合被归类于“退化”。

第一，假设所有现象中，过分远离常态的表现尚不多见；第二，假设生活及生存能力仍然保存完好。[1]

下面这些事实让我们确认，若依照以上两种情形进行比对，同性恋者不一定要被归类于“退化”者。

1.相比于普通人而言，同性恋者在别的方面并没有什么不同。

2.在某些心智功能不仅没有缺陷，且在智能和品行人格方面均有造诣的人身上，往往也会出现性颠倒现象[2]。

1 归结为“退化”的诊断，一般来说都没有什么意义，所以不可草率定论。莫比尤斯（Moebius）也认为“纵观所有情形，将某些现象归于‘退化’的做法也是于事无补”。——原注

2 纵观古今，一般同性恋者，甚至绝对的同性恋者往往是一些社会地位特别出众的人。——原注

3.如果我们能放开眼界，扩大思考范围，摆脱来自诊疗经验的局限分析性颠倒现象，就可以得出以下论断，从而避免将此现象归类于“退化”的危险：（1）事实告诉我们，在古代文明帝国的文化高度发展的巅峰时期会产生大量同性恋者，且他们的出现常常被赋予巨大的价值。（2）依布拉赫（Bloch）认为，“退化”一般仅适用于文明高度发展时期，但性颠倒现象却充斥于前文明时期的氏族部落。同样，种族的差异、气候的不同，还有同性恋者在社会中的处境，都会强烈地牵制着这种现象的布局，纵然是处于文明顶端的欧洲也不例外。[1]

本性

如果说“同性恋是与生俱来的”，我们也只是由第一种类型，即“绝对的同性恋”才能推导得出。正如这类性颠倒者所说：“从小时候开始，我就从未用别的形式展露过自己的性兴奋”。而这也是我们上述推论的依据。就“性颠倒现象是与生俱来的”这个论断而言，它仅来自于我们对完全的性颠倒者形成缘由的推断，且该说法的唯一证据也只是来自于当事人自己的说辞。

其实，“性颠倒者与生俱来”的这种说法基本不能说明后两类患者的患病缘由，特别是最后一类。如果我们仍然不放弃此推论，那么必然会引起“绝对的同性恋”与后两种同性恋类型脱节，甚至同性恋这一概念的统一性也将遭到破坏。即使这样，一些同性恋者的成因也不是天生的，而是另有原因。有些研究者认为：“同性恋”仅是某些人的性兴奋在青春期时形成的一种偏好。他们就该论断叙述了以下几点依据：

1. 我们能够看到，数量众多的同性恋（包括某些绝对的同性恋者）在他们之前的经历中都遭到过某种深刻的性画面刺激，该刺激在他们身上遗留下唯一的、难以消退的印象，便是性颠倒偏好。

2. 我们还发现：对于一些同性恋而言，来自于外部的一些奖赏性的和打击性的事件对他们造成了很大的影响。此类事件发生于他们的孩童时代或成人之后，如长时间与性颠倒者共处，互为战友，或服刑期间遭遇同性恋者，考虑到两性交配的不安全，孤身一人，性能力差等，进一步地巩固了他们的同性恋倾向。

3.催眠术能够“治疗”同性恋者这一事实表明，若性颠倒是与生俱来的，该方法也无能为力。

以上三点表明：“性颠倒是与生俱来的”这一说法，很难经得起人们的推敲。我们之所以质疑这种说法的缘由是：若把之前那些被认定为与生俱来的同性恋者的经

---

1 起初所有人都将同性恋看作某种疾病，直到后来，专家们才开始采用人类学的视角来看待它。之所以能有如此过渡，完全得益于布拉赫（Bloch）始终坚信古代文明社会中存在着众多的同性恋者。——原注

历再次拿出来细细推敲，也许能够得出，他们在孩童时代的某种经历会决定他们的原欲[1]走向的结论。虽说他们现在已无法复述这些经历，但是，如果手段恰当，依旧能够唤醒他们的这些记忆（艾里斯也有类似的看法）。就该研究者的分析而言：同性恋是一类社会中多发的异常现象，这种现象不外乎是因为患者在成长的过程中遭遇到一些外界因素的干扰导致的。这位专家的意见看似简明而确定，然而细细推敲，我们会发现：即便有些人在孩童时代曾遭遇过诱奸，彼此手淫等诸如此类性危害的干扰，然而他们在成年之后也没有成为（或至少没有成为）同性恋者。所以，我们必须承认，不管是与生俱来的原因，还是外界因素的干扰，都无法成为说明同性恋现象的唯一原因。

正如上面的分析所说，就同性恋现象的实质而言，无论是与生俱来的因素，还是外界干扰的因素都无法单独而确切地说明这一实质。当我们以“同性恋是天生的”这一理由来说明这种现象时，我们不得不考虑，什么是与生俱来？这种与生俱来的性颠倒包含了哪些方面？否则我们只能相信这一最恶劣的说法：一些人与生俱来的性兴奋，只是针对某一类性对象而言的。

而所谓外界因素干扰的解释，同样也不尽如人意。试想一个人自身并无一点天性的偏好，那么，即使有再多明确而实在的外界因素的干扰，也是无济于事的。

两性理论

继弗兰克·李兹顿（Frank Lydston）、奇尔南（Kier-nan）和柴瓦里尔（Cheralier）等人就同性恋现象的原因提出见解之后，又有人提出了一系列不同的解释。然而不同于以往的那种认为某人非男即女的观点，这是一种绝对与众不同的解释。

研究证明，当我们用生理学的眼光来看待某些人时，会很难区分他们的性别，因为从他们拥有的性器官很难判定他们是男是女。我们将这些同时拥有男人和女人生殖器官的人，称为双性人或阴阳人。而对于一些极其特别的双性人，他们的两种生殖器官都发育得非常良好，我们称他们为完全两性人。

就一般情形而言，双性生殖器官的发展都并不完全。[2]但正是通过该异常情况，我们才在不经意间发现了一般的发育阶段的实质。因此，就外部特征而言，一定范围内的两性偏好是不足为奇的。几乎所有的男性或女性都遗留有异性器官的踪影，只是有的早已转变为能够派上其他用场的物件，有的则附着于身体，别无他用。

这些早为人们所熟知的解剖学理论，会让我们联想到一个模糊的现象：人类在刚

1 原欲在与“性”有关的术语中，指的是在深度的无意识层面里，是性的原始驱动力。——译者注

2 特劳费（Traufi）、纽盖堡（Neugcbauer）针对双性人的生理结构出版了专门的书籍，可供参照。——原注

开始的时候是两性同体，只是在以后的进化历程中不断发展才慢慢变成了单性，在这一过程中，其中的一性因受到阻碍而没有得以发展，仅仅残留下了一些痕迹。人们会自然而然地将上述联想转化到意识世界中，并将同性恋现象看作是双性人的一种意识反应。不过，如果要证实上述假设，我们就不得不去探寻以下事件：同性恋患者无论是心理还是生理方面，必须要能寻找到双性人存在的痕迹。

但是，上述假设都难以站得住脚。事实告诉我们，我们所说的心理意义和生理意义上的双性人，两者之间并无完全的顺带关系。的确，就同性恋而言，我们经常会看到他们出现性兴奋降低的情况，时而还能发现他们在生理方面存在缺陷（艾里斯也有同样的见解），不过，这样的例子也是少之又少，且并不重要。同性恋根本不同于解剖学意义上的双性人，这点我们一定要明白。有些人还刻意去强调一些特别不重要，甚至可以忽略的特征，目的就在于将同性恋患者与正常人区分开来（艾里斯如是说）。

我们必须记得，这些不重要甚至可以忽略的特征，本就可以从异性身上找到。许多人本身就拥有双性的影子，不过他们却没有和同性恋患者一样改变了他们的性取向。如果他们性取向的变化会影响到其心理方面的能力，如导致其显而易见的异性特征和性兴奋的些许变异，那我们必须相信的确存在着心理上的双性人，可事实并非如此。在实际生活中，只有女同性恋者才会发生这类性格上的转变。对于男子而言，即使一些很有男子气概的人身上也时常会发生同性恋的倾向。所以，如果所谓的心理上的双性人真的确存在，那我们就不得不去证实，无论什么时候都不会有例外的情况发生。

同样，就我们所说的心理双性特征也是这样的。不过，就像哈尔班叙述的那样，从表层上看，某人早已消退的异性器官与其身上存在的那些不重要的性特征，这两者之间并无联系。一位专门从事同性恋现象研究的男学者曾经用非常形象的话语概括了以上观点中的阴阳人，他是这样描述的：同性恋是男人的身上装错了女人的头脑。不过，我们还是无法理解到底“女人的头脑”是怎样的。

就如上面所示，用生理学专用词来替换心理学专用词，不仅不准确且有画蛇添足之嫌。此外，克拉夫特·伊宾为此所做的说明看似更为准确，可就本质上来说也差别不大。克拉夫特·伊宾认为，人身上的阴阳特征不仅表现在生殖器官上，还能够通过双性性腺影响大脑中枢，使之在个体成熟阶段形成并刺激男女的两种大脑中枢。尽管上述解释中所说的发育起来的“男女神经中枢”，相比于那位学者所说的“男人与女人的脑子”看似更专业些，其实不然。而且我们尚且不能探知大脑中枢是否也如同言语神经中枢一般，有专门的大脑片区对应着特定的功能。无论如何，综合上面的分析，可以得到以下两点论断：

第一，同性恋自身的确存在着阴阳人的特征，但是，除生理学上的解释以外，我们尚且不能了解它的组成部分。

第二，我们要分析的是性兴奋在发育的阶段中经常遭遇到的阻碍。

同性恋的性取向

那些承认心理双性理论的学者指出，同性恋的性取向恰恰和一般人颠倒，男同性恋者将自己看作女性，认为男人的形态和智慧散发着无穷的魅力，极力想得到男性的抚慰。

纵然此类见解被大多数事实所印证，不过仍不能被视作同性恋患者的标志。难以否定的事实告诉我们，很多男同性恋患者，不仅仪表堂堂，还相当有男子气概，在他们身上几乎找不到异性的特征。同时，他们还成为众多纯天然女人追求的目标。如果不是如此，又该如何理解，从古至今，那些男性性服务者总是以女性为参照，浓妆艳抹，故作娇态，从而取悦那些同性恋者。假设我们承认上述心理双性论学者的见解是正确的，那么看到如此打扮的男妓们，男同性恋者可能就要逃之夭夭了。

在古希腊时期曾流传着这样一种说法，同性恋患者通常是一些最勇猛的男性，他们的性对象是某个男孩，诚然，男孩的男性特征还吸引不了他们，但男孩身上透露出来的那些女孩的娇羞、娴淑、纯真、惹人爱怜却能打动他们。不过，当这个男孩逐渐成熟起来，他不仅不会再被同性恋者当作目标，甚至还可能成为他们中的一员，喜欢上某个同样具有女孩气质的男孩。如上所说，他们的性对象并非只是同性，更多的是拥有双性特质的人。双性特质的人是他们在既渴求男人又渴求女人的挣扎中求得的一种妥协，当然，不管怎样都要有一个前提，那就是这个性对象必须具有男人的体态（生殖器官）[1]。

女同性恋者的情形相对男性来说，则更明朗一些。在女同性恋患者中处于主动地位的人，具有更加明显的男性外形和意识，而她向往的目标也一定充满温柔娴熟的女人味。但是，纵然是这样，只要我们坚持详尽的探寻，依然可以发现巨大的区别。

同性恋的性目的

以下现实是我们必须承认的：就同性恋而言，他们的性目的也千差万别。就男同性恋而言，进行肛交的其实很少，他们多以为彼此手淫为主。对于他们的性目的，人们更愿意将它看作是自恋，而不是异性恋。就女同性恋而言，虽说她们的性目的也很少，但可能主要还是以口交的方式为主。

总结

即使到目前为止，就我们所了解的一切尚不能恰当地说明同性恋现象的根本原因，不过可喜的是，经过上述的一系列分析，我们获得了比完全解释这个现象更有意义的成果：分析问题的视角。

我们发现，似乎早先我们将更多的注意力集中在了性本身与性指向上，而从这些同性恋患者的身上，我们意识到这样的事实：我们应该更全面地看待事实，而不是将所有的精力都用在常态下的性本身和性指向的联系上。由此，我们也意识到原来性本

---

1 循环上演着这种同性恋的现象。其实，正是因为始终拒绝女性才导致了他们对于男性无法自拔的渴望。精神分析学认为性颠倒者并非异类，而且最不赞成的就是将其从大众中单独提出来。就我们所观察到的一些很不明显透露的性冲动，可以看出，每个人都可以将性取向指向同类。其实，这样的做法在我们的潜意识中已被探知。可以说，在我们一般人的现实生活中，对同性的渴望都能够赶得上对异性的爱恋。而对于同性恋患者而言，这一点尤为显著。不仅如此，精神分析学进一步提出，不管是在幼年时期、野蛮时代和古代初期，这种对男女都怀有渴望的性态度，都是一种更为基础的情形。在此基础上，加上发展过程中对其中一方偏好的遏制，最终才出现了后来的普通人和同性恋者。所以，以精神分析学的角度出发去研究某一正常男性只对女性有兴趣的原因，将是一项非常有趣的、有价值的课题。该课题仅凭化学理论是无法解释清楚的。就个人而言，之所以到性成熟阶段才能确定其最终的性取向，这里面肯定有不少因素的影响，而对此我们尚且无法完全探知。这些因素，或是来自自身，或是来自外界；当然某些案例中，往往是一两个因素占据了决定性的位置。

通常来说，人性取向的纷繁复杂已经体现出了影响因素的多样性。就同性恋而言，我们能够观察到，远古人的体质和意识范畴在他们身上起着很大的作用，最明显的标志就是性取向的“自恋”和来自肛门的性取悦。不过，纵然将这种绝对的同性恋者用特殊体质的理由单列出来，自成一类，也无法让我们去更深地认识他们。不过，他们身上的那种表现，在那些转移型和看似性取向正常的人身上也能都探寻到。乍一看，他们之间存在着根本性的区别，不过，我们通过研究便会发现，同性恋者和他们之间只是程度上的区别。至于说导致他们的性取向变化的偶然原因，我们则必须关注一下“阻碍”经历（孩童时期遇到的性挫折和害怕性生活）。还有一点非常重要，那就是其父母是否健在。同性恋现象极易出现在那些在人生初期失去勇猛父亲的人身上。由此，我们必须认识到：性取向的转变和解剖学上生殖器官的模棱两可这两者显然是两码事。即便可能存在着些许联系，更多的时候也是互不关联。

身和性指向是可以分开来说的，或许，性本身和性指向全然没有联系，同样，性冲动的产生也不可能源于性对象的挑逗。

二、性对象是动物或处于性发育期的儿童（所谓的“恋兽癖”或“恋童癖”）

同性恋者除了在性对象上不同于一般人外，其他方面基本上都与一般人无异。不过这一观点却不适用于那些只以儿童（处于性发育期者）为其交配目标的人。很明显，这些人处于一种极为少见的变态状态之下。这些变态者，也许是因为他们自身就是阳痿者；也许是因为他们欲望强烈，但却不能控制自己的欲望，又一时无法寻觅到合适的对象，因此孩子就成了无辜的受害者。无疑，上述变态的状态进一步让我们认识到了性的本质，也让我们观察到了更多的性本能，甚至是这样无耻的本能。相对而言，因饥饿而表现出来的本能则显得正常很多，至少不会为了满足本能而沦落到无耻的地步。至于那些与动物交配的人（其中有很多从事农业生产的人），则不得不让我们有了这样的想法：性欲望如此经不住诱惑，以至于使交配突破了物种的界限。

站在美学的角度上，我们或许很期待将上述性变态行为归结在精神方面存在障碍的患者身上，但是现实却不是这样的。我们必须承认，这些在精神方面存在障碍的患者，其性本能并不一定就会超出正常人或其他的种群和阶级的范围。很常见的例子是：我们时常能听到老师或佣人对孩童进行性侵犯的案例，这是因为老师与佣人接触孩童的机会更多。事实上，仅仅精神方面存在障碍的患者只是在该类事件中显得更为自由和欲罢不能。或许更为病态的是，他们的疾病使得他们更轻松地脱离了普通的性满足。

上述事例又进一步显示出，在关于性的话题中，在精神方面存在障碍的患者和一般人并无太大的差异。同样，这样的事例也有进一步思考的价值。就此，我觉得：即使在正常情况下，高级的意识也难以控制性兴奋。据观察，一个在道德上，或在社会上有精神障碍的人，他的性生活也会有障碍；不过，好多在性生活方面有障碍的人，他们在其他方面（如精神）不仅和普通人差不多，而且也会随着人类的进步而进步，只不过他们的性生活还始终处于落后状态。

由上述的一系列分析，我们可以总结如下：对有些人来说，在很多场合中，性对象早已失去了价值和意义，而性本能中肯定还有很多我们尚未探知的、必要的组成部分[1]。

---

1 在性事方面，古时候的人们和现在有很大的不同：不像现在的人们很注重性伴侣，以前的人们则更多地把性看成是本能的一面，他们认为本能是一切事物的来源，由此他们甚至崇尚一些低等的性对象，而现在的人们则轻视本能本身，仅仅在理想的对象出现时，才有性的冲动。——原注

第二节 性目的的变异

就一般意义上来讲，人们所说的性交的目的大都是指双方性器官的交合，这种交合能够消减人们对性的惶恐，在短时间内，使渴望性的火焰得到遏止（这种方式获得的满足如同饥饿获得食物）。

然而，就算是很寻常的性活动，仍夹杂着些许其他行为；如果不能正常发展，就有可能导致一种性变态，我们称之为性的反常活动。例如，人们在性行为开始和结束后所做的某些如爱抚、注视等预备动作，全部是为了向性目的迈进，此类行为不仅会给双方带来愉悦，还会增加激情，一直会持续到人们达到性目的才终止。亲吻也属于接触的一种形式，接吻时两人唇部的黏膜互相接触。嘴唇本身只是消化道的入口，不在性器官的范围之列，然而在现代，许多国家的人们却认为嘴唇对于性活动有很高的价值。

总的来说，这些夹杂在寻常性活动中的行为已经成了联系性反常活动和正常性生活的纽带，我们在分类时也可以以它为根据。性反常通常划分为两类：1.从解剖学的角度看，性活动时人们运用身体部位的变位；2.在双方一起达到性目的之前，那本该较快完成的具有过渡意义的接触也会被延迟更长时间。

一、生理学上的变化

高估自己的性对象

人们在估价他们的性对象的时候，肯定不会仅仅停留在对方的性器官上（当然极个别的情况除外）。一般来说，一个人不但要关注其性对象身体的全部，还会关注他是否温柔、浪漫等因素。这种高估自己的性对象的现象在心理智商方面也同样会出现，最突出的表现就是人们几乎丧失了判断能力能力，盲目地觉得自己的性对象拥有完美无缺的人格，坚贞高洁的情操，总之眼中除了爱情什么也看不到。这种对爱的盲目轻信，就算不属于服从权威的心理模式之列，也称得上是导致权威的一项很重要的因素[1]。

人们对性对象的高估，导致他们的性目的由原来的仅以性器接触扩展到重视身体

1 由此我们不免会联想起被催眠的人在催眠过程之中对施术者百般服从的情形，而我们也会因此怀疑，催眠术的关键或许就是让接受催眠者的原始欲望在受到性本能中某方面的残忍对待之后，在潜意识之中对使催眠的人产生百般的依恋。——原注

的其他部位[1]，这一点我们可以通过研究男人的性生活得到充分的证明。研究男人相对而言比较轻松，因为女性在这方面遭受过文明的压制，另外还因为女性天性中的喜欢遮掩和撒谎，使她们仍然藏匿于层层帷帐之中[2]。

口唇黏膜的运用

只有一方的口唇或舌头与另一方的性器相触碰的时候，才被称为性反常现象，而双方口唇黏膜的触碰并不属于此类现象。我们把亲吻看成是处于正常性行为和反常性行为之间的一个阶段。当然，人们通过嘴唇与性器接触来获得满足的方式可谓经久不衰，可对于一个厌恶这种方式的人来说，他会因为一想起便会呕吐而拒绝做这种事情。其实人们所反感的事物的界限往往是由人们的习惯决定的，例如一个男人会很激烈地和一位靓女接吻，然而，如果让他使用这位靓女的牙刷刷牙，他就会禁不住作呕；尽管他的口腔不一定会比那个女子的干净，他却每时每刻都使用着自己的口腔而不会有任何不适。

所以，我们所讨论的其实是这样一个问题：此类反感尽管可以阻碍原欲对于性对象的过度评价，却很容易被原欲所毁灭。在作呕的感觉里可以发现一种抑制“性目的”的力量，这样的力量一般不会指向性器官，但在某些特殊的情况下异性的性器官也会成为作呕的对象。这就是歇斯底里症患者，特别是女性患者典型的症状。这种反感通常需要性本能产生的力量来克制（后文中会做详细的论述）。

使用肛门

把肛门作为性目的的现象，由于人们的反感而受到巨大的阻碍，而且其受阻的程度要远远大于口腔黏膜的运用；当然，我这么说并不是要为其辩护。人们之所以会反感这种行为，是因为觉得肛门是用来排泄的，时刻都和排泄物接触，而在我看来，这与患歇斯底里症的女性因男性性器官也兼具排尿功能就对其厌恶不已的情况相比，也好不到哪里去。肛门黏膜在性方面的作用不仅表现在男人之间的性交上，所以对这种行为爱好与否并不能成为判断一个人是不是性变态者的标准。而且，与之相反的是，在这样的情况之下，“娈童”（可以取悦男子的儿童）会变得更加像个女人，而在纯粹的同性恋者之间最容易见到的性目的是相互手淫。

---

1 然而应该明确的是，高估性对象不可能一定会在对所有对象的抉择之中出现。在下文中我们还会用另一个更突出的例子来说明身体别的部位的重要性。对于这些除却性器官之外的其他部位为何会引起人们对性产生兴趣，豪赫和布拉赫曾经解释为“进一步追求刺激”，然而我认为却不是这样，要知道，原始欲望的各部分之间都有很紧密的联系，所以或许会出现从一个部分转向另一个部分的情形。——原注

2 在特殊的情形之下，女性高估男性的可能性几乎为零，然而当她们面对自己的孩子时，却常常会表现出这种过分估计。——原注

身体其他部分在性方面的作用

身体其他部分的重要性在性的角度上扩展到身体的别的地方，不管采用何种方式都很难为研究者带来具有重要意义的信息。而所有的这些方式只有一种用处，就是可以使人们更清楚地认识到，当性本能渴求性对象时会采用所有能够想到的办法。

变位的问题就解剖学来说，不仅是因为对性对象的过度评价，还由于另外一个值得讨论却鲜为人知的事物，即身体的某个地方，如口腔和肛门黏膜，由于人们经常把它们当作性器官使用，因此也经常把它们与性器官等同视之。这样的想法是十分准确的，人们也可以用它来研究某些病症，这一点可以从今后对性本能发展问题的研究上得到证实。

性对象不恰当的替代物：恋物癖

让我们饶有兴趣地是下面这种情景：某些物品替代了性对象，该物品和性对象有关联，但却绝不适合被当作性目标。如果按照我们的方法进行划分，这样的现象其实应该被归为和性对象有关联的“变异”情形，但是，现在只能等到大家对“性的高估”的情形有了一些了解后再进行讨论了，因为该情形是在丢弃了性目标的基础上混合着毫无目的的热情所促成的。

替代性对象的事物常常为身体的一些与性目标没有关联的部位，比如足踝，头发丝等，另外还可能是一些显然和异性有关联且具有浓烈性气息的非生物类的物品，如衣衫的碎块、红色的肚兜等。这些物品可以被用来比作原始人类所崇尚的“物神”，因为神灵的确切模样就是原始人通过这些物品想象出来的。在那些与恋物症距离越来越近的人群中，尽管有的人性目的不太正常，却还不至于十分混乱；如果想要达到他们的性目的，其性对象就得具备一些与众不同的条件，例如必须要有什么颜色的头发，穿某种样式的衣服，身体上必须有伤疤的痕迹等。他们对这些条件的迷恋程度和恋物症相差无几，这看起来的确十分怪异，所以我们对它感兴趣的程度是其他任何一种不正常的性冲动所不能比的。

我们可以推想，这些人一定是在渴求达到一般性目的的过程中遭遇了挫折（性器官的衰弱）[1]。就是一般生理健康的人，也可能会出现此类问题，他们经常会因为高估性对象，而把许多与之有关的问题都作多分的估价。所以，患有某种程度的恋物癖也不算什么怪异的事，特别在刚开始向异性求婚的时候，此时离达到正常性目的还有很

1 这种衰弱通常是指身体上的衰弱，但是通过心理分析的方法可以探知，这种现象也可能是某些偶然因素所致，比如性意识在孩提时代因惧怕心理而遭到抑制，导致一个人扭曲了正常的性目的，继而追逐别的替代物品。——原注

长一段距离。这就如同浮士德说的那样："我对她放在胸前的带着香味的手帕也是那般的迷恋，还有她那滑过双腿的似有若无的纱裙。"

当对物品的迷恋趋于固化甚至彻底替代了一般的性目的，或所迷恋之物和它的主人逐渐没有了关系，而自身变为了性对象，这样的情况才称得上不正常。这一原则可以被用来区分性冲动的微小变异和完全不正常的病症。

人们在孩提时期获得的印象较为深刻的性意识，通常会在对所迷恋的物品的挑选上表露出来；毕耐特（Binet）首先认识到了这个现象。以后我们还要再举出许多事例来论证这个问题。这个问题和俗语"难忘莫过于初恋"的意思有相近之处。人们在对性对象进行择取的时候，即使会遭到引起恋物症的许多因素的限制，然而，孩提时期给他们留下的性意识仍旧会产生很重要的影响。后面我们还会详细地探讨这种意识的重要性[1]。除了这种情形之外，有些人用迷恋的物品来代替性对象的原因，大概来自于一种典型性思维，而这种思维或许连其本人都没有意识到。人们不可能时刻都能掌握引起这种联系的因素。在神话中常常会看到一种非常原始的性的象征，足踝就是这种性象征之一。而人们对于毛皮的性幻想，可能是因为这会让人联想到性器官周围的体毛，这样的象征意义很可能和幼年时的性意识有较大的联系[2]。

二、对暂时性性目的的依恋

新意向的出现

抑制人们达到性目的原因有很多，包括内在的和外在的，比如性能力减退、渴求

---

1 如果我们对精神分析学做进一步的讨论，就会看出毕耐特的理论还不能完全把我们的问题解释清楚。许多在这方面的观测都表明，当一个患者第一次遇见他所迷恋的物品时，该物品一下子就具有了性的色彩，但我们却无法凭借当时患者所处的四周环境，对引起这样的现象的原因做出分析。另外，这些"初期"性意识全产生在五六岁以后。按照精神分析学的理论，我们对这种病态情形是否会在这么晚才第一次形成固定模式产生了质疑。最可靠的解释是：对于患者来说，在初次看见所迷恋的物品之前，在他们的记忆里必定潜藏着已被他们忘却的性意识的发展，而这样的"迷恋物"好比一种可以遮蔽记忆的东西，象征着那段时期的发展。幼儿初期的成长过程中会迷恋一些物品的原因，以及他们会迷恋哪种物品，这很可能于他们自身的体质有决定性的关系。——原注

2 恋物症患者为何会把脚当成迷恋物？我们已从精神分析法上找到答案：像脚和头发这样的部位都带着很强烈的气味，只有一个人完全忽略了这种让人不舒服的味道体验时，才会对它们产生迷恋。而迷恋足部的病患者，恰恰就是把那些脏臭，即散发强烈刺激气味的脚当作其性对象。关于对脚的迷恋，我们可以在幼儿的性启蒙中找到其他一种解释：女性是否具有男性生殖器是幼儿很感兴趣的一个问题，他们会用"脚"来替代那种所谓的生殖器。此外，我们通过探查其他的一些迷恋足部的病例，还认识到了"视淫本能"的影响。那些由短裙底部往上至性器官部位的视淫过程，常常会由于外在的压力或来自自身的控制影响而半途终止，所以，患者的视淫冲动就自然地放在了足部或鞋子的位置，在幼儿天真的心中，女性和男性的生殖器应该是没什么区别的。——原注

性对象的艰难、性活动的风险等，这些原因都具有特别大的驱动力，它会使人们停滞在准备性活动中，而把这些活动转变为新的性目的，并以此来代替正常的性目的。经过研究人们发现，无论这一新的性目的看起来有多么新奇，它都已经早就存在于正常的性生活之中了。

爱抚和目视

如果想要达到一般的性目的，就需要一段时间的爱抚。众所周知，性伴侣之间相互爱抚肌肤会让他们享受到无尽的快乐，使他们感受到不间断的刺激。所以，只要能够完成正常的性行为，那么，在爱抚的过程中所做的停留，就不能被称为不正常的性行为。

视觉上带来的感觉和爱抚在本质上很相似。使人们达到性兴奋最常见的、最一般的方法莫过于视觉感受，人们也经常依靠视觉来选择性对象。这种带有目的性的方式，也促使人们对性对象外表的选择有较高的要求。随着时代的进步，原本用来遮盖身体部位的衣服也变得充满了性意味，所以性对象会经常用无衣物遮掩的部位来博取异性的眼球。假如人们的注意力由性器官转向身体的所有部位，这种心理就充满了艺术性（我们把它叫作“升华作用”）。这里我们看到的是一种居间性的性目的，所有人都不同程度地存在一些喜欢看异性袒露胴体的偏好，这样的方式确实可以把人们部分原欲转化到更高阶段的艺术层面上去[1]。

不过，假如“视觉”的渴求受限于下面的范围，就应当被归类于性反常情形：1.当视觉只停留在性器官上面；2.当视觉超出了一般人应当生厌的范畴（比如偷窥别人上厕所）；3.当这样的视觉感受非但不可能让人达到一般人应有的性目的，反而会抑制性激情的释放。

由我在精神分析领域内探求的结果可知，上述第3项其实指的是那些经常把性器官袒露在外的喜好。导致患者有这种偏好的原因是，他们认为自己这样做了以后，就会诱使其他人也把性器官袒露在他面前[2]。这种对其他人生殖器官的视觉偏好和向其他人袒露自己性器官的性变态活动，是一种非常奇异的状况，在今后要探讨的性变异相关问

---

1 对于这一点我深信不疑，即“美”的概念来源于性所带来的兴奋和刺激，它原来的意思应该是“能激发性感的事物”。德文中的“Reiz”一词具有两种意思，在特定的语境中被解释为“兴奋刺激”，但在日常生活中，则大多被解释为“迷人”“诱惑”。有意思的是，没有人会认为性器官看上去很美观，尽管它是最能挑逗起人们性刺激的。——原注

2 根据我们的研究可以看出，造成这种性反常行为的原因很多。例如，袒露生殖器的偏好和阉割有极其密切的联系：袒露的同时能时刻展现他（男性）自身的性器官的完好无缺，同时也可以使他获得一种看见女人没有和他一样生殖器的天真烂漫的满足。——原注

题中，我们会对此给予越来越多的关注。在这种情况下，性目的会有主动和被动两种表现形式，而促使人们减少窥视症并将之彻底抛弃的动力，大部分来源于人们对其产生的羞耻感（此处的羞耻，就是前面所提到的生厌）。

虐待狂和受虐狂

克拉夫·特伊宾认为性反常活动中有极其重要而又最易见的两种偏好。一种是对性对象造成痛楚的偏好，特伊宾把它称之为虐待狂；另一种是感受性对象给自己带来痛楚的偏好，特伊宾称之为受虐狂。前者为主动，后者为被动。而有一部分人则更偏爱称这些偏好为“痛楚淫”；这个词的意义略显狭窄，它表明在痛楚和残忍的感受中包含着乐趣。而特伊宾所使用的词则含有任意方式的羞辱和屈服所带来的趣味。

一般人身上都很容易看出主动的性虐待来源的根基。众所周知，大部分男性的情欲里面都包含着某种程度的侵占欲和征服欲。从生物学的角度讲，如果一个男性不曾运用和求爱方式不同的方法来征服性对象，他就会感到没有任何趣味，所以，我们所讲的虐待症，其实就是性本能当中具有侵占意味的那部分分离出来并逐渐强大的结果，它是经过“转换作用”而凸显出来的一种形式。

倘若将虐待症这个词语放在平常生活中理解，我们得到的几种意义会存在很大的差异——或是略微积极和放纵的方式，或是非得让对方彻底投降并让他伤痕累累才能够罢手的方式，简直天差地别。严格来说，只有极端的做法方能被冠以性变态的名字。

同样，名词“受虐症”也包含了在性问题中每一个被虐者的被动地位。在那些极其特殊的案例中，受虐者的性欲望得到彻底释放来自于自身受到的种种伤害；这种伤害既包括心理上的也包括生理上的。相比于虐待症而言，受虐症这种性变态行为仿佛更加远离了性这个目标，所以，我们完全可以提出我们的疑问：受虐症的种种表现是原本就存在的？还是虐待症的一个变种呢？[1]

我们很容易看出，受虐症只是一种以自我为目标的虐待症，也就是说，患者把自己当成了性对象。根据对那些比较偏向极端的受虐症患者的研究分析，我们找到了许多相互促进，并停留在原本的被动性态度之上的病症（比如阉割和良知感等）。同前面所提到的生厌感和羞耻感一样，此处要忍受的痛苦感也是抑制原欲的力量。虐待症

1 在经历了一个漫长的阶段之后，我对受虐症的认识已经和以前有了很大的不同。我针对人心结构和能影响人心的各种本能提出了一些假设，在这些假设的基础之上，我认为应该把这种虐待症划分为两类：1.原本就存在的或表现为色情嗜好的受虐症，由此延伸出的是“女性的”和“柔和的”受虐症。2.那些未曾在日常生活当中得到发泄而把自身当作性对象的虐待症，会造成“后续性”的虐待症，叠加在原本就存在的受虐症之上。——原注

与受虐症对于性反常现象的研究有极其重要的作用，这里面所涵盖的关于主动和被动之间的鲜明对照，本就是性活动中经常可见的特质。

这种性本能和残忍行为之间有极其密切的联系，这一点自古以来就是显而易见的事实。至今为止，在对这种联系的说明中，占主流地位的还是“原欲中侵略因素的强化”这一观点。有些学者提出，本能之中所包含的侵略欲，是以前吃人这种习性所残留下来的东西。换言之，这种使对方屈服的情形，同样也可以使个体发展过程之中更深层次的本能欲望得到满足。

同样地，还有一些人提出，每种痛楚都可能包含着快感。而我们的探讨进行到了这个地方也就基本结束了。我们已经意识到，我们还不能对此类性反常现象给予非常完美的说明，这大概是由于还有别的一些心智方面的因素在控制着这些行为。

这种性反常有一个很明显的特殊之处，那就是它的主动和被动两种性质常常体现在同一个人的身上。对于一个在性活动中因为性对象遭受痛苦而获得快感的人而言，他也可以从自身的痛苦中得到快乐。这句话的意思就是说，一个虐待狂其实也是一个受虐狂，只不过一般情况下，他要么是在某个主动的方面，要么是在某个被动的方面表现得更充分，而这种表现就组为了他重要的性行为。

论述到此，我们认识到，许多性反常活动都是以成双成对的形式显现出来的。这一点对于理论研究来说的确意义重大，其重要性在我们会在本书后面的内容中体现出来。到那个时候我们就会知道，虐待症和被虐待症之间强烈的对照，也不全部是侵略欲作用的结果。相反地，我们更倾向于把这种成双成对出现的现象看作两性活动中男性与女性性特征的对比。经由精神分析法，我们可以把它们简化为主动和被动之间的对比。

第三节　所有性变态一致的原则

性变态是不是一种疾病

对于那些专门从事性变态现象研究的医生来说，他们往往会在开始时将该类异常情况当成是一种疾病或退化的表现。不过，相比于以这种想法来看待同性恋，此看法也许更不准确。

从生活常识中我们可以得知，在一定程度上，这样的症状多多少少藏匿于普通人的性生活中，而且同样也能够长时间地彻底代替一个普通人正常的性生活，当然，也可以两者同时存在，互不干扰。在现实中，我们尚不能找到这样一个普通人：除了有一般的性生活外，再不探寻其他一些被视为性变态的附加性生活。那么，既然性变态的界限如此模糊，我们又为何非要给它扣上变态的帽子呢?

在性生活这个领域中，就我们目前的能力而言，还无法准确地将正常的生理差异和变态的现象区分开来，不过，十分吸引人的是：有些时候，这些性变态的性指向会特别出人意料。再者，一些性变态事件与普通情况的差别大得惊人，以至于我们必须将其定义为“病态”。

由观察到的一些特别的案例，我们可知，倘若性自身摆脱了一切束缚（比如羞怯、讨厌、胆怯、苦痛等），便可能发生一系列让人咋舌的现象，例如奸尸、舌触粪便等。不过纵然出现了此类状况，我们也不应该就此认为做出这些行为的人肯定存在着意识障碍或变态。我们在现实生活中很容易看出，不少人除了在性方面存在问题以外，其余的生活都很正常，这是因为“食色性也”中的性是最无法控制的。相反，有些人即使看上去一切正常，也可能会隐藏着一些变态行为。

一般来说，如果某人是性变态，就会被冠以患者的名义，这不是因为他们的性目标不同于他人，而是因为这种性行为是脱离于一般性行为范围的一种表现。如果某人成长的氛围只对性变态的发展有好处，那么一般性的顺利发展就会遭到阻碍，或者遭受打压和挤兑。而该氛围所产生的性变态现象中就不可能再附属于一般性行为（一般的性目标和性指向）。针对这种性变态现象，我们不妨将其命名为“病态”。换句话说，如果一种性变态行为不存在排外性和固定性，它就不能被称为“病态”。

意识能力在性变态行为中的作用

据观察，在一些最让人恶心的性变态行为里，最集中的意识能力往往会对性兴奋的产生起到巨大的作用。事实上，所有这些让人厌恶的案例，无一不是意识能力作用的结果。对这些人而言，性兴奋在性行为中完全释放的妙处绝对是无可厚非的，相比而言，可能再也没有什么性行为能比这些变态行为更好地让我们探知到爱的绝对魔力了。就性而言，它原本就时时穿梭于最顶层与最底层之间（从天堂经人间到地狱），且紧密相连。

两点总结

经过对性变态的分析，我们进一步了解到以下情况：性兴奋不得不常常和那些意识控制能力或障碍进行较量，较量的内容主要集中于羞愧心理和恶心的感觉。大家都明白，这两种意志原本都是控制性兴奋的能力，使其处于一种人们可接受的状况。倘若这两种意识能力在某人的性兴奋壮大起来之前已经有了十足的力量，那么它们就能充分地控制某人的性兴奋，进而促使其性生活走向正规[1]。

除此之外，我们多次强调过：就一些性变态行为，我们仅仅可以从许多因素交互的角度来看待，倘若我们能够对其进行解释或剖析，它必是一类综合性的性兴奋。这无疑给我们透露出一个信息：性本能可能并不是一种成分，而可能反而是由很多不同的部分构成的。其中，可能是某个构成部分的性兴奋，偶然失去综合性兴奋的控制，因而便产生了性变态。通过我们对该类事件的分析发现：完美的普通性生活来自于很多不可见的性兴奋的交互作用[2]。

第四节　心理疾病患者的性兴奋

精神分析

倘若我们要了解这些心理疾病患者的性兴奋，我们的方法只此一种，也只有通过该方法，方能获得一定的结果。或者可以说，如果要完全正确地治疗这些心理疾病患者〔例如歇斯底里症、痴迷性症（obsesion）、无法命名的神经衰弱症（neurasthenia）、精神分裂症（dementiapre-cox）以及臆想症〕的性异常现象，唯有采取1893年由我和布劳尔（J.Breuer）两人共同创造的精神分析法——“导泻法”（Catbartuc）。

在此，我必须重申一下我早年间曾叙述过的一个看法：就我的观察所得，这些心理疾病的形成，皆来源于性本身。不过这并不意味着性兴奋的结果只能造成类似上述的“疾病”。我一再要说明的观点是：性本能是心理疾病唯一且最终的来源。换句话说，性行为异常者的所有、多半或某些性行为都可以在这些心理疾病中表现出来。我也曾说过，这些疾病表现就是患者性生活的反应。其中，最有力的证据来自于我在长达25年的岁月中对于歇斯底里症等心理疾病的治疗。在这期间，我曾详细报道过其中的几个病例，今后，我会继续将它们公布出来[3]。

意识分析的事实说明，歇斯底里症虽仅为一个代替品，却好似最原始的表现着与

---

1 换个角度看，诸如恶心感、羞愧感、道德心等精神控制力的成长，同样有历史的沉淀，它们可能是种群历史进步过程中性生活接受外界控制的结果。我们总会看到这样的情形，一旦这些精神控制力在某个人的发展的历程中接受到来自外界的说教，或是某种力量的刺激，就会开始显现它的作用。——原注

2 我对于性变态性行为本源的看法如下：它的产生类似于恋物癖，在性变态行为正式形成之前，它就已短暂存在过。经由精神分析的事实我们得知，性变态行为源自于没能摆脱俄狄浦斯情结所产生的后遗症，一旦这种情结被压制，一个人原始性中最偏激的那部分将再次显露。——原注

3 心理疾病的发生源自于人本性中的欲望，与人自身对于这种欲望表现时所做的控制之间的、不可调和的矛盾。——原注

之紧密相关的一连串牵动人心的意识世界、期望和意愿。而这些期待以及意愿之所以能造成歇斯底里症，原因就在于某种非同一般的外力的阻抗使得它们沉淀下来，无法在自己的意识世界中得到发泄。

人们将自己的期待和意愿压制在心底，却又因为情感的缘故，不得不将其表现出来，它们经过歇斯底里症的心理作用将其以身体的姿态呈现出来，这就是我们看到的歇斯底里症状。倘若我们能利用一种巧妙的方法，以上述症状为依据，依次倒退，把它送入精神世界，使其情感得到发泄，就能很容易找到这些原本处于潜伏状态中的情感的性质和来源。

精神分析的结果

上述的精神分析为我们呈现出以下结果：歇斯底里心理疾病的表现是抓狂，能量来源则是性兴奋。该结果恰恰印证了歇斯底里心理疾病患者的表现和病因。从歇斯底里心理疾病患者的性格中，我们能很显然看出他们不同于他人的性压抑，也正是因为如此，才使得他们身上的羞愧心理和恶心感对于性的压抑更为严重。所以，他们潜意识中始终不自觉地排斥着有关性的一切，后果自然已见分晓。在一些极其特殊的例子中，我们甚至可以看到，他们意识中基本没有性的存在，且这样的状态会始终延续，直到他们进入青春期。

即使上述情况是我们判断歇斯底里症最明显的标志，但我们在研究初期仍会被歇斯底里症的另一种状态，即对性的过度需求所迷惑。不过，它始终逃脱不了精神分析的法眼。因而，我们看到歇斯底里症实则是两种心理状态的明显较量：一种是强烈的性饥渴，一种是绝对的性排斥。

如此，我们便解决了歇斯底里症的病因这一谜团。歇斯底里症患者最初的犯病期往往处在性成熟期或是受到外界因素影响之时，这是因为此时他们自身的性压抑再也抵御不了强烈的性冲动了。通常就在此时，他需要挣扎于性压抑和性渴望这两者的斗争之中，即使发病，也不代表这种矛盾已经消失。而欲望的释放既是该病的表现，同样也是逃离上述斗争的一种方法。

倘若某人（假设某个男性）患有歇斯底里症，而只因为一次情绪上的轻微变化（其矛盾中心不是有关性的问题）就使他轻易犯病，一定会让很多人大为惊讶。精神分析中早已说明，唯有矛盾中心指向性问题，精神控制力才会失去以往的状态，并可能因此而呈现出病症来。

性变态和心理疾病

那些对我的观点持反对意见的人，也许认为那些从心理疾病中发现的性作用，仅仅是我碰巧遇到的一般性兴奋罢了。不过，多年从事精神分析的经验让我无论如何都无法对此说法表示认同，因为事实证明，这些心理疾病绝不只是（或者不是完全的、肯定的）因为一般的性兴奋造成的。

这些症状体现出的，是那些可以明确地在精神世界或行为中展现出来的，意义更为宽泛的性变态的兴奋。因此，上述心理疾病的表现也可被看作是性异常所付出的代价，或者，可以这样说，心理疾病莫不是性变态背面（被动性）的显现[1]。当然，在我们经历过的各种心理疾病中，性兴奋的各种变化我们都曾见过，它们或是常态下的转变，或是某种性问题疾病。

1.我们能在每一个患有心理疾病的人身上探寻到他对于同性的那种固定的、强烈的性欲望倾向，同时我们还能感觉到他们在精神世界里的性变态。不过因为无法进一步分析、谈论，所以目前我们尚无法对这一点有深切的体会。这里我只想进一步强调，那些患有歇斯底里症的男人，必然有性变态的偏好，且这种偏好会广泛地参与到我们对歇斯底里症的解释中。[2]

2.在心理疾病患者的潜意识中，我们能找到所有生理学上的变异，事实上，正是这种变异造成了患者的各种症状。不过，其中最多的且最主要的偏好，还是想把嘴和肛门当作生殖器官。

3.那种呈鲜明对比且成对出现的欲望，在许多心理疾病的组成成分中同样很显眼。显而易见，某些心理疾病也附带着别的性冲动，例如"视淫狂""露阴癖"以及虐待狂和受虐狂，这些性冲动始终控制着心理疾病患者的某些行为。由爱到恨，从朋友到敌人，都是部分心理疾病的表现，尤其是在那些臆想症中显露得更为出众，它们是被害妄想和欲望的交互作用的结果。

下面我们来看一些奇特的事实，它们会大大增加上述总结的趣味性：1.倘若能在一个人的潜意识中探寻到某种与其对立面结伴出现的冲动，那么就必然能够找到它的敌对力量。换句话说，所有的主动性变态表现背后肯定有一个被动的表现和其相对。例如：某人如果是个有暴露癖的患者，那么他肯定隐藏着"视淫症"；同样，一个

1 性变态精神世界中真实的想象（或许会在适当的时候立刻转成行为）、臆想症病人臆想出来的恐惧（实则来源于自身臆想到他人身上的恶意）、来自于歇斯底里症病人潜意识中的想象（精神分析法从这些病人表现出的症状中研究得出的），三者在所有问题上都相互印证。——原注

2 患有心理疾病的病人往往也伴随着显而易见的性变态，很多案例都显示出他们对异性的情感被彻底抑制了。没错，我最初是因为受到了柏林的W.弗里斯的启发，才开始关注到心理疾病中性变态存在的客观性和一般性的，不过，在此之前，我在很多案例中也看到过这种状况。这种现象到目前为止还没有得到广泛的关注，但其对所有有关性颠倒的理论都起到了至关重要的作用。——原注

藏匿着残害冲动的人，也必然有期待被别人残害这种偏好。这一事实的确让人感到惊讶，不过，在所有的病例中，通常都是两种冲动中的一种起的作用更大。2.在一些特别严重的心理疾病中，我们往往更多看到的是多个变态性兴奋的交合呈现，而不仅仅是某个性变态心理在起作用。虽然在这些疾病中，我们几乎可以看到所有性变态行为的踪影，不过总会有某个行为表现得更为强烈。这些症状使得我们能更进一步地去了解它，揭秘它不为人知的那面。

第五节　局部兴奋与快感部位

在确认了什么是主动与被动并存的性变态以后，我们就可以很容易地理解：原来它们只不过是一批“局部兴奋”。不过，与此有关的讨论尚未就此终结，我们仍能够继续进行。

所谓的“本能”，显然是发自身体却显现于意识的一种内部刺激。不过本能也不同于我们常说的那种来自于某种外界因素所引发的刺激，它是意识世界的产物，与身体遭受的某种外界刺激并不相同。就其本质而言，我们可以假设本能是没有明确含义的，事实上，它也只不过是为测验意识世界而出现的一种测量标尺罢了，至于本能这种兴奋到底是怎样的，它有怎样的独特属性，则需要通过对产生这种冲动的肉体来源和不同目的进行分析才能找到答案。兴奋常常产生于某个遭到刺激的器官，而兴奋要达到的目标便是使得该器官得到放松并解除刺激[1]。

在对本能进行解释时，我想以下的假设也是必须要提及的：人类身体器官内部存在着两种系统，它们因为化学作用不同所产生的感受也不同。其中一种系统能够引起超量的刺激，即我们所说的“性”；它能够波及的身体内部的所有区域，即快感区域，而从这些区域中产生的性，我们称之为“局部兴奋”[2]。

在一些性变态行为中，尤其是用嘴或肛门作为性事的主要器官时，因为快感得到了极大的发挥，几乎使得它们好似生殖器官一样于难以辨别。歇斯底里症的患者在肉体上的个别器官发生如上转换后，还常常明显地伴随着以下现象：这些器官内部皮肤上的神经似乎有了生殖器官的功能，从而达到了正常交合时所具有的快感。

对于歇斯底里症的病人来说，这些附属的性器官（性器官的替代物）所引起的快

---

1 精神分析理论中最主要却又最不成形的就是本能理论，所以我在之后写的《快感原则之外》及《自我及本我》中又对其进行了详细的叙述。——原注

2 暂时很难明确说明此类设想，原因在于它们仅仅是对于某类心理疾病的分析。虽说如此，但我还是需要提及上述设想，否则我将继续不了我对于本能的说明。——原注

感有着特别的作用。不过，这并不意味着对于其他的心理疾病来说它们就很次要。强迫症和臆想症患者的快感区域常常含糊不明，原因在于，就心理意义上来说，发病区域与上述性器官没有任何关系，尤其是强迫症，它的冲动所创造出的性目的好像已经全然脱离了快感区域；然而这并不是事实。举例来说，眼睛是“露阴癖”的快感区域，而在那些以残害冲动为主的性生活中，则是以肌肤为其快感区域。当然，这些案例存在着一定的特殊性，一般而言，唯有肌肤中的一些特定的区域，方能通过一定的转化，或联合周围的黏膜，构成非常的快感区域。

第六节　性变态行为多见于心理疾病患者的原因

经过上述分析，我们或许会对心理疾病病人的性生活产生一些偏见，认为他们的性行为本来就是不正常的，脱离正规对于他们来说也是人之常情。的确，从更广泛的意义上来说，心理疾病患者的身上不仅存在着巨大的性抑制和无法自控的性兴奋，或许还存在着一些特殊的性变态行为。

我们并未从轻度心理疾病患者的研究中找到证实他们有特殊的性变态行为的证据。或者，我们起码可以说，这种特殊的性变态行为对于心理疾病的作用并不大，原因在于，不少病人发病的时间都是在经历了青春期的正常性生活之后。那些隐藏于身体中的压抑正是用来抵抗正常的性冲动的，而某些病症出现的时间推迟，大多是因为性欲无法得到正常的宣泄。在这种情况下，欲望就如前进道路上被阻隔的溪水，只有另辟蹊径，才能滋润周边那干涸的沟壑。因而，尽管不少心理疾病患者身上都能找到性变态行为（都是被动呈现），不过都是因为逼不得已。无论如何，相对于一般人而言，这些病人更需要找到这些干涸的歧路。

其实，能导致某个原来健康的人，后来逐渐发展成性变态的原因有很多：这不仅是他的行动受到了拘束，不能找到健康的性对象，普通的性生活也遭到了打击等外部因素造成的，还是由于他身体内部对于性的压抑所导致的；性变态就是两者共同作用的结果。

事实上，每位心理疾病患者的症状都可能不尽相同。有些患者之所以会产生性异常，是源自于其本性，而有的患者则是像上面所说的那样，是因为欲望在正常的性生活或性对象中得不到满足，便走向歧路，但不管怎样，都可以看出，那些走向极端的心理疾病往往是因为该患者的肉体和精神都指向了同一个偏好。的确，倘若是某个原本身体上就存在异常的人，或许根本无须借助生活中的经验，就可以走向歧路，而某个身体上无异常的人，或许在遭受到一系列的异常打击后，也会患上心理疾病；此说法也基本能够解释那些既源自先天又遭后天作用的病例。

不过，倘若我们依旧不放弃那种较常人而言，在心理疾病患者群中会出现更多性变态的假设，那我们必须着重说明某个快感区域或是一些区域的兴奋。每个人都具有某种与众不同的先天倾向。到底某种心理疾病与某种性变态之间是否存在着某种特殊的联系，我们尚未能进行详细的分析（该研究领域内还有诸多问题尚未得到详细说明）。

第七节　有关孩提时代的性

因为心理疾病病人行为中表现出了大量的性变态意识，这一点得到了我们研究的印证，所以不经意间，性变态的人数多了不少。原因在于，原本现实生活中就存在着很多患心理疾病的病人，再加上正常人和患心理疾病的病人之间无法划出明显的界限，正如莫比尤斯（Mobius）曾说“所有人或多或少都有点歇斯底里症的倾向”，如此我们便能够很容易理解为什么会出现如此多的性变态。它告诉我们，性变态偏好的存在是必然的，它是正常体质所不可或缺的。

我们不时会被一些人问道：性变态到底是天生的，还是如毕内特在研究恋物癖时所发现的那样，是因为偶然的原因促成的？性变态行为中确实存在一些与生俱来的因素，不过它几乎广泛存在于所有人的身上，因为是一类偏好，所以每当受到来自外界的一些影响时，它便会表现得非常强烈，因此，它的强度也不是很稳定。

我们要分析的是某种性冲动因素的天生基因，当时机成熟时，它便能够成长为一种真正的性行为；当处于其他形势之下时，可能就会遭到隐藏的不完全的压抑，为此，它只能用非正常的方式把握性冲动。正常人就处于上述两种极端之间，他们通过有效的自制，达到了 正常性生活的满足。

不过，需要提醒大家的是，我们仅可以在幼儿身上发现那种代表着所有性变态行为的基础；尽管它们在幼儿每一次与性冲动有关的行为中仅有微弱的呈现。倘若我们承认，心理疾病是因为病人仍旧想维持或回到童年的性欲，那么，对于儿童性欲的研究就应该得到关注。为此，我们需要了解儿童在性生活成长历程中的那些外界因素，进一步分析到底是什么原因导致一些人产生性变态行为或心理疾病，而有的人却能够走向常态。

第二章
儿童的性欲望

第一节　前　言

对孩童期的忽视

在人们普遍的认识中，人们在幼儿期时是不会有所谓的性冲动的，性冲动是人成长到青春期时才突然出现的。有这种误解的人不在少数，这主要是由于人们对于性活动基本规律的不了解造成的，而这种知识的缺乏会给人们带来很多不利的影响。然而，假如我们能多视角、多方面地来研究孩童时期的性征兆，也许就会在其纷繁复杂的活动中找到一线思路，从而慢慢发现其源头、组成及变化。但是有趣的是，一些专家在说明成年人性格问题的时候，只把注意力放在我们的祖先身上。他们不知道个人发展有多么重要，却只觉得遗传更具有决定性作用。

事实上，大家都明白，相比于遗传因素，作用于孩童时期的种种因素更能为我们所了解，且更有努力探知的价值[1]。我们偶尔会在某些医学书刊上读到一些与儿童性早熟有关的案例，比如阴茎勃起，自慰和别的一些与性相关的行为。不过人们只将上述行为看作是早发性的意外事故，是咄咄怪事或是骇人听闻的过早堕落，到目前为止，尚无专家分析过孩童时代常态的性生活，很多关于儿童发展的书籍中，当提及孩童性的成长时，总是轻描淡写，或者干脆只字不提[2]。

---

1 其实，倘若无法理解孩童时代某些因素的作用，就无法理解遗传所起的作用。——原注

2 也许这一提法不太正确，为此我特意再次查找了相关书籍，结果证明，此说法仍可保留。关于儿童性欲的一系列研究，无论在物质上还是精神上，还都只是个开端。正如学者贝尔（Bel）所说：“据我了解，到目前为止，尚无哪位学者已经认真研究过年轻人的感情生活。”人们总是将青春期前呈现出来的性视为一种病态，且将其作为一个评判是否为变态的标尺。纵观所有有关幼儿时代的心理学书籍，都找不到特意分析儿童性欲的文字。即使是在“大家”〔普莱耶（Preyer）、巴尔德温（Baldwin）、普雷兹（Perez）、斯特鲁贝尔（Strumpeil）、谷鲁斯（Gros）、海勒（Heler）、苏里（Suly）等〕的作品中也无法看到。不过，他们的确对幼儿时期的性冲动有所发现，但是觉得很正常。普雷兹曾证明的确存在上述现象，谷鲁斯也指出所有人都知道这样的情况：“一些孩子小时候就存在性冲动，渴望触摸到异性。”在贝尔的书中我们还能找到最早发生“性爱”的例子，这发生在年仅三岁半的孩子身上（详见H.艾里斯1913年的作品）。——原注

被完全遗忘的孩童时期

孩童时期的性冲动之所以不受重视，大概是出于以下几点原因：1.由于以往思考方法的局限和作用，专家们基本都在墨守成规。2.到目前为止，孩童时期的意识表现尚无法得到完整的解释，而这是因孩童时代被完全遗忘所导致的。就几乎全部的人（但不是所有人）而言，他们都会忘记孩童时代初期（往往是6～8年）的全部记忆。

即使这样的情况让我们极为迷惑，不过到目前为止却无人对其提出质疑。众所周知，儿童在幼年时都能够有所记忆，且可以如同大人一般呈现出快乐、痛苦等情绪。大人们往往能够从幼儿们的欢声笑语中发现孩子所具备的理解能力和辨别是非的能力。但是当孩子们长大之后，却对这些没有一点儿印象。为何与别的意识行为相比，我们对幼儿时期的印象却如此模糊？我们都相信，幼儿时期是最容易对事物形成深刻印象的时期[1]。而经过对大量的测试者的心理分析之后，我必须得说明：我们觉得那些自己早已忘记的事物，实际上已在我们的意识活动中留下了不可磨灭的印象，这将会成为我们今后发展的基础要素。

由此，我们可以看出，我们根本不可能彻底抛弃童年的记忆，童年的那些印象虽因自身潜藏的压抑作用的影响而偏离了精神世界，但这只是一种遗忘，与成年心理疾病病人的遗忘症相类似。不过，到底是什么原因导致了儿童时期对于记忆的压抑呢？倘若我们可以找到其中的原因，也就能对那些伴随着歇斯底里症的遗忘症进行深入分析了。因此，我们可以十分肯定，这种孩童时期出现的遗忘情形，有助于我们从另一个侧面来对幼儿和患有心理疾病患者的精神状态进行对比分析。我们在前面已经探讨过一个问题：一些患有心理疾病的人的性活动常常和孩童的性意识相类似，有些是在变化了很长时间后，又退回到孩童的状态。由此我们可以判断出，孩童时期的遗忘也许和这一时期的性冲动有关。

研究关于孩童时代记忆的彻底遗忘和歇斯底里遗忘症两者之间的联系，不是在做什么文字游戏。就歇斯底里遗忘症对于印象的抑制效应，我们能够给予下面的说明：一系列存在于病人精神世界的，但却无法提炼出来的往事，因联想之故，与当前精神世界中的某种行为相匹配，以致达到了遗忘的地步。如此一来，那么我们便可以说，是童年时代的遗忘导致了歇斯底里遗忘症。

我一直相信，所谓的幼儿期遗忘症，指的便是人们对于自己幼年时光的印象几乎荡然无存，进而对这一时期性活动的萌芽阶段也没有了任何记忆。而这恰好就是人们不理

1　我曾在《遮蔽性记忆》中探讨了幼儿时期最原始的记忆这个问题。关于这个问题还可以进一步参阅《日常生活的心理分析》的第四章。——原注

解孩童时代对于性活动的重要性的原因。仅凭我一人之力来填补这方面的空白是很吃力的，早在1860年，我就曾经提出，幼儿期在某种程度上对于性生活有重要的意义。自从那时开始，我就花费了大量精力来研究这一问题，多年来从未间断。

第二节　儿童时期性潜伏的始末

参考孩童时代不时显露出来的那些与性有关的活动，再加上心理疾病患者对于自己潜意识中有关孩童时代的模糊叙述，我们就能够大概想象出孩童时代性生活的表现[1]。无疑，儿童的性冲动是天生的，它一直在成长，却突然遇到了抑制，而这种抑制要一直持续到青春期性或当自身的身体素质特别好的时候，方能被打破。对于上述类似折线的成长历程，我们还不能探知到它是否会按照一定的规则发展，它的周期又是什么？不过，这些性行为在幼儿三四岁的时候便很明显地表现出来了[2]。

性压抑

在幼儿这段性潜伏期的全部或一段时间内，他的精神开始压抑性行为，恍若水库的堤坝，将性行为引入更窄的河道。这些精神作用包括恶心感、羞愧感和社会及美感对于它的最高要求。在文明社会中，我们可能会将这些为幼儿设置的“堤坝”归功于教养的作用。的确，教养是起到了相当的作用，不过事实上，这是个人成长过程中的必经阶段。有时，纵然没有教养起作用，这一抑制作用也是注定要发生的。况且，教育要以自身素质为依托才能发挥作用——使得这种压抑更为稳定和彻底。

升华作用和反向作用

对于一个人来说，在其后一直维持自身的素养与常态，将是一个非常艰巨同时

---

1 我坚信，心理疾病的病人在儿童时期的成长与普通人几乎无异，二者只是在现象的强度和明显程度上有所不同。——原注

2 我们在生理学的解剖中，也看到过相似的例子。拜耶观察到，婴儿体内的性器官（例如子宫）和体长的比例通常高于较大的幼儿，不过我们尚无法探知这些内生殖器官在之后退化的原因。哈尔班也发现，所有的生殖器官都是这样的，且这种退化多发于出生后的十几天。那些只用性腺说明“性”的研究者们，经由上述观察，最后发现了儿童性欲和性潜伏。李卜什舒兹（Lipaschschutz）的文章中曾记载到：“以下这种看法可能更符合现实：所谓的青春期的性的成熟其实是早期发展起来的过程的加速，而这一过程起始于孩童时期。”十几岁的这一时期，实际上是人生中的“第二青春期”，而从出生到这一时期可被称作“青春中歇期”。菲林克齐发现，这本书中所记载的解剖学上的发现与心理学上的说法是相符合的。让人遗憾的是，性器官的首次成长高峰期发生于当其还是胎儿时，但是儿童时期的性行为只有在其三四岁时才能被很清晰地观察到。当然，我们不会要求人生理上的发展非得跟上心理的发展。该项目通常将人的性腺作为研究对象，因为动物没有类似于人类的性潜伏现象，所以如果想研究动物的性器官是否也经历过两次快速成长，将会是一件非常有趣的事情。——原注

又具有特殊价值的过程。到底该如何走过这一过程？也许要依靠那些时而处于潜伏状态，时而又有所呈现，但始终未曾消失的儿童期性欲——的确，它所拥有的力量或多或少，甚至完全脱离了本来的用途，而在别的地方发挥了作用。这种能够偏离性目的而作用于其他方面的性能源，被那些专注于人类文明发展史的学者们称作“升华作用”。正是这种力量造成了人类在文化上所取得的巨大成就。再者，还要提醒大家的是，这种升华作用会伴随着性潜伏期而开始贯穿于个人成长过程的始终。

就升华作用的作用过程而言，我们还能够从其他的角度对其进行说明。人类之所以会有性潜伏期，是因为人类生殖能力的延迟，使得儿童时期的性冲动发挥不了作用。而且，儿童时代的性冲动通常只能让人感到难堪，再加上那些发自于快感区域的性冲动，给人带来的体会也并不愉快。随着时间的增长，上述作用慢慢累积起来，便形成了一种反向作用（反向的力量）。而这些不愉快的经历，便是恶心、羞愧感和道德感等精神堤坝建立起来的基础[1]。

潜伏期的中止

潜伏期的中止可以让我们暂且可以不去讨论含糊不清的潜伏期和儿童时代的经历，也无须再徘徊于那些中庸的设想，现在可以把目光转到分析一些现实的问题上来了，那就是，幼儿期性欲的结局是理想抚育所得到的最佳结果。不过，因为人各有不同，所以有时候，某些人的性行为会背离升华作用，明确地显露在外，而有时候，这些性行为在潜伏期仍时隐时现，直到青春期时才全面而激烈地展露出来。

在谈及儿童时代性欲的时候，那些教育家看似赞同我们的观点，实则却仍坚持要想拥有道德，就必须撇弃性欲。这些学者之所以将幼儿时期的所有性行为视为“敌人”，仅仅因为他们无力改变这一切。与他们想法不同的是，我们认为只要我们敢于研究这些让学者们害怕的现象，就肯定能够找到性冲动的真正原因。

第三节　幼儿性欲的表现

吮吸拇指

孩童时期性行为的典型方式就是吮吸自己的手指。我们为什么会这样说呢？具体原因这在以后的章节中会讨论到。对于这样的情景，林达奈（Lindner），这位匈牙利

---

1 这里所指的方向与性本能能源的升华的方向恰好相反。不过，大多数时候，反向作用和升华作用是互不干扰的，升华作用也能够通过更简单的方式完成（详见《论自恋》和《自我与原我》中第三、四、五章）。——原注

的儿科医师曾经在他的一篇文章中做过很出色的解释。处在哺乳时期的婴幼儿常常会有吮吸手指的行为，但有时候这种行为也会发生在成人身上，而且有些人会一辈子保持这种习惯。这种不断重复地、有规律地嘴唇吮吸动作，其目的通常为吸吮营养。然而，手指也并不是固定的吮吸对象，他们吮吸的部位还有嘴唇、舌头等很轻易就能接触到的地方，有时，也有像自己的脚趾那些较难接触的地方。

这种吮吸的过程还会激发幼儿拿取物品的欲望。比如，他们会有节奏地抓挠耳朵，或者抓取其他人身体的某一部位（尤其是耳朵），这类行为的目的与之前所说的吮吸情形的目的是一样的。吮吸能够让人感到无上的快乐，某些时候会让人慢慢地进入梦乡，有时甚至会带来和性高潮相似的那种刺激[1]。在这样的吮吸行为中，还会有身体别的比较敏感的部位（比如胸部和性器官）被触动，大部分幼儿常常会从吮吸手指进而发展到手淫。

林达奈非常了解吮吸行为在性的方面意味着什么，并且公开指出了这个问题，他认为，抚养婴幼儿的家长们会因为他们的孩子吮吸手指而对其进行惩罚，是把这种行为看得和其他那些所谓“性”的调皮行为一样严重。但是许多儿科和神经科的医生们都对这样的看法表示强烈反对，因为他们无法真正理解“性”和“生殖器”二者之间的差别，把两者混为一谈。这样的错误理解会导致我们面临一个难以解答却又必须面对的问题：我们到底该如何识别一种行为是不是性的表现。

我认为，通过精神分析，人们已经能够比较清楚地了解到那些充满性意味的行为发生的原因。这样一来，人们就会自然而然地把吮吸手指这样的行为看成是一种性行为的表现形式。从这个角度，我们就能够对孩童时期性行为的基础性特点有一个研究性的感知。

自体享乐

我认为，我们有责任对自体享乐现象做出一个合理的解释。我们一定要持有这样的观点：这种性行为的一个显而易见的特点就是其对象不是别人，而是自己本身，艾里斯（Elis）把它巧妙地称之为“自体享乐”（autoerotio）[2]。

另外，众所周知，当一个幼儿吮吸自己手指的时候，这意味着他在寻求一些让

---

1 由上所述我们可以看出，就算是处在幼儿期的孩子，这种性活动所带来的满足感就已经可以促使他们更好地进入睡眠当中了，我们也可以把那些过敏性失眠症的病因归于无法得到性满足。我们都知道，那些在性方面不能得到满足的保姆常常会抚摸幼儿的性器官，这样可以使自己比较容易地进入睡眠。——原注

2 其实，艾里斯在这里所说的“自体享乐”这个词，其所涵盖的意义跟我所指的意义并不是完全相同的，艾里斯侧重于讲“自体享乐”是来自于内部而非外部的兴奋，而通过精神分析学，我们认为兴奋的来源并不是最重要的，最重要的是这种兴奋和对象之间的联系。——原注

他难以忘怀的快乐记忆。不断重复吮吸皮肤表层黏膜，本来就十分容易获得性的满足。我们都知道，幼儿在这种情形下幼儿所追寻的快感，以前曾在哪种情形下感受到过——吮吸妈妈的乳头（或者是类似的替代用品），本来是幼儿成长过程中最早感受到的快乐体验，这种体验对于幼儿来说非常重要。

由此我们可以看出，幼儿的嘴唇是可以体验快感的敏感部位，从乳头流出的温暖乳汁确实可以刺激幼儿的神经，给他们带来快感。刚开始的时候这种满足感与获取乳汁的营养所得到的满足感之间有紧密的联系，如果看到一个婴儿心满意足地吃完母亲的乳汁，红红的脸蛋儿露出微笑并很快就满足地进入睡眠，你就会联想到这和一个成人获取性满足后的那种情景有多么相似。

然而，随着幼儿的发育，这种获得性满足的渴求会慢慢与获得营养的渴求分开。在幼儿长出牙齿之后，就不会再以吮吸的方式进食，而是变为咀嚼。从这个时候开始，这两种行为便分离开了。很显然，这个时期的幼儿还不能自理，也不可能适应周围的环境。对于他来说，能替代母亲乳头的只有自己的皮肤，他吮吸自己手指是出于两方面的因素：一是这么做比较方便；二是手指能够成为其他不太重要的快感部位。正是由于这样的敏感区感受到的快感比较微弱，因此在一个人慢慢成长的过程中会被逐渐丢弃而被别的可获得快感的来源代替——这便是别人的嘴唇（“好遗憾！我不能够亲吻自己！”这句话能够较好地说明这段话的意义）。

我们自然会想到，并非所有的幼儿都有吮吸手指的习惯，而对于那些有这样习惯的孩子来说，他们的嘴唇能更敏感地感受快感，这些人长大后常常喜欢亲吻，更有甚者还会产生一种混乱性亲吻的偏好——比如男孩极有可能会喜好抽烟喝酒。然而，如果是潜在的抑制作用占据主要地位，那么这些孩子就将会对进食感到厌烦，引发歇斯底里式的呕吐。这是因为嘴唇为进食和亲吻共同使用的部位，而占据主导的抑制作用会很轻易就影响到进食的欲望。我诊治过的许多女性，她们的症状大都与进食有关联，比如歇斯底里性喉胀感、窒息感、呕吐等，而她们在幼儿时期都常常吮吸手指。

在吮吸手指或类似这样的“为快乐而吮吸”的行为中，幼儿时期的性活动表现出了三个主要特征：其来源与维持生命必不可少的、以获取营养为目的的进食行为密不可分；并不知道有性的对象，属于“自体享乐”；其性目的直接由感触到的快感区控制。我们可以肯定，其他幼儿时期的性行为也有类似这样的特征。

第四节 儿童的性目的

快感区域的特点

对于快感区域的认识，吮吸指头的案例为我们提供了很多有价值的参考，例如：快感区域的组成肯定为身体皮肤组织的某一块，且该区域受到某种作用时，能感受到某种确切的愉悦体验。不过，目前我们尚且没有研究清楚，快感区到底拥有什么特征以至于它会因为某种作用而很愉悦。

当然，这种快感大部分来源于“律动性”的发挥，这不得不让我们联想起抓痒痒的愉悦。不过，我们尚无法说明，上述作用下的感受是否与其他感受不同，而且在这种感受中，“性”又起到了怎样的作用。在心理学中，每当话题涉及“快乐”或“痛苦”，总是无法找到确切答案。为此，每当我们做出一种设想时，就务必要时时保持谨慎。对于“性”带来的感觉，我们暂时尽可以说它是很特殊的，但究其特殊的缘由，只能留待我们以后慢慢探索了。与上述“吮吸指头”案例中所指出的一样，人体总有几个地方对于“性”刺激的感觉非常特别，也就是所谓的“快感”区域。不过，从这个案例中，我们也可推导出：只要有皮肤黏膜附着的部位，就很容易产生快感，因此我们说，上述观点所包含的尺度还是很大的。

经由上述分析，我们可以得知，相比于刺激作用的部位，快感主要是来源于刺激的性质。那些习惯于吮吸指头的孩子，总是通过吮吸身体的所有部位来探寻自己的快感区域，时间长了，他们便能找到自己的快感区域并常常吮吸这些地方。如果在探寻的过程中偶然遇到乳房、会阴周围等较为敏感的部位，那么，快感区域就由此被固定下来了。

在对歇斯底里症的观察中，我们还能看到一些类似于转移作用的情形。因为歇斯底里症自身对性的压抑，导致原本由快感区域所感受到的性冲动转移到了别的部位并替代了生殖器官，从而使得那些理应隐藏起来的现象重新显露了出来。不过，除了上述情况，与“吮吸”案例一样，人体别的地方也能够通过生殖器官性冲动的转移作用变成快感区域，且这些快感区域分布的地方基本都是歇斯底里症状区域[1]。

儿童性欲的目的

儿童性欲的满足通常是通过对于某个特殊快感区域适当的刺激使其达到一定的愉悦，从而完成其性目的的。要想建立起某种“反复”的欲望，这种愉悦必须是之前曾

1 通过大量的观察和一系列分析，我发现人体的所有部位，包括所有内脏在内的器官均能够成为快感区域，具体详见本人撰写的《论自恋》。——原注

经体验过的。我们绝对能够承认，上述事件的完成，绝非是来自于偶然，而是自有其发展的历程。而这种历程，在说到口舌快感区域时我们曾经分析过：人体的口舌也有吸取维持生命所必需的营养的功能。近似于这样的性的过程，我们在讨论别的性刺激时也曾发现过。这种“重复”的性欲来自于哪儿？我想有以下解释：1.附着于某种奇特的焦灼感，且这种感觉挑逗人的欲望；2.在对应的快感区域有来自于精神世界中的某种特殊感觉。

所以，综上所述，性欲的目的，即在以外界的作用为工具去消除那些存在于精神世界但是表现于快感部位的焦灼感，进而达到愉悦的状态；外界作用指的则是近似于吮吸的方法。此外，通过使快感部位发生一定变化的方法，也能从快感部位的周围区域激发出这种欲望，这也没有背离我们所知的解剖学知识。但这里仍有一些疑问：加诸相同部位的相同刺激，为什么既能压抑又能激起那种兴奋呢？

第五节　幼儿的手淫

如果我们已经了解了口舌部位的快感是如何激发的，那么我们就可以此推及身体别的快感部位，所以说，在儿童的性行为研究上，我们已经跨过了最为主要也是最为艰难的一个阶段，往后的研究将会变得轻松一些。我发现，每个快感部位不同于其他部位的最大特点是他们对达到快感所要求的刺激有所差别，例如：口舌部位要达到快感所要求的动作是吮吸，而别的部位则根据其特性运用其他的动作来达到快感。

肛门部位的快感

类似于口舌部位，肛门部位也有别的作用。这一部位使我们联想到很多有关性的东西。在精神分析的过程中，我们发现肛门部位在正常状态下产生的冲动与变化是如此繁多，且这个部位能一直保持一定的性冲动现象，这实在令人吃惊。

在儿童期，肠炎频发常会造成儿童的神经质，不仅如此，这还能引发之后的一些心理疾病，且通常是以胃肠不适为主。在明确了肛门部位在转化意义上的重要作用之后，我们也就不会再因为之前的医学书籍中强调痔疮对于心理疾病的重要影响而发笑了。

幼儿们经常通过以下行为——他们经常会憋着自己的大便，直到非得使劲地运用肛门周围的肌肉方能排出的地步，来享受来自于肛门部位的快感。此时，所有大便同时排出肛门，在很大程度上刺激了肛门周围的神经，这样的做法激发了痛感，然而这痛感中又有平时无法感受的轻松感。如果一个孩子被佣人带去厕所排便，但是他时常不肯当着佣人的面，而是愿意独自一人感受排便的快感，这意味着这个孩子以后的性格会很刁钻，而且有点神经兮兮。这种性格的儿童也许只会在有便意的时候尽情地享受排便的痛快，而丝毫不会在意排便时是否会弄脏床铺。

教育学者们早已意识到，能够随意控制粪便的儿童在性格上是很调皮的。试想一下，那些积累起来的粪便在瞬间作用于肛门黏膜的感觉，与孩童在性成熟后生殖器官上的特殊感觉何其相似，所以儿童的这种做法带有很强的色情意义。上述观察给生育学提供了很好的解释：排便行为意味着“贡献”，将粪便排出很明显包含着放弃，但是憋着不排出，却代表着孩子不甘心放弃，也意味着对外界的抱怨。幼儿经常通过“贡献”的角度去揣度“生育”的意义。通常儿童对于“性”的认识是这样的：人因为吃了某种东西而怀孕，然后在通过肠子“生产”出来。

之所以控制大便原因在于积粪能够作用于肛门黏膜，从而感受快感，实现自慰的效果。为什么精神衰弱的人往往会积累粪便，或多或少也是因为这个原因。无一例外，所有的心理疾病病人都有其自身独有的排便惯用的方法，而且会尽可能隐秘而谨慎地将这些方法保留下来，由此可见肛门部位的重要性[1]。正如我们所见，很多年龄比较大的儿童，会因为意识上或肛门周围的瘙痒而运用指头刺激其肛门部位。

对性器官的自慰

对于幼儿身上的各个快感部位来说，有一个快感区与儿童时期的性体验并没有多大关系，且看似毫不重要，不过在以后的性生活中却注定要成为主角，且这一快感区和排小便有关系，这就是男性的阴茎和女性的阴部。

拿阴茎来说，它时常被包裹于薄薄的包皮之中，只要出现刺激物，便能很轻易地起作用，继而能够在早期激发幼儿的性冲动。这个部位产生快感是很正常的性现象，且在以后也将成长为常态的性行为。因为生理学位置上的特殊性，所以无论是洗澡或接触，还是别的无意的作用（蛲虫晚上对肛门的刺激、不小心接触到女性的阴部），都会很轻易地刺激这个部位。婴儿在被喂奶时就已感觉到自己这个区域的愉悦感，因此一旦再次遭遇这种刺激便能激发其想再次感受这种愉悦感的欲望。

只要稍微留意，我们就能够得知，无论你是想竭力保持孩童的清洁，还是放任他

---

1 L.安得列斯·萨洛姆曾写过一篇有关肛门性欲的文章，在文中他详尽而深入地讨论了肛门快感区。他说，当幼儿第一次遇到来自外界的阻止和控制时（基本是让他们放弃从排出积累的粪便中寻求愉悦），这种阻止将对他们日后的全面发展起到关键性的作用。这也使幼儿首次发现自身的冲动处于一种不怀好意的世界，进而逐渐将本身与外部环境彻底脱离。同样，他也首次通过抑制的力量控制了自己本能的冲动。自此，在他们心中，“肛门”便成了所有恶心和违反正常生活的事物的代名词。肛门和生殖器官绝对不同是普通人的普遍看法，殊不知，它们二者无论是在生理结构还是作用上都很相近，两套组织紧密相连。其实，“对女性而言，性器官仅仅是在那儿租赁了一块地罢了。”——原注

继续脏下去，结果都是相同的。我们坚信，这是自然的作用，正是因为这种每个人都必经的儿童时代的自慰，我们才有了以后在性生活中运用该快感部位争霸的可能。幼儿通常运用手对快感部位进行触摸刺激，或者两条大腿挤压在一起来抚平紧张感，达到快感，进而抗击这种打压本能的力量。女孩更喜欢运用后面这种十分古老的方法，而男孩更喜欢用手来自慰，这也意味着当他们成年时，通常会通过手的抚摸来缓解性兴奋。

儿童自慰的第二阶段

通常来讲，幼儿的手淫时间不会持续太长，不过有的也能持续到青春期，文明社会通常会将这种自慰行为看作是脱离常态的表现，并对其表示不齿。在婴儿期结束之后，性冲动有可能在即之而来的孩童时代中再次出现，然后可能再度被抑制；不过，也有人会一直持续到青春期。整体而言，可能各种复杂的情况都会出现，而我们要做的就是仔细分析个别案例，以期对整体情况做全面的了解。不过，无论如何，儿童第二个阶段的性行为都会在其记忆中留下难以磨灭的印记，它不只对个人性格的形成起着关键的作用，同时对于在青春期后患上心理疾病的患者的病症也起着关键的作用[1]。

幼儿期的性活动通常会被忘记，就连精神世界中对于这一阶段的模糊印象也仅仅是经历了转移作用之后的假象。我以前就说过这个观点，普通人之所以会完全忘记孩童时代早期的活动，是因为孩童时期性的作用。精神分析法能够将那些被忘记的活动从潜意识里提取出来，进而治疗那些潜意识作用下的强迫症。

孩童自慰行为的再现

婴幼儿时期的性冲动会重现于孩童时代，或是形成一种自发的、只有通过手淫方能解除的焦灼感，或是出现一种近似于遗精的现象。上述现象几乎无异于成人的遗精过程，可以无须通过任何动作就得到快感。那种类似遗精的现象通常多发生在童年期后的女孩身上，我们尚不能了解其中的缘由。虽然它并不常见，不过我们仍然能够由此探知其早年有过过度手淫的行为。幼儿时期的性活动显露的并不明显，某些性器官此时尚未发育完全，而各种疾病的症状几乎都发生在临近于生殖系统的泌尿系统上。众多有关膀胱的疾病均隐含着性的意义，那些夜晚遗尿的小孩，要不患有癫痫症，要不就是有类似于遗精的过程。

通过对心理疾病成因的探究，再加上精神分析法的运用，我们能够在很大程度上

---

1 近期，布列拉发表看法称，心理疾病病人心中怀有的愧疚感通常来源于对于性成熟初期的自慰印象，不过这还需要精神分析学的进一步研究。精神分析对此最常见和最重要的一种说明是，自慰表现了幼儿的性欲望，而性欲通常伴随着愧疚感。——原注

说明之所以重现幼儿手淫的内外原因。对于外在原因，我们的观点如下：这个阶段偶然发挥作用的外在原因，通常会对儿童的发展起到关键性的作用。此时，最主要的影响是诱导作用：如果有人亵渎了年幼的孩子，那么这些儿童或许就会因为经不住性冲动的影响而对自己性器官进行自慰，以达到快感。至于内在原因，我们将会在之后进行详述。

当然，大人和其他一些孩子语言上的教唆也可能造成这样的场面。对于这点，我承认在分析歇斯底里症时并没有太过关注它的作用，因为那时我尚未发现一般人在孩童时代或许也会遭遇类似的情形，所以才会过分地注重诱导在性成长中的影响。[1]当然，幼儿性行为的出现或许是在自然的发展过程中，因为自身的原因而出现的，并不一定非得是受到了别人的诱导。

众多性变态行为的表现

需要提醒大家的是，或许因为诱导，幼儿身上会出现许多的性变态行为，这很可能会导致他们的性生活走向异常。这也说明了幼儿自身拥有发展所有行为的能力。孩童时期异常现象的突起并未遇到很大的阻碍，其缘由是压抑这些异常行为的意识能力，比如羞愧感、恶心感及道德方面的约束等（这些能力是伴随着幼儿的年岁逐步增加的）都尚未成熟和完善，需要在成长过程中逐渐发展。

就一个人身上可能存在着一种变态行为的多重表现这一点而言，单纯的女性和幼儿还挺相近的。这些单纯可爱的妇女们的性活动往往是正常的，不过一旦有人对其施以诱导，那么她们便能够在任何性变态生活中得到满足，并将这些变态活动视作常态下性生活的一部分。无独有偶，这种经由多方面表现的异常性行为或与幼儿相类似的倾向也广泛存在于妓女身上，在许多妓女和那些看似清纯实则很妖艳淫荡的女性身上所看到的，让我们不得不承认这种本能的性变态存在的可能性——广泛而普遍地存在于现实的人类当中。

部分的兴奋

不过，若是所有变态行为被归因到诱导这点上，非但不能很好地解释性兴奋的原始联系，甚至还会对这种研究造成阻碍。这是因为它在儿童性兴奋还没有指定其对象的时候，就已为其提供了选择性对象的可能性。不过，我们需要认识到，尽管儿童时期的性行为多是发生在其所能感受到的快感部位，但起初都无法避免地带有以他人为

1 艾里斯以前曾写过一些性生活很健康人士的传记，在书中记载了他们儿时的首次性行为。因为所有人的性生活肯定都会受到儿童时期遗忘的影响，所以这些传记肯定存在着一些不足，不过，我们能够运用精神分析法对其进行修补，因为它们确实很有意义。——原注

性对象的成分，其中诸如偷窥狂、露阴癖等，都不同程度地发生在快感部位之外，然后随着年龄的增长渐渐归入其性行为中。的确，纵然儿童时代的该类行为和快感部位的关系不大，不过往往还是表现得很露骨。孩子与成人最大的不同就是，他们没有羞耻心，不怕裸露自己的身体，特别是显露自己的生殖器。

除了喜欢裸露外，儿童还喜欢做出与之对应的另一种性变态表现——极其想窥视他人的生殖器。这种心理并不是在儿童年岁很小的时候出现的，它出现的时候，很可能儿童就已经有很强的廉耻心了。在诱导的作用下，窥阴癖这一变态行为或许将会时常存在于幼儿的性行为中。

然而，我们对一些健康者以及某些心理疾病病人的孩童时代进行了再现，发现诸如窥阴癖等现象即使没有外界因素的诱导也可能会产生，这在幼儿发展过程中是很正常的。一般情况下，如果幼儿开始将好奇心放在他们自己的生殖器上，出现了自慰的行为时，就会将注意力从别人的身上转移出来。假设幼儿在发展的过程中并没有受到外界的影响，那么也许他就会对周围小朋友的阴部特别的好奇，而因为往往只有在伙伴上厕所的时候才便于窥探，因而这些有着偷窥癖好的孩子们便对其他人的方便行为特别感兴趣，这样的癖好或许会随着年龄的增长而被压抑，不过对于他人（无论男女）阴部的兴趣仍然持续着，并成为一些心理疾病的主要表现。

幼儿性行为中所表现出来的残忍基本和快感部位没有关系。通常而言，那种能够控制自己的行为，且使得该行为不至于太残酷而对别人造成伤害的能力（也称作同情能力），很晚才会得以形成，因此幼儿往往会显得很残忍。据我们了解，目前，尚无人详细研究过此种现象，不过我们依旧能够想象出，上述残忍冲动的出现是因为性生活中展示霸权的需要，它早于生殖器官的完善，且在相当长的时间内存在于性活动中。我们将这一阶段命名为“生殖器官前期”。我们绝对能够肯定的是：那些在和小朋友或动物相处时表现得极为残忍的幼儿，其在幼年时肯定感受过快感部位的极大满足。总而言之，快感部位的行为是每一个幼儿性生活中最主要的。

如果没有同情能力的存在，那么表现欲与幼儿身上的残忍和性冲动便始终交织在一起，并有可能一直伴随着孩子长大。自卢梭《忏悔录》面世后，几乎所有的教育学者都清楚：一个人之所以会成为受虐狂，其中一个原因就是他们在年幼时臀部曾遭到过体罚。教育家们很明确地要求停止对儿童身体的任何部位进行惩罚，因为这可能导致孩子的原欲在发展过程中走上歧路[1]。

第六节　关于幼儿性学的研究

儿童性生活最早出现的时间，一般来说是3～5岁之间。在这段时间里，一种原始的探索与本能的求知欲也会随之而生。而这种求知欲并不能简单地被归结为原始本能，或认为其完全来源于性活动。这时的活动，一部分是在掠夺欲望的提升中滋生出来的，另一部分则产生于自视淫冲动，不过，不管怎样，它还是与性生活有非常密切的联系。从精神层面分析，儿童的好奇心主要来源于性问题，它往往产生得很早，并且又颇为热烈，所以，儿童的好奇心很大程度上就是被性问题所激发出来的。

狮身人面兽之谜能够激起孩子们无穷的探索热情，这种热情并不仅仅停留在理论层面，而是实实在在的兴趣所在。通常来说，如果一个家庭中即将诞生或已经诞生了弟弟妹妹，那么，在孩子们眼中，这都是他们的威胁，他们会瞬间产生一种就要失去爱抚和呵护的不安全感，以至于会表现得越发好奇和多动。当儿童发觉到这点时，随之而来的第一个问题就是婴儿是从哪里来的，而并不是两性之间的区别。事实上，这也正是狮身人面兽给人们出的谜题；尽管世人往往将其歪曲理解，但实际上还原起来也并不困难。在通常情况下，孩子们总会毫不犹豫地接受这个事实，即两性的存在。男孩们则会认为每个人都会拥有和他相同的性器官，他们根本不会想到别人没有这个东西。而当与想象中不同的事实终于呈现在他的面前时，他们的内心会受到极大的震动。男孩们内心会极力挣扎，排斥这个事实，直到经历了一番强烈的内心争斗（阉割情结）之后，他们才不得不接受这一事实。而对于女孩来说，则会因没有阳具而会产生一种心理替代现象，一旦形成性反常时[2]，这种“替代”现象就会发挥很大的作用。

---

1 1905年出版的本书首版中，有关儿童性行为的分析资料大多取自对于成人的精神分析的研究。因为起初我并没有对幼儿进行研究，就从幼儿角度出发也仅能发现少有的几个相互没有联系的观点和想法，直到后来开始接触到一些在儿童时期便患有心理疾病的病人时，我才慢慢发现了幼儿的一些“心理–性欲”（Psycho–sexuality）的存在。让人惊喜的是，正是因为这些观察到的临床资料，再加上精神分析法的研究，为上述谜团提供了明确的依据。同样，1909年发表的《关于一个五岁男孩恐惧症的研究》一文中所提到的幼儿语言发展的最初一年内能够产生性象征（或是用那些非性物件来替代有关性的东西），也让我进一步了解到了一些在精神分析法中没有涉及的现象。为了能够清楚地说明，我将自我享受期和将爱指向性对象两者分开来说，它们表面上看似无法发生于同一时期，实则不是这样。上述的分析中，还有贝尔的观察都证明了，3~5岁的儿童便有通过自己拥有的强烈情感而准确挑选性对象的能力。——原注

2 女孩也会产生“阉割情结”。不论男女，都曾经认为女人原本和男人一样具有阳具，并且会由于阉割而丧失。而男性一旦搞清楚女性天生就没有阳具这一点时，就会忍不住从心底里产生对女性的鄙视情结。——原注

在儿童的理论世界中，他们首先接受的是每个个体都与自己有着同样的（男性）性器官。即使从生物学的角度来讲，女性的阴蒂与男性的阳具样子也的确很类似，但是孩子们从一开始是完全不知道的。如果女孩看到男孩的性器官与自己的不同，她不会像小男孩那样马上就产生抗拒心理，相反她们会很快接受这个事实，并且没过多久，她们就对男孩能拥有阳具而艳羡不已。随着时间的推移，这种羡慕的情愫不断累积，最后她们甚至会希望自己就是个男孩。

很多人都有过类似的关于诞生疑问的记忆，在他们青春期的时候，都对“小孩到底来自于哪里”这个问题有过强烈的好奇心。而关于这个问题的答案真是五花八门，无奇不有。

有人说孩子是从胸口里蹦出来的；有的认为是从胳肢窝底下爬出来的；还有的说是从肚脐眼中钻出来的。[1]如果没有深入分析，我们几乎已经淡忘了自己小时候对于人类从何而来是如何进行研究探索的。小时候，我们总认为一个人是因为吃了某种神奇的东西（就像童话小说中）才会怀孕，随后孩子就会像大便一样产生出来。孩童时期的理论往往使人容易联想到动物界的构造法则，特别是那些比哺乳动物更低等的动物，它们至今都保存着泄殖腔。

很多时候，性行为中的虐待行为主要是产生于大人毫无掩饰的性行为。因为成人往往觉得孩子们单纯无知，肯定不会懂得性的事情，所以往往有恃无恐地在孩子面前进行成人的性行为，久而久之，孩子们脑海中就会对性行为产生深刻的印象，甚至误以为这是一种欺负、侮辱甚至是种虐待行为。从精神层面分析，在幼儿时期的这一印象往往会在以后使其性行为发展成为虐待。同时，孩子们还会经常好奇，性行为到底意味着什么？在他们幼小的心灵世界中，这种好奇就等同于好奇婚姻究竟意味着什么。在他们的脑海中，这个问题与大小便的功能问题是同一个概念。通常来说，孩子们的性理论是通过他们自己的性本能创造出来的，所以，他们的研究注定是不会成功的，并且还会犯下很多非常可笑的错误。

但是，不管怎么说，孩子们的性成熟度已经远远高于大人们的判断。比如，孩子可以发现母亲怀有身孕，并且也能自己找到一个合理的解释。关于他们总听到的“鹳鸟送子”的故事，他们往往持高度怀疑的态度。但是不管怎样，有两件事是孩子们注定不会懂的，即女性生殖器官的存在及男性精液的受精功能，毕竟这些在小孩身体上还不显著。正因为如此，孩子们的想象和推理总是无果而终，最终他们还是对此一无所知。

---

1 在年龄稍大的孩子中有各种关于婴儿如何产生的理论，这里仅举几个具有代表性的例子。——原注

这样久而久之，孩子们的求知欲就会大打折扣。孩子们对性的好奇与探讨总是独立存在的，自从他来到这个世界，他们就从这个问题开始走向独立与自主，并且不断通过自身来探索未知的方向。最初，他们对这个世界充满信任，然而从这时开始，当他们再面对周遭的人和事物的时候，往往总会生出一种被隔离的孤独感。

第七节 性组织的发展期

我们已经强调指出幼儿期性生活的特征包含了下列事实：

第一，从根本上而言，它是从自身寻找答案的，所以属于自体享乐型；

第二，它的每一次“部分冲动”，基本都是各自独立存在的，虽然相互之间没有关联，但都是为了寻求快乐。探寻快乐是引导性活动发展趋势的原动力，最终将达到繁衍后代的目的；这就是正常的性生活。所有的“部分冲动”都来自于一个最重要的快感区，由此会产生一个强大的性组织系统，最终达到向外界的性伙伴产生性需求的目的。

在运用精神分析法研究性发展的过程时，不断遭遇到各种禁忌和干扰，从而证明，部分冲动都有其各自独特的满足方式及实现方式，这样就能构成整个性体系中最为本真的阶段，而这个阶段却往往总是被人们视为多余的。这一阶段的发展过程很容易产生，并且几乎不留痕迹。我们只有从一些病态的例子中，才会发现这个阶段逐渐活跃起来，并且相当显而易见。

性器官前期指的是生殖区尚未承担主要职责的阶段。这一时期有两种最常见的形式，也就是我们能够从远古时代的动物祖先中发现的情形：第一种性器官前期体系是口欲的，也就是说，它同时可能会吞食同类。在这个时期，性活动往往和动物摄取营养的活动是相伴而生的，并且两性之间也并未产生差异化，这两种方式通常是相互混同的。这种性目的是要把对方融入自己体内。

之后，这种原型（prototype）又在同化作用（identification）中发挥了重要的作用，表现为吮吸指头的行为。在这一时期，摄取食物就和性生活区别开了，但是仍保留着自身的一部分以替代外来的对象[1]。

第二种性器官的前期指的是虐待性的肛门性欲体系的产生。在这段时期里，两性

1 关于这一时期在成年心理疾病患者身上留下的印记，可以查阅阿布拉罕（Abraham）的论文，他在文中详细描述了这一点。同时，又在后来的一篇文章中，把口欲期及“虐待-肛门期”进一步划分为两个阶段；这是另一种看法。——原注

已经有了明显的界限，但是依然保留着“主动的”与“被动的”两种类别，而在后期的性生活中发展出来的男性与女性的显著区别，这时还不明显。此时的性活动主要受“支配冲动”的影响，靠全身的肌肉来完成的，而肠道的黏膜快感反倒是次要的性目的了。两性自身追逐的目的并不相同，具有个异性。此外，其他一些自慰形式的“部分冲动”也一直存在着。总而言之，在这个阶段，性的两极分化已经产生了，并且外部的性对象也已经存在了，但是性欲仍仅限于繁衍子孙后代的功能。

矛盾心理（ambivalence）

上面提到的所有性体系都有可能维持终身，并且一直主导着性生活的大部分时间。虐待症的出现，还有肛门区体现出的泄殖腔的作用，都证实了它们的确来自远古时代。此外，我们还能找到它的一个特征，那就是成对出现却又相反的性冲动，即爱恨交织的出现，布留拉曾把这种情况称之为“矛盾心理”，这个称呼非常准确。

提出性生活范围内存在着一段性器官前期的假设并非杜撰，而是通过对心理症进行深入分析之后所得出的结果。毫无疑问，我们能够推测，精神分析以后还会获得高度发展，这样我们就能更加深入地了解什么是正常性功能的结构，以及正常性功能以后的发展趋势。还有一个情况，对于分析儿童性生活来说是不得不提的，那就是对于孩子来说，性对象也是有选择的，这种选择在方方面面都类似于在青春期时对于性对象的选择。

对于孩子来说，他们通常也会把性对象固定在一个人身上，他们对性的所有想象都放在那一个人身上，期望能够从那个人身上实现性目的。虽然这种方式对于儿童来说是模仿青春期的最便利的方法，但是在某种意义上来说，这又与青春期的情况有着很大的不同——在儿童时期，各种“部分冲动”还并未受到生殖区的影响，而事实上，生殖区才是一切性活动的主宰，使子子孙孙能够繁衍下去的情况，是整个性发展的最后一个阶段。

在正常情况下，对于对象的选择期可以分为两个阶段，或者说是两次质的飞跃。第一个阶段是在孩子3～5岁之间，一旦到达潜伏期，就立刻中止了，这一时期的性目的完全是儿童式的。而第二个阶段就不同了，它开启了性生活的明确形式，这一阶段开始于青春期。[1]

1 我的看法在1923年之后开始改变，即儿童发展不仅包括以上两个阶段，还有第三个阶段，也就是性器官阶段。不过这一阶段的性对象只有一种，并且从某种程度上来讲，性冲动也是集中的，与性成熟的最终结果最大的不同在于，它只认识一种性器官，就是男性性器官。所以，基于这种情况，我们通常将这一阶段称之为“男性生殖器期体系”。在阿布拉罕的观点中，这个体系可以参考一个生物学的原型，也就是在胚胎时期，性器官还没有分化并且两性依然相同的时期。——原注因为潜伏期的影响，对象选择往往会分两次出现，这种情况会深入影响最终结果，尤其是病态结果。在孩童时期对于对象的选择往往会影响深远，甚至会永久地保持下去；或者，通常会潜伏一段时间，然后等青春期到来的时候，又重新出现。不过由于这两个时期逐步产生了潜抑作用，所以，即使在青春期也不能获得长久发展。这时的性目的已经变成了性生活中的温情蜜意，变得比较柔和。只有通过精神分析，才能了解到在诸如荣耀感、崇拜之情等这些柔情蜜意的背后，潜藏着源自于儿童时期的部分冲动。因此，对于青春期情感型的对象选择，应该尽可能盖过儿童期时所选择的性冲动对象。因为存在于儿童期的仅仅是种原始的欲望，这与青春期的情感型感情是完全不相关的，所以那时的性生活也无法达到理想的境界，即让所有的欲望都能够归属到一个统一的个体身上。

第八节　儿童性欲的源头

在经历了不断地研究总结与探索之后，我们终于有了如下发现：1.性兴奋是对伴随其他机体过程而产生的满足的模仿；2.性兴奋源自于边缘快感区受到的刺激。3.性兴奋也是诸如窥视冲动，虐待冲动等某种冲动的外部表现，尽管我们并不清楚这些冲动到底源自何处。我们通过两个方面的研究深入了解到了性兴奋永远充满勃勃生机的原因：一方面是运用精神分析法，设法让成年人找回童年的记忆；另一方面是对孩子们做一些现场的测试。但是后一种方法是有弊端存在的，它很容易使我们被观察结果所误导，从而得出一个错误的结论。但同时，精神分析法也有不足之处，即为得到一种研究结果往往会走很多弯路。虽然这两种方法都存在着缺陷，但是综合这两种方法加以运用，会让我们对所研究的问题有更深入透彻的了解。

通过对快感部位的深入研究，我们能够清晰地发现，这些快感区域都是皮肤中最为敏感的部位。当然，整个体表都会或多或少的存在一些敏感区，所以当我们发现很多普通的感觉也与情色相关时，也就没有什么好奇怪的了。在所有感觉中，最为突出的是温度感觉，也许它能帮我们充分了解温水浴的医疗效果。

除了以上提到的几点，我们还有必要讲一下机械性兴奋的某种表现，也就是当身体做机械式规律性的抽动时会使机体变得异常兴奋。通常情况下，这种抽动主要会产生以下三种深度作用：1.对平衡性神经，即第八脑神经前的部分感觉器官的深入影响；2.对皮肤的深度刺激；3.对深层部位的刺激，如肌肉与关节之间的相互作用。通常情况下，这些作用能够激起无限的快感，同时，我不得不强调一点：我们现阶段只能笼统地将这种快感冠以“性兴奋”“性满足”之类的称呼，至于它们的精确含义还有待日后的进一步研究。

孩子们都很喜欢玩一些包含着被动接受动作的游戏，比如被人抱着摇来摇去，或者让人抛在半空中等。只要他们尝试过一次，就会沉迷其中，还会不断要求再来几次，所以我们说，这种机械性的刺激确实能够带来身体上的快感[1]。

通常情况下，正如我们所熟知的，晃动摇篮能够使哭闹的婴儿迅速入睡，而对于年龄比较大的孩子来说，马车或火车中有节奏的摇晃对他们还是很有诱惑力的，这种影响会让很多小男孩在某一时期立志长大后要成为一名驾驶员或马车夫。那个年龄段的小孩对与铁路有关的各种活动和消息都有特别浓郁的兴趣，甚至到了让人无法理解的程度。在青春期之前那个充满幻想的年纪里，他们总会以此作为生命的全部重心，并借此抒发他们对性的全部想象。而这种将坐火车旅游与性生活相结合的想象，大多源自于节奏感的影响所带来的身心愉悦。但随着年龄增长，这种潜抑作用不断增大，使无数童年的美好幻想转化成了厌恶的情愫。所以，明明还是那个喜欢火车旅行孩子，当他成为青年或成年之后，再次面对列车摇晃或旋转时，就会感到恶心甚至会引发呕吐。火车上的漫长旅途会令他们身心疲惫，而不再是一种愉悦的享受，他们甚至会在刚一上火车时就有一种莫名的焦灼感，这种感觉被人们称之为顽固的“火车恐惧症”。

总之，他们绝不希望让那种痛苦无助的感觉再现。

这种情景的出现还印证了一个我们尚不能完全明了的事实，即这种对机械晃动的恐惧，往往会与那种深藏于内心深处歇斯底里式的创伤性心理症同时发作。关于这一点，我们可以这样假设：这些患者内心深处本就潜藏了很多性兴奋，所以很难承受哪怕一点点儿可能会转化为性兴奋的外部刺激。一旦强制性的接受这种刺激，他们的性机制就会瞬间陷入一种混乱当中。

大家都知道什么是肌肉的活动，当然孩子们也需要较为激烈的肌肉活动，而且这种需要一旦得到确实满足，他们就会感到异常的兴奋和喜悦，而这种感觉是否真的与性活动有关？这种快感是否真的涵盖着对性欲的满足？或者真的能够促使性的兴奋？

面对各种疑问，很多人都曾经以批判的眼光讨论过这个问题，甚至还有人认为那种被动接受的快感中确实包含有性的成分。然而事实是否真的是这样？有很多人曾经说过，他们人生第一次开始觉得性器官兴奋，是出现在和伙伴们打架、玩闹甚至摔跤

---

1 直至长大成人后，还有部分人始终记得，作为孩子的他们在被摇晃时所感受到的，那种流动的空气接触到性器官后所引起的一阵阵的性快感。——原注

当中。可以这样分析，在这些场合中，这些人不仅要全身肌肉高度紧张用力，并且还有与对方的肌肤进行亲密接触和摩擦，这些因素都是可能产生性兴奋的原因。对于一个孩子来说，如果他特别喜欢和另一个孩子比谁的力气大，那就说明他成年以后对待异性时，也会像他当年对待同性一样争强好胜，喜欢斗嘴，他选择的目标对象就是童年的那个玩伴。

俗话说得好，“最喜欢嘲笑你、捉弄你的人，也许恰恰是最喜欢你的人。”通过对肌肉活动的深入研究，我们从性兴奋中分析出了产生虐待倾向的根源所在。

幼儿打架往往与性兴奋息息相关，这也会对他们日后处理性冲动的方式产生深刻影响，也就是说，他们在以后解决性冲动的时候，往往也会喜欢采用一种和打架相类似的方式[1]。

通过各种现场观察和事后的深入探查，我们能够清楚地得出这样一个结论：很多强烈的情感活动，甚至惊恐万状，恐怖等情愫，都与性活动息息相关。这个发现可以帮助我们深入了解这类情感的病态特征。一般说来，学龄儿童都会对即将来临的大考心生畏惧，甚至连做习题也感到为难。当这种情绪在他们内心不断积累到无法承受的地步时，就会表现出各种异常：不仅在学校无法与别人好好相处，在性方面也会出现状况。在这段时间里，他们通常会被一种莫名的兴奋感所驱使，而情不自禁地抚摸自己的性器官，甚至还会出现类似遗精的情况，把自己搞得很难堪。孩子们的这些异常表现经常会令教师们感到很茫然，此时就应该地从孩子最初萌发性欲的方面加以认识和深入研究。正如很多人感觉到的那样，很多情愫都包含着性兴奋的因素，例如恐惧、颤抖、恐怖等，所以，这也是很多人反而很享受这种感觉的原因。不过，很多时候这些感觉的产生都必须被控制在一个安全的范畴内，我们称之为“安全的距离”，比如在读书时产生的幻想，或者在戏院里欣赏戏剧。在这种“距离”中，大部分要求痛苦感觉的想法都会受到压制。

能够想象，在上述现象中，都有一种以寻找强烈的痛苦感为归属的情色冲动，虐待与被虐待等冲动正是源自于此。而对于正常人而言，微小的痛楚才能让他们感到满足的条件，不然，就是在小说、电影中通过幻想来释放冲动。

最后一种可能产生性兴奋的活动是智力活动。当一个人冥思苦想，将所有精力都放在智力活动上，也同样能产生性兴奋。这种情形对年长者及年轻人均适用，但是多

---

1 通过对很多心理病例的深入分析，可以证明很多运动当中产生的快乐感都与性相关。很多现代教育家就是依据这个道理来极力引导年轻人去参与竞赛性的运动，用以转移年轻人对性的关注的。也就是说，这些年轻人用运动产生的乐趣来取代了性的乐趣，久而久之，就使性活动回归到了自体享受阶段。——原注

发生于年轻人群身上。而我们经常提到一个人如果用脑过度，就会表现为精神紧张，也是同样的道理。

在本章内容即将结束时，如果让我们一起来追溯下能引发孩童性兴奋的各种原因，我们就会发现一个普遍规律，那就是，性兴奋的过程必须通过一些动作才能够完成；当然，对于性兴奋的性质，我们还一直不得而知。这一规则可以通过皮肤及感觉器官对性兴奋的感受得到证明，我们将身体中最容易兴奋，反应最快的部位称之为快感区，至于性兴奋到底有哪些来源，则要根据刺激的性质来定。但是，根据刺激的强弱或痛苦的程度不同，其重要性也是不相同的。

除此之外，如果体内的大多数生理活动的规模足够大，那么同样也能附带着引起性兴奋。我们所提到的性活动中的“部分冲动”，主要来源就是这些性兴奋的内部源头，或者也可能是由这些内部源头及快感区域几个方面共同构成。人体所有重要机能都可能会在性冲动的形成中起到一定的作用。

出于以下两点考虑，目前，我还不能证明自己的看法绝对准确无误。这两点指的是：第一，我所使用的还不是目前为止最新的研究方法；第二，我们还未能彻底了解性兴奋的本质。但是无论如何，我们都该在此强调一下，会在未来获得极大发展的两个方面。

以上通过对快感区的形成做了深入讨论后，我们可以发现，性构造的多样性可能是与生俱来的，性兴奋的间接来源也是如此。可以这样设想，虽然各种来源可能作用于每个个体，但是性构造的每个因素在每个人身上作用的强度却不是一样大的。对于每个人的发展而言，都有其特殊的侧重点[1]。

如果我们抛开惯常使用的比喻，不再使用性兴奋的来源一词，我们就能得出这样的结论：所有能够从身体其他功能导向性活动的路线或通路，逆向也能走通。例如嘴部，就是两种功能同时存在着，即可以通过对食物的摄取来达到性的满足；相反，在同一个区域的性功能一旦有了障碍，也会反过来影响营养的摄取。同样，据此我们也可找到注意力集中能够造成性兴奋，而性兴奋的程度又可以反过来影响一个人注意力集中程度的原因。一般而言，心理症往往表现为其他一些不属于性的身体功能性错乱，而且很多时候我们都能从这些错乱中分析出性过程的错乱原因，由此便可看出，很多模糊的、看起来似乎不可理解的症状，其实就是控制性兴奋产生的反面影响，没

---

1 通过深入讨论，我们能够得出这样的结论：每个人的口腔、肛门及尿道等都能产生乐欲，而与之对应存在的心理方面的特殊性，并不是一种反常或特殊的心理问题。区分正常与反常的标准应该是看性本能各成分在发展过程中参与的强弱程度。——原注

什么神秘的。

其次，性的紊乱也会深入影响身体的其他方面，它在正常人的身上还发挥着这样的作用：性动机的能量经由这一途径超出了性目的范围之外，成功地实现了性欲的升华。但是，对于这一过程，我们不得不承认，我们目前仅仅知道它在两个方向上都可以延展，其他方面仍知之甚少。

第三章
青春期的变化

我们知道，通常来说，青春期的到来会引发各种变化，因为到了这个时期一般幼儿性活动均会发生明显的变化，最后逐步变为常见的形式。

众所周知，青春期之前的性冲动大多来自于自体享乐，而到了这一个阶段，就逐步转化为寻找外部的性对象了。过去，每个局部冲动都是单独作用的，各个快感区域也是各自在其特定的性目的中寻找快乐，而到了这一时期，一个崭新的性目的出现了，即由各局部冲动所组成的整体去寻找生殖目的。生殖目的的出现，导致的结果是各个快感区都处于生殖区的统治之下[1]。这时，新的性目的在两性身上会有明显不同，性发展也就此开始产生分化。男性的性发展前后较为统一，所以更容易探讨；女人则更为复杂，她们的性表现有时往往出现退化的形式。既然正常的性生活主要由性对象及性目的两方面构成，那么，就好像挖山洞必须从两头开始作业一样，对它们的认识也必须从这两个方面展开。男性的性目的主要是性产物的释放，这与以前的性目的并不矛盾，同样，这也能带来快感。其实，整个性过程的最后阶段，或者说最后过程都可以产生巨大的快感。此时，性冲动的主要目的还是繁衍后代，所有的一切都是以此为目的的。这种改造之所以能成功，主要原因是它的过程与过去的总倾向是相符的，与其中包含的所有“部分冲动”在性质上也很相似。同其他情形一样，当新的关系与新的构成需要复杂的机制去实现时，如果新规则建立的不够及时，就随时可能引发病态的紊乱。

第一节　生殖区的首要性及前期快感

由前文的叙述中，我们明显地看到了儿童整个性活动发展过程的主流及其最终目

1 我已经说过，当幼儿性欲发展到“性器官阶段”时，通常会出现选择对象，从而开始接近最终的性体系了。——原注

的，不过，到目前为止，我们仍无法弄懂其中发生的某些转变，对我们来说，还有许多未解之谜等着我们去解答。

我们知道，在童年的潜伏期里，外生殖器的成长曾在相当长的一段时间里备受压制，而在青春期内，它的显著发育却成了最明显也最具代表性的发展历程。这一时期，内生殖器也发育到了足以泄出性的产物或足以承受这些产物的成熟程度，新生命的形成也因此成为可能。这个极为复杂的器官曾经被闲置过一段时间，所以它总是期盼着有机会能一展身手，它可以通过刺激而引发性兴奋。通过观察，我们发现这种刺激通常源自以下三个方面：1.源自于外部世界，以我们熟知的那些性感区为途径传导给内生殖器；2.源自于内在的有机世界，其作用机制尚不明朗；3.源自于那既包含着外来印象又承受着内在刺激的精神世界。这三个方面的刺激同样都会导致"性兴奋"的产生，这种特殊的兴奋状态在精神和肉体双方面都有明显的表现，即精神上的紧张焦灼感和肉体上性器官的明显变化。种种迹象表明，这是在为发生性行为做准备，换句话说，这种兴奋状态就是性行为的准备动作（可见阳具的勃起及阴道腺液的分泌）。

性紧张

与性兴奋伴随而来的还有一种感觉，那就是性紧张。性紧张对于解释性来说是极为重要的环节，但是，迄今为止，有关这一问题，心理学界并未达成统一的共识。不过，不管怎样，我始终认为，这种紧张感是绝不会让人感到不愉快的。的确，这种感觉本身会让感到躁动不安，这当然与一般意义上的快感的性质极不相称，但是，如果我们真的把性兴奋的紧张感看作一种不愉快的感觉，却又发现，它最终还是会让人感到愉悦；这与它本身给人带来的感觉是相悖的。所以，我们可以得出结论：性紧张是与愉快感相伴随而来的。哪怕仅是在性器官的准备阶段（如阳具的勃起），就足以让人有明显的满足感。那么，这种不愉快的紧张感与这种愉快的感觉之间，到底是什么关系呢?

在现今的心理学研究中，有关快感与痛感的问题始终是个让所有人头疼的难题，而我们也只能避实就虚，尽量不触及根本。首先让我们回顾一下，那些旧的快感区是怎样来适应新秩序的。显然，它们早在性兴奋的准备阶段就已经身兼重任。例如眼睛，虽然它距离性对象最远，但却是追逐对象过程中使用频率最高的。它常常会被性对象身上发射出来的，也就是人们常说的"美"这一性质所吸引；这一性质也同时被我们称之"吸引力"。吸引力在造成快感的同时也唤醒了还处于沉睡状态的性激动，造成性兴奋的猛增。而像手的抚摸等对其他快感区的刺激所产生的效果也与此大同小异：它们引起了快感的预备阶段上的各种变化，而各种变化又使得快感加倍；与此同时性紧张也会相应增加。如果不能引起快感，那么性紧张就会让人感到明显的不愉快。也许这样来举例能让大家理解得更清楚：如果抚摸一个尚未达到性兴奋的快感区，比如女人的乳房，那么，这一动作在引发快感的同时也唤醒了性兴奋，并因此激发出得到更多快感的要求。这里让我们感到奇怪的是，为什么前一种快感能引发要求得到更多快感的欲望呢？

前期快感的形成机制

由上文我们可以得知，快感区所担负的使命是非常明确的：先是通过自身的激动造成一定程度的快感，同时这种快感使得紧张感成倍增加，而紧张感又必然催生出一定量的动能，以完成性行为。这种行为的最后一步是由一个快感区达到一定程度的激动之后来完成的。在这个过程中会再度出现两种快感，先是生殖区本身，即阳具的龟头在被阴道的黏膜——这对它来说最适合的对象所激动之后带来的快感，然后这一快感再通过反射产生动能，最后将性的产物射到体外，从而产生第二种快感。这最后一种快感足以让人翩然欲仙，它完全是一种经由排泄而达到的快感满足，在引发机制上决不同于其他快感，原欲的紧张感至此便全部消失了。我认为，我们应该将经由快感区的激动和源自于精液的排泄所得到的快感区分开来，为此，有必要分别为它们命名：我们把前一种快感称之为前期快感，把后一种快感称之为终极快感。

除了幅度较小，前期快感在其他方面基本类似于儿童期性冲动所供给的快感，而终极快感则是随着青春期的变化，最新才出现的。如果让我们用公式化的语言对快感区的这一新功能加以表述，那就是：人们之所以能在最后的满足里得到更大的快感，完全得益于儿童期所曾取得的前期快感形式；它们每一个都为这种新功能做出了贡献。

近来，精神生活中另一个极为不同的领域里出现的类似情形引起了我的注意，这就是：少量的快感可以引发出更大量的快感，而对这一领域的研究也让我们有机会更深入地探讨快感的性质，但是，要注意的是，前期快感与幼儿生活之间可能出现的病态关系，同样也会逐渐加强，前期快感的表达机制里的确有可能会对正常的性目的造成极大的威胁。只要它在性的预备过程中，带来的快感多于紧张感，就会出现问题。

我们由经验可知，造成这一问题的罪魁祸首是这一快感区（或“部分冲动”）早在儿童期便已带来了非比寻常的强烈快感。如果在此基础上再遇到一些能使之固置下来的因素，那么，就会导致成年后发生强迫性行为——它阻断了前期快感向终极快感的发展或前进。这也是性反常的形成机制，它们的明确表现就是：在性的整个过程的某一准备动作上停滞不前。我们说，如果能在幼儿期早早将生殖区的首要性描绘出来，就能避免因前期快感而造成的性机制功能的失常。而促成此事的最佳时期，就是8岁到青春期，即童年期的后半段。这一时期生殖区的表现已和成人没有太大差别，假如这时性感区的满足能带来某种形式的快感，那么，这里便是激动的感觉和准备性的变化发生的地方；唯一不同的一点是，它们没有确定的结局，性过程随时会中止。儿童期不仅能感受到快感的满足，还会出现一定程度的性紧张，不过这种情况并不常见。说到这里，大家就知道，为什么我们会在讨论性欲的来源时，理直气壮地声称，这个过程本身便已兼有性满足和性兴奋了。当初我们在探讨性的真相的过程中，曾经对幼儿和成年人的性生活作了过度区分，所以，在此，我们必须做出一些矫正，这就是：幼儿性欲不只表现在偏离正道的人身上，同样也会表现在正常人身上。

第二节　关于性兴奋

至此，我们的研究还未涉及那种伴随快感区的满足而出现的性紧张感的来源与性质。有人认为，这种紧张感其实是快感本身所产生的。这种说法是很荒谬的，因为性物质排出的最大快感不但不会产生紧张，反而会消除一切紧张。这就等于说，快感与性紧张之间只存在间接关系而并没直接关系。在正常情况下，只有性物质的释放才是中止性兴奋的唯一途径。除此以外，性紧张与性产物之间，还存在其他一些基本关系。对于那些禁欲者来说，性活动只能通过夜间的梦境实现，而这种幻化出来的性活动同样也能释放出性物质并带来快感。每一次发泄间隔时间虽然不定，但也是可以预测的。

梦遗机制可以用以下说法加以解释：因为精液积聚而未得发泄，便造成了性紧张并以这种幻觉式的间接方式发泄出来。这一说法可由性欲能够预先消除这件事再次得到证明。如果没有精液蓄积，那么不要说性的动作，就连快感区的激动状态也会消失，即使有了适度的刺激，也不会再带来快感。这也就是说，相当程度的性紧张（或物质积聚）是带动快感区的先决条件，由此便可推导出，性物质的积聚是产生和维系性紧张的源头；这也是大多数人都会得出的结论。这些积聚起来的性产物会对储存器的器壁造成压力并对脊椎中枢造成刺激，这种紧张状态继续向上传递最后直达最高级的神经中枢，便产生了意识上常见的紧张感。快感区的激动只能通过如下方式来增加性的紧张：借由生理上的通道，各快感区与神经中枢区早就被连接在一起，正因如此，激动的强度随时可能被大幅提高：遇到适量的性紧张，便能引发特殊的性行为；

如性紧张不足，便只会单纯造成性物质的增加。

上述理论几乎获得了所有人的推崇，但是，它只适合用来说明成年人的性活动，却忽略了某些特殊情况，以致存在致命的缺陷。这些特殊情况指的是儿童，女人和阉割后的男性。虽然对于这三类人来说，其快感区仍然会服从于生殖区的统治，但因为他们身上根本不存在男人特有的那种性产物的积聚情形，自然也就无法用上述理论加以解释。

性腺与性欲

由阉割后的男性可知，性兴奋在很大程度上与性物质的产生无关。因为在这些人的身上我们可以看到，他们的原欲往往能逃脱手术阉割的伤害而被保存下来。这似乎验证了C.里格尔的观点：如果男性性腺是在成年之后再被除去的，便不会对这个人的性心理产生新的影响。换句话说，就是性腺通常与性欲无关。其实，类似的情形早在我们之前对卵巢割除的研究中就曾出现过，而现在它再一次验证了我们当时得出的结论，即割除性腺并不能作为消除心理性特征的手段。当然，如果把阉割时间提到青春期之前性心理较微弱的时候，就可以达到以上目的。但在这种情况下，性心理的消失不只是性腺的丧失造成的，也是其他一些抑制其发展的因素起作用的结果。

间隙组织的化学作用

有关割除脊椎动物性腺（割去睾丸或卵巢）以及对这类性器官施行各种移植手术的动物实验，让我们看到了解决性兴奋的起源问题的希望。这些实验向我们证明了性物质积聚的重要性。有些人已经在此类实验中使动物发生了雌雄互换，同时也使它们的“心–性”行为随肉体特征一同发生了改变。

实验结果告诉我们，性腺中影响性特征的力量是源自于那些被称为“青春腺”的间隙租住，而并不是由产生精子或卵子的部位产生出来的。要不了多久，相关研究可能就会向我们证明，这种青春腺的分泌物也是两性的。这将为高等动物的双性理论提供解剖学上的支撑。当然，这些间隙组织很可能不是体内促成性兴奋及性特征显现的唯一来源，但这种新的发现非常近似于我们所熟知的甲状腺对性所起的作用。

我们相信，性腺的间隙组织能分泌出一种十分特殊的化学物质，这种物质可以通过血液传输作用于中枢神经系统某一特定部位，使之发生变化，从而引起性紧张。一般来讲，当某些误入人体的毒素发生作用时，我们也会见到与此相类似的、“毒”性刺激只作用于某一特定部位的情形。但实际上，到目前为止，我们还不具备研究那些导向性过程的单纯毒素或生理性刺激的能力，哪怕只是从理论出发也做不到。但这并不与我的观点相悖；我只是想吸取这种假设的精髓，或者干脆说，我只是要保留性作用会受化学变化的影响这一事实，因为仅凭这一点，我们就可以对这种现象做出更新或更合理的解释。

此外，还有一件事是我必须要提到的，那就是：那些因性生活被扰乱而患病的心理症患者所表现出来的症兆，非常近似于吸毒者或其他上瘾症患者发病时的情景。尽管这一事实极少有人关注，但对研究我们所说的这种“化学理论”而言，的确十分重要，也极为有利。

第三节　原欲理论

在上一节的内容中，我们提出了性兴奋有着化学基础这一观点，无独有偶，为了理解性生活的心理表现，我们还提出的一种辅助性概念，这就是“原欲”概念。

所谓原欲指的是一种力量，它可大可小，可以被当作测定性兴奋领域内的不同过程及这些过程的变态表现的标准。我认为，依据来源和所属心理过程的不同，原欲也应该被加以区分。不论从质上还是从量上来看，不同原欲之间都有显著的区别。而我们之所以要将原欲能量从其他心理能量中分离出来的原因，是旨在建立这样一种假设：机体性活动是经由特殊的化学变化过程而获取其营养的，性部位不是性兴奋的唯一来源，全身各器官都能产生性兴奋。如此一来，我们就为自己建立起了一种原欲量子概念，我们称它在心理中的表现为“自我原欲”。这种自我原欲的产生、增加、分配和转移，能帮助我们更好地解释“心-性”现象。然而只有当“心理能”投注于性对象上面，化为“对象原欲”时，我们才能通过精神分析法来对自我原欲的情形做出最后的解释。此时，我们或是能看到它聚集或凝固于对象上，或是能看到它离开这些对象而投向另一些对象，此时的自我原欲本身已经暂时地或部分地消失了，它已经转化为了个人性活动的状态；这也为“转移型心理症”的精神分析提供了借鉴。

至于“对象原欲”，我们在前面曾经提到，它会先从对象撤回，并在一段时间内表现为一种紧张力，直到最终收回到自我之中，再度变成自我原欲。为了有别于“对象原欲”，我们还可把自我原欲称为“自恋原欲”。

在精神分析领域，要想触及自恋原欲几乎是不可能的。我们唯一能做的就是远远眺望自恋原欲的一切活动，并且构想出自恋与自恋原欲之间的关系。

我做了这样的假设：我们可以把自恋或自恋原欲看作一个大存储仓，力量能从这里投射出去，最终又会回到这里。当我们还是孩子时，自恋原欲就开始了对自我的投资，但之后，因为原欲的不断扩散，这一现象逐渐被掩蔽积存在最低层之中。

我之所以要构想出这样一套原欲理论，并以此来解释心理症及精神病的病态状况，是因为“原欲”一词既简单明了又可以用来表达所有可见的现象以及可知的过程。显然，自恋原欲的自然（或命定）倾向在这里发挥着极其重要的作用，甚至可以被用来解释那些更深层和更严重的精神病态。然而与此同时，还有一个问题不容忽视，那就是，到目前为止，我所使用的研究方法，即精神分析法，还无法将自恋原欲从它所处的那混沌一片的能源中单独分离出来，而只能为对象原欲的“变型”提供一些比较确切的资料，所以，我现在所提出的原欲理论还得不到现实依据的支撑，而只能依靠推想。

如果有谁试图用荣格的方法来精简原欲概念，使它同精神本能的整体完全吻合，那必会使精神分析为此所付出的努力付之东流。正如我所说，性功能有着特殊的化学基础，正是基于这一点，我才会坚定地将性本能的兴奋同其他精神活动区分开来，从而使“原欲”的概念依旧保持前面所说的那种较狭窄的意义。

第四节　男女之间的分化

人们普遍认为，自青春期开始，男女性特征开始出现了明显分化。不同于其他因素，这种分化的结果最终决定了今后人格的发展。而实际上，男女之间天性方面的差别在婴儿期时便已经很明显了。比如害羞、厌恶、同情等性压抑情形，出现在女童身上的时间明显早于男童，而且受阻碍的程度也较轻。尽管女童的性潜抑倾向更为明显，性的“部分冲动”也多为被动形式，然而两性之间快感区的自体享乐活动并不会因此而产生多大的差别。正因如此，我们才无法断定，在青春期前的儿童时代便已存在性的分化。我们甚至可以这样判断：在自体享乐和自慰式的性表现方面，女童的性活动完全是男性风格的。实际上，若是对“男性的”与“女性的”这两个词的确切含义详加研究，你就会发现：只有原欲的对象才有男女之分，至于原欲本身，在所有人身上都一样，都是男性的。

男人与女人的首要快感区

这里我还要补充一点，那就是女性的主要快感区在阴蒂，与男性的阳具相类似。就我们所观察到的一切来看，所有女童的自慰行为并不会发生在外生殖器上，哪怕它们对以后的性功能发展来说是比较重要的，相反，这一切却几乎都脱离不了阴蒂。

大多数情况下，我们都想象不出女童除了阴蒂手淫之外还能被诱导着去做些什么，阴蒂部位的痉挛是女童身上偶发的性兴奋最常见的表现。通过阴蒂部位的经常勃起，女童可以无师自通地正确理解异性的性表现——只要以己度人就可以了。

要想了解一个女童是如何变成女人的，弄清引发阴蒂激动的根源是我们首先要解决的问题。我们知道，青春期是男孩原欲得到明显发展的阶段，但同时也是女童性潜抑得到进一步加强的阶段，这一点在阴蒂性活动方面表现尤为突出。与此同时，女童身上的男性特征（开始人是双性的）也在这种潜抑作用之中逐渐减少。

如上所述，青春期时，潜抑作用在男女身上发挥的作用是不一样的：对女人来说性抑制在加强，对男人来说原欲受到进一步刺激并因此而被激发出更大的能量。男性对“性”的估价随着原欲的加强而变得越来越高，而女人越是拒绝和否认自己的性欲，越能得到异性对自己的高估，由此一场男对女的追逐便拉开了帷幕。当性行为开始时，第一个激动起来的自然就是阴蒂。如同引燃硬木燃烧的松树枝一样，阴蒂会把这种激动传达到与之紧邻的女性性器官上面。不过，这种转移作用的发挥通常是需要一段时间的。在这一期间，年轻的新娘毫无感觉。如果阴蒂区一直持续这种激动的状态，那么，这种麻木的现象就会一直继续下去，而这往往是由婴儿期性活动过度所导致的。众所周知，女性性冷感往往只是表面和局部的；即使她们的阴道不敏感，但其阴蒂和其他快感区却都会感到激动。性冷感不仅是生理因素造成的，精神上的因素也同样会发挥作用，而且，这一因素同样也会受到潜抑作用的影响。对于女人来说，一旦性感的激动从阴蒂转移到阴道上这一过程顺利完成，那么，之后性活动的首要区就会发生彻底改变；而男人的成长发育过程中却无须这种交换。女性性活动首要区的这种转换以及青春期的潜抑作用是造成女性易患心理疾病，尤其是歇斯底里症的主要根源，这些现象与女性性质是密不可分的。

第五节　寻找性对象

自青春期生殖区的首要性得到正式确立之后，男人那勃起的阳具便激烈地要指向新的性目的，即穿过那能够使其生殖区激动起来的“空洞”。此外，源自于孩童时代的寻找性对象的准备工作也于这一时期达到了心理上的成熟。

婴儿期的性满足与摄取营养的活动是合为一体的，此时的性本能所指向的性对象是母亲的乳房，而它显然是存在于婴孩体外的。之后，当小孩子意识到这一点时，性本能便失去了性对象，并由此转变成了“自体享乐”。直至这一潜抑期结束，二者的关系才被重新建立起来。也正是出于这个原因，吸乳的婴儿才会被当作一切爱恋关系的原型，而其后一切有关对象的寻找，实际上都是对这种爱恋关系的重新发现。

婴儿期的性对象

然而，即便性行为不再与摄取营养的活动结合在一起，这种最原始和最具威力的性关系也同样存在。它会一直发挥作用，促成对象的选择并重筑那失去的（与对象结合的）快乐。儿童会在整个潜伏期内学习如何去爱那些能满足他们的要求，以及能帮助他们摆脱失望的人，而事实上，这是在延续吸吮母乳的原始性感模式。也许有人会觉得把儿童对照料者的爱恋和尊敬看作性爱的说法听上去十分刺耳，但我要说，上述事实必会随着精神分析法的进一步发展而得到证明。不管是谁来照顾孩童，他们之间的来往都会带给孩子持续的性激动以及快感区的满足；大多数时候，承担照料者角色的都是孩子的母亲，而从母亲不断地抚摸、摇晃甚至亲吻孩子的行为中，我们又意识到母亲对幼儿的感情是源于她本身的性爱。

当然，在母亲看来，这一切的爱抚都是很纯洁的，而且，在爱抚过程中，她已经尽量避开了触碰孩子的性器官，所以，若是母亲发现她的爱抚将会激发孩子的性本能，并加强这种性本能在以后的强度，她也许就会为此自责不已。

要知道，并不是只有在生殖区受到直接刺激时才会激起性本能，那些在人们看来本与情爱无关的动作，也会在日后对生殖区的感受产生影响。我们应该明确一点，那就是如果母亲能多了解一些性本能在整个心智生活的发展（包括一切道德的和精神的成就）中所起的重要作用，也就不用在为自己的行为自责了。说到底，她所做的一切也只是在执行自己身为母亲的天职，教导孩子如何去爱。当然，每个最后成长为性欲旺盛的健康男人的孩子，在其一生之中，会因任何刺激而激起性的冲动，可是，不容忽视的是，父母的过分溺爱很可能引起孩子的性早熟，给孩子造成更大的危害。因为这些孩子从小就被娇宠惯了，所以长大之后，哪怕缺少一丁点儿的爱抚，都会让他觉得不满足，而这种不满足可能就会成为他将来变成心理症患者的最清晰的迹象。反之，与正常的父母比较，那些心理病态的父母也更容易对孩子表现出过分的宠爱，而他们的这种行为也会使小孩沾染上心理症的症状。这就等于说，那些患有心理症的父母往往会通过一种比遗传更便利的途径把他们的疾病传递给自己的孩子。

孩子的不安

在单纯天真的孩子身上，我们似乎可以看到，他们的表现就仿佛知道自己对照料者的依赖隐含着性爱的意味一样。孩子之所以会感到不安是因为他们害怕失去自己所爱的人，而这同样也是他们害怕所有陌生人的原因。很多孩子身处黑暗中会感到害怕，很多人将这一点归咎于保姆，说是她们讲的妖怪和吸血鬼的故事把孩子吓坏了，这未免高估了这些故事的影响，因为如果孩子能在黑暗中握住亲人的手，就不会再害怕了。事实上，真正能被这些故事吓到的孩子，都是那些本身有着胆小倾向的小孩，而对于其他小孩来说，这根本毫无影响。如果一个孩子承受过多的抚爱、性本能过分发展、过早发育又难以满足，就会变得十分娇弱。大人也是如此。当他们的原欲得不到满足时，便会变得不安和焦虑；反之，当成人因原欲不能满足而焦虑不安时，也会表现得像个孩子，例如，害怕一个人独处时。这就说明，他因离开所爱的人而缺乏安全感，所以在试着一种带孩子气的方式来缓解这种恐惧。

警惕乱伦

所以，我们说，双亲对儿童的"过多情爱"很可能在孩子还未达到青春期的生理状态之前就过早地将其性本能唤醒，并将这种向往通过生殖系统最终表现出来。如果儿童能幸运地躲过此劫，那么，等到长大之后，成年人具有的柔情就会告诉他该怎样去选择性对象。很显然，对于儿童来说，童年期那具体微妙的原欲爱恋对象为他选择性对象提供了一条捷径。不过，因为性成熟向后延迟，所以他们仍有足够的时间来筑起防止乱伦的堤坝，并发展出一些能够抑制性的途径。而这一切发展的结果，就是构建于其道德中的"血亲不可通奸"禁令。通过这种方式，儿童就会在选择性对象时将童年所爱慕的人排除在外。

从严格意义上讲，这道道德堤坝的构建本是社会所确立的一种文明要求。社会始终不愿使家庭的关系过分亲密，因为这会阻碍更高级社会单位的形成。正是出于这个原因，社会中的每个人，特别是那些青春期的男孩才会想方设法疏远他和家庭之间的关系——这种原本是儿童时代所特有的、不能或缺的关系。但是，青年人最早的对象选择也存在于他们的想象中，他们全部的性生活也都局限于并不容易实现的种种纵情的幻想之中。在这些幻想里，幼儿期的种种倾向会一再显示出现，但不同的是，其中已经掺杂了肉欲的成分。其中最重要的就是对父母亲的性冲动——他们已经开始按照自己的性别的不同而分别受到母亲或父亲的吸引了。换句话说，就是儿子总喜爱母亲，而女儿则与父亲亲近。在青春期，对这种明显的乱伦幻想的克服和放弃是一段最重要也最痛苦的精神历程，而随着这一阶段的完成，孩子就脱离了父母的管制。这一历程对于文明的发展来说意义重大，因为这一事件的出现标志两代人之间对立的形成。当然，在人类必经的每一个发展阶段上，并不是所有人都能一往直前。同样，在青春期，也并不是所有人都能摆脱父母的管制，他们或是不情愿地撤销这些不安全的情爱，或是根本无法撤回。 在这方面，女孩表现得尤为明显：很多女孩在青春期后，仍对父母保留着全部幼儿式的爱，这往往会让父母极为欣慰。可是，这样的女孩在结婚后却往往并不能尽到做妻子的本分，这一点却格外发人深省。她们往往对丈夫很冷酷，在房事上的态度也是可有可无，并不在意。由此可见，性爱与对父母的纯净之爱源于一处，只不过后者只是幼儿期原欲的固置罢了。随着我们对病态的“心-性”发展观察得日趋深入，我们会越发认识到乱伦式的对象选择的重要性。这种性“放弃”使得心理症患者用来“寻找对象”的大部分甚至是全部“心-性”活动都被封锁在潜意识中，正因如此，那些既过分渴求情爱，又恐惧性生活的真正需求物的女孩子，才会在其性生活中实现其所谓的“非性爱理念”，或是用一种不会让自己内疚的情爱，即附着于幼儿期的爱恋将自己的原欲隐隐藏起来。这种对父母或对兄弟姐妹的爱恋，大都会在青春期时复萌。由精神分析法我们可以得知，事实上这种人就是在同自己的血亲恋爱。之所以这样说，是因为精神分析法已经透过这种症状和这些症状的其他一些表现，对他们潜意识中的思想作了澄清，并最终完成了潜意识到意识的转化。而一个健康的人会因为失恋而致病，同样也是他的原欲退回到了自己幼儿期所依恋的对象上所导致的。

幼儿对象选择的后续影响

就算一个人能侥幸不被原欲固置到乱伦方面的倾向所扰，也必然会受到它的影响，所以，我们才会时常看到，一个年轻男人的初恋对象往往是一个成熟的女人，而一个女孩常会爱上一个有权有势的老人，这显然是我们刚才所讨论的那一阶段发展历程的回音。实际上，他们所爱的这些人身上都带着他们的母亲或父亲的活生生的身影，虽然有时表现得不是特别明显，但每当他们选择对象时，几乎都会以此为原型。男人寻找的目标对象是能替代其母亲形象的女人，因为这个形象自儿时起便一直占据着他的心灵。而若是他的母亲仍然健在，就可能会对自己儿子找来的这个替代她的人十分不满，更有甚者还会心生敌意。因为幼童与父母之间的这种关系在他后来选择性对象时发挥着至关重要的作用，所以任何一种对这种关系的干扰（或损害），都将严重影响他成年时的性生活。就连情人的嫉妒心理，也能从其幼年的情况中看到端倪，或者至少会受到幼年经验的强化。如果父母经常吵架，或是婚姻不幸福，他们的儿子便很有可能在性的发展中发生错乱，甚至出现心理问题。在幼儿的心中，对父母的情爱占据着最重要的地位，这种感情会在青春期时复萌，指导着他们对性对象进行选择。当然，这并不是影响性选择的唯一力量。除此之外，还有一些源自于童年的经验会成为伴随孩子一生的素质，种种因素综合作用导致他的性的发展不只指向一个方向，而影响其性对象选择的原因也是错综复杂的。

性颠倒的预防

在性对象选择中，最关键的就是它必然要指向异性，但是，这一点并不是那么容易就能做到的。青春期后的初次冲动有可能会迷失方向，但是一般来说，这种迷失都不会造成太严重的后果。在1894年时，德索（Desoir）就曾指出，青春期的男孩和女孩，常常会与同性结成感伤的伴侣。而显然，异性性特征间的相互吸引力是最能抵制这种性对象的永久颠倒的。虽然在这里，我无意详尽阐述这一点，但我必须提醒大家，这种吸引力并不是消除性颠倒的制胜法宝，除此之外，还有很多别的因素也能发挥作用，其中最主要的就是社会性的权威禁忌。之所以这样说，是因为我们可以看到，越是在那些不把性颠倒视为违法的地方，就会有越多的人表现出这种倾向。

此外，因为男人在幼儿时期受到其母亲或其他女性照顾时的情爱，总会出现于日后生活的记忆中，所以，这股极强大的力量也会引导他们去接近女人。而因为父亲总是在他早年进行性活动时充当阻拦者的角色，所以他与父亲之间就形成了一种竞争关系，这使得他们更容易远离同性。女孩亦然。因为在她们的性活动中母亲充当了监视者的角色，所以会对同性产生敌对情绪，这有利于她们在日后的性对象的选择上走上正常的方向. 对于那些受男人教育的男孩（在古代，老师总是由奴隶充当），似乎更容易导致同性恋。在今天，那些出身贵族名门的男人最多出现性颠倒，其原因也只能归结于他们多使用男仆以及母亲对儿子的疏远. 我们在某些歇斯底里患者中发现，那些因为父母离婚、分居或者过早死亡而失去父母一方的孩子，其全部爱情皆被剩下的一个所吸收，因此决定了这孩子在日后选择性对象时所期望的性别，最终导致了永久性的性颠倒。

第六节　概要

现在，是时候来对上面的论述进行总结了。我们从性本能的对象和目的方面的变态现象着手，探究了这些现象究竟是源自于先天倾向，还是后天的经验造成的。通过运用精神分析法，我们很快地就弄清了那些还未偏离正常状态太远且数目众多的心理症患者的性本能状态，并为上述问题找到了答案。我们在这些人的潜意识中找到了所有种类的性反常倾向，而它们在心理症症状的形成过程中起到了重要作用。所以，我们说，心理症其实是性反常的另一种表现，或者说是一种负面现象。我们因性反常现象的广泛存在而推导得出，性反常是人类性本能中最基本以及最普遍的癖性。在成熟的过程中，性行为要经过机体的变化和精神的压制才能得到正常的发展。也正是出于这个原因，我们才希望能够看到这一基本癖性在幼儿身上便已存在。

在前文中我们已经指出，羞耻感、厌恶、怜悯、社会所建立起的道德规范以及各种权威力量等，都将起到限制性本能发展方向作用。而我们也可因此将一切脱离常态的性变异看作是整个性发展的中断和幼稚病。虽然性反常的表现各有不同，但它们同真实生活的影响力之间并不是对立关系，相反，二者是相辅相成的。此外，我们说性反常并不单纯，所以，性本能自然也就应被看作是多种因素的集合。只不过，在性反常现象中，这些因素却独立出来，各自为营。由此，我们可以既把性反常看作是正常发展的中断，又把它看作是正常本能的土崩瓦解。如果要我们对此做个总结，那就是，成年人的性本能源自于幼儿期的多种冲动，这多种冲动组织合并起来以后，又指向了一个单一的目的。

在找到了为什么在心理症患者中性反常倾向占据优势的原因之后，我们又向大家证明，若是这种倾向的主流被“潜意识作用”阻止，就会走上歧路而形成病态症状。为此，我们还对儿童时代的性生活进行了研究。我们还发现，人们认为总是错误的将这一时期的性表现看作是不正常或不常见的，且大多对幼儿性本能的存在持否定态度。由研究可以得知，这种看法与事实完全不符。幼儿性活动的根基是天生的，其实，早在摄取营养的时候，他们便已享受了性的满足，之后，又常常通过吸吮手指等活动重复体验这种满足的体验。不过，从表面看来，幼儿的性活动与其他身体功能的发展并未同步，而是在经过了2～5岁的繁盛期之后，又进入了所谓的潜伏期。在此期间，性兴奋虽不曾中断，能量也在持续积聚，但却是为达到性以外的目的服务的：它在为性的成分套上社会性情感盔甲的同时，又通过潜抑作用和反向作用建筑起了一座堤坝以便日后用来防阻性欲。总之，早在幼儿时期，那种把性本能限定于某一特定方向的力量就已经具备了基础，此后，它又借助于教育，让我们舍弃了反常的性冲动。不过，在幼儿期，很多性冲动可能会逃过这种力量的控制而表现出来。我们还发现，在导致幼儿的性兴奋的多种来源中，最多的也是极重要的来源，是从快感区的适当兴奋中得到的满足。我们曾经说过，我们的任何一寸皮肤、任何一个感觉器官，都有成为快感区的可能；区别只是在于有些快感区更敏感，稍受刺激便会借助某种机制而兴奋起来。其实，性兴奋只是机体活动发展到一定程度时所产生的副产品，特别是那些伴有强烈感情因素——不管是让人感到开心还是痛苦的机体活动，会更容易引起这种性的兴奋。幼儿时代的性本能显然未与性对象结合在一起，所以，可以认为这一时期的性兴奋是以自体享乐为主要特征的。显然，生殖区快感早在童年时代就已初现端倪：或是同其他快感区一样，在适当的感性刺激之下便获得满足；或是以一种我们未知的方式，从其他一些来源中获得满足。

到目前为止，我尚无法合理解释性满足与性刺激之间、生殖区与性欲的其他来源之间的关系，对此，我也深感遗憾。通过对心理症的研究，我们发现，早在儿童性生活的起始阶段，性本能的各成分便已经开始聚合。起初，主角是口唇快感；之后，第二个性器官前期的聚合主要表现为肛门快感与虐待癖的出现；直至第三期——性生活最终定型，真正的生殖区才会参与其中。在了解了这一情况之后，我们接下来意识到，其实，早在2～5岁的幼儿期性生活中，就已开始了性对象的选择；这一现象令人十分惊讶，而且，我们还看到，这一选择活动几乎囊括了幼儿所有的心智活动。正因如此，我们才会在明了这一阶段各种不同的本能成分尚未汇聚，性目的也不确切的情况下，仍将这一时期性活动的发展视为以后形成的确切的性体系的基础。

我们应该更加重视人类的性发展被潜伏期分离为两个阶段这件事。因为在我看来，它既对人类文明的发展至关重要. 同时也可能会带来某些心理症倾向。而据以往的研究可知，这种现象在人类的动物近亲身上却并不存在。我猜想，这种独属于人类的特性很可能起始于人种刚刚出现的史前期。到底幼儿的性活动有多少是未超出正常范围，不会危及其未来发展的？到目前为止，我们尚无法给出准确答案。幼儿的性表现大多是自慰性质的。许多经验已经证明，各种外在的影响和引诱都可能导致潜伏期的中断或停止，以致儿童出现各种性反常表现。而所有与此相类似的早熟的性活动，都会减低儿童的可教育性。

尽管我们对幼儿期性生活的认识并不深刻，但仍不能放弃探讨青春期来临时所带来的各种变异。我认为，这一时期有两件事在发挥着至关重要的作用：一是所有性兴奋的其他来源都开始服从于首要的生殖区；二是寻找性对象的历程正式开始。而在幼儿时期，这两件事在幼儿时代还都处于萌芽状态，性兴奋也只是经过“前期快感”机制而得以完成的。换句话说，就是之前只存在于自体之内的性的兴奋和满足，现在却变成了一种为达到新的性目的（性产物排出）的预备性动作，这个新的性目的的形成，在带来无比的快感的同时也使得性的兴奋消失不见。

接下来，我们又探讨了性欲中男性与女性的分化，并发现，对于女孩来说，要想真正成为一个女人，就要经由青春期时的潜抑作用，抛弃幼儿的男性性特征，以突出其首要的生殖区。而幼儿对他的父母或照顾者的爱恋，这种潜伏在童年期，复萌于青春期的力量则对性对象的选择起着决定作用。不过，他们往往并不会真的选择自己的父母或是照顾者作为自己的性对象，而是会找和他们相似的外人，这得益于防止乱伦的堤防早已建立起来。

最后，我们指出青春期内肉体与精神两个方面的发展并不是并行的，直到强烈的情欲冲动震撼了生殖器的神经系统，情欲功能才会实现身心合一，达到了正常状态。

干扰性正常发展的因素

在性发展的漫长历程中，随时都可能受到阻止或固置。正如我们多次指出的那样，诸种力量汇合时但凡出现一丁点儿失败，都可能使性本能瓦解。所以，现在我们要对会对性发展产生干扰的诸多因素分别加以评判，弄清楚它们到底是怎样造成了这种伤害的。以下，我们为大家列举出了一些会干扰性正常发展的因素，尽管它们并不是都同等重要，但要对它们逐一进行评判，也是需要勇气的。

（一）体质和遗传

最先浮现在我们脑海中的必定是“先天性”的变态性体质这一因素。尽管我们应该多关注这一因素，但实际上想彻底了解它并不是件容易的事，我们只能通过患者日后的表现去对它进行推测。一般来讲，这种变态很可能是某种性兴奋的来源被特别强化造成的，然而，即使是正常人，也可能发生这种癖性强弱不均的情况。由此我们再次推导这种异常的性生活很可能是由一种完全不受其他因素影响的因素直接导致的。我们可以将这种生活称为“变质性”的，而这种“变质性”来自于遗传，对此我深有体会。在我用精神分析法治疗过的患严重歇斯底里症和强迫性心理症的患者之中，有50%以上的病人的父亲在婚前得过梅毒，有些还得过脊髓痨或全身麻痹症，有些则从其病历上查到以前患过梅毒。这里，我要强调的是，对于那些后来患上心理症的儿童来说，他们遗传的不是梅毒的症兆，而是变异的体质。尽管我并不认为父母患梅毒是导致子女心理症体质的决定性因素，但这层关系显然也绝不是偶然的或是不重要的。

因为患者的有意隐瞒，所以我们很少能了解到性反常的遗传情形。但这并不能阻止我们把心理症方面的情形应用到性反常现象上面，因为我们发现，心理症患者与性反常患者往往来自于同一个家庭，而这种病症在两性之间的分布上，也很有趣：假如一个家庭有男人患了“正面的”性反常症，那么，这个家庭中的必会因其与生俱来的女性潜抑倾向的作用，而成为“负面的”性反常者，也就是我们常说的即歇斯底里症患者。由此可以判定，这两种病症之中存在着一种必然的联系。

（二）后天的影响

当然，我也同样无法苟同构成性生活的各种体质因素一旦形成，便立刻决定了性生活的式样这样的说法。我认为，即使在这样的前提下，各种制约“性”的力量仍会构成性欲的一个支流，其力量大小，都会产生直接的影响。一般情况下，那些大体相似的体质会因以下三种后天的影响而产生差异极大的结果。

1.潜抑作用

潜抑作用会使过于强大的先天性倾向受到钳制，并产生与之前截然不同的结果：

此时，尽管性兴奋依然能够出现，但因为它们已在精神上受到极大阻碍，所以只能走上歧路，表现为一种病态。当然，这种人的性生活也可能是很正常的，但心理上却是不正常的。经由精神分析法对这种心理症的分析，我们现在对这种病症已不再陌生。这种人的性生活在开始时极其近似于性反常患者，他们中的大多数人在幼儿阶段就已经有了性反常行为，有的还将这种性反常行为持续到成年之后。此时，潜抑作用开始出现并阻止了性行为，于是，性反常状态消失了，心理症却出现了，当然，一同存在的还有性冲动。总之，性反常是可为心理症所取代的，而我们也可由此意识到，就像我们之前说的，性反常和心理症患者可以同时出现在一个家庭，呈现在不同性别的家庭成员身上，心理症其实就是性反常的反面表现。

2.升华作用

升华作用是先天病态倾向发展中受到的另二种影响。它能为性欲的过强激动找到一个出口，以致原本并不安全的倾向，转变为一种能够大大提升精神工作效率的因素。这常常就是艺术创作的源泉。根据我们对对升华作用的各种解析，和对那些有着高超艺术天赋气质的人物性格所做的探讨，我们发现，这种人的性格往往是由高效率、性反常和心理症三个方面按不同比例混杂而成的。此外，还有一种升华作用表现为反向作用造成的压抑。这种压抑会出现在幼儿潜伏期中，如果发展顺利，甚至可以伴随终生。我们常常会谈到人的“性格”，其实，在构成“性格”的诸多要素中，性方面的东西占据了很大的成分，此外，自幼儿时代便已固置的本能冲动在升华作用影响下而得到的结果，还有其他一些用以有效地防止无用的反常性冲动的装置也必不可少。幼儿期的种种奇特的性反常因素可以通过反作用，刺激德性的成长，所以往往会成为造就我们性格的某种重要来源。

3.性欲的释放

如果异常的先天倾向在发展中仍能保持不变，那它就应该随着青春期的到来而越发强大，并导致反常的性生活。迄今为止，人们仍无法对异常的先天倾向做出透彻的分析，不过还是可以找到一些实例来证实上述说法的。许多这方面的专家认为，这种性反常的固置必须以天生就较弱性本能为基础，在我看来，这种说法过于极端，我显然无法苟同，但我们可以换一个更明晰的说法，即这种性反常是以先天的生殖区脆弱为前提的。因为这种脆弱，生殖区无法再将其他性活动置于自己的统治之下，以致它们各自为政，无法再以生殖为目的，或者干脆这样说，因为生殖区的软弱，青春期内的各要素无法再聚合起来，以至于生殖区被性欲中其他一些较强的部分所取代，由此便出现了性的反常现象。

4.偶然性的因素

潜抑作用、升华作用和性欲的释放，这三种后天因素在性发育的过程中所造成的影响是所有其他因素所望尘莫及的。至于导致潜抑作用、升华作用的内在原因，目前为止，我们尚未知晓。也许，有些人认为，我们也可以把这两种机制当作先天素质的一部分，或者说，是先天素质在生活中的表现。由此，就会顺理成章的得出“性生活的最终形态是先天体质自然发展的结果”这一结论。但是，很显然，我们无法忽略个人在儿童期和成年期内所经历的某些偶然事件，它们也必定也会对性的发展产生一定的影响。至于说先天体质因素与后天偶然因素哪个在性发展中占的比重大，现在还无法得知。如果从理论出发，也许会偏向前者，但医疗实践却一再提醒我们，后者才是更重要的。不管怎样，我们都不能忘记，这二者之间并不互相排斥，而是相辅相成的：后天偶发因素以先天体质为出现的基础，先天体质因素只有借助具体经验的刺激才能表现出来。很多时候，我们都能看到二者在此消彼长地互补着发生作用。当然，有时也会出现一些极端的例子，即似乎只有一种因素在起作用，但是，如果你比较重视因童年期的早期经验所造成的偶发因素，那么，同样可以运用精神分析法将单一的病因体系划分素质的和确定的两种因素。其中，前者是天性和偶发经验聚合成的一种素质；后者则完全是日后的创伤经验，这些经验很可能使人受到退化作用的影响进而回复到较早期的发展上去。

现在，让我们继续原来的讨论，来列举一下那些能影响性发展的因素。这些因素中有些本身就是一种作用力，有些则只是这种力量的表现。

（三）性早熟与时间因素

性早熟是对性发展影响最明显的一种因素。不过，尽管性早熟是导致心理症的病因之一，但它并不是最根本的原因。

早熟通常表现为幼儿潜伏期的中断、缩短和中止，而此时的性表现要么是反常的，要么是错乱的。这既是性抑制不完全，也是生殖系统发育不全造成的结果。这种错乱的倾向也许会一直持续下去，也许已经在潜抑作用的影响下变成了心理症症状的动因，但不管怎样，性早熟总会使得高级的心智能力在日后更难控制性本能。此外，它还增加了性本能冲动在精神上的表现。

我们常常会看到性早熟同其他智能方面的早熟相伴出现，这一点，在一些能力强、智商高、声名显赫者的幼年时期就能觅到踪迹。当然，此时它已不再像单独出现时那样具有致病的危险了。

同性早熟一样，其他一些因素与发生时间的早晚也有莫大的关联。各种本能冲动开始出现的时间顺序似乎早在物种发生史中就已经被预设好了：从它们的出现直到被新的本能冲动代替，或是被某种强大的潜抑作用而抑制，所用时间的长短，都是固定的。但是，在时间顺序和长短方面也存在变态现象，而这种变态往往决定着最终的结果。这种顺序极其重要，之所以这样说是因为潜抑作用的效果不可以逆行，所以一旦时序发生变化，就会导致出现意想不到的结果。还有，那些极为强烈的本能冲动，往往持续的时间非常短暂，比如那些在后来表现为同性恋的人，起初在与异性关系中的冲动却表现得相当强烈，而那些曾在童年期沸腾不息的情感也不一定会一直持续到成年之后，它们要么会消失，要么会被相反的倾向所取代。

因对时间顺序的研究会涉及生物学甚至历史学的知识，所以迄今为止，我们还无法对此进行深入探讨，这个问题只有留待后人再去研究了。

（四）早期印象的持久性

毋庸置疑，“性”的种种早期表现对于人的发展中有着极其重要的作用，但对于决定这一切的某种精神因素，我们目前的研究还只停留在将它假设为是一种心理观念的阶段。我们应该注意到，凡是后来变成心理症患者或性变态的人，都对早期性印象有着持久的或敏感的反应，而普通人却不会对此有什么深刻的印象，因此，也就不会在不经意间重复它，更不会让性本能肆无忌惮，横行终生。这种早期经验之所以能持久存在很可能是由造成心理症的一个精神因素导致的，这就是对过去记忆的幻影，在病人心中，这些幻影将最近的印象全部覆盖住了。事实已向我们强有力地证明，这个因素来自于心智教育，且受教育程度越高影响越深，反之亦然。这是因为文明与性的发展之间是成反比存在的，儿童的性生活过程对于低级的社会文化形态和高度发展的社会而言，其重要性有着云泥之别。

（五）固置作用

上述精神因素和某些突发经验的刺激混合在一起，就为幼儿性欲的发展铺设好了温床。后者常常在前者的帮助下被固置下来，成为永久的性奇异。很多性生活的变态现象以及心理症中出现的那些对正常性生活的偏离，大都源自于幼儿的早期印象；尽管在很多人看来，这一时期并不存在性欲。

是什么导致了这种症状的出现？我们说，体质、性早熟、早期印象的持续以及性本能因受外界影响而受的刺激都能直接造成这种现象。最后，我必须指出，因为我们对构成性欲本质的生物学历程一无所知，无法形成一套能涵盖常态和病态情结的理论，所以我们对于性生活的探讨仍存在很多不尽如人意之处。

第四篇

爱情心理学

第一章
男人对象选择的一种特殊类型

“恋爱”的条件是什么？换句话说，人们到底是根据什么来选择自己喜欢的对象的？当一个人在现实生活中找不到自己心目中的完美对象时，他又是怎样通过幻想来满足自己的需求的呢？从古至今，浪漫的诗人和充满想象力的作家们一直在描述和研究这一问题。从这方面来说，文学家确实很适合做这种事情：他们知觉敏锐，能够深入探查他人的潜在生活情感，并对其做出清晰的透视，而且他们也有很大的勇气去揭示心灵深处的一切。但是，如果从探索真理的角度去衡量，他们的作品的价值又不免会大打折扣。原因是很多文学家会受到各种条件的限制：他们一方面要不影响到读者的情绪，另一方面又要引起大家在理智上和审美中的一种快感。因此，他们在交流时就无法做到有话直说，而只能抛弃部分真相，代之以别的东西，从而有效地避免各种无关紧要的因素的干扰，保证整体的完整性。这是文学家独享的特权，也就是“诗的破格”。

虽然很多文学家对生命极尽溢美之词，但他们却不太关注心理起源、发生与发展等。为此，我们必须从科学的角度出发，对几千年来，让诗人们赞叹不已同时也能给人们带来快乐的那些材料反复加以研究并进行深入探讨。当然，很多时候，我们会力不从心，也未必能得到令人满意的结果，但这种不愉快恰好从反面证明了一点，那就是我们对两性的爱情研究或其他事情的研究不是什么艺术手法，而是完全合情合理的。越是研究，我们就将越发深切地体会到，人心对于背离“快乐原则”的接受度到底有多高。

举例来说，精神分析家常常能进入患者的情欲世界进行研究，且大都对此印象深刻。他们中的很多人还听说过，那些高智商的健康人也同那些病人一样经历过同样的内心痛苦。如果他足够幸运，就能够观察并收集到很多材料，并且能够得到更为明确的印象，那么，这些足以支撑他将人们的恋爱方式进行分类。

男人对性爱对象的选择也是多种多样的，这里，我们先讨论其中的一种；这种人的“爱情”是如此的不同寻常，以至于身边的人都对此感到迷惑不解。不过，精神分析法却能为此找到明确的解释。

一、这种类型的人在选择爱情时有一个必要条件，那就是不论何时，他们的选择对象都必须满足“受到迫害的第三者情结”这一条件，换句话说，那就是，这类人只会爱上那些已经被别的男人爱过或占有过的女人，并不在乎她们是否有或是有过丈夫、未婚夫或情夫。他们绝不会爱上少女或寡妇等没有归属的女孩，甚至有时还很鄙视她们，这种态度一直持续到这些女孩和别的男人产生关系时才会改变。

二、第二种条件虽然不常见，但是也很显著。有时它会与第一种条件一起组成我们所说的这种类型，有时，只由第一个条件便可组成。

第二种条件是：在他们眼中，那些纯真的女孩不具备任何魅力，他们只喜欢那些生活不检点，贞操有问题的女人。这种特征本身也有很大差别，一个香艳的有夫之妇，一个情夫众多的女人，或是妓女，对他们来说都很有吸引力，换句话说他们只爱放荡的女人。

总之，这种人的爱情总是离不开这两个条件：第一个条件可以让他为了自己所爱的人去与另一个男人争斗，借此满足自己的敌对情感；第二个条件是因为这个女人的放荡能激起一种嫉妒情绪。对这个男人而言，只有这种嫉妒能让他热血沸腾，而这种嫉妒心理越是强烈，那个女人在他心中地位就越高，甚至达到一种高不可攀的位置。

他们总是时刻注意女方的行为，甚至一点点儿小事也能让他妒火中烧。但是，令人费解的是，他从不会嫉妒这个女人的合法占有者，比如她的丈夫，他的嫉妒对象一直都是她的新欢，甚至是任何一个可疑的陌生人。他在很多时候其实并不想单独占有她，而是很满足于一种三角关系。我就曾经遇到过这样一个病人，他就经常因为情妇的放荡偷情而终日郁郁寡欢，然而，后来他听说女方要结婚了，不但没有反对，反而大力支持。在其后很长一段时间里，他甚至一点儿也不嫉妒那个丈夫。还有一个典型的例子：男方本来十分嫉妒初恋对象的丈夫，一直强烈要求女方与其丈夫离婚，可后来却逐渐改变了想法，甚至能像对待普通男子那样对待情妇的丈夫了。

以上我们所描述的是哪种女人才会成为这种异常类型男人喜欢的对象。接下来我们要来看一下，这种男人是如何对待自己的爱人的。总的来说，有以下两种情况。

一、不同于一般人对贞洁的女人的敬重，对放荡的女人的蔑视，这些人往往会对那些轻浮的女人爱得发狂，这种爱情能令他们神魂颠倒，无法自拔。他们总是认为，只有那样的女人才是这个世界上唯一值得爱的女人，但一旦爱上之后，他们又会要求她们完全忠于自己。这样的爱情注定会带来折磨。当然，正如我们所知，不论哪种热恋的行为，或多或少都会带有强迫的性质．但是这种男人的强迫症程度还要更深一层，当他们爱上了一个自己不该爱上的女人时，他们往往在这种强迫冲动的驱使下，表现得更加无法阻止。他们爱得热烈而专注，而他们的一生会出现很多次这样的机会。这种事会不断出现在他们的生活中，而且几乎每次都是上一次的翻版。伴随着这个人生活条件的改变，比如说迁居或改行，他们的情妇人选也会随之改变，到最后，他们这种经验会越积累越多。

二、我们会在这种人的性格中看到他们渴望拯救对方的欲望，这很让人吃惊。他们深信对方是需要他的，甚至认为如果没有自己的帮助，她们一定会行差踏错，下场凄惨。所以，他就会在无形中充当对方保护人的角色，而保护对方的方式，就是好好管住她，不让她出去见人。

我们说，如果一个女人真的因为放荡习惯了，没有人愿意相信她，或是确实无依无靠，生活窘迫，那么这种保护的冲动还是情有可原的。但事实是，就算没有上述情况出现，他的这种保护欲望仍然非常强烈。我就曾经接触过这样一种人，他们平时对女人体贴照顾，极尽温柔之能事，一旦得到一个女子，就会想方设法让她对自己保持忠诚。

现在，让我们现在来总结一下这种人的各种特征：首先，他们选为对象的这个女人必须是属于别的男人的；而且她们必须是轻浮和放荡的，并且他也需要这种轻浮和放荡，因为这能够激起他强烈的嫉妒心，而且每次这种嫉妒心都会深入骨髓。他虽然言之凿凿，但每次都不能保持长久；他们总是喜欢对另一半表现出强烈的保护欲等。若是想从这种表现中分析出一种单一的原因，乍听上去不容易，实际上并非不可行。因为，精神分析法会帮我们找到满意的答案。如果对这些人的性生活进行深入分析，我们就会发现，这些男人在选择对象的时候，往往会选择对象的条件和一种奇特的爱恋方式，而这一切的根源与常人无异，即幼儿时代对自己母亲的那种爱慕之情的固置。

这种固置可能表现为各种形式，这里我们提到的只是其中的一种。正常人对对象的选择总是保留着一种“母体原型”的痕迹，比如年轻人对成熟女人的一种爱慕之情，但是他们这时的原始欲望中，希望脱离母亲的冲动还是很明显的。而这种类型的人就完全不同，他们的原始冲动在母亲的身上投入了太长时间，所以，即使超过了青春期，母亲的特征也会永远地影响着他们对爱人的选择，这一点从自己的爱人与母亲之间的相似程度上就能找到端倪。所以，我们可以针对这种现象打一个非常有意思的比方：如果婴儿能够顺利地出生，那么他们的头通常是又大又圆的；如果孩子在出生的时候难产，导致生产时间过长，那么他们头部的形状就像是从母亲的骨盆中雕塑出来的。

当然，仅就此判定这些人的爱情基础和爱恋方式都是源自于情节还不够，我们还必须拿出一些合理的证据。第一个条件是最容易论证的，即“所爱的女人必须属于别的男人”，或者说“不能缺少被伤害的第三者”。基于这一点，我们能够立刻联想到，如果一个男孩子是在家庭环境中长大的，那么，在他看来，母亲就是父亲的附属，那才是母亲的根本性质。这类人在恋爱中所表现出的那种专一性，说明他的爱人在他心中的地位是至高无上，无可取代的，就像小男孩的观点一样。在小男孩心中，只有一个母亲，他特别渴望和母亲亲近，任何人也取代不了。

如果这种人真的把自己爱恋的对象视作母亲的替身，那么，我们又该如何解释，他貌似对一个一个女人忠贞不渝，但事实上，在他的一生中却可能会不断地变换恋人这一现象呢？这难道不是互相矛盾的吗？

我们说，在其他方面的精神分析中，我们能够发现一个颠扑不破的规律：如果人的潜意识一直对某种东西狂热的爱恋着，认为那种东西在他心中无法被取代，那么就会表现为一种永不停歇的追逐过程。因为，替身永远不能与真身相比，也永远无法让他满足。比如，小孩到了一定年龄后就会变得好奇心特别重，这种现象该做何解释？事实上，他们只是想问那个他们最为关心的话题，只是不知该如何说出口。同理，那些整天喋喋不休的精神病人，也是因为内心一直隐藏着某种秘密的压力，特别想说个痛快，但是却无法开口。

谈到爱情的第二个条件，也就是比较偏爱那些具有淫荡性格的对象。这点好像和母亲的印象完全不吻合，甚至是完全相悖的，因为二者之间好像根本不可能有因果关系。在成年男子心中，母亲贞洁神圣，如果听到别人攻击自己母亲的品行，哪怕是稍有微词，都会让他备感耻辱。如果自己也胡乱猜测，就会更加痛苦。显然，母亲和“妓女”是一种鲜明的对比，引发了两种情节，即恋母情结与偏好淫荡女人的情结，我们将会对这两种情节做深入研究，探索二者是否在潜意识上存在某种联系。

一直以来我们就发现，两种在意识中互不相容的东西，也许在潜意识中恰恰属于一体。由此，我们可以孩子在青春期到来之前的一段生活。在那个时候，他偶尔会接触到一些成人性生活的模糊事实，而这种私密的了解，大都是通过口头流传的粗鄙不堪的语言实现的，其用词充满了对性生活的鄙视，要么极其恶毒，要么充满敌意。

这种对成人性生活的认识，显然与长辈在孩子们心中的威严形象大相径庭。

第一次接触到这些事情的小孩会立刻联想到自己的父母。在很多时候，他们往往会这样反驳：“我的父母绝不会做那种事，你的爸妈才会那样子做。”伴随着这种

“性的启蒙”，他们又了解到，这个世界有很多女人是靠性谋生的，而这种行为是被世人所不齿的。但是小男孩永远不能理解这种鄙视是为了什么。

只要他了解到，这种女人也能赋予他大人们才有的那些特权，也就是说，可以通过这样的女人来证明自己已经成为一个成年人了，那么，当他进入这种生活领域后，就会对这种女人既渴望又畏惧。随后，他们也不再相信，他们的父母没有做这种几乎人人都做的“丑恶”性行为。所以，只能自我解嘲地说，既然从本质上讲父母和妓女们做的是一回事，那么母亲和妓女也就没有太大的不同了。长大后，他们的所见所闻又重新唤醒了他们童年时的印象，那时的欲望和感情也都开始重新苏醒。于是他们在这些性知识的鼓动下，再次欲求得到母亲和仇视妨事的父亲，也就是说，他会再次产生伊底帕斯情结[1]。

令他一直心怀不满的是，母亲只允许他的父亲同她发生性关系，而他却没有这种特权，这简直太不公平了。如果这种激情无法排解，就只有借助别的手段来将它发泄出去。

这种手段就是，将母亲幻想成各种奇怪的形象，而这将造成更强烈的性刺激，最后只能通过自慰来解决。因为恋母情结与仇恨父亲的倾向往往同时出现，所以他通常会幻想母亲的不贞。在各种幻想中，那些和母亲有私情的情夫，又通常与这个男孩有着相同的性格，也就是说，在他的想象中，他希望自己长大成熟后能够与父亲相匹敌。我经常提到的“家庭浪漫史”，指的就是在那个时期，小男孩会通过各种奇特的幻想编织出各种一厢情愿的结果。

只要我们了解到那个时期孩子们心智的发展情况，再看男人为什么会偏爱性格放荡的女人这一现象也就不足为奇了。显然，这种情况应该与恋母情结有关。对于我们讨论的这一类型的男人来说，早年的情欲明显对其身心造成了难以磨灭的影响。而他日后所做的一切，都透露着他青春期之前的想象痕迹。同时，我们还能清楚地发现，青春期的过度手淫也是导致这件事的原因之一。

在清晰的意识中，支配着这个人现实生活中的爱情幻想和“拯救”爱人的冲动，两者并没有任何必然的联系。就算有关系，那种关系也并不密切。也就是说，如果他爱的人本身很放荡，很不专一，那么就会很容易陷入麻烦之中，而他应该使自己的爱人意识到贞节的重要性，不再继续做坏事，以这种方式来保护她。

然而，遮盖性记忆、各种幻想和对于夜梦的研究告诉我们，这种解释只是对人类潜意识的一种合理化处理，因为人们在潜意识中是不好意思承认自己的某种行为或思

1 即爱恋自己的异性父母亲，仇视自己的同性父母亲的情结。——译者注

想的，所以就会找一些看似合理的理由来搪塞自己。

“梦的继发性加工过程”往往能够混淆我们的视线，同样，“拯救”一词的出现也有着其自身的原因和特殊的重要性。事实上，这与“恋母情结”或者说是“双亲情结”是脱离不了关系的。当孩子听说自己的生命是双亲赋予的，或者说是母亲生下他的，他在感恩之余就会想要尽快长大成人独立自主，以便能够早日以某种珍贵的东西回报父母的恩情。可以这样设想，一个男孩为了维护自己的尊严，甚至可以说出这样的话：“我从未想过要从父亲那里得到什么，他现在给我的一切我都会加倍还给他。”他还能为此编出各种幻想，比如他在某次危险中救了父亲一命，这样他就算报了父亲的养育之恩，然后就可以坦然地离开他了。在很多情况下，这种幻想要经过包装才能够进入意识，所以这种“拯救”的对象往往不再是父亲，而是变成了皇帝、国王或某个大人物，最后这些幻想会转化成诗的素材。大多数时候，“拯救”的对象都是父亲，这其中隐含着保护自尊的意味；如果拯救对象换成了母亲，那么其包含的就是一种感恩之情。母亲赋予了他生命，这无以为报，但是只要在潜意识将“拯救”一词稍做改动，那么那种感恩的欲望就能够得到满足了。这里，他选择的也是唯一能回报母亲的方式就是给她一个孩子，或使她再有一个孩子。不过，这个孩子一定要酷似自己。这种改变其实和那种救母亲一命的幻想极其相似，而且母亲给了自己生命，作为回报，再还给母亲一个酷似自己的生命，这听上去很合理。

为了感恩自己的母亲，作为儿子的，他力图使母亲能够拥有一个像他一样的孩子，而作为感恩图报，同时，这就也是“拯救”的本质。通过这在种幻想的世界中，他在无意中用自己代替了父亲，与此同时，也便满足了自己的所有天性、喜悦、爱情、恩情、欲求、自尊、自爱和自立。

在这种“含义转换”中，“拯救”的危险一直不容忽视。因为一个生命的出生背负着母亲的苦难，本身就是一种潜在的危险，所以人们常常把生命的出生视为整个人生中的第一大危机。事实上，这种危机也是日后人生旅途中各种危机的原型，这种经验会一直深深地根植在人们心中，所以导致了各种“焦虑”的情绪产生。人们对这种危机有一种难以名状的恐惧感，在苏格兰的一个传说中，因为主人公马克多夫在出生时，不是从他母亲的阴道中生出来，而是从“她的子宫中直接蹦出来的”，所以从来不知道恐惧。

古代的解梦专家阿特米多鲁斯曾经说过，对于同一种梦境，因做梦者的不同而具有不同的含义，所以也需要不同的解释。这是很有道理的。

在这种潜意识中，规律性的东西也能够根据幻想着的男女性别不同而有所区别，也就是说：对于男性来说是让别人生个孩子，而对于女性来说是自己生个孩子。这种“拯救”的冲动在梦中及幻想中非常重要，如果梦境或幻想涉及水，这个重要性就更为明显了。如果一个男人梦到他从水中救起了一个女人，那么就意味着他想让这个女人生下他的孩子。而若是当一个女人梦见从水中救出一个人或一个小孩时，那就意味着她会生下这个孩子，就像摩西神话中法老的女儿一样[1]。

有时对于拯救父亲的幻想也会掺杂着感恩的情感。在这种情况下，它通常会将父亲放在儿子的位置上，也就是说，想象有一个像父亲那样的孩子。所有那些关于“拯救”的观念和“双亲情结”的联系中，只有一种情结是我们所讨论的这类人的典型特征，那就是想“拯救”自己所爱的女人的冲动情愫。

这里，我不想对这种以观察而推演出的理论进行深入描述，我将重点讨论那些有着鲜明特色的极端的例子，就像讨论“肛门乐欲”一样。大部分人身上只有一两个能够观察到的特征，而且还是偶然事件，所以，如果不深究其根源，只从偶然反常的现象出发，就会陷入一片混乱当中，根本找不到头绪。

1 《旧约全书》中“出埃及记”第二章记载。为了躲避埃及法老搜杀以色列男婴的法令，摩西的母亲把刚出生的他藏在了河边芦苇丛里，结果正好被法老的女儿发现并收养，取名为摩西，意思就是“我把他从水里拉出来”。——译者注

第二章

阳痿——情欲生活中最常见的一种退化现象

对于一位从事精神分析的医生而言，在各种复杂的焦虑症中，最常遇到的病例当属“精神性阳痿”。让人惊讶的是，这种奇怪的毛病往往多出现在性欲很旺盛的男人身上，其最主要的表现就是在迫切想要进行性行为时，性器官却不肯合作，而实际上，他的性器官本身毫无问题，完全具备性行为的能力，就算在性行为过程中，他本人那种急于纵欲的心理驱动力也是非常强大的。

这种病症很多时候是当问题发生，也就是只在和某些女人发生性行为时才会出现，其他大多数时候都很正常。通常他会觉得是女方的某些品质压抑了自己男性的某些机能，甚至很多时候他还会努力让自己忍受那种压抑的感觉，就好像内心有种力量在阻止其去行使自己的意志。但是他不明白那种内在的抗力到底是什么东西，也搞不清楚到底是女方身上的什么问题而导致了这种阻力。如果他和同一个女人的性交总是失败，那么他就会约定俗成地把这归结为是第一次的不成功所导致的，而每当回忆起第一次的失败，又会加重他的焦虑，让他受到更大的干扰，从而导致失败不断上演。那么，到底是什么原因导致了第一次的失败？这只是一种偶然的现象吗？

很多精神分析学家都曾针对这种心理性阳痿先后发表过很多研究性的论文[1]。我们能够从精神分析学家的治疗实践为这些论文找到注解。这种机能的失常现象应归咎于阳痿者内心的各种无意识情结的影响力——那些患者本身没办法从对母亲和姐妹的乱伦性固置中走出来。由于婴儿期经验的痛苦印象无意中被激发，再加上各种其他原因，从而最终导致他在面对某个女人时，深深地感到“性能力”不足。

对于那些比较严重的心理性阳痿者进行深入详细的精神分析，往往会发现那些病症很严重的患者受到以下心理因素的支配：在成长的过程中，原始的欲望发生了停滞，从而暂时无法达到我们认为的正常位置。这同样也是很多精神失常患者致病的原

1 例如M.斯坦恩的《男性机能性阳痿及其治疗》，W.斯坦开尔的《焦虑的形成及其治疗》还有弗伦克则的《心理性阳痿的分析与治疗》等。——原注

因。健康正常的爱情往往是温柔而执着的爱情和身体肉感的情欲二者相结合的产物，但是在那些病例中，显然就不是这样的。在这两种感情中，较早出现的是执着的柔情，它出现于儿童最弱的那段时间中，是基于“自卫本能”形成的，其对象一般指向家庭成员或照料儿童的人。

这种感情从最初就带有色情的成分，是性本能的一部分，这一点，不管是观察儿童的早期生活还是对成年心理症患者进行分析，都能察觉到。这种柔情其实代表的是婴儿早期的性对象选择，此时，性本能和自我本能并存，并以其对象为对象，重视他所重视的，因此，当“自卫的”肉体需要得到满足时，性本能也得到了满足。双亲及保姆在对小孩的疼爱中常常无意识地包含一些色情的东西，这就使得自我本能中色情成分的重量大大增加，当它累积到一定程度后，再加之能够指向同一目标的环境因素的作用，就必定对未来的发展产生影响。

当婴儿的这种感情固置发展到儿童期的时候，就已经包含了各种色情因素，不过此时还不明显，至少从表面上看来还不是为了追逐性快乐。之后，伴随青春期一起到来的是对肉感成分的追逐，此时这些情感的目标指向也无法隐藏。它们必然会随着早期标定的道路一直走下来，而且会以比现在更强大的原始欲望投入到婴儿期初次选择的对象上。但几乎同时，那些提防乱伦的保护墙已经完全建立了起来，消除了他与对象间产生性关系的可能性，借此，便能在最短的时间内摆脱这些不适合的性对象，然后去其他地方找寻，从而建立起合适的性生活。通过观察发现，这次选择的新对象和在婴儿期时选择的对象不光在形态上非常相似，并且也逐渐找到了原先只投注在母亲身上的那份眷恋的柔情蜜意。就像旧约中提到的，男人必须在到达一定年龄后，离开父母，去选择与他的妻子相处，只有通过这种方式才能使柔情和肉感融为一体。以这种健康的方式发展下去，那种肉欲之情就能够发挥出巨大的力量并使爱情变得更加美好。

原始欲望能否正常发展下去，主要取决于下面两个因素。

第一，如果在现实生活中选择新对象时受阻，或根本找不到适合人选，自然就谈不上什么“选择新对象”了。第二，到底什么时候他该放弃对婴儿时期对象的迷恋，这种程度一般和儿时对快感的投注成正比。如果上面两个因素都很强大，那么心理症的一般性机制就随之形成了。在这种情况下，如果原始欲望脱离了现实世界，就会陷于幻想中，无法自拔，这会使婴儿期性对象的印象更加强大，并固置于其上。不过，为了避免乱伦，这种迷恋只能在潜意识中进行。

在这一时期，肉感所带来的激情只能依附于潜意识中这种对象的形象上，如果这时的情欲以自淫的形式得到满足，就会进一步加深这种固置。如果在现实生活中，那些寻找外部对象的步骤未能完成，就会用幻想取而代之；二者从本质上来讲是一样的。这种幻想最后以自淫的方式结束，尽管从意识形态上仍然是以外在对象作为选择，但是那些所谓的对象只不过是潜意识中原始欲望的性对象的替代品而已，借此，幻想就顺理成章地成了一种意识。除此之外，这种取代对于原始欲望转化为外界方面而言几乎没有什么意义。

所以，对一个年轻人而言，他潜意识中仍会将情欲放在那个乱伦的对象身上，也就是说，也许仍然固置在乱伦的幻想中。如果任其发展，最终就有可能导致“彻底的阳痿”；当然，如果刚好患者的性器官比较弱也会造成这种情况，但与前一种因素相比，它始终是次要的。而所谓的心理性阳痿症就是前一种因素发挥作用，但程度较轻的结果。

然而，肉感的情欲不是一定要依附于眷恋的柔情当中，也许它本就十分强大，可以不受任何干扰，找到自己的出路。而这类人的性行为一般都会着很明显的特征，所以很容易被发现。多数时候，肉感的情欲会因失去了这种柔情而表现的多变且容易激动，甚至有时候还有些手忙脚乱。尽管这样，但是往往并无法从中得到什么乐趣。更重要的是，由于它与柔情蜜意无关，所以就会严格控制自己对对象的选择范围。尽管也有很多肉欲方面的诉求，但是却会避开能引起柔情的对象。换句话说，原本那些非常值得爱的女性，可以引发他们敬仰的女性，却无法勾起他们的性欲。所以，他虽然也会对那种高雅的性对象无比敬爱和怜爱，但是却不会涉及色情方面。

这类人的爱情生活能够分成两种不同的层面，一种是不涉及肉体的、精神层面的，也就是我们常说的柏拉图式的爱情；另一种是俗世的、兽性的肉体爱情。这类人对自己真心爱着的人产生不了性欲，而那些能够引发他们性欲的女人，他们却又不爱，最后，他们选择寻找那些他们根本不爱的女人去尽情发泄，来避免自己的欲望会玷污自己深爱的女人。因为摆脱不了“敏感的情结”以及“被抑制的东西的恢复”这两大定律的影响，所以，如果他为了自己原始的性欲而寻觅女人时，偶然发现了一个和他潜意识中深藏的女人形象有些相近的女人时，那么这个女人身上一定有某些特征能够让他唤起对某个女人，比如母亲的回忆。而在这种情况下，面前的这个女人就是无论如何也要避免的性对象，也就是说，他在心理上必须对其加以拒绝，由此，心理性阳痿就出现了。

只要性行为的对象近似于乱伦对象，那么就会在无形中高估这个性对象。如果想要避免这种尴尬与痛苦，就不得不降低对性对象的评估。而随着性对象被低估，肉欲就变得肆无忌惮，与此同时性能力也能得到了高度的发展，紧接着快感也会迅速达到

男人，自然也就必降低其性对象的价值。因为她们长期在避免性爱的压抑中生存，所以她们的全部感性欲求都只能在梦中得到满足，长此以往，因为各种色情活动通常以一种淫乱的意念形式存在，所以她们在精神上已经沦为性无能者，而一旦某一天性活动成为一件很正常的事时，她们就会变成性冷淡者。同样的道理，很多已婚的女人在婚后很长时间都耻于性活动，还有一些女人则对性活动表现得异常冷淡。但是，如果这种性关系如同夏娃的禁果一般掺杂进犯禁或秘密的成分，就会极大调动起她的性兴奋。而这种偷来的乐趣，自然无法从她丈夫那里得到满足。

我认为，女人的爱情中需要一些犯禁的刺激的原因，和男人需要性对象身份较低是相同的，两者都是在社会伦理的法律产生后，性成熟和性满足彼此斗争的产物，其目的都是为了克服因为情和欲没有协调好而导致的心理性无能。但是，尽管出自同样的原因，在男人与女人之间的结果却完全不同，具体表现就在于二者在性行为上的不同。在文明社会中，女性往往会经历很漫长的等待，久久不会逾越性活动的压抑，所以提到犯禁一般会与性爱联系起来。而对于男性而言，在那个阶段，通常表现为降低性对象的标准来打破那种禁忌，并且在今后的爱情中也会一直延续这种爱情模式。

现在，在性生活不断开放的今天，我仍需再次提醒读者们，精神分析研究和其他科学研究是相同的，并没有任何不公正。如果是通过患者的病症去做研究，那么，在这一过程中，精神分析法也并没有将假设强加在事实中，而是基于事实基础上得到的理论。如果研究出的事实真相能够帮助社会状况得到改进，那自然是最好的结果，但是，如果这些所谓的改革一旦发展起来，如何把握那个尺度，会不会导致更多的牺牲，那就不是我们现在能够预测的了。

正如上面提到的，文化教育会限制爱情生活，从而导致很多男性降低对性对象的选择标准。这里我们会暂时放弃那个问题，重点讨论某些和性本能相关的现象。

因为在早期无法享受到性爱的感觉，导致人们在结婚后本可以尽情享受性爱的快乐时，却又无法得到满足。那么，假设情况反过来，从最初就能够完全释放自己的情欲，后果又会怎么样呢？我个人觉得情况也许会更糟。这很好理解，情欲如果得到的过于简单，那么也不会显得多么可贵。也就是说，阻碍是能够有效提升兴奋度的。历史也一再证明，当阻碍人们获得满足的自然力消失时，人们总会人为地寻找一些阻力，以此来使自己充分享受真正的爱情。不管是对个人还是对群体，这个道理都行得通。当性欲能够顺利得到满足时，爱情也随之变得没有意义，人们也因此而开始空虚起来。随后，人们为了挽救爱情的情感价值不得不重新燃起一种阻碍爱情发展的反作用。从这个角度而言，基督教文明中的禁欲倾向极大地提升了爱情的价值，成为古代的教徒求之不得的一种最高贵的爱情。它来源于苦行僧式的生活中，并通过终生对原欲诱惑的斗争中获取自己的价值。

这个现象也是我们在机体中所普遍存在的。也就是说，本能欲望会一直随着挫折感的增加而继续高涨。如果有这样一个实验：各种人都处于相同的饥饿状态，当务之急就是迅速进食。在这种情况下，他们的差异就会荡然无存，每个人都会受到唯一本能的驱使。但是，如果情况刚好相反，他们所有的本能都需要得到了满足，结果会怎样？是否精神价值会下降？对于这点，我们可以将其比喻为酒与酒鬼的关系。酒鬼们不就是对酒的毒害感到满足吗？可我们从未听说过一个酒鬼因为永远喝同一种酒感到厌倦，就总是变换酒的。而且事实恰好相反，他喝同一种酒的时间越久，也就会越发依赖。同样的道理，也没有一个酒鬼会因为喝酒太多而感到厌倦，最终以迁居到一个禁酒的或酒价昂贵的国家去的方式来挫败自己那萎缩的快乐。恰好相反，那些嗜酒之徒每当聊到对酒的感情时，就好像聊到了那些最风骚的情妇那样感到满足。

奇怪的是，为什么人们对他们爱的性对象就做不到这点？我个人认为，这是因为有些东西最不容易得到满足。只要想一想这种本能会在自身发展中经历的各种曲折，就能找到产生这种倾向的两个主要原因。

一、在性成熟中影响着性对象选择的两大干扰力量和乱伦障碍的阻挠下，这种选择最终只能找到原型的替代品。通过精神分析法我们可知，如果本能欲求的原对象因为各种外在压力而失去作用，那么就会找到一连串性的替代品，而这种性对象的替代品是无法为其带来一种满足感的。这就体现了人类性爱中的又一大特征——为什么他们选择的性对象总是无法长久地保持那种诱惑力，需要永远追求新的刺激。

二、正如我们了解的，性本能开始于各种成分，是这些成分的组合，但是很多成分会在中途被压抑住或转为其他用途，而不是从一开始就得到充分发展。这其中最明显的本能莫过于嗜粪欲，这个成分自从人类开始直立行走，嗅觉器官远离地面后，就开始与我们的美学观念格格不入了。

另外一种本能也要中途放弃，这就是构成性本能的虐待本身。但是，全部的淘汰过程都和心灵中较上层的及较复杂的结构有关，而性交的过程却保持原样不动。因为排泄道和性器官靠得太近，所以不可能清楚地分辨出来。但不管意识和心灵经历何种变化，介于尿道和屎道之间的性器官都始终如一地保持着它的重要性。正如拿破仑所说，“解剖学就是一切”，随着人的身体从头到脚不断向美演化，只有性器官依然保持着最原始的野兽时代的结构和形象，所以无论在任何时候，爱欲的本身就是一种兽性的体现。性欲的本能是无法改变的。人类社会在这个方面所做出的努力，就其程度来讲总是不合时宜，但无论如何，如果人类文明想进步，就要在某种程度上牺牲掉性的快乐，而那种永远无法满足的氛围正是源自于此。

所以，无奈之下我们只能得出这样一个结论，那就是要想使性本能欲求和文明相互协调发展，简直是痴人说梦。文明发展程度越高，人类就越发会面临各种苦难、牺牲和在遥远的未来种类灭绝的威胁。这种预言实际上来源于下面一种猜测，那就是伴随着文明带来的各种不满足感，是性本能在文明压力下畸形发展的结果。而只要性本能向文明发展妥协，那么那些无法满足的成分就会不断升华，从而创造出文明社会中最为伟大和奇妙的壮举。反之，如果人类性欲能够被彻底满足，那性的能源就无从转移，人们对性的快乐迷醉不已，社会也就会停滞不前。

所以，我们说，正是性本能和自存本能之间无法调和的矛盾与对抗才推动了人类文明的发展进步，但同时，它又为人类文明带来一种长久的威胁，以致弱者们深陷心理症的困扰无法解脱。

科学并不旨在对人们提出警告或进行劝慰，但我也必须承认，本文中得出的结论应该建立在更广大的基础上，也许人类在其他方面的发展能够有效解决上述问题，这也是我所追求的。

第三章
处女的禁忌

我们在研究原始民族的性生活中，会为很多细节惊诧不已。他们对尚未有性经验的女子，也就是处女的态度就是个鲜明的例子。正如我们所了解的，在文明社会中，男人在追求女人的过程中会非常注重她是否是个处女，这种传统观念会在某些人脑海中根深蒂固，好像这是件很正常的事情，如果突然问他们原因，他们反而会目瞪口呆，不知如何回答。其实，因为人们长久以来根深蒂固的一夫一妻制的思想作祟，人们通常总是希望占有一个女人的全部，并因此要求女孩在婚前不要和别的男性发生关系，以防对女孩的身心带来一定影响。事实上，这种做法只是将对女人的垄断行为延伸回了过去。

如果从上述观点来研究女人爱情生活的某些特征，那么很多看似奇怪的现象就会变得不足为奇。通常情况下，人们都更为看重处女也不无道理。我们知道，环境和教育会对女性的身心造成一定影响，使她们处处小心，绝不与男性发生性关系，长此以往，对爱欲的渴望一直受到压抑。所以，只要她能够大胆冲破阻力，选择了一个男人来放任自己的爱欲时，她就会一辈子委身于他，不会再对别人产生如此深情了。女人这种因婚前长久的孤寂所导致的“臣服”态度对于男人来说十分有利，因为这样一来他就能一直长久地占有她，并使她不受外界新的印象的诱惑。

1892年，克拉夫特·伊宾首创了“性之臣服”一词，意思就是某些人只要和别人发生了性关系，就会对这个人高度的依赖和顺从。这种“臣服”心理甚至会达到一种极端程度，让人失去自我，甚至心甘情愿为对方付出全部，毫无保留。我认为，如果希望男女间的性关系长久保持下去，那么某种程度的依赖和臣服心态是必不可少的。同时，为了实现文明的婚姻制度，有效压制那些不符合社会安定团结的一夫多妻的倾向性，就更应对这种臣服态度加以鼓励。

那么，是什么导致了这种“性的臣服”态度？克拉夫特·伊宾认为，如果“一个个性软弱敏感的人”爱上了一个完全以自我为中心的人，就会无可避免地产生这种结果，但如果运用精神分析法进行研究就会得出与此不符的结果。精神分析法认为，这里，起决定作用的显然是那种克服性阻力的力量，也就是说，取决于这种阻力的突破是否能够通过一次的冲击得以实现。如果能够通过那“致命的一跃”后，完全改变自己受阻的地位，就会形成“臣服”的态度。就这点上来说，女性比男性更容易产生性臣服的态度。可在当今社会，情况却正好相反——男人往往更容易陷入那种境况中。这是怎么回事呢？通过研究，我们发现，如果当一个男人面对某个女人时，忽然发现自己不再受心理性阳痿困扰，那么他就会从此对那个女人百依百顺，并一直生活在一起，而这也就是造成人类很多婚姻悲剧的罪魁祸首。

接下来，我主要来谈一下原始民族对处女价值的看法。

也许很多人会错误地认为，既然原始民族中的女孩子大多在婚前就已经不是处女了，而且也能够顺利出嫁，那这就说明原始民族并不在意一个女子是否是处女。我的观点是，在原始社会，这种夺去女孩子童贞的仪式还是意义重大的，它已经成为原始民族的一种类似于宗教性的“禁忌”，正是因为这样，习俗才会严禁她的新郎来做这件事，以免打破禁忌。在这里我不想再详述所有论述这种禁忌的文献，也不再说明它在全世界分布的有多广，形式是如何的多样，我们唯一想解释的就是，其实那种在不结婚的情况下弄破处女膜的行为，是个普遍存在于原始民族中的习俗。卡洛雷就曾说过：“在这种婚前举行的特别仪式中，通常由新郎以外的某个人来捅破那层处女膜，这种情况主要多发生于低级文明的国度。”

我们也不必为此感到惊讶，因为，如果想让捅破处女膜的行为不发生在结婚后的第一次性交中，就必须事先让某个人通过某种方式来实现。卡洛雷曾经在其《神秘的玫瑰》一书中，对这方面做过详细的描述，这里，我要引用如下几段：

第191页：“在迪雷部落以及其邻近的部落中，有这样一种习惯较为普遍：女孩一到青春期就会自己弄破她的处女膜”。

“在波特兰和格莱尼格族中，经常会有一些年老的妇女给新娘做这个手术，更有甚者还会专门请白人去强奸少女，帮助其完成那个使命。”

第307页：“有时，早在婴儿期便会弄破女婴的处女膜，不过，最普遍的还是青春期的时候……但是在澳洲，它经常会伴随着性交仪式合并举行。”

第384页（见斯宾塞与吉伦关于澳洲各个部落情况的通信，在信中他们重点讨论了这些部落中特别流行的族外婚姻风俗习惯）：“第一步，要先人为地将处女膜穿破，然后，让做这件事的男人们和这个女孩一一发生亲密关系……总的说来，整个仪式包括了穿破处女膜和性交两个步骤。”

第349页："在赤道非洲的玛塞地区，这种手术时女孩子在步入婚姻的殿堂之前的必要准备。在沙克斯族、巴塔斯族和阿尔福尔族中，像这种穿破处女膜的工作大多数时候都会由新娘的父亲来做。甚至在菲律宾群岛，还有一批人以穿破少女的处女膜作为专门的职业，不过那些早在婴孩时期就已经由老年妇女做过该类手术的女孩，长大以后就无须再做这种手术了。在爱斯基摩族的某些部落里，只有僧侣们有权这样做。"

上面的论述存在两大问题：一、大多没有描述清楚到底如何"穿破处女膜"，是通过性交穿破还是什么别的方式？只有一处提到是分成两个阶段进行这个过程的，详细说起来就是首先通过器具把处女膜弄破，然后进行性交仪式。二、并没有交代清楚，在各种仪式中郑重其事的性交和平时的性交有什么分别。据我所知，之所以会出现这种失误，部分是因为作者羞于进行描述，部分是因为作者还根本不清楚这个问题的严重性。因为在国外的报纸杂志上也找不到任何相关资料，所以我无法按照自己期望的那样从旅行家或传教士那里得到更详细和更准确的第一手资料，因此，到目前为止，我还无法对此做出肯定的结论。不过，尽管对第二个疑问的描述并不详细，以致这种仪式的性交活动缺乏真实效果，但是我们仍能想象得出它表达的是完全的性交，并且他们的祖先也是那么做的。下面，我来深入探讨各种解释处女禁忌的因素。正如我们了解的，穿破处女膜就说明会流血，而原始民族一直把血看作是生命的源泉，当然会对此充满敬畏，这也就是原始人处女禁忌的第一个原因。除了性交，在其他社会规范中也要注意不触碰这种流血禁忌。事实上，它代表的是一种"不可杀人"的禁令，是为了禁止及防备原始人的喝血情操及杀人狂欲而存在的。原始社会中的各种禁忌都受到过这种观念的影响，诸如处女禁忌，还有很普遍的月经禁忌等。原始人将每月都要经历的流血现象看待得极为神秘，她们会认为这是有某种东西正在迫害自己，是因为精灵鬼怪的撕咬甚至是和某个精灵性交所导致的。

我们在很多资料中都能看到，大部分原始人都认为这个精灵就是她的某个祖先。甚至还有原始人认为经期中的女孩身上也许附着了某位祖先的灵魂，所以令人畏惧，视她们为"禁忌"。但是，我个人认为，如果我们继续深入研究这种恐惧流血的现象，就不会那么看重这一点了。

比如说，在某些种族中，都会不同程度地实行各种手术，如对男孩子做包皮割礼，还有更加残酷的对女孩子实施的阴蒂及小阴唇的割除礼。此外，还有各种以流血为目的的仪式，这些现象都与"原始人恐惧流血"的解释相矛盾。从这个角度来说，很多人婚后为了和丈夫方便地性交而废除了这项禁忌（月经禁忌）就很正常了。

第二种解释也和性没什么关系，它比第一种解释更具普遍性，牵扯面更广。以这种解释来看，原始人好像一直在一种焦躁的期待中生活，他们正如我们在精神分析学中所说的焦虑症患者一样，整天忧虑不安。而那种焦躁的期待感在遭遇到各种新奇、神秘、怪诞和不合常情的事物时就会加剧。它同时还造成了很多牺牲或奉献的祭典和仪式，并且大半都保留在种种宗教仪式里一直流传到现在。据我们所知，每当人们面临一个全新的局面，比如家畜下崽，果实与庄稼丰收，喜得贵子等，就会随之产生一种特有的期待，而这种期待中往往还透着焦虑，各种成功或危险的结局会同时在脑海中交替出现，令人坐立不安。而此时，人们往往就会想到通过某种仪式或祭典去向神人寻求庇佑。同样的道理，结婚时的第一次交合对当事人双方也是非常重要的，所以人们也希望用某种仪式去保护它。这其中，既掺杂着对新奇事物的希望，又有对流血的恐惧，这两个方面并不矛盾，反而互为补充。第一次性交是人生路程上的一大障碍，只有通过流血才能冲破它，而这又加剧了期待的紧张程度。

第三种解释就像卡洛雷说的那样，认为处女禁忌同属于性生活禁忌的范畴，而且只是性生活更大禁忌中很小的一部分。同女人的每次性交都是禁忌，而并非只有第一次才是，换句话说，女人就是禁忌。之所以这样说，并不是因为女人性生活中总是充满着各种诸如月经来潮、怀孕、生产、坐月子等各种需要避讳的时刻，而是因为每次与女人做爱都得经历各种限制和难关。我并不认为野蛮人的性生活是随便的，尽管原始人偶尔也会无视那些所谓的禁忌，但是很多时候都不是那样的，他们甚至比文明人有更多的规矩。很多情况下，男人都必须远离女人，比如远足、狩猎、出征等，在那个阶段是不能和女人进行房事的，以避免他们因为精力衰竭而在很多重大关头遇难。就算平时，他们也不能总是和女人同房。在那个时代，最常见的是女人和女人在一起，男人和男人在一起，而现代社会中的小家庭在原始社会是很少见的。有时候男女甚至因为分开的太久，连对方的名字都忘记了，而女人们会有一套自己所特有的特殊词汇。当然，有时候性需要也会打破这种长期分居或分离的状态，但更多的男女（哪怕是夫妇）之间的性行为都只能在户外或某个很隐秘的地方进行。

原始人的每种禁忌就是针对他们害怕的一种危险而建立的。其实，上面提到的各种规则和对女人的规避显露出的都是原始人对女人的恐惧。也许，这种恐惧始来源于女人与男人自身的差别，在男人看来，女人总是充满神秘感，她们奇特又难以捉摸。

他们觉得异性只会给自己造成伤害。他们甚至害怕自己的力量会被女人带走，担心自己会被女人影响而逐渐具备女性的特征，最后导致一事无成。而每当房事过后，他们就会感到情绪突然变得低落，浑身酸软无力，这更重了他们的担心。同时，现实生活中的女人往往总是利用性关系来不断支配和敲诈勒索男人，所以那种恐惧感就变得更加深重。上面的各种心理，在我们文明社会中已经荡然无存，但是事实上，在每个男人的内心中，多少都会留有这种痕迹。很多深入研究原始民族的人都深信一点，那就是原始人的情欲是非常软弱的，在强度上根本无法与文明人相比。很多人并不赞同这一说法，但是在上面提到的各种禁忌中，原始人确实一直将女人当作一种有害之物来躲避。那么在那种状态下，他们对这些女人的感情有多少，有多深厚就值得商榷了。

在这方面的论述中，卡洛雷的看法和很多精神分析家的看法基本上类似。同时，他深入分析到，人与人之间也有“人身隔离禁忌”。尽管我和别人在很大程度上都很相似，只有很少的几点不同，但恰好就是那为数不多的几个不同点导致了人与人之间的孤立和敌对。由此，我们也可进一步分析那种人对于自己与别人之间那些微小不同之处的“自恋”，由此便可知人们为什么很难做到与别人亲如一家或深爱周围的每个人。

这种分析心理的工作确实非常有意思，同时，通过分析男人的心理，心理分析师还指出，男人因为自恋而放弃女人和看低女人，主要就是因为过去的“阉割情结”。

讲到这里，我们似乎有点儿跑题了。为什么要因女人普遍具有的“禁忌特征”而严加限制女人的第一次性行为。我们只能用两个理由来解释，那就是害怕流血和对未知事物的恐惧。但是这两个理由并不是这种禁忌仪式的本质。原始民族举行这种禁忌仪式是为了不致未来的丈夫承受第一次性交流血造成的结果。但事实上，我们在前文中曾说过，这种事情能够使女人更加臣服于那个男人。

有关一般性禁忌仪式的起源和意义，我们已经在《图腾与禁忌》一书中做过深入讨论，这里不再赘述。我在那本书中已经得出一个结论，那就是，只要是禁忌，就一定会涉及一种矛盾的情感，这种情感是恋母情结中的一种。

心理症病人会建立起自己的恐怖对象，同样，现代原始部落的禁忌，也是经历了漫长的发展而建立起来的系统。新的动机已经代替了禁忌的原始动机，这样才能够和新的环境相协调发展。但是，我们也可以先将那些新的发展变化放下不谈，而回到问题的最初，即原始人的每种禁忌就是针对他们害怕的一种危险而建立的。

总而言之，他们的恐惧来自于精神层面，而并不是现实生活中的实际危险，原始人并不太在意精神和实际之间的区别，因为他们还无法分辨哪些危险来自于精神层面，哪些危险是实际存在的，他们始终对世界保持一种泛灵论的看法，在他们眼中，无论是天灾人祸还是洪水猛兽，都是一种具有灵魂的恶灵作恶造成的结果。同时，因为他总是对所有他不喜欢或不熟悉的外界事物充满敌意，所以就会将女人当作危险的源泉，既然女人那么恐怖，那么夺取其童贞就是一件危险的事了。

在这里，我们已经能够明白危险的本质，还有为什么只会对自己的未婚夫产生威胁。要想找到更明确的答案，我们还要对那些生活在当今文明社会的，和原始社会妇女具有相同处境的妇女的行为进行更深入的研究。这里，我可以预先告知大家一点，那就是各种深入分析研究说明上述危险是确实存在的。由此可知，原始社会人们的禁忌均是具有目的性的，他们的这种社会风俗也确实为他们避免了很多精神上的危机。

正常的女人在达到性高潮时，往往会双手紧紧抱着自己的男人，似乎是在向自己的心上人感恩，表明自己这辈子就是属于这个男人的。但是，很多人不知道的是，女孩子的第一次性生活，其实并不是那么美好，她不仅不兴奋还很失望，而且体会不到任何乐趣。她必须经历很长的一段时间才能够渐渐体验到做爱的愉悦，而有些人不管丈夫如何体贴、关怀，都不会有愉悦感。人们往往不把女人的性冷淡当一回事，但我个人觉得，如果女人性冷淡的原因不在男人身上，那么就应该从别的地方寻找答案，并进行深入的分析研究。我并不打算以女人的第一次性生活作为研究的切入点，因为女人大多对此避之不及，而导致这一现象的原因实在一言难尽，更不要说，还有很多人以此作为女子“洁身自好”的表现。在我看来，如果能从某些病态的案例着手分析，就能够深入理解女人性冷淡的秘密。

正如我们了解的，很多女人在首次性交后，甚至在每次做爱后，都对男人心存怨恨，甚至恶言相向，有时甚至会动用武力。曾经有这样一个患者，她非常喜欢自己的丈夫，常常主动要求性生活，而且每次都能从中获得快乐，但是事后却又忍不住怨恨她的丈夫。这种自相矛盾的事情，就是性冷淡的另一种形式。

但是，一般女人的性冷淡是比较单纯的，她们心中那种憎恨的力量只是潜在地压抑着她们对性爱的激情，并没有公然地流露出来。而如果女人处于一种病态，那么她会将爱和恨区别对待，并按先后顺序将那两种矛盾表现出来。这和我们很多年前在强迫症中研究发现的“两元运动”的原理相类似。如果夺走女人的童贞一定会使她产生长久的敌意，那么她以后的老公当然不会充当她童真的破坏者。

我认为，在女人内心深处窥见造成这种矛盾性表现的某些冲动，也同样能够拿来解释性冷淡。第一次性生活所激发的某些激情并不是来自于女性的本能，并且很多激情的感觉在以后的做爱中也不会再出现。最值得一提的是，女人最初云雨时要忍受那种难以承受的痛苦，也许有人认为这一个因素已经足够，不用再提及别的因素，但是事实绝不是如此简单。如果仅仅是肉体的痛苦是不会带来那么严重的后果的。

事实上，女人之所以性冷淡不仅仅是因为肉体的痛苦，更多的还来自于一种“自恋”心理受到打击以后的心灵挫败感。这种痛苦往往是一种自认为失去了高贵的童贞之后后的哀怨惆怅的感觉。但是，从原始民族祭典仪式中我们却又能清楚地感受到，其实那种痛苦或失落对于性冷淡的产生并不重要。正如我们所了解的，他们的仪式通常分为两个阶段，第一是用手或别的工具弄破处女膜，其次是正式的性交或采取各种象征性的姿势。不过，这时的性对象都不会是自己的丈夫。这样就能够看出来，其实那种禁忌的不光是为了避免新婚之夜在肉体或精神上的痛苦，还包含有别的寓意。

再来分析一下文明世界的女人。因为首次性行为并不像她们长时间以来想象的那样，所以便会感到特别失望。因为在这之前的性行为总是伴随着各种抑制和各种顾虑的阻碍，所以一旦面对正式的、合法的性交时，她们仍免不了觉得羞愧和担心。甚至很多年轻女子在面对即将到来的日子时，往往显得笨拙和可笑，她们把做爱那种微妙的感觉当成了一种很神秘的事情，不敢面对双亲，更不敢对别人提及这种事。她们内心觉得，如果这种事被别人知道了，那么爱情的价值也就随之消失了。而这种感情一旦畸形化，一定会影响其他成分，这样就会影响到婚后情欲的感觉。

这种女人一般对公开的夫妻关系感到索然无味，她们倒是更愿意冒着各种危险去偷情，因为觉得那样才浪漫，并充满激情。但是，那种动力还仅仅存在于心理的浅层。这种现象只在文明社会中存在，而对原始社会中的各种禁忌我们又该做何解释？我们相信，是心理深层次的东西影响到这一“禁忌”，也就是说，是来源于某种原始欲望对原始对象的深入影响，孩童时期的性爱目标从未消失过。女人们最初的原始欲望总是固置在父亲或能代替父亲的某个兄长的身上，而那种恋情通常并不以与对象的交合为结果，顶多也就在内心深处偶尔模糊的想象一下而已。这就等于说，丈夫只是这种原始对象的替身，而并不是她真正的恋情对象，她的真正的恋情永远都是针对别人的，最典型的就是其父亲。而对丈夫的情爱，只不过是在万般无奈的情况下的权宜之计而已。

这种恋父情结的强弱或者持续性能够直接影响到她丈夫的感觉，会影响到她对丈夫的态度——是冷落还是拒绝。这就等于说，性冷淡及心理症是由同一个因素造成的。当然，如果一个女人对待性生活越理智，那种原始欲望就越发能够抵抗那初夜交合时的震惊之感，也就越发能够抵御男人对其肉体的占有。此时，这种女人的心理症就被性冷淡取而代之。如果那个性冷淡的女人又恰好不幸地遇到了一个性无能的男人，那么那种冷感的倾向就会越发的严重，甚至会导致很多别的心理问题。

由此，我们想到了原始社会中由长者、僧侣或其他贤达之士担任首次破坏其处女膜的职责的习俗，显然，这是潜意识中对女人早期恋父情结的认可，所以才会选择那些与父亲相似的替身来完成这一使命，而这刚好和深受诟病的中世纪领主的“初夜权”遥相呼应。斯多尔福（A.J.Storefr）对这一点表示赞同，他还进一步揭露了一个事实，那就是在分布很普遍的所谓“托白亚之夜”习俗里，往往只有父亲才能享受第一次交合的特权。这与荣格的调查也是一致的。在那些调查中，荣格发现，在很多民族都是由那种代表着父亲意象的神祇雕像来完成初次交合使命的。在印度的很多地方，新娘要被一个木制的类似生殖器一样的神像戳破处女膜。据圣·奥古斯丁的记载，在罗马婚仪中也流行过这种习俗——新娘要在那被称为普莱柏斯神的巨大的石制男性生殖器上坐一下；显然，这种习俗已经被象征化了。

如果我们从更深的心理层次分析，还能发现另一种动机，而女人对男人发自内心的又爱又恨的感情也是源于那种动机。同样，女人的性冷淡源自于此。经过深入分析我们能够发现，女人最初做爱的冲动，除了上面所说的各种感情外，还有源于一种完全与女人的机能和职责相违背的因素。很多女性心理症患者早期都有一个共同点，那就是她们曾经有一段时间很羡慕她的兄弟的阳具，并且很沮丧自己没有那种东西，她们往往会想象自己是残缺不全的，而且是因为遭受了某种虐待才会这样的。这种“阳具艳羡”也是“阉割情结”的一部分。在那种艳羡中包含了一种“希望成为雄性”的含义，而“阉割情结”是一种“雄性发出的抗议”。

“阳具艳羡”一词的首创者是阿德勒（Adler），只可惜他却错误地拿这一因素来解释心理症。不过，有一点是不可否认的，那就是正处于发育期的小姑娘经常会天真地表现出对自己兄弟阳具的羡慕甚至是嫉妒。她们甚至会学着兄长的样子站着小便，认为这样就能和他们保持平等。

在前面的例子中，我们也提到过，有些女人在性交后会对自己的丈夫心存怨恨，我的分析是，她之前就一直深处那种嫉妒的情绪中，直到她的对象确定下来之后都没有改变。一般情况下，女孩会逐步将原始欲望转移到父亲身上，这时她所希望得到的就不是阳具，而是生出一个小孩。这种发展顺序也会颠倒，在一些极个别的特殊的例子中，“阉割情结”会跟在“对象选择”的后面，这也不足为奇。在“雄性期”里的女孩对男孩子阳具的羡慕，并不是一种“对象之爱”，而是一种很原始的自恋而已。

不久之前我对一个少妇的梦进行了分析，结果发现那个梦对应的就是她对失去童贞这件事。同时，在那个梦也反映了那个女人潜意识中的一个愿望，就是希望阉割自己的丈夫，夺走他的阳具。那个梦原本可以解释成童年欲望的延续或重演，但是梦中的某些细节预示着它已经超越了常态，这显然会是一场悲剧。

接下来，我们再回过头研究一下“阳具羡慕”。女人特有的那种对男人敌视的矛盾倾向，总是和两性关系相关，但是我们只能从那些充满男人气概的巾帼英雄身上找到痕迹来证明。弗伦克兹（Frenciz）曾经从古生物学的角度出发去深入研究女性内在的敌意起源，认为这种敌意甚至可以追溯到混沌初开，两性初分之时。他始终坚信，性行为起源于两个完全相同的单细胞之间，但是逐渐地，一些较强大的个体就开始强迫那些较为弱小的个体进行性交，而这种在强制淫威下不得不屈服的态度也正是当今女性性冷淡的原因之一。这种说法还是有一定道理的，只是我们应该客观地对待，而不是一味地夸大其词就好。

我们已经深入研究了女性首次性交的矛盾性反应及其产生的动因，并概括得出这样的结论：因为处女性心理还没有成熟，所以一旦有一个男人诱导她进入性生活，她就会觉得难以忍受。这样看来，处女禁忌反而成了人类高度智慧的结晶，因为这能使那个将要和她一起共度一生的男性规避这种危险。在文明高度发展的现在，因为各种复杂的理由和因素，人们越来越看重那种女人走入“性之臣服”后所带来的各种有利因素，也不再避讳那种危险，所以女人的童贞就成了男人最为看重的财产。但是，就算是那样，女人的仇视情绪也并没有因此而完全消除。我们可以在各种不美满的婚姻中清楚地发现，那种因为丧失童贞而产生的报复情绪仍存在于女人心中。现在还有很多女性，在首次婚姻中一直都不苟言笑，对男人毫无热情可言，直至最后以离婚收场。但是，如果再婚，那种情况就会有所好转，她也不再一直郁郁寡欢，而且还会逐渐享受或尝试做爱的欢愉。可见，经过第一次性的结合后，女性所有不良反应已经不复存在了。其实，所有人都知道，即使在文明社会中，那些处女禁忌也并没有绝迹，很多诗人也曾经以此作为素材。安孙鲁贝（Anzengruber）曾经在一篇喜剧中描写了这样一个场景：一位朴实的农民不愿意娶他心爱的女孩为妻，因为他觉得这会让他短时间就丧命，所以他宁愿让这个女孩嫁给另外一个男子，等她成为寡妇后，才敢放心大胆地娶她。这个剧本就叫作“处女之毒”。这与养蛇人的行为很相似——先给蛇一块小布片让它咬几次，这样他们就能放心大胆地摆布它了。在海拜尔创作的《朱蒂斯与何洛弗尼斯》的剧作中，朱蒂斯的角色充分展示出了处女禁忌以及部分动机。朱蒂斯也是童贞受到禁忌保护的那种女人。在新婚之夜，她的首任丈夫莫名其妙地感到害怕，以后就再也不敢碰她了。她曾经这样形容自己：“我的美就像颠茄，如果谁享受了它，只有没命或疯掉两种下场。”

当亚述将军率领大军围攻她所在的城池时，她想到去色诱那个将领最终将其置于死地，显然，这个想法的实质就是对性的欲求，只是在这里它被披上了爱国的表象。而当她被那个凶残的将领粗鲁强暴时，竟在瞬间爆发出了无穷的力气，一掌将他劈死，拯救了自己的民族。从心理学的角度分析，将一个人破头就是象征着将他阉割，这个行为也象征着朱蒂斯阉割了夺走其童贞的男性，就好像那个前文提到的那个新婚的少妇在梦境中梦到的那样。在那本书中，海拜尔以美妙的语言，将伪圣经[1]中各种爱的行为都蒙上了一层性的色彩。在那本书中，直到回城之后，朱蒂斯仍然以清白之身自居。而即使我们翻遍所有真伪圣经，也找不到任何有关她荒诞婚姻的一丁点儿记载。海拜尔正是以他自身那种诗人特有的敏感天赋，戳破了经文中的谎言，将故事背后的真相和内涵全部公之于众。

萨德格尔（Sadger）曾经海拜尔的写作动因进行过深入分析，由他的分析我们可知，海拜尔之所以对这一题材感兴趣，源自于他童年时在两性的挣扎中更倾向于女性，加上他自身具有“双亲情结”，所以，他对深藏于女性内心的那些秘密知之甚多。同时，萨德格尔还提到为什么诗人们要自己更改故事内容，那些肤浅和矫揉造作东西其实只是在掩盖他们潜意识中的动机。此外，圣经中只记载了朱蒂斯是个寡妇，而在剧中却变成了童贞女。关于这些萨德格尔也有一段详细介绍，我在这里引用如下：那时的动机来源于诗人天马行空的幻想，旨在否认父母之间的性交关系，所以，在那里母亲成了一个童贞的少女。在这里我还要在萨德格尔的基础上再补充一点：既然诗人已经认定主角是一个童贞女，那么他就会幻想出处女膜破裂后她可能会产生的各种情绪，诸如愤怒、悔恨等等，从而让他从那个角度进行深入分析。

总而言之，第一次婚姻的献身以及童贞的夺取，虽然可以在某种程度上促使一个女人固定地依赖于一个男人，但同时，又在潜意识中激发了她对男人深重的仇恨之情。这一矛盾持续发展下去可能就会导致心理症，不过更多地还是表现为部分地抑制了性交的快乐之感。这也是许多女人第二次婚姻的幸福程度要远远高于第一次婚姻的原因所在。如此一来，我们便揭开了貌似神秘的处女禁忌，以及由此导致的要求丈夫不可触破妻子的处女膜这一现象的神秘面纱。

很多精神分析学家还会经常遭遇这种病例：有些女人内心既臣服于男人又对男人充满敌意，这两种态度总是相伴而生，有时候同时出现，有时候却又同时消失。很多女人对自己的丈夫态度冷淡，却又离不开他，每一次当她努力去爱别人的时候，眼前却总是不自觉地会闪现出丈夫的影子。但是事实上，她们根本不爱自己的丈夫。通过深入分析还能发现一点，那就是尽管这类女人对自己丈夫的热情并没有消失，但是那种臣服的态度仍然在继续。她们并不希望自己彻底摆脱那种束缚，原因是她们的报复还没有完全结束。当然，就算已经有很多典型的案例中将女人的那种情绪体现得淋漓尽致，但女人仍意识不到自己内心深处居然潜藏着那种深厚的报复欲望。

---

1 公元初年，基督徒还没有取得合法地位，当时的经书只能偷偷传抄，到了二、三世纪罗马教廷编集《新约全书》时，很多传抄的经文因不够权威而被放弃，此后，这些经文便被称为“伪圣经”。——译者注

第四章
“文明”的性道德与现代神经症

厄棱费尔（Von Ehrenfels）在最新出版的《性伦理学》（1907年）里，详细区分了自然的性道德及文明的性道德。深入分析作者的观点，能够对上面提到的两点做这样的解释：自然的性道德就是指人类能够一直保持健康和效能的能力，而文明的性道德就是指促使人们加强生产文化活动的能力。作者一直认为，只要深入了解每个人的内在特质和其文化成就的关系，那么两者之间的差别就会不言自明。在针对这个思想做深入思考时，我会为大家转述作者在书中的观点，而这也就是我对这个问题研究的起点。

当文明社会的性道德上升至主导地位之后，势必会影响个体的健康和效能，而一旦那种以自我牺牲为代价的损害达到一定程度，就会伤害到文化自身。厄棱费尔也谈及了性道德所带来的各种恶果，而在西方占主导地位的性道德显然就是这些恶果的始作俑者。尽管他充分认可性道德确实在某种意义上讲能够推动社会的文明进步，但是，同时他也认为这种道德必须接受改革。他认为，文明的性道德特征表现为以前对女性的要求现在也延伸到了男性的性生活中，那就是，除了一夫一妻制的婚姻生活，其他所有性生活都是不被接受的。但是，因为两性之间天生的差别，所以如果男性偶尔偷欢受到的惩罚可能会更轻一些，这就等于是在为男性创建双重道德准则。而如果社会已经普遍接受了这个双重的道德准则，又何谈“真理、诚实与人道的热爱”？当这种发展超越了一定界限，人类就变得虚伪，并对一切错误都姑息、纵容，视而不见。同时，这也是对一夫一妻制中性对象的伤害。事实上，在文明社会中，出于对人道或健康的考虑，性的选择已经非常保守，而在不知不觉间，性的选择本身就推进了个体内在结构的演进。

在各种文明的性道德所产生的恶劣后果中，有一种特殊情形与现代社会很多神经症的多发并不断蔓延关系密切，但这一情形却常常为医生常常所忽视，对于这一点我将在后文中再作说明。

有时，某些神经症患者会告诉医生，应该多关注那些引发病症的个体现状和文明要求之间的矛盾冲突。他们提道："我们家人都显得很神经质，因为我们总希望比我们实际中或我们能够预期达到的更好。"事实上，医生有时也会发现，神经症患者的父辈曾经对既简单又快乐的田园生活十分满意，而当他们过上大都市生活后，往往就会在很短的时间内将孩子的生活立刻提升到一个很高的文化档次。而这恰好是很多知名神经科专家反复强调的："现代文明生活很可能就是导致精神症不断增加的诱因。"以下这些著名观察者的论述为我们提供了证明。

厄尔布（W.Erb）说："现代生活能够导致神经（质）疾患不断增长是毋庸置疑的，关于这一点在现实生活中就能找到答案——现代生活的杰出成就，各个领域的发现与发明，为了进步而愈演愈烈的竞争态势，这一切都要在心理上付出极大的努力才得达到并且保持下去。在为了生存而进行的斗争中，个体只有付出全部心理能量，才能勉强应对日趋激烈的巨大需求。同时，各个阶层的需要及对生活的享乐需求都在不断增大，空前的奢侈之风已经延伸到整个社会，而这一切在过去绝对是难以企及的。人们不再重视宗教，社会中到处弥漫着不安和贪婪，而遍布全球的电报与电话网又使得传播系统得以惊人的速度扩张，商贸条件也因此被彻底改变。所有的一切都变得匆忙和无比焦躁不安：人们在白天经商，在夜里旅游，就连出门踏青也令神经系统变得异常紧张。严重的政治斗争、工业与经济危机让整个社会陷于空前绝后的躁动不安之中。政治、宗教以及社会斗争日益严重，人人都参与政治，而政党、竞选及工联主义（trade-unionism）的恣意滋蔓令人气愤，进而使心理更加紧张不安，甚至无法进行正常的娱乐、睡眠及休息，这又进一步加剧了城市生活的烦闷和焦躁不安。人们试图借助各种刺激和快乐来安抚自己日益疲惫的神经，结果反而导致了更严重的精力衰竭。现代文学总是喜欢强调那些容易激起众怒的话题，结果只会激起大家对情欲和享乐的追求，让人们越发漠视伦理道德的蔑视，背离理想，在这些文学作品中人们只会一再看到病态的人物、性变态的行为还有革命斗争等问题。狂躁刺耳的音乐充斥着大街小巷；剧场里上演的一幕幕戏剧刺激着我们的感官；各种所谓的造型艺术热衷于展示所有令人恶心的、无比丑陋的、包含各种性暗示的内容，并将生活中最令人惊恐的现实赤裸裸地呈现在人们眼前。"

通过这段描述，现代文明的各种危险鲜明地跃然眼前，我认为我有责任对这种情景作更深入的补充说明。

宾斯万格（Binswanger）曾经提道："神经衰弱（neurasthenia）是一种现代疾病。首次对这种病症进行阐述的是比尔德（Beard），他提出，美国，是这种新的神经（质）病的易发地区；当然这种假设并不成立。但是，因为比尔德是美国医生，他的研究是建立丰富的临床经验基础上的，所以，我们能就此推断出，神经衰弱很大程度上和现代生活有着极其密切的关系，例如对金钱永无止境的追求，对欲望的放纵，科技的巨大进步导致人与人之间产生了时空的幻觉性障碍。”

克拉夫特-埃宾（Krafft-Ebing）这样认为：“很多文明人的生活方式中充满了各种不健康的因素，所以才会迅速滋生很多神经症，而那些有害因素最先会向脑部进攻。在过去的十年里，政治和社会，特别是商业、工业和农业的改变，已经为职业、社会地位及财产等方面带来了巨大的变革。但是这一切都是以破坏人的神经系统为代价的：为了满足不断增长的社会及经济需求，人们不得不持续不断地付出更多的能量消耗，而恢复的可能性却很小。”

在我看来，这种建议或类似的建议其实没什么大的失误，只是还不能够充分解释神经质障碍（nervousdisturbances）的详细情况，同时更加忽视了病因学中最关键的因素。如果不去考虑神经质的不确定因素，而仅仅考虑神经（质）疾患的具体表现，我们就不难发现正是施加在文明人或文明阶层的“文明的”性道德对性生活造成了一定影响。鉴于以往我已经深入讨论过这一问题，这里不再赘述，但我接下来还是会引用我的研究中一些比较关键的点。

通过严格的临床观察，我们能够将神经（质）疾病划分成神经症（neuroses）和精神神经症（psyehoneuroses）这两大类。神经症的表现是，无论是身体还是心理都会出现中毒现象，就好像是神经毒素的过剩或缺乏的一种体现一样。这种神经症统被称为“神经衰弱”，绝对不会遗传，只是因为性生活的有害因素导致的。因为这种症状和这些毒素之间联系紧密，所以单凭临床的观察就能够立刻找到它和性之间的因果关系，而那些被权威人士一再提及的各种社会文明所遗留下来的有害物质，好像和神经症并没有太多关系，这也是我们将性因素看作是神经症的主要原因。

与之相反，精神神经症与遗传有着比较密切的联系，只是病因还不明确。不过，通过一种特殊的研究方法——精神分析法，我们还是能清楚地认识到各种疾病主要来源于潜意识或压抑的观念化情结的活动。我们也同样知道，一般情况下，这种潜意识的情结包含着性的内容，它们主要的来源是人类没有被满足的性欲望，代表着一种性满足。所以，从这点来看，我们应该重点分析那些破坏性生活、压制性活动、歪曲性目标的因素，以此作为分析精神神经症的着眼点。

当然，那些有关神经症中毒性与心因性的理论区分也并不与以下的事实相矛盾，它们同样也是很多神经症患者的致病原因。

如果赞成将性因素作为神经（质）疾患病因的人，同样会认可我接下来的分析。我将在下面更为深入地探讨神经（质）疾患为什么会不断增多。换句话说，我们的文明是以对本能的压制为基础而建立的。在这个过程中，每个机体都必须做出一定程度的放弃，比如放弃人性的权力欲、进攻性及仇恨性。只有这样，物质文明与精神文明才能实现共赢。

毫无疑问，除了特殊情况，只有性欲导致的家庭情感才能使分开的个体心甘情愿地自我克制。在现代文明中，这种自我克制逐步发展且始终处受制于宗教：放弃自己的本能满足而成全公共利益的人被奉若神明；性本能强烈连自己也无法抑制的人，如果不能通过才学和社会地位来证明自己是个伟人或英雄，就必然受到社会的冷遇。

各种研究表明，性本能包含多方面的因素，人类在这方面的发展程度要比其他高等动物更高级，这种发展几乎完全超越了动物的周期性而演化得更加稳定，并能从中获得更大的能量以便用于文明活动，而在此过程中其物质强度并未降低，这种将原来的性目标转移到另一个不具性特征的目标上的能力叫作升华。和升华的文明价值相对应的出现的是性本能的固执倾向，有时这种倾向会引起所谓的变态。性本能的强度因人而异，其中能有多少用于升华也不尽相同，要视个体的先天特征而定。同时，经验及智慧活动对心理器官的影响也能使性本能的升华进一步增强。但是，就好像热能没有办法全部转化为机械能一样，性本能的扩展也是有限的。大部分器官都需要得到一定程度的性满足，否则就会在客观上出现功能性的伤害，主观上出现不愉快的性体验，引发病症 。

除了生育，人类的性本能更在意的是获得某种快感，由此着手，可以拓宽我们的研究视野。这一点也能够从婴儿的活动中找到痕迹。婴儿期的快感可以无须通过性器官而由身体的其他部位（快感区）获得，甚至无须任何客体也能完成，这一阶段就叫作“自体性欲”期。我们倾向于认为，应对孩子的这种行为加以限制，否则长期发展下去会导致性本能的失控和性本能的丧失。性本能的发展起源于自体性欲，随后发展到“对象恋”，从快感区的独立存在发展到从属于生殖器的主导，这样就有了生育的概念。在整个发展过程中，那种自体兴奋因与生育功能无关而受到了压抑，并在适当的时候被升华掉了。所以，我们可以这样认为，从某种意义上讲，正是这种对性兴奋中错乱成分的压制促进了文明的发展。

我们可以将文明的发展也划分为三个阶段：第一阶段，性本能与生育无关，只是一种自由活动；第二阶段，生育之外的其他性行为都受到一定程度的压制；在第三阶段，生育成了“合法”的性目标。当今“文明的”性道德指的就是性本能的第三阶段的特征。

如果将第二阶段看成是发展的中间阶段，那么我们就无法否认，仍然有一部分人因为生理结构的原因还无法适应这个阶段。到目前为止，还没有人能够彻底完成上面所说的，从性本能最初的自体欲望发展到性器官联合活动的对象爱恋这一过程。这就从另一个角度证明了，所有性欲都必然要受到阻碍和干扰，而这些干扰与障碍会导致两种恶果。

一是性反常，因为将性欲固着于婴儿水平，导致生育功能受阻；二是同性恋或性倒错，这类人令人费解的是，其性目标并不是异性。看上去，这两类人的数量并不像我们想象的那么多，这是怎么回事呢？原来，就算性本能的一个或多个成分发展受到阻碍，其他成本也会联合起来去弥补，从而使人类的性生活走上正轨。而且，令人意外的是，性倒错者或同性恋者倒是经常因其性本能的文明升华而取得非常成就。

当然，如果性倒错者或同性恋者发展到了极致，就会被视为异类，为社会所不齿。不得不承认，就算处在文明的第二个阶段，也总会有部分人因为无法达到要求而历尽艰险。那些因自身体质异常而蒙受苦难者的命运是由性本能的强度决定的。不过，好在这类人中的多数性本能的强度都较弱，所以能成功地压制住自己的反常倾向，不与其所处的文明阶段的道德要求发生冲突。但这也就是他们最理想的状态了。因为仅压制性本能就耗尽了他们的全部精力，所以，他们无法再在文化活动中有所成就。这也是我们即将提到的在文明的第三个阶段禁欲的人最后的下场。

如果一个人的性本能很强烈，并且是倒错的，那么他就不得不面对两种结果：一种是冒着背离文明标准的危险一直倒错下去；另一种是在教育和社会要求的深入影响下，压抑自己的倒错本能，最后却归于失败。之所以说这种压制是失败的，是因为虽然从表面上看，这种被压抑的性本能已经没有明显了的行为表现，好像是成功了，但却从别的方面又表现了出来，这还不如毫不掩饰地压抑更好，因为与其让它伤害社会，给别人也带来危险，还不如让它只伤害个体。从长远看来，这种情形只是本能遭到压制之后的替代品，它有一个我们都熟悉的名字——心理症。

心理症患者生来“叛逆”，文明要求对他们施行的压制只能作用于表面，而且最后往往还是以失败告终。所以，他们必须付出极大的努力才能够满足文明的要求。而这往往要以内心空虚，饱受心魔困扰为代价，我们把这种心理症看作是性反常的“负面结果”，之所以这样说，是因为心理症患压抑的性反常倾向会部分经由心理的潜意识表现出来，而实际上，这种被压制的倾向与明显的性反常是一回事。

各种经验证明，对于大多数人来说，自身天赋总是有一定限度的，如果超过这个范围，就无法再跟上文明的要求。所以，那些不顾自身天赋如何，只是一味追求“崇高”的人，最终便容易沦为心理症患者。如果他们表现得不那么积极，也许情况还会更好一些。假如深入研究一个家族中一代人的行为，往往就能证明性倒错和精神症是同一种现象的正反两面。例如，如果在一个家里男孩是性倒错者，那么女孩往往就是神经症患者。尽管从女人的角度而言，她的性本能和哥哥相比要弱很多，但是她却往往表现出和哥哥一样的性倾向。所以在很多家庭中，男性是健康的，但却是道德败类，而与他同属一个家庭中的女人相比之下倒是优雅高贵，但是不幸的是，她们患上了重度神经症。

文明标准要求每个人都具有相同的性生活方式，这恰好体现出了社会的不公正性。事实上，因为天性不同，有些人能够很轻松地适应社会的需求，而有些人则要为此付出心理上的巨大牺牲。不过，因为在现实生活中，人们并没有那么遵守道德规范，所以也至于产生那么严重的结果。

上述问题主要存在于文明的第二阶段，主要表现是，凡是性倒错的性行为都要受到禁止，而凡是正常的性交都可以自由进行。研究发现，即使人们已经将性自由和性禁忌划分得如此明确，还是无法避免下列情况：有些人因为性倒错而遭到鄙视，有些人虽通过各种途径避免了性倒错却不幸患上了神经症。那么，如果将性自由限制界限提升到文明第三个阶段的水平，即只有婚姻内的性行为才是被允许的，那结果就更不言而喻了：一定会有越来越多性本能强烈，天性暴怒的人来公然抵抗文明的要求，而那些先天比较懦弱的人不仅要承受现代文明带来的压力，同时还要抵御来自本能的冲动，这种冲突也会使神经症患者的数量瞬间激增。

在此，我们必须面对以下几个问题：

1. 个体在文明的第三个阶段的要求之下要承担什么责任？

2. 那些满合法的性满足能否为其他被禁止的性行为提供补偿？

3. 禁忌所带来的恶劣结果与文明之间有着怎样的关系？

要想回答第一个问题，就要从性禁忌着手。文明的第三阶段规定男女双方在婚前都要禁欲，对于独身者来说，则要保持终身禁欲。大部分权威人士普遍都认定性禁忌对人的身体健康并无害处，而且可以控制，就连医生也对此表示认同。但是，即使个体付出全部心力也未必能有效控制住如此强烈的性冲动。通过升华，将自身的性本能从性目标有效转移到更高层次的文化目标，这对处于炽热旺盛的青春期的人来说，实在是难以坚持，所以很多人或是因此患上了心理症，或是受到了某种伤害。从以往的经验来看，大多数人在天性上是不能适应那种禁忌的。尤其在当今的社会文化背景下，在各种性道德的束缚下，即使很微小的性禁忌也会令人随时患病或犯下更为严重的错误。可以这样认为，如果因为先天的缺陷或发展障碍而导致无法进行正常的性生活，那么最好的消除方式就是性满足本身。对于一个人而言，他越是容易患上神经症，就说明他越难以忍受各种性禁忌。就像前面叙述的那样，如果他摆脱了正常的发展本能，那么一切将会变得更加飘忽不定。即使一个人能在文明的第二个阶段要求下能够保持身体健康，现在也有很大的概率患上神经症。实现性满足的机会越少，人们就越发觉得它珍贵，那些被压制的原欲一直在伺机而动，最终，通过替代对象实现了病态的满足变态，由此致病。只要你熟悉心理症的致病原因，就一定知道当今社会心理症不断增多的原因就在于性禁忌。

下面我们来探讨下一个问题，也就是结婚以后的性交是否能够在一定程度上补偿婚前的禁忌。对此，各种反对意见层出不穷，我在此做一个简要的总结。

首先，我们知道，婚后的性生活也要受到性道德的约束，也就是说夫妻只能通过少数的、有助于生育的动作来达到相互满足，在这种情况下，令夫妻双方满意的性交往往只能维持几年的时间，这其中还要将因顾虑妻子的健康而控制欲望的时间排除在外。如果我们把婚姻的主要目的比作是为了满足性需求，那么不出三年五载，婚姻也就名存实亡了，因为节育极大地影响了性生活的快乐，同时破坏了夫妻间很多美好的情感，甚至会引起很多疾病。由于时时需要为性交的结果操心，所以夫妻之间的亲密感也荡然无存。

因为双方内心产生了隔膜，所以原本激情四溢的爱情生活也开始变成了一潭死水。来自精神和肉体的双重失望使夫妻双方的状态结婚之前，甚至因为幻觉的破灭，比婚前的状况还要糟糕。此时，他们唯有调动起全部意志力来控制本能并将其转移。我们大可不必去想象一个成年男子对性生活的节制，因为事实一再证明，不管性戒律有多严苛，他们总会有办法偷偷地利用一切方便条件来进行自我释放。其实，就连大的社会环境也早已默认，对于男人，那些性生活的各种清规戒律压根儿无效。同时，经验也再次表明，承担繁衍人类重任的女性用于升华的性本能并不多，尽管在婴儿吮吸时，让她们感觉似乎找到了充分的性对象替代者，但是随着孩子长大，那种感觉又消失不见了。正如我一再强调的，婚姻的失败往往会导致女性患上很严重的心理症，而且那种阴影也许会终身伴随着她们。现代文化背景下的婚姻根本无法起到治疗女性心理疾患的作用。所以，尽管身为医生的我们仍支持让女孩走进婚姻，但我们也必须承认，能忍受婚姻的女性必定要有个先决条件，那就是她必须非常健康。我们同时也告诫那些男性患者，一定不能选择那些有过心理疾病病史的女孩子结婚。尽管有时，婚后偷情可以在一定程度上舒缓心理疾病，但是女孩受到的教育向来保守，她们只会服从当代文明对性生活的禁锢，不敢去偷情。此时，为了挣脱欲望与责任感的纠缠，她就会向心理症求助，把这里当成避风的港湾。婚姻的本质原本应以满足文明人在青春期的性本能为出发点，但很可惜，它却无法做到这一点。所以，可以得出这样的结论，婚姻并不能成为婚前禁忌的补偿。

既然我们已经确定了现代文明的性生活确实会产生危害，那么第三个问题也就迎刃而解了。也许有人认为，普遍禁欲推动了文明发展，副作用是使少部分人患上了很严重的心理疾病，既然患病的人是少数，那这种做法也可以算是利大于弊。但是，得失的轻重程度从来就不应成为判断正确与否的标准，事实上我会更重视失的一方的判断。关于禁欲，我始终坚信，它所造成的严重影响远不止心理症这么简单，而且心理症的危害，在很大程度上也并没有得到社会的充分重视。

我们的教育及文明的主要目的是延缓性发展和性活动，当然，这种延缓在初期并没有产生多么严重的影响。而且，鉴于很多受过高等教育的年轻人通常会独立得比较晚，所以延缓在那个层面来说是必要的，同时，这也提醒我们，文化机构之间有着密不可分的联系，牵一发而动全身。但是，一旦要求20岁以上的人也禁欲，那就不可避免地会招致强烈的反对。就算那样做并不会导致神经症的产生，也不可避免会引起其他的危害。

事实上，压抑性本能确实会有助于人们将精力转移到伦理及美学等其他方面去，这会在无形中强化一个人的性格，所以，在当今社会，人与人之间性格的差别，也会体现在他们对性的控制程度上。可问题是，很多人耗尽全力压制性本能的时期，多半也是需要他殚精竭虑追逐事业成功与社会地位的全盛时期，而此时，他的大部分能量却已经消耗在对性的抗争中了。当然，个体的差异以及行业的差异，都会直接影响到个体性活动的多寡，以及能从大多程度上升华性本能。我们说，禁欲的艺术家并不常见，但是提倡禁欲的年轻学者却很常见。这是因为艺术家的灵感往往来源于性经验的强烈影响，相较之下，年轻学者则会因控制了性本能而能更好地更多地专注于研究工作。总而言之，我的观点是，禁欲不仅压制了人的活力和自立能力，更压抑了那些充满创造力的思想家及勇于抗争的解放者、改革者，它创造出的是一批循规蹈矩的弱势群体，他们只放任随波逐流，同时不情愿地任强者随意摆布。

尽管对于禁欲，人们已经拼尽全力，但是人类性本能是很顽固并且难以改变的。文明社会的各种教化只能在某种程度上控制婚前性行为，但是之后就没有太大的作用了。其实，一些极端的措施要比单纯的压制更为有效，但是，人们显然并不情愿自己的性本能被压制得如此厉害，所以一旦性本能得到放纵时，就会带来长久的伤害。因此，对一个年轻男子来说，彻底的禁欲对他的婚姻来说一定是非常不利的。而对这点有一定认识的女子，往往愿意选择那些已经在其他女子身上验证过自己的男子气概的人做丈夫。

教育对于女子性欲的压制简直可以用严酷来形容，它不仅明令禁止性交，更大肆宣扬性贞操的重要性，使每个女人对婚后的性生活及自己所扮演的角色一无所知，只能默默忍受爱情的冲动，竭力克制自己在成长中的任何诱惑。最终导致的后果是很严重的——当她终于被父母许可大胆去爱时，她已经无法适应那种心理成就，她们往往是茫然地步入婚姻殿堂的。这种外力作用下的性延迟使得她无法对自己的配偶有所回报，原因是情感上她仍然归属于父母，在父母的权威下她的性生活倍感压抑，以至于她会表现出很强的性冷淡，与之相对的，此时她的丈夫也无法从性生活中获得真正的快感。

尽管我不能确定那些没有受到过文明教育的女子是否也会出现这种情况，不过客观上讲，我认为这完全有可能。但是，不管怎么说，都是教育导致了这种结果。那些并未从性生活中获得快感的女子，当然不会心甘情愿地接受生育所带来的痛苦。从这方面而言，这种婚前的准备反而变成了实现婚姻目的的一大障碍。虽然妻子也可能会慢慢地克服障碍，同时唤醒自己的性高潮，但到那时，她和丈夫的关系早已无法挽回了。作为驯服的产物，她只能忍受这样几个可能的结果：性欲望无法得到满足，偷情或患上神经症。

一个人对性行为的态度也会影响到他对生活中其他事情的处理态度。也就是说，如果一个男子对性爱的追求很热烈，那么他对其他的目标也会抱着同样执着又热切的精神去实现。但是，不管出于什么原因，如果一个人极力压抑发自本能的性快感，那么他的行为就会变得比较谦和和顺从，这一点在女性身上表现得更为明显。起初她们对性生活充满好奇，但是，长久以来的封闭式教育还有女性的矜持使得她们无法对这个问题进行深入思考，加之外界一直宣扬女人有这种想法是不洁与罪恶的。最终，她们失去了探讨任何心智问题的勇气，也不再对任何知识感兴趣。这种来自性领域之外的思想压制，一部分源自于必然出现的自由联想，另一部分就好像人们对人们对宗教禁忌的自发遵从，或是自动阻隔与自己信仰不符的想法一样，是自动生成的。莫比斯（Moebius）曾提出一种观点，他认为女性与男性之间心智上和性冲动方面的差异是生物学因素造成的，这一观点一经提出就遭到了大家的强烈反对，我也不例外。我始终坚持，造成女性的智力劣势的罪魁祸首就是受到压制的性欲。

谈到禁欲，很多人都无法分清楚到底指的是禁止所有性活动还是只禁止和异性的性交。事实上，很多声明自己已经成功禁欲的人，都是通过手淫及其他和婴儿时期自体性活动相似的行为来满足性欲。其实，这种退回婴儿期的性生活十分有害，极易导致心理症和精神神经症，除此之外，手淫也并不符合文明的性道德规范，极易使年轻人陷入与教育理想相冲突的矛盾里。这种过度的放纵甚至破坏了人的性格，因为对性欲的态度也直接决定了他对人生的处事方式，所以，久而久之让他就会下意识地躲避一切障碍，只喜欢通过走捷径来达到人生的某些目标；其次，他们对性满足充满了过度的幻想，这会使他们在现实生活中无法找到幻想中那么优秀的性伴侣。曾经有位诙谐的作家克劳斯在维也纳出版的刊物《火炬》中，讽刺过那个充满矛盾的真理，他曾经形容道："性交只不过是手淫的并不完美的替代。"

文明社会对性道德要求极其苛刻，同时又强调禁欲的重要性，如此一来，异性之间的性交就变成了禁欲的焦点，而相比之下，其他性生活却得到了解放。因为正常的性交受到道德的严酷压制，同时又出于怕染病的健康考虑，异性间便开始用其他部位代替性器官进行性活动，这便是异性间倒错的性交，毫无疑问，这样只会带来更严重的社会问题。这种行为的性质与在爱情关系中选取性目标截然不同，它既是有害的，从伦理角度上说也是让人无法接受的，因为它让两性之间的爱情沦为一种随便的游戏，其中不仅不具任何冒险性，更无须耗费心智。一旦正常的性生活出现问题，最直接的后果就是导致同性恋数量的激增。除了一些生理原因或童年的影响，大部分同性恋患者都是成年以后才演变而成的。成因大多是力比多受阻，导致肌体只能寻求别的方式发泄。

这便是禁欲造成的恶果，它们既无法避免，也不能控制，而婚姻也会因此被彻底摧毁。在文明的性道德观中，婚姻是以性冲动的满足为唯一目的的，而手淫或倒错的性行为，导致男性逐渐习惯了那种不正常的性满足，最终严重影响婚后性能量的发挥；同样的道理，如果女性为了保护自己所谓的贞操而选择了其他类似的方式，也会导致婚后性冷淡。如果男女双方的性能力都极低，那么婚姻也就维持不了多久了。女性的性冷淡倾向本可由一次强烈的性经验缓解，但不幸的是，她的丈夫偏偏性能力低下，那么，相较于健康的夫妻，这种夫妻更加难以施行避孕，因为避孕工具会进一步束缚丈夫的那本就低下的性能力。随着夫妻之间性交的一次次失败，最终双方只能放弃那段失败的婚姻。

这里，我要请各位学者注意，我对这一事实的描述并无夸大之处，这些事实都是最普遍也最明显的。很多不具备专业知识的人都不相信性能力正常的丈夫非常少，而性冷淡的妻子却很多，他们也不知道夫妻双方为了维持婚姻牺牲了什么，而幸福又是如何的遥不可及。这种现象发展的最终产物就是心理症，而且，其危害还会直接影响并波及后代的身上。

大多数人都认为孩子的病态心理遗传自父母，但是通过进一步分析就会知道，事实并非如此；这种病态实际上是孩子童年时期强烈的印象所导致的结果。因为妻子长期从丈夫那里无法得到性满足，久而久之就会越发的神经质。作为爱的转移，她会对孩子表现得越发温柔和体贴，最终导致孩子的性早熟。同时，父母之间关系紧张又会对孩子的感情造成刺激，使孩子在幼小的年纪就不合时宜地体会到了的爱与恨的情绪。而这种家庭往往对孩子管制更为严格，以致孩子的性活动也受到压制，这就为其日后患心理症埋下了隐患。

这里，我要再次重申我之前曾强调过的一点，那就是，人们总是错误地低估心理症的严重程度。我这样说绝不是无的放矢，我们经常会看到，很多时候，某个人已经患病，其亲属却仍不以为然，甚至就连医生的诊治也是敷衍了事——医生总会告诉病人只要进行数周的冷水浴或休息几个月就可以恢复。事实上，这都是无知的表现，或是外行人的错误意见，这些方法只能让病人享受片刻的安慰，根本不可能彻底治愈他们。如果长期受心理症所扰，那么患者即使无性命之忧，也会长期背负程度等同于患肺结核或心脏病所引起的后果。一部分患者因此而形同废人，而另一部分患者虽然症状不重，但也必须时刻忍受精神上的痛苦。而不管心理症的程度如何，也不管是在什么时间患上，都会对社会文明造成严重的破坏。因被认定为有害而遭到社会文明长期压制的精神力量，到头来终会反噬。社会制定的道德规范强迫人们去服从，最终却换来了心理症的激增，如果是这样，那么，不管这些道德规范最终为社会文明做出了什么贡献，事实上仍是毫无价值。

我们一起来看一个比较常见的例子：一个女人根本不爱自己的丈夫，而且从她个人的状况分析可知，她也的确没道理爱上他。但是，她所受的教育却告诉她，要想让婚姻理想，必须努力去爱自己的丈夫。所以，这个女人必须压抑能够体现自己真情实感的每一种冲动，做出各种特殊的努力，力争让自己成为一个称职、贤惠又温柔体贴的好妻子，从而达成这种理想状态。这种不断的自我压制最终便会导致心理症，而这对丈夫而言，无异于是一种报复。事实上，因为产生这种疾病，丈夫更加无法获得满足，同时会担心自己的妻子，与其那样，还不如接受妻子并不爱自己的事实更简单一些。由这个例子我们便能清楚地看到心理症患者会造成什么影响。

不只性冲动，其他一些不利于社会文明的冲动在遭到压制后，往往也得不到补偿。例如，一个男人为了压制先天残忍的本性，让自己变得异常善良。为此，他已花费了极大的精力，而此时补偿作用所能提供给他的远不及他所付出的。说得具体一些，就是因为精力有限，现在他所做的善事还不如之前多。

同时，我们还应清楚一点，那就是无论在哪个群体中，对性活动的限制都会引起人们对生活的普遍焦虑及对死亡的恐惧，如此一来，人们不仅不能好好享受快乐，还会因恐惧感的增加而丧失冒险精神和大无畏的勇气。这一切必然导致生育率的降低，而一个不能繁衍后代的民族注定迟早会灭亡。由此，我们不由会产生这样的疑问：我们为这种所谓文明的性道德殉葬真的值得吗？特别是我们还将享乐主义作为我们文化发展的目标之一，并以追逐个人幸福人生目的的时候。

客观上来讲，身为一名医生，本来无权对改革多加置喙，但出于本分，我还是参考伦费斯先生的意见，对文明社会的性道德所带来的严重后果，以及它和现代患心理症人数增加之间的关系进行了阐述。而我之所以要再次强调这件事，只是为了让大家意识到，对文明社会性道德的改革已经迫在眉睫了。